国家出版基金项目
NATIONAL PUBLICATION FOUNDATION

棉纺织手册

下　卷

中国纺织工程学会　江南大学　编

高卫东　主编

中国纺织出版社有限公司

内 容 提 要

本书分上下两卷,系统介绍了纺织纤维原料、纱线品种及其质量检验、机织物品种及其质量检验、纺织生产经济核算、纺织企业信息化管理、棉纺织厂生产公用工程、纤维制条、环锭纺纱、新型纺纱、纱线后加工、织前准备、喷气织造、剑杆织造、织物整理等内容,同时以附录的形式介绍了与棉纺织密切相关的国家标准和行业标准,以及行业常用的计量单位及换算。

本书可供棉纺织企业工程技术人员、管理人员、操作人员、维护保养人员以及营销人员查阅,也可供纺织专业师生参考。

图书在版编目(CIP)数据

棉纺织手册 . 下卷/中国纺织工程学会,江南大学编;高卫东主编 . -- 北京:中国纺织出版社有限公司,2021.7
国家出版基金项目
ISBN 978-7-5180-8640-5

Ⅰ.①棉…　Ⅱ.①中…　②江…　③高…　Ⅲ.①棉纺织—手册　Ⅳ.①TS11-62

中国版本图书馆 CIP 数据核字(2021)第 115508 号

策划编辑:孔会云　范雨昕
责任编辑:范雨昕　朱利锋　孔会云　沈 靖　陈怡晓
责任校对:寇晨晨　　责任印制:何 建

中国纺织出版社有限公司出版发行
地址:北京市朝阳区百子湾东里 A407 号楼　邮政编码:100124
销售电话:010—67004422　传真:010—87155801
http://www.c-textilep.com
中国纺织出版社天猫旗舰店
官方微博 http://weibo.com/2119887771
北京新华印刷有限公司印刷　各地新华书店经销
2021 年 7 月第 1 版第 1 次印刷
开本:787×1092　1/16　印张:77.5
字数:1561 千字　定价:680.00 元

《棉纺织手册》编委会

《棉纺织手册》编写人员

第 一 篇　纺织纤维原料

　　高卫东　郭明瑞　王　蕾　孙丰鑫　蔡　赟　王利平

第 二 篇　纱线品种及其质量检验

　　周晔珺　范琥跃　季　承　缪梅琴　许海燕

第 三 篇　机织物品种及其质量检验

　　张建祥　朱文青　刘桂杰　耿彩花　胡瑞花

第 四 篇　纺织生产经济核算

　　陈　忠　王昌宏　张进武　于拥军　陈金花　王　竹

第 五 篇　纺织企业信息化管理

　　丁志荣　潘如如　朱如江　钱忠云　刘礼均　葛陈鹏　李忠健

第 六 篇　棉纺织厂生产公用工程

　　黄　翔　徐　阳　林光华　汪虎明　王　磊　李　帆　吴子才
　　高　龙

第 七 篇　纤维制条

　　任家智　邢明杰　史志陶　苏玉恒　贾国欣　冯清国　孙丰鑫

第 八 篇　环锭纺纱

　　戴　俊　吕立斌　刘必英　陆荣生　乐　峰　王前文　卜启虎
　　崔　红　郭岭岭　郭明瑞

第 九 篇　新型纺纱

　　汪　军　裴泽光　徐惠君　洪新强

第 十 篇　纱线后加工

牛建设　徐　阳　史祥斌　杨艳菲

第十一篇　织前准备

王鸿博　高卫东　周　建　刘建立　王文聪　朱　博　黄豪宇
王正虎

第十二篇　喷气织造

赵志华　高卫东　蔡永东　卢雨正　蔡　赟　周　祥　马顺彬
许金玉　瞿建新

第十三篇　剑杆织造

赵志华　高卫东　蔡永东　卢雨正　周　祥　马顺彬　瞿建新
姜为民　吴学平

第十四篇　织物整理

范雪荣　王树根　张洪玲　周　建　潘　磊

附　　录

高卫东　周　建　范雪荣　王　蕾

序

我国的纺织工业已经形成了全球规模最大、最完备的产业体系。纺织行业的支柱产业地位保持稳固,民生产业的作用更加突出,国际化发展优势地位明显,在支持经济发展、创造就业空间、促进文化繁荣和带动三农发展方面发挥了无可替代的作用。

中国是世界上规模最大的纺织品服装生产国、消费国和出口国,是纺织产业链门类最齐全的国家。棉纺织作为纺织工业的前端,为纺织品服装的生产提供基础材料,承担着承前启后的重担与责任,在纺织工业中占据重要地位。国家统计局数据显示,2019 年中国棉纺织行业主营业务收入为 11062 亿元,占全国纺织服装行业的 22.38%,其中棉纺加工主营业务收入为 7484 亿元,棉织加工主营业务收入为 3578 亿元。

进入 21 世纪以来,棉纺织行业正在由成本优势转向技术优势、由劳动密集型转向自动化与智能化生产模式发展,绿色化越来越成为纺织业可持续发展的焦点,互联网与传统棉纺织的融合成为棉纺织行业关注的重点。鉴于此,在中国纺织出版社有限公司的推动下,由中国纺织工程学会和江南大学牵头组织编写的《棉纺织手册》,以满足新形势下纺织行业的需求为己任,为棉纺织行业广大技术人员提供知识更新和资料参考。

《棉纺织手册》作为棉纺织行业的大型工具书,系统地介绍了国内外的装备和工艺技术,并吸收融入近年来棉纺织领域的新材料、新工艺、新技术与新装备,充分反映了棉纺织生产生态化、产品功能化、装备智能化的发展方向,具有一定的启迪性。编写过程中注重内容体系的实用性、科学性和先进性,将原有的《棉纺手册》和《棉织手册》体系整合为一部《棉纺织手册》,更便于使用与系统性查阅,对行业发展具有较好的推动作用。

希望《棉纺织手册》的出版能为我国棉纺织工作者提供切实的帮助，也感谢广大棉纺织科技人员和企业为行业发展所做出的不懈努力和卓越贡献，企盼我国棉纺织行业的快速拓展和进步。

中国棉纺织行业协会会长　朱北娜

中国纺织工程学会棉纺织专业委员会主任　董奎勇

2020 年 12 月

前言

《棉纺手册》和《棉织手册》首次于1976年出版,第二版于1987年修订出版,第三版于2004年修订出版,对棉纺织行业技术人员的产品设计、工艺设计、设备维护、质量控制和技术管理起到了重要的参考作用,深受广大纺织科技工作者的欢迎,曾两次被评为全国优秀纺织图书。第三版出版发行至今,历经了创新空前活跃、科技突飞猛进的16个春秋,随着科学技术进一步发展,棉纺织行业的新材料层出不穷,新技术发展蔚为大观,新产品不断涌现,智能装备日趋完善,我国棉纺织生产发生了显著变化,呈现科技、时尚和绿色的时代特征。

为了适应新形势下棉纺织行业的需求,在中国纺织出版社有限公司的推动下,由中国纺织工程学会和江南大学牵头组织编写大型工具书《棉纺织手册》。在编委会和广大编写人员的共同努力下,编写工作自2019年5月启动,现已圆满完成编写任务。《棉纺织手册》的编写以实用性、科学性和先进性为宗旨,根据棉纺织行业的生产实际需求,将棉纺和棉织两大领域加以整合,形成了一个有机整体。全书分为十四篇,既包括纺织全流程的工艺技术内容,也涉及密切相关的纤维原料、产品品种、质量检验、经济核算、信息化管理、生产公用工程等内容,力求适应广大棉纺织行业实际生产实践,为棉纺织科技工作者的生产运营、技术改造、新产品开发和科技创新工作提供参考。

本手册在编写过程中得到各有关方面的支持,有力推进了编写工作的顺利进行。感谢国家出版基金对《棉纺织手册》编写和出版工作的资助。中国纺织工程学会棉纺织专业委员会、江南大学纺织科学与工程学院精心组织了编写工作,参加编写的还有东华大学、西安工程大学、青岛大学、南通大学、内蒙古工业大学、中原工学院、河南工程学院、绍兴文理学院、盐城工学院、江苏工程职业技术学院、沙洲职业工学院、盐城工业职业技术学院、无锡一棉纺织集团有限公司、江苏悦达纺织集团、江苏大生集团有限公司、鲁泰纺织股份有限公司、江苏联发纺织股份有限公司、南通纺织控股集团纺织染有限公司、黑牡丹(集团)股份有限公司、高邮经纬纺织有限公司、扬州九联纺织有限公司、江苏格罗瑞节能科技有限公司、江苏精亚集团、山东金信空调设备集团有限公司、无锡市一星热能装备有限公司、洛瓦空气工程(上海)有限公司、无锡兰翔胶业有限公司、江阴祥盛纺印机械有限公司等。

本手册保留了《棉纺手册》(第三版)和《棉织手册》(第三版)中的一些内容,特向两手册的编委会和编写人员表示感谢。此外,许多单位为《棉纺织手册》的编写工作提供了支持,恕不一一列出,特此一并致谢。

最后对《棉纺织手册》各编写单位和全体编写人员的支持和奉献表示感谢!

由于水平、时间和条件所限,在编写内容方面难免存在不足之处,欢迎广大读者指正。

《棉纺织手册》编委会

2020 年 10 月

目录

第八篇　环锭纺纱

第九篇 新型纺纱

第十篇　纱线后加工

第十一篇　织前准备

第十二篇　喷气织造

第十三篇　剑杆织造

第十四篇　织物整理

附　录

第八篇　环锭纺纱

第一章　粗纱

第一节　粗纱机主要型号及技术特征

一、FA/TJFA/JWF系列粗纱机主要技术特征(表8-1-1)

表8-1-1　FA/TJFA/JWF系列粗纱机主要技术特征

机型	TJFA458A	TJFA457A	FA498	FA497	FA494	FA493	JWF1436C	JWF1446C
每台锭数	96,108,120	108,120,132	96~180(12锭一板)	96~192(12锭一板)	96~168(12锭一板)	96~192(12锭一板)	120,132,144,156,168	120,132,148,160
锭距/mm	216	185	220	194	220	194	216	185
节距/mm	432	370	440	318	440	318	432	370
每节锭数	4		4		4		4	
设计锭速/(r/min)	1200		1200		1200		1200	
粗纱线密度/tex	200~1000		200~1250		200~1250		200~1000	
粗纱捻度/(捻/m)	18.5~80		任意可调		18.5~80		18.5~100	
双短胶圈牵伸形式	三罗拉	四罗拉	三罗拉	四罗拉	三罗拉	四罗拉	三罗拉	四罗拉
适用纤维长度/mm	22~65	22~51	22~65	22~51	22~65	22~51	22~65	22~51
罗拉座倾斜角度/(°)	15		15		15		15	

机型		TJFA458A	TJFA457A	FA498	FA497	FA494	FA493	JWF1436C	JWF1446C
牵伸倍数		4.2~12		4.2~12		4.2~12		4.2~12	
罗拉直径/mm	前罗拉	28	28	28.5	28.5	28.5	28.5	28	28
	二罗拉	25	28	28.5	28.5	28.5	28.5	25	28
	三罗拉	28	28	28.5	28.5	28.5	28.5	28	28
	四罗拉	—	28	—	28.5	—	28.5	—	28
胶辊直径/mm	前胶辊	31	28	29~31	29~31	29~31	29~31	31	28
	二胶辊	25(铁辊)	28	25	25	25	25	25(铁辊)	28
	三胶辊	31	25	29~31	29~31	29~31	29~31	31	25
	四胶辊	—	28	—	29~31	—	29~31	—	28
罗拉中心距/mm	前罗拉—二罗拉	48~73	35~57	48~73	35~57	48~73	35~57	48~73	35~57
	二罗拉—三罗拉	最小50	46~60	最小37	47~68	最小37	47~68	最小50	46~60
	三罗拉—四罗拉	—	48~73	—	45~68	—	45~68	—	48~73
罗拉加压/N	前罗拉	200	90	200	90	200	90	200	90
		250	120	250	120	250	120	250	120
		300	150	300	150	300	150	300	150
	二罗拉	100	150	100	150	100	150	100	150
		150	200	150	200	150	200	150	200
		200	250	200	250	200	250	200	250
	三罗拉	150	100	150	100	150	100	150	100
		200	150	200	150	200	150	200	150
		250	200	250	200	250	200	250	200
	四罗拉	—	100	—	100	—	100	—	100
		—	150	—	150	—	150	—	150
		—	200	—	200	—	200	—	200
罗拉加压形式		弹簧摇架、板簧摇架、气动摇架							

续表

机型	TJFA458A	TJFA457A	FA498	FA497	FA494	FA493	JWF1436C	JWF1446C
成形尺寸(直径×高)/mm	150×400		150×400		150×400		150×400	
筒管尺寸(直径×高)/mm	45×445		45×445		45×445		45×445	
喂入机构及导棉辊列数	400条筒高架式5列导条辊 500条筒高架式6列或7列导条辊		高架式5列导条辊		高架式5列导条辊		400条筒高架式5列导条辊 500条筒高架式6列或7列导条辊	
条筒(直径×高)/mm	(400,500,600)×1100(或1200)							
占地尺寸/mm 长(120锭)	14780/12916		15460/13900		15460/13900		15460/12916	
占地尺寸/mm 宽(400条筒)	3570		4305		4305		3570	
车面距地面高度/mm	1400		1400		1400		1400	
120锭主电动机功率/kW	14.1		11		11		33	
启动方式	变频器慢速启动							
自停装置 断头自停	红外线光电断头自停							
自停装置 车头门罩连锁	有							
自停装置 定长定位定向自停	有							
自停装置 安全自停	车前操作保护自停							
清洁装置	积极回转式绒带清洁加巡回式吹吸装置							
张力调节装置	圆盘式张力微调装置		程序控制变频自调		程序控制变频自调		数学模型	
防细节装置	—		程序控制变频自调		程序控制变频自调		软件	
传动模式	单电动机传动		四变频电动机传动		三变频电动机传动		四电动机分步传动	
电控方式	PLC		计算机自动控制		计算机自动控制		控制器集成控制	
落纱方式	半自动人工落纱							
制造厂商	天津宏大		青岛环球		青岛环球		天津宏大	

二、自动落纱粗纱机主要技术特征 (表 8-1-2)

表 8-1-2　自动落纱粗纱机主要技术特征

机型	CMT1801	JWF1458A	HCP2025	JWF1418A
每台锭数	120~204/120~216	120~204/120~224	120~408/120~432	120,132,144,156
锭距/mm	220/194	216/185	220/194	216
最高锭速/(r/min)	1600	1500	1600	1500
捻度范围/(捻/10cm)	任意可调			
粗纱线密度/tex	200~1000/ 333~1176	200~1000	200~1200	200~1000
双短胶圈牵伸形式	三罗拉或四罗拉			
适用纤维长度/mm	22~65	22~65	22~65	22~65
牵伸倍数	4~12	4.2~12	4~12	4.2~12
胶辊直径/mm	29~31	29~31	29~31	29~31
胶圈辊直径/mm	25	25	25	25
罗拉直径/mm	28.5×28.5× 28.5×28.5	28×25×28/ 28×28×28×28/ 32×32×32×32	28.5×28.5× 28.5×28.5	28×25×28/ 28×28×28×28/ 32×32×32×32
清洁方式	上面为绒圈,下面为前吹后吸			
加压方式	弹簧、气动、板簧			
成形尺寸(直径×高)/mm	150×400/135×400	150×400/130×400	150×400/135×400	130×400
最大锭数装机功率/kW	51	42.9	102	42.9
吸棉风机/kW	4	4	4	4
启动、刹车方式	变频速度控制			
卷绕、成形、换向机构	变频电动机完成			
巡回吸风	有			
张力控制	数学模型			
防细节方式	数学模型			
传动模式	多电动机传动	多电动机传动(筒管分组传动)	多电动机传动	四电动机分部传动
电控方式	PLC	控制器集成控制	PLC	控制器集成控制

续表

机型	CMT1801	JWF1458A	HCP2025	JWF1418A
在线检测	CCD 检测张力			
在线质量显示	有			
实时编程参数调整	可以			
落纱方式	外置自动落纱			
制造厂商	青岛环球	天津宏大	青岛环球	天津宏大

三、国产其他系列粗纱机主要技术特征(表8-1-3)

表8-1-3　国产其他系列粗纱机主要技术特征

机型		HY493	JHF1517/1518	TH496/TH495	FA473/FA474
每台锭数		108,120	96,108,120,132,144	120,132	120,132
锭距/mm		220	220/194	220/194	220/194
节距/mm		440	440/318	440/318	440/388
每节锭数		4	4	4	4
设计锭速/(r/min)		1600	1600	1650	1200
粗纱捻度/(捻/m)		18~80	18~80	10~100 无级调整	18~80
粗纱线密度/tex		200~1250			220~1250
双短胶圈牵伸形式		四罗拉	三罗拉/四罗拉	四罗拉	三罗拉或四罗拉
适用纤维长度/mm		22~50	51~65/22~51	22~50	22~65
罗拉座倾斜角度/(°)		15	15	15	15
牵伸倍数		3~20 无级调整	4.2~12	4.13~13.28	4.2~12
罗拉直径/mm	前罗拉	28	28.5	28.5	28.5
	二罗拉	28	28.5	28.5	28.5
	三罗拉	25	28.5	28.5	28.5
	四罗拉	28	28.5	28.5	28.5

续表

机型		HY493	JHF1517/1518	TH496/TH495	FA473/FA474
胶辊直径/mm	前胶辊	28.5	28.5	28.5	28
	二胶辊	28.5	28.5	28.5	28
	三胶辊	25	25	25	25
	四胶辊	28.5	28.5	28.5	28
罗拉中心距/mm	前罗拉—二罗拉	35~57	35~57	35~57	35~57
	二罗拉—三罗拉	47~68	47~68	47~68	47~68
	三罗拉—四罗拉	45~68	45~68	45~68	45~68
罗拉加压/N	前罗拉	90	90	90	90
		120	120	120	120
		150	150	150	150
	二罗拉	150	150	150	150
		200	200	200	200
		250	250	250	250
	三罗拉	100	100	100	100
		150	150	150	150
		200	200	200	200
	四罗拉	100	100	100	100
		150	150	150	150
		200	200	200	200
罗拉加压形式		弹簧摇架、气动摇架、板簧摇架			
成形尺寸(直径×高)/mm		150×400	150×400/135×400	150×400/135×400	152×400/135×400
筒管尺寸(直径×高)/mm		45×445	45×445	45×445	45×445
喂入机构及导棉辊列数		高架式5列、6列或7列导条辊			
条筒(直径×高)/mm		(400,500,600)×1100		(400,500)×1100	(350,400,500)×1100
占地尺寸/mm	长(120锭)	15130	14565	13595	15995/14448
	宽(400条筒)	3750	3477/4365	3750	3645/3648
车面距地面高度/mm		1400	1400	1400	1400

机型		HY493	JHF1517/1518	TH496/TH495	FA473/FA474
120锭主电动机功率/kW		21.78	12	11	12
启动方式		变频速度控制			
自停装置	断头自停	红外线光电断头自停			
	车头门罩连锁	有			
	定长定位定向自停	有			
	其他自停	车前操作自停			
罗拉清洁装置		积极回转式绒带清洁+巡回式吹吸装置			
张力调节装置		数学模型			
防细节装置		数学模型			
传动模式		多电动机传动	五电动机单独传动	四电动机单独传动	四电动机单独传动
电控方式		计算机自动控制			
落纱方式		半自动人工落纱			
制造厂商		江苏宏源	青岛金汇丰	常州同和	青岛天一

四、国产其他自动落纱粗纱机主要技术特征(表8-1-4)

表8-1-4　国产其他自动落纱粗纱机主要技术特征

机型	HY-Auto498	ZHFA1401	HQF	TH2015
每台锭数	120	120,132,144,156	120~408	120~432
锭距/mm	220	220	220	194
最高锭速/(r/min)	1600	1800	1600	1600
捻度范围/(捻/10cm)	任意可调	任意可调	任意可调	任意可调
粗纱线密度/tex	200~1250	200~1250	200~1200	200~1200
双短胶圈牵伸形式	三罗拉或四罗拉	三罗拉或四罗拉	三罗拉或四罗拉	三罗拉或四罗拉
适用纤维长度/mm	22~65	22~50	22~65	22~65
牵伸倍数	3~20无级调整	4.2~13.2	3~20无级调整	3~20无级调整
胶辊直径/mm	28.5	29~31	29~31	28.5

续表

机型	HY-Auto498	ZHFA1401	HQF	TH2015
胶圈辊直径/mm	25	25	25	25
罗拉直径/mm	4×28	4×28.5	4×28	4×28.5
清洁方式	上绒圈下前吹后吸			
加压方式	弹簧,气动,板簧			
成形尺寸(直径×高)/mm	150×400	150×400	150×400	150×400
吸棉风机功率/kW	4	4	4	4
启动、刹车方式	变频速度控制			
其他技术特征　卷绕、成形、换向机构	变频电动机完成			
其他技术特征　巡回吸风	有			
其他技术特征　张力控制	数学模型			
其他技术特征　防细节方式	数学模型			
其他技术特征　电控方式	PLC			
其他技术特征　在线检测	CCD 检测张力			
其他技术特征　在线质量显示	有			
实时编程参数调整	可以			
落纱方式	外置自动落纱			
制造厂商	无锡宏源	无锡中晖	青岛天一	常州同和

五、国外粗纱机主要型号及技术特征(表8-1-5)

表8-1-5　国外粗纱机主要型号及技术特征

生产厂商	德国 ZINSER	意大利 MARZOLI	意大利 MARZOLI	日本丰田 TOYOTA	日本丰田 TOYOTA
机型	670	FT6DE	FT7DE	FL100	FL200
锭距/mm	260	220	260	220	220
最高锭速/(r/min)	1800	1500	1500	1500	1500
粗纱线密度/tex	200~2222	170~1470	170~1470	238~1250	238~1250

续表

生产厂商	德国 ZINSER	意大利 MARZOLI	意大利 MARZOLI	日本丰田 TOYOTA	日本丰田 TOYOTA
机型	670	FT6DE	FT7DE	FL100	FL200
牵伸形式	三罗拉双短胶圈或长短胶圈,四罗拉双短胶圈	三罗拉双短胶圈,四罗拉双短胶圈			
适纺纤维长度/mm	22~63	22~63	22~63	22~76	22~76
牵伸倍数	3~15.8	4~20	4~20	4.68~12.77	4.68~12.77
捻度范围/(捻/m)	10~100	10~100	10~100	任意可调	任意可调
卷装尺寸（直径×高）/mm	152×406,175×406	152×406	175×406	152×406	152×406
卷绕、张力微调方式	靠模板式张力微调,计算机控制	张力自控	张力自控	自动补偿	自动补偿
落纱方式	半自动	自动集体落纱	自动集体落纱	人工	自动
多电动机分部传动模式	四电动机	四电动机	四电动机	三电动机	四电动机
点地面积(长×宽)（120 锭,条筒直径520mm）/mm	17507×4610	17760×4150	17760×4150	14555×4405	16955×4465
其他	内置落纱	外置落纱	外置落纱	自动润滑	下部断纱自停

第二节　粗纱机传动及工艺计算

一、TJFA458A 型粗纱机传动及工艺计算

（一）TJFA458A 型粗纱机传动图

TJFA458A 型粗纱机传动图如图 8-1-1 所示。

（二）TJFA458A 型粗纱机三罗拉、四罗拉牵伸部分截面图

TJFA458A 型粗纱机三罗拉、四罗拉牵伸部分截面如图 8-1-2 所示。

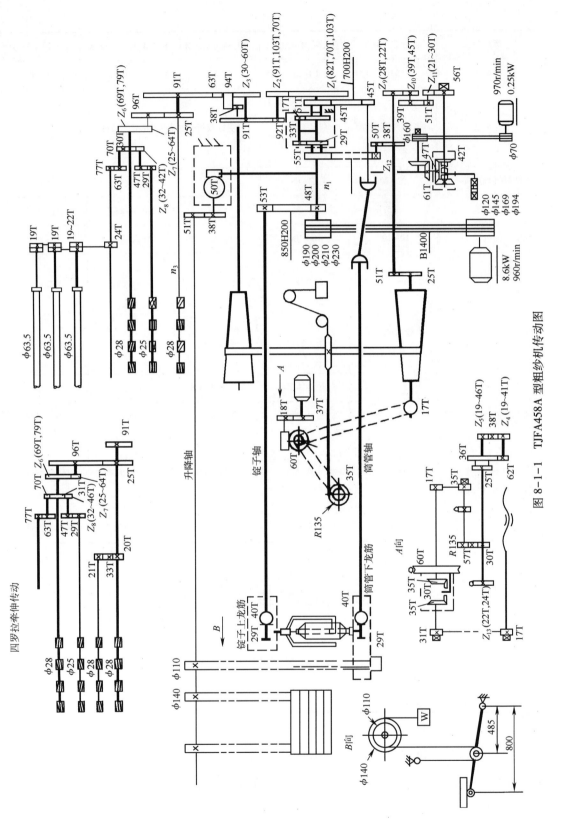

图 8-1-1　TJFA458A 型粗纱机传动图

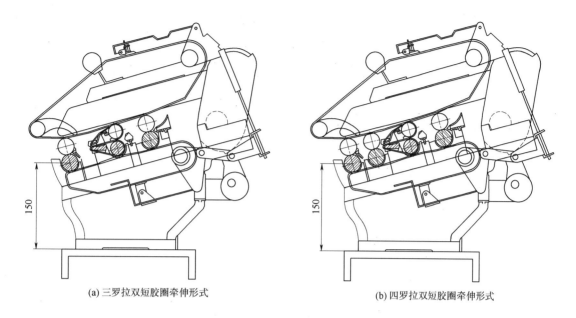

(a) 三罗拉双短胶圈牵伸形式　　　　　　(b) 四罗拉双短胶圈牵伸形式

图 8-1-2　罗拉牵伸部分截面图

(三)TJFA458A 型粗纱机工艺计算

TJFA458A 型粗纱机皮带轮及变换齿轮规格见表 8-1-6。

表 8-1-6　TJFA458A 型粗纱机皮带轮及变换齿轮规格

名称	电动机皮带轮节径/mm	主轴皮带轮节径/mm	捻度阶段变换齿轮	捻度阶段变换齿轮	捻度变换齿轮	成形变换齿轮(1)	成形变换齿轮(2)	总牵伸阶段齿轮
代号	$D_动$	$D_主$	Z_1	Z_2	Z_3	Z_4	Z_5	Z_6
齿数	120,145,169,194	190,200,210,230	70,82,103	103,91,70	30~60	19~41	19~46	69,79
名称	总牵伸变换齿轮	后区牵伸变换齿轮	升降阶段变换齿轮(1)	升降阶段变换齿轮(2)	升降变换齿轮	卷绕变换齿轮	成型角度齿轮	喂条张力变换齿轮
代号	Z_7	Z_8	Z_9	Z_{10}	Z_{11}	Z_{12}	Z_{13}	Z_{14}
齿数	25~64	32~42	22,28	45,39	21~30	36,37,38	22,24	19~22

1. 主轴、锭翼、前罗拉转速及产量

(1)采用 PC 时主轴及锭翼转速计算(频率为 50Hz)。电动机—前罗拉传动系统如图 8-1-3 所示。

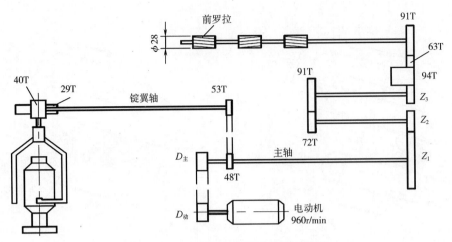

图 8-1-3　电动机—前罗拉传动系统图

主轴转速（r/min）：

$$n_{主} = \frac{电动机转速 \times 电动机皮带轮节径 D_{动}}{主轴皮带轮节径 D_{主}} = 960\,\frac{D_{动}}{D_{主}}$$

锭翼转速：

$$n_{锭} = \frac{48}{53} \times \frac{40}{29} \times n_{主} = 1.2492\,n_{主}$$

三角皮带轮节径与主轴转速及锭翼转速对照见表 8-1-7。

表 8-1-7　三角皮带轮节径与主轴转速及锭翼转速对照表

电动机皮带轮		主轴皮带轮		主轴转速 $n_{主}$/	锭翼转速 $n_{锭}$/
节径 $D_{动}$/mm	外径/mm	节径 $D_{主}$/mm	外径/mm	（r/min）	（r/min）
120	130	230	240	500.9	625.7
		210	220	548.6	685.3
		200	210	576.0	719.5
		190	200	606.3	757.4
145	155	210	220	662.9	828.1
		200	210	696.0	869.4
		190	200	732.6	915.2
169	179	210	220	772.6	965.1
		200	210	811.2	1013.4
		190	200	853.9	1066.7

电动机皮带轮		主轴皮带轮		主轴转速 $n_主$ /（r/min）	锭翼转速 $n_锭$ /（r/min）
节径 $D_动$ /mm	外径/mm	节径 $D_主$ /mm	外径/mm		
194	204	210	220	886.9	1107.9
		200	210	931.2	1163.3
		190	200	980.2	1224.5

电动机皮带轮外径为 $\phi204$ 和主轴皮带轮外径为 $\phi240$ 的带轮为用户选用件,电动机当频率为 60Hz 时,主轴转速及锭翼转速对照见表 8-1-8。

表 8-1-8　主轴转速及锭翼转速对照表

电动机皮带轮		主轴皮带轮		主轴转速 $n_主$ /（r/min）	锭翼转速 $n_锭$ /（r/min）
节径 $D_动$ /mm	外径/mm	节径 $D_主$ /mm	外径/mm		
120	130	230	240	601.0	750.8
		210	220	658.3	822.3
		200	210	691.2	863.4
		190	200	727.6	908.9
145	155	230	240	726.3	907.3
		210	220	795.4	993.6
		200	210	835.2	1043.3
		190	200	879.2	1098.3
169	179	230	240	846.5	1057.4
		210	220	927.1	1158.1
		200	210	973.4	1216.0
		190	200	1024.7	1280.0

(2)采用 PV 时主轴及锭翼转速计算。电动机—前罗拉传动系统如图 8-1-4 所示。

采用变频器调速时,0~50Hz 情况下,相应电动机转速为 0~960r/min,$D_主 = 190mm$,$D_动 = 169mm$。

主轴转速:

$$n_主 = \frac{电动机转速 \times 电动机皮带轮节径 D_动}{主轴皮带轮节径 D_主} = \frac{169}{190} \times (0 \sim 960)$$

锭翼转速：

$$n_{锭} = \frac{48}{53} \times \frac{40}{29} \times 主轴转速 = 1.2492\, n_{主}$$

前罗拉转速：

$$n_{R} = \frac{Z_1}{Z_2} \times \frac{72}{91} \times \frac{Z_3}{94} \times \frac{94}{63} \times \frac{63}{91}\, n_{主} = \frac{72}{91 \times 91} \times \frac{Z_1 Z_3}{Z_2}\, n_{主}$$

产量计算：

$$每台每小时米产量 = \frac{锭数 \times 前罗拉转速 \times 前罗拉直径 \times \pi \times 60}{1000} \times (1 - 停车率)$$

$$= \frac{锭数 \times 锭翼转速 \times 60}{每米捻度} \times (1 - 停车率)$$

$$每台每小时千克产量 = \frac{台时米产量}{粗纱支数 \times 1000}$$

当频率为 $0 \sim 50\mathrm{Hz}$ 时，电动机转速为 $0 \sim 960\mathrm{r/min}$，此时锭翼转速最高为 $1066.7\mathrm{r/min}$，如需锭翼转速超过 $1066.7\mathrm{r/min}$，可按比例调整频率，当锭翼转速达到 $1200\mathrm{r/min}$ 时，频率约为 $56.2\mathrm{Hz}$。

2. 捻度及捻度常数

前罗拉—锭翼传动如图 8-1-4 所示。

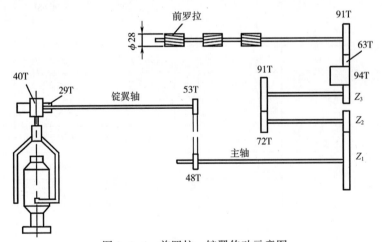

图 8-1-4　前罗拉—锭翼传动示意图

$$每米捻度 = \frac{锭翼转速}{前罗拉转速 \times \dfrac{前罗拉直径\, d \times \pi}{1000}} = \frac{\dfrac{48 \times 40}{53 \times 29} \times n_{主}}{\dfrac{Z_1 Z_3}{Z_2} \times \dfrac{72}{91 \times 91} \times n_{主} \dfrac{\pi d}{10^3}}$$

$$= \frac{48 \times 40 \times 91^2 \times 10^3 \times Z_2}{53 \times 29 \times 72 \times 28 \times \pi \times Z_1 Z_3} = 1633.31\, \frac{Z_2}{Z_1 Z_3}$$

$$每米捻度 = 1633.31 \frac{Z_2/Z_1}{Z_3} = \frac{捻度常数}{Z_3}$$

当 $\dfrac{Z_2}{Z_1} = \dfrac{91}{82}$ 时，捻度常数 $= \dfrac{91}{82} \times 1633.31 = 1812.58$；

当 $\dfrac{Z_2}{Z_1} = \dfrac{103}{70}$ 时，捻度常数 $= \dfrac{103}{70} \times 1633.31 = 2403.30$；

当 $\dfrac{Z_2}{Z_1} = \dfrac{70}{103}$ 时，捻度常数 $= \dfrac{70}{103} \times 1633.31 = 1110.02$。

捻度变换齿轮齿数与捻度对照见表 8-1-9。

表 8-1-9　捻度变换齿轮齿数与捻度对照表

Z_3	Z_2/Z_1					
	91/82(适用于纯棉)		103/70(适用于纯棉)		70/103(适用于化纤棉纺)	
	捻/m	捻/英寸	捻/m	捻/英寸	捻/m	捻/英寸
30	60.419	1.535	80.110	2.035	37.001	0.940
31	58.470	1.485	77.526	1.969	35.807	0.909
32	56.643	1.439	75.103	1.908	34.688	0.881
33	54.927	1.395	72.827	1.850	33.637	0.854
34	53.310	1.354	70.685	1.795	32.648	0.829
35	51.788	1.315	68.666	1.744	31.715	0.806
36	50.349	1.279	66.758	1.696	30.834	0.783
37	48.989	1.244	64.954	1.650	30.001	0.762
38	47.699	1.212	63.245	1.606	29.211	0.742
39	46.476	1.181	61.623	1.565	28.462	0.723
40	45.315	1.151	60.083	1.526	27.750	0.705
41	44.209	1.123	58.617	1.489	27.074	0.688
42	43.157	1.096	57.222	1.453	26.429	0.671
43	42.153	1.071	55.891	1.420	25.814	0.656
44	41.195	1.046	54.621	1.387	25.228	0.641
45	40.280	1.023	53.407	1.357	24.668	0.627
46	39.404	1.001	52.245	1.327	24.131	0.613
47	38.566	0.980	51.134	1.300	23.617	0.600

续表

Z_3	Z_2/Z_1					
	91/82(适用于纯棉)		103/70(适用于纯棉)		70/103(适用于化纤棉纺)	
	捻/m	捻/英寸	捻/m	捻/英寸	捻/m	捻/英寸
48	37.762	0.959	50.069	1.272	23.125	0.587
49	36.991	0.940	49.105	1.246	22.653	0.575
50	36.252	0.921	48.066	1.221	22.200	0.564
51	35.541	0.903	47.124	1.197	21.765	0.553
52	34.857	0.885	46.217	1.174	21.347	0.542
53	34.200	0.869	45.345	1.152	20.944	0.532
54	33.566	0.853	44.506	1.130	20.556	0.522
55	32.956	0.837	43.696	1.110	20.182	0.513
56	32.368	0.822	42.916	1.090	19.822	0.503
57	31.800	0.808	42.163	1.071	19.474	0.495
58	31.251	0.794	41.436	1.052	19.138	0.486
59	30.722	0.780	40.734	1.035	18.814	0.478
60	30.210	0.767	40.055	1.017	18.500	0.470

注　随机供应：$Z_3 = 30\sim48$ 齿；用户选用：$Z_3 = 49\sim60$ 齿，$Z_1 = 70$ 齿，$Z_2 = 103$ 齿。

3. 筒管轴向卷层密度

下龙筋升降机构如图 8-1-5 所示。

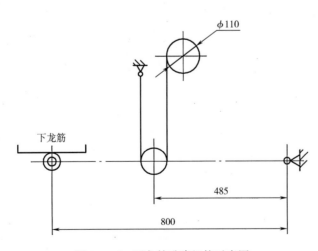

图 8-1-5　下龙筋升降机构示意图

筒管卷绕一圈下龙筋升降距离(cm/圈)＝

$$\frac{29 \times 45 \times 1485 \times 55 \times 50 \times Z_9 \times 39 \times Z_{11} \times 42 \times 1 \times 38 \times \pi \times 110 \times 800 \times 1}{40 \times 61 \times 493 \times Z_{13} \times 38 \times Z_{10} \times 51 \times 56 \times 47 \times 50 \times 51 \times 2 \times 485 \times 10}$$

$$\frac{\text{筒管轴向}}{\text{卷层密度}}(圈/cm)＝\frac{40 \times 61 \times 493 \times Z_{13} \times 38 \times Z_{10} \times 51 \times 56 \times 47 \times 50 \times 51 \times 2 \times 485 \times 10}{29 \times 45 \times 1485 \times 55 \times 50 \times Z_9 \times 39 \times Z_{11} \times 42 \times 1 \times 38 \times \pi \times 110 \times 800 \times 1}$$

$$＝61.2337\frac{Z_{10}}{Z_9 \times Z_{11}}$$

$$＝\frac{\text{筒管轴向卷层常数}}{Z_{11}}$$

式中,取 $Z_{13}=37$ 齿。

当 $\dfrac{Z_{10}}{Z_9}=\dfrac{39}{28}$ 时,筒管轴向卷层常数 ＝85.2898;

当 $\dfrac{Z_{10}}{Z_9}=\dfrac{45}{22}$ 时,筒管轴向卷层常数 ＝125.2508。

升降变换齿轮和筒管轴向卷层密度对照见表8-1-10。

表8-1-10　升降变换齿轮 Z_{11} 和筒管轴向卷层密度对照表

Z_{11}	Z_{10}/Z_9			
	39/28		45/22	
	圈/cm	圈/英寸	圈/cm	圈/英寸
21	4.0614	10.3160	5.9643	15.1494
22	3.8768	9.8471	5.6932	14.4608
23	3.7083	9.4190	5.4457	13.8320
24	3.5537	9.0265	5.2188	13.2558
25	3.4116	8.6654	5.0100	12.7255
26	3.2804	8.3322	4.8173	12.2360
27	3.1589	8.0236	4.6389	11.7829
28	3.0461	7.7370	4.4732	11.3620
29	2.9410	7.4702	4.3190	10.9702
30	2.8430	7.2212	4.1750	10.6046

注　$Z_{11}=22$ 齿,24齿,26齿,28齿,30齿,为用户选用件。

4. 筒管径向卷层密度及锥轮皮带每次移动量

(1)锥轮皮带每次移动量(mm)。

$$锥轮皮带每次移动量 = \frac{1 \times 1 \times 36 \times Z_4 \times 30}{2 \times 25 \times 62 \times Z_5 \times 57} \times \pi \times (270 + 2.5) = 5.2324 \times \frac{Z_4}{Z_5}$$

(2)锥轮皮带移动范围为700mm左右。

(3)筒管径向卷层密度。

$$筒管径向卷层密度 = \frac{锥轮皮带移动范围}{锥轮皮带每次移动量 \times 纱厚半径}$$

$$= \frac{700}{5.23243 \times \frac{Z_4}{Z_5} \times \frac{152 - 45}{2} \times \frac{1}{10}} = 25.0058 \frac{Z_5}{Z_4}$$

成形变换齿轮 Z_4、Z_5 和锥轮皮带移动量、径向卷层密度及粗纱每层厚度对照见表8-1-11。

表8-1-11　成形变换齿轮和锥轮皮带移动量、径向卷层密度及粗纱每层厚度对照表

Z_4	Z_5	锥轮皮带移动量/mm	径向卷层密度/(层/10cm)	粗纱每层平均厚度/mm	Z_4	Z_5	锥轮皮带移动量/mm	径向卷层密度/(层/10cm)	粗纱每层平均厚度/mm
25	30	4.36	300.1	0.33	24	27	4.65	281.3	0.36
26	31	4.39	298.1	0.34	25	28	4.67	280.1	0.36
27	32	4.41	296.4	0.34	26	29	4.69	278.9	0.36
21	25	4.40	297.1	0.34	27	30	4.71	276.8	0.36
22	26	4.43	295.5	0.34	28	31	4.73	276.0	0.36
23	27	4.46	293.5	0.34	29	32	4.74	273.9	0.37
24	28	4.48	291.7	0.34	21	23	4.78	272.8	0.37
25	29	4.51	290.1	0.34	22	24	4.80	272.8	0.37
26	30	4.53	288.5	0.35	23	25	4.81	271.8	0.37
27	31	4.56	287.1	0.35	24	26	4.83	270.9	0.37
28	32	4.58	285.8	0.35	25	27	4.84	270.1	0.37
21	24	4.58	285.8	0.35	26	28	4.86	269.3	0.37
22	25	4.60	284.2	0.35	27	29	4.87	268.6	0.37
23	26	4.63	282.7	0.35	28	30	4.88	267.9	0.37

Z_4	Z_5	锥轮皮带移动量/mm	径向卷层密度/（层/10cm）	粗纱每层平均厚度/mm	Z_4	Z_5	锥轮皮带移动量/mm	径向卷层密度/（层/10cm）	粗纱每层平均厚度/mm
29	31	4.89	267.3	0.37	32	30	5.58	234.4	0.43
30	32	4.90	266.7	0.37	31	29	5.59	233.9	0.43
21	22	4.99	266.0	0.38	30	28	5.61	233.4	0.43
22	23	5.00	261.4	0.38	29	27	5.62	232.8	0.43
23	24	5.01	260.9	0.38	28	26	5.63	232.2	0.43
24	25	5.02	260.5	0.38	27	25	5.65	231.5	0.43
25	26	5.03	260.1	0.38	26	24	5.67	230.8	0.43
26	27	5.04	259.7	0.39	25	23	5.69	230.1	0.43
27	28	5.05	259.3	0.39	24	22	5.71	229.2	0.44
28	29	5.05	259.0	0.39	23	21	5.73	228.3	0.44
29	30	5.06	258.7	0.39	32	29	5.77	226.6	0.44
30	31	5.06	258.4	0.39	31	28	5.79	225.9	0.44
31	32	5.07	258.1	0.39	30	27	5.81	225.1	0.44
32	32	5.23	250.1	0.40	29	26	5.84	224.2	0.45
32	31	5.40	242.2	0.41	28	25	5.86	223.3	0.48
31	30	5.41	242.0	0.41	27	24	5.87	222.3	0.45
30	29	5.41	241.7	0.41	26	23	5.91	221.2	0.45
29	28	5.42	241.4	0.41	25	22	5.95	220.1	0.45
28	27	5.43	241.1	0.41	24	21	5.98	218.8	0.46
27	26	5.43	240.8	0.42	32	28	5.98	218	0.46
26	25	5.44	240.4	0.42	31	27	6.01	217.9	0.46
25	24	5.45	240.1	0.42	30	26	6.04	216.7	0.46
24	23	5.46	239.6	0.42	29	25	6.07	215.6	0.46
23	22	5.47	239.2	0.42	28	24	6.10	214.3	0.47
22	21	5.48	238.9	0.42	27	23	6.14	213.0	0.47

Z_4	Z_5	锥轮皮带移动量/mm	径向卷层密度/(层/10cm)	粗纱每层平均厚度/mm	Z_4	Z_5	锥轮皮带移动量/mm	径向卷层密度/(层/10cm)	粗纱每层平均厚度/mm
26	22	6.18	211.6	0.47	31	22	7.37	177.5	0.56
25	21	6.23	210.0	0.48	30	21	7.47	175.0	0.57
32	27	6.20	211.0	0.47	32	22	7.61	171.9	0.58
31	26	6.24	209.7	0.48	31	21	7.72	169.4	0.59
30	25	6.28	208.4	0.48	32	21	7.97	164.1	0.61
29	24	6.32	206.9	0.4	40	26	8.05	162.5	0.62
28	23	6.37	205.4	0.49	34	22	8.09	161.8	0.62
27	22	6.42	203.8	0.49	39	25	8.16	160.3	0.62
26	21	6.48	202.0	0.50	33	21	8.22	159.1	0.63
32	26	6.44	203.2	0.49	38	24	8.28	157.9	0.63
31	25	6.49	201.7	0.50	35	22	8.32	157.2	0.64
30	24	6.54	200.0	0.50	40	25	8.37	156.3	0.64
29	23	6.60	198.3	0.50	37	33	8.42	223.0	0.48
28	22	6.66	196.5	0.51	34	21	8.47	154.4	0.65
27	21	6.73	194.5	0.51	39	24	8.50	153.9	0.65
32	25	6.70	195.4	0.51	41	25	8.58	152.5	0.66
31	24	6.76	193.6	0.52	38	23	8.64	151.4	0.66
30	23	6.82	191.7	0.52	40	24	8.72	150.0	0.67
29	22	6.90	189.7	0.53	37	22	8.80	148.7	0.67
28	21	6.98	187.5	0.53	39	23	8.87	147.7	0.68
32	24	6.98	187.5	0.53	41	24	8.94	146.4	0.68
31	23	7.05	185.5	0.54	40	23	9.10	143.8	0.70
30	22	7.14	183.4	0.55	35	20	9.16	142.9	0.70
29	21	7.23	181.1	0.55	37	21	9.22	141.9	0.70
32	23	7.28	179.7	0.56	39	22	9.28	141.1	0.71

Z_4	Z_5	锥轮皮带移动量/mm	径向卷层密度/（层/10cm）	粗纱每层平均厚度/mm	Z_4	Z_5	锥轮皮带移动量/mm	径向卷层密度/（层/10cm）	粗纱每层平均厚度/mm
41	23	9.33	140.3	0.71	36	19	9.91	132.0	0.76
36	20	9.42	138.9	0.72	46	24	10.03	130.5	0.77
38	21	9.47	138.2	0.72	39	20	10.20	128.2	0.78
42	23	9.55	136.9	0.73	42	21	10.46	125.0	0.80
46	25	9.63	135.9	0.74	45	22	10.70	122.3	0.82
39	21	9.72	134.6	0.74	46	22	10.94	119.6	0.84
45	24	9.81	133.4	0.75	45	21	11.21	116.7	0.86

5. 牵伸

（1）三罗拉牵伸计算。三罗拉牵伸传动系统如图 8-1-6 所示。

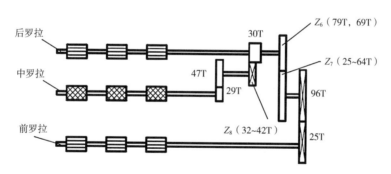

图 8-1-6 三罗拉牵伸传动系统图

①总牵伸倍数 $E_{总}$。

$$E_{总} = \frac{96 \times Z_6 \times \pi d_{前}}{25 \times Z_7 \times \pi d_{后}} = 总牵伸常数 \times \frac{Z_6}{Z_7}$$

式中：Z_6——总牵伸阶段齿轮，取 69 齿，79 齿；

Z_7——总牵伸变换齿轮，取 25~64 齿；

$d_{前}$, $d_{后}$——前、后罗拉直径，取 28mm。

$$总牵伸常数 = \frac{96\pi d_{前}}{25\pi d_{后}} = 3.84$$

总牵伸倍数 $E_{总}$ 与总牵伸阶段齿轮齿数 Z_6、总牵伸变换齿轮齿数 Z_7 的对照见表 8-1-12。

表 8-1-12　总牵伸倍数 $E_{总}$ 与总牵伸阶段齿轮齿数 Z_6、总牵伸变换齿轮齿数 Z_7 对照表

Z_7	Z_6		Z_7	Z_6	
	79	69		79	69
25	12.13	10.60	45	6.74	5.89
26	11.17	10.19	46	6.59	5.76
27	11.24	9.81	47	6.45	5.64
28	10.83	9.46	48	6.32	5.52
29	10.46	9.14	49	6.19	5.41
30	10.11	8.83	50	6.07	5.30
31	9.79	8.55	51	5.95	5.20
32	9.48	8.28	52	5.83	5.10
33	9.19	8.03	53	5.72	5.00
34	8.92	7.79	54	5.62	4.91
35	8.67	7.59	55	5.52	4.82
36	8.43	7.36	56	5.42	4.73
37	8.20	7.16	57	5.32	4.64
38	7.98	6.97	58	5.23	4.57
39	7.78	6.79	59	5.14	4.49
40	7.58	6.62	60	5.06	4.42
41	7.40	6.46	61	4.97	4.34
42	7.22	6.31	62	4.89	4.27
43	7.05	6.16	63	4.82	4.20
44	6.89	6.02	64	4.74	4.14

注　随机供应 $Z_7 = 34 \sim 45$ 齿;用户选供 $Z_7 = 25 \sim 33$ 齿,或 $Z_7 = 46 \sim 64$ 齿。

②后区牵伸倍数 $E_{后}$ 。

$$E_{后} = \frac{30 \times 47\pi d_{中}}{Z_8 \times 29\pi d_{后}} = \frac{后区牵伸常数}{Z_8}$$

式中:Z_8——后区牵伸变换齿轮齿数,取 $32 \sim 42$ 齿;

$$d_{中} = 中罗拉直径 + 2 \times 下胶圈厚度 = 25mm + 2 \times 1.1mm = 27.2mm$$

$d_{后} = 28mm$，则：

$$后区牵伸常数 = \frac{30 \times 47 \times 27.2}{29 \times 28} = 47.2315$$

后区牵伸倍数 $E_{后}$ 与后区牵伸变换齿轮齿数 Z_8 对照见表 8-1-13。

表 8-1-13　后区牵伸倍数 $E_{后}$ 与后区牵伸变换齿轮齿数对照表

Z_8	32	33	34	35	36	37	38	39	40	41	42
$E_{后}$	1.48	1.43	1.39	1.35	1.31	1.28	1.24	1.21	1.18	1.15	1.12

注　Z_8 取 32 齿、33 齿为用户选用件。

（2）四罗拉牵伸计算。四罗拉牵伸传动系统如图 8-1-7 所示。

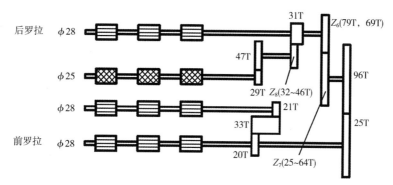

图 8-1-7　四罗拉牵伸传动系统示意图

①总牵伸倍数 $E_{总}$。

$$E_{总} = \frac{96 \times Z_6 \times \pi d_{前}}{25 \times Z_7 \times \pi d_{后}} = 总牵伸常数 \times \frac{Z_6}{Z_7}$$

式中：Z_6——总牵伸阶段齿轮齿数，取 69 齿，79 齿；

　　　Z_7——总牵伸变换齿轮齿数，取 25~64 齿；

　$d_{前}$，$d_{后}$——前后罗拉直径，取 28mm。

$$总牵伸常数 = \frac{96\pi d_{前}}{25\pi d_{后}} = 3.84$$

总牵伸倍数 $E_{总}$ 与总牵伸阶段齿轮齿数 Z_6、总牵伸变换齿轮齿数 Z_7 对照表参照表 8-1-12。

②后区牵伸倍数 $E_{后}$。

$$E_{后} = \frac{31 \times 47 \times \pi d_{中}}{Z_8 \times 29 \times \pi d_{后}} = \frac{后区牵伸常数}{Z_8}$$

式中：Z_8——后区牵伸变换齿轮齿数，取 32~46 齿；

$d_{中}$ = 中罗拉直径+2×下胶圈厚度 = 25mm+2×1.1mm = 27.2mm

$d_{后}$ = 28mm，则：

$$后区牵伸常数 = \frac{31 \times 47 \times 27.2}{29 \times 28} = 48.8059$$

后区牵伸倍数 $E_{后}$ 与后区牵伸变换齿轮齿数 Z_8 对照见表 8-1-14。

表 8-1-14　后区牵伸倍数 $E_{后}$ 与后区牵伸变换齿轮对照表

Z_8	32	33	34	35	36	37	38	39
$E_{后}$	1.53	1.48	1.44	1.39	1.36	1.32	1.28	1.25
Z_8	40	41	42	43	44	45	46	
$E_{后}$	1.22	1.19	1.16	1.14	1.11	1.08	1.06	

注　Z_8 取 32 齿、33 齿为用户选用件。

6. 导条辊—后罗拉张力牵伸倍数

后罗拉—导棉辊传动系统如图 8-1-8 所示。

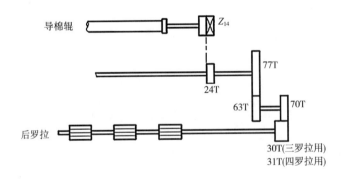

图 8-1-8　后罗拉—导棉辊传动系统图

（1）三罗拉导条辊—后罗拉张力牵伸倍数。

$$喂条张力牵伸倍数 = \frac{70 \times 77 \times Z_{14} \times \pi d_{后}}{30 \times 63 \times 24 \times \pi d_{辊}} = 张力牵伸常数 \times Z_{14}$$

式中：Z_{14}——喂条张力变换齿轮齿数，取 19~22 齿；

$d_{辊}$——导条辊直径，取 63.5mm。

$$张力牵伸常数 = \frac{70 \times 77 \times 28}{30 \times 63 \times 24 \times 63.5} = 0.0524$$

喂条张力变换齿轮齿数 Z_{14} 与喂条张力牵伸倍数对照表见表8-1-15。

表8-1-15　喂条张力变换齿轮与喂条张力牵伸倍数对照表

Z_{14}	19	20	21	22
喂条张力牵伸倍数	0.996	1.048	1.100	1.153

（2）四罗拉导条辊—后罗拉张力牵伸倍数。

$$喂条张力牵伸倍数 = \frac{70 \times 77 \times Z_{14} \times \pi d_后}{31 \times 63 \times 24 \times \pi d_辊} = 张力牵伸常数 \times Z_{14}$$

式中：Z_{14}——喂条张力变换齿轮齿数，取19～22齿；

$\quad d_辊$——导棉辊直径，取63.5mm。

$$张力牵伸常数 = \frac{70 \times 77 \times 28}{31 \times 63 \times 24 \times 63.5} = 0.0507$$

喂条张力变换齿轮齿数 Z_{14} 与喂条张力牵伸倍数对照表见表8-1-16。

表8-1-16　喂条张力变换齿轮与喂条张力牵伸倍数对照表

Z_{14}	19	20	21	22
喂条张力牵伸倍数	0.963	1.014	1.065	1.115

二、JWF1436C 型粗纱机传动及工艺计算

（一）JWF1436C 型粗纱机传动图

JWF1436C 型粗纱机传动图如图8-1-9所示。

（二）JWF1436C 型粗纱机工艺计算

1. 锭翼、前罗拉转速及产量

（1）锭翼转速设定。JWF1436C 型粗纱机可在计算机屏幕上直接设定锭翼转速，定锭翼转速设定工艺见表8-1-17。

（2）前罗拉转速 n_R。

$$n_R = \frac{n_锭}{T \times \pi \times 28 \times 10^{-3}}$$

式中：T——捻度，捻/m，可在屏幕上设定，18.5～80捻/m。

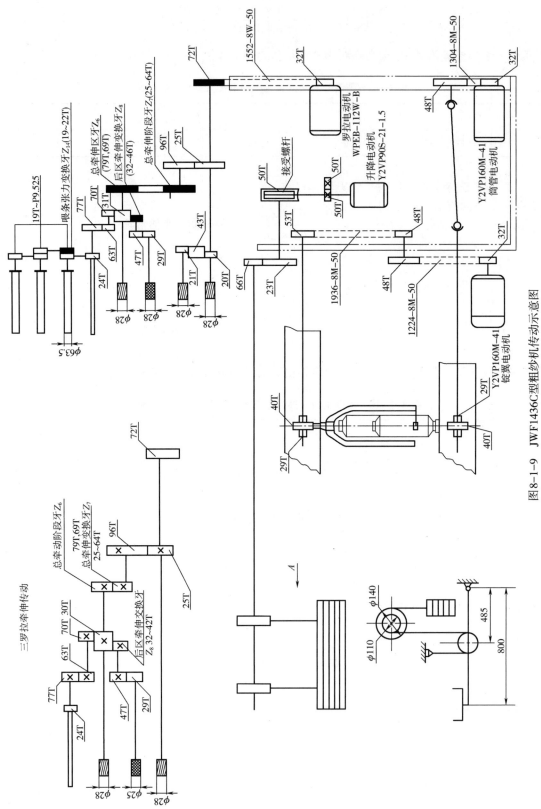

图8-1-9 JWF1436C型粗纱机传动示意图

表 8-1-17 JWF1436C 型粗纱机定锭翼转速设定工艺表

纤维种类	线密度/tex	公支	英支	捻度/(捻/m)	锭速/(r/min)
普梳纯棉(27mm)	583	1.7	1.00	48	1500
	648	1.53	0.9	48	1400
	767	1.29	0.76	44	1300
精梳纯棉	561	1.76	1.04	50	1300
	561	1.76	1.04	51	1200
涤65/棉35	397	2.49	1.47	32	1100
	452	2.18	1.29	31	1100
	511	1.93	1.14	28	1200
	702	1.40	0.83	26	1000
黏纤(38mm)	767	1.29	0.76	29.6	900
中长纤维	583	1.70	1.00	23	850

（3）产量。

$$每台每小时米产量 = \frac{锭数 \times 前罗拉转数 \times 前罗拉直径 \times \pi \times 60}{1000} \times (1 - 停车率)$$

$$每台每小时千克产量 = \frac{台时米产量}{粗纱支数 \times 1000}$$

（4）筒管轴向卷层数。可在屏幕上直接设定,设定范围为 1.0~10.0,具体可参照表 8-1-10 的数值设定。

2. 四罗拉牵伸

四罗拉牵伸传动系统如图 8-1-10 所示。

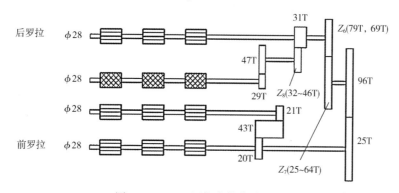

图 8-1-10 四罗拉牵伸传动系统图

（1）总牵伸倍数 $E_{总}$。

$$E_{总} = \frac{96 \times Z_6 \times \pi d_{前}}{25 \times Z_7 \times \pi d_{后}} = 总牵伸常数 \times \frac{Z_6}{Z_7}$$

式中：Z_6——总牵伸阶段齿轮齿数，取 69 齿，79 齿；

Z_7——总牵伸变换齿轮齿数，取 25～64 齿；

$d_{前}$，$d_{后}$——前，后罗拉直径，取 28mm。

$$总牵伸常数 = \frac{96\pi d_{前}}{25\pi d_{后}} = 3.84$$

总牵伸倍数 $E_{总}$ 与总牵伸阶段齿轮、总牵伸变换齿轮对照见表 8-1-18。

表 8-1-18 总牵伸倍数 $E_{总}$ 与总牵伸阶段齿轮齿数 Z_6、总牵伸变换齿轮齿数 Z_7 对照表

Z_7	Z_6		Z_7	Z_6	
	79	69		79	69
25	12.13	10.60	42	7.22	6.31
26	11.17	10.19	43	7.05	6.16
27	11.24	9.81	44	6.89	6.02
28	10.83	9.46	45	6.74	5.09
29	10.46	9.14	46	6.59	5.76
30	10.11	8.83	47	6.45	5.64
31	9.79	8.55	48	6.32	5.52
32	9.48	8.28	49	6.19	5.41
33	9.19	8.03	50	6.07	5.30
34	8.92	7.79	51	5.95	5.20
35	8.67	7.59	52	5.83	5.10
36	8.43	7.36	53	5.72	5.00
37	8.20	7.16	54	5.62	4.91
38	7.98	6.97	55	5.52	4.82
39	7.78	6.79	56	5.42	4.73
40	7.58	6.62	57	5.32	4.64
41	7.40	6.46	58	5.23	4.57

Z_7	Z_6		Z_7	Z_6	
	79	69		79	69
59	5.14	4.49	62	4.89	4.27
60	5.06	4.42	63	4.82	4.20
61	4.97	4.34	64	4.74	4.14

注　随机供应：$Z_7 = 34 \sim 45$ 齿；用户选供：$Z_7 = 25 \sim 33$ 齿或 $Z_7 = 46 \sim 64$ 齿。

（2）后区牵伸倍数 $E_后$。

$$E_后 = \frac{31 \times 47 \times \pi d_中}{Z_8 \times 29 \times \pi d_后} = \frac{后区牵伸常数}{Z_8}$$

式中：Z_8——后区牵伸变换齿轮齿数，取 $32 \sim 50$ 齿；

$d_中 = 中罗拉直径 + 2 \times 下胶圈厚度 = 28mm + 2 \times 1.1mm = 30.2mm$

$d_后 = 28mm$，则：

$$后区牵伸常数 = \frac{31 \times 47 \times 30.2}{29 \times 28} = 54.1889$$

后牵伸倍数 $E_后$ 与后区牵伸变换齿轮齿数 Z_8 对照见表 8-1-19。

表 8-1-19　后牵伸倍数 $E_后$ 与后区牵伸变换齿轮齿数 Z_8 对照表

Z_8	32	33	34	35	36	37	38	39	40	41
$E_后$	1.69	1.64	1.59	1.55	1.51	1.46	1.43	1.39	1.35	1.32
Z_8	42	43	44	45	46	47	48	49	50	
$E_后$	1.29	1.26	1.23	1.20	1.18	1.15	1.13	1.10	1.08	

注　Z_8 取 32 齿，33 齿，$46 \sim 50$ 齿为用户选用件。

3. 导条辊—后罗拉张力牵伸倍数

$$喂条张力牵伸倍数 = \frac{70 \times 77 \times Z_{14} \times \pi d_后}{31 \times 63 \times 24 \times \pi d_辊} = 张力牵伸常数 \times Z_{14}$$

式中：Z_{14}——喂条张力变换齿轮齿数，取 $19 \sim 22$ 齿；

$d_辊$——导棉辊直径，取 63.5mm。

$$张力牵伸常数 = \frac{70 \times 77 \times 28}{31 \times 63 \times 24 \times 63.5} = 0.0507$$

后罗拉—导棉辊传动系统如图 8-1-11 所示。

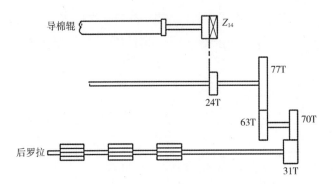

图 8-1-11　后罗拉—导棉辊传动系统图

喂条张力变换齿轮齿数 Z_{14} 与喂条张力牵伸倍数对照见表 8-1-20。

表 8-1-20　喂条张力变换齿轮齿数 Z_{14} 与喂条张力牵伸倍数对照表

Z_{14}	19	20	21	22
喂条张力牵伸倍数	0.963	1.014	1.065	1.115

三、CMT1801 型自动落纱粗纱机传动及工艺计算

(一)CMT1801 型自动落纱粗纱机传动图

CMT1801 型自动落纱粗纱机传动图如图 8-1-12 所示。

(二)CMT1801 型自动落纱粗纱机工艺计算

1. 锭翼、前罗拉转速及产量

(1)锭翼转速。

$$锭翼转速 = 锭翼电动机转速 \times \frac{40}{84} \times \frac{47}{32} = 锭翼电动机转速 \times 0.69940$$

(2)前罗拉转速。

$$前罗拉转速 = 牵伸电动机转速 \times \frac{28}{98}$$

(3)产量计算。

①罗拉直径 $\phi28.5\text{mm}$。

$$每台时米产量(\text{m}) = \frac{锭数 \times 前罗拉转速(\text{r/min}) \times 28.5 \times \pi \times 60 \times (1 - 停车率)}{1000}$$

$$每台时千克产量(\text{kg}) = \frac{锭数 \times 前罗拉转速(\text{r/min}) \times 28.5 \times \pi \times 60 \times (1 - 停车率) \times \text{Tt}}{1000 \times 1000 \times 1000}$$

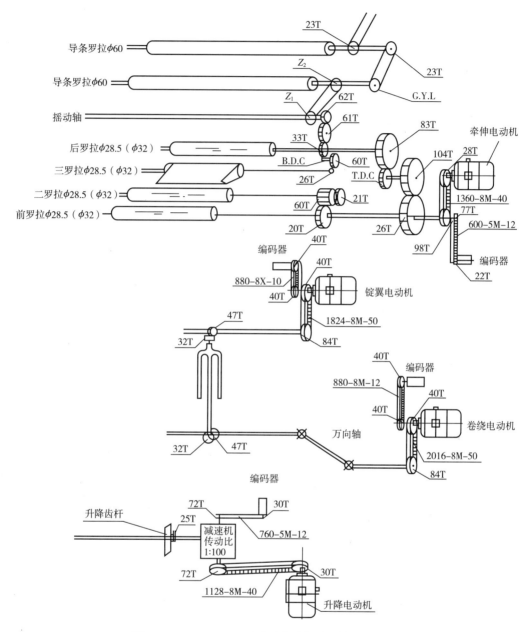

图 8-1-12 CMT1801 型自动落纱粗纱机传动示意图

T. D. C—总牵伸变换齿轮 B. D. C—后牵伸变换齿轮 Z_1，Z_2—链轮工艺轮

②罗拉直径 $\phi32mm$。

$$每台时米产量(m) = \frac{锭数 \times 前罗拉转速(r/min) \times 32 \times \pi \times 60 \times (1-停车率)}{1000}$$

$$每台时千克产量(kg) = \frac{锭数 \times 前罗拉转速(r/min) \times 32 \times \pi \times 60 \times (1-停车率) \times Tt}{1000 \times 1000 \times 1000}$$

式中:Tt——粗纱线密度,tex。

2. 牵伸

(1)总牵伸倍数。CMT1801 型自动落纱粗纱机的牵伸传动如图 8-1-13 所示。

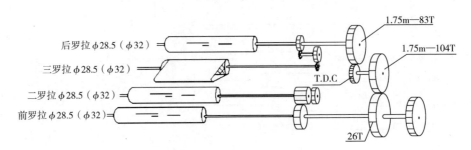

图 8-1-13　牵伸传动示意图

$$总牵伸常数 = \frac{104 \times 83}{26} = 332$$

$$总牵伸变换齿轮齿数 = \frac{332}{牵伸倍数}$$

总牵伸变换齿轮齿数范围为 26~71 齿,见表 8-1-21。

表 8-1-21　总牵伸变换齿轮齿数与总牵伸倍数对照表

总牵伸变换齿轮齿数	总牵伸倍数	总牵伸变换齿轮齿数	总牵伸倍数	总牵伸变换齿轮齿数	总牵伸倍数	总牵伸变换齿轮齿数	总牵伸倍数
26	12.77	38	8.74	50	6.60	62	5.35
27	12.30	39	8.51	51	6.51	63	5.27
28	11.86	40	8.30	52	6.38	64	5.19
29	11.45	41	8.10	53	6.26	65	5.11
30	11.07	42	7.90	54	6.15	66	5.03
31	10.71	43	7.72	55	6.03	67	4.96
32	10.38	44	7.55	56	5.93	68	4.88
33	10.06	45	7.38	57	5.82	69	4.81
34	9.76	46	7.22	58	5.72	70	4.74
35	9.49	47	7.06	59	5.63	71	4.68
36	9.22	48	6.92	60	5.53		
37	8.97	49	6.78	61	5.45		

注　随机仅带 40 齿、41 齿、42 齿、43 齿、44 齿、45 齿、46 齿、47 齿、48 齿、49 齿、50 齿、51 齿、52 齿。

（2）后牵伸倍数。CMT1801型自动落纱粗纱机的后牵伸传动如图8-1-14所示。

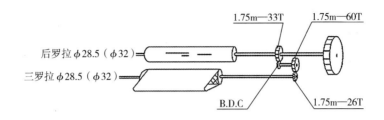

图 8-1-14 后牵伸传动示意图

①罗拉直径 $\phi 28.5$mm。

$$后牵伸常数 = \frac{(28.5 + 1.1 \times 2 \times 0.8) \times 60 \times 33}{28.5 \times 26} = 80.86$$

下胶圈的厚度为 1.1mm。

后牵伸变换齿轮齿数与后区牵伸倍数对照见表8-1-22。

表 8-1-22 后牵伸变换齿轮齿数与后区牵伸倍数对照表

后牵伸变换齿轮齿数（B.D.C）	牵伸倍数	后牵伸变换齿轮齿数（B.D.C）	牵伸倍数	后牵伸变换齿轮齿数（B.D.C）	牵伸倍数	后牵伸变换齿轮齿数（B.D.C）	牵伸倍数
45	1.80	52	1.56	59	1.37	66	1.23
46	1.77	53	1.53	60	1.35	67	1.21
47	1.72	54	1.50	61	1.33	68	1.19
48	1.68	55	1.47	62	1.30	69	1.17
49	1.65	56	1.44	63	1.28	70	1.16
50	1.62	57	1.41	64	1.26		
51	1.59	58	1.39	65	1.24		

注 随机仅带 64~70 齿。

②罗拉直径 $\phi 32$mm。

$$后牵伸常数 = \frac{(32 + 1.1 \times 2 \times 0.8) \times 60 \times 33}{32 \times 26} = 80.34$$

下胶圈的厚度为 1.1mm。

后牵伸变换齿轮齿数与后区牵伸倍数对照见表8-1-23。

表8-1-23　后牵伸变换齿轮齿数与后区牵伸倍数对照表

后牵伸变换齿轮齿数（B.D.C）	后区牵伸倍数	后牵伸变换齿轮齿数（B.D.C）	后区牵伸倍数	后牵伸变换齿轮齿数（B.D.C）	后区牵伸倍数	后牵伸变换齿轮齿数（B.D.C）	后区牵伸倍数
45	1.79	52	1.55	59	1.36	66	1.22
46	1.75	53	1.52	60	1.34	67	1.20
47	1.71	54	1.49	61	1.32	68	1.18
48	1.67	55	1.46	62	1.30	69	1.16
49	1.64	56	1.43	63	1.28	70	1.15
50	1.61	57	1.41	64	1.26		
51	1.58	58	1.39	65	1.24		

注　随机仅带64~70齿。

第三节　粗纱机工艺配置

一、粗纱定量

在公定回潮率条件下,粗纱单位长度的重量称为定量,在干燥状态下称干定量。粗纱定量应根据并条熟条定量与细纱机牵伸能力、纺纱品种、产品质量要求、生产供应平衡以及粗纱设备性能等因素综合考虑确定,见表8-1-24。

表8-1-24　粗纱定量选用范围

纺纱线密度/tex	30以上	20~30	9~19	9以下
粗纱干定量/(g/10m)	5.5~10	4.5~8.5	3.8~8	3~6.5

二、锭速

锭速与所纺粗纱品种、定量、捻系数、锭翼形式和粗纱机自身设备性能等因素有关。化纤纯纺或混纺,相较纯棉设计较小的粗纱捻系数,锭速可较纯棉适当降低5%~20%。粗纱锭速选用范围(纯棉)见表8-1-25。

表8-1-25　粗纱锭速选用范围(纯棉)

纺纱线密度/tex	30以上	11~30	11以下
锭速范围/(r/min)	1100~1200	900~1100	750~900

三、牵伸

(一)总牵伸

粗纱机总牵伸倍数应根据所纺细纱线密度(tex)、熟条定量、粗纱机的牵伸效能,并结合细纱机的牵伸能力,在保证提高产品质量的前提下合理配置,见表8-1-26。

表8-1-26　粗纱机总牵伸配置范围

牵伸形式	三罗拉及四罗拉双胶圈牵伸		
纺纱线密度/tex	30以上	11~30	11以下
总牵伸	5~8	6~9	7~12

(二)部分牵伸

粗纱机部分牵伸分配应根据牵伸形式、喂入品质量及总牵伸倍数等相关因素合理选择,见表8-1-27。

表8-1-27　部分牵伸分配

部分牵伸	三罗拉双胶圈	四罗拉双胶圈
前区	主牵伸区	1~1.05
中区	—	主牵伸区
后区	1.08~1.4	1.08~1.4

注　一般化纤混纺、纯纺和中长纤维可偏高选用。

粗纱机的后区牵伸多数属于简单罗拉牵伸,控制纤维能力较差,偏小掌握有利于改善粗纱条干。

一般化纤混纺、纯纺的后区牵伸配置与纯棉纱相同,如后区隔距较小时,后区牵伸配置可略大于纯棉纺。

四、罗拉握持距及胶圈钳口隔距

粗纱机罗拉握持距主要根据纤维长度、纤维品种、粗纱定量和不同牵伸形式适当配置,同时应结合总牵伸倍数大小、加压轻重等各项因素全面考虑,如总牵伸倍数较大、加压较重,罗拉握持距应适当改小;反之应放大。不同牵伸形式的罗拉握持距示意图如图8-1-15和图8-1-16所示。

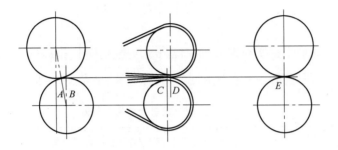

图 8-1-15　三罗拉双胶圈牵伸示意图

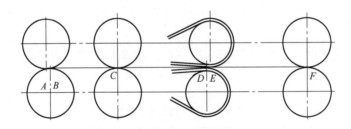

图 8-1-16　四罗拉双胶圈牵伸示意图

(一)不同牵伸形式的罗拉握持距(表8-1-28)

表 8-1-28　不同牵伸形式的罗拉握持距

牵伸形式	前区握持距	中区握持距	后区握持距
三罗拉双胶圈	$L_1 = \overset{\frown}{AB} + \overline{BC} + \overset{\frown}{CD}$	—	$L_2 = \overline{DE}$
四罗拉双胶圈	$L_1 = \overset{\frown}{AB} + \overline{BC}$	$L_2 = \overline{CD} + \overset{\frown}{DE}$	$L_3 = \overline{EF}$

（二）不同牵伸形式的罗拉握持距配置（表8-1-29）

表8-1-29　不同牵伸形式的罗拉握持距配置　　　　　单位:mm

牵伸形式	前罗拉—二罗拉(L_1)			二罗拉—三罗拉(L_2)			三罗拉—四罗拉(L_3)		
	纯棉	棉型化纤	中长	纯棉	棉型化纤	中长	纯棉	棉型化纤	中长
三罗拉双胶圈牵伸	胶圈架长度+(14~20)	胶圈架长度+(16~22)	胶圈架长度+(18~22)	L_p+(16~20)	L_p+(18~22)	L_p+(18~22)	—	—	—
四罗拉双胶圈牵伸	35~40	37~42	42~57	胶圈架长度+(22~26)	胶圈架长度+(24~28)	胶圈架长度+(24~28)	L_p+(16~20)	L_p+(18~22)	L_p+(18~22)

注　L_p为棉纤维品质长度或化纤主体长度(mm)。

胶圈架长度:棉、棉型化纤为35.7mm;51mm中长型为44.2mm;60mm中长型为57.3mm。

粗纱前上胶辊前移量:三罗拉双胶圈为3mm,四罗拉双胶圈为2mm,可适当增加前移量(0.5~1mm)。前上胶辊前移的目的是为了减小纱条的弱捻区,降低粗纱断头,在前下罗拉或前上胶辊上会产生一包围弧,对牵伸不利。从工艺上要求应使AB尽量减少,最好等于零。为减小上下胶圈打滑,上胶圈罗拉一般后移2mm。

（三）钳口隔距

上下销分别支撑胶圈,利用胶圈的弹性夹持纱条,并控制纤维运动,上下销之间的原始距离称为钳口隔距,由隔距块维持,确保统一、准确。钳口隔距随纱条定量、纤维性质、罗拉中心距等因素进行调整。常用双胶圈钳口隔距配置见表8-1-30;影响胶圈钳口隔距的因素见表8-1-31。

表8-1-30　双胶圈钳口隔距配置

粗纱干定量/(g/10m)	2.5~4.0	4.0~5.0	5.0~6.0	6.0~8.0	8.0~10.0
钳口隔距/mm	3.0~4.0	4.0~5.0	5.0~6.0	6.0~8.0	7.0~9.0

表8-1-31　影响胶圈钳口隔距的因素

选择原则	影响因素						
	喂入棉条定量	牵伸倍数	粗纱定量	罗拉加压重量	主牵伸区罗拉隔距	纤维长度	纤维品种
胶圈钳口偏小掌握	轻	大	小	重	大	短	纯棉
胶圈钳口偏大掌握	重	小	大	轻	小	长	化纤

五、罗拉加压

罗拉加压配置除考虑牵伸形式外,还应考虑罗拉隔距、喂入定量、粗纱定量及加工纤维品种等因素,应确保各列罗拉有足够的握持力。罗拉加压配置一般范围见表8-1-32。

表 8-1-32　罗拉加压配置

牵伸形式	纺纱品种	罗拉加压/(daN/双锭)			
		前罗拉	二罗拉	三罗拉	四罗拉
三罗拉双胶圈牵伸	纯棉	20~25	10~15	15~20	—
	化纤混纺、纯纺	25~30	15~20	20~25	—
	纤维素纤维	25~30	15~20	20~25	—
四罗拉双胶圈牵伸	纯棉	9~12	15~20	10~15	10~15
	化纤混纺、纯纺	12~15	20~25	15~20	15~20
	纤维素纤维	12~15	20~25	15~20	15~20

注　纺中长纤维时,罗拉加压可按上列配置加重10%~20%。

六、捻系数

(一)捻系数计算公式

$$\alpha_t = T_{tex}\sqrt{Tt}$$

式中:α_t ——粗纱捻系数;

T_{tex} ——10cm 长度上的捻回数;

Tt——粗纱线密度,tex。

(二)捻系数经验公式和选用范围

1. 纯棉粗纱捻系数经验公式和选用范围

(1)经验公式。

$$\alpha_t = C_a \frac{1}{L_m \sqrt[x]{Tt}}$$

式中:C_a ——捻系数经验常数,纯棉一般在 4600~5000 之间;

L_m ——纤维主体长度,mm;

x ——指数,一般纯棉为 10~14。

(2)纯棉粗纱捻系数选用范围(表 8-1-33)。

表 8-1-33　纯棉粗纱捻系数选用范围

线密度/ tex	棉纤维主体长度/mm							
	25	26	27	28	29	30	31	32
200						112.6~113.7	109.0~110.1	105.6~106.6
220						111.8~112.9	108.2~109.3	104.8~105.9
240					114.9~116.0	111.1~112.2	107.5~108.6	104.1~105.2
260					114.2~115.3	110.4~111.5	106.8~107.9	103.5~104.5
280				117.6~118.8	113.6~114.7	109.8~110.9	106.2~107.3	102.9~103.9
300				117.0~118.2	113.0~114.1	109.2~110.3	105.7~106.7	102.4~103.4
320			120.8~121.9	116.4~117.6	112.4~113.5	108.7~109.7	105.2~106.2	101.9~102.9
340			120.2~121.4	115.9~117.0	111.9~113.0	108.2~109.2	104.7~105.7	101.4~102.4
360		124.3~125.5	119.7~120.8	115.4~116.5	111.4~112.5	107.7~108.8	104.2~105.3	101.0~102.0
380		123.8~125.0	119.2~120.3	114.9~116.0	111.0~112.0	107.3~108.3	103.8~104.8	100.6~101.5
400	128.2~129.5	123.3~124.5	118.7~119.9	114.5~115.6	110.5~111.6	106.8~107.9	103.4~104.4	100.2~101.1
420	127.7~129.0	122.8~124.0	118.3~119.4	114.1~115.2	110.1~111.2	106.4~107.5	103.0~104.0	99.8~100.8
440	127.3~128.5	122.4~123.6	117.9~119.0	113.6~114.8	109.7~110.8	106.1~107.1	102.6~103.7	99.4~100.4
460	126.9~128.1	122.0~123.2	117.5~118.6	113.3~114.4	109.4~110.4	105.7~106.7	102.3~103.3	99.1~100.1
480	126.4~127.7	121.6~122.8	117.1~118.2	112.9~114.0	109.0~110.1	105.4~106.4	102.0~103.0	98.8~99.8
500	126.1~127.3	121.2~122.4	116.7~117.9	112.5~113.6	108.7~109.7	105.0~106.1	101.7~102.6	98.5~99.4
520	125.7~126.9	120.8~122.0	116.4~117.5	112.2~113.3	108.3~109.4	104.7~105.8	101.4~102.3	98.2~99.1
540	125.3~126.5	120.5~121.7	116.0~117.2	111.9~113.0	108.0~109.1	104.4~105.5	101.1~102.0	97.9~98.9
560	125.0~126.2	120.2~121.3	115.7~116.8	111.6~112.7	107.7~108.8	104.1~105.2	100.8~101.8	97.6~98.6
580	124.6~125.9	119.8~121.0	115.4~116.5	111.3~112.4	107.4~108.5	103.9~104.9	100.5~101.5	97.4~98.3
600	124.3~125.5	119.5~120.7	115.1~116.2	111.0~112.1	107.2~108.2	103.6~104.6	100.3~101.2	97.1~98.1
620	124.0~125.2	119.2~120.4	114.8~115.9	110.7~111.8	106.9~107.9	103.3~104.3	100.0~101.0	96.9~97.8
640	123.7~124.9	118.9~120.1	114.5~115.7	110.4~111.5	106.6~107.7	103.1~104.1	99.8~100.7	96.6~97.6
660	123.4~124.6	118.7~119.8	114.3~115.4	110.2~111.3	106.4~107.4	102.8~103.9	99.5~100.5	96.4~97.4
680	123.1~124.3	118.4~119.6	114.0~115.1	109.9~111.0	106.1~107.2	102.6~103.6	99.3~100.3	96.2~97.1
700	122.9~124.1	118.1~119.3	113.8~114.9	109.7~110.8	105.9~107.0	102.4~103.4	99.1~100.1	96.0~96.9
720	122.6~123.8	117.9~119.0	113.5~114.6	109.5~110.5	105.7~106.7	102.2~103.2	98.9~99.8	

线密度/ tex	棉纤维主体长度/mm							
	25	26	27	28	29	30	31	32
740	122.3~123.5	117.6~118.8	113.3~114.4	109.2~110.3	105.5~106.5	102.0~102.9	98.7~99.6	
760	122.1~123.3	117.4~118.5	113.0~114.2	109.0~110.1	105.3~106.3	101.7~102.7		
780	121.9~123.0	117.2~118.3	112.8~113.9	108.8~109.9	105.0~106.1	101.5~102.5		
800	121.6~122.8	116.9~118.1	112.6~113.7	108.6~109.6	104.8~105.9			
820	121.4~122.6	116.7~117.9	112.4~113.5	108.4~109.4	104.6~105.7			
840	121.2~122.4	116.5~117.6	112.2~113.3	108.2~109.2				
860	120.9~122.1	116.3~117.4	112.0~113.1	108.0~109.0				
880	120.7~121.9	116.1~117.2	111.8~112.9					
900	120.5~121.7	115.9~117.0	111.6~112.7					

2. 化纤混纺、纯纺及中长纤维的粗纱捻系数选用范围（表8-1-34）

表8-1-34　化纤混纺、纯纺及中长纤维的粗纱捻系数选用范围

线密度/tex	涤65/棉35	黏纤纯纺	涤（低比例）/棉、 黏/棉、腈/棉	中长纤维
300	67.8~76.9	81.4~83.9	86.6~88.7	58.4~60.5
320	66.8~75.8	80.2~82.7	85.4~87.5	57.4~59.5
340	65.7~74.6	78.8~81.4	84.0~86.1	56.6~58.7
360	64.9~73.7	77.9~80.4	83.0~85.1	55.9~58.0
380	64.1~72.8	76.9~79.4	82.0~84.1	55.1~57.2
400	63.3~71.9	76.0~78.5	81.0~83.1	54.5~56.6
420	62.6~71.2	75.1~77.6	80.0~82.1	53.9~56.0
440	61.8~70.3	74.2~76.7	79.1~81.2	53.1~55.2
460	61.1~69.5	73.3~75.8	78.1~80.2	52.5~54.6
480	60.5~68.9	72.6~75.1	77.4~79.5	52.1~54.2
500	60.0~68.3	72.0~74.5	76.7~78.8	51.6~53.7
520	59.4~67.7	71.3~73.8	76.0~78.1	51.1~53.2

线密度/tex	涤65/棉35	黏纤纯纺	涤(低比例)/棉、黏/棉、腈/棉	中长纤维
540	58.8~67.0	70.6~73.1	75.3~77.4	50.6~52.7
560	58.3~66.4	70.0~72.5	74.7~76.8	50.2~52.3
580	57.8~65.9	69.4~71.9	73.9~76.0	49.8~51.9
600	57.3~65.3	68.8~71.3	73.3~75.4	49.2~51.3
620	56.9~64.9	68.3~70.8	72.8~74.9	48.9~51.0
640	56.4~64.2	67.7~70.1	72.1~74.2	48.5~50.6
660	56.1~64.0	67.3~69.8	71.7~73.8	48.2~50.3
680	55.7~63.6	66.8~69.4	71.3~73.4	47.9~50.0
700	55.2~63.0	66.2~68.8	70.7~72.8	47.5~49.6

(三)影响捻系数的主要因素

粗纱捻系数的选择,主要根据所纺纤维长度、线密度、粗纱定量、细纱后区工艺以及加工纯棉或化纤等因素而定,它们对粗纱捻系数的影响见表8-1-35。

表8-1-35 影响粗纱捻系数的因素

类别	影响因素	粗纱捻系数	
		大	小
加工纤维种类	原棉和化纤或中长	纯棉纺	化纤或中长
纤维特性	纤维长度	短	长
	纤维线密度	粗	细
温湿度	温度	高	低
	粗纱回潮率	大	小
	季节	潮湿	干燥
粗纱工艺	粗纱定量	轻	重
	粗纱机锭速	高	低
	粗纱卷装容量	大卷装	小卷装
粗纱手感	粗纱松紧	松	紧
	粗纱强力	低	高

续表

类别	影响因素	粗纱捻系数	
		大	小
细纱工艺	细纱后加压重量	重	轻
	细纱后牵伸倍数	大	小
	细纱后隔距	大	小
产品质量	粗节和阴影	粗节少、阴影多	粗节多、阴影少
	强力	强力低	强力高
	重量不匀	低	高
产品种类	普梳纱或精梳纱	普梳纱	精梳纱
	针织用纱或起绒用纱	针织用纱	起绒用纱
	机织用纱	经纱	纬纱

(四)捻系数的调整和控制

1. 纤维长度或粗纱定量变化时的捻系数调整

(1)纤维长度变化、粗纱定量不变时,粗纱捻系数可按下式计算:

$$\frac{\alpha_1}{\alpha_2} = \frac{L_2}{L_1}$$

式中:α_1,α_2——改纺前、后的粗纱捻系数;

L_1,L_2——改纺前、后的纤维主体长度,mm。

(2)粗纱定量变动、纤维长度不变时,粗纱捻系数可按下式计算:

$$\frac{\alpha_1}{\alpha_2} = \sqrt[x]{\frac{Tt_2}{Tt_1}}$$

式中:Tt_1,Tt_2——改纺前、后的粗纱线密度,tex;

x——指数,一般纯棉为 10~14。

2. 细纱后区工艺对捻系数的影响

细纱后区的工艺参数(后罗拉加压、后区隔距)与粗纱捻度的配置密切相关。配置得当,对于改善成纱质量有益。针织用纱布面质量应重点防止产生阴影,要求成纱条干减少细节,因此粗纱捻系数要偏大掌握,但以牵伸过程不出硬头为原则。

粗纱捻系数对细纱后区工艺参数的相互影响见表8-1-36。

表 8-1-36 粗纱捻系数对细纱后区工艺参数的相互影响

粗纱捻系数	对细纱后罗拉握持力要求	细纱后区牵伸力	细纱后牵伸力出现峰值时的后牵伸倍数	喂入细纱机牵伸区的粗纱须条结构	成纱质量		
					强力	重量不匀率	成纱条干
大	较大	较大	较大	较紧密	较高	较大	粗节多,细节少
小	较小	较小	较小	较松散	较低	较小	粗节少,细节多

3. 粗纱捻系数的日常调整

日常生产中应及时调整粗纱捻系数,有关因素的变化超过下列范围时,应及时调整粗纱捻系数。

(1)原棉平均线密度变动在 0.10tex 左右。

(2)原棉平均主体长度变动在 0.3mm 以上。

(3)气候变化的转折时期,相对湿度变化在 5% 以上。

4. 化纤混纺粗纱捻系数配置原则(表 8-1-37)

表 8-1-37 化纤混纺纱粗纱捻系数的配置原则

粗纱捻系数配置	混纺纱中棉纤维长度	混纺纱中化学纤维的比例	化学纤维的摩擦系数	化学纤维的线密度	纤维弹性	纤维密度	纤维品种
宜大	短	小	小	粗	小	小	黏胶纤维
宜小	长	大	大	细	大	大	合成纤维

七、粗纱卷层密度

(一)粗纱卷层密度的计算

粗纱卷层密度影响粗纱卷绕张力和粗纱容量。粗纱轴向卷层密度配置,必须以纱圈排列整齐,粗纱圈层之间不嵌入、不重叠为原则。粗纱纱圈间距应等于卷绕粗纱的高度,粗纱纱层间距应等于卷绕粗纱的厚度,如图 8-1-17 所示。

粗纱轴向及径向卷绕密度为:

$$H = \frac{100}{\sum \frac{h}{n}} \approx \frac{100}{h_1}(\text{圈}/10\text{cm})$$

$$R = \frac{100}{\sum \dfrac{\delta}{n}} \approx \frac{100}{\delta_1}(\text{层}/10\text{cm})$$

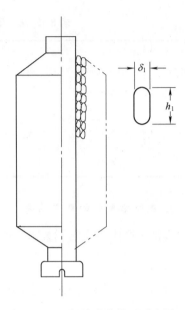

式中：h_1——粗纱始绕高度，mm；

　　　δ_1——粗纱始绕厚度，mm；

　　　n——卷绕圈数；

　　h,δ——每层粗纱的卷绕高度和厚度，其平均值

$$\sum \frac{h}{n}、\sum \frac{\delta}{n} \text{与} h_1、\delta_1 \text{十分接近。}$$

一般粗纱在筒管上的卷绕形态近似椭圆形，则：

$$G = \frac{\pi(\delta_1 \times h_1)}{4} \times L \times \gamma \times \frac{1}{100} \approx \frac{100}{\delta_1}(\text{层}/10\text{cm})$$

$$W = \frac{G}{L} \times 1000 = \frac{\pi}{4}(\delta_1 \times h_1) \times \gamma \times 10$$

$$= 7.854\delta_1 h_1 \gamma$$

图 8-1-17　粗纱卷装截面示意图

式中：G——粗纱重量，g；

　　　L——粗纱长度，cm；

　　　γ——粗纱密度，g/cm^3；

　　　W——粗纱定量，g/10m。

粗纱由于机型及卷绕条件的不同，δ_1 和 h_1 的比值也有差异。根据对多种粗纱机的调查，一般 $h_1 = (3 \sim 7)\delta_1$，如果取中值 $h_1 = 5\delta_1$，则：

$$h_1 = \sqrt{\frac{5}{7.854} \times \frac{W}{\gamma}} = 0.798\sqrt{\frac{W}{\gamma}}$$

$$\delta_1 = 0.1596\sqrt{\frac{W}{\gamma}}$$

将 h_1、δ_1 值代入 H、R 计算式可得：

$$H = 125.3\sqrt{\frac{\gamma}{W}}$$

$$R = 626.6\sqrt{\frac{\gamma}{W}}$$

由此可见，决定粗纱卷层密度的主要因素是粗纱定量和密度，而后者主要与纺纱原料有关。表 8-1-38 为纯棉、涤纶、腈纶三种粗纱卷层密度的推荐值。

表 8-1-38　三种原料粗纱轴向、径向卷层密度的推荐值

纺纱原料	γ /(g/cm^3)	W/($g/10m$)	3.0	3.5	4.0	4.5	5.0	5.5	6.0	6.5	7.0	7.5	8.0
纯棉	0.55	H/($圈/10cm$)	53.7	49.7	46.5	43.8	41.6	39.6	37.9	36.4	35.1	33.9	32.9
涤纶	0.65		58.3	54.0	50.5	47.6	45.2	43.1	41.2	39.6	38.2	36.9	35.7
腈纶	0.45		48.5	44.9	42.0	39.6	37.6	35.8	34.3	33.0	31.8	30.7	29.7
纯棉	0.55	R/($层/10cm$)	268	248	232	219	208	198	190	182	176	170	164
涤纶	0.65		292	270	253	238	226	215	206	198	191	184	179
腈纶	0.45		243	225	210	198	188	179	172	165	159	153	149

不同纤维的混纺粗纱可按混纺比例加权平均计算其粗纱密度,然后算得 H 和 R。

根据粗纱定量 W 求得 H 和 R,在有锥轮粗纱机上,按其传动计算可正确设定粗纱机升降、卷绕和成形变换齿轮的齿数;在无锥轮粗纱机上则据此设定卷绕参数。

(二)影响粗纱卷层密度的因素

影响粗纱卷层密度的因素除了粗纱定量、纺纱纤维外,尚有卷绕张力、粗纱捻度、锭翼规格等,见表 8-1-39。

表 8-1-39　影响粗纱卷层密度的有关因素

粗纱密度	粗纱定量	纤维密度	粗纱捻度	锭速	压掌压力	锭翼压掌绕圈数	纺纱张力
大	轻	大	大	高	大	多	大
小	重	小	小	低	小	少	小

八、集合器及喇叭头口径

(一)前区集合器

前区集合器一般为双锭并联式,多数采用上开口式,其口径随粗纱定量而定,见表 8-1-40。

表 8-1-40　前区集合器口径配置

粗纱干定量/($g/10m$)		2.0~5.0	4.0~7.0	6.0~10.0
前区集合器口径（宽×高）/mm	三罗拉双胶圈	8×4	10×4	12×4
	四罗拉双胶圈	$\phi5$	$\phi5$	$\phi5$

(二)后区集合器及喇叭头口径

后区集合器及喂入喇叭头多数为单锭全封闭式,装于扁铁上,其口径大小随喂入定量而定,见表8-1-41。

表8-1-41 后区集合器及喇叭头口径配置

喂入棉条定量/(g/5m)	14~17	16~20	22~25
后区集合器口径(宽×高)/mm	8×3	12×4	16×5
前区集合器口径(宽×高)/mm	12×3	16×4	20×5

九、卷装容量计算

(一)卷装体积计算

粗纱卷装形状如图8-1-18所示。粗纱卷装体积 V 的计算公式如下:

$$V = \left[\frac{2}{3}\pi h_1 \left(\frac{d^2}{4} + \frac{D^2}{4} + \frac{d \times D}{4} \right) + \frac{\pi}{4} \times h_2 \times D_2 - \frac{\pi}{4} \times H \times d^2 \right] \times \frac{1}{1000}$$

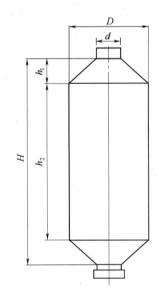

图 8-1-18 粗纱卷装形状

式中:V——粗纱卷装体积,cm³;

d——粗纱空管直径,mm;

D——粗纱满管直径,mm;

H——粗纱卷装高度,mm;

h_1——粗纱圆锥体高度,mm;

h_2——粗纱圆柱体高度,mm,$h_2 = H - 2h_1$。

(二)卷装重量计算

1. 按卷装体积与密度计算

$$G = \gamma \times V \times \frac{1}{1000}$$

式中:G——整只粗纱净重,kg;

γ——粗纱密度,g/cm³。

2. 按理论长度与干定量计算

$$G = L \times g \times (1 + 粗纱伸长率) \times (1 + 粗纱回潮率) \times \frac{1}{10000}$$

式中:L——粗纱一落纱理论长度,m;

g——粗纱干定量,g/10m。

(三)卷装规格及卷装容量计算(表8-1-42)

表8-1-42　卷装规格及卷装容量

粗纱卷装规格 （直径×高度）/mm	卷装体积/cm³	粗纱卷装容量/（kg/只）		
		纯棉	腈纶	涤纶
		粗纱密度 0.45~0.6g/cm³	粗纱密度 0.4~0.5g/cm³	粗纱密度 0.6~0.7g/cm³
122×280	2300.475	1.04~1.38	0.92~1.15	1.37~1.61
135×280	2801.158	1.26~1.68	1.12~1.40	1.68~1.96
128×320	2970.125	1.34~1.78	1.19~1.49	1.78~2.08
135×320	3282.969	1.48~1.97	1.31~1.64	1.97~2.30
128×400	3863.500	1.74~2.32	1.55~1.93	2.32~2.70
135×400	4293.740	1.93~2.56	1.72~2.15	2.56~3.01
150×400	5245.054	2.36~3.15	2.10~2.76	3.15~3.67
170×350	5510.386	2.48~3.31	2.20~2.76	3.31~3.57

第四节　粗纱机卷绕张力的调节与控制

一、无锥轮粗纱机卷绕张力的调节与控制

(一)粗纱机卷绕速度方程

$$n_b = n_s + \frac{V_F}{\pi D_x}$$

式中:V_F——前罗拉速度,mm/min;

　　　n_b——纱管转速,r/min;

　　　n_s——锭翼转速,r/min;

　　　D_x——纱管绕纱直径,mm。

(二)一落纱中纱管卷绕直径的变化

根据实验,粗纱每层绕纱厚度呈等差级数递增规律增加,所以:

$$\delta_n = \delta_1 + (n - 1)\Delta$$

式中：δ_n——第 n 层粗纱厚度，mm；

　　　δ_1——粗纱始绕厚度，mm；

　　　Δ——粗纱每层增值差，mm；

　　　n——粗纱卷绕层数。

$$D_x = D_0 + 2n\delta_1 + (n - 1)\Delta$$

式中：D_0——筒管直径，mm；

　　　D_x——x 层粗纱卷绕直径，mm。

当 $n = 1$ 时，始绕直径为：

$$D_1 = D_0 + 2\delta_1$$

(三)粗纱机纱管卷绕转速的数学模型

将 D_x 式代入粗纱卷绕速度方程，得：

$$n_b = n_s + \frac{V_F}{\pi\left[D_0 + 2n\delta_1 + (n - 1)\Delta\right]}$$

该式即为粗纱机卷绕转速的数学模型，是无锥轮粗纱机计算机软件设计筒管转速的主要依据。

(四)无锥轮粗纱机卷绕速度 n_b 的有关参数

1. 影响 n_b 的主要参数

对某一机型和产品而言，n_s、V_F、D_0 为定值，影响 n_b 的主要参数为 δ_1、Δ 和 n。始绕时，$n = 1$。

$$n_b = n_s + \frac{V_F}{\pi(D_0 + 2\delta_1)}$$

表明影响始绕速度的唯一因素是始绕纱层厚度 δ_1。

2. 始绕纱层厚度 δ_1 的计算

公式和设定 δ_1 的计算分析和影响因素见本章第三节。δ_1 与粗纱定量 W 的推荐值见表 8-1-43。

表 8-1-43　三种纺纱原料 W 与 δ_1 的推荐值

纺纱原料	$\gamma/$ (g/cm^3)	$W/$ ($g/10m$)	3.0	3.5	4.0	4.5	5.0	5.5	6.0	6.5	7.0
纯棉	0.55		0.372	0.405	0.430	0.456	0.481	0.505	0.527	0.549	0.569
涤纶	0.65	δ_1	0.343	0.370	0.396	0.420	0.443	0.464	0.485	0.505	0.524
腈纶	0.45		0.412	0.445	0.476	0.505	0.532	0.558	0.583	0.607	0.629

混纺纱可按混纺比例加权计算,如 T/C 65/35 混纺,粗纱定量为 4.5g/10m,则:

$$\delta_1 = \frac{65 \times 0.42 + 35 \times 0.456}{100} = 0.436(mm)$$

按定量 W 选定 δ_1 后,如实际生产中张力太大或太小时应相应修正 δ_1 值。

3. 粗纱每层增值差 Δ 的设定

Δ 的大小与锭翼结构、一落纱中压掌压力的变化相关,但对某一机型的 Δ 影响规律是一致的。根据调查,Δ 一般为 δ_1 的 0.3% ~ 0.4%。Δ 主要影响中、大纱时卷绕速度 n_b 的大小,也即影响中、大纱卷绕张力,因此 Δ 应在 δ_1 设定后相应设定或调整。

(五)计算机控制粗纱机卷绕张力的调整

1. JWF1436C 型无锥轮粗纱机卷绕张力的调整

JWF1436C 型粗纱机传动部分如图 8-1-9 所示。该机设有四个变频、伺服电动机,由计算机通过参数调整来完成张力调节。

在开车前,使用者可以根据有锥轮粗纱机的工艺来确定筒管直径和每层厚度的大小。筒管直径初定为 45mm,把它看作锥轮皮带起始位置来调整。一般情况下,更换品种时需调整。每层厚度按照粗纱径向密度来初定与调整。

开车后,根据纱的张力大小,对筒管直径和每层厚度进行微调,参考参数 $\rho = 1.02$,$K = 0.45$,$\delta = 0.7$。机器设置完成,一般无须调整,特殊情况下如需调整,按照其变换规律掌握。

(1)筒管直径 D_0,即卷绕起始直径,主要影响第一层纱及小纱的张力,与纱的张力成反比。动态调整:小纱时,当想要纱紧时,点击显示屏"紧"按钮,筒管直径减 0.01mm;当想要纱松时,点击显示屏"松"按钮,筒管直径加 0.01mm。

(2)每层厚度 δ,主要影响大纱的张力,与纱的张力成反比。动态调整:大纱时,当想要纱紧时,点击显示屏"紧"按钮,每层厚度减 0.001;当想要纱松时,点击显示屏"松"按钮,每层厚度加 0.001mm。

(3)张力系数 ρ,影响大、中、小纱的张力,与纱的张力成正比。

(4)特征系数 K,主要影响中纱的张力,与纱的张力成正比。

(5)σ 主要影响小纱张力,一般先设定为 0.7,再做调整。

2. CMT1801 型自动落纱粗纱机张力的调整

CMT1801 型自动落纱型粗纱机传动部分如图 8-1-19 所示,通过利用计算机控制技术、CC-LINK 总线技术、变频调速技术,采用异步驱动方式,以计算机作为整个控制的核心,由四台变频电动机分别驱动锭翼、龙筋升降、纱管卷绕、罗拉的转速,实行四电动机分部传动的计算机控制方式,保证四台变频电动机同步运行,由计算机控制实现粗纱机的机电一体化。

图 8-1-19 张力参数调整示意图

试纺时应严格根据工艺将各参数设定正确。将"径向参数 1""径向参数 2""径向参数 3"分别设为 3800、10 和 1;将"初始位置"设为 -1400,"加速调整参数""减速调整参数"设为 0,"锭翼高速参数""锭翼低速参数"分别设为 600、400。设定完毕后按点动按钮开车试纺。纺纱过程中各张力调整参数应该互相配合调整,总的原则是根据不同时段纺纱情况调整与其相关的参数。以下为调整张力的各种参数。

(1)径向参数 1。虚拟调整所纺纱直径的大小,设定在 3800 左右。纱松时减小该值,纱紧时增大该值。

(2)径向参数 2。调整范围在 2~20 之间。当小纱,中纱张力正常,大纱偏紧,增大径向参数 2 的值;反之,减小该参数值。

(3)径向参数 3。通常设定为常数 1。

(4)初始位置。开始纺纱,纱松时减小该设定值,纱紧时增大该设定值;一般设定在 -1400 左右。

(5)加速调整参数。加速时,即锭翼速度从零升至"锭翼转速"设定值时的这段时间内,若出现纱松时增大该设定值,纱紧时减少该设定值。

(6)减速调整参数。减速时,即锭翼速度从"锭翼转速"设定值减为零时的这段时间内,若出现纱松时减小该设定值,纱紧时增大该设定值。

(7)张力调整 1。"层数""张力系数"表示当纺纱层数达到该层数设定值 X 时,张力系数被修改为 Y。其他张力调整同上。该调整方法为微调,张力系数通常设为 10000。

(8)换向时开始调整层数。如果从某一层开始后在换向时纱的张力变化比较大,则将此时的层数数值写到此项参数中。

（9）换向时延时调整时间。换向后设定时间到达后写入张力数值，完成张力调整，以防止换向时发生张力变化。

（六）CCD在线张力检测自控

采用CCD光电全景图像摄像系统作为张力自动测控，在粗纱通道侧面方向（图8-1-20）判别粗纱条通过时所处位置线，是上位、中位抑或下位来反映张力大小。在CCD功能配置时，可以设定预拟位置线（基准线），然后在运转中连续摄取计算实测值，并比较判定粗纱张力状态，然后由电控装置进行在线调节，数据可在屏幕上显示。在更换品种时一般可自动选择最佳张力状态，不必重新手动设定。

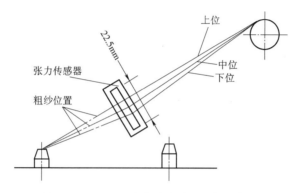

图8-1-20　CCD在线张力检测自控示意图

在实际生产中，CCD检测取样量较少，有一定的局限性，因此必须首先正确设定纺纱张力后，再由CCD在线微调作补充。

二、有锥轮粗纱机卷绕张力的调节与控制

粗纱在卷绕过程中会产生张力，粗纱捻度小，经受张力后容易产生意外牵伸。因此，卷绕过程中张力是否均匀，对粗纱和细纱条干、重量不匀率及断头率等都有影响。通常应尽量减少前、后排粗纱张力差异和一落纱内小、中、大纱的张力差异。目前，大多粗纱机对小、中、大纱张力采用机械方法或电子方法进行检测和控制。

（一）粗纱伸长率的检测

粗纱的卷绕张力可由伸长率来间接反映，因此定期测定粗纱伸长率，可以了解粗纱张力变化的趋势，及时进行调整以保持生产稳定。但粗纱伸长率不等于粗纱张力，影响粗纱伸长率的原因较多，而张力只是其中的一项主要因素。

粗纱伸长率是通过实测粗纱长度与理论计算长度之差对理论计算长度比值的百分率而求得的。其中理论计算长度是在一定时间内前罗拉的输出长度,实际长度是前罗拉规定转数内的实际输出粗纱长度。测试时先在前罗拉钳口处或锭翼顶端处的纱条上做上有色标记作为始点,开满规定转数停车时,在纱条上做个标记作为终点,然后用测长器测量车头、车中、车尾每段粗纱的实际长度。

$$粗纱伸长率 = \frac{实际长度(m) - 计算长度(m)}{计算长度(m)} \times 100\%$$

一般规定,每台粗纱机前、后排各任选取一锭进行测试,一落纱中应分别测试小、中、大纱的伸长率。

(二)粗纱伸长率对产品的影响及调整方法

1. 粗纱伸长率对产品的影响

(1)粗纱机台与台之间或一落纱内小、中、大纱间的伸长率差异过大,将影响细纱重量不匀率。

(2)伸长率过大易使粗纱条干不匀率恶化。

(3)伸长率过大或过小都会增加粗纱机的断头率。

2. 影响粗纱伸长率的因素及其调整方法(表8-1-44)

表8-1-44　影响粗纱伸长率的因素及其调整方法

影响因素	后果	调整与控制方法
锥轮皮带起始位置不当	使粗纱小纱伸长率偏大或偏小	调整锥轮皮带起始位置,参见表8-1-45
张力变换齿轮配置不当	使粗纱大纱伸长率偏大或偏小	调整卷绕变换齿轮齿数,参见表8-1-45
锥轮曲线设计不当	调整锥轮皮带起始位置或调整张力变换齿轮都无法使粗纱小、中、大纱的伸长率校正正常	修正锥轮曲线或加装粗纱张力补偿机构
粗纱机不一致系数大于0.05%	在粗纱卷绕过程中产生附加速度,使粗纱伸长率差异增大	将差动机构轮系或有关传动轮系进行改造
粗纱轴向卷绕密度过密或过稀	引起粗纱径向卷绕直径的变化,使粗纱伸长率明显变化	调整升降变换齿轮齿数
前、后排粗纱伸长率差异过大	使粗纱前、后排伸长率差异超过控制指标	锭翼顶端刻槽加装假捻器,适当增加粗纱捻系数,以及通过前、后排锭翼顶端和压掌处的不同绕纱圈数进行调整。悬锭粗纱机加高后排锭翼,使前、后排导纱角一致

续表

影响因素	后果	调整与控制方法
温度偏高,湿度偏大	使粗纱在锭翼及压掌处的摩擦阻力增加,造成伸长率增大	适当增加粗纱捻系数
粗纱捻系数增加	纱条密度增加,纱条纤维间抱合力增加,径向卷绕密度略有增加,有利于降低粗纱伸长率	将锥轮皮带起始位置略向主动锥轮大端移动
粗纱锭速增加	加剧前罗拉至锭翼顶端的纱条抖动,使伸长率增大	适当增加捻系数
锭翼通道毛糙	在粗纱通过时摩擦阻力增加,使伸长率增大	加强锭翼保养检修,使通道光洁
粗纱筒管直径差异大	影响一落纱中各锭粗纱的伸长率大小不一致,使成纱重量不匀率恶化	控制筒管直径差异不超过±1.5mm,制订周期检查制度,并经常进行检查

3. 一落纱内粗纱伸长率的校正方法

有锥轮粗纱机一落纱内粗纱伸长率的校正方法示例见表8-1-45。

表8-1-45　一落纱内粗纱伸长率的校正方法

粗纱伸长率			校正方法		
小纱	中纱	大纱	锥轮皮带在主动锥轮的起始位置	锥轮皮带每次移动量	卷绕变换齿轮齿数
大	大	大	往小直径方向移动	增加	减少
大	大	小	往小直径方向移动	适当减小	减少
大	小	小	略往小直径方向移动	适当减小	
小	小	小	往大直径方向移动	减小	增加
小	小	大	往大直径方向移动	适当增加	适当增加
小	大	大	略往大直径方向移动	适当增加	

注　校正时一般先调锥轮皮带起始位置,使小纱伸长率符合要求,在达不到要求时再调换卷绕变换齿轮。

(三)有锥轮粗纱机张力调节装置

1. 张力补偿调节装置

在实际生产中,影响纺纱卷绕张力的不定因素很多,固定的锥轮曲线不能满足一落纱张力的要求。为了弥补锥轮曲线对一落纱张力所带来的差异,新型粗纱机都采用了张力补偿机构,其实质是当粗纱筒管卷绕每一层粗纱后直径增大,由于直径的增大除给传动筒管的锥轮一个正常的移距"x"外,再增加一个可调节张力的微调附加移距"Δx"。附加移距可正可负,总移距 $Y=x\pm\Delta x$。

（1）圆盘式张力补偿调节装置。该装置在 TJFA458A 型粗纱机上采用,如图 8-1-21 所示。在成形转动轴上装一个圆盘,圆盘上装有六个滑块,它们沿圆周均匀分布,每个滑块可以沿圆盘径向往复移动,并用螺钉固定,控制锥轮皮带移动的钢丝绳缠绕六个滑块上,组成一个绳轮机构。龙筋换向一次,圆盘转动一个角度,放出一段钢丝绳,锥轮皮带移动一段距离,这段距离与对应滑块半径的大小成正比。根据大纱、中纱、小纱张力松紧状态,分别确定每个滑块半径的大小,使纺制每一落纱过程中卷绕张力基本趋于一致。

纺纱时,观察纱的张力,注意记住卷绕张力不正常段圆盘上所对应的滑块,一般把前两块视为小纱,第三块视为中纱,第四、第五、第六块视为大纱;粗纱张力松时,滑块作用半径向小调,使锥轮皮带移距减小;粗纱张力紧时,滑块作用半径向大调,使锥轮皮带移距增大,从而起到张力补偿的作用。

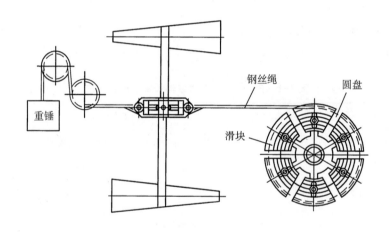

图 8-1-21　圆盘式张力补偿装置示意图

（2）偏心齿轮式张力补偿调节装置。该装置在 FA421 型粗纱机上采用,如图 8-1-22 所示。成形齿轮与锥轮移动齿杆之间配置一对 80 齿齿轮,上、下 80 齿齿轮各自绕其轴心 O_1、O_2 回转。

下 80 齿齿轮上装有销钉,该销钉伸入上 80 齿齿轮的滑槽中,两齿轮的中心即为能进行调节的偏心距 e。只要偏心距不等于零,就可作变速回转。锥轮皮带长齿杆的移动是由上 80 齿齿轮驱动的,因而可以根据张力变化配以适当的偏心距和起始相位角,使锥轮皮带长齿杆获得微小的变速移动,即获得张力调节。

（3）差动靠模板式张力补偿调节装置。该装置在 FA415 型粗纱机上采用,如图 8-1-23 所示。在移动锥轮皮带的长齿杆 1 上,配置可调的五块靠模板 2 和差动轮系 3,靠模板可以根据一落纱张力变动的情况进行高低位置的调节,从而得到稳定的纺纱张力。靠模板可倾斜 ±θ 角度,

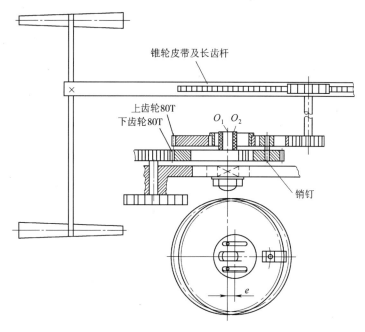

图 8-1-22　偏心齿轮张力调节

由于 θ 角的不同,使长齿杆移动的距离与靠模板在水平位置移动的距离不同,即产生附加移距量 $\pm\Delta x$,从而使 23 齿、35 齿的齿轮转速改变(变速)传入差动机构中。另外,因粗纱机卷绕层增大,棘轮 4 转过半齿使 25 齿的齿轮转动传入差动机构,即为锥轮皮带每次正常移距 x(不变速度)。由 35 齿的齿轮和 25 齿的齿轮传入的变速和恒速通过周转轮系合成后,再由 51 齿的齿轮将合成后的变速带动锥轮皮带移动的长齿杆向左移动 $x+\Delta x$ 的距离,可以根据小、中、大张力差异进行调节。张力微调可调节粗纱锥轮曲线某阶段不适应的部位,对其他阶段曲线不产生影响。

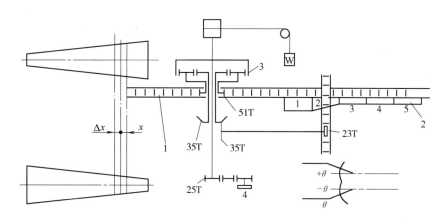

图 8-1-23　差动靠模板式张力补偿机构示意图

（4）补偿轨式张力补偿调节装置。该装置在 A456E 型粗纱机上采用，如图 8-1-24 所示，由 A、B、C 三块导轨用螺钉铰接而成。A 段用短轴与紧固在墙板上的托脚铰接，可绕短轴摆动；B 段是用手柄与紧固在墙板上的标尺托座铰接在一起，B 段摆动时松开手柄；C 段由螺钉固定在 A 段与 B 段中间，松开螺钉可作平面运动。此种连接方式使得 A、B、C 各段的斜率均可改变，从而改变导轨的斜率，修正锥轮皮带移距，达到张力补偿的目的。A、B、C 三段导轨分别对应锥轮上小、中、大纱。当 A、B、C 三段导轨成一水平直线时，B 段标尺指 0，锥轮皮带得到正常移距，不产生补偿作用。当需要张力补偿时，先确定小、中、大纱补偿段，然后对应调节 A、B、C 导轨斜率，即可起补偿作用。

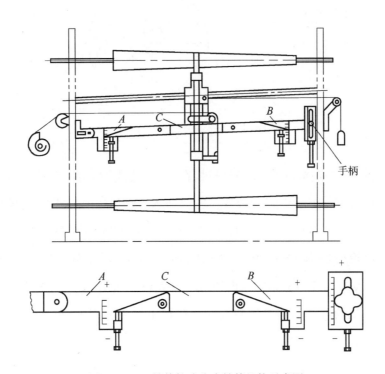

图 8-1-24　补偿轨式张力补偿机构示意图

（5）脉冲式张力补偿调节装置。该装置在 Ingolstadt FB11 型粗纱机上采用。该装置配有机械与电气相结合的脉冲式张力调节机构，这种机构用调节脉冲计数器的脉冲数来代替粗纱成形棘轮的作用。该机构采用三个脉冲计数器以不同的脉冲数对应粗纱小、中、大纱的张力进行控制和调整。

脉冲式张力调节机构在机尾的控制板上，有三个脉冲计数器，根据实际纺纱的需要可各自标定出所需的不同脉冲数，分别对粗纱小、中、大纱的张力进行控制。在机头的成形箱内设有脉冲传感器、脉冲发生器、成形机构调节电动机（伺服电动机）和一套成形机构来共同完成控制工作。

(6)凸轮连片式张力补偿调节装置。该装置在 FA401 型粗纱机上采用,如图 8-1-25 所示。由两个连片 1、2 把齿杆 3 和锥轮皮带移动机构 4 连接起来,连片顶端的滚珠轴承 5 总是被弹簧 6 压向调整杆 7,调整杆按张力补偿的要求可调整为高低曲面,即每绕一层粗纱,齿杆的移动通过连片按滚珠轴承在调整杆上所获得的变量使锥轮皮带移动,从而达到粗纱一落纱的张力稳定。

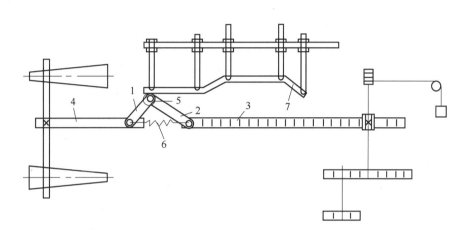

图 8-1-25　凸轮连片式张力补偿机构示意图

当滚珠轴承被连片下压时,移动量增加 Δx,锥轮皮带总移距 $y = x + \Delta x$,此时粗纱张力降低;反之,滚珠轴承向上运动时,锥轮皮带总移距减少 $y = x - \Delta x$,此时粗纱张力增加,如图 8-1-26 所示。

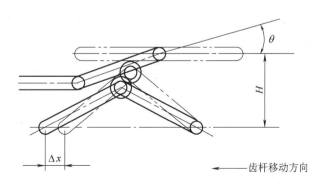

齿杆移动方向

图 8-1-26　张力补偿示意图

上述各种张力补偿机构都能达到微调目的,微调量可小于张力变换齿轮最小调节范围,粗纱张力补偿机构更为独特的功能是调节中纱的张力。这两个调节作用,在一般机器上无法做到,一般只能通过锥轮皮带起始位置调节小纱张力,张力变换齿轮调节大纱张力,中纱张力不正常时仅靠锥轮皮带和张力变换齿轮难以调整,而使用粗纱张力补偿机构则可分段调节,较好地解决这一问题。

各种类型粗纱张力补偿机构的特点对比见表 8-1-46。

表 8-1-46　粗纱张力补偿机构的特点对比

形式	结构特点	调节难易	维护保养	补偿效果	采用机型示例
圆盘式	结构简单	调节方便,较直观	方便	有明显补偿效果	TJEA458A
偏心轮式	结构简单	调节方便,不直观	方便	有一定补偿效果	FA420,FA421
差动靠模板式	结构较复杂	调节方便,较直观	尚可	有明显补偿效果	FA415A
补偿轨式	结构简单	调节方便,较直观	方便	有明显补偿效果	A456E
脉冲式	结构复杂	调节方便,较直观	不太方便	有明显补偿效果	FB-11
凸轮连片式	结构简单	调节方便,较直观	方便	有明显补偿效果	FA401

2. 防细节装置

粗纱机在起动及停车时,由于罗拉、锭子、筒管的不同步容易造成张力突然增大,从而产生细节,影响细纱断头和纱布的质量。有锥轮粗纱机(如 TJFA458A 型)等可配置防细节装置来控制罗拉与卷绕部分的停车惯性,以调整停车后纱条张力,避免开关车引起的细节。

防细节装置如图 8-1-27 所示,在下锥轮传动轴装有用两个时间继电器 t_1、t_2 控制的电磁离合器,在发生停车指令后,t_1 控制停车后惯性延续的时间,然后由 t_2 控制切断电磁离合器的时间,使筒管停止卷绕,这时由于前罗拉仍有回转惯性而继续输出一段纱条,从而使前罗拉至锭翼顶端的纱条略有松弛,可以防止开车时产生细节。

机器在正常运转中,离合器处于失电闭合状态,当需要防细节作用时,电磁离合器得电脱开,防细节效果好坏同两个时间继电器 t_1、t_2 选定的时间值有关。t_1 的时间调节范围为 $1 \sim 9s$、t_2 的时间调节范围为 $0.1 \sim 0.9s$,如 t_1 选定的时间为 5s 时,t_2 选定的时间值越大防细效果越明显。

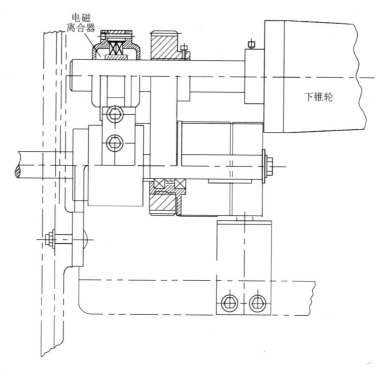

图 8-1-27　防细节装置示意图

第五节　粗纱质量控制

一、质量参考指标

粗纱的主要质量指标有粗纱回潮率、重量及重量不匀率、条干不匀率、伸长率、伸长差异率与捻度等。粗纱质量参考指标见表 8-1-47，乌斯特 2018 年公报的粗纱条干变异系数见表 8-1-48。

表 8-1-47　粗纱质量参考指标

纺纱类别	回潮率/%	条干变异系数/%	重量变异系数/%	粗纱伸长率/%	粗纱伸长差异率/%	捻度/(捻/10cm)
普梳纱	6.2~7.2	4.5~8.0	1.1~1.7	0.5~2.5	0.5~1.0	以设计捻度为准
精梳纱	6.2~7.2	3.5~6.0	0.8~1.2	0.5~2.5	0.5~0.8	
化纤混纺纱（涤65/棉35）	2.6±0.2	4.5~6.5	0.8~1.4	0~1.5	0.5~1.0	

表8-1-48 乌斯特粗纱条干变异系数

水平	5%	25%	50%	75%	95%
纯棉普梳粗纱	4.55%~5.43%	5.10%~6.03%	5.83%~6.62%	6.59%~7.32%	7.35%~8.07%
纯棉精梳粗纱	3.2%~3.75%	3.75%~4.16%	4.0%~4.61%	4.67%~5.21%	5.35%~5.85%

二、粗纱质量主要控制措施

(一)粗纱质量指标的影响因素及控制措施(表8-1-49)

表8-1-49 粗纱质量指标的影响因素及控制措施

质量指标	影响因素	控制措施
回潮率	原料回潮率不稳定	1. 超出正常回潮范围的原料,处理后使用 2. 原料进车间平衡后再投料
	运转操作进度控制不合理	1. 按流程正常推进,合理前半制品待料时间 2. 严格推陈出新 3. 做好半制品的保湿工作
	外界温湿度波动	1. 按规定关注外界环境与温湿度的变化 2. 保证外界温湿度表的正常状态
	厂房内温湿度调节与管理不规范	1. 外界温湿度变化较大时,及时调节厂房内温湿度 2. 加强巡回检查,生产异常及时调整空调控制参数 3. 保证生产车间微正压,防止温湿度产生波动 4. 粗纱车间控制较高的相对湿度 5. 做好厂房门窗管理,达到保温保湿效果
条干不匀变异系数及锭间差异	半制品、工艺设计与温湿度不合理	1. 控制并条条干均匀、无异常 2. 合理并条与粗纱牵伸分配,根据粗纱机性能设计牵伸 3. 根据纤维性能设计粗纱捻系数,不能过大或过小 4. 根据纤维长度配置罗拉隔距,不能过大或过小 5. 根据粗纱定量大小合理设置上下销钳口、前中后集合器大小 6. 根据纤维类别合理调节车间温湿度,湿度偏大控制
条干不匀变异系数及锭间差异	设备状态或运转不良	1. 喂入部分传动导条滚筒链轮无松动、伸长、损伤 2. 喂入滚筒无松动、打顿、毛刺、棉蜡、回转不良 3. 集合器符合要求,无破损、轧煞或跳动

质量指标	影响因素	控制措施
条干不匀变异系数及锭间差异	设备状态或运转不良	4. 摇架弹簧完好、无失效、断裂,固定螺钉无松动,调节螺钉无松动 5. 摇架脚握持良好,胶圈销无歪斜,胶辊与罗拉平行 6. 上下胶圈紧松合适,胶圈无走偏、龟裂 7. 胶辊无损坏、无中凹、无毛刺、无棉蜡 8. 胶辊轴承无缺油、无损坏 9. 牵伸齿轮无爆裂、偏心、缺齿,键与键槽无松动、无磨损,齿轮啮合良好 10. 上下胶圈无偏移,隔距块不碰下胶圈 11. 假捻器完好、运转平稳不摇头 12. 锭翼完好,运行良好
	运转操作不规范	1. 确保合格的熟条投入使用 2. 发现异常状况立即停车,并及时标识、反馈 3. 加强巡回检查,保证棉条在胶辊控制范围内 4. 加强巡回检查,禁止胶圈纺纱 5. 对严重的缠罗拉、缠胶辊,及时处理,防止罗拉弯曲、隔距走动、胶辊损伤,影响同挡加压的相邻锭子的粗纱条干
重量及重量不匀变异系数	并条不合格、工艺不合理、温湿度不良	1. 喂入并条定量符合规定,保证粗纱定量正确 2. 定量参数(或齿轮)设计正确,并保证按工艺上车 3. 严格控制并条不匀,重量变异系数控制在标准范围之内 4. 减小并条台间重量差异,达要求 5. 严禁喂入棉条的条干严重不匀、打褶或附有飞花 6. 合理设置粗纱捻度、粗纱轴向卷绕密度等,减小粗纱意外伸长 7. 温湿度控制在合理范围内且保持稳定
伸长及伸长差异率	捻度、张力参数、卷绕密度设计不合理,卷绕部件不良或使用不当,温湿度波动	1. 根据纤维、品种设定合理的粗纱捻系数 2. 根据品种与质量要求,设计合理锭速,不能过高 3. 根据品种类别,粗纱定量设定合理的张力参数、卷绕密度 4. 更改工艺后及时调整张力参数或张力装置 5. 假捻器完好运转平稳不摇头,无棉蜡、无毛刺 6. 锭翼完好,运行良好,无棉蜡、无积花 7. 压掌绕圈数按规定要求,同品种、同机台一致 8. 根据品种类型选配合适的加捻专件器材 9. 控制好温湿度,减少波动

续表

质量指标	影响因素	控制措施
捻度及捻度不匀	工艺设计不合理,卷绕装置不良或损坏	1. 根据品种需要设定合理的捻系数 2. 按设定的工艺参数(或齿轮)上车,保证工艺上车正确 3. 更改工艺时检查卷绕装置 4. 假捻器完好运转平稳不摇头、无棉蜡、无毛刺 5. 锭翼完好,运行良好,无棉蜡、无积花 6. 压掌绕圈数按规定要求,同品种、同机台一致 7. 根据品种类型选配合适的加捻专件器材

(二)粗纱纱疵的影响因素及控制措施(表 8-1-50)

表 8-1-50　粗纱纱疵的影响因素及控制措施

种类	产生原因	控制措施
脱肩、脱圈	1. 成形角度齿轮配置不当或成形角参数调整偏小 2. 筒管齿轮跳动,筒管牙钉严重松动 3. 粗纱张力控制不当,一落纱中多次收放成形变换齿轮 4. 成形换向齿轮啮合不良或换向顿挫 5. 龙筋升降打顿,龙筋高低偏差大	1. 调整张力参数或齿轮使成形合理 2. 定期检查锭杆及筒管齿轮同心工作 3. 减少一落纱过程中的过大张力调节 4. 定期检查成形装置及校正工作 5. 定期检查龙筋装置及高低校正工作
飞花附入	1. 棉条内夹带飞花或绒板花 2. 清洁装置不良,绒带回转卡顿 3. 清洁工作周期太长,未停车做清洁,清洁工具使用不当或清洁时不慎疵点附入 4. 高空飞花落入棉条或粗纱 5. 棉条通道不光洁,有短纤维积聚,锭翼挂花	1. 控制粗纱断头率 2. 保证清洁装置及吹吸风状态良好 3. 把握好清洁的周期及动作要领 4. 定期做好高空清洁 5. 定期做锭翼通道清洁
松纱烂纱	1. 粗纱捻系数太小 2. 成形卷绕密度不足 3. 压掌或锭端绕纱圈数不足,粗纱张力太小 4. 压掌弧度不正 5. 断头相隔时间较长后接头,或拉去的坏纱层数较多 6. 喂入棉条定量偏轻 7. 温湿度控制不当,相对湿度太低 8. 锥轮皮带张力过松	1. 根据品种需要设定合理的粗纱捻系数 2. 定期检查成形装置及龙筋高低校正工作 3. 按品种要求做好压掌卷绕圈数 4. 定期校正或更换 5. 及时光电自停并接头 6. 控制好喂入棉条质量 7. 及时合理调节温湿度 8. 及时调整张力

种类	产生原因	控制措施
冒头冒脚纱	1. 龙筋换向动作不灵敏 2. 锭杆、锭翼或压掌高低不一 3. 龙筋横向不水平,高低差异大 4. 锭子或筒管齿轮跳动 5. 成形变换齿轮配置不当,使张力内松外紧,挤压已卷绕的粗纱 6. 升降轴上个别传动齿轮的紧固螺丝松脱,使筒管龙筋高低不一 7. 升降链条松紧不一,使筒管龙筋高低不一	1. 定期检查换向装置 2. 定期做锭翼、压掌校正 3. 定期做龙筋高低校正 4. 定期检查或校正 5. 保证工艺上车 6. 周期检查 7. 定期检查更换
油污	1. 牵伸部分、锭子等处加油不当,有油溢出 2. 平揩车或调换齿轮工作不慎,如油手拿棉条、粗纱时玷污 3. 喂入棉条本身有油污 4. 粗纱筒管表面有油污 5. 粗纱落地沾上油污 6. 操作人员手上有油污,沾染粗纱	1. 做到以勤加、少加为原则 2. 减少人为油污纱,生头时必须先洗手 3. 做好防疵防油工作
纱条飘头	1. 电器柜风扇坏,变频器过载过热 2. 编码器故障 3. 压掌缠花、锭翼内壁挂花 4. 操作卷绕不良 5. 假捻器摇头、挂花、磨损 6. 上清洁压板致使胶辊、胶圈回转不良 7. 吹吸风的风量太大	1. 更换散热风扇 2. 检查编码器 3. 检查锭翼及压掌状态 4. 自动落纱时卷绕圈数改变或棉条重量变化 5. 检查假捻器状态 6. 检查胶辊胶圈,调整压板 7. 调整吹嘴的风量大小

(三)粗纱运转、工艺与质量管理要求(表8-1-51)

表8-1-51 粗纱运转、工艺与质量管理要求及影响因素

类别	影响因素
运转操作要求	1. 粗纱前接头和棉条包卷质量必须符合操作要求 2. 缠罗拉、胶辊时应将同档胶辊相邻的粗纱扯去一段 3. 个别牵伸部件不良,如胶辊回转不灵、摇架压力差异较大、胶圈断裂、集棉器跑偏等造成粗纱出硬头时应及时修复 4. 锭翼通道挂花导致粗纱张力波动时及时清除通道内挂花

类别	影响因素
运转操作要求	5. 定期清除吸棉箱滤网 6. 认真做好规定的清洁工作 7. 粗纱张力偏小时严禁用前胶辊压位调整张力 8. 检查摇架、胶辊与罗拉对中,胶圈对齐 9. 前、中、后集合器在一条线上,且与罗拉对中 10. 清洁装置工作正常,不合要求时应及时要求设备修复
运转管理要求	1. 实行对号供应,便于跟踪追溯 2. 做好异常运行、异常质量、异常状况的停车、标识与反馈 3. 加强温湿度检查,减少粗纱回潮率波动 4. 做好粗纱的防护与推陈出新 5. 做好防捉疵工作
严格工艺检查	1. 工艺调整后及时检查工艺上车的符合性 2. 定期检查罗拉隔距、胶辊的前、中、后移量、摇架加压及工艺齿轮上车的符合性 3. 根据原料、品种、质量要求、细纱生产状况、季节的变化及时调整粗纱捻系数 4. 按周期检查摇架弹簧与检测压力,减少锭间差异
质量管理要求	1. 按规定周期检测各项质量指标,发现不符内控要求时立即关车并查找原因修复 2. 严格控制粗纱伸长率,促使大、中、小纱的一致性,控制大小纱及前后排的伸长差异,控制差异率在 1.5%以内 3. 建立健全质量信息反馈制度

第六节　粗纱机附属装置

一、清洁装置

清洁系统由罗拉清洁装置、吹吸清洁机、吸棉装置三个部件组成,如图 8-1-28 所示。罗拉清洁装置将罗拉表面短纤维及棉杂清理下来,由吹吸清洁机和吸棉装置收集起来。自动完成清洁车面、上龙筋盖板棉尘飞花和上下罗拉附着的短纤维,减少纱疵,提高产品质量,改善车间环境和降低工人劳动强度。

(一)罗拉清洁装置

罗拉清洁装置是由上、下清洁机构及曲柄连杆机构组成,四锭用一套罗拉清洁装置。如

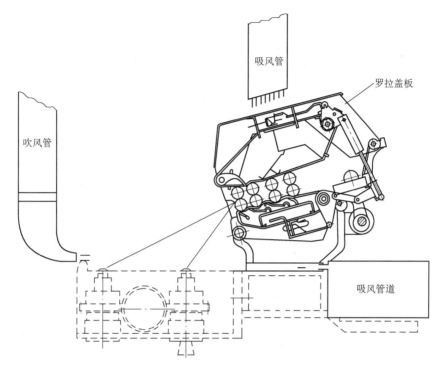

图 8-1-28　粗纱机清洁系统示意图

图 8-1-28 所示,通过曲柄传动轴驱动棘轮间歇机构使上、下清洁机构中的绒带进行间歇性转动,上清洁机构中的绒带不断清洁上罗拉(胶辊)表面附着的纤维和棉尘,并驱动梳刀往复运动,梳刮收集绒板花,梳下的棉杂由吹吸清洁机的吸管吸走;下清洁机构中的绒带不断清洁下罗拉表面附着的纤维和棉尘,并驱动梳刀往复运动,梳刮收集绒板花,梳下的棉杂由吹吸清洁机的吹管吹到安装在车面后侧的吸风管道吸口处被吸走。曲柄转一周绒带移动一次,梳刀在绒带上梳刮一次,梳刀与绒带平行梳刀角不能太大。

(二)吹吸风机

粗纱机用的吹吸清洁机采用皮带传动方式,如图 8-1-29、图 8-1-30 所示,吹吸清洁机采用叶轮风机实现吹风及吸风作用;吹风口安装吸棉管收集上清洁绒板花,出风口安装吹风管将车面上飞花和下清洁机构梳刮下的绒板花等杂质吹到安装在车面后侧的吸风管道吸口处被吸走。

吸棉管和吹风管出口处设置风门调节风量,吹风口风量要适当,风量不能太大,以免影响纺纱质量。

开车后,吹吸风机从车尾到车头往复巡回清洁工作。每当巡回到车尾换向时,吸棉风机通

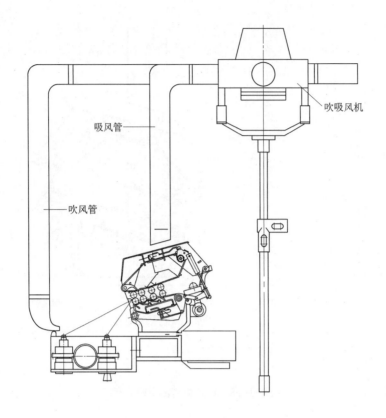

图 8-1-29 吹吸清洁机示意图

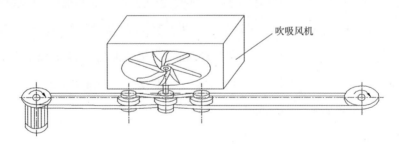

图 8-1-30 吹吸清洁机皮带传动示意图

过专用管道为吹吸风机清理一次回花,保证了吹吸风机吸棉管的静压力,保持了一个良好的清洁效果。

吹吸风机也可以做间歇巡回,巡回一个周期或几个周期后可间歇,间歇时间可以调节。

（三）吸棉装置

吸棉装置由吸棉管道、吸棉风机、吸棉箱组成,以 JWF1436C 型粗纱机为例。如图 8-1-31 所示,吸棉风道紧贴着车面后侧,从车尾直通到车头,与吸棉风机紧密连接。吸棉风道上开有吸风口,每四锭范围内有 2 个吸风口,随时把梳下的绒板花吸走。吸棉风机装在车尾,紧靠车尾墙板,为离心式,叶轮为后向式,12 个叶片,电动机为 4kW,3000r/min。考虑减少占地面积,风机结构设计紧凑。当风机运转时,吸风口吸取绒板花及棉尘。由于风道较长,头、中、尾吸风口的吸口真空度有差异,但最低不小于 300Pa。

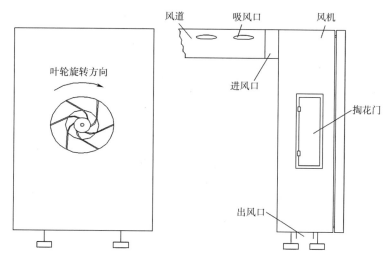

图 8-1-31　吸棉装置示意图

每当吹吸风机巡回到车尾处,此时吸棉风机通过专用风道将吹吸风机内的回花吸到吸棉箱内。特别注意吸棉箱必须定时清理回花,在吸棉箱两侧各设置一个掏花门,拉开将过滤网上的回花取净,然后,关严掏花门,避免漏风泄压。

二、断头自停及安全保护装置

(一)半自动落纱粗纱机自停装置

1. 断头光电自停装置

全机分设机后棉条断头自停和机前粗纱断头自停两组,其原理相同。机前断头自停是由车尾部分的光源射出来的光束直接射在车头机架部分的光电管上。断头时,粗纱无捻须条在锭翼顶端处断头缠绕时,将射出的光束遮住,则光电管通过控制电路使机器停车。由于断头的发生几乎都是在锭翼顶端处出现,所以断头停车的灵敏度很高,但也易造成误关车。

2. 安全保护自停装置

安全保护自停原理与断头自停装置一致,在车前安装一组光电自停装置,当操作工站在踏板上处理故障时防止锭翼高速运转对人身的伤害而设定的自停保护。

(二)自动落纱粗纱机自停装置

(1)断头光电自停及安全保护装置自停原理同上。

(2)立柱安全光电检测安全区。自动落纱时有物体切到光线,自动落纱过程暂停。防止落纱时人进入非安全区。

(3)护栏光电(取满纱检测光电)自停装置。监测落纱期间所有满纱管的提取。落纱架提取满纱升至落纱架等待开关时,有未提起的满纱切到光电光线,落纱架停止放空管。

(4)落纱架检测光电自停装置。落纱架下降到等待开关时,光电检测纱管,如果某个纱管切到光线,落纱架就会停止向下运动。当落纱架下降到减速开关时,光电失效。

(5)换纱机械手检测光电(带有换纱机械手的有此光电)自停装置。

(6)输送轨道定位光电自停装置。调整轨道定位光电使换纱机械手出来时,输送轨道上吊锭中心正好在换纱机械手定位柱的上方(±1mm)。当输送轨道上有纱管切到光线时,输送轨道电动机停止运行。

(7)输送测检测光电自停装置。调整此光电使其位于换纱机械手定位柱上半部分。当输送轨道侧取空管或放满纱不成功时,换纱动作暂停,排除故障后可通过同时按车尾小盒上升按钮和下降按钮继续动作。

(8)粗纱侧检测光电自停装置。调整此光电使其位于换纱机械手定位柱上半部分。当粗纱侧取满纱和放空管不成功时,换纱动作暂停,排除故障后可通过同时按车尾小盒上升按钮和下降按钮继续动作。

三、落纱自动装置

(一)锥轮落纱三自动装置

为了提高粗纱机自动化程度,粗纱机大都采用锥轮落纱三自动控制,即在定长、定向、定位条件下落纱,同时,下锥轮自动抬起、锥轮皮带自动复位,落纱后下锥轮自动下降复位。

(二)集中润滑装置

车头牵伸传动系统采用油箱及控制油泵周期加油,推荐使用00#润滑脂,油泵速度为300mL/min,可在线调整油泵运行时间及油泵间隔时间,根据使用厂家需要调整加油量及加油时间。一般油泵运行时间设定为5~10s,油泵间隔时间设定为1~12h。

(三)粗细联自动落纱、换纱系统

1. 自动落纱装置

人机界面全自动粗细联(以CMT1801粗纱机为例)落纱装置如图8-1-32所示。

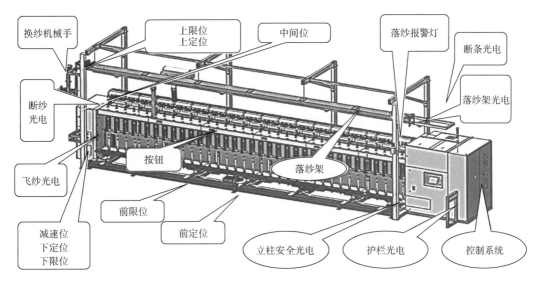

图 8-1-32　自动落纱装置示意图

（1）满纱输送钢带正转几秒后反转至落纱位置开关找到落纱位置等待。

（2）龙筋下降至落纱位置。

（3）龙筋板移出至前定位开关,落纱架高速下降,立柱安全光电启动——落纱架以高速下降至落纱架等待开关,落纱架光电启动——落纱架以高速下降至减速开关,落纱架光电失效,落纱架下降转低速——落纱架以低速下降至下限定位开关提取满纱。

（4）落纱架上升至落纱架等待开关,等待放空管,取满纱检测光电启动。

（5）输送钢带反转至空管位置开关找到空管位置,等待取满纱检测光电失效。

（6）落纱架以高速下降至减速开关,经过放空管下降延时后,卷绕执行先正转后反转动作。

（7）落纱架以低速下降至下限位开关放空管。

（8）落纱架上升至上限位开关等待人工取纱。

（9）卷绕执行正转动作,龙筋板移入至后定位开关。

（10）升龙筋至生头位置,开始生头。

2. 换纱机械手

换纱机械手部件如图 8-1-33 所示。机械手换纱流程:轨道上换纱定位光电检测到纱管,同时粗纱侧落纱架上的纱管定位行程开关有信号。

（1）落纱架侧黄色吊顶压倒换纱位置开关,轨道侧定位光电检测到链条的空管,两侧都到位后机械手伸出,上升取落纱架满纱和链条空管,然后机械手下降。

（2）机械手下降到位,则表示取纱取管成功后机械手缩回,然后旋转到另一侧,等待落纱架侧蓝色吊锭压倒换纱位置开关后,机械手伸出,上升将满纱放到链条上,将空管放到蓝色吊锭

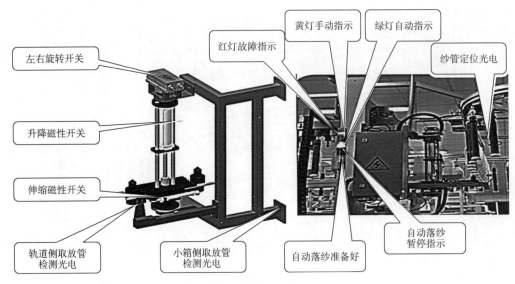

左右旋转开关

升降磁性开关

伸缩磁性开关

轨道侧取放管检测光电

小箱侧取放管检测光电

红灯故障指示

黄灯手动指示

绿灯自动指示

纱管定位光电

自动落纱准备好

自动落纱暂停指示

图 8-1-33　换纱机械手部件

上,然后机械手下降。

(3)下降到位,则表示第一次换纱完成,系统会自动找位置进行下一次换纱,形成一个循环流程。整个流程为:落纱架满纱和链条空管到位→机械手伸出→取纱取管后机械手下降→机械手缩回→落纱架更换空管位置→机械手伸出→机械手上升→放满纱和空管→纺完空管满纱后机械手下降→等待落纱架满纱和链条空管到位,一直循环到设定数量完成后,机械手复位等待落纱。

3. 轨道系统

粗细联轨道系统可按照生产厂家需要配备,以 2 台 CMT1801-168T 自动落纱粗纱机供应 8 台 1200 锭细纱机的系统配备为例。粗细联系统操作界面如图 8-1-34 所示。

(1)粗纱机机后侧设有满纱纱库,满纱纱库最多可以存储 5 条满纱链条,靠近粗纱机数第一根只可为满纱轨道,第六根只可为空管轨道。

(2)尾纱后设有尾纱库,可以暂存从细纱机传送过来的尾纱链条。

(3)尾纱清理机自动清理从细纱机传送来的带有尾纱的链条。

(4)清理不净的纱管经过筛选机构时,筛选机构将纱管从主链条上取下,再将备用的干净纱管换上。

(5)处理后的空管链条进入机后库备用。

(6)整个系统按照从粗纱机→机后纱库→细纱机→尾纱库→尾纱清理机→筛选机构→机后纱库→粗纱机的路线单向运行(局部双向),不可逆。人为的逆行会造成系统运行错误。

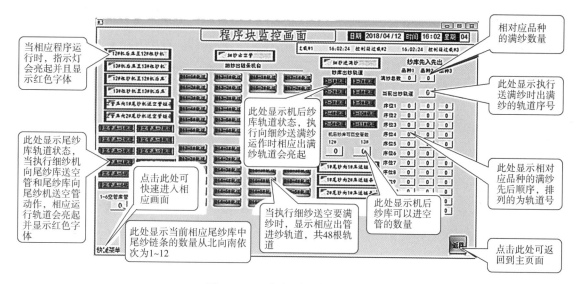

图 8-1-34　粗细联系统操作界面

（7）手动/自动钥匙开关，在切换"自动"后将钥匙拔下，以免误操作导致系统停止。

在执行"手动"操作时必须确保程序监控页面中，所有的程序块全部停止，因为很多状态和品种都是自行带入的，所以运行中操作可能会造成不必要的故障。

4. 尾纱清除机

粗细联全自动粗纱机配备尾纱清除机，主要是细纱在换纱后，轨道连接的粗纱尾纱通过粗细联轨道控制系统返回到粗纱集中区后，通过尾纱清除机来处理粗纱管上残留的粗纱，为粗纱机自动落纱准备好备用粗纱管。粗细联系统尾纱清除机部件如图 8-1-35 所示。

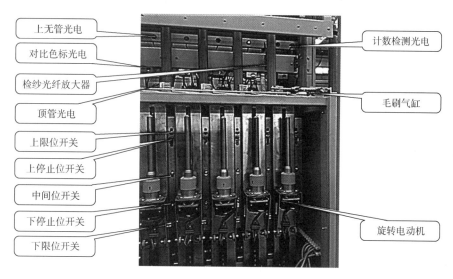

图 8-1-35　粗细联系统尾纱清除机部件

（1）尾纱清除机操作要求。

①初始化操作。按住停止按钮按启动，初始化黄灯亮，所有锭杆自动下降至下限位。

②故障指示。当故障指示灯以 1Hz 频率闪亮时，代表取管不成功、顶管插管不成功等外部原因，请查看屏故障，根据故障提示消除故障，消除故障后，可以连按两次停止按钮复位故障指示，故障指示灯熄灭后按启动按钮，机器可以继续运行。

③启动按钮。当清纱选择旋钮打在清纱位置时，按下启动按钮，绿色指示灯常亮，机器处于自动运行状态，如果链条检测光电检测到有链条，则传送电动机和风机启动，进入清纱流程。启动按钮指示灯以 1Hz 频率闪亮时，说明有硬件故障，显示屏提示故障，一般是过载，变频器报警，直流报警灯，根据故障提示排除故障，排除故障后，指示灯熄灭，表示故障已消除。

④直通/清纱旋钮。将旋钮转至清纱位置，按下启动按钮，机器可对粗纱管清纱，当旋钮旋转至直通位置时，尾纱清除机仅对经过的链条传送，不做清纱处理，此功能为了当机器出现不能立即修复的故障或者不需要清纱指示跑链条时使用。

⑤停止按钮。在自动运行过程中按下按钮，可以暂停运行，另外连按两次停止可以复位部分外部故障，停止按钮内的指示灯指示的是电器柜 24V 电源状态。

⑥自动指示灯。只有尾纱清除机在自动运行的时候该灯才亮。

⑦纱管筛选按钮及指示。手动/自动旋钮，如果旋钮处于自动状态，则筛选装置通过光电检测，看是否有未清理干净的尾纱，来确定机械手是否需要进行交换动作，如果处于中间或者手动状态则换纱不起作用。

⑧正转/反转旋钮。当手动/自动旋钮打在手动或者中间位置，通过正反转旋钮可以控制备用轨道电动机运转，当手动/自动旋钮打在自动位置，正反转旋钮不起作用。

⑨筛选指示灯。如果该灯亮，说明纱管筛选处于自动状态；如果该灯闪亮，说明有取、放管故障。

（2）尾纱清除机处理流程。

①细纱机送回来的空管链条，走到尾纱清除机，挡住链条检测光电，程序检测到有链条，尾纱清除机处于自动运行状态。

②风机运行，输送电动机启动。

③检管光电检测到纱管，通过纱管计数开关拨动，PLC 开始计数。

④计数到 8 个后，光电检测正确。

⑤取纱装置（筒管轴）由下限位一直高速升到上限位取管。

⑥取管下降，筒管轴慢速旋转，吸嘴伸出开始找头。

⑦当吸嘴找到头之后,光纤感应器感应到纱线,吸嘴退回。

⑧此时旋转电动机以低速旋转配合吸嘴清纱,同时筒管轴继续上升。

⑨当上升到中间位,并且色标光电检测到有纱时,旋转电动机由低速转到高速,并且筒管轴停在中间位一直高速清纱。

⑩当色标光电检测不到纱线时,旋转电动机变为低速,筒管轴下降到下停止位继续清纱。

⑪当光纤传感器也检测不到纱线时,吸嘴伸出,筒管轴小动程上下移动继续找头,找头 10s,然后筒管开始正转、反转继续找头,防止最后部分头反缠。

⑫吸嘴退回初始位置,筒管轴停在下停止位上,毛刷伸出清理毛毡。

⑬清理完毕筒管轴将筒管送到链条上,继续下一个循环。

第七节　粗纱机主要部件的规格及技术要求

一、罗拉与轴承

(一)罗拉的主要规格

罗拉的示意图、主要规格如图 8-1-36 和表 8-1-52 所示。

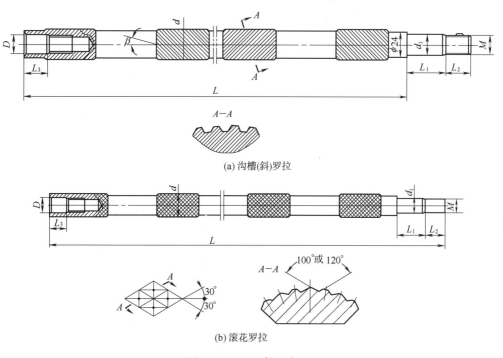

(a) 沟槽(斜)罗拉

(b) 滚花罗拉

图 8-1-36　罗拉示意图

表 8-1-52　罗拉的规格参数

项目	参数		
工作面直径 d/mm	25	27	30
导柱直径 d_1/mm	16.5,19	19	
导孔直径 D/mm			
螺纹 M/mm	$M16×1.5, M18×1.5$	$M18×1.5, M18×2$	
导柱长度 L_1/mm	34,37	37	
外螺纹长度 L_2/mm	23,25	25,31	
导孔长度 L_3/mm	20,22	22	

(二)轴承

LZ 罗拉轴承示意图如图 8-1-37 所示,罗拉轴承型号及主要技术规格见表 8-1-53。

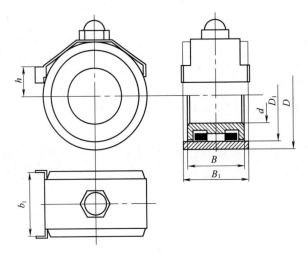

图 8-1-37　LZ 罗拉轴承示意图

表 8-1-53　罗拉轴承型号及主要技术规格　　　　　　　　　　单位:mm

型号	配用罗拉直径	$d^{+0.008}_{-0.006}$	D	D_1	$B^{+0.015}_{-0.025}$	b_1	h	$B_1{}^{+0.5}_{+0.2}$
LZ-2822	25 滚花	16.5	28	25.5	19	22	10	22
LZ-3224	28 沟槽	19	32	30	22	23	11	24

(三)罗拉隔距的调整

1. 下罗拉隔距的调整

罗拉隔距示意图如图 8-1-38 所示。根据纤维长度的不同,罗拉隔距参考值见表 8-1-54。

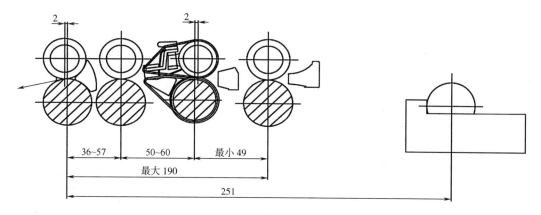

图 8-1-38　罗拉隔距示意图

表 8-1-54　四罗拉双短胶圈牵伸罗拉隔距　　　　　　单位:mm

纤维长度	前罗拉—二罗拉	二罗拉—三罗拉	三罗拉—后罗拉
短纤维(<38mm)	36~42	49~52	48~52
中长纤维(38~51mm)	42~57	56~60	48~62

2. 上罗拉隔距的调整

(1)常德 YJ40、绪森 plus 摇架。根据已校好的下罗拉隔距,将上罗拉隔距规(YJ4-190-G0100,常德 YJ40 摇架专用)调整到需要的尺寸(尺寸见下面公式),然后将上罗拉隔距规安放在摇架体背面,松开加压结合件上的 M6 内六角螺钉,按隔距规调整好位置,再旋紧 M6 内六角螺钉,各上罗拉隔距即调整完毕(图 8-1-39)。四罗拉隔距规隔距调整公式如下:

$$H_1 = 231.5 + a$$

$$H_2 = 231.5 - h_3$$

$$H_3 = 231.5 - h_2 - b$$

$$H_4 = 231.5 - h_1$$

式中:a——前上罗拉相对前下罗拉前移量,mm;

　　　b——中上罗拉相对中下罗拉后移量,mm;

　　　H_1——摇架基准面到前上胶辊距离,mm;

　　　H_2——摇架基准面到二上胶辊距离,mm;

　　　H_3——摇架基准面到三上胶辊距离,mm;

　　　H_4——摇架基准面到后上胶辊距离,mm。

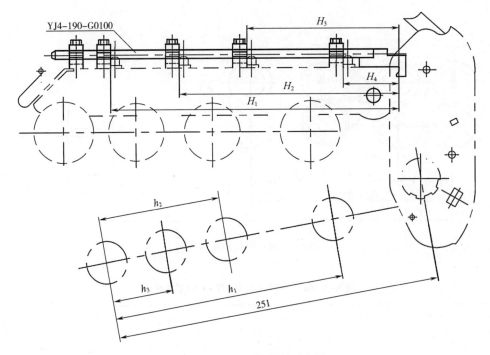

图 8-1-39　上罗拉调整示意图

（2）SKF-PK1550 摇架。PK1550 摇架隔距调整可以用 YJ4 摇架的公式，但公式中的 231.5 需要改为 229.5。

（3）其他摇架。上罗拉调整可以此为参考，根据各自的说明书调整。

二、胶辊、胶圈、胶圈架、胶圈销与隔距块

（一）胶辊

胶辊示意图及基本尺寸见图 8-1-40 和表 8-1-55。

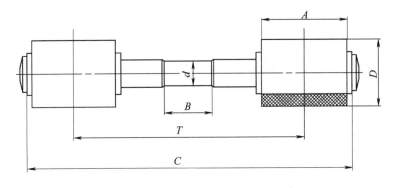

图 8-1-40　胶辊示意图

表 8-1-55 胶辊基本尺寸表格

铁芯代号	胶辊代号	A/mm	B/mm	C/mm	D/mm	d/mm	T/mm
SL-11019	A456-FT312A	28	10	155	34	11	108
SL-9019C	FA402-FT8	28	43	135	25	11	90
LP315-0029201	—	22.5	40	150	28	11	110
LP317-0014692	—	28.2	40	150	25	11	110
SL-11019	FA401-FT11	22	43	155	28	11	110
SL-9019	FA401-FT25	22	40	135	31	11	90
—	HP-R11019FH	14	40	150	28	14	110
—	HP-R11040RH	14	40	150	25	14	110
—	SL-11025EC	28	45	155	25	11	110

(二)胶圈

上、下胶圈与上销、摇架型号、机型的匹配,胶圈及尺寸见图 8-1-41、表 8-1-56。

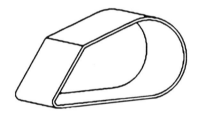

图 8-1-41 胶圈

表 8-1-56 胶圈基本尺寸

上胶圈		下胶圈		配上销代号	适纺纤维长度/mm	使用摇架型号	可配机器型号
代号	规格(直径×宽×厚)/mm	代号	规格(直径×宽×厚)/mm				
A456-FT305	38×40×0.9	A456-FT17	36.25×42×1.2 或 S×4-11033	A456-2100-305A	38	YJ$_1$-150, YJ$_1$-190A, YJ$_4$-190	TJFA458A, TJFA457A, FA403A, FA481, FA491
A456-FT307	42×40×1	A456-FT308	41.5×42×1.2	A456-2100-312	51		
A456-FT15	—	FA401-FT43	—	A456-2100-603	65		
A456-FT408	37×39.8×0.9	A456-FT17	—	S×4-11033	38	YJ$_4$-190×4	
FA401-FT8	43.5×39.8×0.9	A456-FT308	—	S×4-11042	51	YJ$_4$-190×4	

续表

上胶圈		下胶圈		配上销代号	适纺纤维长度/mm	使用摇架型号	可配机器型号
代号	规格(直径×宽×厚)/mm	代号	规格(直径×宽×厚)/mm				
A456-FT408 或 PR-40-997575	—	A456-FT17	—	OH514-0962746	38	PK1500-0962604	TJFA458A，TJFA457A，FA403A，FA481，FA491，A456E
A456-FT8 或 PR-4010-002503	—	A456-FT308	—	OH534-0962765	51		
—	—	A456-FT43	—	OH524-0962755	65		
A456-FT408 或 PR-40-997575	—	A456-FT17	—	OH514-0962746	38	PK1500-0001938	
FA401-FT8 或 PR-410002503	—	A456-FT308	—	OH534-0962765	51	—	
P24-0997575	37×39.8×1	A456-FT17	—	OH5022	40	PK5025-1259471	—
—	—	A456-FT308	—	OH5042	50		
—	—	—	—	OH5245	60		
P24-0997575	37×39.8×1	A456-FT17	—	OH5022	40	PK5025-1259472	
—	—	A456-FT308	—	OH5042	51		
—	37×40×0.9	—	—	HP-C11040K23	40	HP-A410	—
—	43.5×40×0.9	—	—	HP-C11040M23	50		
—	52×40×1	—	—	HP-C11040L23	60		

(三)胶圈架

胶圈架示意图如图 8-1-42 所示。

(四)胶圈销

1. 上销

上销示意图及基本尺寸见图 8-1-43 和表 8-1-57。

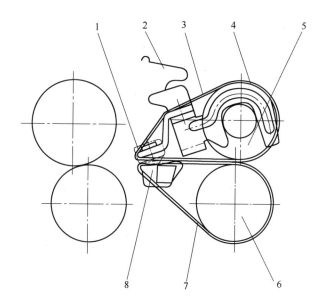

图 8-1-42　胶圈架示意图

1—隔距块　2—上销簧　3—上胶圈　4—上销　5—上罗拉　6—下罗拉　7—下胶圈　8—下销

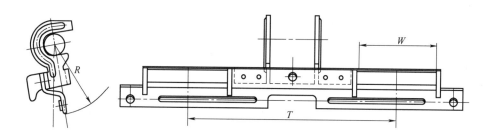

图 8-1-43　上销示意图

表 8-1-57　上销基本尺寸

上销代号	T/mm	W/mm	R/mm	适纺纤维长度/mm	备注
A456-2100-305A	108	41	35.2	38 以下	
A456-2100-312	108	41	43.5	51 以下	
A456-2100-603	108	41	56.8	65 以下	
S×4-11033	110	41	34.5	40 以下	国产摇架专用
S×4-11042	110	41	45	50 以下	
S×4-11059	110	41	60.5	65 以下	

上销代号	T/mm	W/mm	R/mm	适纺纤维长度/mm	备注
OH514-0962746	110	40.4	34.5	40 以下	SKF 弹簧摇架专用
OH534-0962765	110	40.4	45	51 以下	
OH524-0962755	110	40.4	60.5	65 以下	
OH5022-1259297	110	—	—	38 以下	SKF 气动摇架专用
HP-C11040K23	110	40.5	35	40 以下	绪森摇架专用
HP-C11040M23	110	40.5	45.1	50 以下	
HP-C11040L23	110	40.5	59.9	60 以下	

2. 下销

下销示意图及下销棒规格见图 8-1-44 和表 8-1-58。

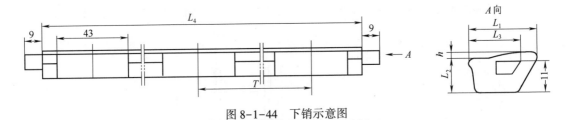

图 8-1-44　下销示意图

L_1—宽度　L_2—底端至前缘平面的高度　L_3—下销前缘至支杆后缘的距离

L_4—工作面积总长度　h—前缘平面至后缘曲线托持面顶点的高度　T—单个沟槽长度

表 8-1-58　下销棒规格表　　　　单位：mm

代号	宽度 L_1	总高度（$h+L_2$）	沟槽长度 T	总长	适纺纤维长度
422-020025	20.0	15.5	42	430	38
422-020025A	28.0	15.8	41	430	51
422-020025C	19.5	20.0	42	430	38
420-020025	20.0	15.5	42	378	38
420-020025A	28.0	15.8	41	378	51
420-020025C	19.5	20.0	42	378	38

(五)隔距块

隔距块示意图及规格见图 8-1-45 和表 8-1-59、表 8-1-60。

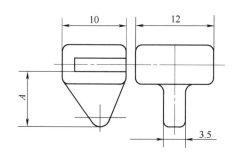

图 8-1-45 隔距块示意图

表 8-1-59 隔距块规格（一） 单位:mm

件号	A	隔距	颜色
A456-21334A	5.5	3.5	棕
A456-21335A	6	4	红
A456-21336A	6.5	4.5	绿
A456-21337A	7.5	5.5	白
A456-21338A	8.5	6.5	蓝
A456-21339A	9.5	7.5	黄

表 8-1-60 隔距块规格（二） 单位:mm

代号	隔距	颜色
OLC-0964104	4.5	白
OLC-0964105	5.0	黑
OLC-0964106	5.5	灰
OLC-0964107	6.5	米黄
OLC-0964108	7.5	绿
绪森	4.0	灰
绪森	5.0	黄
绪森	6.0	蓝
绪森	7.0	米
绪森	8.0	黑
常规国产	4.5	白
常规国产	5.5	黑
常规国产	6.5	黄
常规国产	7.5	棕
常规国产	8.5	紫

三、加压摇架

加压摇架规格见表 8-1-61。

表 8-1-61 加压摇架规格

摇架型号	前后罗拉最大中心距/mm	上罗拉直径/mm		芯子型号	加压值/daN 加压块色标			加压源	配用上销代号	适纺纤维长度/mm	配用机器型号	摇架生产厂商
					无色	绿色	红色					
YJ₁-150	150	前	31	SL-11019	18	22	26	圆柱螺旋弹簧	A456-2100-305A 或 S×4-11033	38 以下	A456EH, A454EH	常德纺机
		中	25	SL-11025EC	12				A456-2100-312 或 S×4-11042	51 以下		
		后	31	SL-11019	14							

摇架型号	前后罗拉最大中心距/mm	上罗拉直径/mm		芯子型号	加压值/daN 加压块色标			加压源	配用上销代号	适纺纤维长度/mm	配用机器型号	摇架生产厂商
					无色	绿色	红色					
YJ₁-190A	190	前	31	SL-11019	22	26	30		A456-2100-305A 或 S×4-11033	38 以下	A456GH, A454GH	
		中	25	SL-11025EC	14				A456-2100-312 或 S×4-11042	51 以下		
		后	31	SL-11019	18				A456-2100-603 或 S×4-11056	65 以下		常德纺机
YJ₄-190	189	前	31	SL-11019	20	25	30		A456-2100-305A 或 S×4-11033	38 以下	TJFA458A, TJFA457A, FA403A, FA481, FA491	
		中	25	SL-11025EC	10	15	20		A456-2100-312 或 S×4-11042	51 以下		
		后	31	SL-11019	15	20	25	圆柱螺旋弹簧	A456-2100-603 或 S×4-11056	65 以下		
YJ₄-190×4	190	前	28	SL-11019	9	10	15		S×4-11033	38 以下		
		中一	28	SL-11019	15	20	25					
		中二	25	SL-11025EC	10	15	20		S×4-11042	51 以下		
		后	28	SL-11019	10	15	20					
PK1500-0962604	189	前	28	LP315-110	20	25	30		OH514-110	40 以下	TJFA458A, TJFA457A, FA403A, FA481, FA491, A456E, A454E	
		中	25	LP317-110	10	15	20		OH534-110	51 以下		
		后	28	LP315-110	15	20	25		OH524-110	60 以下		德国 SKF
PK1500-0001938	195	前	28	LP315-110	9	12	15				TJFA458A, TJFA457A, FA403A, FA481, FA491	
		中一	28	LP315-110	15	20	25		OH514-110	51 以下		
		中二	25	LP317-110	10	15	20					
		后	28	LP315-110	10	15	20					
PK5025-1259471	—	前	28	LP-315	17~36			气囊	OH 5022	40 以下	TJFA458A, FA491, FA481	
		中	25	—	10~21				OH 5042	50 以下		
		后	28	LP-315	16~32				OH 5045	60 以下		

续表

摇架型号	前后罗拉最大中心距/mm	上罗拉	上罗拉直径/mm	芯子型号	加压值/daN 加压块色标			加压源	配用上销代号	适纺纤维长度/mm	配用机器型号	摇架生产厂商
					无色	绿色	红色					
PK5025-1259472	—	前	28	LP-315	10~20			气囊	OH 5022	40 以下	TJFA458A，FA491，FA481	德国SKF
		中一	28	LP-315	15~31							
		中二	25		10~20				OH 5042	51 以下		
		后	28	LP-315	15~31							
HP-A410	199	前	—	HP-R11019FH	18.5	23	28	板簧	HP-C11040K23	40 以下	TJFA458A，TJFA457A，FA481，FA491	德国绪森
		中一	25	HP-R11019FH	17.5	22	27		HP-C11040M23	50 以下		
		中二	—	HP-R11040FH	10.5	13.5	16.5		HP-C11040L23	60 以下		
		后	—	HP-R11019FH	17.5	22	27					

注　1. PK1500-0962604 型摇架上罗拉直径也可配 30mm。

　　2. PK5000 系列型摇架加压值可以无级调节。

　　3. 胶辊芯子和上销表中只列出 $T=110$ 规格，$T=90$ 规格未列入。

四、锭翼与假捻器

(一)锭翼

悬锭尺寸示意图及规格见表 8-1-62、图 8-1-46，导纱角锭翼的 C 值前后排不同。

表 8-1-62　悬锭尺寸规格

锭翼型号	通用机型	A/mm	B/mm	卷装尺寸(直径×高)/mm	最大转速/(r/min)
XDYB-150×400	FA498/FA494	158	430	150×400	1800
XDYB-135×400	FA497/FA493	140	430	135×400	1400
ZXXDYB-150×400	CMT1801	158	430	150×400	1800
ZXXDYB-135×400	CMT1801	140	430	135×400	1400

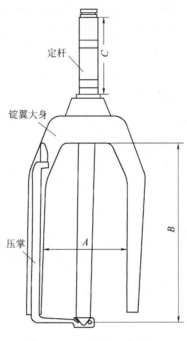

图 8-1-46 悬锭锭翼示意图

(二)假捻器

高效假捻器具有假捻好、纤维抱合力强、毛羽少、不粘花、不易脱落、耐磨经用等特点,适用于棉、涤/棉、化纤等,其结构、规格如图 8-1-47、图 8-1-48 和表 8-1-63 所示。

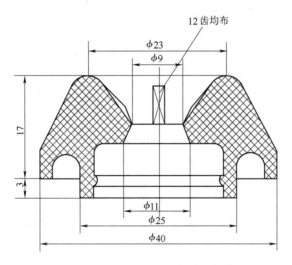

图 8-1-47 FA401 型悬锭粗纱机假捻器

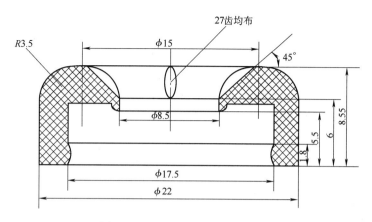

图 8-1-48　A456 型粗纱机假捻器

表 8-1-63　假捻器规格

假捻器代号	外径尺寸/mm	孔径尺寸/mm	高度/mm
FA401/DYD-14	44	9.5	20
A456/DYL-11	22	8.5	8.55
FA401/XDYB-01	40	9	20

五、集束器

集束器能将分散的边缘纤维聚拢成较紧密的须条粗纱并使粗纱光洁,从而减少粗纱缠绕和断头。以下集束器数值可供参考。

(一)喂入喇叭口

喂入喇叭口示意图及规格见图 8-1-49 和表 8-1-64。

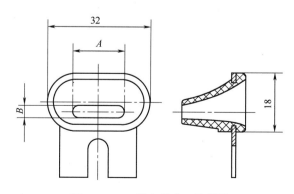

图 8-1-49　喂入喇叭口示意图

表 8-1-64　喂入喇叭口规格

件号	A/mm	B/mm	颜色
FA401-2100-17	12	3	绿
FA401-2100-18	16	4	黑
FA401-2100-19	20	5	棕

(二)后集束器

后集束器示意图及规格见图 8-1-50 和表 8-1-65。

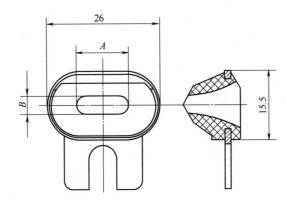

图 8-1-50　后集束器示意图

表 8-1-65　后集束器规格

件号	A/mm	B/mm	颜色
FA401-2100-20	8	3	绿
FA401-2100-21	12	4	黑
FA401-2100-22	16	5	棕

(三)前集束器

前集束器示意图及规格见图 8-1-51 和表 8-1-66。

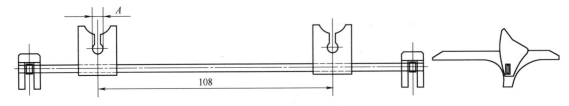

图 8-1-51　前集束器示意图

表 8-1-66　前集束器规格

件号	A/mm	颜色	件号	A/mm	颜色
FA401-2100-14	8	绿	A456-2100-412	8	绿
FA401-2100-15	10	黑	A456-2100-413	10	红
FA401-2100-16	12	棕	A456-2100-414	12	棕
FA401-2100-23A	15	白			

六、筒管

JWF1458A 和 CMT1801 筒管示意图如图 8-1-52 和图 8-1-53 所示。

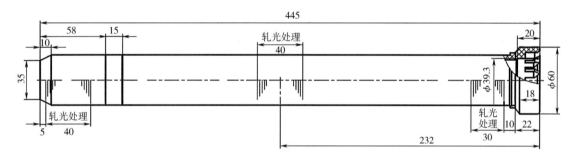

图 8-1-52　JWF1458A 型粗纱机筒管示意图

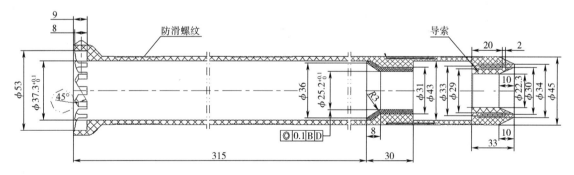

图 8-1-53　CMT1801 型粗纱机筒管示意图

第二章　普通环锭纺纱

第一节　细纱机主要型号、技术特征、传动及工艺计算

一、细纱机主要型号及技术特征

常用细纱机主要型号及技术特征见表8-2-1~表8-2-3。

表8-2-1　细纱短车的主要型号及技术特征

机型		FA506	DTM129	BS519	JWF1520
适纺纤维长度 (棉、化纤或混纺)/mm		65以下	65以下	65以下	65以下
锭距/mm		70	70	70	70,75
每台锭数		384~516	360~516	384~600	384~1008
牵伸机构		三罗拉长短胶圈			
牵伸倍数		10~50	15~60	10~50	10~60
罗拉直径/mm		25	25	25,27	27
每节罗拉锭数/锭		6	6	6	6
罗拉座角度/(°)		45	45	45	45
罗拉加压方式		弹簧加压摇架,气压加压摇架			
罗拉中心 距/mm	前—后(最大)	143	143	142	150
	前—中(最小)	43	43	43	43
钢领直径/mm		35,38, 42,45	35,38,40, 42,45	35,38,40, 42,45	35,38,42, 45,47
升降动程/mm		155,180,205	155,180,205	180	180,200,205
锭子型号		JWD32 系列光杆	YD32 系列光杆	YD32 系列光杆	JWD7111 铝套管

续表

机型	FA506	DTM129	BS519	JWF1520
锭速/(r/min)	12000~18000	12000~18000	12000~18000	12000~25000
满纱量小气圈高度/mm	85	85	70	95
锭带张力盘	单、双张力盘	单、双张力盘	单、双张力盘	单、双张力盘
捻向	Z,Z 或 S	Z,Z 或 S	Z,Z 或 S	Z,Z 或 S
齿轮润滑	滴油	滴油	滴油	滴油
粗纱卷装尺寸 （直径×长）/mm	152×406 （最大）	152×406 （最大）	152×406 （最大）	312×406 （最大）
粗纱架形式单层六列吊锭	单层六列吊锭			
自动机构	PLC 控制,中途关机自适位制动,中途落纱钢领板自动下降适位制动,满管钢领板自动下降适位制动,开机低速生头,开机前钢领板自动复位,落纱前自功接通落纱电源,工艺参数显示			
机器全长/mm 锭距70	2380+(N/2-1)×70	2650+(N/2-1)×70	N×35+2505	4450+(N/2-1)×70
机器全长/mm 锭距75	—			
前罗拉中心距地面高度/mm	1075	1075	1075	1140
锭子中心距/mm	700	700	700	700
车头宽度/mm	640	750	—	700
机器重量/t	7	8.5(420 锭)	7(516 锭)	15
新技术	可配变频调速,可配竹节纱装置,可配包芯纱装置			可配变频调速,可配竹节纱装置,可配包芯纱装置,可配集体落纱
主机制造厂	中国纺织机械集团经纬股份有限公司榆次分公司	马佐里（东台）纺机有限公司	山西贝斯特机械有限公司	中国纺织机械集团经纬股份有限公司榆次分公司

表 8-2-2 细纱长车的主要型号与技术特征

机型	EJMI28JL	EJM138JL	DTM139	JWF1562
适纺纤维长度 （棉、化纤或混纺）/mm	60 以下	60 以下	60 以下	60 以下
锭距/mm	70	70	70	70

续表

机型		EJMI28JL	EJM138JL	DTM139	JWF1562
每台锭数		648~1008	648~1008	396~1008	792~1200
牵伸机构		三罗拉长短胶圈,四罗拉紧密纺,摇架加压			
牵伸倍数		10~60	10~60	10~70	10~60
罗拉直径/mm		27	27	27	27
每节罗拉锭数/锭		6	6	6	6
罗拉座角度/(°)		45	45	45	45
罗拉加压方式		弹簧加压摇架,气压加压摇架			
罗拉中心距/mm	前~后(最大)	143	143	143	143
	前~中(最小)	44	44	43	44
钢领直径/mm		35,38,42,45	36,38,40,45	35,38,40,42,45	38,40,42,45
升降动程/mm		155,180,205	170,180,190,200	170,180,190,200	165,180
锭子型号		D32 系列光杆	ZD4110 铝套管	ZD4110EA 铝套管	铝套管锭子
锭速/(r/min)		12000~20000	12500~25000	12000~25000	12000~25000
满纱量小气圈高度/mm		92	92	95	95
锭带张力盘		单、双张力盘	单张力盘	单、双张力盘	单、双张力盘
捻向		Z,Z 或 S	Z,Z 或 S	Z,Z 或 S	Z,Z 或 S
齿轮润滑		淋油	淋油	滴油	淋油
粗纱卷装尺寸(直径×长)/mm		152×406(最大)	152×406(最大)	152×406	四列及八列纱架最大卷装:128×406
粗纱架形式单层六列吊锭		单层六列吊锭			四列带游车、六列、六列带游车、八列带游车
自动机构		PLC 控制,中途关机自适位制动,中途落纱钢领板自动下降适位制动,满管钢领板自动下降适位制动,开机低速生头,开机前钢领板自动复位,落纱前自动接、通落纱电源,工艺参数显示			
机器全长/mm	锭距 70	$5485+(N/2-1)\times70$	$5485+(N/2-1)\times70$	$5210+(N/2-1)\times70$	$N/2\times70+6100$

续表

机型	EJMI28JL	EJM138JL	DTM139	JWF1562
前罗拉中心距地面高度/mm	1160	1160	1160	1140
锭子中心距/mm	720	720	730	700
车头宽度/mm	800	800	800	720
机器重量/t	15	15	15	23
新技术	变频调速，集体落纱	变频调速，集体落纱，锭子、罗拉、钢领板电动机分开传动，管纱成形智能化	变频调速，集体落纱，锭子、罗拉、钢领板电动机分开传动，管纱成形智能化，可配包芯纱装置	变频调速，集体落纱，锭子、罗拉钢领板电动机分开传动，管纱成形智能化
主机制造厂	太平洋机电集团二纺机股份有限公司		马佐里(东台)纺机有限公司	中国纺织机械集团经纬股份有限公司榆次分公司

表 8-2-3　进口细纱机的型号与技术特征

机型	350	G33	RX240	RST-1
主机制造厂	德国 ZINSER	瑞士 RIETER	日本 TOYOTA	意大利 MARZOLI
适纺纤维长度/mm	63 以下	60 以下	64 以下	60 以下
锭距/mm	70,75	70,75	70,75	70,75
每台锭数	1488(最大)	288~1200	1008(最大)	624~1296
牵伸机构	三罗拉长短胶圈			
牵伸倍数	8~85	12~80	10~60	5~80
罗拉直径/mm	27	27	27	27,30,27
每节罗拉锭数/锭	8	8	8	8
罗拉座角度/(°)	45	35	45	45
钢领直径/mm	38~50	36~51	36~51	36~54
筒管长度/mm	200~260	180~250	180~250	180~250
两侧锭子中心距/mm	580	620	710	740
锭带张力盘	多电动机短龙带传动	锭带(4锭一组)	锭带(4锭一组)	长龙带传动
锭速/(r/min)	22000	25000	25000	25000

续表

机型	350	G33	RX240	RST-1
粗纱卷装尺寸 （直径×长）/mm	178×406（最大）	—	146×406（最大）	178×40（最大）
粗纱架形式	吊锭四排,吊锭六排	吊锭四排,吊锭六排	吊锭四排	吊锭四排
全长/mm　锭距70	4890+（N/2-1）×70	5425+（N/48）×1680	3785+（N/2-1）×70	5710+N×2/70
全长/mm　锭距75	4890+（N/2-1）×75	5425+（N/48）×1800	3790+（N/2-1）×75	5710+N×2/70
其他特点	可配包芯纱装置,集体落纱,细络联,管纱成形智能化	集体落纱,细络联	自动换粗纱,集体落纱,细络联,管纱成形智能化	变频调速,集体落纱,锭子、罗拉、钢领板电动机分开传动,管纱成形智能化

二、传动及工艺计算

（一）传统细纱机传动及工艺计算（以 DTM129 型为例）

1. 传动路线图

DTM129 型细纱机的传动路线如图 8-2-1 所示。

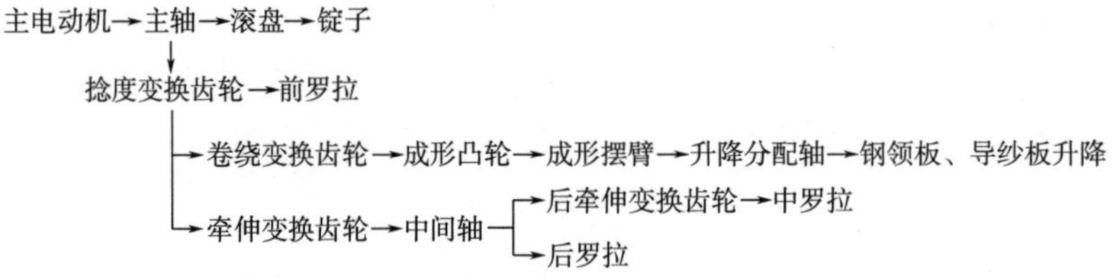

主电动机→主轴→滚盘→锭子
　　　　　↓
　　　捻度变换齿轮→前罗拉
　　　　　├──卷绕变换齿轮→成形凸轮→成形摆臂→升降分配轴→钢领板、导纱板升降
　　　　　└──牵伸变换齿轮→中间轴──┬──后牵伸变换齿轮→中罗拉
　　　　　　　　　　　　　　　　　　└──后罗拉

图 8-2-1　DTM129 型细纱机传动路线图

2. 工艺计算

（1）锭速（变频调速）。

$$锭速 = \frac{D_3 + \delta}{d_1 + \delta} \times \frac{D_1}{D_2} \times 60 \times \frac{f}{2} = \frac{250 + 0.6}{d_1 + 0.6} \times \frac{D_1}{D_2} \times 30 \times f$$

式中：D_1——主电动机带轮直径；

D_2——主轴带轮直径；

D_3——滚盘直径；

d_1——锭盘直径；

δ——锭带厚度；

f——主电动机频率。

d_1, D_1, D_2 按所订机器供给，f 随锭速变化而变化，但频率不宜过低。D_1, D_2 对应的最高锭速适用于双速电动机调速。

$$锭速 = 1480 \times \frac{D_1 \times (D_3 + \delta)}{D_2 \times (d_1 + \delta)}$$

①当锭盘直径为 18.5mm 时：

$$锭速 = \frac{1480 \times (250 + 0.6) \times D_1}{(18.5 + 0.6) \times D_2} = 19418 \frac{D_1}{D_2} (\text{r/min})$$

②当锭盘直径为 19mm 时：

$$锭速 = \frac{1480 \times (250 + 0.6) \times D_1}{(19 + 0.6) \times D_2} = 18923 \frac{D_1}{D_2} (\text{r/min})$$

③当锭盘直径为 20.5mm 时：

$$锭速 = 1480 \times \frac{(250 + 0.6) \times D_1}{(20.5 + 0.6) \times D_2} = 17578 \frac{D_1}{D_2} (\text{r/min})$$

④当锭盘直径为 22mm 时：

$$锭速 = 1480 \times \frac{(250 + 0.6) \times D_1}{(22 + 0.6) \times D_2} = 16411 \frac{D_1}{D_2} (\text{r/min})$$

⑤当锭盘直径为 24mm 时：

$$锭速 = 1480 \times \frac{(250 + 0.6) \times D_1}{(24 + 0.6) \times D_2} = 15077 \frac{D_1}{D_2} (\text{r/min})$$

常用锭速与管纱高度变化曲线如图 8-2-2 所示。

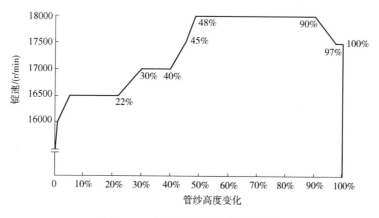

图 8-2-2　锭速与管纱高度变化曲线

（2）捻度。DTM129 型细纱机捻度与卷绕传动图如图 8-2-3 所示。

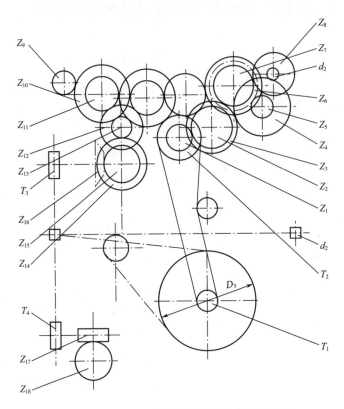

图 8-2-3　DTM129 型细纱机捻度与卷绕传动图

不记传动带滑溜及细纱捻缩：

$$捻度 = \frac{(D_3 + \delta) \times T_2 \times Z_2 \times Z_4 \times Z_6 \times Z_8 \times 100}{(d_1 + \delta) \times T_1 \times Z_1 \times Z_3 \times Z_5 \times Z_7 \times d_2 \times \pi}$$

$$= \frac{(250 + 0.6) \times 72 \times 52 \times 58 \times 50 \times 100 \times Z_4}{(d_1 + 0.6) \times 32 \times 33 \times 31 \times 50 \times \pi \times d_2 \times Z_3}$$

式中：d_2——前罗拉直径。

捻度变换齿轮 Z_3、Z_4 的选择方法：首先确定所需的捻度落在哪两个本机所提供的捻度范围内，然后再选择与所需要的捻度较接近的本机所提供的捻度，再向右查便是捻度变换齿轮 Z_3、Z_4 的齿数。并经试验测定定捻度后，调整确定所需的 Z_3、Z_4 的齿数。

例如，当锭盘直径为 20.5mm，前罗拉直径为 27mm 时：

$$捻度 = \frac{(250 + 0.6) \times 72 \times 52 \times 58 \times 50 \times 100 \times Z_4}{(20.5 + 0.6) \times 32 \times 33 \times 31 \times 50 \times \pi \times 27 \times Z_3} = 92.88 \frac{Z_4}{Z_3} (捻 /10\text{cm})$$

（3）牵伸倍数。DTM129 型细纱机牵伸传动图如图 8-2-4 所示。其中 Z_a、Z_b 为总牵伸变换齿轮，Z_c、Z_d、Z_e 为后牵伸变换齿轮。

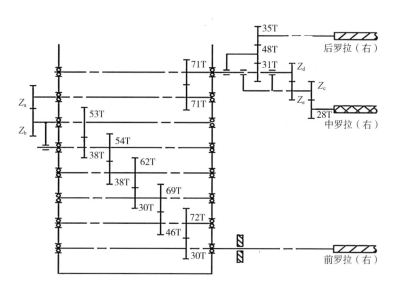

图 8-2-4　DTM129 型细纱机牵伸传动图

①后牵伸倍数 $E_后$。

$$E_后 = \frac{35 \times Z_d \times Z_c \times d_{中罗拉}}{31 \times Z_e \times 28 \times d_{后罗拉}} = 0.040323 \times Z_c \frac{Z_d}{Z_e}$$

式中：Z_c，Z_d，Z_e——后牵伸变换齿轮；

　　　$d_{中罗拉}$——中罗拉直径；

　　　$d_{后罗拉}$——后罗拉直径。

中、后罗拉直径为 25mm、25mm 或 27mm、27mm 时，后牵伸 $= \frac{35 \times Z_d \times Z_c}{31 \times Z_e \times 28} = 0.040323 Z_c \frac{Z_d}{Z_e}$，后牵伸倍数与齿轮对照表见表 8-2-4。

表 8-2-4　后牵伸倍数与齿轮对照表

Z_d/Z_e	Z_c					
	56	58	60	62	64	67
28/59	1.07	1.13	1.17	1.21	1.25	1.30
31/56	1.25	1.295	1.34	1.384	1.43	1.50

中、后罗拉直径为 25mm、27mm 时，后牵伸 $= \dfrac{35 \times Z_{\mathrm{d}} \times Z_{\mathrm{c}} \times 25}{31 \times Z_{\mathrm{e}} \times 28 \times 27} = 0.037336 \times Z_{\mathrm{c}} \dfrac{Z_{\mathrm{d}}}{Z_{\mathrm{e}}}$，后牵伸倍数与齿轮对照表见表 8-2-5。

表 8-2-5　后牵伸倍数与齿轮对照表

$Z_{\mathrm{d}}/Z_{\mathrm{e}}$	Z_{c}					
	56	58	60	62	64	67
31/56	1.15	1.2	1.24	1.28	1.32	1.38
34/53	1.34	1.39	1.44	1.48	1.53	1.6

中、后罗拉直径为 27mm、25mm 时，后牵伸倍数 $= \dfrac{35 \times Z_{\mathrm{d}} \times Z_{\mathrm{c}} \times 27}{31 \times Z_{\mathrm{e}} \times 28 \times 25} = 0.043548 Z_{\mathrm{c}} \dfrac{Z_{\mathrm{d}}}{Z_{\mathrm{e}}}$，后牵伸倍数与齿轮对照表见表 8-2-6。

表 8-2-6　后牵伸倍数与齿轮对照表

$Z_{\mathrm{d}}/Z_{\mathrm{e}}$	Z_{c}					
	56	58	60	62	64	67
28/59	1.16	1.22	1-26	1.31	1.35	1.4
31/56	1.35	1.4	1.45	1.5	1.54	1.62

②总牵伸倍数 $E_{\text{总}}$。

$$E_{\text{总}} = \dfrac{72 \times 69 \times 62 \times 54 \times 53 \times 35 \times 50 \times d_{\text{前罗拉}}}{30 \times 46 \times 30 \times 38 \times 38 \times 31 \times 27 \times d_{\text{后罗拉}}} \times \dfrac{Z_{\mathrm{a}}}{Z_{\mathrm{b}}}$$

$$= 30.831 \dfrac{Z_{\mathrm{a}}}{Z_{\mathrm{b}}}$$

例如，前罗拉直径为 27mm，后罗拉直径为 27mm 时：

$$E_{\text{总}} = \dfrac{72 \times 69 \times 62 \times 54 \times 53 \times 35 \times 50}{30 \times 46 \times 30 \times 38 \times 38 \times 31 \times 27} \times \dfrac{Z_{\mathrm{a}}}{Z_{\mathrm{b}}}$$

$$= 30.831 \dfrac{Z_{\mathrm{a}}}{Z_{\mathrm{b}}}$$

(4)卷绕成形。细纱机管纱卷绕成形参数如图 8-2-5 所示。

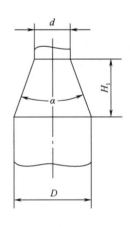

图 8-2-5　管纱卷绕成形参数

D—最大卷绕直径

d—最小卷绕直径

α—圆锥角，卷绕成形角为 $\alpha/2$

H_1—钢领板升降短动程

本节提供的卷绕齿轮 Z_{13}、Z_{14} 仅供用户试纺时参考。用户正常纺纱时应根据实际卷装情况适当调整卷绕齿轮。

$$\frac{Z_{13}}{Z_{14}} = \frac{3h \times \sin\frac{\alpha}{2} \times d_2 \times Z_{10} \times Z_{12} \times Z_{16} \times T_4 \times Z_{18}}{(D^2 - d^2) \times Z_9 \times Z_{11} \times Z_{15} \times T_3 \times Z_{17}}$$

$$= \frac{3h \times \sin\frac{\alpha}{2} \times d_2 \times 72 \times 53 \times 48 \times 30 \times 40}{(D^2 - d^2) \times 30 \times 40 \times 48 \times 30 \times 1}$$

$$= 381.6 \times d_2 \frac{h \times \sin\frac{\alpha}{2}}{D^2 - d^2}$$

式中：h——绕纱螺距；

d_2——前罗拉直径。

本机选定绕纱螺距 h 为纱线直径的 4 倍。

$$h = 4 \times \frac{1.26}{\sqrt{N_m}} = 4 \times \frac{1.26}{\sqrt{1.69 N_e}} = 0.159 \sqrt{Tt}$$

式中：N_m——公制支数；

N_e——英制支数；

Tt——纱线线密度。

绕纱螺距与纱支对照表见表 8-2-7。

表 8-2-7 绕纱螺距与纱支对照表

Tt/tex	4.9	6	7.5	10	12	13	14	16	18
英支	120	100	80	60	49	45	42	36	32
h/mm	0.35	0.39	0.44	0.51	0.56	0.58	0.60	0.64	0.68
Tt/tex	20	25	29	37	59	73	97	118	
英支	30	23	20	16	10	8	6	5	
h/mm	0.71	0.80	0.87	0.97	1.22	1.36	1.57	1.73	

DTM129 型细纱机各种卷绕尺寸见表 8-2-8。

表 8-2-8　DTM129 型细纱机各种卷绕尺寸

钢领直径/mm	D/mm	d/mm	H_1/mm	$\frac{\alpha}{2}$/(°)
48	45	19	52.7	13.86
45	42	19	52.7	12.31
42	39	19	52.7	10.74
38	35	19	52.7	9.69
35	32	19	45.7	8.63

　　钢领直径为 42mm（$D=39$mm，$d=19$mm，$d_2=25$mm），DTM129 型细纱机纱支与卷绕齿轮对照表见表 8-2-9。

表 8-2-9　DTM129 型细纱机纱支与卷绕齿轮对照表

Tt/tex	6	7.5	10	12	13	14	16	18	19.5	25	29	37	59	73	97
英支	100	80	60	48.5	45	42	36	32	30	23	20	16	10	8	6
Z_{13}	36	39	42	44	45	46	47	49	50	53	55	57	62	64	67
Z_{14}	58	55	52	50	49	48	47	45	44	41	39	37	32	30	27

　　（5）钢领板级升。DTM129 型细纱机钢领板升降与级升传动图如图 8-2-6 所示。

　　本节提供的棘轮撑齿数 n 仅供用户试纺时参考，用户正常纺纱时应根据实际情况适当调整撑齿数 n。

　　采用细纱三自动执行器后纺纱支数与钢领板级升牙的关系：

　　棘轮为 150 齿时，每撑 n 牙级升为 Y。

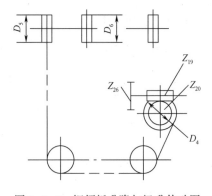

图 8-2-6　钢领板升降与级升传动图

$$Y = \frac{n}{Z_{26}} \frac{Z_{19}}{Z_{20}} \frac{D_4}{D_5} \pi D_6$$

$$= \frac{n}{150} \frac{1}{40} \frac{140}{D_5} \pi \times 120$$

$$= 8.796 \frac{n}{D_5}$$

　　当钢领为 35mm 时，$D_5=150$mm，则 $Y=0.0586n$。DTM129 型细纱机级升与撑牙齿数对照表见表 8-2-10。

表 8-2-10　DTM129 型细纱机级升与撑牙齿数对照表

n/齿	2	3	4	5	6	7	8	9
Y	0.1173	0.1759	0.2346	0.2932	0.3518	0.4105	0.4691	0.5278

n/齿	10	11	12	13	14	15	16	
Y	0.5864	0.6451	0.7037	0.7623	0.8210	0.8796	0.9383	

当钢领直径为 38mm、42mm、45mm、48mm 时，$D_5 = 130mm$，则 $Y = 0.0677n$。DTM129 型细纱机级升与撑牙齿数对照表见表 8-2-11。

表 8-2-11　DTM129 型细纱机级升与撑牙齿数对照表

n/齿	2	3	4	5	6	7	8	9
Y	0.1354	0.2031	0.2708	0.3385	0.4062	0.4739	0.5416	0.6093

n/齿	10	11	12	13	14	15	16	
Y	0.6770	0.7447	0.8124	0.8801	0.9478	1.0155	1.0832	

钢领直径为 42mm（$D = 39mm$，$d = 19mm$，卷绕半角为 10.74°），DTM129 型细纱机纱支、级升与撑牙齿数对照表见表 8-2-12。

表 8-2-12　DTM129 型细纱机纱支、级升与撑牙齿数对照表

英支	120	100	80	60	48.5	45	42	36
Y	0.1765	0.1934	0.2162	0.2497	0.2777	0.2883	0.2984	0.3223
n/齿	3	3	4	4	4	5	5	5
英支	32	30	23	20	16	10	8	6
Y	0.3419	0.3531	0.4032	0.4324	0.4835	0.6116	0.6837	0.7895
n/齿	6	6	6	7	8	10	11	12

注　1. 调整工艺齿数时必须松开弧形盖板与盖板座的螺钉，预调整后轻轻紧住该螺钉，等开车验证盖板位置正确，即所撑齿数正确后再紧固螺钉。

2. 试车时，须用手往复多次摇起和放下钢领板，确认钢领板轻重适中后再正常开车。

（6）定长设定的最大长度。前罗拉直径为 25mm 时：

$$一落纱的长度\ L = \frac{(H - H_1 \times 0.88) \times Z_{10} \times Z_{12} \times Z_{14} \times Z_{16} \times T_4 \times Z_{18} \times \pi d}{Z_9 \times Z_{11} \times Z_{13} \times Z_{15} \times T_3 \times Z_{17} \times Y \times 1000}$$

式中：H——管纱高度（钢领板升降动程），mm；

H_1——钢领板短动程高度，mm；

　　d——最小卷绕直径,mm。

当钢领直径为 38mm、42mm、45mm 时,$Y = 8.796\dfrac{n}{D_5} = 0.0733n$,则:

$$L = \frac{(H - H_1 \times 0.88) \times 72 \times 53 \times 40 \times \pi \times 25 \times Z_{14}}{30 \times 40 \times Y \times 1000 \times Z_{13}}$$

$$= 136.29(H - H_1 \times 0.88)\frac{Z_{14}}{Z_{13} \times n}$$

　　各种卷装、各种细度的满纱长度的参考值见表 8-2-13,若 Z_{13}、Z_{14}、n 根据纺纱情况调整过,则一落纱长度应按上式另行计算。

　　升降动程 $H = 180$mm 时,纱线细度与满纱长度对照见表 8-2-13。

表 8-2-13　纱线细度与满纱长度对照

纱线规格	Tt/tex	6	7.5	10	12	13	14
	英支	100	80	60	48.5	45	42
满纱长度/m	钢领直径 35mm	6766	4763	4191	3070	3070	2940
	钢领直径 38mm	6710	6146	4139	3167	3035	2909
	钢领直径 42mm	11084	7303	6400	6120	4679	4470
	钢领直径 45mm	10233	9352	5885	5400	5174	4958
纱线规格	Tt/tex	16	18	19.5	25	29	
	英支	36	32	30	23	20	
满纱长度/m	钢领直径 35mm	2309	2208	2112	1610	1366	
	钢领直径 38mm	2787	2194	2101	1686	1545	
	钢领直径 42mm	4071	3234	3081	2788	2154	
	钢领直径 45mm	3801	3642	3491	2559	2348	

(二)数控细纱机

　　数控细纱机是在细纱机上应用变频电动机、伺服电动机及其控制技术,以多电动机对锭子、各列罗拉、钢领板升降机构分别传动,使机械结构简化灵巧、工艺参数变换精确方便。数控细纱机参数设定分为纺纱生产参数(由纺织厂现场输入)和机器常数(由制造厂按合同输入)两部分。纺纱生产参数主要包括锭速、纺纱线密度、纺纱长度等;机器常数主要包括钢领直径、筒管直径、罗拉直径、锭盘直径等。将大量数学模型引入控制系统,例如钢领板的升降速比、升降速度和级升值都由相关的数学模型控制,根据输入控制参数得出的钢领板升降电动机运动规律自动调控。

第二节　细纱机的工艺配置

一、牵伸工艺

细纱机前区牵伸采用"重加压、大牵伸附加摩擦力界"工艺配置,后区牵伸分别采用针织纱"二大二小"工艺和机织纱工艺配置。细纱机牵伸装置示意如图 8-2-7 所示。

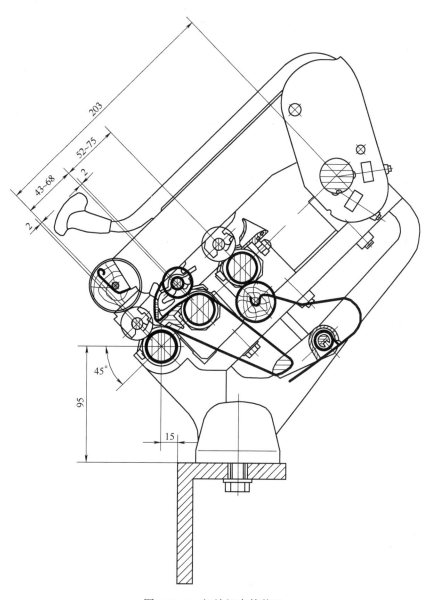

图 8-2-7　细纱机牵伸装置

(一)总牵伸

1. 纺纱条件对总牵伸倍数的影响(表8-2-14)

表8-2-14　纺纱条件对总牵伸倍数的影响

总牵伸	纤维及其性质					粗纱性能			细纱工艺与机械状态			
	原料	长度	线密度	长度均匀度	短绒	纤维伸直与分离度	条干均匀度	捻系数	线密度	罗拉加压	前区控制能力	机械状态
可偏高	化纤,棉	较长	较细	较好	较少	较好	较好	较高	较细	较重	较强	良好
可偏低		较短	较粗	较差	较多	较差	较差	较低	较粗	较轻	较弱	较差

2. 常见牵伸装置总牵伸倍数的选用范围(表8-2-15)

表8-2-15　常见牵伸装置总牵伸倍数的选用范围

线密度/tex	9以下	9~19	20~30	30以上
长短胶圈牵伸倍数	40~80	30~50	25~45	20~35

注　纺制精梳纱及化纤混纺纱时,总牵伸倍数可偏大掌握。

(二)前牵伸区工艺参数

1. 前牵伸区罗拉中心距与浮游区长度范围(表8-2-16)

表8-2-16　前牵伸区罗拉中心距与浮游区长度　　　　单位:mm

牵伸形式	纤维及长度	上销长度(胶圈架)	前区罗拉中心距	浮游区长度
长短胶圈	35(棉及化纤混纺)	33(34)	42~45	12~14
	51(棉及化纤混纺)	42	52~56	12~16
	65(中长化纤混纺)	56	70~74	14~18
	76(中长化纤混纺)	70	82~90	14~20

注　浮游区长度指前罗拉钳口至下销前端的水平距离。

2. 上下销钳口隔距

(1)上下销钳口隔距常用范围(表8-2-17)。

表 8-2-17　上下销钳口隔距常用范围　　　　　　　　　　　　　　　　单位:mm

线密度/tex	长短胶圈弹性钳口		
	机织纱工艺	针织纱工艺	针织用压力棒(附加摩擦力界)
9 以下	2.0~2.6	2.0~3.0	2.5~3.5
9~19	2.3~3.2	2.5~3.5	3.0~3.75
20~30	2.8~3.8	3.0~4.0	3.5~4.25
30 以上	3.2~4.2	3.5~4.5	3.75~5.0

注　在条件许可下,采用较小的上下销钳口隔距,有利于改善成纱条干。

(2)纺纱条件对上下销钳口隔距的影响(表8-2-18)。

表 8-2-18　纺纱条件对上下销钳口隔距的影响

钳口隔距	纤维及其性质		粗纱工艺	细纱工艺					
			定量	捻系数	线密度	后牵伸倍数	胶圈钳口形式	罗拉加压	胶圈厚度
宜偏大	化纤,棉	细、长	较重	较大	较粗	较小	固定钳口	较轻	较厚
宜偏小		粗、短	较轻	较小	较细	较大	弹性钳口	较重	较薄

3. 前中牵伸罗拉加压常用范围(表8-2-19)

表 8-2-19　前中牵伸罗拉加压常用范围

原料	牵伸形式	前罗拉加压/(daN/双锭)	中罗拉加压/(daN/双锭)
棉	长短胶圈牵伸	10~15	8~10
棉型化纤	长短胶圈牵伸	14~18	10~14
中长纤维	长短胶圈牵伸	14~22	10~18

4. 前牵伸区集合器开口尺寸(表8-2-20)

表 8-2-20　前牵伸区集合器开口尺寸　　　　　　　　　　　　　　　单位:mm

线密度/tex	9 以下	9~19	20~30	32 以上
开口尺寸	1.2~1.8	1.6-2.5	2.0~3.0	2.5~3.5

(三)后牵伸区工艺参数(表8-2-21)

表8-2-21　后牵伸区工艺参数

项目	纯棉		化纤纯纺及混纺	
	机织纱工艺	针织纱工艺	棉型化纤	中长化纤
后区牵伸倍数	1.12~1.40	1.04~1.30	1.14~1.50	1.20~1.60
后区罗拉中心距/mm	44~56	48~60	50~65	60~86
后罗拉加压/(daN/双锭)	8~14	10~14	14~18	14~20
粗纱捻系数(线密度制)	100~120	100~120	56~86	48~68

注　表内后区牵伸倍数,不计胶圈厚度及其滑溜的影响。

(四)纯棉纺细纱主要牵伸工艺测试

1. 牵伸罗拉钳口握持力测试实例(表8-2-22)

表8-2-22　牵伸罗拉钳口握持力测试实例

罗拉钳口位置	罗拉加压/(daN/双锭)											
	3.0	4.0	4.5	5.0	6.0	7.0	7.5	8.0	9.0	10.0	12.0	14.0
	罗拉钳口握持力/N											
后罗拉	930	934	—	1135	1235	1440	—	1465	1700	1900	—	—
胶圈罗拉	670	577	—	920	940	970	—	1035	1050	1061	—	—
前罗拉	—	—	139	—	159	—	188	—	200	—	210	215
测试条件	16tex,牵伸分配(前×后):24×1.36,胶辊宽度26mm,胶辊直径25.5mm											

2. 牵伸力测试

(1)后区牵伸力变化曲线如图8-2-8所示,图中α为粗纱英制捻系数。

(2)前区牵伸力测试实例(表8-2-23)。其中,牵伸形式为长短胶圈弹性销,粗纱捻系数为93。

表8-2-23　前区牵伸力测试实例

测试项目	测试指标			
上销弹簧压力/(cN/双锭)	300	400~500	600~700	800~1000
牵伸力平均值/cN	17	36.8	45.8	52.4
牵伸力不匀率/%	30.4	24.5	23.9	23.7

续表

测试项目	测试指标			
牵伸力极差系数/%	92.1	87	85.3	82.6
牵伸力最大值/cN	33.5	72.4	102.4	128.8
测试条件	16tex,牵伸分配(前×后):24×1.36			

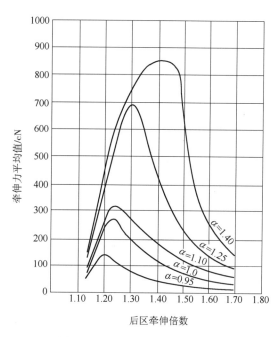

图 8-2-8 后区牵伸力变化曲线

(3)胶圈牵伸区纵向摩擦力界测试实例(图 8-2-9)。

(五)国外典型牵伸工艺举例

1. TEXPART(SKF)PK2000 系列棉型细纱牵伸工艺

(1)总牵伸与后区牵伸(表 8-2-24)。棉型细纱机广泛采用 SKF-PK2025 型与 PK2035 型弹簧加压摇架,前者用于前、后胶辊名义直径 28mm 的细纱机上,适纺一般纤维长度;后者用于前、后胶辊名义直径 35mm 的细纱机上。

表 8-2-24 PK2000 系列总牵伸与后区牵伸范围

细纱种类	短纤维普梳棉纱	普梳棉纱	精梳棉纱	棉、化纤混纺纱	化纤纱
后区牵伸倍数	1.05~1.30	1.05~1.30	1.05~1.30	1.05~1.30	1.05~1.30
总牵伸倍数	10~20	20~45	20~80	25~60	25~50

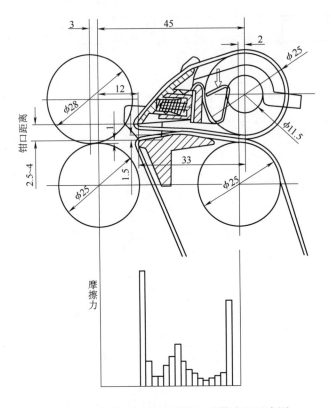

图 8-2-9　长短胶圈牵伸纵向摩擦力界示意图

（2）罗拉中心距（表 8-2-25）。

表 8-2-25　PK2000 系列罗拉中心距　　　　　　　　　　　单位：mm

摇架型号	上销		罗拉中心距			前、后罗拉最大值	适纺纤维长度（最长）
	型号	长度	前区	后区			
				可调最小值	常用值		
PK205	OH62（短）	35	44	34	50~65	143	45
	OH132（中）	42.5	53		60~70		54
	OH122（长）	58.3	68		75		60
PK2025 PK2035	OH62（短）	35	46	34	50~65	143	45
	OH132（中）	42.5	55		60~75		54
	OH122（长）	58.3	70		73		60

（3）罗拉加压（表 8-2-26）。

表 8-2-26　罗拉加压　　　　　　　　　　　　　　　　单位:daN/双锭

摇架型号	前罗拉加压	中罗拉加压	后罗拉加压
PK2025	(6)-10-14-18	10~14	12~16
PK2035	(6)-10-14-18		

注　罗拉加压括号内为半释压值。

(4)上下销钳口隔距(表 8-2-27)。

表 8-2-27　上下销钳口隔距　　　　　　　　　　　　　　单位:mm

隔距块	上销型号 OH2022(短)	上销型号 OH62(短)	上销型号 OH132(中)	上销型号 OH122(长)
红	—	—	2.5	2.6
黄	2.2	2.2	3.3	3.4
淡紫	2.5	2.5	3.3	3.4
白	2.8	2.9	3.6	3.7
灰	3.3	3.5	4.1	4.2
黑	3.8	3.9	4.6	4.7
本色	4.8	5.2	5.7	5.7
绿	5.6	5.8	6.1	6.2

2. RIETER 棉型细纱牵伸工艺

(1)总牵伸与后区牵伸(表 8-2-28)。

表 8-2-28　RIETER 棉型细纱牵伸的总牵伸与后区牵伸

适纺纤维与细纱类型	总牵伸倍数	后区牵伸倍数
短纤维(<27mm),普梳棉纱	直到 35	1.14~1.19
中长纤维(27~31.8mm),精梳棉纱	直到 45,45~60	1.14~1.19,1.19~1.29
长纤维(>31.8mm),精梳棉纱	直到 45,45~60	1.12~1.16,1.23~1.29
棉/化纤混纺纱(<40mm)	直到 45	1.10~1.19
40~50mm 化纤纯纺纱	直到 40	1.06~1.10
50~60mm 化纤纯纺纱	直到 40	1.06~1.16

(2)罗拉中心距(表 8-2-29)。

表 8-2-29　RIETER 棉型细纱牵伸的罗拉中心距

上销型号	罗拉中心距/mm		适纺纤维种类,长度
	前区	后区	
R2P36	42.5	30(65)	棉,直到 31.8mm;化纤混纺与纯纺,直到 40mm
R2P43	52.2	65	棉,大于 28.6mm;化纤混纺与纯纺,直到 50mm
R2P59	68	80	化纤混纺与纯纺,50~60mm

（3）罗拉加压（表 8-2-30）。

表 8-2-30　RIETER 的罗拉加压

锭距	气压/MPa	罗拉加压分布(前×中×后)/(daN/双锭)
70mm	0.21~0.23	18×19×14
75mm	0.20~0.22	

注　RIETER 牵伸采用气压加压摇架,实测压力有一定范围,如前罗拉加压在 15~18daN/双锭。

3. SUESSEN 棉型细纱牵伸工艺

SUESSEN 棉型细纱牵伸采用 HP-A310/HP-A320 板簧加压摇架,如图 8-2-10 所示。图中:$h'+V'=145mm$;$A'=205mm$;$e=60mm$;$V'_{最短}=31mm$,$V'_{最长}=101mm$;$h'=44/75mm$;$D=28mm$（HP-A310）,$D=32mm$（HP-A320）。

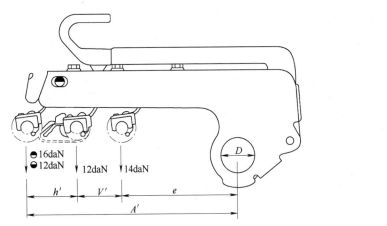
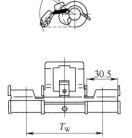

图 8-2-10　HP-A310/HP-A320 板簧加压摇架

（1）罗拉加压（表 8-2-31）。

表 8-2-31　罗拉加压　　　　　　　　　　　　　　单位:daN/双锭

摇架型号	前罗拉加压	中罗拉加压	后罗拉加压
HP-A310/HP-A320	12~16,(4~7)	12,(4~7)	14,(4~7)

注　括号内数值为摇架半卸压状态。

（2）HP 上销（表 8-2-32）。

表 8-2-32　HP 上销　　　　　　　　　　　　　　单位:mm

上胶圈销	T_W	R	上胶圈尺寸 （直径×宽×厚）	适纺纤维长度
HP-C6530K22	68.4	35	37×30×1	直到 40
HP-C7530K22	75			
HP-C8230K22	82.5			
HP-C6830H22	68.4	42	41.5×30×1	直到 50
HP-C7530H22	75			
HP-C8230H22	82.5			
HP-C6830L22	68.4	58	51.3×30×1	直到 60
HP-C7530L22	75			
HP-C8230L22	82			

（3）上下销钳口隔距（表 8-2-33）。

表 8-2-33　上下销钳口隔距　　　　　　　　　　　单位:mm

隔距块颜色	绿	粉红	红	橙	褐	灰	黄	蓝	本色	黑
钳口隔距	2.5	2.75	3	3.25	3.5	4	5	6	7	8

4. V 形牵伸装置

V 形牵伸装置是将普通三罗拉双胶圈牵伸的后罗拉抬高约半个罗拉直径,并适当前移,以缩短与中罗拉的隔距,而后胶辊沿其下罗拉后摆约 65°,使纱条在后罗拉上形成较大的包围弧,须条逐步收狭集束,形如 V 而得名。V 形曲线牵伸装置改善了后牵伸区摩擦力场对纤维运动的控制,使后区牵伸、总牵伸倍数都有所提高,可在纺特细的棉纱、化学纤维纱及总牵伸要求较高的场合考虑使用,V 形牵伸形式如图 8-2-11 所示。

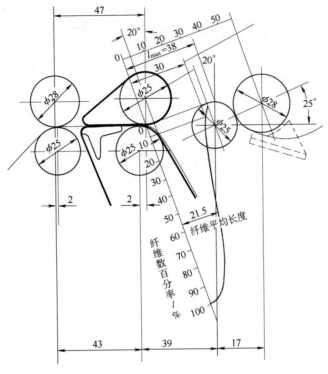

图 8-2-11　V 形牵伸示意图

(1)牵伸倍数(表8-2-34)。

表 8-2-34　V 形牵伸的总牵伸倍数与后牵伸倍数

纤维类别	总牵伸倍数	后牵伸倍数
棉	<50	1.3~1.5
化纤	50~70	1.3~1.6
混纺	>70	1.6~1.8

(2)罗拉中心距(表8-2-35)。

表 8-2-35　V 形牵伸的罗拉中心距　　　　　　　　　　　单位:mm

适纺纤维长度	前中罗拉中心距	中后罗拉中心距
40	43	40
50	52	50
60	68	60

注　中后罗拉中心距与所纺纤维性质、纤维长度和粗纱捻度有关,最佳的参数值须先进行试纺后决定。

（3）罗拉加压（表8-2-36）。

表8-2-36　V形牵伸的罗拉加压　　　　　　　　　　　单位:daN/双锭

适纺纤维长度/mm	前罗拉	中罗拉	后罗拉
40	14,18,20	10,14	12,16
50	18,22	14	16,18
60	18,24	14	16,18

二、加捻卷绕工艺

细纱加捻卷绕工艺是以围绕提高成纱强力、降低细纱断头、适应高速生产为目标的。随着细纱加捻卷绕工艺的发展,细纱机械结构和关键性部件、器材不断创新,为棉纺工业实现优质、高产、低耗、争取较大的经济效益提供了有利条件。

(一)纱条捻度

1. 加捻卷绕过程中纱条上的动态捻度分布

如图8-2-12所示,一般规律符合 : $t_B>t_W>t_S>t_{FR}$。

其中 : t_B 为气圈段(导纱钩—钢丝圈)纱条动态捻度; t_W 为卷绕段(钢丝圈—管纱)纱条动态捻度; t_S 为纺纱段(前罗拉—导纱钩)纱条动态捻度; t_{FR} 为前罗拉包围弧上纱条动态捻度。

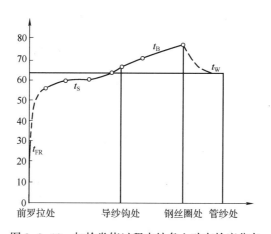

图8-2-12　加捻卷绕过程中纱条上动态捻度分布

2. 纺纱段纱条捻度变化规律

细特棉纱实测示例见表8-2-37。

表 8-2-37　纺纱段纱条捻度实例

钢领板短动程位置	空管始纺		管底成形		满纱位置	
	顶部	底部	顶部	底部	顶部	底部
捻度比 $\dfrac{t_S}{t_W}$/%	84.5	83	90.9	79	103.2	91.9

3. 纺纱段纱条捻度与卷绕工艺条件的关系（表 8-2-38）

表 8-2-38　纺纱段纱条捻度与卷绕工艺条件的关系

卷绕工艺条件	线密度变细	钢丝圈重量增加	导纱角增大	纺纱段增长	气圈凸形增大
纺纱段捻度	增加	增加	增加	减少	减少

（二）纱条张力

1. 加捻卷绕过程中纱条上的张力分布规律

$$T_W > T_O > T_R > T_S$$

其中：T_W 为卷绕张力；T_O 为气圈顶端（导纱钩处）张力；T_R 为气圈底端（钢丝圈处）张力；T_S 为纺纱段张力。

2. 气圈底端张力的表达式

$$T_R = \cfrac{G_t}{K\left(\cos\varphi_x + \cfrac{1}{f}\sin\varphi_x\sin\theta_n\right) - \sin\alpha_R} = \cfrac{11.2G_t R n_1^2}{K\left[\sqrt{1 - \left(\cfrac{r_x}{R}\right)^2} + \cfrac{1}{f}\cfrac{r_x}{R}\sin\theta_n\right] - \sin\alpha_R}$$

式中：G_t——钢丝圈重量，cN；

$\quad n_1$——锭子转速，1000r/min；

$\quad R$——钢领半径，cm；

$\quad f$——钢丝圈与钢领间的"楔摩擦系数"；

$\quad \varphi_x$——纱条卷绕角；

$\quad r_x$——管纱卷绕半径，cm；

$\quad \theta_n$——钢领对钢丝圈反力 N 的方向角（图 8-2-13，图中 C_t 表示钢丝圈的离心力）；

$\quad \alpha_R$——气圈底角（图 8-2-13）；

$\quad K$——张力比，$K = T_W/T_R$。

钢丝圈截面形状对 K 值的影响见表 8-2-39。

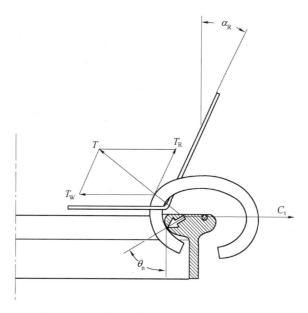

图 8-2-13 钢领对钢丝圈反力 N 的方向角 θ_n

表 8-2-39 钢丝圈截面形状对 K 值的影响

钢丝圈断面形状	φ_1	1.5×0.52	2×0.39	1.9×0.45
K	1.5	1.7	2	1.9

3. 一落纱过程中纺纱张力变化曲线 (图 8-2-14)

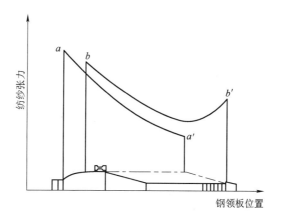

图 8-2-14 一落纱过程中纺纱张力变化曲线

aa'—钢领板在升降过程中的底部位置 bb'—钢领板在升降过程中的顶部位置

4. 纺纱张力与卷绕工艺的关系(表8-2-40)

表8-2-40　纺纱张力与卷绕工艺的关系

纺纱张力	纺纱线密度	锭子速度	钢丝圈重量	钢领半径	筒管半径	气圈高度	钢领与钢丝圈"楔摩擦系数"	钢领钢丝圈	气圈形态
增大	粗	增高	增重	增大	减小	长	大	走熟期内	凸形小
减小	细	减低	减轻	减小	增大	短	小	走熟期外	凸形大

(三)气圈形态

1. 平面气圈方程式

$$y = \frac{R}{\sin(aH)}\sin(ax)$$

式中:a——离心力系数。

其他参变量如图8-2-15所示。

$$a = \sqrt{\frac{m\omega^2}{T_x}}$$

式中:m——纱条单位长度质量,g/cm;

ω——气圈角速度(近似等于锭子角速度),rad/s;

T_x——气圈张力垂直分量,10μN。

2. 气圈最大直径 δ_m 与波长 λ

$$\delta_m = 2 y_{max} = \frac{2R}{\sin(aH)}$$

$$\lambda = \frac{2\pi}{a}$$

单气圈纺纱应满足 $H < \lambda/2$。

3. 气圈形态与纺纱张力、纺纱段动态捻度的关系(表8-2-41)

表8-2-41　气圈形态与纺纱张力、纺纱段动态捻度的关系

气圈形态	波长 λ	波幅 y_{max}	纱条张力 T_S	纺纱段张力 t_S
凸形大	短	大	小	少
凸形小	长	小	大	多

4. 正常气圈

(1)以气圈特征数 aH 表示。正常气圈 $aH = 0.73\pi, 2R/\delta_m = 0.75$;大气圈 $aH = 0.83\pi, 2R/$

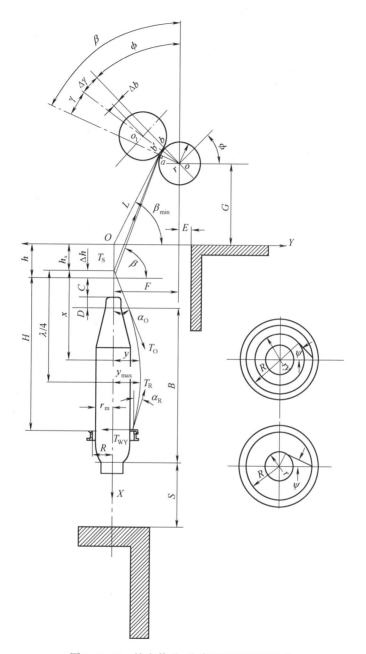

图 8-2-15　捻度传递、升降动程和气圈形态

$\delta_m = 0.5$。

（2）以气圈底角 α_R 表示。对于常用卷装,如钢领直径为 38～42mm,纱管长度为 155～180mm,正常气圈的管底成形卷绕大直径位置 $\alpha_R = 15°～27°$。

5. 气圈形态与卷绕工艺的关系（表8-2-42）

表8-2-42　气圈形态与卷绕工艺的关系

卷绕工艺及其变化	锭数变化	钢丝圈重量增加	钢领半径增大	气圈高度增大	管纱卷绕半径增大	钢领钢丝圈"楔摩擦系数"增大	钢领、钢丝圈走熟期内
气圈形态	基本不变	缩小	缩小	增大	变大	变小	较小

（四）一落纱断头分布规律

（1）一落纱中断头分布的一般规律。小纱多、中纱少、大纱又有所增加，大致比例为5：2：3。

（2）不同纺纱线密度的断头分布曲线略有区别。纯棉纱锭速不变时一落纱断头分布一般规律如图8-2-16所示。

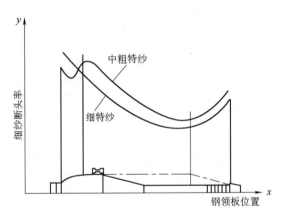

图8-2-16　一落纱中断头分布一般规律

（五）卷绕部位断面工艺参数

细纱机卷绕部位断面工艺参数包括导纱角、纺纱段长度、前罗拉包围弧、导纱钩升降全程及其运动轨迹等五个参数。前三个参数决定纱条动态捻度的传递效果，从而影响纺纱强力；后两个参数关系到一落纱气圈大小，从而影响气圈张力。

1. 影响捻度传递的因素

图8-2-15中，L为纺纱段长度（影响弱捻区平均捻度）；$\overset{\frown}{ab'}$为罗拉包围弧，一般4.5mm左右；Δb为胶辊前移值，一般2~4mm；$\Delta \gamma$为胶辊前移角，$\Delta \gamma = \dfrac{\overline{bb'}}{oa} = \dfrac{\Delta b}{oo_1}$；$\gamma$为罗拉包围角，$\gamma = \dfrac{\overset{\frown}{ab'}}{oa}$；$\phi$为罗拉座倾斜角，一般35°~45°；$\alpha_0$为气圈顶角；$\beta$为导纱角，$\beta = \phi + \gamma + \Delta \gamma$，一般58°~70°。上述

因素对捻度传递的影响见表8-2-43。

表8-2-43 捻度传递的影响因素

捻度传递	导纱角β	纺纱段长度L	罗拉座倾斜角ϕ	罗拉包围弧$\widehat{ab}'$	气圈顶角α_0
有利	大	短	大	短	小
不利	小	长	小	长	大

2. 导纱角、罗拉包围角、罗拉包围弧的计算

参见图8-2-15。

$$\beta = \arcsin\frac{G+h}{\sqrt{F^2+(G+h)^2}} + \arcsin\frac{r}{\sqrt{F^2+(G+h)^2}}$$

$$\gamma = \beta - \phi - \arcsin\frac{\Delta b}{oo_1}$$

$$\widehat{ab}' = r\left(\beta - \phi - \arcsin\frac{\Delta b}{oo_1}\right)$$

3. 导纱钩的升降全程及其运动轨迹

选择适当的导纱钩升降全程,以满足大纱阶段必要的气圈高度,使气圈不致过于平直;压缩小纱阶段的气圈高度,使气圈不至于过大,减小纱条张力及其变化,达到减少大小纱断头目的。

从图8-2-15可知:

小纱最大气圈高度:$L_{max} = B+D+C$

大纱最小气圈高度:$L_{min} = h+D+C$

B为钢领板升降全程,由管纱卷装大小决定;h为导纱钩升降全程;D为满管时卷绕面顶点至筒管头间的距离;C为筒管头顶面至导纱钩始纺位置之间的距离。

一般要求,$L_{min} \geqslant 75 \sim 80mm$,当$D+C = 25 \sim 35mm$时,$h$掌握在$40 \sim 55mm$。气圈高度、导纱钩升降轨迹对气圈控制的影响见表8-2-44。

表8-2-44 气圈高度、导纱钩升降对气圈控制影响

气圈控制	最大气圈高度	最小气圈高度	导纱钩升降轨迹
有利	短	长	定期升降,变程升降
不利	长	短	全程升降

(六)卷装容量

1. 管纱体积 $V(\mathrm{mm}^3)$

(1) 计算公式(图 8-2-17)。

$$V=\frac{1}{3}\pi\left(\frac{d_{\mathrm{m}}^2}{4}+\frac{d_1^2}{4}+\frac{d_{\mathrm{m}}d_1}{4}\right)h_1+\frac{1}{3}\pi\left(\frac{d_{\mathrm{m}}^2}{4}+\frac{d_2^2}{4}+\frac{d_{\mathrm{m}}d_2}{4}\right)h_2+$$

$$\pi\frac{d_{\mathrm{m}}^2 H_0}{4}-\frac{1}{3}\pi\left(\frac{d_1^2}{4}+\frac{d_2^2}{4}+\frac{d_1 d_2}{4}\right)B$$

式中:d_{m}——管纱直径(一般为钢领直径-3mm);

$\quad\quad d_1$——筒管下部(卷装起始位)直径;

$\quad\quad d_2$——筒管上部(卷装顶部位)直径;

$\quad\quad h_1$——管纱下部圆锥体高度;

$\quad\quad h_2$——管纱上部圆锥体高度,mm,等于升降短

$\quad\quad\quad$ 动程;

$\quad\quad H_0$——管纱圆柱部分高度,mm;

$\quad\quad B$——管纱卷装总高度,mm,即钢领板升降全动

$\quad\quad\quad$ 程,$B=H_0+h_1+h_2$。

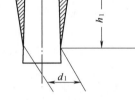

图 8-2-17 管纱形状

(2) 经验公式。

经纱:$V\approx 0.7875(B-0.9d_{\mathrm{m}})(d_{\mathrm{m}}^2-d^2)$

纬纱:$V\approx 0.7875(B-1.21d_{\mathrm{m}})(d_{\mathrm{m}}^2-d^2)$

式中:d——筒管平均直径,mm。

2. 管纱重量 $G(\mathrm{g})$

$$G=\gamma V\times 10^{-3}$$

式中:γ——管纱密度,g/cm^3,与卷绕张力、卷绕螺距、纺纱线密度等因素有关。γ 一般

$\quad\quad$ 取0.44~0.56。

3. 常用线密度的卷装尺寸(表 8-2-45、表 8-2-46)

表8-2-45 常用线密度的卷装尺寸(一)

线密度/tex	36~86	26~33	16~20	13~15	10 以下
钢领直径/mm	45~50	42~48	38~45	38~42	35~38

续表

线密度/tex	36~86	26~33	16~20	13~15	10 以下
升降全程/mm	180~205	115~205	155~180	155~180	155~180
筒管长度/mm	200~230	180~230	180~205	180~205	180~205
管纱重量/g	92~135	65~120	45~80	42~75	32~48

表 8-2-46　常用线密度的卷装尺寸（二）

品种	线密度/tex	钢领直径/mm	筒管长×直径/mm	卷装重量/g
经纱	5~7.5	35	178×19	35~40
	10	38	178×19	45~50
	14	42	178×19	50~55
	16~24	42	190×19	60~70
	28 以上	45	190×19	70~75
纬纱	10 以下	32	180×17.5	30~35
	16 以上	35	200×17.5	40~45

注　筒管直径指中部直径。

(七)钢领与钢丝圈

1. 钢领与钢丝圈的选配

(1)平面钢领与钢丝圈的选配(表 8-2-47)。

表 8-2-47　平面钢领与钢丝圈选配

钢领		钢丝圈		适纺品种线密度/tex
型号	边宽/mm	型号	线速度/(m/s)	
PG1/2	2.6	CO	36	18~32,棉纱
		OSS	36	5.8~19.4,棉纱
		RSS,BR	38	9.7~19.4,棉纱、涤/棉纱
		W261,WSS,7196,7506	38	9.7~19.4,棉纱、涤/棉纱
		2.6Elf	40	15 以下,棉纱、涤/棉纱

续表

钢领		钢丝圈		适纺品种线密度/tex
型号	边宽/mm	型号	线速度/(m/s)	
PG1	3.2	6802	37	19.4~48.6,棉纱
		6802U	38	13~32.4,涤/棉纱、混纺纱
		B6802	38	13~29,混纺纱
		6903,7201,9803	38	中、细特棉纱,7.3~14.6,棉纱
		FO	36	18.2~41.6,棉纱
		BFO	37	13~29,棉纱、混纺纱
		FU,W321	38	
		BU	38	13~29,棉纱
		BK	32	腈纶纱
		3.2Elgc	42	13~29,棉纱、涤/棉纱、腈纶纱
PG2	4.0	G,O,GO,W401	32	32以上,棉纱
NY-4521		52	40~44	13~29,棉纱、涤/棉纱

（2）锥面钢领与钢丝圈的选配（表8-2-48）。

表8-2-48　锥面钢领与钢丝圈的选配

钢领		钢丝圈		适纺品种线密度/tex
型号	边宽/mm	型号	线速度/(m/s)	
ZM-6	2.6	ZB	38~40	中特棉纱
		ZB-1	40~44	13~14.6,涤/棉纱
		ZB-8		14~18,棉纱
		924		13~19.6,涤/棉纱
ZM-20	2.6	ZBZ	40~44	28~39,棉纱

2. 钢丝圈号数选用和轻重掌握要点

（1）钢丝圈号数与一落纱断头分布的关系。两者密切相关,选用适当时,一落纱中小纱断头占50%左右,中纱断头约占20%,大纱断头约占30%;选用偏重时,小纱断头集中在管纱始纺期,大纱断头集中在落纱前满管期;选用偏轻时,小纱断头集中在管底成形完成前后,大纱断头有减少趋势。

（2）钢丝圈号数选用范围。

①棉纱用钢丝圈号数选用范围（表8-2-49）。

表 8-2-49　棉纱用钢丝圈参数选用范围

钢领型号	线密度/tex	钢丝圈号数	钢领型号	线密度/tex	钢丝圈号数
PG1/2	7.5	16/0~18/0	PG1	21	6/0~9/0
	10	12/0~15/0		24	4/0~7/0
	14	9/0~12/0		25	3/0~6/0
	15	8/0~11/0		28	2/0~5/0
	16	6/0~10/0		29	1/0~4/0
	18	5/0~7/0	PG2	32	2~2/0
	19	4/0~6/0		36	2~4
PG1	16	10/0~14/0		48	4~8
	18	8/0~11/0		58	6~10
	19	7/0~10/0		96	16~20

②非棉纤维纯纺和混纺纱用钢丝圈的选用范围。与纯棉纱相比,当纺相同粗细的细纱时,应遵循以下规律:

a. 涤纶纯纺纱钢丝圈应重3~5号;涤/棉纱钢丝圈应重1~3号;涤/黏纱钢丝圈应重2~4号。

b. 腈纶纯纺纱钢丝圈应重2号左右;腈/棉纱钢丝圈应重1号左右。

c. 黏胶纯纺纱钢丝圈应重0~2号;黏/棉混纺纱钢丝圈应重0~2号;黏/腈混纺纱钢丝圈应重0~2号;黏纤与强力醋酯纤维混纺时,钢丝圈应重2~4号;锦/黏混纺纱钢丝圈应重1~2号;涤、黏、强力醋酯纤维混纺纱钢丝圈应重2~3号。

d. 莫代尔、天丝纯纺纱钢丝圈应重0~2号;与棉混纺纱钢丝圈应重0~1号。

e. 竹纤维纯纺和竹/棉纱钢丝圈应重0~1号。

f. 玉米纤维、大豆纤维、聚乳酸纤维等纯纺纱、与棉混纺纱,钢丝圈应轻0~2号。

g. 麻/棉纱钢丝圈应轻1~2号。

h. 中长化纤纱钢丝圈应比相同粗细棉型化纤纱重2~3号,比纯棉纱重6~8号。

（3）钢丝圈轻重掌握要点（表 8-2-50）。

表 8-2-50　钢丝圈轻重掌握要点

纺纱条件变化因素	钢领走熟	钢领衰退	钢领直径减小	升降动程增大	单纱强力增高
钢丝圈重量	加重	加重	加重	加重	可偏重

注　钢丝圈轻重的选用和掌握,均以保持气圈形态的正常和稳定为准。

（4）钢丝圈轻重调度计算。

①翻改纺纱线密度时,钢丝圈重量计算：

$$拟用钢丝圈重量 = 现用钢丝圈重量 \times \frac{拟纺线密度}{现纺线密度}$$

②改变钢领直径时,钢丝圈重量计算：

$$拟用钢丝圈重量 = 现用钢丝圈重量 \times \frac{现用钢领直径}{拟用钢领直径}$$

③改变管纱绕纱高度时,钢丝圈重量计算：

$$拟用钢丝圈重量 = 现用钢丝圈重量 \times \frac{（拟用管底成形卷绕大直径处气圈高度）^2}{（现用管底成形卷绕大直径处气圈高度）^2}$$

3. 钢丝圈的运转性能

（1）钢丝圈圈形主要参数及其运转性能（图 8-2-18、表 8-2-51）。

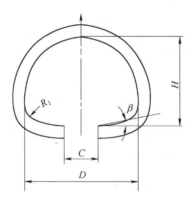

图 8-2-18　钢丝圈的圈形

表 8-2-51　钢丝圈圈形参数及运转性能

圈形参数		钢丝圈运转性能及其影响
H/D	大	重心高,磨损部位往下移,散热性能差,容易外倾楔住飞圈
	小	重心低,磨损部位往上移,散热性能好,但通道不畅,拎头重

续表

圈形参数		钢丝圈运转性能及其影响
C	过大	容易飞圈(脱离钢领飞出,与烧毁飞圈不同)
	过小	套圈困难
β	大	垂直方向倾斜自由度大,磨损部位上移,不利通道,飞圈少
	小	垂直方向倾斜自由度小,磨损部位下移,通道好,有楔住现象,增加飞圈
R_1/R'	>1	钢丝圈上车一点接触,走熟快,磨损少,飞圈少
	<1	钢丝圈上车两点接触,走熟慢,磨损多,飞圈多

注 R' 为钢领跑道与钢丝圈接触处的曲率半径。

(2)钢丝圈断面及其运转性能(表 8-2-52)。表中三种断面以薄弓形(包括瓦楞形断面)有较多优点。

表 8-2-52 钢丝圈断面及其运转性能

钢丝圈断面	钢丝圈运转性能						
	卷绕张力,气圈张力	与纱条摩擦力	与钢领接触面	走熟期	散热性能	线速度	适纺品种
圆形	小	小	小	短	差	低	特细特纱,化纤纱
矩形	中	中	中	长	中	中	一般棉纱
薄弓形	大	大	大	短	好	高	化纤纯纺、混纺纱

(3)钢丝圈烧毁程度鉴别(表 8-2-53)。

表 8-2-53 钢丝圈烧毁程度鉴别

烧毁程度	表面发热色泽	温度/℃		备注
		钢材标准回火温度	钢丝圈实验变色温度	
0	不变色	150	150	
1	稍变色	170	190	
2	淡黄	200	225	
3	金黄色	225	255	
4	赤褐色	245	285	

续表

烧毁程度	表面发热色泽	温度/℃		备注
		钢材标准回火温度	钢丝圈实验变色温度	
5	赤紫色	265	310	出现烧毁
6	紫色	280	335	明显烧毁
7	蓝色	300	360	明显烧毁
8	明显蓝色	325	380	严重烧毁

4. 钢丝圈线速度

（1）计算公式。

$$v_t = \pi D\left(n_1 - \frac{n_2 d_2}{d_3}\right) \times \frac{1}{60} \times \frac{1}{1000} \approx \pi D n_1 \times \frac{1}{60} \times \frac{1}{1000}$$

$$\approx 5.236 D \times n_1 \times 10^{-5}(\text{m/s})$$

式中：v_t——钢丝圈线速度，m/s；

　　D——钢领直径，mm；

　　n_1——锭速，r/min；

　　n_2——前罗拉转速，r/min；

　　d_2——前罗拉直径，mm；

　　d_3——管纱卷绕直径，mm。

（2）钢领直径、锭速、钢丝圈线速度对照（表8-2-54）。

表8-2-54　不同钢领直径和锭速条件下的钢丝圈线速度　　　　　　单位：m/s

D/mm	n_1/(1000r/min)													
	6.5	7.0	7.5	8.0	8.5	9.0	9.5	10.0	10.5	11.0	11.5	12.0	12.5	13.0
35						17.4	18.3	19.2	20.1	21.1	22.0	22.0	22.9	23.8
38				16.9	17.9	18.9	19.9	22.9	21.9	22.9	23.9	24.9	25.9	
42		15.4	16.5	17.6	18.7	19.8	20.9	22.0	23.1	24.2	25.3	26.4	27.5	28.6
45	15.3	16.5	17.7	18.9	20.0	21.2	22.4	23.6	24.7	25.9	27.1	28.3	29.5	30.6
48	16.3	17.6	18.9	20.1	21.4	22.6	23.9	25.1	26.4	27.6	28.9	30.1	31.4	32.7
50	17.0	18.3	19.7	20.9	22.3	23.5	24.9	26.2	27.5	28.8	30.1	31.4	32.7	34.0

续表

D/mm	n_1/(1000r/min)													
	13.5	14.0	14.5	15.0	15.5	16.0	16.5	17.0	17.5	18.0	18.5	19.0	19.5	20.0
35	24.7	25.7	26.5	27.5	28.4	29.3	30.3	31.3	32.1	32.9	33.9	34.7	35.7	36.6
38	26.9	27.1	28.9	29.9	30.8	31.8	32.8	33.8	34.8	35.8	36.8	37.8	38.9	39.8
42	29.7	30.5	31.9	33.0	34.1	35.2	36.3	37.4	38.5	39.5	40.1	41.8	42.9	44.0
45	31.8	33.0	34.1	35.3	36.5	37.7	38.9	40.0	41.2	42.4	43.6	44.8	45.9	47.1
48	33.9	35.2	36.4	37.7	39.0	40.2	41.5	42.7	44.0	45.2	46.5	47.8	49.0	50.2
50	35.3	36.6	37.9	39.3	40.6	41.8	43.2	44.5	45.8	47.1	48.4	49.7	51.0	52.3

5. 钢丝圈清洁器隔距（表8-2-55）

表8-2-55　不同型号钢丝圈清洁器隔距

G型		O型		GS型与OS型		
钢丝圈号数	隔距/mm	钢丝圈号数	隔距/mm	钢丝圈号数		隔距/mm
1/0~3/0	2.2	1/0~3/0	2.4	GS型	1/0~8/0	1.8
4/0~5/0		4/0~5/0			9/0~10/0	
6/0~8/0		6/0~8/0			11/0~15/0	
9/0~10/0		9/0~10/0			1~10	2.4
11/0~15/0		11/0~15/0				
1~4	2.6	1~4	2.6	OS型	1/0~5/0	2.2
5~6		5~6			6/0~10/0	
7~8	2.8	7~8	2.8		11/0~15/0	1.9
9~10		9~10				
11~15	3.0	11~15	3.0		1~15	2.8

6. 钢领直径、筒管直径与最小卷取角的关系

钢领直径、筒管直径与最小卷取角的关系见表8-2-56，国外有关卷取角与线密度的资料见表8-2-57。

表 8-2-56　钢领直径、筒管直径与最小卷取角关系

钢领直径/mm	筒管直径/mm						
	13	14	15	16	17	18	19
35	21°48′	23°35′	25°23′	27°12′	29°04′	30°57′	—
38	—	—	23°15′	24°54′	26°34′	28°50′	30°00′
42	—	—	—	—	23°53′	25°23′	26°54′
45	—	—	—	—	22°12′	23°35′	24°58′
48	—	—	—	—	20°45′	22°01′	23°19′
51	—	—	—	—	—	—	21°52′

钢领直径/mm	筒管直径/mm					
	20	21	22	23	24	25
35	—	—	—	—	—	—
38	—	—	—	—	—	—
42	28°26′	30°00′	—	—	—	—
45	26°23′	27°49′	29°16′	30°44′	—	—
48	24°37′	25°57′	27°17′	28°38′	30°00′	—
51	23°05′	24°19′	25°33′	26°48′	28°04′	29°21′

表 8-2-57　国外有关卷取角与线密度的资料

线密度/tex	29 以上	10~19	75 以下
合理卷取角/(°)	23 以上	27~32	>33

7. 细纱机锭速与钢领修复、钢丝圈调换周期示例（表 8-2-58）

表 8-2-58　细纱机锭速与钢领修复周期、钢丝圈调换周期示例

线密度/tex	96	58	36	29	19
锭速/(r/min)	8000~10000	9000~12000	12000~14000	15000~17000	16000~18000
钢领修复周期/月	3~4	3~4	3~5	4~5	4~6
钢丝圈调换周期/天	3~6	3~6	3~6	5~8	6~8

续表

线密度/tex	14	12	7.5	6	5
锭速/(r/min)	17000~19000	15500~16500	16000~18000	13000~16000	11500~13500
钢领修复周期/月	4~6	5~7	6~8	8~10	12
钢丝圈调换周期/天	6~12	15	30	—	—

细纱机锭速与原料品质、细纱卷装大小密切相关。随着锭速加快和卷装增大,钢领修复周期和钢丝圈调换周期要相应缩短;反之,可适当延长。

8. 国外新型钢领与钢丝圈

国外各细纱机和钢领、钢丝圈制造厂商围绕细纱生产高速化,在钢领断面设计、专件制造质量、表面处理、钢领和钢丝圈配合等方面都有其一定特点和实效。

锥面钢领的工作面为弧形锥面,与平面钢领相比,锥面钢领和钢丝圈在运行时接触面积大,导致接触压力减小,有利于热量散发,且钢丝圈运行稳定,对纤维损伤少(图8-2-19)。

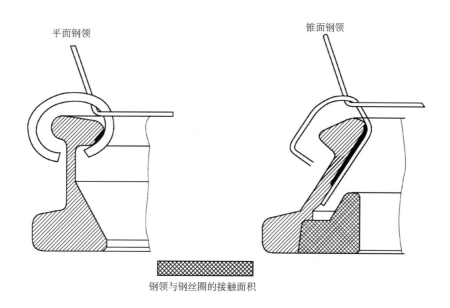

图8-2-19　平面钢领和钢丝圈与锥面钢领和钢丝圈配合的比较

表8-2-59列出了瑞士Bracker公司新型钢领和钢丝圈有代表性的产品,其中ORBIT和SU锥面钢领和钢丝圈尤其适合应用在质量要求较高的中细特精梳棉纱、混纺纱、涤纶纱、包芯纱和紧密纱。

表 8-2-59　Bracker 公司新型钢领、钢丝圈

类型	平面钢领	锥面钢领
品种	泰腾,斯坦拉图,卡勒,梭摩	ORBIT,SU(适合各种化纤)
型号	F1-1,F1-2	SFB 2.8
边宽/mm	3.2,4	2.8
高度/mm	8,10	8
直径系列/mm	36,38,40,42,45,48	38,40,42,45
底径尺寸/mm	51,54,56	51,54
表面处理	泰腾 HV1100-1200+特殊合金镀层 梭摩 HV650-800 高温化学处理	ORBIT HV1100-1200+特殊合金镀层 SU HV650-800 高温化学处理
基体金属材料	100Cr6	100Cr6
适纺纤维及纱的 线密度范围/tex	98.4~9.8(纯棉、混纺纱、包芯纱等) 9.8~5.6(纯棉、混纺纱及紧密纱等)	19.7~5.6(纯棉、混纺纱、涤纶纱、包芯纱等) 29.5~9.8(纯棉、混纺纱) 9.8~5.6(纯棉、混纺纱及紧密纱等)
配用钢丝圈	各种不同中心高度、弧形断面的蓝宝石处理 钢丝圈(Saphir)	SFB2.8PM Saphir,2.8RL Saphir SU-B Saphir,SU-BM Saphir
丝圈材质	合金高碳钢材,高温处理,表面渗氧化物 HV1 650-700	
钢丝圈断面	f 扁平,dr 小半圆,drh 半圆,udr 宽半圆,r 整圆,fr 扁圆	
最高钢丝圈线速度/(m/s)	40	50
钢领寿命/年	8~10	
钢丝圈初始走熟速度	粗于 14.6tex 纯棉、混纺纱不需降速,无须走熟期,细于 14.6tex 及紧密纺纱降速 10%,换用不同截面的换 3 次钢丝圈	新钢领用少量油脂帮助启动,无须清除,更换钢丝圈在 3/4 管纱高度时最佳,走熟后合适使用期 500h

(八)细纱捻系数和捻缩率

1. 捻向

棉纱一般采用 Z 捻,采用 S 捻的常见品种见表 8-2-60。

表 8-2-60　采用 S 捻的常见纺纱品种

捻向	纺纱品种			
	高速缝纫线	绣花线	巴厘纱	隐条隐格呢的隐条经线
细纱	S	S	S	S
股线	Z	Z	S	Z

2. 配置捻系数的一般原则

纱线的捻系数主要根据织物品种和风格要求来决定,见表8-2-61。

表8-2-61　决定捻系数的因素

细纱捻系数	原料性能				细纱线密度	细纱类别			细纱品质			细纱产重	细纱机用电
	长度	线密度	强力	类别					强力	弹性	手感		
略大	短	粗	小	棉	细	普梳	经纱	汗布纱	高	好	清爽	低	高
略小	长	细	大	化纤	粗	精梳	纬纱	棉毛纱	低	差	柔软	高	低

3. 常用细纱品种的捻系数(表8-2-62)

表8-2-62　常用细纱品种捻系数

棉纱品种	线密度/tex	经纱	纬纱
普梳机织用纱	8.4~11.7	340~400	310~360
	12.1~30.7	300~380	300~350
	32.4~194	320~360	290~340
精梳机织用纱	4.0~5.3	340~400	310~360
	5.3~16	330~390	300~350
	16.2~36.4	320~370	290~340
普梳针织、起绒用纱	10~9.7	不大于320	
	32.8~83.3	不大于310	
	98~197	不大于300	
精梳针织、起绒用纱	13.7~36	不大于310	
涤/棉纱	单纱织物用纱	330~370	
	股线织物用纱	310~360	
	针织内衣用纱	300~330	
	经编织物用纱	370~400	

4. 常见针织用纱、机织布用纱捻系数示例

(1)针织用纱捻系数示例(表8-2-63)。

表 8-2-63　针织用纱捻系数示例

品种	普梳棉毛用纱		精梳棉毛用纱		
线密度/tex	14～18.5	19.7～29.5	7.4～14	14.5～18.5	19.7～29.5
捻系数	310～240	300～330	310～345	300～340	290～320
品种	普梳汗布用纱		精梳汗布用纱		
线密度/tex	14～18.5	19.7～29.5	7.4～14	14.5～18.5	19.7～29.5
捻系数	320～345	310～345	320～350	310～345	300～340

注　针织起绒用纱捻系数不大于 310。

（2）机织物用纱捻系数示例（表 8-2-64）。

表 8-2-64　机织物用纱捻系数示例

织物品种	实际捻系数		织物品种	实际捻系数	
线密度（经×纬）/tex	经纱	纬纱	线密度（经×纬）/tex	经纱	纬纱
24.5×24.5 府绸	335	310	J14.5×J14.5 羽绒布	365	330
18.4×18.4 缎纹	340	320	J11.7×J29.1+70 旦双层	360	320
T/J18.4×T/J18.4 绿卡	330	310	J9.8×J14.5 缎条	385	350
14.5×14.5 斜纹	350	330	J9.8×J9.8 缎纹	385	360
J14.5×J14.5 灯芯绒	340	320	天丝 9.8×天丝 7.3 缎纹	350	360

（3）混纺纱捻系数示例（表 8-2-65）。

表 8-2-65　混纺纱捻系数示例

化纤纯纺、混纺纱	线密度/tex	捻系数范围
腈纶纯纺纱	12～15	260～320
	16～30	250～310
	32～60	240～300
棉 60/腈 40 针织纱	14～15	300～350
	16～30	280～330
	32～60	260～310
涤纶纯纺纱	7.4～14.8	330～380
	15～30	320～370

化纤纯纺、混纺纱	线密度/tex	捻系数范围
涤/棉低比例混纺纱	7.4~14.8	经纱不低于340,纬纱不低于320
	15~30	经纱不低于340,纬纱不低于340
黏胶纯纺纱	12~15	270~320
	16~30	260~310
	32~60	250~330
涤65/黏35纱	12~15	300~350
	16~30	290~340
	32~60	280~330
涤65/黏35中长纱	14~19.7	270~330
	20~37	260~320
天丝纯纺纱	11~20	280~330
	21~34	270~320
天丝50/棉50纱	11~20	290~360
	21~34	280~350
莫代尔纯纺纱	12~15	270~320
	16~30	260~310
	32~60	250~300
竹纤维纯纺纱	8.4~32.5	270~340
棉/涤长丝丝包芯纱	14.8~19.7	不低于310

5. 捻缩率

$$捻缩率 = \frac{前罗拉输出须条长度 - 加捻成纱长度}{前罗拉输出须条长度} \times 100\%$$

影响捻缩率的因素很多,主要有捻系数、纺纱线密度、纤维性质。捻缩率与捻系数的关系示例见表8-2-66。

表8-2-66 不同捻系数时的捻缩率示例

线密度制捻系数	258	295	304	309	314	323	333	342
捻缩率/%	1.84	1.87	1.90	1.92	1.94	2.00	2.08	2.16

续表

线密度制捻系数	352	357	361	371	380	390	399	404
捻缩率/%	2.26	2.31	2.37	2.49	2.61	2.74	2.90	2.98
线密度制捻系数	409	418	428	437	447	451	450	466
捻缩率/%	3.17	3.08	3.54	3.96	4.55	4.90	5.04	6.70

第三节 细纱质量控制

一、成纱质量指标

详见第二篇第三章纱线质量检验与标准。

二、细纱主要质量不良、疵品产生原因及解决办法

(一)条干不匀的类型、产生原因及解决办法(表8-2-67)

表8-2-67 条干不匀的类型、产生原因及解决办法

类型	主要产生原因	解决办法
普遍出现或一种品种出现条干不匀	1. 相对湿度偏小、偏大或波动大 2. 配棉不良或成分波动大,纤维的长度、线密度差异过大,原棉中短绒含量高,混用的回花率不适当,混合不良 3. 粗纱大面积条干不匀 4. 粗纱回潮率偏低 5. 粗纱捻系数选择不适当 6. 细纱总牵伸过大,后区牵伸大,胶圈钳口或罗拉隔距不适当,罗拉加压不足 7. 胶辊选用不当,集棉器选用不当	1. 按季节温湿度标准、品种及生产运行状态及时调整 2. 按规范要求配棉及装箱 3. 强化半制品质量控制,确保粗纱条干均匀 4. 保证粗纱回潮率达到工艺要求 5. 根据纤维类别、品种与质量要求、细纱机性能、细纱工艺选择合适的粗纱捻系数 6. 通过正交试验选择合适的牵伸分配、工艺参数 7. 根据纤维、品种、质量要求合理选用胶辊型号、集棉器大小
一个区域出现条干不匀	1. 该区域温湿度控制不良,相对湿度偏高或偏低 2. 前纺固定供应机台的条干不匀率波动 3. 部分机台工艺参数(罗拉隔距、隔距块、后区牵伸、集棉器、加压等)配置不当 4. 区域的胶辊、胶圈质量不好	1. 保证送排风系统、设施良好,减少温湿度区域差异 2. 强化半制品质量控制,做好对号供应 3. 同品种不同机台,同工艺、专件器材同型号同规格同保养周期 4. 同品种不同机台的胶辊、胶圈规格型号相同

续表

类型	主要产生原因	解决办法
个别机台出现条干不匀	1. 罗拉偏心、弯曲或罗拉扭振 2. 牵伸传动齿轮磨灭过多、啮合不良、键槽磨灭或缺损空隙大 3. 牵伸传动轴与轴承磨灭过大 4. 细纱机前罗拉嵌有硬性杂质 5. 细纱机加压过重造成开关车时的罗拉扭振 6. 翻改品种后,工艺参数漏改或用错 7. 停车过久,车上粗纱发黏	1. 强化设备状态维护与动态质量检查,及时发现并调整设备异常状况 2. 定期校验罗拉压力大小,满足工艺要求 3. 强化品种翻改后的质量验证与把关 4. 对停车过久车台上的粗纱,表面去除几层后再使用
机台上局部或个别锭子出现条干不匀	1. 喂入部分导纱杆毛糙、生锈或破损,粗纱吊锭阻滞或破损 2. 喇叭头歪斜、飞花阻塞,导纱动程跑偏 3. 后加压失效,后胶辊未放妥,有大小头 4. 罗拉偏心、弯曲、沟槽嵌花或硬性杂质、边缘毛糙偏心、绕花衣或粗纱头 5. 胶辊运转不良、偏心、表面有压痕、失去弹性、绕花、轴芯弯曲、呈椭圆状、加压后变形、中凹等,胶辊轴承滚珠磨灭,同档胶辊有大小,胶辊轴芯与铁壳间隙过大 6. 胶圈运转失常、弹性不匀、圈内粘花、表面粘油、老化不光洁等 7. 摇架自调中心作用呆滞、胶辊歪斜 8. 钳口高低不当、配置不当、表面破损 9. 集棉器不良、翻身、裂损、内嵌籽壳工号纸等硬性杂质、粘花 10. 前加压部分失效 11. 纱尾脱离后胶辊控制 12. 多根粗纱、烂粗纱、交叉粗纱喂入 13. 粗纱包卷或细纱接头不良 14. 飞花、油花、绒辊花或纱条通道粘聚的短纤维带进纱条	1. 根据品种、质量要求制订合理的揩车周期,并按揩车技术标准要求执行 2. 按设备状态维护工作要求,定期对各部件、器材进行维护 3. 强化设备动态检查工作,发现异常及时修复 4. 运转强化巡回,发现设备异常状况及时处理、反馈 5. 推进运转操作标准化,按操作规范要求操作 6. 严格运转清洁周期 7. 定期开展扫锭工作,消除异常锭位 8. 结合络筒电清报警功能,对异常质量及时追溯

(二)成形不良的类型、产生原因及解决办法(表8-2-68)

表8-2-68　成形不良的类型、产生原因及解决办法

类型	主要产生原因	解决办法
个别或局部成形不良	1. 钢领板升降转子呆滞打顿,升降立柱阻塞 2. 锭子回丝缠绕过多,纱管内有成团回丝;锭带在断裂前伸长过大,筒管摇动或跳动;锭子振动、锭尖磨灭;隔纱板毛糙或安装位置不正 3. 个别钢领严重衰退,钢丝圈重量过轻 4. 导纱钩、锭子、钢领"三同心"不良	1. 强化设备动态检查,发现异常及时修复 2. 运转强化巡回,发现设备异常状况、异常锭位、异常质量及时处理、反馈、修复 3. 合理钢领使用周期,到期更换;根据品种、钢领状况合理配置钢丝圈型号与重量 4. 强化气圈形态管理,发现异常及时修复
叠绕纱(叠绕位置在纱管顶部称松头纱)	1. 圈数较多的叠绕:钢领板平衡调节不适当,升降杆轻微阻塞 2. 轻微叠绕:成形凸轮转速太慢或动程不够,未断头的跳筒管,接头时引纱太长,开机时或调换棘轮后钢领板位置不适当	1. 加强设备状态维护,确保钢领板、升降杆、成形凸轮、筒管等状态良好,位置满足卷绕工艺要求 2. 运转操作规范,按要求掌握引纱时间
冒头冒脚纱	1. 落纱超过时间;钢领板始纺位置过高或过低 2. 钢领板位置高低不一 3. 筒管不良、锭子绕回丝等引起的筒管位置不适当	1. 根据品种合理设定落纱长度;校正钢领板始纺位置、满管位置 2. 按技术规范要求调节钢领板水平位置 3. 及时剔除不良筒管、清除锭子绕回丝
整台碰钢领纱	1. 钢领板总链条链轮轴承损坏 2. 成形齿轮失效,撑爪、防倒齿失灵,撑齿磨灭 3. 卷绕工艺不准确	1. 定期检查链轮轴承 2. 定期检查成形齿轮及相关部件 3. 工艺上车正确
松纱	1. 卷绕张力太小:钢领衰退、钢丝圈偏轻、车速突然减慢等 2. 捻度偏小:设计偏小、捻度齿轮调错、锭子损坏、速度减慢等 3. 锭带张力装置加压不足或过度,锭带伸长过度	1. 按周期使用钢领、锭子、锭带等专件器材 2. 根据品种设计合理的速度、钢丝圈重量、捻度、锭带张力,强化工艺上车与工艺验证 3. 强化周期维护与状态检查,确保锭子、锭带状态完好,运行平稳

(三)细纱疵点的类型、产生原因及解决办法(表8-2-69)

表8-2-69　细纱疵点的类型、产生原因及解决办法

类型	主要产生原因	解决办法
毛羽纱	1. 纤维偏短、偏粗、刚度大、短绒高 2. 相对湿度偏低、粗纱回潮率低 3. 工艺设计不合理,粗纱、细纱捻系数低、各道速度过高 4. 纤维伸直平行度差、短绒率高 5. 前纺设备通道不光洁,产生毛条、毛粗纱 6. 半制品运输与防护不良,导致毛条、毛粗纱 7. 细纱导纱辊、喇叭口、胶辊、罗拉表面、胶圈等表面毛糙、破损,刮毛须条 8. 钢领起槽、衰退 9. 钢丝圈偏轻、磨损缺口大 10. 钢领、钢丝圈配合不良 11. 导纱构与锭子不同心,锭子与钢领不同心,严重歪气圈 12. 隔纱板位置不正或发毛,导纱钩磨损起槽,导纱角过小 13. 气圈张力偏大,纺小纱时碰筒管头	1. 根据品种、纱支合理配棉 2. 依据纤维类别合理调节车间温湿度,并保证足够的粗纱回潮率 3. 前纺速度在满足供应前提下低速配置,粗纱、细纱捻系数大掌握 4. 提高梳棉、精梳分梳效能,提高纤维伸直平行度,减少纤维损伤,排除短绒 5. 前纺设备各须条通道保持光洁,圈条成形大小合适,棉条、粗纱做好防护,运输过程轻且稳 6. 细纱各须条通道、部件完好无磨损、清洁且光洁 7. 合理确定钢领、钢丝圈使用寿命与保养周期,配合良好,保证合理的气圈张力大小 8. 强化"三同心"管理,确保导纱钩、锭子与钢领三者同心 9. 加强状态检查,确保隔纱板位置正确、表面光洁
弱捻纱	1. 锭带状态不良,位置或长度不符合工艺要求,清洁不到位 2. 锭带张力盘状态不良、位置不当 3. 锭子状态不良,各部件清洁不到位 4. 锭带盘、锭钩、锭脚的积花没清理干净 5. 滚盘上有油污、绕回丝 6. 筒管损坏、高筒管 7. 捻度变换齿轮用错 8. 车头同步齿形带状况不良	1. 加强锭带状态检查,及时校正锭带跑偏、扭曲、磨损、滑脱,进出位置与长度符合要求不碰锭盘上下缘,保持锭带清洁无飞花、无油污 2. 保持锭带张力盘状态良好,无缺油、无轴承磨损;根据品种与捻向合理调节锭带张力盘重锤位置,张力大小合适 3. 合理确定锭子使用寿命,强化检查维护,及时发现并修复缺油、锭胆损坏、锭钩松动失效现象;及时清理锭带盘、锭钩、锭脚的积花 4. 保持滚盘清洁,及时清除油污与绕回丝 5. 定期维护筒管,剔除天眼损坏筒管,及时清理锭杆回丝缠绕,防止筒管插不到位 6. 工艺调整保证工艺上车,防止捻度变换齿轮用错或参数调整错误导致捻度偏小 7. 加强检查,保证车头同步齿形带状况良好

类型	主要产生原因	解决办法
密集性棉结纱	1. 钢领、钢丝圈使用周期不当 2. 钢丝圈重量偏重，圈形不当 3. 钢丝圈与钢领跑道磨损严重后与纱线跑道交叉重合 4. 筒管头磨损、毛刺 5. 纺小纱时气圈刮碰筒管头	1. 根据品种、钢领钢丝圈型号确定合理的使用周期，不得超周期使用 2. 依据品种、钢领使用时间，设计钢丝圈圈形与重量 3. 定期钢领跑道磨损情况，及时调换磨损严重的钢领 4. 及时剔除管头磨损、毛刺的筒管 5. 合理选择钢丝圈重量，调节好合适的气圈大小，不碰筒管头与隔纱板
橡皮纱	1. 原料中存在超长纤维，在牵伸过程离开前罗拉钳口后迅速弹性收缩，形成弹性扭结 2. 细纱机前牵伸区罗拉握持距偏小和加压偏轻	1. 强化原料检测与过程防捉，发现异常及时处理 2. 选择良好供应商的原料 3. 根据原料特性、原料长度，合理设计罗拉握持距与罗拉压力
小辫子纱	1. 主轴刹车装置故障 2. 捻度过大 3. 紧捻纱	1. 加强检查维护，保持主轴刹车装置状态良好，防止停车过程中纱条张力减小与捻缩相结合形成纱条扭结 2. 遇刹车装置故障，及时处理在机管纱 3. 根据品种与用途，设计合理捻度并保证按工艺要求上车 4. 采取措施防紧捻纱产生
双纱与脱圈纱	1. 管纱小纱卷绕张力骤然变化 2. 锭速过慢，纺纱张力过低，管纱卷绕松弛 3. 钢领板升降速度设置不适当 4. 钢领板始纺位置过低或个别钢领板偏低，筒管太高造成冒脚 5. 调钢丝圈后，纱头未盘紧 6. 断头时间过长，接头后形成葫芦纱 7. 细纱接头动作不良，接头时引纱过长、纱头时拉时放	1. 根据品种合理调节小纱变速装置、调速装置速度，或合理锭速分段设计，保证管纱小纱卷绕张力平稳 2. 合理设定锭速、纺纱张力与钢领板升降速度，掌握合适的径向与轴向卷绕密度 3. 调节合理钢领板始纺位置和筒管高低位置 4. 规范操作管理，提高操作水平，调钢丝圈后盘紧纱头，加强巡回，断头及时接上

第四节　细纱机辅助系统

一、细纱落纱系统

为摆脱繁重的手工落纱操作,提高机械效率和管理水平,细纱生产迫切需要配套的机械化、自动化落纱技术。国产细纱机经过多年的创新和实践,该项技术已经成熟。常规的普通机型细纱机一般可以选用小车式电动落纱机;各种新型的长机型细纱机,都具有配套的集体自动落纱装置。该装置与超长细纱机(648~1008锭/台)配套使用,纺纱满管后能自动按落纱程序,将机器左右两侧的全部管纱同时拔起、寄放,并完成空管的插放;然后连续地输送管纱到周转箱或选用细络联装置与络筒机连接。

下面以 EJM138JL 型细纱机配套的 EJM953 型集体落纱装置为例作简要说明。

(一)技术参数及结构特征

EJM953 型集体落纱装置技术参数及结构特征见表8-2-70。

表 8-2-70　EJM953 型集体落纱装置技术参数及结构特征

项目	内容	项目	内容
适配主机机型	EJM138JL	抓管方式	压缩空气夹持、筒管顶端三点握持,外抓
锭距/mm	70	管纱输出	凸盘支托、多气缸推送、依靠轨道提升管纱
适用筒管/mm	长度200,210,220,230(铝套管筒管)	空管插放	中间寄放过渡
升降臂	人字臂结构,光、电、磁检测控位	落纱时间	4min
	升降控制;伺服系统丝杆传动	细络联	有
	摆动控制:单气缸		

(二)集体自动落纱过程

集体自动落纱过程如图8-2-20所示。

1. 空管的整理与输送

细纱机正常纺纱期间,理管机构将空管依次理顺,细纱筒管大头向下落入筒管凸盘,受输送带连续推动,直至全机所有筒管对准锭子中心到位,准备落纱。

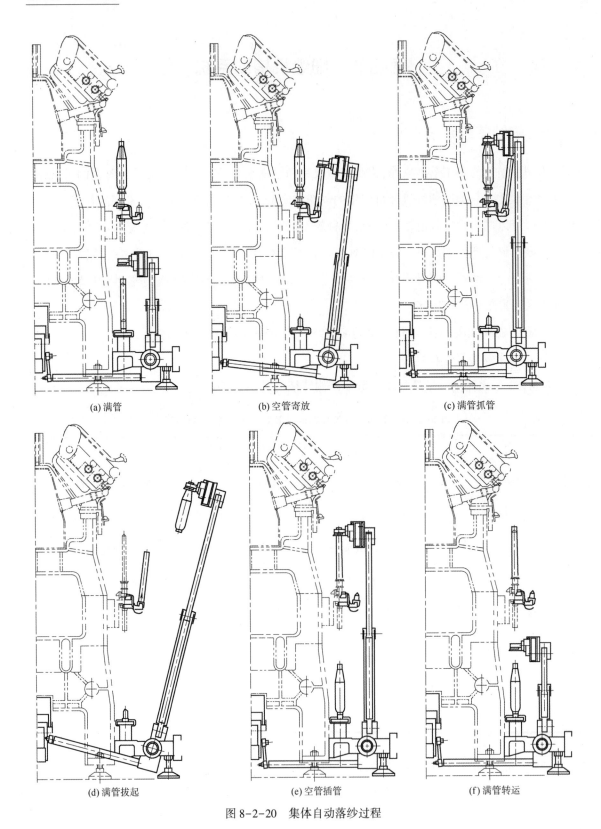

(a) 满管　　　　　　　　　(b) 空管寄放　　　　　　　　　(c) 满管抓管

(d) 满管拔起　　　　　　　　(e) 空管插管　　　　　　　　(f) 满管转运

图 8-2-20　集体自动落纱过程

2. 落纱过程

(1)细纱机满管,并完成钢领板下降等关机动作,升降臂在初始位置。

(2)升降臂夹持空管后外摆,上升将空管卸放在寄放站。

(3)升降臂继续上升,摆进到拔纱位置,夹持满纱筒管上拔。

(4)升降臂外摆、下降,摆进到存纱位置,将满管卸放到输送带上的凸盘。

(5)升降臂外摆、上升,夹持空管后继续上升,摆进到插纱位置,卸放空管到锭子套管。

(6)升降臂外摆、下降,摆进到初始位置,细纱机重新启动。

3. 管纱的输送

控制系统接收到送纱信号后,启动输送带使筒管凸盘托着管纱沿轨道向车尾运行,依靠轨道的升高段使管纱提升,然后由取纱铲刀将管纱铲落,或者通过细络联装置直接连接络筒机。管纱的送出和空管的补充都是在细纱机运行时进行,不另外占用纺纱时间。

二、细纱在线监测系统

细纱断头是生产管理和质量水平的反映。在生产过程中需实时检测并系统地提供信息资料,进行科学管理。

(一)细纱单锭监测系统

该系统包含监测装置(Sensorfil)、粗纱自停装置(R-Stop)和中控系统。

1. 监测装置的构成及功能

监测装置是单锭监测系统的基本模块,即断头弱捻监测模块,包含每锭一个感应器、三色塔灯、控制箱、触屏等。通过感应器对钢丝圈进行监测,从而实现每个锭子纺纱状态的在线监控,如断头、弱捻、锭速等。

可选配能耗模块、牵伸模块、效率模块。

(1)能耗模块。用于对不同设备的能耗进行实时监控,监测不同速度、品种的能耗情况,同时可监测不同机台、不同班次或人员单位纺纱能耗,方便规划生产和能耗评估。

(2)牵伸模块。可以实时监控牵伸状态,防止出现错支等问题。

(3)效率模块。能根据监测到的断头情况自动调节设备的速度,并根据生产的产品、使用的材料和工人的情况以及其他参数进行优化,该模块仅适用于部分机型。

2. 粗纱自停装置的特点及功能

粗纱自停装置(R-Stop)安装在特定的纺纱位置,在出现断头时,停止喂入粗纱,减少粗纱浪费和飞花损失的同时,消除了绕花现象,在条件具备的情况下,甚至可以减少夜班的值车人员。

3. 中控系统

可配用各类纺纱软件,纺纱软件采用了 Windows 运行环境,操作简便,数据响应速度快,扩展性强,同时采用了全局性的设计,可以从公司整个网络的任何地方进行远程访问、可以连接无限多个工作站以及进行远程技术支持。

通过纺纱软件主界面,可以监控当前班次的实时生产信息,如断头、弱捻、空锭、机台效率、生产效率、品种、产量等。通过快捷窗口,用户可以方便登录当前班次、当前效率、生产报告、锭子报告、电力报告、落纱信息、生产管理等界面,查看系统记录和统计的各项生产数据,如运行时间、停车次数、落纱次数、落纱时间、锭速、捻度、产量、效率、单产能耗、班产、单台产量、当前断头、断头率、接头时间等诸多数据。

4. 可配用巡视车

巡视车的配用可以进一步提高生产效率,降低工人劳动强度。

在不配备单锭监测的情况下,工人因需要寻找断头而不能行进速度太快,据统计,工人寻找断头的时间占 90% 以上,而真正接头的时间不足 8%,而且工人每天需要行走 15km 以上,劳动强度较大,在没有实时记录真实接头时间的情况下,很少有人能够满负荷工作,尤其是夜班,工作效率很难达到理想状态。配用单锭监测后,断头变得显而易见,工人的行进速度成为影响效率的主要因素,因此配备巡视车成为提高效率、降低劳动强度的较好选择,一般情况下,配备巡视车后,工人巡查速度可以提高两倍以上,而且巡查变得不再劳累。

(二)单锭监测系统的作用

1. 改善管理

(1)相关的在线数据即时准确地提供给各个管理层面,通过因特网或局域网的连接,纺纱的各类数据和信息可通过各种终端显示,如显示屏、手机、计算机等,方便各类人员查询。

(2)简化的报表发送程序,可即时打印各项报告或发送邮件,简单、精准。

(3)可以将数据导出到其他信息系统,如手机、手提计算机等通信工具,实现远程监控。

(4)数据统计及时、准确,如产量、断头率等指标,系统均自动分析统计,减少人为因素造成的失误。

(5)精确的各项指标自动统计和劳动效率显示,使管理更加有据可依,考核更精准。

2. 减少断头,增加产量,杜绝弱捻

(1)快速发现断头,快速接头,减少空锭,提高设备效率,增加产量。

(2)可配置最佳纺纱工艺,提高车速,部分企业可提高生产速度 5% 左右。

(3)及时发现坏锭和排除故障,提高了设备的运转效率。

(4)锭速实时监测,即时显示弱捻锭,彻底消除弱捻。

3. 提高工人劳动效率,减少用工,降低劳动强度

(1)减少无效劳动,并可进一步明确分工,简化了工人的劳动,提高了工作效率。

(2)坏锭及时显示,可有针对性地对坏锭进行检查和维修,提高了效率。

(3)工作环境和劳动强度的改变,使工作变得轻松,提高了工人积极性,改变了招工难的现状。

(4)减少无效巡回时间,提高工人效率,增加负责机台数,提高工人收益。

4. 减少飞花损失,改善车间环境

(1)逐锭锭速显示,即时显示弱捻锭,彻底消除弱捻纱。

(2)飞花减少,进而减少污染,使环境得以改善。

(3)飞花减少,有利于提高纱线质量。

5. 减少机械故障,增加设备安全性,降低易耗件开支

(1)监测到断头可即时打断粗纱,停止喂入,减少粗纱浪费。

(2)由于即时停止粗纱喂入,减少回花,废棉明显降低,一般可减少风箱花50%左右。

(3)粗纱自停装置及时停止粗纱喂入,避免了缠绕,降低对胶辊、胶圈、罗拉的损害。

(4)减少清洁次数,增加车间的洁净度。

(5)减少值车工数量,降低用工成本。

三、数字卷绕(电子凸轮)系统

新型数字电子卷绕成型系统通过伺服电动机精确控制钢领板的运动可以克服传统机械传动钢领板的缺陷,柔性控制钢领板在始纺、纺纱过程中、落纱阶段的运行控制;由于伺服系统精密的位置控制,钢领板在纺纱过程中运行平稳;可以无级调整凸轮比、螺旋线径比、级升、卷绕直径等来实现卷绕成型的数字化控制。细纱机数字卷绕系统具有如下优点。

(1)解决高速络筒的脱圈问题。数字化控制钢领板的运行实现了纺织不同工艺品种纱线时的卷绕方案(包括级升、凸轮比、螺旋线径比),使成型更加稳定,符合高速络筒的需求。

(2)提高了开车留头率,降低了纺纱断头率,降低了用工成本。数字化的钢领板控制可以实现不同品种落纱过程中钢领板轨迹、速度的调整,实现包身纱、尾纱、辫子纱的精密控制,可以实现始纺过程中钢领板的轨迹、速度控制,保证纱线不易从钢丝圈脱落和始纺气圈的控制达到开车留头率提高的目的;纺纱过程钢领板的平稳运行有助于防止纺纱过程中的断头。从而降低挡车工的劳动强度。为企业降低回花,有助于节能和降低企业用工成本。

(3)为纺织不同原料、不同品种提供了方便的卷绕成型。有利于控制捻度恒定、张力稳定,保证纱线条干均匀。为纺织高品质的纱线带来技术上可能。

(4)生产不同品种时减少了机械调整的过程,极大地缩短了停机时间。

四、全电子牵伸系统

在传统细纱机的牵伸传动机构中,通过车尾主电动机驱动主轴,主轴进入车头后经一系列齿轮啮合来传动车头的牵伸机构。由于驱动源来自车尾主电动机,纺纱工艺调整需要靠一系列的变换齿轮操作来完成,操作不便,且受自身结构的影响,通过变换齿轮方式不能满足某些特殊工艺的要求。

全电子牵伸传动机构,通过多个独立驱动前、中、后罗拉的伺服电动机,解决了细纱机牵伸传动轴承、齿轮、键槽磨损而影响纱线品质和设备稳定性的问题。

根据客户纺纱工艺和原材料进行粗纱定量、细纱定量、牵伸倍数等参数设置,即可进行纺纱,无须烦琐的齿轮更换,达到节约时间、提高效率的目的。

五、细纱机自动接头系统

瑞士立达公司环锭纺纱的 ROBOspin 是第一个完全自动化的环锭纺纱机用接头机器人。一个接头机器人在每台细纱机的一侧,消除了在机器运行中或落纱期间发生的断头。

接头机器人直接移动到断头锭子的位置,并以尽可能短的时间接上头。完整的接头操作完全自动运行——从找到纱头、钢丝圈穿线,一直到将纱线送到牵伸前胶辊的后面。接头机器人接收的断头位置信息,是从每个锭位上相关的细纱断头监测传感器上获得的。

机器人接头大大降低了对人员的要求,从而显著提高了工作效率,降低了劳动力成本、人力资源成本。

第五节　细纱机主要专件、器材和附属设备

一、摇架

牵伸加压摇架技术特征见表8-2-71,各种型号牵伸加压摇架如图8-2-21~图8-2-27所示。

表 8-2-71 牵伸加压摇架技术特征 单位:mm

型号	YJ200-145	YJ200-145H	YJ200-132V	YJ210-145	YJ210-145T	QYJ300-145	QYJ300-125VH	SDA2-122PLE	SDDA2132PK
加压源	圆柱螺旋弹簧					压缩空气			
牵伸形式	直线牵伸		V形牵伸	直线牵伸	直线牵伸	直线牵伸	V形牵伸	直线牵伸	直线牵伸
纺纱形式	紧密纺环锭纺	紧密纺	紧密纺环锭纺	紧密纺环锭纺	环锭纺	环锭纺	紧密纺	环锭纺	环锭纺
适纺纤维	棉、棉型化纤								
最大适纺纤维长度	65	51	65	65	65	60	60	50	60
下罗拉直径 前	25,27	25,27	25,27	25,27	25,27	25,27	25,27	25~27	25,27
下罗拉直径 中	25,27	25,27	25,27	25,27	25,27	25	25	25~27	25,27
下罗拉直径 后	25,27	25,27	25,27	25,27	25,27	25,27	25,27	25~27	25,27
上罗拉直径 前	29		29	29	29	28	28	28~30	28~30
上罗拉直径 中	25		25	25	25	25	25	25	25
上罗拉直径 后	29		29	29	29	28	28	28~30	28~30
上罗拉加压值～(N～双锭) 前	110,150,190,230	110,150,190,230	110,150,190,230	110,150,190,230	60,100,140,180	120~230	120~230	160~220	130~280
上罗拉加压值～(N～双锭) 中	100,125,150,170					100~200	100~200	100~140	130~150
上罗拉加压值～(N～双锭) 后	100,125,150,170		120,150,180,210	100,125,150,170		120~230	120~230	140~180	150~180
前后最大	145	145	132	150	145	140	120	132	125
支杆至前罗拉中心距	203	203	203	210	210	205	205	210	210

续表

型号		YJ200-145	YJ200-145H	YJ200-132V	YJ210-145	YJ210-145T	QYJ300-145	QYJ300-125VH	SDA2-122PLE	SDDA2132PK
配套用上销	型号	SX2-6533、SX2-6833、SX2-6833A、SX2-6833、BSX2-6833、CSX2-6833、ESX2-6839、DSX2-6839、ESX2-6842、SX2-6842、BSX2-6857、SX2-7533、SX2-7542、SX2-7557、SX2-8233、SX2-8242、SX2-8257、SX200-6839					QSX30-6833、BSX2-6833B		ORKK28/70	SX2-6833B
上罗拉握持部位尺寸		$\phi9.5\times16$	前 $\phi12\times16$ 中 $\phi9.5\times16$ 后 $\phi9.5\times16$	$\phi9.5\times16$		前 $\phi12\times16$ 中 $\phi9.5\times16$ 后 $\phi9.5\times16$	前 $\phi12\times17$ 中 $\phi9.5\times16$ 后 $\phi11.5\times22$		$\phi11.5\times22$ $\phi9.5\times16$ $\phi9.5\times16$	$\phi11.5\times16$ $\phi9.5\times16$ $\phi9.5\times16$
释压后掀起角度/(°)		45 及 60							45 及 70	60
各型号的图号		8-2-21		8-2-22	8-2-23		8-2-24	8-2-25	8-2-26	8-2-27

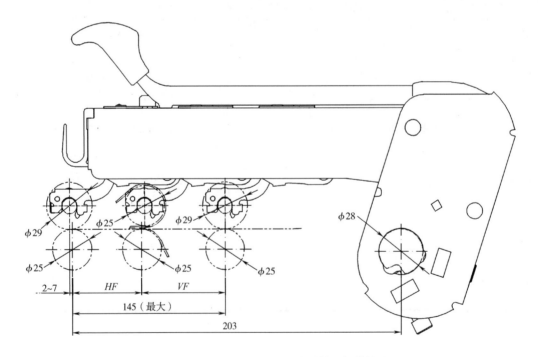

图 8-2-21　YJ200-145 型细纱弹簧摇架结构图

HF—前中下罗拉中心距　*VF*—中后下罗拉中心距　2~7—前胶辊可以前冲的调节量(mm)

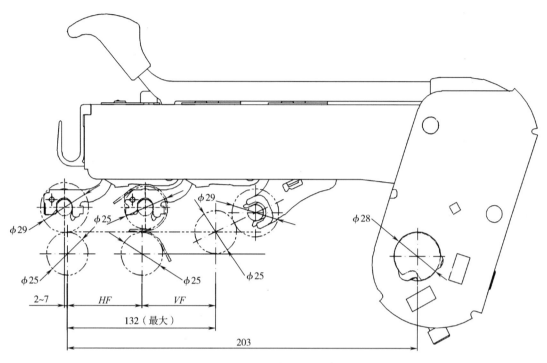

图 8-2-22 YJ200-132V 型细纱（V 形牵伸）弹簧摇架结构图

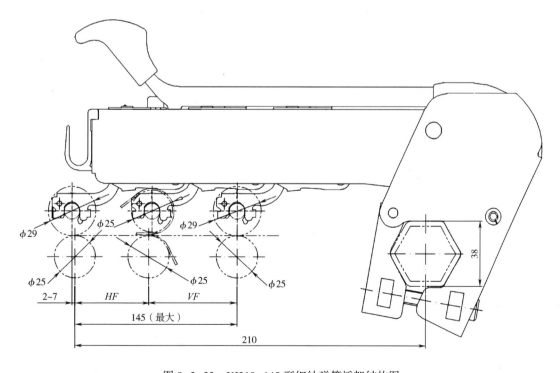

图 8-2-23 YJ210-145 型细纱弹簧摇架结构图

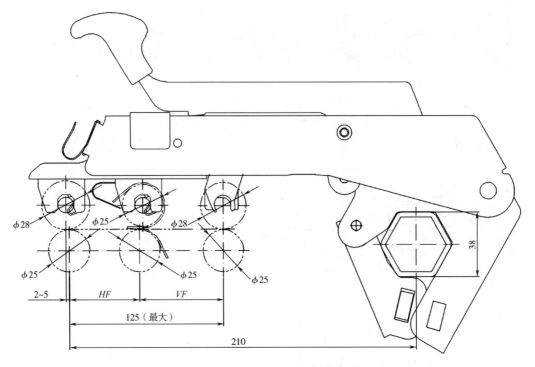

图 8-2-24　QYJ300-145 型细纱气动摇架结构图

2~5—前胶辊可以前冲的调节量(mm)

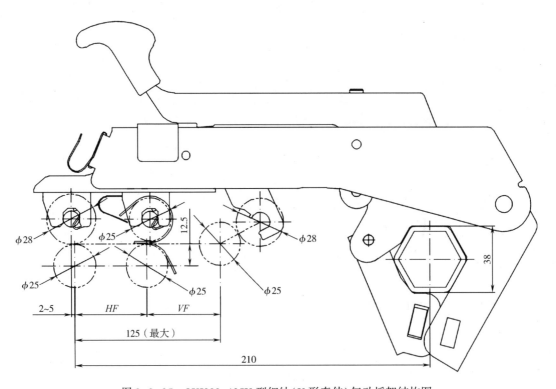

图 8-2-25　QYJ300-125V 型细纱(V 形牵伸)气动摇架结构图

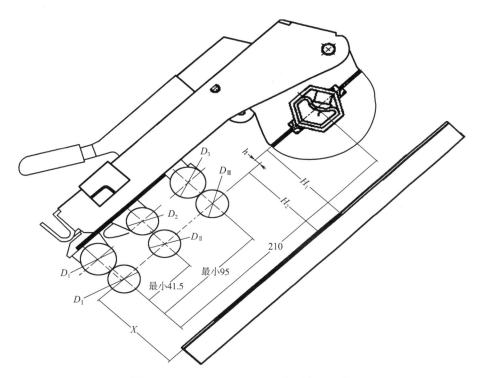

图 8-2-26　SDDA2122PLE 型气动加压摇架

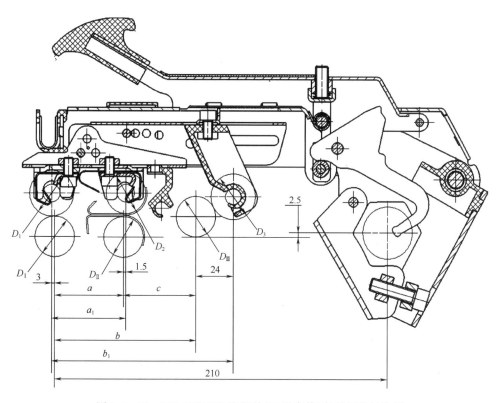

图 8-2-27　SDDA2132PK 型细纱(Ⅴ形牵伸)气动摇架结构图

二、罗拉

罗拉材料一般采用 20# 钢渗碳淬火或 45# 特种高频淬火,表面硬度 HRA80 左右,淬火层深度 1.3~1.5mm,表面镀铬不生锈,镀层在 5~8μm,镀层硬度 HV960 以上。罗拉与滚针轴承配合后逐节装配成列。运转时罗拉的不同心和弯曲跳动量是造成成纱规律性机械波不匀的主要因素之一。

罗拉齿形分沟槽罗拉和滚花罗拉两种,如图 8-2-28 和图 8-2-29 所示。滚花罗拉用于传动下胶圈,沟槽罗拉的节距有等节距和不等节距两种,见表 8-2-72~表 8-2-77。

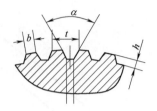

图 8-2-28 沟槽罗拉齿形

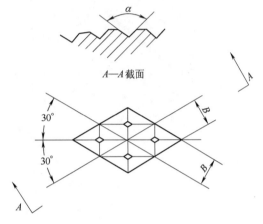

图 8-2-29 滚花罗拉齿形

表 8-2-72 等节距沟槽罗拉齿形尺寸(一)

罗拉直径/mm	沟槽齿数	沟槽深度 h/mm	齿顶宽 b/mm	沟槽角度 α	齿距 t/mm
22	44		0.64		1.57
25	49		0.63		1.60
27	53	0.5	0.63	45°	1.60
30	58		0.63		1.62

表 8-2-73 等节距沟槽罗拉齿形尺寸(二)

罗拉直径/mm	沟槽齿数	沟槽深度 h/mm	齿顶宽 b/mm	沟槽角度 α	齿距 t/mm	沟槽齿形螺旋角 β
22	49	0.45			1.41	
25	56	0.45			1.41	
27	60	0.45	0.5	60°	1.41	0 或 60°
30	67	0.45			1.41	

表8-2-74　不等节距沟槽罗拉齿形尺寸

罗拉直径/ mm	齿数	齿形角 α	沟底宽 b/ mm	沟槽深度 h/ mm	平均节距 t/ mm	最大节距 t_{max}/ mm	最小节距 t_{min}/ mm	用途
22	44				1.57	1.65	1.49	棉纺
23	44	45°	0.56	0.50	1.586	1.69	1.49	棉纺
25	49				1.60	1.68	1.52	棉纺,化纤
30	53				1.809	1.88	1.66	中长

表8-2-75　滚花罗拉尺寸

罗拉直径/mm	齿数	齿形角 α	宽度 B/mm
22	32		1.67
23	32	120°	
27	50		1.89

表8-2-76　罗拉颈径向尺寸　　　　　　单位:mm

罗拉直径	轴承档直径	光径	导柱、导孔直径	螺纹尺寸
22	16	20		
23	15.88	20	14.5	M14×1.5
25	18	22		

表8-2-77　滚针轴承罗拉颈径向尺寸　　　　　　单位:mm

罗拉直径	轴承档直径	光径	导柱、导孔直径	螺纹尺寸	配用轴承尺寸
22	14.5	20	14.5	M14×1.5	LZ14.5
23	14.5	20	14.5	M14×1.5	LZ14.5
25	16.5	23	16.5	M16×1.5	LZ16.5,LZ2822
30	19	28	19	M18×1.5	LZ19,LZ3224

三、LZ 系列罗拉滚针轴承

LZ 系列罗拉滚针轴承的结构形式为内、外圈可分离,承受纯径向力的滚针承轴,内圈挡边滚花,曲线间隙式密封防尘,外圈呈腰鼓形,有一空调的作用,见图8-2-30和表8-2-78。

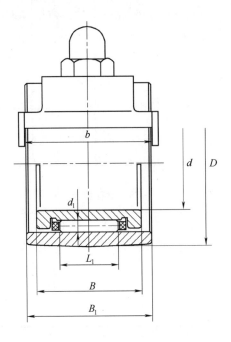

图 8-2-30　LZ 系列罗拉滚针轴承示意图

表 8-2-78　LZ 系列罗拉滚针轴承规格　　　　　　单位:mm

轴承型号	d	D	B	B_1	b	$d_1 \times L_1$
LZ-2822	16.5	28	19	22	22	2×9
LZ-3224	19	32	20	23	24	2×10
LZ-3624	21	36	22	25	24	2.2×14
LZ-14.5	14.5	28	19	23	22	2.5×10
LZ-16.5	16.5	30	19	23	22	2.5×10
LZ-19	19	36	22	26	25	3×14
LZ-22	22	42	23	27	25	3.5×14

四、SL1 系列滚动轴承上罗拉

结构形式为双列滚珠、保持架排列、整体式密封防尘,如图 8-2-31 所示,规格参数见表 8-2-79。

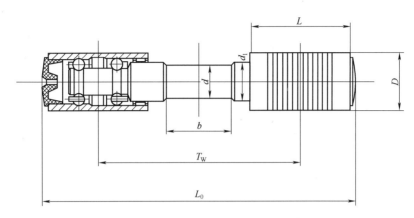

图 8-2-31　SL1 系列滚动轴承上罗拉

表 8-2-79　SL1 系列滚珠上罗拉轴承　　　　　　　　　　　单位:mm

型号	T_W	d	b	d_1	L	D	钢珠直径	L_0	承载能力 P/daN	备注
SL1-6819	68.4	11	22	12.6	34	19	4	102.4	35	
SL1-6819A	68.4	9.5	16	11.5	34	19	4	102.4	35	代替原 SL-1111
SL1-6825E	68.4	11	28	12.6	34	25	4	102.4	35	
SL1-6825EA	68.4	9.5	16	11.5	34	25	4	102.4	35	代替原 SL-1113E
SL1-6825EB	68.4	9.5	22	11.5	34	25	4	102.4	35	
SL1-7525	75	11	22	12.6	34	25	4	109	35	
SL1-7525C	75	11	28	12.6	34	25	4	109	35	
SL1-9019	90	11	22	12.6	45	19	4	135	35	
SL1-9025E	90	11	28	12.6	45	25	5	135	50	
SL1-11019	110	11	22	12.6	45	19	4	155	35	
SL1-11025	110	11	22	12.6	45	25	5	155	50	
SL1-11025E	110	11	28	12.6	45	25	5	155	50	
SL1-11032	110	11	22	12.6	45	32	5	155	50	
SL1-11032E	110	11	28	12.6	45	32	5	155	50	
SL1-11038D	110	12	22	13.5	45	38	5	155	50	代替原 SL-6225

注　型号尾部有"E"的上罗拉轴承外壳为无槽的光壳。

五、胶辊胶管

(一)胶辊胶管技术特性

1. 基础规格和尺寸允差

胶辊胶管基础规格和尺寸允差见表8-2-80。

表8-2-80　胶辊胶管基础规格和尺寸允差　　　　　　　　单位:mm

名称		规格和尺寸允差	备注
胶管长度	500	13×5.5,13×6,14×5,14×5.5,15×4.5,15×5,16×4.5,16×5,17×5	
	1000	13×4.5,13×7,14×6,14×6.5,15×5.5,15×6,16×5.5,16×6,17×5	
内径		±0.2	内径按1mm分档
壁厚		+0.5 0	壁厚按0.5mm分档
长度		+10 0	
表面高低差异		≤0.3	
铁壳外径		2	
胶管外径		3	
外径		+0.3 -0.2	

2. 外观质量

(1)硬度均匀,表面光洁,色泽一致。

(2)表面不允许有气泡、裂伤、缺胶,胶辊磨砺后,目测无明显的粉点异物等杂质。

(3)内壁圆正。

3. 力学性能

邵尔A68度胶辊力学性能见表8-2-81。

表8-2-81　邵尔A68度胶辊力学性能

项目	要求	项目	要求
硬度(邵尔A型)	68±3	永久变形/%	≤12
抗张强度/(daN/cm²)	130	磨耗/(cm³/1.61km)	≤0.2
伸长率/%	≥120	老化系数(70℃×36h)	>0.7

4. 胶管性质与使用效果(表8-2-82)

表8-2-82　胶管性质与使用效果

项目	特征	成纱质量	抗绕效果
弹性恢复	较好	优	无关
	较差	一般	无关
表面硬度	较高	较差	较好
	较低	较好	一般
胶料综合分散度	8级以上	较好	较好
	8级以上	一般	一般
体积电阻系数	较大	略有影响	较好
	较小	略有影响	一般
吸湿率	较大	略有影响	较好
放湿率	较好	略有影响	较差
磨砺后表面粗糙度	0.5~0.7μm	较好	较好
	>0.8μm	一般	较差
磨砺后是否需要表面处理	不需表面处理胶管	优	较好
	需要表面处理胶管	一般	优

5. 胶辊表面硬度的选用原则(表8-2-83)

表8-2-83　胶辊表面硬度的选用原则

纺纱条件因素	较低硬度适用范围	较高硬度适用范围
纤维类别	纯棉	化纤
纺纱线密度	细特	粗特
胶辊制作与管理水平	较好	一般
空调管理水平	较好	一般
细纱断头水平	较好	一般
牵伸摇架状态	一般	较好
运转操作管理	较好	一般

6. 前胶辊表面硬度的分档选用(表8-2-84)

表8-2-84　前胶辊表面硬度的分档选用

表面硬度(邵尔A型)	适用纺纱品种与线密度范围
55~60	7.3tex及以下特细纯棉精梳纱
61~65	9.2~29.8tex纯棉精梳纱、普梳纱
66~70	19.5~29.8tex纯棉精梳纱、普梳纱,涤/棉细特纱、特细特纱,棉型黏胶纤维细特纱,C14.6tex×40旦棉氨纶弹性包芯纱
71~75	36tex以上纯棉纱,涤/棉混纺中特纱,棉型黏胶纤维中特纱,C36tex×70旦棉氨纶弹性包芯纱
76~80	涤/棉粗特纱,棉型黏胶纤维粗特纱

7. 前胶辊粗糙度的影响(表8-2-85)

表8-2-85　前胶辊粗糙度的影响

表面粗糙度 $Ra/\mu m$	抗绕性	握持性	条干水平
≤0.4	趋好	趋小	趋差
0.5~0.6	中间	中间	中间
0.7~0.9	趋差	趋大	趋好

注　适用于表面硬度邵尔A70以下、表面不处理胶辊。

8. 高弹性、低硬度、铝衬套、表面不处理胶辊的特征与效果(表8-2-86)

表8-2-86　高弹性、低硬度、铝衬套、表面不处理胶辊的特征与效果

胶辊技术特征	运行工作状态	成纱质量
高弹性	去压后胶辊瞬时圆度好,受压后恢复形变抗弹性疲劳时效较长	有利于提高和稳定质量
低硬度	转动握持力较强,握持力不匀率降低,加压后胶辊钳口握持宽度增大,浮游区长度缩小	有利于减少毛羽
铝衬套	零套差,无套差应力,转动圆度好	有利于提高质量

续表

胶辊技术特征	运行工作状态	成纱质量
表面不处理	消除酸处理后硬度增高、握持力降低的影响	有利于提高质量
体积电阻系数低	抗静电性能好	有利于改善条干
综合分散度高	抗绕性能较好	有利于降低断头率
吸湿放湿率大	抗绕性能较好	有利于降低断头率

9. 前胶辊的动态握持力测定分析

胶辊握持力是牵伸过程的主要作用因素，在摩擦系数一定时，摇架加压和胶辊表面硬度直接影响握持力的大小（表8-2-87），转动握持力测定数据表明握持力是有关因素的综合效果。高弹性、低硬度胶辊结合适度加压对提高握持力平均值、降低握持力不匀率有明显效果。

表8-2-87　前胶辊的握持力测定分析

罗拉加压/ （N/双锭）	转动握持力特征值	前胶辊表面硬度（邵尔A型）				
		66	72	80	84	87
86.6	最小值 F_o/N	0.4886	0.4660	0.4654	0.4551	0.4374
	平均值 F/N	0.6625	0.6612	0.7308	0.7155	0.8076
	不匀率/%	14.5	17.39	21.15	22.00	26.98
107	最小值 F_o/N	0.5673	0.5771	0.5136	0.4929	0.5002
	平均值 F/N	0.7241	0.7595	0.7796	0.7887	0.8540
	不匀率/%	11.91	14.16	18.99	22.60	26.87
126	最小值 F_o/N	0.6722	0.6149	0.5990	0.5270	0.5155
	平均值 F/N	0.8125	0.8127	0.8156	0.8119	0.9370
	不匀率/%	10.50	13.90	16.43	23.36	26.20
144	最小值 F_o/N	0.7497	0.7216	0.6442	0.5496	0.5161
	平均值 F/N	0.9522	0.9107	0.9723	0.9303	0.9133
	不匀率/%	11.55	11.16	16.36	22.06	27.52

10. 高弹性、低硬度、铝衬套、表面不处理胶辊的代表性产品（表 8-2-88）

表 8-2-88　高弹性、低硬度、铝衬套、表面不处理胶辊的代表性产品

型号	表面硬度(邵尔 A 型)	适纺品种
WRC-365A	65	中细特纯棉,黏胶高品质纱线
WRC-965	65	棉,化纤,混纺,包芯纱
WRC-TH65		棉,黏胶,天丝等中细特纱线
WRC-868	68	棉,混纺,化纤
WRC-SG973	73	中粗特混纺,化纤
LXC-60	63	纯棉 9.7tex 及以上纱线
LXCJ63	63	纯棉,人造棉,涤/棉 13tex,紧密纺 11.7tex 以上纱线
LXC866A	65	纯棉,人造棉,涤/棉 14.6tex 以上纱线
LXC870	70	纯棉,人造棉,涤/棉色纱 36.6tex 以上纱线
LXC-82	82	纯棉,人造棉,涤/棉,纯涤

（二）胶辊的表面处理与涂料

胶辊表面要求有足够的握持力,又要求不绕纤维。胶辊的表面处理方法与涂料配方如下。

1. 胶辊的酸处理

经酸处理后,胶辊表面光洁度提高,有利于减少绕纤维现象。但处理不当时容易使胶辊老化龟裂。胶辊酸处理配方参考资料见表 8-2-89。

表 8-2-89　胶辊酸处理配方参考资料

名称	配方					
	1 (轻酸)	2 (轻酸)	3 (硝酸)	4 (重酸)	5 (双酸)	6 (双酸)
硫酸/mL	280	100		120	100	180
硝酸/mL	20		250	120	100	70
水/mL	300	170	125	150	200	250
重铬酸钾/g			25	30		15
重铬酸钠/g	30	25	25		20	
硫酸铜/g						15
处理时间/min	10	10	2~3	8	3	8~10
适用纤维	棉	棉	化纤 (多用于维纶)	黏胶纤维	棉,锦纶,涤纶, 腈纶,黏胶	棉

（1）配用方法。将重铬酸钾或重铬酸钠放入水中溶解后，将已经稀释的硫酸（硝酸）缓慢注入搅拌即可，但必须注意以下几方面。

①硫酸与水接触会释放大量的热，在水和硫酸混合时，必须将硫酸徐徐倒入水中，切勿将水倒入硫酸，以免发生事故。

②重铬酸钾溶于水而不溶于硫酸，配制时要将重铬酸钾先溶于水，然后倒入硫酸。重铬酸钾（钠）有剧毒，使用时要注意。

③使用不同浓度硫酸应考虑不同的处理时间。

④化纤（如涤纶）用的胶辊也可在重酸处理后，再经轻酸处理。但必须按照不同胶管确定处理时间。

（2）胶辊处理方法。

①间接式。

a. 采用一酸液长槽，槽中有若干只滚筒，滚筒在回转中将槽中酸液翻上，胶辊搁在滚筒上处理。

b. 取下胶辊用热水将表面酸液洗净（60℃）。

c. 将洗净的胶辊进行烘干。

d. 槽中不断加入新酸液，保持一定的酸液浓度。

②直接式。

a. 将酸液均匀倒在玻璃平板上，胶辊放在玻璃平板上滚动处理。

b. 取下胶辊用热水将表面酸液洗净。

c. 将洗净的胶辊进行烘干。

d. 揩清玻璃平板上残留酸液，倒入新酸液，方可重新处理。

间接式酸处理后，胶辊表面均匀无花斑，硬度一致，效果好。

2. 漆酚生漆涂料

漆酚生漆涂料可以减少胶辊的绕纤维现象，而且不损伤胶辊。其维修周期一般可比酸处理延长一倍左右，但对须条的握持力较弱。由于生漆干燥时间长，需要暗房设备，处理上较复杂。生漆会使人体产生过敏反应，需要注意劳动保护。目前漆酚生漆涂料主要用于涤棉混纺。

（1）漆酚生漆配方实例（表8-2-90）。

（2）涂漆方法。涂漆前半天或一天，将胶辊表面丁腈胶粉末及油污用干布或洗涤方法处理干净备用。尽量避免用有机溶剂清洗表面。涂漆前再清洗表面，待存放1~2h后，用泡沫塑料揩清，防止飞花灰尘沾污。每次胶辊应涂三次漆，每次间隔1~2天。将准备好的涂料刮在具有弹性的牛皮漆板上,在胶辊表面均匀揩拭,最后应顺一个方向轻轻搓动几次。第三次涂好后,应在温度为25℃左右、相对湿度为80%~90%的暗房内放置一星期后才可使用。

表8-2-90　漆酚生漆配方实例　　　　单位:重量份数

名称	第一次	第二次	第三次
漆酚①	100	100	100
生漆	6~10(干季10~12)	10~12	25
软质炭黑	—	12	15~17

①T09-11"1001"漆酚是优质生漆精炼制成的高分子漆,含水极少,需掺用35%的二甲苯作填充剂,使能在35min内干燥为优。

3. 生漆炭黑涂料

生漆炭黑涂料适宜于纺各类纤维,胶辊表面绕花少,生产稳定,维修周期长。纺纱质量与酸处理有所差异,在制作和使用上的缺点与漆酚涂料类似。

(1)配方实例。生漆与炭黑的重量比以6:1左右为好。炭黑过多易脱落,过少易绕花。炭黑主要起导电作用,吸油值在2%以上的炭黑有良好的导电性。以软质喷雾乙炔炭黑为优。炭黑粒度以500目为好,炭黑使用前要过筛,清除杂质。

生漆应选色泽为乳白色,无特殊恶臭,暴露于空气中经氧化作用呈褐色,水分少,含漆酚在60%以上为好。否则漆膜坚牢度差,且不易干燥。

(2)配料方法。将少量生漆置入一定比例的炭黑中搅拌,待搅拌均匀后,加入其余一定量生漆拌匀,再用丝棉或铜筛过滤。冬天可用二甲苯或汽油稀释后过滤,以除净杂质。

配好的涂料数量不宜过多,一般供2~3次用量即可,剩余漆液用优质牛皮纸盖封。

(3)涂漆方法。胶辊表面应揩清,为保证涂料的附着性,磨胶辊时可适当减少往复次数。每批胶辊应涂三次漆,第一、第二次用纯生漆,第三次用生漆炭黑涂料,涂层厚0.10~0.15mm。每次涂漆后都要放入暗房,干燥后取出仔细检查,刮去漆疵。第三次从暗房取出胶辊后,最好在胶辊室放置几天,然后逐只检查修整,以手感光滑为标准,即可上车使用。

4. 树脂炭黑涂料

树脂炭黑涂料是以聚氨酯树脂(7110或404)代替生漆。优点是干燥快,附着力强,表面富有弹性,有良好的导电和吸湿作用。由于干燥快,若操作时掌握不当,容易造成表面毛糙。

(1)树脂炭黑涂料配方实例(表8-2-91)。

(2)配料方法。先将主胶倒入容器内,再将副胶缓慢倒入,均匀搅拌,然后将胶液缓慢注入盛有炭黑的容器内,均匀搅拌至均匀无颗粒的糊状即可应用。

表 8-2-91　树脂炭黑涂料配方实例

名称		配方 1	配方 2
7710 树脂	7710 甲（主胶）/mL	80	70
	7710 乙（副胶）/mL	60	70
	软质炭黑/g	70	80~100
404 树脂	404A（主胶）/mL	30	35
	404B（副胶）/mL	25	20
	软质炭黑/g	10~13	15~18

注　配方 1：炭黑较少，黏着力强，表面光滑；

　　配方 2：炭黑较多，导电性能好，表面富有弹性，握持力较强。

　　两种配方可结合使用。

（3）涂漆方法。胶辊表面要求与采用生漆涂料相同，揩清后应防止与酸、碱、盐、水等接触，以免影响附着力。涂漆方法与生漆涂料相同。

5. 797 涂料、809 涂料

主要用于精梳胶辊，对于细纱胶辊也具有一定价值，其性能与联邦德国涂料 SP_8 相近，该涂料室温固化，操作简单，固化后表面光滑，牢度较好，胶管不绕花，条干均匀。

（1）配方实例（表 8-2-92）。

表 8-2-92　797、809 涂料配方实例

名称		配方 1	配方 2
797 涂料	涂料（甲）/mL	10	
	催化剂（乙）/mL	0.2	
809 涂料	涂料（甲）/mL	9	10
	催化剂（乙）/mL	1	1

（2）配料方法。将 797 涂料、809 涂料按配方比例，把涂料（甲）倒入容器内，然后加入催化剂（乙）混合后，用玻璃棒徐徐进行搅拌，稍待片刻，即可使用。

（3）涂料方法。797 涂料方法：用 25mm 宽的漆帚将涂料涂在 150mm×150mm 的胶板上，然后在胶辊表面往复来回搓动，直至涂层均匀为止；809 涂料方法：用毛笔蘸适量涂料液，涂于顶置在磨床上并呈转动状态的胶辊表面，毛笔在胶辊表面来回移动，使涂层均匀、胶辊表面平正、无竹节螺旋形为止。

六、胶圈

(一)规格和允差尺寸(表8-2-93)

表 8-2-93　胶圈规格和允差尺寸　　　　　　　　　　单位:mm

名称	类别		规格和允差尺寸
内径	上圈以 0.25 分档		27~38
	下圈以 1 分档		65、76、80、81~86
宽度	以 0.50 分档		23.5~30
厚度	上圈以 0.05 分档		0.80~1.00
	下圈以 0.05 分档		1.00~1.20
成品	内径周长		不大于 0.5
	宽度		+0.0 -0.5
	厚度	内径≤50	±0.02
		内径>50	±0.03
毛坯	厚度		±0.4

(二)外观质量

(1)色泽均匀。

(2)表面光滑无缺胶、瘪膛气泡、露线、水布纹、脱层和严重粗纹。

(3)胶圈表面目测无明显粉点等杂质(其直径不超过 0.5mm)。

(4)内壁光滑,无粘屑。

(5)切断面平整,无双边痕迹,无线头外露成明显荷叶边。

(三)力学性能(表8-2-94)

表 8-2-94　胶圈力学特性

项目	物理要求	
	外层	内层
硬度(邵尔 A 型)	62~65	
抗张强度/(daN/cm^2)	150	150

项目	物理要求	
	外层	内层
永久变形/%	≤120	20
伸长率/%	≥400	300
磨耗/(cm³/1.61km)	≤0.3	0.5
老化系数	≥0.07	0.7
挠曲	≥15 万次以上	

(四)胶圈的选用与配置(表8-2-95)

表 8-2-95　胶圈的选用与配置

项目	上胶圈	下胶圈
外层弹性	偏高	偏高
内层弹性	偏低	偏低
外层硬度	偏低	偏低
内层硬度	偏高	偏高
内圈周长差异/mm	0.2	0.4
厚度/mm	0.8~0.9	1.0~1.1
内外表面特征	可选择内外光面、外光面内花纹、内外花纹三种特征	

(五)胶圈的代表性产品

代表性产品型号有 WRA-AH、WRA-HD68、NFR 系列、BYC 系列、FJR 系列。

七、销

(一)下销

棉型纤维下销断面如图 8-2-32 所示。

(二)上销

1. 金属上销

金属上销的规格和结构图分别见表 8-2-96 和图 8-2-33。

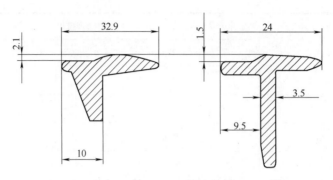

图 8-2-32　棉型纤维下销断面

表 8-2-96　金属上销　　　　　　　　　　　　　　　　单位：mm

代号	握持距	T_W	L	b	d	R	ϕ	配用胶圈：内径×宽度×厚度
SX2-6833	33	68.4	99	28.4	30	35	11.5	33×28×0.9
SX2-7533	33	75	110	28.4	35	35	11.5	33×28×0.9

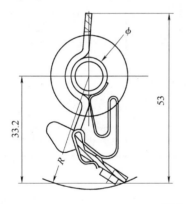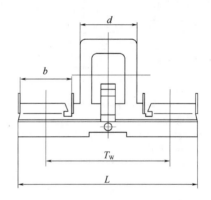

图 8-2-33　金属上销

2. 碳纤上销

左右张紧器能各自依靠弹簧力使所在的胶圈保持张紧（表 8-2-97、图 8-2-34）。

表 8-2-97　碳纤上销　　　　　　　　　　　　　　　　单位：mm

代号	握持距	T_W	L	b	d	R	ϕ	配用胶圈：内径×宽度×厚度
SX2-6939PLS	39	69.7	103.3	29	30	40	11.5	41.5×28×0.9
SX2-7533B	33	75	107.2	28.5	28.4	34.5	11.5	37×28×0.9

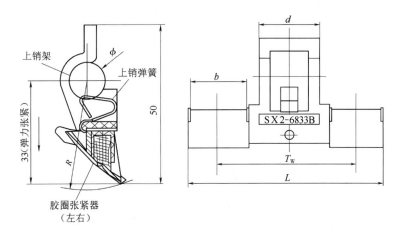

图 8-2-34 碳纤上销

八、锭子

(一)锭子的基本要求

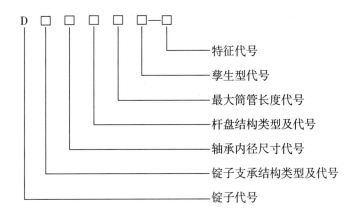

1. 代号组成

(1)锭子支承结构类型及代号(表 8-2-98)。

表 8-2-98 锭子支承结构类型及代号

锭子支撑结构类型	代号	锭子支撑结构类型	代号
弹性圈分离型	1	金属弹性管连接加纵向缓冲型	4
弹性圈连接型	2	其他结构类型	5~9
金属圈连接型	3		

（2）轴承内径尺寸代号以数字表示（表8-2-99）。

表8-2-99　轴承内径尺寸代号

轴承内径/mm	6.8	7.8
代号	1	2

（3）杆盘结构类型代号以数字表示（表8-2-100）。

表8-2-100　杆盘结构类型代号

杆盘结构类型	光锭杆	铝套管	光锭杆	带锭帽	其他类型
代号	0(无边筒管用)	1	2(有边筒管用)	3	4~9

（4）适用的最大筒管长度代号以数字表示（表8-2-101）。

表8-2-101　适用的最大筒管长度代号

分类		代号				
		0	1	2	3	4
最大筒管长度/mm	光锭杆锭子	—	180	190	205	230
	铝套管锭子	200	220	240	260	—

（5）孪生型代号以字母表示（字母O和I除外）（表8-2-102）。

表8-2-102　孪生型代号

结构特征	配用DZIA型轴承	装有制动器	其他
代号	C	E	—

（6）特征代号以数字或字母表示，用以表达锭盘直径、锭脚螺纹尺寸等特征，省略标注内容由企业自定。

2. 基本要求

（1）锭子运转平稳。锭子运转平稳是纺纱工序对锭子最基本的功能要求之一，锭子运转失稳是锭子失效的基本形式。判断锭子运转平稳性一般用空锭振幅和合格纱管的满管振幅综合评判，后者更能准确地判断新锭子的优劣和使用一定期限的磨损程度。

（2）锭子的承载能力强。锭子的承载能力指锭子在一定转速的工作状态下平稳运转能够承担细纱卷装大小、承受纺纱锭速高低的能力。锭子的承载能力越强，满管振幅越小，可承担的卷装尺寸越大，纺纱锭速可设定得更高。锭子的承载能力大小与锭子结构设计和制造精度有关。

（3）锭子的使用寿命长。锭子的使用寿命指锭子在一定转速的工作条件和良好的维护保养情况下锭子保持正常工作的平均使用时间。锭子的使用寿命与锭子结构类型、结构设计和制造精度有关，也与纺纱锭速、纱管质量、卷装大小、维护保养水平有关。在 16000r/min 的锭速纺纱条件下，尖底锭子平均寿命一般为 5~8 年，平底锭子平均寿命一般为 8~10 年及以上。

（4）锭子的可靠性好。锭子的可靠性好是指产品在正常使用条件下、在规定时间内不发生故障和失效的概率小。锭子发生故障的主要形式有零件断裂、零件变形、漏油、早期磨损、锭钩失效、运转失稳、锭子下沉以及铝杆锭子留头器、支持器、刹锭器失效等现象。锭子的可靠性与锭子制造商锭子的设计质量和制造精度有关，与制造商现场质量管理水平有关。锭子的不当使用造成的锭子故障不属于锭子的可靠性问题。

（5）锭子的使用成本低。锭子的使用成本与锭子的安装调整简便程度、电耗水平、换油和补油周期、维护保养人工成本和停机损失、纺纱锭速影响的生产效率、可靠性高低、使用寿命长短等因素有关。

（6）应用条件优越。锭子的性能应尽可能满足在更大范围锭速下纺纱，对不同纺纱品种有更高的适应性，以满足纺纱企业根据市场需求调整纺纱品种，或根据纺纱品种、设备改造更灵活地提高或降低纺纱锭速。

(二)锭子的主要尺寸

1. 光杆锭子的主要尺寸

常用光杆锭子的主要尺寸和规格尺寸简图分别见表 8-2-103 和图 8-2-35。

表 8-2-103　常用光杆锭子的主要尺寸　　　　　　单位:mm

型号	上轴承孔径 ϕ	最高机械转速/（r/min）	H_{max}	L_2	L	L_1	D_2	d_1	D_1	M
D3203				35	244.5	62.5	24	6	16.94	$M24×1.5$
D3203C	7.8			35	244.5	62.5	22	6	16.94	$M25×1.5$
D3203C-20.5				35	244.5	62.5	20.5	6	16.94	$M25×1.5$
HD3103		18000	205	35	244.5	62.5	19	6	16.94	$M25×1.5$
HD4103				35	244.5	62.5	19	6	16.94	$M22×1.5$
HD4103C	6.8			35	244.5	62.5	18.5	6	16.94	$M22×1.5$
HD5103C				35	244.5	62.5	18.5	6	16.94	$M22×1.5$
ZD4103E				35	244.5	62.5	19	6	16.94	$M22×1.5$

续表

型号	上轴承孔径 ϕ	最高机械转速/（r/min）	H_{max}	L_2	L	L_1	D_2	d_1	D_1	M
ZD4203C-20M22	7.8	20000	205	35	244.5	62.5	19	6	16.34	$M22×1.5$
ZD5103E	6.8	20000	205	35	244.5	62.5	19	6	16.34	$M22×1.5$
DFG2	7.8	18000	180	30	208.5	54.5	22	4.15	16.3	$M24×1.5$
DFG2C	7.8	18000	180	30	208.5	54.5	20	4.15	16.3	$M24×1.5$
ZD6103E	6.8	25000	160.5	35	244.5	62.5	19	6	16.94	$M25×1.5$

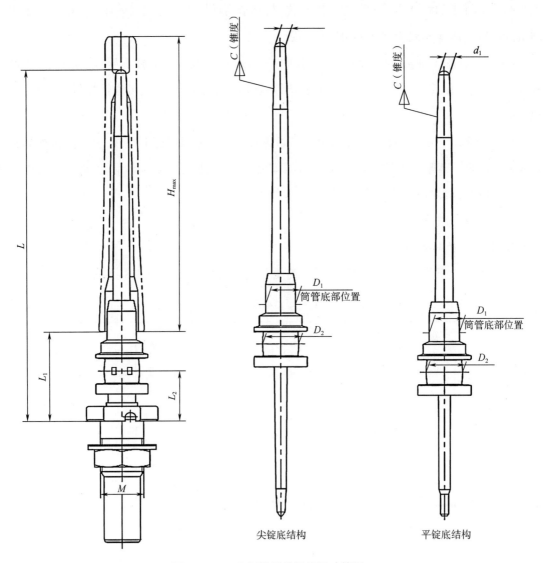

尖锭底结构　　　　　　　平锭底结构

图 8-2-35　光杆锭子的规格尺寸简图

2. 铝套管锭子的主要尺寸(表8-2-104、表8-2-105、图8-2-36)

表8-2-104 铝套管锭子的主要尺寸 单位:mm

产品代号	D□□10	D□□11	D□□12	D□□13
d	6.8,7.8			
H_{max}	200	220	240	260
L_1	75,78,90			
L_2	29,30,34,35			
L_3	16~19			
M	$M25×1.5,M24×1.5,M22×1.5$			
S	32,30			
D_3	31,33,35,37,39			

表8-2-105 常用铝套管锭子的主要尺寸 单位:mm

型号	上轴承孔径ϕ	最高机械转速/(r/min)	H_{max}	L_2	L	L_1	D_2	D_1	M
D3213C	7.8						22		$M25×1.5$
D3213C-20.5							20.5		
HD3113	6.8	18000	205	35	244.5	62.5	19	16.94	$M22×1.5$
HD4113									
HD4113C							18.5		
HD5113C									
ZD4113E			205 (230)						
ZD4213C-20M22	7.8	20000					19	16.34	
ZD5113E	6.8							16.94	
DFG2	7.8	18000	180	30	208.5	54.5	22	16.3	$M24×1.5$
DFG2G							20		
ZD6110R	6.8	250000	210	35	248	78	18.9	16.14	$M25×1.5$

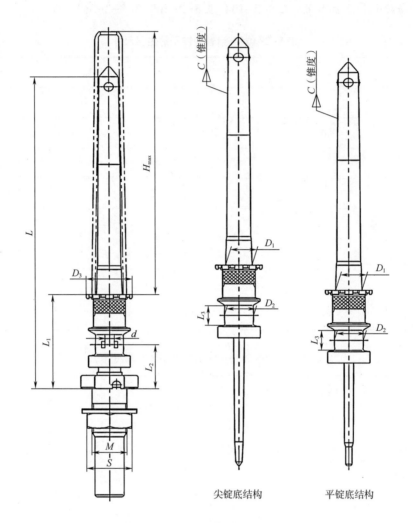

尖锭底结构　　　　　平锭底结构

图 8-2-36　铝杆锭子的规格尺寸简图

(三)锭子的结构类型

锭子的结构类型包括锭子支撑结构、杆盘结构、留头方式等。不同结构类型的锭子结构特点、应用范围、性能特点不同。

1. 锭子支撑结构类型(锭子系列)及性能特点

锭子支撑结构类型性能特点见表 8-2-106。

2. 杆盘结构类型及性能特点

杆盘结构类型及性能特点见表 8-2-107。

表 8-2-106 锭子支撑结构类型及性能特点

锭子系列	支撑结构类型	性能特点			
		适应工作转速/(r/min)	平均使用寿命	推荐补油/换油周期	节电特性
D1200	弹性圈分离型 (锥窝型锭底)	8000~15000	5~6年	20天/3个月	无
D3200	金属弹性管连接型 (锥窝型锭底)	8000~16000	6~8年	20天/3个月	无
D4000	金属弹性管连接型+ 轴向缓冲弹簧 (锥窝型锭底)	8000~17000	6~8年	20天/3个月	无
D5000	弹性圈分离型 (平底型锭底)	10000~19000	8年左右	3个月/6个月	有
D6000	金属弹性管连接型 (平底型锭底)	8000~22000	8~10年	3个月/6个月	有
D7000					
进口锭子(NOVIBRA、TEXParts)		8000~25000	10年以上	12个月/12个月	有

表 8-2-107 杆盘结构类型及性能特点

杆盘结构类型	适应的锭子系列	适应落纱方式	留头率
光杆锭子	所有锭子系列	手动落纱、小车落纱	94%左右
铝杆锭子	D4000,D6000	手动落纱、集体落纱	96%~98%
	NOVIBRA,TEXParts	手动落纱、集体落纱	

3. 铝杆锭子留头装置类型及性能特点

铝杆锭子留头装置类型及性能特点见表 8-2-108,集体落纱铝杆锭子留头装置如图 8-2-37所示。

表 8-2-108 铝杆锭子留头装置类型及性能特点

留头装置类型	结构特征	性能特点
普通割纱器 [图 8-2-37(a)]	锭盘滚花 配装割纱器刀片	1. 留头率96%左右 2. 留头率常年稳定保持,使用寿命8年以上 3. 适应纺各种纱线品种 4. 价格低廉 5. 需要定期用人工清除锭盘滚花处积多的尾纱

续表

留头装置类型	结构特征	性能特点
TEXParts 夹纱器 [图 8-2-37(b)]	在锭盘上安装夹纱器 和割纱盘	1. 留头率 98%左右 2. 留头率随使用年限逐年降低,使用寿命视纺纱品种不同 3. 适应纺中高支纯棉纱 4. 价格较高
NOVIBRA 夹纱器 [图 8-2-37(c)]	在锭盘上安装夹纱器 (带刀片)	5. 不需要定期用人工清除尾纱,但需要不定期清理少量夹纱 器残留的尾纱
RIETER 夹纱器 [图 8-2-37(d)]	在锭盘上安装夹纱器 (不带刀片)	1. 留头率 98%以上 2. 留头率常年保持相对稳定,逐年略有降低 3. 适应纺中高支纯棉纱 4. 价格较高 5. 不需要定期用人工清除尾纱 6. 只适合在立达细纱机上使用

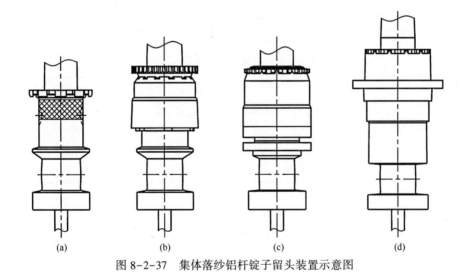

(a)　　　　　　(b)　　　　　　(c)　　　　　　(d)

图 8-2-37 集体落纱铝杆锭子留头装置示意图

(四)高速锭子

细纱锭子按其生产应用和技术发展的速度要求,可分为普通型(工作转速 12000~16000r/min)和高速型(工作转速 16000~22000r/min)两类。

锭子高速化的实现取决于锭子结构和制造水平的创新和提高,起决定因素的是锭杆上下支承结构的抗振性能。总的目的是以小振幅、低噪声、低电耗为前提,实现合理卷装下的高速化。

国外新型高速锭子开发较早,著名的有德国 TEXPART 公司(原 SKF)的 CS1 型、CS1S 型,

NOVIBRA 公司(原 SUESSEN)的 HP–S68 型和 NASAHP–S68/3 型。国内也积极地开发新型高速锭子,有关企业推出了 D41、D51、D61 以及 D71 系列产品。

国外新型高速锭子的结构见表 8–2–109。

表 8–2–109　国外新型高速锭子的结构

型号	CS1	CS1S	HP–S68	NASAHP–S68/3
上轴承直径/mm	6.8	6.8	6.8	6.8
锭盘直径/mm	18.5	18.5	18.5	18.5
上下支承连接属性	分离式单弹性支承	分离式双弹性支承	金属弹性管连接,单弹性支承	金属弹性管连接,双弹性支承
上支承结构	刚性压配	在 CS1 型的基础上增加薄壁内锭脚,内锭脚间设置弹性连接件,中间有阻尼介质	刚性分压	在 HP–S68 型的基础上增加薄壁内锭脚,内锭脚间隙间有阻尼介质
下支承结构	分体式锭底轴承,立柱式底托,卷簧油膜阻尼吸振	内部结构基本与 CS1 型相同,内锭脚管与外锭脚间有充分间隙空间	分体式锭底轴承,立柱式底托,卷簧油膜阻尼吸振	内部结构基本与 HP–S68 型相同,内锭脚管下部的立柱式底托根部与外锭脚压配
最高转速/(r/min)	25000	30000	25000	30000
减振系统	动力减振双振动系统+卷簧			
杆盘结构	铝套管式			

国产新型高速锭子的结构如图 8–2–38、图 8–2–39 所示,常用国产高速锭子结构尺寸见表 8–2–110。

图 8–2–38　国产高速夹持锭子

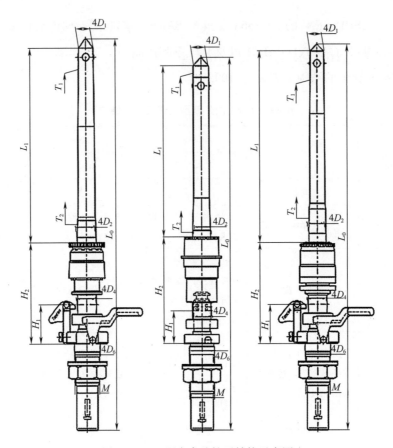

图 8-2-39 国产高速锭子结构示意图

表 8-2-110 国产高速锭子结构尺寸表

型号	L_0	H_1	H_2	L_1	$D_1 \times T_1$	$D_2 \times T_2$	D_4	D_6	M	备注
D201202-D4	349.5	35	90	174	14.15× (1:38)	18.61× (1:15)		25	$M25×1.5$	FIG. 1
D6110RJ-D4	346	35	90	171	14.24× (1:38)	18.61× (1:15)	18.5, 19	25	$M25×1.5$	FIG. 3
D6110FJ-D4	339.3	35	90	166	13.32× 0.0233	17× 0.0233		25	$M25×1.5$	FIG. 3
D6111FJ-D4	344.3	35	90	171	13.27× 0.0229	17× 0.0229		25	$M25×1.5$	FIG. 3
D201401-D4	332.5	29	95	153	15.48× (1:64)	17.85× (1:64)	18.5	24.8	$M25×1.5$	FIG. 2
D201402-D4	332.5	29	115	133	15.79× (1:64)	17.85× (1:64)	21	24.8	$M25×1.5$	FIG. 2

各种新型高速锭子的基本特点如下。

(1)采用小直径轴承,在减小摩擦力矩的同时,减小了锭盘直径,实现了不用提升滚盘转速的节电目的。为保证锭杆具有足够刚性,相应缩短上、下支承之间的距离。

(2)下轴承不用传统锥底结构,锭杆底部呈球面,以减少表面接触应力。锭底分体为径向流体动压轴承和平面止推轴承两部分,分别承担径向负荷和轴向负荷。止推轴承由立柱式底托支撑,具有油膜润滑、增大轴向承载能力、消除传统锭子结构轴向窜动的优点。

(3)按双振动系统设计理论,以锭子主体为主振动系统,外中心套管及锭脚(包括支撑立柱底托)为第二振动系统,通过动力减振原理,能有效抑制外源激发的振动。

(4)双弹性支承。在下支承弹性的基础上,上轴承支撑处也附加弹性元件,使高速运转下的杆盘惯性轴与回转轴很好重合,以减小轴承受力、扩大锭子工作速度范围,达到运转稳定、减小噪声、降低功耗、延长寿命的目的。

(5)有的锭子保持传统的锥底结构,在锭底下增加螺旋压缩弹簧,使锭胆兼有纵横向吸振能力,这类锭子以SKF的HF系列为代表。

高速锭子的承载能力计算如下。

锭子的动态承载能力$K(\text{N} \cdot \text{mm}^2)$可用下式表示:

$$K = W \times b \times f \times y$$

式中:W——卷装重量,N;

$\quad b$——锭盘中心到筒管顶距离,mm;

$\quad f$——卷装直径,mm;

$\quad y$——与锭子结构、筒管配合间隙纺纱线密度有关的修正系数。

$$y = y_1 \times y_2 \times y_3 \times y_4$$

式中:y_1——锭杆盘结构系数,光杆锭子$y_1 = 1$,铝套锭子$y_1 = 1.5$;

$\quad y_2$——筒管与锭杆间隙系数,$y_2 = 1 \sim 1.5$;

$\quad y_3$——筒管顶孔露出锭杆顶部的高度系数,$y_3 = 1 \sim 1.4$;

$\quad y_4$——线密度修正系数,$y_4 = 1 + 0.1(24 - N_m) = 1 + 2.4 - \dfrac{100}{\text{Tt}} = 3.4 - \dfrac{100}{\text{Tt}}$。

九、筒管

(一)材料(表8-2-111)

表8-2-111　塑料管材料

部位	材料
管身	苯乙烯—丁二烯—丙烯腈共聚体(ABS),聚碳酸酯(PC),聚丙烯(PP)
锭材	酚醛压塑粉(PF)
管箍	H62 黄铜带,1Cr18Ni9 不锈钢带

(二)技术要求(表8-2-112)

表8-2-112　塑料管技术要求

项目	技术要求
管身内外	光滑、色泽均匀,不得有气孔、杂质、分层、焦化、线槽清晰不应有毛刺及棱角,管箍圆正
振幅(长度 180~190mm)	锭速 18000r/min,锭端不超过 0.2mm,中、下都不超过 0.3mm
振幅(长度 205mm)	锭速 18000r/min,锭端不超过 0.2mm,中、下都不超过 0.3mm
振幅(长度 230mm)	锭速 16000r/min,锭端不超过 0.2mm,中、下都不超过 0.4mm
锭孔	锭杆和锭孔的配合处接触面不小于 85%
重量差异	不大于 1%
耐温/℃	90(ABS)
	110~130(PC)

(三)参考尺寸

光杆锭子筒管参考尺寸见表8-2-113,4 号光杆锭子和铝套管锭子塑料管结构如图8-2-40和图 8-2-41 所示。

表8-2-113　光杆锭子筒管参考尺寸　　　　　　　单位:mm

名称	代号	基本尺寸					尺寸公差
		1	2	3	4	5	
全长	L	180	190	205	205	230	+0.3 −0.5

续表

名称		代号	基本尺寸					尺寸公差
			1	2	3	4	5	
管身外径	上	D_1	17	17	18	19	18	+0.2 −0.3
	中	D_2	19	19	20	22	20	
	下	D_3	25	25	26	26	26	
管身孔内径	顶	d_1	9	9	12	13	12	±0.15
	中	d_2	12	12	14	14	14	
	底	d_3	配合标准锭子					+0.5 −0.15
管箍长度		L_1	4			3	4	±0.2
锭孔直径		—	配合标准锭子					—
锭孔长		L_2	12~15					—
底孔长		L_3	26					±0.5
管箍下外径		D_5	24.3		25.3	25.5	25.3	±0.2
锭位高度		H	5	6				±0.8

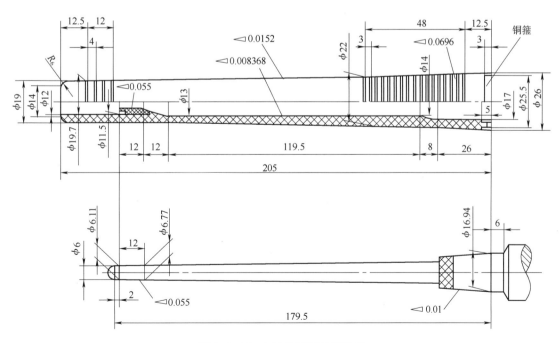

图 8-2-40 4号光杆锭子塑料管

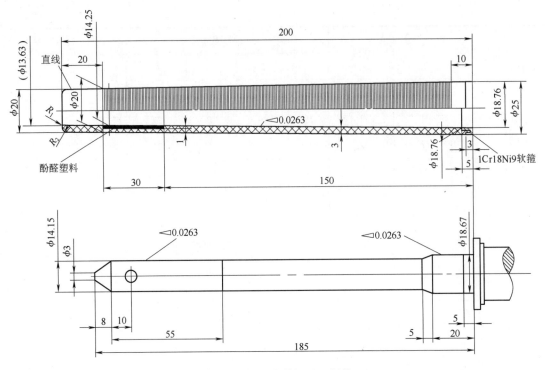

图 8-2-41　铝套管锭子塑料管

(四)使用注意事项

(1)堆放时不宜受压过重。

(2)存放处不要受日光直晒,温度应控制在 40℃ 以下。

(3)切勿与有机溶剂(如环己酮、醋酸丁酯、苯等)接触。

(4)不能接触锋利刀口。

十、钢领

(一)钢领分类

钢领分为平面钢领(PG)和锥面钢领(ZM 型)两类,按其边宽和断面不同,平面钢领有 PG1/2、PG1、PG2 等型号,锥面钢领有 ZM6、ZM9、ZM20 等型号。

钢领型号标注方法:

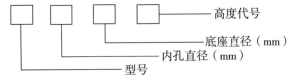

其中,高度 10mm 为基本高度,不加注代号;高度 7.5mm 加注代号 A。

（二）PG 系列和 ZM 系列钢领规格

PG 系列和 ZM 系列钢领规格分别见表 8-2-114 和表 8-2-115,其结构图分别如图 8-2-42和图 8-2-43 所示。

表 8-2-114　PG 系列钢领规格　　　　　　　　单位:mm

钢领型号			d	D	b	H
PG1/2	-3254	PG1/2	-3254NC	32	54	2.6	10
	-3547		-3547NC	35	47		
	-3551		-3551NC	35	51		
	-3554		-3554NC	35	54		
	-3847		-3847NC	38	47		
	-3851		-3851NC	38	51		
	-3854		-3854NC	38	54		
	-4251		-4251NC	42	51		
	-4254		-4254NC	42	54		
PG1	-3547	PG1	-3547NC	35	47	3.2	10
	-3551		-3551NC	35	51		
	-3554		-3554NC	35	54		
	-3847		-3847NC	38	47		
	-3851		-3851NC	38	51		
	-3854		-3854NC	38	54		
	-4251		-4251NC	42	51		
	-4254		-4254NC	42	54		
	-4554		-4554NC	45	54		
	-4857		-4857NC	48	57		
	-4860		-4860NC	48	60		
	-5160		-5160NC	51	60		
PG2	-4554	PG2	-4554NC	45	54	4.0	10
	-5160		-5160NC	51	60		
	-6070		-6070NC	60	70		

注　1. 型号后的 NC 表示非晶态钢领。

2. 高度 H=7.5mm 的钢领在型号后加 A,例 PG1-38472A。

表 8-2-115 ZM 系列钢领规格 单位:mm

钢领型号		d	D	b	H
ZM6	-38472A	38	47.2		7.5
	-42502A	42	50.2		
	-45532A	45	53.2		
ZM9	-4251	42	51	2.6	10
	-4254	42	54		
	-4554	45	54		
	-5160	51	60		
ZM20	42502A	42	50.2		7.5

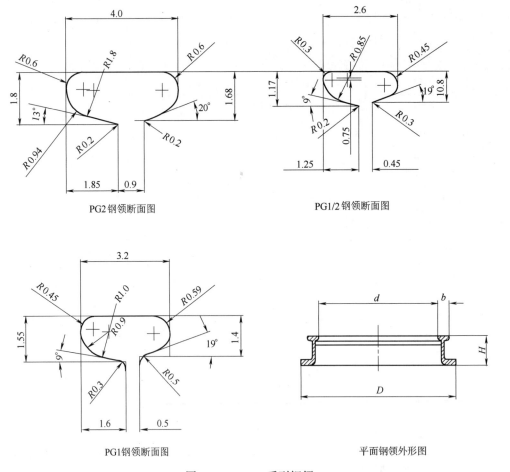

PG2 钢领断面图

PG1/2 钢领断面图

PG1 钢领断面图

平面钢领外形图

图 8-2-42 PG 系列钢领

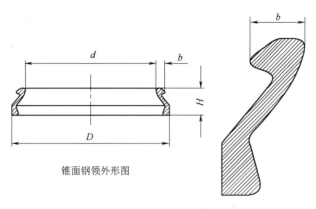

锥面钢领外形图

图 8-2-43 ZM 系列锥面钢领

(三)钢领技术要求

锥面钢领边宽较狭,内跑道与钢丝圈接触面大,有利于散热和减少磨损,钢丝圈相对较轻,适宜高速运行。钢领采用优质钢制造,表面经渗碳淬硬,硬度不低于 HRA81.5,同一只钢领硬度差异不超过 HRA2,钢领的极限尺寸偏差(表 8-2-116)、钢领的形位公差(表 8-2-117),钢领内跑道的工作面不得有擦伤、碰痕、裂纹、方向性纹路等缺陷。

表 8-2-116 钢领的极限尺寸偏差   单位:mm

尺寸		极限偏差		
		PG1/2	PG1	PG2
内径 d	≤50	+0.3 0		±0.15
	>50	+0.4 0		±0.20
底径 D	≤50	0 −0.16		
	>50	0 −0.19		

表 8-2-117 钢领的形位公差   单位:mm

内径 d	形位公差		
	内径圆度	顶面平面度	顶面对底面平行度
≤50	0.11	0.08	0.12
>50	0.15	0.12	0.20

十一、钢丝圈

(一)平面钢丝圈种类

(1)普通钢丝圈。线速度在 32m/s 及以下,如 G、O、GO、OS 等型号。

(2)高速钢丝圈。线速度在 32m/s 以上,如 FO、6802、6903、7201、FU、BU、W321、CO、OSS、7196、RSS、7506、W261 等型号。

(二)钢丝圈规格

不同型号钢丝圈的规格见表 8-2-118~表 8-2-120。

表 8-2-118　钢丝圈规格(一)　　　　　单位:mm

型号	圈型	号数	尺寸						
			D	H	C	R_1	R_2	R_3	β
G		1~5	5.60	4.25	1.7	0.7			10°
		6~10	5.75	4.35	1.7	0.8			
		11~15	5.90	4.50	1.8	0.8			
		16~20	6.10	4.65	1.8	0.8			
		21~25	6.30	4.80	1.9	0.9			
		26~30	6.50	5.00	1.9	0.9			
		1/0~4/0	5.30	4.05	1.6	0.7			
		5/0~8/0	5.24	4.00	1.6	0.7			
O		1~5	5.60	4.15	1.70	3.35	1.85	4.07	22°
		6~10	5.79	4.30	1.80	3.50	1.95	4.20	
		11~15	5.98	4.45	1.90	3.55	2.00	4.30	
		16~20	6.16	4.60	1.95	3.60	2.05	4.40	
		21~25	6.34	4.74	2.00	3.70	2.10	4.45	
		26~30	6.52	4.88	2.10	3.80	2.15	4.55	
		1/0~5/0	5.20	3.65	1.70	2.30	1.60	4.00	
		6/0~10/0	5.08	3.53	1.70	3.25	1.53	3.90	
		11/0~15/0	4.96	3.41	1.70	3.07	1.45	3.80	
		16/0~20/0	4.84	3.29	1.55	3.00	1.40	3.76	
		21/0~25/0	4.72	3.17	1.55	2.94	1.33	3.57	
		26/0~30/0	4.60	3.05	1.55	2.90	1.25	3.40	

续表

型号	圈型	号数	尺寸						
			D	H	C	R_1	R_2	R_3	β
GS		1~5	4.45	3.45	1.6	1.2			
		1/0~5/0	4.20	3.30	1.55	1.2			
		6/0~10/0	4.10	3.20	1.55	1.2			10°
		11/0~15/0	4.00	3.15	1.50	1.1			
		16/0~20/0	3.90	3.05	1.50	1.1			
GO		5	5.60	4.22	1.70				
		6~10	5.75	4.35	1.70	1.35	1.43	5.6	10°
		14~15	5.90	4.50	1.80				
		16~20	6.10	4.65	1.80				
OSS		3/0~8/0	3.85	2.75	1.25	2.50	2.50	1.20	21°
		9/0~15/0	3.70	2.65	1.20	2.35	2.35	1.20	
6802		1/0~5/0	4.30	3.10	1.50	1.10	1.60	6.50	20°
		1~5	4.45	3.25	1.55	1.10	1.60	6.50	
6903		1/0~5/0	4.4	3	1.5	1.25	2.75	1.3	15°
FO		1/0~5/0	4.6	3.00	1.55	0.8	1.00	4.25	13°
		6/0~10/0	4.5	2.95	1.55	0.7	0.90	4.15	
		11/0~15/0	4.4	2.90	1.50	0.7	0.90	4.15	
		1~3	4.7	3.05	1.60	0.8	1.00	4.80	

型号	圈型	号数	尺寸						
			D	H	C	R_1	R_2	R_3	β
FU		8/0~12/0	4.5	2.80	1.40	1.35	1.30		21°
CO		1/0~7/0	3.8	2.70	1.25	1.35			

表 8-2-119　钢丝圈规格(二)　　　　　　　　　单位:mm

型号	圈型	号数	尺寸								
			C	D	H	R	R_1	R_2	R_3	R_4	β
BU		1/0~6/0	1.4	4.48	2	1.30					21°
7196		1/0~11/0	1.10	3.80	2.40		0.64	0.79	3.94	4.56	
		化纤 1/0~11/0	1.10	3.70	2.50		0.64	0.79	3.94	4.56	
W261		4~20	1.1	3.5	2.3	1.2	1				
		22~40	1.2	3.6	2.4	1.2	1				
		42~65	1.3	3.7	2.5	1.2	1				
W401		42~65	1.7	5.0	3.3	1.7	1.1	1.96			
		70~100	1.8	5.2	3.4	1.7	1.1	1.96			
		110~200	1.9	5.4	3.5	1.8	1.1	1.96			
		220~240	1.9	5.6	3.6	1.9	1.1	1.96			
		260~280	2.0	5.8	3.7	1.9	1.1	1.96			
		300~320	2.0	6.0	3.8	2.0	1.1	1.96			
		340~360	2.1	6.2	3.9	2.1	1.1	1.96			

续表

型号	圈型	号数	尺寸								
			C	D	H	R	R_1	R_2	R_3	R_4	β
W321		11~20	1.4	3.8	2.5	1.3	1	1.7			
		22~40	1.5	4.0	2.6	1.3	1	1.7			
		42~65	1.6	4.2	2.7	1.4	1	1.7			
		70~100	1.7	4.4	2.8	1.5	1	1.7			
		110~150	1.8	4.6	2.9	1.5	1	1.7			
		160~200	1.8	5.0	3.1	1.7	1	1.7			
		220~240	2.0	5.0	3.2	1.7	1	1.7			
		260~280	2.0	5.2	3.3	1.7	1	1.7			

表 8-2-120　钢丝圈规格(三)　　　　　　　　单位:mm

型号	圈型	号数	尺寸								
			D	H	C	R_1	R_2	R_3	R_4	R_5	β
WSS（陕西）		19~29	3.5	2.45	1	2.6	1.05	1.4	0.65	3.85	
RSS		1/0~8/0	3.85	2.65	1.10	1.00	1.30	1.5	4.1		21°
		9/0~18/0	3.75	2.55	1.10	0.75	1.29	1.4	3.3		20°
7506（北京）		1/0~12/0	3.50	2.16	1.10	0.5	2.335	9.2	0.7	3.8	

续表

型号	圈型	号数	尺寸								
			D	H	C	R_1	R_2	R_3	R_4	R_5	β
7201（北京）		1~5	4.70	3.05	1.60	0.80	1.00	4.80	3.72		
		1/0~5/0	4.64	3.00	1.55	0.80	1.10	4.25	3.80		
ZM8（锥面钢丝圈）			2.95	5.4	1.35	1.48	0.45	1.45			9°　$\alpha=\beta$

注　15 号以下为圆丝，W261、W321 和 W401 为天津制造。

（三）钢丝圈的重量标志

钢丝圈的重量以号数来区分标志，目前有三种重量规格标志方法。

1. 钢丝圈通用重量规格

钢丝圈分 O、G 及 GS 三个系列，同一系列中相同号数的钢丝圈重量相同，见表8-2-121。

表 8-2-121　钢丝圈通用重量规格　　　　　单位：g/1000 只

钢丝圈号数	G 系列	GS 系列	O 系列	ISO[#]	钢丝圈号数	G 系列	GS 系列	O 系列	ISO[#]
1	5.83	6.48	5.83	65	1/0	5.18	5.83	5.18	56
2	6.82	7.13	7.13	71	2/0	4.53	5.18	4.54	52
3	7.78	7.78	7.78	78	3/0	4.05	4.86	3.89	49
4	8.42	8.42	8.42	84	4/0	3.56	4.54	3.56	45
5	9.4	9.07	9.07	91	5/0	3.3	4.21	3.24	42
6	10.37	10.37	10.37	104	6/0	3.07	3.89	2.92	39
7	11.34	11.66	11.66	117	7/0	2.75	3.56	2.75	36

续表

钢丝圈号数	G 系列	GS 系列	O 系列	ISO#	钢丝圈号数	G 系列	GS 系列	O 系列	ISO#
8	12.96	12.96	12.96	130	8/0	2.43	3.4	2.59	34
9	14.9	14.9	14.9	149	9/0		3.24	2.43	32
10	16.85	16.85	16.85	168	10/0		3.08	2.27	31
11	19.43	18.79	19.44	194	11/0		2.92	2.11	29
12	20.75	21.38	21.38	214	12/0		2.75	1.94	27.5
13	22.05	23.08	23.33	233	13/0		2.59	1.78	26
14	23.99	25.92	25.27	253	14/0		2.43	1.62	24.3
15	25.92	27.22	27.22	272	15/0		2.27	1.49	22.7
16	27.25		28.51	285	16/0		2.11	1.39	21
17	28.51		29.81	298	17/0		1.94	1.3	19.4
18	29.8		31.1	311	18/0		1.78	1.23	18
19	31.1		32.4	324	19/0		1.62	1.17	16.2
20	32.4		33.7	337	20/0		1.46	1.1	14.6
21	34		34.99	350	21/0		1.3	1.04	13
22	35.6		36.29	363	22/0		1.13	0.97	11.3
23	37.42		37.58	376	23/0		0.97		9.7
24	38.84		38.88	389	24/0		0.87		8.1
25	40.5		40.18	402	25/0		0.65		6.5
26	42.1		41.47	415	26/0		0.58		
27	43.76		42.77	428	27/0		0.52		
28	45.36		44.06	441	28/0		0.45		
29	47		45.36	454	29/0		0.39		
30	48.58		46.66	467	30/0		0.32		

注 1. G 系列包括 O、G、GO 等型号。

2. GS 系列包括 6701、6802、6903、OS、BR、BU、FU、FO、GS 等型号。

3. O 系列包括 CO、DX、OSS、WSS、W261 等型号。

2. 金猫钢丝圈重量对照（表8-2-122）

表8-2-122　金猫钢丝圈重量对照表　　　　　　单位:g/100只

钢丝圈号数	G系列	GS系列	O系列	钢丝圈号数	G系列	GS系列	O系列	钢丝圈号数	GS系列
1/0	48.6	51.8	58.3	1	58.3	58.3	64.8	31	510.0
2/0	45.4	45.4	51.8	2	71.3	68.2	71.3	32	519.0
3/0	38.9	40.5	48.6	3	77.8	77.8	77.8	33	
4/0	35.6	35.6	45.4	4		84.2	84.2	34	
5/0	32.4	33.0	42.1	5		94.0	90.7	35	648.0
6/0	29.2	30.7	38.9	6		103.7	103.7	36	
7/0	27.5	27.5	35.6	7		113.4	116.6	37	
8/0	25.9	24.3	34.0	8		129.6	129.6	38	
9/0	24.3	22.7	32.4	9		149.0	149.0	39	
10/0	22.7	21.1	30.8	10		168.5	168.5	40	790.6
11/0	21.1		29.2	11		194.4	187.9		
12/0	19.4		27.5	12		207.5	213.8		
13/0	17.8		25.9	13		220.5	239.8		
14/0	16.2		24.3	14		239.8	259.2		
15/0	14.9		22.7	15		259.2	272.2		
16/0	13.9		21.1	16		272.5	285.1		
17/0	13.0		19.4	17		285.1			
18/0	12.3		17.8	18		298.0			
19/0	11.7		16.2	19		311.0			
20/0	11.0		14.6	20		324.0			
21/0	10.4		13.0	21		340.0			
22/0	9.7		11.3	22		356.0			
23/0	9.1		9.7	23		374.2			
24/0	8.4		8.1	24		388.4			
25/0	7.8		6.5	25		405.0			

钢丝圈号数	G 系列	GS 系列	O 系列	钢丝圈号数	G 系列	GS 系列	O 系列	钢丝圈号数	GS 系列
26/0	7.1		5.83	26		421.0			
27/0	6.4		5.18	27		437.6			
28/0	5.7		4.54	28		453.6			
29/0	5.1		3.89	29		470.0			
30/0	4.6		3.24	30		483.6			
31/0	4.1		3.24						

3. 陕西钢丝圈重量规格

陕西钢丝圈重量规格与重庆一样"以重代号",即钢丝圈重量编号是以每只钢丝圈的毫克数来表示,范围为3~780号,用0.5、1、1.5、2、2.5、5、10、20号为间距分档,共有152种,具体分档见表8-2-123。

表8-2-123 陕西钢丝圈重量分档规格

分档间距(号数)	号数	共计总数	分档间距(号数)	号数	共计号数
0.5	3~13	20	2.5	120~125	2
1	13~19	6	5	125~130	1
2	19~61	21	10	130~600	47
2.5	61~116	22	20	600~780	9
1.5	116~120	3			

(四)钢丝圈的技术要求(表8-2-124)

表8-2-124 钢丝圈的技术要求

项目		技术要求										
钢丝力学性能	钢丝直径/mm	1	1.2	1.5	2	2.6	3	3.5	4	4.5	5	5.5
	抗拉强度/($\times 10^9$ Pa)	1.4~1.8			1.3~1.7			1.2~1.6			1.1~1.5	
表面要求	硬度	HRC55~59,不得超过钢领硬度										
	光洁度	▽8,无裂缝、毛刺、尖角、结疤、折选、砂眼、锈迹										
	磁性	整台设备磁化,两只钢丝圈间的										

续表

项目		技术要求	
尺寸允差/mm	宽度 D	相似形公差:+0.15~0.20	
	高度 H	相似形公差:+0.15~0.20	
	开口 C	相似形公差:+0.15~0.20	
几何形状表面质量公差	长短角	0.05mm,允许数量小于10%	
	扭角	0.10mm,允许数量小于10%	
	凸脚	0.05mm,允许数量小于10%	
	凹脚	0.05mm,允许数量小于10%	
	毛脚	允许数量小于10%	
	天窗毛	允许数量小于10%	
弹性要求	开口1.6mm以上	拉开距离4.0mm,未断90%;拉开距离5.5mm,拉断80%	
	开口1.5mm左右	拉开距离4.6mm,未断90%;拉开距离5.0mm,拉断80%	
	开口1.25mm以下	拉开距离3.5mm,未断90%;拉开距离4.6mm,拉断80%	
质量偏差/%		重量规格<200 为±2.0	重量规格>200 为±2.5

十二、粗纱吊锭

DD2 系列结构形式为钢球推力轴承,聚甲醛保持器,动齿环式转位机构,附加有摩擦阻尼,可带防尘罩(表8-2-125、图8-2-44)。

表8-2-125　DD 系列粗纱吊锭

型号	外径 A/mm	支片外伸尺寸 B/mm	备注
DD216	16	30	通用型
DD218	18	32	通用型
DD222	22	34	通用型(大卷装)
DD318	18	32	通用型
DD518	18	32	替代 DD1
DD618	18	32	
DD318A	18	32	阻尼均恒张力
DD818	18	32	可换档阻尼

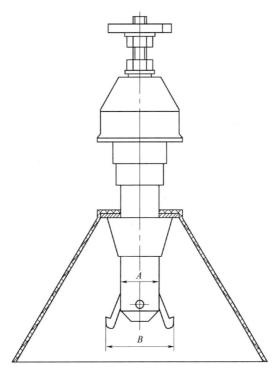

图 8-2-44　DD2 系列粗纱吊锭

十三、锭带

(一)普通锭带

锭带规格应该按不同的管纱卷装尺寸、锭带张力、锭盘宽度尺寸选择,常用的锭带规格见表 8-2-126。

表 8-2-126　普通编织锭带规格

宽度/mm	厚度/mm	锭带材料	重量/(g/m)	抗拉强力/daN	断裂伸长率/%
9	0.5	棉 7.3tex×2×2	2.9	52	14
	0.5	棉 9.7tex×2×2	3.65	60	16
	0.7	棉 7.3tex×2×2T 维纶 29tex×3W	3.7	52	16.5
	0.8	棉 9.7tex×2×2T 维纶 2.9tex×3W	—	—	—
	0.45~0.55 (ST-1)	锦纶,麻线	4.0	>40	<10

续表

宽度/mm	厚度/mm	锭带材料	重量/(g/m)	抗拉强力/daN	断裂伸长率/%
10	0.45~0.55 (ST-1)	锦纶,麻线	4.5	>40	<10
	0.5~0.6 (哈巴西)	锦纶,麻线	5.5	>40	<10
12	1.2	棉 28tex×2×3	8.78	94	12.7

(二)橡胶锭带

ST-1 型细纱(捻线)橡胶锭带规格如下。

(1)锭带底布经纱是一等品 18×2tex 锦纶 6 长丝,纬纱是 16×2tex 苎麻,斜纹组织。

(2)表面涂层采用丁腈橡胶。

(3)锭带宽度分(8±0.5)mm、(9±0.5)mm、(10±0.5)mm、(12±0.5)mm、(14±0.5)mm、(16±0.5)mm 和(18±0.5)mm 7 种。

(4)锭带厚度为(0.5±0.05)mm。

(5)锭带环长根据用户要求而定,为(周长±0.5)mm。

(6)锭带拉断强度不小于 4010daN/cm^2。

(7)锭带在 10daN 负荷下、宽度 10mm 时,伸长率不大于 10%。

(8)锭带接头长度(35±3)mm。

(9)锭带应存放在温度 0~25℃、相对湿度不大于 80%的库房内,距热源不小于 1m,防止与油、酸、碱等接触。

(三)使用方法

(1)棉纱锭带在使用前要进行预伸长处理。

(2)橡胶锭带长度应比棉纱锭带长 1%左右。

(3)在制作圈状橡胶锭带时应事先确定 S 捻或 Z 捻。

(4)锭带搭头方向应与滚筒、锭子回转方向相同,避免锭带搭头撬裂。

(5)锭带在回转时不得绞花使用。

(6)橡胶锭带搭头采用粘接和踏缝。

十四、辅机和附属设备

(一)巡回吹吸清洁器

不同型号巡回吹吸清洁器参数见表8-2-127。

表8-2-127　巡回吹吸清洁器

型号	AU506	EJF131	
适应主机落纱方式	无集体自动落纱	无集体自动落纱	有集体自动落纱
吹拭范围	主机顶部、粗纱架、牵伸卷绕部位	主机顶部、粗纱架、牵伸卷绕部位	
吸尘范围	吸管附近及地面	吸管附近及地面	
两侧吹管中心距/mm	1150	1425	1525
移行方式	龙带传动	龙带传动	
移行速度/(m/min)	11.5	9.5~13.5	
风机结构	ϕ250直叶离心机	ϕ350离心式叶轮	
尘花清除方式	自动清除	自动清除	
装机功率/kW	1.0	0.75~2.2	
吹/吸风管数量	2	2~4	
细纱机排列最小中心距/mm	1600	1680	1800
噪声/dB	—	<81	

(二)其他辅机

其他辅机类型及其规格见表8-2-128。

表8-2-128　其他辅机

名称	项目	主要规格
FU253型胶辊表面擦拭机	用途	可代替人工擦拭清洁各工序胶辊表面
	生产能力	精梳胶辊120根/5min,细纱胶辊400根/3min
	主要部件转速/(r/min)	旋转盘240,往复盘80,水洗辊80
	外形尺寸(长×宽×高)/mm	3000×750×1250
	电动机功率/kW	1.5

续表

名称	项目	主要规格
JQT2101 型锭子智能清洗加油机	适应锭子	全系
	加油量/mL	可设定加油量,误差 0.5mL
JQT2101 型锭子智能清洗加油机	锂电池	充电后可连续清洗 2400 锭
	控制方式	PLC 编程
AU522 型胶辊加油机	适应胶辊	上罗拉滚动轴承
	每次加油量/mL	可定量调节,最多每次 0.8
	凸轮转速/(r/min)	27.6
	电动机/W	180(2900r/min)
803S-1 型磨胶辊机	用途	滚动轴承上罗拉胶辊磨砺
	磨砺方式	无中心定程切入
	砂轮特征	410mm 宽,大气孔率(50%~55%),叠合砂轮
	砂轮转速/(r/min)	1800
	砂轮往复/(次/min)	48
	磨砺时间设定显示/s	粗磨 8,精磨 20
	磨砺往复设定显示	有(例如 20s 往复 16 次)
	胶辊表面粗糙度/μm	<0.6
	快速释脱机构	胶辊上罗拉进入或退出
	胶辊传动罗拉转速/(r/min)	2750
贝克 BGSLMB 全自动磨机	用途	粗纱、细纱、涡流纺的胶辊磨砺
	磨砺方式	无中心夹持式,胶辊磨砺至指定尺寸或磨砺指定进刀量
	砂轮特征	叠合(200+200)mm,白金钢玉空心颗粒砂轮
	砂轮转速/(r/min)	3000
	砂轮往复/(mm/min)	50~200
	修磨砂轮速度/(mm/min)	25~150
	进刀速度/(mm/min)	7~120
	胶辊传动罗拉转速/(r/min)	980
	工作气压/10^5Pa	6~10
	最大耗气量/(L/min)	150

名称	项目	主要规格
贝克 BGSLMB 全自动磨机	持续噪声/dB(A)	<70
	磨砺最小直径/mm	24
	磨砺最大直径/mm	42.5
	胶辊最大长度/mm	60
	铁芯最大长度/mm	190
FU808 型套胶辊机	用途	套制或退出胶辊胶管

第三章　环锭纺纱新技术

第一节　紧密纺纱技术

一、紧密纺纱技术的由来和进展

减少纱线毛羽是传统环锭纺纱长期谋求解决的课题,曾经有过多种尝试都因附带而来的各种负面影响无法实际应用,在产品档次要求日益提高和轻薄型新产品备受青睐的今天,更迫切要求解决毛羽的危害。

研究表明,毛羽主要在细纱机前罗拉出口处的三角区形成,此时经过牵伸的须条具有一定宽度,而经钢丝圈向上传递的捻度无法全部进入前罗拉钳口,须条宽度收缩成为三角形,处于三角形边缘的纤维与中部主干纤维内外层受力不同,就会发生纤维端部由内到外和由外到内的反复转移,纤维端部因暴露在外形成毛羽。同时因纤维在纱中呈现螺旋状,与纱的轴向平行性较差,整根纱的强力远低于总的纤维强力之和,致使纤维强力利用系数较低。因三角区原因造成的毛羽,对纺织品的外观、手感和用途影响较大,对细纱车间和后续工序的环境、生产效率也产生不利影响。

紧密纺纱(compact spinning)又称集聚纺纱(condensed spinning)出现于20世纪90年代,属于环锭纺纱的创新技术,被称为"21世纪的环锭纺纱新技术",经不断研发与实践现今已较为成熟且得到普遍推广应用。

紧密纺输出区与传统环锭纺加捻三角区的对比如图8-3-1所示。一方面,须条的横向宽度变小,使加捻三角区的边缘纤维较少,利于克服毛羽、减少飞花;另一方面,须条的横向宽度减小,使加捻三角区的边缘纤维和中间纤维的张力差异大幅度减少,成纱内的纤维受力进一步均匀,提高了纤维强力的利用率,使纱线强力增加。

由于紧密纺纱技术能有效地消除环锭纺纱毛羽的危害,有利于后续工序的进行以及对新的纺织品具有特有的开发潜力,而受到普遍关注,已有多种紧密纺环锭细纱机出现,见表8-3-1。目前比较有代表性的紧密纺系统有瑞士立达(RIETER)的 COM4 紧密纺系统、德国绪森(SUESSEN)的 ELITE 紧密纺系统、德国青泽(ZINER)的 COMPACT 紧密纺系统、日本丰田

图 8-3-1 紧密纺输出区与传统环锭纺加捻三角区的对比

(TOYOTA)的 RX249-NEW-EST 紧密纺系统、意大利马佐里(MARZOLI)的 OLFIL 紧密纺系统等。

表 8-3-1 几种紧密纺环锭细纱机

机型	K44	E1	700	RX240-N	RST-1
装置名称	COMFORSPIN	ELITECOM-PACTSET	AIR COMTEX		OLFIL
品牌	COM4 卡摩纺	ELITE 绮丽纺	COMACT[4]	—	—
适纺纤维	精梳棉、化纤及混纺	普梳棉、精梳棉、化纤及混纺	普梳棉、精梳棉、化纤及混纺	普梳棉、精梳棉、化纤及混纺	普梳棉、精梳棉、化纤及混纺
线密度/tex	20~5.8	—	30~10	30~5.8	—
锭距/mm	70	70	75	70	70
最高锭速/(r/min)	25000	—	25000	25000	25000
牵伸装置	三罗拉长短胶圈	三罗拉长短胶圈 三罗拉双短胶圈	三罗拉长短胶圈	三罗拉长短胶圈	三罗拉长短胶圈
牵伸倍数	8~120	—	10~55	—	—
摇架加压	气动加压	板簧加压	螺旋弹簧	螺旋弹簧	螺旋弹簧
前、中、后下罗拉直径/mm	59(集聚罗拉)×27×27	27×26.5×27	27(输出罗拉)×27×27×27	27×27×27	27×30×27

续表

机型	K44	E1	700	RX240-N	RST-1
紧密纺纱机构	双胶辊握持,多孔吸风罗拉传动,内胆斜槽导引	双胶辊握持,齿轮或同步带传动,网格套圈输送,异形管吸风,斜槽吸口导引	输出罗拉传动,集聚上销装置,多孔胶圈输送,上销内吸风,上吸口导引	双胶辊握持,前罗拉传动,网格套圈输送,异形管吸风,斜槽吸口导引	双胶辊握持,同步带传动,网格套圈输送,圆形管吸风,槽形吸口导引
整机或改造	整机	改造	整机	整机或改造	整机
转换成普通牵伸灵活性	不能转换	能转换	不能转换	能转换	能转换
制造厂	RIETER	SUESSEN	ZINSER	TOYOTA	MARZOLI

从2008年起,我国纺纱企业加快了紧密纺纱技术的推广应用与产品开发步伐。国内生产紧密纺装置不但可用于环锭细纱机的改造,也可在新机上配套,见表8-3-2。

表8-3-2　几种国产紧密纺装置

制造厂	经纬纺机	同和纺机	华方科技	无锡万宝
装置名称	JW 系列紧密纺	TH 系列紧密纺	HFJ 系列紧密纺	WB 系列紧密纺
适纺纤维	精梳棉、化纤及混纺	普梳棉、精梳棉、化纤及混纺	普梳棉、精梳棉、化纤及混纺	普梳棉、精梳棉、化纤及混纺
前罗拉类型	带齿罗拉	带齿罗拉或网孔罗拉	常规罗拉或带齿罗拉	常规罗拉或带齿罗拉
整机或改造	整机或改造	整机或改造	改造	改造
转换环锭纺	不能转换	能转换	能转换	能转换

二、紧密纺系统的种类

紧密纺纱技术的关键在于合理利用气流或机械作用来实现对牵伸后的纤维须条先进行紧密集聚再进入加捻卷绕系统完成纺纱,紧密纺系统是按照集聚纤维的方法进行分类的。紧密纺系统目前一般可以分成气流集聚型和机械集聚型两种类型。其中气流集聚型又有吸风管套集聚圈集聚型和集聚罗拉集聚型两种类型;机械集聚型又有齿纹胶辊集聚型、集合器集聚型和齿纹胶圈集聚型三种类型。

(一)气流集聚系统

气流集聚系统是利用负压气流,将牵伸后的纤维须条横向收缩、聚拢和紧密,使须条边缘纤维有效地向纱干中心集聚,最大限度地减小加捻三角区,从而大幅度地减少纱线毛羽,提高纤维利用系数和成纱强力。世界上大多数的紧密纺设备采用气流集聚型紧密纺系统,包括瑞士立达的 COM4 紧密纺系统、德国绪森的 ELITE 紧密纺系统、德国青泽的 COMPACT 紧密纺系统、日本丰田的 RX240-NEW-EST 紧密纺系统、意大利马佐里的 OLFIL 紧密纺系统等。

(二)机械集聚系统

机械集聚系统是利用集聚元件的几何形状、材料的性质和结构特征,将牵伸后的纤维收缩、集合和紧密,使须条边缘纤维有效地向纱干中心集中,最大限度地减小加捻三角区、减少毛羽和改善成纱质量。瑞士罗托卡夫特公司(罗氏公司)于 2003 年推出了 ROCOS 型机械集聚紧密纺系统。

三、典型紧密纺系统

(一)COMFORSPIN 紧密纺系统

该机构以传统的三罗拉长短胶圈牵伸装置为基础,保留中罗拉的胶圈和后牵伸区结构,在相当于原来前罗拉的位置,装备了表面有小吸孔的中空集聚罗拉,在集聚罗拉内部有位置固定的吸风口构件。在直径为 59mm 的集聚罗拉圆柱面上,由最前方的输出胶辊和原来的前胶辊所控制的圆弧区域构成集聚区。须条由集聚罗拉输送到双胶辊控制的弧面时,空气由导向装置导引,透过小吸孔和纤维束,从紧贴的吸风口构件的槽形吸口排向中央吸风系统。在此过程中,纤维受到自上而下、由边缘到中心的集聚约束。由于槽形吸口的宽度自后向前收缩并且与主牵伸方向偏斜,空气吸力还产生使受控须条环绕自身轴线的切向力矩,起到使外层毛羽扭转包覆的效应。以上几方面的综合作用,使须条保持紧密顺直、比较光润的状态,通过输出罗拉钳口加捻成为紧密纱。

瑞士立达公司紧密纺装置的实物图如图 8-3-2 所示,结构图如图 8-3-3 所示。

在纺纱过程中,集聚罗拉与输出胶辊握持着由钳口输出的牵伸而未加捻的纤维须条,进入由集聚罗拉及其内部吸风插件组成的集聚区,负压气流透过集聚罗拉上的小孔,将须条边缘发散的纤维按照吸风口的形状向须条中心线集聚。在集聚过程中,随着集聚罗拉的回转,集聚效应一直延伸到集聚罗拉与阻捻胶辊组成的阻捻口之下,从阻捻钳口输出的须条即是一根紧密的线形体,加捻时是一个圆柱体,几乎没有加捻三角区。

这种紧密纺系统的工作原理是在牵伸区和纱线形成区之间增加了一个中间区域,当经过主

图 8-3-2　立达 K44 型细纱机紧密纺装置

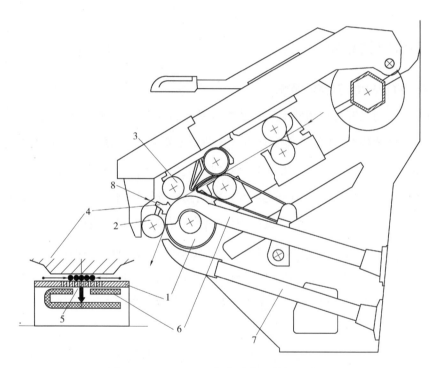

图 8-3-3　立达 K44 紧密纺装置结构示意图

1—中空集聚罗拉　2—输出胶辊　3—前胶辊　4—空气导向器

5—槽形吸口　6—吸风内胆构件　7—断头吸管　8—进气口

牵伸区牵伸的须条离开牵伸钳口时,纤维借助于气流的作用力,受真空作用被吸附在集聚罗拉的斜槽吸风口部位,并向前送到输出钳口处。因受负压作用,集聚区的纤维结构得到有效集聚,须条宽度逐渐变窄,加捻三角区缩小,纤维被集聚到纱的主体中,所以成纱毛羽大幅度减少,纱条紧密、坚固而光滑。

K44 型紧密纺细纱机的主要工艺参数见表 8-3-3。

表 8-3-3　K44 型紧密纺细纱机的主要工艺参数

工艺参数		100%精梳棉	化纤,混纺
适纺原料长度/mm		≥27mm	≤51mm
适纺纱线线密度/tex		59~3.7(160~10 英支),20~7.3(80~20 英支)	
捻度/(捻/m)		200~3000	
捻向		Z 捻或 S 捻	
牵伸倍数		8~120(机械牵伸)	
锭数/锭		最小 288,最大 1200	
锭距/mm		70,75	
钢领直径/mm		36,38,40,42,45	
纱管长度/mm		180~230	
最大锭速/(r/min)		25000	
最大装机功率/kW	主电动机	55	
	吸风电动机	12.6	
压缩空气消耗量(最小 0.7MPa)/(m³/h)		约 12.6	
吸风耗气量/(m³/h)		9500	

(二)ELITE 紧密纺系统

德国绪森公司的 ELITE 紧密纺系统与立达公司的集聚罗拉型紧密纺系统在结构与元器件上存在本质差异,是在其传统环锭纺 FIOMAX 细纱机上加装 ELITE 紧密纺装置改制而成,其结构如图 8-3-4 所示。

该机构以传统的三罗拉长短胶牵伸装置为基础,在前罗拉前方设置集聚机构,集聚机构由异形截面吸管、密孔网格套圈、输出胶辊与原来的前胶辊构成双胶辊架组合而成。输出胶辊和前胶辊的铁壳内侧附有相同齿数的齿轮,通过双胶辊架两侧的过桥齿轮或同步齿形带传动输出胶辊。依靠输出胶辊摩擦带动网格套圈在异形吸管上回转。异形吸管表面对应每个锭位,在双胶辊控制钳口线之间开有斜槽吸口,当须条到达斜槽位置后,空气透过长丝网格套圈的网格孔

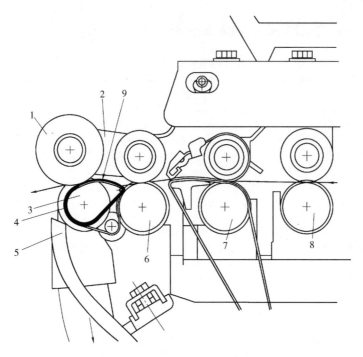

图 8-3-4　ELITE 紧密纺装置结构示意图

1—输出胶辊　2—双胶辊架　3—异性吸管　4—网格套圈

5—断头吸管　6—前罗拉　7—中罗拉　8—后罗拉　9—进气口

和纤维束(网格孔密≥3000 孔/cm²),从紧贴其下的斜槽吸口经异形吸管排向中央吸风系统。随后须条按照斜槽横向吸引速度和网格套圈向前输送速度的合成速度,顺着斜槽输送到输出胶辊钳口线,立即输出加捻成为紧密纱。

ELITE 紧密纺系统有如下特点。

(1)紧密纺装置的加装。ELITE 紧密纺系统属于吸风管套集聚圈集聚型紧密纺,其最大特点是保持原牵伸装置的部件和工艺尺寸不变,在其前罗拉出口处加装一套 ELITE 紧密纺装置,这非常有利于老机改造。

(2)吸风套管集聚圈。其主要结构是:一个异形截面的负压吸风管,外套柔性材料制成的集聚圈;一个输出胶辊及其传动机构。牵伸胶辊和输出胶辊各配装一个传动齿轮,通过相互啮合的中间过桥齿轮同向传动。牵伸胶辊与输出胶辊两者组合在一起成为一个紧凑型的套件,能方便地从摇架上拆装。输出胶辊的直径稍大于牵伸胶辊,可使牵伸钳口与输出钳口之间产生一定的张力牵伸,有利于处于两者之间被集聚的纤维须条始终处于适当的张紧状态。纤维须条受到纵向张力牵伸的作用,可使弯曲的纤维被拉直,提高了纤维的伸直平行度,确保纤维在集聚区内受到负压吸风的作用而有效集聚。

（3）异形吸风管设计。其负压吸风管为非圆形，也称为异形截面吸风管或异形吸风管。一根异形吸风管对应多个定位，并与负压源相连。在吸风管上部工作面对应每个定位的位置上开有一个吸气缝（吸风口），吸风口的长度与纤维须条和微孔织物圈的接触长度相匹配。负压吸风管的工作表面为流线型设计。为了适应不同原料或纺制不同线密度的纱线，可采用开有不同长度和倾斜角度的吸风口的负压吸风管（通常配有 6 个不同吸风口倾角的吸风管）。

（4）专用集聚圈设计。ELITE 紧密纺系统的集聚圈为微孔织物圈，采用极为耐磨的合成纤维长丝经特殊工艺织造而成。集聚圈上的织物组织孔隙很细小，约为 3000 孔/cm²，类似于滤网结构，因而适用于纺制包括超细纤维在内的各类纤维。

微孔织物圈套在异形截面负压吸风管上，与输出胶辊组成加捻握持钳口，并由输出胶辊摩擦传动。输出胶辊与织物圈之间的摩擦系数比微孔织物与钢制异形吸风管间的摩擦系数高 10 倍以上，可保证微孔织物的运行速度准确稳定。输出胶辊由橡胶包覆，对其微孔织物圈的加压由摇架作用在牵伸胶辊的加压延伸而来。

（5）适用性广。ELITE 紧密纺系统的集聚装置是与现有细纱机配套加装的，原有牵伸机构没有变化，因此符合目前的生产标准，对可加工的纤维没有任何限制。

目前，ELITE 紧密纺细纱机主要有 FiomaxE1 型棉型紧密纺细纱机、FiomaxE2 型毛型紧密纺细纱机以及紧密纺股线（Elitwist）纺纱技术，进一步提高了纤维的应用价值，生产的紧密纺股线毛羽和纱疵少，条干更好，强力也显著提高。

（三）AIRCOMTEX 紧密纺系统

德国青泽紧密纺细纱机是在普通环锭三罗拉长短胶圈牵伸装置前方加装了有打孔胶圈的集聚装置，设备改装容易，如图 8-3-5 所示。集聚装置包括增加一列输出下罗拉，其上配有每两锭一套的特殊集聚上销架构件，左右上胶圈中央有一串连贯的椭圆孔和小圆孔间隔，胶圈内表面与上销架构件的紧贴处开有吸风口，分别通过装在摇架上的塑料管通向中央吸风系统。吸风产生的负压使空气透过小孔和纤维束由下而上、由边缘向中心排风，同时产生的托持力使须条紧贴胶圈向前输送，机械力和空气控制力结合完成集聚作用，随后纤维束加捻成为紧密纱。

须条从牵伸系统钳口出来后，受到气流控制从前罗拉钳口线处被过渡到有吸风的打孔胶圈，并被不断地集聚，纤维须条的宽度在集聚区域被显著减少，同时几乎所有的纤维在显著减小的加捻三角区被立即加捻成束，从而可以避免边缘纤维受到过大的应力，减少纱线毛羽的同时提高纱线强度。

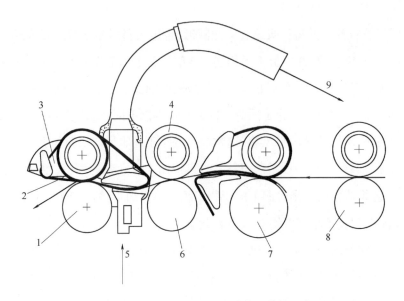

图 8-3-5　AIRCOMTEX 紧密纺装置结构示意图

1—输出罗拉　2—多孔胶圈　3—集聚上销架　4—前胶辊

5—进气口　6—前罗拉　7—中罗拉　8—后罗拉　9—吸风系统

(四) TOYOTA 紧密纺系统

日本 TOYOTA 的 EST 紧密纺纱技术将前上胶辊传动引导上胶辊改为下四罗拉积极传动的方式,也称为 EST 紧密纺,如图 8-3-6 所示。该机构也是在传统的三罗拉双短胶圈牵伸装置前方增加集聚机构,由异形截面吸管、网格套圈与输出双胶辊架等组合而成。其结构与同类机构相似,主要区别是异形吸管被分隔成前后两小通道,位于两者中间的输出罗拉从套圈内壁积极驱动网格套圈环绕异形吸管转动,与此同时输出胶辊因紧压套圈,受套外壁的切向摩擦而带动。异形吸管前后两小通道表面开有位置相对应的纵向槽形吸口,依靠以上各部分和吸管负压的配合,对到达槽形吸口位置的须条实施集聚作用。该装置每节输出罗拉由两根包含四锭的单节连接而成,其传动动力来自前罗拉。通过前罗拉齿轮、中间齿轮与输出罗拉齿轮啮合,因此输出胶辊铁壳不需要附加齿轮。网格套圈的运动速度应略大于前罗拉线速度。

新型 RX240-NEW-EST 型紧密纺纱机与上例有所不同,输出罗拉位置改向前移,异形吸管是单个管道,吸管表面的槽形吸口改成整体形。

EST 紧密纺系统也存在一些问题:对引出罗拉的加压几乎没有,使引出前导受到影响。应当改变原三罗拉加压为四罗拉加压,使引导罗拉的加压得到落实,以保障前导的精确性。再如,

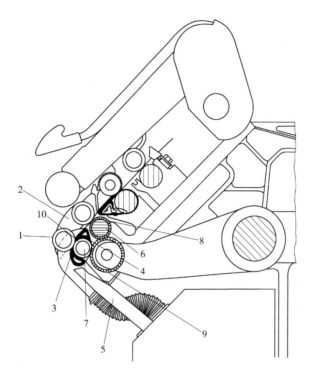

图 8-3-6　TOYOTA 丰田紧密纺装置结构示意图

1—输出胶辊　2—双胶辊架　3—异形吸管　4—网格套圈　5—断头吸管

6—前罗拉　7—输出罗拉　8—前罗拉齿轮　9—过桥齿轮　10—输出罗拉齿轮

在 EST 紧密纺体系中要改变前罗拉与引出罗拉的速比以适应一定的纺纱支数是很困难的,受到几何尺寸的限制。

(五)ROCOS 紧密纺系统

瑞士罗托卡夫特公司(ROTOR CRAFT)于 2003 年推出了 ROCOS 型机械集聚紧密纺系统,该系统设计了独特的磁铁集合器,安装在集聚区内,采用几何—机械方法集聚纤维,如图 8-3-7 所示。ROCOS 紧密纺系统是在传统三罗拉牵伸装置的前罗拉上设置集聚区。前罗拉 1 上包围有前胶辊 2、输出胶辊 3 和磁性集聚器 4,两钳口线 A 与 B 之间是集聚区。双胶辊架控制着两个胶辊,并套挂在前胶辊芯轴上,依靠板簧的压力使输出胶辊与前罗拉之间有足够的控制力。

ROCOS 紧密纺系统的工作原理主要是利用磁性集聚器的几何形状和固态物体的约束力,将牵伸后的纤维横向收缩、集聚和紧密,使边缘纤维快速有效地向须条中心集聚,以达到最大限度地减小加捻三角区的目的。磁性集聚器选用高性能磁性材料,造型与下开口集合器相似,其

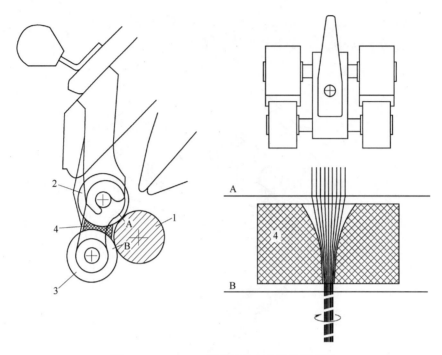

图 8-3-7　ROCOS 紧密纺装置的结构示意图

精确的外部弧形加上磁力吸引使集聚器与罗拉之间没有间隙并向前靠拢,与前罗拉形成一个完全封闭的区域,纤维从钳口线 A 进入到钳口线 B 输出,受内腔曲面的约束产生集聚效应,保持紧密状态加捻成纱,使纱的毛羽减少。

　　ROCOS 紧密纺系统采用几何—机械原理,通过磁铁陶瓷集聚器实现须条的集聚。集聚器的须条通道专门设计呈渐缩形状,利用几何形状的变化使通过的纤维须条沿横向集聚紧密。所纺纱的紧密程度由集聚器凹槽出口的尺寸决定,根据纱线品种和线密度分三档,更换凹槽尺寸不同的集聚器。磁性集聚器每两锭一套,结构简单,不需要吸风和复杂机构,并有多种结构设计,受到业内人士的关注。

四、紧密纺纱线的特性

　　在相同条件下,紧密纱与传统环锭纱相比,特点如下。

　　(1)毛羽少。紧密纺技术最大的特点是消除了加捻三角区,使被加捻的须条中纤维尾端的受控性能大大提高,从而大大减少了 3mm 以上的对后道工序有危害的长毛羽,大幅度降低了毛羽指数。按照 ZellwegerUster 纱线毛羽测试的结果,3mm 及以上的毛羽指数降低 10%~30%。特别是 3mm 以上的毛羽减少率在 90% 以上,一般在络筒后纱的毛羽都明显增加,但紧密筒子纱 3mm 以上的毛羽比环锭筒子纱相对减少率在 50%~70%。

（2）单纱强力高。由于减少了加捻过程中的纤维转移幅度，使紧密纱中纤维的伸直度提高，提高了纤维承受力的同步性，从而显著地提高了单纱强力和耐磨性，棉纱的最大强力可以提高 5%~15%，化纤纱可提高 10% 左右，同时单纱伸长率和弹性也得到了较大提高。

（3）条干均匀。纤维须条从前罗拉输出后即受到集聚气流或相应机构的控制，并且在集聚时轴向受到一定张力，因此须条中纤维伸直度提高，纱的条干均匀度更好，紧捻纱纱疵情况明显好于传统环锭纱。

（4）捻度小。若以环锭纱同样的成纱强力为依据，紧密纱的捻度可以降低 20% 左右，除了可以提高产量、增加效益外，纱线的手感可以变得很柔软。

（5）细纱断头减少、飞花减少、生产环境改善。

（6）可省去烧毛工序，可减少上浆率，降低机织、针织、络筒的断头率。

（7）织物耐磨性提高，布面清晰，穿着柔软舒适。

五、紧密纺纱质量控制要点

紧密纺纱技术最突出的效果是因缩短了加捻三角区，使成纱毛羽较普通环锭纺大幅减少，除了普通环锭纺的质量控制措施外，紧密纺还需增加的质量控制重点是增强集聚效果，减少毛羽与毛羽的台、锭差异，紧密纺纱的集聚效应大多数是机械力和空气负压控制力相互作用的结果，因此，凡是影响机械零部件正常运行和空气负压规定要求的各种因素都会对紧密纱质量产生不良影响，其中尤应关注影响集聚区空气正常流动的各种干扰。紧密纺纱质量控制要点见表 8-3-4。

表 8-3-4　紧密纺纱质量控制要点

控制要点	影响因素	防范措施
毛羽 H 值和毛羽 CV 值	负压和流量	1. 吸风系统要有足够的负压和流量 2. 全机各个锭位的集聚吸风槽处的气流状态保持均匀稳定 3. 可选用多只风机分段吸风，并采用变频电动机加以控制调节
	集聚区牵伸张力	1. 不同品种，通过试验匹配不同牵伸比 2. 在依靠改变胶辊直径调节牵伸比的场合应严格直径分档管理
	含尘量和温湿度	1. 加强车间空调管理 2. 换气系数要求 33 次/h 3. 空气绝对含水量<11g/kg

控制要点	影响因素	防范措施
毛羽 H 值和毛羽 CV 值	钢丝圈选配、清洁器隔距选择	1. 钢丝圈选配偏轻掌握 2. 清洁器隔距选择偏小掌握
	集聚器材	1. 集聚器材选择都要考虑对纺纱纤维品种的适应性 2. 运转过程中,加强巡回检查,关注集聚器材的运行状态 3. 保持集聚器材完好,无损伤、无缺少、无毛刺、无打顿 4. 防止各集聚器材的堵塞、挂花、积花等影响其透气性 5. 按周期做好各集聚器材的清洁、回磨与更换工作
	吸口参数	1. 根据纺纱密度、纤维品种特性,匹配吸口斜槽形状、宽窄与斜角 2. 喇叭口的横动动程范围与吸口斜槽保持对中
	机器部件清洁	防止巡回清洁器的吹气气流干扰,飞花积聚在集聚区域附近,应该与其他容易产生空气污染的设备分隔开来

第二节　赛络纺纱

一、赛络纺纱装置

赛络纺纱工艺是一种短流程的股线生产工艺,它的商品名称为Sirospun。将两根粗纱以一定间距喂入,两根平行的粗纱进入牵伸区后,经前罗拉输出,形成一个三角区,并汇集到一点,合并加捻后卷绕到纱管上,如图 8-3-8 所示。

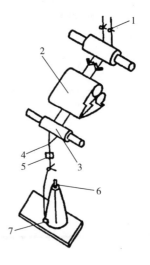

图 8-3-8　赛络纺纱原理图

1—粗纱导纱器　2—胶圈牵伸　3—前罗拉　4—汇聚点

5—单纱断头打断器　6—锭子　7—钢丝圈

二、赛络纺工艺参数的选择(表8-3-5)

表8-3-5　赛络纺工艺参数的选择

工艺参数	工艺选择
粗纱间距	1. 毛纺系统为14mm左右 2. 中长化纤为10~12mm为宜 3. 棉纺系统为4~8mm,一般为6mm
捻系数	1. 当捻系数<55时,粗纱间距增大将导致滑移纤维增多,纱线强力不匀率大 2. 当捻系数≥55时,汇聚点上侧的单纱条上的捻度足以防止纤维在纱条中的滑移 3. 粗纱间距适当增大,可使强力不匀率下降,强力增高
纺纱张力	主要受钢丝圈重量的影响,当钢丝圈加重时,汇聚点上侧的单纱张力随纺纱张力的增加而增加,赛络纱毛羽减少,但汇聚点上的单纱强力低于相同线密度的单纱,因此配用的钢丝圈应略轻于同样线密度的普通纱所用的钢丝圈
锭速	由于赛络纺纱机上装有断头自停装置,过高的锭速会引起机构的振动,使纱线跳出此装置,有时会增加断头,所以锭速应略低于普通细纱机

三、赛络纺的技术特点(表8-3-6)

表8-3-6　赛络纺的技术特点

内容	特点
纱线特性	1. 赛络纺产品是以纱代线,具有特殊的纱线结构,截面形状呈圆形,外观似纱但结构上呈双股 2. 纱体比较紧密,毛羽少,外观较光洁,抗磨性较好,起球少,手感柔软光滑 3. 条干 CV 值与强力均较相同线密度的股线稍低,但比相同线密度的单纱好,断头率低,蒸纱后缩率低 4. 赛络纺纱制成的织物手感柔软、有光泽、纹路清晰,透气性、悬垂性及染色性能皆好,热传导率高,可用以制作衬衣和春夏等高档服装面料及装饰布
适用范围	赛络纺工艺虽起源于毛纺系统,但也适用于棉纺系统、中长纺纱系统等不同类型纤维的生产
设备改造	1. 只需在原有的环锭细纱机上安装附加部件即可,不需要时,将附加部件拆除即可恢复原状 2. 新型的装置配有断头自停装置,其切断有效率达98%以上
不足之处	1. 赛络纱的细节较多,易出现长细节 2. 赛络纱单纱与股线的捻向相同,造成股线打结多,回丝也较多 3. 赛络纺纱经络筒工序时,因细节疵点较多,络筒效率比环锭纱络筒效率要降低3%~5%

四、赛络纺纱质量控制要点(表8-3-7)

表8-3-7　赛络纺纱质量控制要点

控制要点	影响因素	防范措施
细节	1. 原料选择不当 2. 工艺设计不合理 3. 细纱喂入部分导纱部件不良 4. 操作规范	1. 优选原料和工艺参数 2. 选择较大的粗纱捻系数与较大的粗纱定量 3. 调整吊锭正位,并掌握合适的吊锭灵活程度,不能不灵活,也不能过于灵活 4. 确保喇叭口对正 5. 依据吊锭位置掌握粗纱过喇叭口顺序 6. 按规定换粗纱,防单根粗纱喂入 7. 配备单纱打断器确保质量,严防单根粗纱造成的长细节 8. 设计适合赛络纺纱特点的清纱工艺
强力	1. 原料长度短、短绒高、强力低 2. 工艺参数选择不当	1. 选择较大的成纱捻系数 2. 采用较细长的纤维 3. 选择合适的粗纱定量 4. 采用较低的后区牵伸
毛羽	1. 粗纱间距不合理 2. 捻系数选择不当 3. 速度配置不良 4. 钢领钢丝圈选择与配合不良	1. 粗纱间距,除了在低捻度和高锭速时,增加纱条间距都会降低毛羽 2. 一般情况下,随着成纱捻度的增加,毛羽减少 3. 锭速通过影响卷绕过程的离心力、钢丝圈对纱线的剪切作用、纺纱张力三个因素影响成纱毛羽 (1)离心力。离心力与锭速的平方成正比,离心力增大,纱线毛羽增多 (2)钢丝圈的剪切作用。锭速较高时,钢丝圈的剪切作用强,纱线毛羽增多 (3)纺纱张力。纺纱张力与锭速的平方成正比,纺纱张力增大,纱线毛羽增多

第三节　棉/氨包芯纱

氨纶包芯纱是以氨纶为芯丝,外包其他纤维的氨纶弹性包芯纱。氨纶包芯纱所织成的织物,因其具有舒适自如、合身适体、透气吸湿、弹性回复率高等服用性能,在国内外十分流行。氨纶弹性纱织物除了用于运动衣之外,还可用作衬衣、外衣和裙子面料。

一、棉/氨包芯纱的纺制原理

在细纱机上纺制棉/氨弹性包芯纱,可以选用或加装专用的附属装置(图8-3-9),即棉/氨弹性包芯纱装置。该装置位于牵伸装置上方,吊锭粗纱前面,由两根平行的退卷罗拉、导丝轮和传动装置组成。氨纶长丝丝饼平放于退卷罗拉上,两端由导纱钩件隔开;传动装置由细纱机前罗拉带动,使前罗拉和退卷罗拉之间的表面速度保持适当的速比;长丝经安装在摇架上的导丝轮控制,送入前胶辊后面与正常的外表纤维须条汇合,通过前胶辊一起加捻卷绕在细纱筒管上。

常用的棉/氨弹性包芯纱装置规格和参数示例见表 8-3-8。

表 8-3-8　棉/氨包芯纱装置规格示例

项目	参数
锭距/mm	70
适用外包纤维	精梳棉、棉型化纤
适用氨纶长丝线密度/dtex	22.2~77.7
适纺包芯纱线密度/tex	10~57
退卷罗拉直径/mm	40
氨纶丝牵伸倍数	1.4~4.6(机械)
包芯纱捻度	比相当的环锭纱增大 10%
锭速	比相当的环锭纱降低,控制千锭时断头率≤8 根

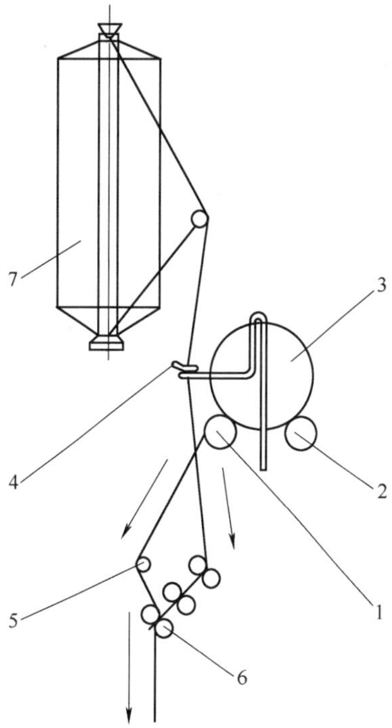

图 8-3-9　棉/氨包芯纱装置

1,2—退卷罗拉　3—氨纶丝饼　4—导纱钩
5—导丝轮　6—前罗拉　7—粗纱

二、包芯纱设计

(一)包芯纱线密度的设计

$$Tt = Tt_1 + KTt_2$$

$$P = \frac{KTt_2}{ETt}$$

式中:Tt——包芯纱线密度,tex;

　　Tt$_1$——外包纤维线密度,tex;

　　K——氨纶丝配合系数,一般取 1.16;

　　Tt$_2$——氨纶丝线密度,tex;

　　E——氨纶丝牵伸倍数;

　　P——公定回潮率时氨纶丝含量,一般为 3%~15%,大于 25%包覆效果差。

(二)氨纶丝线密度的选用

氨纶丝常用规格有 4.4tex(40 旦)、7.7tex(70 旦)、15.4tex(140 旦)、30.8tex(280 旦),选择时应注意以下要点。

(1)根据纺纱线密度选择氨纶丝线密度。低线密度纱选用 4.4tex(40 旦),中线密度纱选用 7.7tex(70 旦),高线密度纱选用 15.4tex(140 旦)。

(2)根据织物的弹性要求选择。弹性要求大时,可选用线密度高的氨纶丝;反之,选用线密度低的氨纶丝。

(3)根据织物用途选择。机织物的弹性伸长为 10%~20%,运动衣掌握在 20%~40%;滑雪衣、内胸衣在 40%以上。

(4)根据氨纶丝的含量选择。机织物中的氨纶含量一般为 2%~5%,其他织物中可在 10%以上。

(三)氨纶丝的预牵伸倍数

1. 氨纶丝的弹性回缩力(弹性)与氨纶伸长率的关系

伸长率越大,回缩力越大,牵伸倍数越大。

2. 氨纶丝预牵伸倍数的计算

$$氨纶丝的预牵伸倍数 E = \frac{细纱机前罗拉线速度}{氨纶丝输出罗拉线速度} = \frac{\pi d n_1}{\pi D n_2} = \frac{d n_1}{D n_2}$$

$$= 1 + 氨纶伸长率 \leq 1 + 氨纶断裂伸长率$$

式中:d——牵伸装置前罗拉直径,mm;

　　D——退卷罗拉直径,mm;

　　n_1——牵伸装置前罗拉转速,r/min;

　　n_2——退卷罗拉转速,r/min。

氨纶的断裂伸长率一般在 400%以上,所以在生产过程中,为了保证氨纶丝不断,氨纶丝的预牵伸应小于 5 倍。

3. 氨纶丝预牵伸倍数的选择

氨纶丝的预牵伸倍数一般选择 2~5 倍。使用 4.4tex(40 旦)、7.7tex(70 旦)、15.4tex(140 旦)氨纶丝包芯纱时,预牵伸可选 3~4.5 倍。根据经验,预牵伸选用 3.8 倍,可以保证织物的弹性伸长率为 25%~35%。

4. 根据织物用途选择氨纶丝的预牵伸倍数

如针织弹性内衣和弹性织物使用 16~18tex(32~36 英支)氨纶包芯纱时,7.7tex(70 旦)氨纶丝预牵伸选 3.5~4 倍;经向弹性灯芯绒和弹性牛仔布使用中、高线密度氨纶包芯纱,可选大一些,氨纶丝预牵伸选 3.8~4.5 倍,这样可以保证弹性裤穿着时臀部、膝盖部位有较好的回弹性。

5. 根据氨纶线密度选择氨纶丝的预牵伸倍数

15.4tex(140 旦) 氨纶丝可选择预牵伸 4~5 倍, 7.7tex(70 旦) 氨纶丝可选择预牵伸 3.5~4.5 倍, 4.4tex(40 旦) 氨纶丝可选择预牵伸 3~4 倍。

(四)包芯纱线密度与芯丝含量的计算

1. 包芯纱线密度

设 C_S 为棉/氨包芯纱的线密度(tex), C 为外部包覆棉纤维的纺出线密度(tex), S 为氨纶丝的线密度(tex), E 为预牵伸倍数,则:

$$C_S = C + \frac{S}{E} \ 或 \ C = C_S - \frac{S}{E}$$

2. 包芯纱中氨纶丝含量的计算

$$M_1 = \frac{S/E}{C_S} \times 100\% = \frac{S}{EC_S} \times 100\%$$

但是,氨纶的实际含量 M_2 略高于理论计算值 M_1,原因是氨纶丝离开前罗拉时会发生回缩,即实际得到的预牵伸倍数大于理论值。也就是说,经过预牵伸后的氨纶丝的线密度小于包芯纱中的氨纶丝的线密度,这样就使得纱中的实际含量略大于理论含量。美国杜邦公司对此采用配合系数 K(杜邦公司采用 $K=1.16$),即:

$$M_2 = \frac{S}{EC_S} \times K \times 100\%$$

因此,氨纶弹性包芯纱的线密度计算式应改为:

$$C_S = C + \frac{S}{E} \times K$$

式中, $\frac{S}{E} \times K$ ——氨纶丝的有效线密度(若以旦尼尔为单位,则称有效纤度)。

(五)捻系数的选择

氨纶丝的伸长大,为了防止外包纤维松散脱落,棉/氨包芯纱的捻系数应稍大。一般情况下,每英寸的捻度应比同线密度普通纱增加 1~2 个捻回(相当于特克斯制捻度增加 4~8 个捻回)。

三、棉/氨包芯纱的规格

根据 2011 年 8 月 1 日实施的《棉氨纶包芯本色纱》纺织行业标准,氨纶的公定回潮率为 1.3%,品种代号按原料、混纺比、纺纱工艺、纱线线密度、氨纶长丝规格(加圆括号)以及用途表示。

例如,针织用精梳氨纶包芯本色纱线密度为 13tex,氨纶长丝的规格为 44.4dtex(40 旦),棉与氨纶的混纺比例为 C93/S7,其品种代号为"C/S 93/7 J 13[4.4dtex(40 旦)]K",其中 C 表示棉,S 表示氨纶。

也有工厂使用习惯表示法,上例习惯表示为"C13tex+S40 旦"或"C45 英支+S40 旦"。

四、影响棉/氨包芯纱弹性的主要因素

棉/氨包芯纱织物的弹性由纱线的延伸性和弹性回复率确定,而纱线的弹性回复率(一般要求 10%~60%)主要由以下因素决定。

(1)棉/氨包芯纱所采用的氨纶丝线密度,芯丝线密度越大,成纱弹性越高。

(2)对芯丝的(预)牵伸,牵伸倍数越大,成纱弹性越高。

(3)氨纶在成纱中的百分率,比例越大,成纱弹性越高,但氨纶丝含量直接影响原料成本。

五、氨纶包芯纱质量控制

氨纶包芯纱质量控制要点见表 8-3-9。

表 8-3-9　氨纶包芯纱质量控制要点

控制要点	影响因素	防范措施
无芯纱	1. 钢丝圈与钢领配置不当,钢丝圈发热或磨损使氨纶长丝断裂、刮断所致 2. 操作不当,氨纶长丝断头未能及时发现,造成长片段无芯纱的产生	1. 根据纺纱线密度、氨纶丝线密度,合理配置钢领直径、边宽,钢丝圈型号和锭速 2. 制订运转操作规程,加强巡回检查,发现断头及时解决
无外包覆纤维 (裸丝)	1. 纺制低线密度包芯纱或氨纶长丝较粗,包芯纱截面中的单纤维根数少,在牵伸时容易断裂 2. 氨纶长丝含量超过 20%,纺纱过程中粗纱须条中断或不能及时得到补充,部分棉纤维被笛管吸走而造成	1. 选择合理的导丝器形式和安装方式,保持氨纶丝与短纤维须条所处的相对位置正确合理 2. 工艺上控制氨纶丝含量在合理范围内,选择纤维长度较长、整齐度好的外包纤维,适当降低车速
包覆效果不佳 (包偏、偏芯)	1. 氨纶长丝与外包粗纱须条的相对位置配置不当 2. 氨纶长丝没有通过集合器失去控制造成	1. 加强现场管理巡回检查,发现氨纶丝跑偏和张力不当的锭位及时处理 2. 加强日常设备保养,确保吸棉笛管高低一致,前中胶辊统一,以保证接头长度达到标准

第四节 竹节纱

一、竹节纱的纺纱原理

竹节纱是通过改变细纱的引纱速度或者喂入速度,使纺出的纱沿轴向呈竹节似的节粗、节细现象。在细纱机上纺制竹节纱,可以选用或加装专用的附属装置,通过电气控制使细纱机兼有纺常规纱和纺竹节纱的功能。竹节纱装置应用变化牵伸原理,对正常牵伸纺制的基纱,通过有控制地使前罗拉瞬时降速乃至停顿或使中后罗拉同时增速超喂,产生变异的粗节形成竹节纱。竹节纱装置实现变化牵伸的方法一般有两种:一种是前罗拉降速法,即局部改变传动机构,利用细纱机的动力,通过电磁离合器和超越离合器配合,在产生竹节的时间段,改变前罗拉与中后罗拉之间的传动比;另一种是中后罗拉加速法,即将前罗拉或中后罗拉传动机构与主传动机构脱开,另外增加动力来源,用步进电动机或伺服电动机单独传动,以避免机械器件的磨损干扰。这两种方法各有优点,目前,市场上销售的主要是中后罗拉加速法产生竹节的竹节纱装置,它的特点是生产效率高,能满足大部分竹节纱的质量要求。前罗拉降速法产生竹节纱装置的特点,可以生产3cm以下的竹节,但生产效率低下,目前市场上很少。

二、竹节纱设计

竹节纱结构参数如图8-3-10所示,主要包括基纱线密度、竹节粗度、竹节长度以及竹节间距。

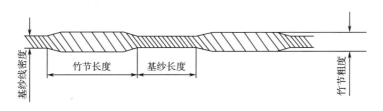

图8-3-10 竹节纱主要参数示意图

竹节纱的线密度目前没有国家标准,实际生产中以客户认可为标准。

竹节纱的线密度有两种表示方法:一是以基纱线密度为准,考虑竹节部分的线密度,以基纱线密度加竹节纱线密度的方法表示,如C18.5tex+36tex竹节纱;二是以平均线密度表示。实测纱线百米重量,以纱线百米标准重量的10倍来表示竹节纱的线密度,如C18.5tex竹节纱。

竹节纱由基纱部分和竹节部分构成,完整的一个循环竹节纱的线密度 Tt 可由下式表达:

$$Tt = \frac{L_1 Tt_1 + L_2 Tt_2}{L}$$

以 $Tt_2 = D_X Tt_1$ 代入,则:

$$Tt_1 = \frac{TtL}{L_1 + D_X L_2}$$

$$Tt_2 = \frac{TtL}{L_1 / D_X + L_2}$$

式中:Tt——竹节纱线密度,tex;

$\quad$ Tt_1——基纱线密度,tex;

$\quad$ Tt_2——竹节线密度,tex;

$\quad$ L——一个循环纱线总长度,m;

$\quad$ L_1——一个循环中基纱总长度,m;

$\quad$ L_2——一个循环中竹节总长度,m;

$\quad$ N——一个循环中竹节总数,m;

D_X——Tt_2/Tt_1竹节线密度与基纱线密度比,即竹节倍数。

三、竹节纱装置及纺纱工艺参数

竹节纱的竹节线密度、竹节长度、竹节间距的设定和控制都通过控制系统实现。有关工艺参数的配置方法都随所采用的竹节纱装置类型而不同,以下介绍两种应用实例。

(一)YTC83 型竹节纱装置

该装置适用于纺制 10~60tex 棉、化纤及其混纺的竹节纱,用步进电动机单独传动细纱机前罗拉,应用数控机床的控制原理,以 PLC 程控器和文本显示器作核心控制单元;根据输入参数规定的频率控制转速、脉冲数控转角。因此,前罗拉按竹节纱要求变速运行,中、后罗拉由细纱机按基纱后区牵伸(定值)要求的转速传动。设定控制的人机界面可同时控制多台细纱机。

竹节长度、竹节间距可直接以 mm 为单位的数值输入,按基纱要求设置的前罗拉基本转速和纺竹节的转速也以 r/min 为单位的数值输入,D_X 值按竹节倍数输入。

为增加变化规律、放大竹节的排列周期,采用以 5 个竹节为一个循环,输入 1~5 种长度变化规律,即在一个循环内以基本转速运行阶段的纺纱长度和以竹节低速运行阶段的纺纱长度为单元,扩展为 2、3、4、5 倍个长度单元提供用户选择排列,可获得 25 种不同规律性周期。

该装置前罗拉的基本转速范围:细特纱<200r/min;粗特纱<170r/min;竹节长度 25~

3000mm,竹节间距 25~3000mm。

(二)ZJ 系列全数字式智能竹节纱装置

该装置用高精度伺服电动机单独传动细纱机的中、后罗拉,而前罗拉保持原有细纱机的齿轮传动,通过改变后牵伸纺制竹节。应用本装置纺制竹节纱,对应输入设定的各段竹节倍数,根据需要选择顺序循环或模糊循环。该装置的特点如下。

(1)应用了精密机床位置控制方式,使从输入到控制全过程实现数字控制。

(2)依靠自行开发的测速反馈同步跟踪系统,解决了开关车时与细纱机的同步问题。

(3)伺服电动机系统加减速优化,其快速响应特性可实现设置竹节过渡时的形态设置,解决了高档产品对于橄榄形状的需求。

(4)竹节循环特性的设定具有自定义循环和模糊循环两种选择,有利于品种开发创新。这一特点既能保证竹节长度在指定范围内,而独特的模糊循环又能确保布面没有规律性条纹。

(三)CCZ 系列高精度智能竹节纱装置

CCZ 系列高精度智能竹节纱装置的工作原理是:安装在细纱机上,中、后罗拉由伺服电动机通过一对齿形带轮和细纱机上部分原有轮系来传动,而伺服电动机又由可编程控制器根据输入的竹节参数来控制转动,从而使中、后罗拉能按工艺要求进行变速转动,瞬时增速超喂,产生变异粗节而形成竹节纱。

四、竹节纱布样分析

下面以一块机织或针织竹节纱布样分析及打样试制实例,来介绍分析竹节纱布样的方法,具体分析步骤如下。

(1)拆不少于 30 根不短于 30cm 的竹节纱,测量竹节间距、竹节长度,检查间距与长度的差异,观察节粗,确定竹节纱的竹节长度、竹节间距。

(2)测量粗细比(粗度)。通常采用切断称重法,即切取单位长度的基纱与竹节,然后分别在扭力天平上称其重量,用单位长度的竹节重量除以单位长度的基纱重量,便得到粗细比。单位长度一般选 10mm,可使用 Y171 型纤维切断器。在纤维切断器的下夹板上,用漆画一条垂直于夹板边缘的线,操作时,由一人将竹节中段紧贴于下夹板的漆线上,另一人将上夹板夹拢并向下按过切刀,试样就被切下。因夹板的宽度为 10mm,所以试样的长度也是 10mm。此方法既方便又准确,通常做 5 组试验求其均值,以确定竹节纱粗细比。

(3)计算基纱的线密度。

$$基纱线密度 = \frac{平均线密度}{基纱比例 + 粗细比 \times 竹节比例}$$

（4）取竹节纱布样再进行拆纱,制成黑板,留样,待打样后进行对比。

（5）根据测量的结果,制订试纺工艺设计单,准备上机进行试纺。

（6）在细纱机上进行工艺调整,试纺竹节纱。

（7）取试纺竹节纱取样,进行测试,与样品进行对比,符合设计要求,符合样品质量,则进行生产;不符合要求,重新进行工艺调试,重新试纺,然后进行测试、对比,如此循环往复,直至符合样品才能进行生产。

以上方法仅适用于竹节纱布样规格达到30cm,如果客户所提供样品无法拆出30根或者长度无法达到30cm,可根据情况进行调整;如果样品较大,尽量多拆一些样品,以保证样品代表的准确性。

五、竹节纱质量控制要点

竹节纱的质量控制应以满足用户的最终要求为目的,从成纱的实物质量和物理指标两个方面来控制竹节纱的质量水平,见表8-3-10。

表8-3-10　竹节纱质量控制要点

控制要点	防范措施
原料与半制品	1. 配棉高于同等线密度正常纱 2. 粗纱条干均匀、无明显粗细节、疵点
设备状态	1. 细纱机各部件保持完好与良好运行状态 2. 摇架压力一致,导纱钩、钢领、锭子三同心 3. 络筒槽筒导纱通道要光洁,防止毛羽增长过高
工艺要求	1. 依据布样分析结果或直接参数,确定工艺参数 2. 翻改品种时,基纱线密度、竹节纱参数必须调节准确 3. 细纱捻系数、隔距块偏大掌握 4. 竹节纱生产车速偏低,管纱成形应偏细掌握 5. 钢丝圈型号一般偏重掌握
实物质量	1. 布面风格与设计要求一致 2. 克重在允许偏差范围内 3. 织造断头没有明显增加
物理指标	1. 参照普通针织纱的质量检测体系 2. 质量检测指标:平均线密度、单纱强力、单强 CV、百米重量 CV、条干 CV、黑板结杂、细纱捻度及捻度 CV 等 3. 竹节纱车台翻改后必须称重、摇黑板看竹节风格

　　针织用竹节纱作为一种花式纱,其成纱结构不同于普通针织纱,在质量检测上也有明显差异。针织竹节纱的单强 *CV*、百米重量 *CV* 普遍较大,基纱线密度越细,数值越大。针织竹节纱由于竹节的形态和分布差异,其成纱捻度平均值与设计捻度虽差异不大,但捻度不匀率较高。针织竹节纱的条干质量有以下几项特点。

　　(1)条干 *CV*、千米细节、千米粗节数值大大高于普通针织纱的数值,这是竹节纱的显著特性。

　　(2)条干值较小,反映出竹节纱装置同一性较好。针织竹节纱中短竹节与长竹节竹节纱相比,其千米细节较低,而长竹节竹节纱则千米细节的数值均高于其千米粗节。

　　(3)针织竹节纱的波谱图对于有规律和无规律竹节纱有不同的特征图形。对于有规律竹节纱,其波谱图有明显的凸起长条,其波长是节长与节距之和。多组参数有规律竹节纱则有多个凸起的长条,无规律竹节纱其波谱图一般为"山峰"状,如同普通针织纱的"机械波",其波长在节长与节距之和的最小值与最大值范围之内。对于无规律竹节纱,尤其是节距范围小的无规律竹节纱,由于某些参数设置重复,故也会出现凸起的长条。

参考文献

[1]上海纺织控股(集团)公司,《棉纺手册》(第三版)编委会.《棉纺手册》[M].3 版. 北京:中国纺织出版社,2004.

[2]张曙光. 现代棉纺技术[M].3 版. 上海:东华大学出版社,2017.

[3]全国纺织机械与附件标准化技术委员会纺纱、染整机械分技术委员会. FZ/T 92023—2017 棉纺环锭细纱锭子[S].2017.

[4]天津宏大纺织机械有限公司. TJFA458A 型粗纱机说明书[Z].2011.

[5]天津宏大纺织机械有限公司. JWF1436C 型粗纱机说明书[Z].2019.

[6]天津宏大纺织机械有限公司. JWF1458A 型粗纱机说明书[Z].2019.

[5]赛特环球机械(青岛)有限公司. CMT1801 自动落纱粗纱机说明书[Z].2019.

[6]日照品特裕华纺织科技有限公司. 单锭检测系统产品说明书[Z].2019.

[7]东台马佐里纺织机械有限公司. DTM129 型细纱机说明书[Z].2000.

[8]上海二纺机股份有限公司. EJM138JLA 型细纱机说明书[Z].2006.

[9]经纬纺织机械股份有限公司榆次分公司. JWF1562 型细纱机说明书[Z].2012.

[10]经纬纺织机械股份有限公司榆次分公司. JWF1572 型细纱机说明书[Z].2016.

第九篇　新型纺纱

第一章　转杯纺纱

第一节　转杯纺纱的基本原理与机械结构

一、基本原理和技术特点

转杯纺纱俗称气流纺纱,国际上曾将转杯纺纱称为 open-end spinning(自由端纺纱),所以转杯纱在国际上被称为 OE 纱。转杯纺纱属于自由端纺纱范畴,但也仅是其中的一种形式。目前国际上对转杯纺纱的标准名称是 rotor spinning,我国在国家标准 GB 6002.7—2003《纺织机械术语》规定的规范名称为转杯纺纱。

转杯纺纱基本原理是:喂入的纤维条被包覆有针布的回转分梳辊开松成单纤维,在负压的作用下单纤维流通过输纤通道连续且均匀地进入高速回转的转杯内壁,在离心力作用下纤维滑移至凝聚槽,完成凝聚、并合、加捻成纱,最后由引纱卷绕机构将纱引出且卷绕成纱筒。转杯是其核心专件,这是转杯纺纱命名的主要依据。

转杯纺纱使加捻与卷绕过程分开,解决了环锭纺高速和大卷装之间的矛盾,显著提高了纺纱速度和生产效率。转杯纺纱的原料以棉纤维为主,还包括化纤(黏胶纤维、涤纶等)、毛、麻、丝等。废棉和再生纤维也适用于转杯纺纱系统。

与环锭纺纱相比,转杯纺纱可省去粗纱和络筒两道工序,具有高速高产、大卷装、缩短工序、改善劳动条件、原料适用广泛、成纱条干均匀、结杂少、耐磨和染色性能好等特点。转杯纺纱对纤维原料的长度整齐度、细度均匀度的要求不高,但转杯纺纱并不适合纺制高支纱。综合而言,转杯纺纱是目前技术上较成熟、应用面较广、经济效益明显的一种新型纺纱方法,截至 2019 年底,全球转杯纺设备的保有量在 800 万头以上。

二、机械结构和纺纱流程

转杯纺纱机的截面如图 9-1-1 所示,转杯纺纱机的机械结构主要由喂给分梳机构、排杂回收机构、纤维输送机构、凝聚加捻机构、引纱卷绕机构、接头机构和负压排风系统等组成。转杯纺纱机的电动机、驱动器与控制器、电器、人机界面和控制软件等配合完成各机构与系统的机电一体化与自动化。

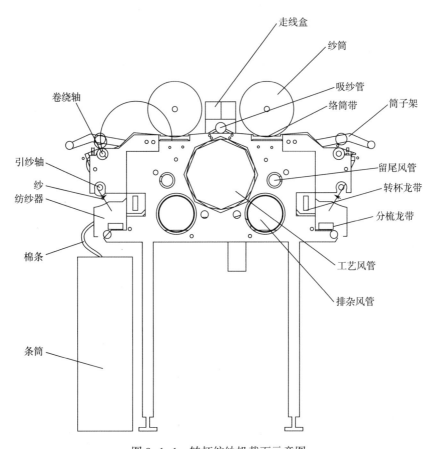

图 9-1-1 转杯纺纱机截面示意图

纺纱器是一个由喂给分梳机构、成纱机构及引纱管组成的独立部件,是转杯纺纱的核心组件,如图 9-1-2 所示。转杯纺纱的纺纱流程与纤维流的运动规律如图 9-1-3 所示,包括各工序纤维集合体线密度与速度变化。

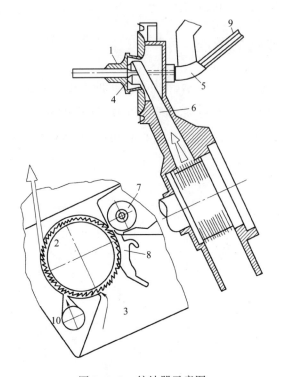

图 9-1-2　纺纱器示意图

1—转杯　2—分梳辊　3—排杂区　4—假捻盘　5—阻捻器　6—输纤通道

7—喂给罗拉　8—喂给板　9—引纱管　10—可调补气阀

三、转杯纺纱机的分类

1. 按转杯内负压的形成方式分类

按转杯内负压的形成方式,转杯可分成排气式转杯(图 9-1-4)和抽气式转杯(图 9-1-5)两类。排气式是在转杯上自身打有排气孔,回转时因离心作用,转杯内原先空气通过排气孔排出,在转杯内形成一定的真空度而产生负压。抽气式是转杯自身无排气孔,依靠外界抽气在转杯上口与罩盖之间抽吸,形成转杯内负压。目前抽气式转杯纺纱机是主流,排气式转杯纺纱机因转杯转速受限而基本趋于淘汰。

2. 按接头的方式分类

按接头的方式,转杯纺纱机可以分为全自动接头、半自动接头和手工接头三大类,见表 9-1-1。全自动接头转杯纺纱机的接头由巡航的接头小车或单锭的接头装置完成,包括转杯清洁、条子喂给、种子纱引入、捻结、接头引出,正常情况下不需要人工干预。手工接头转杯纺纱机的接头动作全部由人工完成。半自动接头转杯纺纱机的接头介于两者之间,转杯清洁、种子

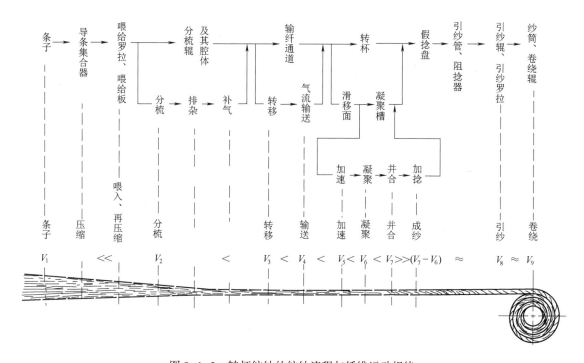

图 9-1-3 转杯纺纱的纺纱流程与纤维运动规律

V_1—条子喂给线速度 V_2—分梳辊线速度 V_3—输纤通道入口线速度 V_4—输纤通道出口线速度

V_5—转杯滑移面线速度 V_6—转杯凝聚槽线速度 V_7—纱剥离点线速度

(V_7-V_6)—纱剥离点相对转杯的线速度 V_8—引纱线速度 V_9—卷绕线速度

纱引入等工序由人工完成,其余由接头系统按照设定的参数完成。

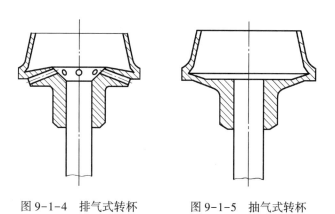

图 9-1-4 排气式转杯 图 9-1-5 抽气式转杯

表 9-1-1 转杯纺纱机按接头方式分类

纺纱机类型	全自动接头转杯纺纱机	半自动接头转杯纺纱机	手工接头转杯纺纱机
接头方式	全自动 (无需人工操作)	半自动(转杯清洁、 种子纱引入需要人工操作)	全部手工操作
转杯速度/(r/min)	80000~200000	60000~110000	30000~60000
自动化程度	高 自动落筒、在线检测、生产 数据打印、电子清纱	中 电子清纱(选配)、生产数 据与工艺参数显示	低 生产数据与工艺参数显示
代表机型	Autocoro 系列,R 系列	BD-6,RS30D,R35,TQF568	FA601

3. 按转杯与分梳辊的装配方式分类(表 9-1-2)

表 9-1-2 转杯纺纱机按转杯与分梳辊的装配分类

分梳辊与转杯的装配方式	简图表示	国产机型	国外机型
立式分梳辊、卧式转杯		SQ1,CR2,FA608,FA601, BS603,TQ168,F1063,BS613, TQ268,F1604,BS/D2	BD 系列,HS 系列,BD-D320, BT903
卧式分梳辊、卧式转杯 (两轴垂直)		FA611	RU 系列,R1,R20
卧式分梳辊、卧式转杯 (两轴平行)		TQF3,TQF4	SKF,Zinser342
倾斜式分梳辊、卧式转杯		FA621,FA622,F1605,RS30D, JFA231,TQF568	Autocoro 系列,SC1-M,R66
卧式分梳辊、倾斜式转杯		—	T883,T887

四、机器传动

各种转杯纺纱机的传动方式都有各自的特点,工艺计算可参照机器的产品说明书进行。图 9-1-6 所示为 RS30D 型转杯纺纱机的传动图。

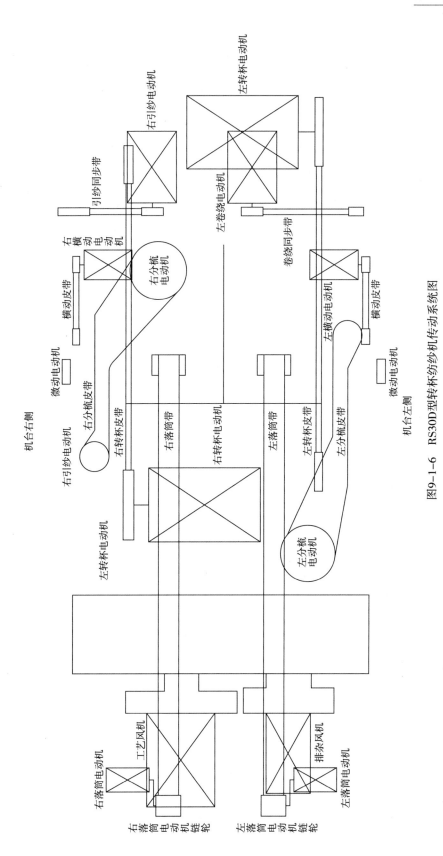

图9-1-6 RS30D型转杯纺纱机传动系统图

转杯纺纱机发展的趋势是多电动机独立驱动,转杯、分梳辊、喂给、引纱等多采用变频或伺服驱动控制。RS30D 型机器的转杯双面独立传动变频调速,其转速范围为 45000~100000r/min;分梳辊双面独立传动变频调速,速度范围是 6000~11000r/min;喂给罗拉、引纱罗拉也都进行无级调速,采用伺服驱动横动导纱,引纱速度可达 200m/min;牵伸倍数可显示;导纱卷绕角可以在一定范围内无极调节。

第二节　转杯纺纱机的主要型号与性能

一、国内外转杯纺纱机主要机型的发展

前捷克 Elite×公司(后被苏拉集团收购,现属于卓郎集团)从 1967 年以来,生产的机型为 BD 系列,分别为 BD200 系列、BD 系列,目前生产机型为 BD480 型、BD7 型,即将推出的机型为 AutoBD 型。

前捷克 Basetex 公司(后为立达公司收购,现属于立达集团)生产的机型为 BT902 型、BT903 型、BT905 型、BT923 型,目前生产的机型为 R35 型、R36 型。

德国赐来福公司自 1979 年开始研制全自动转杯纺纱机,生产的机型为 Autocoro192 型、Autocoro216 型、Autocoro240 型、Autocoro288 型;赐来福公司先后被苏拉集团、欧瑞康集团兼并后,生产的机型为 Autocoro312 型、Autocoro360 型和 Autocoro480 型,现属于卓郎集团,生产的最新机型为 Autocoro8 型和 Autocoro9 型。

瑞士立达公司(包括被兼并的德国 Ingorstat 公司)从 20 世纪 70 年代以来,生产过 RU11 (02、03)型、RU04 型、M1/1 型、M2/1 型、RU14 型、R1 型、R20 型、R40 型等,现在最新的机型为 R66 型和 R70 型。

意大利萨维奥公司的 FRS 型转杯纺纱机仍占有一定的国际市场,推出了 Helios 机型。

除此以外,苏联、意大利、日本、英国、德国、瑞士、美国、比利时、印度等国的其他纺机公司都研制过转杯纺纱机。日本丰田公司在 20 世纪 70~80 年代制造的 BS 型、HS 型转杯纺纱机在我国也曾有一定的数量;德国青泽公司、SKF 公司分别制造过 ZINSER342 型、SKF 型;英国 Platt 公司制造过 T883 型、T887 型;法国 SACM 公司推出过 SACM-300 型。

山西经纬纺机厂从 1972 年起,先后生产过 CW1 型、CW2 型、A591 型、FA601 型、FA601A 型、BD200SN 型、F1603 型等机型,2002 年起生产 F1604 型、F1605 型、F1612 型、F1618 型等机型,目前的型号为 JWF1618 型。上海、天津、江苏、河北、四川等地均研发生产过转杯纺纱机。目前浙江泰坦和安徽日发生产的国产转杯纺纱机占据的市场份额较大,浙江精工、上海淳瑞、苏

州多道、浙江新亚、河北金桥等公司也推出过相关机型,国内目前的主流机型是半自动转杯纺纱机。

二、国内外转杯纺纱机主要机型的技术特征

以下就全自动和半自动转杯纺纱机分别介绍,见表9-1-3和表9-1-4。

表9-1-3 全自动转杯纺纱机技术特征

生产商		卓郎	立达		萨维奥
型号		Autocoro	R60	R66	Helios
类型		全自动抽气式			
最多头数		768	540	700	520
每节头数		24	20	20	20~26
头距/mm		230	245	245	230
适纺纤维及长度/mm		天然纤维,化纤及其混纺纤维,≤60	天然纤维,化纤及其混纺纤维,<60	天然纤维,化纤及其混纺纤维,<60	天然纤维,化纤及其混纺纤维,≤60;再生纤维和纺纱废料(符合要求即可)
喂入线密度/tex		2500~8000	2500~7000	2500~7000	3000~7400
适纺线密度/tex		10~167	10~200	10~200	14~240
牵伸倍数		25~400	40~400	25~400	20~350
最高机械输出速度/(m/min)		300	260	350	250
纺纱器型号		Corobo×SE 20	S60	—	—
转杯直径/mm		23,24,26,28,30,31,33,34,36,40,46,52	26,28,29,30,31,33,34,36,37,40,41	26,28,29,30,31,33,34,36,37,40,41,46,47,56,57	32~66
转杯转速/(r/min)		20000~180000(单锭独立传动)	最高170000	最高175000	25000~125000(两侧独立传动,变频控制)
转杯轴承形式		磁悬浮全方位立体轴承,独立传动	双盘间接式	自清洁转杯轴承,免加油	—
分梳辊速度/(r/min)		6000~10000独立传动	6000~10000	6000~10000变频器控制的龙带	5000~11000变频控制
筒管尺寸/mm	平行筒	直边/卷边:φ54×170/φ54/(42)×170	φ54/42×170	φ54/42×170	直径可达320
	锥形筒	—	—	φ28/59×170	直径可达320(电子调控筒纱形状)

续表

生产商		卓郎	立达		萨维奥
型号		Autocoro	R60	R66	Helios
最大卷装直径/mm	平行筒	$\phi320$	$\phi350\times(142\sim152)$	$\phi350$	$\phi320$
	锥形筒	$\phi250$	—	$\phi270$	
最大筒纱重量/kg		6	6	6	5
最大条筒规格/mm	圆形	$\phi(457\sim530)\times$ $(1070\sim1200)$	$\phi(470\sim500)\times$ $(1070\sim1200)$	$\phi(470\sim500)\times$ $(1070\sim1200)$	$\phi400,\phi450,\phi500$ 高900,1070,1200
	矩形	宽220;长970; 高900,1070,1200	—	—	
转杯和分梳辊的传动方式		单电动机传动	龙带传动	龙带传动	—
喂给方式		单电动机驱动			单独步进电动机驱动
接头方式		数字接头,36锭位同步自动接头	接头小车自动接头	带有特殊负压纱头存储器的AERO-piecing接头	独立全自动接头小车,25s内小车巡回速度为45m/min,传感器控制驱动
排杂方式		VTC(真空排杂系统)杂质输送带	杂质输送带(清洁)	ECOrized自动滤网清洁的节能吸风装置	转杯清洁配有自调整刮刀
落筒方式		8个DCU全自动落纱 清洁小车自动换管 自动运送筒纱	接头小车自动落头	—	全自动落纱小车,10s内巡回速度为60m/min
电子清纱		Corolab清纱器	有	有	—
异纤维检测		Corolab XF清纱器能够额外切除纱线中的异纤	选配	选配	—
上蜡装置		独立驱动的上蜡装置,蜡块最大尺寸为75mm×50mm	选配	选配	每锭配有独立驱动装置
信息处理通信		计算机			
最大装机功率/kW		369	—	—	—

表9-1-4 半自动转杯纺纱机技术特征

生产商	卓郎	卓郎	经纬	浙江日发	江阴艾泰克	浙江泰坦	浙江泰坦	山西新纺	江苏多道	浙江精功
型号	BD7	BD480	JWF1618	RS30D	A480	TQF-568	TQF-K80	XF688	DS66	JGR232
类型	半自动抽气式									
最多头数	600	512	600	600	480	608	620	512	520	500
每节头数	24	16	20	20	20	16	20	16	20	20
头距/mm	230	210	230	230	210	210	230	210	230	230
适纺纤维及长度/mm	天然纤维、化纤及其混纺纤维，≤60	天然纤维、化纤及其混纺纤维，≤60	天然纤维、化纤及其混纺纤维，<60	天然纤维、化纤及其混纺纤维，<60	天然纤维、化纤及其混纺纤维，<60	天然纤维、化纤及其混纺纤维，<60	天然纤维、化纤及其混纺纤维，<60	天然纤维、化纤及其混纺纤维，<60	天然纤维、化纤及其混纺纤维，<46	天然纤维、化纤及其混纺纤维，<40
喂入线密度/tex	2500~8000	2500~7000	2500~7140	2500~7000	2500~7000	2500~7000	2500~7000	2500~7000	3000~5000	3200~5200
适纺线密度/tex	15~588	15~588	14.5~200	15~120	14.6~116.7	15~250	15~250	14~250	15~100	16.2~116.6
牵伸倍数	数字接头：20~450 粗支纱：10~350	40~350	40~400	20~280	20~280	11~350	11~350	20~208	30~280	20~280
最高机械输出速度/(m/min)	230	180	200(电子凸轮传动)	200(电子凸轮传动)	180(电子凸轮传动)	170(电子凸轮传动)	200(电子凸轮传动)	180(电子凸轮传动)	180(电子凸轮传动)	180(电子凸轮传动)
纺纱器型号	NSB6(待更新)	NSB8(待更新)	C120改型	NSB38改型	NSB38改型	NSB38改型	NSB38改型或C120改型	NSB38改型	SE12改型	SE12改型
转杯直径/mm	32~76	32~76	31,33,36,41,50	31,33,34,36,40,50,54	32,34,36,43,54,66	32,34,36,43,54,66	32,34,36,43,54,66	32,34,36,40,43,46,50,54,66	33,34,36,42,50,54	31,33,36,40

续表

项目	卓郎	卓郎	经纬	浙江日发	江阴艾泰克	浙江泰坦	浙江泰坦	山西新纺	江苏多道	浙江精功
生产商	卓郎	卓郎	经纬	浙江日发	江阴艾泰克	浙江泰坦	浙江泰坦	山西新纺	江苏多道	浙江精功
型号	BD7	BD480	JWF1618	RS30D	A480	TQF-568	TQF-K80	XF688	DS66	JGR232
转杯转速/(r/min)	13000~120000 变频双面 独立传动	13000~120000 变频	60000~120000 变频双面 独立传动	45000~120000 变频双面 独立传动	25000~110000 变频	25000~110000 变频双面 独立传动	25000~120000 变频双面 独立传动	最高120000 变频	40000~110000 变频	50000~120000 变频双面 独立传动
转杯轴承形式	直接滚动轴承	直接滚动轴承	直接滚动轴承	直接滚动轴承	直接滚动轴承	直接滚动轴承	直接滚动轴承	直接滚动轴承	直接滚动轴承	托盘式间接轴承
分梳辊速度/(r/min)	5000~11000 变频双面 独立传动	5000~11000 变频双面 独立传动	5000~10000 变频双面 独立传动	6000~10000 变频双面 独立传动	6000~10000 变频	5000~10000 变频双面 独立传动	5000~10000 变频双面 独立传动	5000~10000 变频	5500~10000 变频	5000~10000 变频双面 独立传动
筒管尺寸/mm 平行筒	φ54×170, φ40/50×170, φ42/54×170	φ50×170, φ54×170, φ40/50×170, φ44/54×170	—	φ54/42×170	φ50×170	φ50×170	φ50×170	φ50×170	φ54×170	φ54×170
筒管尺寸/mm 锥形筒	2°: φ44/65×170, φ54/65×170 4°20": φ33/59×170, φ28/59×170	φ42/65×170, φ54/65×170	—	φ44/65×170	—	φ28/59×170	φ28/59×170	φ28/59×170	φ44/65×170	φ54×170
最大卷装 直径/mm 平行筒	320	300	320	320	320	300	320	320	300	300
最大卷装 直径/mm 锥形筒	280	280	—	270	—	270	285	—	—	—
最大筒纱质量/kg	5	4.2	—	4	4.5	4.2(平行筒) 3.8(锥形筒)	4.2(平行筒) 3.8(锥形筒)	4.5	4.5	4.5

续表

项目	卓郎 BD7	卓郎 BD480	经纬 JWF1618	浙江日发 RS30D	江阴艾泰克 A480	浙江泰坦 TQF-568	浙江泰坦 TQF-K80	山西新纺 XF688	江苏多道 DS66	浙江精功 JGR232
生产商	卓郎		经纬	浙江日发	江阴艾泰克	浙江泰坦		山西新纺	江苏多道	浙江精功
型号	BD7	BD480	JWF1618	RS30D	A480	TQF-568	TQF-K80	XF688	DS66	JGR232
最大条筒规格/mm	φ530×1070	φ530×1070	φ400×1100	φ530×1100	φ480×1070	φ400×914	φ500×1200	φ400×1070	φ400×900	φ450×914
转杯和分梳辊的传动方式	龙带传动					独立电动机驱动				
喂给方式										
接头方式	数字控制，半自动（单锭喂给，单锭引纱，气动纱线储存，气动抬升纱筒，集体生头功能）	半自动（单锭喂给，机械抬升纱筒，集体生头功能）	半自动（单锭喂给，机械抬升纱筒）	半自动（单锭喂给，气动抬升纱筒）	半自动（单锭喂给，机械抬升纱筒）	半自动（单锭纱筒抬升纱筒，纺纱器闭合自动接头）		半自动（单锭喂给，机械抬升纱筒）	半自动（单锭喂给，机械抬升纱筒）	半自动（单锭喂给，气动抬升纱筒）
排杂方式	可调，封闭式吸风排杂系统	可调，封闭式吸风排杂	封闭式双排杂	可调，封闭式双排杂	可调，封闭式排杂	可调，封闭式排杂		可调，封闭式排杂	杂质输送带	杂质输送带
落筒方式	手动	手动	手动	自动落纱小车	手动	手动		手动	手动	可选配自动落筒
电子清纱	有	有	有	选配	有	选配		有	选配	无
上蜡装置	选配	选配	无	选配	选配	选配		选配	无	选配
信息处理通信	计算机									
最大装机功率/kW	236(数字接头)	159	—	195	—	172	193	162	140	198

第三节　转杯纱的结构与特性

一、转杯纱的结构

1. 转杯纱中纤维的排列形态

转杯纱中纤维的排列形态与环锭纱对比实例见表 9-1-5 和图 9-1-7。

表 9-1-5　转杯纱中纤维的排列形态与环锭纱对比实例

参数	转杯纱	环锭纱	参数	转杯纱	环锭纱
圆锥形螺旋线/%	4~23	46	后折、中打圈或弯曲/%	2~4	—
圆柱形螺旋线/%	4~15	31	前后折、中打圈/%	1~4	—
前折、前打圈、前弯钩/%	16~20	10	对折纤维/%	2~15	—
打圈纤维/%	7~14	8	缠绕纤维/%	1~3	—
后折、后打圈、后弯钩/%	11~24	2	边缘纤维/%	0~1	—
前后折、前后打圈/%	4~14	—	外包纤维/%	0~1	—
中打圈、中弯曲/%	0~9	3	平直纤维/%	0~2	—
前折、中打圈或弯曲/%	1~4	—			

注　不同转杯纺纱器及不同的工艺参数所纺出的转杯纱质量不同,因而转杯纱中各种纤维的排列形态所占的比例也不相同。

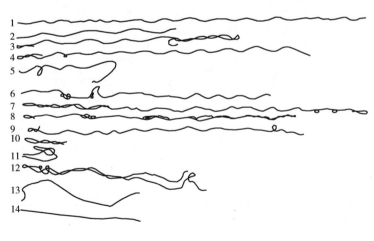

纤维排列形态说明（自上而下）

第 1 根:圆锥形螺旋线纤维

第 2 根:圆柱形螺旋线纤维

第 3 根:两端折后弯钩纤维

第 4 根:前折圆柱形纤维

第 5 根:后弯钩中间打圈纤维

第 6 根:中间打圈后弯曲

第 7 根:两端折中间打圈纤维

第 8 根:两端折中间打圈后弯钩纤维

第 9 根:前折圈中间打圈纤维

第 10 根:对折纤维

第 11 根:打圈纤维

第 12 根:两端前后打圈纤维

第 13 根:外包缠绕纤维

第 14 根:平直纤维

图 9-1-7　转杯纱中各种纤维排列形态示意图

一般认为,圆锥形螺旋线和圆柱形螺旋线是承担纱条强力的主要规则纤维,环锭纱中这两类纤维占 80%左右,而转杯纱中仅占 30%左右。这是转杯纱强力低于环锭纱的原因之一。

2. 转杯纱中纤维的转移程度

转杯纱中纤维的转移程度是衡量纤维在纱中所处位置的一个指标,与成纱强力的关系十分密切。转杯纱的纤维转移程度低于环锭纱,这是造成转杯纱强力低于环锭纱的另一个原因。

3. 转杯纱表面的缠绕纤维

转杯纱表面会有一部分缠绕纤维,缠绕纤维的长短和松紧不一,如图9-1-8 所示。转杯纱表面缠绕纤维形成的主要原因是:在剥离凝聚须条时,在须条离开剥离点后仍有少量纤维进入转杯成为搭桥纤维或骑跨纤维,这些纤维头端进入纱体,尾端缠绕在纱体表面成为缠绕纤维。缠绕纤维的数量和缠绕情况与所纺原料、纺纱器机构和工艺参数等因素有关。

图 9-1-8　转杯纱表面纤维缠绕情况

4. 转杯纱截面中捻回的分布

转杯纱的捻回具有分层结构的特点,纱截面中捻回并不相同,而是由外层向内层呈逐渐增加的分布规律。

二、转杯纱的特性

转杯纺纱在加捻过程中,加捻时纤维缺乏握持,因而纤维伸直度略差,纤维内外转移程度低。转杯纱的结构分为纱芯和外层两部分,纱芯结构较紧密,捻度较高;外层纤维结构较松散,捻度较低。与传统环锭纱相比,转杯纱结构较蓬松,外观较丰满。

1. 转杯纱与环锭纱的成纱质量比较(表9-1-6)

表9-1-6　转杯纱与环锭纱的成纱质量对比

指标	转杯纱与环锭纱对比
断裂强度	转杯纱的断裂单纱强度低于环锭纱,相差的程度与使用原料、纺纱线密度、捻度以及转杯纺纱机的形式相关,一般低 5%~20%。转杯纱的单纱强度不匀比环锭纱的低
断裂伸长	转杯纱的断裂伸长一般大于环锭纱 0~45%,如外界张力牵伸过大,伸长低于环锭纱的情况也有出现

续表

指标	转杯纱与环锭纱对比
断裂功	转杯纱的断裂伸长大于环锭纱,虽然强度比较低,但断裂功一般都比环锭纱大;转杯纱断裂伸长小时,断裂功相应减小
弹性	转杯纱与环锭纱的弹性基本接近,转杯纱略好
耐磨性	转杯纱由于条干均匀,表面有缠绕纤维以及捻度分层结构的特点,所以耐磨性能优于环锭纱。在低负荷和缓摩擦的条件下,耐磨性比环锭纱高几倍;在高负荷和急摩擦的条件下,耐磨性与环锭纱相近,也有低于环锭纱的情况
条干	转杯纱与环锭纱的黑板条干基本接近,电容条干均匀度仪测得的 CV,转杯纱一般要优于环锭纱
毛羽	转杯纱的毛羽较少,一般转杯纱的毛羽是环锭纱的 40%~50%
结杂	转杯纱的棉结杂质总数要比环锭纱少 30%~40%。如果前纺设备采用加强除杂效能装置以及转杯纺纱机配置有排杂系统,则转杯纱的棉结、杂质总数会更少
捻度	由于成纱结构不同,转杯纱要保证获得必要的强力必须增加转杯纱的捻度,一般比环锭纱要高 10%~20%,因此转杯纱的手感比较粗硬。近年来新型转杯纺纱机采取假捻、阻捻器件后,捻度可接近于环锭纱
体积密度/ (g/cm^3)	显微投影法:转杯纱的密度比环锭纱低 10%~20%
	流体置换法:转杯纱的密度比环锭纱低 15%~25%

2. 对后工序和最终纺织品的影响

(1)转杯纱的条干均匀度好、强不匀低且纱疵少,后工序可降低断头率,提高生产效率。

(2)转杯纱的卷装相对环锭纺的管纱而言要大很多,因此成纱接头少,张力均匀。

(3)转杯纱条干均匀、结杂少,染色、漂白易均匀。

(4)转杯纱体积密度小,较膨松,因此吸色性、渗透性都优于环锭纱。转杯纱可节约染料,纺织品染色深;转杯的并合效应使纱中纤维混合均匀,纺织品的色调差异小。

3. 转杯纱的后处理

转杯纱由于捻度大,有时捻缩现象较为严重;转杯纱的人工或半自动接头的接头纱疵危害性较大。因此,有时候需要对转杯纱做汽蒸定捻工艺、再络筒工艺或上蜡工艺等后处理,以满足后工序的要求。

第四节 转杯纺纱机的关键部件与专件

一、转杯

1. 转杯的技术要求

（1）转杯凝聚槽、滑移面的表面粗糙度不大于 0.8μm。

（2）杯头外圆对轴承公共轴线的径向圆跳动：转杯工作转速≤60000r/min 时，径向圆跳动公差 0.03mm；转杯工作转速>60000/min 时，径向圆跳动公差 0.02mm。

（3）杯头端面对轴承公共轴线的端面圆跳动：转杯工作转速≤60000/min 时，端面圆跳动公差 0.04mm；转杯工作转速>60000r/min 时，端面圆跳动公差 0.03mm。

（4）杯头凝聚槽、滑移面镀镍磷表面维氏硬度≥650HV（或杯头外表面维氏硬度≥715HV）。杯头凝聚槽、滑移面硬质阳极氧化表面维氏硬度≥350HV（或杯头外表面维氏硬度≥385HV）。

（5）转杯轴承或杯杆与杯头结合应牢固，无松动现象。

（6）转杯工作转速≤60000r/min 时，平衡品质等级应符合 GB/T 9239.1—2006 中 G1.6 级的规定；转杯工作转速>60000r/min 时，平衡品质等级应符合 GB/T 9239.1—2006 中 G1 级的规定。

（7）转杯表面应光滑、无锐边，不挂纤维。

2. 转杯凝聚槽

纤维流进入转杯后，通过倾斜滑移面在离心力的作用下，纤维向转杯最大内径（凝聚槽）处滑移、积聚，其须条形态与转杯纱的质量、特性密切有关，见表 9-1-7 和表 9-1-8。

表 9-1-7 转杯槽型与纺纱性能

槽型图	名称及特点	纺纱性能
	T 型、K 型 （尖角平底槽）	纱的结构类似环锭纱，纱的强力、条干好，有光泽 纱质量的负面影响小，应用面广，纺纱稳定性好 由于纱的收缩趋势，不适宜用作靛蓝经纱、不适合高含杂原料及特粗线密度纱 T 型适纺细于 60tex 的纱，K 型适纺细于 30tex 的纱
	G 型 （圆弧平底槽）	纺制比 T 型更粗的纱，纺纱稳定性好，可纺中、细特机织、针织、牛仔布用纱以及染色布用纱 纺高含杂原料易产生波纹纱 适纺范围细于 100tex

槽型图	名称及特点	纺纱性能
	U 型 （下宽槽）	可纺制比 G 型更粗的纱 适纺粗斜纹布纱、牛仔布纱、靛蓝经纱及低捻纱，波纹纱较少，纱质蓬松，但强度低 适纺范围粗于 35tex
	S 型 （上宽槽）	适纺高含杂棉及各类化纤；适纺柔软的针织用纱，有蓬松感，少波纹纱，纱的强力稍低 适纺范围粗于 28tex
	V 型 （反底圆弧槽）	适纺腈纶纱，蓬松性好；均匀度好，强力低于 T 型 适纺范围 41~17tex

表 9-1-8　不同用途的纱可优选的槽型

应用范围	T 型	G 型	U 型	S 型	K 型	V 型	应用范围	T 型	G 型	U 型	S 型	K 型	V 型
针织纱	√	○	×	○	○		含杂高原料	×	×	×	√	×	
机织纱	√	○	×		○	○	再生纤维原料	√	○		×	×	
牛仔布用纱		×	√	○	×		黏胶纤维	√		×			
袜类用纱	×		×	√	×		腈纶		×		○	×	√
毛圈纱、起绒纱	○	√			×								

注　√适合，○一般，×不适合。

3. 转杯的材料与表面处理

低速抽气式转杯和自排风式转杯一般采用硬质铝合金材料；高速抽气式转杯一般采用优质钢材，考虑到节能问题，目前也有用铝合金材料表面涂层的。转杯的表面处理见表 9-1-9。

表 9-1-9　转杯表面处理及用途

符号	名称	用途
B 或 B5	硼化物镀层	增加凝聚槽、滑移面的耐磨，适宜高含杂的纤维原料
D	金刚石—镍镀层	转杯易清洁，可获得优质、稳定的纺纱质量，提高转杯寿命，但价格高
BD	硼化物—金刚石双镀层	转杯使用寿命更高，它是 B 和 D 的两次镀层

符号	名称	用途
E	氧化处理	用于铝质转杯,增加耐磨性,但凝聚槽的镀层很薄,难以镀入
—	镀硬铬处理	增加耐磨

4. 纱的线密度与转杯速度、槽型、直径的关系(表9-1-10)

小直径转杯可允许更高的转杯转速,用于纺较细的纱,在同样转杯转速下得到高的伸长率、较低的能耗。大直径转杯适合低速,适用于较长的纤维纺制较粗的纱,纤维缠绕少、丰满、手感松软。

表9-1-10 适纺纱的线密度与转杯速度、槽型、直径的关系

转杯转速/ ($\times 10^4$ r/min)	适纺纱的线密度/ tex	槽型	直径/mm	备注
2.5	300~58	S	76	纤维长度 60~80mm
3.6~4	250~28	S	66	纤维长度 38~60mm
4~6	118~50	S	56	
5.5~7	118~32	S	46	
	118~21	U	46	
	98~19	T	46	
	42~23	V	46	
6.5~8	118~30	S	40	
	118~30	U	40	
	98~17	T	40	
	42~17	G	40	
7.5~9	42~17	S	36	纤维长度 40mm 以下
	42~17	T	36	
	42~17	G	36	
	42~17	V	36	
8.5~10	42~17	S	33	
	42~17	T	33	
	42~17	G	33	
9~12	38~15	T	31	
	38~15	G	31	

续表

转杯转速/ ($\times 10^4$r/min)	适纺纱的线密度/ tex	槽型	直径/mm	备注
10.5~13	30~15	K	30	原料与条子的质量要求较高
	30~15	G	30	
13~15	30~10	G	28	需要高品质的精梳条
	30~10	K	28	

5. 转杯真空度

从引纱管口测得转杯的全压(负压)见表9-1-11。

表9-1-11　转杯真空度　　　　　　　　　　　　　　单位:kPa

转杯转速/(r/min)	30000~36000	45000	60000	70000	80000 及以上
排气式转杯	>2.5	>3	>3.5	>5	>6
抽气式转杯	>2.8	>4	>5	>7	>7.5

二、分梳辊

分梳辊是转杯纺的重要元件,其作用是将条子梳理分解成单纤维并排除杂质、将纤维流转移到输纤通道,其分梳性能直接影响到成纱质量。

按梳理元件分类,可以分为齿条缠绕式、整体圈齿式和植针式;按辊体结构分类,可以分为整体式和分体式。

1. 分梳辊的技术要求

(1)辊体外圆及端面表面粗糙度 Ra 1.6μm。

(2)辊体外圆对轴承公共轴线的径向圆跳动公差 0.03mm。

(3)辊体端面对轴承公共轴线的端面圆跳动:内端面的端面圆跳动公差 0.02mm,外端面的端面圆跳动公差 0.04mm。

(4)齿顶(针尖)到轴承公共轴线的距离变动量≤0.08mm。

(5)传动轮外圆对轴承公共轴线的径向圆跳动公差 0.05mm。

(6)辊体齿部应排列整齐,应无侧弯、锈迹、倒钩、残齿、断齿等现象。

(7)辊体针部应排列整齐,无漏针、锈迹、断针、侧弯等现象。

(8)辊体齿顶(针尖)应低于辊体外圆。

(9)齿条与螺旋槽之间应无缝隙、毛刺,齿条始末端与辊体接合应牢固,表面平整。

(10)分梳表面应光滑,不挂纤维。

(11)分体式分梳辊齿圈应不松动。

(12)分梳辊轴承与辊体、传动轮结合应牢固。

(13)分梳辊平衡品质等级应符合 GB/T 9239.1—2006 中 G2.5 级的规定。

(14)缠绕式齿条及整体齿圈式的齿部应符合 FZ/T 93038—2018 的规定。

(15)植针式分梳辊植针应符合 FZ/T 30164—2013 的规定。

2. 锯齿型分梳辊及其特征

(1)锯齿规格与工作性能(图 9-1-9、表 9-1-12)。

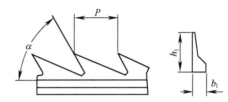

图 9-1-9　锯齿规格

表 9-1-12　锯齿规格与工作性能

型号规格		齿总高 h_1/mm	工作角 α/(°)	齿距 P/mm	基部宽 b_1/mm	工作性能
OB20 型	A	3.6	65	2.13	0.9	开松、梳理、除杂能力强,纤维损伤大,转移能力差
	B	4.0	65	2.13	1.0	
OS21 型	A	3.6	78	3.4	0.9	开松、梳理弱,转移能力好
	B	4.0	78	3.4	1.0	
OB174 型		3.6	75	2.1	0.9	开松、梳理、转移适中
OB187 型		3	65	2.1	0.9	
OK40 型		3.6	65	2.62	0.9	接近 OB20 型
OK37 型	A	3.6	100	4.95	0.9	比 OK36 型更弱,适宜纺转移能力很差的纤维
	B	4.0	100	4.95	0.9	
OK36 型		3.6	90	4.95	0.9	比 OS21 型稍弱
OK61 型		3.6	75	3.93	0.9	开松、除杂能力比 OK36 型强
OK74 型	A	3.6	65	4.95	0.9	开松、梳理、除杂能力稍低于 OK40 型,但损伤纤维少
	B	4.0	65	5.46	1.0	

（2）纺纱原料与锯齿型号（表9-1-13）。

表9-1-13 纺纱原料与锯齿型号的关系

原料种类	OB20型 OK40型	OB187型 OK74型	OB174型 OK61型	OS21型 OK36型	原料种类	OB20型 OK40型	OB187型 OK74型	OB174型 OK61型	OS21型 OK36型
棉（普梳）	√	○		×	涤纶	×	×	×	√
棉（精梳）	√	○			腈纶			√	○
混纺（涤/棉，涤/黏）	×	×	×	√	亚麻混纺	○	×	√	×
混纺（腈/棉，黏/棉）		○	√	○	Lyocell及其混纺纤维	√	×	×	
黏纤		√			Modal及其混纺纤维	√	○	×	

注 √适合，○一般，×不适合。

3. 分梳辊的结构及尺寸（图9-1-10）

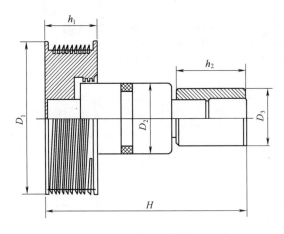

图9-1-10 分梳辊的结构及尺寸

分梳辊的结构、尺寸与纺制纤维长度以及纺纱器有关，目前主流的分梳辊的 D_1 一般为65mm左右，D_2 为30mm左右，其余的尺寸根据不同纺纱器的形式各有变化。

4. 锯齿的表面处理（表9-1-14）

表9-1-14 锯齿的表面处理方式及其适纺性能

处理方式	适纺性能
N（镀镍）	锯齿寿命稍有提高

处理方式	适纺性能
D(金刚石渗透)	表面硬,耐磨,可延长寿命,适纺高含杂原料和化纤
DN(镀镍—金刚石渗透)	光滑,硬,耐磨,锯齿寿命长,适纺粗特纱
BN(镀镍与硼化)	适纺清洁原料,中、细特纱
SN(特制镀镍)	纯黏纤,锯齿寿命较低
KANAL(镀硬铬)	齿面光洁
NP(镍磷喷涂)	耐磨
E(氧化喷涂)	耐磨

锯齿表面处理(或涂层)后的分梳辊可延长寿命1~3倍。对于涤、腈、黏等化学纤维,高含杂天然纤维,粗线密度纱,建议使用表面处理(或涂层)后的分梳辊。分梳辊锯齿使用寿命取决于所纺原料种类、分梳纤维总量、锯齿齿形、材质及其处理方式等因素。条子中的杂质(特别是硬杂质)、化纤的处理方式及二氧化钛(TiO_2)消光剂含量等严重影响锯齿的损伤程度和使用寿命。分梳辊是比较精密的部件,损伤的锯齿需及时更换,否则会严重影响纺纱质量和断头率。

5. 分梳辊转速与锯齿型号等因素的关系

(1)分梳辊锯齿型号与转速的选配(表9-1-15)。

表9-1-15　分梳辊的锯齿型号与速度的选配

锯齿型号	OB20(OK40)型	OB187(OK74)型	OB174(OK61)型	OS21(OK37)型
分梳辊转速/(r/min)	7000~8500	7000~8500	7500~8500	8000~9000

(2)分梳辊转速的选择还取决于原料含杂,成纱均匀度、强力的要求,锯齿的磨损程度等因素。

(3)增加分梳辊转速对于条子开松的影响。

正面影响:排杂增加,纤维分离度好,不易绕分梳辊,纤维转移好。

负面影响:粉尘增加,纤维易损伤,分梳辊表面速度若超过输送气流速度时,纤维易卷曲,伸直度差。

(4)增加分梳辊转速对转杯纱质量的影响。

正面影响:纱的不匀改善,粗节、细节、棉结减少。

负面影响:强力下降,伸长下降。

6. 针辊

针辊具有穿透力强、纤维损伤少、适纺原料广、梳理强、钢针耐磨、寿命长等特点,但也有加工难、成本高、针易倒等缺点。因此,针辊可作为转杯纺纱分梳辊的一个分支,发挥其应有的作用。

(1)梳针工作角。它是指梳针与针辊表面切线之间的夹角(表9-1-16)。

梳针工作角偏小掌握,有利于成纱质量的提高,但针辊的转动负荷与耗电、制作难度及成本将大大增加,一般梳针工作角为75°~85°。

(2)梳针的密度。在转速一定的情况下,密度太大会造成过度分梳,梳断纤维,短绒增加。另外,密度大会增加制造成本。钢针的密度一般选用13根/cm²,钢针的直径一般为0.6~1.07mm。

表9-1-16　针辊梳针工作角与适纺纤维种类

工作角/(°)	适纺纤维	备注
85	涤、腈、涤/棉、毛/黏	纤维间抱合力大的品种应采用较大工作角的针辊(如83°或85°)
80	毛/黏、黏纤	
75	棉、毛/黏	

(3)植针形式。主要有直形排列和斜形排列两种(表9-1-17)。

表9-1-17　植针排列形式与适纺产品

植针形式	工作角/(°)	适纺产品
	75	纤维线密度小,纺制48~36tex的各种非棉纱、混纺纱
	85	因转动负荷较小,适纺抱合力较大、纤维较粗的非棉纱和混纺纱以及中长纤维化纤纱
	80	适纺范围广,可纺棉、毛、丝、麻、化纤,纱线密度为117~48tex
	85	适纺中长化纤、毛、丝、麻类纤维,纱线密度在58tex以上

(4)针辊转速。针辊的转速要低于锯齿分梳辊,根据使用的实践经验,一般为6000~7500r/min。

7. 整体圈齿式分梳辊

整体圈齿式分梳辊是一种环形整体式分梳辊,如图 9-1-11 所示,其锯齿环是一个整体,锯齿通过机械加工成型后整体热处理,从而克服了齿底软、齿顶硬的矛盾,也便于拆装、维修。整体式齿圈一体加工成型,颠覆了传统的齿条镶嵌包覆式分梳辊方式,可避免多余的沟槽、毛刺产生粘挂、缠绕现象。旋转分梳过程中,表面气流层更平稳,纤维转移更顺畅,有利于提高纱线条干质量。

图 9-1-11　整体圈齿式分梳辊

三、假捻盘与阻捻器

1. 假捻盘

（1）分类。假捻盘是设置在转杯内且位于回转中心线位置的固定元件,俗称阻捻头。固定的假捻盘对转杯内高速回转的纱臂有摩擦作用从而形成假捻,虽最终输出纱的捻度不变,但可使自由段纱臂至凝聚槽剥离点处纱段动态捻度增加,向凝聚槽内须条传递捻度,从而可降低转杯纺纱的设计捻度或增加剥离点处纱条的动态强力,减少断头。假捻盘的假捻程度取决于假捻盘表面的材质（钢、陶瓷等）、形状（盘曲率半径、外径、孔径等）和特征（沟槽的数量、位置、形态、表面处理方式等）。一般说来,假捻盘表面材质的摩擦系数大、盘的曲率半径大、沟槽数多,其假捻作用也大。按照工作面材料可以分为金属假捻盘和陶瓷假捻盘;按照工作面表面形状可分为:光面假捻盘、刻槽假捻盘和螺旋形假捻盘,如图 9-1-12 所示。

（2）规格参数（表 9-1-18）。

表 9-1-18　假捻盘规格参数

项目	金属假捻盘	陶瓷假捻盘
曲率半径 R/mm	4,7(6.5),8,10	4,5,7(6.5),8,10
中心孔直径 d^*/mm	2,2.5,3,3.5	

*d 为中心孔最小处直径。

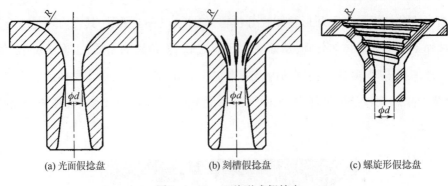

(a) 光面假捻盘　　　　　　　(b) 刻槽假捻盘　　　　　　　(c) 螺旋形假捻盘

图 9-1-12　三种形式假捻盘

（3）技术要求。

①氧化铝 99 陶瓷假捻盘的体积密度≥3.91g/cm³。

②金属假捻盘工作面的表面粗糙度 Ra 0.8μm；陶瓷假捻盘工作面的表面粗糙度 Ra 0.4μm。

③金属假捻盘的表面镀铬层厚度≥0.03mm。

④假捻盘工作面应光滑、无裂纹、毛刺、不挂纤维。

（4）应用。国内外不同机型都有着各自的假捻盘配置，现以 Autocoro 机型的假捻盘为例，见表 9-1-19。

表 9-1-19　Autocoro 系列的陶瓷假捻盘

图示	颜色	沟槽数	型号	用途	原料	特点
	白	0	KN	机织纱	棉，黏纤及其混纺纤维	纱光滑，假捻弱，适纺高捻度纱
	粉红	4	KN4	机织纱，针织纱	棉，黏纤，涤及其混纺纤维	应用广泛，纺纱稳定性好
	白	3	KN3	机织纱	棉及其混纺纤维	适用牛仔布纱，毛羽比用 KN4 型少，适纺中等捻度纱
	白	8	KN8	机织纱，针织纱	棉，黏纤及其混纺纤维	主要用于针织纱，纱蓬松，毛羽更多，纺纱稳定性好
	红	8+36	KN8R	针织纱	棉，黏纤及其混纺纤维	比用 KN8 型更蓬松，毛羽更多，纺纱稳定性比 KN4 型好
	白	0+中心十字块	KNR4	针织纱	棉	毛羽多，纱蓬松，柔软针织纱，起绒布

图示	颜色	沟槽数	型号	用途	原料	特点
	粉红	4+中心十字块	KN4R4	针织纱	棉	比 KNR4 型的假捻作用稍强
	粉红	4+2 个中心十字块	KN42R4	针织纱	棉	比 KN4R4 型的假捻作用还要强
	白	盘香式	KSR4	机织纱,针织纱	棉,再生纤维	柔软针织品,纱蓬松,毛羽多,强力高
	白	盘香式+2 个中心十字块	KS2R4	针织纱	棉及其混纺纤维	假捻作用比 KSR4 型强些

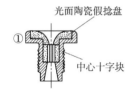
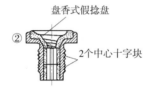

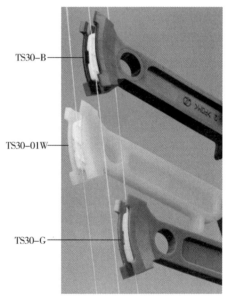

图 9-1-13 阻捻器

2. 阻捻器

阻捻器(图 9-1-13)安装在引纱管的转弯处,它利用斜向沟槽对纱的前进方向形成摩擦阻力矩,阻止纱上捻度向外传递,促使转杯内纺纱动态捻度的增加,从而也可降低设计捻度使断头减少,仍以 Autocoro 阻捻器为例。

阻捻器有一个、两个、三个槽或无阻捻槽(光面),可根据纺纱工艺配置的需要任意选择,见表 9-1-20。一般增加阻捻槽数可增加阻捻作用,但纱中缠绕纤维和毛羽会有所增加。

表 9-1-20 阻捻器与纺纱稳定性、成纱毛羽关系

阻捻器型号	纺纱稳定性	成纱毛羽
TS30-0/G	比 TS30-0/W 型和 TS30-0/B 型差	纱线毛羽少
TS30-0/W	比 TS30-0/B 型差	纱线毛羽比 TS30-0/G 型多
TS30-0/B	最好	毛羽比 TS30-0/G 型和 TS30-0/W 型多

四、输纤通道与隔离盘

1. 输纤通道

抽气式纺纱器的输纤通道一般分成上下两部分，其连接处即为纺纱器的开合之处。上部输纤通道的出口处紧靠转杯滑移面，因此，随着转杯上开口直径的变化而需要更换相应的输纤通道。输纤通道力求以转杯滑移面的切线方向使纤维进入转杯。下部输纤通道紧靠分梳辊，在纤维从分梳辊转移到输纤通道的过程中，通道入口受到纤维流的冲击，需配置耐磨材料。上、下输纤通道接口处需要上大、下小，以保证纤维顺利地从下输纤通道进入上输纤通道。由于纺纱器的开合以及输纤通道接口处的变化，容易干扰纤维流的运动。目前一些纺纱器的输纤通道已改为固定接合面，纺纱器的开合不再从输纤通道中间打开。

自排风式纺纱器的输纤通道是短通道，从分梳辊上转移过来的纤维流经过输纤短通道，直接冲向位于输纤短通道出口与转杯凝聚槽平面之间的隔离盘，通过隔离盘的导向使纤维流进入转杯滑移面和凝聚槽。

2. 隔离盘

隔离盘的作用是将进入转杯的纤维流与已经加捻成纱的纱臂进行隔离，防止纤维直接卷入成纱中而增加外包缠绕纤维，一般仅用于自排风式转杯纺纱机。

3. 技术要求

(1)输纤通道和隔离盘必须十分光洁，避免棉蜡等污垢形成挂花现象。

(2)输纤通道入口处要耐磨，能经受纤维流的冲击磨损。

(3)抽气式输纤长通道的接合面橡胶密封圈不能破损、脱落，要保证密封作用。

五、排杂系统

在分梳辊高速开松梳理条子后，利用纤维和杂质的动能及运动轨迹的差异，实现纤维与杂质的分离，达到排杂的目的。转杯纺纱机的排杂系统，根据纺纱器结构形式不同，可分为抽气式排杂系统(图9-1-14)和自排风式排杂系统(图9-1-15)；根据其排杂结构又有固定排杂机构和可调排杂机构之分；根据其杂质回收方法又有吸风管杂质回收系统和杂质输送带回收系统之分。

1. 排杂系统的结构特点

(1)排杂系统由分梳辊、排杂区和落杂回收系统组成。当原料含杂变化或成纱质量要求不同时，可改变落纤率及落纤含杂率达到提高质量和节约用料的统一。

(2)各种机型的排杂区、落杂回收系统都各有特点。一般说来，抽气式转杯负压绝对值大，故排杂区大，排杂效果较好；自排风式转杯纺纱机采用立式分梳辊与卧式转杯，故采用真空度1.6~1.9kPa的吸风管吸走落纤与杂质，要特别注意机器头尾吸风管真空度的差异及其堵塞现象。

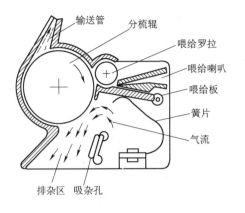

图 9-1-14 抽气式排杂系统示意图　　　　图 9-1-15 自排风式排杂系统示意图

（3）转杯和吸风管真空度、可调节排杂机构、分梳辊锯齿状态规格和转速等是改变落纤率和落纤含杂率的主要工艺参数。为了稳定排杂系统的流场、简化工艺操作、减少挂花和故障等原因，一些转杯纺纱机上不设置排杂可调机构，也有一些转杯纺纱机设置排杂可调机构。

2. 排杂系统能达到的效果

（1）减少转杯积杂量，延长清扫周期，节省人工。

（2）降低断头，稳定并改善成纱的外观和内在质量。

（3）进一步提高转杯纺纱对低级棉和下脚料的适纺性能。

（4）进一步提高纺纱速度和质量。

六、转杯轴承

转杯轴承通常可分为直接轴承、双盘支承间接轴承和磁悬浮三大类。

1. 直接轴承（图 9-1-16）

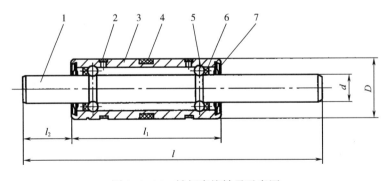

图 9-1-16 转杯直接轴承示意图

1—芯轴　2—加油环　3—外圈　4—固定环　5—滚动体　6—保持架　7—密封件

（1）规格参数（表9-1-21）。

表9-1-21　转杯直接轴承规格

项目	参数
设计转速/（r/min）	$\leqslant 15\times 10^4$
外圈直径 D/mm	22,34
芯轴直径 d/mm	8.9,10,12,12.2
芯轴长度 l/mm	108,110,112
外圈宽度 l_1/mm	56,61,74
外圈端面到芯轴端面距离 l_2/mm	13,18,19

（2）技术要求。

①转杯轴承的振动加速度级≤45dB。

②转杯轴承的残磁强度（带磁性零件的轴承除外）≤0.4mT。

③加油环和固定环的外圆表面应低于外圈的外圆表面。

④在正常工作条件下，转杯轴承平均使用寿命应不低于9000h。

⑤芯轴对外圈轴线的径向圆跳动公差0.005mm。

⑥转杯轴承应旋转灵活、平稳，无阻滞现象。

⑦转杯轴承内应加注润滑脂（油），并可补充。

⑧转杯轴承应密封良好，无持续漏脂现象。

⑨转杯轴承的温升≤25℃。

⑩转杯轴承的径向游隙≤0.015mm。

图9-1-17　双盘支承间接轴承

2. 双盘支承间接轴承（图9-1-17、表9-1-22）

表9-1-22　双盘支承间接轴承的技术特征

生产厂商	远东新型纺机厂	因果尔斯塔特	赐来福	赐来福	立达
转杯纺机型	FA611	RU11	Autocoro288及之前	Autocoro312	R20,R40
转速范围/（r/min）	40000~60000	40000~75000	40000~150000	40000~150000	40000~150000
转杯轴径/mm	9	9	7	7	7
止推方式	滚珠	滚珠	滚珠	磁性	空气静压
止推润滑方式	润滑油	润滑油	润滑油（脂）	空气	空气

3. 磁悬浮轴承

磁悬浮轴承是利用磁力作用将转子悬浮于空中,使转子与定子之间没有机械接触,因此,磁悬浮转杯轴承在 200000r/min 的速度下仍可以保证可靠性和安全性,具有机械磨损小、能耗低、噪声小、寿命长、无需润滑、无油污染等优点,卓郎已在 Autocoro 转杯纺纱机上成功应用了磁悬浮轴承,如图 9-1-18 所示。

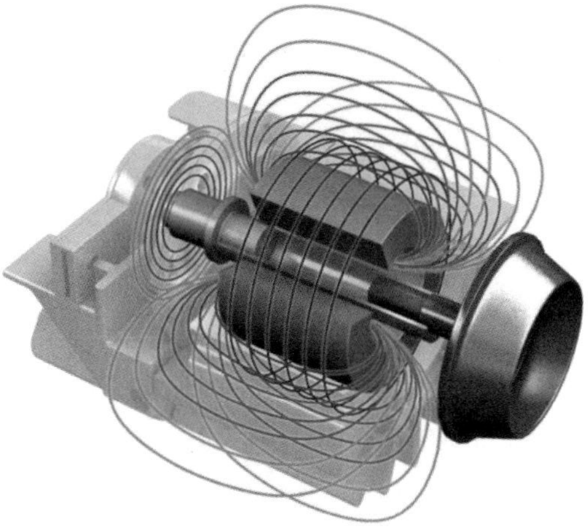

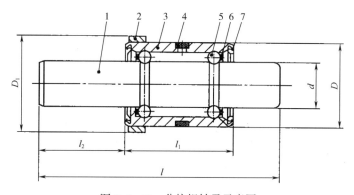

图 9-1-18 磁悬浮轴承驱动转杯示意图

七、分梳辊轴承与压轮专用轴承

1. 分梳辊轴承(图 9-1-19)

图 9-1-19 分梳辊轴承示意图

1—芯轴 2—定位圈 3—外圈 4—固定环 5—钢球 6—保持架 7—密封件

(1)规格参数(表 9-1-23)。

表 9-1-23 分梳辊轴承规格参数　　　　　　　　　　　　单位:mm

项目	参数
外圈直径 D	30
定位圈外径 D_1	32. 4,33,33. 5,34
芯轴直径 d	14,14. 12,16
芯轴长度 l	73,74. 4,75,76,86. 5,89,90,92,94,100,111

续表

项目	参数
外圈长度 l_1	39,40,43,57.7
外圈增面到芯轴增面的距离 l_2	14,16.5,16.8,17,18.4,18.8,20,25,27,30.5,30.8

（2）技术要求。

①分梳辊轴承的振动加速度级≤48dB。

②分梳辊轴承的残磁强度≤0.4mT。

③分梳辊轴承的径向游隙≤0.015mm。

④芯轴对外圈轴线的径向圆跳动公差0.005mm。

⑤分梳辊轴承应密封良好，无持续漏脂现象。

⑥分梳辊轴承应旋转灵活、平稳，无阻滞现象。

⑦固定环的外圆表面应低于外圈的外圆表面。

⑧定位圈应定位准确，无松动现象。

⑨分梳辊轴承表面应无锈蚀、磕碰等缺陷。

⑩在正常工作条件下，分梳辊轴承平均使用寿命应不低于15000h。

2. 压轮专用轴承

压轮专用轴承结构可分为整体式压轮轴承和分体式压轮轴承两种类型，前者又可分为芯轴转动整体式压轮轴承（图9-1-20）和外圈转动整体式压轮轴承（图9-1-21），后者如图9-1-22所示。

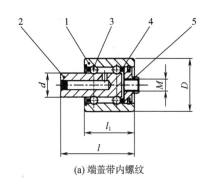 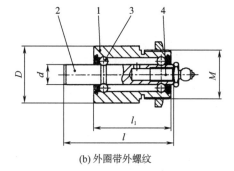

（a）端盖带内螺纹　　　　　　　　　　　（b）外圈带外螺纹

1—外圈　2—芯轴　3—钢球　4—保持架　5—端盖　　　1—外圈　2—芯轴　3—钢球　4—保持架

图9-1-20　整体式压轮轴承示意图

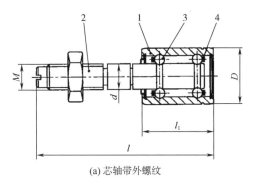

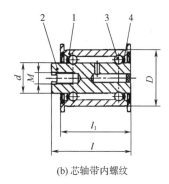

(a) 芯轴带外螺纹   (b) 芯轴带内螺纹

图 9-1-21 外圈转动整体式压轮轴承示意图

1—外圈 2—芯轴 3—钢球 4—保持架

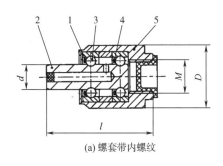

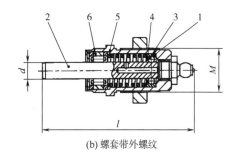

(a) 螺套带内螺纹   (b) 螺套带外螺纹

1—外圈 2—芯轴 3—钢球 4—保持架 5—螺套   1—外圈 2—芯轴 3—钢球 4—保持架 5—螺套 6—纺锭轴承

图 9-1-22 分体式压轮轴承示意图

（1）规格参数（表 9-1-24）。

表 9-1-24 压轮轴承规格参数   单位:mm

项目	参数
外圈直径 D	20,22,24,25,26,28,30
芯轴直径 d	7.8,8,10,12,(13.5),14,(14.5),16,18
整体式外圈长度 l_1	20,26,31,32,33,35,39,40,43,45
外螺纹	$M16×1.5,M21×1,M24×1$
内螺纹	$M4,M5,M6,M8,M16×1,M16×1.5$

注 括号内的参数不建议使用。

（2）技术要求。

①压轮轴承振动加速度级≤53dB。

②压轮轴承的残磁限值为0.4mT。

③压轮轴承的径向游隙为0.005~0.025mm。

④芯轴转动式压轮轴承,芯轴外圈对外圈轴线的径向圆跳动公差0.020mm;外圈转动式压轮轴承,外圈外圆对芯轴轴线的径向圆跳动公差0.040mm。

⑤压轮轴承的内螺纹公差带7H,外螺纹公差带7g。

⑥压轮轴承应旋转灵活,平稳无阻滞现象。

⑦压轮轴承应密封良好,无持续漏脂现象。

⑧压轮轴承表面应无锈蚀、磕碰等缺陷。

八、传动龙带

龙带,又称平皮带,是一种新型高强度平面型传动带。

1. 龙带的结构与力学性能

龙带一般有五层,中间主承载层是尼龙片基,它的两面包覆的尼龙布称为弹性层,弹性层的外面涂丁腈橡胶称为耐磨层(图9-1-23)。龙带的物理力学性能见表9-1-25。

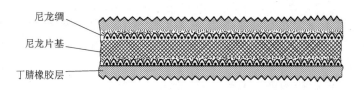

尼龙绸
尼龙片基
丁腈橡胶层

图9-1-23　龙带示意图

表9-1-25　龙带的力学性能

性能	片基的抗拉强度/ (kN/cm^2)	断裂伸长率/ %	弹性模量/ (kN/cm^2)	表面摩擦系数	负载伸长率/ %
参数	30	25	12	0.5~0.6	1.5~2

2. 龙带的技术数据

转杯纺专用龙带主要参数见表9-1-26,分梳辊龙带与60000r/min以下的转杯纺龙带可通用。

表 9-1-26 转杯纺专用龙带主要参数

型号	适用转速/ (×10⁴r/min)	传动层	主体层	厚度/mm	最小轮径/mm	许用强度/kN	许用张紧 伸长率/%	生产厂商
T2H	< 6	特种丁腈橡胶	高强尼龙片基	2.4	70	25	1.5~2.5	济南天齐
T2	< 6			2.4	70	25	1.5~2.5	
T2M	< 6			2.4	70	25	1.5~2.5	
T3H	≥6			2.6	100	30	1.5~2.5	
T3	≥6			2.6	100	30	1.5~2.5	
S18/23	< 6	NBR	PA	2.3	60	20	2.5	哈伯西特 (Habasit)
S200	< 6	NBR	PA	2.0	60	25	2.3	
SOE250	≥6	NBR	PA	2.6	60	25	2.3	
SOE20	≥6	NBR	PA	2.5	50	25	2.0	
SOE35	≥6	NBR	PA	2.6	50	35	2.0	
GG14N	< 6	X-NBR	PA	2.1	50	20	2.5	西格林 (Siegling)
GG14P	< 6	X-NBR	PA	2.3	50	20	2.5	
GG20N	< 9	X-NBR	PA	2.4	60	25	2.5	
GG200P	< 9	X-NBR	PA	2.6	70	25	2.5	
GG25E-25	< 9	X-NBR	PA	2.5	50	25	2.5	
GG20NSV	> 9	X-NBR	PA	2.4	60	25	2.5	
GG30E-HP	> 9	X-NBR	PA	3.0	60	35	2.2	

3. 龙带选用需考虑的因素

(1)龙带传动要驱动较多数量的转杯,使其受到无数次弯曲及挠性变化。龙带越柔软,越可将弯曲的损耗减至最低,可带来节电效果。

(2)龙带的变形必须在弹性变形的范围内。许用张紧伸长率是达到许用强度时的龙带延伸率。延伸率小时,转杯转速差异也小,张紧龙带所需空间也可紧凑些。

(3)龙带的使用性能不随车间环境温湿度的变化而变化,以保证转杯转速的恒定。

(4)龙带接口要求均匀,刚度、厚度及摩擦系数无变化,运行平稳,不产生接口跳动。

(5)龙带运转噪声要求低,使用寿命要长,价格性能比恰当。

九、其他工艺配置

1. 捻向、捻度与捻系数

转杯纱的捻向通常是 Z 捻，若特殊需要 S 捻，必须变换转杯的回转方向与输纤通道出口的切向位置。

转杯纺设计捻度和捻系数（线密度制）的计算如下：

$$T = \frac{n}{10V} + \frac{100}{\pi D}$$

$$\alpha_t = \sqrt{Tt} \times T$$

式中：T——线密度制设计捻度，捻/10cm；

$\quad$ n——转杯转速，r/min；

$\quad$ V——引纱线速度，m/min；

$\quad$ α_t——线密度制捻系数；

$\quad$ D——转杯凝聚槽直径，mm；

$\quad$ Tt——纱的线密度，tex。

因为 $\frac{100}{\pi D}$ 数值较小，可略去，所以上式也可简化为 $T = \frac{n}{10V}$。

（1）一般推荐的捻系数（表9-1-27）。

表9-1-27　纱线种类与捻系数

纱线种类	经纱	纬纱	针织纱	针织起绒纱
捻系数	430±50	400±50	370±50	350以下

（2）某纱厂引进国外转杯纺纱机推荐的转杯纱捻系数选择示例（表9-1-28）。

表9-1-28　推荐的捻系数示例

纺纱线密度/tex	70~120	48~64	36~44	29~34	19~29	14~19
针织纱	285~361	323~380	342~399	342~399	361~418	371~427
机织纱	285~399	323~418	342~437	342~456	361~456	371~475
牛仔布纱	342~399	351~418	361~437	361~456	399~456	418~475

2. 加捻效率

实测捻度和设计捻度之比称为加捻效率。转杯纺纱的加捻效率与环锭纺纱和喷气涡流纺纱相比有着不同的内涵。转杯纺纱不是须条整体加捻,而是分层加捻,因而转杯纱的结构也与环锭纱和喷气涡流纱不同,转杯纱不可以完全退捻。实测捻度与设计计算捻度差异较大,转杯纱的加捻效率随着设计捻系数的增加、假捻和阻捻作用的增大、纱的线密度的变粗、转杯纺纱速度的提高而降低。此外,纤维的线密度、品种、混纺比等多种因素都会影响加捻效率。一般说来,转杯纱的缠绕纤维多、退捻效果差就会使加捻效率降低。

3. 喂给部分

喂给部分一般采用喂给集合器、喂给罗拉、喂给板等机构。喂给机构的形状、规格、加压、隔距等工艺配置一般随转杯纺纱机的机型而设定。纺纱线密度和条子定量可参考表 9-1-29。

表 9-1-29　纺纱线密度与条子定量及牵伸倍数的关系

纺纱线密度/tex	条子定量/(g/5m)	牵伸倍数
72~96	20~25	41~69
29~72	18~20	49~137
24~29	16~18	110~148

4. 引纱罗拉与牵伸倍数

引纱罗拉的结构、加压随机型设备而定,其技术要求如下。

(1)引纱罗拉的径向跳动不大于 0.15mm。

(2)引纱胶辊对引纱罗拉的压力在 18~25N 范围内。

(3)引纱胶辊对引纱罗拉轴向平行,呈线接触,保证引纱罗拉和引纱胶辊对纱的握持牢固,又要防止引纱胶辊太硬将纱压"扁"造成黑板条干的粗、细阴影。

转杯纺纱的机械牵伸倍数:

$$机械牵伸倍数 = \frac{引纱罗拉线速度}{喂给罗拉线速度}$$

在标准回潮率下,成纱与喂入条子的实际牵伸倍数:

$$实际牵伸倍数 = \frac{条子线密度}{成纱线密度}$$

$$实际牵伸倍数 = K × 机械牵伸倍数$$

K 为两者的牵伸系数,一般为 1.02~1.05,它与机械滑溜、纺纱器排杂、纤维损失等因素有关。

现在大多数转杯纺纱机的机械牵伸倍数变换是通过车头显示屏调节变频调速装置设定来实现,可直接选定引纱罗拉线速度与喂给罗拉线速度。

5. 卷绕系统

卷绕系统包括卷绕筒子架、卷绕辊及其附属装置,其结构、加压、隔距、动程等工艺随转杯纺纱机机型而定。

(1)卷绕角。卷绕角(图 9-1-24)是纱进行往复式卷绕时纱筒上的交叉角。

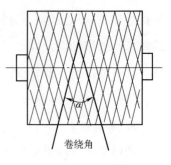

图 9-1-24　卷绕角

$$\tan \frac{\alpha}{2} = \frac{导纱嘴横动线速度(m/min)}{纱筒线速度(m/min)}$$

卷绕角 α 一般是可以调节的,一般为 30°~40°,可采用齿轮变换或伺服横动来改变卷绕角。卷绕角大小的影响见表 9-1-30。

表 9-1-30　卷绕角大小对其他参数的影响

卷绕角大小	导纱嘴横动线速度	卷绕纱疵	卷绕紧密度	纱筒重量	纱毛羽
卷绕角大	大	少	松软	轻	稍多
卷绕角小	小	多	紧密	重	稍少

(2)卷绕张力牵伸。卷绕辊与引纱罗拉间的卷绕张力牵伸一般规定为:

$$卷绕张力牵伸 = \frac{卷绕辊线速度(1-\eta)}{引纱罗拉线速度 \times \cos \frac{\alpha}{2}}$$

式中:η——纱筒与卷绕辊间的滑溜率。

卷绕张力牵伸也可简化为:

$$卷绕张力牵伸 = \frac{卷绕辊线速度}{引纱罗拉线速度}$$

卷绕张力牵伸一般控制在 0.98~1.08,其要求卷装成形既不松弛,又不因张力过大而增加断头。

①选用卷绕张力牵伸的主要因素(表 9-1-31)。

表 9-1-31　影响卷绕张力牵伸的主要因素

影响因素	捻度		纤维性能		引纱速度		纱线密度	
	较多	较少	较好	较差	较快	较慢	较细	较粗
卷绕张力牵伸	宜大	宜小	宜大	宜小	宜小	宜大	宜小	宜大

②卷绕张力牵伸与纺纱质量的关系(表 9-1-32)。

表 9-1-32　卷绕张力牵伸与纺纱质量的关系

卷绕张力牵伸大小	断头率	成纱强力	卷装成型	卷绕张力	纱伸长率
卷绕张力牵伸大	较多	略高	紧	大	减少
卷绕张力牵伸小	较小	略低	松	小	增大

6. 转杯纺车间环境（表 9-1-33）

表 9-1-33　转杯纺车间环境要求

项目	要求		
车间排风量	必须大于车间内转杯纺纱机排风量的总和		
压缩空气	如采用全自动转杯纺纱机,必须根据设备产品的要求配置压缩空气机及其管道系统		
车间噪声/dB	< 90		
空气含尘量/(mg/m³)	1~2		
温湿度	季节	温度/℃	相对湿度/%
	夏季	<32	65±5
	冬季	>20	60±5

注　纺制非棉类天然纤维时,车间相对湿度应提高 5%~20%。

第五节　转杯纺纱机的自动化与智能化

转杯纺纱机的自动化装置从 20 世纪 80 年代至今不断地向前发展。卓朗集团 Autocoro 系列转杯纺纱机和瑞士立达公司的 R 系列转杯纺纱机目前占据了国际全自动转杯纺纱机市场的主导地位。其自动化装置包括自动清洁接头、自动换筒、落筒及运输、自动在线检测、自动调节参数、显示工艺菜单、单机多品种等,从而极大地提高了转杯纺纱机的生产效率,改善纺纱和卷绕质量,减少用工。新世纪以来,智能化的浪潮席卷而来,智能化也开始在转杯纺纱机的设备上探索与应用。

一、自动接头

1. 转杯纺纱接头

全自动接头是在模拟人工接头的过程中发展起来的，随着检测技术、控制技术的发展，以及机械、电子、气动、光学技术的综合运用，接头过程变得更易控制。在接头区的原纱，通过退捻和清洁处理，使纱头处的受损纤维排除，并使纱头以及接头区以前的原纱得到合理的退捻，为接头打下良好的基础；在整个过程中，对受控纤维进行合理的分布，使其在接头区和新纱形成区的搭接纤维量更趋合理，并保证其在过渡区的纤维量；新纱纤维量在新纱形成区不再进行变化（图9-1-25）。通过对捻度的合理调节，在接头区，根据对原纱处理情况的分析，合理增加纤维量，并增加捻度，不仅补偿了原纱的退捻量，并且使接头区的捻度加大，避免了在接头区前段原纱形成细节，也避免了在接头区形成短粗节，这样也使接头处的强力明显增加；在过渡区，合理增加受控纤维的分布，并适当配置捻度，即避免在过渡区两端形成短细节，也避免在此形成长粗节；在新纱形成区，随着纤维量趋于正常，捻度也达到正常水平，接头过程结束。

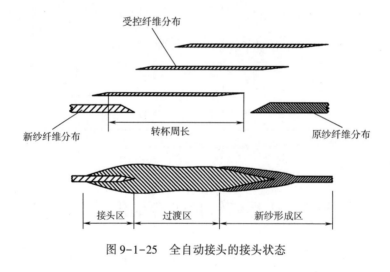

图9-1-25　全自动接头的接头状态

Autocoro 的 DigiPiecing 功能将数字控制接头集成在每个单独的 Autocoro 纺纱锭位，该单电动机驱动器确保高精度控制接头过程，对于每个纺纱锭位的接头质量可高度再现。立达公司 AEROpiecing 接头技术将预先准备好的纱头快速导入转杯槽中，在断头时独立驱动的喂给电动机精确喂给所需数量的纤维，以生产具有可重复外观及强力的无痕接头。目前全自动接头质量强度可达正常纱的90%，粗度在140%以内，基本可以满足后道工序的要求。

2. 半自动接头

半自动接头是将清扫转杯、断头后在纱筒上寻找纱头、确定沉纱长度、保证接头纱尾蓬松性等工作由挡车工操作完成，而接头瞬间的预喂纤维量、附加捻度、沉纱、引纱和卷绕时间是通过时间程控系统来完成。这样每个纺纱器都需配置一套半自动接头装置。半自动接头是在转杯全速状态下进行接头。一般说来，半自动接头质量优于人工接头，但略逊于自动接头。

在半自动接头状态中，种子纱与凝聚槽纤维环中的纤维搭接情况是非常复杂的。一般情况下，种子纱进入凝聚槽后，很难立即与凝聚槽中纤维搭接，而是在凝聚槽中滚动、滑移、拖动纤维环中纤维缠绕，形成图9-1-25中所示的缠绕纤维，缠绕到一定程度，凝聚槽中的纤维环才被撕开，并且纤维环的断开，不确定性很大，而在这个过程中，由于转杯旋转形成的捻度都加在种子纱上，使种子纱的捻度过大，形成图9-1-26中的种纱过捻段，出现明显的接头前细节，由于捻缩加大，加大了种子纱与纤维须条的搭接难度，使捻入段搭接不牢，接头直径明显偏大，接头强力大大降低。并且由于种子纱沉入到开始引纱的时间是固定的，纱线接头的离散性很大，影响了接头质量的稳定性。一般接头质量强度可达正常纱的70%，粗度在180%以内。目前全自动与半自动接头技术正在加速融合，半自动接头技术与质量预期可快速接近全自动接头。

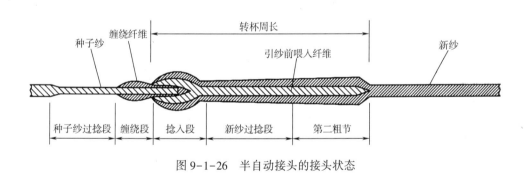

图9-1-26　半自动接头的接头状态

二、自动落筒

自动落筒步骤如下。

(1)转杯纺的纱筒达到设定长度或设定直径后，纺纱器停止工作，满纱筒自动抬起，脱离卷绕辊。

(2)利用巡回走车上的机械手，将达到规定卷装定量的纱筒抓起推送到机顶中央的纱筒输送带上，然后由运输带将其送到机尾，由另一机械手装置或人工取走。

(3)将车头贮存的空筒管通过空管输送带，自动运送到落筒的纺纱卷绕锭位，并由巡回走车将空管正确地装入卷绕筒子架。

(4)由巡回走车将空管打上留尾纱的底纱。

(5)由巡回接头走车进行自动接头。

三、在线检测装置

电子清纱器可对转杯纺纱过程中的粗节、细节、波纹纱、异性纤维等纱疵及纺纱线密度的变化进行在线检测。利用电子清纱器取得的纱线质量和机器运转状态的信息可以对纺纱机进行监控。国内外都已有转杯纺纱机的专用电子清纱器,表9-1-34为部分转杯纺电子清纱器的技术特征示例。由于全自动接头质量已接近正常纱的标准,全自动转杯纺纱机一般都配置电子清纱器。半自动转杯纺纱机配置电子清纱器的比例还不是很高,但是配置电子清纱器是一个趋势。

表 9-1-34　部分转杯纺电子清纱器的技术特征

型号	Uster Mc 200	Corolab XQ
检测方式	光电式	光电式
适纺纱线密度/tex	10~190	10~167
适纺纱线速度/(m/min)	适合目前所有转杯纺纱机的最高速度	最高 300
接头处理	检测并清除不合格接头	检测并清除不合格接头
短粗节/%		25~320
短粗节长度/mm		2~80
长粗节/%	用户可以依据产量与质量的平衡设定纱体参数,包括了粗细节和棉结,长度小于10mm的棉结,在10~80mm的粗节,在80~2000mm的粗节。以转杯周长为周期,定期出现的粗节(波纹纱)	25~320
长粗节长度/mm		80~640
长细节/%		−40~−20
长细节长度/mm		80~640
波纹纱疵/%		20~400
波纹纱疵长度/mm		50~250

四、信息控制系统

全自动转杯纺纱机提供了一个全方位的信息控制系统。该系统与机器控制、自动巡回走车、纺纱卷绕单元、变频调速装置等建立调控关系,获得综合数据。

全方位信息控制系统可提供:机器和自动巡回走车的集中调节;纺纱监控系统的集中调节;生产数据的集中收集和输出;质量数据的集中收集和输出;对机器和物流控制任务的承担;服务功能;断头、落筒与事故等信号。

五、多电动机独立驱动

PLC、交流伺服、步进电动机、现场总线等自动控制技术在转杯纺纱机中得到应用,使设备效率大幅提高。Autocoro 9 采用单头控制技术,使每一个锭位独立运行,提高了生产效率,在一台设备上最多同时可生产 5 个品种,单头独立控制是转杯纺纱机未来的发展方向。

第六节 转杯纺纱的半制品与前纺工艺设备

转杯纺纱是由条子纺成纱,制条是转杯纺纱的前纺准备工程。因转杯纺纱机在纺纱工艺、机械及其对成纱品质的关系等方面与环锭纺纱机不同,因而对半制品的需求与前纺设备工艺配置和环锭纺也有不同之处。

一、转杯纺纱对前纺工艺设备的要求

1. 杂质、微尘

在转杯纺纱机生产时,转杯内会有一定数量的尘土、杂质、粉屑等的积聚,积聚的数量与喂入条子、纤维原料的品质有关。自排风式转杯纺制 1kg 棉纱,杯内积杂为 100~200mg,抽气式转杯的积杂为 20~80mg。转杯内积聚物对纺纱产生如下影响。

(1)杂质、粉尘等在凝聚槽的积聚,改变了凝聚槽的形状与光洁度,从而恶化了纺纱质量。

(2)杂质在凝聚槽的剥离点处阻碍捻度的传递,并减弱剥离点成纱的强力,易造成断头。

(3)转杯内的杂质、微粒产生很大的离心力,杂质在离心力作用下紧压凝聚槽剥离处,易造成纱条剥取方向从正常纺纱的超前剥取改为滞后剥取,成纱质量恶化。

(4)凝聚槽积聚的杂质块过大或小杂质融积成大颗粒后,易产生与转杯周长相关的周期性竹节纱,即"波纹纱"。

因此,转杯纺纱的前纺工艺设备必须强调除杂、除微尘的重要性,以缓和转杯纺纱过程中,转杯内尘杂积聚的数量与速率。在转杯纺纱机上可以排除部分杂质,但无法排除条子中的微尘,微尘应尽量在前纺制条过程中排除。

2. 纤维的分离度、平行伸直度

输入转杯纤维流的分离性好，呈单纤维化，是提高转杯纺纱成纱均匀度和强力的根本保证。条子中纤维分离度、平行伸直度好，更能充分利用转杯纺分梳辊的分梳作用，达到良好的排杂效果，减少杂质，特别是大杂质进入转杯。

3. 纤维的加捻性能

纤维的加捻性能包括纤维的柔软性、表面摩擦系数、导电性、回潮率等。转杯纺纱属于自由端纺纱，它是依靠纤维间的捻度传递将纤维须条加捻成纱。为了提高纤维的加捻性能，在纺制棉纱时，需保证条子的回潮率。在纺制非棉类纤维时，须通过给油加湿、预处理来改善纤维的柔软性、表面摩擦系数、导电性和回潮率，才能顺利纺纱。因此，前纺工艺设备也要适应这样的技术条件，并采取相应的措施。

4. 纤维长度、线密度的差异性

转杯纺纱能适应加工长度、线密度差异大的纤维原料，拓宽了纤维原料的应用领域。再生纤维、废棉、下脚料等许多环锭纺不宜纺制的长度较短、长度整齐度差的纤维原料在转杯纺纱中可得到应用，开发成产品。因此，转杯纺的前纺设备和工艺也要适应这类纤维原料的加工制条。

二、前纺工艺流程及前纺半制品质量要求

我国转杯纺纱厂目前的纺纱范围一般为 14~97tex。纺纯棉纱时用棉等级一般较低，长度为 26~28mm，并适量使用环锭纺纱的开清棉、梳棉和精梳的落棉。也有生产混纺纱，采用涤纶、腈纶、黏胶纤维、苎麻、大麻、紬丝、短毛等作为原料。随着转杯纺纱技术的发展、转速的提高，生产中、细线密度转杯纱应用于针织领域的要求越来越迫切。好的原料纺制好的转杯纱也基本在业界形成共识，因此，纺纱原料、前纺设备及工艺也要相应改变。总之，要根据纺纱厂自身的产品方向进行配置，以获得最佳的技术经济效益。

随着技术的进步，转杯纺前纺的流程趋于简化和多元化，一般就是清梳联、并条两个工序，其设备的配置与产品定位、所纺原料等密切相关，因此前纺半制品的要求也各不系统。表 9-1-35～表 9-1-37 是以一般的棉花为例，介绍各工艺质量要求。

表 9-1-35　开清棉工艺质量一般要求

原棉含杂率/%	总除杂效率/%	落棉含杂率/%	棉卷含杂率/%	棉卷不匀率/%	比原棉增加短绒率/%
2~3	>60	>60	0.8~1.2	<1	<1

表 9-1-36 梳棉工艺质量一般要求

生条含杂率/%	结杂最大重量/mg	每克条子硬杂质重量/mg	每克条子软疵粒数	重量不匀率/%	条干不匀率/%	比棉卷增加短绒率/%
0.1~0.15	<0.15	<4	<150	<4.5	14~19	<2

根据生产运转实践,生条含杂率的具体要求为:

优质纱:0.07%~0.08%;正牌纱:<0.15%;专纺纱:<0.2%;个别场合:>0.5%。

表 9-1-37 末道并条工艺质量一般要求

条干不匀率/%	重量不匀率/%	电子条干变异系数/%	回潮率/%
<18	<1	<3.7	6.5~8.0

第七节 转杯纺纱的质量

一、转杯纺纱的质量要求

(1)转杯纺棉纱的公定回潮率、纱线线密度及标准重量的计算等,按国家标准 GB/T 398—2018《棉本色纱线》技术要求的规定。

(2)转杯纺棉纱最后成品(包括筒、绞或定捻以后的成品)的设计纱线线密度,必须保证与棉纱公称纱线线密度相等。

(3)符合转杯纺棉本色纱行业标准 FZ/T 12001—2015《转杯纺棉本色纱》的技术要求与分等规定。

(4)转杯纺棉本色纱乌斯特统计值:转杯纱的 2017 乌斯特统计值,它包括条干变异系数、毛羽指数、纱的截面形状、频发性纱疵和拉伸性能等各项质量指标的水平。

(5)近年也出现了彩棉、黏胶纤维等转杯纱的行业或团体标准。

二、提高转杯纺纱质量的主要途径(表9-1-38)

表9-1-38　提高转杯纺纱质量的主要途径

内容	工序	主要途径
降低重量不匀率	前纺	1. 清钢联设备,掌握好棉箱控制范围,用好自调匀整 2. 实行轻重条搭配,保证条子重量不匀率不超过1%
	转杯纺	1. 喂给板加压保持在25~30N,条子握持正常 2. 防止条子的意外牵伸 3. 牵伸倍数、卷绕张力恒定,喂给、引纱、卷绕没有滑溜现象
提高强力	前纺	1. 注意原棉品质,掌握纤维平均长度为26~28mm,线密度为1.54~1.67dtex,成熟度系数为1.6~1.7 2. 提高清梳除杂效率,减少因转杯积杂造成的强力损失 3. 提高梳棉的梳理度,力求单纤维化 4. 提高并条的纤维伸直度
	转杯纺	1. 合理安排转杯清扫周期 2. 控制车间温湿度 3. 掌握好成纱捻度 4. 在不影响卷绕张力断头情况下,提高张力牵伸 5. 保证转杯的正常负压
减少棉结杂质	前纺	1. 熟条含杂率不超过0.15%,越少越好 2. 提高清梳除杂效率,减少条子的微尘、棉结、杂质
	转杯纺	1. 分梳辊锯齿(针)锋利光洁、不缺齿、不倒齿、不挂花 2. 纺纱器排杂、回收区域的流畅,不积花、不堵塞 3. 设定合理的清扫周期
改善条干不匀率	前纺	1. 提高半制品质量,减少棉结杂质,最大颗粒重量不大于0.15mg 2. 提高梳棉的梳理度
	转杯纺	1. 各种通道光洁,严防挂花现象 2. 纺纱器密封性好,纺纱负压稳定 3. 各种风道无堵塞 4. 喂给系统握持可靠,引纱胶辊硬度、加压恰当 5. 分梳辊锯齿磨损程度正常,分梳良好 6. 转杯凝聚槽无明显积尘杂,保持清洁

内容	工序	主要途径
降低断头	前纺	1. 提高纤维的强力、成熟度和线密度 2. 清花加强除杂除尘,梳棉棉网清晰度好,减少短绒
	转杯纺	1. 保证每个纺纱器的纺纱负压值 2. 纺纱器密封性好,与纤维接触的机件要光洁、不挂花 3. 合理选择工艺参数和假捻盘、阻捻器,配置适当捻度及转杯速度 4. 选择合适的分梳辊齿形,并保持锋利光洁,不挂花 5. 配置适当的张力牵伸 6. 排杂、回收系统流畅 7. 断头自停装置灵敏、可靠 8. 车间温湿度适宜
减少毛羽	前纺	1. 清、梳工序加强梳理,纤维分离度要好 2. 并条工序提高纤维的伸直度
	转杯纺	1. 分梳辊梳理作用好 2. 假捻盘、阻捻器的选择要注意毛羽的增加量 3. 转杯凝聚角选择合适

三、转杯纺纱疵的主要产生原因及防止措施(表9-1-39)

表9-1-39 转杯纺纱疵的主要产生原因及防止措施

疵品名称	产生原因	防止措施
波纹纱(转杯周长内规律性条干不匀)	1. 转杯凝聚槽嵌有5~6mm的积灰 2. 转杯内壁、顶口碰毛,有凹凸	1. 严格执行转杯清洁周期 2. 加强操作管理 3. 严格执行保全、保养制度
黑灰纱	1. 金属灰及短绒在纺纱器内部积聚 2. 网状补风窗上金属灰和短绒积聚	1. 防止金属铝压轮产生的铝灰进入转杯 2. 定期清扫补风窗 3. 采用钢转杯
细节	1. 喂给电磁离合器有杂物,不灵活 2. 断头自停装置失灵,可靠性差 3. 喂给板压力过重 4. 喂给喇叭口太小 5. 转杯积杂过多	1. 保证断头自停与电磁离合器性能稳定可靠 2. 控制压力为25~30N 3. 条子定量与喂给集合器配套 4. 清扫转杯,周期更换

续表

疵品名称	产生原因	防止措施
粗节	1. 纤维通道不光洁,有挂花 2. 分梳辊锯齿严重磨损,有断齿、弯齿、挂花 3. 喂给罗拉积花 4. 输纤通道、隔离盘有缺口、毛刺 5. 棉条包卷不良 6. 喂入棉条有明显粗节 7. 排杂及回收区域产生挂花	1. 保证通道光洁 2. 检查分梳辊状态 3. 清除喂给部分积花、挂花 4. 检查、清洁或更换 5. 按棉条包卷操作法执行 6. 改进前纺工艺,提高半制品质量 7. 保持光洁、通畅,纺纱负压稳定
接头粗节	1. 接头时间掌握不当,给棉过早 2. 断头自停装置的探针位置不当 3. 操作不熟练,转杯剩余纤维未扫清 4. 接头不良,飞花带入纱条	1. 调整给棉时间或改进操作 2. 保证自停装置的工作状态 3. 严格执行、检查接头操作法 4. 做好接头前的纺纱器清扫
棉球纱(棉杂密集)	1. 自排风转杯排气孔堵塞 2. 短绒或杂质在纺纱器中积聚 3. 分梳辊腔体气流不平衡,排杂区棉杂回收	1. 保证风管与纺纱器不阻塞 2. 确保分梳辊锯齿锋利度 3. 确保排杂区气流稳定
弱捻纱	1. 纺纱器漏气 2. 转杯转速达不到设定值 3. 假捻盘、阻捻器规格不符 4. 龙带磨损	1. 检查其密封性,测量负压值 2. 检查压轮压入量及轴承状态 3. 更换合适的假捻盘、阻捻器 4. 调换龙带
个别筒子纱偏细	1. 个别棉条定量过轻 2. 输纤通道出口位置高于转杯顶口 3. 棉条在进入喂给罗拉前产生意外牵伸 4. 喂给罗拉与喂给板间的棉条打滑	1. 提高、稳定半制品质量 2. 检查调整转杯、输纤通道出口的位置 3. 保证棉条正常运行 4. 调整喂给系统的工作状态

四、纤维品质对转杯纺纱质量的影响(表 9-1-40)

表 9-1-40　纤维品质对转杯纺纱质量的影响

纤维品质	强度	伸长	均匀度	疵点	手感和结构	毛羽	可纺性
纤维长度和均匀度	小	小	大	无	小	小	小
纤维线密度	大	小	大	小	大	小	大
洁净度	小	小	大	大	小	无	大
纤维强度	大	小	无	无	无	无	大
纤维伸长	小	大	无	无	无	无	大

注　大,指影响大;小,指影响小;无,指无影响。

转杯纺对纤维原料的质量要求不同于传统的环锭纺。在转杯纺中,纤维强度和线密度更重要。纱横截面中纤维根数对转杯纺的可纺性和转杯纱的性质影响很大。

纱横截面中纤维根数的计算:

$$纱横截面中纤维根数 = \frac{纱的线密度(tex)}{纤维线密度(dtex)} \times 10$$

转杯纱横截面合适的纤维根数是 110 根左右,目前下限为 80 根,针织纱由于捻度低,纱横截面中纤维根数应比机织纱多,原则上,1.94dtex 的纤维不能纺细于 23tex 的转杯针织纱。在设定捻度下,如果纤维根数少,则纺纱断头增加,纱的均匀度、强度、柔软性等质量指标也较差。

Autocoro 机型上纺制针织纱的三个档次的用棉质量举例见表 9-1-41。

表 9-1-41 针织用纱的用棉质量要求

用棉质量分档		一般	上等	优良
EMT	马克隆值	4.32	4.20	3.74
	成熟系数	0.87	0.90	0.95
	成熟纤维含量/%	80.5	82.7	85.2
	纤维线密度/dtex	1.94	1.82	1.54
HVI CC 棉级标准	纤维拉伸强度/(cN/tex)	28.0	30.0	33.0
	纤维伸长率/%	5.0	5.2	5.3
	纤维名义长度/mm	22.8	24.0	25.9
	整齐度/%	82.5	84.9	87.1
	短纤维含量/%	5.2	4.7	4.0
MDTA3	杂质含量/%	0.135	0.125	0.110
	碎纤维/%	0.078	0.065	0.042
	微尘/%	0.055	0.033	0.022

第八节 转杯纺纱的纤维原料和产品开发

现在转杯纺纱的适纺原料及产品十分广泛。从原料应用方面分析,我国转杯纺纱的适纺原料以棉为主,其次是化学纤维(黏胶纤维、涤纶、腈纶等)。但是非棉类天然纤维原料如短麻、短毛、紬丝等及其混纺纱组成的纺织品缤纷多彩,显著的经济效益大大促进了转杯纺纱的产品开发。

一、转杯纺纱纤维原料及处理

1. 转杯纺纱的配棉成分及再用棉、废棉的预处理

转杯纺纱配棉成分的优劣直接影响原料成本、纺纱线密度范围、工艺参数、成纱质量和产量。某纺纱厂处理不同用途、不同线密度的纯棉纱其混用回落棉的配比示例见表 9-1-42。

表 9-1-42　转杯纺纯棉纱混用回落棉的配比(%)

用途	配棉成分	线密度/tex			
		120~58	58~36	36~24	24~18
针织纱	原棉	40~100	50~100	60~100	70~100
	精梳落棉	0~60	0~50	0~40	0~30
机织纱	原棉	20~35	30~40	35~45	40~50
	精梳落棉	40~60	40~50	30~50	30~50
	盖板花	10~20	10~20	10~20	10~20
	车肚花(破籽)	10~20	0~10	0~10	0~10
牛仔布用纱	原棉	10~20	20~30	30~40	40~50
	精梳落棉	50~60	40~50	35~45	30~40
	盖板花	15~25	10~20	10~20	5~10
	车肚花(破籽)	10~25	5~10	5~10	5~10

再用棉包括精梳落棉以及棉回丝、新型织机毛边料、针织厂废料、旧衣服等经再次开松的再生棉纤维原料。这类纤维在加工过程中注意减少对纤维的损伤。精梳落棉经打包后可直接使用。再生纤维中要注意回丝与纤维束的数量,一般也可经打包后直接使用,适纺低档粗线密度转杯纱。

废棉下脚包括清、梳工序的各类落棉,一般会有大量的杂质、必须经过预处理才能使用。

某纱厂采用100%精梳落棉纺制 14.7tex 纱,针对精梳落棉纤维长度短以及受到多次梳理的特点,在开清棉工序减小对纤维的损伤,并着重于成条质量,采用"轻打、少落、除杂为主"的工艺配置;梳棉工序降低各部件的转速,缩小盖板与锡林间的隔距,减少棉条的断条现象;并条工序将牵伸隔距相应缩小,为避免烂条现象,只采用一道牵伸工艺;同时,对转杯成纱工序的各个工艺参数进行了优化,纺制 14.7tex 纱的工艺流程为:

A002D 型抓棉机→A035D 型混开棉机→A186G 型梳棉机→HSD-961 型并条机(一道)→

TQ386 型转杯纺纱机

2. 毛及其预处理

（1）羊毛。在棉型转杯纺纱机上生产的羊毛一般是低级洗净短毛、精梳落毛等。精梳落毛长度在 10~30mm，适合棉纺设备加工。但由于含杂、毛粒多、含油脂，一般需混用黏胶纤维、涤纶、腈纶等化纤原料和低级洗净短毛混纺。

精梳落毛的预处理工艺：

精梳落毛→和毛机开松→加水（回潮率 20%）→人工混毛→和毛

低级洗净短毛要加油和抗静电剂，以使纤维平滑、柔软、抗静电。加油后羊毛的含油率不能超过 1%。

黏胶纤维的回潮率不同于羊毛，羊毛和黏胶纤维要分开加水，闷包，按比例进行人工混合，每次混合量以 5~10kg 为宜，经人工混合后的毛、黏胶纤维原料再喂入和毛机开松，其纤维混合均匀状态将大大改善。

（2）兔毛。兔毛纤维的长度差异率较高（约为 28%），线密度差异也很大（约为 29%），强度低、卷曲少。但比重轻，保暖性好，手感滑糯，布面丰满，风格独特。次兔毛长度更短、含杂量高，毡并结块多。因此，次兔毛一般需经纤维杂质分离机进行预处理，以减少含杂与短绒。

（3）山羊绒。山羊绒的预处理工序为：

山羊绒→和毛机（同时给湿）→和毛仓→闷毛 24h 以上→和毛机→和毛仓

山羊绒可使用毛纺的和毛机，如用棉型开松机械设备需放大隔距，减少打击，避免损伤纤维。和毛的回潮率要严格控制，为了保证生产的回潮率达到 18% 以上，原料经闷毛后的回潮率应控制在 25% 以上。并且加 1% 的抗静电剂溶于水中，通过压缩喷雾机将水均匀喷洒在原料上，然后闷毛。

3. 麻的预处理及其纺纱工艺技术

麻类原料有苎麻、亚麻、大麻、罗布麻等。转杯纺选用的麻类原料来源见表 9-1-43。

表 9-1-43　转杯纺使用的麻

麻的种类	苎麻	亚麻	大麻	罗布麻
来源	精梳落麻，第二道圆梳机落麻	二粗	短麻条工艺路线的搓条梳麻	直接选用脱胶罗布麻

由于麻类原料的脱胶方法和初加工方法不同，纤维中纤维素、胶杂物、木质素等的含量也不同，必须逐批检验，合理选配。

麻纤维预处理的目的是排除杂质、短绒、麻粒和软化麻纤维。软麻的方法是给油、给湿。麻用乳化液多种多样,其中之一为:矿物油0.5%~2%、乳化剂1%~2%、低泡洗衣粉1%,用软水搅拌均匀。给油加湿后存放24h再用,预处理后麻纤维的回潮率要达到12%~15%,含油率为1%左右。

麻类转杯纺的主要工艺技术如下。

(1)开清棉。贯彻"多梳少打、以梳代打、早落少碎、均匀混合"的原则。

(2)梳棉。除尘刀配置平机框,角度为90°左右,有利于排除杂质、少落纤维。

(3)并条。总牵伸一般采用头道大、二道小,后牵伸不宜过大,主牵伸区集中在前区,适当收小前区隔距,加强控制纤维运动,提高须条条干均匀度。

(4)转杯纺。注意控制转杯速度,一般要不高于80000r/min,尽可能选用大直径转杯,假捻盘的选择考虑摩擦加捻作用大的。由于麻纤维刚性较大,吸湿放湿快,所以要缩短清扫转杯周期,每班扫2~3次;稳定车间相对湿度为72%~77%,减少静电、稳定生产;保证机械状态正常,需缩短指车周期,及时更换磨损严重的分梳辊、输纤通道、转杯、假捻盘等。

4. 紬丝及其预处理

紬是绢纺厂的落绵,分为老工艺落绵(A落绵)和新工艺落绵(S落绵)两种。紬丝的预处理主要包括开松、除杂、加湿和加抗静电剂。

(1)开松预处理。A落绵的含杂多,尘棒隔距要适当放大,除杂效率要达到40%以上。S落绵较松散、含杂也低,可不用开松预处理。

(2)超长纤维的拉断处理。对超长纤维、弯曲纤维进行预开松和超长纤维扯断处理。

(3)给油给湿。油剂的配方一般由抗静电剂、甘油、平平加和水组成。甘油和抗静电剂各不超过1%。

(4)紬丝转杯纺及其前纺设备的工艺技术基本上与麻类纤维相同。

5. 转杯纺色纺工艺

色纱生产方法按纺纱和染色的顺序不同可分为两种:一是先纺后染法,即用本色纤维纺成本色纱再染色,这是传统的方法;二是先染后纺法,即先将纤维染成多种颜色,再将不同颜色的纤维混合纺纱,从而获得各种风格的色纱即色纺纱。转杯纺色纱有着环锭色纺纱不可取代的独特风格与市场空间。主要有全棉纯纺、混纺系列转杯纺色纺纱:棉的混纺比例大于50%的混纺产品为主色彩,一般以麻灰色为主,多彩色为辅;黏纯纺、混纺转杯色纺纱:产品色彩亮丽、色泽自然,产品主要用作针织内衣、针织外套、弹性袜裤、机织服装、家纺等;纯涤色纺纱:采用原液染色纤维制成,产品无需染色且色牢度好、强力高,制成面料成本低。

二、转杯纱及其产品

1. 棉类转杯纱及其产品（表9-1-44）

表9-1-44　棉类转杯纱及其产品

类别	品种	主要特点	产品规格	
			经纬纱线密度(经×纬)/tex	经纬密度(经×纬)/ (根/10cm)
牛仔布	靛蓝 轻薄 花式 弹性 改性	布面丰满,平整挺括,有厚实感,纹路清晰	84×84 80×80 58×84 58×58 48×48 36×36	240×189 283×173 307×181 315×197 315×173 315×197
绒类织物	灯芯绒 仿平绒 彩条绒 彩格绒 印花绒布 "维也纳"绒	纱的捻度外松内紧,有利于起绒、割绒、印染,色泽鲜艳、布面光洁	细条灯芯绒　36×29,36×36 中条灯芯绒　48×36 中粗条灯芯绒　56×36 仿平绒　28×36 细条涤/棉灯芯绒　29×36 彩条绒　28×42 印花绒布　29×58	173×527 161×571 228×527 169×705 299×535 299×535 283×212 157×165
纱卡平布、线毯	粗纱卡 中纱卡 粗平布 中平布 线毯 挂毯	布面光洁 手感厚实 色泽鲜艳 强力稍低 耐磨性好	纱卡　29×36,28×32,29×29,48×58 平布　42×42,58×72,29×58,36×36 领衬布　36×48,36×36 线毯　58×58 提花挂毯　58×58	448×220 425×222 425×228 314×181 188×188 216×86 双纬布 228×106 双经布 双经双纬布
床上用品	印花床单 被单 床罩 枕套	布面光洁清晰、染色鲜艳、手感厚实、耐磨性好	素色印花床单　36×36 涤/棉浅色印花床单　24×24 腈纶混纺被单　28×36 涤/棉床单　28×28 床罩　58×58	271×212 196×196 267×208 255×137 150×150

续表

类别	品种	主要特点	产品规格	
			经纬纱线密度(经×纬)/tex	经纬密度(经×纬)/(根/10cm)
装饰布	沙发布 窗帘 台布 餐巾 花边 贴墙布	厚实、耐磨、色泽鲜艳	宽幅双经布　　28×36 小提花装饰布　36×36 装饰布　　　　58×58 茶巾　　　　　58×36 餐巾　　　　　36×48	
针织品	衫、裤、袜 手套 运动服 文化衫 汗衫	均匀、光洁、针织工序断头少	厚绒衫裤　96tex、90tex、58tex 腈纶纱 薄绒衫裤　48tex 腈75/棉25 混纺纱 棉毛衫裤　58tex、48tex、36tex T恤　　　36tex、28tex、21tex、l8tex 文化衫、汗衫　36tex、28tex、21tex、18tex	
产业用品	PU 革底布 帐篷 汽车内用布	绒毛直立 布面匀整	84~36tex　厚0.14mm 的服装革 　　　　　厚0.6mm 的箱包革 　　　　　厚0.8mm 的鞋革 　　　　　厚1.0~1.4mm 的合成革	
废纺产品	劳动手套 帆布	原料成本低有竞争力,但强力稍低	手套　84tex、58tex 帆布　96tex、84tex、58tex	

2. 非棉类转杯纱及其产品

(1)毛类转杯纱及其产品(表9-1-45)。

表9-1-45　毛类转杯纱及其产品

纤维类别	原料	混纺比/%	线密度/tex	产品	性能
羊毛	纯羊毛	100	63~125	麦尔登呢 精粗交织呢	呢面细腻厚实、光泽鲜艳、弹性好、成本较低,但容易起球、起毛
	毛/黏	经纱 65/35	42~97	维罗呢	
		纬纱 80/20			
	毛/锦	经纱 90/10	42~97	海军呢 维罗呢	
		纬纱 95/5			

纤维类别	原料	混纺比/%	线密度/tex	产品	性能
羊毛	精梳落毛/黏	70/30	41~74	女衣呢 花呢	呢面细腻厚实、光泽鲜艳、弹性好、成本较低,但容易起球、起毛
		65/35			
		60/40			
		65/35			
		30/70			
	毛/腈/黏	20/30/50	32~44	薄型或中厚型 三合一花呢	
	毛/黏/涤	30/30/40			
	毛/黏/腈	20/40/40			
	毛/黏/锦	20/40/40			
兔毛	兔毛/羊毛	95/5	63~74	顺毛呢	布面丰满、弹性好、柔软保暖,但容易脱毛
		45/55	77		
	棉/次兔毛	80/20	29~36	双面针织物,西服,套裙,夹克衫,T恤	
	兔毛/棉/涤	20/70/10	29~63	三合一针织品	
	兔毛/腈/涤	20/60/20			
羊绒	纯羊绒	100	45~71	短顺毛大衣呢,围巾,内衣	呢面平整、柔软舒适,但捻缩大、强度低
牦牛绒	牦牛绒/腈	65/35	63~74	针织绒类织物	呢面平整、强度低

(2)麻类转杯纱及其产品(表9-1-46)。

表9-1-46 麻类转杯纱及其产品

麻类别	原料	混纺比/%	线密度/tex	产品	性能
苎麻	纯麻	100	45~95	纯麻纱	条干均匀
	麻/棉	55/45	56	细布,斜纹	粗犷、透气
		50/50	37	37tex×2股线 做针织服装	

麻类别	原料	混纺比/%	线密度/tex	产品	性能
苎麻	麻/绢丝	55/45	83	西服,裙衫,外衣	外观粗犷,风格别致
		75/25			
	麻/天丝	55/45	33	机织,针织面料	吸湿,透气,舒适,抗菌
	涤/麻	65/35	37	仿毛隐条呢	挺括,快干,吸湿,透气
	麻/毛/化纤	含麻20%以下	45~83	机织,针织面料	
亚麻	纯亚麻	100	45	漂白布	滑爽,易洗,快干,卫生
	麻/棉	55/45	37~54	针织内衣,细布	
	涤/麻	65/35	36	细布	
	毛/麻/化纤	50/15/35	55	粗纺时装呢	
	毛/麻/锦	50/40/10	86	粗纺时装呢	
大麻	麻/棉	55/45	52	劳动布,针织衫	粗犷,硬挺,保健
	涤/麻	65/35	28/2	混纺花呢	
		55/45			
	毛/麻/化纤	65/20/15	52~83	花呢西服	
		60/30/10	—	女装面料	
罗布麻	麻/棉	50/50	36	平布内衣	保健,抗菌
	麻/绢丝	75/25	40~59	平布,针织衫	
黄麻	麻/棉	25/75	80	服装,装饰布	粗犷,硬挺
		50/50	50		
	麻/涤/棉	20/20/60	67		
	麻/黏	25/75	50~80		

(3)丝类转杯纱及其产品(表9-1-47)。

表9-1-47　丝类转杯纱及其产品

丝类别	原料	混纺比/%	线密度/tex	产品	性能
绢丝	绢纺3号绵	100	16~36	针织品,T恤,披肩	条干好,布面平整柔软,丝感
	绢/羊绒	85/15			
		70/30		T恤,休闲服	
		55/45			

丝类别	原料	混纺比/%	线密度/tex	产品	性能
紬丝	纯紬丝	100	25~97	牛仔布,机织布,休闲服,女裙,衬衫,T恤,汗衫等	丝粒有立体感,丝感,舒适,飘逸
	紬丝/棉	80/20	40~58	粗线密度针织品	综合两种纤维的风格
	紬丝/麻	80/20	54		
	紬丝/毛	70/30	72		
柞蚕丝	柞蚕丝	100	39~58	针织用品,文化衫,T恤	柞蚕丝感

第九节 转杯纺纱工艺和生产计算

一、转杯纺纱工艺计算示例

以产品要求为基础,配置转杯纺纱的工艺设计,下面以36tex机织纯棉转杯纺纱,捻系数选定450,成纱质量中档,但毛羽要少,配棉成分中档为例,计算如下。

1. 转杯转速和引纱线速度

根据机型、纱线密度、纱的用途可选择转杯凝聚槽型、直径和转速,分别为T形槽、直径36mm,转速90000r/min。

$$设计捻度(捻/10cm) = \frac{线密度制捻系数}{\sqrt{Tt}} = \frac{450}{\sqrt{36}} = 75$$

$$引纱线速度(m/min) = \frac{转杯转速}{设计捻度(捻/10cm) \times 10} = \frac{90000}{750} = 120$$

2. 分梳辊及其转速的选择

36tex纯棉纱,可以选择OB20或OK40齿型的分梳辊,选择7500r/min的分梳辊转速。

3. 假捻盘与阻捻器的选择

要求毛羽较少、捻度适中,可选择适合36mm转杯直径的光面假捻盘与光面阻捻器。假如在设定捻系数条件下,断头较多,可改用沟槽少的假捻盘或提高设定的捻系数。

4. 输纤通道

根据转杯直径36mm选择相应的输纤通道。

5. 条子定量、牵伸倍数、喂给罗拉线速度

纺 36tex 转杯纱可选择 18g/5m 的条子定量，然后计算：

$$实际牵伸倍数 = \frac{条子的定量(g/5m) \times 200}{纱的标准定量(g/1000m)} = \frac{18 \times 200}{36} = 100$$

$$机械牵伸倍数 = \frac{实际牵伸倍数}{牵伸系数} = \frac{100}{1.02} = 98$$

牵伸系数根据转杯纺落棉率、纤维损失、捻缩、卷绕张力、牵伸倍数等综合因素而定，一般为 1.02~1.05。本例中选择 1.02。

$$喂给罗拉线速度 = \frac{引纱线速度}{机械牵伸倍数} = \frac{120}{98} = 1.224(m/min)$$

6. 卷绕张力牵伸倍数、卷绕角和纱筒直径

卷绕张力牵伸倍数选择 1.00，卷绕角一般选择 33°，纱筒直径一般选择 250mm 或 300mm。

7. 其他

喂给集合器、喂给板加压、纺纱器有关隔距、引纱胶辊加压、筒子架加压、纺纱负压等有关参数，在转杯纺纱机上一般是固定不变的。

车间温湿度按生产时的季节选择。

二、转杯纺纱产量计算

1. 理论产量

每个纺纱器每小时的理论产量 $Q_1[kg/(h \cdot 头)]$ 按下式计算：

$$Q_1 = 6 \times 10^{-5} V \times Tt$$

式中：V——引纱罗拉线速度，m/min；

　　 Tt——纺纱的线密度，tex。

2. 实际产量

(1)每个纺纱器每小时实际产量 $Q_2[kg/(h \cdot 头)]$。

$$Q_2 = Q_1 \times \eta_1 \times \eta_2 \times \eta_3$$

式中：η_1——每个纺纱器的实际生产效率(扣除落筒、清洁转杯、断头、接头的时间等)；

　　 η_2——扣除转杯纺纱机计划停台率(清洁、揩车、平车等)；

　　 η_3——扣除转杯纺纱机意外停台率(停电、机械电气故障停台、意外因素停台等)。

设备运转效率为 $\eta_2 \times \eta_3$。

(2)每台机器每小时的实际产量 $Q_3[kg/(h \cdot 台)]$。

$$Q_3 = Q_2 \times 每台头数$$

（3）每台机器每天（24h）的实际产量 $Q_4[\mathrm{kg/(d \cdot 台)}]$。

$$Q_4 = 24Q_3$$

3. 举例

生产 36tex 转杯纱，引纱速度 120m/min，取 $\eta_1 = 0.98$，$\eta_2 = 0.97$，$\eta_3 = 0.99$，每台转杯纺纱机为 480 头，则：

$$Q_1 = 6 \times 10^{-5} \times 120 \times 36 = 0.2592[\mathrm{kg/(h \cdot 头)}]$$

$$Q_2 = 0.2592 \times 0.98 \times 0.97 \times 0.99 = 0.2439[\mathrm{kg/(h \cdot 头)}]$$

$$Q_3 = Q_2 \times 480 \, 头 = 117.07[\mathrm{kg/(h \cdot 台)}]$$

$$Q_4 = 24 \times 117.07 = 2809.7[\mathrm{kg/(d \cdot 台)}]$$

第二章 喷气涡流纺纱

第一节 喷气涡流纺纱概述

一、喷气涡流纺纱的技术特点

喷气涡流纺纱机是由前期的双喷嘴喷气纺纱机发展起来的新型纺纱设备。最初设计这种纺纱方法与设备的目的是为了解决喷气纺纱体系对纤维长度的适应性差、只能纺纯涤纶或涤/棉混纺纱、不能生产纯棉纱的不足。作为一种更新型的纺纱设备,喷气涡流纺纱机的喷嘴结构和成纱机理相较喷气纺纱机发生了明显的改变,它利用单喷嘴使纤维在一端无约束的状态下被涡流加上真捻而成纱,纤维须条在加捻过程中没有完全断裂,所以属于半自由端纺纱(不完全自由端)。基于这一纺纱原理,喷气涡流纺体现出较为理想的纺纱特性,能够适应纯棉、化纤及其混纺等多种原料的纺纱,其成纱具有与环锭纱相类似的外观、纱线条干好、毛羽少。

喷气涡流纺一般可纺制 10~60tex 的纱线,其纺纱过程与喷气纺纱类似,但最高纺纱速度可达 550m/min。喷气涡流纺的工艺流程通常为:

清梳联合机→预并条机→条卷机→精梳机→头道并条机→二道并条机→喷气涡流纺纱机

喷气涡流纺成纱具有独特的内外双层结构特征,外部包缠纤维呈螺旋状,内层为无捻纱芯,使纱线外观结构近似于环锭纺纱,但与真捻纱相比包缠纤维较少,并有伸直缠绕的情况,而内部纱芯纤维的排列与比重直接影响成纱强力。

二、喷气涡流纺纱的主要优点

(一)纺纱速度高

喷气涡流纺采用压缩空气在喷嘴中产生的高速旋转气流对纱条进行加捻,现今村田 MVS 的 870EX 型涡流纺纱机最高纺纱速度可达 550m/min,相当于环锭纺纱的 20 倍,喷气纺纱的 2 倍。由于喷气涡流纺纱是依靠涡流对纱线进行加捻的,如继续研究改进,纺纱速度还可以继续提高。

(二)占地面积小且用工少

喷气涡流纺采用将纤维条直接纺成筒纱的工艺,卷装重量最大可达 4.5kg,筒纱最大直径可达 300mm,且机上装有智能清纱系统,与传统环锭纺纱相比,省略了粗纱和络筒工序。在不考虑前纺用地的情况下,喷气涡流纺比环锭纺可节约用地达 53.34%。

(三)改善劳动环境和劳动强度

喷气涡流纺利用喷嘴加捻成纱,由于其静止不动,无高速回转件,因此噪声较低(在距离机械操作人员 1m、高 1.6m 的位置,纺纱速度 450m/min 时,测得噪声最高为 86.4dB)。牵伸、加捻位置均设有自动吸尘装置,且设备上还装有自动巡回清洁装置,故车间空气含尘量少。喷气涡流纺整个纺纱过程受到电子系统的监控,电子清纱器发现纱疵时自动去疵点,并立即用接头装置自动接纱,整个纺纱过程是全自动、连续式的。工人劳动强度大为降低,只需基本的机器操作和故障检查。

(四)翻改品种方便

翻改品种时,除了正常调节牵伸工艺外,加捻部分只需调节喷嘴的气压和纺锭位置。如果纱线密度范围变化不大,加捻部分可不需调节。现在还可仅通过更换喷嘴实现包芯纱的生产制造。

(五)织造效率提高

喷气涡流纺是在喷气纺的基础上发展而来,断头率低,回花损失少,制成率高达 99%,除了成纱强力较低(是环锭纺的 80%),其余几乎无短板,特别是纱线毛羽较少,使织造速度和织造效率优于环锭纺。

(六)织物性能良好

喷气涡流纱具有独特的内外双层结构特征,纱线 3mm 以下毛羽几乎为零,织造的衣物抗紧皱性好,光泽度高,较喷气纺纱柔软,具有优越的吸汗、速干、耐磨性,且染色性能佳。

三、喷气涡流纺纱的成纱原理

如图 9-2-1 和图 9-2-2 所示,喷气涡流纺纱是通过棉条直接喂入罗拉牵伸机构,经过罗拉牵伸机构牵伸后得到所需支数的平行纤维束,再从前罗拉钳口输出,在纺纱喷嘴的轴向气流(或负压)作用下沿螺旋形的纤维导引通道进入纺纱喷嘴。在纤维导引通道出口处设有针状阻捻件,保持纤维束为不加捻度的状态被引入涡流室。纤维束的前端在导引针的周围,受到已形成的纱线尾端的拖拽作用被拉入纺锭内的纱线通道,纤维的尾端不再为前罗拉钳口握持时,受到高速涡流轴向力的作用,部分纤维在引纱管入口处呈伞状倒伏在纺锭前端锥面,并受到喷孔喷出的旋转气流的作用,缠绕在随后进入的纱芯上,形成并输出具有双层结构的喷气涡流纱。

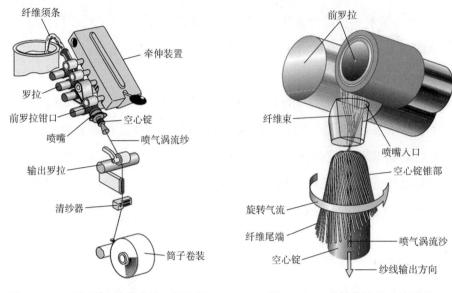

图 9-2-1　喷气涡流纺的成纱工艺流程　　　　图 9-2-2　喷气涡流纺成纱原理

四、喷气涡流纺纱当前存在的主要问题

(1)由于高速纺纱和强控制的牵伸工艺使胶辊和胶圈磨损迅速。

(2)喷气涡流纺纱对于原料的要求较高,如纤维长度、线密度和整齐度等,导致原料的适应性和生产品种的广泛性等方面不及环锭纺。

(3)当前喷气涡流纺纱适纺原料的范围仅局限在短化纤及中长纤维,喷气涡流纺纱的成纱结构比较松弛,长片段均匀度良好,成纱的条干均匀度一般接近环锭纱的水平,但极短片段的粗细不匀较环锭纱显著,限制了其向细特纱领域的发展。

(4)喷气涡流纺制成的纱线属于包覆型结构,其中芯纱为无捻纤维,在纱线中约占30%,外包纤维呈螺旋形包覆在其外侧,因此,纺制相同线密度的纱线时,成纱强力要比环锭纱低10%~20%,且纱线越细,强力差距越大,因此其产品也具有局限性,只适合化纤原料及纺制粗特针织用纱或粗厚起绒纱等对强力要求不高的产品,或是纺制以长丝为纱芯的包芯纱。

(5)一般情况下,喷气涡流纺纱的断头率高于环锭纺纱,导致纺制同品种的纱线时原料消耗比环锭纺要多 10~20kg/t。

第二节　喷气涡流纺纱机

一、喷气涡流纺纱机的主要技术特征

喷气涡流纺纱机的主要技术特征见表9-2-1。

表9-2-1　喷气涡流纺纱机的主要技术特征

机型	村田 MVS			立达	
	No. 861	No. 870	No. 870EX	J26	J20
最大锭数	80	96	96	200	120
锭距/mm	215	235	—	260	260
条筒尺寸/mm	406×1200×2 列 450×1200×3 列 500×1000×3 列	406×1200×2 列 450×1200×2 列 500×1000×3 列	406×1200×2 列 450×1200×2 列 500×1000×2 列	直径:445,455,470,500 高:1070,1200	直径:500 高:1070,1200
最高纺纱速度/ （m/min）	450	500	550	500	450
适纺原料	棉、混纺及合纤			100%黏胶纤维、混纺和 100%精梳棉	
最大卷装尺寸/ mm	4° 20′或5° 57′ 锥形筒:φ300× 146;平行筒: φ300×127 或 φ300×146	4° 20′或5° 57′ 锥形筒:φ300× 146;平行筒: φ300×146	4° 20′或 5° 57′锥形筒: φ300×146;平 行筒:φ300× 146	圆柱形筒:φ300; 4° 20′锥形筒:φ240	圆柱形筒:φ300
卷装重量/kg	4			4.5	
牵伸形式	四罗拉牵伸			四罗拉牵伸	
自动化机构	自动捻接机、清纱器、电子监测及自动络筒			自动捻接机、清纱器、电子监测及自动络筒	
适纺线密度/tex	10~40	10~40	10~80	8.4~36.9	11.7~19.4

二、喷气涡流纺纱机的压缩空气供给系统

（一）压缩空气规格（压缩空气消耗量和质量）

1. 村田861型喷气涡流纺纱机

村田861型喷气涡流纺纱机所需压缩空气的消耗量和质量要求符合以下条件。

压力 0.65MPa（6.6kgf/cm²）；露点≤25℃；含油量≤0.07g/m³；最大消耗量（以一个单锭计算）80NL/min。

2. 村田 870EX 型喷气涡流纺纱机

村田 870EX 型喷气涡流纺纱机所需压缩空气的消耗量和质量要求符合以下条件。

（1）空气消耗量（基准纺纱喷嘴压力 0.5MPa）见表 9-2-2。

表 9-2-2　村田 870EX 型喷气涡流纺纱机空气消耗量

纺纱锭数	16	24	32	40	48	56	64	72	80	88	96
空气消耗量/（L/min）	1476	2213	2951	3689	4427	5164	5902	6640	7378	8116	8853

（2）压缩空气质量（ISO 8573-1:2010）。

压力≥0.65MPa；颗粒清洁度等级 4 级，即每立方米最大颗粒数与颗粒大小的函数 $db \leqslant 10000(1.0\mu m < d \leqslant 5.0\mu m)$；湿度及水分清洁度等级 6 级（压力露点≤+10℃）；含油清洁度等级 2 级（含油总浓度≤0.1mg/m³）。

3. 立达 J26 型喷气涡流纺纱机

立达 J26 型喷气涡流纺纱机所需压缩空气的消耗量和质量要求符合以下条件。

（1）空气消耗量（额定压力 $7 \times 10^5 \sim 8 \times 10^5$ Pa，管道直径≥5.08cm）见表 9-2-3。

表 9-2-3　立达 J26 型喷气涡流纺纱机空气消耗量

纺纱锭数	40	100	120	160	200
空气消耗量/（Nm³/h）	168	420	504	672	840

（2）压缩空气质量（ISO 8573-1:2010）。

固体颗粒大小≤5μm；固体颗粒数量≤5mg/m³；露点（水）+3℃；含油量≤1mg/m³。

（二）压缩空气系统

1. 村田 861 型喷气涡流纺纱机

压缩空气系统（机台主体）如图 9-2-3 所示。

2. 村田 870EX 型喷气涡流纺纱机

主机架空气管配置如图 9-2-4 所示。

3. 立达 J26 型喷气涡流纺纱机

机头（过滤器端）气动系统如图 9-2-5 所示，立达 J26 型喷气涡流纺纱机纺纱锭位的气动系统如图 9-2-6 所示。

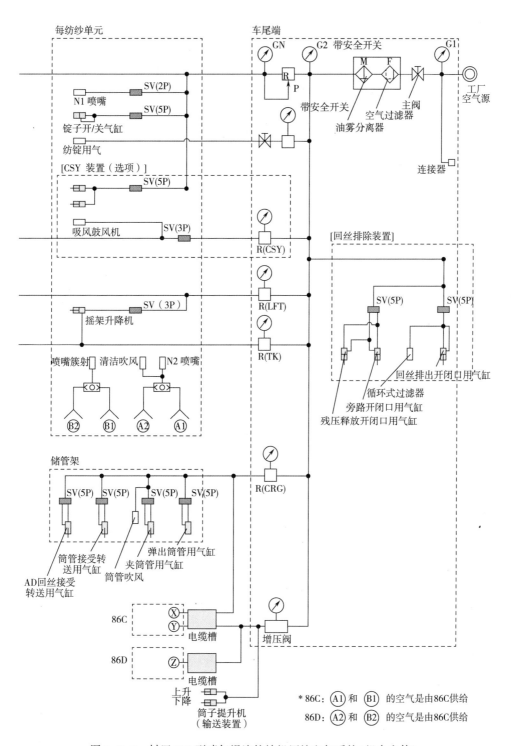

图 9-2-3　村田 861 型喷气涡流纺纱机压缩空气系统(机台主体)

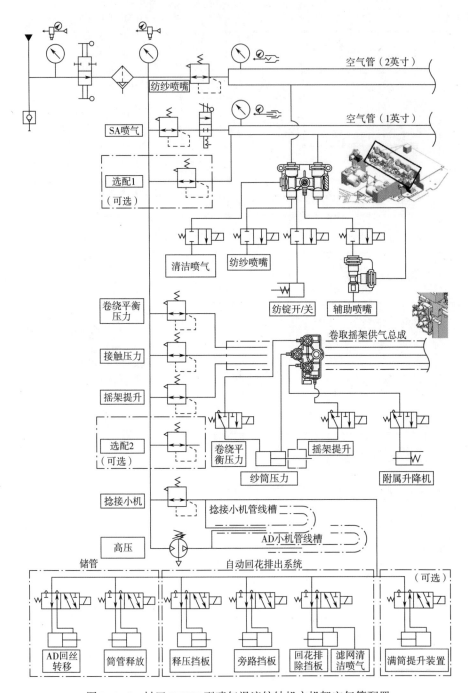

图 9-2-4　村田 870EX 型喷气涡流纺纱机主机架空气管配置

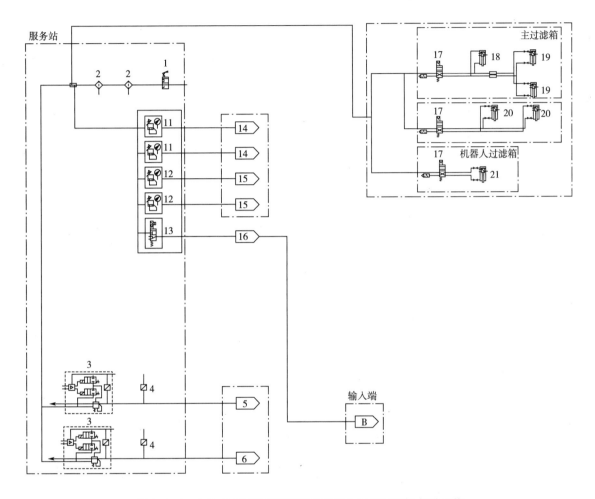

图 9-2-5 立达 J26 型喷气涡流纺纱机机头(过滤器端)气动系统

1—主开关阀 2—过滤器 3—比例阀 4—压力传感器 5—机器节段纺妙锭位的压缩空气管路(右)

6—机器节段妨纱锭位的压缩空气管路(左) 7—开关阀 8—空气调节器 9—真空泵 10—抽气器

11—用于左、右卷绕臂升降压缩空气管路的控制阀,带压力表 12—用于左、右减振器压缩空气管路的控制阀,带压力表

13—机械手和机脚抓管器端的安全阀 14—用于升降筒管架的压缩空气管路(左)(右)

15—用于卷绕单元减振器的压缩空气管路(左)(右) 16—机械手和机脚抓管器端的压缩空气源 17—电磁阀

18—主活门气缸 19—左、右过滤器空气活门气缸 20—左、右旁通清洁活门气缸

21—机械手过滤器空气活门气缸 B—机械手和机脚抓管器端的压缩空气源

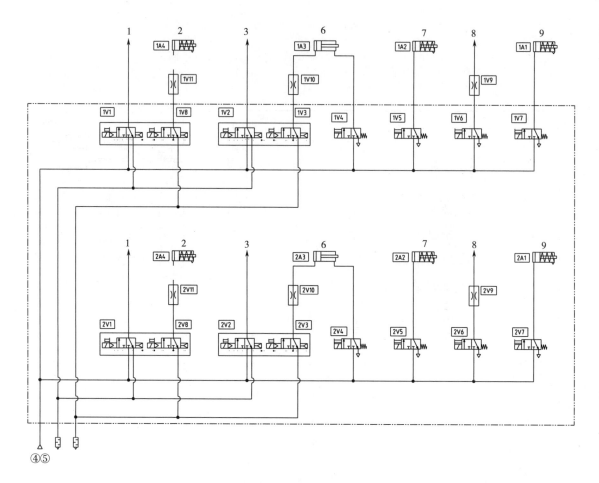

图 9-2-6　立达 J26 型喷气涡流纺纱机纺纱锭位的气动系统示意图

1—注入　2—截止阀　3—纺纱用气　4,5—来自节段的压缩空气源

6—上引纱罗拉杆件升降　7—卷绕罗拉升降　8—喷出纱线　9—切断纱线

三、喷气涡流纺纱机的传动与牵伸工艺

(一)村田 861 型喷气涡流纺纱机的传动与牵伸工艺

1. 村田 861 型喷气涡流纺纱机的传动系统 (图 9-2-7)

2. 村田 861 型喷气涡流纺纱机牵伸比的设定范围

总牵伸比以及主牵伸比的设定范围受到纺纱速度的限制。纺纱速度由后罗拉和中罗拉的线速度决定。各罗拉的线速度范围如下。

后罗拉:1.5~7.0m/min(后牵伸比为×2.0 时),1.0~4.67m/min(后牵伸比为×3.0 时)。

中罗拉:3.6~20.0m/min。

总牵伸比和主牵伸比的设定范围分别如图 9-2-8 和图 9-2-9 所示。

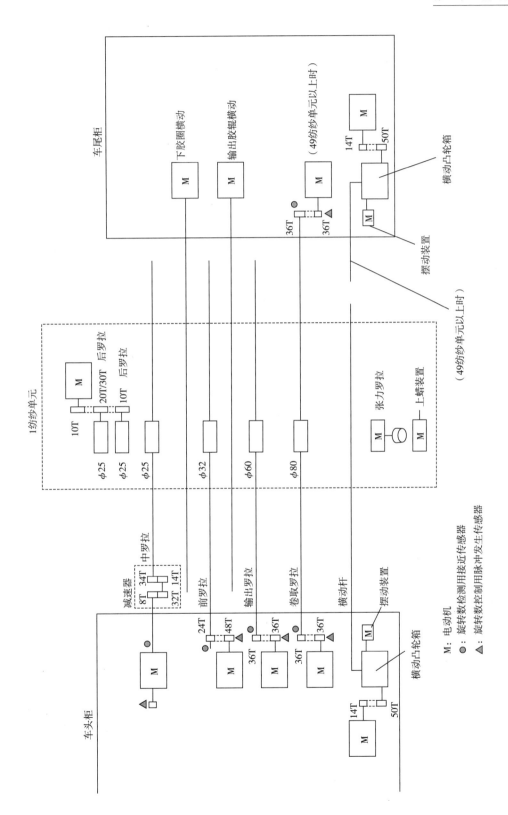

图9-2-7　村田861型喷气涡流纺纱机的传动系统示意图

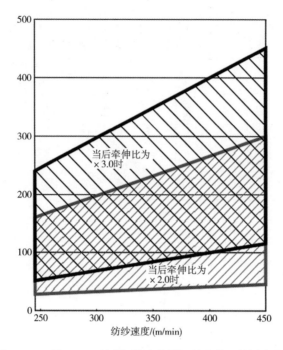

图 9-2-8　村田 861 型喷气涡流纺纱机总牵伸比的设定范围

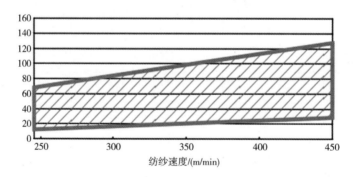

图 9-2-9　村田 861 型喷气涡流纺纱机主牵伸比的设定范围

3. 村田 861 型喷气涡流纺纱机牵伸条件的设定

纺 100%普梳棉、100%精梳棉、化纤/棉混纺和 100%化纤时牵伸比的设定值见表 9-2-4~表 9-2-7。

表 9-2-4　纺 100%普梳棉时牵伸比的设定值

纱线	英支	15	20	25	30	35	40
	tex	40	30	25	20	17	15
棉条	g/m	5.0	4.3	4.3	3.6	3.2	2.8

续表

纱线	英支	15	20	25	30	35	40
	tex	40	30	25	20	17	15
纺纱速度	m/min	400	400	370	350	330	320
总牵伸比		126	144	180	180	189	192
主牵伸比		25~35	30~40	35~45	35~45	40~50	40~50
后牵伸比					3.0		

表 9-2-5　纺 100%精梳棉时牵伸比的设定值

纱线	英支	15	20	25	30	35	40	45	50	60
	tex	40	30	25	20	17	15	13	12	10
棉条	g/m	5.0	5.0	4.3	4.3	3.6	3.2	2.8	2.5	2.3
纺纱速度	m/min	400	400	380	360	350	340	330	320	300
总牵伸比		126	168	180	216	210	216	216	210	238
主牵伸比		25~35	30~40	30~40	40~50	40~50	40~50	40~50	40~50	40~50
后牵伸比						3.0				

表 9-2-6　化纤/棉混纺时牵伸比的设定值

纱线	英支	15	20	25	30	35	40	45	50	60
	tex	40	30	25	20	17	15	13	12	10
棉条	g/m	5.0	5.0	4.3	4.3	3.9	3.6	3.2	2.8	2.5
纺纱速度	m/min	400	400	400	400	380	370	360	350	330
总牵伸比		126	144	180	216	231	240	243	240	252
主牵伸比		20~25	20~30	25~35	35~45	35~45	35~45	35~45	35~45	40~50
后牵伸比						3.0				

表 9-2-7　纺 100%化纤时牵伸比的设定值

纱线	英支	15	20	25	30	35	40	45	50	60
	tex	40	30	25	20	17	15	13	12	10
棉条	g/m	4.3	4.3	4.3	4.3	4.3	3.9	3.6	3.2	2.8
纺纱速度	m/min	400	400	400	400	380	370	360	350	330

续表

纱线	英支	15	20	25	30	35	40	45	50	60
	tex	40	30	25	20	17	15	13	12	10
总牵伸比		108	144	180	216	252	264	270	270	288
主牵伸比		20~25	20~25	20~30	25~35	25~40	25~40	30~40	30~40	30~40
后牵伸比		2.0	3.0							

（1）罗拉隔距。纺 100% 棉时的罗拉隔距标准见表 9-2-8。纤维长度以在乌斯特 HVI 大容量棉花测试仪等中使用的上半部平均长度或乌斯特 AFIS 单纤维测试系统的上四分位长度（按重量计算）为标准。

表 9-2-8　纺 100% 棉时的罗拉隔距

纤维长度（上半部平均长度）/mm	罗拉距离/mm	
	2~3 线罗拉间	3~4 线罗拉间
25~32	35	38
33~38	39	41

纺化纤时,罗拉隔距一般设定为比最大纤维长度长 1~2mm。如与棉纤维的混合率增加,考虑到棉纤维的长度较短,需将距离减小。对于不等长纤维的情况,应以最大纤维长度为基础,故设定值比最大长度要长。

（2）总牵伸比与主牵伸比。村田 861 型喷气涡流纺纱机的后罗拉和中罗拉的驱动是通过步进电动机进行控制的,因此其各自的转速均有限制,有必要对后罗拉及中罗拉的转速进行设置。当后区牵伸比为 ×2.0 时,后罗拉的转速应设置在 1.5~7m/min;而当后区牵伸比为 ×3.0 时,后罗拉的转速应设置在 1~4.67m/min。中罗拉的转速应设置在 3.6~20m/min。因此牵伸比与纺纱速度有关。应避免使中区（2~3 线罗拉间）产生牵伸不匀,因此应选择使该区的牵伸条件最合适的主牵伸比。胶圈牵伸部的纤维量增多,或者纤维的牵伸阻力越高,则不应设置太高的主牵伸比。

（3）中间牵伸比（2~3 线罗拉间）。中间牵伸比是决定牵伸分配的重要因素。后区牵伸比（3~4 线罗拉间）基本固定为 3 倍（纺 100% 的 20 英支或更粗的化纤纱时设置为 2 倍）。当纺制 100% 普梳棉纱时,对于纤维长度整齐度低的原料,为抑制牵伸不匀的发生,需将中间牵伸比降低到 1.2 倍左右,对于精梳棉纱则应为 1.5 倍左右。该区域的牵伸有时无法对纤维条进行牵伸而只是使纤维张紧。对于长度整齐度较高的纤维,则即使中间牵伸比提高到 2 倍,也可能使牵伸不匀保持在较低的水平。对于100%化纤纱或化纤占比较高的混纺纱,因不易发生牵伸不匀,因此可设定为2倍以上或者3倍以上。对于棉和化纤的混纺,因为纤维长度差异较大,在该情况下容易产生牵伸不匀,因此应结合棉纤维的情况来选择化纤的长度。

(4)集棉器宽度。集棉器用于控制浮游纤维,同时也有防止位于罗拉间的纤维掉落的功能,但其使用对牵伸阻力不利。若集棉器的宽度过窄,则牵伸阻力将会增大,会导致牵伸不匀。在不会对纱线性能和牵伸阻力造成不良影响的范围内,尽可能选择宽度较窄的集棉器。

(5)罗拉加压。标准设定中,对同摇架两锭纺纱单元而言,前罗拉为127N(13kgf)、中罗拉与后罗拉均为215N(22kgf)。牵伸阻力高的纤维,可通过调节罗拉隔距和牵伸比来调整牵伸阻力,但对某些原料,需将两根后罗拉的加压提高到245N(25kgf)。

(6)胶辊。胶辊的宽度为18mm。在这个宽度下,采用这一尺寸的胶辊可将通常的原料纺至低至15英支的纱线。但是,对于某些原料,有时因纤维条较粗而不能使其完全保持在胶辊宽度内。在这种情况下,使用宽度为22mm的胶辊,此时前罗拉应更换使用可施加157N(16kgf)的加压弹簧。

(二)立达J26型喷气涡流纺纱机的传动系统

立达J26型喷气涡流纺纱机的传动系统如图9-2-10所示。

四、喷气涡流纺纱机的主要部件

(一)牵伸机构

喷气涡流纺纱机的牵伸元件包括上罗拉和下罗拉,即上、下各有4对罗拉:前罗拉对、中罗拉对及2个后罗拉对。另外,上、下、中罗拉上均设有胶圈。牵伸机构接受经喇叭状导条器供给到后罗拉的纤维条,在后罗拉与前罗拉之间被均匀地牵伸。下面以村田861型喷气涡流纺纱机为例,介绍喷气涡流纺纱机的牵伸元件。

1. 上罗拉

如图9-2-11所示,上罗拉共4个:前上罗拉、中上罗拉、后上罗拉(2个),安装在牵伸摇架上,由弹簧施加一定的压力使其与下罗拉接触而对其进行驱动。

2. 下罗拉

中下罗拉和前下罗拉直接连接车头柜的电动机,机器运行时保持恒速转动。后下罗拉由每一纺纱单元的独立电动机进行驱动。在发生断纱时,相应纺纱单元的后下罗拉将停止转动。村田861型喷气涡流纺纱机的下罗拉配置如图9-2-12所示。

(二)喷嘴

1. 喷嘴的作用和组成

喷嘴是喷气涡流纺纱机中的加捻器,也是喷气涡流纺纱中的重要部件,其安装位置如

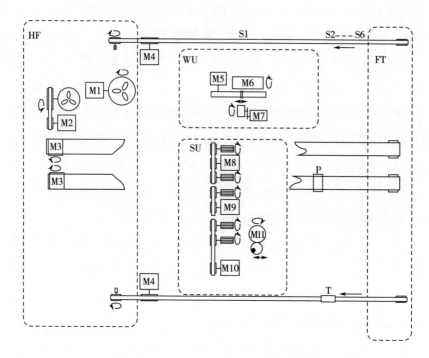

图 9-2-10　立达 J26 型喷气涡流纺纱机的传动系统示意图

HF—机头（过滤器端）　FT—机尾（抓管器端）　S—节段　T—传输带上的筒管　P—传输带上的筒纱

SU—纺纱锭位　WU—卷绕单元　M1—主吹风装置电动机　M2—机械手吹风装置电动机

M3—筒纱传输带电动机　M4—筒纱传输带电动机　M5—纱线横动电动机　M6—卷绕电动机

M7—上蜡装置电动机　M8—输出电动机　M9—胶圈电动机　M10—喂入电动机　M11—棉条横动电动机

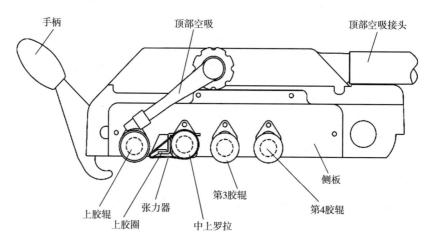

图 9-2-11　村田 861 型喷气涡流纺纱机的牵伸摇架与上罗拉配置

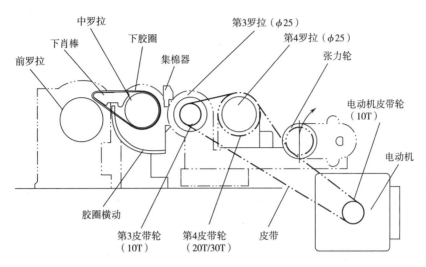

图9-2-12 村田861型喷气涡流纺纱机的下罗拉配置

图9-2-1所示。在实际纺纱时,经过超大牵伸的须条在负压气流的引导下进入喷嘴内的涡流腔中,由喷嘴内壁小孔提供旋转气流,对倒伏于纺锭四周的纤维进行旋转加捻。这种特殊加捻形式所纺制的纱线可称为包缠捻形式的纱线,其主要特点是毛羽极少,纱体光洁,并能以极高的线速度输出。

(1)村田喷气涡流纺纱机喷嘴。图9-2-13所示为村田喷气涡流纺纱机的喷嘴结构。纺纱喷嘴具有靠近前罗拉钳口的针固定器和安装针固定器的喷嘴罩壳。针固定器具有导入牵伸的纤维束的导引孔,并在从导引孔输出的纤维束的通路上设有导引针。在位于针固定器下游侧,在喷嘴罩壳下方设有加捻管(N1喷嘴),加捻管内设有锥形孔,在该锥形孔中以同轴且以规定间隔地方式插入与之具有大致相同锥角的纺锭的前端锥形部。在纺锭前端面与针固定器之间形成纺纱室。导引针的前端向纺纱室伸出且前端与纺锭前端面相对,锥形孔与纺锭前端部间形成旋转气流发生室。加捻管上设有出口端开口于纺纱室上的多个气流喷射孔,倾斜指向于纺纱室的切线方向和送纱方向下游侧,同时接受图中未示出的压缩空气源供给的压缩空气。压缩空气通过气流喷射孔向纺纱室喷射,在纺纱室内产生旋转气流。旋转气流沿着围绕在纺锭前端部周围的旋转气流发生室呈螺旋状地向下游侧流动,并从形成在喷嘴罩壳上的排气室排出。

针固定器包括纤维导引体及其支撑体,其呈帽状嵌入加捻管入口中。其中,纤维导引体为上边一端直径大、下边一端直径小的圆台形并沿着旋转气流的旋转方向一边平滑地拧扭、一边从上边一端大直径处沿纵向将一侧切除的形状,并在其中心孔上固定有针状的导引构件,如图9-2-14所示。小直径端的切断边缘通过小直径端部的中心,而大直径端的切断边缘则偏离

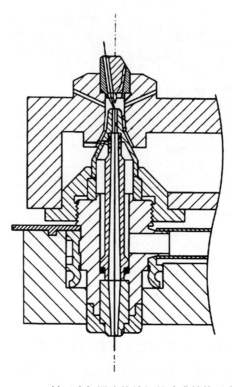

图 9-2-13　村田喷气涡流纺纱机的喷嘴结构示意图

大直径端部的中心。纤维导引体与其支撑体的内壁之间形成与切除部分形状相一致、截面积逐渐缩小的纤维导引孔,使输送入喷嘴内的纤维束不会发生混乱,能够平滑地顺着旋转气流输送,有利于提高纤维的集束效果。针状导引构件从纤维导引体的小直径端的中心突出,前端为自由状态并接近纺锭的入口。

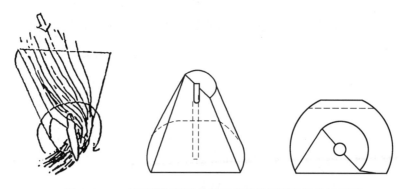

图 9-2-14　村田喷气涡流纺纱机的纤维导引体结构示意图

纺锭由具有上述前端锥形部的外部壳体和同轴嵌合在外部壳体内部并与之相连接的 N2

喷嘴构成。沿纺锭的轴心形成纱线通道,其从前端部的入口导入纤维束,并从对侧出口将纱线引出。纺锭从外部壳体的前端部形成向下游侧扩径的粗径部,其插入并固定在纺锭保持部件上。在纺锭内的 N2 喷嘴上设有在引纱时喷射压缩空气的多个辅助喷孔。辅助喷孔由贯穿于 N2 喷嘴中的与外部壳体连接位置附近的孔构成,相对于纱线通道指向切线方向的同时,在纱线通道内产生与纺纱室内旋转气流反向的旋转气流。在外部壳体与 N2 喷嘴之间形成引导压缩空气的通道,其通过形成于纺锭保持件上的压缩空气导入孔和与之相连的供给管与图中未示出的压缩空气源相连接。辅助喷孔通常与纱线通道轴线相垂直。

图 9-2-15 和图 9-2-16 所示分别为村田 861 型和 870EX 型喷气涡流纺纱机喷嘴爆炸示意图。

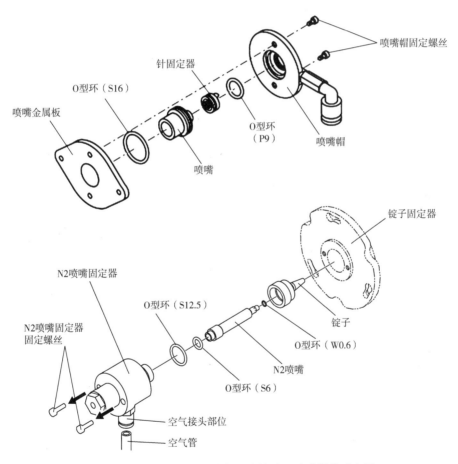

图 9-2-15　村田 861 型喷气涡流纺纱机喷嘴爆炸示意图

(2)立达喷气涡流纺纱机喷嘴。图 9-2-17 所示为立达喷气涡流纺纱机的喷嘴结构。该喷嘴的主要组成部件包括纤维喂入元件(FFE)、加捻管、纺锭、喷嘴罩壳、喷嘴基体等。其中,加捻

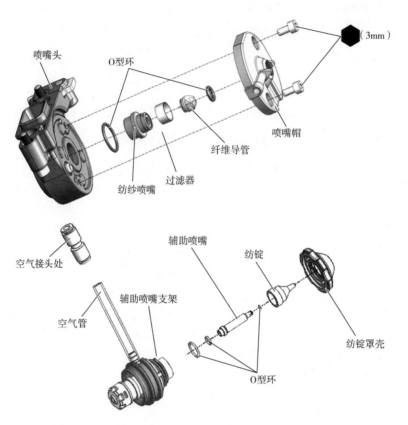

喷嘴头　　O型环　　　　　　　　　　　　　　　　　（3mm）

喷嘴帽

纤维导管

纺纱喷嘴　　过滤器

空气接头处

辅助喷嘴　　　纺锭

辅助喷嘴支架

空气管

纺锭罩壳

O型环

图 9-2-16　村田 870EX 型喷气涡流纺纱机喷嘴爆炸示意图

管与纺锭头端部分之间的区域形成涡流室,压缩空气通过压缩空气通道首先进入包围加捻管的环形气室中,环形气室与沿切向通入涡流室的喷射孔相连通,随后通过喷射孔进入涡流室而在其中形成旋转气流。旋转气流通过排气通道从喷嘴中排出。排气通道呈环形围绕在纺锭外部,纺锭轴线处设有引纱通道。纤维喂入元件位于涡流室入口处,其一侧形成纤维喂入通道,经牵伸后的纤维束通过纤维喂入通道进入涡流室接受旋转气流的加捻作用。纤维喂入元件上的纤维导引面的棱边与引纱通道轴线略微存在一个偏距,因而起到阻捻的作用。纺锭前端为双锥形,其靠近入口的部分具有小的锥角,位于下游的部分具有较大的锥角。纺锭前端安装在后端的圆柱形基体上。圆柱形基体活动安装于喷嘴基体上形成的圆柱形孔内。在喷嘴基体内设有若干磁铁,纺锭基体上设有与磁铁共同作用的、由磁性材料制成的圆环形定位面,使纺锭基体固定在其工作位置。在纺锭内部设有与引纱通道相连通的喷射通道,在纺锭基体端部侧面设有压缩空气接入管,以向喷射通道供气。喷射通道用于喷气涡流纺纱机的纱线生头和接头过程,即通过喷射通道向引纱通道内部喷射压缩空气,以在引纱通道内形成与引纱方向相反的气流,由此可使种子纱端部逆引纱方向穿过纺纱喷嘴一直抵达牵伸装置而与纤维束进行搭接。压缩空气接入管通过位于纺锭基体内部的供气通道连接位于纺锭前端与纺锭基体之间的环形气室,继而与喷射通道相连接。纺锭基体为塑料材质。

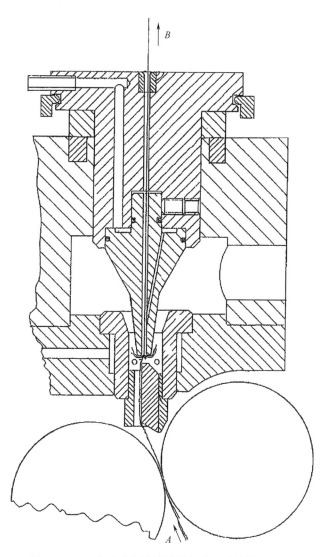

图9-2-17 立达喷气涡流纺纱机的喷嘴结构示意图

2. 喷嘴的结构参数

喷气涡流纺能否纺纱和纺纱成功的好坏,与喷嘴结构及其参数密切相关,因此必须正确地选择和配置各结构参数。

(1)导引针到纺锭的距离。从导引针到纺锭的这段区域是纤维须条断开形成自由端和自由端接受加捻的区域。距离过小不利于形成自由端,无法保证包缠纤维的数量;距离过大无法起到引导作用。因此,应根据纤维原料的性质来合理设置距离。

(2)导引针位置。纺纱器内纱尾环的相对位置(即纺纱位置)对成纱质量(条干、强度)、生头、留头等有显著影响。而纤维导引针的位置是决定这一纺纱情况的重要因素。当导引针伸出导引体的长度较短时,纤维较早地脱离导引针使进入涡流腔的纤维较混乱,毛羽增多,不宜形成自由端,不利于包缠成纱;当导引针伸出导引体的长度过长时,不利于纤维进入成纱通道,落纤增加,纺纱断头、毛羽增加,不利于成纱。

(3)喷孔角度。当喷孔角度过小时,气流在纱径向的分量大,而轴向分量小。在径向分量的作用下,纤维易于膨胀分散,且易于旋转。但此时由于径向向下流动的气流量小,强度不足,导致纤维弯曲倒伏程度较小,使得纤维的尾端在旋转的过程中与涡流腔内壁发生摩擦碰撞,影响了纤维的规则运动,在纱中形成不规则的包缠结构,因此成纱强力较低,质量较差。当喷孔角度过大时,气流在纱径向的分量小,强度低,因此纤维之间的分离程度降低,导致包缠纤维的数量减少,同样使成纱强力下降,质量较差。因此对于不同的纤维要选择合适的喷孔角度。

(4)喷射孔的直径及孔数。喷孔直径与孔数是两个相互制约的参数,因为在保持一定的流量条件下,增加孔数就意味着要减小孔径。喷孔数的多少将影响纱道截面上流场的均匀性。喷孔数较少,流场的均匀度较差,纱条在既定断面上受到的涡流强度发生变化。所以在保持流量不变的情况下,适当增加喷孔数有利于纱条气圈转速的稳定。然而喷孔直径过小,对气流的纯净度要求更高,对喷孔的加工精度要求也高。因此,在最经济的流量条件下,应综合考虑加工技术条件等因素,然后确定孔径和孔数。

(5)纺锭主要结构参数。纺锭顶部入口处中心通道的内径和纺锭尖端锥角的大小影响锥面体和涡流腔内壁之间的空隙,进而影响纤维的旋转空间、气流强度和排出气流是否顺利。角度小,纺锭尖端直径小,与涡流腔内壁之间的间隙大,进气量一定时气流的速度小;反之,气流速度大。若锥角过大,会影响气流向下排出,甚至形成反喷气流,无法成纱。此外,锥角小时,纤维绕纺锭回转的直径小,即单位时间内的回转圈数多;反之,回转圈数少。

(三)纱线蓄留装置

村田喷气涡流纺纱机纱线蓄留装置如图9-2-18所示。

1. 纱线蓄留装置的作用

纱线蓄留装置的张力罗拉,即纱线蓄留罗拉,设在喷嘴装置和卷绕装置之间。通过在纱线蓄留罗拉上卷绕纺成的纱线,而对纱线进行蓄留。纱线蓄留装置具有以下功能。

(1)从喷嘴装置中将纺成的纱线稳定地拉出。

(2)防止纱线捻接小车进行纱线接头动作时,使从喷嘴装置输出的纱线滞留从而导致其产

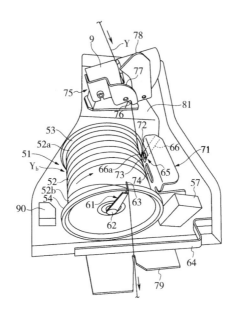

图 9-2-18　纱线蓄留装置

9—张力传感器　51—纱线蓄留罗拉　52—纱线蓄留部　52a—基端部　52b—前端部　53—基端侧锥部

54—前端侧锥部　57—上限侧纱线蓄留量传感器　61—纱线钩挂部件　62—锭翼轴　63—锭翼

64—纱线除去部件　65—吸引机构　66—管状部件　66a—吸引口　71—限制部件　72—第一限制部

73—第二限制部　74—第三限制部　75—纱线动作控制部件　76—导向功能部　77—限制功能部

78—第一导向部件　79—第二导向部件　81—模块机架　90—空气吹送装置　Y—纱线　Y_b—纱线层

生松弛。

（3）对卷绕装置侧的纱线的张力进行调节，从而防止卷绕装置侧纱线的张力的变化向喷嘴装置侧传递。

（4）防止蓄留在纱线蓄留装置上的纱线位置产生紊乱。

2. 纱线蓄留装置的结构

纱线蓄留罗拉具有纱线蓄留部、基端侧锥部及前端侧锥部。纱线蓄留部是卷绕有纺成纱线的圆筒状的部分。基端侧锥部接受从上游侧向纱线蓄留罗拉导入的纺成纱线并顺畅地向纱线蓄留部的基端部导引。由此，在纱线蓄留部上从基端侧朝向前端侧逐渐整齐地卷绕纺成的纱线而形成纱线层。前端侧锥部在纺织纱从纱线蓄留罗拉退绕时，防止卷绕在纱线蓄留部上的纱线发生一次性脱落的脱圈现象，同时将纱线从纱线蓄留罗拉向下游侧顺畅地导出。

上限侧纱线蓄留量传感器（在机器面板内侧）以与纱线蓄留部的前端部相对的方式配置在纱线蓄留罗拉的侧方。

纱线钩挂部件是钩挂纱线并卷绕在纱线蓄留罗拉上的部件，包括锭翼轴和锭翼。锭翼轴被支承于纱线蓄留罗拉的前端侧,可相对于纱线蓄留罗拉绕同一轴线相对旋转。锭翼固定在锭翼轴的前端,以钩挂纱线的方式向纱线蓄留罗拉的前端侧锥部上弯曲。

纱线除去部件用于从纱线钩挂部件上将纱线除去,其配置在靠近纱线蓄留罗拉前端侧锥部的下方。

吸引机构使以与纱线蓄留罗拉的基端侧锥部相对的方式配置的吸引口中产生抽吸气流。吸引口设在管状部件的一端。在纱线被切断的情况下,在纱线蓄留部的基端部侧摆动,其端部受到吸引口中所产生的抽吸气流的作用。

限制部件是配置在纱线蓄留罗拉的侧方的板材。

纱线动作控制部件安装在纱线蓄留罗拉的上游侧。

第一导向部件安装在纱线蓄留罗拉的上游侧,其从形成在张力传感器的框体上的夹缝将纺成的纱线向配置在框体内的规定的检测位置进行导引。第二导向部件安装在纱线蓄留罗拉的下游侧,用于将纱线向上蜡装置的位置进行导引,并对通过旋转的纱线钩挂部件而摆动的纱线的轨道进行限制,从而使第二导向部件的下游侧的纱线的运动保持稳定。

空气吹送装置 90,在纱线蓄留罗拉 51 的旋转轴线方向上,被配置在纺织纱线 Y 退绕的一侧即前端侧。

五、喷气涡流纺纱机的纱线捻接机

1. 村田 861 型喷气涡流纺纱机的纱线捻接机

图 9-2-19 所示为村田 861 型喷气涡流纺纱机的纱线捻接机结构。

(1)纱线捻接机的工作步骤。纱线捻接机可在任意一个纺纱单锭位置进行等待。如果纱线发生断头,捻接机会按以下步骤进行捻接。

①发生断纱而停止纺纱的单锭发出捻接请求。

②捻接机自动向该纺纱单锭移动。

③捻接机在目标纺纱单锭前停止以后,进行捻接,使纺纱单锭恢复纺纱。

(2)纱线捻接机的规格。

移动速度:34m/min。

捻接操作周期:至少为 9s(时间长短随凸轮轴临时停止时间和下部纱头检测的状态而改变)。

捻接装置:Mach 捻接器或渔人结打结器。

工作模式:自动运行模式、捻接检查模式、缓动模式。

调整参数:通过 VOS 设定参数。

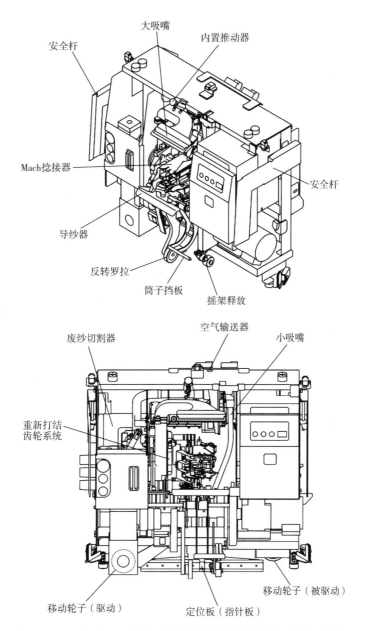

图 9-2-19　村田 861 型喷气涡流纺纱机的纱线捻接机结构示意图

（3）捻接器。村田 861 型喷气涡流纺纱机与 No.21C 型自动络筒机同使用 Mach 捻接器。图 9-2-20 所示为村田 861 型喷气涡流纺纱机的纱线捻接机上的 Mach 捻接器的捻接喷嘴。

捻接喷嘴主要类型对应的构造原理、空气喷射形式和捻向情况以及解捻管基本特征见表 9-2-9 和表 9-2-10。

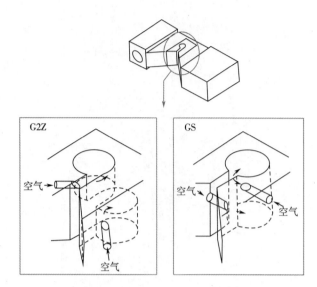

图 9-2-20　村田 861 型喷气涡流纺纱机的纱线捻接机上的 Mach 捻接器

表 9-2-9　捻接喷嘴

类型	构造原理	空气喷射形式	捻向
G2Z	$\phi 4$　12	两条切线　$\phi 1.4$	Z 捻
G8Z	1.2　$\phi 4.4$　12	四条切线　$\phi 1.2$	Z 捻
GS	0.7　$\phi 4$　9	两条切线　$\phi 1.4$	S 捻

表 9-2-10　解捻管

型号	形状	备注
N2	48　8	N2 型管适用于太硬而不易进入 N55 型管的纱

续表

型号	形状	备注
N55	60 6	标准解捻管,适用于弹性包芯纱(如氨纶包芯纱)

(4)捻接机的捻接动作。

①当捻接机停在需要捻接的纺纱单锭处时,凸轮电动机开始旋转。

②筒子挡板将纱筒往前推出。

③反转罗拉臂向前运动,反转罗拉使纱筒向推绕方向转动。

④大吸嘴下降(图9-2-21),当其接近纱筒时,将纱头吸出,同时小吸嘴上升(图9-2-22)。

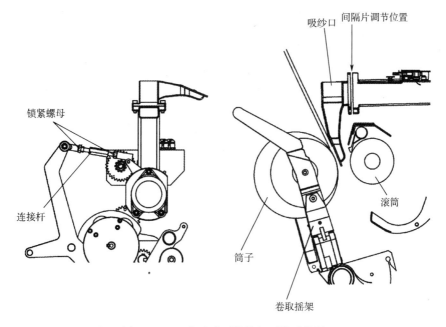

间隔片调节位置

吸纱口

锁紧螺母

连接杆

滚筒

筒子

卷取摇架

图9-2-21　大吸嘴下降前与下降后位置

⑤大吸嘴将纱头从纱筒向上方提升,同时导纱杆闭合,纱线被拉向捻接器的前方。

⑥小吸嘴吸入纺出的纱并下降,将纱线拉向捻接器的前方。

⑦上部和下部的纱被捻接器的纱线接近杆拉入捻接喷嘴并开始捻接动作。在纱线捻接的过程中,从喷嘴中输出的纱线贮存于张力罗拉上。

⑧捻接结束后,纱筒与槽筒接触,纱线卷绕开始,同时导纱杆被释放。

⑨纺纱单锭重新开始纺纱。

⑩主凸轮回到原始位置,凸轮电动机停止工作。

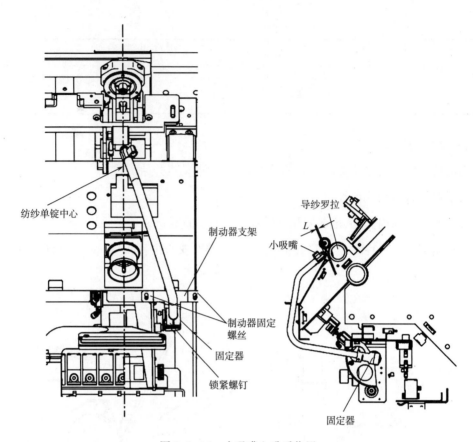

图 9-2-22　小吸嘴上升后位置

（5）捻接器的捻接过程（表 9-2-11）。

表 9-2-11　捻接器的捻接过程

接捻过程	示意图
（1）进纱。导纱杆将上部纱线和下部纱线拉入捻接器内，随后将其夹住 （2）割纱头。上部纱线和下部纱线切割器割断上部纱线头和下部纱线头	割纱器 夹钳板 导纱杆 纱线固定杆 导纱杆 夹钳板 割纱器

续表

接捻过程	示意图
（3）解捻。割断的纱头被吸入解捻管内解捻	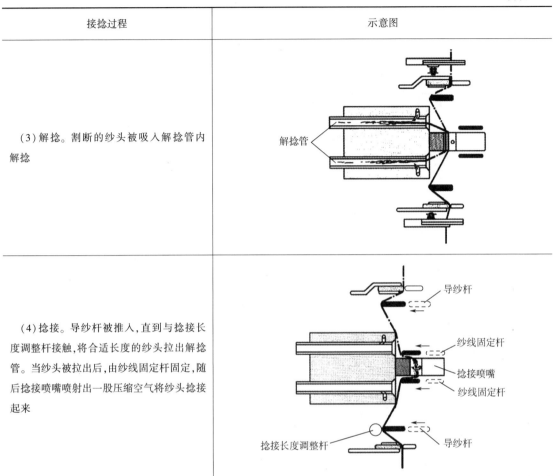
（4）捻接。导纱杆被推入，直到与捻接长度调整杆接触，将合适长度的纱头拉出解捻管。当纱头被拉出后，由纱线固定杆固定，随后捻接喷嘴喷射出一股压缩空气将纱头捻接起来	

2. 村田 870EX 型喷气涡流纺纱机的纱线捻接机

图 9-2-23 所示为村田 870EX 型喷气涡流纺纱机的纱线捻接机的结构。

（1）纱线捻接机的规格。

移动速度：38m/min。

捻接操作周期：平均为 9s（根据下部纱头的检测状态而改变）。

捻接装置：Mach 捻接器或渔人结打结器。

工作模式：自动运行模式、捻接检查模式、缓动模式。

调整参数：通过 VOS 设定参数。

（2）捻接器。图 9-2-24 所示为村田 870EX 型喷气涡流纺纱机的纱线捻接机上的 Mach 捻接器。

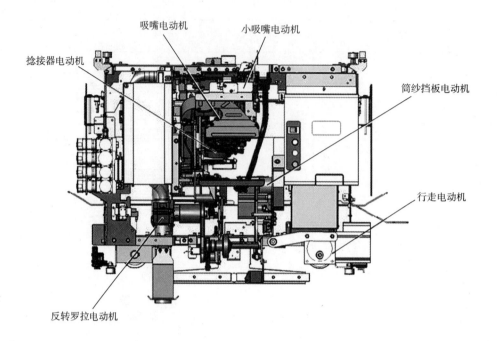

吸嘴电动机

小吸嘴电动机

捻接器电动机

筒纱挡板电动机

行走电动机

反转罗拉电动机

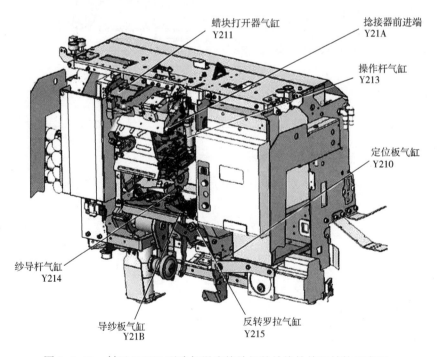

蜡块打开器气缸
Y211

捻接器前进端
Y21A

操作杆气缸
Y213

定位板气缸
Y210

纱导杆气缸
Y214

导纱板气缸
Y21B

反转罗拉气缸
Y215

图 9-2-23　村田 870EX 型喷气涡流纺纱机的纱线捻接机结构示意图

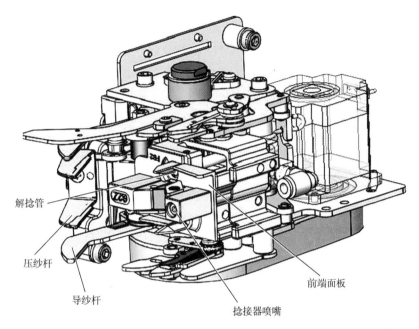

图 9-2-24 村田 870EX 型喷气涡流纺纱机的纱线捻接机上的 Mach 捻接器结构图

3. 立达 J26 型喷气涡流纺纱机的纱线捻接机

立达 J26 型喷气涡流纺纱机将通过牵伸机构喂入的纤维须条经纤维喂入元件(FFE)与待接头的纱线一起被引至纺纱喷嘴内的涡流室内,新送入的纤维在涡流室内压缩空气的作用下与纱线端头捻接在一起。图 9-2-25 所示为待接头纱线被引入纺纱喷嘴前的状态。

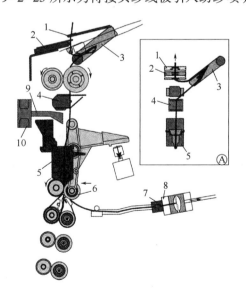

图 9-2-25 立达 J26 型喷气涡流纺纱机的待接头纱线被引入纺纱喷嘴前的状态

1—探纱传感器(YMS) 2—断纱传感器(YBS) 3—储纱器 4—电子清纱器 5—喷嘴 6—前上罗拉

7—纱头传感器(YES) 8—纱头预备装置 9—自动接头准备单元(APP) 10—纱线切刀

　　图 9-2-26 所示为立达 J26 型喷气涡流纺纱机的纱线捻接过程。纱线的捻接由一个完全自主动作的机器人来完成[图 9-2-26(a)]。机器人探寻到待接头的纱线端头,导引其穿过各元件与纺纱喷嘴,并从前罗拉钳口穿出,将纱头吸入机器人中的吸管[图 9-2-26(b)]。纱头预备装置将纱头切断,准备好用于捻接的松散、无捻的纱头[图 9-2-26(c)]。随后,纱头被松开并从吸管中拉出,同时触发纤维须条的喂入[图 9-2-26(d)]。纱线端头与纤维须条一起被引至纺纱喷嘴内的涡流室内,在旋转气流的作用下完成捻接,得到具有无痕接头的纱线[图 9-2-26(e)]。

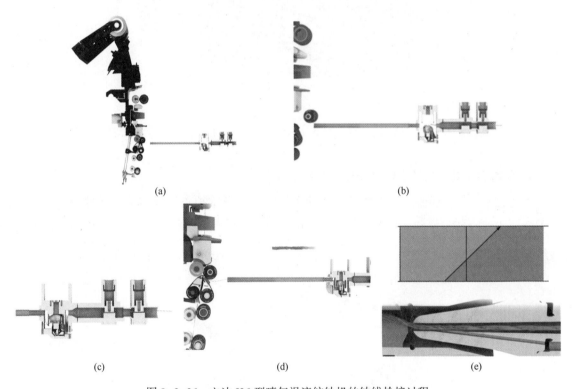

图 9-2-26　立达 J26 型喷气涡流纺纱机的纱线捻接过程

六、喷气涡流纺纱机的自动落纱机

　　自动落纱机是一种能自动进行一系列落纱操作的装置,这些动作包括将已经达到预先设定重量或卷绕长度的锭位进行落纱,供应新筒管,重新开始纺纱。

1. 村田 861 型喷气涡流纺纱机的自动落纱机

　　(1)自动落纱机的主要特征。

　　①自动落纱机靠安装在主框架正面的组合导轨和脚踏上的四个轮进行移动。

②自动落纱机将满筒从筒子架上移出,将其移至自动落纱机内并存放在位于自动落纱机导轨外侧的筒子传送带或筒子搁板上。

③将纱头压紧在左侧筒管支架和筒管之间,以进行筒纱卷绕。

④自动落纱机储管库中最多可存放 4~5 个筒管(取决于筒管的尺寸),因此可以进行连续落纱。如果自动落纱机中无存管,其会向存放筒管的机器传动装置所在的一端移动,并自动存入新筒管,或者可通过操作人员手动为自动落纱机储管库放入筒管。

(2)自动落纱机的工作过程。

①如果既没有纺纱单元达到满筒,又没有纺纱单元发送满筒准备信号,自动落纱机将停在对应任意一个纺纱单元处的导轨上的等待。

②当自动落纱机收到某一纺纱单元的满筒或满筒准备信号时,其将开始向发出信号的纺纱单元移动。当发出满筒信号时,当自动落纱机停止移动以后,开始进行落纱操作;当发出满筒准备信号时,当自动落纱机停止移动以后,其将等待至满筒以后,再开始进行落纱操作。

③自动落纱机将满筒从筒子架上移出,将其存放在筒子传送带或筒子搁板上。

④自动落纱机从储管库中取一个新的筒管,将其提供给卷取摇架。同时,纺纱喷嘴纺出的纱被压紧在左侧筒管支架和筒管之间,以进行筒脚纱卷绕,同时纺纱单元开始纺纱。

⑤自动落纱机完成落纱操作后,如果没有其他纺纱单元发送满筒信号或满筒准备信号,自动落纱机会停在对应任意一个纺纱单元处的导轨上,等待下一个满筒或满筒准备信号。

⑥如果储管库中无筒管,自动落纱机将向存放筒管的机器传动装置所在的一端移动,并存入新筒管。

(3)自动落纱机的规格。

①移动速度:最大约 30m/min(可根据 VOS 设定改变)。

②工作周期:最少约 12s(根据 VOS 凸轮轴临时停止时间设定和自动纺纱时间改变。如果凸轮轴连续回转,一个工作周期所需时间约为 10s)。

③储管库中的筒管存放量:4~5 个管(根据筒管尺寸而改变)。

④80 个纺纱单元同时落纱所需要的时间。

当移动速度为最大(约 30m/min)时:约 40min;当移动速度约为 22.5m/min 时:约 45min;当操作人员手动提供筒管时:约 25min。

⑤电动机。

凸轮轴电动机:40W/台;移动电动机:90W/台。

(4)自动落纱机的夹管器。如图 9-2-27 所示,夹管器将存储在储管库内的夹管位置上的新筒管装到卷取摇架上,其工作过程见表 9-2-12。

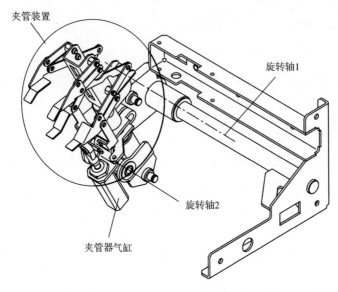

图 9-2-27　村田 861 型喷气涡流纺纱机的自动落纱机夹管器的待机位置

表 9-2-12　村田 861 型喷气涡流纺纱机的自动落纱机夹管器的工作过程

工作过程	示意图
(1)凸轮 5 驱动夹管装置以旋转轴 2 为轴心转到夹管位置	至5号凸轮
(2)夹管器气缸伸出,将新筒管夹持住	

工作过程	示意图
(3)凸轮5使夹管装置以旋转轴2作为轴心进一步旋转	 至5号凸轮 旋转轴2
(4)凸轮4驱动整个夹管器以旋转轴1为轴心旋转,以将新的筒管供至卷取摇架的夹管位置。当夹管器停止栓与夹管器停止器相接触,夹管装置定位即完成	 至4号凸轮 夹管器停止器 停止栓
(5)筒管被安装到卷取摇架上。夹管装置松开,在凸轮4驱动下回到步骤③的位置,并在凸轮5的驱动下回复到待机位置	

2. 村田870EX型喷气涡流纺纱机的自动落纱机

图9-2-28所示为村田870EX型喷气涡流纺纱机的自动落纱机的外观与结构图。

(1)自动落纱机的规格。

①移动速度:约25m/min(可用VOS设定改变)。

②工作周期:约15s(根据VOS凸轮轴临时停止时间设定和自动纺纱时间改变)。

③自动落纱机储管库中筒管存放量:4~5个管。

④运行模式:自动操作模式,寸动模式。

(2)自动落纱机的工作流程。

①吸嘴吸入上纱,准备筒纱卷绕。

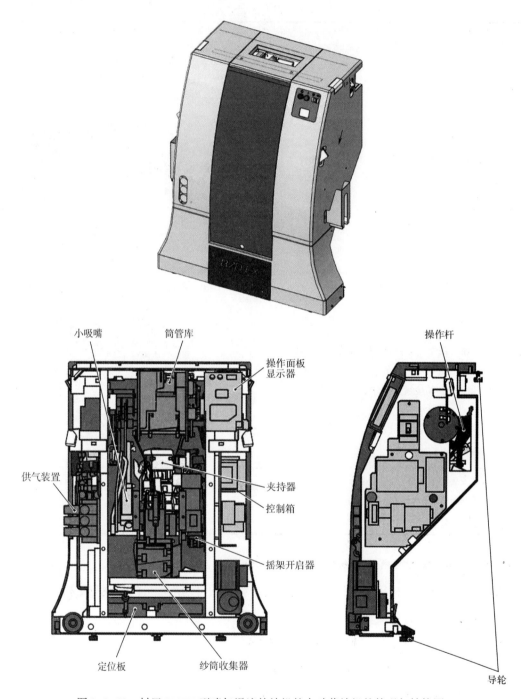

图 9-2-28　村田 870EX 型喷气涡流纺纱机的自动落纱机的外观与结构图

②将满筒从摇架上取下,将取下的满筒储存到安装在自动落纱机与纺纱单元之间的筒纱传送带或搁板上。

③将储存在筒管库中的新筒管供应到卷取摇架上并固定。

④在进行步骤③的同时,将从纺纱吸嘴纺出的纱线夹在左侧筒管支架与筒管间,形成筒脚纱卷绕后,纺纱单元开始卷绕。

⑤落纱后,如有其他满筒单锭或有单锭发出满筒准备信号,自动落纱机将向这些单锭移动。

⑥在自动落纱机筒管库内最多可存放 4 个筒管(因筒管尺寸不同会有所不同),因此可进行连续落纱。

⑦如果自动落纱机筒管库内没有空管,或没有其他满筒单锭和发出满筒准备信号的单锭,自动落纱机将移动到安装在机台末端内的筒管供应部分,自动补充新筒管。筒管也可以通过手动供给。

3. 立达 J26 型喷气涡流纺纱机的落纱臂

图 9-2-29、图 9-2-30 所示分别为立达 J26 型喷气涡流纺纱机落纱臂的工作和结构示意图。

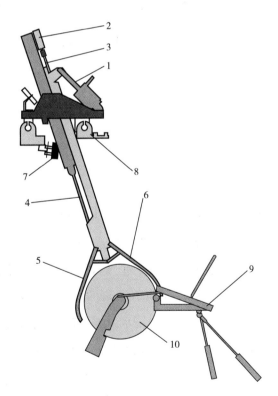

图 9-2-29　立达 J26 型喷气涡流纺纱机落纱臂的工作示意图

1—摆动气动缸　2—机械手爪移动短冲程气缸　3—机械手爪移动中冲程气缸

4—机械手爪移动长冲程气缸　5—双机械手爪　6—单机械手爪　7—机械手锁定装置

8—机械手基架　9—提升和张开卷装臂的杠杆　10—卷装

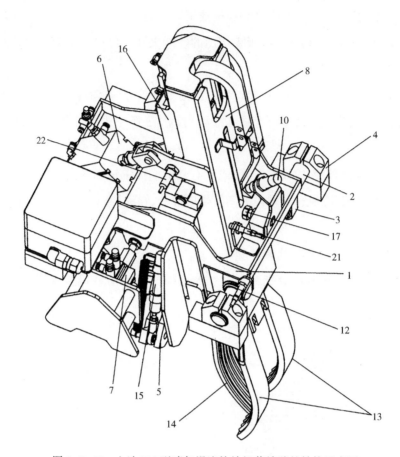

图 9-2-30　立达 J26 型喷气涡流纺纱机落纱臂的结构示意图

落纱臂的作用是将满管筒纱从机器上取下(图 9-2-31)，并放到筒纱传输带上。落纱臂有一个底座，其中包括一个侧向移动车架 1 和一个张爪机构。底座借助一个位于导向杆 2 上的直线引导单元 3 进行滑动安装，导向杆借助固定架 4 固定在机械手的框架上，以使落纱臂可以侧向移动。这种移动通过汽缸 7 的侧向移动实现。张爪机构的运动位置由止动器 17 决定，并经过减振器 10 的缓冲。张爪机构在运动位置时由落纱臂的锁定杆 5 固定。锁定杆的作用是在压缩空气停止的情况下固定机构的位置。落纱臂绕水平轴倾斜的动作由汽缸 6 完成。

图 9-2-32 所示为立达 J26 型喷气涡流纺纱机落纱臂机械手及驱动与传感元件，张爪动作通过长 29、中 28 和短冲程 27 汽缸来完成。这些汽缸位于车架 16 内，后者在张爪导轨 8 上运动。落纱臂上的传感器包括：侧向移动初始位置传感器 12，初始位置探伸传感器 26，筒纱转移探伸传感器 22，落纱探伸传感器 20，倾斜初始位置传感器 21，锁定位置传感器 23，筒纱减小传感器 24，张爪初始位置传感器 25。双爪 13 和单爪 14 均由气动驱动器 19 的活塞进行控制，其位于气压驱动单元壳体内部(机爪开合处)18,15 为撑杆。

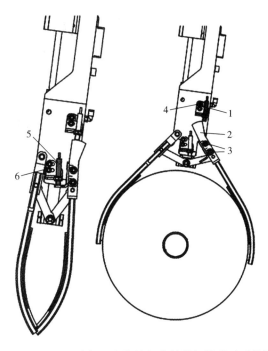

图 9-2-31　立达 J26 型喷气涡流纺纱机落纱臂机械手爪对纱筒的抓取

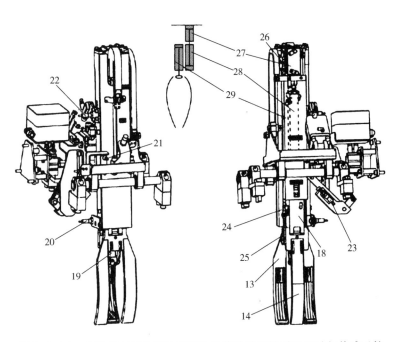

图 9-2-32　立达 J26 型喷气涡流纺纱机落纱臂机械手及驱动与传感元件

第三节　喷气涡流纺纱的结构与性能

一、喷气涡流纺纱的结构

不同纺纱系统导致不同的纱线结构,喷气涡流纺纱利用高速旋转气流与独特的喷嘴结构使纤维头端向纱线的中心集聚,纤维尾端包覆在外层,成纱具有独特的内外结构特征。喷气涡流纺纱具有环锭纺纱的纱线外观,包缠纤维具有周期性,大部分浮游纤维是由包缠纤维自由端构成的,而纱芯纤维的末端被包缠纤维束缚(图9-2-33)。喷气涡流纺纱可认为是由基本平行、无捻的纱芯纤维和呈螺旋包缠结构的主体纤维这两部分组成。内部的纤维构型可分为直的、尾端弯钩的、头端弯钩的、两端弯钩的、结圈和缠结。

图9-2-33　喷气涡流纺纱的结构示意图

二、喷气涡流纺纱的性能

喷气涡流纺纱线具有环锭纺的纱线外观,比喷气纺纱线具有更好的均匀性,断裂伸长率略低于喷气纺纱线,断裂强力明显高于喷气纺,抗弯刚度比环锭纺与转杯纺纱线大。其主要性能特征如下。

1. 毛羽少

由于喷气涡流纺纱的纤维头端位于纱体的芯部,纤维的尾端被高速旋转气流束缚在纱体上,减少了纤维头端造成的毛羽。

2. 耐磨性及抗起球性好

由于喷气涡流纺纱在成纱过程中单根纤维在纱体内发生内外转移,纤维头端呈平行状态在纱体芯部,纤维尾端在加捻气流及离心力的作用下呈螺旋状态,在纱体内向外转移,形成稳定的纱线表面结构。因此纱体在摩擦力的作用下纤维基本不会发生脱离和解捻现象。

3. 纱体蓬松且染色性能好

由于喷气涡流纱芯纤维的平行排列,使得形成的毛细管比同特数传统环锭纱多,染料的吸收能力进一步提高。

4. 强力偏低

对喷气涡流纱而言,纱线的强力来自纤维对纱体的包缠及纤维自身的强力,因喷气涡流纱中包缠纤维与芯纤维的分层排列结构,纤维在纱线中的转移程度较低,因此比同特数传统环锭纱的强力偏低。

5. 纱线手感硬

喷气涡流纱尾端包缠纤维在芯部平行纤维外部紧密包缠,使芯部平行纤维产生弯曲且相对滑移较少,纱线抗弯刚度较大。

6. 细节多、棉结少

高速旋转气流加捻的过程中,短纤维由于与其他纤维接触较少,容易被涡流场带走,因此,喷气涡流纺具有一定的排除短绒的作用,喷气涡流纱的均匀性、棉结数均较好,但是纤维的损失又形成大量的短细节。

7. 导湿能力强

喷气涡流纱的芯纤维平行排列,使得毛细管的数量较多,液态水的输运能力进一步提高。

三、喷气涡流纺纱的产品开发

1. 喷气涡流纺色纺纱线的开发

喷气涡流纺色纺纱线采用纤维先染色(或原液着色纤维),然后将多种色泽纤维混合纺纱,使制成的织物与服饰具有多色彩与朦胧感的立体效应,符合当今消费者追求服饰新颖、时尚、个性化的需求。

2. 喷气涡流纺涤纶纱线的开发

涤纶具有结构紧密、刚性强、柔性不足,且回潮率低、比电阻大等特点,在喷气涡流纺纱机上使用有一定难度,易阻塞喷嘴、增加断头,影响其使用面的扩大。村田870型喷气涡流纺纱机配置了一套清油装置,使涤纶上的油剂能及时得到自动清除,代替手工清洁,既可提高效率,又可改进产品质量。

3. 喷气涡流纺功能性纱线的开发

(1)咖啡碳纤维。具有吸湿发热、蓄热保温及远红外线发射、除菌抑菌等多种功能。用咖啡碳纤维与黏纤及中空形纤维三组分混纺纱线制成的面料具有质轻、保暖、透湿、穿着舒适等优良性能。

（2）超仿棉纤维。超仿棉纤维是近几年来国内重点开发的一种功能性纤维。它克服常规涤纶吸湿性差、手感硬挺、不易染色等弊端。拥有与棉花相似的柔软手感及优良的导湿快干等性能。用"超仿棉"与黏纤混纺的喷气涡流纺纱，与常规涤/黏混纺喷气涡流纺纱制成的服饰比较，不仅保持原有抗皱挺括、水洗后免烫易打理的优点，而且具有较好的吸湿透气性，使服用性能显著提高。

（3）异形截面纤维。利用异形截面纤维开发喷气涡流纺纱线制成服饰后，其服用性能及风格独特，可满足消费者时尚化、个性化的需求。用多种纤维纺成喷气涡流纱，使制成织物具有多种性能特点，它既可在针织大圆机上制成针织面料，也可用作机织加工，制成的织物可应用于针织 T 恤、外套与休闲服饰等，由于产品风格新颖，能为后道加工企业创造良好的盈利空间。

4. 喷气涡流纺天然纤维纱线的开发

（1）纯棉及其混纺喷气涡流纺纱线。通过优选棉花原料、优化纺纱工艺等多项措施，成功开发了各种规格纯棉喷气涡流纺纱线，纺纱线密度为 9.7~19.7tex，最高可纺 5.8tex 的高支喷气涡流纺纱线。由于纯棉精梳喷气涡流纺纱线比环锭纺同规格纱线具有毛羽少、纱体光洁、抗起毛起球等优良性能，是用于中高档服饰与家纺织物的理想纱线。

（2）麻类纤维在喷气涡流纺生产中的应用。在喷气涡流纺生产中应用麻类纤维的生产难度也比环锭纺要大，故一般采用与柔性纤维如棉花、黏纤等混纺的方法。麻纤维混纺纱多数是与棉混纺，使纱线兼具麻与棉两种纤维优点，克服两种纤维性能上的缺陷，并改善了可纺性。制成的织物具有挺括、凉爽、透气、粗犷、抗菌等独特风格和性能。

（3）在喷气涡流纺纱机上开发毛类混纺纱线。与传统环锭纺生产的半精纺纱相比，因喷气涡流纺直接纺成筒子纱，卷装容量大，能使毛针织物上结头显著减少。同时其纱线是包覆结构，其纱线的毛羽与耐磨性也比半精纺纱优良，可显著减少毛针织物在穿着过程中易发生起球掉毛等现象，使毛针织物质量提高。

5. 喷气涡流纺包芯纱线的开发

包芯纱在环锭细纱机上生产已有较长时间，有弹性包芯纱与非弹性包芯纱两种。从喷气涡流纺纱原理可知，长丝在通过中间喷嘴时，可受到外包纤维均匀的包覆，真正做到了长丝被包覆于纱体中间。由于喷气涡流纺技术的自动化、智能化程度远高于环锭纺，在生产相同数量包芯纱时，用工可减少 3/4，且纱线的毛羽少、耐磨性好，质量也比环锭纺包芯纱有显著提高。生产包芯纱时，筒纱一次成形，也杜绝了因接头造成的质量问题。

参考文献

[1]上海纺织控股(集团)公司,《棉纺手册》(第三版)编委会．棉纺手册[M]．3版．北京：中国纺织出版社,2004.

[2]谢春萍,傅佳佳．新型纺纱[M]．3版．北京：中国纺织出版社有限公司,2020.

[3]马克永．转杯纺实用技术[M]．北京：中国纺织出版社,2006.

[4]全国纺织机械与附件标准化技术委员会．FZ/T 93069—2010 转杯纺纱机　转杯轴承[S]．北京：中国标准出版社,2010.

[5]全国纺织机械与附件标准化技术委员会纺纱、染整机械分技术委员会．FZ/T 93080—2012 转杯纺纱机　压轮轴承[S]．北京：中国标准出版社,2012.

[6]全国纺织机械与附件标准化技术委员会纺纱、染整机械分技术委员会．FZ/T 93087—2013 转杯纺纱机　假捻盘[S]．北京：中国标准出版社,2013.

[7]村田机械株式会社．No.861 VORTEX 使用说明书[K]．MURATA MACHINERY, LTD,2009.

[8]村田机械株式会社．No.870EX VORTEX 使用说明书[K]．MURATA MACHINERY, LTD,2019.

[9]RIETER TEXTILE SYSTEMS. 纺纱机 J26 使用说明书[K]．Winterthur：Rieter Textile Systems,2018.

[10]森秀茂．空气纺纱装置及空气精纺机：中国,201810728779.7[P]．2018.

[11]出野宏二．纺纱装置：中国, 94115151.4[P]．1994.

[12]P. 施韦尔．具有心轴形部件的喷气纺纱装置：中国,200980138078.7[P]．2009.

[13]冈崎阳平．纺纱单元及纺纱机：中国,201711117777.6[P]．2017.

第十篇　纱线后加工

第一章　络筒

第一节　络筒机主要型号及技术特征

一、国产普通络筒机主要技术特征

国产普通络筒机的主要技术特征见表10-1-1。

表10-1-1　国产普通络筒机主要技术特征

机型	GA013	GA014PD/MD	GA012	GA08	TM08TA
机器形式	双面槽筒式	双面槽筒式	双面槽筒式	双面槽筒式	双面槽筒式
喂入形式	管纱线	绞纱线,管纱线	筒子纱线	筒子纱线	管纱线
卷绕线速度/ （m/min）	582,650,718,753	140,160	350,400	最高1100	最高1200
锭数/锭	40,60,80,100（标准）,120		60,80, 100（标准）,120	24,36,48, 96（标准）	20,30,40,50, 60（标准）
锭距/mm	254	254	264	342	400
卷绕机构	槽筒式	槽筒式	槽筒式	槽筒式	槽筒式
卷绕系统	防叠卷绕			随机卷绕	精密卷绕
槽筒尺寸 （直径×长度）/ mm	80×176,两圈 半钢板槽筒	82×175,两圈 半胶木槽筒	80×176,两圈 半等距钢板槽筒	81.5×152,两圈 半加速槽筒	80×176,两圈 半等距钢板槽筒

续表

机型	GA013	GA014PD/MD	GA012	GA08	TM08TA
满筒最大尺寸 （直径×长度）/mm	200×152	200×152	150×149	180×152	260×150
防叠方式	无触点间隙开关			电子变频防叠	电子间隙防叠
筒管半锥角	3°30′,4°20′, 5°57′,9°15′	3°30′,4°20′	0,3°30′,4°20′	3°30′~9°15′	0,3°30′, 4°20′,5°27′
断纱自停检测	机械式			光电式	光电式
张力装置	消极式圆盘式张力装置		消极式释放 加压张力装置	气动弹簧自动 补偿装置	积极传动式
清纱装置	电子式	机械式			电子式
接头方式	人工	人工	空气捻接器	人工	空气捻接器
清洁装置	往复吹风式清洁器				
外形尺寸 （长×宽×高）/mm	14096×2192×2254 （100锭）	13930×1400×1960 （100锭）	14200×1122×1690 （100锭）	17138×972×1665 （96锭）	13068×826×1868 （60锭）
电动机型号 及功率/kW	JFO$_2$-32A-4,0.8×2; FW11A-6,0.18	JFO$_2$-31-6，1×2; FW11A-6,0.18	JFO$_2$-32A-4,0.8×2; FW11A-6,0.18	多电动机,0.09×96	多电动机, 0.15×60
制造厂	经纬纺织机械 股份有限公司	杭州恒达纺织 机械有限公司	天津宏大纺织 机械有限公司	江阴市新杰纺 织机械有限公司	山东同济机电 有限公司

二、国产自动络筒机主要技术特征

国产自动络筒机主要技术特征见表 10-1-2。

表 10-1-2　国产自动高速络筒机主要技术特征

机型	TZL2008	ESPERO-M/L	SMARO-E
形式	单锭式	纱库型,单锭式	单锭,单排,托盘式
锭数/锭	12,18,24,30,36, 42,48,54,60	12,16,20,24,28,32, 36,40,44,48,60	6~64
锭距/mm	320	320	320
适用纱线类型	棉、毛等天然纤维,合成纤 维以及混纺的短纤纱	棉、毛、麻、腈纶、涤纶等纤 维的纯纺或混纺纱,单纱或 股纱	棉、毛、麻、化纤的纯、混纺 的单纱或股线

续表

机型	TZL2008	ESPERO-M/L	SMARO-E
线密度范围/tex	12.5~255	5.9~285	0~285.7
卷绕线速度/(m/min)	400~2200 无级调速	400~1800 变频调速	400~2200 无级调速
筒管半锥角	0~5°	0~9°15′	3°30′,4°20′,5°57′
卷装动程/mm	82~155	85~152	85~152
卷装直径/mm	120~320	125~300	125~300
纱管长度/mm	180~350	180~350	180~230
管纱直径/mm	32~55	32~65	32~43
接头装置	空气捻接器,机械捻接器	空气捻接器,机械捻接器,打结器	空气捻接器,水雾捻接器
电子清纱器	全程控制,可配置洛菲光电式或乌斯特电容式清纱器	全程控制,可选用品种 USTER、LOEPFE、KEISOKKI 等清纱器	配置 USTER QUANTUM3、LOEPFE 最新电子清纱器
上蜡装置	可调偏转式电机主驱动	摩擦式,蜡辊由电动机传动	摩擦式,蜡辊由电动机传动（选用）
张力装置	智能闭环,张力控制	圆盘式双张力盘,气动加压	电磁加压,可闭环控制
吹吸风装置	巡回式	巡回式	涡流吹风
防叠装置	—	机械式	电子式
监控装置	计算机控制槽筒与筒纱之间的传动比,有电子清纱器上位机	设置络纱工艺参数、数据统计、故障检测等	人机界面四级菜单显示,传感器采集数据,上机位情景显示故障精确位置,实时监测纱线运行情况
外形尺寸(长×宽×高)(60 锭)/mm	23110×1950×2720	23630×2000×2920	26667×1818×2650
总装机功率/kW	25	28	37.9
制造厂	浙江泰坦股份有限公司	青岛宏大纺织机械有限公司	

三、国外自动络筒机主要技术特征

国外自动络筒机主要技术特征见表10-1-3。

表 10-1-3　国外自动络筒机主要技术特征

机型	AUTOCONER 338 RM	ORION M/L	NO. 21C PROCESS CONER	PROCESS CONER II QPRO EX
喂入形式	纱库式,单锭式	纱库式,单锭式	纱库式,托盘式,细络联式	纱库式,托盘式,细络联式
锭数/锭	10,20,30,40,50,60	6~64(6 或 8 锭/节)	10~60(10 锭/节) 或 12~60(12 锭/节)	10~60(10 锭/节) 或 12~72(12 锭/节)
锭距/mm	320	320	320	320
加工纱线类型	天然和合成纤维的单纱或股线			天然和合成短纤
线密度范围/tex	5.9~333	4~286	4~197	4~200
卷绕线速度/ (m/min)	300~2000	400~2200	最高 2000	最高 2200
筒管半锥角	3°30′,4°20′,5°57′, 最大 11°	0~9°15′	0~5°57′	0~5°57′
卷装动程/mm	83,108,125,150	110~152	108,152	148,153
卷装直径/mm	最大 300(半锥角 6°~11°), 最大 320(半锥角<6°)	最大 300	最大 300	最大 320
纱管长度/mm	180~360	180~350	最大 360(纱库式) 最大 280(托盘式)	最大 360(纱库式) 最大 260(托盘式)
管纱直径/mm	最大 72	32~72	最大 75(纱库式) 最大 57(托盘式)	最大 75(纱库式) 最大 57(托盘式)
接头装置	空气捻接器,热捻,湿捻	空气捻接器, 机械搓捻器,湿捻	空气捻接器	空气捻接器 卡式捻接器
电子清纱器	全程控制	全程控制	全程控制	电容式或光电式
防叠方式	电子防叠	电子防叠	"pac21"卷绕系统	"pac21"智能型槽筒卷绕系统
监控装置	传感器纱线监控,张力自动调控,负压控制吸风系统,结合清纱器操作的一体化触摸式计算机	传感器纱线监控,张力自动调控,络纱工艺参数监控及统计检测	Bal-Con 跟踪式气圈控制器张力自动调整,PERLA 毛羽减少装置,VOS 可视化查询系统	VOS-III 可视化智能主控计算机系统,不良管纱质量监控系统,跟踪式气圈控制器
机器制造厂	德国 Schlafhorst 公司	意大利 Savio 公司	日本 Muratec 公司	

第二节　络筒机主要机构及工艺配置

一、自动络筒机络筒锭结构及传动系统

纱库式自动络筒机络筒锭截面图和托盘自动络筒机示意图如图 10-1-1 和图 10-1-2 所示。

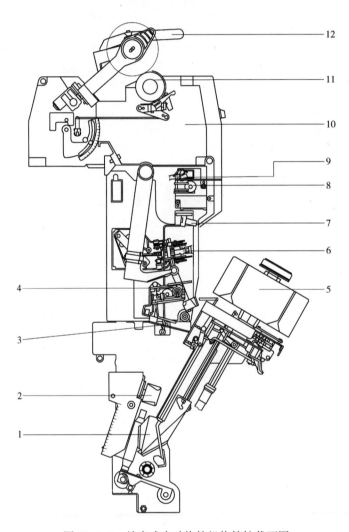

图 10-1-1　纱库式自动络筒机络筒锭截面图

1—换管装置　2—气圈控制器　3—预清纱器　4—张力器　5—纱库　6—捻接器

7—电子清纱器　8—上蜡装置　9—捕纱器　10—单锭控制器　11—槽筒　12—筒子托架

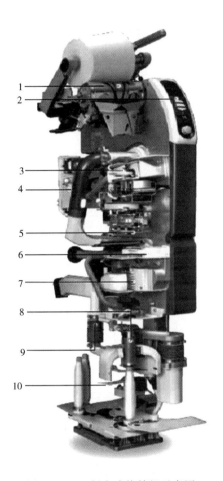

图 10-1-2 托盘式络筒机示意图

1—槽筒 2—智能控制面板 3—上蜡装置 4—吸嘴隔板 5—剪刀 6—张力传感器

7—张力调节器 8—气圈控制器 9—灰尘收集装置 10—托盘选择器

(一)槽筒传动系统(表10-1-4)

表 10-1-4 槽筒传动

机型	ESPERO-M/L	EJP438
电动机传动特征	变频电动机通过一对同步带轮(45齿/35齿)驱动槽筒	直流无刷电动机直接驱动槽筒
槽筒转速/(r/min)	1752~5197	最高6700

(二)捻接和换管传动系统

(1)ESPERO-M/L型自动络筒机捻接和换管传动方框图(图10-1-3)。

(2)EJP438型自动络筒机捻接和换管传动方框图(图10-1-4)。

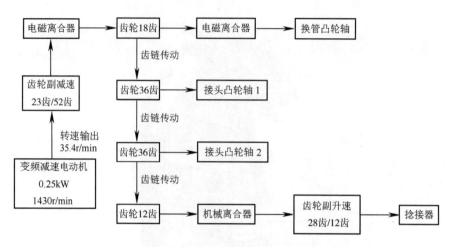

图 10-1-3　ESPERO-M/L 型自动络筒机捻接和换管传动方框图

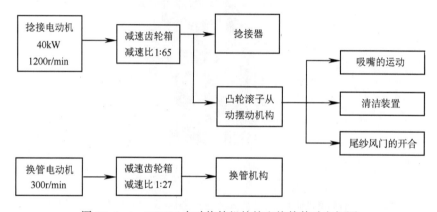

图 10-1-4　EJP438 自动络筒机捻接和换管传动方框图

二、络筒机主要机构及工艺配置

(一)清纱器

1. 机械式清纱器

机械式清纱器由金属刀片、梳针和金属板组成。纱线从清纱器的缝隙中通过,纱线直径如果太粗会被拉断,故只能清除粗节纱疵,无法清除长粗节和细节纱疵。清除效率一般小于40%。其优点是结构简单,维修方便,受温湿度影响小,而且价格便宜。缺点是会刮毛纱线,纱线易受损伤,易积聚飞花尘杂,易导致断头。

络筒机经常使用的机械式清纱器性能比较见表 10-1-5。纱线细度与清纱器隔距范围对照见表 10-1-6。

表 10-1-5 络筒机的机械式清纱器性能比较

类型	隙缝式	梳针式	板式
除杂效果	除杂效果好,清除竹节纱效果较差	清除竹节纱、细丝、飞花附着及羽毛纱效果较好,会增加毛羽	清除竹节纱、羽毛纱、回丝及飞花附着效果较好
适应品种	各种纱线	梳棉纱,化纤纱	各种线密度的纱线,细的 T/C 混纺纱
隔距范围	精梳棉纱:$2 \sim 2.5d$ 细的梳棉纱:$1.5 \sim 2d$ 中粗梳棉纱:$2d$ 股线:$2.5 \sim 3d$	$5 \sim 6d$	$1.5 \sim 1.75d$
维修保养	隔距易变动,需定期检查	隔距易变动,需定期检查	隔距不易变动,不需定期检查

注 d 为纱线直径。

表 10-1-6 纱线细度与清纱器隔距对照表

棉纱线密度		棉纱直径	清纱器隔距/mm						
tex	英支	d/mm	$1.5d$	$1.75d$	$2.0d$	$2.5d$	$3.0d$	$5.0d$	$6.0d$
120	5	0.404	0.61	0.71	0.81	1.01	1.21	2.02	2.424
97.2	6	0.365	0.55	0.64	0.73	0.91	1.10	1.83	2.19
83.3	7	0.338	0.51	0.59	0.68	0.84	1.01	1.69	2.03
72.9	8	0.316	0.47	0.55	0.63	0.79	0.95	1.58	1.90
64.8	9	0.298	0.45	0.52	0.60	0.75	0.89	1.49	1.79
58.3	10	0.282	0.42	0.49	0.56	0.71	0.85	1.41	1.69
53	11	0.269	0.40	0.47	0.54	0.67	0.81	1.35	1.61
48.6	12	0.258	0.39	0.45	0.52	0.65	0.77	1.29	1.55
44.8	13	0.248	0.37	0.43	0.50	0.62	0.74	1.24	1.49
41.6	14	0.239	0.36	0.42	0.48	0.60	0.72	1.20	1.43
38.9	15	0.231	0.35	0.40	0.46	0.58	0.69	1.16	1.39
36.4	16	0.223	0.34	0.39	0.45	0.56	0.67	1.12	1.34
32.4	18	0.211	0.32	0.37	0.42	0.53	0.63	1.06	1.27

续表

棉纱线密度		棉纱直径	清纱器隔距/mm						
tex	英支	d/mm	1.5d	1.75d	2.0d	2.5d	3.0d	5.0d	6.0d
29.2	20	0.200	0.30	0.35	0.40	0.50	0.60	1.00	1.20
27.8	21	0.195	0.29	0.34	0.39	0.49	0.59	0.98	1.17
20.8	28	0.169	0.25	0.30	0.34	0.42	0.51	0.85	1.01
19.4	30	0.163	0.24	0.29	0.33	0.41	0.49	0.82	0.98
18.2	32	0.158	0.24	0.28	0.32	0.40	0.47	0.79	0.95
14.6	40	0.141	0.21	0.25	0.28	0.35	0.42	0.71	0.85
13.0	45	0.133	0.20	0.23	0.27	0.33	0.40	0.67	0.80
11.7	50	0.126	0.19	0.22	0.25	0.32	0.38	0.63	0.76
9.7	60	0.115	0.17	0.20	0.23	0.29	0.35	0.58	0.69
7.3	80	0.100	0.15	0.18	0.20	0.25	0.30	0.50	0.60
5.8	100	0.089	0.13	0.16	0.18	0.22	0.27	0.45	0.53
4.9	120	0.082	0.12	0.14	0.16	0.21	0.25	0.41	0.49

2. 电子清纱器

电子清纱器工作原理是利用电子设备检测纱疵的直径和长度两个量。电子清纱器有若干个清纱通道,每个清纱通道对应一种类型的纱疵或者一项检测指标。在各个清纱通道上分别设定直径和长度两个值。目前使用的电子清纱器至少有三个清纱通道,即短粗节(S)、长粗节(L)和细节(T)。纱疵通过清纱器时,其直径与长度只要超过任何一个通道的两个设定值,都将被切除。性能较好的电子清纱器,清纱通道数更多,并有定长、统计、自检等功能,各种信息或与络筒机主控微机相连,或通过网络传递。电子清纱器属非接触式检测,对纱线无损伤,清除效率高于80%,各清纱通道的设定值可根据纱线质量要求和纱线原来的品质灵活确定。电子清纱器配以空气捻接,可使纱线质量大幅提高。这方面的优点是机械清纱无法比拟的,缺点是价格贵、维修费用高。

按工作原理分类,电子清纱器有光电式和电容式两种。光电式是以红外光线将纱疵投射到接收元件上,从而得到电信号来进行检测,其与人的视觉检测较相似。电容式是以电容元件测定一定长度内纱线的质量,该质量影响电容值,以这个信号来进行检测。纱疵的质量可间接反映其大小。

（1）光电式与电容式电子清纱器比较（表10-1-7）。

表10-1-7　电子清纱器性能比较

项目	光电式	电容式
扁平纱疵	有可能漏切	不漏切
纱线捻度	影响小	影响大①
纱线颜色	较大影响	略有影响
光泽	有影响	无影响
纱线回潮率	无影响	影响较大，如回潮率不均匀，会影响清疵效率
纤维种类	略有影响	有影响，高导纤维不能应用
混纺比	略有影响	有影响，如混纺比很不均匀，会影响清疵效率
外部杂散光	有影响	无影响
静电	无影响	无影响
飞花灰尘积聚	较大影响	有影响
机台振动	有影响	较小影响
系统稳定性	稳定性不太好，需定期校正	稳定性好
价格	价贵	价廉
金属粉末	无影响	有影响
纱线毛羽	有影响	无影响

①纱线捻度大则毛羽少，纱的视觉直径略小。有些粗节处捻度小，其直径较大，但质量并不大多少；反之，有些细节处捻度大，其直径较小，但质量并不小多少，这些情况下电容式电子清纱器灵敏度较低。

（2）国产主要电子清纱器

①QS系列电子清纱器（表10-1-8）。

表10-1-8　QS系列电子清纱器

型号		QS-5 光电式	QS-6 电容式	QS-8 电容式	QS-14 电容式	QS-16 电容式
纱线规格	tex	30~12.5	166.7~76.9	166.7~76.9	166.7~76.9	166.7~76.9
	英支	20~80	6~130	6~130	~130	6~120
纤维材料		各种天然纤维，化纤，混纺纱	各种天然纤维，化纤，混纺纱（调节材料系数）	各种天然纤维，化纤，混纺纱	各种天然纤维，化纤，混纺纱	棉、毛、麻、黏胶纤维，化纤，混纺纱

续表

型号	QS-5 光电式	QS-6 电容式	QS-8 电容式	QS-14 电容式	QS-16 电容式
清除范围	短粗节(S)： +60%~+240% 参考长度 1~10cm	短粗节(S)： +50%~+300% 参考长度 1~10cm	短粗节(S)： +50%~+300% 参考长度 1~10cm	短粗节(S)： +10%~+400% 参考长度 1~8cm	短粗节(S)： +70%~+300% 参考长度 1.1~16cm
	长粗节(L)： +20%~+80% 参考长度 1~10cm	长粗节(L)： +30%~+100% 参考长度与车速 有关	长粗节(L)： +30%~+100% 参考长度与车速 有关	长粗节(L)： +45%~+100% 参考长度 8~50cm	长粗节(L)： +20%~+100% 参考长度 8~200cm
	长细节(T)： -15%~-50% 参考长度 100cm	长细节(T)： -30%~-70% 参考长度 10~90cm	无长细节(T)	长细节(T)： -30%~-75% 参考长度 8~50cm	长细节(T)： -17%~-80% 参考长度 8~200cm
纱速范围/ (m/min)	550~1000	300~1500	300~1500	400~1000	300~1200
电源要求	220V(+10%~15%) 50Hz(±5%)	220V(+10%~15%) 50Hz(±5%)	220V(+10%~15%) 50Hz(±5%)	220V(+10%~15%) 50Hz(±5%)	220V(+22%~33%) 50Hz(±2.5%)
功耗/W	70(60锭)	180(60锭)	180(60锭)	150(50锭)	180(60锭)
使用环境 温度/℃	10~40	10~40	10~40	10~40	10~40
相对湿度/%	35~85	35~85	35~85	35~85	35~85
定长精度/m	—	—	—	1000~300000， 误差≤1.5%	—
统计功能	—	—	—	能以每锭、部分 或全机三种形式 统计 S、L、T 疵点 的切除数、三类纱 疵总数和产量	—

②DQSS 系列电子清纱器(表 10-1-9)。

表 10-1-9　DQSS 型系列电子清纱器

型号	DQSS-1 型电容式数字电子清纱器	DQSS-2 型电容式数字电子清纱器	DQSS-4A 型电容式清纱监测装置
纤维材料	棉,毛,丝,麻,化纤,纯纺或混纺	天然纤维,化纤,纯纺或混纺	棉,毛,绢,麻,化纤,纯纺或混纺
纱线线密度/tex	5~58(10~120 英支)	4~100(6~140 英支)	5~58(10~120 英支)(JCT-15A) 18~100(6~32 英支)(JCT-20A)
络筒车速/(m/min)	200~1000	400~1500	200~1000
清除范围	短粗节(S):+70%~+300%, 参考长度 1~10cm 长粗节(L):+40%~+100%, 参考长度 8~50cm 长细节(T):-30%~-70%, 参考长度 8~50cm	短粗节(S):+60%~+360%, 参考长度 1~9.9cm 长粗节(L):+40%~+100%, 参考长度 8~56cm 长细节(T):-30%~-76%, 参考长度 8~56cm	短粗节(S):+70%~+360%, 参考长度 1~16cm 长粗节(L):+40%~+120%, 参考长度 8~49cm 长细节(T):-30%~-75%, 参考长度 8~49cm
电源要求	220V(+10%~-20%) 50Hz(±5%)	220V(+15%~-20%) 50Hz(±5%)	220V(+15%~-20%) 50Hz(±5%)
功耗/W	180(60 锭)	180(60 锭)	<180(120 锭)
使用环境温度/℃	10~40	10~40	10~40
相对湿度/%	35~85	35~85	35~80
定长精度/m	1000~290000,误差≤0.5%	每 10 锭一组,1000~600000	—
统计功能	长细节,长粗节,短粗节,各纱疵数,总数,接头数,产量,10 万米纱疵数,100 万米纱疵数,满筒数,效率	每锭、每组、全机短粗节、长粗节,细节数,全机接头数,全机效率,全机捻接成功率,全机换管数,全机坏筒数,全机满筒数,全机纱线产量(kg 或 m),万米纱疵数,百管断头率,可打印或显示上述各种数据,断电数据保护,与主机交联的控制接口功能	可提供产量、接头、纱疵、筒长、满筒数、质量、效率等数据,可按单锭、岗位、半台车等形式给出,并可提供相应累计数据并外接打印机打印输出 自检与故障报警,可在线完成灯光检查、零点调整、检测头灵敏度检查等自检功能,出现故障或电压不正常时,电控箱发出故障报警 断电 48h 后,仍能保护数据,配新型 ASIC 检测头,性能好,易维修,集成度高

③DQSS 系列其他电子清纱器(表 10-1-10)。

表 10-1-10 其他电子清纱器功能

型号	功能
DQSS-5	具有清除棉结功能,与村田 NO7-Ⅱ MachConer 配套
DQSS-5A	电容式检测原理,配备 16 位数字处理器,与 Savio-Espero 配套
DQSS-5B	有 N(棉结)、S(短粗节)、L(长粗节)、T(长细节)清除通道,C(错支)、SPL(捻接)等监测通道,自动跟踪车速,全程清纱,灵敏度自控,故障自我诊断,报警。与 Schlafhorst Autoconer 238 配套
DQSS-4	电容式检测原理。采用数字电路,液晶显示(4 行,每行 18 字)。有产量、接头数、各类纱疵数、筒子定长、质量、效率等统计功能。数据以单锭、岗位等形式给出,并提供相应累计数据。材料系数可人工设置,自动调整。纱速自动跟踪全程检测,在线自我诊断及故障报警,断电 240h 数据保护。上位机通信接口,可实现分机联网
DQSS-8	采用数字电路,电容式检测,速度自动跟踪,材料系统人工设置,自动调整,多种自我诊断,故障报警,清纱功能 $S.L.T$
DQSS-12	采用数字电路,电容式电子清纱器,有统计功能,材料系数人工设置自动调整,纱速自动跟踪,自我诊断与报警,断电 240h 数据保护,联网功能,$S.L.T$ 检测
DQSS-14	采用数字处理,电容检测,在线纱疵分级,根据分级结果有效设定清纱参数。大屏幕显示(分辨率为 240×128),定长功能,统计功能,自检,报警,自动零点补偿,自动增益调整。可清除 N、S、L、T,错支监视,ASIC 技术,打印功能,联网功能
精锐 21	电容式电子清纱器。纱速范围 200~2200m/min,电源箱控制锭数 100 锭,可配自动络筒机。双电容检测,自动补偿,有棉结、错支检测及定长统计功能,数据信号储存及联网功能

(3)Uster 公司生产的电子清纱器(表 10-1-11、表 10-1-12)。

表 10-1-11 Uster 公司生产的 UAM 型、D4 型、UPM1 型电子清纱器

型号	UAM 型电子清纱器
清除范围	短粗节(S):+60%~+300%,参考长度 1.1~17cm 长粗节(L):+20%~+100%,参考长度 8~200cm 长细节(T):-17%~-80%,参考长度 8~200cm
检测头	MK15 MK20/GRA 20MK3
控制箱	UAM/CSG60S UAM/WSG60S 每只控制箱带 60 锭,分 5 组,每组 12 锭,每组可分别设定

型号	D4 型电容式清纱器
清除范围	短粗节(S):+70%~+300%,参考长度 1.1~16cm 长粗节(L):+20%~+100%,参考长度 8~200cm 长细节(T):-17%~-80%,参考长度 8~200cm
型号	UPM1 型电容式清纱器
线密度范围/tex	4~100
棉结 N/%	+50~+300
清纱范围	短粗节(S):+10%~+200%,参考长度 1~10cm 长粗节(L):+10%~+200%,参考长度 10~200cm 细节(T):-10%~-80%,参考长度 10~200cm
纱速范围/(m/min)	300~2000
电源控制箱控制锭数/锭	72
电源电压/V	110/220(±25%)
频率/Hz	50/60

表 10-1-12　Uster 公司生产的 Quantum 型电子清纱器

型号	Quantum 型电子清纱器
检测头	光电式或电容式
异纤传感器(LED)	有
基本功能	N(棉结)、L(长粗节)、S(短粗节)、T(长细节)、C(错支)、CC(连续特数偏差)、SPL(捻接)
增加功能	CV(纱线条干不匀率)、CMT(在线纱疵分级)、IPI(疵点)、FL(异纤,浅色)、FD(异纤,深色)、MF(异纤群)、PCC(链状纱疵清纱)
线密度范围/tex	C15:4~100(6~145 英支) C20:8~200(3~72 英支) C30:4~200(3~145 英支)
纱线速度/(m/min)	300~2200
信息报告	质量,疵点,数据处理及用户自定义报告,打印、显示或在线遥控检测
纱疵分级	Uster classimat 纱疵分级,Uster statistics 统计公报,　Uster foreignclass 异纤分级
连通性	Uster net(网络)

续表

型号	Quantum 型电子清纱器
专家系统作用	(1)可自动检测超出预定质量或预定产量的络筒位置 (2)检测运行不佳的机台 (3)对电子清纱作中央设定 (4)通过中央设定防止 Uster Quantum 电子清纱的错误设定 (5)提供用于比较和趋势分析的图表 (6)准备长期质量报告 (7)集中检测产量和效率 (8)提供每批纱线的质量数据

(4)Peyer 公司生产的电子清纱器(表 10-1-13)。

表 10-1-13 Peyer 公司生产的电子清纱器

型号		P-555 光电式清纱器	P-540 光电式清纱器	PI-120/PI-150 光电式清纱器
纱速/(m/min)		100~2000	100~2000	300~1400
短粗节	%	+20~+100	+20~+1000	+20~+180
	参考长度/cm	0.2~50	1~50	1~9
短细节	%	-14~-70	-8~-70	—
	参考长度/cm	0.2~50	1~50	—
长粗节	%	+10~+1000	+10~+1000	+5~+45
	参考长度/cm	50~100	2~50	40
长细节	%	-8~-70	-8~-70	-15~-50
	参考长度/cm	50~100	2~50	10~80

(5)Loepfe 公司生产的电子清纱器(表 10-1-14)。

表 10-1-14 Loepfe 公司生产的电子清纱器

型号	Yarnmaster80/80i[1]	Yarnmaster800/800i[1]	Yarnmaster900/900i[1]
检测头	TK730/830 适用 3.6~65.5tex(8.9~160 英支) TK740/840 适用 3.6~83.3tex(4.1~94 英支) TK750/850 适用 24.7~388.7tex(1.5~23.6 英支)	TK730/830 TK740/840 TK750/850 TK770/870 TK780/880	TK930 适用 3.6~65.5tex(8.9~160 英支)

续表

型号	Yarnmaster80/80i[①]	Yarnmaster800/800i[①]	Yarnmaster900/900i[①]
检测头	TK770/870 适用 44.8~988.1tex(0.59~13英支) TK780/880 适用 98.8~832.9tex(0.4~5.9英支)		
功能	有6个清纱通道:棉结(N)、短粗节(S)、长粗节(L)、长细节(T)、接头(SPL)、纱线细度(C)。有独特的纱疵串监测功能,根据其出现的频率与周期将设定允许范围内的疵点判定为应清除的纱疵	有6个清纱通道:棉结(N)、短粗节(S)、长粗节(L)、细节(T)、接头(SPL)、纱线细度(C)及纱疵串检测,还有分类清纱功能(指定清纱范围);接头分析功能有助于对捻接器参数作最佳设定;对全部纱线进行检验;纱疵分析的结论在线监测系统可及时发现纺纱中的问题。数据送到数据管理中心Loepfe Datamaster和工厂管理中心Millmaster中	清纱通道:N、S、L、T、SPL、C,异物纤维清除
直观设定	以人机方式设定调整;用图解显示设定的质量参数,可方便地储存或调出设定的清纱曲线	按国际公认的标准对清除的纱疵分类显示或打印	通过检测纤维的颜色及反光率,以鉴别有无异物;测定异物长度以确定纱疵级别,基准长度可任意设定;清纱数据可送到数据管理中心和工厂管理中心Millmaster中

①i 为与络筒机微机控制一体化的型号。

3. 清纱工艺考核参数

(1)正切率。

$$正切率 = \frac{正切根数}{总切根数} \times 100\%$$

(2)清除效率。

$$清除效率 = \frac{正切根数}{正切根数 + 漏切根数} \times 100\%$$

(3)品质因素。

$$品质因素 = 正切率 \times 清除效率$$

(4)空切率。

$$空切率 = \frac{空切根数}{总切根数} \times 100\%$$

（5）正切率不一致系数。

$$正切率不一致系数 = \frac{各锭正切率的均方差}{正切率的算术平均数} \times 100\%$$

（6）清除效率不一致系数。

$$清除效率不一致系数 = \frac{各锭清除效率的均方差}{清除效率的算术平均数} \times 100\%$$

（7）损坏率。

$$损坏率 = \frac{每月损坏锭数}{使用总锭数} \times 100\%$$

（8）故障率。

$$故障率 = \frac{每月故障锭数}{使用总锭数} \times 100\%$$

说明：

①总切根数 ＝正切根数 ＋误切根数 ＋空切根数。

②损坏。指电子清纱器必须更换元器件、零部件后才能正常工作。

③故障。指电子清纱器丧失了规定的清纱功能而不能正常工作，如单锭不切、全机不切和全机空切等。正切、误切、空切和漏切的判断标准是设定的清纱特性曲线。

④正切。指在设定的清纱特性曲线上方的纱疵（即需要切除的有害纱疵）被电子清纱器正确切断。

⑤误切。指在设定的清纱特性曲线下方的纱疵（即不需要切除的纱疵）被电子清纱器误切断。

⑥空切。指电子清纱器切刀动作，但无任何纱疵。

⑦漏切。指应被电子清纱器清除的纱疵却未被切除。

（二）张力器

络筒张力大小要适当。张力过大，虽然筒子成形好，但对纱线损伤大，会增加后道工序的断头率；张力过小，则筒子成形不良，纱层不分明，相互嵌入，容易乱纱，退绕困难。适当的络筒张力由织物要求和原纱性质而定。一般棉纱张力不超过其断裂强度的15%～20%，毛纱张力不超过其断裂强度的20%，麻纱张力不超过其断裂强度的10%～15%，丝的张力可参照以下经验公式加以选择：

平行卷绕：1.8×丝的线密度（cN）；

交叉卷绕：3.6×丝的线密度（cN）；

无捻涤纶长丝:0.88×长丝的线密度(cN)。

络筒张力还要求均匀,使筒子卷绕密度内外均匀一致,筒子成形良好。几种络筒机使用的张力器见表10-1-15。

表 10-1-15　几种络筒机使用的张力器

机型	型号	功能
GA013	盘式	配圆盘式张力器,张力盘重有 18.2g、7.4g 和 3.7g 三种,GA012 型、GA014 型、GA015 型络筒机与 GA013 型相同。圆盘张力器以重力加压,运转时会跳动,可能会造成张力不匀
Savio	Espero	采用气动加压,无柱芯式双张力盘张力器。张力盘由微电动机积极传动,另配有气圈破裂器,防辫子纱器。气动加压,只要气压稳定,压力就很稳定,而且有吸振作用,故张力较均匀
	Orion	采用气动加压,大直径无柱芯式单圆盘张力器,张力盘由微电动机积极传动,参数由计算机设定,还配有退绕加速器(Booster,选购件)。随着管纱的退绕,该装置自动下降,保持与退绕点距离相等。在电子清纱器上方有张力传感器(Tensor),连续检测纱线张力,信号送至计算机与设定值比较,再控制张力器压力。张力经闭环控制后,整只管纱退绕的全过程中张力都很均匀,性能提高
Schlafhorst Autoconer	Autoconer 338	络筒机采用电磁加压张力器,在电子清纱器与上蜡装置之间有张力传感器(选购件),对纱线实际张力做连续测定,信号经计算机处理后控制张力器压力,张力由计算机设定。防脱圈装置可防止管纱产生脱圈。电磁加压张力器有反应速度快、调节精度高等优点
村田 NO.7	NO.7-V	采用跟踪式气圈控制器 Bal-con,随着管纱的退绕,气圈控制器逐渐下降,达到高速退绕时,纱与纱之间、纱与纱管表面之间接触最少,并可减少气圈,减少飞花、毛羽、棉结。张力盘由扭力弹簧加压,并有张力渐减装置(选购件),用于粗纱或松式筒子,随筒子增大,张力盘压力逐渐减小。扭结防止器可防止断头时纱管上的纱产生扭结
	NO.7V-Ⅱ	同样有气圈控制器 Bal-con,采用栅栏式张力器,微机控制栅栏闭合的角度(张力程控管理系统)。随着管纱退绕的进行,张力器所加压力逐渐减小,以实现恒定卷绕张力,在 MMC 微机屏幕上设定,只需输入纱线种类、细度及卷绕速度即可。有不良管纱质量监控装置(BQC)、电磁防纱扭结和减少回丝装置,毛羽减少装置 Perla-A。栅栏式张力器具有一定的自调补偿功能,但补偿很难完全到位,纱线条干不匀对其无影响
	NO.21C Process Coner	有气圈控制器 Bal-con,并有与之相配合的张力程控管理系统。从槽筒启动到卷绕结束做全程控制。根据 Bal-con 探测管纱量,通过计算机控制门栅式张力器的加压力,从管纱满管到退绕完毕,即使在高速下,也可做到张力均匀

1. 自动络筒机均匀张力的措施

(1)气圈控制器。在络筒过程中,由于纱线退绕,形成气圈,从而产生气圈张力。为减小因气圈节数变化对纱线张力的影响,在管纱上方加一气圈控制器,就不会形成单节气圈,纱线张力波动也将减小。气圈控制器一般是固定的,日本村田公司的络筒机上有 Bal-con 跟踪式气圈控制器,随着管纱的退绕,它会逐步下降,其均匀张力的效果更好。意大利 Savio Orion 的 Booster 退绕加速器也会随退绕而逐步下降。

(2)变速系统。络筒时纱线从管纱上退绕,从满管到空管,张力逐渐加大,退绕到底部时尤为明显。有些络筒机在纱线退绕到底部时,络纱速度自动降低,减小了因张力不匀对纱线质量造成的影响,从而使整个管纱退绕时纱线张力保持不变。意大利 Savio 公司的络筒机上有 VSS 变速系统,德国 Schlafhorst 公司的络筒机上由 Autospeed 系统来实现变速。

(3)张力闭环控制系统。在 Autoconer 338 型和 Orion 型络筒机上有以张力传感器、微处理器和张力器组成的张力闭环控制系统。由张力器来调节张力大小,张力传感器检测络纱实际张力,由信号微处理器处理后控制张力器施加的压力。该系统较为先进,能使纱线张力波动降至很小,保证在卷绕中获得较稳定的纱线张力。

2. 普通络筒机均匀张力的措施

普通络筒机常采用中短导纱距离,一般为 60~100mm。当采用短距离导纱时,导纱距离宜控制在 50~60mm,保证管纱在退绕过程中,始终保持单气圈,控制纱线张力变化过大。当采用中距离导纱时,为控制纱线张力的变化,有利于高速退绕,可在管纱顶端到导纱钩间加装气圈控制器。当管纱退绕到纱管底部时,气圈控制器可将原有的过大的单气圈破裂成双气圈,减小退绕张力,避免退绕张力急剧增加。常用的气圈控制器有环状气圈破裂器和球状气圈破裂器。

(三)成结装置

1. 手工及机械打结

GA013 型络筒机使用 GU-102 型织布结打结器型号见表 10-1-16,GU-102 型手用自紧结打结器型号见表 10-1-17。

表 10-1-16　GU-102 型织布结打结器

型号	适用纱线	适用纱线线密度/tex
Ⅰ型	棉与化纤混纺纱	28~10
Ⅱ型	棉与化纤混纺纱	58~29

表 10-1-17　GU-102 型手用自紧结打结器

型号	适用纱线	适用纱线线密度/tex
Ⅰ型	棉,毛,化纤纱	28~18
Ⅱ型	棉,毛,化纤纱	58~36

2. 空气捻接器和机械捻接器

空气捻接器有自动和手动两种。其作用原理都是利用压缩空气的气流,将两个纱头退捻,吹去部分纤维,再将两个纱头搭接,然后以气流加捻,形成无结捻接纱。机械捻接器有两个转向相反的搓捻盘,先退捻拉伸去除多余纤维,将两个纱头搭接,再由搓捻盘加捻。一般认为机械捻接的接头毛羽较少,强度较好,接头直径较小,据称对紧密纺纱和氨纶包芯纱捻接质量也较好,但只用于短纤纱,机械零件有磨损。而空气捻接器可用于包括长丝在内的所有纱线。纱线捻接后,要求捻接处直径不大于原纱直径的 1.2 倍,强力为原纱的 80%~100%,长度为 20~25mm。

(1)Savio 系列络筒机可配捻接器(表 10-1-18)。

表 10-1-18　Savio 公司 Espero 型及 Orion 型络筒机可配捻接器

型号	适用纱线	适用纱线线密度/tex
Jointair 490L 型 空气捻接器	纯棉纱,化纤及混纺纱	11.1~142.9
	纯毛纱及混纺纱,单纱或股线	(5.6~71.4)×2
Jointair 494 型 空气捻接器 Jointair 492 型 空气捻接器	高捻度股线,毛,棉,短纤纱	12.5~50
	亚麻	16.7~125
	棉纱	(4.9~58.3)×2
	棉混纺纱	(16.7~41.7)×2
	纯棉转杯纺纱	14.6~116.6
Jointair 490Ⅰ型 空气捻接器	低支纱,花式线,棉,混纺纱,化纤纱	48.6~233.2
	毛纱、混纺纱及化纤纱	50~250
Twinsplicer 0015 型 机械捻接器	转杯纺纱	14.6~48.6
	棉纱及混纺纱	4.9~48.6
Twinsplicer 0018 型 机械捻接器	各种短纤纱(包括弹性包芯纱,紧密纺纱的无毛羽纱,牛仔布用环锭纺纱或气流纺纱)	83.3~116.7

(2)Schlafhorst Autoconer 338 型自动络筒机。可配捻接器使用公司自身开发的空气捻接

器,根据不同的纱线有不同的型号可供选择。除标准型外,还有选购件喷湿捻接器,用于高捻度棉纱、牛仔纱、气流纺纱、亚麻纱、股线等。选购件热捻接器用于动物纤维也可用于动物纤维与化学纤维的混纺纱。加热的捻接气流可以保证良好的捻接牢度。捻接质量经清纱器中单独一项检测。

Schlafhorst Automaticsplicer 捻接器:138 Ⅲ B–Z12 适于中粗纱线;138 Ⅳ A–Z12 适于较粗纱线。

(3)村田 NO.7–Ⅴ型及 NO.7V–Ⅱ型络筒机。配有村田公司开发的空气捻接器(表 10–1–19)。

表 10–1–19　村田公司的空气捻接器

型号	适用纱线	适用纱线线密度/tex
G2(Z)	棉,棉/化纤混纺	5.83~116.6
	化纤	10~25
	OE 纱	15.4~100
G7(Z)	棉,棉/化纤混纺	29.2~116.6
	OE 纱	33.3~100
G3(Z/S)	精纺毛纱,合纤,黏胶长丝	9.7~116.6
G(S)	棉,棉/合纤	3.9~83.3
S	粗纺毛纱(针织用)	20~100
D4	精纺毛纱,合纤	25~125
D5	手编用毛纱,地毯纱	100~500

(4)用于普通络筒机的空气捻接器(表 10–1–20)。

表 10–1–20　普通络筒机用空气捻接器

型号	名称	空气捻接器制造厂	纱线线密度范围/tex	主要技术参数			
				接头相对强力/%	强力 CV/%	接头相对直径/%	接头长度/mm
FG304	气动式空气捻接器	上海纺织五金二厂	7~60	≥80(单纱)	<20	≤原纱 130	<30
FG305	空气捻接器	上海纺织五金二厂	7~60	≥80(单纱) ≥70(股线)	<20	≤原纱 130	<30

型号	名称	空气捻接器制造厂	纱线线密度范围/tex	主要技术参数			
				接头相对强力/%	强力CV/%	接头相对直径/%	接头长度/mm
FG306	喷雾式空气捻接器	上海纺织五金二厂	10~120,5×2~37×2	≥75	<20	≤原纱130	<30
KN210	自动空气捻接器	上海纺织五金二厂	8.2~125	≥80(单纱)≥70(股线)	<18	≤原纱120	<30
ST541A	手动式空气捻接器	上海梅花刺轴有限公司	5~30	≥80	<20	≤原纱130	<30
ST551	空气捻接器	上海梅花刺轴有限公司	5~30	≥80	<20	≤原纱130	<30
Mesdan 115	手动式空气捻接器	意大利美斯丹	6~120	≥85	<15	≤原纱120	<20
Mesdan 927B	手动式空气捻接器	意大利美斯丹	4~200	≥75	<20	≤原纱120	<20
Mesdan 4923B	水雾式空气捻接器	意大利美斯丹	6~200	≥70	<15	≤原纱120	<20
Mesdan 4941B	手动式空气捻接器	意大利美斯丹	6~50	≥80	<20	≤原纱130	<20

注 意大利美斯丹的 Mesdan 927B 型适用于单、双股缝纫线;Mesdan 4923B 型适用于纯棉双股线和丝光棉线;Mesdan 4941B 型适用于氨纶包芯纱。

(四)槽筒

1. 槽筒材质及结构参数

(1)钢板槽筒。GA013 型络筒机采用钢板槽筒,钢板槽筒不易积聚静电,散热快,耐磨性好,使用寿命长。GA012 型络筒机也采用钢板槽筒,直径为 79.4mm,两圈半不等节距沟槽,GC型采用等节距沟槽。钢板槽筒型号及规格见表 10-1-21。

表 10-1-21 钢板槽筒型号及规格

钢板槽筒型号	槽筒沟槽圈数/圈	直径/mm	孔径/mm	导程/mm	长度/mm	适用机型	适用范围及特性	管筒半锥角
GC25.147	2.5	79.4	20	147	185	GA012	等加速沟槽曲线松染筒子	0~3°30′

钢板槽筒型号	槽筒沟槽圈数/圈	直径/mm	孔径/mm	导程/mm	长度/mm	适用机型	适用范围及特性	管筒半锥角
GC25.155	2.5	79.4	20	155	176	GA013，GA014	半加速沟槽曲线整经织布普通筒子	3°30′~5°57′
GC25.155B	2.5	79.4	20	155	176	GA013，GA014	全加速沟槽曲线针织筒子	5°57′~9°15′
GC30.155	3	80	20	155	176	GA013，GA014	半加速沟槽曲线普通筒子	3°30′~5°57′

（2）超塑合金槽筒。部分络筒机采用超塑合金槽筒，筒体采用超塑材料金属气胀成形工艺，复杂外形结构一次成形。筒体精度和光洁度高，壁厚均匀无接缝，不挂纱，静电小，耐磨，有防叠效果。可适用于棉、毛、丝、化纤及其混纺纱的络纱。可作宝塔筒子与平头筒子。超塑合金槽筒的型号及规格见表 10-1-22。

表 10-1-22　超塑合金槽筒型号及规格

超塑合金槽筒型号	槽筒沟槽圈数/圈	直径/mm	孔径/mm	导程/mm	长度/mm	适用机型	适用范围及特性	管筒半锥角
TFJ25-152	2.5	82	20	152	176	GA013 GA014 GU029	半加速沟槽曲线普通筒子子	3°30′~5°57′
GC25.155	2.0	95	20	155	178	GA013 GA014 GU029	全加速沟槽曲线筒子	4°20′~9°15′

（3）特殊镀镍铸铁槽筒。意大利 Savio 公司 Espero 型和 Orion 型络筒机采用特殊镀镍铸铁槽筒，其规格见表 10-1-23。

表 10-1-23　特殊镀镍铸铁槽筒规格

导纱动程/mm	槽筒直径/mm	沟槽圈数/圈	节距	平均卷绕角	用途
85	86	1.5	等节距	12°	直接纱
110	94	1.5	等节距	14°	直接纱
127	90	1.5	等节距	17°	染色筒子
150	94	2	等节距	14°30′	直接纱

导纱动程/mm	槽筒直径/mm	沟槽圈数/圈	节距	平均卷绕角	用途
152	86	2.5	等节距	16°	染色筒子
152	87	3	等节距	10°	无梭织机
200	90	2.5	不等节距	16°	整经
152	94	2	不等节距	15°	针织筒子
152	94	2.5	不等节距	12°	整经
200	94	2.5	不等节距	15°30′	针织筒子

（4）钢制槽筒。德国 Schlafhorst 公司 Autoconer 338 型络筒机采用钢制槽筒，其型号及规格见表 10-1-24。

表 10-1-24 钢制槽筒型号及规格

槽筒型号	导纱动程/mm	沟槽圈数/圈	槽筒直径/mm	筒子形状	筒子最大直径/mm	节距	槽筒形状
GKS	85	1.5	95	平头至4°20′	320	不等距	1°9′锥形
GKS-4	108	1.5	95	平头至4°20′	300	不等距	圆柱形
GKN	125	1.5	95	平头至4°20′	300	等距	圆柱形
GKU	150	2	95	平头至4°20′	300	等距	圆柱形
GKU	150	2	95	2°~6°锥形	300	不等距	圆柱形
GKU	150	2.5	95	平头至4°20′	300	等距	圆柱形
GKU	150	2.5	95	2°~6°锥形	300	不等距	圆柱形
GKW	150	2	95	4°20~9°15′锥形	300	不等距	3°20′锥形
GKW	150	2.5	95	3°20′锥形	754	不等距	3°20′锥形

（5）其他槽筒。日本村田公司 NO.7-V 型、NO.7V-Ⅱ 型络筒机采用经耐磨、耐腐蚀处理的钢制槽筒或铝合金槽筒，沟槽交叉处镶嵌陶瓷。导纱动程有 83mm、108mm、125mm、152mm，槽筒带有锥度，动程 152mm 的槽筒大头直径为 105mm，小头直径为 92mm，槽筒两端有凸肩，小筒子与凸肩接触而摩擦传动。村田 NO.21C Process Coner 采用 Pac21 卷绕系统。它的槽筒上刻有 2 圈和 2.5 圈两种沟槽。络制平头筒子或宝塔筒子时，不需要更换槽筒。该系统有防叠功能，在易发生重叠的筒子直径处，通过一机械机构，使纱从原来的沟槽跳到另一沟槽，从而防止重叠的发生。Pac21 卷绕系统可使络纱速度提高近 30%。如配以 Perla 毛羽减少系统，可进一

步提高络纱速度。

2. 槽筒传动

（1）GA012型、GA013型络筒机。都是双面型，每面50锭（即锭数100锭为标准型，此外还有40锭、60锭、80锭、120锭）装在一根长轴上，由交流电动机传动。

（2）Savio Orion型、Savio Espero型络筒机。单锭传动，由变频电动机通过同步齿形带传动槽筒，槽筒刚启动时加速度较小，筒子与槽筒之间无滑移。断头时筒子立即抬起，筒子与槽筒分别刹车。锭轴上有传动轮，筒子直径很小时，筒子与槽筒不接触，由传动轮接触槽筒，使筒子转动。VSS速度变化系统能在管纱退绕到最后阶段自动减速，以保证退绕张力一致。在整只管纱退绕过程中，有4种速度变化曲线可供选择。自动纱尾预留装置，空筒开始卷绕时，在筒管大端预留设定长度的纱尾。最大络纱速度为1800m/min。

OrionM/L型络筒机单锭传动，无刷直流变频电动机轴上直接固装槽筒。根据工作参数（如纱线细度、原料、上蜡等因素），主计算机选择不同的槽筒启动加速曲线。筒子直径增大时该曲线自动调整，使加速度减小。络纱速度为400~2200m/min，无级调速。也有VSS速度变化系统。

（3）Schlafhorst Autoconer 338RM型络筒机。有ATT直接驱动槽筒装置，单锭传动，在微机控制的伺服电动机轴上固装槽筒。对槽筒和筒子连续测定和比较，微机中设定二者速度差的最大值，以此控制槽筒加速时间，该加速时间被降至最小。配有电子防纱线缠绕槽筒装置。络纱速度为300~2000m/min，无级调速。

（4）村田NO.7-Ⅴ型、NO.7V-Ⅱ型、PROCESS CONER FPRO EX络筒机。由变频电动机直接传动槽筒，平稳缓慢启动，最大络纱速度NO.7-Ⅴ型为1500m/min，NO.7V-Ⅱ型为2000m/min，NO.21C Process Coner型也是2000m/min，槽筒由伺服电动机直接驱动。

（五）防叠装置

如果纱圈在筒子表面形成重叠条带，会使筒子在后道工序退绕时容易产生纱圈崩脱及断头，造成染色不匀。防叠装置是通过周期性地改变槽筒转速（如槽筒转速快慢变化），使槽筒与筒子之间产生额外滑移来抑制纱圈重叠，或者纱圈卷绕在筒子的位置上额外加上一个位移角（如使筒子托架摆动），从而减少纱线重叠的产生。几种络筒机的防叠装置见表10-1-25。

表10-1-25　几种络筒机的防叠装置

机型	功能
GA013	电子无触点式间歇开关防叠装置，电动机每分钟通断时间可调

续表

机型	功能
Savio Espero(Orion)	Espero 型络筒机采用筒子托架做垂直方向和水平方向两种摆动,对染色的松式筒子,托架还可做槽筒轴向移动,摆动幅度可调,摆动频率 22 次/min;Orion 型络筒机在筒子可能发生重叠的临界直径时发出信号,驱动槽筒的变频电动机速度周期变化,其频率和幅度在综合监控系统上设定。在启动过程中也同样起防叠作用
Schlafhorst Autoconer 238(338)	采用电子防叠装置,可周期性地使传动槽筒的离合器做离合动作。随筒子直径增大,周期逐渐延长,槽筒速度变化幅度在筒子卷绕全过程不变,可预先调节。调节幅度有 3%、6%、9% 和 12%共 4 种 Autoconer 338 型络筒机电子防叠延伸至槽筒的加速、减速全过程。防叠参数在计算机上集中设定
村田 NO.7-V（NO.7V-Ⅱ）	采用 EBC 防叠装置改变变频电动机转速
村田 NO.21C Process Coner	防叠采用 Pac21 卷绕系统
PROCESS CONER Ⅱ QPRO EX	采用步进式精密卷绕,通过积极改变横动角度,逐步减少卷绕圈数,避免所有重叠

(六)筒子加压装置

几种络筒机的筒子加压装置见表 10-1-26。

表 10-1-26　几种络筒机的筒子加压装置

机型	功能
GA013	采用重锤加压。由于无吸振作用,尤其在小筒子转速很快时,筒子振动较大,对卷绕均匀性有影响。采用弓形托架,筒子大小端均受握持,筒子质量改善
Savio Espero(Orion)	采用气动加压,有减振装置和筒子重量平衡装置,能消除筒子运转时的振动,保证筒子密度的均匀一致。筒子卷绕密度集中设定
Schlafhorst Autoconer 338	液压减振装置可清除筒子的振动。压力补偿装置随筒子直径增大,筒子加压压力逐渐减小,使筒子受的压力恒定,用于生产染色筒子,筒子所加压力可调得很小,通过刻度盘调节弹簧作用力
村田 NO.7-V 村田 NO.21C Process Coner	筒子托架提升装置。发生断头时,筒子迅速提升,筒子托架液压加压装置能保证筒子加压均匀

(七)筒子卷绕密度

1. 筒子卷绕密度的计算

$$\gamma = \frac{Ttn_2}{10^5\delta(R\Psi_1\sin\alpha + \delta)}$$

式中:γ——筒子卷绕密度,g/cm^3;

　　Tt——纱线线密度,tex;

　　n_2——绕满一层纱,纱圈在筒子端面转折点沿端面转的转数;

　　δ——纱线直径,cm;

　　R——筒子半径,cm;

　　α——筒子上纱线卷绕角;

　　Ψ——纱圈位移角;

　　Ψ_2——纱线直径所对圆心角;

　　Ψ_1——$\Psi-\Psi_2$。

2. 筒子卷绕密度的测定

(1)锥形筒子卷绕体积。如图10-1-5(a)所示。

$$V = \frac{\pi}{12}(D^2 + D_1^2 + DD_1)H + \frac{\pi}{12}(D^2 + d^2 + dD)h - \frac{\pi}{12}(d^2 + d_1^2 + dd_1)(H + h)$$

(2)平行筒子卷绕体积。如图10-1-5 (b)所示。

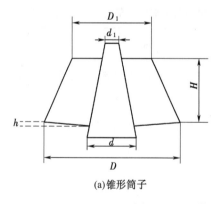
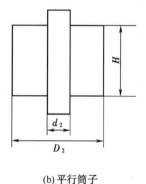

(a)锥形筒子　　　　　　　　(b)平行筒子

图10-1-5　筒子卷绕体积示意图

$$V = \frac{\pi}{4}(D_2^2 - d_2^2)H$$

式中:V——筒子容纱体积,cm^3;

H——筒子绕纱高度,cm;

h——筒子绕纱底部锥体高度,cm;

D——锥形筒子大端直径,cm;

D_1——锥形筒子小端直径,cm;

D_2——平行筒子绕纱直径,cm;

D——锥形筒管大端直径,cm;

d_1——锥形筒管小端直径,cm;

d_2——平行筒管直径,cm。

设筒子绕纱重量为 $G(g)$,则卷绕密度 $\gamma(g/cm^3)$ 为:

$$\gamma = \frac{G}{V}$$

筒子卷绕密度参照表 10-1-27。

表 10-1-27　筒子卷绕密度

棉纱线密度/tex	卷绕密度/(g/cm³)	棉纱线密度/tex	卷绕密度/(g/cm³)
32~96	0.34~0.39	12~19	0.35~0.45
20~31	0.34~0.42	6~11.5	0.36~0.47

注　股线卷绕密度比同线密度的单纱大 10%~20%。

(八)自动换筒装置

在自动络筒机上,当筒子卷绕到预设的长度或筒子直径时,自动换筒装置开始工作,首先自动定位在换筒位置,落下满筒子换上空筒管,完成空管生头的动作,并按要求绕好尾纱,同时将满筒子推入机后的筒子输送带。自动换筒装置主要包括推进机构、换筒机构、吹风机构。

推进机构是通过电动机驱动驱动轮,使自动换筒装置在轨道上往复运动。

换筒机构自动完成各项换筒操作:筒子尾纱的卷绕,满筒的落筒,空筒管的抓取,空管在生头纱卷绕装置上的卷绕,空管向筒子握臂的喂给,以及落筒后开始卷绕时对筒子握臂施加压力的调节。

吹风机构由离心式风机和吹风管道组成,对换筒工作区域进行吹拂。自动换筒装置定位之后,络筒机的高效吹风管道的气孔被打开,提供换筒机构所需的吹风,换筒工作完成离开时,气孔被关闭。

几种络筒机配置的落筒装置见表 10-1-28。

表10-1-28　几种络筒机的落筒装置

机型	功能
Savio Espero(Orion)	落筒小车卸下满筒子,插上空筒子,把预留纱尾绕在筒管根部,需15s。主计算机根据各筒纱到达设定长度的时间先后安排落筒小车的停留位置,可缩短等待时间。该机还可配第二落筒车(选购件)
Schlafhorst Autoconer 338	一台络筒机可安排1~4台落筒机,落筒时间为26s,巡回速度为24m/min,换新筒后先绕尾纱,尾纱长度在络筒机上设定
村田 NO.7-V (NO.7V-Ⅱ)	村田 NO.7-V型络筒机配 AD 自动落筒装置,如 7D3 型(圆锥筒子)和 7D4 型(平形筒子),18s完成换筒动作,落筒装置行走速度为20m/min;村田 NO.7V-Ⅱ型络筒机配备 AD-7D6 型自动落筒装置,换筒时间为9s,落筒装置行走速度为60m/min
村田 NO.21C Process Coner	配有21D型自动落筒装置。落筒周期仅为9s,自动送入输送带或机后托架。自动落筒机能自动调节抓手,可在一台络筒机上落下不同规格的筒子(宝塔或平头筒子),而且可自动生头。落筒装置行走速度为60m/min。自动络筒机上可储存空筒管只数:3°30′为 7 只,3°51′为 5 只,4°20′为 6 只,5°57′为 5 只。适应满筒尺寸:最大为300mm,最小为140mm

(九)自动换管机构

自动换管机构是自动络筒机的辅助机构,不同的机型有所区别。纱库型自动络筒机的自动换管机构由管纱库、管纱滑槽和插纱锭座三部分组成。管纱库一般有 6 个位置,最多可以存放 5 只管纱,由人工放置。不同的机型,管纱的几何尺寸有相应的规定。工作管纱上的纱线退绕完毕时,光电传感器检测判别并发出信号,驱动传动机构将插纱锭转向空管输送带并把管纱踢入输送带,步进电动机驱动管纱库转动一定角度,将满管纱补入插纱锭座。空管由输送带输送到集管箱。

托盘式自动络筒机取消管纱库,满管纱被插在管纱托盘上移送到自动络筒机,换管部分采用气缸驱动。在每一络纱锭的下方配有三个托盘位置,其中一个为工作位置,另外两个为备用位置,可以解决单锭因供纱不及时而停止的问题。工作管纱退绕结束时,连同托盘一起从工作位置退出,一个备用管纱和托盘一起进入工作位置,这时,托盘下的吹气孔打开向上吹气,将管纱内的纱头吹向小吸嘴。

(十)管纱喂入插管装置

托盘式自动络筒机采用大纱库喂给。细纱机落下的管纱输送到管纱小车内,管纱小车被推到大纱库铲车上,管纱小车在液压缸的作用下将管纱翻倒在振动平板上,通过振动平板的振动将管纱输送到振动盆内,振动盆振动时使管纱螺旋上升并成单列排列方式,再经管纱顶部底部检测器检测出管纱的大小头,通过管纱漏斗插管装置将管纱插在 CBF 输送带上的托盘上(图10-1-6)。新型托盘式络筒机增加了智能喂入控制系统,仅向输送带输送需要的满管纱,实现最优的管纱供给量。

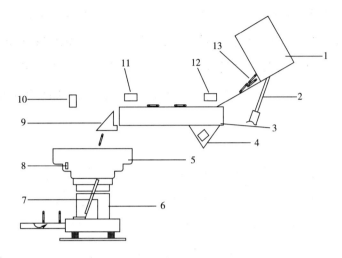

图 10-1-6　托盘式络筒机喂入机构示意图

1—管纱箱　2—液压缸　3—振动输送带　4—振动器　5—振动盆　6—振动控制器

7—管纱漏斗插管装置　8—管纱顶部底部检测器　9—振动出口剪刀

10—管纱喂入杆探测器　11—振动出口传感器　12—振动进口传感器　13—管纱

(十一)清洁装置

几种络筒机配置的清洁装置见表 10-1-29。

表 10-1-29　几种络筒机的清洁装置

机型	功能
Savio Espero(Orion)	巡回清洁装置的巡回时间由计算机设定。Orion 型由计算机控制灰尘卸载次数
Schlafhorst Autoconer 338	巡回吹风装置,每一锭节的纱管气圈部位有吸尘器,吸去由退绕纱线产生的飞花和灰尘和吹风气流中的飞花和灰尘。Autoconer 338 型清洁除尘装置包括:管纱除尘(选购件)、巡回清洁装置、多喷嘴吹风装置。对产生飞花最多的管纱气圈部分,有两股气流从不同方向吹风。每个锭节下方有吸风口,连通机器吸风管,将吸取气流过滤。巡回清洁装置清洁机器上部,另一吸风管清洁地面。多喷嘴吹风装置在每次捻接后对张力器、清纱器、上蜡装置等进行清洁
村田 NO. 21C Process Coner	村田 NO.7-Ⅴ型络筒机在机器上方装有巡回式吹吸式清洁装置,吹去筒子、纱管库、捻接器、张力器、清纱器等部件上的飞花,后风管将飞花吸入 村田 NO.7Ⅴ-Ⅱ型络筒机,每次打结,有固定吹风口对张力器、清纱器、捻接器吹风一次 村田 NO. 21C Process Coner 型络筒机的清洁装置与村田 NO.7Ⅴ-Ⅱ型络筒机相同

（十二）上蜡装置

根据要求,有些纱线需要在络筒工序对纱线上蜡,以减小纱线表面的摩擦系数。上蜡方法为:在纱路的适当位置加一蜡辊,蜡辊与纱线接触而完成上蜡。蜡辊可积极传动,调节蜡辊速度即改变上蜡量。纱线上蜡量与纱线种类、回潮率、前道工序的处理、生产速度和所用蜡的种类等因素有关。最佳上蜡量为 0.8~2.2g 蜡/kg 纱。在此范围内纱线摩擦系数最低,超出此范围,摩擦系数都会增大。

（十三）筒管

按筒子用途,络筒机可使用不同种类的筒管,其形式、材料各不相同。所用筒管可按纺织行业标准 FZ/T 93030—2007《纺织机械与附件交叉卷绕用圆锥形筒管技术条件》和 FZ/T 95004—2007《纺织机械与附件交叉卷绕染色用圆锥形筒管技术条件》的规定进行采购、检验和使用。

按角度分,筒管的半锥角有 0、3°30′、4°20′、5°57′和 9°15′五种。

按材料分,有纸筒管、木筒管、不锈钢筒管、塑料筒管和钢丝筒管五种。

第三节　筒子质量及络筒机操作技术

一、筒子疵点

（一）GA013 型络筒机筒子疵点（表 10-1-30）

表 10-1-30　GA013 型络筒机筒子疵点

疵点名称	形成原因
蛛网或脱边	不规则地出现较大的脱边（一般由操作不良形成）;拦边板装置不当;筒管横向串动;筒管锭子松动;槽筒松动;槽筒槽边上有缺口或伤痕;纱在近槽筒两端的沟槽内跳出;上下张力盘因尘杂堆积而分开;筒锭座左右松动;锭管发烫或烧坏;筒管底部有回丝绕住;自停箱内油量不足,筒锭座跳动剧烈
重叠	间歇开关凸轮夹角不对;锭子回转不灵活;槽筒不良
葫芦筒子	清纱板上飞花阻塞;张力座架位置不正;槽筒沟槽在相交处有毛刺;导纱杆套管磨出槽纹
包头筒子	筒管没有插到底;筒子从另一个锭子上移来络纱;络纱筒管眼子太大;锭子定位压簧断裂、松动或失去弹性;筒锭座左右松动或颈圈松动;锭管三脚弹簧损坏
钝头筒子	筒锭握臂的固定螺钉没有拧紧而使它的顶端抬起;锭子定位压簧断裂或松动;纱的张力松弛;筒锭座颈圈装置不妥;锭管隔距不对
菊花芯	筒子架压力过小;络纱张力太小,张力盘之间有飞花杂物堆积,使上张力盘不能紧压下张力盘;筒管在槽筒上校正位置有偏差,筒管有弯曲,筒管锥度未调整好;纱线回潮率较小

（二）Savio 型络筒机筒子疵点（表 10-1-31）

表 10-1-31　Savio 型络筒机筒子疵点

疵点名称	形成原因(应对措施)
松筒	压缩空气给予张力盘的压力不足,导致络纱时张力过小,摩擦压力不足(增大压缩空气给予张力盘的压力)
紧筒	压缩空气给予张力盘的压力过大,导致络纱时张力过大(减小压缩空气给予张力盘的压力)
筒纱磨损或磨断	摩擦压力、平衡压力太大,筒纱与槽筒产生较大摩擦而使纱断损(调节压力)
双纱、回丝绕入纱筒	电子清纱器失灵,验结器隔距过大(检查电子清纱器)
筒纱成形不良	槽筒位置安装不良或槽筒沟槽内有裂痕(调节槽筒位置)
结尾过长或剪不断	打结器刀头钝或调节不良(更换打结器刀头)
结头不良	捻接器捻接不良(调节捻接器)
筒子表面磨损	槽筒表面有毛刺,槽筒挡板在大吸嘴吸头时碰筒子表面(及时请机工修理)
菊花芯	张力及接触压力不足,纱条不在张力器内或张力时紧时松,筒管中心偏斜(改善张力及接触压力,加强检查,捉出坏筒)
筒子松散	张力器不回转或脱开,纱条进入张力器导引不当,张力器内夹杂物(加强检查,发现张力器不良及时修理,保持张力器清洁)
重叠筒子	防叠装置调节不正确,接触压力过大,槽筒电动机起动力矩太弱,筒子托架转动不良(改变间歇设定,调节减压弹簧,减小接触力,换托架轴承)
油污筒子	管纱或筒子沾有油污,管纱筒子落地卷绕头轴承油污(插纱时将油污纱拣出,调换卷绕头轴承)
双纱筒子	张力剪刀损坏,造成连续换纱,电子清纱器失灵,邻纱带入(加强检查,及时厘清管纱,及时通知修理)
前后攀头筒子	张力不足或张力有波动,托架松动,槽筒与托架位置不当(调整压力,校正托架)
错支、错管、错筒子	插错管纱,装错筒管(工作时应集中思想,加强守关)
飞花、回丝夹入	捕纱器堵塞,吸嘴回丝带入,做清洁工作附入筒子(疏通捕纱器,回丝及时清除,注意清洁方法)

（三）Schlafhorst 型络筒机筒子疵点（表 10-1-32）

表 10-1-32　Schlafhorst 型络筒机筒子疵点

疵点名称	形成原因
攀头	筒子跳动并有坏筒管、筒管不圆整、液压减振缸缺油等各种因素;纱线成结后无法脱离打结器上吸嘴

续表

疵点名称	形成原因
菊花芯	筒子托架倾角与筒管锥度不符合;筒管与槽筒未接触;张力偏小
松筒	张力器加压过轻;筒子托架压力补偿不适当;张力装置部件失去控制
紧筒	张力器加压过重;筒子托架压力补偿不适当;张力装置有故障;纱管未能正确进入锭座,络纱时张力过大
双纱	张力架下剪刀失灵;电子清纱器或验结器失灵;打结剪刀剪不断纱线等
接头过多	电子清纱器灵敏度过高,造成连续打结;中间轮位置未调节好,接头后不能紧靠快速轮,络纱启动速度缓慢,引起连续接头;验结器未调整好;原纱质量不好,毛纱或粗节纱过多
毛羽纱 (纱筒表面成烂纱)	气动控制煞车失灵;断头后电子清纱器发不出信号;气阀不良,中间轮位置不正确,断头后卷绕不停
回丝杂质附入	电子清纱器失灵;纱路吸管被回丝阻塞;卷绕区域清洁工作未做好,残留回丝未及时清除

(四)村田络筒机筒子疵点(表 10-1-33)

表 10-1-33 村田络筒机筒子疵点

疵点名称	形成原因(应对措施)
凸边筒子	络纱张力过大(减小络纱张力,减小加压或加装减压装置)
菊花芯筒子	络纱张力不良(调整络纱张力);筒管偏心(挑出不良筒管);筒管与槽筒接触不良(调整与槽筒的接触);筒子压力增量过大(减小增量)
腰带筒子	断头时槽筒不停转(检修槽筒制动装置);重复打结(校正打结器);大吸嘴与筒子接触不良(调整大吸嘴位置);压力小(调节摇架重锤);防叠装置移位(调整位置);槽筒启动慢(升高电压至 127V)
攀头筒子	络纱张力不良(调节适当张力);槽筒边侧有伤痕(修复伤痕);槽筒与筒子托架相对位置不当(调整筒子托架位置);筒子托架肩部不良(修复筒子托架肩部);筒子托架轴承回转不良(检修筒子托架轴承);防叠装置失灵(检修防叠装置);管纱崩纱(检查管纱质量);湿度过小(相对湿度调节到 60%以上)
脱边筒子	产生静电(提高湿度);槽筒盖安装位置不当(调整安装位置);纱管崩纱(检查管纱质量);管纱表面断头多(改善管纱);管纱成型与络纱速度不相适应(改进成形或降速)
重叠筒子	防叠间隔时间不当(改变防叠装置接通、断开时间);正压力太大(减小正压力);筒子托架回转不良(更换筒子托架轴承);管纱回潮率太大(降低管纱回潮率)
葫芦筒子	槽筒起毛(将槽筒磨光);槽筒盖起毛(将槽筒盖磨光);张力过低(加大张力)
年轮筒子	导纱器不良(校正导纱器);张力器上附着异物(清扫张力器);张力器电动机回转不良(插紧电动机插头);管纱成形不良(改善管纱成形);筒子压力增量太小(加大增量);气圈控制器高度不当(校正高度);张力太小(加大张力)

续表

疵点名称	形成原因(应对措施)
喇叭筒子	张力太大(减小张力);正压力过小(增加正压力);筒子压力增量偏小(加大增量)
胀边筒子	张力器上有异物附着(清除异物);重叠卷绕(调整张力,检查防叠装置)
卷绕不良	纱头在开始时未卷绕上筒管,生头不良(重新生头);筒管表面擦伤(更换筒管)
槽筒磨断	自停装置失效(调节自停装置)
松边	导入纱线时筒子倒转;纱线未断,而自停装置动作;接头后没有拉直纱就开始卷绕(调整相关机构,按规定步骤操作)
回丝卷入	打结时回丝卷入(做好清洁工作)

二、络筒机主要操作技术

(一)Autoconer 338 型自动络筒机操作要点

1. 指示灯

(1)定径指示灯为黄色,当筒子卷绕到预定直径时灯亮。

(2)卷绕头故障自停指示灯为红色。

(3)锭节闪光灯亮表示巡回式打结器不巡回或空管输送带停止运行。

(4)锭节长明灯亮表示落纱机停止运行;所有卷绕头上长明灯均亮表示筒子输送带运行。

(5)清纱器控制指示灯,灯亮表示有故障。

(6)电子控制系统指示灯,位于车头首节中间机架上,灯亮表示有故障。

(7)压缩空气控制指示灯,灯亮表示有故障。

2. 操作按钮

(1)黄色按钮。筒子满卷时按钮自动跳出,起动卷绕头时应先按下该按钮再按红色按钮。

(2)红色按钮。卷绕头故障自停时按钮自动跳出,故障修复后,按下黄色按钮再按红色按钮,卷绕头重新卷绕。该按钮可用于手动停止卷绕,拉出红色按钮,打结器就不会停在卷绕头处。

3. 电源接通与切断

(1)接通。将主开关从"0"拨到"1",白色指示灯亮,按下绿色按钮,约 20s 后络筒机启动。

(2)切断。按下红色按钮使全机停止转动,20s 后将主开关拨到"0",白色指示灯熄灭,电源被切断。有记号的黑色按钮可单独用于关车时的吹风、滤尘。

4. 巡回检查要点

(1)筒子的卷绕。

(2)电子验结器的检测槽。

(3)打结头。

(4)隔纱板。

(5)握持器触角。

(6)空气吸臂和握持臂连接管。

5. 管纱喂给

(1)从纱库取出管纱,拉出管纱上的纱头并除去包身纱。

(2)打开纱夹,将纱头插入吸口,管纱放回纱库。

(3)释放纱夹,取出下一只管纱。

(4)出空拣选箱。

6. 卷绕故障及排除(表10-1-34)

表10-1-34　络筒机常见卷绕故障及排除方法

故障	排除方法
纱尾绕在筒管端部	拉下纱尾
管纱没有插紧在锭子上	调换管纱
纱绕在槽筒的槽里	用剪刀割去槽筒沟槽内绕的纱
清纱器剪断次数过多	用塑料刮刀或毛刷清洁清纱器槽,调整清纱器灵敏度
竹节纱或特细纱	调换管纱
管纱上的双纱	调换管纱
坏纱管钩住纱线	调换管纱
形成纱环	调换管纱
管纱始卷位置过高	调换管纱
管纱始卷位置过低	调换管纱

7. 预防性措施

(1)清除回丝、飞花和尘埃。

(2)清洁集尘器。

(3)清洁滤尘器。

(4)用压缩空气清洁机身。

(5)及时放置筒管。

(6)真空度指针应指向刻度位置,有偏离及时调整。

(7)及时修整或调换上蜡辊,确保上蜡辊表面光滑。

8. 翻改品种

老产品的处理方式如下。

(1)不论筒子大小全部落下。

(2)重新分配剩余的管纱,最终使所有筒子均达到预定直径。

9. 新品种上机

(1)压下倾斜杠杆把手,使管纱滑向滑槽并迅速握持管纱的纱头。

(2)推动检测器连锁臂,打开张力装置并将纱线放入张力组件。

(3)将纱头穿过筒子架,再在筒管上绕2~3圈。

(4)插上筒管,起动络纱头。

(二)Orion型自动络筒机操作要点

1. 锭节指示灯及处理方法

□:表示筒子卷绕到预定长度(重量),需要落筒。

□□:表示定长计数器清零。

□ |:表示单锭显示01,按启动键,纱库开始工作。

┘ ┕:表示无管纱或没抓到纱,重新插纤纱。

┐ ┌:表示筒纱未能找到头,清除小吸嘴内的回丝。

| |:表示有双纱,重新换管纱、检查管纱质量。

┤┝:表示结头不良。

车头红灯:表示气压低或吹吸等有故障,关掉电源重开或请求修复。

2. 操作按钮

(1)单锭、黑色为停止按钮。

(2)白色为启动按钮与定长复零按钮。

(3)落筒时,单锭停止按钮(黑)与定长复零按钮(白)一起揿,再揿启动按钮。

(4)车头、白色为启动按钮,按下约20s后络筒机启动。

(5)黑色为关车按钮,按下使全机停止转动。

(6)蓝色为压力复位按钮。

（7）红色为紧急关车按钮。

3. 电源的接通与切断

（1）切断。按黑色按钮使全机停止转动,20s后将红色手柄向右转,使白色△至O(Reset),锭号灯熄灭,电源被切断。

（2）接通。将红色手柄向左转使白色△至1,锭号灯亮,等计算机复位后按白色按钮,络筒机启动。

4. 巡回检查要点

（1）络纱锭工作状态时,各种指示灯是否显示正常。

（2）筒子成形是否良好。

（3）捻接的捻接区是否清洁。

（4）电子清纱器的检测槽是否有尘埃飞花。

（5）各类吸风口是否清洁畅通。

（6）防止回丝绕入槽筒。

5. 翻改品种注意事项

（1）把老产品不论筒子大小全部落下,重新分配剩余的管纱,最终使所有筒子均达到预定的长度(重量)。

（2）检查纱库及插纱锭上有无老产品的管纱及空管,若有,要及时清理。

（3）新品种上车时,长度一定要复零。

6. 清洁工作

（1）清洁工作应贯彻从上到下、从里到外、从前车到后车的原则。

（2）每天交班前应做清理车头、电动机散热网、吹风轨道、落筒机、筒管架、筒子架、每锭的清洁器、剪刀、张力器、大吸嘴、锭脚、纱库、运输带、车尾、车后、落筒小车等,同时要将回丝拉清,车头内筒管全部清除,地面扫清。

第四节　络筒机日常维护及常见故障处理

一、日常维护

1. 每班(每8h)

（1）车头。用毛刷清洁回丝箱内滤网,有些纱线每班要清洁数次;停止流动吹吸风机,掏去粉尘飞花。

(2)单锭。用压缩空气清洁纱路。

2. 每天

用压缩空气清洁换管装置、中探纱、剪刀、张力装置、上蜡装置、固定及流动吸嘴、清纱器;清洁筒纱握持臂上小夹头绕纱;检查固定吸嘴是否被回丝堵塞。

3. 每周

(1)车头。用压缩空气清洁吸风电动机、冷却风扇及变压器;用毛刷清洁车头上面变频器、电源、冷却滤网;清洁流动吹吸风滤网。

(2)单锭。检查捻接循环是否完整;清除筒纱握持臂上小夹头上的粉尘及绕纱;用毛刷清洁上蜡装置及蜡筒;用软毛刷清洁中探纱装置。

4. 每月

(1)车头。清洁吸风电动机鼓风扇。注意必须待风机完全停止,才能拉开回丝箱,打开箱内小窗口。

(2)单锭。清洁筒纱握持臂上小夹头拨杆;检查刹车气囊;检查小吸嘴风门;清除大吸嘴关节外挂纱(可从有机玻璃窗外发现);检查张力盘运转是否平稳;打开张力装置右部灰色罩壳,清洁线圈部位。

5. 每2个月

单锭:检查筒纱握持臂上小夹头摆动情况,清洁销及轴承,用润滑脂润滑拨杆及轴芯;清除单锭表面上的蜡屑;检查防辫子纱杆的运动,如果装有气圈控制器,检查其与纱管是否保持 1~2mm 的间隙。

6. 每半年

单锭:清洁固定吸嘴以及连接到主风道的相关管道;检查纱管是否位于气圈控制器的中央。

7. 每年

(1)车头。用润滑脂润滑吸风机轴承及风扇轴,每只油眼大约 20g;检查压缩空气过滤器滤芯。

(2)单锭。清洁修复筒纱握持臂上小夹头刹车块表面;检查筒纱架平衡气缸起落是否平稳,润滑球状体、活塞杆,如需维修,请用游标卡尺量好尺寸,维修后恢复到原位,注意别将钢球遗失(大约 18 粒);检查大吸嘴风门是否能完全闭合,检查其开启活塞工作是否平稳并润滑,检查光电传感器气阀运动是否平稳并润滑,检查预清纱器开启、闭合是否平稳并润滑;检查大小吸嘴与风道之间的管道;用40℃肥皂水清洗吸嘴,不要用工具以防划伤内表面,做好防护。

8. 每2年

检查捻结电动机及大、小吸嘴电动机皮带张力；检查筒纱握持臂上大夹头刹车块的磨损情况。

9. 每3年

检查吸风机轴承。

二、故障与修理

(一)村田自动络筒机故障及检查

1. 机体故障及检查项目(表 10-1-35)

表 10-1-35　自动络筒机机体故障及检查项目

故障内容	检查项目
主开关接通后旋扭显示灯不亮	主开关把手在门内的卡头、制动器、保险丝
电动机接不通	电源电压、保险丝、除尘器凸轮轴插头、启动按钮的接点、风机电动机的热继电器、空管输送带电动机磁铁开关的线圈、除尘器电动机接点
风机电动机速度提不高(静压低)	磁铁开关的线圈接点、热继电器
空管输送带电动机接不通	保险丝、按钮接点、热继电器、磁铁开关的线圈接点
鼓风清洁器电动机接不通	保险丝、热继电器、按钮接点、磁铁开关的线圈接点
凸轮轴电动机接不通	按钮、继电器接点、热继电器、时间继电器的线圈接点、有关保险丝、计数器开关、磁铁开关的线圈接点
电子清纱器及定长装置失灵	检查是否漏电,检查地线、保险丝
电动机接通而控制板灯不亮	保险丝
定长装置不计数	电压、感应器、检出器与吸铁片距离、输入印刷电路板
定长装置计数不稳定	检测器与吸铁片距离;检查按下归零按钮后是否归零(如不归零换线路板)
吸风清洁器不行走	制动器、接线
吸风力低	吸管及过滤器网眼、集棉压力、销栓、风门
吸风清洁器有异响	风扇叶面、轴、导轨
整节槽筒不回转	电源电压、保险丝
特定一组或单个锭子不计数	检查是哪一侧引起的(试换接续器位置)
锭节在打结中制动	时间继电器

2. 锭节故障及检查项目(表10-1-36)

表10-1-36 自动络筒机的锭节故障及检查项目

故障内容	检查项目		
	整机同时发生	10锭同时发生	只有1锭发生
打结时槽筒不动	保险丝、整流器	插头	插头、保险丝、黄按钮开关接点
槽筒不能驱动(但可打结)	定长装置保险丝、保险丝、断路器、辅助继电器的线圈	辅助继电器的接点、保险丝	电动机热继电器、电动机、磁铁开关线圈接点、保险丝、继电器的接点、槽筒启动开关的接点
机体动时槽筒未自动启动	—	继电器接点	—
凸轮轴及槽筒传动正常而不能打结	电子清纱器功能	继电器接点、辅助继电器的线圈接点	圆筒形线圈的接点、继电器的接点、槽筒启动开关的接点
打结时槽筒起动,但打完结立即制动	电子清纱器电源	—	继电器的接点、槽筒启动开关
断头时槽筒不停转	—	—	电子清纱器
重叠卷绕	—	继电器	—
打结或按起动按钮时槽筒不启动	防叠印刷线路板接头	继电器线圈接点	—
张力器电动机不运转	保险丝	—	保险丝、继电器接点、电动机

3. 常发故障

有些故障经常发生在同一部位,这些故障发生时检查项目见表10-1-37。

表10-1-37 常发故障

故障内容	热继电器常跳开	保险丝常断	微动开关和整流器经常发生故障
检查项目	热继电器的设定值、电动机负荷、磁铁开关接触,有无电动机短路或漏电现象,输入电压有无变化	有关线路上整流器、硅整流器、二极管、电容器线路电线磨损或漏电,有关线路是否与其他电线接触短路,保险丝的规格	微动开关的压入量及规格,电容和二极管

（二）Autoconer 338 型络筒机故障及修理

1. 自动落筒机和吹风机的故障

自动落筒机和吹风机一旦发生故障,检修工应及时打开自动落筒机的面板,自动落筒机的单板机将显示故障的代号和自动落筒机目前停留的角度。检修工就应根据显示的数据进行检查和修理。常见故障见表 10-1-38。

表 10-1-38 落筒机和吹风机的常见故障代号及故障名称

故障代号	故障部位	故障名称
E0	电源	落筒吹风机不在空挡位置;凸轮处于空挡位置;筒子提升器处于空挡位置;落筒吹风机未连接,门锁未定位
E1	控制往复运动	驱动电动机 M2 轧死;倒顺开关(左/右)S22、S23、S34、S36 有故障;倒顺开关(1,2,3)S33、S35、S37 有故障;中间直流电路无电压;调频器电路板有故障
E2	凸轮组电动机	凸轮组电动 M3 轧死;传感器 AUTOMATIC(0,1,2)S16、S17、S18 有故障;传感器 AUTOMATIC(A,B)S19、S20 有故障;传感器 AUTOMATIC(A,B)S19、S20 混乱;凸轮组电动机 M3 方向不对;中间直流电路无电压;调频器电路板有故障
E3	筒子传动电动机	升降电动机 M4 轧死;电动机 RPM 故障;传感器 S32 故障;电路板输出端 GM 故障
E4	筒子提升器电动机	提升器电动机轧死;检测提升器空挡位置的传感器 S15 故障;提升器(A,B)传感器 S13、S14 故障;中间直流电路无电压;调频器电路板有故障
E5	吹风电动机	吹风电动机的热传感器失灵
E6	中央红外线接收器	中央红外线接收器故障
E7	门锁电磁铁	定位后门锁未锁上;门锁中心位置检测传感器 S10 损坏;在 358° 时门锁未能收起;磁铁与门锁中心位置传感器 S10 之间的距离太大;启动后传感器 S10 与磁铁之间相对位置不对
E8	运输带上有筒子	当提升器臂伸出时,电眼 S28 检测到运输带上有筒子或其他东西
E9	运输带上无筒子	筒子放在运输带上,但电眼未能查到
E10	手指电动机	手指电动机轧死;线路板输出端 GM 故障;在电刷环上电流大小不正确
E11	调频器释放	信号 WRF 不存在;GKZ 故障
E12	凸轮组	过载开关 S39 跳闸(范围:0~360°)
E14	筒子提升器	过载开关 S38 跳闸(范围:筒子提升器把筒子送到运输带上的过程中)
E22	凸轮组	过载开关 S40 跳闸(范围:330°~360°)

2. Autocoror 338RM 型络筒机机械故障、产生原因及排除方法

该络筒机的运转可靠性能较好,因此设备的机械故障很少发生,且种类比较简单,表 10-1-39 中列举了几种比较常见的故障。

表 10-1-39 机械故障、产生原因及排除方法

故障名称	产生原因	排除方法
纱库不转	转动部位飞花阻塞	清除飞花,喷射清洗润滑剂
捻接时纱库盖抖动	联轴齿轮配合不良	重新配合
捻接时没倒转	变频保险丝烧断	调换保险丝
捻接时倒转速度太快	变频线路板损坏	调换线路板
满筒换管后不启动	黄灯按钮损坏	调换按钮
大吸嘴找不到纱头	吸风风力不足;大吸嘴与筒子距离过大	检查风道是否有回丝和尘埃堵塞,调整大吸嘴与筒子距离,检查吸风电动机皮带

3. 修理中应注意的问题

(1)络纱锭上的黄色灯全部发亮,落纱机来回运动,但不落纱。应检查输送带上筒子是否已满(此时筒子输送带处于人工控制状态)以及检查输送带是否到达限位。

(2)将络纱锭红黄灯盖板打开后,可以看到 4 块集成线路板,从左至右分别是清纱器信号处理电路板、辅助电路板、络纱锭计算机电路板和输出端电路板。当需要拔出集成线路板时,为了防止损坏集成块,应先拔清纱器信号处理电路板,然后拔输出端电路板,再拔络纱锭计算机电路板。插上时的顺序则应相反。

(3)锭与锭之间的集成线路板不能互换,一旦混淆又无法分清时,必须根据络纱锭号按二进制重新设置。

(4)为了既能提高生产效率又能保障安全,在修理中应分清可不关车修理和必须关车修理的机械故障。如卷绕头红色信号灯闪亮,机台自动停机并无法启动时,则可不关车修理;如真空计的指针小于 9×10^3 Pa(90 毫巴),压缩空气信号灯闪亮,机器有意外振动或声响时,则必须关车修理,如在修理中不关车将会影响产品质量或可能危及人身安全的,则必须关车修理。

(三)Savio Orion 型络筒机故障及修理

自动络筒机故障信号有单锭报警和车头报警两种,单锭报警又分红灯、技术报警、系统报警。不同的信号报警告知操作或机修工进行不同的故障处理。

1. 单锭报警

(1)红灯(单锭红灯长亮)。一般故障有循环运作失败;小吸嘴吸头失败;大吸嘴吸头失败;筒纱上有双纱。这类故障一般由值车工按黑色按钮复位即可。

(2)技术报警(单锭红灯慢闪)。这类故障一般是由管纱质量问题引起,通过电子清纱器检测,将信号传输给单锭 CPU 显示出来。故障的处理由前道(细纱)进行。故障代号及故障名称见表 10-1-40。

表 10-1-40　故障代号和名称

故障代号	故障名称
0	纱线线密度偏差(错支)
1	纱疵报警(普通纱疵超限)
2	纱疵报警(规律性纱疵)
3	纱疵报警(条干不匀)
4	纱疵报警(异纤)
5	(空闲)
6	纱线缠绕槽筒(清纱器检测,值车工处理)
7	纱线缠绕槽筒(张力传感器检测,值车工处理)
8	筒纱上接头数量超出设定值
9	管纱上电子清纱器切疵数量超出设定值

(3)系统报警(红灯快闪)。系统报警一般由机械故障引起,一旦发生这类故障,单锭红灯快闪,单锭停止工作,机修工则可以根据故障信号做相应的处理。常见系统报警代号、故障位置及处理方法见表 10-1-41。

表 10-1-41　故障位置及处理方法

报警代号	故障位置	处理方法
F0	单锭保险	检查单锭 CPU 保险丝是否断;更换单锭 CPU
F1	单锭非正常断电	检查单锭电器部分是否接触不良;电源接通后,按黑色按钮复位即可
F2	清纱器报警	清纱器检测头做清洁;更换检测头、电源板或单锭 CPU
F3	变频器通信中断	检查变频器连线;更换变频器;更换槽筒电动机
F4	换管电动机报警	检查更换部位是否因机械原因受阻;更换单锭换管板;更换换管电动机;更换单锭 CPU 或电源板

报警代号	故障位置	处理方法
F5	大吸嘴电动机报警	检查大吸嘴电动机插头;更换大吸嘴电动机;更换单锭CPU
F6	小吸嘴电动机报警	检查小吸嘴电动机传感器间隙;更换磁铁;检查小吸嘴电动机插头;更换小吸嘴电动机;更换单锭CPU
F7	捻接电动机报警	检查捻接电动机插头;调整捻接电动机传感器间隙;更换捻接电动机传感器或更换捻接电动机;更换单锭CPU
F8	防重叠电动机报警	防带状纱方式选择有错(电子式换开关式)
F9	变频器报警	检查变频器连线;更换变频器线路板;更换槽筒电动机;更换电源板
FE	电磁阀报警	检查电磁阀连线;更换电磁阀;更换单锭板
Fr	数据丢失	重新发送所有程序;更换电源板;更换单锭CPU
Ft	张力传感器故障	检查张力传感器插头;更换张力传感器

2. 车头报警

Savio Orion 型自动络筒机车头报警,车头红灯闪亮或长亮,整车不工作。故障消除后,用复位键或复位按钮复位即可。车头报警一般有以下几种情况。

(1)无压缩空气,一般指压力不够或压缩机停止工作。

(2)400V 变频器输入有误,直接复位开车。

(3)空管传送带 KM52,一般控制 KM52 开关断开(负载过大)或传送带开关关闭。

(4)KA30 继电器报警,需切断总电源,大约 1min 后再开启电源即可。

Savio Orion 型自动络筒机电器或机械故障一般都有故障原因显示,但也有少数故障没有显示。主要的无显示故障症状及原因见表 10-1-42。

表 10-1-42　无显示故障症状及原因

症状	原因
单锭不换纱	中探纱传感器检测槽表面有飞花、棉蜡等污物;换管电动机损坏;纱库凸轮损坏或机械受阻转不动
单锭一直换纱	中探纱传感器伸不出;小吸嘴不到位;中探纱传感器发光灯忽明忽暗
上下吸嘴吸不到头	负压偏低;上下吸嘴里有毛疵,有回丝堵住;回丝箱里回丝多或有飞花堵住;单锭风门打不开;上吸嘴与筒子表面距离过大
电子清纱器切刀一直动作	纱疵较多;电子清纱器检测头脏,或检测槽里有飞花等异物;结头直径较粗,误切为纱疵;电子清纱器本身损坏需调换
整车不换管	计算机程序乱,切断计算机电源,重新启动即可

3. 修理中应注意的问题

（1）更换槽筒电动机时应关闭整个单锭电源，否则单锭变频板易烧坏。

（2）更换单锭 CPU 时，必须重新下载程序（程序版本相同可不下载），程序下载完，操作参数必须重新输入，否则筒子大小、松紧等不一样。

（3）电子清纱器检测头做清洁工作时，千万不能用酒精揩洗，应该用清水或 5% 的洗涤剂擦洗。

第五节 络筒工艺

络筒工艺要根据纤维材料、原纱质量、成品要求、后工序条件、设备状况等众多因素来统筹制订。合理的络筒工艺设计应能达到：在普通络筒机上尽可能保持纱线的品质，注意减少毛羽的增加及保证筒子成形良好；在自动络筒机上纱线的品质有一定的提高，也要注意减少毛羽的增加；筒子成形良好，内外层卷绕密度一致，张力均匀；既有较高的产量，充分发挥络筒机的效能，又能保证筒子的质量达到工艺要求；减少机物料消耗和能源的消耗。以 Savio Orion 型自动络筒机为例，介绍其工艺配置。

一、Savio Orion 型自动络筒机工艺翻改基本内容

Savio Orion 型自动络筒机每变换一个络纱品种，工艺参数都要做相应的改动，以适应新品种的需要，工艺参数主要有络纱工艺、捻接工艺和电清工艺。

（一）络纱工艺

络纱工艺参数主要有络筒速度、张力（压力）、重量（长度）。络纱速度的选择要根据生产设备的生产能力和质量要求以及纱线线密度和品质来定，纱线粗，速度快；纱线细，速度慢。一般络纱速度越高，筒纱的毛羽和棉结增长也越多，反之亦然。络纱张力的大小则要根据纱线的线密度来定，一般纱线越粗，张力越大；纱线越细，张力越小。当然络纱张力的大小跟速度的大小也有一定的关系，一般速度增大，张力可适当减小。总之，在保证筒纱成形的基础上，张力越小越好。筒纱重量（长度）的大小则由筒纱成包重量和成包只数来定。

络纱工艺的改动，通过一个触摸屏来完成。第一步，点击"钥匙"图标，输入密码确认；第二步，点击"齿轮"图标进入下一级菜单，再点击"主要工作数据"则可以输入相应的数据；第三步，检查数据输入无误，确认发送。络纱工艺示例见表 10-1-43。

表 10-1-43 络纱工艺示例

纱线线密度/tex	英支	张力/cN	络纱速度/（m/min）	筒纱质量/g
J7. 3	J80	9	900	1650

续表

纱线线密度/tex	英支	张力/cN	络纱速度/(m/min)	筒纱质量/g
J14.6	J40	12	1200	1650
C36.4	C16	22	1300	1650
B36.4	B16	22	900	1650

注　B 为竹纤维纱。

(二)捻接工艺

捻接器的配置主要有空气捻接器、水捻接器和机械捻接器三种。不同的捻接器有不同的工艺要求和调试方法。

1. 空气捻接器(以 590L 型捻接器为例)

空气捻接器的工艺参数主要有退捻(T_1)、纱尾叠加(L)、加捻(T_2)、气压(P)。四种捻接参数的选择要根据纱线材料、线密度和捻度来定。一般纱线纤维抱合力小,T_1、P 相应小,L 和 T_2 相应大,对捻接强力有利。纱线越粗,T_1、P 相应小,L 和 T_2 相应大。纱线捻度越低,T_1、P 相应小,T_2 相应大,反之亦然。

空气捻接器参数的改变是通过主计算机触摸屏,点击"齿轮"图标进入下一级菜单,再点击"打结器"图标即可对 T_1、L、T_2 进行数值输入,最后确认发送即可。气压(P)的调节通过车头压力表旁的调节阀直接调节。空气捻接器捻接工艺示例见表 10-1-44。

表 10-1-44　空气捻接器工艺示例

纱线线密度/tex	英支	T_1	L	T_2	$P/(\times10^{10}\text{Pa})$
J7.3	J80	5	7	4	6.5
J14.6	J40	3	4	3	6
J14.6 强捻	J40 强捻	6	4	4	6.5
B19.4	B30	3	7	3	5.5
C36.4	C16	2	5	4	5.5

2. 水捻接器(以 4924 型捻接器为例)

水捻接器一般用以股线捻接,其工艺参数主要有退捻(A)、纱尾叠加(B)、加捻(C)和气压(P)。四种捻接工艺参数的选择跟空气捻接器一样,只不过 A、B、C 参数的改变不受计算机的控制,而是由手工在捻结器上一个一个逐步调节。水捻接器工艺示例见表 10-1-45。

表 10-1-45　水捻接器工艺示例

纱线线密度/tex	英支	A	B	C	$P/(\times 10^{10}\text{Pa})$
J7.3×2	J80/2	4	3	3	6.5
T/C13.0×2	T/C45/2	3	4	3	6
C14.6×2	C40/2	3	3	2	6

3. 机械搓捻器

机械捻接器主要用于做包芯纱,不需要压缩空气,而由机械动作直接完成捻接过程。机械捻接器的捻接工艺参数有退捻(D)、加捻(R)、拉伸(S)。三种参数的调节也必须由手工在搓捻器上一个一个逐步加以调节,它们的选择跟空气捻接器的三个参数 T_1、L_1、T_2 一样。机械捻接器工艺示例见表 10-1-46。

表 10-1-46　机械捻接器工艺示例

纱线		D	R	S
J11.7tex+40 旦	J50 英支+40 旦	5	4	2
J14.6tex+40 旦	J40 英支+40 旦	4	3	2
C36.4tex+70 旦	C16 英支+70 旦	3	3	3

(三)电清工艺(以 Uster Quantum 为例)

电清工艺有棉结(N)、短粗节(S)、长粗节(L)、和细节(T)4 种工艺参数,4 种参数的选择根据成纱质量和后道客户要求来定。因此各个企业电清清纱门限的松紧都不一样,不能一概而论。

电清工艺的更改通过一个液晶显示屏的操作来完成。第一步,用钥匙开启权限或将光标移到菜单"40"Password,输入密码;第二步,将光标移动到菜单"10"Article Settings,按"ENTER"键进入;第三步,将光标上、下移动到要改的线密度(段名)上,按"ENTER"进入;第四步,将光标移到"Basic Data"菜单进入更改线密度,按"ENTER"确认即可;第五步,将光标下移到"Clearing Limits",进入,出现"N/S/L"和"T"两通道,进入后按所需的隔距参数输入,再按"ENTER"确认退出,即完成了 4 个基本参数的修改。电清工艺示例见表 10-1-47。

表 10-1-47　电清工艺示例

纱线线密度/tex	英支	$N/\%$	S		L		T	
			%	cm	%	cm	%	cm
J7.3	J80	180	160	2	35	30	−35	30

纱线线密度/tex	英支	N/%	S		L		T	
			%	cm	%	cm	%	cm
J14.6	J40	180	160	2	35	35	−35	35
C27.8	C21	200	180	2	35	35	−35	35
T/C13.0	T/C45	180	160	2	35	35	−35	35

二、络筒工艺示例

(一)Schlafhorst Autoconer 338 型自动络筒机工艺示例(表 10-1-48)

表 10-1-48　Autoconer 338 型自动络筒机工艺示例

纱线线密度/tex	英支	张力/cN	络纱速度/(m/min)	电清工艺						
				S		L		T		N
				%	cm	%	cm	%	cm	%
C27.8	C21	18	1300	180	2	+35	35	−35	35	200
J14.6	J40	12	1200	160	2	+35	35	−35	35	180
J11.7	J50	10	1100	160	2	+35	35	−35	35	180
J9.7	J60	9	1000	160	2	+35	35	−35	35	180
J7.3	J80	8	900	160	2	+35	30	−35	30	180
T/C13.0	T/C45	12	1300	160	2	+35	35	−35	35	180

(二)村田 NO.7-V 型自动络筒机工艺示例(表 10-1-49)

表 10-1-49　村田 NO.7-V 型自动络筒机工艺示例

纱线线密度/tex	英支	张力/挡	络纱速度/(m/min)	电清工艺					
				S		L		T	
				%	cm	%	cm	%	cm
CJ11.7	CJ50	4	1000	+180	2	+30	70	−30	70
CJ9.7	CJ60	4	1000	+18	2	+30	70	−30	70
T/C13.0	T/C45	5	1100	+180	2	+30	70	−30	70
J14.6	J40	5	1100	+180	2	+30	70	−30	70

续表

纱线线密度/tex	英支	张力/挡	络纱速度/ (m/min)	电清工艺					
				S		L		T	
				%	cm	%	cm	%	cm
C19.4	C30	7	1200	+180	2	+30	70	−30	70
T/C18.2	T/C32	7	1200	+180	2	+30	70	−30	70
C27.8	C21	9	1200	+180	2	+30	70	−30	70
T/C27.8	T/C21	9	1200	+180	2	+30	70	−30	70
C36.4	C16	10	1300	+180	2	+30	70	−30	70
C41.6	C14	10	1300	+180	2	+30	70	−30	70

（三）NO. 21C Process Coner 型自动络筒机工艺示例（表 10-1-50）

表 10-1-50　NO. 21C Process Coner 型自动络筒机工艺示例

纱线线密度/tex	英支	张力电压/ V	络纱速度/ (m/min)	电清工艺						
				S		L		T		N
				%	cm	%	cm	%	cm	%
C27.8	C21	6.5	1300	180	2	+35	35	−35	35	200
J14.6	J40	5	1200	160	2	+35	35	−35	35	180
J11.7	J50	4.5	1100	160	2	+35	35	−35	35	180
J9.7	J60	4.0	1000	160	2	+35	35	−35	35	180
J7.3	J80	3.6	900	160	2	+35	30	−35	30	180
T/C13.0	T/C45	5	1300	160	2	+35	35	−35	35	180

注　如使用 Perla 装置，张力电压须调低 3~3.5V。

（四）Savio Orion 型自动络筒机工艺示例（表 10-1-51）

表 10-1-51　Savio Orion 型自动络筒机工艺示例

纱线线密度/tex	英支	张力/cN	络纱速度/ (m/min)	电清工艺						
				S		L		T		N
				%	cm	%	cm	%	cm	%
C14.6(针织)	C40(针织)	10	1300	+160	1.5	+40	20	−40	12	+180

续表

纱线线密度/tex	英支	张力/cN	络纱速度/ （m/min）	电清工艺						
				S		L		T		N
				%	cm	%	cm	%	cm	%
C14.6(机织)	C40(机织)	10	1300	+160	1.5	+40	30	−40	50	+180
C29.2(机织)	C20(机织)	18	1600	+140	1.5	+40	30	−40	12	+160
C27.8	C21	18	1300	+180	2	+35	35	−35	35	+200
J14.6	J40	12	1200	+160	2	+35	35	−35	35	+180
J11.7	J50	10	1100	+160	2	+35	35	−35	35	+180
J9.7	J60	9	1000	+160	2	+35	35	−35	35	+180
J7.3	J80	8	900	+160	2	+35	30	−35	30	+180
T/C13.0	T/C45	12	1300	+160	2	+35	35	−35	35	+180

第二章 并纱、捻线

第一节 并纱机、捻线机主要型号及技术特征

一、并纱机主要型号及技术特征

(一)国产并纱机主要型号及技术特征(表 10-2-1)

表 10-2-1 国产并纱机主要型号及技术特征

机型	FA706AⅢ	FA712A	FA702A	F716A	RF231D	CY200
机器形式	双面直线型					
喂入形式	立式宝塔筒子					
并合根数/根	2~3	2~3	2~6	2~3	2~3	2~3
卷绕线速度/(m/min)	300~600变频无级调速	300~800变频无级调速	150~640	200~900	≤850	≤600
原料品种	棉,毛,化纤及其混纺纱	短纤维,长丝,弹性丝	短纤维	短纤维	短纤维	棉,涤,短纤维
槽筒尺寸(直径×长度)/mm	81.2×178	81.2×178	81×178	95×176	82×178	82×178
锭数/锭	32~96(标准),104,112	12~48,36(标准)	52,76,100(标准)	4,8,12,36(标准),48	80(标准)	24,36,48,60,72,84,96,108,120
锭距/mm	280	420	254	400	410	340
满筒最大尺寸(直径×长度)/mm	200×150	220×(150~175)	220×152	300×152	200×150	190×152
断纱检测装置	磁感应自停电切断	光电感应式	光电式	压电式	传感器式	电子式

续表

机型	FA706AⅢ	FA712A	FA702A	F716A	RF231D	CY200
导纱方式	槽筒式	横动导纱	槽筒式	槽筒式	槽筒式	槽筒式
防叠方式	多曲线程序防叠	电子防叠	电子式	变频防叠	电子间歇式	电气防叠、电动机周期性变速
传动方式	单独传动	单锭传动	集体传动	单锭传动	单锭传动	集体传动
筒管半锥角	平筒或锥筒 3°30′	平筒	平筒	平筒	平筒	平筒
电动机功率/kW	1.1×2	0.18×36	1.3×2	0.25×36	0.1×80	1.5×2
外形尺寸（长×宽×高）/mm	15473×1580×1624（96锭）	15940×1030×1730（36锭）	13280×1391×2320（100锭）	15570×870×1650（36锭）	13832×1572×1498（80锭）	12800×1600×1630（72锭）
机器制造厂	沈阳华岳		天津宏大		浙江日发	浙江凯成

注 除上述示例外，国内生产并纱机的还有上海二纺机、经纬纺机、浙江新亚纺机、浙江泰坦、江阴新杰、山东同济机电有限公司等。

（二）国外并纱机主要型号及技术特征（表10-2-2）

表10-2-2 国外并纱机主要型号及技术特征

机型	DP1-D	PS6-D	CW1-D	NO.28
卷绕类型	精密卷绕	精密卷绕	随机卷绕	随机卷绕
原料品种	棉、毛等短纤维，长丝，弹性丝	棉等短纤维	棉、毛等短纤维	棉、毛等短纤维
导纱方式	电子导纱钩导纱	旋转拨片导纱	槽筒	槽筒
卷绕线速度/（m/min）	最高1300	最高1600	最高1000	300~600
驱动方式	单锭电动机独立驱动，变频调速	单锭电动机独立驱动，变频调速	单锭电动机独立驱动，变频调速	长轴左、右侧各单面驱动
筒管半锥角	0~5°57′	0~5°57′	0~5°57′	平筒
导纱动程/mm	100~254	130,150,163,175,200	150,175,200	150

续表

机型	DP1-D	PS6-D	CWl-D	NO.28
满筒最大直径/mm	280	280	250	250
最大锭数/锭	单面60	单面60 双面120	单面50 双面100	双面132
断纱检测	电子式探测,自动切断,电动机自停	电子式探测,自动切断,电动机自停	电子式探测,自动切断,电动机自停	电子式感知器,电子式清纱装置
定长装置	有	有	有	有
并纱股数	2,3	2,3	2,3	2,3
适纺线密度/tex	1~980	1~980	5~980	5~600
张力装置	微机控制机电式	微机控制机电式	卧式,弹簧加压	立式,张力片加压
机器制造厂	瑞士SSM公司	瑞士SSM公司	瑞士SSM公司	日本Muratec公司

二、捻线机主要型号及技术特征

(一)环锭捻线机主要型号及技术特征(表10-2-3)

表10-2-3　环锭捻线机主要型号及技术特征

机型	FA721-75	FA721-100	A631E-Ⅱ
纱架	三层、四层(并捻联)	二层	三层、四层(并捻联)
每台锭数/锭	96,288,320,352,384(标准)	72,216,240,264,288(标准)	100,220,280,300,320,340,360,384(标准)
锭距/mm	75	100	75
适纺品种	棉,化纤及其混纺纱		
每节罗拉锭数	16	12	10
钢领直径/mm	51	70,75	45,51
钢领板升降全程/mm	205,250	250	180~205
钢领板升降单程/mm	55	75	45
滚盘直径/mm	250	250	250
适纺捻度/(捻/10cm)	12~181(锭盘 ϕ24),23.8~165.2(锭盘 ϕ27)	23.8~165	39.9~154(锭盘 ϕ24),35.5~137(锭盘 ϕ27)
锭盘直径/mm	24,27	27	24,27

续表

机型	FA721-75	FA721-100	A631E-Ⅱ
锭带张力盘	双张力盘	双张力盘	单张力盘
下罗拉直径/mm	45	45	45
捻向	Z 或 S	Z 或 S	Z 或 S
适纺线密度/tex	4.86×2~92×2	5×3~28×3 或 7.5×2~42×2	6×2~97×2
键速/(r/min)	7450~13780(锭盘φ24),5500~9000(锭盘φ27)	6500~9000	7500~10000(锭盘φ24),7000~9000(锭盘φ27)
电动机功率/kW	主电动机 5/10	主电动机 5/10,钢领板升降电动机 0.18	7.5
外形尺寸(长×宽×高)/mm	15505×794×2035(384 锭)	15635×794×2080(288 锭)	15297×780×1994(384 锭)
机器重量/kg	4500	4000	5000
机器制造厂	盐城海马纺机	宜昌纺机	宜昌纺机

(二)倍捻机主要型号及技术特征

1. 国产倍捻机主要型号及技术特征(表 10-2-4)

表 10-2-4 国产倍捻机主要型号及技术特征

机型	FA762A	JWF1757 POVA	EJP834-165	TF06B
形式	双面单层			
适纺品种	棉,毛,腈纶,涤纶及其混纺纱			
适纺线密度/tex	5.9×2~29.5×2	5×2~74×2	5.9×2~36×2	9.8×2~59×2
锭距/mm	240	225	254	248
锭数(标准)	120	128	128	160
锭速/(r/min)	5000~12000	4000~20000	4000~11000	5000~12000
最大卷绕速度/(m/min)	50	60	60	60
导纱器往复次数/(次/min)	≤60	≤60	≤60	≤60
筒纱卷绕交叉角	14°32′~18°08′	16°30′,19°,21°30′	12°14′~21°24′	14°47′~21°07′

续表

机型	FA762A	JWF1757 POVA	EJP834−165	TF06B
捻度范围/ （捻/10cm）	17.2~160	9~185	15~198	15.6~202.7
捻向	S 或 Z			
喂入卷装规格/mm	φ130×152	φ140×152	φ160×152	φ166×152
筒管半锥角	0,3°30′,4°20′,5°57′	0,3°30′,4°20′,5°57′	0,3°30′,4°20′,5°57′	0,3°30′,4°20′,5°57′
卷装尺寸/mm	φ250（最大）× 152	φ250（最大）×152	φ250（最大）× 152	φ250（最大）× 152
锭子型号	BDIA 或 13D1	BD1164	BD1101,BD1103	BD1164
锭子传动方式	龙带切向传动	单锭传动	龙带切向传动	龙带切向传动
锭子制动方式	踏板式	电气传动	膝压式或踏板式	踏板式
锭速变换方式	变频调速	变频调速	变频或胶带盘调速	变频调速
生头方式	气动或手动	气动	气动或手动	气动
张力器	胶囊式			
断头自停方式	机械式			
装机功率/kW	18.5	128×0.15	22	30
电动机启动方式	慢速启动	变频启动	慢速启动	慢速启动
机器长度/mm	18381	18475	19586	22935
选配件	留尾纱装置	—	留尾纱装置 上蜡装置	留尾纱装置 上蜡装置 巡回清洁装置
主机制造厂	经纬榆次纺机	青岛宏大纺机	上海二纺机	山东同济机电

注　除上述示例外，国内生产倍捻机的还有浙江泰坦、浙江精工、山东同济、浙江万利、浙江凯成、浙江天竺、无锡宏源等。

2. 国外倍捻机主要型号及技术特征（表 10-2-5）

表 10-2-5　国外倍捻机主要型号及技术特征

机型	CompactVTS−09	No.363−Ⅱ	TDS190
适纺品种	棉,毛,腈纶,涤纶及其混纺纱		
适纺线密度/tex	5.9×2~50×2	6×2~36×2	7.5×2~59×2
形式	双面单层	双面单层	双面单层
锭距/mm	198	254	190

续表

机型	CompactVTS-09	No. 363-Ⅱ	TDS190
锭数(标准)	160	144	204
锭速/(r/min)	7000~13000	6000~12000	7000~13000
最大卷绕速度/(m/min)	80	70	100
导纱器往复次数/(次/min)	80	60	90
卷绕交叉角	14°32′~21°24′	12°14′~21°24′	14°32′~21°24′
捻度范围/(捻/10cm)	12.8~280	15.1~198	7.3~265
捻向	S 或 Z	S 或 Z	S 或 Z
筒管半锥角	0,3°30′,4°20′,5°57′	0,3°30′,4°20′,5°57′	0,3°30′,4°20′,5°57′
卷装尺寸/mm	ϕ280（最大）×152	ϕ250（最大）×152	ϕ285（最大）×152
喂入卷装规格/mm	ϕ140×152	ϕ145×152	ϕ140×152
锭子型号	VTS-09	S-166	TDS-190
锭子传动方式	龙带切向传动	龙带切向传动	锭带传动
锭子制动方式	踏板式	压式或踏板式	踏板式
锭速变换方式	变频调速	变频或胶带盘调速	变频调速
生头方式	气动或手动	气动或手动	气动或手动
张力器	胶囊式	胶囊式	胶囊式
断头自停方式	气动式	机械式	气动式
装机功率/kW	30	22	44
电动机启动方式	慢速启动	慢速启动	慢速启动
机器长度/mm	18821	21620	21305
选配件	留尾纱装置 上蜡装置 上油装置	留尾纱装置 上蜡装置 上油装置	留尾纱装置 吹吸器装置
主机制造厂	瑞士 Saurer 公司	日本 Muratec 公司	意大利 Savio 公司

3. 倍捻新技术

（1）电锭技术。倍捻锭子由龙带切向传动改为单独单锭电动机驱动,电气控制其锭速和锭速差异。与龙带相比,整机噪声大大降低,对小批量多品种的生产具有节电作用。

（2）电子凸轮技术。将往复凸轮改为伺服电动机,控制卷绕往复运动,适应不同卷绕需要。

（3）股线捻接技术。对断纱或更换喂入筒子时的接头,用气动喷雾技术进行股线捻接以替代手工打结,改善成纱质量。

第二节　并纱机、捻线机传动图及传动计算

一、并纱机传动图及传动计算

（一）并纱机传动图

1. FA702A 型并纱机传动图 (图 10-2-1)

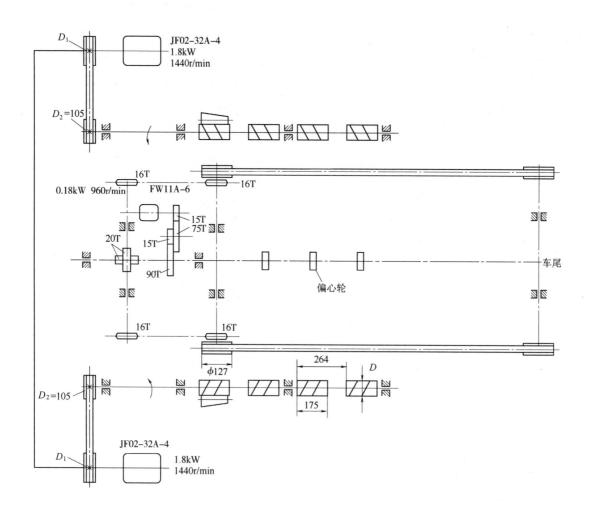

图 10-2-1　FA702A 型并纱机传动图

2. FA716A 型并纱机传动图(图 10-2-2)

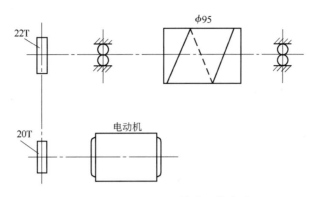

图 10-2-2　FA716 型并纱机传动图

3. DP1-D 型并纱机传动图(图 10-2-3)

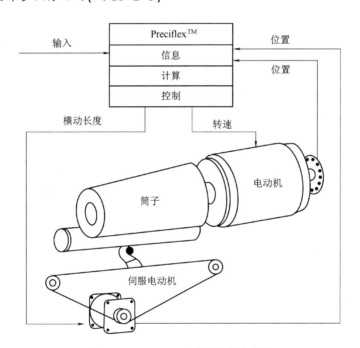

图 10-2-3　DP1-D 型并纱机传动图

(二)传动计算

1. FA702A 型并纱机

(1)槽筒转速 n_1(r/min)。

$$n_1 = 1440 \times \frac{D_1}{D_2} = 13.71D_1$$

(2)卷绕线速度 V(m/min)。

$$V = \frac{n_1}{1000}\sqrt{(\pi D \eta)^2 + S^2}$$

式中：D_1——电动机胶带轮直径，mm；

$\quad D_2$——槽筒胶带轮直径，$D_2 = 105$mm；

$\quad D$——槽筒直径，$D = 81$mm；

$\quad S$——槽筒平均螺距，mm；

$\quad \eta$——滑溜系数，取 0.96 左右。

当电动机胶带轮直径 D_1 变化时，槽筒转速 n_1 和卷绕线速度 V 的关系见表 10-2-6。

表 10-2-6　电动机胶带轮直径与槽筒转速、卷绕线速度的关系

D_1/mm	118	135	155	170	190
n_1/(r/min)	1618	1850	2125	2330	2605
V/(m/min)	400	458	526	576	644

2. FA716A 型并纱机

卷绕线速度 V 为单锭变频无级调速，可直接在界面上设定。

3. DP1-D 型并纱机

(1) 卷绕线速度 V。为单锭变频无级调速，可直接进行自主设定。主要根据纱线线密度来调节。

(2) 定长调节。为单锭调速，可直接在界面上设定，精度为 0.5%。

(3) 并纱筒与导纱钩往复导纱的速比。并纱筒卷绕圈数与导纱钩横向导纱往复一次的速比（卷绕率）按纱线线密度和卷绕密度进行选择，可直接在界面上设定，一般选 3.9~6.1。

二、捻线机传动图及传动计算

(一)传动图

1. FA721-75A 型环锭捻线机传动图

FA721-75A 型捻线机传动图如图 10-2-4 所示。

FA721-75A 型捻线机传动图中的可变换件范围见表 10-2-7。

表 10-2-7　FA721-75A 型捻线机可变换件范围

名称与代号	电动机胶带轮直径 D_1/mm	主轴胶带轮直径 D_2/mm	捻度变换对齿轮 Z_2/Z_1	捻度变换齿轮 Z_3	升降变换齿轮 Z_4	升降变换对齿轮 Z_5/Z_6
变换范围	125,140,160,180	180,190,200,212,220,224,236,250	80/20,74/26,67/33,60/40,52/48,44/56	33~45	29,32,35,38,41,45,52	21/30,30/21

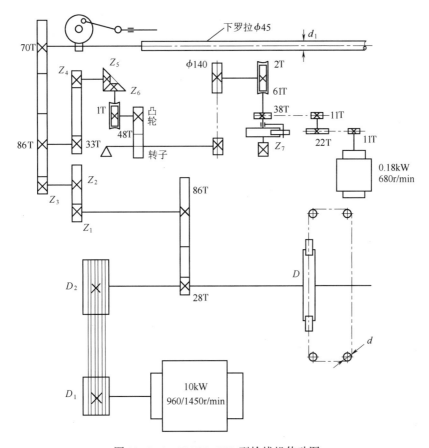

图 10-2-4 FA721-75A 型捻线机传动图

2. EJP834-165 型倍捻机传动图

EJP834-165 型倍捻机传动图如图 10-2-5 所示。

(二)传动计算

1. FA721-75A 型环锭捻线机

(1)下罗拉转速 n_1(r/min)。

$$n_1 = 1450 \times \frac{D_1 \times 28 \times Z_1 \times Z_3}{D_2 \times 86 \times Z_2 \times 70} = 6.744 \times \frac{D_1 \times Z_1 \times Z_3}{D_2 \times Z_2}$$

(2)锭速 n_2(r/min)。

$$n_2 = 1450 \times \frac{D_1 \times (D \times \delta)}{D_2 \times (d + \delta)} = 1450 \times \frac{D_1 \times (250 + 1)}{D_2 \times (d + 1)}$$

式中:D——滚盘直径,$D = 250$mm;

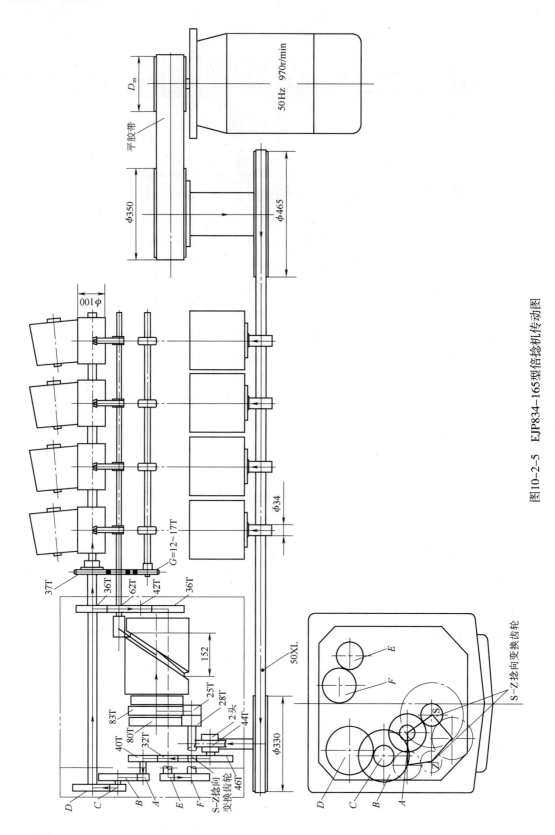

图10-2-5　EJP834-165型倍捻机传动图

d——锭盘直径，$d = 24$ 或 27mm；

δ——锭带厚度，$\delta = 1$mm。

（3）捻度 T（捻/10cm）。

$$T = \frac{70 \times Z_2 \times 86}{Z_3 \times Z_1 \times 28} \times \frac{250 + 1}{d + 1} \times \frac{1000}{d_1 \times \pi} \times \frac{1}{10}$$

$$= 38172.4 \times \frac{Z_2}{Z_3 \times Z_1} \times \frac{1}{d + 1}$$

式中：d_1——下罗拉直径，$d_1 = 45$mm。

① 锭盘直径 $d = 24$mm：$T = 38172.4 \times \dfrac{Z_2}{Z_3 \times Z_1} \times \dfrac{1}{24 + 1} = 1526.9 \dfrac{Z_2}{Z_3 Z_1}$

② 锭盘直径 $d = 27$mm：$T = 38172.4 \times \dfrac{Z_2}{Z_3 \times Z_1} \times \dfrac{1}{27 + 1} = 1363.3 \dfrac{Z_2}{Z_3 Z_1}$

当采用不同的捻度变换齿轮时，股线捻度见表 10-2-8 和表 10-2-9。

表 10-2-8　股线捻度（锭盘直径 $d = 24$mm）　　　　　单位：捻/10cm

Z_3	Z_2/Z_1					
	44/56	52/48	60/40	67/33	74/26	80/20
33	36.4	50.1	69.4	3.9	131.7	185.1
34	35.3	48.7	67.4	91.2	127.8	179.6
35	34.3	47.3	65.4	88.6	124.2	174.5
36	33.3	45.9	63.6	86.1	120.7	169.7
37	32.4	44.7	61.9	83.8	117.5	165.1
38	31.6	43.5	60.3	81.6	114.4	160.7
39	30.8	42.4	58.7	79.5	111.4	156.6
40	30.0	41.4	57.3	77.5	108.6	152.7
41	29.3	40.3	55.9	75.6	106.0	149.0
42	28.6	39.4	54.5	73.8	103.5	145.4
43	27.9	38.5	53.3	72.1	101.1	142.0
44	27.3	37.6	52.1	70.5	98.8	138.8
45	26.7	36.8	50.9	68.9	96.6	135.7

表 10-2-9　股线捻度(锭盘直径 $d = 27\text{mm}$)　　　　　　　单位:捻/10cm

Z_3	Z_2/Z_1					
	44/56	52/48	60/40	67/33	74/26	80/20
33	32.5	44.8	62.0	83.9	117.6	165.3
34	31.5	43.4	60.1	81.5	114.1	160.4
35	30.6	42.2	58.4	79.1	110.9	155.8
36	29.8	41.0	56.8	76.9	107.8	151.5
37	29	39.9	55.3	74.9	104.9	147.4
38	28.2	38.9	53.8	72.9	102.1	143.5
39	27.5	37.9	52.4	71.0	99.5	139.8
40	26.8	36.9	51.1	69.2	97.0	136.3
41	26.1	36.0	49.9	67.6	94.6	133.0
42	25.5	35.2	48.7	66.0	92.4	129.8
43	24.9	34.3	47.6	64.4	90.2	126.8
44	24.3	33.5	46.5	63.0	88.2	123.9
45	23.8	32.8	45.4	61.6	86.2	121.2

(4)捻度、锭速与下罗拉转速的关系。

$$T = \frac{100n_2}{\pi d_1 n_1} - \frac{100}{\pi d_2} \approx 0.707\frac{n_2}{n_1}$$

式中:d_2——管纱直径,mm。

(5)钢丝圈线速度 $V(\text{m/s})$ 与钢领直径 $d_3(\text{mm})$、锭速 $n_2(\text{r/min})$ 的关系。

$$V = \pi d_3\left(n_2 - n_1 \times \frac{d_1}{d_2}\right) \times \frac{1}{60} \times 10^{-3} \approx \pi d_3 n_2 \times \frac{1}{60} \times 10^{-3} \approx 5.236 d_3 n_2 \times 10^{-5}$$

不同钢领直径、锭速与钢丝圈线速度对照如图 10-2-6 所示。

(6)卷绕螺距。股线卷绕螺距如图 10-2-7 所示。

钢领板每次升降,罗拉输出的股线长度 L:

$$L = \frac{48 \times Z_6 \times Z_4 \times 86}{1 \times Z_5 \times 33 \times 70} \times 45 \times \pi = 252.6\frac{Z_6 Z_4}{Z_5}$$

钢领板每次升降,在纱管上卷绕的股线长度 L':

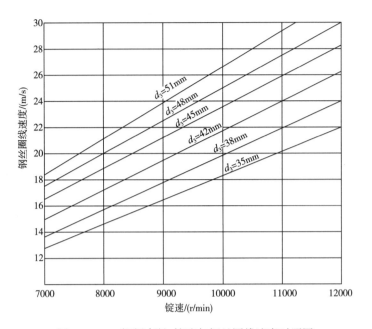

图 10-2-6 钢领直径、锭速与钢丝圈线速度对照图

$$L' = \frac{d_4 + d_5}{2} \times \pi \times \frac{A}{\rho} \times \frac{4}{3}$$

$$A = \frac{d_5 - d_4}{2} \times \frac{1}{\sin\frac{\alpha}{2}}$$

$$L' = \frac{\pi d_5^2 - \pi d_4^2}{3\rho\sin\frac{\alpha}{2}} = 7947\frac{1}{\rho}$$

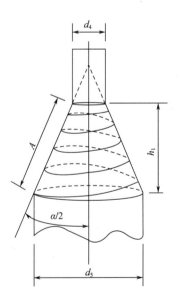

图 10-2-7 股线卷绕螺距

A—圆锥斜高 h_1—钢领板升降单程

d_4—空管平均直径 d_5—股线满管直径

α—管纱顶锥角

式中: d_4——空管平均直径,取 20mm;

$\quad\quad d_5$——股线满管直径,一般比钢领直径小 4mm 左右,

$\quad\quad\quad$取 47mm;

$\quad\quad A$——圆锥斜高(钢领板升降单程为 55mm);

$\quad\quad \alpha$——管纱顶锥角,按以上设定数,可算得 $\alpha = 27°35'$;

$\quad\quad \rho$——卷绕螺距,mm,一般为股线直径的 4 ~ 6 倍,

$\quad\quad\quad$常取 5 倍。

根据工艺条件知 $L = L'$,则:

$$252.6 \times \frac{Z_6 \times Z_4}{Z_5} = 7947 \frac{1}{\rho}$$

$$\rho = 31.5 \frac{Z_5}{Z_6 Z_4}$$

卷绕螺距与升降变换齿轮的关系见表 10-2-10。

表 10-2-10　卷绕螺距与升降变换齿轮的关系　　　　　　单位:mm

Z_5/Z_6	Z_4						
	23	26	29	32	35	38	41
21/30	0.96	0.85	0.76	0.69	0.63	0.58	0.54
30/21	1.96	1.73	1.55	1.41	1.29	1.18	1.10

当 $\rho = 5d_0 = 0.22\sqrt{\text{Tt}}$ 时,纱线线密度与升降变换齿轮的关系见表 10-2-11。

表 10-2-11　纱线线密度与升降变换齿轮的关系　　　　　　单位:tex

Z_5/Z_6	Z_4						
	23	26	29	32	35	38	41
21/30	19.0	14.9	11.9	9.8	8.2	7.0	6.0
30/21	79.1	61.9	49.8	40.9	34.2	29.0	24.9

(7)钢领板级升距 h_0(mm)。根据 FA721-75A 型捻线机传动图得:

$$h_0 = \frac{x}{Z_7} \times \frac{2}{61} \times 140 \times \pi$$

式中:x——每次撑牙齿数,为 1,2,3,$\cdots$,10 齿;

Z_7——撑头牙,齿数为 120 齿。

钢领板级升距随股线线密度、钢领直径、升降动程、成形速比等因素而变化。撑头牙每次撑牙齿数与钢领板级升距的关系见表 10-2-12。

表 10-2-12　撑头牙每次撑牙齿数 x 与钢领板级升距 h_0 的关系

x	1	2	3	4	5	6	7	8	9	10
h_0/mm	0.12	0.24	0.36	0.48	0.60	0.72	0.84	0.96	1.08	1.30

2. EJP834-165 型倍捻机

(1)锭子转速 n(r/min)。

①变频胶带轮调速(图 10-2-5)。

$$n = \frac{465}{d} \times \frac{D}{350} \times N = 37.9D$$

式中：D——电动机变换胶带轮直径，mm；

　　　d——锭盘直径，$d = 34$mm；

　　　N——主电动机转速，$N = 970$r/min。

锭子转速与电动机轴变换胶带轮直径的关系见表 10-2-13。

表 10-2-13　锭子转速 n 与变换胶带轮直径 D 的关系

$D/$mm	185	212	240	265	290
$n/$(r/min)	7010	8030	9090	10040	11000

②变频电动机调速。当电动机变频值为 50Hz 时，主电动机转速为 970r/min，锭子转速 n(r/min) 为：

$$n = \frac{D}{d} \times \frac{970}{50} \times f = \frac{350}{34} \times \frac{970}{50} \times f = 199.7f$$

式中：D——电动机胶带轮直径，$D = 350$mm；

　　　d——锭盘直径，$d = 34$mm；

　　　f——电动机变频值，Hz。

锭子转速 n 与电动机变频值 f 的关系见表 10-2-14。

表 10-2-14　锭子转速 n 与电动机变频值 f 的关系

$f/$Hz	35	40	45	50	55	60
$n/$(r/min)	7000	8000	9000	10000	11000	12000

(2)捻度 T(捻/10cm)。

$$T = \frac{2 \times n}{V \times 10} = 2 \times \frac{330}{34} \times \frac{44}{2} \times \frac{40}{46} \times \frac{B}{A} \times \frac{D}{C} \times \frac{1000}{100 \times 3.14 \times 10} = 118.2 \frac{B}{A} \times \frac{D}{C}$$

式中：n——锭子转速，r/min；

　　　V——摩擦辊线速度，m/min；

A,B,C,D——捻度变换齿轮齿数。

例：当捻度变换齿轮齿数 $A = 32$，$B = 44$，$C = 53$，$D = 23$ 时，则：

$$T(捻/10\text{cm}) = 118.2 \times \frac{B}{A} \times \frac{D}{C} = 118.2 \times \frac{44}{32} \times \frac{23}{53} = 70.5$$

当需要不同捻度时，可从相应的捻度计算表查得 A,B,C,D 变换齿轮齿数。

（3）平均卷绕线速度 $V_1(\text{m/min})$。

$$V_1 = \frac{2 \times n}{T \times 10}\eta$$

式中：η——摩擦辊与筒子间的滑溜率，若忽略不计，则 $\eta = 1, V_1 = V$。

（4）超喂率。

$$超喂率 = \frac{超喂罗拉出纱速度}{摩擦辊线速度} = \frac{37}{G} \times \frac{58.5}{100} \times 100\% = \frac{21.6}{G}$$

式中：G——变换链轮齿数，超喂罗拉直径为 58.5mm。

超喂率与变换链轮齿数 G 的关系见表 10-2-15。

表 10-2-15　超喂率与变换链轮齿数 G 的关系

G	12	13	15	17
超喂率/%	180	166	144	127

（5）卷绕交叉角 θ。

$$\tan\theta = \frac{导纱器速度}{摩擦辊线速度} = \frac{导纱器往复频率 \times 2 \times 往复动程}{摩擦辊线速度}$$

$$= \frac{2 \times 152 \times 25}{3.14 \times 100 \times 83} \times \frac{E}{F} = 0.2916\frac{E}{F}$$

$$\theta = \arctan\left(0.2916\frac{E}{F}\right)$$

式中：θ ——交叉角，(°)；

E, F——交叉角变换齿轮齿数。

交叉角与变换齿轮齿数的关系见表 10-2-16。

表 10-2-16　交叉角 θ 与变换齿轮齿数的关系

θ	12°14′	14°32′	18°8′	21°24′
E	29	32	36	39
F	39	36	32	29

（6）导纱器往复频率（次/min）。

$$导纱器往复频率 = \frac{\tan\theta \times 摩擦辊线速度}{2 \times 往复动程}$$

$$= \frac{\tan\theta \times V}{2 \times 0.152} = 3.289\tan\theta \times V$$

锭速、卷绕线速度和导纱器往复频率的关系如图10-2-8所示。

例：当锭速 $n = 11000\text{r/min}$、捻度＝70捻/10cm、交叉角＝18°8′时，则卷绕线速度 $V_1(\text{m/min})$：

$$V_1 = \frac{2 \times n}{T \times 10} = \frac{2 \times 11000}{70 \times 10} = 31.4$$

导纱器往复频率（次/min）＝ $3.289 \times \tan\theta \times V = 3.289 \times \tan\theta \times 31.4 = 34$

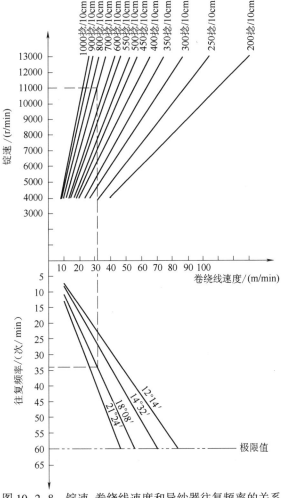

图 10-2-8　锭速、卷绕线速度和导纱器往复频率的关系

第三节　工艺配置

一、并纱机工艺配置

(一)卷绕线速度

并纱机卷绕线速度与并纱的线密度、强力、纺纱原料、单纱筒子的卷绕质量、并纱股数、车间温湿度等因素有关。

(二)张力

并纱时应保证各股单纱之间张力均匀一致,并纱筒子成形良好,达到一定的紧密度,使生产过程顺利。并纱张力与卷绕线速度、纱线强力、纱线品种等因素有关,一般掌握在单纱强力的10%左右。通过张力装置来调节,张力装置与络筒机相似,常采用圆盘式张力装置,通过张力片的重量来调节。

二、捻线机工艺配置

(一)环锭捻线机工艺配置

1. 锭子速度与下罗拉转速

(1)锭子速度一般在8000~12000r/min,纺中线密度线,锭子速度较快;纺粗线密度线、特细线密度线和涤纶线,速度较慢。根据股线捻系数及锭子速度可计算出下罗拉转速,下罗拉转速一般在60~120r/min。

(2)低捻线的锭速一般比正常线低,以降低断头及减少纱疵。

(3)同向加捻(SS或ZZ)的锭速比反向加捻(ZS)的锭速低。

2. 捻向与捻系数

(1)捻向。棉纱一般采用Z捻,股线采用S捻。其他特殊品种捻向见表10-2-17。

表 10-2-17　特殊品种捻向

捻向	纱线品种				
	缝纫线	绣花线	巴厘纱织物用线	隐条、隐格呢的隐条经线	帘子线
细纱	S	S	S	S	Z
股线	Z	Z	S	Z	ZS 或 SZ

(2)纱线捻比值。纱线捻比值为股线捻系数比单纱捻系数,捻比值影响股线的光泽、手感、强

度及捻缩(伸),不同用途股线与单纱的捻比值见表10-2-18。如有特殊要求,则另行协商确定。

表 10-2-18 不同用途股线与单纱的捻比值

产品用途	质量要求	捻比值
织造用经线	紧密,毛羽少,强力高	1.2~1.4
织造用纬线	光泽好,柔软	1.0~1.2
巴厘纱织物用线	硬挺,爽滑,同向加捻,经热定形	1.3~1.5
编织用线	紧密,爽滑,圆度好,捻向 ZSZ	初捻 1.7~2.4 复捻 0.7~0.9
针织汗衫用线	紧密,爽滑,光洁	1.3~1.4
针织棉毛衫、袜子用线	柔软,光洁,结头少	0.8~1.1
缝纫用线	紧密,光洁,强力高,圆度好,捻向 SZ,结头及纱疵少	双股 1.2~1.4 三股 1.5~1.7
刺绣线	光泽好,柔软,结头小而少	0.8~1.0
帘子线	紧密,弹性好,强力高,捻向 ZZS	初捻 2.4~2.8 复捻 0.85 左右
绉捻线	紧密,爽滑,伸长大,强捻	2.0~3.0
腈/棉混纺	单纱采用弱捻	1.6~1.7
黏纤纯纺、黏纤混纺	紧密,光洁	1.3 左右

股线要获得最大的强力,其捻比理论值为:

$$双股线 \quad \alpha_1 = 1.414\alpha_0$$

$$三股线 \quad \alpha_1 = 1.732\alpha_0$$

式中:α_1——股线捻系数;

α_0——单纱捻系数。

实际生产中考虑到织物服用性能和捻线机的产量,一般采用小于上述理论的捻比值,当单纱捻系数较高时,捻比值更应低于理论值;只有当采用较低捻度单纱时,股线捻系数才接近或略大于上述理论值。

(3)捻缩(伸)率。

①捻缩(伸)率 $= \dfrac{输出股线计算长度-输出股线实际长度}{输出股线计算长度} \times 100\%$

计算结果"+"表示捻缩率,"-"表示捻伸率。

②双股线反向加捻时,捻比值小时股线伸长,捻比值大时股线缩短,捻缩(伸)率一般为-1.5%~+2.5%。

③双股线同向加捻时,捻缩率与股线捻系数成正比,一般为4%左右。

④三股线反向加捻时均为捻缩,捻缩率与股线捻系数成正比,捻缩率为1%~4%。

3. 捻线准备工艺

几种捻线准备工艺的比较见表10-2-19。

表10-2-19　捻线准备工艺比较

准备工艺	工艺流程	占地面积	劳动生产率	股线强度	并纱张力	纱疵	布面质量
纱→筒→并→捻	多	大	低	稍高	均匀	少	平整
纱→并→捻	少	小	中	一般	均匀	多	略差
纱→筒→捻	少	小	中	一般	略差	中	略差

注　为保证并纱张力均匀和提高股线质量,建议采用上述第一种准备工艺。

4. 钢领与钢丝圈

(1)钢领。捻线机可选用直径比锭距小24mm左右的钢领。钢领、钢丝圈型号的选择见表10-2-20。

表10-2-20　钢领、钢丝圈型号

股线线密度	粗、中	细	特细
钢领型号	PG2	PG1	PG1/2
钢丝圈型号	G,GS	6701,6802,7014,GO,FO	CO,OSS

(2)钢丝圈。钢丝圈号数应根据股线品种、钢领直径、锭子转速、卷绕张力和断头等因素确定,见表10-2-21。

表10-2-21　股线钢丝圈号数选用

股线线密度/tex	36×2	29×2	24×2	19×2	16×2
钢丝圈号数	12~15	10~13	8~11	6~9	4~7
股线线密度/tex	14×2	12×2	10×2	7.5×2	6×2
钢丝圈号数	2~5	1~4	1/0~2	4/0~1/0	7/0~4/0
股线线密度/tex	28×3	19×3	14×3	10×3	7.5×3
钢丝圈号数	14~18	11~14	7~10	3~6	1~4

5. 卷装与容量

(1)几种线密度股线的卷装(表 10-2-22)。

表 10-2-22　几种线密度股线的卷装

股线线密度/tex		28×2	14×2	10×2
钢领直径×筒管长度/mm	一般卷装	45×205	45×205	45×205
	加大卷装	(51~70)×230	(48~51)×230	45×205

注　生产"宝塔"缝纫线的股线卷装宜加大卷装,减少结头。

(2)卷装容量。计算方法与第八篇第二章普通环锭纺相同。

(二)倍捻机工艺配置(以 EJP834 型倍捻机为例)

1. 锭子转速

锭子的转速与所加捻纱的品种有关,一般情况下加捻棉纱线密度与锭速的关系见表 10-2-23。

表 10-2-23　加捻棉纱线密度与锭速的关系

纯棉纱线密度/tex	7.5×2	9.7×2	12×2	14.5×2	19.5×2	29.5×2
锭子转速/(r/min)	10000~11000	10000~11000	8000~10000	8000~10000	7000~9000	7000~9000

2. 捻向与捻系数

股线捻向与捻系数的选择可参见环锭捻线机工艺配置。

由于卷绕交叉角不同,将对股线加捻产生一定的影响,因此在机器设定捻度时,需要对所需捻度进行修正。

$$T = T_1 + T_1 \times \left(\frac{1}{\cos\theta} - 1 \right) \times \frac{1}{2}$$

式中:T_1——机器设定捻度;

　　　T——实际需要捻度;

　　　θ——卷绕交叉角。

在确定加捻方向后,可以通过变换 S 或 Z 捻的捻向座和电动机的旋转方向来获得所需的捻向。

3. 卷绕交叉角

卷绕交叉角与筒子成形有很大关系。常用的交叉角为 14°32′、18°8′、21°24′,一般 18°8′交叉角用于标准卷装,21°24′交叉角用于低密度卷绕的低捻线,理论上交叉角由往复频率确定。

从机械的角度看,最大往复频率为60次/min,而且根据经验,纱速宜设定在70m/min以下,断头率较低。选择参数前,应当计算或从图10-2-8查得往复频率,如果大于60次/min的极限值,应调整锭速或交叉角参数。

4. 超喂率

变换超喂率链轮,改变卷绕张力,可以对卷绕筒子的密度进行调节。但是纱线在超喂罗拉上打滑时,即使超喂率设定得再大,卷绕张力仍不能有效地下降。因此,卷绕张力还可以通过改变纱线在超喂罗拉上的包角,有效地利用纱线与超喂罗拉的滑溜率来加以控制。

5. 气圈高度

气圈高度指从锭子加捻盘到导纱杆的高度,气圈高度减小,气圈张力减小,反之增大。但是,气圈张力太小,气圈就会碰击锭子的储纱罐,造成纱线断头,反之,气圈张力太大,也会使纱线断头率上升。所以气圈高度必须根据纱线品种进行调整。

6. 张力

一般短纤维倍捻机的张力器均为胶囊式,通过改变张力器内弹簧可以调节纱线的张力,不同品种的纱线加捻,需要不同的张力。适宜的纱线张力可以改善成品的捻度不匀率和强力不匀率,降低断头率。

张力调整的原则为:在喂入筒子退绕结束阶段,纱线绕在锭子贮纱盘上的贮纱角保持在90°以上,如图10-2-9所示。

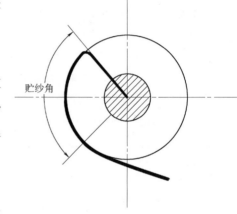

图10-2-9　锭子贮纱角示意图

第四节　纱线质量控制

一、并纱筒子质量要求

并纱是整个纺纱工艺流程中一个重要工序,它是将两根或两根以上的单纱在并纱机上加以合并,制成并纱筒子。并纱筒子质量要求除与络筒相同之外,还需保证并纱股数正确,各股单纱张力均匀一致,特别注意单纱、多股纱不能存在分纱现象,否则易产生小辫子纱疵问题。

并纱除与络筒具有相同的疵品以外,还存在其他疵品,详见表10-2-24。

表 10-2-24 并纱疵品及其产生的原因

疵品名称	产生的原因
缺根	1. 自停装置失灵,筒子制动失效 2. 操作法不当:接头时未将缺根纱拉净
多根	1. 筒子纱中原有多根疵品存在 2. 并纱时飘头现象导致
股松股紧	1. 并合单纱张力差异较大;张力片重量不一致;纱的通道起槽、挂花等;接头不良 2. 原纱条干较差而产生"藤捻"现象
分纱(使股线产生小辫子纱)	1. 接头时单纱张力不一致 2. 各单纱的张力调节不一或上张力盘跳动 3. 槽筒磨出沟槽或槽筒有毛刺

二、股线质量控制

(一)股线控制质量的途径

1. 重量偏差与重量不匀率

细纱的重量偏差和重量不匀率是股线产生重量偏差和重量不匀率的基础。在细纱重量偏差一定的情况下,影响股线重量偏差的主要因素是捻缩,其次是并纱的伸长,倍捻机卷绕张力过大,也可能产生意外伸长。

股线的捻缩与细纱、股线的捻度、捻向、捻比有关。同向加捻时,捻缩率较反向加捻时大得多;捻缩率越大,股线纺出越重,此时应适当减轻细纱重量,以保证股线重量符合要求。股线反向加捻时,当捻度比较小时产生捻伸,股线重量偏轻,应适当加重细纱重量。

络筒、并纱时的张力大小和速度直接影响并纱筒子伸长率的大小,因此降低股线重量不匀率的措施除控制细纱重量不匀率外,还应控制络筒、并纱机上的张力和速度一致。

倍捻机在卷绕时,如果卷绕张力过大,加捻过的股线在长期放置或运输时,由于应力的释放,纤维产生滑移,引起股线伸长,尤其在生产低捻线时。

2. 捻度与捻度不匀率

降低股线的捻度和捻度不匀率,有利于改善股线的强力和强力不匀率。需重点控制单纱的短片段不匀,降低整机的锭速差异和纱线张力差异,同时还要提高操作水平,防止断头和接头时产生强捻或弱捻。

3. 强力与强力不匀率

按照国家标准棉纱线股线的断裂强度要比单纱提高20%左右,股线的强力和强力不匀率除同单纱质量有关外,在捻线机上应控制以下几方面。

(1)适当选择单纱与股线的捻比值,减少单纱捻度而增加股线捻度对提高股线的强力有利。

(2)钢丝圈重量适当加重,可以提高股线强力。

(3)均衡并纱张力。并纱的张力不匀,在股线加捻时,张力小的一根单纱会缠绕在张力大的一根单纱周围,形成"螺丝线",影响强力。尤其在反向加捻时,位于中心的单纱产生退捻,而使强力降低。采用并捻联合机生产的股线强力略有降低。

(二)股线常见疵品及其产生的主要原因

1. 环锭捻线机常见疵品及其产生的主要原因(表10-2-25)

表10-2-25　环锭捻线机常见疵品及其产生的主要原因

疵品名称	产生的原因
弱捻线	1. 锭盘肩胛或锭盘销子磨灭 2. 筒管内有飞花、回丝或筒管跳动 3. 锭子缺油 4. 锭带太长、锭带张力重锤过轻或锭带张力盘缺油 5. 锭脚刹车不良 6. 钢领生锈、钢丝圈回转不正常 7. 纱线滑入上罗拉沟槽,当并纱筒子直径较小时,纱线由于惯性被快速输出 8. 生头不良
紧捻线	1. 导纱横动动程不正,纱线滑出上罗拉或滑入上罗拉沟槽 2. 车未停妥,先将上罗拉搁起或接头动作迟缓 3. 并纱筒子过大,使相邻两筒子相碰或插纱锭子生锈、弯曲 4. 上罗拉回转不灵活或下罗拉起槽 5. 导纱瓷牙起槽或并纱滑出瓷牙
多股线	1. 断头后纱头飘入相邻气圈内 2. 并纱筒子内有多股线 3. 纱架部分断头,特别是插纱锭子位置不正,纱头并入相邻筒子
冒头线	1. 同品种个别机台速度过快 2. 同品种个别机台落纱时钢领板位置过高 3. 同品种个别机台满管直径偏小 4. 个别钢领起浮 5. 个别筒管与锭子配合过松 6. 钢领板平衡重锤调整不良或碰地面 7. 落纱超过规定时间

疵品名称	产生的原因
冒脚线	1. 落纱后钢领板始绕位景过低 2. 个别筒管与锭子配合过紧或筒管内有飞花、回丝 3. 跳筒管
碰钢领线	1. 个别钢丝圈过轻 2. 钢领板升降受阻 3. 钢领与锭子不同心 4. 股线成形直径过大
油污线	1. 平揩车时不慎,加油沾污罗拉 2. 用油手接头 3. 机台通道不清洁
葫芦线	1. 空头时间过久 2. 掌握巡回时间过长或有漏接等
条干不良	1. 原纱条干不良,有严重粗细节 2. 并纱筒子中单纱张力不一

2. 倍捻机常见疵品及其产生的主要原因(表10-2-26)

表10-2-26　倍捻机常见疵品及其产生的主要原因

疵品名称	产生的原因
弱捻线	1. 锭子传动带张紧力不够 2. 接头操作不当 3. 张力器张力失控 4. 锭子轴承损坏
强捻线	1. 卷绕筒子与摩擦辊打滑 2. 筒子架夹头处有缠纱现象 3. 张力器张力失控
松芯线	1. 卷绕张力过小 2. 筒子架安装倾斜角不正确
蛛网线	1. 导纱器有松动 2. 筒子架座轴向限位挡圈松动或间隙过大 3. 往复凸轮曲线槽与滑轮间隙过大 4. 导纱杆连接松动 5. 纸质筒管圆度不好 6. 筒管安放不到位

续表

疵品名称	产生的原因
多股线	1. 并纱筒子内有多股纱 2. 纺纱时,单纱筒子有多股纱
少股线	并纱筒子内有少股纱
油污线	平揩车时不慎,加油沾污纱线通道
包头线	1. 导纱器松动 2. 筒子架松动
条干不良	单纱条干不良
翘头线	卷绕张力过大,筒子架倾斜角不正确
螺旋线	1. 并纱时,单根纱的张力差异较大 2. 单纱间粗细差异较大
松、紧线	卷绕张力不合适
小辫子线	1. 单纱上有小辫子纱 2. 并纱有分纱现象 3. 并纱接头时,单根纱的张力差异较大

参考文献

[1]江南大学,无锡市纺织工程学会,《棉织手册》(第三版)编委会．棉织手册[M]．3 版．北京:中国纺织出版社,2006.

[2]姚穆．纺织材料学[M]．5 版．北京:中国纺织出版社,2019.

[3]刘国涛．现代棉纺技术基础 [M]．北京:中国纺织出版社,2006.

[4]陆再生．棉纺工艺原理 [M]．北京:中国纺织出版社,2003.

[5]朱苏康,陈元甫．织造学:下册．[M]．北京:中国纺织出版社,2001.

[6]蒋耀兴．纺织概论[M]北京:中国纺织出版社,2005.

[7]朱苏康,高卫东．机织学 [M]．北京:中国纺织出版社,2008.

[8]高卫东, 王鸿博, 牛建设．机织工程:上册[M]．北京:中国纺织出版社, 2014.

第十一篇　织前准备

第一章　整经

第一节　整经机主要型号及技术特征

一、HFGA128H 型高速分批整经机

HFGA128H 型高速分批整经机主要技术特征见表 11-1-1。

表 11-1-1　HFGA128H 型高速分批整经机主要技术特征

项目		技术特征
设备型号		HFGA128H
整经幅宽/mm		1400,1600,1650,1800,2000,2200,2400,2600,2800
整经速度/(m/min)		0~1000
加压辊直径/mm	盘片直径 800mm、1000mm	509.3
	盘片直径 1250mm	601.6
	盘片直径 1400mm	636.6
计长方式		主轴加压纱辊编码器记长
计长误差/‰		≤2
整经轴	盘片直径/mm	800,1000,1250,1400
	芯轴直径/mm	267,297,400
	经轴平整度/mm	≤1.5

续表

项目		技术特征
整经轴	卷绕密度/(g/cm³)	0.3~0.65
主电动机	功率/kW	11,15,18.5,22(选配)
	转速/(r/min)	1500
经轴加压	加压形式	平行+阻尼加压
	最大压力/N	5000
	加压控制	比例阀控制(自动调节,内紧外松)
制动形式	压辊制动	液压碟刹制动(单面)
	导纱辊制动	液压碟刹制动(单面)
	主轴	气动—液压碟刹(双面)
制动距离/m		≤3(速度500m/min时)
经轴对中方式		压辊左右微调
主传动方式		一级传动
伸缩筘	摆动范围/mm	0~20
	摆动频率/(次/min)	往复24
上下轴形式		气动控制
挡风罩形式		防护罩(全防护型)
安全防护		保险杆+防护罩
升降踏板		方便操作工操作选配
外形尺寸(长×宽×高)/mm		(2120+幅宽)×1980×2025
筒子架	形式	H形、小V形、复式、大V形
	锭距/mm	250×250(可定制)
	层数	8(可定制)
	筒子架容量/只	640(可定制)
	适应筒子直径/mm	230
断经自停		集中式红外线断经自停、单纱自停(大V形)
适应品种		纯棉或化纤混纺

二、本宁格分批整经机

1. 本宁格分批整经机型号及主要技术特征（表11-1-2）

表11-1-2　本宁格分批整经机型号及主要技术特征

型号	ZDA/ZDAK型	ZC型	ZC-L型	ZC-R型
整经速度/(m/min)	215~1000	200~1000	1000	1200
恒定慢速/(m/min)	50	50	50	50
经轴盘片直径/mm	1000	815	815	1016
经轴轴芯/mm	330	250	230	330
工作幅宽/mm	1200~2800	1200~2000	1200~2000	1200~2200
压辊压力/N	最大500	100~4000	11~3500	紧轴:1000~5500 松轴:180~590
电动机功率/kW	15	11	11	18.5
制动装置	液压鼓式制动			液压重型鼓式制动
测长装置	压辊测长，通过齿轮及接近开关发出脉冲信号计长			
传动方式	电动机直接传动经轴			
适用范围	一般采用紧式经轴，染色用松式经轴			
适应筒子架	平行式及V形筒子架(线速度在600m/min以上时采用V形架)			
结构特点	重型高性能型	经济型		高性能型

2. 带GCF纱线张力器和自停装置的本宁格GE-V型筒子架规格参数（表11-1-3）

表11-1-3　本宁格GE-V型筒子架的规格参数

项目		规格参数					要求空间		
节距/mm	横向	229	229	229	229	305	宽/mm	长/mm	高(带风机)/mm
	纵向	240	270	350	350	435			
筒子直径/mm		230	255	280	340	365			
筒子/只		504	448	—	—	—	7040	7790	
		576	512	384	—	—	7590	8660	3070
		648	576	432	324	—	8140	9530	

续表

项目	规格参数					要求空间		
筒子/只	720	640	480	360	300	8690	10400	3070
	792	704	528	396	330	9240	11280	
	864	768	576	432	360	9790	12150	
	936	832	624	468	390	10340	13030	
	1008	896	672	504	420	10890	13900	
	1080	960	720	540	450	11440	14770	
	1152	1024	768	576	480	11990	15650	

3. 本宁格 GE-V 型筒子架节距和运行纱线根数（表 11-1-4）

表 11-1-4　本宁格 GE-V 型筒子架节距和运行纱线根数

水平节距/mm	垂直节距/mm	最大纱筒直径/mm	层数	运行纱线根数											
240	240	230	9	504	576	648	720	792	864	936	1008	1080	1152	1224	1296
	270	255	8	448	512	576	640	704	768	832	896	960	1024	1088	1152
	305	265	7	392	448	504	560	616	672	728	784	840	896	952	1008
	350	278	6	—	348	432	480	528	576	624	672	720	768	816	864
	435	305	5	—	320	360	400	440	480	520	520	600	640	680	720
320	240	230	9	378	432	486	540	594	648	702	756	810	864	918	972
	270	260	8	336	384	432	480	528	576	624	672	720	768	816	864
	305	295	7	—	336	378	420	462	504	546	588	630	672	714	756
	350	340	6	—	—	324	360	396	432	468	504	540	576	612	648
	435	365	5	—	—	—	300	330	360	390	420	450	480	510	540

4. 本宁格筒子架型号及特点（表 11-1-5）

表 11-1-5　本宁格筒子架型号及特点

筒子架型号	特点及适用条件
GAAs	标准平衡式筒子架，一般与分条整经机配套使用，用于色织、丝绸及毛纺织
GAAb	平衡手推车式筒子架
GS	平衡旋转式筒子
GB	平衡复式筒子架，可以连续整经，但张力差异大
GE/GCF	V 形筒子架

5. 本宁格筒子架各型号的标准节距（表 11-1-6）

表 11-1-6　本宁格筒子架各型号的标准节距　　　　　　　　单位：mm

垂直节距			水平节距		
GAAs/GAAb	GS	GB	GAAs/GAAb	GS	GB
180	—	180	200	—	400
200	200	200	200	200	450
220	220	220	225	225	480
240	240	240	240	240	540
270	270	270	270	270	600
300	300	300	300	300	675
330	330	330	337.5	337.5	800
—	360	360	—	360	—
400	400	440	400	400	—
440	440	—	450	450	—
其他节距根据订货要求			不受垂直节距影响		

6. 本宁格整经机所配张力装置（表 11-1-7）

表 11-1-7　本宁格整经机所配张力装置

GZB（GZB-F）型	UB 型	UR 型	GCF 型
双盘无柱式张力装置	单盘无柱式张力装置	压辊式（双罗拉）张力装置	与 V 形筒子架配套

三、HF988D 型分条整经机

HF988D 型分条整经机主要技术特征(表 11-1-8)

表 11-1-8 HF988D 型分条整经机主要技术特征

项目		技术特征			
整经幅宽/mm		2300~5400			
整经速度/(m/min)		0~800			
倒轴速度/(m/min)		200(满轴时速度)			
卷装容量(直径)/mm		800	1000		1250
锥度比		1:8	1:6	1:8	1:4.7
锥体角度/(°)		7.13	9.46	7.13	12
锥体长度/mm		1280	1380	1840	1600
滚筒规格/mm		圆柱段直径 1000			
整经张力/N		≤800			
倒轴张力/N		≤10000			
单纱张力精度/%		≤2			
导条走丝速度/(mm/r)		0.001~9.999			
条定位精度/mm		≤0.01			
导条随动精度/%		≤0.02			
最大条宽/mm		800			
记长误差/‰		≤2			
中置罗拉		三辊式(选配)			
倒轴张力控制		调压阀、比例阀控制(选配)			
主机左右、经台左右移动		一套伺服控制或两套伺服分开控制(选配)			
整经台前后移动		步进电动机控制			
主机	整经测力	无			
	整经加压	无			
	传动方式	一级传动			
倒轴	上油	选配			
	尾座移动	电动			

项目		技术特征
倒轴	安全防护	保险杆+红外线
	倒轴加压	调压阀
	上下轴	气动控制
	传动方式	单面传动
主机电动机	功率/kW	7.5,11,15
	转速/(r/min)	1500
倒轴电动机	功率/kW	15,18.5,22
	转速/(r/min)	1500
制动形式		气动—液压碟刹(双面)
筒子架	形式	H形、复式
	锭距/mm	250×250(可定制)
	层数	8(可定制)
	筒子架容量/只	640(可定制)
	适应筒子直径/mm	230
断经自停		集中式红外线断经自停

四、哈科巴 US 型与 USK 电子型分条整经机

1. 哈科巴 US 型与 USK 电子型分条整经机主要技术特征(表 11-1-9)

表 11-1-9　哈科巴 US 型与 USK 电子型分条整经机主要技术特征

项目		US 型	USK 电子型
工作幅宽/mm		3500	2000~4000
整经速度/(m/min)	最大	0~600,无级可调	0~800,无级可调
	实开	250~300	300~400
倒轴速度/(m/min)	最大	0~300,无级可调	0~330,无级可调
	实开	50~60	60~70
滚筒直径/mm		800	1000
斜度板(圆锥角)		集体可调或固定	固定

续表

项目	US 型	USK 电子型
导条器爬坡控制方法	机械式控制	电子计算机控制
传动方式	直流电动机	可控硅直流电动机
制动方式	外包皮带制动	液压盘式制动器
滚筒材质	金属框架	合成树脂
分绞筘	可横动	固定
断头自停	电气接触式	电气接触式
筒子架容量/只	480~576	480~576
张力装置	70~22 型	双罗拉式
筒子架型号	G_2	G_2H

2. US 型系列卷绕及倒轴参数(表 11-1-10)

表 11-1-10　US 型系列卷绕及倒轴参数

项目	US-B 型(圆锥角可调)	US-S 型(圆锥角固定)
滚筒周长/mm	3505	3505
最大工作宽度/mm	3505	3505
锥体长度/mm	711.2	990.6
最大经轴直径/mm	990.6	990.6
整经速度/(m/min)	20~603,20~402	20~603,20~402
倒轴速度/(m/min)	20~120	20~120

3. USK1000 电子型整经滚筒尺寸(表 11-1-11)

表 11-1-11　USK1000 电子型整经滚筒尺寸

项目	滚筒尺寸									
整经幅宽/mm	2000		2200		2500		3500		4000	
锥体角度	14°	9°30′	14°	9°30′	14°	9°30′	14°	9°30′	14°	—
机宽/mm	4870	5370	5070	5570	5370	5870	6370	6870	6870	—
机宽+在 1 个筒子架前横移/mm	7870	8870	8270	9270	8870	9870	10870	11870	11870	—

4. USK1250 电子型整经滚筒尺寸（表 11-1-12）

表 11-1-12　USK1250 电子型整经滚筒尺寸

项目	滚筒尺寸				
整经幅宽/mm	2000	2200	2500	3100	3600
锥体角度/(°)	14	14	14	14	14
机宽/mm	5320	5520	5820	6420	6920
机宽+在 1 个筒子架前横移/mm	8720	9120	9720	10920	11920

五、本宁格 SC-perfect 型与 Supertronic 型分条整经机

本宁格 SC-perfect 型与 Supertronic 型分条整经机主要技术特征见表 11-1-13。

表 11-1-13　本宁格 SC-perfect 型与 Supertronic 型分条整经机主要技术特征

机型		SC-perfect 型	Supertronic 型
工作幅宽/mm		1800~3500	2200~4200
整经速度/(m/min)	最大	800	800
	实开	300~400	400
倒轴速度/(m/min)	最大	200	300
	实开	60~70	60~80
滚筒直径/mm		800	1000
斜度板(圆锥角)		集体可调式	固定,锥度 210/160
导条器爬坡控制		由 11 级塔轮调节	电子计算机控制
传动方式		交流电动机+无级变速器	可控硅直流电动机
制动方式		外包皮带制动	液压圆盘式制动器
滚筒结构		圆柱体(夹心结构)	金属框架外包金属板
分绞箱		固定	固定本宁格 Splittronic
断头自停		电气接触式+防跳	本宁格 CARD 电气接触式+防跳
筒子架容量/只		640	800
张力装置		GZB 直立双圆盘式	LR 型双罗拉式,本宁格 TENS
筒子架型号		GAAs 集体换筒	GAAb 推车式,GM-W 推车式

六、HFGA136B 型球经整经机

1. HFGA136B 型球经整经机主要技术特征(表 11-1-14)

表 11-1-14 HFGA136B 球经机主要技术特征

项目		技术特征
成形幅宽/mm		1000,1200
成球直径/mm		1400
整经速度/(m/min)		0~400
加压压力/N		1500~500
加压方式		双气缸同步轴加压
加压压力控制		比例阀控制,压力递减
喂纱传动方式		机械传动,球经轴不可收边,喂纱速度不可调
		伺服传动,球经轴可以收边,喂纱速度可调
滚筒直径/mm		315
滚筒长度/mm		1560
滚筒表面处理		表面镀硬铬
计长方式		过纱轮计长+主轴计长
计长滚轮直径/mm		318.5
吸尘装置		变频控制,吸风压力可调
制动形式		气动—液压碟刹(单面)
主机电动机	功率/kW	7.5
	转速/(r/min)	1000
外形尺寸(长×宽×高)/mm		2300×1500×1750
筒子架	形式	小 V 形、复式
	张力器形式	电磁式、大三柱、磁悬浮张力器
	锭距/mm	350×350(可定制)
	层数	6(可定制)
	筒子架容量/只	624(可定制)

续表

项目		技术特征
筒子架	适应筒子直径/mm	320
	张力器清洁	循环吹吸风
		单锭吹气
断经自停		集中式红外线断经自停

2. HFGA135D 型分经机主要技术特征 (表 11-1-15)

表 11-1-15　HFGA135D 型分经机主要技术特征

项目		技术特征
整经幅宽/mm		1400,1600,1650,1800
最大卷装容量(直径)/mm		1000
整经速度/(m/min)		0~500
测长辊直径/mm		127.32
计长方式		导纱辊计长
计长误差/‰		≤2
箱齿吹风		清洁伸缩箱箱齿飞花
张力控制		比例阀控制
倒纱方式		地面储纱架、上到纱(选配)
张力架形式		直滚筒、斜滚筒(选配)
倒纱进纱方式		卡丁轮、导纱轮(选配)
车头捻接器		断纱接头(选配)
升降踏板		方便操作工操作(选配)
断纱检测		摄像系统(选配)
储纱架储纱量/m	地面储纱架	≤12
	倒纱方式	全筒储纱
主电动机	功率/kW	15
	转速/(r/min)	750

续表

项目		技术特征
张力架	功率/kW	5.5
	转速/(r/min)	1000
制动形式	导纱辊制动	电磁制动(单面)
	主轴	气动—液压碟刹(单面)
主传动方式		一级传动
伸缩筘	摆动范围/mm	0~20
	摆动频率/(次/min)	往复24
上下轴形式		气动控制
安全防护		保险杆
外形尺寸(长×宽×高)/mm		(2240+幅宽)×1950×2600

第二节　整经机主要装置

一、整经方式

根据纱线的类型和所采用的生产工艺,整经方式可分为分批整经、分条整经和球经整经。

1. 分批整经

将织物所需的总经根数分成根数相等的几批,每批 400~700 根,按工艺规定的长度将它们分别卷绕到几个整经轴上(每轴一批),这种整经方法称为分批整经。

2. 分条整经

根据色织物配色循环和筒子架的容量,将织物所需的总经根数分成根数相等的若干条带(少数几份条带的根数可略多些或略少些),并按工艺规定的幅宽和长度一条挨一条平行卷绕到整经滚筒上,待所有条带卷完后,再将全部条带倒卷到织轴上,这种整经方法成为分条整经。

3. 球经整经

根据筒子架容量,将全幅织物的总经根数分成数量尽可能相等的若干纱束,并将其卷绕成圆柱形球经轴的工艺过程,这种整经方法称为球经整经。主要用于牛仔布生产。

分批整经与分条整经比较见表 11-1-16。

表 11-1-16　分批整经与分条整经比较

形式	分批整经	分条整经
特点	生产效率高,适宜大批量生产,整经轴质量好,片纱张力均匀	适宜小批量、多品种生产,工艺流程较短,速度低,效率低
适应范围	主要用于原色或单色织物,也可用于色织物,但对花纹复杂或隐条、隐格织物有一定难度	主要用于丝织、色织和毛织产品,花纹排列方便,回丝少,降低成本

二、筒子架

(一)单式筒子架与复式筒子架性能比较(表 11-1-17)

表 11-1-17　单式筒子架与复式筒子架性能比较

单式筒子架(集体换筒)	复式筒子架
有利于整经高速化	速度低
减少翻改品种时的筒脚纱（因为筒子定长）	会产生大量筒脚纱
能减少筒子架的占地面积	占地面积大(在筒子架容量相同时)
整经片纱张力均匀	张力差异大
整经机效率高	效率低(断头多、操作路线长)
经轴质量高	经轴质量低

(二)几种典型筒子架性能比较

1. 活动小车式筒子架(图 11-1-1)

这种筒子架由若干活动小车和框架组成。每个筒子架活动小车的数量可根据生产需要选择。备用小车数至少等于工作小车数。

2. 分段旋转式筒子架(图 11-1-2)

这种筒子架由 3~4 根立柱构成一个单元,可以绕其中心旋转,立柱的一侧装有一组工作筒子,另一侧为预备筒子。换筒时只需将每个单元旋转 180°,即可将预备筒子换到工作位置。

3. V 形循环链式筒子架(图 11-1-3)

这种筒子架因两边纱架排列成 V 形,并通过循环链条集体换筒而得名。一般 V 形架的外侧是工作筒子,内侧是预备筒子。工作筒子用完后,换筒时,只需按动换筒按钮,电动循环传动链条即将预备筒子转至工作位置,完成换筒。

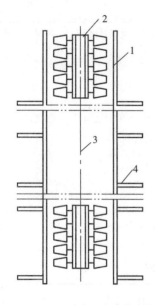

图 11-1-1　活动小车式筒子架

1—插纱架　2—筒子车　3—铁链

4—导纱瓷板

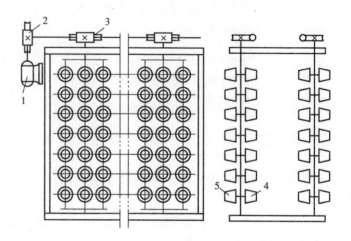

图 11-1-2　分段旋转式筒子架

1—电动机　2,3—蜗杆蜗轮减速器

4—预备筒子　5—工作筒子

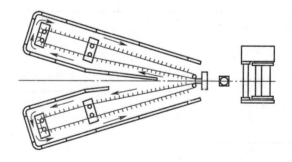

图 11-1-3　V 形循环链式筒子架

几种筒子架性能比较见表 11-1-18。

表 11-1-18　几种筒子架性能比较

形式	活动小车式	分段旋转式	V 形循环链式
特点	换筒时间短,生产效率高。但设备投资高,占地面积大	换筒时间短,生产效率高	筒子架架身较短,但横向距离大,张力比较均匀,断头率低。但换筒时间稍长
主要机型	本宁格 GAAb 型,哈科巴G-2H 型	本宁格 GS 型,哈科巴 G5-H 型	本宁格 GE 型

三、断头自停装置

1. 接触式断头自停装置

当纱线断头时,自停钩跌落,电导通,接触器吸合,指示灯亮。同时信号传至车头,整经机制动停车,如图 11-1-4 所示。

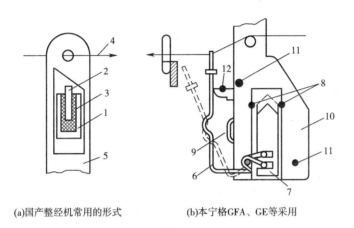

(a)国产整经机常用的形式　　　　(b)本宁格GFA、GE等采用

图 11-1-4　接触式断头自停装置

1,2—导电杆　3—绝缘体　4—经纱　5—停经片　6—自停钩　7—铜片

8—铜棒　9—指示灯　10—架座　11—杆　12—分离棒

2. 电子式断头自停装置

由探测感知件、纱线运行信号放大器和停车控制电路三部分组成。纱线正常时,纱线运行产生的电压信号类似"噪声电压",经放大、整形、滤波、功率放大,由控制电路保证整经机正常工作。当纱线断头时,"噪声电压"消失,控制电路发动停车。赐来福 Z25 型筒子架采用的电子式断头自停装置如图 11-1-5 所示。

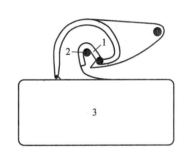

图 11-1-5　电子式断头自停装置

1—V 形槽　2—纱线　3—电路盒

四、整经卷绕

(一)分批整经卷绕

1. 滚筒摩擦传动整经卷绕(图 11-1-6)

以交流电动机传动滚筒,整经轴在水平压力的作用下紧压在滚筒的表面,由于滚筒的表面线速度恒定,所以整经轴也以恒定的线速度卷绕,达到恒张力卷绕的目的。

2. 直接传动整经轴卷绕(图 11-1-7)

目前高速整经机普遍采用的传动方式有以下三种。

(1)调速直流电动机传动。直流电动机直接传动整经轴卷绕纱线,压辊紧压在整经轴表面,施加压力,并将纱线速度信号传递给测速电动机。机构采用间接法恒张力控制,它以纱线的线速度为负反馈量,通过控制线速度恒定来间接地实现恒张力。

(2)变量液压电动机传动。纱线经导纱辊卷入由变量液压电动机直接传动的整经轴,在电动机的传动下,变量油泵向变量液压电动机供油,驱动其回转。串联油泵将高压控制油供给变量油泵和变量液压电动机,控制它们的油缸摆角,以改变液压电动机的转速。

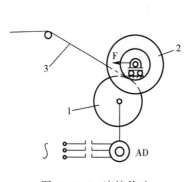

图 11-1-6 摩擦传动

1—滚筒 2—整经轴 3—经纱

AD—交流电动机

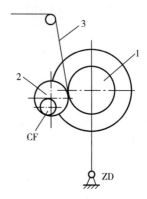

图 11-1-7 直接传动

1—整经轴 2—压辊 3—经纱

CF—测速电动机 ZD—直流电动机

(3)变频调速传动。由电位器给一个模拟量,经测速电动机测出线速度,反馈出一个模拟量,经过 A/D 转换,PLC 运算后输出一个模拟调节量,送入 FVR 变频器,从而控制交流电动机速度,随着经轴直径的增大,线速度反馈量增大,经过 PLC 运算后送入 FVR,控制电动机速度不断下降,使整个整经过程中线速度保持恒定。

(二)分条整经卷绕

分条整经机的卷绕由滚筒卷绕和倒轴两部分组成。新型分条整经机的卷绕一般有两种形式,即直流电动机可控硅调速和变频调速传动。出发点都是为了实现恒定线速度。

五、整经加压

整经加压是为了保证卷绕密度的均匀、适度,保证卷装成型良好。加压方式有机械式、液压式、电磁式和气动式。

1. 国产机械水平加压机构(图11-1-8)

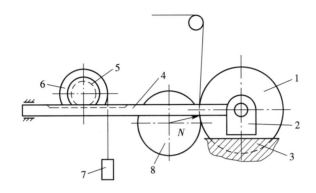

图11-1-8　机械式水平加压机构

1—整经轴　2—轴承滑座　3—滑轨　4—齿杆　5—齿轮　6—轮子　7—重锤　8—滚筒

2. 瑞士本宁格液压加压机构(图11-1-9)

六、整经张力

(一)影响整经张力的因素

(1)筒子直径与整经张力的关系。随筒子卷装尺寸的变化,导纱孔处的纱线张力也发生变化,特别在高速整经时变化尤为明显。

(2)整经速度与张力的关系。随整经速度的提高,导纱孔处纱线退绕平均张力(筒子大小端处退绕张力的平均值)也不断增加。

(3)筒子分布位置与张力的关系。一般的分布规律为前排张力小于后排,上、下层张力大于中层。

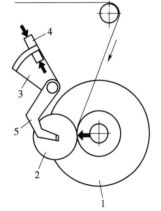

图11-1-9　液压 TT GDGG 加压机构

1—经轴　2—压辊　3—扇形盘

4—制动装置　5—弯形杆

(4)张力装置。附加张力的影响根据退绕张力的分布规律,在退绕张力小的部位配置较重的张力圈重量,从而均匀了片纱张力。

(二)张力装置

(1)双柱压力盘式张力装置(图11-1-10)。这是一种在国产整经机上普遍采用的张力装置。附加张力来源于纱线与立柱及上、下张力盘之间的摩擦。

(2)无柱压力盘式张力装置(图11-1-11)。这是一种通过纱线与张力盘之间的摩擦增加张力的方式。

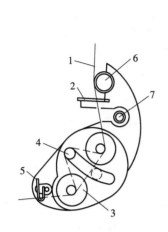

图 11-1-10　双柱压力盘式张力装置

1—纱线　2—挡纱板　3—压力盘

4—张力座　5—导纱钩　6—立柱　7—调节轴

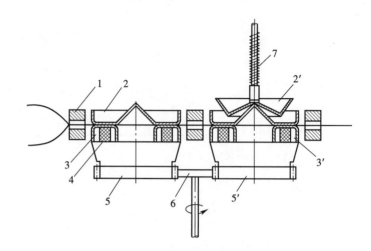

图 11-1-11　无柱压力盘式张力装置

1—导纱眼　2,2′—上张力盘　3,3′—下张力盘

4—减振环　5,5′—从动齿轮　6—主齿轮　7—加压弹簧

（3）导纱棒式张力装置。广泛用于 V 形筒子架,引出纱线经过两根可调节的导纱棒,通过调节纱线与导纱棒之间的包围角来改变和控制张力。

（4）阻尼式张力装置。有机械阻尼、流体阻尼和电磁阻尼几种形式。通过阻尼作用,防止张力的突变,吸收张力峰值,滤平张力波动。

几种张力装置性能比较见表 11-1-19。

表 11-1-19　几种张力装置性能比较

形式	双柱压力盘式	无柱压力盘式	导纱棒式	阻尼式
原理	倍积—累加型	累加型	倍积型	吸收型
特点	会放大输入张力,张力盘易跳动,成本低,张力可调范围大,调节方便,品种适应性广	对输入张力无放大作用,张力波动小,调节方便	能均匀前后排的张力差异,纱线引出后直接进入伸缩筘,张力小而稳定,适应高速下使用	具有张力自调匀整功能,但对高频张力波动不能完全消除,成本高,结构较复杂,维修较困难
主要型号	国产	GZB,UB	GCF	KFD

第三节　整经质量控制

一、整经工艺要求

1. 整经张力

整经张力与纤维材料、纱线细度、整经速度、筒子尺寸、筒子架形式、筒子在筒子架上的分布位置及伸缩筘穿法等因素有关。工艺设计应尽量保证纱线张力均匀、适度,减少纱线的伸长。

2. 整经速度

高速整经机的最大设计速度为 1000m/min 左右,随着整经速度的提高,纱线断头将会增加,影响整经效率。鉴于目前纱线质量和筒子卷绕质量还不够理想,整经速度以 400m/min 左右的中速度为宜,片面追求高速度,会引起断头率剧增,严重影响机器效率。所以,新型高速整经机使用自动络筒机生产的筒子时,整经速度可选择 600m/min 以上;在整经轴幅宽大、纱线质量差、纱线强力低、筒子成形差时,速度应适当低一些。

3. 整经根数

整经轴上纱线排列过稀会使卷装表面不平整,从而造成片纱张力不匀。因此,整经根数的确定尽可能以多头少轴为原则,同时受筒子架最大容量的限制。为管理方便,一次并轴的各轴整经根数要尽可能相等或接近相等,并小于最大容量。

4. 经轴卷绕密度

经轴卷绕密度的大小影响到纱线的弹性、经轴绕纱长度和后道工序的退绕。经轴卷绕密度可由压纱辊的加压大小来调节,同时还受纱线线密度、卷绕速度和整经张力的影响。卷绕密度的大小应根据纤维种类、纱线线密度、工艺特点等合理选择。经轴卷绕密度的参考数据见表 11-1-20,按纤维类别确定的卷绕密度范围见表 11-1-21。

表 11-1-20　按纱线线密度确定的经轴卷绕密度范围

纱线种类	卷绕密度/(g/cm³)	纱线种类	卷绕密度/(g/cm³)
19tex 棉纱	0.44~0.47	14tex×2 棉纱	0.50~0.55
14.5tex 棉纱	0.45~0.49	19tex 黏纤纱	0.52~0.56
10tex 棉纱	0.46~0.50	13tex 涤/棉纱	0.43~0.55

表 11-1-21　按纤维类别确定的经轴卷绕密度范围

纱线	卷绕密度/(g/cm³)	纱线	卷绕密度/(g/cm³)
棉股线	0.50~0.55	精纺毛纱	0.50~0.55
涤棉股线	0.50~0.60	毛涤混纺纱	0.55~0.60
粗纺毛纱	0.40		

整经轴卷绕密度 γ 的计算：

$$\gamma = \frac{G}{V}$$

$$V = \frac{W\pi}{4}(D^2 - d^2)$$

式中：V——经轴容纱体积，cm³；

　　　G——经轴容纱重量，g；

　　　W——经轴上盘片间的距离，cm；

　　　D——经轴上满轴直径，cm；

　　　d——经轴上空轴直径，cm。

二、高速织造对经轴质量的要求

（1）全片经纱排列均匀，张力差异要小，以形成左右、内外卷绕密度均匀一致的圆柱形经轴，保证经纱顺利上浆，降低织造断头，提高织物质量。

（2）整经时既要有适当的张力，又要减少张力差异及张力峰值，充分保持经纱的弹性、强度及伸度等力学性能。

（3）整经根数、整经长度及排列方式都应正确。

（4）降低整经断头，不但可提高整经效率，同时有利于提高浆纱质量。断头后，断头信号应迅速传递，制动应灵敏，以减少断头卷入，接头应符合规定标准。无梭织造对整经轴的质量要求见表 11-1-22。

表 11-1-22　无梭织造对整经轴的质量要求

指标名称	纱线规格		技术要求	测试方法
	线密度/tex	英支		
均匀排列密度/(根/cm)	JC9.7~14.5	JC40~60	规定±5%	检查 10cm 内纱线根数
卷绕密度/(g/cm³)	JC9.7~14.5	JC40~60	0.5~0.6	专项与常规测试结合

指标名称	纱线规格		技术要求	测试方法
	线密度/tex	英支		
制动距离/m	JC9.7~14.5	JC40~60	≤4	常规测试
经轴好轴率/%	JC9.7~14.5	JC40~60	>98	现场实查
单纱退绕张力差异/cN	JC9.7~14.5	JC40~60	<3	TS-1型数字式张力仪

三、主要经轴疵点

（一）摩擦传动系列整经机主要经轴疵点（表11-1-23）

表11-1-23　摩擦传动系列整经机主要经轴疵点

疵品名称	形成原因
长短码	测长失灵(包括测长齿轮磨损、跳动、销子脱落、传动链条磨损或断裂)
	滚筒与经轴表面滑溜过大
	满码自停失灵或拨错测长数字
	断头次数太多
	不同机台的经轴在浆纱时并缸
软硬边	伸缩筘与整经机的幅宽调整不当
	经轴两端加压不一致
	经轴臂长短不一
	轴承磨灭过大
	盘片歪斜,轴芯弯曲,经轴运转横动
空边	滚筒两边磨损

（二）直接传动系列整经机主要经轴疵点（表11-1-24）

表11-1-24　直接传动系列整经机主要经轴疵点

疵品名称	形成原因
长短码	电子测长表失灵
	满码不关车

疵品名称	形成原因
长短码	压辊未压在经轴上
	液压制动系统失灵(经轴、压辊、导纱辊三者不同步)
	测长辊回转不良
	自停装置失灵
表面不平	伸缩筘齿碰坏或不匀
	筘齿调节不当,两边空边
	断经自停失灵,长时间不接
	压辊表面缺损
浪纱	纱线速度太快,油压太大
	断经次数太多
	压辊表面损伤有毛刺
	筘齿不匀或损坏
	温湿度调节不当
	压辊与经轴不平行
	筒子架上纱线制动器失灵
	张力差异
	纱线从筒子架引出方法不当
	筒子架钉子与张力器对中心不良
松纱	压辊压力调节不当
	串联泵皮带松弛或断裂
回丝带入	筒子架上断头时与相邻纱线纠缠卷入
	接头时回丝处理不当
松边	盘片与后筘幅宽不等
	经轴与滚筒不平行
	经轴不良(盘片或轴身歪斜)
	经轴左右侧受到的压力不等
	各罗拉水平度或平行度差

第四节　整经工艺示例

一、HFGA128H 型分批整经机工艺示例

设备配置:主机 HFGA128H 型,幅宽 1800mm,经轴直径 1000mm,筒子架锭数 672 锭,层数 6 层,锭距 350mm×350mm,张力器为三柱磁悬浮张力器。

例:棉纱 36tex(16 英支),整经头份 624 根,整经速度 600m/min。

(1)根据纱线品种及车速确定单纱张力,单纱张力为 30cN,张力器调整方式见表 11-1-25。

表 11-1-25　张力器刻度调整方式

层次	列次		
	前(1~16列)	中(17~40列)	后(41~52列)
上(1~2)层	4	3	2
中(3~4)层	5	4	3
下(5~6)层	4	3	2

注　为了保证单纱张力的一致性,张力器调整后需在伸缩筘前测量单纱张力,然后对张力器进行微调。

(2)穿筘方式。纱线必须从伸缩筘中心开始往两边排列。将筒子架纱线分成左右各一半,先将左边或右边最后一列纱线从上到下逐根依次穿入伸缩筘中间筘齿,然后依次将最后第二列、第三列、……纱线从中间筘齿往外穿,直到全部穿完。穿筘完成后检查有无漏穿、穿错等现象。

(3)为了保证经轴的圆整度及纱线的卷绕密度,压辊压力一般按内紧外松的原则,加压压力内圈设定 2500N(对应气压 0.27MPa),外圈设定 2000N(对应气压 0.22MPa)。

(4)将各参数设定到设备触摸屏中,进行整经。

(5)为了保证经轴质量,首个经轴需要测量经轴两边的纱线周长,避免出现经轴大小不一。

二、本宁格分批整经机工艺示例

1. 张力控制系统

张力一般采用 GCF 型张力控制系统,包括张力棒、自停钩和夹纱器。调节方法如下:

变更前后张力棒的相对位置,控制筒子与自停钩之间纱线张力波动。这些张力棒分左右侧由气动机构集体控制。翻改整经品种时,当纱线线密度变更较大,应改变自停钩弹簧力点位置,以保持断头自停钩的正常工作状态。

（1）张力控制（表11-1-26）。

表11-1-26 张力控制

名称	调节范围	控制方法
纱线制动张力	张力控制在80cN之内，纱线刹停时间1~8s	集体制动
筒子退绕气圈张力	大小基本相同	集体换筒
片纱张力	随速度快慢而变化	调节油压

（2）预张力杆隔距调节（表11-1-27）。

表11-1-27 预张力杆隔距调节

纱线线密度/tex	两根预张力杆隔距/mm
32及以上（18英支及以下）	5~10
21~31（19~28英支）	10~20
10~20（29~58英支）	20~30

（3）张力钩的张力调整（表11-1-28）。

表11-1-28 张力钩的张力调整

纱线线密度	高特32tex及以上（18英支及以下）	中特21~31tex（19~28英支）	低特10~20tex（29~58英支）	股线14tex×2（42英支/2）
拉簧变更位置	A	B	C	D

2. 经轴压辊加压

该机加压范围350~8100N。压辊整幅地对经轴均匀加压。安装调节时，注意压辊与经轴的平行度，以达到经轴必要的卷绕硬度和圆整度的要求。刻度盘指示值与压辊实际受压值对照见表11-1-29。

表11-1-29 刻度盘指示值与压辊实际受压值对照表

刻度盘指示	压辊实际加压力/N	刻度盘指示	压辊实际加压力/N
0	350	2	1200
1	700	2.5	1450
1.5	950	3	1650

续表

刻度盘指示	压辊实际加压力/N	刻度盘指示	压辊实际加压力/N
3.5	2000	7.5	4400
4	2200	8	4800
4.5	2450	8.5	5350
5	2750	9	5990
5.5	3000	9.5	6400
6	3250	10	7000
6.5	3550	10.5	7600
7	4000	11	8100

3. 速度设计

速度为 100~1000m/min，点动速度 50m/min，实际运行速度 700m/min。视纱线的质量做适当的调整。

4. 工艺实例（表 11-1-30~表 11-1-35）

表 11-1-30　T/C13tex×13tex 织物工艺示例

（幅宽 1600mm，整经根数 648 根）

项目	指标	项目	指标
压辊压力（刻度）	3.5	卷绕密度/(g/cm³)	0.61~0.62
张力杆间距/mm	手盘轮刻度在3（单纱张力约10g）	伸缩箱横动量/(mm/min)	2.4
夹纱器位置	B	断头延时/s	1~2
张力钩位置	2	夹纱延时/s	1

表 11-1-31　C29.2tex×36.4tex 456.5 根/10cm×181 根/10cm $\frac{3}{1}$↗ 织物工艺示例

［幅宽 1600mm，总经根数 7296 根（608×12）］

项目	指标	项目	指标
压辊压力（刻度）	9	张力钩位置	3
张力杆间距/mm	20	卷绕密度/(g/cm³)	0.50~0.55
夹纱器位置	C		

表 11-1-32 R65/C35 36.4tex×C36.4tex 354 根/10cm×157.5 根/10cm $\frac{2}{1}$ 织物工艺示例

[幅宽 1600mm,总经根数 5670 根(567×10)]

项目	指标	项目	指标
压辊压力(刻度)	10	张力钩位置	3
张力杆间距/mm	25	卷绕密度/(g/cm³)	0.55~0.60
夹纱器位置	C		

表 11-1-33 CJ14.6tex×14.6tex 472 根/10cm×236 根/10cm 平纹工艺示例

[幅宽 1600mm,总经根数 7584 根(632×12)]

项目	指标	项目	指标
压辊压力(刻度)	6	张力钩位置	1
张力杆间距/mm	15	卷绕密度/(g/cm³)	0.50~0.60
夹纱器位置	A		

表 11-1-34 CJ14.5tex×14.5tex 523.6 根/10cm×275.6 根/10cm 平纹工艺示例

(幅宽 1700mm×2)

项目	指标	项目	指标
压辊压力(刻度)	9	卷绕密度/(g/cm³)	0.63~0.64
张力杆间距/mm	5	伸缩箱横动量/(mm/min)	2.5
夹纱器位置	B	断头延时/s	2
张力钩位置	1	夹纱延时/s	1

表 11-1-35 CJ14.5tex×14.5tex 灯芯条织物工艺示例

项目	指标	项目	指标
压辊压力(刻度)	6(3250N)	卷绕密度/(g/cm³)	0.60~0.62
张力杆间距/mm	5	伸缩箱横动量/(mm/min)	2.5
夹纱器位置	B	断头延时/s	2
张力钩位置	3	夹纱延时/s	1

三、HF988D 型分条整经机工艺示例

设备配置:主机 HF988D 型,幅宽 2300mm,经轴直径 1000mm,锥度 1∶8,筒子架锭数 640

锭,层数 8 层,锭距 270mm×270mm,小吊环张力器。

例:原料 T65/C35 14.6tex×2(40 英支/2),总经根数 5560 根,上机幅宽 1960mm,根据上述条件确定整经工艺。整经工艺单见表 11-1-36。

表 11-1-36　整经工艺单

纱线品种	整经头份/根	上机幅宽/mm	条宽/mm	总条数	位移量/mm	整经速度/(m/min)	倒轴速度/(m/min)	倒轴气压/MPa
T65/C35 14.6tex×2 (40 英支/2)	5560	1960	93.4	21	1.5	650	120	0.3

四、本宁格分条整经机工艺示例

(1)有关工艺可参考哈科巴分条整经机。

(2)倒轴速度与经纱张力的关系见表 11-1-37。

表 11-1-37　倒轴速度与经纱张力的关系

最高倒轴速度/(m/min)	最大经纱张力/N	最大织轴直径/mm
60	10000	1000
120	5000	1000
80	7500	1000
160	3750	1000
120	5000	1000
220	2700	1000
160	3750	1000
360	2000	1000
75	8000	1250
150	4000	1250
100	6000	1250
200	3000	1250
150	4000	1250
280	2220	1250

第五节 整经工序管理与整经操作

一、整经工序管理

整经工序的管理要求见表 11-1-38。

表 11-1-38 整经工序的管理要求

整经要求		对策	
均匀的张力	张力调整	从筒子架上不同位置退绕的纱线,施加不同的张力	针对不同的张力装置进行合理的调节
经纱断头处理	自停装置	自停装置反应及时	对自停装置和制动装置经常保养
	经轴回转	在伸缩筘处,断头纱被绕进经轴时能退回	卷入的纱线能完全地返回上层
经轴的卷取形状	分绞筘	保持整经轴上纱线均匀整齐地排列	调整纱片的幅宽和左右移动
	经轴加压调节	保证纱层平整,幅宽方向卷经一致,而且以一定的硬度卷绕	经轴与压辊平行,经轴边匀整
飞花、回丝等的嵌入	飞花的清除	除去筒子架导纱器、张力器及伸缩筘处的飞花	筒子替换时,一定要进行定期清扫
	回丝的检出	检出回丝,停车进行处理	应在卷入经轴前检出
静电	静电消除	对于化纤丝,应在整经过程中消除静电	调整好车间的温湿度
整经长度的一致性	测长机构	正确地卷取所需的整经长度	检查并调整测长装置

二、整经操作

(1)按工艺规定线密度、经纱根数和长度生产经轴,经纱排列均匀,张力一致,两边良好,无绞头,满足后道工序要求。

(2)棉纱采用织布结,股线采用自紧结。打结要牢,结尾长度以 2.5~4mm 为宜,化纤或长丝为(5±1)mm。

(3)断头时,根据车速和惯性决定是否需要采取补头。寻头时,要做到寻头清、开档拨得小,放头拉直。分条整经要将倒轴寻头接好。

(4)空轴上机后,应检查盘片有无损伤和毛刺,先空转试车。开车时,检查两边空隙是否适宜,有无跳动,并复查纱线线密度、根数和测长装置后正式开车。分条整经要检查定长自动开关位置,然后板紧手柄,防止走动。MZD型和本宁格整经机空轴上机后,两端定位,调整压辊压住经轴,做到两边空隙一样。然后查看计数是否全部恢复到0位。

(5)复式筒子架可分三段换筒。掌握预备筒子插入时间,以不积花衣为原则;新型整经机和分条整经机均为单式筒子架,采用集体换筒。换筒后应检查筒子定位状态。

(6)巡回检查项目。

①检查伸缩筘宽度及位置,防止产生软边和硬边。

②检查加压是否符合工艺规定。

③定期检查张力装置,如张力圈的回转情况、MZD型整经机制动压力和纱线是否跳出瓷牙、本宁格整经机预张力杆隔距是否走动。

④检查车面,防止错号、双经、杂物、竹节、油飞花等。

(7)经常保持机台、导纱辊、导纱器及地面整洁,减少飞花卷入。注意计数装置,防止长短码。

(8)在满码前50m要开慢车,落轴前贴好封布条子,根据幅宽,全幅纱线可分成若干等份,剪断后,嵌入轴的表面纱线内不能混乱,包上包布,以防油污。

第六节　经轴规格

经轴规格见表11-1-39。

表 11-1-39　经轴规格

品种	标准幅宽/mm	盘片直径/mm
瑞士本宁格 ZC 型经轴	1600,1800	800,1000
日本金丸 D 型经轴	1600,1800	812
中国台湾大雅(TAYA)经轴	1550,1800	760,920
中国台湾溢进 LC-HW 型经轴	1800	1000

品种	标准幅宽/mm	盘片直径/mm
德国 MZD 型经轴	1800	800
德国 HOKOBA 型经轴	1600,1800	600,800,1000
韩国长丝经轴	1700	920
日本津田驹 TW 型经轴(GD205)	1628,1700	620,800,1000
国产 GA121、SGA211、SG123 型经轴	1400,1600,1800	600,800,1000
国产 1452A、1452B、1452C 型经轴	1400,1600,1800	700,860

第二章 经纱上浆

经纱上浆主要依靠黏着剂提高纱线的可织性能,降低经纱断头,提高织机效率和产品质量。经纱上浆浆料种类主要分为两大类,一类是黏着剂,另一类是浆纱助剂。黏着剂是一种对被浆纤维具有黏着力的高分子物质,它是经纱上浆的主要成分,是配制浆液的基本材料。由于经纱上浆对浆料的性能要求是多方面的,目前还没有单一的黏着剂能达到经纱上浆的要求,因此在浆料配方中除以黏着剂为主体外,还必须加入少量的助剂来改善或弥补黏着剂性能的某些不足。

经纱上浆用浆料必须具备以下基本性能:

(1)复配浆料具有良好的相容性,易退浆,对环境无污染。

(2)具有良好的纱线黏附性能。

(3)浆液具有适当的黏度和良好的热黏度稳定性,浆液调煮时不起泡,无异味。

(4)易成膜且浆膜具有较高的强力、较好的柔软性和适当的吸湿性。

(5)来源广泛,价格适中。

第一节 黏着剂

经纱上浆用各类黏着剂见表11-2-1。

表11-2-1 经纱上浆用黏着剂的分类

天然黏着剂	植物类	天然淀粉类	玉米淀粉、小麦淀粉、木薯淀粉、马铃薯淀粉、米淀粉、甘薯(山芋)淀粉、蕉藕(芭蕉)淀粉、橡子淀粉
		海藻胶类	海藻酸钠
		植物胶类	槐豆胶、田仁粉、白芨粉、树胶等
	动物胶类		
化学黏着剂	变性淀粉		
	淀粉衍生物	醚化淀粉	酸解淀粉、氧化淀粉、交联淀粉、可溶性淀粉、糊精羧甲基淀粉(CMS)、羟乙基淀粉(HES)、羧丙基淀粉(HPS)、氰乙基淀粉、阳离子淀粉(叔氨基烷基醚化淀粉、季氨基醚化淀粉)

续表

		酯化淀粉	醋酸酯淀粉、磷酸酯淀粉、丁二酸酯淀粉、氨基甲酸酯淀粉(又称尿素淀粉或酰胺淀粉)
化学黏着剂	淀粉衍生物		
		接枝淀粉	羧甲基纤维素(CMC)、甲基纤维素(MC)、乙基纤维素(EC)、羟乙基纤维素(HEC)
合成黏着剂	乙烯系		聚乙烯醇(PVA)、乙烯系共聚物
	丙烯酸系		聚丙烯酸、聚丙烯酸盐、聚丙烯酸酯、聚丙烯酰胺及其共聚物
	聚酯浆料		水分散性聚酯浆料

一、原淀粉

淀粉是天然高分子碳水化合物中的一种多糖类物质,广泛存在于多种植物的种子、块茎、块根或果实中,如玉米(种子)、小麦(种子)、马铃薯(块茎)或甘薯(块茎)经不同加工工艺提取后得到的便是玉米淀粉、小麦淀粉、马铃薯和甘薯淀粉。经过直接加工后未经化学或物理等方法处理的均称为原淀粉或普通淀粉。

各种植物中的淀粉含量见表 11-2-2。

表 11-2-2　各种植物中的淀粉含量

名称	淀粉含量/%	名称	淀粉含量/%	名称	淀粉含量/%	名称	淀粉含量/%
玉米	79.4	马铃薯	10.0~23.0[①]	甘薯	25[①]	蕉藕	21.1
小麦	60.0~70.2	木薯	25[①]	米	60.2~74.1		

①对块茎湿重的百分率。

淀粉是由 α-葡萄糖通过 α-1,4 苷键连接而成的,分子式为 $(C_6H_{10}O_5)_n$,n 为聚合度,决定了它的黏度(流变性)、黏附性、成膜性、强度及弹性等。由于淀粉的种类、品种、产地(土壤)、气候条件的不同,聚合度差异很大,可由数百到数万,在性能上也存在很大的差异。淀粉的化学结构式为:

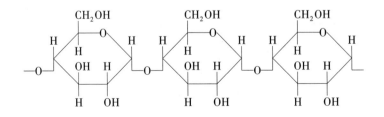

原淀粉有两种形态:一种是在大分子中只有葡萄糖基环间的 α-1,4 苷键连接,称为直链淀粉,它在淀粉颗粒中的含量一般为 17%~25%;另一种是除 α-1,4 苷键外,还有 α-1,6 苷键以及少量的 α-1,3 苷键,大分子呈分支状态,称为支链淀粉。直链淀粉与碘反应呈蓝色,成膜性能好,薄膜具有较高的强度,但浆液温度下降时,易凝冻结块。支链淀粉与碘反应呈紫色,不易成膜,成浆黏度高,对亲水性纤维具有良好的黏附性,在温度下降时不易凝胶。

直链淀粉和支链淀粉的特性见表 11-2-3。

表 11-2-3 直链淀粉和支链淀粉的特性

直链淀粉特性	支链淀粉特性
聚合度 60~1000	聚合度 6000 以上
在淀粉中含量占 30% 以下	在淀粉中含量占 70% 以上
能微溶于热水	在加热、加压下才能溶于水
水溶液不太黏稠	水溶液极黏稠
溶液易凝沉,呈半固体凝胶体	溶液不易凝沉,不凝结成凝胶体
遇碘变蓝色	遇碘变紫色
能被 α-淀粉酶完全水解	能被 α-淀粉酶水解,但不超过 60%
乙酰衍生物制成的薄膜坚韧有弹性	乙酰衍生物制成的薄膜性脆

各种淀粉中直链淀粉和支链淀粉的含量见表 11-2-4。

表 11-2-4 各种淀粉中直链淀粉和支链淀粉的含量

淀粉种类	直链淀粉含量/%	支链淀粉含量/%	淀粉种类	直链淀粉含量/%	支链淀粉含量/%
玉米淀粉	21	79	糯米淀粉	0	100
小麦淀粉	24	76	甘薯淀粉	20	80
木薯淀粉	17	83	蕉藕淀粉	24	76
马铃薯淀粉	22	78	橡子淀粉	20	80
米淀粉	17	83	绿豆淀粉	100	0

经纱上浆常用原淀粉的浆液性能见表 11-2-5。

表 11-2-5　经纱上浆常用原淀粉的浆液性能

淀粉种类	浆液性能	适用品种
玉米淀粉	浆液耐煮,黏度在 3h 内热稳定性较好,浆膜强度高,黏着力强,浆液渗透性好,上浆效果比小麦淀粉好	棉纤维和黏胶纱,与合成浆料混合使用于合成纤维品种上浆
小麦淀粉	浆液黏度热稳定性较好,成膜性和渗透性较好,黏着力也较强,采用硬质麦比采用软质麦制成的淀粉的浆液,黏度较高且稳定,纱浆质量较好	棉及黏胶纱,并可与化学、合成浆料混合使用于合成纤维品种上浆
马铃薯淀粉	马铃薯淀粉易糊化,制成的浆液黏度高,但长时间搅拌或沸煮均易使黏度剧烈下降。浆液被覆性较好,但渗透性差	用于高、中特,中、低紧度的纯棉品种
甘薯淀粉	浆液不耐煮,尤其在高温时黏度剧烈下降,浆液渗透性较好,不易起泡,吸湿性能较好,浆膜性脆,不耐磨	用于高、中特,中、低紧度的纯棉品种
木薯淀粉	膨胀温度低,易糊化,不耐煮,黏度变化大,但在煮沸后保温 45 min 左右黏度即可稳定,因此在调浆时要掌握其特点;浆液黏性好,但浆膜性脆,浆纱手感粗糙,上浆时落浆较多;因木薯淀粉中含有微量氰酸(0.010%~0.035%),可抑制微生物活动,故木薯淀粉及其浆液不易变质	用于高、中特,中、低紧度的纯棉及品种
米淀粉	浆液不耐高温久煮,黏度变化剧烈,黏着力较好;米淀粉中蛋白质含量较高,浆膜性脆,浆纱弹性差,手感粗糙	用于中、低紧度的纯棉品种上浆

在各类浆料中原淀粉的用量仍占相当比重,但是原淀粉浆液的黏度高,黏度也不够稳定,形成的浆膜脆硬、伸长小、弹性差,特别是对疏水性纤维如涤纶等的黏着性能差。随着纺织品纤维原料、结构的变化及高档纺织品的发展,以及高压力上浆用高浓度低黏度浆料的上浆工艺,因此原淀粉已不能适应经纱上浆的要求,使用范围受到一定的限制。为了改善淀粉浆料的性能,通过化学、物理及生物等多种方法对原淀粉进行变性处理,以降低淀粉浆液的黏度,提高其热黏度稳定性;改善流动性能,提高对疏水性纤维的黏附性;并改善其浆膜性能,适应新的上浆工艺,从而满足纺织工业发展的需要。

二、变性淀粉

根据各种不同的化学处理方法制成的变性淀粉其性能各不相同。在我国已用于经纱上浆的变性淀粉主要有酸解淀粉、氧化淀粉、交联淀粉、酯化淀粉、醚化淀粉和接枝淀粉。各种变性淀粉的变性方式和变性目的及主要性能见表 11-2-6 和表 11-2-7。

表 11-2-6 各种变性淀粉的变性方式和变性目的

发展阶段	第一阶段	第二阶段	第三阶段
变性技术	转化淀粉	淀粉衍生物	接枝淀粉
品种	酸解淀粉、氧化淀粉	交联淀粉、酯化淀粉、醚化淀粉、阳离子淀粉	各种接枝淀粉
变性方式	解聚反应、氧化反应	引入化学基团或低分子化合物	接入具有一定聚合度的聚合物
变性目的	降低聚合度及黏度,提高使用浓度	提高对合成纤维的黏着性能,增加浆膜的柔软性,提高水分散性,提高浆液黏度热稳定性	具有淀粉和接入聚合物的优点,代替或部分代替合成浆料

表 11-2-7 各种变性淀粉的主要性能对比

种类	酸解淀粉	氯化淀粉	交联淀粉	羧甲基淀粉	羧乙基淀粉	羟丙基淀粉
试剂	酸	次氯酸钠	双官能团物质	一氯醋酸	环氧乙烷	环氧丙烷
主要变化	聚合度下降	聚合度下降	聚合度下降或上升	引入—CH$_2$COOH	引入—CH$_2$CH$_2$OH	
颗粒外形与结构	加热有裂痕,乳白色	径向裂缝,洁白	白色	不变,白色	不变,白色	不变,白色
水溶性	基本不溶	略有增加	基本不溶	部分溶解	MS>0.3,水溶性	部分溶解
黏度稳定性	基本稳定	基本稳定	很稳定	较稳定	稳定	稳定
离子型	非离子	阴离子	非离子	阴离子	非离子	非离子
凝胶	有	有	易	无	无	无
浆膜	脆硬	脆硬	脆硬	柔韧性有提高	柔韧性有提高	较柔软
黏附性	与天然淀粉相同	与天然淀粉相同	略有相同	对亲水性纤维有提高	对亲水性纤维有提高	对亲水性纤维有提高
作主浆料用	中、高特棉纱	中、高特棉纱和麻纱	高特棉纱、亚麻纱、苎麻纱	低、中特棉纱,毛、黏胶纱	低、中特棉纱,毛、黏胶纱	低、中特棉纱,毛、黏胶纱
作混合浆料用	T/C、T/R(10%~30%)	T/C、T/R(10%~30%)	T/C(10%~30%)	T/C、T/R、T/W(10%~30%)	T/C、T/R、T/W(10%~30%)	T/C、T/R、T/W(10%~30%)
主要质量指标	黏度	黏度、羧基含量	交联度、黏度、稳定性	DS、黏度	MS、黏度	MS、黏度

续表

种类	氰乙基淀粉	醋酸酯淀粉	磷酸酯淀粉	尿素淀粉	阳离子淀粉	接枝淀粉
试剂	丙烯腈	醋酸酐或醋酸乙烯	各种磷酸盐	尿素	叔胺盐或季铵盐	烯烃类单体
主要变化						
颗粒外形与结构	不变,白色	不变,颗粒结构有损伤,白色	颗粒结构有损伤,白色	膨胀,白色、淡黄色	不变,颗粒有损伤,白色	有裂纹,白色至淡黄色
水溶性	略有溶解	不溶,易分散	不溶,易分散	部分溶解,吸水性大	分散性好	分散性、水溶性好,吸水性高
黏度稳定性	稳定	稳定	稳定	有降低	稳定	稳定
离子型	非离子	非离子	非离子	非离子	阳离子	非离子或阴离子
凝胶	无	无	无	无	无	无
浆膜	较硬	较柔软	较柔软	较硬	较柔软	柔软
黏附性	对亲水性纤维有提高	对合成纤维有提高	对亲水性纤维有提高	对亲水性纤维有提高	有较大提高	有大的提高
作主浆料用	中、低特棉纱和黏胶纱	低特高密棉纱和黏胶纱	中、低特高密棉纱和黏胶纱	中特棉纱	低特高密棉纱和黏胶纱	低特高密棉、毛、麻、黏胶纱
作混合浆料用	T/C、T/R、(10%~30%)	T/C、T/R、T/W(30%~50%)	T/C、T/R(10%~30%)	T/C、T/R(10%~30%)	T/C、T/R、T/W(10%~30%)	T/C、T/R、T/W(50%~100%)
主要质量指标	DS、黏度、皂化值	DS、黏度、pH	DS、黏度、pH	DS、黏度、pH	黏度、含氮量	接枝率、黏度

注　MS 表示摩尔取代度,DS 表示取代度。

三、聚乙烯醇

聚乙烯醇(PVA)是一种水溶性的合成黏着剂,从化学结构上看是由乙烯醇单体聚合而成的。由于乙烯醇结构中的一个碳原子上既有双键又有羟基,故极不稳定,所以在自然状态下,乙烯醇是不存在的。工业上制取聚乙烯醇一般是通过聚醋酸乙烯酯与无水甲醇作用,以氢氧化钠为触媒剂,在 30~40℃ 反应温度下醇解反应而得。聚醋酸乙烯酯在醇解反应中,如醋酸酯基($—OCOCH_3$)全部被醇解,得到的聚乙烯醇为完全醇解级;未全部醇解掉而在聚醋酸乙烯酯的分子链上部分保留则称为部分醇解级聚乙烯醇。它们的分子结构式如下(n 为聚合度):

$$\require{mhchem}$$

$$-\!\!\left[\!\begin{array}{c} H_2C-CH \\ | \\ OH \end{array}\!\right]_{\!n} \qquad \begin{array}{c} -CH_2-CH-CH_2-CH-CH_2-CH- \\ \quad\ \ | \qquad\quad | \qquad\qquad | \\ \quad\ \ OH \qquad\ OCOCH_3 \qquad OH \end{array}$$

完全醇解级聚乙烯醇 　　　　部分醇解级聚乙烯醇

聚乙烯醇的性质主要由它的聚合度和醇解度来决定。随着聚合度的提高,PVA 溶液的黏度、黏附性、成膜性能、结皮倾向和浆膜的机械强度、刚性都相应增大,但水溶性、浆膜的柔软性变差,浆液的流动性、浸润性能也相应降低。醇解度在88%左右的部分醇解聚乙烯醇,具有良好的水溶性,但醇解度过高或过低水溶性反而降低。由此可见,聚乙烯醇过高的聚合度对经纱上浆以及退浆都会造成一定的不利影响。

PVA 的分类见表11-2-8。

表 11-2-8　PVA 的分类

分类方法	聚合度(DP)	类型	分类方法	醇解度/%	类型
按聚合度不同分类	200~400	超低聚合度	按醇解度不同分类	95~100	完全醇解型
	500~1000	低聚合度			
	1200~1499	中低聚合度		85~90	部分醇解型
	1500~2099	中聚合度			
	2100~2449	高聚合度		70~80	超低醇解型
	2450~2600	超高聚合度			

国产 PVA 的代号:第一、第二位数字乘以 100 为聚合度,第三、第四位数字为醇解度。例如,1799PVA,聚合度为1700,醇解度为99%;1788PVA,聚合度为1700,醇解度为88%,为部分醇解型。

日本可乐丽 PVA 代号:第一位数字为 1 代表完全醇解型,为 2 代表部分醇解型,第二、第三位数字的 100 倍为聚合度。例如 117,为完全醇解型,聚合度为1700;205 为部分醇解型,聚合度为500。

经纱上浆用的 PVA,其聚合度一般为 500~2000。一般为白色或者微黄色,片状、絮状、颗粒状或者粉碎状固体。

PVA 能溶解于水,水溶液透明,其溶解性主要由聚合度和醇解度,特别是醇解度所决定。完全醇解型 PVA 在65~75℃水中只是溶胀微溶,在95℃以上高速搅拌(960r/min)1.5~2h 才能完全溶解。部分醇解级 PVA 在70℃左右就能完全溶解,但溶解时容易起泡。可见,随着醇解度降低,PVA 的水溶性增加,溶解温度相应降低。

表 11-2-9 为聚乙烯醇(PVA)的物化性能、浆液性能综合分析。

表 11-2-9　聚乙烯醇(PVA)物化性能、浆液性能综合分析

物理性能	1. 相对密度一般为 1.21~1.31,完全醇解型 PVA 为 1.295,部分醇解型 PVA 为 1.275 2. 比体积 0.72~0.76 3. 易溶于水,随着水温的升高溶解度增大,但完全醇解型比部分醇解型难以溶解,醇解度在 88% 左右其溶解度最高,99.5% 及以上不溶于室温水而溶于 95℃ 以上的水,并在高速搅拌条件下才能完全溶解。部分醇解型易起泡 4. PVA 易燃烧,形成黑色的残留物,最后炭化,并伴有难闻的气味
化学性能	1. 热熔温度为 160~200℃,在 140℃ 呈暗色,超过 200℃ 开始分解 2. PVA 在碱的作用下会发生结构和性能上的变化,部分醇解型 PVA 醋酸酯基被水解,醇解度提高 3. PVA 与 5% 的碱液在 85℃ 以上条件下,色泽泛黄或变棕色,会呈凝胶状,并析出絮状沉淀物 4. PVA 与强氧化剂作用时,分子中的羟基被氧化,致使大分子链断裂,PVA 溶液的黏度、黏附性和浆膜强度降低 5. PVA 溶液与硼化物(如硼酸、硼砂等)溶液作用会增稠,甚至凝胶,与盐类(如 Na_2SO_4 等)溶液有盐析作用 6. 一般与碘发生蓝色反应,也能与刚果红起作用 7. PVA 不易降解,对环境有污染
浆液性能	1. PVA 属被覆性浆料 2. PVA 成膜性好,具有良好的柔顺性。PVA 的黏度、浆膜强力随聚合度的增加而提高,但浆膜的屈曲柔性变差,在一定的温度下,PVA 溶液的黏度随浓度的提高而上升,黏度随温度的上升而下降 3. PVA 遇高温会产生结晶化现象,使其溶解性降低。但在煮浆过程中,短时间经受 100~120℃(高温煮浆)不致产生影响 4. PVA 对各类纤维具有良好的黏着性能,浆膜强力、耐磨性以及屈曲强度等均好,具有良好的综合性能,优于淀粉及其他各类浆料 5. PVA 能适应高、中、低温上浆工艺
使用要点	1. PVA 在水中易于结块而影响溶解,因此在煮浆时,必须先加水然后启动搅拌器,再缓慢加入 PVA 2. 部分醇解型 PVA 溶解时在搅拌器的作用下易起泡,应选择消泡型部分醇解型 PVA 或者暂停搅拌,反复关小或开大蒸汽,直至泡沫逐渐消失 3. PVA 规格的选择:纤维素纤维(棉、黏胶纤维等)及合成纤维混纺纱上浆,宜采用完全醇解型或部分醇解型;黏胶纤维、天丝、合成纤维长丝上浆,宜采用部分醇解型或低聚合度 PVA
适用品种	各类纤维纯纺及混纺纱上浆

PVA 溶液具有良好的成膜性能,浆膜强力高,伸长大,耐磨性好,不易腐败,与其他黏着剂具有良好的混容性,对各类纤维均有较好的黏附性能,特别是部分醇解型 PVA,因含有较多的醋酸酯基团,对疏水性纤维(如涤纶)则有更好的黏附力,是一种较为理想的被覆浆料。但 PVA 由于侧基单一,结构整齐,内聚力大,在干燥成膜时容易结晶定型,造成湿浆纱干燥后在干分绞

时分纱阻力大,增加浆纱并绞头。PVA 浆液在高温时易于结皮,也是其缺陷。另外,由于 PVA 的 COD(化学需氧量)值很高,BOD(生化需氧量)值低,在退浆时排放的废水会对环境造成严重污染,所以在保护生态环境的要求下,必须采取措施(如废水中 PVA 回收、微生物降解等)解决 PVA 污染环境的问题,否则 PVA 作为纺织浆料将受到限制。

四、聚丙烯酸类浆料

聚丙烯酸类浆料是以丙烯酸类单体为主体,通过加成聚合反应合成的,大分子主链完全由碳原子组成,用于纺织经纱上浆的均聚物或共聚物。聚丙烯酸类浆料具有水溶性优良、对纤维的黏着能力强、对环境的污染小等优点。制造聚丙烯酸类浆料可供选择的共聚单体种类很多,一般都是具有双键及侧基、活泼性很强的化合物,以打开双键的形式共聚。

一般聚丙烯酸类浆料选用的共聚单体有丙烯酸、丙烯腈、丙烯酰胺、丙烯酸酯(甲酯、乙酯、丁酯)和醋酸乙烯酯等,通过一元、二元、三元及三元以上共聚单体的选择及组分的合理配比,充分利用各共聚单体的特性来达到浆料性能和上浆工艺的要求。

根据聚合单体的类型和比例,聚丙烯酸类浆料可分为以下三类。

(1)聚丙烯酸盐类。丙烯酸及其盐,甲基丙烯酸及其盐,以及它们与丙烯酰胺的共聚物。

(2)聚丙烯酰胺类。丙烯酰胺或以丙烯酰胺为主的均聚物或共聚物(液态、固态)。

(3)聚丙烯酸酯类。以丙烯酸酯为主体的共聚物(液态、固态)。

聚丙烯酸类浆料由于单体组分可以改变或调整其配比,因此品种繁多,但其共同的优点是具有良好的水溶性,对纤维的黏附性强,成膜性好,对环境的污染小等。现广泛应用于经纱上浆的聚丙烯酸类浆料,主要有聚丙烯酸甲酯、聚丙烯酰胺、聚丙烯酰胺共聚浆料(28#浆料)、聚丙烯酸盐、聚丙烯酸酯等。

几种常用的聚丙烯酸类浆料的性状和适用范围见表 11-2-10。

表 11-2-10　几种常用的聚丙烯酸类浆料的性状和适用范围

名称	主要成分(单体)	主要基团	外观	离子型	黏度稳定性	浆膜力学性能	黏附性	适用范围	附注
聚丙烯酸盐	丙烯酸、丙烯酰胺、丙烯腈等	—COOH —CONH$_2$ —CN	无色透明或微黄色胶体	阴离子型	较好	强度高,伸长小,易吸湿(铵盐吸湿性较小)	对纤维素纤维较好	作辅助黏着剂,与淀粉、PVA 混合用于纯棉、涤/棉或涤/黏经纱上浆	过量使用易增稠

续表

名称	主要成分（单体）	主要基团	外观	离子型	黏度稳定性	浆膜力学性能	黏附性	适用范围	附注
聚丙烯酰胺	丙烯酰胺	—CONH₂	无色透明或带微黄色胶体	非离子型	稳定	高强低伸,易吸湿,再黏性较大	对纤维素纤维良好	不能作主浆料,与淀粉、PVA混合用纯棉、黏胶、麻类经纱上浆	与二价以上金属离子(Ca²⁺、Mg²⁺)会形成絮状沉淀物
聚丙烯酰胺共聚物（28#浆料）	醋酸乙烯酯、丙烯酰胺	—OCOCH₃ —CONH₂	乳白色胶体	阴离子型	略有下降	强度大,变形很小,吸湿稍改善	对纤维素纤维好	作辅助浆料,主要与淀粉、PVA混合用于纯棉、黏胶、麻类织物上浆,亦可用于涤/棉、涤/黏经纱上浆	
聚丙烯酸酯（甲酯）	丙烯酸甲酯、丙烯酸、丙烯腈	—COOCH₃ —COOH —CN	乳白色或淡黄色半透明黏稠体	阴离子型	稳定	低强高伸,吸湿性和再黏性较高	对疏水性纤维良好	与PVA、淀粉混合用于涤/棉、涤/黏或高比例涤/棉、纯纺纱织物经纱上浆	
聚丙烯酸酯（喷水浆料）	丙烯酸甲酯、丙烯酸丁酯、甲基丙烯酸甲酯、丙烯酸等	—COOCH₃ —COOC₄H₉ —C(CH₃)₂COOC₄H₉ —COOH	无色或淡黄色透明胶体	阴离子型	稳定	强力低,变形能力大	对疏水性纤维优异	可作主浆料或单独用于涤纶长丝经纱上浆	
聚丙烯酸酯	丙烯酸甲酯、丙烯酸丁酯、丙烯酸等	—COOCH₃ —COOC₄H₉ —COOH	黏稠体	阴离子型	稳定	有较好的强伸长性,浆膜柔韧耐磨,吸湿再黏性小	对疏水性纤维良好	可作主浆料替代PVA,与淀粉混合用于涤/棉织物经纱上浆	

续表

名称	主要成分（单体）	主要基团	外观	离子型	黏度稳定性	浆膜力学性能	黏附性	适用范围	附注
固体聚丙烯酸酯	丙烯酸甲酯,丙烯酸,丙烯酰胺等	—COOCH$_3$ —COOH —CONH$_2$	乳白色半透明胶体	阴离子型	稳定	有良好的强伸长性,浆膜柔韧	对疏水性纤维好	作辅助黏着剂,与淀粉、PVA混合用于涤/棉、涤/黏经纱上浆。亦可用于低特高密纯棉浆纱上浆	

第二节　浆纱助剂

在经纱上浆中,仅用黏着剂难以满足上浆的全部要求,需用辅助材料作为浆纱助剂。对浆纱助剂的工艺要求如下:

(1)在高温条件下,能与其他浆料进行均匀混合,不发生分解;

(2)不与主浆料反应而影响其性能;

(3)价格低,来源丰富,与纤维不发生作用;

(4)对后加工(印染)没有影响。

上浆用的助剂主要有以下几种。

一、淀粉改性剂

原淀粉常用的分解剂主要有酸、碱、氧化剂等化学分解剂,淀粉酶或酵素等生物分解剂。

1. 化学分解剂

化学分解剂主要有酸、碱和氧化剂等。酸如盐酸,在一定条件下使淀粉大分子链中的苷键发生水解而使黏度降低,当黏度降到需要的程度时需用碱中和。由于在调浆条件下降黏速度较快,不易控制,所以实际应用较少。

2. 淀粉酶分解剂

酶是一种生物催化剂,为蛋白质一类,由各种氨基酸组成。酶的作用具有专一性,即一种酶只能催化一种或一类化学反应,对淀粉起水解作用的酶总称为淀粉酶。工业上常用的淀粉酶有

α-淀粉酶、β-淀粉酶和葡萄糖淀粉酶，α-淀粉酶对淀粉的水解作用较为均匀，因此用于淀粉作为分解剂更为合适。

二、柔软润滑剂

浆液中加入柔软润滑剂的目的是改善浆膜性能，使浆膜具有良好的柔软、平滑性，降低摩擦系数，赋予浆膜更好的弹性，以减少织造时的经纱断头，提高织机效率。常用的柔软润滑剂有以下两种。

1. 浆纱油脂

常用的柔软润滑剂多数为油脂类物质，以动物油脂为主。油脂的作用是使黏着剂分子链间松弛，从而增加其可塑性，降低浆膜的刚性，增加弹性伸长，同时还具有降低纱线与经停片、综丝和钢筘之间的摩擦系数的作用。

2. 固体浆纱蜡片

固体浆纱蜡片是用于各类经纱上浆的新一代柔软润滑剂，有效成分几乎达100%。它是由动、植物油脂经氢化精制而成，并根据纤维的特性和上浆的要求，添加抗静电剂、消泡剂、增塑剂等，一般不含矿物石蜡。

固体浆纱蜡片一般用量为主浆料干重的5%～9%。

三、渗透剂

在浆液中需加入一定量的渗透剂，以降低浆液的表面张力，提高浆液对纱线的润湿性和渗透性，同时渗透剂的加入还可乳化纤维上的油脂，这样也有利于浆液渗透到纱线内部。

经纱上浆中常用的渗透剂主要有以下几种。

1. 渗透剂 JFC

渗透剂 JFC 是高级脂肪醇与环氧乙烷的加成物，亦称脂肪醇聚氧乙烯醚，分子式为 $C_nH_{2n+1}O(CH_2CH_2O)_mH(m=8\sim10,n=8)$。渗透剂 JFC 为淡黄色液体，属非离子型表面活性剂，pH 呈中性($6.5\sim7.5$)，浊点 $40\sim50℃$，能溶于水，1%水溶液呈澄清状，化学性质稳定，耐酸、碱、硬水，能与其他各类表面活性剂混合使用。渗透剂 JFC 具有良好的润湿、渗透性能和分散、乳化性能，用量为黏着剂重量的 $0.3\%\sim1.0\%$。

2. 平平加 O

平平加 O 是高级脂肪醇与环氧乙烷的加成物，亦称为高级脂肪醇聚氧乙烯醚，分子式为：$C_nH_{2n+1}O(CH_2CH_2O)_mH(n=12\sim18,m=12\sim15)$。平平加 O 为淡黄色液体或乳白色膏状固体，属非离子型表面活性剂,易溶于水,耐酸、碱及硬水,对各种纤维无亲和力,用后易洗净。

平平加O的润湿、渗透性好,也有很强的乳化、分散能力,用量为黏着剂重量的0.5%左右。

3. 渗透剂M-5881D

渗透剂M-5881D是由12%～15%的异丁基萘磺酸钠(拉开粉)、5%的烷基磺酸钠、磷酸氢二钠、少量有机溶剂(松节油)混合而成的液状物。松节油起消泡作用,磷酸二氢钠可软化水。该渗透剂遇酸、碱稳定,可用任何比例的水稀释。

渗透剂M-5881D润湿渗透性强,对纤维无亲和力,不产生泡沫,适用于疏水性纤维经纱的上浆。用量一般为黏着剂质量的0.25%～1.00%。

四、吸湿剂

浆膜含湿量与浆纱强力、弹性和耐磨性有密切关系,浆液中加入吸湿剂就是为了使浆纱在织造时增强吸收空气中水分的能力,提高浆纱的含湿量,保持浆膜的柔软性和弹性。常用的吸湿剂主要有以下两种。

1. 甘油

吸湿剂的种类很多,最常使用的是甘油,也称丙三醇,它是制造肥皂的副产品。甘油的分子式为$C_3H_5(OH)_3$。纯净的甘油为无色透明的黏稠液体,有甜味,20℃时的相对密度为1.2636,能与水以任何比例混溶。甘油性质稳定,具有很强的吸湿性,对浆纱还具有一定的柔软性和一定的防腐性,用量一般为淀粉重量的1%～2%。

2. 尿素

尿素又称脲或碳酰胺,为无色晶体,相对密度1.355,熔点132.7℃,温度超过熔点时即分解,溶于水和乙醇,水溶液呈中性,具有较好的吸湿性,用量一般为淀粉重量的2%～5%。其他各种渗透剂,因含有大量的亲水基团,在浆料中也能起到吸湿作用。

五、抗静电剂

经纱上浆中常用的抗静电剂有以下几种。

1. 抗静电剂MPN

抗静电剂MPN是烷基磷酸酯和二乙醇胺的缩合物,其化学结构式如下:

$$RO \cdot P \begin{cases} O \\ OH \cdot NH(CH_2CH_2OH)_2 \\ OH \cdot NH(CH_2CH_2OH)_2 \end{cases}$$

抗静电剂 MPN 为阴离子型的棕黄(褐)色油状液体,溶于水和酒精等一般有机溶剂,耐酸、碱、硬水和重金属离子,化学性能稳定。

抗静电剂 MPN 的抗静电效果显著,用于疏水性纤维可使电阻值降到 $10^7\Omega$,可直接加入浆液中使用,此外,它还具有乳化和消泡作用。抗静电剂 MPN 的用量为黏着剂重量的 0.25%~1%。在中长合成纤维或化纤股线湿并时加入 0.2%~0.5% 的抗静电剂(对水重)对消除扭结有较好效果。

2. 抗静电剂 SN

抗静电剂 SN 的有效组成为十八烷基二甲基羟乙基硝酸铵,属阳离子型表面活性剂,外观为棕色油状黏稠液体,pH 4~6,易溶于水及乙醇、丙酮、四氯化碳等有机溶剂,耐酸、碱。由于浆液一般为阴离子或非离子的弱碱性体系,所以抗静电剂 SN 一般不直接加入浆液中,主要用于涂覆在浆纱表面消除静电,0.05%~0.1% 的水溶液即可获得较好的抗静电效果。

3. 抗静电剂 TM

抗静电剂 TM 的有效组分为三羟乙基甲基季铵甲基硫酸盐,是一种浅黄色黏稠油状物,易溶于水,适用于聚酯、聚酰胺树脂制品。用量不超过 2%。

4. 抗静电剂 ECH

抗静电剂 ECH 为一种烷基酰胺类非离子型表面活性剂,是一种淡黄色蜡状固体,熔点为 40~44℃。主要用于软质、半硬质聚氯乙烯薄膜或片材用树脂,为内加型抗静电剂。用量为 3.5% 左右。

六、消泡剂

浆液的泡沫,不仅对上浆操作带来很大困难,而且上浆量也难以控制,容易造成轻浆或上浆不匀等浆疵,对浆纱质量影响很大。消泡剂有多种,一般以硅树脂(有机硅)或高级醇最为有效,但这种消泡方式也是暂时性的,因为这些消泡剂在浆液中易被乳化,因而不能持续有效。浆液中常用的消泡剂还有硬脂酸、油脂、矿物油、磷酸三丁酯等。但在使用消泡剂消除浆液中的泡沫时要注意它的用量,以不使浆液不匀、不使油脂上浮、不产生油污疵点为度。

七、上蜡剂

浆纱后上蜡的目的是既不损害浆膜结构导致浆膜强力下降,同时又能增加浆膜的柔软性、平滑性,提高浆纱的抗静电性能,降低浆纱的摩擦系数。对于柔软性较好的合成浆料,主要是赋予浆纱表面良好的平滑性能和抗静电性能,有利于开口清晰、断头降低、提高织机效率。

浆纱后上蜡的质量除应达到上述要求外,还应具有良好的乳化性、乳液稳定性及化学稳定性。浆纱后上蜡的熔点不宜过高(一般为 55~65℃),熔融凝固后断面无分层,均匀性好,退浆时易于退净。

SFX-1 型浆纱后上蜡剂是由多种表面活性剂、动植物油及其衍生物、精制矿物油乳化而成的新型水溶性蜡。经纱上浆烘干后,在浆纱表面涂上一层薄薄的 SFX-1 型蜡剂,以提高纱线表面平滑性能,织造时减少经纱摩擦系数和静电积聚,降低经纱断头,提高织机效率。上蜡量一般控制在纱重的 0.2%~0.3%。

八、溶剂

调制浆液的溶剂是价廉易得的水,常用的是洁净的河水或自来水,按照水中所含的钙、镁离子的量可划分为软水和硬水等。

水的硬度有多种表示方法,我国以 mg/L 表示,即 1L 水中所含的钙、镁盐换算成碳酸钙的毫克数。按照水中含钙、镁离子量的多少,通常可将水质划分为如表 11-2-11 所示的几类。但实际上水的软、硬并无绝对界限,划分范围也往往有所不同。调浆用水的硬度应不超过 180mg/L。

表 11-2-11　硬水和软水区分表

水质	以 $CaCO_3$ 含量计/(mg/L)	水质	以 $CaCO_3$ 含量计/(mg/L)
极软水	15	硬水	101~200
软水	16~50	极硬水	>200
略硬水	51~100		

第三节　浆液质量与性能检测

一、浆液含固率测定

浆液含固率又称浆液含固量,是浆液内含有干浆料的百分数,也即浆液内浆料总干重对浆液重的比值,是浆液浓度的一种表示方法。

浆液含固率通常用烘干法或手持式量糖折光仪(量糖计)两种方法测定。

(一)烘干法

用吊桶在供应桶或浆槽内吊取一定量(约 400mL)有代表性的浆液,立即倒入瓶内加盖密封,以防止水分蒸发。冷却至40~50℃,用玻璃棒搅拌均匀,然后在已恒重并称量的蒸发皿中迅速称取25g浆液(精确至0.01g),先将蒸发皿置于沸水浴中蒸出大部分水分,再移入温度为105~110℃的烘箱内烘至恒重,从烘箱中取出并放入干燥器内冷却至室温,称重,按下式计算浆液含固率。

$$C = \frac{B - W}{A - W} \times 100\%$$

式中:C——浆液含固率,%;

　A——蒸发皿和浆液质量,g;

　B——蒸发皿和浆液干重,g;

　W——蒸发皿干燥质量,g。

(二)量糖折光仪测定法

量糖折光仪测定溶液含固率的原理是,光在透明的溶液中,由于溶质的性质和浓度(含固率)不同,它的传播速度不同,其折射率也不同,因此测定某一已知溶质溶液的折射率就能确定它的浓度。

测定时,先掀开量糖折光仪的折棱镜面,用擦镜纸或软绒布擦净,然后将少量浆液仔细涂一薄层在折棱镜面上,合上盖板,使浆液遍于镜面,将折光仪的进光窗对向光源或明亮处,调节目镜,使视界内刻度线清晰可见,则光线通过棱镜及浆液层发生折射,光线折射程度使遮蔽层一部分明亮,一部分黑暗,其分界线的读数,即为浆液的含固率近似值。

应该指出,量糖计主要是测定溶液的浓度,用来测定浆液的含固率时,不同的浆料对光的折射率不同,浆液中的添加物如油脂等对浆液的折射率也会产生影响,另外,测定时的温度对折光率也有影响,因此必须进行修正,即先求出不同种类浆料的含固率和折射率的关系,然后就可根据折射率查出该种浆料的含固率。

采用烘干法测定浆液含固率精确度高,但费时,不能发挥及时指导生产的作用,量糖折光仪具有快速、简便等优点,但精确度不及烘干法。

二、浆液黏度测定

测定浆液黏度,常用两种方法,一种是用DVS+数显黏度计进行测定,另一种是用YT821型可调漏斗式浆液黏度计测定。

漏斗式黏度计具有操作简便、实用性强等特点,现已被工厂广泛采用。

1. 测试原理

黏度是液体的内摩擦,是一层液体对另一层液体做相对运动时的阻力。漏斗式黏度计是测定一定体积的浆液流出所需的时间,以秒为单位,即为以秒计的条件黏度。浆液的种类不同,或浓度不同,其黏滞性能或内摩擦阻力也不同,则浆液流出的时间也不相同。另外,黏度随温度的变化而变化,因此测定时应注明温度。

2. 仪器结构

YT821 型可调漏斗式浆液黏度计全部采用不锈钢制成,由手柄、桶体、检测孔板和螺母等组成。检测孔板装于下端凹槽内,由螺母固定。检测孔板由一套四种不同的孔径组成,可供不同浓度的浆液选择。根据实际使用经验,不同浓度的浆液选用表 11-2-12 中不同的检测孔板号数。

表 11-2-12 浆液浓度—检测孔板号数对应表

浆液浓度/%	<4.5	4.5~6.4	6.5~8.5	>8.5
检测孔板号数	1#	2#	3#	4#

3. 测定方法

测定时左手握秒表,右手握黏度计,先将黏度计浸入被测的浆液中,浸入深度一般使浆液超过桶体 2~3cm,并上下移动数次,然后放置 3min 左右,使桶体温度与浆液温度相同,然后迅速将黏度计提出浆液面约 10cm,同时按动秒表(两个动作同步),待全部浆液从桶内流出时,按停秒表,读数,即为浆液自黏度计中流完的时间(s),平行测定三次,计算其平均值,即为浆液的黏度。

三、浆液 pH 测定

浆液 pH 是浆液中氢离子浓度的负对数。氢离子浓度大,pH 低,溶液呈酸性;氢离子浓度小,pH 高,溶液呈碱性。pH 一般采用 pH 试纸测定,测定时将 pH 试纸插入浆液中 3~5mm,取出与标准色板比较,即可判定浆液 pH。

四、浆液黏着力测定

黏附性是浆料必备的主要性能之一,黏着力在一定程度上反映了浆料对被浆纤维黏附性的好坏。黏着力测试是用粗纱浸浆干燥后,在一定条件下测得其断裂强力作为间接指标,它反映的是浆料对纤维的黏附力和浆料本身内聚力的综合值,与浆纱的实际情况比较相符。

按要求选取粗纱,将粗纱条轻轻地绕在高度为 165mm、宽度视容器形状而定的铝合金框架上(注意绕粗纱时不能使其有伸长),待用。每次试验粗纱条 30 根。将准备好的纱框浸入 95℃的浆液中,同时计时,浸渍满 5min 时即将纱框架提出,并使粗纱呈垂直状态,在标准温湿度条件下平衡48h,然后将粗纱条剪下,在织物强力仪上测试上浆粗纱条的断裂强力(N)。测试条件为:夹持距离100mm,拉伸速度50mm/min。计算浸浆粗纱条试样的平均断裂强力和变异系数,以粗纱条试样的平均断裂强力表示浆料对被浆纤维的黏附力。

第四节 浆纱机械

一、祖克S系列浆纱机

(一)祖克S系列浆纱机主要技术参数
祖克S系列浆纱机主要技术参数见表11-2-13。

表11-2-13 祖克S系列浆纱机主要技术参数

项目	技术参数
结构形式	双浆槽、烘筒分层预烘、烘筒烘干
纱线种类	各种短纤纱线、各种线密度纱线
工作幅宽/mm	1800
浆纱车速/(m/min)	最高125,爬行5,超慢1
经轴架经纱宽度/mm	1800
经轴盘片最大直径/mm	800
织轴最大经纱宽度/mm	2200
织轴最小经纱宽度/mm	840
织轴卷绕直径/mm	450~1016
织轴起绕直径/mm	110
织轴卷绕张力/N	5000
织轴加压装置压力/N	8000
经轴容量/只	16
浆槽工作宽度/mm	2000
浆槽容积/m³	0.54(实际利用0.3)
浸压形式	双浸四压
最大压浆辊压力/N	40000

项目	技术参数
烘筒数量/只	12
烘筒宽度/mm	1800
烘筒蒸汽工作压力/MPa	0.5
烘房蒸汽能力/(kg 水分/h)	1300
压缩空气耗气量/(m³/h)	6
全机功率/kW	40
全机重量/t	31
外形尺寸(长×宽×高)/mm	26420×4750×3950

(二)祖克 S 系列浆纱机主要结构特征

祖克 S 系列浆纱机主要结构特征见表 11-2-14。

表 11-2-14 祖克 S 系列浆纱机主要结构特征

项目		结构特征
经轴架		经轴架型号为 ANP 型,双层固定式轴架,四只经轴为一组,上下排放
		经轴采用滚动轴承,经轴架两旁手轮可微调经轴左右位置
		经轴采用气压制动装置,由制动盘、制动汽缸、制动标杆和连接链组成
		配置经轴退绕张力检测控制装置,可达恒张力退绕
		最新型采用可编程控制器或退绕张力控制装置
浆槽(SD 型)	上浆形式	可按工艺选用单浸单压、单浸双压、单浸三压、双浸双压、双浸三压、双浸四压的不同配置
		浸没辊直径180mm,软橡胶包覆(肖氏硬度 75 度);上浆辊直径240mm,不锈钢或橡胶制造。第一压浆辊(经轴架侧)直径209mm,软橡胶包覆(肖氏硬度 65 度),表面为光面。第二压浆辊(烘房侧)直径209mm,软橡胶包覆(肖氏硬度 80 度),表面为微孔
		浸没辊由电动机控制升降,由气动控制侧压上浆辊,压力在 0~40kN,可调
	压浆辊加压形式和压力范围	压浆辊采用气动加压形式。第一压浆辊压浆力有慢速(低压)、正常速(高压)的两级压力切换,压力值由调压阀设定,数值为 0~15kN;第二压浆辊压浆力可随车速变化而自动线性无级调压,数值为 0~40kN,也可采用二级压力切换
		压浆辊采用橄榄形轴芯,适应高压且可延长使用寿命
	浆槽形式	两主浆槽各带一只预热浆箱,结构紧凑。浆槽为夹层结构,内板、外板均用不锈钢制造,两板之间填充保温材料

续表

项目		结构特征
浆槽(SD型)	浆液加热方式及浆液温度控制	采用直接加热和间接加热两种方式 直接加热:将蒸汽直接通向浆槽内浆液而加热,主浆槽内有两排加热管,预热箱内有一排加热管,由电子式温度控制仪自动控制浆液温度,适用于高温上浆 间接加热:将蒸汽通向浆槽夹层,经浆槽内板的传导热来加热浆液,由温度控制器自动控制浆液温度,适用于低温上浆
		最新型的加热方式由PLC控制浆液温度
	浆液循环系统及浆槽液面控制	由循环齿轮泵将预热浆箱的浆液输入主浆槽。主浆槽多余浆液由溢流板返回预热浆箱。调节溢流板位置即可调节主浆槽液面高低
		预热浆箱液面可通过手控或自控两种方式,手控可通过电气开关控制输浆管路的气动球阀实现。自控通过浆箱内浮球控制上下限位开关而实现自控液面高低
全烘筒烘房(ZM型)	烘燥形式及烘筒只数与结构	湿浆纱分层进烘房,整个纱片分两层进行预烘后并合烘干。两组预烘烘筒,每组各4只烘筒。纱线经预烘后合并进入4只并合烘筒,全机共12只烘筒。烘筒直径800mm,壁厚2.5mm,由不锈钢制造。预烘烘筒表面涂覆聚四氟乙烯防粘层
	烘筒传动方式	预烘烘筒由边轴通过摩擦离合器积极式链条传动回转。并合烘筒由边轴通过减速箱直接耦合积极式链条传动回转
	烘筒温度控制	预烘烘筒中,一只温度控制器控制两只烘筒的温度。并合烘筒中,一只温度控制器控制四只烘筒的温度,共有五只烘筒温度控制器,可分别控制
		烘筒温度控制器由装于烘筒轴头的温度传感器、电子式温度调节器及气动薄膜调节阀组成,将烘筒温度变化转化成气压信号,调节通入烘筒的蒸汽量。温度控制范围0~200℃。最新型由PLC控制烘房温度
车头(WE型)	适应织机幅宽	可与幅宽2000mm以内的无梭织机和3800mm以内的双织轴无梭织机配套使用
	主传动系统	采用直流电动机可控硅双闭环调速,具有恒转距特性,调速范围大(调速比为1∶50)
		控制系统采用三相全控桥式整流电路,可控硅整流输出驱动它激直流电动机,通过改变可控硅控制角来改变电动机转速
		由速度调节器与速度负反馈节构成速度环以保持转速稳定,由电流调节器与电流负反馈节构成电流环以整定电流,改善启动性能
		最新型由变频调速器电动机控制全机传动

项目		结构特征
车头（WE 型）	织轴卷绕系统	卷绕装置由电气、机械、液压系统组成，与液压缸联动的张力辊检测卷绕张力反馈电气装置，经判断调节输出电气信号给无级变速器的伺服电动机，来调节输出转速，实现织轴的恒功率卷绕，从小轴到大轴张力均匀恒定
		由溢流阀控制张力油缸的油压，调节设定的卷绕张力，调节范围 0~5000N
		无级变速器型号 RS34，调速比可达 10，传递功率可达 10kN
		织轴可进行正反卷绕，以适应阔幅双织轴无梭织机的要求
	测长打印装置	采用电子计数测长装置，由传感器检测卷绕长度，计数器显示，可测量最大匹长 9999m，最大匹数 999，匹长精度 0.01m
		采用气动喷印装置，动作可靠性强
	伸缩筘	采用垂直移动装置，以防止筘针的定点磨损
		采用伸缩筘与拖引辊、张力辊、测长辊同步在水平方向横动（动程可在 0~32mm 内调节），有利于经纱排列均匀
	上蜡装置	蜡槽（包括工作蜡槽及预热蜡槽）、上蜡辊采用不锈钢材料制成。上蜡辊线速度可无级调节，最快最慢的线速度比（相对于浆纱速度）为 3∶1。采用电磁式温度自控装置，实现蜡液温度自控
	车头调幅	由两只电动机分别拖动两只移动箱体调幅，以适应多种幅宽的织机
	上落轴	采用液压式上落轴机构。采用液压式压纱辊加压方式，侧向加压，加压范围 0~8000N，小轴至满轴恒定。可适应不同盘管长度的织轴（对称织轴、不对称织轴均适应），范围为 1000~2600mm
张力调节控制	经轴退绕张力	采用 AB300 型退绕张力自控装置，两浆槽各有一套
	进纱张力（引纱辊~上浆辊）	通过改变第一对铁炮上平皮带位置，以改变引纱辊与上浆辊的速比来调节进纱强力。有张力检测和显示装置
	湿纱张力（上浆辊~预烘烘筒）	通过改变第二对铁炮上平皮带位置，以改变上浆辊表面线速度来调节湿纱张力。无张力检测和显示装置
	补偿张力（预烘烘筒~并合烘筒）	通过改变第三对铁炮上平皮带位置，以改变预烘烘筒与并合烘筒的速比，来调节补偿张力。无张力检测和显示装置

项目		结构特征
张力调节控制	干纱张力（并合烘筒～拖引辊）	通过改变第四对铁炮上平皮带位置,以改变并合烘筒与拖引辊表面线速度比,来调节该区干纱张力。有张力检测和显示装置
	卷绕张力（拖引辊～织轴）	通过液压、电气、机械结合的自动控制系统,使织轴从空轴到满轴的整个卷绕过程中,始终保持张力恒定 注:最新机型以上各区的张力均由 PLC 控制,伸长率由计算机显示
双浆槽的伸长率控制		控制框上有检测两浆槽引纱辊与车头拖引辊之间伸长率显示装置,并有电动调节装置可以分别调节两只浆槽上浆辊的一对铁炮上平皮带位置,使两浆槽引纱辊的表面线速度改变,来实现两浆槽伸长率一致

(三)祖克 S 系列浆纱机工艺流程及传动系统

1. 祖克 S632 型浆纱机工艺流程

祖克 S632 型浆纱机工艺流程如图 11-2-1 所示,其中经轴架和织轴的退卷绕部分省略。

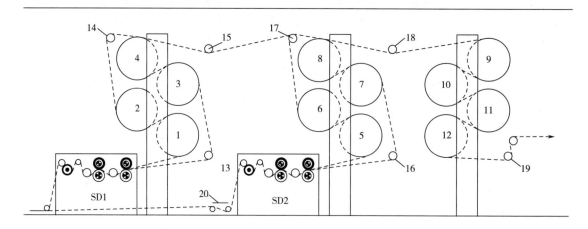

图 11-2-1 祖克 S632 型浆纱机工艺流程图

SD1,SD2—双浆槽 1,2,3,4—第一组预烘烘筒 5,6,7,8—第二组预烘烘筒

9,10,11,12—后烘烘筒 13,14,15,16,17,18—导纱辊 19—张力辊 20—通道踏板

2. 祖克 S632 型浆纱机传动系统

祖克 S632 型浆纱机主要机构的传动如图 11-2-2 所示。

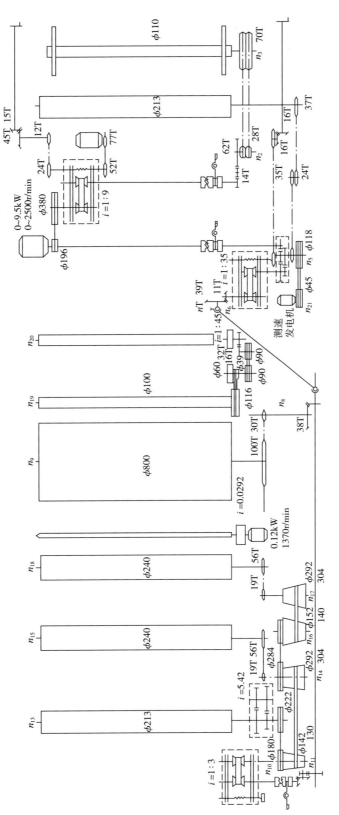

图 11-2-2　祖克 S632 型浆纱机的传动机构

二、卡尔迈耶浆纱机

(一)卡尔迈耶浆纱机主要技术参数及结构特征

卡尔迈耶浆纱机主要技术参数及结构特征见表11-2-15。

表11-2-15 卡尔迈耶浆纱机主要技术参数及结构特征

项目			主要技术参数及结构特征
型号			ISOSIZE
工作幅宽/mm			1800~2400
适应纱种类			短纤纱
车速/ (m/min)	最高		125
	爬行		0.5~1
经轴架	形式		H形双层高低式
	经轴数/只		4~16
	经轴规格 (直径)/mm		800,1000
	经轴制动		气动制动,可自动或手动控制退绕张力
浆槽	类型		CSB浆槽(专利技术)
	材料		不锈钢双层(带保温层)
	液面控制		电磁阀气阀液面自动控制
	加热		直接加热
	输浆方式		从浆槽底部及两侧进浆
	预热 浆槽	形式	浆槽预热器循环
		加热	直接加热
	引纱辊		丁腈橡胶光面辊
	浸没辊		肖氏硬度70度光面软性橡胶辊,最大侧压力100kg
	上浆辊		ϕ225mm不锈钢辊(或肖氏硬度98度橡胶辊)
	压浆辊	加压方式	双侧高保压气囊
		加压范围/N	最高压浆力40000
		材料	光面橡胶辊
		释压装置	自动气压式
	浆液温度控制装置		自动控制

项目			主要技术参数及结构特征
烘房	形式		全烘筒式,两组预烘,一组合并烘燥
	烘筒	数量/只	4~20
		规格/mm	φ800 预烘筒,表面涂防粘层
	烘筒传动		积极式链轮传动
	烘筒温度		温度自控装置,数字显示
	回汽装置		虹吸式
车头	适应浆轴规格/mm		直径110~1016,宽1600
	伸缩筘		连续人字形式,电气移动
	分绞棒(根)		可调
	打印装置		电子式测长,气动喷印
	后上蜡	形式	单面或双面
		加热	上蜡辊体内部加热
	上落轴装置		气动
	压纱装置		双托纱辊侧压式气动加压
	浆轴传动		伺服电动机+变频调速器传动
张力调节装置	经轴架		张力自动控制装置
	喂入张力 (引纱辊—浆槽)		伺服电动机+变频调速器传动
	湿区张力 (浆槽—烘筒)		伺服电动机+变频调速器传动
	干区张力 (烘筒—拖引辊)		伺服电动机+变频调速器传动
	浆轴卷绕张力		伺服电动机+变频调速器传动

(二)卡尔迈耶浆纱机张力控制及调节

1. 卡尔迈耶浆纱机 CSB 浆槽(图 11-2-3)

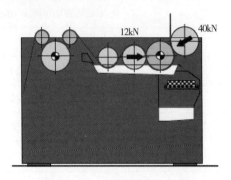

图 11-2-3 SCB 浆槽示意图

2. 卡尔迈耶浆纱机带有预湿单元的 CSB 浆槽(图 11-2-4)

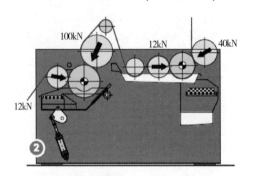

图 11-2-4 带有预湿单元的 CSB 浆槽示意图

3. 卡尔迈耶 ISOSIZE 型浆纱机烘筒配置(图 11-2-5)

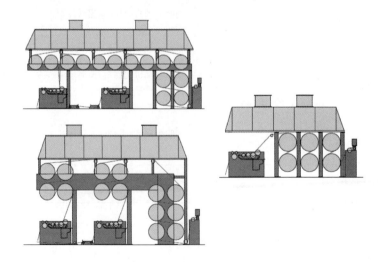

图 11-2-5 卡尔迈耶浆纱机 ISOSIZE 型浆纱机烘筒配置

三、GA300 系列浆纱机

(一)GA300 系列浆纱机主要技术参数

GA300 系列浆纱机主要技术参数见表 11-2-16。

表 11-2-16 GA300 系列浆纱机主要技术参数

型号	GA308			GA310				GA313		
	240 型	300 型	360 型	240 型	300 型	360 型	400 型	300 型	360 型	400 型
幅宽/mm	2400	3000	3600	2400	3000	3600	4000	3000	3600	4000
速度/(m/min)	1~100			2~125				2~125		
蜗牛速度/(m/min)	0.5			0.8				1		
落轴速度/(m/min)	0.5			0.5				0.5		
织轴卷绕直径/mm	100~800 或 1000			110~800 或 1000 160~1250				110~800 或 1000		
轴管长度/mm	1800			2650,3250,3930,4330				3250,3930,4330		
最大卷绕张力/N	6000			7000				7000		
烘筒数量/只	12			12				12		
烘筒幅宽/mm	2000 或 2200			1800 或 2000				1800,2000,2400		
浆槽工作幅宽/mm	1800 或 2000			1800 或 2000				1800,2000,2400		
全机功率/kW	75.6			80				80		
全机尺寸/mm 长	25990	30990	30990	27000	29000		31000	27000	29000	31000
宽	4450	5050	5650	4450	5050		5730	4450	5050	5730
高	3110			4200				4200		

(二)GA300 系列浆纱机工艺流程及传动系统(以 GA308 型浆纱机为例)

1. GA308 型浆纱机工艺流程

GA308 型浆纱机工艺流程如图 11-2-6 所示。

2. GA308 型浆纱机传动系统

(1)七单元传动。GA308 型浆纱机采用七单元传动系统,如图 11-2-7 所示,有织轴卷绕单元、拖引单元、烘房传动单元、上浆辊单元、引纱辊单元(双浆槽)。在编程设计中,采用了高精度的伺服控制器和高分辨率的旋转编码器,对变频电动机实施闭环控制。旋转编码器直接安装

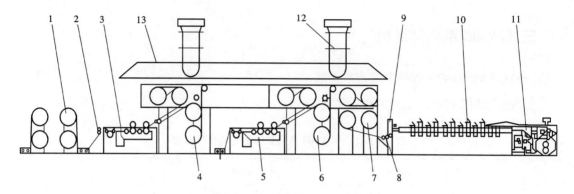

图 11-2-6 GA308 型浆纱机工艺流程图

1—经轴架 2—退绕张力自动控制装置 3—后浆槽 4—后预烘 5—前浆槽 6—前预烘

7—合并烘干 8—张力架 9—单面上蜡 10—干分绞 11—车头 12—排气风机 13—排气罩

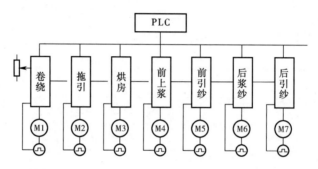

图 11-2-7 GA308 型浆纱机的七单元传动示意图

在电动机主轴尾端,既检测电动机转子的转速,又检测电动机转子的相位,两者结合控制整个开车过程的伸长率保持恒定,可使控制精度达到万分之一。七单元传动不仅提高了设计车速,降低了故障率,同时使机械结构简单合理,减少机械零件 20% 以上,大大提高了设备的可靠性。

(2)车头卷绕控制。GA308 型浆纱机的大卷绕控制是整个电器控制的关键,该卷绕方式对老式的无级变速器进行了改造,采用由电动机直接带着减速机完成卷绕,要求卷绕速度在 $1 \sim 100 \mathrm{m/min}$,即卷绕的速比为 $1:100$,卷径在 $\phi 110 \sim 1000 \mathrm{mm}$,即卷径比 $1:10$,所以总的速比为 $1:1000$。这样对电动机的性能就有非常高的要求,尤其低速性能稳定至关重要,这也是本浆纱机的技术关键。

根据技术需求,要满足车速在 $1 \mathrm{m/min}$,卷绕直径达到 $\phi 1000 \mathrm{mm}$ 时,全机正常运转,必须计算出织轴转速,再计算电动机的转速和频率(Hz)。

设:织轴转速为 n_1,电动机转速为 n_2,电动机的频率为 f,则:

$$n_1 = \frac{1}{3.14 \times 1000} \times 1000 = 0.3183 (\mathrm{r/min})$$

由织轴到织轴卷绕电动机间总降速比 $i = 9.94$,则:

$$n_2 = i \times n_1 = 3.164(\text{r/min})$$

$$f = n_2 \times p/60 = 0.158(\text{Hz})$$

式中：p 为电动机极对数，本机所选卷绕电动机为 6 极，即 $p=3$。

即要求卷绕电动机在 0.158Hz 下能正常运行，无论对电动机还是整个控制系统都是一个极高的要求。因此，选用了高性能伺服控制器，采用速度和张力闭环控制，通过其内部的卷绕控制软件来完成。

（3）压浆力自动控制。上浆的基本要求是保持上浆率恒定。经纱上浆在固定的压浆力作用下，当浆纱速度改变时，轧液率发生变化，相应的上浆率也发生变化。为了获得不同速度下的稳定的上浆率，压浆力随车速呈线性变化，即车速变化，压浆力随之相应变化，获得相同的轧液率，保持压浆力与车速呈线性变化关系。这样，随着车速的变化，控制器输出电流信号控制电控比例阀的输出气压，使执行汽缸的工作压力也随之发生相应的变化。

（4）温度自动控制。全机对 7 个温度点进行控制。即两只浆槽 2 处，两组预热分层 4 处和合并烘燥 1 处。每个温度控制点由一只铂热电阻检测温度值，与计算机设定值进行比较运算，控制比例阀的输入电流或电压，改变比例阀的输出压力，从而调整薄膜阀开口量的大小，改变浆槽及烘筒的蒸汽进量，满足其设定温度的要求，整个温控的形式采用了 PID 控制形式，使机器在停车时有微小的进汽量，保证了浆槽温度误差控制在 1℃ 以内。

（5）回潮率自动控制。浆纱回潮率自动控制是相关性很强的工艺参数，与车速、压力、烘燥温度等参数有关。在设计中，回潮率检测辊和信号变送器均选用美国公司生产，其检测精度高，输出的 4~20mA 标准信号可直接传给控制器，控制器通过与计算机控制系统设定值的比较、运算，最终控制整机车速，使之与设定的回潮率相对应。

（三）GA300 系列浆纱机主要结构特征（以 GA308 型浆纱机为例）

1. 经轴架、退绕张力检测与经轴制动装置

经轴排列形式如图 11-2-8 所示，退绕张力的检测及控制如图 11-2-9 所示，经轴制动装置如图 11-2-10 所示，经轴退绕气动原理如图 11-2-11 所示。

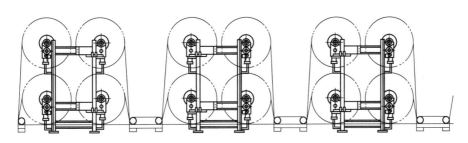

图 11-2-8　经轴排列形式

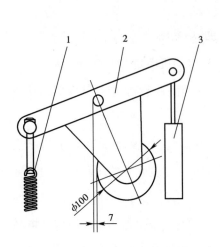

图 11-2-9　退绕张力的检测及控制

1—弹簧　2—摆架　3—阻尼缸

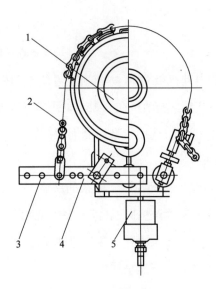

图 11-2-10　经轴制动装置

1—摩擦盘　2—刹车链条　3—调节孔

4—制动杠杆　5—刹车气缸

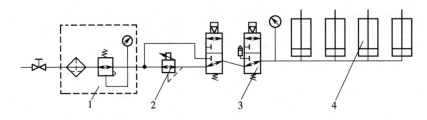

图 11-2-11　经轴退绕气动原理

1—过滤调压阀　2—电控比例阀　3—电磁阀　4—无阻尼气缸

2. 浆槽结构及浆槽气动原理

GA308 型浆纱机浆槽结构如图 11-2-12 所示,浆槽气动原理如图 11-2-13 所示。

3. 气缸气压与压浆辊压力值

压浆辊加压采用气动加压。第一压浆辊(低加压)可手动调整到工艺要求的压力,工作曲线如图 11-2-14 所示。第二压浆辊压浆力随车速快慢而线性变化,压浆力与车速的线性变化曲线可以设定、调整,从而实现在不同车速的情况下稳定上浆率。如图 11-2-15 所示,当速度是 v_1 时,压力是 P_1;当速度是 v_2 时,压力是 P_2;在一个平面有了两个坐标即知道了直线方程的斜率,在浆纱过程中,压浆力的大小随速度的变化沿着斜率 K 而变化。表 11-2-17 为气缸气压与压浆辊压力值对照表。

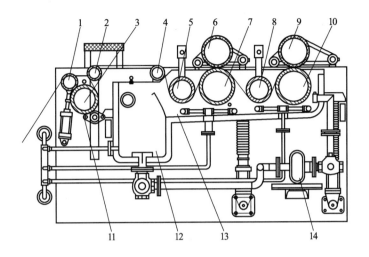

图 11-2-12 GA308 型浆纱机浆槽结构

1—压纱辊 2—张力辊 3—引纱辊 4—导纱辊 5—浸没辊 6—第一压浆辊 7—上浆辊

8—浸没辊 9—第二压浆辊 10—上浆辊 11—引纱装置 12—预热浆槽 13—浆槽 14—浆泵

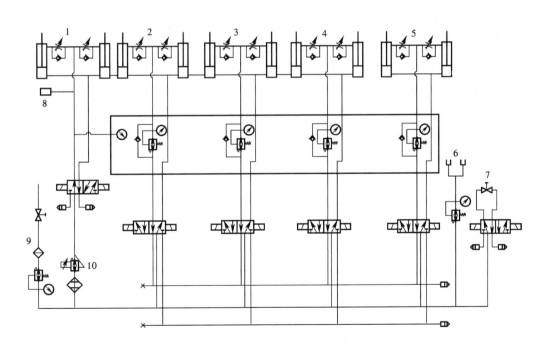

图 11-2-13 GA308 型浆纱机浆槽气动原理

1,5—第二压浆辊 2,4—第一压浆辊 3—引纱辊 6—气动密封

7—气动球阀 8—压力传感器 9—过滤减压阀 10—电控比例器

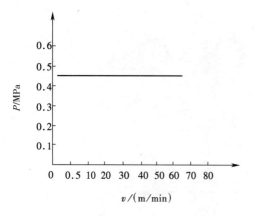

图 11-2-14 第一压浆辊工作曲线

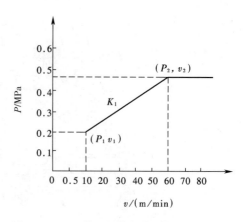

图 11-2-15 第二压浆辊线性加压工作曲线

表 11-2-17 气缸气压与压浆辊压力值对照表

气缸压力/MPa	0.10	0.15	0.20	0.25	0.30	0.35	0.40	0.45	0.50
第一压浆辊压力/kN	2.4	3.6	4.8	6.0	7.2	8.4	9.6	10.8	
第二压浆辊压力/kN	8	12	16	20	24	28	32	36	40

4. 烘房结构及穿纱路线

全机烘燥采用 12 只烘筒,烘筒设计压力 0.4MPa,设计温度 151℃,最大使用工作压力为 0.35MPa,直径 800mm,筒体由不锈钢板制成。进汽头是球形石墨环双密封结构,随着蒸汽压力的提高,密封性能增加,接头中带有防吸瘪装置。蒸汽机头如图 11-2-16 所示,烘筒预烘穿纱路线可分两层,也可不分层。穿纱路线如图 11-2-17 所示。

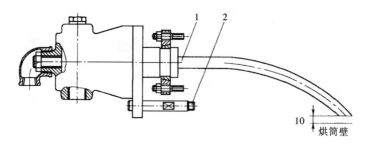

图 11-2-16 蒸汽机头

1—虹吸管 2—固定柱

5. 车头

车头传动采用 22kW 的变频电动机驱动,最大卷绕张力 6200N。

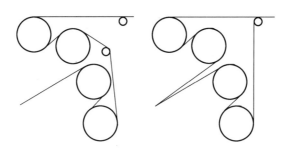

图 11-2-17 烘筒预烘穿纱路线

（1）卷绕张力装置。车头的织轴卷绕采用张力辊调节形式,同时张力辊上设有电器和机械限位装置,用来保护张力辊及导纱辊。织轴的卷绕张力通过车头左面板的调节阀进行无级设定,张力辊监测反馈控制,压力传感器通过检测张力辊汽缸压力并换算成压力值在屏幕上显示,最大卷绕张力为6000N。汽缸压力和卷绕张力对照见表11-2-18。

表 11-2-18 汽缸压力和卷绕张力对照表

气缸压力/MPa	0.1	0.2	0.3	0.4	0.5
卷绕张力/N	0	2000	3000	4000	5000

（2）车头气动控制。GA308型浆纱机车头气路系统如图11-2-18所示。轴加压、织轴离合、上落织轴、卷绕张力、伸缩筘升降等都采用气动控制,保证各动作之间的准确、连锁。

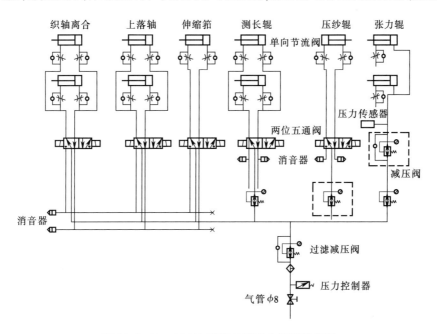

图 11-2-18 GA308 型浆纱机车头气路系统图

（3）测长、记匹、打印装置。测长机构内测长辊和信号板一起旋转，随着信号板的旋转速度不同，接近开关发出不同频率的脉冲信号输入计算机，计算机计量经纱的长度。当长度数到事先设定的匹长时，发出匹打印脉冲信号，匹数增加（匹长复位，重新计数）；匹数达到事先设定匹数值时，则发出落轴电铃信号，同时车速自动减速至爬行。

四、XS 系列浆纱机

（一）XS62 系列浆纱机主要技术参数

XS62 系列双浆槽浆纱机主要技术参数见表 11-2-19。

表 11-2-19　XS62 系列双浆槽浆纱机主要技术参数

系列机型		XS62B 系列变频控制机型		XS62S 系列伺服控制机型	
派生型号		XS627B-000 双浆槽七单元变频浆纱机系列	XS629B-000 双浆槽九单元变频浆纱机系列	XS627S-000 双浆槽七单元伺服浆纱机系列	XS629S-000 双浆槽九单元伺服浆纱机系列
浆机功率/kW		根据幅宽调节：58~65（AC 380V）	根据幅宽调节：62~69（AC 380V）	根据幅宽调节：58~65kW（AC 380V）	根据幅宽调节：62~69（AC 380V）
传动单元		卷绕 1 组、牵引 1 组、合并烘 1 组、上浆 2 组、喂入 2 组	卷绕 1 组、牵引 1 组、合并烘 1 组、预烘 2 组、上浆 2 组、喂入 2 组	卷绕 1 组、牵引 1 组、合并烘 1 组、上浆 2 组、喂入 2 组	卷绕 1 组、牵引 1 组、合并烘 1 组、预烘 2 组、上浆 2 组、喂入 2 组
湿区引纱方式		浆槽垂直向上引纱方式			
适应纱线种类		棉、麻、涤/棉及各种混纺短纤纱线			
车速/（m/min）	设计	125		180	
	慢速	2~4			
	爬行	0.5			
经轴架部分	可选经轴架的形式	A：单层单轴式（适用于分条整经轴单轴退绕） B：双层高低式（适用于分批整经轴分批退绕） C：三层高低式（适用于分批整经轴分批退绕） D：其他形式（按客户要求）			
	经轴数量/只	4~36（按客户要求定）			
	经轴规格/mm	A：φ800×幅宽 B：φ1000×幅宽 C：φ1250×幅宽 D：φ1400×幅宽			

系列机型		XS62B 系列变频控制机型	XS62S 系列伺服控制机型
经轴架部分	可选张力控制方式	A：Q/O 退绕张力线性比例气压控制系统 B：Q/F 退绕张力+反馈线性比例气压控制系统 C：D/F 退绕张力单轴伺服驱动+反馈控制系统	
浆槽	可选配浆槽的型号	A：XSJC5-00 五辊式系列浆槽 B：XSJC4-00 四辊式系列浆槽 C：XSJC3-00 三辊式系列浆槽	
	浆槽传动	两单元变频控制传动	两单元伺服控制传动
烘房	烘燥形式	全烘筒蒸汽加热型烘筒	
	烘筒数量/只	8(4+4)，10(4+6)，12(8+4)，12(8+6)	
	烘筒规格/mm	$\phi800\times$幅宽，$\phi570\times$幅宽，$(\phi570+\phi800)\times$幅宽	
	传动单元	七单元：预烘被动传动、合并烘主动 九单元：预烘主动传动、合并烘主动	
	烘筒温度	设定后自动控制	
	蒸汽压力/MPa	0.35~0.50	
卷绕车头	机头型号	XSJT-D000.000 系列机头，XSJT-K000.000 系列机头，XSJT-FL000.000 系列机头	
	织轴直径/mm	≤800mm，≤1000mm，≤1250mm，≤1400mm	
	织轴幅宽/mm	2400，2800，3200，3600，4000，4400，5000	
	平纱导辊	无	
	伸缩筘座	全封闭电动调节人字形铝合金筘座	
	中分绞棒	根据经轴架数量定（根）	
	复分绞棒	根据经轴架数量定（根）	
	打印装置	定长定量喷墨	
	测湿装置	通过回潮仪测湿辊检测、反馈信号，PLC 调节车速控制回潮率	
	后上蜡 形式	单面上蜡（一套蜡槽），双面上蜡（两套蜡槽）	
	后上蜡 加热	蜡槽加温：蒸汽盘管间接加热	
	后上蜡 温度	设定后自动控制温度	
	上下织轴	大型气缸气压升降上下织轴	
	上测长棍	气缸加压	
	机头传动	两单元电动机传动（牵引辊单独电动机、卷绕单独电动机）	

续表

系列机型		XS62B 系列变频控制机型	XS62S 系列伺服控制机型
张力与伸长率控制	经轴区	退绕张力设定(每个浆槽对应的经轴与喂入辊之间的张力)	
	喂入区	伸长率设定: -2%~+5%(喂入辊与上浆辊之间的张力)	
	湿区区	伸长率设定: -2%~+5%(上浆辊与烘房烘筒之间的张力)	
	预烘区	伸长率设定: -2%~+5%(预烘烘筒与合并烘筒之间的张力)	
	干区区	伸长率设定: -2%~+5%(合并烘筒与机头牵引辊之间的张力)	
	卷绕区	卷绕张力设定: 50~700kg(机头牵引辊与卷绕之间的张力)	

(二)XS 系列浆纱机主要结构特征

1. 经轴架部分

XS 系列双层 H 形经轴架双层走纱示意如图 11-2-19 所示。

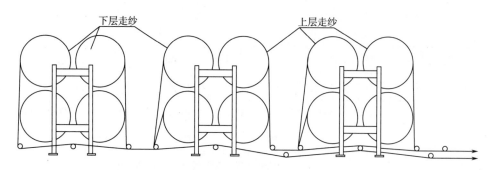

图 11-2-19　XS 系列双层 H 形经轴架双层走纱示意图

经轴架可以采用伺服电动机控制,形成伺服主动退绕模式。在采用伺服主动退绕时,在每个经轴上安装有专用伺服电动机,并增加测速模块,保证每个经轴的运动线速度满足设定需求,并处于动态反馈状态。每个经轴的退绕张力均可精确控制,大大减少了传统浆纱机了机时经轴上剩余纱线的浪费及经纱之间的张力差异,节约成本,提高织布质量。

2. 浆槽部分

XS 系列浆纱机可以配备三辊式浆槽、四辊式浆槽,浆槽结构如图 11-2-20 和图 11-2-21 所示。

采用图 11-2-20 和图 11-2-21 所示的三辊式和四辊浆槽,纱线从进入浆槽到出浆槽,纱线始终被低压辊(包覆橡胶)、上浆辊和高压辊(包覆橡胶)紧密包覆,不存在悬空的自由纱段。上浆辊为主动传动,两个橡胶辊与上浆辊紧密挤压,摩擦传动,消除了纱线因双上浆辊速度差异造成的意外伸长,浆纱速度可达到 150m/min。浆液供应采用喷淋或预压辊自带浆方式,浆液压榨

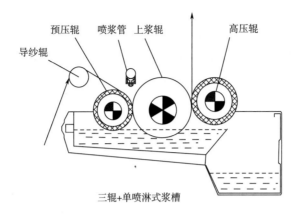

图 11-2-20　三辊式高速浆纱机浆槽结构示意图

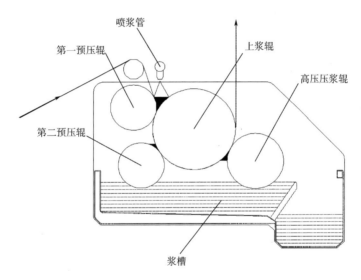

图 11-2-21　四辊式高速浆纱机浆槽结构示意图

区始终有足够的浆液,因此不会发生"轻浆"。

3. 烘房部分

XS 系列浆纱机配置的三种烘房结构如图 11-2-22 所示。

在 XS 系列浆纱机中,通过烘房设计成多分层预烘的方式,利用纱片在预烘烘筒上的烫平作用,使毛羽分多层贴伏,可大大减少干分绞区的浆膜撕裂情况,减少纱线撕裂断纱情况。随着高密度、高总经根数和纺纱技术的不断创新,对浆纱再生毛羽提出更高的要求。上浆时降低经纱覆盖系数,是行之有效的措施,通过对纱线烘燥工艺形式的创新来有效降低浆纱再生毛羽。图 11-2-57 中三种烘房形式,左、右图都表示,出浆槽的纱片可分为 2 层纱预烘。中间图表示出浆槽的纱片可分为 4 层纱进行预烘。双浆槽有 8 层纱预烘,三浆槽就有 12 层纱预烘。这种

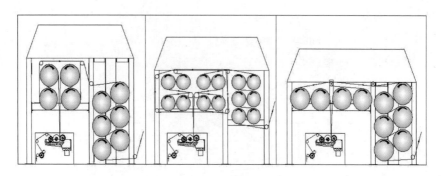

图 11-2-22　XS 系列浆纱机配置的三种烘房

预烘创新的实际效果,经生产实践证明:干分区落浆落物显著减少,浆纱再生毛羽明显降低,保证和提高了高密度、高难度品种的织造效率。另外,减少了干分绞棒的数量,减轻了工人的劳动强度,改善了生产环境。

4. 卷绕部分

XS 系列浆纱机车头卷绕部分主要参数见表 11-2-20。

表 11-2-20　XS 系列浆纱机车头卷绕部分主要参数

机头型号	XSJT-D000.000 型卷绕机头	XSJT-K000.000 型卷绕机头	XSJT-FL000.000 型卷绕机头
型号特点	需配独立外置式电气控制室	电控柜集成在卷绕机头两侧	牵引、卷绕装置前后分离
机头传动	两个单元采用两套变频或伺服驱动独立传动方式		
张力模式	带位置传感器反馈的速度闭环张力控制方式		
张力控制	浮动张力辊+辅助平衡装置+张力调整气缸+调压比例阀(有专利)		
卷绕直径/mm	800,1000,1250		1400
卷绕幅宽/mm	2400,2800,3200,3600,4000,4400,5000		
卷绕功率/kW	22,30,7,22×2		22×2,30×2
牵引辊 直径/mm	A:φ250(幅宽:2400mm,2800mm,3200mm,3600mm) B:φ300(幅宽:4000mm,4400mm,5000mm)		
调整幅宽	左右小车电动调幅方式		
干区松纱	采用单向轴承防牵引辊倒转成干区松纱(有专利)		
中分绞棒	根据经轴数量对应定绞棒		
复分绞棒	根据经轴数量对应定绞棒		
上测长辊	气缸抬升、气缸加压		

续表

机头型号	XSJT-D000.000 型卷绕机头	XSJT-K000.000 型卷绕机头	XSJT-FL000.000 型卷绕机头
分纱筘座	全封闭电动调节人字形铝合金筘座		
计长方式	采用计长编码器		
墨印喷打	采用气动喷墨装置喷打计长墨印		
测湿装置	通过回潮仪测湿辊检测、反馈信号,PLC 调节车速控制回潮率		
后上蜡 形式	单面上蜡,双面上蜡		
后上蜡 加热	蒸汽盘管间接加热		
后上蜡 温控	温度可设定,系统自动温控		
上下织轴	采用大型气缸气动控制织轴的上托、下轴动作		

　　XS 系列浆纱机配置的两种机头结构如图 11-2-23 所示,其中,车头张力控制机构如图 11-2-24 所示。

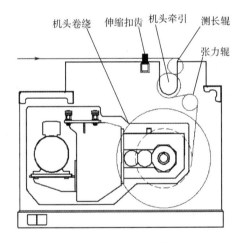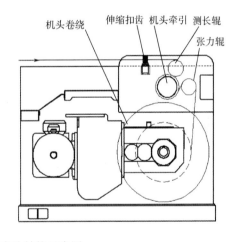

图 11-2-23　XS 系列浆纱机车头结构示意图

　　目前,大部分浆纱机的机头卷绕张力控制均采用带张力检测、反馈的速度闭环控制模式。而张力检测有固定辊张力传感器检测、浮动辊位置传感器两种方式。XS 系列浆纱机经过使用、对比,现在采用的是浮动辊位置传感器方式检测控制卷绕张力,气缸在有效行程内的张力是一样的,且具有弹性缓冲余地,所以即使是初始卷绕张力也很稳定,不会出现"爆头"、了机不清的现象。XS 系列浆纱机的机头张力辊结构设计,在张力辊的力臂反方向设计有一支配重辊,使得卷绕张力辊自由灵敏度大大提高,使得卷绕张力可实现 300~7000N/m 的大范围内的自由调整。卷绕张力最低可达 300N/m 的设计特别适用于色织、毛巾等行业中总经根数少、要求低卷

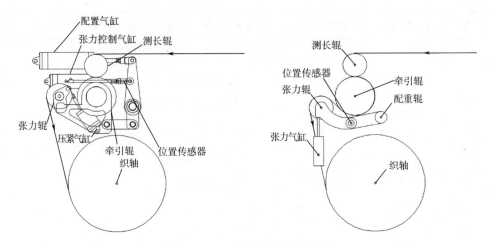

图 11-2-24 车头张力控制机构

绕张力的品种的浆纱工艺。

第五节 浆纱工艺

一、浆纱工艺指标

浆纱质量指标有上浆率、回潮率、伸长率、增强率和减伸率、耐磨次数和增磨率、毛羽指数和毛羽降低率。织轴卷绕质量指标有墨印长度、卷绕密度和好轴率。这些指标中部分为常规检验指标，如上浆率、伸长率、回潮率等。生产中应根据纤维品种、纱线质量、后加工要求等，合理选择部分指标，对上浆质量进行检验。

(一)上浆率

1. 上浆率计算

$$S = \frac{Y_1 - Y_2}{Y_2} \times 100\%$$

式中：S——上浆率；

Y_1——浆纱干重，kg；

Y_2——原纱干重，kg。

2. 上浆率的确定

(1)按纱线规格和织物密度确定上浆率。纯棉平纹织物的标准上浆率见表 11-2-21。

表 11-2-21　纯棉平纹织物的标准上浆率

纱线规格		上浆率/%	
线密度/tex	英支	普通密度 （小于 200 根/10cm）	高密度 （大于 200 根/10cm）
29	20	8~9	10~11
19.4	30	9~10	11~12
14.5	40	10~11	12~13
11.7	50	11~12	13~14
9.7 及以下中低特	60 及以上中高支	12~15	13~15

（2）按织物组织确定上浆率，见表 11-2-22。

表 11-2-22　按织物组织确定上浆率

织物组织	相对上浆率/%
平纹	100
斜纹	80~86

（3）按纤维种类确定上浆率，见表 11-2-23。

表 11-2-23　按纤维种类确定上浆率

纤维种类	相对上浆率/%
纯棉	100
人造短纤纱	60~70
涤纶	120
涤/棉、涤/黏纱	115~120
麻混纺纱	115

（4）按织机种类确定上浆率，见表 11-2-24。

表 11-2-24　按织机种类确定上浆率

织机种类	车速/(r/min)	相对上浆率/%
有梭织机	150~200	100
片梭织机	400~450	115

续表

织机种类	车速/(r/min)	相对上浆率/%
剑杆织机	400 以上	120
喷气织机	800 以上	120

3. 上浆率的掌握与调节

（1）上浆率的掌握。一般以检验退浆结果和按工艺设计允许范围（表 11-2-25）掌握并考核其合格率。

表 11-2-25　上浆率工艺设计允许范围

上浆率/%	6 以下	6~10	10 以上
允许差异/%	±0.5	±0.8	±1.0

（2）上浆率的调节。一般通过改变浆液浓度和黏度来加以调节。压浆辊加压重量的改变也小幅度调节上浆率，但加压重量的过大改变将造成浸透和被覆的不恰当分配，故不宜采用。

（二）回潮率

1. 回潮率计算

$$W = \frac{W_1 - W_2}{W_2} \times 100\%$$

式中：W——回潮率；

　　　W_1——浆纱湿重，kg；

　　　W_2——浆纱干重，kg。

2. 回潮率的确定

浆纱干燥时的回潮率应低于纱线的公定回潮率。浆纱回潮率掌握的标准见表 11-2-26。

表 11-2-26　浆纱回潮率掌握的标准

原料	纱线公定回潮率/%	浆纱干燥时的回潮率/%
棉	8.5	6.5~7
人造棉	11.0	9~9.5
涤/棉(65/35)	3.0	2.5
涤纶	0.4	1.0
醋酯纤维	2.0	2.0

3. 回潮率的掌握与调节

（1）回潮率的大小取决于纤维种类、纱线线密度、经纬密度、上浆率和浆料性能。

（2）回潮率要求纵向、横向均匀,波动范围一般掌握在工艺设计规定的±0.5%为宜。

（3）回潮率的调节有"定速变温"和"定温变速"两种方法,一般通过浆纱机车速和烘房(烘筒)温度来调节,回潮率自动控制的方式采用"定温变速"方法,回潮率人工控制的方式采用"定速变温"方法。

(三)伸长率

1. 伸长率计算

$$E = \frac{nl + m(l_1 + l_2) + l_3 - (L - l_1)}{L - L_1} \times 100\%$$

式中：E——浆纱的伸长率;

　　n——浆纱匹数;

　　l——浆纱每匹长度,m;

l_1, l_2, l_3——分别代表起机纱、了机纱和浆回丝长度,m;

　　m——一缸浆轴数,只;

　　L——整经轴原纱长度,m;

　　L_1——原纱回丝长度,m。

2. 伸长率范围(表11-2-27)

表 11-2-27　伸长率范围

纱线种类	经纱总伸长/%
纯棉纱	1.5 以下
棉纤维混纺纱	1.5 以下
黏胶纤维	2.5 以下
涤/棉纱	1 以下
纯棉及涤/棉股线	0.8 以下

(四)增强率和减伸率

增强率和减伸率分别描述了经纱通过上浆后断裂强力增大和断裂伸长率减小的情况。

增强率 Z 与减伸率 D 的定义公式分别为：

$$Z = \frac{P_1 - P_2}{P_2} \times 100\%$$

$$D = \frac{\varepsilon_0 - \varepsilon_1}{\varepsilon_0} \times 100\%$$

式中:P_1——浆纱断裂强力;

　　P_2——原纱断裂强力;

　　ε_1——浆纱断裂伸长率;

　　ε_0——原纱断裂伸长率。

(五)耐磨次数和增磨率

耐磨性是纱线质量的综合指标,通过耐磨试验可以了解浆纱的耐磨情况,从而分析和掌握浆液和纱线的黏附能力及浆纱的内在情况,分析断经等原因,为提高浆纱的综合质量提供依据。浆纱耐磨次数能直接反映浆纱的可织性,是一项很受重视的浆纱质量指标。浆纱耐磨次数在纱线耐磨试验仪上测定,把浆纱固定在浆纱耐磨试验机上(目前尚无浆纱耐磨专用检测仪器,可在纱线耐磨仪或纱线抱合力仪上测定),根据浆纱的不同细度施加一定的预张力,记录浆纱磨断时的摩擦次数,并计算 50 根浆纱耐磨次数的平均值及不匀率,作为浆纱耐磨性能指标。

为了比较浆纱后,纱线耐磨性能的提高程度,可用浆纱增磨率表示,按下式计算:

$$M = \frac{N_1 - N_2}{N_2} \times 100\%$$

式中:M——浆纱增磨率,%;

　　N_1——50 根浆纱平均耐磨次数;

　　N_2——50 根原纱平均耐磨次数。

另一种评定浆纱耐磨性能的方法是:按耐磨取样法取浆纱 100 根,分两组,一组做拉伸试验,求得浆纱平均断裂强度 P 及平均断裂伸长率 L;另一组在耐磨试验机上经受定次数的摩擦,将试样取下做拉伸试验,求得残余平均断裂强度 P_0 及残余断裂伸长率 L_0,以断裂强力、断裂伸长降低率来评定浆纱的耐磨性能,按以下公式计算:

$$Q_j = \frac{P - P_0}{P} \times 100\%$$

$$S_j = \frac{L - L_0}{L} \times 100\%$$

式中:Q_j——摩擦后浆纱断裂强度降低率;

　　S_j——摩擦后浆纱断裂伸长降低率。

(六)毛羽指数和毛羽降低率

浆纱表面毛羽贴伏程度以浆纱毛羽指数和毛羽降低率表示。浆纱表面毛羽贴伏不仅能提高浆纱耐磨性能,而且有利于织机开清梭口,特别是梭口高度较小的无梭织机。有资料表明,在喷气织机生产过程中由于纱线毛羽引起的织机停台高达50%以上。

毛羽指数在纱线毛羽测试仪上测定,它表示在单位长度纱线的单边上,超过某一投影长度的毛羽累计根数。浆纱对原纱毛羽指数的降低值对原纱毛羽指数之比的百分率称为浆纱毛羽降低率。对棉纱来说,毛羽长度一般设定为3mm以上,10cm长纱线内单侧长达3mm毛羽的根数称为毛羽指数。毛羽降低率 M_j 按下式计算:

$$M_j = \frac{N_1 - N_2}{N_1} \times 100\%$$

式中:M_j——浆纱毛羽降低率;

   N_1——原纱单位长度上毛羽长度达3mm的毛羽指数平均值;

   N_2——浆纱单位长度上毛羽长度达3mm的毛羽指数平均值。

二、上浆工艺参数

(一)浆液浓度和黏度

1. 浆液浓度

上浆率随着浆液的组成、浆液的浓度、上浆工艺条件(压浆力、上浆速度、压浆辊表面硬度)等因素的不同而变化。在同一浆料和上浆工艺条件不变的情况下,浆液浓度与上浆率成正比例关系。在下列情况下浆液浓度应适当提高。

(1)原纱质量下降时;

(2)开冷车使用剩浆时;

(3)橡胶压浆辊表面硬度太低时;

(4)由于黏着剂质量不佳,浆液黏度或上浆率下降较快时;

(5)按照生产需要,车速减慢时;

(6)锅炉蒸汽压力降低幅较大时,或蒸汽含水量较多时。

2. 浆液黏度

一般情况下,黏度低则浸透多,黏附在纱线表面的浆液少;而高黏度浆液则相反,纱线的浸透少纱线表面被覆多。使用低浓高黏浆料,必须注意因含固量不足,而影响上浆率。

(二)浆液温度

浆液温度根据纤维种类、浆料组成以及上浆工艺等参数制订,实际生产中有高温上浆和低温上浆两种工艺(表11-2-28)。

表 11-2-28　高温与低温上浆工艺

纤维种类	高温上浆/℃	低温上浆/℃	备注
棉纱	淀粉浆：中、粗特纱 94~96，细特纱 96~98；化学浆：92~96		棉纤维的表面附有棉蜡，蜡与水亲和性差，棉蜡在 76~81℃ 时溶解，故一般宜用高温上浆
涤棉混纺纱	混合浆：92~96 化学浆：92~96	纯涤短纤 45~50 涤 65/棉 35 55~65 涤 80/棉/20 50~55 涤 45/棉 55 60~70	高温上浆可加强浆液渗透，分绞较顺利，浆纱纱身较光滑，但易产生浆斑。低温上浆多用于纯 PVA 合成浆料多相混合，一般配方简单，操作方便，浆污、浆斑疵点较少，还可节能，但必须辅以后上蜡措施
黏胶纱	80~90		高温湿态下，强力急剧下降
涤黏混纺纱		60~75	黏纤纱一般亲水性较好，吸浆性强，合成纤维则是疏水性的，就其与浆液的亲和性而言，宜低温上浆
棉维混纺纱	90~95	75~80	在高温湿态下，会使经纱弹性损失，强力下降
涤纶低弹长丝		50~60	丙烯酸为浆液的主剂，黏度较低，易使单丝集束

(三)加压重量、配置方法及浸压形式

1. 压浆辊加压重量

压浆力的大小取决于压浆辊自重和加压量。一般粗特纱，经密高，经纱捻度多，压浆力应适当加重；反之，对细特纱可适当减轻。为了使浆纱机节能和提高浆纱质量，已逐渐推广高压上浆新工艺，最大压浆力可达 40kN。但必须配合使用具有"高浓低黏"性能的浆料，以达到一定上浆率。用 PVA 与淀粉的混合浆，不同细度的纱线适合的压浆力范围见表 11-2-29。

表 11-2-29　不同线密度的纱线适合的压浆力范围

纱线规格		压浆力		
线密度/tex	英支	N/cm	kgf/cm	kN
29.2 以上	20 以下	138~167	14.0~16.9	19.7~24.5
19.4	30	98~137	10.0~13.9	14.7~19.6
14.6 以下	40 以上	78~97	8.0~9.9	11.8~14.6

2. 压浆辊配置

用双压浆辊,靠近经轴架一只压浆辊起浸透作用,重量较重,并适当保持表面硬度;靠近烘房一只压浆辊起被覆作用,重量较前者轻,并保持较低的表面硬度。即采用先重后轻的压力配置,若采用高压上浆工艺,以降低压出回潮率,可采用先轻后重的压浆力配置。

3. 压浆力、挤压长度和压浆辊橡胶硬度

由于压浆力因机幅、挤压长度而异,故根据总加压和单位长度或单位面积的大小,其压浆效果也不同。恰当的挤压长度是 10~15mm,太短了会产生上浆不匀,太长了会增加挤压面积,压浆效果也不好,一般不宜超过 30mm,挤压长度是随橡胶硬度和压浆力而变化的。

压浆力(最大压浆力)与橡胶硬度的关系(以 152cm 宽的浆纱机为例)见表 11-2-30。

表 11-2-30　压浆力与橡胶硬度的关系

设计压浆力		橡胶硬度/度
kN(kN/cm)	kgf(kgf/cm)	
14.7(0.1)	1500(10)	70~75
29.4(0.2)	3000(20)	80~85
39.2(0.26)	4000(27)	86~90

4. 上浆辊硬度

(1)上浆率随上浆辊包覆层硬度的增加而减少。

(2)上浆辊表面(包覆层)的肖氏硬度一般为 45~55 度。

(3)当浆槽温度达到 90℃左右时,压浆辊被加热,肖氏硬度会降低 3~5 度。

5. 双浆槽的应用

(1)目前浆纱机基本上均为双浆槽形式。

①所浆纱线是由两种原料或两种及以上颜色组成,而对不同原料或不同颜色纱线分别采用不同的配方,则应采用双浆槽。

②高密织物,采用双浆槽,可改善纱线的浸浆条件,防止纱线粘并,烘干后不致造成分纱困难。

(2)纱线覆盖系数。浆槽中纱线的排列密集程度以覆盖系数来衡量,覆盖系数的计算公式为:

$$K = \frac{d_0 M}{B} \times 100\%$$

式中:K——覆盖系数;

d_0——纱线计算直径,mm；

M——总经根数；

B——浆槽中排纱宽度,mm。

纱线的覆盖系数是影响浸浆及压浆均匀程度的重要指标。排列过密的经纱之间间隙很小,压浆后纱线侧面出现"漏浆"现象。为改善高密条件下的浸浆效果,可以采用分层浸浆的方法,使浸浆不匀的矛盾得到缓解,并且"漏浆"现象也有所减少。但是,解决问题的根本方法是降低纱线覆盖系数,采用双浆槽或多浆槽上浆,也可采取轴对轴上浆后并轴的上浆工艺路线。降低覆盖系数不仅有利于浸浆、压浆,而且对下一步的烘燥及保持浆膜完整也十分重要。不同纱线的合理覆盖系数存在一定差异,一般认为覆盖系数小于50%(即纱线之间的间隙与纱线的直径相等)时可以获得良好的上浆效果。

(四)浆纱速度

浆纱速度决定了浆膜厚度,直接影响浆纱的上浆率。浆纱速度快,一方面,压浆辊加压效果减小,浆液液膜增厚,上浆率高;另一方面纱线在挤压区中通过的时间短,浆液浸透距离小,浸透量少;同时,由于浸浆时间短,对挤压前的纱线润湿和吸浆不利。以上因素的综合结果表明,过快的浆纱速度引起上浆率过高,形成表面上浆,而过慢的速度则引起上浆率过低,纱线轻浆起毛。现代化浆纱机都具有高、低速的压浆辊加压力设定功能,高速时压浆辊加压力大,低速时压浆辊加压力小。在速度和压力的综合作用下,液膜厚度和浸透浆量维持不变,从而上浆率、浆液的浸透和被覆程度基本稳定。浆纱速度变化时,压浆力自动调节。也有部分浆纱机采用比较简单的压浆力两挡切换调节方式,浆纱慢行时为一挡压浆力,其他速度时为另一挡压浆力。使用双压浆辊时,靠近经轴架的一根压浆辊的压浆力为两挡切换方式;靠近烘燥区的一根压浆辊的压浆力为线性或指数方式。

因此浆纱速度的确定除了与上浆品种、设备条件等因素有关外,还应在设备技术条件的速度范围内确定浆纱速度。

浆纱速度的最大值 V_{max}(m/min)可用下式计算:

$$V_{max} = \frac{G(1 + W_g)10^6}{60Ttm(1 + S)(W_0 - W_1)}$$

式中:G——烘燥装置的最大蒸发量,kg/h；

W_g——原纱公定回潮率；

Tt——经纱线密度,tex；

m——总经根数；

S——上浆率；

W_0——浆纱压出回潮率；

W_1——浆纱离开烘燥装置的回潮率。

三、浆纱工艺配置

(一)浆料配方的确定原则

浆料组分的选择包括黏着剂和助剂的选择,浆料配合的种类在满足上浆要求的前提下,越少越好,因为各种浆料的相容性总是有差异的,多组分的配合,不利于上浆的均匀性。选择时应当遵循以下原则。

(1)根据纱线的纤维材料选择浆料及其配合。为避免织造时浆膜脱落,所选用的黏着剂大分子应对纤维具有良好的黏附性和亲和力。要考虑到纤维的基本特性及纤维与浆料之间的作用特点。从热力学函数角度,可运用"结构相似相容"的原则进行浆料的选择。根据这一原则确定黏着剂之后,部分助剂也就随之而定。几种纤维和黏着剂的化学结构特点见表11-2-31。

表 11-2-31　纤维和浆料的化学结构特点

浆料名称	结构特点	纤维名称	结构特点
淀粉	羟基	棉纤维	羟基
氧化淀粉	羟基,羧基	麻纤维	羟基
醋酸酯淀粉	羟基,酯基	黏胶纤维	羟基
磷酸酯淀粉	亲水性酯基	醋酯纤维	羟基,酯基
褐藻酸钠	羟基,羧基	涤纶	酯基
CMC	羟基,羧甲基	锦纶	酰胺基
完全醇解 PVA	羟基	维纶	羟基
部分醇解 PVA	羟基,酯基	腈纶	氰基,酯基
聚丙烯酸酯	酯基,羧基	羊毛	酰胺基
聚丙烯酰胺	酰胺基	蚕丝	酰胺基
聚丙烯酸盐	羧酸盐	芳纶	羧酸盐
动物胶	酰胺基		

各种浆液对纤维的黏附强弱的顺序如下:

对棉纤维的黏附强度:PVA(完全醇解)>PVA(部分醇解)>CMC(纯净)>淀粉>聚丙烯酸酯>CMC(含盐)>水分散性聚酯。

对聚酯纤维的黏附强度:水分散性聚酯>聚丙烯酸酯>PVA(部分醇解)>PVA(完全醇解)>CMC(纯净)>CMC(含盐)>淀粉。

(2)根据纱线的线密度、品质选择浆料及其配合。线密度低的纱线,所用纤维原料较好,纱身光结、强力偏低,上浆的重点是浸透增强并兼顾被覆。因此,纱线上浆率比较高,黏着剂可以考虑选用上浆性能比较优秀的合成浆料和变性淀粉,浆料配方中应加入适量浸透剂。

线密度高的纱线,强力高,表面毛羽多,上浆是以被覆为主,兼顾浸透,上浆率一般设计得较低些。浆料的选择应尽量使纱线毛羽贴伏,表面平滑,纯棉纱一般以淀粉为主。

即使线密度相同的纱线,由于原料和纱线结构的不同,也要区别对待。对于捻度较大的纱线,由于其吸浆能力较差,浆料配方中也可加入适量的浸透剂,以增加浆液流动能力,改善经纱的浆液浸透程度;对应毛羽多的纱线,应使用黏附力强的浆料。

股线一般不需要上浆。有时,因工艺流程需要,股线在浆纱机上进行并轴加工。为稳定捻度,使纱线表面毛羽贴伏,在并轴的同时,可以让股线上些轻浆或过水。

(3)根据织物组织、加工条件、用途选择浆料及其配合。织物的结构因素有织物组织和经、纬密度。高密度的织物,由于单位长度上受到的机械作用次数多,因此经纱的上浆率要高一些,耐磨性、抗屈曲性要好一些。同为 13tex×13tex 的细布、府绸、防羽布三种织物,由于紧度的不同,对细布来说,以变性淀粉为主的混合浆即可,而对府绸或防羽布则选择以 PVA 为主,辅以变性淀粉或聚丙烯酸酯的混合浆,同时提高上浆率。

当车间相对湿度较低时,在使用淀粉作为主黏着剂的浆料配方中,应加入适量吸湿剂,以免浆膜因脆硬而失去弹性。

部分需特殊后整理加工的织物,在不影响浆液性能的前提下,其经纱上浆所用的浆料配方中可直接加入整理助剂。这些助剂除赋予织物特殊的使用功能外,还可以作为一种浆用成分,提高经纱的可织性。

应当注意,浆料的各种组分(黏着剂、助剂)之间不应相互影响,更不能发生化学反应。否则,上浆时它们不可能发挥各自的上浆特性。例如,黏着剂受不同酸碱度影响会发生黏度变化,甚至沉淀析出。离子型表面活性剂与带非同类离子的浆用材料共同使用会失去应有的效能。

(二)浆料配比的确定原则

浆料组分选择之后,就需进一步确定各种组分在浆料中所占有的比例。确定浆料配比的工作主要是优选各种黏着剂成分相对溶剂(通常是水)的用量比例。溶剂外的其他助剂使用量很少,可以在黏着剂量确定之后,按一定的经验比例,直接根据黏着剂用量计算决定。

目前,一般都要依靠工艺设计人员丰富的生产经验和反复的工艺试验,才能较好地完成浆料配比的优化工作。试验方法有很多,如旋转试验设计法、正交试验设计法等。

(三)浆纱工艺配置示例

1. 府绸织物

纯棉细特高密的府绸类织物的上浆工艺掌握浸透、被覆并重的原则。上浆工艺宜采用"高浓度、低黏度、高温高压、低张力、小伸长、重浸透、求被覆、回潮适中、均匀卷绕"的工艺路线。以 14.5tex×14.5tex 523.5 根/10cm×283.0 根/10cm(40 英支×40 英支 133 根/英寸×72 根/英寸)纯棉府绸为例。

(1)浓度和黏度。宜采用以变性淀粉为主的混合浆料(如变性淀粉 70%,PVA30%)浆料含固率 9%~10%,浆液黏度 8~9s(水测黏度 4s),上浆率 11%~13%。

(2)高温高压。宜用高温上浆,供应桶温度 98℃,浆槽温度 95℃,GA301 浆纱机,压浆辊压力(汽压)0.4~0.5MPa(4~5kgf/cm^2)祖克 S462 型压浆辊压力 7~10kN,压力应合理选定,以达到浸透与被覆兼顾。

(3)张力和伸长。伸长率以较小为好,一般采用 1.0%~1.5%。通过合理设计各区张力,来控制全机经纱总伸长。

(4)回潮和卷绕。浆纱回潮率一般在 6%~7%较为适宜,卷绕密度一般在 0.5g/cm^3 左右。

2. 斜纹、卡其织物

斜纹、卡其织物的经纱上浆率可低于同特数和同密度的平纹织物,上浆工艺偏重于被覆。上浆工艺要求如下:

(1)股线上浆。一般 14tex×2 以上(42 英支/2 以下)斜卡织物可以不上浆,紧度低的哔叽可采用干并;紧度较高的卡其,宜用湿并或用 0.5%~1.0%的上浆率。10tex×2 以下(60 英支/2 以上)的股线斜卡,则用上浆率为 3%~5%的淀粉浆或上浆率为 1%~2%的化学浆。

(2)单纱上浆。一般中特数单纱卡其,华达呢的经纱上浆率,淀粉浆可掌握在 9%~10%;混用 PVA 以淀粉为主的混合浆可掌握在 7.5%~9%;哔叽织物由于紧度较低,上浆率可适当降低。

(3)适当掌握回潮率。混合浆一般掌握在 5%~6%,淀粉浆一般掌握在 6.5%~7.5%。

(4)伸长控制。一般单纱织物宜控制在 1.0%~1.5%,湿并或上浆的股线斜卡织物宜控制在 0.7%~1.2%。

以 29tex×36tex 503.5 根/10cm×236 根/10cm 纯棉卡其 $\frac{3}{1}$ 为例,浆料配方(每桶)如下:

PVA 30kg,变性淀粉 60kg,丙烯类 AC 10kg,上浆率 9%,回潮率 6%,伸长率<1%,浆槽温度 95℃,黏度 7s,祖克 S462 型浆纱机压浆辊压力 Ⅰ 为 3kg,压力 Ⅱ 为 7kg。

3. 贡缎织物

贡缎织物的浆纱工艺以减磨为主,兼顾浸透,以提高增强作用。上浆工艺要求如下:

(1)经面缎纹织物经纱上浆率不宜过高,否则会影响布面匀整。纬面断纹织物由于纬纱密度高,织造时经纱单位长度内所经受的综筘摩擦次数多,所以上浆率不宜过低。

(2)贡缎织物的浆料一般用以变性淀粉为主,配以 PVA、CMC 混合浆料。

以 19.5tex×19.5tex 283 根/10cm×377.5 根/10cm 纯棉横贡为例,浆料配方(每桶)如下:

变性淀粉 40kg,CMC 1.5kg,上浆率 8.7%~10.3%,回潮率 4.2%~5.8%,伸长率<1%,浆槽温度 98℃,黏度 7s,GA301 型压浆辊压力 Ⅰ 为 0.25MPa,压力 Ⅱ 为 0.25MPa。

4. 防羽绒织物

防羽绒织物是细特、超细特高密织物,单纱强力较低,而且织造时要承受较强烈的机械摩擦,容易引起断头,织造难度较大。因此,防羽绒织物的经纱上浆的要求是:要提高浆纱的强伸度、耐磨性和光滑度,浆液渗透性要好,而且要有坚韧完整的浆膜,故宜选用 PVA-1799 和 PVA-0588 混合搭配为主,并加入混溶性好的磷酸酯变性淀粉,以及聚丙烯酸酯浆料的混合浆料配方,浸透、被覆并重和浆膜完整度高的"两高一低"上浆工艺。

以 14.5tex×14.5tex 523.5 根/10cm×393.5 根/10cm 棉防羽绒织物为例,浆料配方(每桶)如下:

PVA-1799 25kg,PVA-0588 15kg,变性淀粉 50kg,丙烯酸酯 QL-89 10kg,聚酯浆料 S-52 3kg,上浆率 14%±1%,浆槽黏度 9s,浆槽温度 95℃,含固率 15%,GA310 浆纱机车速 50m/min,双浸双压,压浆力 Ⅰ 为 5~12kN,压浆力 Ⅱ 为 20kN,回潮率 6%±1%,烘房温度 120~125℃。

5. 涤棉细布和府绸

(1)上浆工艺要求。涤纶是疏水性纤维,上浆后要求成膜好、耐磨性高、伸长小,具有一定的吸湿性,浆纱毛羽贴服,开口清晰,光滑柔软,减少静电,有利于织造。该类织物的经纱上浆,应采用"低张力,小伸长,低回潮,均卷绕,浆液高浓低黏,重浸透,重加压,求被覆,湿分绞,保浆膜,后上蜡"的工艺路线。

①低张力、小伸长。为了达到低张力、小伸长,可采取如下措施。

a. 经轴架部分。经轴架用自调中心式轴架;经轴退绕不要制动装置,减少意外伸长。

b. 浆槽部分。引纱辊的有效直径应略大于上浆辊,使经纱浸浆时处于小张力状态。两对上浆辊直径要求一致,如有差异,应将直径较小的安装在靠近烘房侧,使上浆纱线不牵引伸长。

c. 烘房部分。在保证烘燥性能的前提下,缩短引纱长度。

d. 车头部分。加强拖引辊包布的管理,控制较小的卷绕张力。

②低回潮、均卷绕。为保持卷绕密度在 0.48g/cm³,宜适当增加卷绕张力。回潮率 2.5%~3%。

③高浓度、低黏度、重加压。涤/棉细特高密织物宜选用化学浆或以 PVA 为主加入适量淀粉的混合浆,上浆率一般在 10%~13%,浓度掌握在 9% 以上,化学浆黏度为 9s,混合浆黏度为 7~8s(漏斗黏度计水速为 3.8s)。为适应高浓低黏,压浆辊宜配置较大的压浆力。因浆纱机的机型不同,压浆辊压力不同。如 GA301 型,压浆辊压力应不小于 500kgf。GA333 型,压浆辊压力不小于 1500kgf,S462 型,压浆辊压力应大于 7kN。

④重浸透、求被覆。涤棉混纺纱为求得上浆后的浆膜完整、毛羽贴服及纱身光滑,就必须有良好的被覆。为使纱身光滑耐磨,常采用后上蜡,上蜡量为 0.2%~0.4%,上蜡温度为 79~100℃,蜡液液面应高出上蜡辊底面 1~2cm,上浆辊速度与纱线的速比一般为 1:100~1:120。

⑤保持浆膜完整。为求得浆纱浆膜完整,用三根湿分绞棒,并使湿浆纱分层进烘房。分层的湿浆纱预烘长度要求在 4m 以上,然后经导辊并合,浆纱出烘房后,增加干分绞棒。凡在湿区与浆纱接触的部件,都应有有效的防黏附措施。

以 T65/CJ35 13tex×13tex 523.5 根/10cm×283 根/10cm 涤棉府绸为例。浆纱主要工艺参数如下:

浆料配方:PVA 100%,变性淀粉 50%,丙烯类 AC30%,乳化油 2%,二萘酚 0.35%,烧碱 0.1%。

上浆率 12%,回潮率 3%,伸长率 0.5%,浆液浓度 9%,浆槽温度 95℃,黏度 9s,pH 为 7~7.5。

GA301 型浆纱机,车速 50m/min,压浆辊压力(汽压)0.5MPa,后上蜡 0.4%。

(2)涤棉混纺纱的低温上浆。

①上浆温度的选择。涤棉混纺比与上浆温度的关系见表 11-2-32。

表 11-2-32　涤棉混纺比与上浆温度的关系

涤棉混纺比	80:20	65:35	45:55
上浆温度/℃	50~55	55~65	60~70

②PVA 的聚合度、醇解度和上浆温度。高聚合度(1500~2000)完全醇解级(克分子量 99% 以上)的 PVA,常用上浆温度在 95℃ 左右;部分醇解级型(克分子量 88%)PVA 可用低温上浆,一般在 55~70℃;变性 PVA 为多元共聚物,更适宜低温上浆。

③浆液浓度和黏度的掌握。在上浆量相同的要求下低温浆液的固含量比高温浆液低10%~15%,黏度大致相仿。低温上浆如采用高浓高黏,则薄浆多、浆纱粗糙、织造效果差。

④压浆力和压浆辊表面硬度的配置。涤棉混纺纱低温上浆,车速在45~60m/min的条件下,GA301型压浆力为450~500kgf,GA333型压浆力为600~1200kgf,前压浆辊(近烘房)为表面硬度55~60(肖氏硬度)的微孔橡胶辊,后压浆辊(近经轴)为表面硬度65~75(肖氏硬度)的光面橡胶辊。

6. 黏胶纤维织物

黏胶纤维具有吸湿性强、湿伸长率高、湿强力低、弹性差、塑性变形大等特性,上浆工艺中应保持纱线的强力与弹性。

(1)上浆工艺要求。宜采用"中温、保伸、较低上浆率"工艺,选用黏着力强、渗透性好、成膜性牢的浆料,以形成柔韧、平滑、耐磨的浆膜。

(2)浆料配方。利用黏胶纱的亲水性,吸附性好的特点,适当降低浆液浓度,达到被覆与渗透兼顾的目的,大多采用变性淀粉PVA、CMC(或CMS)的混合浆。

(3)上浆率。黏胶纱的纱身光滑,吸附性强,过高的上浆率会使浆膜硬化,弹性下降,浆膜易脆断,一般上浆率以5%~8%为宜。

(4)回潮率。黏胶浆纱的回潮率在10%~12%时,浆纱有较好的可织性。

(5)伸长率。黏胶纤维的塑性变形比棉大,回复性能比棉低,纱线弹性比棉差,故上浆中要力求降低纱线伸长。伸长率控制在2.5%以下。

(6)浆纱温度。黏胶纤维在100℃以上受热后,强力有显著下降,故浆槽温度不宜过高,应控制在85~95℃。烘房温度也不宜过高,冬季应控制在95~100℃,夏季应控制在85℃左右,以防止浆纱脆断头。

(7)浆液pH。黏胶纤维的耐酸性比棉纤维差,碱性又会使黏胶纤维发生膨润,大分子易受破坏而降低纤维强度,因此浆液pH应调整至中性。

以R19.5tex×19.5tex 267.5根/10cm×236根/10cm人造棉细布为例,浆纱主要工艺参数如下:

浆料配方:变性淀粉100%,PVA 15%,醚化淀粉(CMS)10%,丙烯类酰胺(或甲酯)5%,乳化油3%,二萘酚0.35%。

上浆率8%,回潮率9%,伸长率2.5%以下,温度85~90℃,黏度6~7s,pH为7~8。

7. 中长纤维织物

(1)浆纱工艺要求。减少伸长,减少静电产生。

(2)浆料选用。线经以2%左右的PVA水溶液上浆,单纱作经纱与涤棉混纺纱同。

(3)上浆率。中长纤维织物以中特股线作经纱的上浆率掌握在3%~4%,以单纱作经纱的上浆率可参照涤/棉织物。

(4)回潮率。用淀粉作上浆剂,中长涤/棉上浆股线回潮率掌握在4%~5%;采用混合浆或纯化学浆,中长涤/腈股线回潮率掌握在2%左右。

(5)伸长率。控制在1%以内为宜。

以T/R21.1tex×21.1tex 283根/10cm×267.5根/10cm涤/棉中长纤维平纹织物为例,浆纱主要工艺参数如下:

浆料配方:水100%(质量分数,下同),PVA 4%,CMC(CMS)2%,丙烯类甲酯1.2%,变性淀粉2%。

上浆率9%,回潮率3.5%,伸长率<1%,浆槽温度90℃,黏度7s,pH为7~8。

8. 新型纤维织物

(1)Tencel纤维织物。

①上浆工艺要求。Tencel纱刚度大,毛羽多,强度高,故上浆目的在于减伸、保弹与服贴毛羽。

②上浆工艺配置。以Tencel纤维170cm 18tex×28tex 433根/10cm×268根/10cm平纹织物为例,浆纱主要工艺参数如下:

浆料配方(每桶):PVA 35kg,变性淀粉TB-225 15kg,助剂浆纱膏5kg,助剂P-T 3kg,后上蜡0.3%。

浆槽温度85℃,烘干温度90℃,浆槽黏度7.5s,上浆率7.5%,回潮率11.5%。减伸率10%,增强率6.8%。

(2)Modal纤维织物。

①上浆工艺要求。宜用混合浆料,优选浆料配方,股线设计上浆率比同特数单纱低2%~3%。采用"三高一低"浆纱工艺,严格控制各区张力,做到既有利于上浆,又避免张力差异过大而增加伸长。

②上浆工艺配置。以Modal纤维160cm 18tex×18tex 460根/10cm×320根/10cm平纹织物为例,浆纱主要工艺参数如下:

浆料配方(每桶):PVA 50kg,氧化淀粉25kg,助剂AD 10kg,抗静电剂3kg,助剂NL-4 0.2kg。

上浆率6%~7%,回潮率2%~3%,伸长率0.5%以内,浆槽黏度5~5.5s,浆槽温度95℃,浆槽pH为6~7,供应桶黏度6~7s。

（3）芳纶织物。

①要求贴伏毛羽，柔软耐磨，宜采用高浓度、中黏度、重加压、贴毛羽、偏高上浆率和后上油的工艺。

②上浆工艺配置。以芳纶 160cm 19.6tex×19.6tex 236 根/10cm×236 根/10cm 平纹织物为例，浆纱主要工艺参数如下：

浆料配方（每桶）：PVA-1799 60kg，变性淀粉 TB-225 20kg，酯化淀粉 E-20 30kg，丙烯浆料 KT 6kg，YL 润滑剂 4kg，后上蜡 0.3%。

上浆率 11.2%，回潮率 3.5%，伸长率 0.8%。采用祖克 S462 型浆纱机。浆槽温度 90℃，浆槽黏度（12±0.5）s，压浆压力 5/13.8kN。

（4）竹纤维织物。竹纤维强力低，强力 CV 偏高，毛羽较多，吸湿力强，湿态时纤维宜伸长，宜选用黏着力较高的 PVA 浆料，并加入一定量的黏度较低，黏着力、渗透性、分纱性较好的 GM8 浆料，以较少分绞阻力，较少并头、绞头，贴伏毛羽，并采用"小张力、低温度、低上浆、保伸长"的浆纱工艺。以 170cm 19.6tex×19.6tex 220 根/10cm×220 根/10cm 竹纤维平纹布为例，浆纱主要工艺参数如下：

浆料配方（每桶）：PVA-1799 15kg，复配浆料 GM8-60 30kg，变性淀粉 TB-225 25kg，丙烯浆料 KT 3kg，润滑剂 YL 2kg。

上浆率 9%，浆液黏度 8s，含固率 8%，浆槽温度 82℃，GA310 型浆纱机车速 50m/min，双浸双压，压浆力Ⅰ为 6kN，压浆力Ⅱ为 13kN，卷绕张力 1400N，宜用后上蜡。

（四）浆纱疵点及产生原因

为了使浆纱机能高效率、高质量地进行生产，应尽量减少由于工艺技术方面的问题而造成的停机时间，提高浆轴质量，浆纱一般疵点及其产生原因见表 11-2-33。

表 11-2-33 浆纱一般疵点及产生原因

疵点名称	产生原因	解决方法	对后工序的影响
多头少头	1. 落轴前后各导纱辊遇有绕纱，造成浆纱缺头，织造多头 2. 经纱附有回丝、飞花、接头不良等，导致浸没辊、导纱辊、上浆辊发生绕纱、筘齿撞断 3. 经纱头分配错 4. 个别制动链条过紧，增加倒断头	1. 加强巡回，及时处理疵点 2. 注意放绞线和打绞线方法，提高操作水平 3. 及时反馈经轴疵点 4. 注意各部位链条松紧一致	影响停台，产生疵布

疵点名称	产生原因	解决方法	对后工序的影响
贴头不良	1. 织轴内包布浆糊太少,造成脱头 2. 糨糊太多,印在纱面上,造成几层黏在一起 3. 夹纱板或用箱齿粘纱时有松紧,扯内包布时操作不良	1. 抹糨糊应均匀,避免过多或过少 2. 执行操作法,粘头干净、利落,无松线 3. 机尾长度符合工艺规定	织机了机时有松头、脱头、搭浆、织不到墨印,造成短码疵布
漏印	1. 墨水用完 2. 接近开关位置太远 3. 打印锤装得太高或控制弹簧松紧不适当 4. 电器失效不打印或吸铁弹簧太松,夹盘螺栓松动或绒垫磨损,不打印	1. 注意检查打印装置,发现异常及时检修,同时应用手打印 2. 随时检查撑头起落情况,弹簧过紧或过松及时调整 3. 观察墨印盒是否墨水用完 4. 计算机内修正打印系数	每轴或每匹长度不正确,增加长短码
软硬边	1. 伸缩箱位置走动或调整幅度不适当 2. 织轴位置与伸缩箱不成一直线 3. 浆轴轴片歪斜 4. 压纱辊太短,压力过轻,两边高低不一致 5. 平纱不良	1. 注意调整伸缩箱位置 2. 上轴前应认真检查盘片是否歪斜 3. 检查压纱辊运行情况,发现异常及时调整	织造时有嵌边、拉边,造成不良,易断头,影响外观质量
流印	1. 打印锤装得太低 2. 打印锤弹簧松弛或损坏,打印后不能立即扬起 3. 打印盒内的墨水太多或太浓 4. 打印轮的包布太厚或损坏 5. 打印锤太轻 6. 喷印时间过长或墨水桶漏水	1. 注意检查打印装置,发现异常及时检修 2. 随时检查撑头起落情况,弹簧过紧或过松应及时调整 3. 加色量应适当,注意少加或勤加 4. 平揩车时,测长机构应重点维护	1. 影响落布长度的正确性 2. 造成流印疵布 3. 造成褪色的疵布
上浆不匀	1. 浆液黏度不稳定 2. 浆槽温度忽高忽低 3. 压浆辊、上浆辊表面损坏或不圆整 4. 压浆辊、上浆辊某一部分缠纱过多 5. 压浆辊两端加压不一致	1. 按工艺标准掌握各参数,有异常情况及时调整 2. 缩短打慢车时间 3. 根据浆液浓度,在工艺允许范围内调节压浆力大小 4. 稳定浆液温度,减少泡沫	1. 轻浆造成开口不清,产生断边、断经、棉球、折痕、三跳、吊经、经缩 2. 重浆造成浆纱粗硬易脆断,严重时布面会形成树皮皱

疵点名称	产生原因	解决方法	对后工序的影响
回潮不匀	1. 蒸汽压力不稳定 2. 压浆辊、上浆辊表面损坏或不圆整 3. 压浆辊两端加压不均匀 4. 排湿不正常	1. 注意蒸汽压力变化 2. 压浆辊、上浆辊定期回磨,减少割纱刀痕 3. 检查进汽管、虹吸管位置等部位是否正常	影响织造开口不清,增加三跳疵布、长短码或断头
浆斑	1. 浆槽内浆液表面出现凝固浆皮,运转时被压浆辊压附在浆纱上造成块状浆斑 2. 浆槽浆液表面部分波动小或停止波动,四角或停止波动的一侧结浆皮,运转时被带入经纱,压浆后造成块状浆斑 3. 延续停车时,上浆辊液面处有浆印,未及时清除干净或清除不彻底,开车后压在经纱上,造成连续有规律的横条浆斑 4. 清洗浆槽时,四边未清洗干净,开车后掉入浆槽,造成浆斑 5. 落轴操作时间过长或处理疵点停车时间过长,造成横条浆斑 6. 湿分绞棒转动不灵或有时停止转动,使湿分绞棒上附有余浆,当湿分绞棒突然转动时,余浆附在浆纱上,不易烘干,造成经纱粘连或横条浆斑 7. 压浆辊、上浆辊包卷不良或表面损坏,压浆后纱片上出现云斑 8. 浆槽蒸汽过大,浆液溅在压浆后的纱片上,造成大小不一的块状浆斑	1. 了机时浆槽注意保温,如表面结皮,应捞出 2. 严格掌握蒸汽压力,浆槽供汽适当稳定 3. 严格执行调浆操作法和调浆时间,输浆管道及浆槽要始终保持清洁 4. 加油巡回,处理经轴疵点迅速,上落轴时间最慢不超过1min 5. 保持湿分绞棒转动灵活 6. 压浆辊、上浆辊定期回磨,减少割纱刀痕	由于相邻纱线粘并、开口不清,造成跳花,增加断经,且布面不平整,严重时要破坏组织
张力不匀	1. 轴架开档不平 2. 制动链条松紧不一致 3. 各导纱辊不平行,不水平 4. 经轴轴头未插入轴芯或脱出 5. 车头纱面歪斜,使浆轴卷绕中心与烘房、经轴架中心不一致等 6. 平纱不良 7. 各部分张力调节不适当	1. 经常眼看手摸轴边,及时调节 2. 调节好经轴张力 3. 经常检查各导纱辊平行及水平状况 4. 注意观察伸缩筘位置和盘边高低情况	会增加断经和松紧经,影响布面风格

疵点名称	产生原因	解决方法	对后工序的影响
油污	1. 在浆纱正常运转中,纱片上出现"鸡爪状"分散小油污点,面积有麦粒大小,没有规律性,时有时无,遍及全幅,颜色有灰、黑、褐色等。主要是浆液中混入的油污,如乳化油不良,油质低劣;浆桶搅拌主轴齿轮油污掉入浆液内以及输浆管路、泵内有积聚的油污、锈污,经纱上浆时压附在纱片上。或由于烘筒链条加油过多溅、甩在纱上造成油污 2. 运转中纱片上出现无规律的黑油污,形状有块状、条形,大小不一,或有规律的黑油污等,是汽罩不清洁,脏棉杂物掉入浆槽内,各导纱辊注油过多或油质不好流入浆槽内或溅在浆纱上,做清洁不注意,把油棉或黑油掉入浆槽内或碰到纱上,造成无规律的黑油污,通过各导纱辊、压浆辊后形成有规律的黑油污 3. 托纱辊转动不良,造成一道擦黑,或托纱转子加油太多,形成有规律的油污 4. 因排汽罩上排风不良或因气温过低排汽罩冷凝水排出不良掉在纱上,形成淡黄色或褐色污渍	1. 始终保持浆箱、输浆管道、浆泵及浆锅清洁 2. 经常清洁,冲洗汽罩等,排风部位注意定期检查 3. 加油时应剔油眼,注意加油适量,盘根应定期更换 4. 正确选择润滑油,轴头、轴承要擦净 5. 油脂使用前应严格检查油质量,正确操作 6. 加强检查调浆齿轮箱,发现损坏应及时检修	增加洗油污工作和油污疵布
粘并绞	1. 浆纱回潮大于工艺要求或压浆后溅浆、溅水干燥不足,使经纱黏附在一起 2. 浆槽内浆液未煮透或黏度太大,经轴盘边不齐,不成一直线或空边、浪头 3. 经轴退绕松弛或部分松弛,经纱横动、纱片起缕,分绞困难而撞断或处理断头没有分清层次,造成并绞 4. 挑头(即割取绕纱)捻头不良,断头未捻在邻纱上,而是相隔太远,穿绞线时由于绞线过短或两人配合不好,造成脱头、穿断头或拉过头,碰断经纱都会造成并绞头;筘齿内的纱线在运转中被搬动;落轴时割纱刀不锋利,割纱有崩头,夹板不紧有松纱等	1. 正确操作,保证回潮符合工艺要求,浆槽开汽应适当 2. 及时调整浆液浓度或黏度,断头后立即打绞线 3. 严格执行操作法,处理经轴疵点后纱线应找顺 4. 及时调整纱片张力,压浆辊两端跑浆时,应采取应急措施 5. 及时调整纱面张力,防止抖动,热风烘房风速不宜过大 6. 割纱刀要锋利,夹板应夹牢	影响穿经操作,增加吊经、松经、经缩、断经、边不良等疵布

续表

疵点名称	产生原因	解决方法	对后工序的影响
浆皮	1. 烘筒涂层损坏或老化,正常开车时浆液粘在烘筒上,形成浆皮 2. 烘筒温度过低 3. 浆液流速大。压浆轻,进入烘筒不易烘干,气压变化大,气压低时造成浆皮	1. 严格掌握蒸汽压力,确保烘筒温度稳定 2. 细化操作,在处理烘筒缠纱时,减少割纱刀痕 3. 合理安排上浆工艺	增加掉经、经缩、断经,严重时会破坏织物组织

第六节　浆纱操作要点与安全生产

一、浆纱操作要点

(一)浆纱巡回工作

浆纱巡回过程中应贯彻预防为主、处理为辅的精神,要点为:

(1)在巡回中随时注意蒸汽压力,要认真掌握浆槽温度、浆液液面、浆液黏度、浆纱回潮、浆纱车速五个工艺参数的稳定。做到勤巡回、勤检查、勤调节,确保浆液渗透和被覆适当。

(2)在正常运转情况下,应有计划地执行大小巡回,均匀巡回时间,前后值车工及邻车值车工要相互照顾运转机台,并做好清洁、放绞、穿绞、上落轴和了机工作。

(3)在巡回过程中发现问题,应按轻重缓急,机动灵活地进行处理,处理完毕后继续巡回。

(二)交接班工作

做好交接班工作,交接班工作是保证一轮班工作正常进行的重要环节。既要发扬风格、加强团结,又要严格认真、分清责任,接班者应及时掌握工艺参数变化情况,认真把好质量关。

(1)交班工作。

①前车值车工。

a. 做好烘房前段机架及周围地面、车肚、空织轴等清整洁;洗清了机换下的包布;交清生产工艺、匹长等变动情况。

b. 为下一班准备空织轴、夹纱板、落轴小车、糨糊和必须使用的附件、用具等。

c. 交班后 1h 左右要了机的,应为下一班准备好一缸经轴,一套包布及了机用具。

d. 交接班信号灯亮后记录好计长表匹长。

②后班值车工。

a. 做好烘房到浆槽,经轴架和机台周围地面的清整洁工作。

b. 交清当班产品工艺、电器机械仪表、浆液质量、回潮、张力、蒸汽压力等变动情况。

（2）接班工作。

a. 前车值车工听交班人介绍生产情况;查所浆品种的工艺;纱片张力,浆轴空硬边,压纱辊位置,伸缩筘纱片排列,并、绞头,墨印色别,计长表匹长数字,测湿仪等是否正常和有效;查上一班清整洁情况;查上一班准备工作及公用工具是否齐全。

b. 后车值车工听交班人员介绍生产运转情况;查所浆品种工艺参数（包括核对经轴工艺单）,检验浆液质量情况;查电器机械运转、仪表、各安全阀门、管路是否正常;查上一班清整洁情况及公用工具是否齐全;查机上关键部位,并对口巡回,做好记录。

c. 认真做好以定项目、定周期、定方法、定工具、定责任者为内容的清整洁工作。

d. 及时放好绞线,提高浆纱质量,放绞的次数,应根据品种要求而定,一般高经密细特纱及特细特纱织物每1~2只浆轴放一次绞线;中粗织物2~3只浆轴放一次线;遇有并头、断头、分层跳绞,应做到随时放绞;了机前一轴应放一次绞线。

(三)常见故障处理

浆纱生产中常见故障的处理方法见表11-2-34。在实际生产中可能出现的故障千差万别,应沉着应对突发情况,保护人身安全,做到人身和设备安全兼顾。

表 11-2-34　浆纱机运转中常见故障的处理方法

项目	处理方法
突然停车	关闭电源、输浆阀及烘房蒸汽,开启烘房门、阻气箱,将传动皮带移至活盘,摇起浸没辊,用布包好,防止滴浆,然后抬起压浆辊,抽出湿绞棒,倒转经轴,使浆槽内的一段纱倒退到浆槽入口处,用水轻冲纱片上的残浆,以利开车,压浆辊抬起后,转动几下,用少量水轻冲压浆辊表面,开车时,先放下引纱辊离合器,放松烘房内纱片,摇下浸没辊,使浆槽内的一段纱再进入浆槽吸浆 停车后可开小蒸汽,保持浆液液面微动,防止表面结皮
经轴上经纱扭结	轻度的放绞线,或加一分绞棒以增加经纱张力,解除扭结 情况严重的,可将经轴倒转重放绞线,必要时,落小轴
轻浆起毛	轻浆程度比规定的上浆率下降20%时,可适当放出浆槽内部分浆液,补充新鲜或浓度较高的浆液 严重轻浆应立即停车,放出浆槽全部浆液,另放入新鲜或浓度较高的浆液后,落下轻浆浆轴,换轴后再开车
湿纱出烘房	烘房散热系统发生故障,或未开风机,出现严重潮湿时,立即慢车运行,落小轴,去掉湿纱
浆纱倒卷入拖引辊	发现倒绕,可开爬行速度进行处理 如倒绕较长,用棒将浆纱架起拉直后再卷入浆轴

二、安全生产

(一)机械保护

(1)传动皮带、传动轮系、拖引辊、前车加压重锤、传动机构等应有安全防护装置。蒸汽管道应以绝热材料包覆。

(2)各种辅助设备如吊轨、吊车、运输车辆等应经常检查,保持良好状态。

(3)浆槽汽罩和烘房内应装有电压不超过 36V 并有防护罩的照明灯,以利操作。

(4)气压表上必须有明显的安全气压标志,使用压力不得超过规定。

(二)安全操作

(1)按照劳动保护规定,进入生产现场,必须穿好工作服。

(2)检查发现蒸汽管路漏汽漏水时,及时通知修理。

(3)开车前应注意机台四周,并发信号预告开车。

(4)机器在运转中发现有特殊异响、异味或不正常状态时,应立即报告有关人员处理。

(5)突然停车应立即拉断电源,关蒸汽阀,放回汽。

(6)开冷车前,先排除散热管内积水,蒸汽进入烘筒,同时开阻汽箱直通开关以及烘筒上的放气栓,开慢车运行,逐渐升速。

(7)上机、了机及落轴时,应谨慎操作,避免碰伤手脚。

(8)经轴搬运,使用电动葫芦,吊轨叉道分轨必须注意安全操作。

(9)处理浆槽或烘房内的绕纱时,应戴长袖手套操作。

(10)穿分绞棒时,应注意后面是否有人或其他物品。

(11)开放蒸汽处理沸浆时,应严防烫伤。

第三章　穿结经

第一节　穿结经方法

穿结经是经纱织前准备的最后一道工序,它的任务是把织轴上的全部经纱,按工艺设计要求依次穿过停经片、综丝和钢筘。穿结经除了还保留少量的手工穿经以适应部分品种的需要外,很多工厂基本实现了自动化和半自动化,大大减轻了工人的劳动强度,提高了生产效率。

一、穿经

穿经分手工穿经、半自动穿经、自动穿经三种,见表11-3-1。

表11-3-1　穿经形式

穿经方法	特点	效率
手工穿经	劳动强度大,生产效率很低,但这种穿经方法比较灵活,对于任何组织的织物都能适应	800~1000 根经纱/h
半自动穿经	可减轻工人劳动强度,提高生产效率。目前仍有相当比例的企业采用半自动穿经的方法	比手工穿经提高30%~50%的效率
自动穿经	控制和操作方便,生产效率高,品种适应性广,穿经质量高,减少用工,降低成本,应用范围正逐渐扩大	100~200 根经纱/min

二、结经

结经是用打结的方法,把织机上剩余的了机经纱同准备上机的织轴上的经纱逐根地对接起来,然后,再把上机经纱全部拉过穿在了机经纱上的停经片、综丝和钢筘,达到同穿经完全相同的要求,对于制织同一品种织物的织轴,采用结经可大大缩短穿经时间,提高生产效率。

结经法分为手工结经和自动结经,手工结经就是手工打结进行,劳动生产率极低,一般很少使用。

　　自动结经是目前纺织厂使用最为广泛的一种结经方式,分固定式和活动式两种。固定式结经机在穿经间内进行工作,完成结经的织轴,再被送往织造车间使用,适用于简单组织的织物生产;活动式结经机可以推到织机的机后,直接在织机上结经,节省上了机时间,提高生产效率,适用范围广,结经速度快,每分钟打结可在 200~600 个自动调节,是目前纺织厂使用最多的结经方法。

　　需要注意的是,自动结经虽能提高生产效率,改善劳动条件,但并不能完全代替手工穿经。当品种翻改或要求改变穿综顺序时,需要重新用手工穿经,除此之外,在连续结经 2~3 次后,综丝、钢筘等需下机检修,因此在采用自动结经的同时,穿经还是必不可少的。

第二节　钢筘

一、钢筘形式及规格

(一)剑杆、片梭织机用钢筘

　　由铝合金筘梁和优质高碳钢筘片以高强度粘接剂粘接制成。技术尺寸如图 11-3-1 所示,规格参数见表 11-3-2。

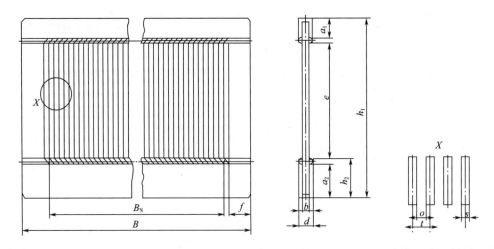

图 11-3-1　剑杆、片梭织机用钢筘技术尺寸

B—筘总宽　B_N—有效筘宽　b—筘齿宽　d—筘梁厚　e—筘内高　h_1—筘总高　h_2—下筘梁扎丝高

f—筘边宽　a_1—上筘梁高　a_2—下筘梁高　o—筘齿间隙　s—筘齿厚　t—筘齿距

表 11-3-2　剑杆、片梭织机用钢筘规格参数

项目	规格参数				
筘号范围/(齿/10cm)	20~360				
筘高度/mm	40~180				
筘幅/mm	0~6000				
筘齿材料	不锈钢、碳钢				
筘齿宽 b/mm	3	4	6	8	12
筘梁厚 d/mm	6	8	10	12	18
筘内高 e/mm	60,70,80,90,100,110,120	70,80,90,100,110,120,130	70,80,90,100,110,120,130,140,150,160,170	50,60,70,80,90,100,110,120,130,140,150,160,170	50,60,70,80,90,100,110,120,130,140,150,160,170

(二)喷水织机用钢筘

分为平板梁金属丝扎筘和槽形梁树脂固化金属丝扎筘(型号为 C),根据槽形梁截面形状,分为 C1 和 C2,技术尺寸如图 11-3-2 所示。规格参数见表 11-3-3 和表 11-3-4。

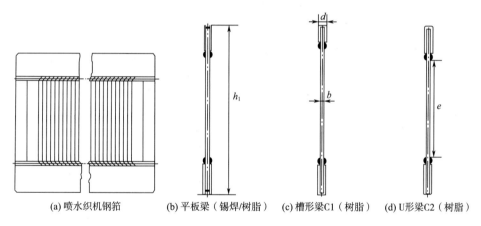

(a) 喷水织机钢筘　　(b) 平板梁(锡焊/树脂)　　(c) 槽形梁C1(树脂)　　(d) U形梁C2(树脂)

图 11-3-2　喷水织机用钢筘技术尺寸

表 11-3-3　喷水织机用钢筘规格参数(槽形梁)　　　　单位:mm

项目	规格参数				
筘齿宽 b	3	4	6	8	12
筘梁厚 d	6	8	10	12	18
筘内高 e	60,70,80,90,100,110,120	70,80,90,100,110,120,130	70,80,90,100,110,120,130,140,150,160,170	50,60,70,80,90,100,110,120,130,140,150,160,170	50,60,70,80,90,100,110,120,130,140,150,160,170

表11-3-4 喷水织机用钢筘规格参数(平板梁) 单位:mm

项目	规格参数					
筘齿宽 b	2.0 或 3.0			4.0		
筘梁厚 d	5	5.5	8	6	6.5	8
筘总高 h_1	90,100,110,120,130,140,150			90,100,110,120,130,140,150,160,180		

(三)喷气织机用钢筘

喷气织机一般采用结构更复杂的异形筘,如图11-3-3所示。异形筘是由不锈钢异形筘齿、直齿、铝合金筘梁、筘边、不锈钢半圆、不锈钢丝专用粘接剂制成,配备有气流槽,不仅是排列经纱位置密度及把纬纱打向织口的器材,也是引导气流、控制气流扩散的重要器件。

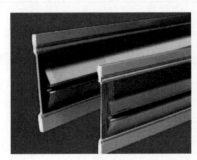

图11-3-3 喷气织机用异形筘形状

不同型号喷气织机要求异形筘的形状略有不同,ZA型喷气织机用的异形筘供纱侧有一个供边剪伸入的空档,其他织机用的异形筘不具备此空档。异形筘及异形筘片技术规格如图11-3-4和图11-3-5所示;基本尺寸及偏差见表11-3-5;不同类型喷气织机钢筘规格分类见表11-3-6。国产或特殊型号织机应根据用户要求合理选订钢筘规格。

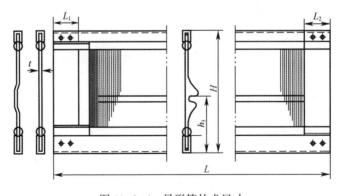

图11-3-4 异形筘技术尺寸

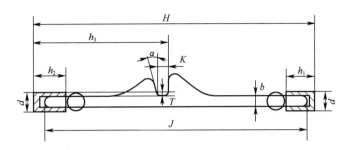

图 11-3-5 异形筘片技术尺寸

表 11-3-5 异形筘基本尺寸及极限偏差

名称	代号	基本尺寸	极限偏差
筘号/（齿/10cm）	N	60~420	
钢筘连边宽度/mm		按用户要求/mm	−2~+1
钢筘有效宽度/mm		按用户要求	±1
异形筘片长/mm	J	100~122	
筘边宽度/mm	L_1,L_2	1~20	
异形筘片槽高度/mm	h_3	54,57, 51,56	±0.1 −0.5~0
气流槽深度/mm	T	2	±0.1
异形筘片槽宽/mm	K	K/α:5.5/12°,6/16°,6/0°	
异形筘片槽底端倾角/（°）	α		
上筘梁高/mm	h_1	10,12,16	±0.2
下筘梁高/mm	h_2	18,20,22,23	±0.2
筘梁厚/mm	d	8	±0.2
筘齿宽/mm	b	4	±0.03
筘片厚/mm	t	0.12,0.14,0.16,0.18,0.20, 0.22,0.24,0.26,0.28,0.31,0.34, 0.37,0.40,0.45, 0.50,0.60,0.70,0.80	±0.005 ±0.005 ±0.010 ±0.015
筘总高/mm	H	108~122	
筘全长/mm	L	≤6000	

表 11-3-6　不同类型喷气织机钢筘分类

类型	$\alpha/(°)$	H/mm	J/mm	h_1/mm	h_2/mm	h_3/mm	d/mm	K/mm
津田驹 TSUDKOMA ZA100/200 系列 津田驹 ZAX 系列 ZAX9100	12	111.5	105	12(16)	18	51	8	5.5
	12	122	113	12	18	56	8	5.5
	12	115	108	12	18	56	8	5.5
	12	116.5	108	12	23	56	8	5.5
丰田 TOYOTA 系列 JAT 系列 JAT710	12	122	113	(12)18	18	56	8	5.5
	12	117	105	16	23	56	8	5.5
	12	116	105	12	23	56	8	12°
必佳乐 PICANOL PAT 系列 Delta-omni 系列 Omniplus800	6	119	112	10(12)	20(18)	57	8	6.0
	6	108	101	10	18	57	8	6.0
	12	110	104	10(12)	20(18)	54	8	5.5
	6	100	94	10	18	54	8	6.0
多尼尔 DORNLER	6	119	112	12	18	57	8	6.0
	12	118	112	10	20	57	8	5.5
	6	108	101	10	20	57	8	6.0
舒美特 SOMET MYTHOS	6	108	101	10	20	57	8	6.0
	12	108	101	10	20	57	8	5.5

注　括号中的数字表示另一种规格。

异形筘片厚度与筘号对照见表 11-3-7,表中筘号范围在 40~160 齿/10cm 时,筘片厚度极限偏差大于(0.24±0.02)mm;筘号范围在 161~320 齿/10cm 时,筘片厚度极限偏差小于(0.24±0.01)mm。

表 11-3-7　异形筘筘齿厚度选择

筘号/(齿/10cm)	筘片厚度/mm	
	推荐值	选择范围
40~60	0.60	0.50~0.60
61~80	0.50	0.45~0.50
81~90	0.45	0.40~0.45

续表

筘号/(齿/10cm)	筘片厚度/mm	
	推荐值	选择范围
91~100	0.40	0.35~0.45
101~110	0.35	0.30~0.40
111~120	0.30	0.28~0.35
121~140	0.28	0.26~0.35
141~160	0.26	0.24~0.30
161~180	0.24	0.22~0.30
181~200	0.22	0.20~0.28
210~220	0.20	0.18~0.24
221~240	0.18	0.16~0.22
241~260	0.16	0.14~0.18
261~320	0.14	0.14~0.16

二、筘号

公制筘号是以 10cm 内的筘片间隙数来表示,英制筘号是以 2 英寸内的筘片间隙数来表示。其计算公式如下:

$$公制筘号(齿/10cm) = \frac{经纱密度(根/10cm)}{地组织每筘穿入经纱根数} \times (1 - 纬纱织缩率)$$

$$英制筘号(齿/2英寸) = \frac{经纱密度(根/英寸) \times 2}{地组织每筘穿入经纱根数} \times (1 - 纬纱织缩率)$$

公制、英制筘号的换算公式如下:

$$公制筘号 = \frac{英制筘号}{2 \times 2.54} \times 10 = 1.968 \times 英制筘号$$

$$英制筘号 = \frac{公制筘号 \times 2.54}{10} \times 2 = 0.508 \times 公制筘号$$

第三节　综丝

一、综丝规格

综丝是织机附件之一,中部有小孔(综眼)供经纱从中穿过,每根综丝控制一根经纱。织造时,带动经纱做升降运动以形成梭口,便于引入纬纱。

一般有梭织机采用钢丝综,无梭织机采用钢片综,以适应织机高速运转。

(一)钢丝综

钢丝综由两根细钢丝焊合而成,两端呈环形,称为综耳,中间有综眼(综眼有椭圆形、六边形等多边形),经纱就穿在综眼里。综眼与两端的综耳应成45°的倾斜角,制织高密织物时,综眼角也有采用30°的。根据综眼类型不同,可以分为捻成综眼(F型)或镶入综眼(M型),如图11-3-6所示。

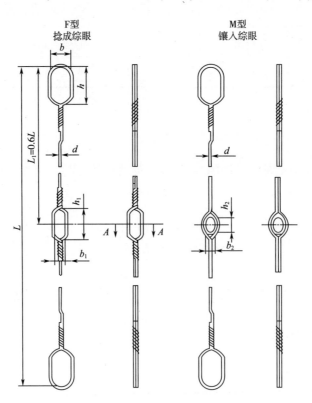

图 11-3-6　钢丝综

b—综耳宽度　b_1—捻成综眼宽度　b_2—镶入综眼宽度　d—综丝厚度　h—综耳长度

h_1—捻成综眼长度　h_2—镶入综眼长度　L—两综耳内侧距离　L_1—上综耳与综眼中心距离

钢丝综规格见表 11-3-8。

表 11-3-8 钢丝综规格   单位:mm

综丝厚度	综眼尺寸		综耳尺寸 ($h \times b$)	两综耳内侧距离 L
	F 型($h_1 \times b_1$)	M 型($h_2 \times b_2$)		
0.25	5×1	2.6×0.9	15×5,16×4	330
0.3	6×1.5,4×1.3	2.6×0.9	15×5,16×4	280,300,330
0.35	6×1.5,4×1.3	3.2×1.3	15×5,16×4	280,300,330
0.4	7×2,6.5×2	4×1.5,5.2×2.3	15×5,16×4	280,300,330,380,420
0.45	7×2.2	4×1.5,5.2×2.3	15×5,16×4	280,300,330,380, 420,450,480
0.5	8×2.5	5.6×2.7,6.6×3.9	15×5,16×4	280,300,330,380, 420,450,480
0.6	—	6.6×3.9,8×4.2	16×4	330,380,420,450
0.7	—	8×4.2,10×6.3	18×5,22×6.5	330,520
0.9	—	10×6.3	18×5,22×6.5	330,520

钢丝综的长度应以两端综耳最外侧的距离为准,一般视织机梭口高度等因素而选择,计算公式如下:

$$L = 2.7H + e$$

式中:L——综丝长度,mm;

H——后综的梭口高度,mm;

e——综眼高,mm。

综丝的直径根据织物中经纱的线密度而定,纱线细,采用细综丝;纱线粗,采用粗综丝。钢丝综的直径及其适用范围见表 11-3-9。

表 11-3-9 钢丝综直径的适用范围

综丝直径/mm	适用范围	综丝直径/mm	适用范围
0.91	帆布	0.71	帆布
0.81	帆布	0.61	帆布

续表

综丝直径/mm	适用范围	综丝直径/mm	适用范围
0.56	帆布	0.35	—
0.51	帆布	0.32	—
0.46	19~36tex(16~30英支)	0.29	—
0.42	14.5~19tex(30~40英支)	0.27	—
0.38	7~14.5tex(40~80英支)		

(二)钢片综

根据综耳类型,钢片综可以分为 O 型闭口式钢片综、J 型或 C 型开口式钢片综。根据综丝列数各种钢片综又分 S 单列综、D 双列综、P 单边双列综,单列综多数用于总经根数少、纱线粗的工业用布,双列综基本都用于高支高密、结构复杂的机织生产用布。另外,还有纱罗绞综、补综等特殊规格的钢片综。不同形状的钢片综如图 11-3-7 所示。钢片综规格见表 11-3-10 和表 11-3-11。

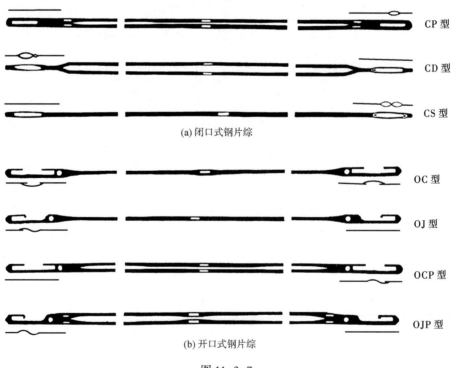

CP 型

CD 型

CS 型

(a) 闭口式钢片综

OC 型

OJ 型

OCP 型

OJP 型

(b) 开口式钢片综

图 11-3-7

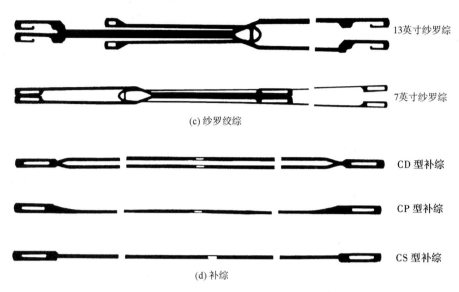

13英寸纱罗综

7英寸纱罗综

(c) 纱罗绞综

CD 型补综

CP 型补综

CS 型补综

(d) 补综

图 11-3-7　不同形状的钢片综

表 11-3-10　闭口式钢片综主要规格及标志

单位:mm

钢片综型号		横截面 （宽×厚）	长度 （两综耳间距）
种类	形状		
O 型闭口式	S 单列综 D 双列综 P 单边双列综	2.20×0.30	260,280 300,302 330,380 420,610
		2.50×0.35	
		2.80×0.40	
		3.30×0.30	
		5.50×0.30	

综眼型号			耳环型号		
位置	代号	尺寸	代号	上耳	下耳
U 偏上 （5/10mm） C 中心	1	5.0×1.0	−1	⊃◯◯⊂	————
	2	5.5×1.2	−2	⊃◯◯⊂	⊃◯◯⊂
	3	6.0×1.5	−3	⊃◯⊂	
	4	6.5×1.8	−4	⊃◯⊂	⊃◯⊂
	5	7.0×2.0			

表 11-3-11　开口式钢片综主要规格及标志　　　　单位：mm

钢片综型号		横截面	长度
种类	形状	（宽×厚）	（两综耳间距）
J 型开口式	J 单列综 JP 双列综 C 单列综 CP 双列综	5.50×0.25 5.50×0.30 5.50×0.35 5.50×0.38 5.50×0.40 6.00×0.35	280,302 331,356 382,407 432,610
C 型开口式	J 单列综 JP 双列综 C 单列综 CP 双列综	5.50×0.25 5.50×0.30 5.50×0.35 5.50×0.38 5.50×0.40 6.00×0.35	280,302 331,356 382,407 432,610

综眼型号			耳环型号		
位置	代号	尺寸	代号	上耳	下耳
U 偏上（5mm） C 中心	2	5.5×1.2	−5		
	4	6.5×1.8	−6		
	5	8.0×2.5	−7		
	6	8.0×3.8			

钢片综可按织物的不同规格、纱线线密度、密度及织机开口机构的形式进行选择，选择的原则参考钢丝综的选择方法。

例如：喷气织机上织制短纤纱，曲柄开口用 302mm 综片，凸轮和多臂开口用 330mm 综片。经纱密度高的用双列综，经纱密度低的用单列综，经纱密度与所用综片厚度成反比。

钢片综基本尺寸的极限偏差见表 11-3-12。

表 11-3-12　钢片综基本尺寸的极限偏差

基本尺寸	极限偏差
厚度/mm	±1.0
宽度/mm	−1.5~0

基本尺寸	极限偏差
综耳开口宽/mm	-0.2~0.4
综眼中心到上综耳内侧距离/mm	±0.2
综眼偏角/(°)	±0.2

二、综丝密度

综丝的密度指织物上机后,综丝铁梗上每厘米内的综丝根数。综丝密度过大,会增加综和经纱的摩擦;综丝密度过小,会增加前后综之间的经纱张力差异。综丝的允许密度可按下列经验公式计算:

$$P_H = \frac{10}{A\cos45°}$$

式中:P_H——每排综丝上允许的上机密度,根/cm;

A——综眼宽度,mm;

45°——综眼偏角。

钢片综的角度为 30°±5°。

综框上综丝的允许密度随经纱的线密度不同而变,综丝的允许密度可参考表 11-3-13。

表 11-3-13　综丝的允许密度

纱线规格		综丝密度/(根/cm)
线密度/tex	英支	
36~19	16~30	4~10
19~14.5	30~40	10~12
14.5~7	40~80	12~14

如果综丝密度超过允许范围,则可增加综框页数或每页综框上综丝杆排数,如采用两排、三排或四排。

第四节 经停片

一、经停片分类

经停片是织机经停装置的断经感知件,织机上的每一根经纱都穿入一片经停片。当经纱断头时,经停片靠自重落下,通过机械或电气装置,使织机迅速停车。

经停片由钢片冲压而成,外形如图 11-3-8 所示。图 11-3-8(a)是国产有梭织机使用的机械式经停装置的经停片,图 11-3-8(b)(c)是无梭织机使用的电气式经停装置的经停片。

经停片由开口式和闭口式两种。图 11-3-8(a)、(b)是闭口式经停片,经纱穿在经停片中部的圆孔内。图 11-3-8(c)是开口式经停片,经停片在经纱上机时插放到经纱上,使用比较方便。大批量生产的织物一般用闭口式经停片,品种经常翻改的织物采用开口式经停片。

表 11-3-14 为不同经停片的分类特征及代号。

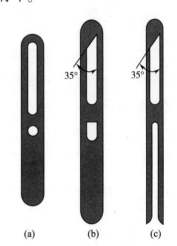

图 11-3-8 不同形式的经停片

表 11-3-14 不同经停片的分类特征及代号

分类特征	经停机构		穿经装置				穿纱眼形状		经停片结构	
	机械/机电	电气	非自动穿经	自动穿经			U 形	圆形	开口式	闭口式
代号	M	E		1[a]	2[b]	3[c]	U	R	O	G

a 适用于史陶比尔穿经装置。

b 适用于里达捷特瓦穿经装置。

c 适用于史陶比尔和里达捷特瓦穿经装置。

二、经停片规格

不同形式经停片的规格尺寸见图 11-3-9 和表 11-3-15。图 11-3-9 中穿纱眼也可以为另一形状,如圆形穿纱眼(R 形),圆形穿纱眼的上缘应与 U 形的上缘在同一水平面;也可将经停片的顶端制成圆弧形。

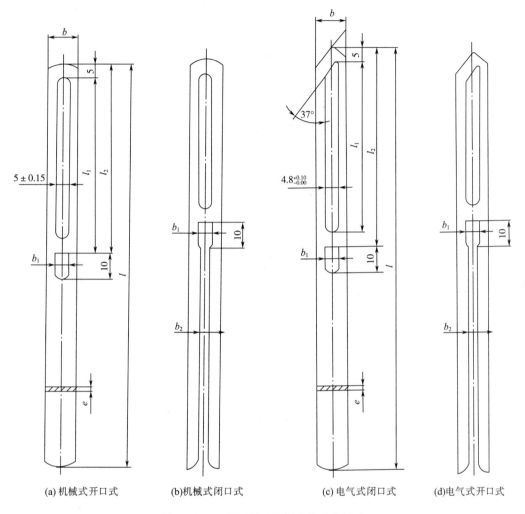

(a) 机械式开口式　　(b)机械式闭口式　　(c) 电气式闭口式　　(d)电气式开口式

图 11-3-9　不同形式经停片的技术尺寸

表 11-3-15　不同形式经停片的主要规格参数

经停片形式	长度 l/mm	宽度 b/mm	厚度 e/mm	上槽长度 l_1/mm	上部长度 l_2/mm	U 形穿纱眼宽度[a] b_1/mm	下槽宽度 b_2（最小）/mm	质量（近似）/g 闭口式	质量（近似）/g 开口式
EO	7	0.2				4	2.5	—	0.9
	8[b]	0.2				5	2.5	—	1.1
MO EO	145	11	0.2	53	63±0.3	6	3	—	1.7
			0.3					—	2.5
			0.4					—	3.3

续表

经停片形式	长度 l/mm	宽度 b/mm	厚度 e/mm	上槽长度 l_1/mm	上部长度 l_2/mm	U形穿纱眼宽度ᵃ b_1/mm	下槽宽度 b_2（最小）/mm	质量（近似）/g 闭口式	开口式
EG		8ᵇ	0.2			5		1.2	—
MG EG	145	11	0.2			6	—	1.9	—
			0.3					2.9	—
			0.4					3.8	—
			0.5					4.8	—
EO	165	8	0.2	65	75±0.3	5	2.5	—	1.2
MO EO MG EG		11	0.2			6	3	2.2	1.9
			0.3					3.3	2.9
			0.4					4.4	3.8
			0.5					5.5	4.8
MO EO	180	11	0.2			6	3	—	2.2
			0.3					—	3.3
			0.4					—	4.4
			0.5					—	5.5

a 或为另一种形状穿纱眼的宽度。

b 不推荐使用。

三、经停片密度

经停片尺寸、形式和重量与纤维种类、纱线粗细、织机形式、织机车速等因素有关。一般纱线线密度大、车速高，用较重的经停片。毛织用经停片较重，丝织用经停片较轻。纱线线密度与经停片重量的关系见表 11-3-16。

表 11-3-16　纱线线密度与经停片质量的关系

纱线线密度/tex	9以下	9~14	14~20	20~25	25~32	32~58	58~96	96~136	136~176	176以上
经停片质量/g	1以下	1~1.5	1.5~2	2~2.5	2.5~3	3~4	4~6	6~10	10~14	14~17.5

经停片密度过大，与经纱的摩擦增大，断经不停车。每根经停片杆上的经停片密度可根据下列公式计算：

$$P = \frac{M_z}{m(B + 1)}$$

式中:P——经停片密度,片/cm;

　　M_z——经纱总根数;

　　m——经停片杆的排数;

　　B——综框上机宽度,cm。

经停片允许密度和经纱线密度有关。纱线线密度小,直径细,经停片密度可较大;纱线线密度大,直径粗,密度不能过大。经停片密度与纱线规格的关系可参考表11-3-17。

表 11-3-17　经停片密度和纱线规格的关系

纱线规格		经停片密度/(片/cm)
线密度/tex	英支	
48 以上	12 以下	8~10
42~21	14~28	11~12
19~11.5	30~50	13~14
11 以下	52 以上	15~16

第五节　常用穿结经机技术特征

一、Delta100/110/111 型自动穿经机

(一)主要技术特征(表 11-3-18)

表 11-3-18　Delta100/110/111 型自动穿综机主要技术特征

机型		Delta100 型	Delta110 型	Delta111-3 型
基本配置	经轴公称幅宽/cm	230	230	400
	带经轴架的穿经车	基本型:无提升装置;可选装:带提升装置		
	穿经方式	钩针		
	经纱层数	1		
	综丝模组	配备带两条综库导轨		

续表

机型		Delta100 型	Delta110 型	Delta111-3 型
基本配置	综丝综框适配器	每 4 片综为 1 组,需 1 个适配器		
	控制模组带主机和磁盘驱动器	装配		
	钢筘模组(标准范围)	装配		
	带 6 根经停杆的经停片模组	无	装配	装配
	经轴运输车	可选装		
性能	穿经能力	8h 内穿经高达 3~4 个经轴		
	穿经速度/(根/min)	100;使用 Speedpack 选用件,140		
纱线	材料	棉纱和混纺纱(普梳、精梳),羊毛(精纺毛纱、粗疏纱),真丝、单纤丝和多纤丝,特殊纱线(如丝带、结子花线、毛圈花式纱)		
	直径范围	3~250tex(2.4~197 英支,30~2500dtex,27~2250 旦,4~333 公支),粗支纱 3~500tex 有选用件		
经轴	公称宽度/cm	230	230	400
	经轴最大边盘直径/mm	1200	1200	1100
	经轴数量	1		
	最大质量(包括经轴车)/kg	1200	1200	3000
综丝及综框	综丝宽度/mm	2.2,2.5,5.5		
	综丝长度/mm	260~382		
	综丝厚度/mm	0.25~0.38		
	类型	单片单眼和单片双眼		
	综耳类型	J/C/O		
	最多综框数	J/C 型 4~20;O 型 4~16		
	综眼/mm	最小 1.2×5.5		
	综眼偏移/mm	最大 10		
	综框	综框具有可拆卸的边侧支撑棒,综框有定位槽(从钢筘侧看在右边),根据要求可提供无定位槽综框		
钢筘	最大筘幅/cm	230	230	400
	筘号/(齿/10cm)	标准:20~350;细筘:351~500		

续表

机型		Delta100 型	Delta110 型	Delta111-3 型
钢筘	筘齿高度/mm	40~100		
	钢筘高度/mm	80~150		
	筘齿深度/mm	直至 16		
	筘型	平筘、异形筘或双层筘		
经停片	经停片宽度/mm	无	7~11	
	经停片长度/mm	无	125~180	
	经停片厚度/mm	无	0.2~0.65	
	种类	无	开放式和闭合式	
	轨数	无	最多 6 个	
	经停片储存道	无	1	
可选用组件		无	用于粗支纱、扁丝、竹节花式纱线和 毛圈花式线	
		无	经停片分配在 8 根停经杆上 （最大经停片宽度=9mm）	
		无	重磅纱的电子牵拉器	
		穿经车,带经轴架和加强型提升装置		
		穿经车,带经轴架,但没有基本型提升装置		
		电子双经探测(纱线 3~100tex)		
		色循环监视;色循环监视和控制		
		钢筘模组(细钢筘),用于筘密直至 50 筘/cm 的钢筘		
		Ethernet/TCP/IP 网络连接,用来传送穿经程序和运行数据		
控制模组		软件:DOS6.22 操作系统 打印机:并行接口 LPT1 语言选择:德文、英文、法文、意大利文、西班牙文、中文、韩文、日文、土耳其文、葡萄牙文、捷克文等,其他语言可根据要求提供		
电线连接数值		带接地的三相电网,无零线 外置保险丝保护,最小为每相 10A 电功率消耗约 1.6kW(kVA)		

续表

机型	Delta100 型	Delta110 型	Delta111-3 型
气动连接数值	输入气压超压 0.7~1MPa 气压差异±0.05MPa 空气最小供应量： DELTA100：主机台 550NL/min，吸气管 500NL/min，空气总供应量 1050NL/min DELTA110：主机台 850NL/min，吸气管 500NL/min，空气总供应量 1350NL/min 气压露点：-17℃在大气压力下（只有在安装了一台空气吸湿机的情况下才能达到此数值） 含油量：基本上不含油 残油含量<1mg/Nm³或者<0.8ppm 杂质粒子含量<5mg/m³，粒度<5μm 空气质量符合 ISO 8573-1:2010；质量级别 3		
室内条件	室内条件与一般应用在纺织厂中的条件大致相同。无研磨剂例如玻璃灰尘和类似的物质 相对湿度 30%~95%，无结露，流通空气，无酸性 运行温度 18~40℃，停机温度 5~45℃，在 10h 内最大温度差异不超过 15℃		
室高	基本型穿经车的往返范围内所需高度为：210cm 加强型穿经车的往返范围内所需高度为：DELTA100/110：245cm；DELTA111-3：260cm		

（二）主要组件

Delta100/110/111 主要组件如图 11-3-10 所示。

Delta100/110/111 自动地将每根经纱穿入综丝、经停片（仅是 Delta110）和钢箱。穿入经纱的综丝可以被排列到最多 20 片综框上或 16 根综条上，经停片被排列到最多 8 根经停片轨道上。

（1）综丝模组。综丝成组被排列在两条综丝库导轨上。分综装置将综丝一根一根分开，然后每根综丝被传送到旋转式综丝传送带上。此传送带将综丝送至穿经的位置。在穿经前，通过对中综眼的中心来将综丝对齐。穿入经纱后，综丝被送往所希望的综框位置或综条上。然后排综器根据穿综循环将综丝推往综框或综丝轨道。

（2）经纱模组。从经纱层到综框，分纱器将经纱分开并递送给穿经钩。穿经钩穿过钢箱、

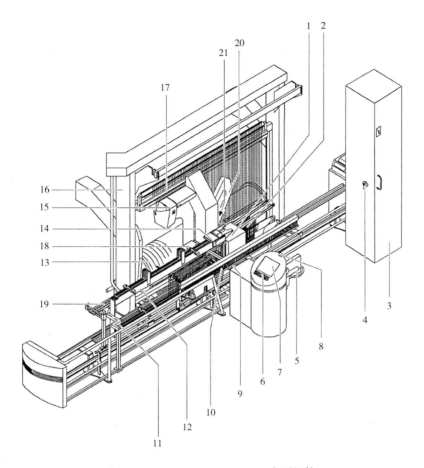

图 11-3-10　Delta100/110/111 主要组件

1—综丝传送带　2—综丝库　3—控制箱　4—电源总开关　5—主压缩空气开关　6—键盘

7—屏幕　8—紧急停车钮　9—穿综钩　10—钢筘　11—夹钳走车　12—综条、综丝固定座

13—盘头车　14—综框连接器或排综滚筒　15—分纱(选纱)部件　16—穿综车　17—纱架

18—经停片模组　19—经停片杆　20—经停片库　21—经停片分离部件

综丝和经停片的纱线孔,然后拉着纱线回到原位。在经纱穿入经停片、综丝和钢筘之后,经纱从穿经钩中被排出,由吸嘴吸住。经纱传感器检查纱线是否已正确穿入。

(3)经停片模组。经停片模组的准备工作是在经停片库里进行的。经停片分离器将经停片分离,然后一个经停片旋转头抓住经停片,将其带至穿经位置。穿入经纱后,经停片由经停片分配器接收,弹出并被排列在所希望的经停杆上。

(4)钢筘模组。钢筘安装在钢筘运输车上,穿经时,此运输车用来运送钢筘。钢筘的光学监视和控制系统根据钢筘的细度和所希望的穿筘方式来检查钢筘的运送。筘片进入筘齿,穿经钩将经纱穿入筘齿,筘齿的开口足够大以便穿经钩和纱线能顺利地通过。

（5）控制箱。此控制箱为穿经系统提供电子控制和集中电源,此电源确保机器运行所需的电压。此分级结构控制系统通过电动机和递增数字转换器,以及通过使用电磁阀和传感器的分配电路来进行通信。

（6）操作控制台。Delta100/110/111通过操作控制台控制器上的键盘来进行操作和编程。机器状况和穿经进程始终显示。穿综循环和参数的程序调整也同样可以通过操作控制台来进行,同时操作控制台还提供有关机器的运行统计数据和机器维护信息。如需要,按紧急停车按钮就可使机器停机。

（三）分纱针选择（表11-3-19）

表11-3-19 分纱针选择

	短纤纱				分纱针针号	
公支	棉、黏胶纱/英支	人造纱/英支	精梳纱/英支	亚麻/英支	K 型	N 型
227~250					2.5	
202~226					3	
176~201					3.5	
168~175	120~99				4	
159~167	98~91		148~115	276~214	4.5	
129~158	90~77				5	4
103~128	76~61		114~92	213~172	6	5
86~102	60~51		91~77	171~143	7	6
72~85	50~42		76~63	142~117	8	7
61~71	41~36		62~54	116~100	9	8
54~60	35~32		53~48	99~88	10	9
46~53	31~28		47~41	76~87	12	10
38~45	23~27	97~73	40~33	75~62	14	12
32~37	19~22	71~60	32~28	61~52	16	14
27~31	16~18	59~52	27~24	51~45	18	16
24~26	15~14	51~45	23~21	44~39	20	18
21~23	13~12.5	44~40	20~19	38~34	22	20
19~20	12~11	39~35	18~16	33~31	25	22
17~18	10~9.5	34~31	15~14.5	30~27	28	25
15~16	9~8.5	30~27	14~13	26~24	32	28
13~14	8~7.5	26~24	12~11	23~21	36	32

续表

短纤纱					分纱针针号	
公支	棉、黏胶纱/英支	人造纱/英支	精梳纱/英支	亚麻/英支	K 型	N 型
11~12	7~6.5	23~21	10~9.5	20~18	40	36
9~10	6~5.5	20~18	9~8	17~15	50	40
7~8	5~4.5	17~14	7~6	14~12	63	50
5.5~6	4~3.5	13~11	5~4.5	11~9	80	63
4.5~5	3~2.6	10~8	4~3.5	8~7	100	80
3.3~4	2.5~1.8	7~6.5	3~2.5	6~5.5	125	100
2.6~3.25	1.75~1.4	6~5	2~1.6	5~4	160	
1.25~2.5	1.3~0.7	4~2.4	1.5~1.1	2~3.5	200	

二、SAFIR 系列自动穿经机

(一)SAFIR 系列主要机型

SAFIR 系列主要机型基本参数对比见表 11-3-20。

表 11-3-20　SAFIR 系列主要机型基本参数对比

机型	S30 型	S40 型	S60 型	S80 型
采用固定穿综装置的移动式穿综机	采用	采用	不采用	不采用
带移动穿综车的固定式穿综机	不采用	不采用	采用	采用
经轴宽度/cm	230	230	230	230 400
穿综杆最大数量	12	12	—	—
综框最大数量	—	12	20	28
经停片分配	—	6	6	6/8
综丝类型	O	O/J/C	J/C	J/C
综丝材质	钢/塑料	钢/塑料	钢	钢
第 2 片经纱片	—	—	—	可选配
钢筘密度(450 齿/10cm)	可选配	可选配	可选配	可选配
双经检测	装备	装备	装备	装备

续表

机型	S30 型	S40 型	S60 型	S80 型
循环显示器	—	可选配	可选配	可选配
纱线循环检测		可选配	可选配	可选配
S/Z 捻检测	—	—	可选配	可选配
纱线循环管理	—	—	可选配	可选配
分层装置	可选配	可选配	可选配	可选配
适用纱线	长丝纱	牛仔布和棉织物	高档衬衫面料,通用型	复杂织物,双织轴
纱线种类	复丝和细单丝,棉和混纺纱(粗疏、精梳)	棉和混纺纱(粗梳、精梳) 羊毛(精纺毛纱、毛纺纱)	棉和混纺纱(粗梳、精梳) 羊毛(精梳毛纱、粗纺毛纱) 丝绸、单丝和复丝 如有需要,还可提供特种纱线(如丝带、结子纱、圈圈纱)	
纱线线密度/tex	1.1~67(9~532 英支,10~600 旦,15~900 公支)	4.5~200(3.0~130 英支,40~1800 旦,5~220 公支)	3~250(2.4~197 英支,27~2250 旦,4~333 公支)	
穿综经纱数/(×1000 根/24h)	240	200	170	150

(二)S60 型、S80 型自动穿经机主要技术特征(表 11-3-21)

表 11-3-21　S60 型、S80 型自动穿经机主要技术特征

	机型	S60 型	S80 型
基本配置	穿综车 穿综机	采用固定式穿综机,移动式穿综车,带用于 1 层经纱片的内置提升装置	
	网络接口	配备	
	分纱装置	1 层经纱片用的分纱装置,1:1 分绞或无分绞供选择	
	综框数量(J/C 型)	20	16,20,24,28
	停经片模组	可分配最多 6 排停经片	
	光学双经检测	配备	
	筘号/(齿/10cm)	20~350	20~350
性能	穿经速度/(个循环/min)	65,120(双筘时)	155,120(双筘时)
	应用范围	高档女士和男士外衣面料、高档衬衫面料、产业用布、家居用布、家具装饰布	高档女士和男士外衣面料、泡泡纱面料、高档衬衫面料

机型		S60 型	S80 型
纱线	材料	棉纱和混纺纱(普梳、精梳),羊毛(精纺毛纱、粗梳纱),真丝、单纤丝和多纤丝,特殊纱线(如丝带、结子花线、毛圈花式纱)	
	线密度范围	3~250tex(2.4~197 英支,27~2250 旦,4~333 公支)	
经轴	最大公称宽度/cm	230	230,280,400
	最大经轴边盘直径/mm	1200	1200
	最大重量(包括经轴车)/kg	1200	1200
	经纱层	1 片经纱片,具 1 层经纱层(有或无1:1分绞);可选配件 1 片经纱片,具 2 层经纱层(无1:1分绞)	1 片经纱片,具 1 层经纱层(有或无1:1分绞);可选配件 1 片经纱片,具 2 层经纱层(无1:1分绞);可选配 2 片经纱片,每片 1 层经纱层(有或无 1:1 分绞);可选配 2 片经纱片,每片 2 层经纱层(无 1:1 分绞)
综丝	材料	钢 J/C	
	类型	单列综/双列综	
	综耳类型	J/C	
	综丝长度/mm	260~382	260~433
	综丝厚度/mm	0.25~0.38	0.25,0.30,0.38
	综眼尺寸/mm	最小 1.2×5.5	最小 1.2×5.5
综丝	综眼偏移/mm	最大 10	最大 10
	存储盒路径	2	2
综框	综框具有可拆卸的侧面支架,综框有定位槽(从钢筘侧看在右边),根据要求可提供无定位槽综框		
钢筘	最大筘幅/cm	230	230,280,400
	筘号/(齿/10cm)	标准:20~350;可选配 351~450	
	筘齿高度/mm	40~100	40~100
	筘齿深度/mm	最大 20	最大 20
	钢筘高度/mm	80~150	80~150
	筘型	平筘、隧道式筘或双筘	平筘、隧道式筘或双筘
	固定夹宽度/mm	宽度 3.5~16	宽度 3.5~16

续表

机型		S60 型	S80 型
经停片	经停片宽度/mm	7~11	7~11
	经停片长度/mm	125~180	125~180
	经停片厚度/mm	0.2~0.65	0.2~0.65
	种类	开口式和闭口式	开口式和闭口式
	存储库路径	1	1
固定式穿综机电源	外置保险丝/A	最小 10	最小 10
	电源输入功率/kVA	1.00	1.00
	电压	带接地的单相主电源 1×200V AC,1×220V AC,1×400V AC,1×440V AC ±10%,由客户连接 频率 50Hz 或 60Hz	
移动式穿综车电源	外置保险丝/A	最小 10	最小 10
	电源输入功率/kVA	1.00	1.00,1.60,1.60
	主电源	带接地的单相电源 200V AC,1×220V AC,±10% 频率 50Hz 或 60Hz	
选用件或根据要求装配组件		用于 1 片经纱片的移动式穿综车,带内置提升装置 其他分纱装置(经纱片1:1分绞或无分绞) 其他吸嘴尺寸:0.03mm,0.05mm,0.10mm,0.20mm,0.30mm,0.40mm LD-1 分绞模组 LD-2 分绞模组 LR-1 分绞模组钢筘 分层装置 循环显示器 纱线循环检测 S/Z 捻检测 纱线循环管理 钢筘密度直至 450 齿/10cm	用于 1 片经纱片的移动式穿综车,带整体式提升装置 其他分纱装置(经纱片 1:1 分绞或无分绞) 其他吸嘴尺寸:0.03mm,0.05mm,0.10mm,0.20mm,0.30mm,0.40mm LD-1 分绞模组 LD-2 分绞模组 LR-1 分绞模组钢筘 经停片分配为 8 行 分层装置 循环显示器 纱线循环检测/纱线循环检测 S/Z 纱线循环控制/纱线循环检测 S/Z 钢筘密度直至 450 齿/10cm 第 2 片经纱片

三、OPAL 型自动分绞机

OPAL 型自动分绞机能自动将一层或多层纱或者多种颜色纱线按照花色循环进行 1∶1 分绞,实现 1~8 片多层经纱的有序穿经。其主要技术特征见表 11-3-22。

表 11-3-22　OPAL 型自动分绞机主要技术特征

项目		技术特征	
纱线	短纤纱	线密度/dtex	33~3000
		公支	3~300
		英支	2~180
		普通单色经纱	
		多层色纱,最多 8 层	
		每层经纱可以有 1 种或多种颜色,最多 12 种颜色	
	长丝纱	线密度/dtex	33~3000
		纤度/旦	30~3000
		普通单色经纱	
		混合的多层经纱,最多 8 层,每层可具有不同的颜色和捻向	
分绞能力(与经纱层数、纱线颜色、重复分绞情况有关)/(万根/8h)	1 层	6~10	
	2 层,S/Z	5~10	
	5 层	4~7	
	8 层	4~6	
	带有纱线类型探测器	3~6	
选用件或根据要求装配组件	纱夹装置	有两种纱夹装置,夹具 A 适用于低强度纱线;夹具 B 适用于大多数纱线,但细特纱或高捻纱不推荐使用	
	真空夹纱器	根据纱线线密度选择真空夹纱器,用以进行分纱: 细特纱范围:<70dtex(<60 旦,>150 公支) 中特纱范围:70~220dtex(60~200 旦,45~150 公支) 粗特纱范围:>220dtex(>200 旦,<45 公支) 标准 OPAL 配置中特纱范围的真空夹纱器	
	纱线类型探测	带有纱线类型探测器,可以处理同一层纱线中不同类型或不同颜色纱线的情况,该部件所有的机器配置都可使用,但对于相近颜色或微小差异的纱线使用时存在问题	

项目	技术特征	
设备规格	工作幅宽/cm	230
	机器宽度/mm	3750
	机器深度/mm	1350
	机器高度/mm	1390

四、G177-180 型三自动穿经机

(一)主要技术特征

G177-180 型三自动穿经机主要技术特征见表 11-3-23。

表 11-3-23　G177-180 型三自动穿经机主要技术特征

项目			技术特征	项目			技术特征
公称幅宽/mm			1800	吸经停片	形式		恒磁
可挂经停片排数			4		最大吸片数		4
可挂综框数/页	综框厚 20mm		2~4		永久磁铁片		508 低频磁钢
	综框厚 10mm		2~8		线圈电压/V		36
适用钢筘高度/mm			120	自动杆筘	插筘刀形式		双头插刀
螺旋式分纱器	螺旋杆头数		单头、双头、三头		电动机	类型	FW081-4(T3)
	适用纱线规格	线密度/tex	7~58			电压/V	380
		英支	10~80			功率/W	15
	分纱速度/(根/mm)		1			转速/(r/min)	1340
	适用经密范围/(根/10cm)		150~530		线圈	电压/V	36
	电动机	形式	FB 单相微型	外形尺寸(长×宽×高)/mm			2600×840×1850
		电压/V	12				
		功率/W	15				
		转速/(r/min)	2000	机器重量/kg			220
	机头重量/kg		1.5				
	外形尺寸(长×宽×高)/mm		160×90×90				

(二)螺旋式分纱器机械传动

螺旋式自动分纱器如图11-3-11所示,安放在穿筘机架上的两根平行轨道上,两轨道上通以低压交流电,自动分纱器上微型电动机12的电源即由轨道输入,轨道两端绝缘。当A、B触点接触时,微型电动机启动,通过蜗杆5、蜗轮4传动分纱螺杆3,进行分纱送纱。当分纱螺杆满纱时,推动满纱自停杆6左移,以满纱自停装置13为支点使导电触点A与B脱开,微型电动机12断电,全机停止工作。当左端纱线被取去时,靠拉簧的作用,使触点A、B接触,全机恢复工作。

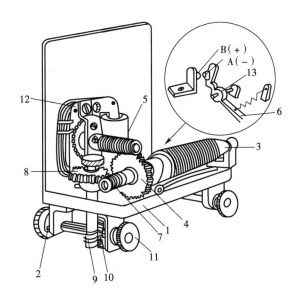

图 11-3-11　螺旋式分纱器

1—机板　2—后导轮　3—分纱螺杆　4,8—蜗轮　5—蜗杆　6—满纱自停杆　7—变换蜗杆

9—直立螺旋杆　10—螺旋齿轮　11—前导轮　12—微型电动机　13—满纱自停装置

1. 变换蜗杆和蜗轮与经密的关系

变换蜗杆和蜗轮与经密的关系见表11-3-24。当蜗杆每回转一转,分出一根经纱时,分纱机就需向前移动一根经纱的动程。分纱螺杆的转数、分纱机每次前进的动程与浆轴经密三者之间的关系如下式:

$$浆轴经密(根/10cm) = \frac{分纱螺杆的转数(即分纱根数)}{10 \times 分纱机前进动程(cm)}$$

因此当变换品种,即改变浆轴的经密时,必须更换一组使分纱机动程与之相适应的蜗轮、蜗杆。

表 11-3-24　变换蜗杆和蜗轮与经密的关系

浆轴经密		变换蜗轮				变换蜗杆	
根/10cm	根/英寸	齿数	模数	外径/mm	螺旋角	线数	外径/mm
157	40	31	1	34.06	14°48′	3	13.36
167	42.5	33	0.9	32.14	11°42′	3	14.88
177	45	35	0.9	34.22	13°48′	3	12.80
188.5	50	37	0.8	31.68	10°12′	3	14.94
196.5	50	39	0.8	33.47	11°44′	3	13.15
208.5	53	41	0.8	35.41	14°02′	3	11.21
218	55.5	43	0.7	31.88	9°12′	3	14.54
230	58.5	45	0.7	33.42	10°26′	3	12.80
236	60	31	1	33.42	9°28′	2	14.00
244	62	32	1	34.53	10°24′	2	12.80
251.5	64	33	1	35.70	11°40′	2	11.72
259.5	66	34	0.9	32.72	8°10′	2	14.30
267.5	68	35	0.9	33.70	9°02′	2	13.32
275.5	70	36	0.9	34.65	9°38′	2	12.37
287	73	37	0.9	35.70	10°44′	2	11.32
291	74	38	0.8	32.24	7°08′	2	12.78
299	76	39	0.8	33.07	7°36′	2	13.55
307	78	40	0.8	33.92	8°12′	2	12.27
313	79.5	41	0.8	34.78	8°52′	2	11.84
320.5	81.5	42	0.8	35.67	9°46′	2	10.93
326.5	83	43	0.7	31.67	6°04′	2	14.55
336.5	85.5	44	0.7	32.40	6°26′	2	13.80
342.5	87	45	0.7	33.12	6°50′	2	13.10
350	89	46	0.7	33.86	7°16′	2	12.36
358	91	47	0.7	34.60	7°46′	2	11.62

续表

浆轴经密		变换蜗轮				变换蜗杆	
根/10cm	根/英寸	齿数	模数	外径/mm	螺旋角	线数	外径/mm
366	93	24	1.25	32.62	5°10′	1	15.80
381.5	97	25	1.25	33.92	5°56′	1	14.50
397.5	101	26	1.25	35.33	6°40′	1	13.20
413	100	27	1	29.05	3°30′	1	18.37
429	105	28	1	30.06	3°44′	1	17.36
442.5	112.5	29	1	31.07	3°58′	1	16.35
456.5	116.5	30	1	32.08	4°16′	1	15.34
472	120	31	1	33.10	4°38′	1	14.32

注　每组蜗轮、蜗杆中心距均是 21.71mm。

2. 分纱螺旋杆

图 11-3-12 所示,分纱螺旋杆中,自右至左分别为:

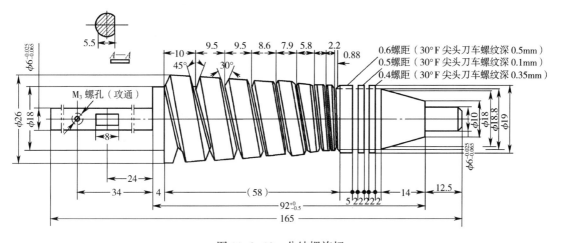

图 11-3-12　分纱螺旋杆

(1)细螺丝平槽部分。第一道 60 齿/英寸,第二道 52 齿/英寸,第三道 44 齿/英寸。

(2)不等分纱螺槽部分。螺距自右至左分别为 2.2mm,5.5mm,5.8mm,7.9mm,8.6mm,9.5mm,10mm。

(三)插筘机的机械传动

插筘机传动如图 11-3-13 所示,当开启自动插筘机电源总开关 12 时,36V 低压交流电输入,插筘机的电动机立即旋转,传动蜗杆 2 和蜗轮 3,使弹簧 5 伸展,推动蜗轮 3 与摩擦盘紧密吻合,摩擦盘 4 随蜗轮 3 转动,插筘刀轴 7 也随之转动(插筘刀轴 7 的中间一段为方轴,插筘刀 8 中间有方孔,活套在方轴上,当方轴旋转时,插筘刀立即旋转),完成一次插筘动作。

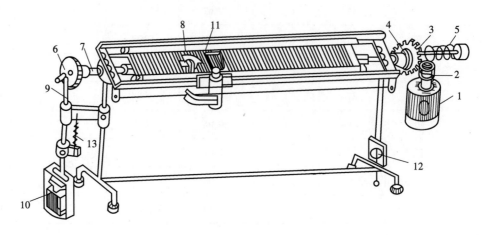

图 11-3-13 插筘机传动图

1—电动机 2—蜗杆 3—蜗轮 4—摩擦盘 5—弹簧 6—停止控制凸轮 7—插筘刀轴
8—插筘刀 9—升降杆 10—电磁吸铁 11—铜质弹片 12—电源开关 13—弹簧

五、UMM-4 型结经机

(一)主要技术特征(表 11-3-25)

表 11-3-25 UMM-4 型结经机主要技术特征

项目		技术特征	项目			技术特征
工作幅度/cm		160		型号		交流整流子
每分钟打结数		60~600	电动机	电压/V	进线	100~250
分纱方式		挑针			工作 结经机头	48
打结方式		打结管			工作 照明	6
结头纱尾长度/mm		15~20	功率/W			500
适用纱线 规格	线密度/tex	4~972	外形尺寸(长×宽×高)/mm			230×240×270
	英支	145~0.6	机头质量/kg			14
经纱密度/(根/10cm)		70~400				

(二)机械传动(图11-3-14)

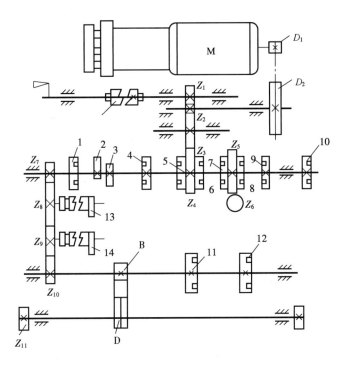

图11-3-14　UMM-4型结经机机械传动

1—张力压杆凸轮　2—挑纱针凸轮　3—探测杆凸轮　4—接受叉凸轮　5—夹纱钳凸轮　6—拨纱杆凸轮

7—推纱针凸轮　8—打结器凸轮　9—打结针凸轮　10—紧结杆凸轮　11—挑纱针限位钢丝凸轮

12—聚纱钳凸轮　13,14—分绞凸轮　M—电动机　A—离合器　B—撑牙　D—棘轮

D_1—电动机主动带轮直径8mm　D_2—被动带轮直径48mm　Z_1—18齿　Z_2—14齿　Z_3—62齿

Z_4—62齿　Z_5—45齿　Z_6—15齿　Z_7—18齿　Z_8—30齿　Z_9—30齿　Z_{10}—18齿　Z_{11},Z_{12}—行转轮

(三)机械计算

$$每分钟打结次数 = \frac{N \times D_1 \times Z_2}{D_2 \times Z_1}$$

$$每分钟行程 = \frac{N \times D_1 \times Z_2 \times Z_7}{D_2 \times Z_4 \times Z_{10}}$$

式中:N——电动机转速,r/min。

(四)电气线路

电气线路如图11-3-15所示。工作电压48V和照明6V,由手推小车中的变压器供给,手推小车输入电源电压为220V交流电。48V供结经机驱动电动机用,6V用于机头照明。

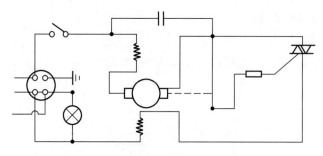

图 11-3-15　UMM-4 型结经机电气线路图

六、TPM 型结经机

(一)主要技术特征(表 11-3-26)

表 11-3-26　TPM 型结经机主要技术特征

项目	技术特征
经纱种类	棉纱、单毛纱、真丝、混纺纱、复纤丝、单纤丝、工业用纱
经纱线密度/tex	0.5~500
速度	每分钟高达 600 个结头,无级调速,并带有自动减速寻纱功能
分纱方式	挑针
打结方式	打结管
结头种类	·　同机头内配置单、双结头功能,结头尾长度可以调节
双经检测功能	机械式适用于带分绞的经纱层,电子式适用于带分绞或不带分绞的经纱层
屏幕显示	多种语言选择,并能显示操作情况,如结经速度及结经根数
电源电压	结经机小车的电源变压器选择:100V AC、120V AC、220V AC 或 240V AC,特别情况下提供 380V AC、400V AC 的变压器
允许最高电压波动	±10%
频率/Hz	50 或 60
功率/W	最高 120
工作环境	相对湿度高达 90%,室温 5~40℃
外形尺寸(长×宽×高)/mm	355×300×255
质量/kg	12~15.2(视结经机型号)

(二)K 型挑纱针选择(表11-3-27)

表 11-3-27　K 型挑纱针选针表

长丝经纱:合成纤维、黏胶丝、真丝		（K73针图）		短纤维经纱:棉纱、黏胶纱、粗梳纱、麻纱					
线密度/tex	纤度/旦	针号	公支	英支					线密度/tex
				粗梳纱	精梳纱	麻纱	棉纱		
0.8~1.7	7~15	K2.5	166~250	—	—	—	—	—	
0.8~1.7	7~15	K3	166~250	—	—	—	—	—	
0.8~1.7	7~15	K3.5	166~250	—	—	—	—	—	
1.4~2.2	13~20	K4	143~200	—	—	—	84~120	5~7	
1.7~2.3	15~21	K4.5	143~200	—	111~148	207~276	79~110	5.4~7.5	
2~2.6	18~23	K5	125~167	—	—	—	74~98	6~8	
2.4~3.4	22~31	K6	91~132	—	81~118	150~220	54~78	7.6~11	
3.2~4.2	29~38	K7	77~112	—	68~100	127~190	45~66	9~13	
3.8~5	34~35	K8	63~91	—	55~81	103~150	37~54	11~16	
4.6~6.4	41~58	K9	53~77	—	47~68	87~127	31~45	13~19	
6~8	54~72	K10	46~67	—	40~59	75~110	27~40	15~22	
7.6~11	68~99	K12	38~63	—	34~55	63~103	23~37	16~26	
9~13	81~117	K14	31~50	60~97	28~44	51~84	19~30	20~32	
11~16	99~145	K16	25~42	48~81	22~37	41~70	15~25	24~40	
13~19	115~175	K18	21~36	40~70	18~32	35~60	12~21	28~48	
15~22	135~200	K20	18~32	6~34	16~28	30~52	10~19	32~56	
16~26	145~240	K22	16~28	30~55	14~25	25~45	9~16	36~64	
20~32	180~290	K25	14~25	26~48	12~22	23~42	8~15	40~72	

长丝经纱:合成纤维、黏胶丝、真丝		针号 k T_{73}		短纤维经纱:棉纱、黏胶纱、粗梳纱、麻纱				
线密度/tex	纤度/旦	针号	公支	英支				线密度/tex
				粗梳纱	精梳纱	麻纱	棉纱	
24~40	220~360	K28	12~22	23~42	10~19	20~35	7~13	46~84
28~48	250~432	K32	10.5~20	20~38	9~18	17~33	6~12	50~96
32~56	290~500	K36	9~17	17~32	8~15	14~28	5~10	60~115
36~64	327~580	K40	7.5~15	15~28	7~13	13~25	4.5~8.7	68~130
40~72	360~648	K50	6.5~13	13~26	6~12	11~22	4~8	76~150
46~84	415~750	K63	5~10	10~20	4.5~9	8~17	3~6	96~200
50~96	450~864	K80	3.6~8.4	7~16	3~7	6~14	2~5	120~280
60~115	550~1000	K100	3~6	5~12	2~6	5~10	2~4	160~360
68~130	600~1150	K125	2~5	4~10	2~4	3~8	1~3	200~480
76~150	690~1350	K160	2~4	3~7	1~3	3~6	1~2	260~640
96~200	864~1800	K200	1.25~2.8	2.4~5	1.1~2.5	2~4.5	0.7~1.6	360~800

　　如何正确选择挑纱针,如短纤纱:40 公支经纱结经,在"公支"一栏中查找 40 公支中部,可选择 14 号针。在接短纤纱时,可选大 1~2 号针或小 1~2 号针,如表中所列 12 号针(范围 63~68 公支)或 16 号针(范围 42~45 公支)同样也可接经,因此,选针表只不过提供了一个范围,最佳的挑纱针只有通过反复试验才能确定。如果了机纱和上机纱的纱支不同,必须相应地选择挑纱针;如果一层经纱中有不同的纱支,选择挑纱针必须适应粗支经纱,而且必须采用分绞方式接经。

(三)电气线路

　　TPM 型结经机电气线路如图 11-3-16 所示。

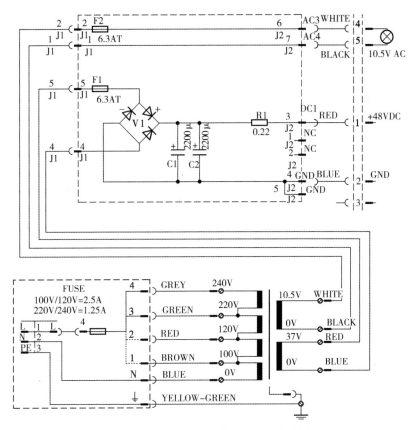

图 11-3-16 TPM 型结经机电气线路图

七、Knotex-Ps 系列结经机

(一)主要技术特征

Knotex-Ps 系列结经机的主要技术特征见表 11-3-28。

表 11-3-28 Knotex-Ps 系列结经机的主要技术特征

项目	技术特征	项目		技术特征
工作幅宽/cm	190	适用纱线规格	线密度/tex	9.5~95
每分钟打结数	500~600		英支	6~60
分纱方式	挑针	经纱密度/(根/10cm)		70~400
打结方式	打结管	电动机	电压/V	220
结头纱尾长度/mm	6~60		功率/W	240

(二)选纱针的选择

选纱针是结经机的主要机构,根据纱线的粗细选择相应的选纱针,见表 11-3-29。

表 11-3-29　Knotex-Ps 系列结经机选纱针的选择

纱线规格		针号	纱线规格		针号
线密度/tex	英支		线密度/tex	英支	
9.5	60	5	12.5	47	6
14	41	7	83.5	7	22
16.5	35	8	97.5	6	26
19.5	30	9	146	4	30
24.5	24	10	194.5	3	50
32.5	18	12	243	2.4	60
36.5	16	14	292	2	70
48.5	12	16	486.5	1.2	90
58.5	10	18			

(三)控制部分

Knotex-Ps 系列结经机电气线路如图 11-3-17 所示。

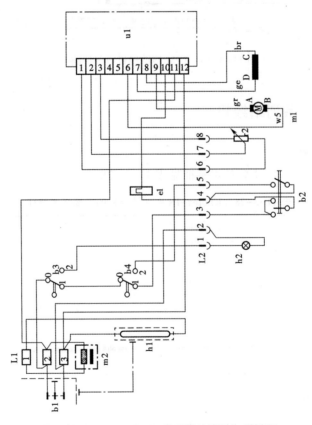

图 11-3-17　Knotex-Ps 系列结经机电气线路图

参考文献

［1］江南大学,无锡市纺织工程学会,《棉织手册》(第三版)编委会．棉织手册［M］.3 版．北京:中国纺织出版社,2006.

［2］范雪荣,荣瑞萍,纪惠军．纺织浆料检测技术［M］.北京:中国纺织出版社,2007.

［3］周永元．纺织浆料学［M］.北京:中国纺织出版社,2004.

［4］吴永升,中国纺织机械器材工业协会．无梭织机实用手册［M］.北京:中国纺织出版社,2006.

［5］高卫东,王鸿博,牛建设．机织工程:上册［M］.北京:中国纺织出版社,2014.

［6］王鸿博,高卫东,黄晓梅．机织工程:下册［M］.北京:中国纺织出版社,2014.

［7］蔡永东．新型机织设备与工艺［M］.上海:东华大学出版社,2018.

第十二篇　喷气织造

第一章　丰田(TOYOTA)喷气织机

第一节　主要技术特征

一、JAT 610 型喷气织机技术特征及外形尺寸

(一)技术特征

JAT 610 型喷气织机的技术特征见表 12-1-1。

表 12-1-1　JAT 610 型喷气织机的技术特征

项目	技术特征	
公称筘幅(R/S)/cm	150,170,190,210,230,250,280,336	
有效穿筘筘幅/cm	最大	公称筘幅-(5~15)(因综框类型和成边装置而异)
	最小	公称筘幅-(70~80)(公称筘幅为 230 及以下的减 70)
送经机构	电子控制送经装置(AC 伺服电动机),有两根积极平稳式后罗拉(前后上下位置可调式)、两根消极平稳式后罗拉(上下位置可调式)	
经轴盘头直径/mm	800,930,1000	
卷取机构	机械式卷取机构(标准型 11.8~95.4 根/cm,特殊型 3.5~34.9 根/cm) 电子控制卷取机构(11.8~95.4 根/cm)	
开口机构	消极式凸轮开口(最大综框数 8 页),积极式凸轮开口(最大综框数 8 页),曲柄开口(最大综框数 6 页),多臂开口(最大综框数 16 页)	
引纬	高推进力式主喷嘴、辅助喷嘴并用式,超灵敏度传感器,分两段控制的辅助喷嘴储气罐,自动对织口装置,引纬条件自动设定装置(ICS),引纬时间自动控制装置(ATC)	

项目	技术特征
电子储纬器	单纬、混纬、2 色自由交换、4 色自由交换
织边装置	左右不对称旋转纱罗边装置,4 根绞纱布边装置,折入边装置,中央布边装置
打纬机构	油浴式曲柄短箬座脚打纬机构
断头处理	电气式停车装置(S),布边及废边纱断头自停装置,配断头信号灯
纱头处理	废边纱单侧夹紧方式
加油	主要部位油浴润滑方式,配全自动润滑油统一注油装置
主控制	屏幕触摸及光纤维通信网络
动力/kW	1.5~3 按钮式启动、停止、正反转减速装置;通过电磁制动器,实现制动、定位停车
其他	集中调节装置、门装式脚踏杆、多功能记忆卡系统
任选件	双喷嘴、纬纱自动处理装置(TAPO)、断经位置显示装置(分 6 排显示)、定张力卷绕装置、监视接口装置、总计算机系统(TTCS)等

(二)外形尺寸

JAT 610 型喷气织机的外形尺寸见表 12-1-2。

表 12-1-2　JAT 610 型喷气织机的外形尺寸　　　　单位:mm

项目			凸轮开口	曲柄开口	上置多臂开口	下置多臂开口
机宽 W	单色	机械卷取	$R/S+2140$	$R/S+2095$	$R/S+2095$	$R/S+2420$
	混纬	电子卷取	$R/S+2275$	$R/S+2230$	$R/S+2230$	$R/S+2555$
	4 色					
机器前后 D			1830	1790	1830	1830
机器高度 H			2020	1775	2360	2110

注　上表表示盘头直径为 800mm、卷绕最大直径为 600mm(曲柄开口为 520mm)时的情况;如盘头直径为 930mm,均按 $D+112$,$H+130$ 加算;盘头直径为 1000mm,均按 $D+207$,$H+200$ 加算。

二、JAT 710 型喷气织机技术特征及外形尺寸

(一)技术特征

JAT 710 型喷气织机的技术特征见表 12-1-3。

表 12-1-3　JAT 710 型喷气织机的技术特征

项目		技术特征
公称筘幅/cm		140,150,170,190,210,230,250,280,340,360,390
有效穿筘筘幅/cm	最大	公称筘幅-(5~15)(因综框类型和成边装置而异)
	最小	公称筘幅-(70~80)(公称筘幅为 230 及以下的减 70)
送经机构		电子控制送经装置(AC 伺服电动机),有两根积极平稳式后罗拉(前后上下位置可调式)、两根消极平稳式后罗拉(上下位置可调式)
经轴盘头直径/mm		800,930,1000
卷取机构		机械式卷取机构(标准型 11.8~95.4 根/cm,特殊型 3.5~34.9 根/cm) 电子控制卷取机构(11.8~95.4 根/cm)
开口机构		消极式凸轮开口(最大综框数 8 页),积极式凸轮开口(最大综框数 10 页),曲柄开口(最大综框数 6 页),多臂开口(最大综框数 16 页),电子开口(最大综框数 16 页),大提花开口机构,综丝单独控制
引纬		高推进力式主喷嘴、喇叭形串联喷嘴、锤形辅助喷嘴、牵伸喷嘴,新型高灵敏度传感器,辅助气罐与电磁阀直接连接,自动对织口装置,引纬时间自动控制装置(ATC)
电子储纬器		单纬、混纬、2 色自由变换、4 色自由交换、6 色自由交换
织边装置		左右不对称旋转纱罗边装置,4 根绞纱布边装置,折入边装置,中央布边装置
打纬机构		油浴式曲柄短筘座脚打纬机构
边撑		上覆式拉紧装置
停车档防止		主电动机启动方式可选择、机台的停止和启动角度可选择、可调整送经量等
断头处理		电气式停车装置(S);布边及废边纱断头自停装置,配断头信号灯;透过式纬纱检测器
纱头处理		废边纱单侧夹紧方式
加油		主要部位油浴润滑方式,配全自动润滑油统一注油装置
主控制		屏幕触摸及光纤维通信网络,32 位 CPU 和多功能操作盘

(二)外形尺寸

JAT 710 型喷气织机的外形尺寸见表 12-1-4。

表 12-1-4　JAT 710 型喷气织机的外形尺寸　　　　　　　　　单位:mm

项目		消极凸轮	积极凸轮	曲柄	上置多臂	积极多臂
机宽 *W*	1、2 色	*R/S* +2245	*R/S* +2536	*R/S* +2222	*R/S* +2222	*R/S* +2665
	4 色	*R/S* +2395	*R/S* +2686	*R/S* +2372	*R/S* +2372	*R/S* +2815
	6 色	*R/S* +3205	*R/S* +3496	*R/S* +3182	*R/S* +3182	*R/S* +3625
机器前后 *D*		1845	1845	1805	1845	1845
机器高度 *H*		2036	1712	1712	2291	1712

注　1. 上表表示下述规格:*R/S* 150~280;单经轴;经轴盘头直径为 800mm;卷绕最大直径为 600mm(曲柄开口为
　　　520mm);带串联喷嘴,无 ABS,筒子架为标准规格;多臂为 2861 型及 2871 型,积极凸轮为 1751 型和 1761 型。
　　2. 当盘头直径为 930mm,均按 *D* +112,*H* +130 加算;盘头直径为 1000mm,均按 *D* +207,*H* +200 加算。
　　3. 当 *R/S* 为 340 以上时,机宽 *W* 再追加 50mm。
　　4. 机器长度随送经后罗拉的设定位置有所变化。

该机器重量及适用纱线种类可参考 JAT 610 型喷气织机。

三、JAT 810 型喷气织机技术特征及外形尺寸

(一)技术特征

JAT 810 型喷气织机的技术特征见表 12-1-5。

表 12-1-5　JAT 810 型喷气织机的技术特征

项目		技术特征
公称筘幅(*R/S*)/cm		140,150,170,190,210,230,250,280,300,336,340,360,390
有效穿筘筘幅/cm	最大	公称筘幅-(0~5)(因综框类型和成边装置而异)
	最小	公称筘幅-(60~70)(公称筘幅为 150 及以下的减 70)
送经机构		电子控制送经装置(AC 伺服电动机),有两根积极平稳式后罗拉(前后上下位置可调式)、两根消极平稳式后罗拉(上下位置可调式)
经轴盘头直径/mm		800,930,1000,1100,1250(毛巾织机的毛圈经轴)
卷取机构		电子控制卷取机构(11.8~95.4 根/cm)
开口机构		消极式凸轮开口(最大综框数 8 页),积极式凸轮开口(最大综框数 10 页),曲柄开口(最大综框数 6 页),多臂开口(最大综框数 16 页),毛巾织机最大可容纳 20 片综框,电子开口(最大可容纳 16 片综框),大提花开口机构,综丝单独控制
引纬		高推进力式主喷嘴、喇叭形串联喷嘴、高效锥形辅助喷嘴、牵伸喷嘴、新型高灵敏度电磁阀、辅助气罐与电磁阀直接连接、自动对织口装置,引纬时间自动控制装置(ATC)

续表

项目	技术特征
电子储纬器	可达 8 色的电子储纬器(2 色、4 色、6 色、8 色自动交换电子储纬器)
织边装置	左右不对称旋转纱罗边装置,2 根绞纱布边装置,织入布边装置(两侧布边及中间边),中间边装置
打纬机构	油浴式曲柄两侧驱动,多个短箱座脚
断头处理	电子式经停装置,布边、废边纱切断停止装置,反射式纬纱检测器(双探纬针),配 LED4 色信号灯
纱头处理	采用捕纱方式握持住单侧纱端
加油	主要部位油浴润滑方式,配全自动润滑油统一注油装置
主控制	大型触摸式对话型新型彩色多功能操作盘(12 英寸),32 位 CPU 和多功能操作盘,由光缆和局域网构成的通信网
动力	超高速启动电动机;按钮式启动、停止、正反转缓慢运动;通过电磁制动器的制动,定位停止自动校正方式
其他	集中调节装置、停电停止装置、异常时自动警告功能,丰田监控系统(TMS)
任选件	纬纱张力自动校正装置(ABS),纬纱自动飞行自动控制装置(APC、AFC、EPC),异种纱支投纬装置;纬纱自动处理装置(TAPO)、丰田网络总电脑系统(TTCS)等

(二)外形尺寸

JAT 810 型喷气织机的外形尺寸见表 12-1-6。

表 12-1-6　JAT 810 型喷气织机的外形尺寸　　　　单位:mm

项目		消极凸轮	积极凸轮	曲柄	多臂	电子开口 ES	电子开口 EC	电子开口 EB
机宽 W	2 色投纬	$R/S+2290$	$R/S+2574$	$R/S+2267$	$R/S+2702$	$R/S+2734$	$R/S+2575$	$R/S+2267$
	4 色投纬	$R/S+2395$	$R/S+2679$	$R/S+2372$	$R/S+2807$	$R/S+2839$	$R/S+2680$	$R/S+2372$
	6 色投纬	$R/S+3205$	$R/S+3489$	$R/S+3182$	$R/S+3617$	$R/S+3649$	$R/S+3490$	$R/S+3182$
	8 色投纬	$R/S+3205$	$R/S+3489$	$R/S+3182$	$R/S+3617$	$R/S+3649$	$R/S+3490$	$R/S+3182$
机器前后 D		1915	1915	1875	1915	1945	1945	1945
机器高度 H		2036	1712	1712	1712	1712	1712	1712

注　1. 上表表示下述规格:R/S 150～260;单经轴规格;经轴法兰直径为 800mm;卷绕最大直径为 600mm(曲柄开口为 520mm);带串联喷嘴,ABS,筒子架为标准规格;下置式多臂为 S3060 型。

　　2. 当盘头直径为 930mm 时,按 $D+97$,$H+130$ 加算;盘头直径为 1000mm 时,均按 $D+192$,$H+200$ 加算。

　　3. 当 R/S 为 340 以上时,机宽 W 再追加 50mm。

　　4. 机器长度随送经后罗拉的设定位置有所变化。

第二节　主要机构及其工艺调整

一、开口机构

(一)消极凸轮开口机构

1. 工作原理

主电动机传动织机右侧的驱动轮,通过其外侧的皮带轮及同轴的传动齿轮,使开口凸轮回转,踏综杆作上下摆动,通过钢丝绳使综框上下运动。回综采用上置或下置方式。

2. 主要工艺的确定和调整

(1)开口时间(表12-1-7)。

表12-1-7　各种开口装置的开口时间

纱线种类	项目	凸轮开口装置			曲柄开口装置	多臂开口装置
长纤经纱	开口量/(°)	24			24(刻度3)	24
	开口时间/(°)	平纹		斜纹	345	345
		345		345		
	平稳量	刻度3		刻度1	刻度3	平纹:刻度3 斜纹:刻度1
	平稳时间/(°)	345		345	345	345
短纤经纱	开口量/(°)	32			32(刻度3)	30
	开口时间/(°)	1×2综平	3×4综平	斜纹或缎纹	310	300
		310	290	290		
	平稳量	刻度6		刻度1	刻度6	平纹:刻度6 斜纹或缎纹:刻度1
	平稳时间/(°)	290	290		290	300

对于高密度平纹织物,开口时间的确定见表12-1-8。

表 12-1-8　消极凸轮开口装置织制高密平纹织物时的开口时间

纱线种类	项目		凸轮开口装置
短纤经纱 （高密度织物）	开口量/(°)		32
	开口时间/(°)	1×2 综平	290
		3×4 综平	310
	平稳量		刻度 6
	平稳时间/(°)		310

（2）开口量。开口角（满开时的梭口张角）的标准如下：短纤维织物为 32°；长丝织物为 24°。表 12-1-9、表 12-1-10 列出了开口角以及相应的综框动程（表中○内数字表示综框序号）。

表 12-1-9　短纤维用（综框位于标准位置）开口角

连接器位置	综框动程/mm	开口角/(°)				
		30	32	34	36	38
22	70.7	①				
21	72.7		①			
20	74.7					
19	76.7	②		①		
18	78.7					
17	80.6		②			
16	82.6				①	
15	84.6	③				
14	86.6			②		①
13	88.6		③			
12	90.6	④			②	
11	92.5					
10	94.5			③		
9	96.4		④			②
8	98.4	⑤				

续表

连接器位置	综框动程/mm	开口角/(°)				
		30	32	34	36	38
7	100. 3				③	
6	102. 3			④		
5	104. 2		⑤			
4	106. 1	⑥				③
3	108. 0				④	
2	110. 0					
1	111. 9			⑤		
0	138. 8	⑦	⑥			④

表 12-1-10　长丝用(综框位于标准位置)开口角

连接器位置	综框动程/mm	开口角/(°)				
		22	24	26	28	30
22	54. 9	①				
21	56. 4		①			
20	58. 0	②				
19	59. 5			①		
18	61. 1					
17	62. 6	③	②			
16	64. 1				①	
15	65. 7			②		
14	67. 2		③			①
13	68. 7	④				
12	70. 2					
11	71. 7				②	
10	73. 2	⑤	④	③		

连接器位置	综框动程/mm	开口角/(°)				
		22	24	26	28	30
9	74.7					
8	76.2					②
7	77.8				③	
6	79.3	⑥	⑤	④		
5	80.7					
4	82.2					
3	83.7					③
2	85.2	⑦	⑥	⑤	④	
1	86.7					
0	88.2					④

（3）综框。综框的安装方法见表 12-1-11。

表 12-1-11　综框的安装

序号	安装顺序
1	将位于综框下面的调节螺栓调整到规定的长度(114mm)
2	将曲轴角度设定至开口时间,使综框互相对齐
3	将主电源开关置于 OFF 位置
4	进行平综操作
5	将夹板挂在夹板座的挡锁处
6	将综框的边框上部的平行锁放在夹板座的面上,用夹板将综框套住
7	解除平综
8	使用手轮,将主轴角度转到下开口位置(主轴角度约130°),使夹板座到达最低位置
9	转动螺丝,调整综框高度达到设定尺寸
10	使夹板的顶部与综框的顶部对齐,然后用标准力矩拧紧螺丝

(4)下层经纱高度。各开口角度下的下层经纱高度 B 见表12-1-12。

表 12-1-12　下层经纱高度确定

纱线种类		短纤纱			长丝
开口角度/(°)		30	32	34	24
下经纱高度 B/mm	$\dfrac{1}{1},\dfrac{1}{2},\dfrac{2}{3},\dfrac{1}{3},\dfrac{1}{4}$	24	23	21	22
	$\dfrac{2}{1},\dfrac{3}{1},\dfrac{4}{1}$	23	22	20	

3. 织物组织的变更

(1)消极式踏盘凸轮的更换方法(表12-1-13)。

表 12-1-13　消极式踏盘凸轮的更换方法

序号	更换顺序
1	进行综框的平综操作
2	卸下固定螺丝,取出踏盘轴
3	将踏盘轴放在工作台,根据织物组织,装配踏盘凸轮
4	根据织物组织,选择齿轮
5	将装配完毕的踏盘轴放入踏盘箱内
6	重新固定螺丝
7	确认踏盘凸轮与踏综的中心一致
8	将曲轴角度设定至适于生产织物的开口时间
9	踏盘凸轮与踏综轮相互接触时,转动踏盘齿轮,2 根踏综杆的位置大致相同时,使踏盘齿轮相互啮合
10	调整梭口闭合定时
11	解除平综操作

(2)消极式踏盘凸轮的装配方法。

①平纹用 4 页踏盘凸轮。前 2 页(1、2 页综)和后 2 页(3、4 页综)的标准静止角度为 20°。(3、4 页综比 1、2 页综早 20°闭合),对经纱开口不清的织物可将静止角度增加到 30°(3、4 页综比 1、2 页综早 30°闭合)。

②斜纹、缎纹、灯芯绒用踏盘凸轮。可参照平纹用 4 页踏盘凸轮的装配方法。

(3)织物组织和踏盘凸轮的数量(表12-1-14)。

表 12-1-14 织物组织和踏盘凸轮的数量

组织		踏盘凸轮使用综框					合计	备注
		一速式		二速式				
		地	边	地	边	废边		
平纹	$\dfrac{1}{1}$	4					4	废边穿在地组织综框上
		6					6	
3页斜纹	$\dfrac{2}{1}$	3	$1\left(\dfrac{1}{2}\right)$				4	反斜纹布边
		6	$1\left(\dfrac{1}{2}\right)$				7	
				3	2		5	方平组织布边
				6	2		8	
	$\dfrac{1}{2}$	3	$1\left(\dfrac{2}{1}\right)$				4	反斜纹布边
		6	$1\left(\dfrac{1}{2}\right)$				7	
				3	2		5	方平组织布边
				6	2		8	
4页斜纹	$\dfrac{3}{1}$	4	$1\left(\dfrac{1}{3}\right)$				5	反斜纹布边
				4	2		6	方平组织布边
	$\dfrac{1}{3}$	4	$1\left(\dfrac{3}{1}\right)$				5	反斜纹布边
				4	2		6	方平组织布边
	$\dfrac{2}{2}$	4					6	方平组织布边
缎纹	$\dfrac{4}{1}$	5	$1\left(\dfrac{1}{4}\right)$				6	反缎纹布边
		5	$2\left(\dfrac{2}{3},\dfrac{3}{2}\right)$				7	变则方平组织布边
				5	2		7	方平组织布边
	$\dfrac{1}{4}$	5	$1\left(\dfrac{4}{1}\right)$				6	反缎纹布边
		5	$2\left(\dfrac{2}{3},\dfrac{3}{2}\right)$				7	变则方平组织布边
				5	2		7	方平组织布边
灯芯绒				6		2	8	

注 3页斜纹、4页斜纹、缎纹的废边纱穿在地组织综框上;变则方平组织布边是 $\dfrac{2}{3}$、$\dfrac{3}{2}$ 布边组织的组合。

（4）织物组织改变时需要更换的部件（表12-1-15）。

表12-1-15 织物组织改变时需要更换的部件

更换的部件名称	更换理由
踏盘凸轮	踏盘凸轮的形状和数量随织物组织而异
踏盘轴套	螺孔长度和数量分别随所使用的踏盘凸轮的形状和数量及织物组织而异
踏盘齿轮	齿轮的齿数不同而使踏盘凸轮的转速改变
变速齿轮	齿轮的齿数不同而使踏盘凸轮的转速改变
螺栓	螺栓的长度和数量分别随所使用的踏盘凸轮的数量及织物组织而异
综框数量	随织物组织而异

（5）踏盘凸轮的排列和齿轮齿数。

① $\frac{1}{1}$ 平纹织造（单织速型）（表12-1-16）。

表12-1-16 平纹织造用凸轮和齿轮

凸轮或齿轮	个数或齿数	凸轮或齿轮	个数或齿数
地组织用凸轮	4个或6个凸轮	齿轮B	36齿
齿轮A	48齿		

② $\frac{2}{1}$ 3页斜纹织造（双织速型）（表12-1-17）。

表12-1-17 3页斜纹织造用凸轮和齿轮

凸轮或齿轮	个数或齿数	凸轮或齿轮	个数或齿数
地组织用凸轮	6个或3个凸轮	齿轮B	28齿
方平布边用凸轮	2个凸轮	齿轮C	48齿
齿轮A	56齿	齿轮D	36齿

③ $\frac{3}{1}$ 4页斜纹织造（双织速型）（表12-1-18）。

表 12-1-18　4 页斜纹织造用凸轮和齿轮

凸轮或齿轮	个数或齿数	凸轮或齿轮	个数或齿数
地组织用凸轮	4 个凸轮	齿轮 B	36 齿
方平布边用凸轮	2 个凸轮	齿轮 C	48 齿
齿轮 A	48 齿	齿轮 D	36 齿

④ $\dfrac{2}{2}$ 4 页斜纹织造(单织速型)(表 12-1-19)。

表 12-1-19　4 页斜纹织造用凸轮和齿轮

凸轮或齿轮	个数或齿数	凸轮或齿轮	个数或齿数
地组织用凸轮	4 个凸轮	齿轮 A	48 齿
方平布边用凸轮	2 个凸轮	齿轮 B	36 齿

⑤ $\dfrac{1}{4}$ 缎纹织造和方平布边(双织速型)(表 12-1-20)。

表 12-1-20　缎纹织造和方平布边用凸轮和齿轮

凸轮或齿轮	个数或齿数	凸轮或齿轮	个数或齿数
地组织用凸轮	5 个凸轮	齿轮 B	30 齿
方平布边用凸轮	2 个凸轮	齿轮 C	48 齿
齿轮 A	50 齿	齿轮 D	36 齿

⑥ $\dfrac{1}{4}$ 缎纹织造和特殊方平布边 $\dfrac{2}{3}$、$\dfrac{3}{2}$(单织速型)(表 12-1-21)。

表 12-1-21　缎纹织造和特殊方平布边用凸轮和齿轮

凸轮或齿轮	个数或齿数	凸轮或齿轮	个数或齿数
地组织用凸轮	5 个凸轮	齿轮 A	50 齿
方平布边用凸轮	2 个凸轮	齿轮 B	30 齿

⑦灯芯绒织造(双织速型)(表 12-1-22)。

表 12-1-22　灯芯绒织造用凸轮和齿轮

凸轮或齿轮	个数或齿数	凸轮或齿轮	个数或齿数
地组织用凸轮	6 个凸轮	齿轮 B	28 齿
方平布边用凸轮	2 个凸轮	齿轮 C	48 齿
齿轮 A	56 齿	齿轮 D	36 齿

(二)曲柄开口机构

曲柄开口机构专门用于平纹织造。有两种型号:一是单纯曲柄开口机构,这种机构在开口过程中几乎没有静止角,因而适合高速织造,但宽幅适应性差;二是多节曲柄开口机构,在开口过程中有固定的静止角,不适合高速织造。

1. 单纯曲柄开口机构工艺

(1)开口时间。开口时间确定见表 12-1-23。

表 12-1-23　单纯曲柄开口机构的开口时间

类别	曲柄角度/(°)	类别	曲柄角度/(°)
短纤维纱用	310	长丝用	350

(2)开口量。

①短纤维纱用开口量(表 12-1-24)。刻度 3 为标准刻度,表中上行表示综框位于正常位置情况;表中下行表示综框后移 8mm 的情况。

表 12-1-24　单纯曲柄开口机构的开口量(短纤维纱用)

标尺 S 上的刻度	开口量/mm			开口角/(°)
	综框 1	综框 4	综框 6	
1	66.0	85.8	98.7	28
	69.7	89.5	102.4	
2	70.5	91.6	105.3	30
	74.5	95.6	109.3	
3	75.0	97.6	112.1	32
	79.3	101.8	116.4	
4	79.6	1035	119.0	34
	84.1	108.0	123.5	

标尺 S 上的刻度	开口量/mm			开口角/(°)
	综框 1	综框 4	综框 6	
5	84.0	109.4	125.8	36
	88.8	114.2	130.6	

②长丝用开口量(表12-1-25)。刻度 3 为标准刻度,表中上行表示综框位于正常位置情况;表中下行表示综框后移 8mm 的情况。

表 12-1-25　单纯曲柄开口机构的开口量(长丝用)

标尺 S 上的刻度	开口量/mm			开口角/(°)
	综框 1	综框 4	综框 6	
1	48.9	63.0	72.4	20
	51.6	65.7	75.1	
2	53.1	68.5	78.7	22
	56.0	71.4	81.7	
3	57.6	74.2	85.4	24
	60.7	77.4	88.5	
4	61.8	79.7	91.6	26
	65.2	83.1	95.0	
5	66.2	85.1	97.8	28
	69.8	88.7	101.4	

(3)下层经纱高度。下层经纱高度 H 指梭口满开时,筘座上沿至下层经纱之间的距离。经纱的开口角与下层经纱高度的关系见表12-1-26。

表 12-1-26　经纱的开口角与下层经纱高度的关系

项目	短纤维纱用(开口时间为310°)					长丝用(开口时间为350°)				
开口角/(°)	28	30	32	34	36	20	22	24	26	28
H/mm	23	22	21	20	19	24	23	22	21	20

2. 多节曲柄开口机构工艺

宽幅织机(250cm 以上)以及短纤维纱织物,为了改善织物风格并适应宽幅的要求,一般采用多节曲柄开口机构。

（1）开口时间。短纤维纱织物标准开口时间为310°。

（2）开口量。刻度板 S 的位置与开口量的关系见表12-1-27。表中上行表示综框位于正常位置情况;下行表示综框后移8mm 的情况。

表 12-1-27　刻度板 S 的位置与开口量的关系

标尺 S 上的刻度	开口量/mm			开口角/(°)
	综框 1	综框 4	综框 6	
1	65.5	85.0	98.0	28
	69.2	88.7	101.7	
2	70.3	91.3	105.2	30
	74.3	95.2	109.2	
3	75.2	97.6	112.6	32
	79.5	101.9	116.8	
4	80.2	104.2	120.1	34
	84.8	108.7	124.6	
5	85.4	110.8	127.7	36
	90.2	115.6	132.6	

（3）下层经纱高度。经纱的开口角与下层经纱高度的关系见表12-1-28。

表 12-1-28　经纱开口角与下层经纱高度的关系

项目	短纤维纱用(开口时间为 310°)				
开口角/(°)	28	30	32	34	36
H/mm	23	22	21	20	18

(三)多臂开口机构(史陶比尔积极式 2861 型、2871 型)

1. 开口量的设定和调整

在电源接通的情况下,按下紧急停止按钮。开口量随开口杆 1 的尺寸 C 而变化(图12-1-1)。请参考设定表,上下移动接头 2 的位置进行调整此时的螺栓拧紧力矩。注意:经纱开口量比表中的综框行程小 8mm。

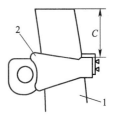

图 12-1-1　开口量

综框位于正常位置的开口量见表12-1-29。

表 12-1-29 综框位于正常位置的开口量

综框	开口角/(°)			
	26.0		30.0	
	综框行程/mm	尺寸 C/mm	综框行程/mm	尺寸 C/mm
1 综框	59.7	125.5	68.0	105.5
2 综框	65.3	112.0	74.5	90.0
3 综框	70.7	99.0	80.8	74.5
4 综框	76.3	85.5	87.2	60.0
5 综框	81.9	72.0	93.8	45.0
6 综框	87.5	110.5	100.2	87.5
7 综框	93.0	100.5	106.5	76.0
8 综框	98.5	90.5	113.1	64.5
9 综框	104.0	80.5	119.4	53.5
10 综框	109.7	70.5	125.8	42.5
11 综框	115.1	61.0	132.4	31.0
12 综框	120.6	51.5	138.7	20.5
13 综框	126.3	41.5	145.2	9.5
14 综框	131.8	32.0	150.9	0.0
15 综框	137.3	23.0	150.9	0.0
16 综框	142.8	13.5	150.9	0.0

2. 综框高度的调整

在电源没有接通的情况下,用手转动主轴2转,以置于下开口状态。在电源接通的情况下,使操作面板置于下开口状态。松动高度调节用固定螺栓3(图12-1-2),调节综框导槽2上面至综框上面的尺寸 A(固定螺栓3位于综框左右,R/S 280以上的机型在中央部位也有此螺栓)。尺寸 A 请参照综框高度设定表。解除紧急停止按钮,释放制动器后用手转动机器2转,确认综框能否灵活移动。

注意:调节综框导槽2,使综框横向的游隙 X 在 0.5~1.5mm 范围内。

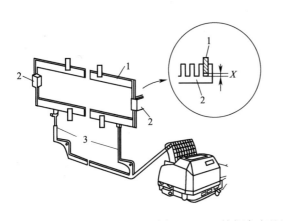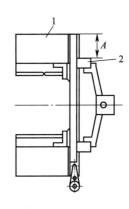

图 12-1-2 综框高度的调节

(1)南海综框。综框位于标准位置的情况(下开口时的综框高度),窄幅,*R/S* 150~230 综框高度见表 12-1-30;宽幅,*R/S* 250~390 综框高度见表 12-1-31。

表 12-1-30 综框高度(窄幅)

综框类型	302mm 推杆交换型		330mm 推杆交换型		330mm J 型无综丝夹头		330mm C 型无综丝夹头	
主位置	中心		中心		升高 5mm		中心	
原料类型	长丝	短纤维	长丝	短纤维	长丝	短纤维	长丝	短纤维
开口角/(°)	26	30	26	30	26	30	26	30
综框高度/mm 1 综框	88.7	88.4	102.7	102.4	59.2	58.9	66.2	65.9
2 综框	86.1	85.9	100.1	99.9	56.6	56.4	63.6	63.4
3 综框	83.6	83.4	97.6	97.4	54.1	53.9	61.1	60.9
4 综框	81.0	80.8	95.0	94.8	51.5	51.3	58.5	58.3
5 综框	78.4	78.0	92.4	92.0	48.9	48.5	55.9	55.5
6 综框	75.7	75.5	89.7	89.5	46.2	46.0	53.2	53.0
7 综框	73.2	73.0	87.2	87.0	43.7	43.5	50.7	50.5
8 综框	70.7	70.2	84.7	84.2	41.2	40.7	48.2	47.7
9 综框	68.1	67.9	82.1	81.9	38.6	38.4	45.6	45.4
10 综框	65.5	65.3	79.5	79.3	36.0	35.8	43.0	42.8
11 综框	63.1	62.5	77.1	76.5	33.6	33.0	40.6	40.0
12 综框	60.6	60.0	74.6	74.0	31.1	30.5	38.1	37.5
13 综框	57.8	57.4	71.8	71.4	28.3	27.9	35.3	34.9

续表

综框类型		302mm 推杆交换型		330mm 推杆交换型		330mm J 型无综丝夹头		330mm C 型无综丝夹头	
综框高度/ mm	14 综框	55.3	55.5	69.3	69.5	25.8	26.0	32.8	33.0
	15 综框	52.8	56.1	66.8	70.1	23.3	26.6	30.3	33.6
	16 综框	50.2	56.7	64.2	70.7	20.7	27.2	27.7	34.2

表 12-1-31 综框高度(宽幅)

综框类型		302mm 推杆交换型		330mm 推杆交换型		330mm J 型无综丝夹头		330mm C 型无综丝夹头	
主位置		中心		中心		升高 5mm		中心	
原料类型		长丝	短纤维	长丝	短纤维	长丝	短纤维	长丝	短纤维
开口角/(°)		26	30	26	30	26	30	26	30
综框 高度/ mm	1 综框	98.7	98.4	112.7	112.4	71.2	70.9	78.2	77.9
	2 综框	96.1	95.9	110.1	109.9	68.6	68.4	75.6	75.4
	3 综框	93.6	93.4	107.6	107.4	66.1	65.9	73.1	72.9
	4 综框	91.0	90.8	105.0	104.8	63.5	63.3	70.5	70.3
	5 综框	88.4	88.0	102.4	102.0	60.9	60.5	67.9	67.5
	6 综框	85.7	85.5	99.7	99.5	58.2	58.0	65.2	65.0
	7 综框	83.2	83.0	97.2	97.0	55.7	55.5	62.7	62.5
	8 综框	80.7	80.2	94.7	94.2	53.2	52.7	60.2	59.7
	9 综框	78.1	77.9	92.1	91.9	50.6	50.4	57.6	57.4
	10 综框	75.5	75.3	89.5	89.3	48.0	47.8	55.0	54.8
	11 综框	73.1	72.5	87.1	86.5	45.6	45.0	52.6	52.0
	12 综框	70.6	70.0	84.6	84.0	43.1	42.5	50.1	49.5
	13 综框	67.8	67.4	81.8	81.4	40.3	39.9	47.3	46.9
	14 综框	65.3	65.5	79.3	79.5	37.8	38.0	44.8	45.0
	15 综框	62.8	66.1	76.8	80.1	35.3	38.6	42.3	45.6
	16 综框	60.2	66.7	74.2	80.7	32.7	39.2	39.7	46.2

（2）GROB 综框(综框类型有 ALFIX 型、ALFIX-SL 型)。综框位于标准位置的情况(下开口

时的综框高度),窄幅、宽幅相同,*R/S* 150~390 综框高度见表 12-1-32。

表 12-1-32 综框高度(ALFIX 型和 ALFIX-SL 型)

综框类型		330mm J 型无综丝夹头		330mm C 型无综丝夹头	
主位置		升高 5mm		中心	
原料类型		长丝	短纤维	长丝	短纤维
开口角/(°)		26	30	26	30
综框高度/mm	1 综框	63.6	63.4	70.1	69.9
	2 综框	61.1	60.8	67.6	67.3
	3 综框	58.6	58.3	65.1	64.8
	4 综框	56.0	55.7	62.5	62.2
	5 综框	53.4	53.0	59.9	59.5
	6 综框	50.8	50.5	57.3	57.0
	7 综框	48.2	48.0	54.7	54.5
	8 综框	45.7	45.2	52.2	51.7
	9 综框	43.1	42.8	49.6	49.3
	10 综框	40.6	40.2	47.1	46.7
	11 综框	38.0	37.5	44.5	44.0
	12 综框	35.5	34.9	42.0	41.4
	13 综框	32.9	32.4	39.4	38.9
	14 综框	30.3	30.1	36.8	36.6
	15 综框	27.8	30.8	34.3	37.3
	16 综框	25.2	31.5	31.7	38.0

(3)ALFORFIX 型综框。窄幅、宽幅相同,*R/S* 150~390 综框高度见表 12-1-33。

表 12-1-33 综框高度(ALFORFIX 型)

综框类型	330mm J 型无综丝夹头		330mm C 型无综丝夹头	
主位置	升高 5mm		中心	
原料类型	长丝	短纤维	长丝	短纤维
开口角/(°)	26	30	26	30

续表

综框类型		330mm J 型无综丝夹头		330mm C 型无综丝夹头	
综框高度/mm	1 综框	45. 6	45. 4	52. 1	51. 9
	2 综框	43. 1	42. 8	49. 6	49. 3
	3 综框	40. 6	40. 3	47. 1	46. 8
	4 综框	38. 0	37. 7	44. 5	44. 2
	5 综框	35. 4	35. 0	41. 9	41. 5
	6 综框	32. 8	32. 5	39. 3	39. 0
	7 综框	30. 2	30. 0	36. 7	36. 5
	8 综框	27. 7	27. 2	34. 2	33. 7
	9 综框	25. 1	24. 8	31. 6	31. 3
	10 综框	22. 6	22. 2	29. 1	28. 7
	11 综框	20. 0	19. 5	26. 5	26. 0
	12 综框	17. 5	16. 9	24. 0	23. 4
	13 综框	14. 9	14. 4	21. 4	20. 9
	14 综框	12. 3	12. 1	18. 8	18. 6
	15 综框	9. 8	12. 8	16. 3	19. 3
	16 综框	7. 2	13. 5	13. 7	20. 0

3. 综框导板间距的调整

如综框导槽的尺寸 A 过大,织机运转过程中综框会产生前后摆动,一方面将增加综框磨损,另一方面也会增加经纱在综眼内的磨损,导致经纱断头。

在经纱无张力的状态下:织口侧第 1 综框与综框导板的间隙 $B=0$;织轴侧最后综框与综框导板的间隙 $C=3\sim5mm$。在经纱张力异常时,织轴侧最后综框与综框导板的间隙 $C=3mm$,如图 12-1-3 所示。

二、引纬装置

引纬原理:纬纱在电子储纬头的测长板上卷绕必要的圈数,电磁针打开后,释放纱纬。当电磁针释放缠绕着的纬纱时,串联喷嘴和主喷嘴通过喷射空气,将其加速引入钢筘的筘槽中。引入的纬纱将被辅喷嘴射出的压缩空气吹过整个织物宽度直到指定的位置。

引纬装置有四种形式,即单色、2 色、4 色及 6 色储纬器变换。

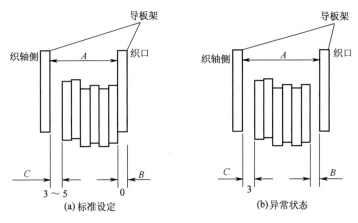

图 12-1-3　综框导板间距的调整

(一)单储纬器形式

1. 电子储纬器位置调整

单色电子储纬器上下和左右位置调整见表 12-1-34。

表 12-1-34　单色电子储纬器上下和左右位置调整

类别	上下位置	左右位置	说明
配置串联喷嘴的织机	以水平位置安装储纬头,用调节螺栓将储纬头的中心线与串联喷嘴的中心线调整到一条直线上	调节电子储纬器部件的左右位置使电磁针至串联喷嘴的距离 a 为 200~400mm	(1)对于标准纬纱(如 C14.6tex):先安装单储纬器使距离 a 为 250mm,再在 200~300mm 范围内调节距离
配置导纱器的织机	以水平位置安装储纬头,用调节螺栓将储纬头的中心线与导纱器的中心线调整到一条直线上	调节电子储纬器部件的左右位置使电磁针至导纱器的距离 a 为 200~400mm	(2)对于低特纱或纤弱纱:先安装单储纬器使距离 a 为 350mm,再在 300~400mm 范围内调节距离电子储纬器的最佳位置即使以低的串联喷嘴压力(主喷压力)仍然引纬稳定

2. 储纬头前后位置调整

将织机的曲轴转角置于 90°,对于配置串联喷嘴的织机,调整储纬头的前后位置,使其中心线在俯视时与串联喷嘴和主喷嘴的中心呈一条直线,对于配置导纱器的织机,调整储纬头的前后位置,使其中心线在俯视时与导纱器和主喷嘴的中心呈一直线。

3. 储纬头和筒子架位置调整

筒子、张力器、储纬头的上下调整如图 12-1-4 所示,调节张力器 2 和筒子 3 的高度,然后将储纬器入口件 1、张力器 2 和筒子 3 调至呈一直线(从织机左侧看)。

筒子角度和导纱眼前后位置的调整:调节筒子3的角度使其中心线通过张力器2内导纱眼的中心。调节张力器2的前后位置使筒子中心至导纱眼的距离为[筒子直径$D×(1.0~1.5)$]英寸,如图12-1-5所示。

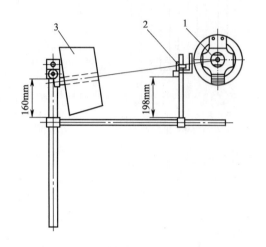 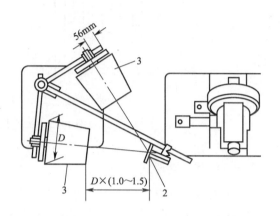

图 12-1-4 筒子、张力器、储纬头的上下调整图　　　　图 12-1-5 筒子角度和导纱眼前后位置的调整图

(二)2色储纬器形式

1. 电子储纬器上下和左右位置及角度调整

(1)不带保护罩的2色储纬器的调整(表12-1-35)。

表 12-1-35　不带保护罩的2色储纬器的上下和左右位置及角度调整

类别	上下位置	左右位置	角度调节
配置串联喷嘴的织机,如图12-1-6(a)所示	用调节螺栓7调节储纬器的高度,使储纬头1和2至串联喷嘴4和5之间的假想水平中心线距离相等	调节电子储纬器的位置,使电磁针3至串联喷嘴4和5的距离b为200~400mm	倾斜储纬头1使其中心线通过串联喷嘴4的入口中心(储纬头1应自水平位置下倾20°) 倾斜储纬头5使其中心线通过串联喷嘴5的入口中心(储纬头2应自水平位置上倾20°) 使储纬头(1和2)的间隙a为3~10mm
配置导纱器的织机,如图12-1-6(b)所示	用调节螺栓7调节储纬器的高度,使储纬头1和2至导纱器6的水平中心线距离相等	调节电子储纬器的位置,使电磁针3至导纱器6的距离b为200~400mm	倾斜储纬头1使其中心线通过串联喷嘴6的入口中心(储纬头1应自水平位置下倾20°) 倾斜储纬头2使其中心线通过串联喷嘴6的入口中心(储纬头2应自水平位置上倾20°) 使储纬头(1和2)的间隙a为3~10mm

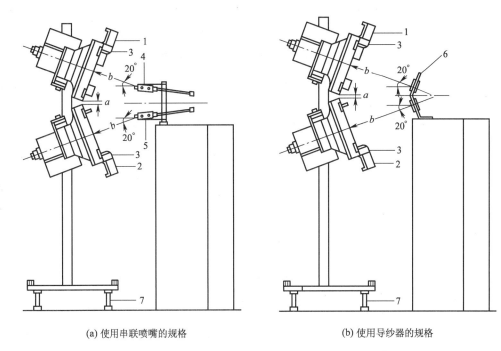

(a) 使用串联喷嘴的规格　　　　　　　　　(b) 使用导纱器的规格

图 12-1-6　不带保护罩的 2 色储纬器的上下左右位置及角度调节

①对于标准纬纱(如 C14.6tex):先安装单储纬器使距离 b 为 250mm,再在 200~300mm 范围内调节距离。

②对于细特纱或纤弱纱的纬纱:先安装单储纬器使距离 b 为 350mm,再在 300~400mm 范围内调节距离。

(2)配置气圈罩的 2 色储纬器的调节(表 12-1-36)。

表 12-1-36　配置气圈罩的 2 色储纬器的上下和左右位置及角度调节

上下位置	角度调节	左右位置
用调节螺栓 7 调节储纬器的高度,使储纬头 1 和 2 至串联喷嘴 4 和 5 之间的假想水平中心线距离相等	储纬头 1:倾斜储纬头 1 使其中心线通过串联喷嘴 4 的入口中心(储纬头 1 应自水平位置下倾 14°) 储纬头 2:倾斜储纬头 2 使其中心线通过串联喷嘴 5 的入口中心(储纬头 2 应自水平位置上倾 14°)	调节电子储纬器部件使气圈罩 8 至串联喷嘴 4 和 5 的距离 a 为 50mm。电磁针 3 至串联喷嘴 4 和 5 的距离应为 400~420mm

2. 储纬头前后位置调整

将织机的曲轴转角置于 90°;对于配置串联喷嘴的织机,调整储纬头前后位置,使其中心线在俯视时与串联喷嘴和主喷嘴的中心呈一条直线。对于配置导纱器的织机,调整储纬头的前后位置,使其中心线在俯视时与导纱器和主喷嘴的中心呈一条直线。

3. 储纬头和筒子架位置调整

筒子、张力器、储纬头的上下调整如图 12-1-7 所示,调节张力器 2 和筒子 3 的高度,然后从织机左侧看,将储纬器入口件 1、张力器 2 和筒子 3 调至呈一条直线。

筒子角度和导纱眼前后位置的调整:调节筒子 3 的角度使其中心线通过张力器 2 内导纱眼的中心。调节张力器 2 的前后位置使筒子中心至导纱眼的距离为筒子直径 $D×(1.0～1.5)$ 英寸,如图 12-1-8 所示。

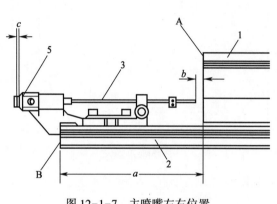

图 12-1-7 主喷嘴左右位置

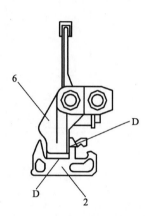

图 12-1-8 主喷嘴上下和前后位置

(三)主喷嘴

1. 主喷嘴左右位置(图 12-1-7)

调节筘座 2 使其左端面 B 至钢筘 1 最左侧筘片 A 的距离 a 为 215mm。调节主喷嘴 3 使其加速管头端至最左侧筘片 A 的距离 b 约为 11mm。

2. 主喷嘴上下和前后位置(图 12-1-8)

将主喷嘴支座 6 放入筘座 2 的槽中并接触其前面和底面(图中 D),然后固定支座 6。

3. 主喷嘴(串联喷嘴)的结构(图 12-1-9)

主喷嘴组件 3a 装在主喷嘴支座 3b 内,用螺钉 3c 固定。导纱器 4 拧入主喷管托架 3b 内,用锁紧螺母 7 固定。

(四)辅喷嘴

辅喷嘴 4～6(装于钢筘 3 前)喷气,将穿过主喷嘴 1 的纬纱 2 传送过穿筘幅宽 L 的全长,如图 12-1-10 所示。

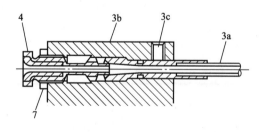

图 12-1-9 主喷嘴的结构

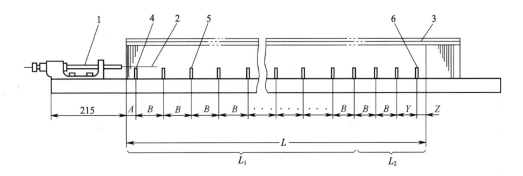

图 12-1-10　辅喷嘴

L—穿筘幅宽　L_1—正常节距　L_2—短节距

1. 辅喷嘴的标准排列

用于上罩边撑和下罩边撑,见表 12-1-37。

表 12-1-37　辅喷嘴的标准排列

图 12-1-10 中的字母	上罩边撑的节距/mm	下罩边撑的节距/mm	备注
A	30	30	A:从最左侧经纱通到第 1 个辅助喷嘴为止的距离
B	60	60	B:织物内中央部位的辅喷嘴间距
Y	30 或 60	30 或 60	Y:应根据穿筘宽度调整到 30mm 或 60mm
Z	30~60	30~60	Z:自最右侧经纱至最后辅喷嘴的距离

2. 辅喷阀及具有标准节距和标准喷阀数的辅喷嘴

(1)每只辅喷阀所配置的辅喷嘴数量。用于上罩边撑和下罩边撑,见表 12-1-38。

表 12-1-38　辅喷阀配置的辅喷嘴数量

辅喷阀	用于上罩边撑的辅喷嘴数量	用于下罩边撑的辅喷嘴数量
左端辅喷阀 1	4	4
织物幅宽内的辅喷阀	4	4
从右端起第 2 个辅喷阀 2	4	4
右端辅喷阀 3	1~4(根据穿筘幅宽而变)	1~4(根据穿筘幅宽而变)

(2)辅喷阀和储气箱。辅喷阀基本使用辅储气箱的压缩空气。使用吸纱喷嘴的织机,使用

末端辅气箱向吸纱喷嘴电磁阀供气。

（3）织幅变更时的辅喷阀和辅喷嘴的配置以及这些阀门和喷嘴的数量关系。以筘幅190、280为例（图12-1-11、图12-1-12，图中穿筘幅宽的数据下一行为上一行的下限值）表示了辅喷阀和辅喷嘴的配置，均采用标准（60mm）节距，标准喷阀数根据设备的实际情况进行参照。

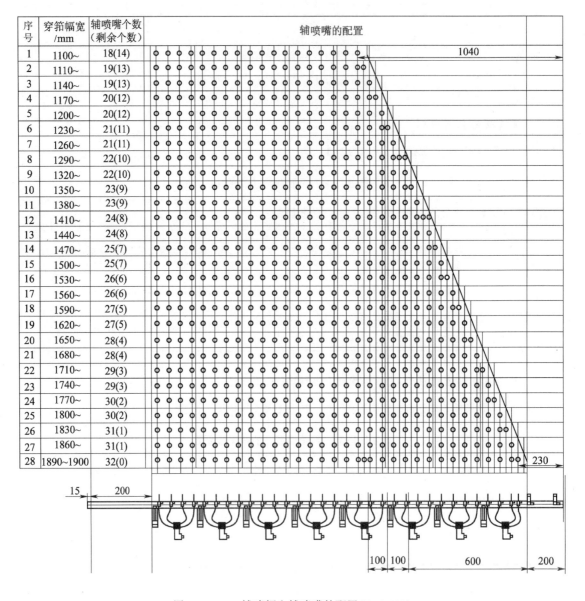

序号	穿筘幅宽/mm	辅喷嘴个数（剩余个数）	辅喷嘴的配置
1	1100~	18(14)	1040
2	1110~	19(13)	
3	1140~	19(13)	
4	1170~	20(12)	
5	1200~	20(12)	
6	1230~	21(11)	
7	1260~	21(11)	
8	1290~	22(10)	
9	1320~	22(10)	
10	1350~	23(9)	
11	1380~	23(9)	
12	1410~	24(8)	
13	1440~	24(8)	
14	1470~	25(7)	
15	1500~	25(7)	
16	1530~	26(6)	
17	1560~	26(6)	
18	1590~	27(5)	
19	1620~	27(5)	
20	1650~	28(4)	
21	1680~	28(4)	
22	1710~	29(3)	
23	1740~	29(3)	
24	1770~	30(2)	
25	1800~	30(2)	
26	1830~	31(1)	
27	1860~	31(1)	
28	1890~1900	32(0)	230

图 12-1-11　辅喷阀和辅喷嘴的配置（R/S 190）

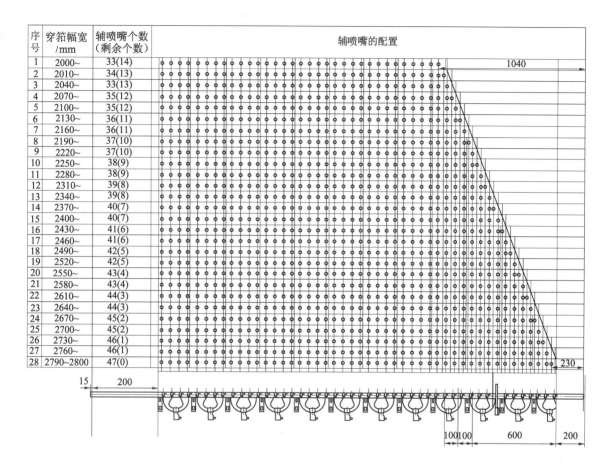

序号	穿筘幅宽/mm	辅喷嘴个数(剩余个数)	辅喷嘴的配置
1	2000~	33(14)	
2	2010~	34(13)	
3	2040~	33(13)	
4	2070~	35(12)	
5	2100~	35(12)	
6	2130~	36(11)	
7	2160~	36(11)	
8	2190~	37(10)	
9	2220~	37(10)	
10	2250~	38(9)	
11	2280~	38(9)	
12	2310~	39(8)	
13	2340~	39(8)	
14	2370~	40(7)	
15	2400~	40(7)	
16	2430~	41(6)	
17	2460~	41(6)	
18	2490~	42(5)	
19	2520~	42(5)	
20	2550~	43(4)	
21	2580~	43(4)	
22	2610~	44(3)	
23	2640~	44(3)	
24	2670~	45(2)	
25	2700~	45(2)	
26	2730~	46(1)	
27	2760~	46(1)	
28	2790~2800	47(0)	

图 12-1-12　辅喷阀和辅喷嘴的配置(R/S 280)

3. 辅喷嘴的安装

(1)将空气管连接至辅喷嘴,然后用手充分旋紧紧固螺母,再用扳手将紧固螺母旋转360°(转一圈)。

(2)辅喷嘴的高度调节(标准设定)。辅喷嘴1的圆周上有下列四条V形槽A。

从上面开始:

第1条:-1;第2条:±0;第3条:+1;第4条:+2

按图12-1-13(a)、表12-1-39所示,使规定的一条V形槽A与压块4的顶面对准来调节辅喷嘴的高度。再将辅喷嘴压块4放入筘座6的槽下部B处[图12-1-13(b)],然后用螺母固定。辅喷嘴的位置越高,传送纬纱的能力就越强,然而却容易在织物上产生喷嘴痕迹。

表 12-1-39　辅喷嘴的高度调节

辅喷嘴种类	短纤维	毛巾用纱线	长丝	玻璃纤维丝
单孔反锥喷嘴	+ 1	+ 0	± 0	± 0
莲蓬孔喷嘴		+ 0	± 0	± 0
莲蓬球头喷嘴			± 0	

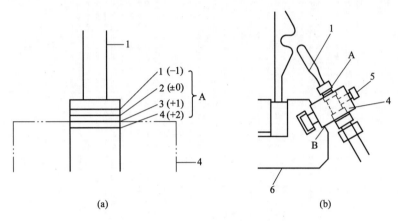

图 12-1-13　辅喷嘴的高度调节

（3）辅喷嘴的角度调整。如图 12-1-14 所示，将定规（J8209-01010-0B）7A 的凹槽部插入辅喷嘴压块 4，再将 7B 的凹槽部插入辅喷嘴 1。将固定辅喷嘴的平头螺钉 5 稍微拧松。使定规 7A 的 0 刻度线与定规 7B 的 V 形槽平齐（实际喷射角度为 5°）。紧固平头螺钉 5。辅喷嘴的高度和角度可能会根据织物品种而有所变动。对于单孔反锥喷嘴，应根据安装高度来改变安装角度，见表 12-1-40。

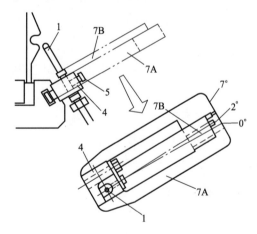

图 12-1-14　辅喷嘴的角度调整

表 12-1-40　单孔反锥喷嘴的安装角度

安装高度	安装角度	安装高度	安装角度
+ 1	刻度线 1（1°）	± 0	刻度线 0（0°）

(五)主喷嘴和辅喷嘴的喷射压力调节

调节方法见表12-1-41。

表 12-1-41　主喷嘴和辅喷嘴的压力调节方法

序号	方法
1	将主测量计(76201-00010)的插头与管接头相连接
2	压力值的换算:使用(kPa)单位的压力量规时,请参考换算值 $1kgf/cm^2 = 0.098MPa$
3	通过读取主测量计上的空气压力来保持主喷嘴压力 P_M、辅喷嘴压力 P_S 和末端辅喷嘴压力 P_E 三者之间的压力差,同时调节旋钮来达到目标值 T_W

1. 对于短纤维纱

主喷嘴压力 P_M 等于使 T_W 值为 230°~240°的压力。

不使用串联式喷嘴,辅喷嘴压力 $P_S = P_M$;

采用串联式喷嘴,$P_S = P_M + 0.05MPa(0.5kgf/cm^2)$;

末端辅喷嘴压力 $P_E = P_S + 0.1MPa(1.0kgf/cm^2)$。

2. 对于长丝纱

主喷嘴压力 P_M 等于使 T_W 值为 230°~240° 的压力。辅喷嘴压力 $P_S = P_M + 0.1MPa$ ($1.0kgf/cm^2$)。如纬纱断或松弛,则应对以上空气压力进行仔细调整。

3. 纬纱到达角度 T_W 的确定

T_W 是指储纬器测长板上的纬纱到达 WF1 探纬器时的曲轴角度[T_W 脉冲是为了反映纬纱到达时间(T_W)所需要的判断脉冲数]。

4. T_W 的检查方法

运行织机,按位于屏幕右下角的[INFO]开关。此时,就会显示出投纬采样数的 T_W 的平均值。用频闪观测仪来观察绕在储纬器测量板上的纬纱,在纬纱穿过经纱并锁定在柱塞上时,读取曲轴角度值 T_{bW}。检查 T_W 和 T_{bW} 间的差值是否在 5°~15°的范围内(当 T_W 脉冲设定在 2 时)。如差值大于 18°,则辅喷嘴的压力不合适,应升高辅喷嘴压力以使差值进入规定范围内。

(六)张紧喷嘴(选购)

张紧喷嘴安装在靠近最右端经纱的位置上。它能将一根纬纱的引导端吹入排气管以避免在采用捻纱或长丝纱织造时,左侧或右侧的纬纱松弛或呈圈状。张紧喷嘴有两种类型,一种用于非切断钢箔(用于带上罩壳的边撑),另一种用于切断钢箔(用于带下罩壳的边撑)。

图 12-1-15 所示为用于非切断钢箔的张紧喷嘴。图 12-1-16 所示为用于切断钢箔的张紧

喷嘴。

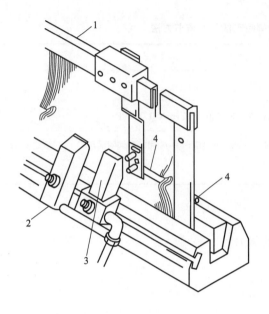 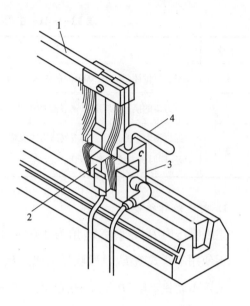

图 12-1-15　非切断钢筘张紧喷嘴

1—非切断钢筘　2—反射纬纱探纬器 WF1

3—张紧喷嘴　4—纬纱排气管(空气出口)

图 12-1-16　切断钢筘张紧喷嘴

1—切断钢筘　2—纬纱渗透式探纬器 WF1

3—张紧喷嘴　4—纬纱排气管(空气出口)

三、打纬机构

(一)穿筘幅规格

公称筘幅、有效穿筘筘幅、最大筘幅、最小筘幅见表 12-1-42。

表 12-1-42　穿筘筘幅规格

公称筘幅/cm	有效穿筘筘幅/cm	
	最大	最小
150	参照表 12-1-43	公称筘幅-60
170~330	参照表 12-1-44	公称筘幅-70
340~290	公称筘幅	公称筘幅-70

双经轴 R/S 280、R/S 336、R/S 340、R/S 360、R/S 390 的最小穿筘幅=公称筘幅-70cm,见表 12-1-43。

表 12-1-43　双经轴穿筘幅规格

综框种类	布边形式	最大有效穿筘幅/cm
无夹头综框	绞边	公称筘幅-0.15
	纱罗边	
钢片综综框	绞边	公称筘幅-1
	纱罗边	
无夹头综框	绞边	公称筘幅-1.5
钢片综综框	纱罗边	

(二)钢筘的安装

1. 钢筘的左右位置调整

如图 12-1-17 所示,将主轴角度转至 0°~340° 的位置;锁定紧急停车按钮;将钢筘 4 左右移动,使左侧布边剪刀 1 的右端 A 与钢筘 4 的第一个筘齿 4a 之间的间隙 b 为 0.5~1.0mm。当完成以上左右调整步骤时,左侧机架 2 的端部 B 与第一个筘齿 4a 的左侧之间的距离约为 200mm。

2. 钢筘的固定

如图 12-1-18 所示,先将钢筘 4 放入筘座 3 的槽内,然后按下列顺序将筘夹板 5 安装在筘座 3 上,固定钢筘 4。

(1)从织机左侧开始将分段型筘夹板 5 按左中右的顺序进行固定。

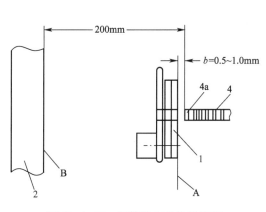

图 12-1-17　钢筘的左右位置调整

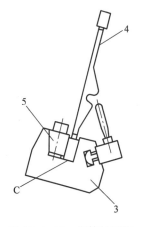

图 12-1-18　钢筘的固定

(2)各段的筘夹板 5 中先将其中的 3~5 个螺丝中的中间 1~2 个螺丝轻微拧紧,然后再将其余 3~5 个螺丝均等地固定住。

(3)使用专用工具扭矩扳手(工具号为77105-00001)进行固定,用5.9~6.9N·m(60~70kgf·cm)的扭矩,将全部螺丝均等地拧紧。注意:确认钢筘4的下部与筘座3的槽底C左右紧密接触。

(三)钢筘的清洗

其他型号喷气织机可参照。经纬纱织造时,由于纱线上的油剂使钢筘的风压力变化,所以,每次换轴时清洗钢筘,可保证织造中纬纱的飞行稳定。

1. 在织机上的清洗

(1)钢筘表面清洗(图12-1-19,表12-1-44)。

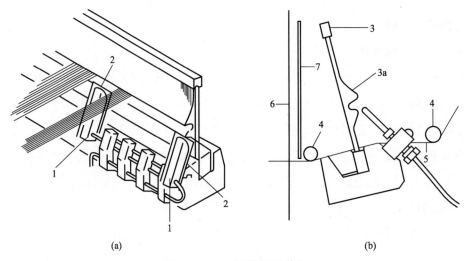

(a) (b)

图12-1-19 钢筘表面清洗

表12-1-44 钢筘表面清洗方法

序号	方法
1	放送经纱张力
2	使用手轮工具将织机转到180°附近(后死心)
3	锁定紧急停车按钮
4	在反射型探纬器上插上套子2,清洗透过型探纬器(钢筘断开型)时,要将探纬器取下(清洗剂中的碱性物质沾到透过型探纬器时,探纬器性能下降)
5	在钢筘3前后放上压纱棒4,压下经纱5。注意不要压断经纱
6	在综丝6和钢筘3之间放入适当的遮挡物7
7	将清洗液KS喷在钢筘表面3a上
8	用布轻轻擦拭钢筘表面3a,钢筘污垢多时,要用柔软毛刷刷洗

（2）钢筘内侧清洗（表12-1-45,图12-1-20）。

表 12-1-45　钢筘内侧清洗方法

序号	方法
1	取下压纱棒4恢复经纱张力
2	解除紧急停车按钮的锁定
3	将钢筘转至织口位置
4	锁定紧急停车按钮
5	放松经纱张力
6	在钢筘3前后放上压纱棒4压下经纱5
7	将清洗液KS喷在钢筘内侧3b上
8	用布轻轻擦拭钢筘内侧3b,钢筘污垢多时,要用柔软毛刷刷洗
9	恢复经纱张力
10	解除紧急停车按钮的锁定运转织机
11	经纱污染部位到边撑杆8附近时停止织机运转
12	锁定紧急停车按钮
13	用布轻轻擦拭钢筘3的表面3a和内侧3b,钢筘的污垢擦不下来时,用超声波清洗
14	解除紧急停车按钮的锁定运转织机

2. 从织机上取下在超声波清洗机内的清洗(保管前)（图12-1-21和表12-1-46）

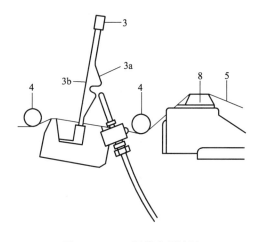

图 12-1-20　钢筘内侧清洗

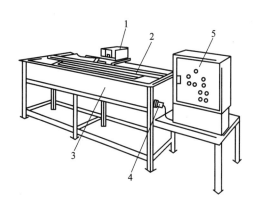

图 12-1-21　钢筘在超声波清洗机内清洗

1—超声波发出器　2—钢筘　3—清洗槽

4—加热器　5—控制盘

表 12-1-46　钢筘在超声波清洗机内清洗

序号	方法
1	使用刷子、清水,除去钢筘表面内侧的污垢、落花、落浆、油垢等附着物
2	放入超声波清洗槽内洗净,清洗液浓度、温度、清洗时间、使用方法,参照产品使用说明书
3	从清洗槽取出后,要将钢筘正反面用水冲洗干净
4	自然干燥或用 50℃ 以下的热风干燥,50℃ 以上的热风损伤筘齿,请勿使用
5	进行品质检查,修理不良部位,清除污垢
6	将钢筘整体擦拭
7	将每页钢筘放入塑料袋装在纸箱内
8	放在保管架上保管

四、卷取机构

(一)机械式卷取机构原理

位于织机左侧的曲轴旋转,通过皮带、一对蜗轮蜗杆和变速齿轮、卷取齿轮,使卷取辊以一定的速度转动。同时卷取辊与压布辊接压,通过接压保证织物按一定的速度卷取;在卷取辊的另一端,安装离合器,通过链轮传动卷布辊,将织物卷取。

1. 纬密范围(表 12-1-47)

表 12-1-47　机械式卷取机构适应的纬密范围

最大卷取直径 D/mm		纬密范围	
		根/cm	根/英寸
600	标准	12~94	30~240
520(曲柄开口机构)	低密度型	4~39	9~100

2. 纬密设定(表 12-1-48)

表 12-1-48　纬密的设定方法

步骤	方法
1	纬密是由标准齿轮和变换齿轮间的组合所决定的。选择标准齿轮和变换齿轮的齿数 纬密表中的数据,按卷取辊的种类有所不同,在标准密度时,按 3% 缩率计算;低密度型按 2% 缩率计算
2	上机织造确认织物的纬密后,最终选择适当的标准齿轮和变换齿轮

3. 纬密计算(表 12-1-49)

表 12-1-49 纬密计算公式

标准纬密	低密度型
铁砂刺毛辊: $C_W = \dfrac{P_W \times S_W}{38.886 \times (1 + 缩率)}$ 橡胶刺毛辊: $C_W = \dfrac{P_W \times S_W}{38.275 \times (1 + 缩率)}$ 不锈钢刺毛辊: $C_W = \dfrac{P_W \times S_W}{38.820 \times (1 + 缩率)}$	铁砂刺毛辊: $C_W = \dfrac{P_W \times S_W}{24.099 \times (1 + 缩率)}$ 橡胶刺毛辊: $C_W = \dfrac{P_W \times S_W}{23.721 \times (1 + 缩率)}$

注 式中 S_W 为标准齿轮的齿数;C_W 为变换齿轮的齿数;P_W 为纬密,单位为根/2.54cm。

(二)电子控制式卷取机构

原理:如图 12-1-22 所示,安装在织机左侧机架 1 外侧的 AC 伺服电动机 2 运转,齿轮减速器 3 传动齿轮系统 4,驱动卷取轮 5 控制盘上预先设定的速度(纬纱密度)旋转;压布辊 7、8 靠弹簧 9 的压力,与卷取辊 5 适当接触,由卷取辊牵引织物;卷取辊 5 的旋转运动通过右侧联轴节 10 与链条 11 进一步传递到张力适当的织物卷布辊 12 上。纬纱密度部分改变的织物无法使用本装置织造。

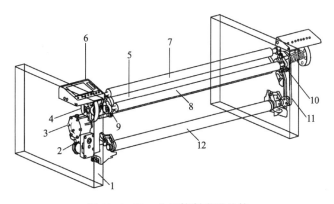

图 12-1-22 电子控制卷取机构

1. 功能面板的设定与操作

(1)[WARP]键。按[FIXER]—[MENU]—[WARP],设定"纬纱密度"和"缩率"。

①纬纱密度。纬纱密度设定范围为 7~120 根/cm(24~300 根/英寸)。

最低纬纱密度根据经纱细度、机台转数而有变化;卷取的最低密度也依据送经而变化。

②缩率。

$$缩率 = 1 - \frac{落布后的织物长度}{织机上织物的长度}$$

缩率因织物的种类而变,通常为 2%~3%,缩率及纬纱密度的设定只有在机器停车时才能变更。

(2)[MARK]键。按[FIXER]—[MENU]—[MARK],设定"停台补正量""织口前进量""后退量",按[织口调整],机台启止时使织口前进(后退),机台启动时织口后退(前进)。

设定(移动量)范围为-9.99~9.99mm,标准为0。

纬停台、经停台可以独立进行。

前进量等于停止时的移动量;后退量等于起动时的移动量。+(正)移动量为正值,表明织机为正转方向,移动量为负值,表明织机主轴为反转。

使用织口前进时,以停止时移动量+启动时移动量=0 为标准;

按[停台时间补偿],根据停止时间而变化的织口前进量,可用送经、卷取电动机的设定来补正。点击□,用√选择的设定数值为有效。按[逆转],全部开始后的送经量可以用电动机的正逆转来补正。

设定标准为与停止时间补正的00 分相同,+、-符号相反输入。

(3)[TENSION]键。按[OPERATOR]—[TENSION]键,用于手动操作卷取及送经的按键。

按键与动作的关系如下:

①送经正转;②送经逆转;③卷取正转;④卷取逆转;⑤送经与卷取同时正转;⑥送经与卷取同时逆转;⑦送经进行自动张力恢复动作;⑧送经与卷取的设定纬纱密度为1 纬数逆转;⑨送经与卷取的设定纬纱密度为1 纬数正转。

其中,①~⑥连续按住3s 以上时将切换到高速运转状态,⑦~⑨每按1 次进行1 个动作。

2. 织物的调整

织物的穿引方法有三种。

(1)单压布辊型(图 12-1-23)。

撑幅杆 1→卷取辊 2→压布辊 3→导布杆 4→卷布辊 5

(2)双压布辊型(图 12-1-24)。

撑幅杆 1→卷取辊 2→上下压布辊 3→导布杆 4→卷布辊 5

(3)低密度织物的卷取(图 12-1-25)。

上侧压布辊 3→卷取辊 2→下侧压布辊 3→导布杆 4→卷布辊 5

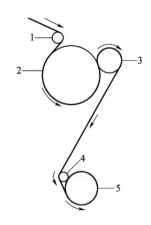

图 12-1-23 单压布辊型织物穿引方法

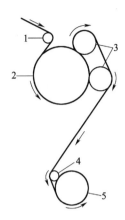

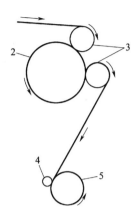

图 12-1-24　双压布辊型织物穿引方法　　　　图 12-1-25　低密度织物穿引方法

3. 压布辊弹簧的调整(表 12-1-50)

表 12-1-50　压布辊弹簧的调整

单压布辊	转动调整螺丝 3,调整压布辊弹簧 4 的压力,使压布辊 1 到调整螺丝垫圈 2 上面的距离 $a = 23\text{mm}$ (图 12-1-26)		
双压布辊	上压布辊 5 与单压布辊的距离相同,将距离 a 调整到下表所示的值(图 12-1-27)		
下压布辊 6	转动调整螺丝 9,调整压布辊弹簧 10 的压力,使压布辊 7 到调整螺丝垫圈 8 的距离 b 成为下表所示值 (图 12-1-27)		

适用	L/mm	标准调整尺寸	
		a	b
标准规格	34	23	25

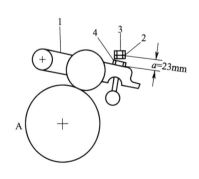

图 12-1-26　单压布辊弹簧的调整

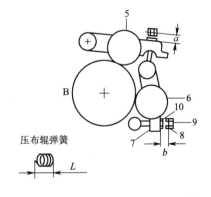

图 12-1-27　双压布辊弹簧的调整

4. 卷布张力的调整

如图 12-1-28 所示,转动织机右侧的手轮 1,可调整卷布张力。为增大卷布张力,可将手轮 1 向顺时针方向旋转,弹簧 2 被压缩,摩擦片 3 与链轮 4 的接触压力增大;减小卷布张力时,将手轮 1 向反时针方向旋转。根据织物的不同,调整卷布张力时要观察是否出现卷取折皱。弹簧 2 的标准压缩量 $a=20mm$。

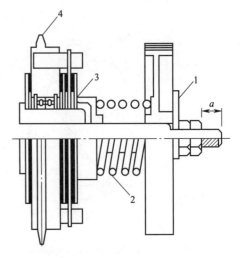

图 12-1-28　卷布张力调整

(三)电动式送经机构

如图 12-1-29 所示,电动送经装置是根据张力传感器 2(安装在织机右侧)检测出张力罗拉 1 上的经纱张力,计算机运算与经纱设定张力的差,控制 AC 伺服电动机 3 的送经速度。

AC 伺服电动机 3 通过减速器 4,驱动固定在经轴齿轮 5 上的经轴 6,送出经纱 7。

缓和经纱开闭口所产生的经纱张力变动,有积极平稳方式(用于短纤维)和消极平稳方式(用于长丝)。

(四)送经装置控制盘的设定

要将送经的各种条件输入控制盘上,在 FIXER 模式的上部菜单中点击[WARP],设定完以后,点击显示屏最下部的[设定]。显示屏出现「正常处理」

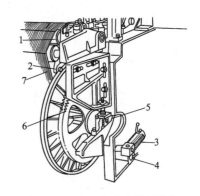

图 12-1-29　电动式送经机构

以后,设定完成。[设定]键没被点击时,数据变更不能进行。

试织初期的输入可以任意设定,但是,一旦织物的各种条件(如密度、纱线特数)用[ICS]开关输入,机器就把与织物相符合的条件自动地传送给各个装置。

1. 纬纱密度设定

电动卷取规格选择时,纬纱密度也用[WARP]设定。

(1)设定顺序。选择点击纬线密度旁边的□,用 0~9 数字键进行变更值设定。

(2)设定范围。表 12-1-51 是与经轴轴径、法兰盘直径、经轴齿轮齿数以及织机转速 r 有关的纬纱密度设定范围。表中的最小纬纱密度适用于应用逆转运行进行的织造。对于不使用逆转运行进行的织造,可用最小纬纱密度乘以 0.78。

表 12-1-51　纬纱密度设定范围

送出类型		标准(a~240 根/25.4cm)						低密度(a~100 根/25.4cm)				
法兰盘直径/mm		800	930	1000				800	930	1000		
经轴轴径/mm		150	178	178	178	210		150	178	178	178	210
齿轮齿数		120	120	120	136	136	150	120	120	120	136	136
a/(根/25.4cm)	r=650r/min	30	30	30	30	30	30	11	9	9	10	9
	r=700r/min	30	30	30	30	30	30	12	10	10	11	9
	r=750r/min	31	30	30	30	30	30	13	11	11	12	10
	r=800r/min	33	30	30	32	30	30	13	11	11	13	11
	r=850r/min	35	30	30	33	30	31	14	12	12	13	11
	r=900r/min	37	31	31	35	30	33	15	13	13	14	12
	r=950r/min	39	33	33	37	32	35	16	13	13	15	13

2. 经纱张力设定

(1)设定顺序。选择点击经线张力旁边的□,用 0~9 数字键进行变更值设定。

(2)设定范围。表 12-1-52 是短纤维和长丝的经纱张力设定范围。

表 12-1-52　经纱张力设定范围

纱线种类		设定张力范围/N
短纤维	标准密度	294~4900
	低密度	98~1470
长丝		294~2940

(3)经纱张力值的标准。根据表 12-1-53 和表 12-1-54,可算出经纱张力值的设定标准。

短纤纱:

$$T = \frac{W \times \mathrm{Tt} \times 系数}{583.1}$$

式中:T——经纱张力,N;

　　　W——经纱总根数;

　　　Tt——经纱线密度,tex。

表 12-1-53　短纤纱张力值标准

织物组织			短纤纱用系数	
			棉混纺系列	化纤短纤纱
平纹$\frac{1}{1}$			1.0	1.1
正织： $\frac{2}{1}$， $\frac{2}{2}$，$\frac{3}{1}$		如 Tt≥100（适用于粗特纱），$T=\dfrac{W\times Tt\times 0.55}{583.1}$	0.55	0.65
		如 50≤Tt<100，$T=\dfrac{W\times Tt\times 0.6}{583.1}$	0.6	0.7
		如 33.3≤Tt<50，$T=\dfrac{W\times Tt\times 0.7}{583.1}$	0.7	0.8
		如 Tt<33.3（适用于高支纱），$T=\dfrac{W\times Tt\times 0.8}{583.1}$	0.8	0.9
反织： 缎纹$\frac{1}{2}$， $\frac{1}{3}$，$\frac{1}{4}$		如 Tt≥100（适用于粗特纱），$T=\dfrac{W\times Tt\times 0.6}{583.1}$	0.6	0.7
		如 50≤Tt<100，$T=\dfrac{W\times Tt\times 0.7}{583.1}$	0.7	0.8
		如 33.3≤Tt<50，$T=\dfrac{W\times Tt\times 0.8}{583.1}$	0.8	0.9
		如 Tt<33.3（适用于高支纱），$T=\dfrac{W\times Tt\times 0.9}{583.1}$	0.9	1.0
多臂开口机构			0.9	1.0
提花开口机构			0.8	0.9

长丝纱：

$$T=\frac{W\times Tt\times 系数}{9\times 10^{3}}$$

表 12-1-54　长丝张力值标准

织物组织	经纱种类	长丝用系数
平纹$\frac{1}{1}$	醋酯纤维、铜氨丝	0.20~0.25
正织：$\frac{2}{1}$，$\frac{2}{2}$，$\frac{3}{1}$	黏胶丝	0.20~0.25
	聚酯纤维	0.30~0.35
	变形丝	0.20~0.25

3. 经轴直径设定

选择点击经轴轴径旁边的□以后,用0~9数字开关,将选择的经轴轴径输入。

4. 缩率设定

机械式卷取中不使用。

5. 纬、经停台补正设定

纬、经停台补正用[MARK]进行设定,它们在发生断纬停车时使用。

(五)后梁平稳装置

1. 积极平稳运动

积极平稳运动是通过张力罗拉积极运动,补正经纱开口时 A 和闭口时 B 所产生的经纱张力差。图 12-1-30 中,C 为经纱闭口时张紧轮的位置(缓冲同步);D 为经纱开口时张力罗拉的位置;E 为平稳量。

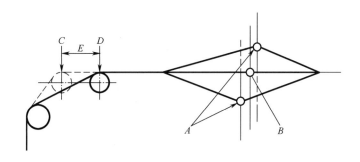

图 12-1-30 平稳装置积极平稳运动

表 12-1-55~表 12-1-57 根据织物组织、开口时间和开口量,列出了标准送经时间。

表 12-1-55 织短纤纱时不同开口装置的平稳时间

项目	凸轮开口装置			曲柄开口装置	多臂机
开口角/(°)	32			标度架位置 332	30
闭口时间/(°)	1×2综平	3×4综平	斜纹缎纹	310	300
	310	290	290		
平稳量	刻度 6	刻度 1	刻度 6		平纹:刻度 6 斜纹、缎纹:刻度 1
平稳时间/(°)	290	290	290		300

表 12-1-56　织短纤纱(高密度织物)时凸轮开口装置的平稳时间

项目	凸轮开口装置
开口角/(°)	32
闭口时间/(°)	1×2 综平:290;3×4 综平:310
平稳量	刻度 6
平稳时间/(°)	310

表 12-1-57　织长丝时不同开口装置的平稳时间

项目	凸轮开口装置		曲柄开口装置	多臂机
开口角/(°)	24		24(刻度 3)	24
闭口时间/(°)	平纹:345	斜纹:290	345	345
平稳量	刻度 3	刻度 1	刻度 3	平纹:刻度 6;斜纹:刻度 1
平稳时间/(°)	345	345	345	345

如果停经片过度跳动或者打纬困难,应延迟平稳时间;如果经常断经或者布面质量太差,应提前平稳时间。

(1)平稳时间变更方法见表 12-1-58 和图 12-1-31。

(2)平稳量的变更。表 12-1-59 是与织物组织、开口角有关的平稳量和平稳传动杆安装位置(调整用刻度)标准。

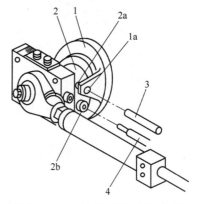

图 12-1-31　平稳时间的变更调节

表 12-1-58　平稳时间的变更方法

序号	调整顺序
1	停止运行织机,务必用紧急止动按钮锁定机器,除非进行那些需要用手轮工具进行手动旋转的作业。如果紧急止动按钮锁定。则即使按下 RELEASE BRAKE(释放制动器)开关,也不能关闭主制动器
2	用手转动织机,将座帽 1 的定规孔 1a 和支架 2 的定规孔 2a 对正
3	将后梁架上的定位销 3(J8203-01010-00)插入对正的定规孔内,左右同时进行

序号	调整顺序
4	使用工具 4(J8203-02010-00),将支架 2 的左右固定螺丝 2b 松开
5	松开张力罗拉的固定螺丝(使用转动张力罗拉时,不用松开)
6	用手转动织机,调整到平稳时间表中规定的角度
7	拧紧张力罗拉的固定螺丝(使用转动张力罗拉时,不必进行)
8	使用工具 4 将支架 2 的左右固定螺丝 2b 拧紧
9	将第 3 项插入的定位销 3 左右同时取出,放回到后梁架上

表 12-1-59　平稳量和平稳传动杆安装位置标准

开口角/(°)	平纹		斜纹、缎纹
	A	*B*	
24	3	1	
26	3	1	
28	4	2	
30	6	4	1
32	6	4	
34	8	6	
36	8	6	

注　斜纹、缎纹织物经纱开口不良时,可采用平纹织物平稳量 1/2 的刻度,将平稳量增大。缓冲量由组织和开口量决定。

当机器转速达到 1000r/min 以上时,请参照表 12-1-60 的设定值作为上限。

表 12-1-60　不同转速时平稳性传动杆安装位置

机器转速/(r/min)	*A*	*B*
900~999	8	6
1000~1099	6	4
1100 以上	4	2

2. 消极平稳运动

开口量小的长丝织物,开口时经纱 A 和闭口时经纱 B 所产生的张力差要比短纤维小,因此用弹簧 2 的缓冲消极地补正张力罗拉,如图 12-1-32 所示。

张力臂的调整根据表 12-1-61 和图 12-1-33 进行。

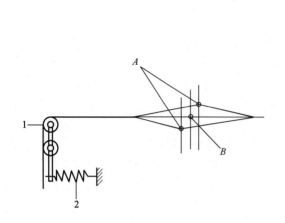

图 12-1-32　平稳装置消极平稳运动

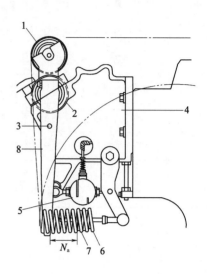

图 12-1-33　张力臂的调整

表 12-1-61　张力臂的调整方法

序号	调整方法
1	张力罗拉 1 在无负荷的状态时,转动弹簧调整螺母 7,将张力臂 8 的孔 3 与后梁座 4 的孔调整到两孔一致
2	加大经纱张力
3	运转织机,确认张力臂 8 在大致垂直的状态下动作
4	张力罗拉 1 的随动能力取决于缓冲弹簧 6 的有效圈数(N_a)和钢丝直径
5	在检查织造状况和织物质量时来确定缓冲弹簧的有效圈数 最小 [有效圈数, N_a] 最大 3 圈 —— 9 圈 小 ← 开口量 → 大 高 ← 经纱张力 → 低 高 ← 织机速度 → 低
6	[钢丝直径]:ϕ8 用于短纤维和长丝,ϕ7 用于玻璃纤维,ϕ6 用于低密织物

第三节 其他机构及其调节

一、废边装置

废边装置将飞行到织物右端外侧的纬纱与数根经纱(或废边筒子纱)绞住,给予纬纱一定的张力,使布边的组织符合要求。目前废边装置有使用织轴上经纱作为废边纱的无废边架型,和使用废边筒子的废边架型。

(一)无废边架型

使用经纱(织轴上)作为废边纱(图 12-1-34)。使用纱线线密度范围 14.6~83.3tex(7~40 英支)。

1. 废边纱的穿法(图 12-1-34、表 12-1-62)

2. 弹性张力片倾斜角度的调整

弹性张力片 5 没穿废边纱时的倾斜角度约为 120°,如图 12-1-35(a)所示。废边纱张力调整(弹力)a 的标准距离为 30mm。废边纱断头多时,将 a 距离增大,废边纱松弛时,将 a 距离减小,如图 12-1-35(b)所示。

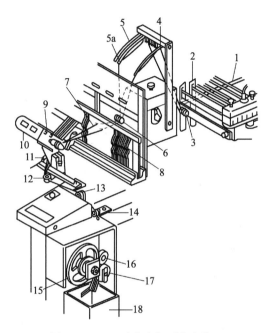

图 12-1-34 无废边架型废边装置

表 12-1-62 废边纱的穿法(无废边架型)

序号	方法
1	废边纱用经纱 1 穿过停经片 2、导纱器 3 和 4、弹性张力片 5 两边的纱眼 5a、导纱器 6、综框 7,作开口运动
2	再穿过钢筘 8,在织口处将纬纱 9 绞住。从边撑 10 通过,被纬纱剪刀 11 剪切后与织物分离
3	切断的废边纱沿着导轮 12、13 和 14,被废边纱卷取轮 15 和加压轮 16、17 拉入废边纱筒 18 内

注 长丝织机的卷纱轮和加压轮是齿轮型。

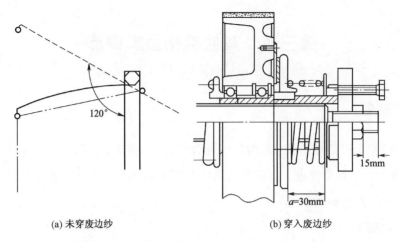

(a) 未穿废边纱   (b) 穿入废边纱

图 12-1-35　弹性张力片倾斜的调整(无废边架型)

3. 废边纱穿筘、穿综方法(表 12-1-63)

表 12-1-63　废边纱穿筘、穿综方法

经轴上纱的卷取方向	标准(与废边架型相同)
废边纱根数	标准根数 12 根。废边纱断头增多时,使用 16 根废边纱。废边断头不多时,可以使用 8 根废边纱
穿筘方法(图 12-1-36)	与标准的穿筘方法相同 使用 8 根时:2 经纱/筘 使用 12 根时:3 经纱/筘 使用 16 根时:4 经纱/筘
穿综方法	按 1、2、3、4 页综的顺序,各穿入 2 根、3 根或 4 根

注　废边用经纱断头多时,仅使用 1、2 页综,3、4 页综不使用。

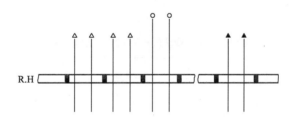

▲ 废边用地经纱　○ 绞边纱　△ 地经纱

图 12-1-36　穿筘方法

(二)废边架型

使用废边架 1 上的废边筒子 2 作为废边纱,筒子的标准 6~8 个(图 12-1-37)。

1. 废边纱的穿法(表 12-1-64)

2. 弹性张力片倾斜角度的调整(表 12-1-65,图 12-1-38)

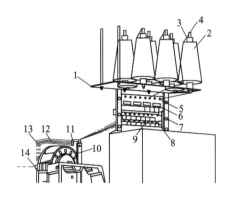

图 12-1-37 废边架型废边装置

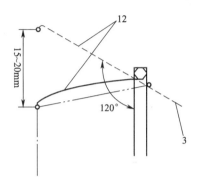

图 12-1-38 弹性张力片倾斜角度的调整(废边架型)

表 12-1-64 废边纱的穿法(废边架型)

序号	方法
1	如图 12-1-37 所示,将筒子 2 上的纱 3 从筒子中心 4 穿过,绕过支杆 5,穿入张力器 6(将废边纱穿过筒子架 4 时,使用穿纱钩 J8213-01010-00)
2	挂住自停杆 7,穿过经停铁圈 8,穿入导纱杆 9 的纱眼
3	穿过绞纱边支杆 10 上的导纱眼 11、弹性张力片 12 的纱眼 13、导纱器 14,穿入综丝

表 12-1-65 弹性张力片倾斜角度的调整方法

序号	方法
1	弹性张力片 12,没穿废边纱时的倾斜角度约为 120°(织机到厂时的装配角度为水平)
2	穿入废边纱,调整废边架(图 12-1-37)的张力器 6,使弹性张力片在运转中比 1 的位置(没穿纱时的位置)下降 15~20mm(图 12-1-38)

3. 废边纱用踏盘凸轮时间的设定

使用废边踏盘凸轮生产 $\frac{1}{1}$ 平纹、缎纹等织物时,其废边用综框高度的综平时间比地组织综框的综平时间提前 10°。

4. 废边筒子的规格

（1）纱线种类。标准用纱 EC25.4tex×2（23 英支/2），EC24.3tex×2（24 英支/2）缝纫线也可使用，但是强力要与 25.4tex×2 相同或比其强力更高。

（2）筒子形状。推荐使用如图 12-1-37 所示形状的筒子。

5. 废边纱的穿综标准

穿入地组织综框时，标准是穿在地组织经纱用的综框内，请参照表 12-1-66。

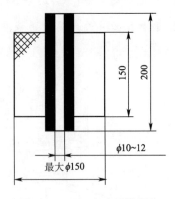

图 12-1-37　废边筒子规格

表 12-1-66　废边纱的穿综标准

织物组织	废边纱（1～8）穿综号	织物组织	废边纱（1～8）穿综号
$\frac{1}{1}$平纹	1,2 1,2 1,2 1,2	$\frac{1}{4}$缎纹	1,2 3,4 5,1 2,3
$\frac{2}{1}$斜纹	1,2 3,1 2,3 1,2	$\frac{2}{2}$斜纹	1,3 2,4 1,3 2,4
$\frac{3}{1}$斜纹	1,2 3,4 1,2 3,4		

使用纱罗边装置（克罗卡制）时：废边纱穿在纱罗边用综框（1、2 页综）上。使用废边综框（$\frac{1}{1}$开口、2 页综）时：废边综框安装在地组织综框后面，废边纱穿在废边综框上。

（三）废边纱加压轮的压力调节

废边纱加压轮是把废边纱压在废边纱传动轮上，使夹在中间的废边纱被拉出来进入废纱箱中。废边纱加压轮的压力可以调节。

废边纱加压轮有卷轮型和齿轮型两种。一般来说，前者用于短纤纱而后者用于长纤纱；但也根据不同规格有所不同。卷轮型如图 12-1-40 所示，将废纱导纱器 1 与弹簧锁板 2 上的最大凹口 2A 对齐，以得到标准压力。通过扭转弹簧的力将加压轮 3 压在废边纱传动轮 4 上。

在织制高密度织物或厚重织物时，机器的振动可能传到废边纱加压轮及相关的部件上，从而降低压力。在这种情况下，用扳手将扭转弹簧 2 朝逆时针方向调节可增加压力。

齿轮型如图 12-1-41 所示,将弹簧锁板 2 上的定位孔 2B 调至水平位置,以得到标准压力。将弹簧锁板 2 朝逆时针方向调节,可增加压力。注意:从压轮上取下或穿过废边纱(无论是卷轮型还是齿轮型)都要按图 12-1-41 所示的箭头方向抬高操作杆 6。

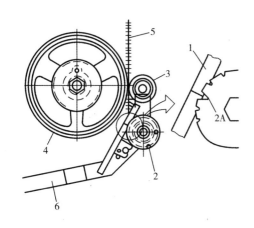

图 12-1-40　卷轮型废边纱加压轮

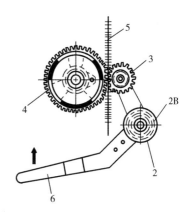

图 12-1-41　齿轮型废边纱加压轮

二、绞纱边装置

绞边纱装置可绞住每根纬纱、加固布边组织,防止剪断纬纱时出现的散边现象。如图 12-1-42 所示,齿轮系列 1、2、3、4、5 驱动绞边器齿轮 6,与齿轮 6 同轴的固定齿轮 7、过桥齿轮 8、行星齿轮 9 互相咬合,驱动同轴的筒子架 10a、10b 旋转,筒子架 11a、11b 的绞纱上下转动形成绞边。

(一)安装调整

1. 前后位置的调整

根据所使用的综框数选择机架所提供的装配孔,用于支撑绞边装置请参考表 12-1-67。

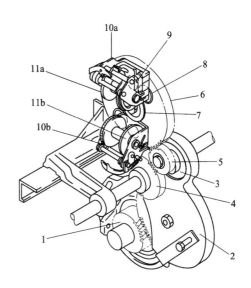

图 12-1-42　绞纱边装置

图 12-1-43 中 1 表示机架。绞纱边装置根据情况选择底座 2 上的 a、b、c 安装孔。

在装备多臂机的机器上,使用超过上表所列的综框数(最多 16)时,可将侧面支架移到后部以便安装纱罗织边装置。

表 12-1-67　综框使用数与安装孔的选择

安装孔	综框使用数
a	4 页综
b	5~7 页综
c	8~10 页综

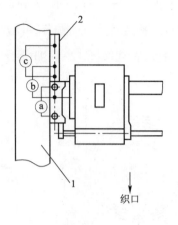

图 12-1-43　绞纱边装置前后位置的调整

2. 左右位置的调整

左右移动绞边装置支架 3 和驱动齿轮 4（图 12-1-44），使经纱端 1 与绞边装置罩 2 之间的间隙 a 为 1~2mm。

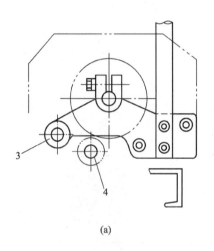

(a)

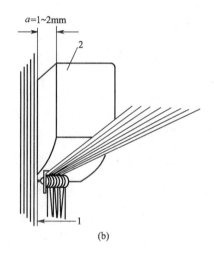

(b)

图 12-1-44　绞边纱装置左右位置的调整

3. 时间的调整

绞纱边装置上下两根绞边纱平齐时的标准时间见表 12-1-68。

表 12-1-68　绞边纱装置上下两根绞边纱平齐时的标准时间

绞纱边装置	主轴角度/(°)	绞纱边装置	主轴角度/(°)
织机左侧	280	织机右侧	10

(二)绞边纱张力的调整

为了使绞边纱张力与经纱张力一致,调整张力弹簧 5 的长度后,将固定螺母 6 拧紧

(图12-1-45)。绞边纱张力的标准值参照表12-1-69,为了使布边良好,左侧绞边装置弹簧5的弹力调整要强。

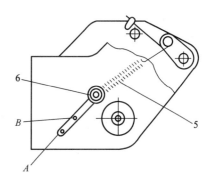

表 12-1-69 绞边纱张力的标准值

绞边纱装置	张力/cN(gf)	螺母位置
织机左侧	49(50)	A 较大弹力
织机右侧	19.6~29.4(20~30)	B 较小弹力

图 12-1-45 绞边纱张力的调整

(三)绞边纱穿筘方法

绞边纱穿筘方法如图12-1-46所示。

1. 织机左侧

绞边纱与最左端的地经纱穿在同一筘齿内。

2. 织机右侧

绞边纱穿在最右端的经纱右侧相邻的筘齿内。

(四)绞边纱的准备

1. 绞边纱装置使用的纱线种类

(1)与地组织经纱种类相同的双股线(基本捻纱:Z 捻纱;最终捻纱:S 捻纱)。

(2)与地组织经纱线密度大致相同的纱,或线密度略高的纱(比地经纱细)。

与地组织经纱种类相同的纱,如强度较低,在生产中出现问题时,可以使用 5.6tex(50 旦)、8.3tex(75 旦)的加工纱。

2. 绞边纱筒子的卷绕方向(图12-1-47)

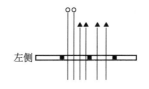

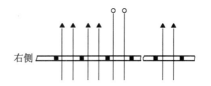

图 12-1-46 绞边纱穿筘方法

○—绞边机 △—地经纱 ▲—废边纱

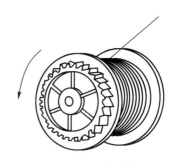

图 12-1-47 绞边纱筒子的卷绕方向

三、经停装置

经停装置位于织机后方的经位置线上,采用电气接触式。

(一)前后位置调整

1. 标准

前后移动经停装置,使导纱杆 6 前面距绞边装置罩 7 后面的距离 a 约为 53mm,如

图 12-1-48(a)所示。

2. 带压纱板(选购)

导纱杆 6 前面距绞边装置罩 7 后面的距离 a 约为 93mm，这时的压纱板 5 前面与绞边装置罩 7 后面的距离约为 15mm，如图 12-1-48(b)所示。

3. 带纱罗边装置与折入装置

前后移动经停装置，参照表 12-1-70 设定导纱杆 6 前面与最后一页综框 7 后面之间的距离 c，如图 12-1-48(c)所示。

4. 经纱为长丝

前后移动经停装置，使导纱杆 6 前面距第 4 页综框 7 后面的距离 d 约为 350mm，如图 12-1-48(d)所示。

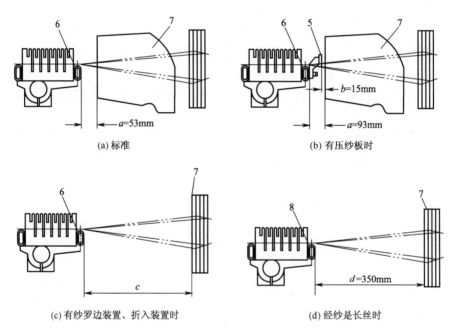

(a) 标准　　　　　　　　　　　　　(b) 有压纱板时

(c) 有纱罗边装置、折入装置时　　　　　(d) 经纱是长丝时

图 12-1-48　经停装置前后位置的调整标准

表 12-1-70　综框使用页数与距离 c 的选择

综框使用页数	c/mm	综框使用页数	c/mm
4 页	320	7 页	275
5 页	305	8 页	260
6 页	290		

(二)上下位置调整(表 12-1-71)

表 12-1-71　经停装置上下位置的标准高度参照表

织物组织	高度	织物组织	高度
平纹$\frac{1}{1}$,斜纹$\frac{2}{2}$	0	斜纹,缎纹$\frac{1}{2}$、$\frac{1}{3}$、$\frac{1}{4}$	-1
斜纹,缎纹$\frac{2}{1}$、$\frac{3}{1}$、$\frac{4}{1}$	+1	复杂组织或提花等	0

四、探纬器

探纬器由 WF1 和 WF2 组成,WF1 探测到纬纱、WF2 未探测到纬纱时,表示投纬状态正常。

(一)反射式探纬器(钢筘非断开型)

(1)第 1 探纬器。由 WF1 单独构成,在设定的时间内探测有无纬纱,探测到纬纱时,织机继续运转;未探测到纬纱时,织机停车。

(2)WF1 左右位置的调整。锁定紧急停车按钮,将 WF1 的安装位置,按以下方法左右调整。

①安装在标准位置。如图 12-1-49(a)所示。调整 WF1 距经纱右端 B 的位置 $b=1\sim3$mm,距废边纱 C 的位置 $b=1\sim3$mm。

②安装在特殊位置。如图 12-1-49(b)所示。为使废边部的纬纱尽量缩短,可将探纬器 *WF*1 安装在距废边纱 1 右端 D 的位置 $b=1\sim3$mm。但是,探纬器易发生空关车(纬纱正常到达时)的停车,除特殊情况外要将 WF1 安装在标准位置上。

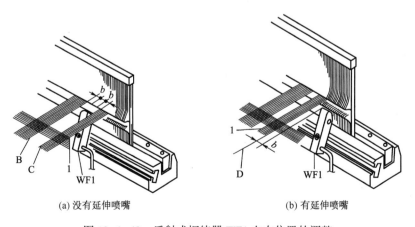

(a) 没有延伸喷嘴　　　　　　　　(b) 有延伸喷嘴

图 12-1-49　反射式探纬器 WF1 左右位置的调整

（3）第 2 探纬器。由 WF1 和 WF2 构成。

探纬器 WF1 在设定的时间内,检测纬纱的有无。探测到纬纱时织机继续运转,未探测到时织机停车。

探纬器 WF2 在设定的时间内,检测纬纱的有无。未检测到纬纱时织机继续运转,探测到纬纱吹断、中间断纬时织机停车。

WF2 左右位置的调整:安装 WF2,使 WF1 右端至 WF2 左端的距离达到 125mm。

（4）操作控制盘上 WF1、WF2 的设定。探纬器的脉冲数与其他的初期设定相同,由［ICS］键的 ICS 功能自动设定,设定需要改变时,在 FIXER 模式的［MENU］下,按［FEELER］使用下列步骤进行变更（表 12-1-72）。

注意:探纬器的灵敏度,受探纬头附着的灰尘影响而下降。在下述的灵敏度调整之前,要用布将其擦拭干净。织造短纤维织物时每天要清洁一次探纬头。

表 12-1-72　反射式探纬器操作控制盘上 WF1、WF2 的设定及变更

序号	方法
1	按［FEELER］、［基本设定］
2	WF1 设定为［ON］,不使用时按［OFF］
3	WF2 设定为［ON］,不使用时按［OFF］
4	如果把 WF2 停止时的自动反向设定为［OFF］,那么织机将在与断经停车的相同状态下停止,但是对于断纬停车的设定,织口前进功能将起作用。如果把 WF2 停止时的自动反向设定为［ON］,那么织机将在与断纬停车的相同状态下停止
5	变更 WF1、WF2 的脉冲数时输入各自的数值 WF1 脉冲:探纬器发出标准数以上的脉冲,检测纬纱的到达 标准设定短纤维 4、长纤维 4 发生检测错误时,将脉冲数增大;发生空关车时,将脉冲数减小(检测错误:纬纱飞行异常,织机却不停车;空关车:纬纱飞行正常,织机却停车) WF2 脉冲:探纬器发出标准数以上的脉冲,检测纬纱的到达 标准设定短纤维 8、长纤维 8 发生检测错误时,将脉冲数减小;发生空关车时,将脉冲数增大
6	变更到达判定脉冲(TW)时,输入各自的数值 到达判定脉冲(TW),为表示纬纱到达时间的判断脉冲数 标准设定短纤维 2、长纤维 1

序号	方法
7	设定探纬器检测角度时,按扩张设定,输入数值(通常可用 ICS 设定值)
	标准设定:WF1 检测角度:TW-20
	WF2 检测角度:190~310
	WF1 通过:数值输入后,在其投纬数中,允许有 1 根纬纱错误通过
	标准设定无
	WF2 通过(启动时):数值输入后,从启动开始在其投纬数中允许有 1 根纬纱错误通过
	标准设定无

(二)透过式探纬器(钢筘断开型)

1. 第 1 探纬器

第 1 探纬器由 WF1 单独构成。在设定的时间内,探测有无纬纱。探测到纬纱时,继续运转;未探测到纬纱时,织机停车。

2. WF1 左右位置调整

透过式探纬器 WF1 左右位置的调整见表 12-1-73。

表 12-1-73　透过式探纬器 WF1 左右位置的调整

序号	方法
1	锁定紧急停车按钮
2	钢筘安装后筘右端面与 WF1 左端面两面一致
3	将钢筘放入夹板的槽内,用螺丝将两者固定
4	将装配好的钢筘用钢筘夹板固定在筘座上

3. 第 2 探纬器

第 2 探纬器由 WF1 和 WF2 构成。

探纬器 WF1 在设定的时间内,检测纬纱的有无,探测到纬纱时,织机继续运转;未探测到时,织机停车。探纬器 WF2 在设定的时间内,检测纬纱的有无,未检测到纬纱时,织机继续运转;探测到纬纱、吹断中间断纬时,织机停车。

4. 操作控制盘上 WF1、WF2 的设定

探纬器的脉冲数与其他的初期设定相同,由[ICS]键的 ICS 功能自动设定,设定需要改变时,在 FIXER 模式的[MENU]下按[FEELER]使用表 12-1-74 的步骤进行变更。

注意:探纬器的灵敏度,受探纬头附着的灰尘影响而下降。在下述灵敏度调整之前,要用布将其擦拭干净。织造短纤维织物时每天要清洁一次探纬头。

表 12-1-74　透过式探纬器操作控制盘上 WF1、WF2 的设定及变更

序号	方法
1	按[FEELER]、[基本设定]
2	WF1 设定为[ON],不使用时按[OFF]
3	WF2 设定为[ON],不使用时按[OFF]
4	如果把 WF2 停止时的自动反向设定为[OFF],那么织机将在与断经停车的相同状态下停止,但是对于断纬停车的设定,织口前进功能将起作用。如果把 WF2 停止时的自动反向设定为[ON],那么织机将在与断纬停车的相同状态下停止
5	变更 WF1、WF2 的脉冲数时输入各自的数值 WF1 脉冲:探纬器发出标准数以上的脉冲,检测纬纱的到达 标准设定短纤维 3、长纤维 4 发生检测错误时,将脉冲数增大;发生空关车时,将脉冲数减小 (检测错误:纬纱飞行异常,织机却不停车;空关车:纬纱飞行正常,织机却停车) WF2 脉冲:探纬器发出标准数以上的脉冲,检测纬纱的到达 标准设定短纤维 8、长纤维 8 发生检测错误时,将脉冲数减小;发生空关车时,将脉冲数增大
6	变更到达判定脉冲(TW)时,输入各自的数值 到达判定脉冲(TW)时,为表示纬纱到达时间的判断脉冲数 标准设定短纤维 2、长纤维 1
7	设定探纬器检测角度时,按扩张设定,输入数值(通常可用 ICS 设定值) 标准设定:WF1 检测角度:TW-20 WF2 检测角度:190-310 WF1 通过:数值输入后,在其投纬数中,允许有 1 根纬纱错误通过 标准设定无 WF2 通过(启动时):数值输入后,从启动开始在其投纬数中,允许有 1 根纬纱错误通过 标准设定无

(三)运转前探纬器的动作确认

1. 探纬器 WF1

运转织机,故意造成短纬、吹断纱,确认探纬器 WF1 的动作是否正常。

(1)发生短纬时的调整。运转中,将主喷电磁阀的气压由设定值下降 200kPa,造成短纬的出现。出现短纬时,探纬器 WF1 没有发出织机停车的信号(检测错误),按图 12-1-50 的故障程序进行调整。

(2)发生吹断纱时的调整。运转中,将主喷电磁阀的气压增高或延长喷射时间,造成吹断纱的出现。出现吹断纱时,探纬器 WF1 没有发出织机停车的信号(检测错误),按图 12-1-51 的故障程序进行调整。

2. 探纬器 WF2

运转织机,故意造成长纬,确认探纬器 WF2 的动作是否正常。

发生长纬时的调整:织机运转中,增大主阀的空气压力,或者在功能面板上选择 FIXER 模式的扩张(控制方式)的电磁针关闭控制,增大固定控制时的关闭延迟角度,使其发生长纬。根据图 12-1-52 的故障诊断流程来调整探纬器电路板。

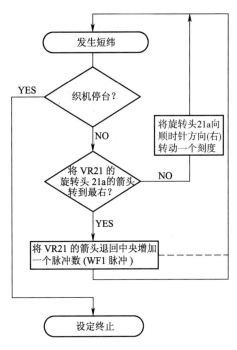

图 12-1-50　发生短纬时对探纬器 WF1 的调整

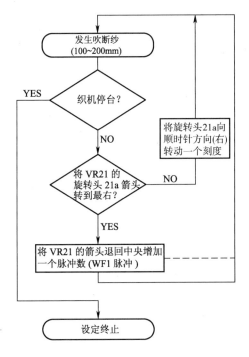

图 12-1-51　发生吹断纱时对探纬器 WF1 的调整

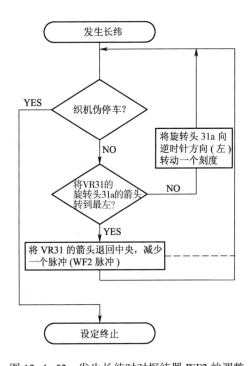

图 12-1-52　发生长纬时对探纬器 WF2 的调整

五、停车档的防止

JAT 710 型织机为防止出现停车档,具有各种停车档防止功能。这些功能可在操作控制盘上设定、调整。但是停车档产生的原因比较复杂,根据机台条件(后罗拉和停经架的高度、综框高度、开口量、开口时间、平稳时间、平稳量、经纱张力、织口高度等)的不同,停车档的出现也发生变化(图 12-1-53)。此外,浆纱情况和室内温湿度也有一定影响。所以,为了保持织物品质的稳定,需要对停车档防止功能进行设定、调整,变更机台条件的,对浆纱温湿度进行管理。

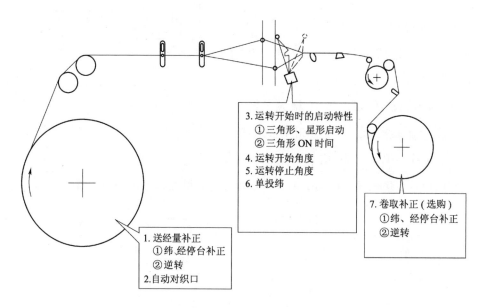

图 12-1-53　产生停车档的不同情形及防止方法

(一)停车档的防止方法(表 12-1-75)

表 12-1-75　停车档防止方法

序号	停车档防止方法	说明
1	送经量补正	送经装置可以在运行开始之前以及之后校正(＋、－)织口区域内引起的细微变化
2	自动对织口	织机停台时增减经纱张力,运转前张力恢复
3	运转开始时的启动特性	可选择三角形、星形启动特性(纬、经停台时)
4	运转开始角度	可设定全运转时的角度(纬、经停台时)

序号	停车档防止方法	说明
5	运转停止角度	可设定机台停止时的角度(纬、经停台时)
6	单投纬	自动运转开始前,预先引入一根纬纱
7	卷取补正(选购)	卷取装置进行与1相同的补正动作

(二)停车档的设定方法

在 FIXER 模式下,触摸[DELTA]和[MARK]按钮,就出现停车档防止功能设定画面。有电动卷取装置的机型,[卷取]键与[送经]键有相同的功能。

1.[DELTA]键

触摸[DELTA]按钮,这时的设定值是由[ICS]键自动设定的。根据停车档的状况,需要进行调整(表12-1-76)。

表 12-1-76 停车档防止功能设定及调整

运转开始角度	可以调整曲柄角度,使机器在此角度下,在驱动找断纬纱装置之后可以重新启动,适用于经纱停台和纬纱停台 设定角度的变更范围:10°~350°,标准为300°
停车角度	可以调整曲柄角度,使机器在此角度下停止运行,适用于经纱或者纬纱停台(手动停台、绞边纱断、废边纱断等停台都属于经停台的范围)可在0~350°范围内变更设定角度,标准为300°
启动方法	可以选择运转开始时的启动方法(三角形或星形启动),作为自动运转、启动方法。[ON]为高速启动(三角形),[OFF]则为星形启动 标准设定、纬停台时,星形启动;经停台时,三角形启动。如果织机速度为800r/min以上,则三角形启动对于断纬停车和断经停车都适用
三角形 ON 时间	可以设定三角形接线的 ON 的时间。数值加大的话,可将全速运转的启动速度加快设定范围为:100~500ms。典型的三角形 ON 时间如下:低于800r/min,120ms;800r/min以上,断纬停车为120ms、断经停车为150ms
断纬纱	设定断纬纱数目,启动的同时开始进行找断纬纱 设定的纬纱范围一般为0~5纬纱。由于高速运转导致的间隙减少等特殊情况,一般设定在1~2纬纱
TAPO 时摇动	设定次数,启动 TAPO,于是反复出现正转和逆转运行 设定范围为0~5次,只用于不出现环形等特别的情况(一般设定在1~2次)

2.［MARK］键

触摸［MARK］和［停台时间补正］按钮,根据停车档的情况需要进行调整。

［停台时间补正］:送经电动机可补正因停台时间不同而移动的织口。触摸［设定］按钮,选择所需要的选项后马上有回应。各停台时间的补正量,可在 0～40min、12h、24h 内设定。对应各停台时间的织口补正值的范围是−1.99～1.99mm;标准是各停台时间均为±0。

触摸［织口调整］按钮。织机停台时,织口向前(或向后),启动时织口回到原位置。电动机要可正转、逆转,进行送经量的补正。设定范围为−2.00～9.90mm。标准±0。

触摸［逆转］按钮。

(1)逆转时间方式。可选择［时间］或者［角度］。起始值选择的是［时间］。

①［时间］。如果选择此模式,织机将在从全运行开始起在设定时间内进行逆转。

②［角度］。如果选择此模式,机器将从自动运行开始起曲柄转动角度的第一个 0 处进行逆转。

(2)启动后开始逆转的时间:只有在选择以上逆转时间方式的［时间］时才有效。设定范围为 0～299ms。初始值为 80ms。

(3)逆转补正量:电动机通过正转或逆转补正自动运转启动时间的送经量。标准设定与［停台时间补正］项的启动时补正量 00 分相同,逆向输入+、−符号。

［卷取］键的［纬停台补正］、［经停台补正］动作和以上相同。

3.［ONESHOT］键

触摸［ONESHOT］(单投纬)按钮,其功能用于解决织机织物上产生密路或浪纹。通常在运行期间,由于投纬时的开口动作,织口空打纬逆转并且空打纬。这种序列运行会在织机织物上产生密路或浪纹。单投纬功能可以在运行开始时通过开口状态(180°)将 1 纬纱插入开口,然后在机器进入自动运转开始角度前以正向低速运行方式将机器运行至机器起始角。那么,在启动时不会出现织口的空打纬。

(1)单投纬。纬停台、经停台时,在各自的停台选择［使用］或［不使用］。

(2)插入纬纱角度。设定插入纬纱角度,一般情况下设定 180°。对多臂机型等禁止逆转的机器,设定时注意不要设定能发生逆转的角度。

(3)运转开始角度。设定单投纬时的自动运转开始角度。通常设定为 300°。低速运转到 300°时,开始自动运转。需要加强打入力度时,每 180°时从逆转位置开始。只是当插入纬纱角度和运转开始角度一样时,运转没有点动,直接进入自动运转,这时要注意安全,不要把手伸出。

(4)辅喷终端电磁阀 1、2。投入 1 根纬纱后到连续运转之前,为了输送纬纱,各辅喷电磁阀进行喷射。标准使用方法是,在装有吸入喷嘴(选购)时,将吸入喷嘴设定到补助终端电磁阀1上。但是,吸入的纬纱在松弛状态下被打纬时,要将补喷终端电磁阀设定到2上。(注意,同时使用辅喷电磁阀1、2时,容易发生断纬)。来装吸入喷嘴时,使用辅喷终端电磁阀,发生纬纱松弛时,再加上终端电磁阀前的辅喷电磁阀共同使用。

(5)辅喷终端最后角度。为了保证单投纬纱的张力,打开辅喷终端1、2上设置的电磁阀开关,直到达到设定角度。通常情况下设定在350°,弱纱时可把角度设小。

(三)停车档的调整顺序

(1)停车档防止功能的设定、调整在操作控制盘上,设定、调整的顺序如下。

送经补正、逆转、自动对织口的设定值过高时,边撑以及织物中央部位的停车档现象有所不同。这时,要减小补正量,进行机台条件的设定。基本条件的设定如下。

①设定符合各织物的基本条件。

a. 运转开始角度:300°(经、纬停台)。

b. 运转停止角度:300°(经、纬停台)。

c. 启动特性:经停台(三角形启动);纬停台(星形启动)。

d. 三角形 ON 时间:120ms(800r/min 以上,断纬停车为 120ms,断经停车为 150ms)。

e. 送经量补正:各停台时间±0。

f. 自动对织口量:±0。

g. KB(逆转)补正量:±0。

②将机器状况(后罗拉与经停架高度、综框高度、开口尺寸、开口闭合定时、平稳定时、平稳量、经纱张力以及织口高度)设定至适合于织物类型的基本数值。

采集停车档的样布:把停车时间 0、5min、10min 后的样布,按照经、纬的不同分别采集 2 次以上。并调查停车档发生的方式及其随停车时间长短产生的情况,如果没有发现停车档,则可停止本调整顺序。

以下的调整,纬停台、经停台时相同。

5min 以内的停台产生停车档时:

a. 选择启动特性:出现密路时,选择星形启动;出现稀路时,选择三角形启动。

b. 变更三角形 ON 时间的设定:当发现密路时,应将三角形 ON 时间减小到小于基本设定时间(但不得小于 100ms);当发现稀路时,应将三角形 ON 时间增大到大于基本设定时间(但不得大于 300ms)。

以下是将时间换算成角度的公式:

$$主轴角度=0.006×转速×时间$$

式中:转速单位为 r/min,时间单位为 ms,以此为设定标准。

③以 10°为单位,变更运转开始角度的设定。出现密路时,将主轴角度加大到 300°以上(但不能大于 350°);出现稀路时,将主轴角度减小到 300°以下(但不能小于 180°)。

④变更送经补正量(停台时间 00)、KB(逆转)补正量的设定参照表 12-1-77。

此外,还要根据停车档的状况,变更启动后逆转开始的时间,标准 80ms。

表 12-1-77　送经补正量、KB(逆转)补正量的设定

停车档状况	补正量	逆转
第 1 纬与开车前的纬纱间出现稀路,第 2 纬后没有	负值	0
为第 1 纬与开车前的纬纱间出现稀路,第 1 纬和第 2 纬后转为密路	负值	正值
第 2~第 3 纬与开车前的纬纱间出现密路	正值	0
第 1 纬与开车前的纬纱间出现密路,第 2 纬后没有	正值	正值
第 2~第 3 纬与开车前的纬纱间出现稀路	负值	负值
第 4 纬与开车前的纬纱间出现密路	没有投纬	
与开车前的纬纱间出现密路		

⑤变更自动对织口的设定。出现密路时,输入+值。出现稀路时,不使用。

⑥使用单投纬功能。仅在出现密路、浪纹时使用。

5min 以上的停台,出现停车档时:

进行序号④~⑥项调整。④的送经补正量,要根据停台时间(5~40min)进行设定。

(2)机台条件的变更。在进行上述调整后,不能改变停车档的出现时,需进行机台条件变更(表 12-1-78)。进行机台条件变更前,要将上述调整的停车档防止功能恢复到各织物的基本条件设定上。

表 12-1-78　机台条件的变更调整

机台条件	效果
后罗拉的经停架高度	对防止因打纬力过大、打纬力不足所造成的停车档有效。通常在(平纹)出现密路时,提高后罗拉和停经架的高度,稀路时下降高度。斜纹正织时,提高后罗拉和经停架高度后,停车时的开口经纱张力大,开口经纱张力小对防止密路有效果;反织时,下降后罗拉和经停架高度对防止稀路有效果。除了上述的上、下调整外,将后罗拉和经停架进行前后调整也对防止停车档有不同的效果

续表

机台条件	效果
综框高度	综框高度的调整,与后罗拉和经停架高度调整的对策和效果相同。平纹密路时,降低综框高度有效果,稀路时,增加综框高度有效果。斜纹正织时,下降综框高度对防止浪纹有效果,反织时,增加综框高度有效果。随着综框高度的变更,纬停台的状况也相应变化,请予以注意
开口量(综框动程)	开口量越大,引纬越容易;开口量越小,引纬越难。斜纹开口量小,对于防止浪纹的出现有效果
开口时间	开口时间越早,引纬越容易;开口时间越迟,引纬越难。平纹对于密路,开口时间越早,效果越好。对于稀路,开口时间越迟,效果越好。斜纹开口时间越早,对于防止浪纹的出现效果越好
平稳时间	平稳时间早,易于引纬;平稳时间迟,不易引纬。平纹对于密路,可延迟平稳时间;对于稀路,可提前定时。应注意平稳时间与开口时间之差应该在±30°的范围内。斜纹应使平稳时间与开口闭合定时相一致
平稳量	平纹密路时,减小平稳量;稀路时,增大平稳量。此种对策在织物两侧边部有效。平稳量大时,由于动程时间长,易出现停车档。斜纹平稳量小,对防止浪纹有效
经纱张力	经纱张力高,易于引纬;张力低,不易引纬。平纹密路时加大张力,稀路时减小张力。但是,此法收效甚少,考虑到要使布面丰满、减少纬停台,调整停车档时,最好不用此法。斜纹减少经纱张力,对防止浪纹有效
织口高度	织口高度提高时易于打纬,降低时不易打纬。平纹密路时,高度上升,稀路时,高度下降有效。没有边撑的部位出现稀路时,将织口板提高有效。但是,要注意钢筘上唇部造成的破布和辅喷嘴造成的经向条花

第二章 津田驹(TSUDKOMA)喷气织机

第一节 主要技术特征

一、ZA200 系列喷气织机主要技术特征

ZA200 系列喷气织机主要技术特征见表 12-2-1。

表 12-2-1 ZA200 系列喷气织机主要技术特征

机型	ZA209i	ZA205i	ZA203
适用线密度	短纤 5.83~116.62tex(5~100 英支),长丝 3.3~33.3tex(30~300 旦)		
织物重量/(g/m)	最大 500,最小 30		
筘幅/cm	150,190,230,280	150,190,230,280,330,360	150,190,230,280,330
纬纱控制	单喷、2 喷固定、2 喷、4 喷、6 喷、任意喷	单喷、2 喷固定、2 喷、4 喷、6 喷、任意喷	单喷、2 喷固定、2 喷、4 喷、任意喷
测长储纬方式	电子鼓式(FDP)	电子鼓式(FDP)	电子鼓式(FDP)
引纬控制	异形筘,主、辅喷嘴电磁阀控制,定时喷射	异形筘,主、辅喷嘴电磁阀控制,定时喷射	异形筘,主、辅喷嘴电磁阀控制,定时喷射
主传动	超启动电动机直接启动,电磁制动定位停车	超启动电动机直接启动,电磁制动定位停车	超启动电动机直接启动,电磁制动定位停车
开口	曲柄开口,4~6 页综框;凸轮开口,最多 10 页综框;多臂开口,最多 16 页综框	曲柄开口,4~6 页综框;凸轮开口,最多 10 页综框;多臂开口,最多 16 页综框	曲柄开口,4~6 页综框;凸轮开口,最多 10 页综框;多臂开口,最多 16 页综框
送经	全自动连续积极送经(ELO),经轴法兰直径 800mm	全自动连续积极送经(ELO),经轴法兰直径 800mm	全自动连续积极送经(ELO),经轴法兰直径 800mm
打纬	曲柄式,多级筘座脚,ϕ60 实心轴	曲柄式,多级筘座脚,ϕ121 空心轴	曲柄式,多级筘座脚,ϕ121 空心轴

续表

机型	ZA209i	ZA205i	ZA203
卷取	机械连续间接卷取机构 纬密范围： MTU 100～820 根/10cm（25～205 根/英寸） ETU 100～1020 根/10cm（25～255 根/英寸） 最大卷布直径：曲柄开口 480mm，凸轮开口 600mm	机械连续间接卷取机构 纬密范围： MTU 100～820 根/10cm（25～205 根/英寸） ETU 100～1020 根/10cm（25～255 根/英寸） 最大卷布直径：曲柄开口 480mm，凸轮开口 600mm	机械连续间接卷取机构 纬密范围： MTU 100～820 根/10cm（25～205 根/英寸） 最大卷布直径：曲柄开口 480mm，凸轮开口 600mm
绞边	行星齿轮绞边装置	行星齿轮绞边装置	行星齿轮绞边装置
边剪	机械剪刀	机械剪刀	机械剪刀
自停装置	纬纱：光电式探纬，双探头，带有纬纱到达定时显示 经纱：电气接触式 6 列停经片 其他：边纱、纱端处理纱断头停车	纬纱：光电式探纬，双探头，带有纬纱到达定时显示 经纱：电气接触式 6 列停经片 其他：边纱、纱端处理纱断头停车	纬纱：光电式探纬，双探头，带有纬纱到达定时显示 经纱：电气接触式 6 列停经片 其他：边纱、纱端处理纱断头停车
停车原因显示	i 键盘显示信息 多功能 4 色灯显示停车原因	i 键盘显示信息 多功能 4 色灯显示停车原因	4 色灯显示停车原因，控制箱显示停车代码
自动化	自动对梭口（APF） 变频器慢速点动系统，记忆卡系统（TMCS），多功能微机控制系统具有参数设定、控制、监控、自我诊断功能	自动对梭口（APF） 变频器慢速点动系统，记忆卡系统（TMCS），多功能微机控制系统，具有参数设定、控制、监控、自我诊断功能	自动对梭口（APF） 变频器慢速点动系统，变频器点动系统、电控箱内、多功能微机控制系统，具有参数设定、控制、监控、故障代码显示
润滑	主传动部分油浴 手动集中加油	主传动部分油浴 手动集中加油	主传动部分油浴 手工加油
选择	APR 自动剔除不良纬纱	APR 自动剔除不良纬纱	手动集中供油

二、ZAX 9100 型喷气织机主要技术特征及外形尺寸

（一）技术特征

ZAX 9100 型喷气织机技术特征见表12-2-2。

表 12-2-2　ZAX 9100 型喷气织机技术特征

项目	技术特征	选择件
公称筘幅(R/S)/cm	150,170,190,210,230,250,280,340,360,390	
有效穿筘筘幅/cm	(R/S)150~250:公称筘幅-60 (R/S)280~336:公称筘幅-80	(R/S)150~250:公称筘幅-80
织造范围	短纤:5.8~233.2tex(2.5~100 英支) 长丝:2.2~1350tex	
纬纱选择	2 色,4 色,6 色	
动力	启动方式:超启动电动机 PSS 可编程序启动 通过变频器的慢速寸动(正转/逆转) 电动机功率:2.7kW、3.0kW、3.7kW、5.7kW(提花开口)	PSC 可编持续调速器
引纬	主喷嘴、辅助喷嘴并用式:拉伸喷嘴 引纬控制,辅助喷嘴各色分别控制;AJC 引纬自动控制,第 1 纬控制 入纬率:大于 2400m/min	独立定时控制的辅助喷嘴 WBS 引纬制动 FIC 引纬模糊控制
测长储纬	FDP-AⅢ电控鼓筒储纬(配备送纱机构)	气圈装置
开口机构	积极式凸轮开口(最大综框数 8 页) 曲柄开口(最大综框数 4 页) 多臂开口(下置电子式,最大综框数 16 页) 提花开口	ESS 电子开口最多 16 页;自动平综(积极式凸轮);积极式凸轮开口(最大综框数 10 页);布边商标提花开口
送经机构	双辊电子控制送经装置(ELC),带自动反转功能,消极送经或积极送经	双经轴 欧式经轴
经轴盘头直径/mm	800,914,1000	1100
卷取机构	ETU 电子控制卷取机构,密度自动变换功能,最大卷布直径:600mm(凸轮开口、多臂开口、提花开口),520mm(曲柄开口) 纬密:标准密度 9.8~118.1 根/cm,稀密 5.9~111.8 根/cm 织布长度计数:在 Navi 键盘上显示(米,码),带定长停车功能 边撑:上置式	下置式
打纬机构	曲柄式多短筘座脚打纬机构 4 节连杆打纬(筘幅 230cm 以下) 6 节连杆打纬(筘幅 250cm 以上)	

续表

项目	技术特征	选择件
纱架	落地式 4 只筒纱(2 色) 落地式 8 只筒纱(4 色) 落地式 10 只筒纱(6 色)	
绞纱布边	行星齿轮方式	ZNT 无针式织边装置(左右,中央),中间绞边装置,$\frac{2}{2}$ 布边专用装置,电动纱罗装置
纱端处理	弃边卷取 2 只滚筒式,弃边卷取齿轮方式	纱端处理纱专用开口装置
剪纬	机械式剪刀	电动式剪刀
加油	主要部位油浴润滑方式,集中加油(黄油手动)	集中加油(黄油自动)
纬纱断头	反射式探纬器(单头、双头)	三眼式探纬器
经纱断头	电气式 6 列接触式 绞边纱,纱端处理纱断头自停	断经分区显示,左右分别显示功能,旋转传感器 SGS 安全保护装置传感器

(二)外形尺寸

ZAX 9100 型喷气织机外形尺寸见表 12-2-3。

表 12-2-3　ZAX 9100 型喷气织机外形尺寸　　　　单位:mm

项目			凸轮开口	曲柄开口	下置式多臂开口
机宽 W			R/S +2430	R/S +2050	R/S +2530
机器前后距离 D	织轴直径	ϕ800	1847		1967
		ϕ914	1847		1967
		ϕ1000	1877		1997
机器高度 H		ϕ800	1972		
		ϕ914	1972		
		ϕ1000	1967		

三、ZAX 9200 型喷气织机主要技术特征

1. 纬纱种类和细度

ZAX 9200 型喷气织机适应纬纱种类见表 12-2-4。

表 12-2-4　ZAX 9200 型喷气织机适应纬纱种类

纬纱种类	纬纱粗细
短纱	5.83~116.62tex(5~100 英支、8.5~170 公支)
长丝	22~660dtex

2. 织造纬纱密度

(1)纬密的设定下限值。根据织机转数和卷布辊外径有所不同,纬密的设定下限值 P（纬/2.54cm）可通过下式计算：

标准密度：

$$P = \frac{8.09N}{D}$$

疏密度：

$$P = \frac{5.49N}{D}$$

式中：N——织机转数,r/min；

D——卷布辊外径,mm。

纬纱最低设定下限值为 6 纬/cm(15 纬/英寸)。

(2)纬密设定的上限值。纬密的设定上限值为 118 纬/cm(300 纬/英寸)。

所谓设定值及可以设定的范围等,都不能保证实际纬密或织造性能,且没有包括织缩率和布的厚度。根据疏密度等织机规格,纬密设定值及设定范围都有所不同。

3. 织物重量(克重)

ZAX 9200 型喷气织机适应织物重量见表 12-2-5。

表 12-2-5　ZAX 9200 型喷气织机适应织物重量

织物品种	织物重量	
	g/m²	盎司/平方码
牛仔布、纱布	30~500	0.88~14.75

4. 织机规格的表示方法

$$ZAX9200 — 190 — 2C — C8$$

机种　筘幅　选纬　开口型式

开口类型:S 表示连杆开口;C 表示凸轮开口;D 表示多臂开口;J 表示提花机开口;数字表示综框片数。

第二节　主要机构及其工艺调整

一、开口机构

(一)ZCM3S 凸轮开口机构

1. 开口量的设定

如图 12-2-1 和图 12-2-2 所示,L 尺寸越大,开口量越小;反之,L 尺寸越小,开口量越大。

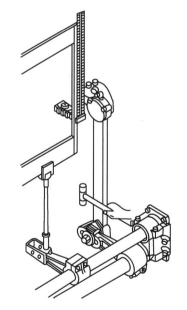

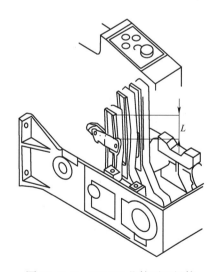

图 12-2-1　开口机构开口时间的设定　　　　图 12-2-2　ZCM3S 凸轮开口机构

2. 吊综杆弹簧的使用根数

动力一侧与供纱一侧相比,一般应少用 3 根弹簧。供纱一侧最少弹簧根数为 11 根,动力一侧最少弹簧根数为 8 根。

3. 不同织物组织的凸轮排列和综框数量的选择

(1)一般地组织凸轮排列在综框前侧,布边用凸轮排列在综框后侧。

(2)斜纹织物的布边组织有方平边、反斜纹边、无边三种。

(3)平纹组织的凸轮标准相位差为 20°,最大相位差为 30°。

(4)$\frac{1}{2}$ 斜纹织物的地组织使用 6 页综框时,标准相位差为 20°。

(5)变换齿轮 4 个循环的 36 齿与 5 个循环的 36 齿的齿轮系数不同。

4. 凸轮安装标准设定实例

凸轮安装标准设定实例见表 12-2-6。

表 12-2-6　凸轮安装标准设定实例

设定项目	平纹				$\frac{2}{2}$斜纹				$\frac{1}{2}$斜纹、$\frac{1}{3}$斜纹		$\frac{2}{1}$斜纹		$\frac{3}{1}$斜纹		$\frac{1}{4}$缎纹	
开口量/mm	1500~2300 76/4间距		2500~3400 80/4间距		1500~2300 76/4间距		2500~3400 80/4间距		1500~2300 76/4间距							
开口定时/(°)	290/310		290/310		300				300		290		290		300	
高度	H/mm	h/mm	H/mm	h/mm	H/mm	h/mm	H/mm	h/mm	H/mm	h/mm	H/mm	h/mm	H/mm	h/mm	H/mm	h/mm
第1综框	113	2	111	6	113	2	111	6	地113	2	地111	4	109	6	111	4
第2综框	111	4	109	8	111	4	109	8	地、边111	4	地、边109	6	107	8	109	6
第3综框	109	6	107	10	109	6	107	10	地109	6	地107	8	105	10	107	8
第4综框	107	8	105	12	107	8	106	12	边105	10	边107	8	103	12	105	1
第5综框			103	14			103	14							103	1
使用凸轮	0/60°														0/30°	

注　H 是指综框下降至最低位时的高度,h 是指与基准综框高度的差(图 12-2-3)。

(二)多臂开口机构

1. 标准开口量

经纱为短丝时,第 1 综框以 80mm 为基准,第 2 综框 84mm,第 3 综框 88mm,第 4 综框 92mm。

2. 综框高度

(1)综框高度 h 是指当综框下降到最低位时,从织机本体机架的上面到综眼中心的距离,如图 12-2-4 所示。

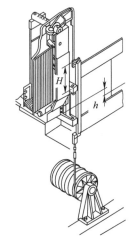

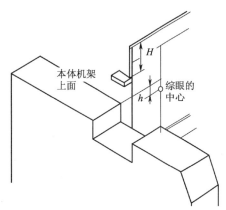

图 12-2-3　凸轮开口的综框高度设定　　　　　　图 12-2-4　多臂开口综框高度设定

(2)综框高度 h 与综丝、综框的尺寸和种类无关,是一定值。

(3)从提高作业效率的角度考虑,作为测量综框高度 h 的替代方法,可以测定图 12-2-4 中的尺寸 H。

3. 开口量和综框高度设定实例

多臂开口机构开口量和综框高度设定实例见表 12-2-7。

表 12-2-7　多臂开口机构开口量和综框高度设定实例

设定项目	综框号	平纹和$\frac{2}{2}$斜纹	$\frac{2}{1}$斜纹	$\frac{3}{1}$斜纹	$\frac{1}{2}$斜纹	$\frac{1}{3}$斜纹	$\frac{1}{4}$缎纹
开口量 H/mm	第 1 综框	地 80	地 80	地 80	地 80	地 80	地 80
	第 2 综框	地 84	地、布边 84	地 84	地、布边 84	地 84	地 84
	第 3 综框	地 88	地 88	地 88	地 88	地 88	地 88
	第 4 综框	地 92	布边 92	地 92	布边 92	地 92	地 92
	第 5 综框		布边 96		布边 96		布边 96
	第 6 综框		布边 100		布边 100		布边 100
	第 7 综框						布边 104
	第 8 综框						

续表

设定项目	综框号	平纹和$\frac{2}{2}$斜纹	$\frac{2}{1}$斜纹	$\frac{3}{1}$斜纹	$\frac{1}{2}$斜纹	$\frac{1}{3}$斜纹	$\frac{1}{4}$缎纹
综框高度 h/mm	第1综框	2	6	6	4	4	4
	第2综框	4	8	8	6	6	6
	第3综框	6	10	10	8	8	8
	第4综框	8	6	12	10	10	10
	第5综框		10		10		12
	第6综框		12		12		18
	第7综框						
	第8综框						
边撑杆垫片厚/mm		3	2	2	4	4	4

(三)长丝织物开口工艺

1. 标准开口量

长丝织物标准开口量见表12-2-8。

表 12-2-8　长丝织物标准开口量

公称筘幅/cm	开口装置	第1综框/mm	第2综框/mm	间距/mm
150~230	曲柄	64	70	6
	积极式凸轮	64	68	4
	多臂	68	72	4

2. 开口时间

标准开口时间:曲柄开口及积极式凸轮开口为340°,多臂开口为330°。

3. 综框高度

(1)设定综框高度,应该在开口定时的时候,使综框上面至综丝综眼的距离为26mm。

(2)26mm 的代用尺寸 H。把综框导块 2 至综框 1 前端的高度 H 作为适合该综框的尺寸。但是,H 尺寸会因综框和综丝以及开口装置的种类而异,应该参照各综框厂家的规格,决定 H 尺寸。长丝织物综框高度设定如图 12-2-5 所示。

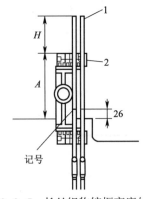

图 12-2-5　长丝织物综框高度的设定

4. *H* 尺寸设定实例

长丝织物综框高度设定实例见表12-2-9。

表 12-2-9　长丝织物综框高度设定实例　　　　单位：mm

方式	开口装置	综丝		综框高度	*A*
		长度	综眼位置	*H*	
吊综杆式	曲柄	280	中心	134	166
	多臂	330		125	210
	积极多臂	280		122	188
无吊综杆 J 式	曲柄	280	中心	90	166
	多臂	331		71	210
	积极多臂	280		68	188

注　*A* 是机架的上面至综框导块上面的距离。

（四）一般织物开口时间的确定

开口时间一般根据综平时主轴曲柄的位置设定。一般织物的标准开口时间见表12-2-10。

表 12-2-10　一般织物的标准开口时间

开口装置	织物	组织	开口时间/(°)	备注
凸轮开口	短纤维	平纹	290/310	在短纤维织物的织造中，为了减少开口不良，可将1、2综框的开口时间与3、4综框的开口时间错开设定。但是，这种情况会使飞行角度变小，所以应提高主喷嘴以及辅助喷嘴的压力
			310/290	
	长丝	斜纹（表）	290	$\dfrac{2}{1}, \dfrac{3}{1}, \dfrac{4}{1}$
		斜纹（里）	300	$\dfrac{2}{2}, \dfrac{1}{2}, \dfrac{1}{3}, \dfrac{1}{4}$
		平纹	340	
		斜纹	330	
多臂开口	短纤维、长丝	斜纹	310	
			330	

表12-2-10的数据为大致值，实际生产中应根据织物或织机的情况进行适当调整，见表12-2-11。

表 12-2-11　开口时间与织物或织机性能的关系

开口时间	提早	推迟
引纬效果	良好	逊色
织物手感	良好	逊色
织物毛羽	多	少
纬纱飞行时间	短	长

(五)开口量的确定

标准开口量见表 12-2-12。

表 12-2-12　标准开口量

开口装置	织物	开口量/mm	备注
凸轮开口	短纤维	76/4	
	经向:长丝 纬向:短纤维	68/4	
	长丝	64/4	
多臂开口	短纤维	80/4	所有短纤维织物
	长丝	68/4	所有长丝织物

表 12-2-12 中开口量 76/4:表示第 1 综框开口量为 76mm,第 2 综框以后分别递增 4mm。表 12-2-12 中的数据为大致值,实际生产中应根据织物或织机的情况进行适当调整,见表 12-2-13。

表 12-2-13　开口量与织物或织机性能的关系

开口量	大	小
引纬效果	开口角度大,可改善引纬效果	开口角度小,引纬效果变差
经纱绷纱	使毛羽断头得到改善,绷纱良好	易发生开口不清
经纱断头	经纱张力增加,断头稍增加	使综框部分的断头减少
纬纱飞行时间	变长	变短

二、引纬机构

(一)引纬定时曲线图

纬纱被连续卷绕在 FDP 装置的鼓筒上,并且通过主喷嘴进行引纬,以曲柄角度图来表示(图 12-2-6)。

1. 引纬飞行角度

纬纱的飞行角度是指纬纱从左侧织物端面到达右侧织物端面的角度。纬纱从停纬销被释放出来,到引纬结束,并且与停纬销接触为止,是以自由状态飞行的。

2. 约束定时

约束定时是指在被卷绕在 FDP 装置鼓筒上的纬纱中,引 1 纬量的纬纱被主喷嘴牵引出来,并且在与停纬销接触之后,在鼓筒与主喷嘴之间开始被拉伸时的定时。

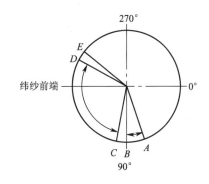

图 12-2-6　引纱定时曲线图

A—停纬销的(解舒)定时　B—主喷嘴喷射开始的定时
C—左侧织物端面(供纱一侧)的到达定时(打纬定时)
D—右侧织物端面(动力一侧)的到达定时　E—约束定时
A~B—停纬销的先行角度　C~D—引纬飞行角度

3. 飞行角度的确定

在从钢箔的导气槽至上经纱和下经纱的距离中以及被辅喷嘴的喷射口高度所制约的最大飞行角度范围内,选择适当的飞行角度;当提高了织机的转数,或者将织物的幅宽加大时,为了避免增加纬纱断头,必须延长飞行角度。

4. 最大飞行角度

(1)引纬开始(图 12-2-7)。最重要的是纬纱前端到达左端经纱的定时。上经纱和下经纱都应该离开钢箔的导气槽5mm 以上。此时便是最早的引纬飞行开始。当上经纱和下经纱离开导气槽5mm 以上时,则会引起开口不良,或前端故障、弯纬等因纬向原因引起的停车。

(2)引纬结束(图 12-2-8)。上经纱和下经纱都应该离开钢箔导气槽3mm 以上。下经纱应该距离辅喷嘴的喷射口达 1~2mm。此时,即为最迟引纬飞行的结束。也可以通过加大开口量,而延长飞行的角度。当延长飞行角度时,引纬速度会变慢,从而可以将设定压力调低。当缩短飞行角度的时候,引纬速度就会变快,因此必须提高设定压力。

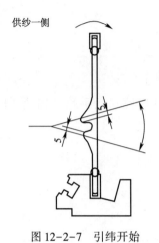

图 12-2-7　引纬开始

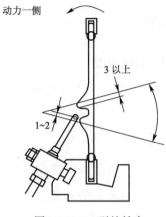

图 12-2-8　引纬结束

5. 先行角度及其作用

(1)停纬销的先行角度。停纬销的先行角度是停纬销相对于主喷嘴的喷射定时而言,指先行动作并且将纬纱从鼓筒上打开(解舒)的角度。在从主喷嘴喷射出空气之前,将纬纱从停纬销上释放出来,从而可以减少引纬时的波动和纬纱前端被吹断的现象。

(2)辅喷嘴的先行角度。辅喷嘴的先行角度是对于被送入钢筘导气槽中的纬纱的前端,到达各个辅喷嘴组第 1 个喷嘴的角度而言,辅喷嘴先行动作并开始喷气的角度。此功能可以在纬纱前端到达辅喷嘴的定时变快的时候,也能够使空气吹在纬纱前端,从而可以防止失速状态,并且可以使纬纱前端伸直。

(二)测长、储纬机构

测长、储纬机构各机件的功能见表 12-2-14,其结构如图 12-2-9 所示。

表 12-2-14　测长、储纬机构各机件的功能

序号	名称	功能
1	停纬销组件	进行纬纱测长。其动作设定通过 Navi 盘进行
2	FDP 传感器 S	检测从鼓筒上解舒出来的纬纱的解舒数
3	四分之一鼓筒	进行纬纱测长 只在与停纬销组件处于同一位置的四分之一鼓筒上嵌有反射板。此处若堆积有脏污时,会影响 FDP 传感器 S 的检测能力,所以应该经常检查是否存在脏污现象 发现已经脏污时,应该使用柔软且洁净的布清扫
4	电动机	卷绕纱线
5	空气开关	用于向 FDP 内穿入纬纱。当按动开关时,即可以将纬纱吸入,而且再通过转子的导纱器喷出
6	推进纱框	将卷绕于鼓筒上的纬纱进行分离,并且使纬纱能够顺次地向鼓筒的前端移动

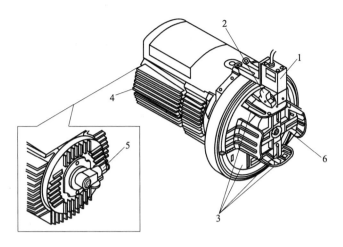

图 12-2-9 测长、储纬机构

1—停纬销组件 2—FDP 传感器 S 3—四分之一鼓筒

4—电动机 5—空气开关 6—推进纱框

1. 测长量的设定

根据测长量的卷绕数(圈数)和四分之一鼓筒的组装位置,将全测长量(穿筘幅+弃边纱纬纱长度)通过测长量进行选择,从而确定每纬的卷绕数和鼓筒隔距的刻度位置,见表 12-2-15。

表 12-2-15 测长量的设定值　　　　　　单位:mm

鼓筒隔距的刻度	每纬圈数							
	3	4	5	6	7	8	9	10
108	1045	1393	1742	2090	2438	2787	3135	3483
110	1062	1416	1770	2124	2478	2832	3186	3540
112	1079	1439	1798	2158	2517	2877	3237	3596
114	1096	1461	1826	2192	2557	2922	3288	3653
116	1113	1484	1855	2226	2597	2968	3339	3710
118	1130	1506	1883	2260	2636	3013	3389	3766
120	1147	1529	1911	2294	2676	3058	3440	3823
122	1164	1552	1940	2328	2715	3103	3491	3879
124	1181	1574	1968	2361	2755	3149	3542	3936

鼓筒隔距的刻度	每纬圈数							
	3	4	5	6	7	8	9	10
126	1198	1597	1996	2395	2795	3194	3593	3992
128	1215	1620	2024	2429	2834	3239	3644	4049
130	1232	1642	2053	2463	2874	3284	3695	4105
132	1249	1665	2081	2497	2913	3330	3746	4162
134	1266	1687	2109	2531	2953	3375	3797	4219
136	1283	1710	2138	2565	2993	3420	3848	4275
138	1300	1733	2166	2599	3032	3465	3899	4332
140	1316	1755	2194	2633	3072	3511	3949	4388
142	1333	1778	2222	2667	3111	3556	4000	4445
144	1350	1801	2251	2701	3151	3601	4051	4501
146	1367	1823	2279	2735	3191	3646	4102	4558
148	1384	1846	2307	2769	3230	3692	4153	4615
150	1401	1868	2336	2803	3270	3737	4204	4671
152	1418	1891	2364	2837	3309	3782	4255	4728
154	1435	1914	2392	2871	3349	3827	4306	4784
156	1452	1936	2420	2905	3389	3873	4357	4841
158	1469	1959	2449	2938	3428	3918	4408	4897
160	1486	1982	2477	2972	3468	3963	4459	4954
162	1503	2004	2505	3006	3507	4008	4510	5011
164	1520	2027	2534	3040	3547	4054	4560	5067
166	1537	2049	2562	3074	3587	4099	4611	5124
168	1554	2072	2590	3108	3626	4144	4622	5180
170	1571	2095	2618	3142	3666	4189	4713	5237

2. 故障及其处理方法

(1)短纬。造成短纬的原因及处理方法见表12-2-16。

表 12-2-16　造成短纬的原因及处理方法

区分	主要原因	处理方法
功能设定	传感器的种类不合适	选择适当的 FDP 传感器 S
FDP 设定	解舒数存在错误	输入正确的数值
	控制模式不合适	重新进行设定
	传感器放大不合适	选择"低"
	连锁不合适	输入恰当数值
	停纬销和四分之一鼓筒安装方法不对	重新组装
	由于推进纱框的安装不合适,造成其与四分之一鼓筒接触	重新安装
引纬设定	定时的设定不合适	在停纬销的 OFF 定时上,输入 290°
其他	四分之一鼓筒上有飞花堆积现象	清扫
	主喷嘴内部有飞花堵塞现象	清扫
	喷嘴压力下降	确认各喷嘴的压力
	四分之一鼓筒上存在伤痕	更换合格品
	推进纱框上存在伤痕	更换合格品
	停纬销组件不良	拆卸清扫,更换合格品
	FDP 传感器 S 不良	进行清扫,更换合格品
	电磁阀不良	进行清扫,更换合格品
	喷嘴不良	进行清扫,更换合格品

(2)长纬。造成长纬的原因及处理方法见表 12-2-17。

表 12-2-17　造成长纬的原因及处理方法

区分	主要原因	处理方法
FDP 设定	解舒数存在错误	输入正确的数值
	控制模式不合适	重新设定
	传感器放大不合适	输入正确数值
	连锁不合适	输入恰当的数值
	停纬销和四分之一鼓筒的安装不合适	重新安装

区分	主要原因	处理方法
	四分之一鼓筒上存在互相压纱现象	重新安装,减少预备卷绕数,加大喂纱张力
其他	停纬销组件不良	拆卸清扫,更换合格品
	FDP 传感器 S 不良	清扫,更换合格品

(三)主喷嘴

1. 主喷嘴种类

根据纬纱选择的种类不同,可以有 2 色用主喷嘴和 4 色用主喷嘴,规格分别见表 12-2-18 和表 12-2-19。每个喷嘴都应该根据纬纱的粗细进行选择。

(1)2 色用。用于 2 色的导纱器,不能使用于 4 色,如图 12-2-10 所示。

表 12-2-18　2 色用主喷嘴的规格

型号	喷嘴管的长度/mm	适用的纬纱	导纱器的刻印
S4-2.0L	200.5	9.7~41.7tex(14~60 英支)	20
S4-2.5L	200.5	19.4~97tex(6~30 英支)	25

(2)4 色用。用于 4 色的导纱器,不能使用于 2 色,如图 12-2-11 所示。

表 12-2-19　4 色主喷嘴的规格

型号	喷嘴管的长度/mm	适用的纬纱	导纱器的刻印
S4-2.5L	200	全部	无

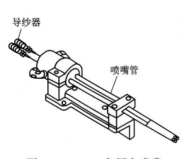

图 12-2-10　2 色用主喷嘴

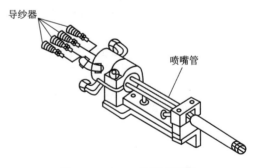

图 12-2-11　4 色用主喷嘴

2. 喷射定时

(1)喷射开始的定时,应该符合上机织物品种的飞行开始角度。若飞行开始角度设定得过早,会发生经纱挂纱、纬纱前端故障、弯纬等引纬失误。

(2)喷射结束的定时应该为180°±15°。

(3)在主喷嘴的入口(导纱器吸入口)附近,发生纬纱断头时,可以将喷射结束定时提早。

(4)辅助主喷嘴的标准设定定时。

ON:与主喷嘴 ON 同样;

OFF:主喷嘴 OFF-10°。

3. 压力设定

使用压力表,在织机运转中进行调整。

(1)将压力表插入调节器箱的 MP 连接器的接口中。

(2)转动调节器的手柄,设定临时压力。

(3)当纬纱的前端到达右端经纱时,确认上经纱和下经纱与钢箝导气槽之间的间隔在 3mm 以上(图 12-2-12)。

(4)确认辅喷嘴的喷射口与下经纱之间的间隔为 1~2mm 以上。

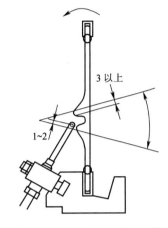

图 12-2-12　压力设定的调节

(5)设定压力时的注意事项:提高织机转数时,纬纱的前端到达织物右端经纱的定时会变迟。

(6)当压力过高时,纬纱的毛羽会增加。当压力过低时,会引发短纬、纬纱松弛等现象。另外,织物端部的布边收边也会变差。

(四)辅喷嘴

1. 辅喷嘴型号(表 12-2-20)

表 12-2-20　辅喷嘴型号

型号	适用织物
1.5GT	所有短纤织物、长丝织物

2. 安装辅喷嘴时高度和扭转角度的设定(表 12-2-21)

表 12-2-21　安装辅喷嘴时高度和扭转角度的确定

高度	扭转角度/(°)
从上至下第 4 个	3
从上至下第 3 个	2
从上至下第 2 个	1

提高辅喷嘴高度时,可以加大纬纱的运送力量,但也会增加经纱毛羽。标准设定:高度从上至下的第 3 个,扭转角度为 2°(图 12-2-13)。

3. 喷射定时

(1)第一组辅喷嘴的喷射定时。

①喷射开始定时,设定为与主喷嘴 1 的喷射定时同样的定时。

②喷射结束定时,标准为喷射开始定时+80°。根据不同的纬纱种类,有时只依靠主喷嘴的喷射,还不能保证足够的引纬速度。在这样的情况下,可以使第一组辅喷嘴的喷射定时长于其他组的喷射定时,以此来弥补主喷嘴喷射力量的不足。

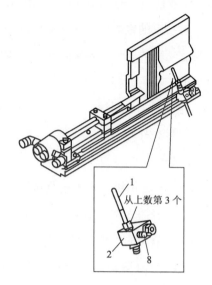

图 12-2-13　辅喷嘴高度和扭转角度的确定

(2)其他组辅喷嘴的喷射定时。

①喷射开始定时,比纬纱前端到达各组的第一个辅喷嘴的定时早喷射 15°~20°。

②喷射结束定时,标准为喷射开始定时+80°。

③根据纬纱的种类或者织造条件,有时也会将喷射定时设定得较长。

(3)最终一组辅喷嘴的喷射定时。

①喷射开始定时,比纬纱前端到达最后一组的第一个辅喷嘴的定时早喷射 15°~20°。

②喷射结束定时,从辅喷嘴的喷射口 1 被下经纱挡住,到右端的经纱进入钢筘的导气槽 2 时,为最长的喷射角度。

③织造中,当没有发生纬纱松弛时,将喷射结束定时略微提前,以减少空气的消耗量。

4. 压力设定

使织机进入连续运转,与主喷嘴的压力设定同时进行。

(1)将压力表插入调节器箱的 SP 连接器的插口内。转动调节器的手柄,将压力临时设定为比主喷嘴压力高 0.05~0.1MPa(0.5~1.0kgf/cm²)。

(2)设定之后,应该使织机在连续运转中,不发生短纬、弯纬、测长不均、纬纱松弛等现象。另外,应该通过压力的上下调节,使纬纱到达定时于每32纬平均值的偏差在 10°以内。

(3)提高织机转数时,纬纱的到达定时会变得迟缓。在这种情况下,可以采取以下措施。

可提高主喷嘴的压力,但是压力过高,会增加纬纱的毛羽;若压力过低,则会发生测长不均以及纬纱松弛现象。其次,可以提高辅喷嘴的压力。压力高时,纬纱的飞行姿态,会比压力低的时候得到明显改善。但是,提高压力,会增加空气消耗量。

(五)纬纱飞行曲线的确认

1. 飞行曲线图表

以织机公称幅宽为190cm为例,6纬纱飞行曲线如图12-2-14所示。

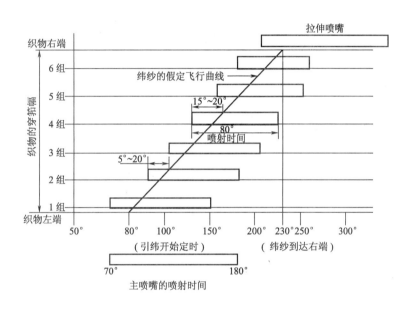

图 12-2-14　6 纬纱飞行曲线

(1)引纬飞行开始定时(纬纱进入织物左端的角度)为80°。

(2)从主喷嘴实际喷射出空气的定时为70°~180°。

(3)从第一组辅喷嘴实际喷射出空气的定时为70°~150°。

(4)纬纱到达织物右端的定时为230°。

2. 制作飞行曲线图表程序

一般使用频闪仪,对纬纱的前端到达织物右端的定时进行观察,进而确定各组辅喷嘴的喷射定时。

开始时,应该通过左端经纱的开口状态,假定引纬开始定时。

(1)将假定的引纬开始定时设定为80°。

(2)将纬纱到达织物右端的定时设定为230°。右端的上经纱离开钢筘导气槽时有大约3mm,而且辅喷嘴的喷射口离开下经纱有1~2mm时,定时为230°。

（3）在曲线图表上，将假定的引纬飞行开始定时为80°，与纬纱到达织物右端的定时230°连接成线。

（4）在图表上画出各组辅喷嘴的第一个辅喷嘴安装位置。

（5）在各组辅喷嘴安装位置（横线）和假定飞行线的交点上，做出记号。

（6）主喷嘴的喷射定时。ON：引纬的飞行开始定时-10°；OFF：180°（作为大致的目标，是在到达右端定时前大约50°结束喷射）。

（7）第一组辅喷嘴的喷射定时ON与主喷嘴的ON相同，OFF=ON +80°。

（8）最后一组辅喷嘴的喷射结束定时，是右端的上经纱进入钢筘的导气槽，而且辅喷嘴的喷射口被下经纱挡住时的定时。

（9）辅喷嘴的先行角度，应该在距离交叉点15°～20°的位置。

（10）其他组辅喷嘴的喷射结束定时为ON +80°。

（11）按动运转按钮，使织机进入连续运转，并且通过主喷嘴压力和辅喷嘴压力的调整，使纬纱到达织物右端的定时为230°。

（12）使用频闪仪，进行引纬飞行开始定时的确认。在有必要的情况下，还应重新修正引纬模式。

三、打纬机构

采用曲柄式多短筘座脚打纬机构，包括4节连杆打纬（筘幅230cm以下）和6节连杆打纬（筘幅250cm以上）。

四、送经机构

（一）经纱总张力

1. 经纱为短纤

经纱为短纤的张力计算公式见表12-2-22。

表12-2-22 经纱为短纤的张力计算公式

单位：N	单位：kgf
$T=\dfrac{经纱总根数×A×Tt×10}{583.1}$	$T=\dfrac{经纱总根数×A}{经纱的英支}$

系数A的值见表12-2-23。

表 12-2-23　各种织物的 A 值

织物的种类	A
平纹、斜纹 $\dfrac{2}{2}$	0.8~1.1
正面为斜纹 $\dfrac{2}{1}$、$\dfrac{3}{1}$，且使用粗于48.6tex(12 英支)的纱线	0.5~0.7
正面为斜纹 $\dfrac{2}{1}$、$\dfrac{3}{1}$，且使用细于48.6tex(12 英支)的纱线	0.8~1.0
反面为斜纹 $\dfrac{1}{2}$、$\dfrac{1}{3}$	1.0~1.2
提花组织	1.5

2. 经纱为长丝

经纱为长丝的张力计算公式见表12-2-24。

表 12-2-24　经纱为长丝的张力计算公式

单位:N	单位:kgf
$T = \dfrac{经纱总根数 \times 经纱线密度(dtex) \times B \times 10}{1000}$	$T = \dfrac{经纱总根数 \times 经纱线密度(dtex) \times B}{1000}$

B 为每分特的张力,其值见表12-2-25。

表 12-2-25　各种纤维的 B 值

经纱种类	B	
	cN/dtex	gf/旦
人造纤维	0.09~0.18	0.1~0.2
合成纤维	0.18~0.27	0.2~0.3

3. 经纱最大总张力

由于织机的规格不同,经纱最大总张力会有所不同,见表12-2-26。

表 12-2-26　经纱最大总张力

经轴架			轴承/N	轴辊/N
经纱最大总张力	织轴直径	ϕ800 边盘	5000	5000
		ϕ914 边盘	4500	5000
		ϕ1000 边盘	4000	5000

(二)标准设定条件实例

公称幅宽以 150~230cm 为主的标准设定条件见表 12-2-27~表 12-2-31。

表 12-2-27 标准设定条件实例 1

织物组织		平纹			
送经		S1-SPG			无 S1-SPG
公称幅宽/cm		150	170~230	250~340	150~230
边盘直径,经轴位置		80S,91S,91D	80S,91D	80S,91D	80S,91D
张力轴套位置		No. 6	No. 6	No. 6	No. 6
张力轴套支架高度/mm		90	80	70	80
边撑杆垫片	上置型边撑/mm	3			
	下置型边撑	用量规调节			
开口定时/(°)		290/310			
送经量/mm		6			8
定时/(°)		290			290
开口量/综框下高度/mm	1	76/−2		80/−4	76/−2
	2	80/−4		84/−6	80/−4
	3	84/−6		88/−8	84/−6
	4	88/−8		92/−10	88/−8
开口凸轮		0°/60°或 AL20			

注 张力辊直径 ϕ:S1-SPG 的公称幅宽 150cm 时为 86mm,公称幅宽 170~230cm 时为 113mm,公称幅宽 250~340cm 时为 136mm。无 S1-SPG 的公称幅宽 150~230cm 为 113mm。

表 12-2-28 标准设定条件实例 2

织物组织	$\frac{2}{1}$			$\frac{1}{2}$		
送经	S1-SPG		无 S1-SPG	S1-SPG		无 S1-SPG
公称幅宽/cm	150	170~230	150~230	150	170~230	150~230
张力轴衬位置	No. 6			No. 6		
张力轴衬支架高度/mm	110	100	100	70	60	60

续表

织物组织		$\dfrac{2}{1}$		$\dfrac{1}{2}$	
边撑杆垫片	下置型边撑/mm	2		4	
	上置型边撑	用量规调节			
开口定时/(°)		290		300	
送经量/mm		4	6	4	6
定时/(°)		290	290	300	300
开口量/综框下高度/mm	1	地 76/−4	地 76/−4	地 76/−2	地 76/−2
	2	地、布边 80/−6	地 80/−6	地、布边 80/−4	地 80/−4
	3	地 84/−8	地 84/−8	地 84/−6	地 84/−6
	4	布边(1/2)88/−8	地 88/−10	布边(2/1)88/−10	地 88/−8
	5	—	地、布边 92/−12	—	地、布边 92/−10
	6	—	地 96/−14	—	地 96/−12
	7	—	布边(1/2)100/−14	—	布边(2/1)100/−16
开口凸轮		0°/60°或 AL20			

注　1. 80S:边盘直径为 800mm,经轴轴承位置为标准型。

2. 91S:边盘直径为 914mm,经轴轴承位置为标准型。

3. 91D:边盘直径为 914mm,且经轴轴承位置比标准低 50mm。

4. 地:地组织综框;布边:布边组织综框。

表 12-2-29　标准设定条件实例 3

织物组织		$\dfrac{3}{1}$			$\dfrac{1}{3}$		
送经		S1-SPG		无 S1-SPG	S1-SPG		无 S1-SPG
公称幅宽/cm		150	170~230	150~230	150	170~230	150~230
张力轴衬位置		No. 6			No. 6		
张力轴衬支架高度/mm		110	100	100	70	60	60
边撑杆垫片	下置型边撑/mm	2			4		
	上置型边撑	用量规调节					

续表

织物组织		$\dfrac{3}{1}$		$\dfrac{1}{3}$	
开口定时/(°)		290		300	
送经量/mm		4	6	4	6
定时/(°)		290	290	300	300
开口量/ 综框下 高度/mm	1	地 76/−6	布边(2/2)76/−2	地 76/−2	布边(2/2)76/−6
	2	地 80/−8	布边(2/2)80/−4	地 80/−4	布边(2/2)80/−8
	3	地 84/−10	地 84/−10	地 84/−6	地 84/−6
	4	地 88/−12	地 88/−12	地 88/−8	地 88/−8
	5	布边(2/2)92/−10	地 92/−14	布边(2/2)92/−10	地 92/−10
	6	布边(2/2)96/−12	地 96/−16	布边(2/2)96/−12	地 96/−12
开口凸轮		0°/60°或 AL20			

注 1. 在高密度织物的情况下,有时可以将开口定时调为比此表所示的早 10°。

2. 在低密度织物的情况下,有时可以将开口定时调为比此表所示的迟 10°。

3. 在凸轮 0°/30°中,下综框高度应该在凸轮 0°/60°的基础上,降低 3mm。

4. 在凸轮 0°/90°中,综框下高度应该在凸轮 0°/60°的基础上,提高 2mm。

5. 送经定时,在组织为平纹时应该设定为与早的开口定时同样,而在其他组织时则应该设定与开口定时同样。

6. 80S:边盘直径为 800mm 且经轴轴承位置为标准型。

7. 91S:边盘直径为 914mm,且经轴轴承位置为标准型。

8. 91D:边盘直径为 914mm,且经轴轴承位置比标准低 50mm。

9. 地:地组织综框;布边:布边组织综框。

表 12-2-30 标准设定条件实例 4

织物组织		$\dfrac{4}{1}$			$\dfrac{1}{4}$		
送经		S1-SPG		无 S1-SPG	S1-SPG		无 S1-SPG
公称幅宽/cm		150	170~230	150~230	150	170~230	150~230
张力轴衬位置		No. 6			No. 6		
张力轴衬支架 高度/mm		110	100	100	60	50	50
边撑杆 垫片	下置型 边撑/mm	2			4		
	上置型边撑	用量规调节					

续表

织物组织		$\dfrac{4}{1}$		$\dfrac{1}{4}$	
开口定时/(°)		290		300	
送经量/mm		4	6	4	6
定时/(°)		290	290	300	300
开口量/综框下高度/mm	1	地 76/-11	地 76/-11	地 76/-4	地 76/-4
	2	地 80/-13	地 80/-13	地 80/-6	地 80/-6
	3	地 84/-15	地 84/-15	地 84/-8	地 84/-8
	4	地 88/-17	地、布边 88/-17	地 88/-10	地、布边 8/-10
	5	地 92/-19	地 92/-19	地 92/-12	地 92/-12
	6	布边(3/2)96/-15	布边(1/4)96/-14	布边(3/2)96/-15	布边(4/1)96/-21
	7	布边(2/3)100/-17	—	布边(2/3)100/-17	—
开口凸轮		0°/30° 或 AL10			

注　1. 当使用 $\dfrac{2}{2}$ 布边装置的时候,第1综框用于 $\dfrac{2}{2}$ 布边装置,地组织综框则使用第2综框以后的综框。

2. 80S:边盘直径为 800mm,且经轴轴承位置为标准型。

3. 91S:边盘直径为 914mm,且经轴轴承位置为标准型。

4. 91D:边盘直径为 914mm,且经轴轴承位置比标准低 50mm。

5. 地:地组织综框;布边:布边组织综框。

表 12-2-31　标准设定条件实例5

开口形式		曲柄开口	
送经		无 S1-SPG	F 型双辊
公称幅宽/cm		150~230	150~230
边撑直径,经轴位置		80S,91D	80S
张力轴衬位置		No. 6	150~230cm:0 厚重规格:-5
张力轴衬支架高度/mm		80	
边撑板垫片	下置型边撑/mm	3	
	上置型边撑	用量规调节	
开口定时/(°)		310	340

续表

开口形式		曲柄开口	
送经量/mm		8	—
定时/(°)		310	
开口量/综框闭合高度/mm	1	76/+34	64/+26
	2	84/+34	70/+26
	3	84/+34	84/+26
	4	88/+34	88/+26

(三)长丝经纱总张力值的设定

1. L 挂纱(图 12-2-15)

L 挂纱的目标值(标准)T_1(N):

$$T_1 = \frac{经纱总根数×经纱的线密度(dtex)×B×10}{1000}$$

系数 B 的值见表 12-2-32。

表 12-2-32　B 值

经纱种类	B		经纱种类	B	
	cN/dtex	gf/旦		cN/dtex	gf/旦
人造纤维	0.09~0.18	0.1~0.2	合成纤维	0.18~0.27	0.2~0.3

2. S 挂纱(图 12-2-16)

S 挂纱的目标值 T_2(N):

$$T_2 = T_1 × 1.8$$

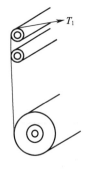

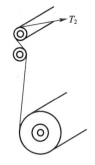

图 12-2-15　L 挂纱(厚重)　　　　图 12-2-16　S 挂纱(轻薄)

(四)送经弹簧的设定

1. 送经弹簧的调节

根据织造条件,调整送经弹簧 6 的有效圈数 N,使运转中张力杆 3 的前端能够摇动 5～10mm。标准的圈数为 6～8 圈(图 12-2-17)。

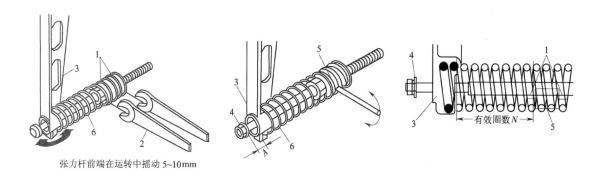

张力杆前端在运转中摇动 5～10mm

图 12-2-17　送经弹簧的调节

(1)使经纱松弛下来,并且使张力辊上不承受来自经纱的张力。

(2)将六角螺母 1 用专用扳手 2 转动,并松开。

(3)转动弹簧座 5,并且设定送经弹簧 6 的有效圈数。

(4)将六角螺母 1 用专用扳手 2 进行调整,并且使张力杆 3 与垫圈 4 的间隙 A 能够达到 30mm。

(5)张力设定之后,还应在织机运转中对六角螺母 1 进行再调整,以使间隙 A 能够达到 20mm(±5mm)。当张力杆 3 的前端不能摇动 5～10mm 时,应该进行有效圈数的重新调整。应该确认垫圈 4 与张力杆 3 之间,不发生相互干涉。

有效圈数与织造条件的关系,见表 12-2-33。

表 12-2-33　有效圈数与织造条件的关系

减少有效圈数	有效圈数	增加有效圈数
小	开口量	大
大	经纱张力	小
快	织机转数	慢

2. 送经弹簧的种类

根据钢丝直径不同,弹簧分为三种。应该根据织造条件进行相应的选择,见表 12-2-34。

表 12-2-34　弹簧钢丝直径选择

弹簧钢丝直径/mm	适应经纱总张力/N	适用织物
7	700(70kgf)以下	轻薄织物
8(标准)	1200(120kgf)以下	一般织物
9	2500(250kgf)以下	高密度织物

(五)经位置线的设定

1. 经位置线

根据张力辊托架面与送经机架面之间的尺寸 A 进行调整(图 12-2-18)。

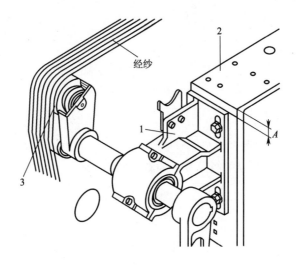

经纱

图 12-2-18　经位置线的调整

1—张力辊托架　2—送经机架　3—张力辊

2. 水平经位置线

指张力辊 3 上面比送经机架 2 上面高出 26mm 的位置。水平经位置线的 A 尺寸与张力辊 3 的外径的关系,见表 12-2-35。

表 12-2-35　水平经位置线 A 的选择　　　　　单位:mm

张力辊外径	A	张力辊外径	A
86	0	99.5	−7
89	−2		

五、卷取机构

(一)穿布方法

一般按图 12-2-19 所示的方法穿布。

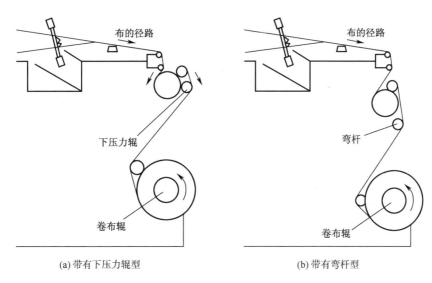

(a) 带有下压力辊型　　　　　　　　(b) 带有弯杆型

图 12-2-19　穿布方法

(二)纬密的设定和变更

变换齿轮的更换方法如图 12-2-20 所示。

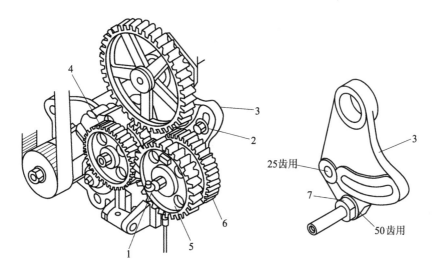

图 12-2-20　变换齿轮的拆装

1. 拆卸方法

(1)拆下固定销1。

(2)松开螺栓2,将变换齿轮托架3错开,并且使咬合中的变换齿轮脱开。

(3)从纬密表中选择出适合于想要设定的引纬密度的变换齿轮。

2. 安装方法

(1)在每个齿轮的齿面上涂敷黄油。

(2)将选择的变换齿轮5和变换齿轮6组装在变换齿轮轴7上。因为变换齿轮6的25齿与50齿的大小不同,所以应该变更变换齿轮轴7的安装位置。

(3)将变换齿轮4与变换齿轮5的齿隙调整为0.2mm,并且将变换齿轮托架3的螺栓2紧固。

(4)将固定销1安装在变换齿轮轴7上。

(三)同步皮带的张力

松开卷取齿轮箱1上的安装螺栓2,通过调整皮带张力,使皮带以如图12-2-21所示的方法,以大约10N(1.0kgf)的力量按动时,能够弯曲4mm。

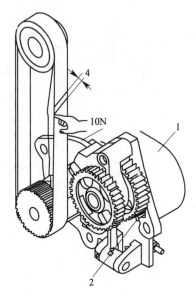

图12-2-21　同步皮带张力的调整

(四)ETU 电动卷取纬纱密度的范围

1. 标准纬密规格

(1)纬纱密度设定的下限值。根据织机的转速而有所不同,例如,织机的转速为490r/min时,纬纱密度为9.8根/cm(25根/英寸);织机的转速为800r/min时,纬纱密度为15.8根/cm(40根/英寸)。

(2)纬纱密度设定的上限值为118根/cm(300根/英寸)。

2. 低纬密规格

(1)引纬密度设定的下限值。根据织机的转速而有所不同,例如,织机的转速为420r/min时,纬纱密度为5.9根/cm(15根/英寸),当织机的转速为800r/min时,纬纱的密度为10.6根/cm(27根/英寸)。

(2)纬纱密度设定的上限值为118根/cm(300根/英寸)。

3. 同步皮带的张力设定

(1)通过变更卷取驱动电动机的安装位置调整同步皮带的张力。此时,在卷取驱动电动机的轴上,不要用榔头等敲打。

(2)张紧程度。通过调整之后,用右手食指以 7N
(0.7kgf)的力量按动时,能够使同步皮带弯曲 1.4mm。

此处贴有标签

图 12-2-22　边撑及其标签

(五)边撑

1. 下置式边撑

(1)短纤维及长丝的规格。应根据织物选择边撑,
如图 12-2-22 和表 12-2-36 所示。边撑的种类与适用的织物见表 12-2-37。

表 12-2-36　边撑的种类及标签

种类	标签	标签的颜色	种类	标签	标签的颜色
中眼	M	黑色	超细眼	S	红色
细眼	F	绿色			

表 12-2-37　下置式边撑的选择

边撑种类		织物						
		纱布、底布、画布、细薄织物、上等细布、绉类织物	牛津布、条格色布	双股纱线织物、粗特斜纹织物、灯芯绒、牛仔布	床单织物（宽幅）	府绸、细平布、印花坯布、细布	14.6tex以上（40英支以下）的高密度织物	14.6tex以下（40英支以上）的高密度织物
3 列针 15 环	超细眼	O	O					
	细眼	O	O					
3 列针 24 环	超细眼	O	O					
	细眼					O		
	中眼			O		O		
3 列针 30 环	超细眼			O	O	O		
	细眼			O	O		O	
	中眼				O		O	O
1 列针 47 环	超细眼				O			O
	细眼						O	

(2)长丝边撑的种类和适用织物(表 12-2-38)。

表 12-2-38　边撑的种类与适用织物

边撑种类	织物	
	所有化纤织物	化纤高密度织物或者织缩率较大的合纤织物
5 列针 1 环	O	
5 列针 2 环		O

边撑环的倾斜度标准为 0,但是在发生表 12-2-39 中的故障时,应该对边撑环的倾斜度进行调整。

表 12-2-39　边撑环倾斜度的调整

故障	调整
织物上出现边撑的针痕	向与织物卷绕方向相反的方向转动(图 12-2-23)
纬纱被边撑的针切断	
布从边撑的端部脱落	
织物进入边撑环和边撑环之间	向织物卷绕方向转动(图 12-2-23)
布从边撑上脱离	
边撑的拉力过差	

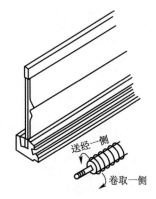

图 12-2-23　边撑环的调整

送经一侧
卷取一侧

2. 上置式边撑织前倾斜型

(1)短丝用上置式边撑的种类与适用织物(表 12-2-40)。

表 12-2-40　短丝用上置式边撑的选择

边撑种类		织物						
		纱布、底布、画布、细薄织物、上等细布、绉类织物	牛津布、条格色布	牛仔布、粗特斜纹织物、双股纱线织物、毛织物	床单织物(宽幅)	府绸、细平布、印花坯布、细布	11.7~19.4tex(30~50 英支)高密度织物、平纹防羽绒布、灯芯绒	5.8~11.7tex(50~100 英支)高密度织物、缎纹防羽绒布
2 列针 15 环	超细眼	Ⓞ						
	细眼	O		O				
2 列针 20 环	超细眼							
	细眼		O					
	中眼	Ⓞ	Ⓞ		O			

续表

边撑种类		织物						
		纱布、底布、画布、细薄织物、上等细布、绉类织物	牛津布、条格色布	牛仔布、粗特斜纹织物、双股纱线织物、毛织物	床单织物（宽幅）	府绸、细平布、印花坯布、细布	11.7~19.4tex（30~50英支）高密度织物、平纹防羽绒布、灯芯绒	5.8~11.7tex（50~100英支）高密度织物、缎纹防羽绒布
3列针30环	超细眼		O		O	O	O	O
	细眼					[O]	O	O
	中眼			O	O	O	O	O
1列针42环	超细眼				[O]	O	[O]	[O]
	细眼							

（2）边撑环倾斜度的调整。标准倾斜度为0,但是在发生表12-2-41中的故障时,则应调整边撑环倾斜度。

表12-2-41　边撑环倾斜度的调整

故障	调整
织物上出现边撑的针痕	向与织物卷绕方向相反的方向转动（图12-2-24）
纬纱被边撑的针挂断	
织物在边撑的端部脱落	
织物进入边撑的环和环之间	向织物卷绕方向转动
织物从边撑上脱离	
边撑的拉力不良	

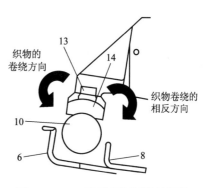

图12-2-24　边撑环倾斜度的调整

3. 长丝用上置式边撑

长丝用上置式边撑的种类和适用织物见表12-2-42。

表12-2-42　长丝用上置式边撑的种类和适用织物

边撑种类	化纤、合纤一般织物	化纤、合纤高密度织物
3列针2环	O	
3列针6环		O

第三节 其他机构及其调节

一、经停装置安装方法

(一)前侧

安装经停装置 2,且不使其与行星装置 1 发生接触(图 12-2-25)。

(二)后侧

安装经停装置 2,且不使其与送经杆 3 发生接触(图 12-2-26)。

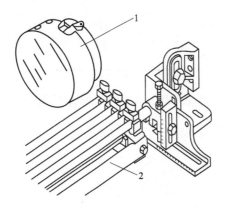

图 12-2-25 经停装置前侧的安装

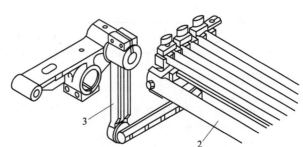

图 12-2-26 经停装置后侧的安装

(三)倾斜

松开托座衬套 4 的螺栓 5(图 12-2-27),将经纱与织机后侧的椭圆形管 6 之间的间隔调为 3~5mm(图 12-2-28),紧固螺栓 5。

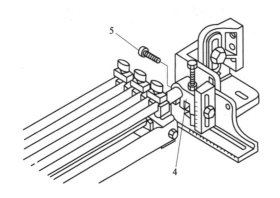

图 12-2-27 经停装置倾斜度的调整

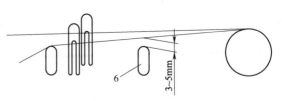

图 12-2-28 经停装置上下高度的调整

(四)上下高度

松开托座衬套 4 的螺栓 7,转动调节螺栓 8,紧固螺栓 7(图 12-2-29)。

(五)滑动底座安装位置

滑动底座 9 有上下两处安装位置,且上下的高度差异为 30mm(图 12-2-29)。

(六)对应方法

运转中,经停片明显跳动的时候,应调整经停装置 2 的倾斜度和高度(图 12-2-25)。

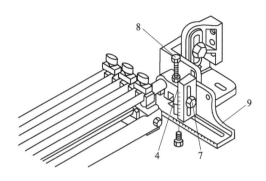

图 12-2-29　经停装置滑动底座的安装位置

二、探纬器安装方法

(一)探纬器 H1

探纬器 H1 的安装方法如图 12-2-30 所示。

(1)将固定螺栓上的螺母 2 松开。

(2)将探纬器 H1 1 沿着箍架 3 的沟槽进行位置调整。

(3)将动力一侧的布边端部与探纬器 H1 1 之间的间隔调为 3mm。纱端处理纱与探纬器 H1 1 之间的间隔应为 5mm。

(4)紧固螺母 2。

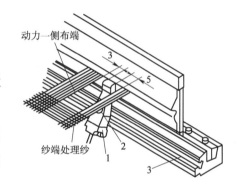

图 12-2-30　探纬器 H1 的安装方法

(二)探纬器 H2

探纬器 H2 的安装方法(一)如图 12-2-31 所示。

(1)将固定螺栓上的螺母松开。

(2)将探纬器 H2 2 沿着箍架的沟槽,进行位置调整。

(3)使探纬器 H2 2 离开探纬器 H1 1 达到 100mm 以上。

(4)将松开的螺母紧固。

(5)使用频闪仪,观察纬纱前端的状态。确认被引入的纬纱最大限度地伸长时,没有到达探纬器 H2 2。

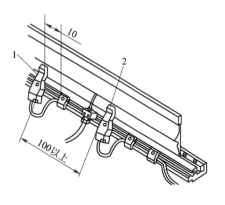

图 12-2-31　探纬器 H2 的安装方法(一)

（6）当纬纱到达探纬器 H2 2 时,应该通过调整探纬器 H2 2 的位置,使探纬器 H1 1 与探纬器 H2 2 之间的间距扩大。当纬纱最大限度地伸长时,其最前端与探纬器 H2 2 之间的间距,必须保持 15~20mm（图 12-2-32）。

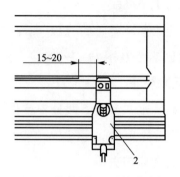

图 12-2-32　探纬器 H2 的安装方法(二)

（三）钢筘与探纬器头的间距

钢筘与探纬器头的间距约为 0.5mm（图 12-2-33）。当此间距过于狭窄时,应加入垫片 5 进行调整。

探纬器 H2 的安装方法(二)如图 12-2-32、图 12-2-33 所示。

（1）将固定螺栓 3 的螺母 4 松开,将探纬器松开,然后将探纬器头 1 拆下来。

（2）将垫片 5 加入探纬器头 1 的安装面与筘架 7 之间。

（3）将固定螺栓 3 的螺母 4 松开,将探纬器头 1 固定在筘架 7 上,并且不使其倾斜。

（4）应该确认在曲柄角度为 0 时,探纬器头 1 与边撑等没有接触现象。

三、自动修补纬纱装置

（一）纬纱故障及解决方法

自动修补纬纱装置（APR）的纬纱故障及解决方法见表 12-2-43、表 12-2-44。

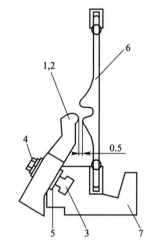

图 12-2-33　钢筘与探纬器头的间隔

表 12-2-43　自动修补纬纱装置的纬纱故障及解决方法

故障现象	故障原因	解决方法
第 1 次停车时,纬纱被喂纱剪刀剪断	停纬销的安装位置不妥	用量规调整为正规尺寸(0.5mm 或 0.8mm)
	上吹喷嘴不良,设定不良	检查管子有无破裂,检查阀门,如有不良零部件,立即更换。检查和确认喷嘴的方向及上吹的压力
	喷射压力过强	减弱喷射压力
	H1 探纬器的定时过迟	检查确认 Navi 盘上探纬器 H1 定时的设定(标准设定为 100°~290°)

续表

故障现象	故障原因	解决方法
用 APR 引纬时,纬纱在喂纱的入口附近积存,使得被解舒的纬纱不能完全进到织口的里面	第 1 次停止的纬纱解舒和上吹状态不良,与纱线导纱器和 APR 剪刀等发生缠结的现象	确认上吹喷嘴的位置。由于上吹压力过强(或者过弱),因此有必要调整压力
	经纱开口不良现象发生在入口的附近	纠正开口不良现象
	第 2 次停止的曲柄角度不合适	检查 Navi 盘的倒转定时曲柄是否处于 130°~320° 的位置上
用 APR 引纬时,解舒纱的前端发生缠结,并且在辅喷嘴上呈环状,造成卷取时断头	APR 引纬时的解舒圈数过多	减小 Navi 盘上的 APR 引纬圈数的设定(调为 1~2 圈)
	APR 一齐喷射时,辅喷嘴组的喷射力量不足	通过进行 Navi 盘(喷射辅喷嘴组数)的设定变更,使从织物端部的 2~3 组停止喷射
	第 1 次停止上吹的纱线状态不良	确认上吹压力,通过压力的调整,使纱线呈环状
	供纱一侧的入口附近存在开口不良	纠正开口不良
APR 上吹的时候,一齐喷射出来的纬纱被 APR 本体的吸入通道吸走	由于纬纱使用了长丝而发生打滑现象	切换为标准 APR

表 12-2-44　自动修补纬纱装置的纬纱故障及原因

故障现象	故障原因
尽管将失误的纬纱通过 APR 正常地进行了修补,但是织机仍然不能重新启动	在 H1 停止的同时出现了其他停车原因(经纱断头、布边纱断头、捕纬边纱断头、计数器停止)
	在 APR 的纱线通道内残留有被卷取的纱线
	在 APR 进行动作的过程中,保安传感器执行了动作
被吹上来的纱线不能顺利地进入纱线通道内	上吹喷嘴的位置不合适
	上吹喷嘴的压力调整不合适
被吹入纱线通道内的纱线,不能进行卷取	卷取电动机没有转动
	卷取齿轮的固定螺钉松弛
	卷取齿轮上夹有飞花
	汽缸的配管破损或者脱落

续表

故障现象	故障原因
被吹上来的纱线,不能被 APR 剪刀剪断,或者从剪刀处脱离	剪刀的驱动部分有飞花堵塞现象
	剪刀驱动部分的汽缸的配管破损或者脱落

(二)故障显示方法和解除方法

自动修补纬纱装置的故障显示方法和解决方法见表 12-2-45,各种故障的现象见表 12-2-46。

表 12-2-45　自动修补纬纱装置的故障显示方法和解决方法

故障名称	红色灯	APR报警	按钮连锁	APR 功能	解除方法
停止故障	●		有	中止	故障复位开关
自动倒转故障	●		有	中止	故障复位开关
第 2 倒转故障	●		有	中止	故障复位开关
自动正转故障	●	◎	有	中止	故障复位开关
APR 用传感器灵敏度异常	●	◎	有	APR 不动作、APF 动作	倒转按钮或者运转按钮+双手按钮
APR 卷取中的纬纱断头	◎	◎	有	自动正转待机	倒转按钮 +双手按钮
APR 卷取中的纱线残留	●	◎	有	自动正转待机	倒转按钮 +双手按钮
4s 以内探纬器的 H1 停止	◎		有	APR 不动作、APF 动作	

注　◎为连续亮灯,●为闪亮。

表 12-2-46　自动修补纬纱装置各种故障及其现象

故障名称	故障现象
停止故障	织机进行规定位置停止的时候,在高压制动开始生效之后,发生 2 个回转以上的超程
自动倒转故障	自动倒转在 3s 以内没有结束
第 2 倒转故障	在 APR 动作中,第 2 倒转动作在 2s 以内没有结束
自动正转故障	在 APR 动作中,当不良纬纱卷取中的纬纱发生断头时,自动正转功能在 2s 以内没有结束
APR 用传感器异常	由于 APR 用传感器脏污,在织机运转中检测出 0.8s 以上有纬纱的信号

续表

故障名称	故障现象
APR 卷取中的纬纱断头	在不良纬纱的卷取中,在 APR 用传感器的有效时间内,APR 用传感器检测出 1s 以上无纬纱
APR 卷取中的纱线断头	由于某种原因,使纬纱卷取未能正确地进行,从而使 APR 结束时(第 2 倒转完了时),APR 用传感器检测出有纬纱
APR 卷取时间的设定未完	在 Navi 盘上,APR 卷取时间没有设定,或者是偏离了设定值 8~99 的范围
4s 以内的探纬器 H1 停止	织机进入运转之后,在 4s 以内由于探纬器 H1 起作用而停止

四、经纱的穿纱方法

(一)穿综

(1)穿综的方法各种各样,通常为顺穿法(图 12-2-34)。

(2)穿综时,从第 1 综框的左侧(供纱一侧)顺次地穿纱。

(3)穿完经纱之后,在每个综框的动力一侧各装入 2 根用于纱端处理纱的空综丝。

(二)穿筘

任何幅宽穿筘,均从钢筘的供纱一侧开始穿入。

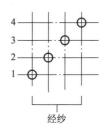

图 12-2-34　顺穿法

1. 穿筘方法

从左侧的第 2 筘齿开始穿入经纱。左侧的第 1 筘齿空出,用于绞边纱(图 12-2-35)。

2. 行星纱的穿法

有两种将行星纱穿入筘齿的方法:一是与经纱穿入同一个筘齿(左侧第 2 筘齿),二是穿入外侧的第 1 筘齿(图 12-2-36)。

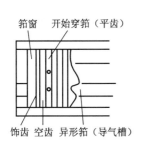

图 12-2-35　穿筘方法

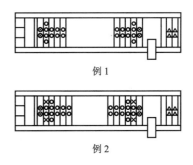

例1

例2

图 12-2-36　行星纱的穿法

3. 绞边纱的穿法

通常将绞边纱穿入第1筘齿。

4. 纱端处理纱的穿法

通常情况下,从探纬器H1离开5mm,1个筘齿中穿入2根纱(图12-2-37)。

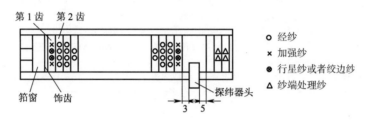

图 12-2-37　纱端处理纱的穿法

5. 加强纱的作用

布边织造不够紧或者容易出现缩边现象时,加强纱用于布边的加强。

(三)行星纱和纱端处理纱

1. 行星纱

通过齿轮装置的作用,形成绞边布边组织。布边纱应该在织机运转前,通过络筒装置卷绕在筒管上备好。

(1)行星纱的选择方法。在通常情况下,行星纱使用与经纱同样种类、同样质量的纱线。当生产合成纤维织物时,应用加工纱或者长丝单丝作为行星纱。当使生产短纤维织物时,应该在供纱一侧和动力一侧分开使用。一般动力一侧使用单丝,供纱一侧为双股纱。

(2)织物与推荐用纱(表12-2-47)。

表 12-2-47　行星纱的选择

织物	推荐使用行星纱				
	长丝/dtex	短纤纱			
		供纱一侧		动力一侧	
		tex	英支	tex	英支
牛津布、棉纱布、条格色布	涤毛56~84	7.3×2	80/2	14.6	40
$\frac{2}{2}$斜纹衣料	涤毛56~84	4.9×2	120/2	精梳9.7	精梳60
缎纹织物		5.8×2	100/2		
防羽布(缎纹、平纹)	涤毛33~56				

续表

织物	推荐使用行星纱				
	长丝/dtex	短纤纱			
		供纱一侧		动力一侧	
		tex	英支	tex	英支
细平布	涤 56~84	4.9×2	120/2	精梳 9.7	精梳 60
府绸		5.8×2	100/2		
上等细布					
牛仔布	涤 56~84,锦纶 33(单丝长丝)				
醋酯纤维织物	涤 56				
铜氨纤维织物	铜氨丝 56(上浆丝)				
人造丝织物	铜氨丝或人造丝 56				
锦纶织物	锦纶 33(单丝长丝)				
涤纶织物	涤 56~84				

注 如动力一侧的行星装置为反转,并且用纱为短纤纱时,动力一侧和供纱一侧使用同一种类的纱线。

2. 纱端处理纱

织机开始运转前,应该将纱端处理纱备妥。可以采用价格低廉并具有强度的双股线。通常,可以将剩余的经纱和纬纱卷绕在锥形筒子上。

(1)纱的种类。棉 14.6tex×2(40 英支/2)~29.2tex×2(20 英支/2)或棉 14.6tex×3(40 英支/3)。

(2)纱的数量。4~8 根。

(3)纱的形状。筒子纱。

五、钢筘安装位置和织机公称幅宽

(一)安装位置

1. 以左侧为基准

如图 12-2-38 所示,在筘座 1 的上面,在距离供纱一侧(左端)225mm 的位置上带有刻印。将此刻印与钢筘的装饰齿 2 的左端对齐。确认在 12mm 宽的筘窗 3 中,供纱一侧的剪纬器装置处于正面相对的位置。

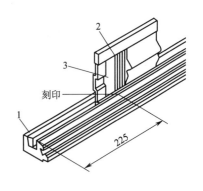

图 12-2-38 钢筘的安装位置

2. 以中心为基准

在筘座 1 上将成为织机中心的位置上带有刻印,应该将穿筘幅的中心与此刻印对齐。

(二)公称筘幅与有效穿筘幅

公称筘幅与有效穿筘幅的关系见表 12-2-48。

表 12-2-48 公称筘幅与有效穿筘幅的关系

公称筘幅/cm	有效穿筘幅/mm	公称筘幅/cm	有效穿筘幅/mm
150~250	0~600	280~340 以中心为基准	0~600
280~340	0~800		

六、卷布辊

最大卷径 φ600(凸轮、多臂开口时)、φ520(曲柄开口时)卷布辊尺寸与质量见表 12-2-49。

表 12-2-49 卷布辊尺寸与质量

筘幅/cm	A/mm	L/mm	质量/kg
150	1641	1651	7.5
170	1841	1851	8.0
190	2041	2051	8.5
210	2241	2251	9.0
230	2441	2451	11.5
250	2641	2651	12.0
280	2941	2951	13.0
340	3541	3551	18.0

七、边撑

边撑必须根据纱线的种类、支数、密度及织物组织的不同分别使用。

(一)适用于短纤品种的规格

1. 采用行星绞边规格、上置式边撑织前倾斜型

采用行星绞边规格、上置式边撑织前倾斜型,边撑的形状为尖端倾斜型,边撑特性见

表 12-2-50。

表 12-2-50　边撑特性与主要用途

边撑	列数×环数	主要用途(织物)
中目　15 环	2×13 环+3×2 环	牛仔布
极细目　20 环	2×18 环+3×2 环	印花坯布、条格色布、牛津布、底布、胶粘带布
细目　20 环	2×18 环+3×2 环	印花坯布、府绸、细平布
中目　20 环	2×18 环+3×2 环	纯毛面料、床单布、工作服布
细目　30 环	3×30 环	高密度棉布、防羽绒布、宽幅棉布、缎纹、床单布
中目　30 环	3×30 环	宽幅床单布、灯芯绒
极细目　42 环	1×40 环+3×2 环	防羽绒布、青年布
细目　42 环	1×40 环+3×2 环	防羽绒布
2 环+橡胶辊	4×2 环+橡胶辊	细点牛津布、青年布、经向长丝纬向短纱布

2. 采用织入边规格、上置式边撑织前倾斜型

采用织入边规格、上置式边撑织前倾斜型,边撑特性与主要用途见表 12-2-51。

表 12-2-51　边撑特性与主要用途

边撑	列数×环数	主要用途(织物)
细目 30 环	3×30 环	平纹细布、床单布(180 根密织细平布)
中目 30 环	3×30 环	床单布(宽幅 340cm)或者高密度床单布(200 根密织细平布)

(二)适用于长丝品种的规格

采用行星绞边规格、上置式边撑,边撑特性见表 12-2-52。

表 12-2-52　边撑特性

边撑盒	列数×环数
6 环	3×6 环

八、定时图表

各种定时与各种装置之间的功能相互结合,在织造方面起着重要的作用。以织机转速 700r/min 生产 170cm、棉 14.6tex×棉 14.6tex（40 英支×40 英支）、47.2 根/cm×43.3 根/cm（120 根/英寸×110 根/英寸）的织物为基准的标准定时如图 12-2-39 所示,应该在开始各种调整和设定作业之前,充分掌握定时的情况。

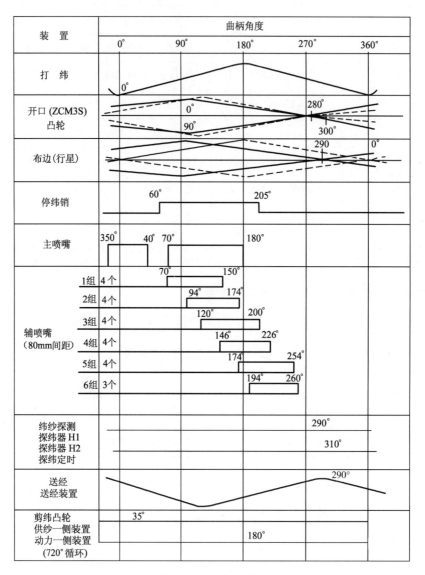

图 12-2-39　标准定时

第三章　必佳乐(PICANOL)喷气织机

第一节　主要技术特征

一、PAT-A 型喷气织机主要技术特征(表 12-3-1)

表 12-3-1　PAT-A 型喷气织机主要技术特征

筘幅/mm	1900,2200,2400,2800,3300
减幅范围/mm	幅宽 1900~2400;减幅 700;幅宽 280~3300;减幅 800
入纬率/(m/min)	1500
线密度/tex	短纤纱:8~97(6~70 英支) 长丝:3.3~45(13~177 英支)
引纬机构	微机控制储纬器,纬纱颜色单色,混纬或双色可通过微机随意改变。织造长丝时织机带有附加控制装置
布边	全纱罗边,半纱罗边适用于高纬密织物,折入布边
经轴	螺旋式经轴法兰盘直径 805~1000mm,单经轴或带差微齿轮的双经轴
送经装置	独立电动机驱动,电子控制送经,连续式的频率控制电动机作为选择件
卷取装置	纬密范围:1.4~150 根/cm(3.5~350 根/英寸);机器运转时可落布。机上布卷直径为 540mm,机外大卷装直径可达 1500mm
开口装置	曲柄机构(平纹,最多 8 片棕框);凸轮机构(纬纱循环数为 6 以下的织物,最多 8 片棕框);多臂(机械式或电子式),低性能多臂最多 14 片棕框,高性能多臂最多 16 片棕框。
监控	标准的微处理机监控各种功能,控制机器调节,气阀开关时间,确定长丝织机的引纬长度,调节织物和花型,储存各种生产数据等。可以与生产主计算机连接实行双向通信
停车装置	光学纬停装置;电器式经停装置,经停片杆 4~6 根
操作特点	结构紧凑,经位置线倾斜;电器传动机构位于机器左侧;挡车工操作过程简单;全自动导断纬装置;简易的落布装置;按钮开关和微机操作;经纱张力放松按钮使得一个人便能更换经轴

续表

| 润滑系统 | 所有在滚珠及滚柱轴承上的联动部件均在油浴内运转,机器及开口机构使用同一种润滑油润滑 | | | | | |

外形尺寸/mm	筘幅		1900	2200	2400	2800	3300
	宽		3560	3860	4060	4460	4960
	深	织轴 ϕ805	1590				
		织轴 ϕ1000	1790				

二、OMNI 型喷气织机主要技术特征(表 12-3-2)

表 12-3-2　标准配置的技术规格

幅宽/mm	1900,2200,2500,2800,3400,3800
减幅/mm	幅宽 1900:减幅 700;幅宽 2200 和 2500:减幅 900;幅宽 2800~3800:减幅 960
线密度/tex	短纤纱:8~200(5~120 公支);长丝:2~40
引纬	主喷嘴和辅助喷嘴与异形筘配合使用
储纬器	卷取鼓轮式
选色	1~6 色
纬纱剪刀	电子式,对于每种颜色或纱线可分别单独设定剪断时间
纬停装置	光电式
钢筘运动	共轭凸轮及转子驱动
开口方式	积极式曲柄:最多配 6 片综框,适用于平纹织物 积极式凸轮开口:最多配 8 片综框 电子多臂:消极式多臂机最高达 16 片综框,适用幅宽为 190 cm,220 cm 和 250cm;积极式多臂机最高达 16 片综框,适用于各种幅宽
送经	连续式电子送经系统,经轴直径为 805mm,914mm,1000mm;双经轴适用于 280cm 以上的幅宽
后梁	通用型后梁,配有内置式张力传感器
布边	旋转式布边装置
经停装置	锯齿式电子停经架,带有找断头摇杆

卷取装置	机械式间歇卷取运动,配有变化纬密牙;纬密 2.3~72 根/cm;最大卷取直径为 600mm
主驱动	高效异步电动机,电子离合器
寻纬	全自动寻纬
自动控制系统	配有记忆卡的微型计算机;大屏幕图像显示终端;可以同主计算机作双向通信
润滑	具有连续式过滤的高压润滑系统;集中润滑
外形尺寸(长×宽)/mm	4174×1877(幅宽 1900)

三、OMNIPLUS 型喷气织机主要技术特征(表 12-3-3)

表 12-3-3 标准配置的技术规格

幅宽/mm	1900,2200,2500,2800,3400,3800,4000
减幅/mm	幅宽 1900:减幅可达 700;幅宽 2200 和 2500:减幅可达 900;幅宽 2800~4000:减幅可达 960,可做对称减幅
线密度/tex	短纤纱:6~333(3~170 公支);长丝:2.2~110
引纬	固定及摆动主喷嘴,主喷嘴和辅助喷嘴与异形筘配合使用
储纬器	纱圈可分离式储纬器
选色	最多达 8 色
纬纱剪刀	电子式,对于每种颜色或纱线可分别单独设定剪断时间
经停装置	光电式
钢筘运动	共轭凸轮
开口方式	积极式凸轮开口,最多配 8 片综框或 10 片综框;积极式电子多臂机最多配 16 片综框;电子大提花机
送经	连续式电子送经系统,经轴直径为 805mm,914mm,1000mm 和 1100mm;双经轴适用于 280cm 以上的幅宽
后梁	通用型后梁,配有内置式张力传感器
布边	旋转式布边装置,行星绞边装置
经停装置	锯齿式电子经停架,带有找断头摇杆

续表

卷取装置	ETU电子卷取装置(标准型);卷取直径:600mm(标准型),720mm(选购件)
主驱动	SUMO主电动机直接驱动织机
寻纬	全自动寻纬
自动控制系统	配有记忆卡的微型计算机;大屏幕图象显示终端;可以和主计算机作双向通信
润滑	具有连续式过滤的高压润滑系统集中润滑
快速品种更换系统	分离式墙板
外形尺寸(长×宽)/mm	1920×4417(幅宽1900)

第二节 主要机构及其工艺调整(以 OMNIPLUS 为例)

一、开口机构

(一)凸轮开口

1. 开口机构传动

凸轮开口机构(图12-3-1)通过联轴器与织机连接,织机驱动后,可通过终端对综平位置进行设定。在本织机上共有4种型号的凸轮开口装置可供选择(表12-3-4)。

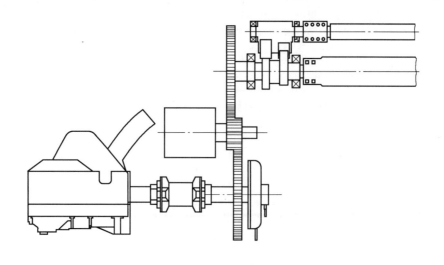

图 12-3-1 凸轮开口机构

表 12-3-4 不同型号的凸轮开口装置

开口装置类型	适用范围
史陶比尔 1651	共有 9 片拉刀,其中 8 片可用
史陶比尔 1661	配置了自动综平装置,共有 9 片拉刀,其中 8 片可用
史陶比尔 1751	备有 11 个大刀杆,其中 10 个可用
史陶比尔 1761	配置了自动综平装置,备有 11 个大刀杆,其中 10 个可用

如使用了电子绞边(ELSY)装置,第一片或前两片拉刀杆上可设置综框。如使用电子废边装置时,第一个或前二个拉刀杆上可能没有设置综框。在装有标准打纬凸轮或 MIT 打纬凸轮的织机上,如备有电子废边装置,则第一片综框在第二个拉刀杆上。在长动程打纬凸轮并用电子独立布边装置时,第一片综框在第三个拉刀杆上。

在空心轴上,应仔细考虑凸轮的安装顺序。史陶比尔(STAUBLI)凸轮开口有三种不同的凸轮盘片。PO 为对称两片,适应于轻或中等织物;AL20 为非对称两片,适应于规则或中等织物或在宽幅织机上织制的织物;AL40 为非对称两片,适应于紧密或高密度织物。另外根据凸轮运动循环,需要对齿轮箱的伞形变速齿轮比进行调整。

2. 开口参数调整

开口参数调整对于织物质量和机器运转状态都很重要。不正确的开口参数设置会增加纬停并影响织物质量,开口工艺条件由梭口动程、开口高度以及后梁高度等几个参数决定。

(1)梭口动程。为了减少纬停,必须保证足够的开口量。一般开口过大会使经纱张力增加,从而使经停增高。同时,毛羽多的经纱易使开口不清,阻碍纬纱通行。通常由织物类型和织物品种决定开口大小。当织制长丝织物时,开口角一般为 22°~26°;织制短纤织物时,开口角一般为 28°~32°。综框动程由连接件 A 和拉刀杆 B 调整(图 12-3-2),一般调节图示 a 值,从表 12-3-5 中可以进行开口角度、距离 a 以及每片综框动程之间的转换。

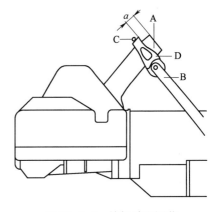

图 12-3-2 综框动程调节

调节方法:织机处于综平状态;松螺丝 C,并使连接件 D 与大刀杆 A 外边缘的距离为 a (表 12-3-5);用 9.6N·m 的力矩锁紧螺丝 C。

表 12-3-5　距离 a 与每片综框动程之间的转换关系　　　　单位:mm

综框序号	开口角												
	22°		24°		26°		28°		30°		32°		34°
	*	a	*	a	*	a	*	a	*	a	*	a	*	a
1	—	—	—	—	57	200	61	190	65	179	69	169	73	159
2	—	—	58	197	63	184	67	174	71	164	76	152	80	142
3	59	195	64	182	68	172	73	159	78	147	83	134	88	122
4	64	182	69	169	74	157	79	144	84	132	90	118	95	106
5	68	172	74	157	79	144	85	130	91	115	97	101	102	89
6	73	159	79	144	85	130	91	115	97	101	103	87	110	71
7	78	147	84	132	90	118	97	101	104	85	110	71	117	55
8	82	137	89	120	96	103	103	87	110	71	117	55	124	40
9	87	125	94	108	102	89	109	73	116	57	124	40	132	22
10	92	113	99	96	107	78	115	60	123	42	131	24	139	7
11	96	103	104	85	113	64	121	46	129	29	138	9	—	—

注　* 指综框动程。

（2）开口高度。决定开口高度的因素有:主喷嘴数、通道中辅助喷嘴的设定、筘座运动规律、开口运动规律、平综时间(长丝 350°,短纤 320°)。下面列举的是关于综框高度的一些重要的线(图 12-3-3)。

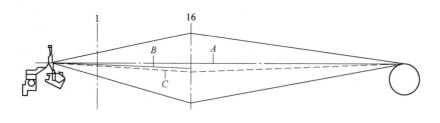

图 12-3-3　梭口图

参考线 A:在钢筘打纬点和后梁罗拉最高表面的连线。此时后梁高度为 0。

对称线 B:这是把开口分成等分的理论线(中心线)。

综平线 C:在综框平综时综眼和织口之间的经纱形成的线。

有关梭口的一些设定参数见表 12-3-6。

表 12-3-6　梭口参数查询表

纤维	开口凸轮型号	开口角/(°)	22	24	26	28	30
长丝	N1651/1661/1751/1761	参考线和综平线之间的角度/(°)					
		Profile0	0	0	0.5	0.5	0.5
		ProfileAL20	−1	0.5	−0.5	−0.5	−0.5
短纤	N1651/1661/1751/1761	开口角/(°)	26	28	30	32	34
		参考线和综平线之间的角度/(°)					
		Profile0	0	0	−0.5	−0.5	−0.5
		ProfileAL20	−1	−1	−1	−1	−1
		ProfileAL40	−1.5	−1.5	−1.5	−1.5	−2

当参考线和综平线形成的角度确定以后,可到表 12-3-7 或表 12-3-8 中查得综框高度,必须注意:表 12-3-7 或表 12-3-8 中所列的数据适用于织制平纹组织,当织制其他组织时,参数要作相应调整(表 12-3-7)。

表 12-3-7　综框高度调整值　　　　　　　　　单位:mm

织物组织	平纹	$\frac{2}{1}$	$\frac{3}{1}$	$\frac{4}{1}$	$\frac{1}{2}$	$\frac{1}{3}$	$\frac{1}{4}$
综框高度调整值	0	−3	−4	−5	+3	+4	+5

(3)综框高度设置(DRC2 型)。如图 12-3-4 所示,由专用工具调节锁紧螺母 A 和螺母 B 来调节 b,得到综框高度。表 12-3-8 中的距离 b 适用于 TEX 型中心综眼 C 形综丝头及 5mmTRA 型非中心综眼 J 形综丝头的综丝,一般应用时距离 b 必须加 5mm。

表 12-3-8　综框高度(DRC2 型)b 值查询表　　　　　　　　　单位:mm

综框设置	参考线和梭口对称线之间的角度/(°)										
	−3.0	−2.5	−2.0	−1.5	−1.0	−0.5	0	0.5	1.0	1.5	2.0
1	120.5	121.5	122.5	123.5	124	125	126	127	128	128.5	129.5
2	120	121	122	123	124	125	126	127	128	129	130
3	119.5	120.5	121.5	122.5	124	125	126	127	128	129.5	130.5
4	118.5	120	121	122.5	123.5	125	126	127	128.5	129.5	131
5	118	119.5	120.5	122	123.5	124.5	126	127.5	128.5	130	131.5

综框设置	参考线和梭口对称线之间的角度/(°)										
	-3.0	-2.5	-2.0	-1.5	-1.0	-0.5	0	0.5	1.0	1.5	2.0
6	117.5	119	120.5	121.5	123	124.5	126	127.5	129	130.5	131.5
7	117	118.5	120	121.5	123	124.5	126	127.5	129	130.5	132
8	116	118	119.5	121	122.5	124.5	126	127.5	129.5	131	132.5
9	115.5	117.5	119	121	122.5	124.5	126	127.5	129.5	131	133
10	115	117	118.5	120.5	122.5	124	126	128	129.5	131.5	133.5
11	114.5	116.5	118	120	122	124	126	128	130	132	134
12	113.5	116.5	118	120	122	124	126	128	130	132	134
13	113	115	117.5	119.5	121.5	124	126	128	130.5	132.5	134.5
14	112.5	114.5	117	119	121.5	123.5	126	128.5	130.5	133	135
15	112	114	116.5	119	121.5	123.5	126	128.5	130.5	133	135.5
16	111	113.5	116	118.5	121	123.5	126	128.5	131	133.5	136.0

(4)综框高度设置(DRC3 型)。如图 12-3-5 所示,由专用工具调节锁紧螺母 A 和调节螺母 B 来调节 c,得到综框高度。表 12-3-9 中的距离 c 适用于 TEX 型中心综眼 C 形综丝头及 5mm TRA 型非中心综眼 J 形综丝头的综丝,一般应用时距离 c 必须加 5mm。

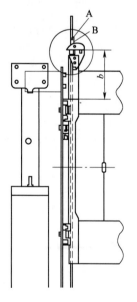

图 12-3-4 综框高度设置(DRC2 型)

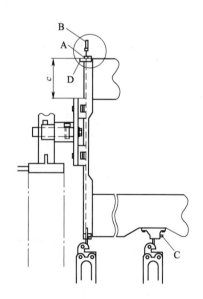

图 12-3-5 综框高度设置(DRC3 型)

表 12-3-9 综框高度(DRC3 型)c 值查询表 单位:mm

综框设置	参考线和梭口对称线之间的角度/(°)										
	-3.0	-2.5	-2.0	-1.5	-1.0	-0.5	0	0.5	1.0	1.5	2.0
1	126.5	127.5	128.5	129.5	130	131	132	133	134	134.5	135.5
2	126	127	128	129	130	131	132	133	134	135	136.0
3	125.5	126.5	127.5	128.5	130	131	132	133	134	135.5	136.5
4	124.5	126	127	128.5	129.5	131	132	133	134.5	135.5	137.0
5	124	125.5	126.5	128	129.5	130.5	132	133.5	134.5	136	137.5
6	123.5	125	126.5	127.5	129	130.5	132	133.5	135	136.5	137.5
7	123	124.5	126	127.5	129	130.5	132	133.5	135	136.5	138.0
8	122	124	125.5	127	128.5	130.5	132	133.5	135.5	137	138.5
9	—	123.5	125	127	128.5	130.5	132	133.5	135.5	137	139.0
10	—	123	124.5	126.5	128.5	130	132	134	135.5	137.5	139.5
11	—	122.5	124	126	128	130	132	134	136	138	140.0
12	—	—	124	126	128	130	132	134	136	138	140.0
13	—	—	123.5	125.5	127.5	130	132	134	136.5	138.5	140.5
14	—	—	123	125	127.5	129.5	132	134.5	136.5	139	141.0
15	—	—	122.5	125	127.5	129.5	132	134.5	136.5	139	141.5
16	—	—	122	124.5	127	129.5	132	134.5	137	139.5	142.0

例:用 6 片综框(J 形中心综眼综丝)织制短纤织物,综丝采用 TRA 型 J 形中间对称,综框使用 DRC3 型,并由 N1751 凸轮驱动,可织制 $\frac{1}{3}$ 织物循环,凸轮盘片标有 AL20,开口角度为 30°,上下经纱比例为 1:3,从表 12-3-6 中可得由参考线和综平线的角度为-1°,从表 12-3-9(使用 DRC3)可得每个综框高度 c:

综框 1:130mm;综框 2:130mm;综框 3:130mm;综框 4:129.5mm;综框 5:129.5mm;综框 6:129mm。

必须注意,由于综丝为中心综眼,TRA 型 J 形头,所以在所得数据上加 5mm 以得到正确的综框高度,而上下经纱比例为 1:3,从表 12-3-7 中得到调整值为 4mm。

综框 1:130+5+4=139mm;综框 2:130+5+4=139mm;综框 3:130+5+4=139mm;综框 4:129.5+5+4=138.5mm;综框 5:129.5+5+4=138.5mm;综框 6:129.5+5+4=138.5mm。

3. 后梁高度调节

改变开口高度会改变对称线相对于参考线的位置,并可以调节上下层经纱张力差异。为了织制特定的织物效果,有时须将上下层经纱张力差异降到最低。后梁高度调整包括设定参考线和对称线的角度,由以下方法设定:

测量最后一片综框在其动程最高处(H)和最低处(L)的高度。

用得到的数据 H 和 L,计算对称线的位置 $\dfrac{H+L}{2}$。

如机器采用 DRC2 型综框快速锁定连接件,则在表 12-3-8 中查相关参数;如机器采用 DRC3 型综框快速锁定连接件,则使用表 12-3-9 查相关参数,选择最合适的综框高度。

表 12-3-8 和表 12-3-9 适合中心综眼的综丝,对于非中心综眼的综丝,必须对表中的值作调整。根据得到的角度,可以在表 12-3-10 中查后梁的设定参数。

表 12-3-10　后梁参数查询表　　　　　　　　　单位:mm

后梁深度设定	参考线和梭口对称线之间的角度/(°)										
	-3.0	-2.5	-2.0	-1.5	-1.0	-0.5	0	0.5	1.0	1.5	2.0
1	-4.5	-3.5	-3	-2	-1.5	-0.5	0	0.5	1.5	2	3.0
2	-4.5	-4	-3	-2.5	-1.5	-1	0	1	1.5	2.5	3.0
3	-5	-4	-3.5	-2.5	-1.5	-1	0	1	1.5	2.5	3.5
4	-5	-4.5	-3.5	-2.5	-1.5	-1	0	1	1.5	2.5	3.5
5	-5.5	-4.5	-3.5	-2.5	-2	-1	0	1	2	2.5	3.5
6	-5.5	-5	-4	-3	-2	-1	0	1	2	3	4.0

4. 改变花纹数据

在凸轮开口织机上,如织物组织改变,则需调整凸轮盘片在空心轴上的安装顺序,并用专用工具安装凸轮盘片。每个凸轮由两个完整的盘片组成(图 12-3-6),其中一个盘片上有一个缺口,用于插入定位杆。

在圆形的定规盘上有预钻的孔位,由于凸轮开口机构可适应组织循环数为 4、5、6 的织物,因此这些孔位对应于不同织物循环。每个孔边上有唯一的数字表示循环数,如 5 即为循环为 5 的织物。孔由数字 1 开始,用于插入定位杆以保证凸轮定位。所有的凸轮都刻有织

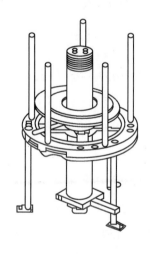

图 12-3-6　开口凸轮盘片

造循环。在分子上的数指基圆区间,在分母上的数为凸轮前端区间,凸轮上刻的循环数中的第一个数指定位于第一个定位杆的凸轮第一纬(第一片综框)的位置。如凸轮上刻有$\frac{3}{1}$,则表明定位于定位杆上的第一片综框在其示意图动程的最高处。相反,如为$\frac{1}{3}$,则定位于定位杆上的第一片综框位于其动程的最低处。

5. 相位转换

一般来说,改变相邻综框在闭口时的位置,可减少经纱交织时的粘连而引起的经纬停台。用专用的有三段宽边的定位片(图12-3-7)对每一个凸轮进行设定,在4、5、6循环中都可以配备。对于凸轮来说,由专用定位片设定的综平点比由标准定位片设定的综平点要迟一点。

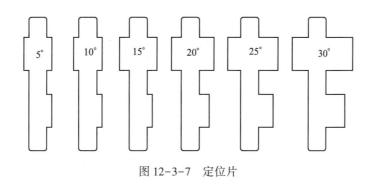

图12-3-7　定位片

根据位移来选择定位值,把相应于织物循环的定位片边(5°~25°,步长为5°)靠于定位杆上。也可不用专用定位片进行调节,此时,每个凸轮必须相对于其他凸轮作几毫米的位移(表12-3-11)。

表12-3-11　不同开口凸轮循环的相对位移　　　　　单位:mm

定位片/(°)	5	10	15	20	25	30
开口凸轮循环4	3	6	9	12	15	18
开口凸轮循环5	2,4	4,8	7,2	9,6	12	14,4
开口凸轮循环6	2	4	6	8	10	12

(二)多臂开口

开口工艺的设置如下:

1. 梭口动程

一般由织物类型决定开口大小,当织制长丝织物时,开口角为22°~26°。当织制短纤织物

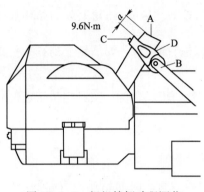

图 12-3-8　织机综框动程调节

时,开口角为 28°~32°。开口角度的调节由连接件 A 和拉刀杆 B 完成,如图 12-3-8 所示,图示距离 a 值,可从转换表 12-3-12 实现开口角度和距离 a 以及每片综框动程之间的转换。

调节过程(图 12-3-8):织机处于综平位置,松螺丝 C,并使连接件 D 与大刀杆 A 外边缘的距离为 a(表 12-3-12),用 9.6N·m 的力矩锁紧螺丝。

表 12-3-12　距离 a 与每片综框动程之间的转换关系(多臂 2670)　　　单位:mm

综框序号	开口角/(°)													
	22		24		26		28		30		32		34	
	*	a	*	a	*	a	*	a	*	a	*	a	*	a
1	—	—	—	—	57	189	61	180	65	171	69	162	73	153
2	—	—	58	186	63	175	67	167	71	158	76	147	80	138
3	59	184	64	173	68	164	73	153	78	143	83	132	88	121
4	64	173	69	162	74	151	79	140	84	130	90	117	95	106
5	68	164	74	151	79	140	85	128	91	115	97	102	102	92
6	73	153	79	140	85	128	91	115	97	102	103	90	110	76
7	78	143	84	130	90	117	97	102	104	88	110	76	117	62
8	82	134	89	119	96	104	103	90	110	76	117	62	124	48
9	87	123	94	108	102	92	109	75	116	64	124	48	132	33
10	92	113	99	98	107	82	115	66	123	50	131	35	139	20
11	96	104	104	88	113	70	121	54	129	38	138	22	146	7
12	101	94	109	78	118	60	127	42	136	25	145	9	—	—
13	105	86	115	66	124	48	133	31	142	14	—	—	—	—
14	110	76	120	56	129	38	139	20	149	2	—	—	—	—
15	115	66	125	46	135	27	145	9	—	—	—	—	—	—
16	119	58	130	36	140	18	—	—	—	—	—	—	—	—

注　* 为综框动程。

例:设用 6 片综框织制短纤,综丝的综眼高度为 8mm,综框开口角 32°。从表 12-3-12、

表 12-3-13 可以定出每个单独综框的 a 值。

多臂 2861：综框 1，107mm；综框 2，90mm；综框 3，73mm；综框 4，56mm；综框 5，40mm；综框 6，86mm

在表 12-3-12、表 12-3-13 中列举的距离适用的综丝高度为 8mm，所以须在列表中的距离 a 中加 2.5mm 才能得到正确的数据。

综框 1：107mm + 2.5mm = 109.5mm；综框 2：90mm + 2.5mm = 92.5mm；综框 3：73mm + 2.5mm = 75.5mm；综框 4：56mm + 2.5mm = 58.5mm；综框 5：40mm + 2.5mm = 42.5mm；综框 6：86mm + 2.5mm = 88.5mm。

表 12-3-13　距离 a 与每片综框动程之间的转换关系(多臂 2861 型、2871 型)　单位：mm

综框序号	开口角/(°)													
	22		24		26		28		30		32		34	
	*	a	*	a	*	a	*	a	*	a	*	a	*	a
1	—	—	53	148	57	138	61	127	65	117	69	107	73	97
2	54	145	58	135	63	122	67	112	71	102	76	90	80	80
3	59	132	64	120	68	110	73	97	78	85	83	73	88	61
4	64	120	69	107	74	95	79	83	84	71	90	56	95	45
5	68	110	74	95	79	83	85	68	91	54	97	40	102	29
6	73	143	79	131	85	119	91	108	97	97	103	86	110	73
7	78	133	84	121	90	110	97	97	104	84	110	73	117	60
8	82	125	89	112	96	99	103	86	110	73	117	60	124	48
9	87	116	94	102	102	87	109	75	116	62	124	48	132	34
10	92	106	99	93	107	78	115	64	123	49	131	35	139	22
11	96	99	104	84	113	67	121	53	129	39	138	23	146	10
12	101	89	109	75	118	58	127	42	136	27	145	12	—	—
13	105	82	115	64	124	48	133	32	142	17	152	0	—	—
14	110	73	120	55	129	39	139	22	149	5	—	—	—	—
15	115	64	125	46	135	29	145	12	—	—	—	—	—	—
16	119	57	130	37	140	20	151	2	—	—	—	—	—	—

注　* 为综框动程。

2. 开口高度

决定开口高度的因素有：主喷嘴数、辅助喷嘴的设定、筘座运动规律、开口运动规律、综平时间(长丝 350°,短纤 320°)。关于梭口的一些重要的参考线如图 12-3-3 所示。

有相关梭口的一些设定参数见表 12-3-14。

表 12-3-14　梭口参数查询表

纤维	多臂开口型号	开口角/(°)	22	24	26	28	30
长丝	R2670/2861/2871	参考线和综平线之间的角度/(°)	-0.5	-0.5	0	0	0
短纤	R2670/2861/2871	开口角/(°)	26	28	30	32	34
		参考线和综平线之间的角度/(°)	-0.5	0.5	-0.5	-1	-1

当参考线和综平线之间的角度确定以后,可到表 12-3-15 或表 12-3-16 中查得综框高度。必须注意表 12-3-15 或表 12-3-16 中所列的数据适用于织制平纹组织;当织制其他织物时,综框高度要作相应调整(表 12-3-17)。

表 12-3-15　综框高度(DRC2 型)b 查询表　　　　单位:mm

综框设置	参考线和综平线之间的角度/(°)										
	-3.0	-2.5	-2.0	-1.5	-1.0	-0.5	0	0.5	1.0	1.5	2.0
1	161.5	162.5	163.5	164	165	166	167	168	169	170	170.5
2	161	162	163	164	165	166	167	168	169	170	171.0
3	160	161.5	162.5	163.5	164.5	166	167	168	169.5	170.5	171.5
4	159.5	161	162	163.5	164.5	166	167	168	169.5	170.5	172.0
5	159	160.5	161.5	163	164.5	165.5	167	168.5	169.5	171	172.5
6	158.5	160	161	162.5	164	165.5	167	168.5	170	171.5	173.0
7	157.5	159.5	161	162.5	164	165.5	167	168.5	170	171.5	173.0
8	157	158.5	160.5	162	163.5	165.5	167	168.5	170.5	172	173.5
9	156.5	158	160	161.5	163.5	165	167	169	170.5	172.5	174.0
10	156	157.5	159.5	161.5	163.5	165	167	169	170.5	172.5	174.5
11	155	157	159	161	163	165	167	169	171	173	175.0
12	154.5	156.5	158.5	161	163	165	167	169	171	173	175.5
13	154	156	158.5	160.5	162.5	165	167	169	171.5	173.5	175.5
14	153.5	155.5	158	160	162.5	164.5	167	169.5	171.5	174	176.0
15	152.5	155	157.5	160	162	164.5	167	169.5	172	174	176.5
16	152	154.5	157	159.5	162	164.5	167	169.5	172	174.5	177.0

表 12-3-16 综框高度(DRC3 型)c 查询表 单位:mm

综框设置	参考线和综平线之间的角度/(°)										
	−3.0	−2.5	−2.0	−1.5	−1.0	−0.5	0	0.5	1.0	1.5	2.0
1	126.5	127.5	128.5	129.5	130	131	132	133	134	134.5	135.5
2	126	127	128	129	130	131	132	133	134	135	136.0
3	125.5	126.5	127.5	128.5	130	131	132	133	134	135.5	136.5
4	124.5	126	127	128.5	129.5	131	132	133	134.5	135.5	137.0
5	124	125.5	126.5	128	129.5	130.5	132	133.5	134.5	136	137.5
6	123.5	125	126.5	127.5	129	130.5	132	133.5	135	136.5	137.5
7	123	124.5	126	127.5	129	130.5	132	133.5	135	136.5	138.0
8	122	124	125.5	127	128.5	130.5	132	133.5	135.5	137	138.5
9	—	123.5	125	127	128.5	130.5	132	133.5	135.5	137	139.0
10	—	123	124.5	126.5	128.5	130	132	134	135.5	137.5	139.5
11	—	122.5	124	126	128	130	132	134	136	138	140.0
12	—	—	124	126	128	130	132	134	136	138	140.0
13	—	—	123.5	125.5	127.5	130	132	134	136.5	138.5	140.5
14	—	—	123	125	127.5	129.5	132	134.5	136.5	139	141.0
15	—	—	122.5	125	127.5	129.5	132	134.5	136.5	139	141.5
16	—	—	122	124.5	127	129.5	132	134.5	137	139.5	142.0

表 12-3-17 综框高度调整表

织物组织	$\frac{1}{1}$	$\frac{2}{1}$	$\frac{3}{1}$	$\frac{4}{1}$	$\frac{1}{2}$	$\frac{1}{3}$	$\frac{1}{4}$
综框高度调整值/mm	0	−3	−4	−5	+3	+4	+5

3. 综框高度设置(DRC2 型)

如图 12-3-4 所示,由专用工具调节锁紧螺母 A 和螺母 B 来调节 b,得到综框高度。表 12-3-15 中的距离 b 适用于 TEX 型中心综眼 C 形综丝头和 5mmTRA 型非中心综眼 J 形综丝头的综丝,距离 b 必须加 5mm。

4. 综框高度设置(DRC3 型)

如图 12-3-5 所示,由专用工具调节锁紧螺母 A 和螺母 B 来调节 c,得到综框高度。表 12-3-16 中的距离 c 适用于 TEX 型中心综眼 C 形综丝头和 5mmTRA 型非中心综眼 J 形综丝头的综丝,距离 c 必须加 5mm。

5. 后梁高度调节

后梁高度调节同凸轮开口装置。表 12-3-15 或表 12-3-16 只适合中心综眼的综丝,对于非中心综眼的综丝,必须对表中的值做一定调整。根据得到的角度,可以在表 12-3-18 中查后梁的设定参数。

表 12-3-18　后梁参数查询表　　　　　　　　　单位:mm

*	参考线和梭口对称线之间的角度/(°)										
	-3.0	-2.5	-2.0	-1.5	-1.0	-0.5	0	0.5	1.0	1.5	2.0
1	-5	-4	-3	-2.5	-1.5	-1	0	1	1.5	2.5	3
2	-5	-4	-3.5	-2.5	-1.5	-1	0	1	1.5	2.5	3.5
3	-5.5	-4.5	-3.5	-2.5	-2	-1	0	1	2	2.5	3.5
4	-5.5	-4.5	-3.5	-3	-2	-1	0	1	2	3	3.5
5	-6	-5	-4	-3	-2	-1	0	1	2	3	4
6	-6	-5	-4	-3	-2	-1	0	1	2	3	4

注　*为后梁深度设定。

二、引纬机构

(一)引纬机构主要部件作用

必佳乐喷气织机引纬路线如图 12-3-9 所示。

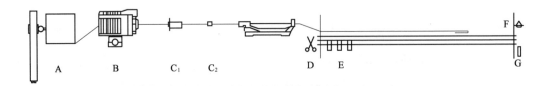

图 12-3-9　必佳乐喷气织机引纬路线图

A—筒子架　B—储纬器　C—主喷嘴　D—纬纱剪刀　E—辅助喷嘴　F—探纬器　G—拉伸喷嘴

在织机的左侧,从筒子架 A 开始,筒子架被设计成 2、4、6 或 8 通道,每个通道可容纳 1~2 只筒子。每个通道 2 只筒子中的第一只筒纱的纱尾可与第二只筒纱的纱头连接在一起。因此,当一只筒纱用完后,织机可继续运转。连接在一起的两只筒纱的纱尾,用专用纬纱夹子夹住。

储纬器 B 可以从筒纱上牵引纬纱并确保纱圈均匀分布在纱鼓上,而且根据织机的需要自动调节卷绕的速度,使得引纬顺畅。

固定主喷嘴 C_1 从储纬器的绕纱鼓上牵引一定长度的纬纱,并将其供给摆动主喷嘴 C_2。由摆动主喷嘴吹动纬纱通过异形筘。

辅助喷嘴 E 排列在整个钢筘长度上,协助摆动主喷嘴吹动纬纱通过钢筘的气道。辅助喷嘴被分成多组,每组喷嘴使用一只专用的辅喷阀门独立控制。根据引纬的速率,这些阀门被准确地驱动,并使纬纱飞行均匀。

探纬器 F(IW1)安装在织机右侧,监测纬纱飞引。在正常运转期间,如一根纬纱被正常引入而探纬器未探测到纬纱,这时织机将停车。当织造特殊品种时,第二探纬器(IW2)用来探测被吹断的纬纱,在正常引纬期间,如果第二探纬器探测到一根纬纱,织机也将停车。

拉伸喷嘴安装在织机的右侧,确保纬纱纱尾在打纬之前保持伸直状态。一旦纬纱完全引入并且梭口闭合,将由纬纱剪刀 D 将其剪断。

除了以上部件作为标准件安装以外,织机还配有以下选购件:PFT(纬纱张力器)、PRA(自动修断纬)、PKE(必佳乐接头)以及真空抽吸系统。

(二)储纬器

储纬器有 2231 系列和 1131 系列,下面以 2231 系列储纬器为例介绍储纬器的原理及其调整。

1. 储纬器组成

储纬器组成如图 12-3-10 所示。

2. 工作原理

储纬器启动时,电动机带动卷绕盘,将纬纱卷绕在绕纱鼓上。当所需圈数达到后,储纬器停止工作。放纱磁针可防止纱从储纬器上脱出。当某通道需要引纬时,对应的储纬器放纱磁针打开,释放到一纬所需的正确圈数时磁针关闭。当达到最小储纱量时,储纬器电动机加速;反之,当达到最大储纬量时,储纬器电动机减速。

在储纬器工作过程中,圈数传感器可以记录退绕的圈数;旋转计数器中的内置传感器可以记录卷纱鼓的旋转圈数;储纬器传感器用来探测绕纱鼓上的储纱量。

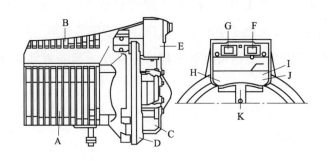

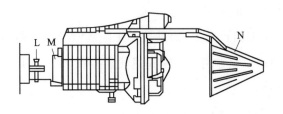

图 12-3-10　储纬器组成

A—电动机　B—电动机控制线板　C—指形鼓　D—摆动盘　E—卷绕控制单元　F—电源(电动机)开关

G—放纱按钮　H—卷纱传感器　I—储纬量传感器　J—储量调节螺丝　K—放纱磁针

L—进纱张力器(选购件)　M—断筒纱探测器(选购件)　N—气圈罩(选购件)

3. 位置调整

在调整储纬器前,先调好固定主喷嘴与摆动主喷嘴的位置呈一直线。储纬器与固定主喷嘴(或 PFT)孔眼的距离是鼓盘直径的 1~1.5 倍。

4. 其他参数设定

除了绕纱鼓的直径,储纱量和卷绕控制单元高度的调节以外,储纬器的其他参数均在计算机中设定。

(1)放纱磁针的打开和关闭时间。磁针的启动点即储纬器完全打开的时刻,典型设定磁针的启动点,对应于引纬的开始(PS),即对应于引纬循环中的零毫秒,如有轻微的阻挡,应输入-1ms 到-2ms,而不是零毫秒,但是不能用该方法提早引纬。例如:如果发现纬纱退绕太快时,不要将磁针的打开时间提前,而是要延迟主喷嘴的打开时间。

放纱磁针关闭点就是磁针完全落下的时刻,该设定仅用于时间控制方式。在圈控制方式时,必须输入准确的圈数,圈数传感器会提供磁针的关闭信号。

(2)设定纬纱长度。引入一根纬纱的长度等于织物穿筘幅加上废边纱长度。在储纬器上等于绕纱鼓盘的周长乘以放纱圈数。根据圈数得到的纬纱长度可看表 12-3-19 的数据。

表 12-3-19　纬纱纱圈数计算表

一根纬纱的长度(等于织物穿筘幅加上废边纱长度)		圈数
最小值/mm	最大值/mm	
1122	1524	3
1496	2032	4
1870	2540	5
244	3048	6
2618	3556	7
2992	4064	8

鼓盘的周长以及释放的纱圈数可用如下方法确定:首先确定纬纱长度(即穿筘幅+废纱长度),在表 12-3-19 中选择所确定纬纱长度范围的那一行,从较接近数据的一栏中确定纬纱圈数,有时会出现两栏都适合要求的情况,但应选择圈数较少的一栏,进而确定鼓盘周长;在计算机中输入表 12-3-19 查到的纱圈数。

(3)设定绕纱鼓上的正确储纱量。储纬量传感器是检查绕纱鼓盘上的正确储纱量。调节横向移动储纬量传感器相对于鼓盘的位置,就可以调节储纱量。调节螺丝 X 即可以增加储纱量(向"+"号方向转),也可降低储纱量(向"-"方向转),最好是保持最小储纬量以防止由于重叠和粘连引起的引纬故障。

储纱量传感器的灵敏度可以根据所用纱线的反射率进行调整。该灵敏度的调整与纱线的反射率有关。一般纱越暗,灵敏度越高。

如果发现储纱量传感器的灵敏度对所用纱线不适当(黑色,无反射),可将储纱量传感器产生的信号放大(放大系数)。储纱量传感器的灵敏度在应用时一般设定为最小,若绕纱发生问题,则应增加灵敏度。对普通的纱,如果设置太高的灵敏度,则灰尘等会引起传感器的误差,影响正常的探测功能。

(4)工作方式。储纬器有两种工作方式,即圈控制方式和时间控制方式。

圈控制方式:在圈控制方式中,磁针在探测到倒数第二圈时关闭,即使有不稳定的纬纱飞行,该方式也能自动调整磁针关闭的时间。

为了减少由于灰尘或碎纤维引起的误探测,圈数传感器在每探测到一圈纱后的一个预设时间内不探测(称为圈窗口)。圈窗口太宽会导致传感器探测不到随后的一圈纱,从而多放一圈纱;如圈窗口太窄,在灰尘较多的环境里,由于灰尘造成的误探测,少放纱的概率将大大提高。

典型的圈窗口设定:探测相邻两圈纱时间差为 1/2 或 3/4 圈纱。当织机无经轴运转时,储纬器必须使用时间控制方式,而不能用圈控制方式,这是很重要的,违背该安全法则会导致储纬器损坏。

时间控制方式:时间控制方式主要用于织机无经轴运行或使用了同步频闪仪的情况,因为同步频闪仪发出的强光可能会影响圈数传感器导致释放圈数错误。

在时间控制中,通常磁针在预定的时间关闭,为了实现更准确的磁针动作,则关闭点一般对应倒数第二圈的时间点。

一般情况下不使用时间控制方式,因为磁针的关闭点并不会随纱线的飞行情况而改变,当纬纱飞行不稳定时会造成放纱圈数的错误。

(5)圈数传感器。圈数传感器的灵敏度可根据所用纱线种类进行调整,纱线越暗,灵敏度越高。圈数传感器的设置与磁针有关。所以在储纬器以 S(逆时针方向)方向运转时,第一圈纱的探测会被漏掉,可以让传感器在一个预定时间段内不探测,如第一圈不被探测,计算机将会把第二圈纱作为探测到的第一圈纱,此时,可将过滤时间设定为相邻两圈时间间隙的一半。

(三)主喷嘴

喷气织机上每一通道有一固定主喷嘴 A 及一摆动主喷嘴 B(图 12-3-11)。固定主喷嘴的主要作用是加速纬纱飞行以及将纬纱从储纬器上引入摆动主喷嘴。摆动主喷嘴协助固定主喷嘴,将纬纱送入钢筘气道中,在不带固定主喷嘴的织机上,摆动主喷嘴作固定主喷嘴作用,从储纬器上退绕纬纱。

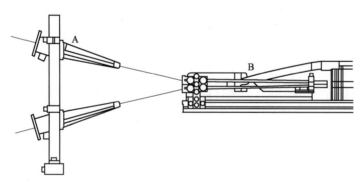

图 12-3-11　主喷嘴结构

1. 固定主喷嘴的组成

(1)组成。固定主喷嘴包括支座 A、进气口 C、主喷管 D 及气嘴 B(图 12-3-12)。不同纱线类型,可使用不同气嘴和主喷支座。主喷嘴主要的不同在于喷管的内径不同。

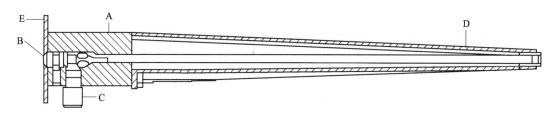

图12-3-12　固定主喷嘴结构

(2)气嘴。气嘴共有 5 种类型,2 个圆锥形、3 个圆柱形,其内径各不相同,可用定规 BE152942 测量,若没有提供该定规则只需量其外径,测量前须把气嘴拆下。当装上一锥形气嘴时,必须在主喷支座上移动气嘴以调节气流量。而对于圆柱形气嘴则无须调节。

2. 固定主喷嘴的安装位置

固定主喷嘴的安装位置应该是从储纬器鼓盘中心到摆动主喷嘴尽可能呈一直线。

(1)横向位置。确保固定主喷嘴最右端距摆动主喷嘴 100mm(调节螺丝 A),这样可使摆动主喷嘴顺利引纬。

(2)深度调节。在引纬开始位置时,固定主喷嘴应与摆动主喷嘴呈一直线(调节螺丝 A)(图12-3-13),如为 4 通道织机,则主喷嘴的调节应对称分布在气道中央前侧(图12-3-14),图中 d 为主喷嘴直径。

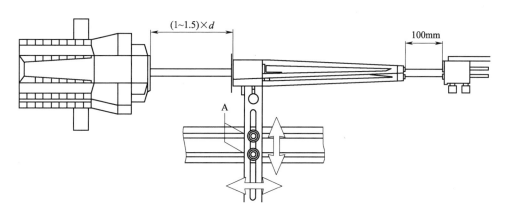

图12-3-13　2 通道织机主喷嘴位置调节

(3)高度调节。在垂直位置上,固定主喷嘴的调节应对称分布在气道中央上下侧。

(四)辅助喷嘴

为确保纬纱飞行平直,辅喷相对于气道的位置非常重要。辅喷的设置应使纬纱飞行在距气道底 2/3~3/4 的位置处(图12-3-15),辅喷安装略微靠近气道会使纬纱飞行高度增加,反之辅

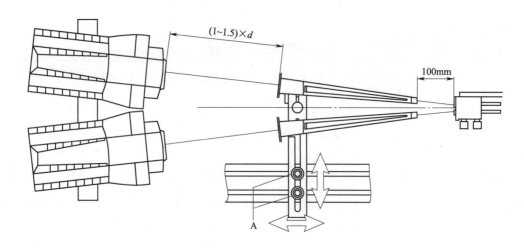

图 12-3-14　4 通道织机主喷嘴位置调节

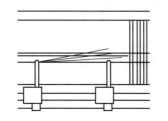

图 12-3-15　辅助喷嘴的设置

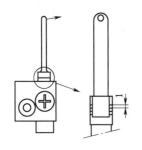

图 12-3-16　辅助喷嘴的位置

喷略微离开气道会使纬纱飞行高度降低。当辅喷安装过于靠近钢筘时,会使纬纱从气道中飞出。

可根据实际需要适当提高辅喷的高度,这样可使辅喷的孔不会被经纱层挡住,延长吹气时间,进而加大纬纱的拉伸。但是,提高辅喷高度有可能导致织疵,如喷嘴痕等。辅喷有 4 个可能位置,每个有 1mm 差距(图 12-3-16),一般织机辅喷都设置在第二个位置。为了避免在制织缎纹或提花织物产生辅嘴痕,可降低 1 个位置,辅喷的吹气时间也相应降低。如果引纬困难,可提高一个位置,则可延长辅喷吹气时间。辅喷的高度对纬纱在气道的飞行有着重要的影响,辅喷的位置越高,纬纱在气道中的飞行越低。如果辅喷抬高,须检查辅助顶端是否与托布板有 0.5~1mm 间隙,如有必要,可在托布板下加垫片垫高。

辅助喷嘴必须安装在托布板的凹槽中,辅助喷嘴横向位置的设定对顺利引纬是一个重要的因素。辅助喷嘴应在整个织物幅宽内安装(图 12-3-17),左侧第一个喷嘴的位置距第一根经纱 15mm,接下的喷嘴以 74mm 间隙安装,在最后的 5~6 个辅喷可以 37mm 距离安装。若装有连续钢筘或 PRA 装置,辅喷可装于右侧最后一根经纱处,有助于 PRA 工作时将纬纱吹入吸嘴中。辅助喷嘴由辅喷阀控制,每个辅喷阀最多控制两个喷嘴(图 12-3-18)。

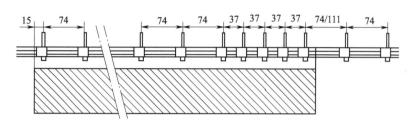

图 12-3-17　辅助喷嘴的安装

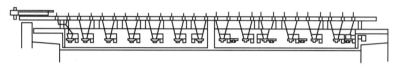

图 12-3-18　辅助喷嘴的控制

(五)探纬器

喷气织机上有两种探纬器(图 12-3-19),第一探纬器 FD1 探测纬纱是否到达右侧,第二探纬器 FD2(选购件)探测纬纱是否过长或吹断。在一次引纬过程中,在期望到达时间前 30°至期望到达时间后 50°范围内探纬器工作。如果纬纱在此区间没有到达,系统将发出纬停指示。第二探纬器 FD2 的主要功能是当探测到纬纱时发出停车信号,若第二探纬器探测到纬纱说明纬纱过长或纬纱被吹断。

探纬器的工作原理是通过光被阻断来判断纬纱是否到达。探纬器的发射极由上而下发射一束光线,而接收极

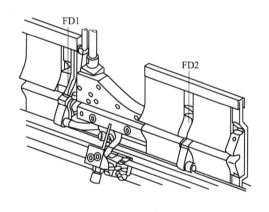

图 12-3-19　探纬器的安装

可以接收到的这束光线,当有纬纱经过时,接收到的光束量发生改变,这种改变转变为数字信号再送到机器控制系统中,持续时间低于设置值的信号将被忽略,而高于设置值的信号作为相应异常情况处理。

(六)纬向自动功能

1. 纬向自动功能 PRAIP 功能

PRAIP(自动修断纬,或自动去除太短的纬纱)具有自动解决纬停的功能。当纬纱到达太晚

或根本没有到达或纬纱并未与储纬器上失效的纬纱断开而发生纬停时,PRAIP 功能可自动修复断纬。PRAIP 功能可分成 5 步进行,见表 12-3-20。

表 12-3-20　PRAIP 功能表

步骤	方法
PRAIP 的准备	当探测到适合 PRAIP 处理的纬纱之后,织机控制装置做出停车指令,"持续气流"、"开"、"关"等功能也关闭 剪断纬纱是纬纱开夹器打开。若纬纱切断发生在断纬被探测之前,则会显示信息"PRAIP 纬纱被剪断"。此时,PRAIP 的功能不会执行 在停车过程中,吸风风嘴将以 2 级风力工作,使过长的纬纱被抽出
寻找适合的织口	织机会停在断纬发生后的下一纬,为了抽去断纬,必须倒回一纬,织机会以自动找纬结合慢动的方式倒回一纬,但钢筘不会经过前死心。若已达到需要的位置,反向气流将关闭,该位置是: 经纱为短纤:330°;其他:10°。对于短纤,钢筘将在 30°~120°之间慢动以便于梳清纱 织机慢动到 PRAIP 引入位置,该位置是: 经纱为长丝:90° 经纱为短纤:开口时辅助喷嘴不被挡住的位置再加 10°。对短纤,开口较大,此时找纬将在综平位置加 180°。为了找到所需织口,需检查吸风风口内是否有纬纱
引入拖纱	引入拖纱是为了将不好的纬纱从织口中拉出,在引入拖纱之前,须检查储纬器上是否有足够的存纱,若没有,PRAIP 将停止并显示信息"PREW 没有存纱"。若储纬器上存纱量足够且吸风口内无纱,则按下列方式引入拖纱: 吸风风嘴接通,风力要求最小(位置 1) 再放出一圈纱,若在 PRAIP 准备过程中没有放纱,无论对长纤还是短纤,主喷嘴两侧都会有一圈多余的纬纱 反向气流接通 100ms(若安装了织边装置,则接通 250ms)。但对非短纤经纱或纬纱而言,不进行此步骤
引入拖纱	辅喷 1 和 2 连续打开,其他辅喷断续地打开 主喷将多余的纬纱吹入,之后由辅喷牵引 当下一圈纱已被放出,则第一个辅喷阀置零,而第二个辅喷阀开始工作,依次向右执行该动作至拖纱被右边吸风嘴的探纬器探到,被探到后,则拖纱的引入被认为顺利完成 下列情况,断纱不易被抽出: 纱圈很多;纬纱缠住经纱;纬纱缠住了绞边纱 若吸风嘴内的探纬器未探测到有拖纱,PRAIP 将停止并显示信息"PRAIP 某道无拖纱"
剪断拖纱	所有的辅喷及主喷将关闭。吸风风嘴以 2 级风力抽吸,织机从 PRAIP 引入位置移至剪切位置,"低压持续气流"被接通(持续吹),纬纱被剪断

续表

步骤	方法
抽出纬纱	吸风风嘴慢动方式移至 PRAIP 引入位置,在该运动过程中,吸风风嘴已经完成抽吸并将拖纱吸走。若纬纱未被取出,可以加大抽吸力,例如:吸风风嘴仍可按设定风力工作,或者最后一个辅喷阀(最右侧)接通,并且每 50mS 接通一辅喷阀,所有吸风部分在 1ms 之后关闭。若拖纱仍未取出,以上步骤将重复进行最多至 5 次,若第 5 次仍未能取出纬纱,织机将停下并显示信息"PRAIP 未取出"
PRAIP 循环结束	在完成一次成功取纱后,停下的"持续低压"接通(持续吹风),PRAIP 功能顺利完成之后,织机将自动重新启动 若 PRAIP 未成功,织机将以慢动方式移至纬停发生之后的位置(橘黄色灯亮)

2. 纬向自动功能 PKE 功能

PKE 意为 picanol knot extractor 的缩写,即必佳乐接头抽取器,开车时,接头器连接连续的两个筒子时产生的接头又被抽取系统抽走。操作程序如下。

(1)抽取。在更换筒子时,织机接头进入梭口前将停车,如果机器已经停车,PKE 将在机器开动前工作。更换筒子时,储纬器上的纬纱将被几个抽取循环抽走;储纬器重新绕满纱。

(2)重新开车。当上述过程完成后,织机将重新开车(若未去附近接头,则 PKE 操作失败并在终端显示信息)。

在织机停车时,可以看见 PKE 键,在屏幕主页面中,PKE 将在机器开车时开始工作。

3. 纬向自动功能 PSO 功能

PSO 为一个系统,它指筒子断纱以后,织机并不马上停车而继续织造,直到挡车工有时间处理。当黄灯闪烁时,表示正在进行 PSO 操作,这一系统可以大大缩短等待挡车工的时间。挡车工可以在筒子断后自由决定结头时间。PSO 系统只能在有两个相同纬纱原料的织机上进行,当一个筒子纱断后,织机可以由另一通道的相同纬纱代替进行织造。

必须注意:此时另一储纬器上的储纱速度为原速度的 2 倍,纱线加载也相应增加,这容易造成一些失误。纬纱长度变短,废纱长度相应也要短,同时卷绕速度加快,因此该纱线加载力加大,因此在这一通道上的纱线更易断。另外,在 2 色织机上,当要求有混纬时,不能进行 PSO 工作,如牛仔布。

三、打纬机构

本型号机器采用油浴式曲柄短筘座脚打纬机构。

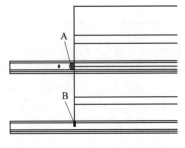

图 12-3-20　钢筘安装位置图

(一)钢筘安装

钢筘的安装如图 12-3-20 所示,在非对称幅宽的设定中,将钢筘放入筘座中,并将其向左推,使其靠住定位螺丝 A;在对称幅宽设定中,将钢筘放入筘座中,并将其往左推,使其与筘座左边的记号 B 平齐。

(二)钢筘规格

钢筘的规格如图 12-3-21 和表 12-3-21 所示。

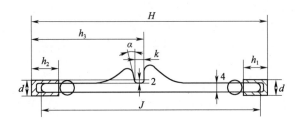

图 12-3-21　异形筘零件图

表 12-3-21　钢筘的规格表　　　　　　　　　　　单位:mm

型号	$\alpha/(°)$	H	J	h_1	h_2	h_3	d	k
PAT 系列	6	119	112	12(16,10)	18(20)	57	8	6
DELTA 系列	12	110	104	12(10)	18(20)	54	8	5.5
OMNI 系列	12	110	104	12(10)	18(20)	54	8	5.5

(三)钢筘保养

(1)钢筘只能用碱性溶剂清洁,因此,推荐用5%的 Neatrapon(Henkel)的蒸馏水或脱矿质水做溶剂。若用压缩空气清尘,则应先将脏物擦去,然后再用气吹。若使用的是高压喷嘴,则喷嘴必须与钢筘保持一定的距离,保证筘齿不受损伤。

(2)可将钢筘在超声波清洗机内进行清洗(保管前)。

四、卷取装置

该型号除了采用机械卷取以外,还有电子卷取机构。电子卷取机构中的计算机可以根据输入的纬密控制卷取机构,同时也要考虑织机的车速,在慢动或找纬运动时卷取运动仍与织机同步。电子卷取有两个减速比:62/17 的齿轮比可用 10~120 纬/cm(25.4~304.8 纬/英寸)的纬密;43/34 的齿轮比用于低于 10 纬/cm(25.4 纬/英寸)的纬密。除了齿轮减速比外,所有的设置都可输入计算机中。

(一)设置纬密和修正系数

计算机设置的参数分别是纬密和修正系数,减速比可在卷取筒内设置。纬密表示每厘米或每英寸的纬纱数;修正系数可以修正下机纬密与织造纬密之间的偏差,100%的修正系数表示无偏差,百分比越高,则每厘米或每英寸的纬纱越多。例如,若需要纬密为 10 纬/cm,修正系数为 100%,表示理论上织造以 10 纬/cm 进行,但织后若有明显的少纬,如是 9 纬而不是 10 纬/cm,则要加大修正系数到 110%。

纬密	输入纬密
单位	纬/cm(纬/英寸)
修正系数 1,2,…,9	修正系数是用来消除实际纬密偏差
减速比	输入卷取箱盖中的齿轮减速比
选择	标标准(62/17):用于纬密高于或等于 10 纬/cm(25.4 纬/英寸)
	低纬密(43/34):用于纬密低于 10 纬/cm(25.4 纬/英寸)
▨	选择输入纬密花纹窗口(WPS)
Check ETU	选择控制电子送经系统的窗口

(二)减速比的调节

电子卷取机构有两个减速比(图 12-3-22):62/17 的齿轮用于 10~120 纬/cm(25.4~304.8 纬/英寸)的纬密;43/34 的齿轮比用于低于 10 纬/cm(25.4 纬/英寸)的纬密。

减速比调节步骤如图 12-3-22 所示。拔出插头 A,同时注意接住漏出的油,从箱盖上旋出 6 个螺丝 B 并且将电动机连同盖 C 一同取出,除去箱壁和盖 C 上的密封胶,拧松螺丝 D 和 E 拆下齿轮 F 和 G;当拧紧(或拧松)螺丝 E 时为防止电动机轴跟转,可放一个键到特殊垫片 H 中,然后,放入变换齿轮将其他零件按相反顺序安装,不同的螺线和插头用不同的螺丝胶。在安装 C 盘时,在箱体上涂一些密封胶,以便密封安装。

(三)组织花纹设置

如果织机带有电子卷取机构(ETU),计算机中可输入不同的纬组织花纹。纬向花纹(WPS)能输入作为主花纹,例如可一次输入某种纬向组织的一些纬组织作为一行,直到完整输入该组织花纹,每一行最多输入 250 纬,一个花纹最多输入 250 行。

过长的组织花纹可用子花纹简化输入。子花纹是纬向花纹的一部分,可重复多次使用,一般只定义一次子花纹的组织,以后若该花纹多次用到时,则不需重复输入,只需调用即可。并

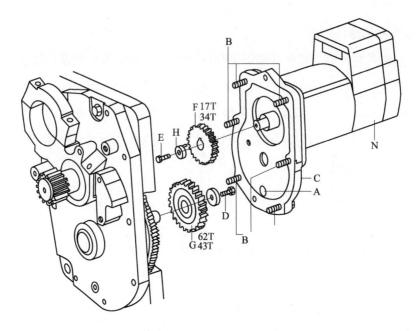

图 12-3-22　减速比调节机构

且,有时还会用到经向子花纹,即该子花纹前后倒置的组织形式。一般只能输入最多 15 种不同子花纹,每个子花纹最多 10 行。同时,一个子花纹能调用次序较后的另一种子花纹,例如 3 号子花纹能调用 7 号子花纹,反之则不行,即 7 号子花纹不能调用 3 号子花纹。

(四)传动链张力调整

传动链张力调整如图 12-3-23 所示,打开保护罩且松掉螺栓 D,移动带张力器,直到链条能按下约 3mm,再拧紧螺栓 D。

(五)压力辊调节

压力辊调节如图 12-3-24 所示,为了便于在纱辊 E 和压力辊 F 之间牵引织物,朝上转动杆 G 可举起压力辊。设置纱辊上的压力时,调整弹簧长度为 40mm,设置纱辊和压力辊之间的开口,若织机配有钩边装置,则 H 和螺母 I 之间的间隙为 10mm,若不带钩边装置,则间隙为 25mm。

(六)消除开车痕程序

通过 TUCO 程序,可以在开车和停车过程中调整

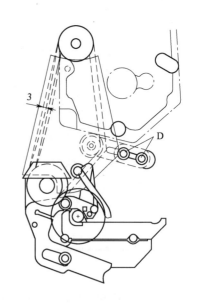

图 12-3-23　传动链张力调整装置

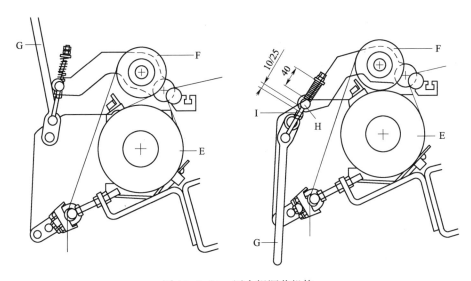

图 12-3-24　压力辊调节机构

纬密,以消除开车痕。本机提供了 4 个 TUCO 程序。配有 PRAIP 织机可分别输入 TUCO 程序 2、3、4。当 PRAIP 动作时,自动执行这些程序,无论 PRAIP 动作成功与否。

五、送经机构

(一)织轴

1. 单织轴

(1)非对称调幅。

①织机盘片在盘管上的位置。如图 12-3-25 所示,中间部分的图示适合于 DIN 型或 PAT 型织机的织轴。两侧图示适合于 GTM 或 GTX 型织机的织轴。左(右)侧盘片安装位置分别如下。

左侧盘片:对 DIN 型织轴而言,左盘片加工面边缘距盘观末端距离为 140mm。而 PAT 型、GTM 型、GTX 型织轴的左盘片加工面边缘距盘观末端为 105mm(若考虑到左侧扣槽中 35mm 的长度,则也为 140mm)。

右侧盘片:右侧盘片距与左侧盘片距离为 a,a＝穿筘幅宽+20mm。

安装:先将左侧盘片装在规定位置,旋紧螺丝 A,然后,安装右侧盘片,保证其与左盘片间距为 a,以 30N·m 力距锁紧螺丝 A。

②织轴的最大和最小长度。对 DIN 型经轴而言,最大值 a＝公称幅宽+20mm;对幅宽为 250mm 或 340mm 的织机,最大值 a＝公称幅宽+90mm-1 个盘片厚度(包括夹环)。

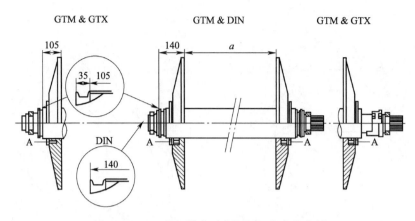

图 12-3-25　单织轴非对称调幅织机盘片位置

对 GTM 型织轴而言,幅宽为 190mm、220mm、280mm 织机时,最大值 a=公称幅宽+95mm-1 个盘片厚度(包括夹环)。

对 250 型织机而言,最大值 a_{max}=公称幅宽-5mm-1 个盘片厚度(包括夹环);最小值 a_{min}=穿筘幅度+20mm。盘片厚度见表 12-3-22(夹环记入盘片厚度之内)。

表 12-3-22　不同型号织机的盘片厚度　　　　　　　　单位:mm

盘片型号	经轴直径			
	$\phi805$	$\phi914$	$\phi1000$	$\phi1100$
Q_1	88	88	88	68
Q_2	85	90	88	90
Q_3	90	90	95	95
Q_4	95	105	105	—

(2)对称调幅。

①盘片在盘管的位置。如图 12-3-26 所示,布幅对称调节时,假定距离 x 为左侧盘片相对于布幅中心向左移动的距离。左右侧盘片的安装位置分别如下。

左侧盘片:对于 DIN 型织轴而言,盘片内侧距离轴头距离为 $(140 + x)$mm;而 PAT 型、GTM 型或 GTX 型织轴的盘片内侧距轴头距离为 $(105 + x)$mm。

对于 DIN 型织轴,左侧盘片内侧距轴头的距离 b 为:

$$b=\frac{公称幅宽-穿筘幅宽}{2}+140\text{mm}$$

对于 PAT 型、GTM 型或 GTX 型经轴,左侧盘片内侧距轴头的距离 b 为:

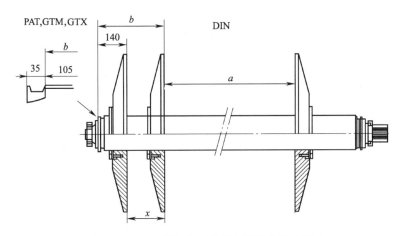

图 12-3-26　单织轴对称调幅织机盘片位置

$$b = \frac{公称幅宽 - 穿筘幅宽}{2} + 105\text{mm}$$

右侧盘片:右侧盘片内侧距离左侧盘片距离为 a ,a=穿筘幅宽+20mm。

②织轴最小或最大长度。如图 12-3-27 所示,最大距离 a_{max}=最大穿筘幅宽+20mm。在穿筘幅宽最大情况下,左侧盘片内侧始终距轴头为 140mm。

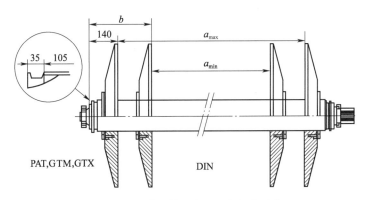

图 12-3-27　单织轴对称调幅织机盘片位置

对于 DIN 型织轴:a_{max}=公称幅宽+20mm

对于 PAT 型织轴:T190 型、T220 型、T280 型织机,a_{max}=公称幅宽+20mm;T250 型、T340 型织机,a_{max}=公称幅宽+160mm-2 个盘片厚度。

对于 GTM 型织轴:T190 型、T220 型、T280 型织机,a_{max}=公称幅宽+170mm-2 个盘片厚度;T250 型织机,a_{max}=公称幅宽-30mm-2 个片厚度。盘片厚度包括锁紧环在内(表 12-3-22)。

最小距离 a_{min}=最小穿筘幅度+20mm。

对于 DIN 型或 GTM 型织轴,最大可减小到 600mm 幅宽,a_{min}=公称幅宽-580mm。

对于 PAT 型织轴,对称调幅时,允许最大减幅为 190mm,a_{min}＝公称幅宽-170mm。

2. 双织轴

对称调幅时,盘片在盘管上的位置如图 12-3-28 所示,当大提花织机要求对称调幅时,短的织轴盘管安装于机器左侧。从挡车工方向观察织轴。安装左侧和右侧盘片,使之与中央盘片距离为:

$$a = \frac{穿筘幅宽}{2} - 50\text{mm}$$

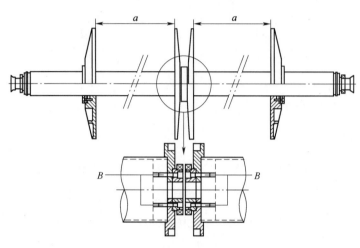

图 12-3-28　双织轴对称调幅盘片位置

当织轴上有纱时,不能松开中央轴承上的螺丝 B,否则纱会从轴上滑落。

3. 经轴重量

织轴的最大重量由许多因素决定,如幅宽、纱线材料、卷绕张力、织轴盘管和盘片的类型等。根据这些因素,可对重量进行估算。这些数据对于安全运输是非常重要的。为简化对合适运输和升举工具的选择,表 12-3-23 列出了经轴最大和最小重量指标。最小重量指棉、毛及类似品种;最大重量指涤纶长丝及类似品种。

表 12-3-23　经轴重量

单位:kg

公称幅宽/mm	1900	2200	2500	2800	3400	3800
经轴密度/(kg/dm³)	最小 0.45,最大 1.2					
经轴 φ805mm	595～1267	674～1452	753～1637	832～1822	990～2192	1096～2439
经轴 φ914mm	721～1602	820～1840	919～2078	1018～2317	1215～2793	1347～3110
经轴 φ1000mm	832～1897	948～2182	1064～2466	1181～2751	1413～3320	1568～369
经轴 φ1100mm	973～2273	1111～2617	1250～2961	1388～3305	1666～3993	1850～4451

4. 卷布辊重量(表12-3-24)

表 12-3-24　卷布辊重量　　　　　　　　　　　　　　　　单位:kg

公称幅宽/mm	1900	2200	2500	2800	3400	3800
轻型织物($0.3kg/dm^3$)	155	179	204	228	277	309
厚重织物($1.2kg/dm^3$)	619	717	814	912	1107	1238

(二)BLF 型后梁

BLF 型后梁有五种形式,其中四种如图 12-3-29 所示。此外,还有三个罗拉和无张力平衡装置的后梁。

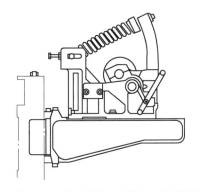

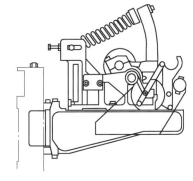

(a)有感应罗拉及无固定罗拉,不带张力平衡装置的后梁　　　(b)有感应罗拉及固定罗拉,不带张力平衡装置的后梁

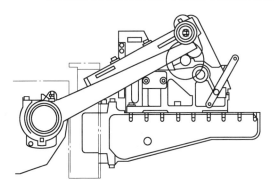

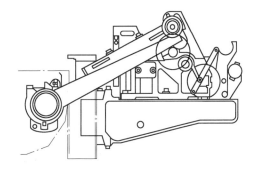

(c)有感应罗拉及无固定罗拉,带张力平衡装置的后梁　　　(d)有感应罗拉及有固定罗拉,带张力平衡装置的后梁

图 12-3-29　BLF 型后梁

1. 后梁位置调整

如图 12-3-30 所示,当改变后梁设定时,应首先松开停经架中间支撑。当有张力平衡装置时,应先松开偏心杆,因为它将影响张力平衡装置的相位。当后梁调整完后,经纱张力应该调

零。后梁高度和深度的调整方法见表12-3-25。

表12-3-25　后梁高度和深度的调整方法

后梁高度的调整 （图12-3-30）	后梁的高度可以从标尺中读出。标尺在O时，为对称梭口位置。松开螺丝B，直到上下压块A松开，但螺丝B不能松得太多，以免螺栓C断裂。然后，旋转螺杆D，先紧螺丝B，再紧螺杆D，应保证在机器振动时，螺杆不松 当后梁高度调整比较大时（超过4cm），左右两侧面应交替进行，避免后梁损坏
后梁深度的调整 （图12-3-30）	深度标在后梁支架上，共有6个位置，对应中螺丝E的位置。取出螺丝E和F，移动后梁位置，并紧上螺丝E和F。当深度调节比较大时，左右应交替进行，避免后梁扭曲

2. 后梁罗拉位置设定

后梁罗拉位置设定如图12-3-31所示，后梁罗拉A可以相对于感应罗拉单独设置2个高度位置，在位置1（低位），角度α较大，感应罗拉压力较大，经纱张力可以测量得更精确，对于非常紧密的织物（打纬阻力大），可以选择位置2（高位）。

具体的操作步骤是：松开罗丝B，并拧出螺丝C，提起罗拉A，宽幅织机可以用工具BE 154608，移动支承D，使之处于1或2的位置，并把后梁放在支承上，把螺丝C拧入正确位置，紧上螺丝B和C，在另一侧做同样设定。

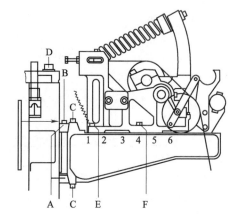

图12-3-30　后梁位置调整

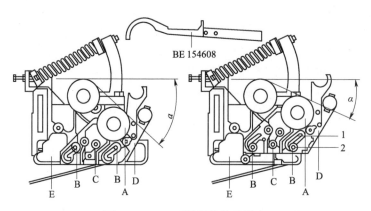

图12-3-31　后梁罗拉位置设定

后梁罗拉的锁定如图12-3-32所示，对于厚重或高密织物，锁定后梁罗拉，对减少织口反弹是有帮助的。具体操作时，拆去用于多头的经纱管G，换轴时将后梁罗拉A放在支架H上，对窄幅织机可手动完成,对宽幅织机,用工具 BE 154608 完成,在后梁支架上安装支架 I,并紧上螺丝 J,在机器右侧重复同样操作,注意右侧螺丝 J 稍长,将后梁罗拉放入支架 I,放上夹子 K 并上紧螺丝 L,当上紧这些螺丝时,注意夹壳和支架之间的间隙在轴的两边应相同。完全锁紧螺丝 J,在机器右侧重复这些操作,将管 G 放回原处。

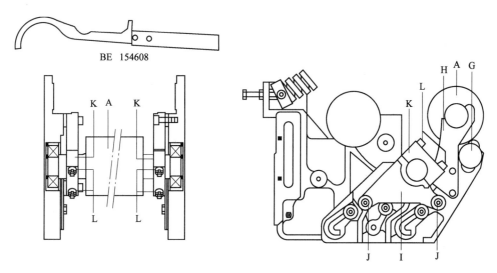

图 12-3-32　后梁罗拉锁定

3. 感应罗拉位置设定

经纱张力由张力传感器检查,不能用弹簧调节,所以,调节经纱弹簧张力时,感应罗拉的位置会改变。另外,感应罗拉在某个范围内运动以确保送经工作良好。因此当经纱张力改变时,应重调感应罗拉的位置。

4. 第三罗拉位置设定

在配置了三个罗拉的 BLF 型后梁中,其支撑与配置一或两个罗拉后梁是不同的。而且,罗拉的高度不可以单独调节。

如图 12-3-33 所示,第三罗拉 A 固定于位置 1,后梁罗拉 B 固定于位置 2,感应罗拉 C 固定于位置 3。

三罗拉机构一般在织造帐篷布或工业织物中使用,第三罗拉 A 的使用可在较低的经纱张力及可接受的打纬波动下织造较高的纬密。由于第三罗拉 A 的使用并不增减经纱张力,使得浪纹和开车痕可显著减小。

5. 平稳机构

织造过程中,平稳机构能够保证经纱张力稳定,在梭口满口时,平衡机构向挡车工方向移动,梭口闭合时,感应罗拉向后移动,偏心 A 驱动偏心杆和感应罗拉支撑 B,使感应罗拉运动,如图 12-3-34 所示。

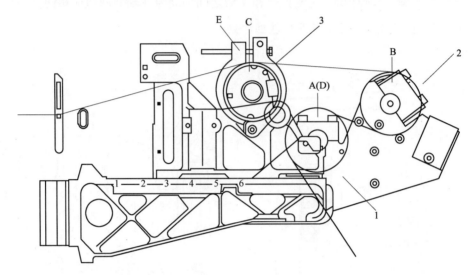

图 12-3-33　三罗拉机构位置设定

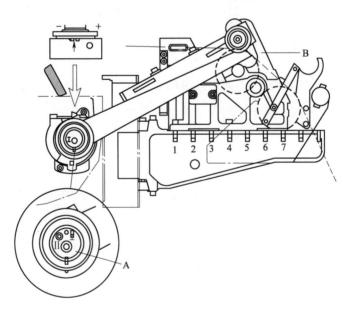

图 12-3-34　平稳机构

　　平稳机构的相位显示了感应罗拉的运动和综框运动是否同步,可以决定相对于梭口闭合时平稳机构运动到最后点,此点相位为 0,其动程为最大,一般情况下,该位置为综平位置。当相位为 +30°,平稳机构相对于综平提前 30°;当相位为 -30°,平稳机构相对于综平落后 30°。正常情况下,经纱张力的补偿是由机器设定决定的。

(三)送经量设定

1. 根据纬密选择齿轮比

当机器不换齿轮箱时,采用固定比率 12：57;当需要更换齿轮比时,更换步骤如下:如图 12-3-35 所示,取下上部两个螺丝 B 和下部两个螺丝 C,注意别损坏齿轮盖;取下电动机和盖 A 并清洁盖 A,使之无油并涂上密封胶;从驱动轴取下螺丝 D(为防止当松螺丝 D 时,驱动轴跟着转,用扳手固定螺丝 E)。重复上述动作,松开齿轮 F,根据需要更换齿轮比;在盖 A 上涂上密封胶,用相反顺序进行安装,确认指示牌 G 与实际比率相同。检查接触面上都有密封胶。

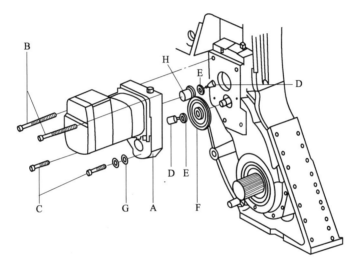

图 12-3-35　送经齿轮箱结构

2. 纬密与齿轮比的关系

当选择齿轮比时,齿轮比越大越好,如 19：45。如这一比率不合适时,可用 25：39,同时应确认经纱张力不超过比率的范围。纬密与齿轮比的关系见表 12-3-26(适合于所织盘管直径小于 218mm 的织轴)。

表 12-3-26　纬密与齿轮比的关系表

经纱最大张力/(N/cm)	品种	机器型号和速度		
		T190~220 400~700r/min	T250~300 320~610r/min	T340~380 290~500r/min
35	重型帆布、气囊织物牛仔布	25：39 8~63 纬/cm	19：45 10~77 纬/cm	

续表

经纱最大张力/（N/cm）	品种	机器型号和速度		
		T190~220 400~700r/min	T250~300 320~610r/min	T340~380 290~500r/min
25	中等牛仔布或帆布	25∶39 8~63 纬/cm	25∶39 7~51 纬/cm	19∶45 9~70 纬/cm
15	轻薄织物	25∶39 8~63 纬/cm	25∶39 7~51 纬/cm	25∶39 6~46 纬/cm

3. 纬密图

图 12-3-36 中所列送经量 X 的上下限用来限制织机转速，其由齿轮比来决定。图中数值未考虑缩率，可通过下面公式计算：

$$X=\frac{纬密}{1+缩率}$$

例：织机转速 900r/min，经轴位置 12，纬密 25 纬/cm，缩率 8%。

送经量：

$$X=\frac{25}{1+0.08}=23.15$$

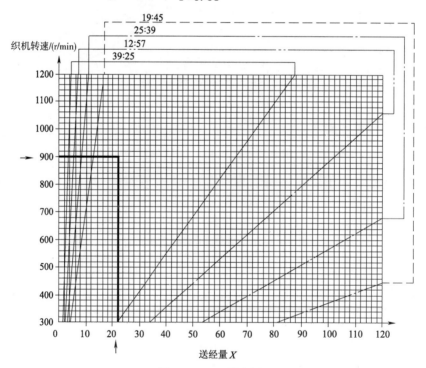

图 12-3-36 纬密图

在图 12-3-36 中,送经量为 23.15,可以选择齿轮比 19∶45,25∶39,12∶57,39∶25。为了保证电动机的正常工作,尽量选择较高的比例。

(四)经纱张力传感器

经纱张力传感器(TSF 型)如图 12-3-37 所示,经纱张力传感器 A 测量经纱作用在感应罗拉 B 上的张力,如为单后梁,经纱张力的变化是由于经轴直径的减小;如为双后梁,经纱张力的变化是由于角 α 的变化,角 α 是由感应罗拉 B 和固定罗拉 C 之间的高度和距离来决定的(图 12-3-38)。若使用三罗拉,则经纱张力角度将不会变化,此时罗拉是不可以调节的,故角 α 总保持恒定值。

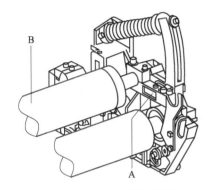

图 12-3-37　经纱张力传感器(一)

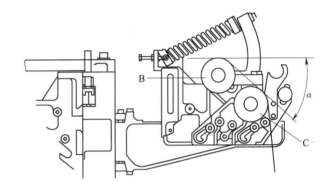

图 12-3-38　经纱张力传感器(二)

设定经纱张力,为了得到理想的数值,先从每根经纱所需张力开始,用单纱张力乘以总经根数,得到经纱张力。

例:在总经根数为 5000 的经轴上,每根经纱张力为 30cN/根,则经纱总张力为:30cN/根×5000 根=15000cN 或 1.5kN。

第三节　其他机构及其调节

一、边撑

(一)带标准托布板织机的边撑

1. 左侧托布板与边撑支座的位置

(1)左侧托布板的横向位置。幅宽不对称减小时,左侧托布板 A 对齐筘座标记螺丝 B(即最左侧的经纱位置),如图 12-3-39 所示。

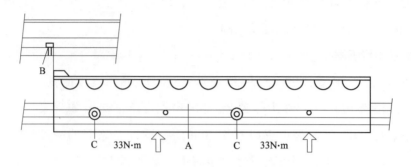

图 12-3-39　左侧托布板横向位置调节

（2）左侧边撑支座的横向位置。如图 12-3-40 所示,在调整左侧边撑支座 D 之前,检查托布板 A 的位置是否调整好。边撑支座 D 的右侧伸入到托布板 A 左侧 5mm,向前拉边撑支座的同时以 33N·m 的力拧紧螺丝 E。

2. 幅宽对称缩减时左侧托布板与边撑支座的位置

从中间的标记往左量取穿经筘幅 a 的一半,在筘座上作标记 A,确定为左侧起始点。

（1）左侧托布板的横向位置。如图 12-3-41

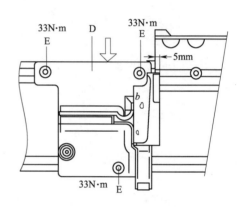

图 12-3-40　左侧边撑支座横向位置调节

所示,幅宽对称减小时,左侧的托布板 B 与筘座左侧的标记 A（即最左端的经纱）对齐。

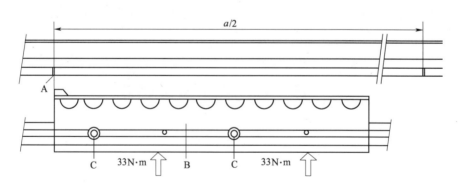

图 12-3-41　左侧托布板横向位置调节

（2）左侧边撑支座的横向位置。如图 12-3-40 所示,在调整左侧边撑支座 D 之前,检查托布板 B 的位置是否调整好。边撑支座 D 的右侧伸入到托布板 B 左侧 5mm。

3. 右侧边撑支座与托布板的位置

(1)右侧边撑支座的横向位置。如图 12-3-42 所示,右侧边撑支座 A 的左侧与左侧边撑支座右侧的间距为穿经箱幅 $a+13\text{mm}$,在向前拉边撑支座的同时,以 33N·m 的力矩拧紧三颗螺丝。

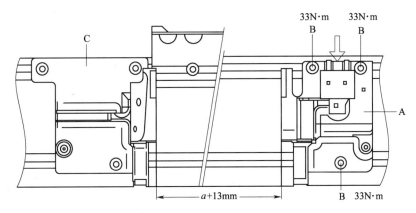

图 12-3-42　右侧边撑支座横向位置调节

(2)右侧托布板的横向位置。如图 12-3-43 所示,在装有纬停装置而无纬纱夹握持装置的机器上,移动右侧支架 D 直到右侧边撑支座 A,然后稍往左移直到辅助喷嘴刚好装入边撑凹槽,在向后推托布板的同时,以 33N·m 力矩拧紧三颗螺丝 E。慢慢转动机器将箱座转到前死心位置,同时注意辅助喷嘴不要碰到边撑支架。

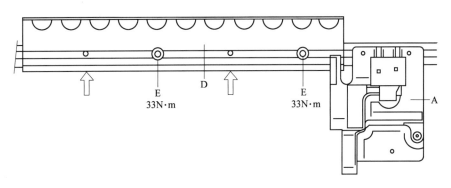

图 12-3-43　右侧托布板横向位置调节

如图 12-3-44 所示,在装有探纬器和纬纱握持装置的机器上,纬纱握持装置与钢箱的相对位置不变,纬纱握持装置座抵住托布板,两种边撑支架可以让辅助喷嘴装入到托布板的凹形槽内。安装右侧托布板按以下步骤进行。

在箱座的左侧找到定位螺丝作为初始点,量距离 c 到右侧,在该位置作一记号。在装有纬

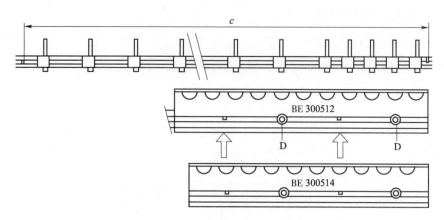

图 12-3-44　右侧托布板安装位置(一)

纱握持装置和纬纱夹的机器上,距离 c 等于使用筘座长度-22mm;在装有纬纱握持装置,但无纬纱夹机器上,距离 c 等于使用筘座长度-20mm;在装上右侧边撑支架时,辅助喷嘴装入凹形槽内,同时,边撑右侧应对齐筘座标记。在后推边撑支架同时,以 33N·m 的力矩拧紧三颗螺丝 D。

　　如图 12-3-45 所示,在装有筘前式探纬器的机器上,第一探纬器装于织边与废边纱之间,在最后一根经纱和废边纱之间距离大约 15mm,移动托布板抵住边撑支座,再将边撑支架向左移,同时注意辅助喷嘴位置,最后一根经纱与第一根废边纱的间隙也在槽内,边纱放在边撑支架上(如果不行,可更换托布板)。在向外推边撑支座的同时,以 33N·m 力矩拧紧螺丝 D,慢慢转动机器将筘座转到前死心位置,同时注意辅助喷嘴不碰到托布板。

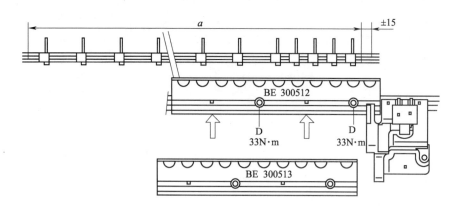

图 12-3-45　右侧托布板安装位置(二)

4. 边撑轴环调整

　　(1)边撑轴环的横向位置。如图 12-3-46 所示,松开螺丝 A,移动杆 B 与边撑轴环平齐,注意边撑第一针环应与第一根经纱平齐。

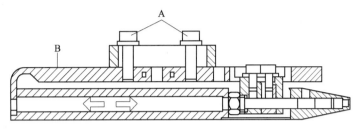

图 12-3-46 边撑轴环横向位置调整

(2)调整边撑轴环设置正确的织物张力。转动边撑环可以调整边撑对织物的张力,如图 12-3-47 所示,松开螺丝 D,用六角扳手转动轴环。

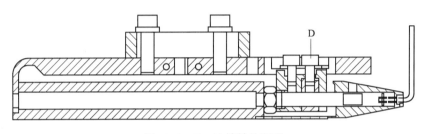

图 12-3-47 边撑轴的调整

5. 边撑调整

(1)设置边撑轴环和边撑支架的压合位置。如图 12-3-48 所示,设置边撑轴环和边撑支架之间较准确的位置,先松开三个螺丝 A,锁上螺母 B,再转动偏心环(转动螺丝 C),此时向前拉边撑支撑座。

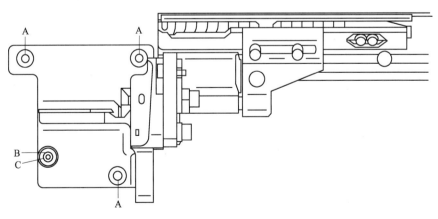

图 12-3-48 边撑环和边撑支架调整

（2）根据托布板位置定位边撑刺环。如图 12-3-49 所示，首先拧紧螺丝 A 和 B，螺丝 A 稍紧，拧紧锁紧螺母 C，转动偏心环 D 并且拧紧螺丝 E，直到边撑轴环与边撑支架有 0.5mm 间隙，一旦该位置调整好，拧紧螺丝 A、B 并锁紧螺母 C。

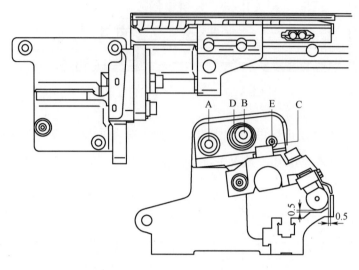

图 12-3-49　边撑刺环调整

6. 托布板高度调整

对某些织物，需要调整辅助喷嘴的位置，为了使辅助喷嘴可在托布板凹槽为自由移动（不碰到边撑支架），可将托布板和中间支撑条升高。

如图 12-3-50 所示，利用专用定规 B163920 设置边撑支架的高度，边撑支架与定规的间隙 a 的设置可根据表 12-3-27 调节。

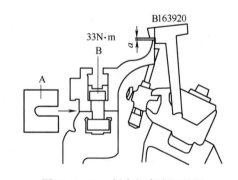

图 12-3-50　托布板高度调整图

如图 12-3-50 所示，将专用定规 B163920 放于托布板螺丝前的筘座，将托布板往上压，拧上筘座条压住定规，将机器移动于前死心（在升高托布板时，注意辅助喷嘴不能碰到托布板），拧松托布板时，托布板抵到定规。垫入或取掉垫片 A，调整托布板的正确间隔 a，按以上步骤调整每一个颗螺丝。然后以 33N·m 的力矩拧紧螺丝 B，同时向后推托布板。

表 12-3-27　边撑支架与定规间隙的调节

辅助喷嘴高度设置	a
缺省辅助喷嘴高度设置	2mm
辅助喷嘴升高 1mm	1.3mm

用同种垫片 A,垫在支架下以调整支架的高度。垫好后,以 33N·m 的力矩拧紧螺丝 B。

(二)全幅边撑

1. 边撑支座与托布板的位置调整

(1)幅宽不对称减小时左侧边撑支座与托布板的位置调整。左侧托布板的横向位置如图 12-3-51 所示,幅宽不对称减小时,左侧托布板 A 对齐筘座标记螺丝 B(即最左侧的经纱位置),在向后移动托布板的同时,用 33N·m 的力矩拧紧螺丝 C。

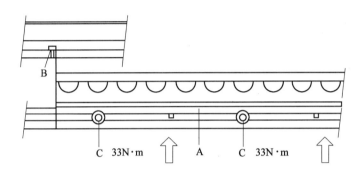

图 12-3-51　全幅边撑左侧托布板位置调节

左侧边撑支座的横向位置如图 12-3-52 所示,在调整左侧边撑支座 D 之前,检查托布板的位置是否调整好。边撑支座 D 的右侧伸入到边撑支架 A 左侧 5mm,在向前拉托布板的同时,以 33N·m 的力矩拧紧螺丝 E。

(2)幅宽对称减小时左侧托布板与边撑支架的位置调整。确定左侧起始点:从中间的标记往左量取筘幅 a 的一半,在筘座上做标记 A。应将移动主喷嘴移动至左边,左侧边撑支座必须先松开再移到右边。

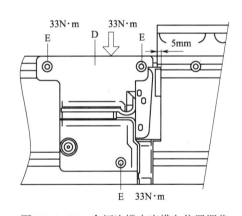

图 12-3-52　全幅边撑支座横向位置调节

左侧托布板的横向位置如图 12-3-53 所示,幅宽对称减小时,左侧托布板 B 与筘座左侧的标记 A(即最左端的经纱)对齐,在后推托布板 B 的同时,用 33N·m 的力矩拧紧螺丝 C。

左侧边撑支座的横向位置如图 12-3-52 所示,在调整左侧边撑支座 D 之前,检查托布板 B 的位置是否调整好。边撑支座 D 的右侧应伸入托布板 B 左侧 5mm,在向前拉托布板的同时,用 33N·m 的力矩拧紧螺丝 E。

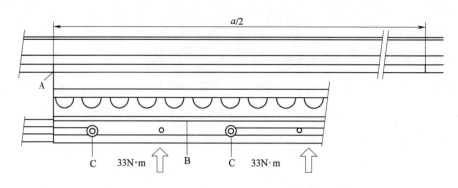

图 12-3-53　全幅边撑左侧托布板横向位置调节

2. 托布板高度调整

同标准托布板织机的高度调整。

利用专用定规 B163920 可设置托布板高度(图 12-3-50),托布板与定规的间隙 a 的设置可根据表 12-3-27 的辅助喷嘴高度设置。将专用定规 B163920 放于托布板螺丝前的箒座上,将托布板往上压,拧上箒座条并压住定规,将机器移动于前死心(在升高托布板时,注意辅助喷嘴不能碰到托布板),拧松托布板并抵到定规,垫入或取掉垫片 A,调整边撑支座的正确间隔 a(表 12-3-28)。

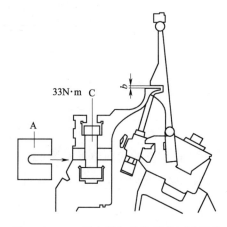

图 12-3-54　托布板与引纬档的间隙调节

如图 12-3-54 所示,托布板与引纬槽的间隙 b,见表 12-3-29。

表 12-3-28　托布板高度调节表

辅助喷嘴高度设置	a/mm
缺省辅助喷嘴高度设置	2
辅助喷嘴升高 1mm	1.3

表 12-3-29　托布板与引纬槽的间隙调节表

辅助喷嘴高度设置	b/mm
缺省辅助喷嘴高度设置	1.6
辅助喷嘴升高 1mm	0.9

二、边纱装置

(一)电子纱罗布边装置

电子纱罗布边装置由一个步进电动机驱动,其运动完全独立于织机运动,该装置除了高度和左右位置设定外,其余设定由计算机完成。为了穿纱方便,电子纱罗布边装置安装了一个穿纱按钮。该装置(以下除 ELSY)服务于三个独立的系统:用废边纱组成假布边;纱罗纱组成布边;用布边纱组成布边。一般 ELSY 装置安装在机器的前部。

位置设定方法如下:

(1)水平位置。该装置放置到其垂直导块 B 位于废边纱的旁边(图 12-3-55)。

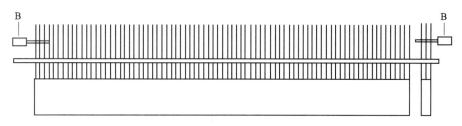

图 12-3-55　电子纱罗布边装置俯视图

(2)垂直位置。如图 12-3-56 所示,转动织机至综平位置;检查绞边装置是否也在综平位置,如果不在综平位置,将其放到综平位置;松开螺丝 C,并垂直移动装置直至绞边纱和经纱呈一直线;拧紧螺丝 C。

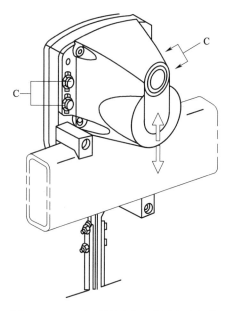

图 12-3-56　电子纱罗布边装置高度调节

(二)行星绞边装置

行星回转式绞边纱罗装置由一个传动齿轮,一个绞边齿轮,行星绞边纱罗握持装置,一个接近开关以及适应于边纱的绞边纱筒组成。在织机的两边各有一个行星回转装置,两个装置通过两根传动轴由 SR 电动机带动。

绞边齿轮在织造时做旋转运动,并将动力传给行星绞边纱罗皮带,使绞边纱罗自行回转运动,两根绞边纱形成一个梭口。在一次引纬过程中,两根绞边纱罗夹住纬纱后旋转,使纬纱被绞边纱罗紧紧地绞住。

绞边纱罗装置还装有一个纱罗断头自停传感器。当绞边纱罗断了以后,织机会自动停车。为了使织机与右侧行星纱罗绞边装置同步,右侧的行星绞边装置有一个接近开关。

如图 12-3-57 所示,当织机停车时,通过 ERL 电动机内的电磁刹车 BR 使纱罗绞边装置停在某一个角度位置并保持住。当线路板给电动机一定的电压时,刹车释放,回转纱罗装置可以自由地旋转,ERL 电动机传动轴的角度位置被编码器 RC 获得。ERL 电动机的刹车装置和编码器都装在此电动机内。ERL 电动机通过一个齿轮箱带动绞边纱罗传动轴,再通过在传动轴上的一个齿轮和绞边纱罗齿轮相啮合,将动力传给行星绞边纱罗装置。这根传动轴通过一个联轴器将左右两侧纱罗传动轴连接在一起,当快速换品种时,只需将此联轴器 K 松开连接即可。

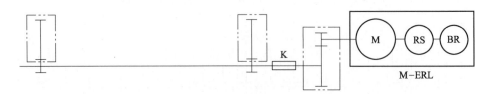

图 12-3-57　行星绞边装置电路图

（1）行星绞边边纱选择。为了更好地配合织造,避免后道工序操作困难(如卷边,边印色并差等),应保证边纱的原料和线密度与地组织相同。织造短纤时,建议边纱先用两股或三股甚至于更多股长丝股线。行星绞边纱的线密度至少应等于或高于地组织线密度的一半,见表 12-3-30。

表 12-3-30　行星绞边纱原料选择

布(地组织)	行星绞边纱
≥10tex	丝,单纤维
<10tex	变形长丝 50~80dtex

行星绞边纱的卷绕要注意卷绕的方向,如图 12-3-58 所示。纱线的卷绕张力应为 0.3~0.4cN/dtex。为了使织造时绞边纱罗的张力保持一致,绞边纱罗的卷绕成形一般为圆柱形。为了避免两个行星绞边纱罗在织造时过分地跳动,两个纱筒的重量应相等,否则,行星绞边装置容易过度疲劳。无论如何,应当注意将同样重量的一对纱罗装于行星绞边纱罗装置上。

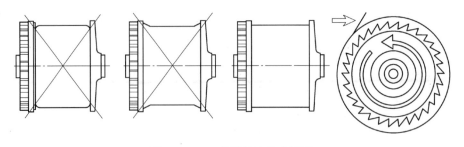

图 12-3-58　行星绞边纱卷绕图

(2)行星绞边纱罗的设定。由于纱罗装置通过一个电动机单独传动,因此它的综平位置调整与织机的机械传动没有联系,相对独立,左右两边的纱罗装置通过一根轴传动。计算机中的综平时间设定程序仅仅通用于其中一个纱罗装置。右手侧的行星绞边装置有一个综平装置检测接近开关。因此右边这个纱罗装置的综平时间可以通过计算机来设定调整。左手侧的纱罗装置综平时间的设定必须进行机械上的调整。

右手侧综平时间的调整:在织机的右手侧,右侧的绞边纱罗的综平时间可以比地组织的综平时间推迟15°;转动织机至所需的右侧纱罗综平角度位置。

绞边装置的综平角度位置:织机左侧的纱罗综平角度比地组织的综平时间早5°~30°。

绞边纱张力调整:对于绞边的质量来说,绞边纱张力是一个很重要的因素。和厚重织物不同,轻薄型织物所用的绞边纱的张力也较低。较低的绞边纱张力用于厚重织物的绞边时会导致纱罗松纱或不牢固(不规则)。如图 12-3-59 所示,移动长槽内的螺丝 U 通过张力补偿弹簧 V 可以使绞边纱达到所需的张力。

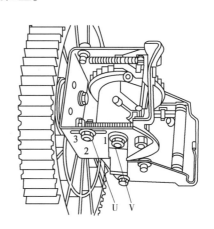

图 12-3-59　绞边纱张力控制机构

表 12-3-31 中,A 列出了对于不同粗细的绞边纱螺丝 U 所处的位置。如果所提供的补偿弹簧不能得到所需的弹簧张力,则用另一种不同簧丝直径的弹簧将纱罗装置上的弹簧换掉(见表 12-3-31 中 B),一般随机提供的标准弹簧簧丝直径为 0.35mm。

表 12-3-31　绞边纱螺丝位置与补偿弹簧查询表

A		B	
绞边纱螺丝 U 所处的位置		弹簧直径/mm	颜色
位置	纱线的线密度/dtex	0.3	蓝色
1	<50	0.35	绿色
2	标准:50~100	0.4	黄色
3	>100	0.5	橙色

(3)绞边综丝。织物布边由 2 根经纱锁住,"地经"纱 A 总是在下层梭口伸展,而第 2 根经纱 B(绞经)交替在地经下方从左到右向上层梭口移动。绞边综的运动分为 4 个阶段。

阶段 1(图 12-3-60):在综平时,绞经 B(在绞综 C 内)位于地经 A 的下方。

阶段 2(图 12-3-61):升降综 D 被下拉,而绞综 C 和升降综 E 被一起上推,由于经纱获得一定的张力,并且位于低于下层梭口的导纱器的下方,位于升降综 D 和绞综 C 之间的地经 A 将下滑,绞经 B 被绞综上推位于上层梭口,而地经 A 位于下层梭口。

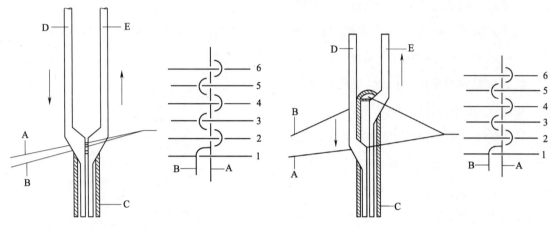

图 12-3-60　绞边综的运动规律(一)　　　　　图 12-3-61　绞边综的运动规律(二)

阶段 3(图 12-3-62):当升降综 D 和 E 综平时,绞经 B 位于地经 A 的下面。

阶段 4(图 12-3-63):升降综 E 被下拉,而升降综 D 和绞综 C 被一起上推。地经 A 在绞综 C 和升降综 E 之间下滑。绞经 B 位于上层梭口,同时地经 A 保持在下层梭口。

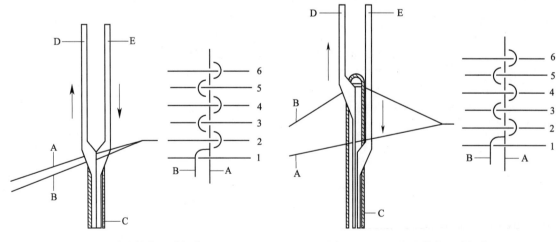

图 12-3-62　绞边综的运动规律(三)　　　　　图 12-3-63　绞边综的运动规律(四)

(4)装置的安装。在综框上安装绞边综时,调节综框至半开口,第二页综框高于第一页。

如图 12-3-61 所示,从升降综 G 和 H 中拆去绞综 F;把升降综 G 和 H 分别安装在两页综框上,将两页综框置于综平位置,把绞综 F 安装到升降综 G 和 H 中即可。

(5)穿纱。如图 12-3-64 所示,绞经 I 穿入两升降综之间的绞综 F 内。地经 J 穿入两升降综之间,方向同绞经。

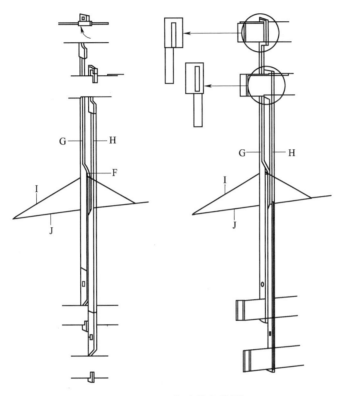

图 12-3-64　绞边综安装图

穿入方向:绞边纱,独立布边纱以及地组织纱的穿入对于绞边质量以及张力维持有最大的影响。为了保证纬纱被完全锁紧,经纱和相邻布边以不同方向穿入纬纱非常重要,如果这两种纱过多地以同一种方向穿入纬纱,会引起绞边质量下降。布边运动装置必须与具有平纹运动的综框运动相同步,对于 $\frac{1}{1}$ 和 $\frac{3}{1}$(或 $\frac{1}{3}$)组织,在图 12-3-65(a)、(b)中的花纹中,列举了布边正确和错误的穿入方式。

对于以下组织,如 $\frac{2}{1}$ 或 $\frac{1}{2}$ 以及 $\frac{4}{1}$ 或 $\frac{1}{4}$ 等,布边的方向没有规定[图 12-3-65(c)]。同时对于织物组织每两纬换一次方向,如 $\frac{2}{2}$ 花纹;对于多臂或提花机,由于并没有明确的织物花纹对照,因此不可能决定布边穿入方向。

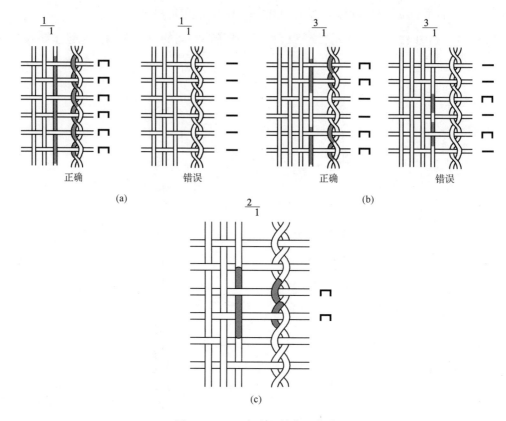

图 12-3-65 布边经纱穿入方式

(三)织入边装置

1. 机械式折边装置

如图 12-3-66 所示,当第一根纬纱被打入织口之后,被布边纱夹住,该纬纱会在布边处被夹块 A 夹住。然后该纬纱会在钩子和布边之间,距第一根经纱至少 11mm 处被纬纱剪剪断。在纬纱被夹持和被剪断时,在穿纱针 B 与夹块 A 的配合下,纬纱进入织口。

如图 12-3-67 所示,在机器右侧,纬纱在距最后一根经纱 11mm 处,被折入后的纱尾保持相同的长度,被剪去的纱尾被带入废纱筒中。在

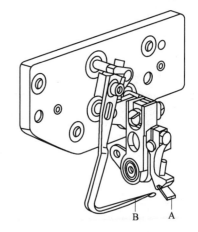

图 12-3-66 机械式折边装置

中间折边装置中,纬纱在距相应的两边各为 14mm 处被剪断。

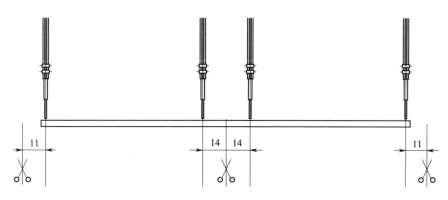

图 12-3-67　纱尾处理

2. 气动式织入边装置

气动式织入边装置用于织造良好的布边,当使用了纱罗装置时,可获得毛刷状边,此时纬纱在一定长度内被剪断,并翻入下一织口中,机械式织入边装置(MTI)由一系列机械传动部分组成,而气动式织入边装置除由一个电子电动机驱动外,其他运动部分均由气流驱动。

通过将纱尾翻入织口,布边处有两倍的纬纱密度,若织物的经纬密较大时,则可能因布边处的高张力而造成布边收缩等问题。

若经停过于频繁,可通过下列途径来解决:降低经密是最明显的解决方法,或者采用改变布边组织的方法,如由 $\frac{1}{1}$ 改为 $\frac{2}{2}$。另外,还可以将布边使用较细的经纱,但整经过程过于复杂,导致该方法不容易操作,用气动式织入边,可以将两根纱或几根纱成为一组一起织入。

(四)用作绞边纱的小筒子架

用作绞边纱的小筒子架有三种类别:圆盘筒子架、垂直纱罗筒子架、水平纱罗筒子架。水平和垂直架由一定数目的筒子构成,垂直筒子架可以安装 2、4、6 或 10 个筒子,水平筒子架根据筒子架的配置可以放置最多 12 到 16 个筒子。特殊适配件允许安装圆柱形或圆锥形的筒子。

对于所有的形式,必须合理设定纱线张力以保证纱罗边的打纬线和织物的打纬相一致,纱线张力设定取决于纱的类型和织物品种。对于常规经纱张力,补偿叶片弹簧应该有 1~3cm 的偏摆。

三、经停机构

(一)经停架位置设定

经停架的位置设定如图 12-3-68 所示,把经停架向机前挡车工方向移动,这一操作可以使粘连的经纱容易分开;粘连经纱根数减小,梭口清晰。但对于短纤维纱线,由于经纱拉动停经片使之摆动,会损伤停经条和经纱。如向经轴方向移动经停架,经纱受力将减小,适合于长丝。

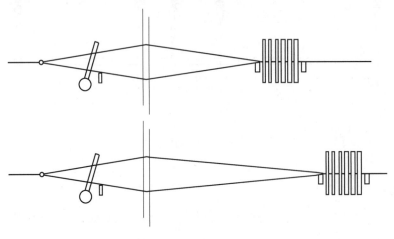

图 12-3-68　经停架位置设定

由于短纤维纱线有较多落损纤维,所以要求经停片间有较大间隙;对长丝,一般经停片间隙较小,以免损伤长丝纤维。

（二）经停架位置调整

经停架的高度、深度、倾斜角的调整:如图 12-3-69 所示,转动织机至综平位置,在中央支

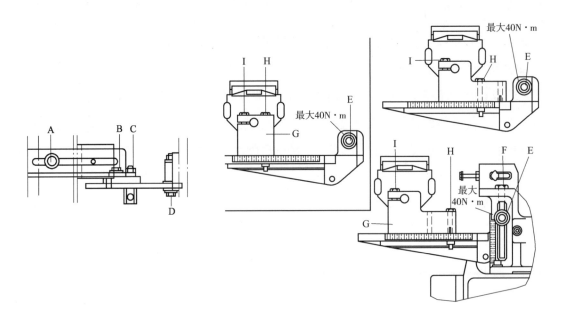

图 12-3-69　经停架位置调整

撑上松开螺丝 A、B、D 和螺母 C，并松开螺母 E 和螺丝 H，通过螺丝 F 调整高度。通过移动经停架支撑 G 调整深度，深度从螺丝 H 上可读出。松开螺丝 I，旋转经停架可调整倾斜度。在经停片间距为 30mm 的机器上，支架 G 可以放在距综框 45mm 处，此时螺丝 II 放在第 2 个孔。这时经停架的位置不能再从支架的刻度下方读出，而是相对于螺丝 H 的中心线读数。

第四章　日发喷气织机

第一节　主要技术特征

一、RFJA20 型喷气织机主要技术特征

日发集团是国内著名的织机生产企业,其中 RFJA20 型喷气织机是其基础机型,具体技术特征见表 12-4-1。

表 12-4-1　RFJA20 型喷气织机的技术特征

特点	技术特征描述
操作简便	细节设计优化,实现织机的简便操作
结构设计的低振动特性	合理的经位置线设计,精巧的动平衡系统,确保高速下的低振动。优化两侧箱型墙板和横梁结构,提高了抗振性和可靠性
结构设计的高速化	高刚性结构机架,大直径织轴齿轮,内装在油浴中的积极式送经驱动轴。适应高速化织造的同时,灵活适应高密织物织造要求
打纬动平衡结构	摇轴采用新型打纬平衡机构,提高了织机打纬力,降低了整机振动,更为有效地保证了高支高密度织物的织造
优化设计的打纬机构	利用计算机优化设计的四连杆打纬机构,打纬动程短、振动小、对应的引纬时间长。窄幅机采用在高速适应性方面获有优秀评价的 4 节连杆打纬。宽幅机则采用引纬时间卓有余地的 6 节连杆打纬,从而实现高速下的稳定引纬
新型电控系统	针对织机条件和织物规格,可自动设定较佳工艺参数。进一步改善了防停车档的自动化设置系统及纬纱制动系统
张力自动调整	织机启动时自动调整经纱张力,以消除停车过程中的张力变化,从而防止停车档的产生
节能型引纬系统	辅喷气包即前上撑档离辅助喷嘴距离近,供气路程短,更适应高速运转,并且节能,同时采用优化设计的节能辅助喷嘴。集流腔一体型的新型电磁阀灵敏度极高,在进行精密喷射的同时使空气压力得到稳定,实现了在超高速运转时的稳定引纬。前上撑档和辅喷气包合成一体直接连接新型电磁阀,缩短了从电磁阀到喷嘴的距离,提高了高速适应性,降低了空气消耗

续表

特点	技术特征描述
摇轴中间支撑装置	摇轴采用实心轴带中支撑的装置,提高了打纬机构的刚性,在高速运转中准确有力的打纬是织造高密度织物的保证
动力·超启动电动机	采用当今先进的超启动电动机,在织机启动时可以产生高输出转矩,以提高第一梭的打纬力量。同时采用大力矩的电磁刹车,提高了制动力,从而防止停车档的产生,提高了织物的产品质量
电子卷取装置	结合电子送经,通过准确的正反转对防止停车档很有效。在卷取部分使用 AC 伺服电动机,通过计算机的控制,使其和织机完全同步旋转,控制打纬的密度。打纬密度可在键盘上进行设定而不需要变换齿轮。另外,通过与电子送经的联动操作,使上机作业更加容易进行
润滑	主传动部位采用油浴润滑,一般部位采用集中供油系统对部件进行强制润滑,有效提高了部件的工作寿命
计算机控制系统	配有人机界面 i 键盘,可以将织机运转状态、故障原因、织造工艺参数及织机设定条件等信息显示在显示屏中。通过功能键方便地输入各种数据,还可通过记忆卡将各种设定参数长期保存或随时输入织机中
积极送经装置	为了与织机的超高速相匹配,JA20 型喷气织机设计了新型积极送经装置,使其强度提高,适合高速运转。该机构设计在了织机墙板外侧,偏心量调整操作十分简便
双后梁机构	送经系统采用了双后梁的标准配置,织轴从满轴到空轴经纱张力均保持恒定不变,适合织造各种厚重或轻薄织物
双探头探纬器	探纬器采用双探头方式,除了探知通常的短纬或弯纬外,还可探知纬纱被吹断或长纬的现象,从而做到万无一失。探头耐污性强,探测稳定可靠
广泛的开口系统	积极式凸轮开口装置:最多为 10 片综框(选配)。适合织造平纹、斜纹和缎纹等织物,积极凸轮更适用于重型、宽幅织机。 多臂开口装置:最多为 16 片综框(选配)。适合织造多品种的平纹、斜纹、缎纹和小提花等高附加值的织物
提花开口装置(选配)	适合织造提花织物,如领带、商标、毛巾、家具布、丝绸等具有高附加值的织物,为用户创造良好的经济效益
上置式边撑	在织口附近配置导纱杆,在两侧配置上置式环形边撑,可使所有短纤织物的织口稳定,提高织物的质量。另外,导纱杆的下部由于可以自由设定辅喷嘴的配置,因此,进一步扩大了织造的范围

二、RFJA30 型喷气织机主要技术特征

RFJA30 型是 RFJA20 型的升级版本,除具备 RFJA20 型的特征基础之外,还具有表 12-4-2 中所列的技术特征。

表 12-4-2　RFJA30 型喷气织机的技术特征

技术特征	描述
织造专家系统	提前预存了多种织物品种的初始设定方案,可以将方案调出自动设定,使得各种设定项目更加具体化、简单化。同时还支持用户增加和修改设定方案并存储,使得方案更加适应客户处实际织造环境
集中联网	具有强大的联网功能,可以在线查看织机的运行状态及效率、产量等各项参数
可操作性	针对挡车工操作方便的原则,在不改变卷装容量的前提下,对机架高度进行降低设计
气压控制方便化	改变气压控制开关,使主副喷嘴气压集中控制
变频调速	通过变频器控制,可以不需要变更小皮带盘,就能方便地调整车速
稳定的织口	采用加大织前倾角的上置式边撑和接近织口的导纱杆,使织物组织获得稳定的织口

三、RFJA40 型喷气织机主要技术特征

RFJA40 型喷气织机是山东日发纺织机械有限公司推出的新一代具有先进性能的喷气织机。在集成 RFJA30 型织机的织造优点下,取消织机原来主传动中的电磁离合制动器、皮带、带轮等机构,采用伺服电动机直接驱动织机高速轴,改进织机电控系统及传动部分的机械机构,而开发的一款新型节能喷气织机。该织机相对于原有 JA30 型织机的最大特点是传动结构简单、控制系统先进、传动效率高、节省电能、自动化程度高、可实现变速织造等。其他技术特征见表 12-4-3。

表 12-4-3　RFJA40 型喷气织机的技术特征

技术特征	描述
智能化实时气路控制系统	引纬参数在线自动优化,自动修正不合理的人工设定,保证设备在最佳参数状态下运行,有效节省压缩空气,提高织机运行效率
变速直驱技术的主传动	取消变频器、带轮、皮带、电磁离合器,节省电力,打纬力强,布面风格好;整机转速由屏幕电子设定,可根据纬纱特性自动调整

续表

技术特征	描述
纬停故障自动处理装置	发生纬向故障时自动处理掉纬纱,自动恢复机台运行,明显减少用工
开口机构齿轮箱传动技术	取消同步带、带轮,减少维护成本,稳定性好,开口清晰准确,确保织物质量
织轴卷布辊快速锁紧装置	在线控制气缸推动经轴及卷布辊锁紧装置的锁紧及松开,为智能化车间自动生产做准备

第二节 主要机构及其工艺调整

一、开口部分

(一)综框导块

综框导块 5 可控制综框的横向游隙。在更换综框时,必须进行此导块的调整,如图 12-4-1 所示。

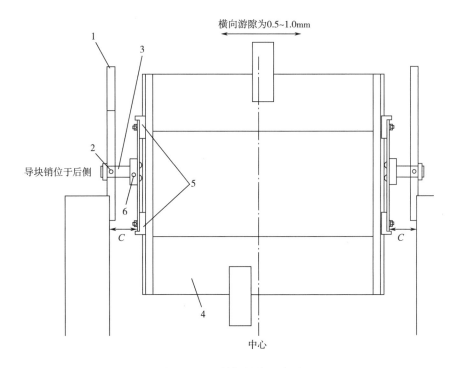

图 12-4-1 综框导块示意图

1. 横向调整

（1）松开侧架 1 的导块销 2。

（2）将侧架轴 3 略微错开，并且使综框 4 的左右游隙为 0.5～1.0mm。此时，应使图中 C 尺寸的左右侧为均等状态。

（3）紧固导块销 2。

2. 水平度调整

在更换了综框导块 5 时，如图 12-4-2 所示，必须进行此项调整。

（1）松开紧固螺钉 6。

（2）使用水平仪 7，调整综框导块 5 的水平度。

（3）将紧固螺钉 6 拧紧。

（二）综框的导向板导块

此导块可以控制综框前后方向的振摆。在更换综框时，必须进行此项调整。

调整间隙应在经纱张力已经松弛的状态下进行。

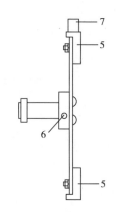

图 12-4-2　综框导块水平调节示意图

1. 上部导块的调整

图 12-4-3 所示为综框上侧的导向板导块。

（1）导块底座的调整。织口一侧的导块底座与导向板之间的间隙，可通过将前梁 1 前后移动，进行调整。

①松开固定前梁 1 与侧支架上的螺栓 3。

②将前梁 1 向前后方向移动，并使导块底座 7 与织口一侧的导向板 8 之间的间隔为 2mm，然后拧紧螺栓 3。

（2）导块架的调整。在调整前梁之后，必须进行此件的调整。

①松开导块架 5 上的螺栓 6。

②通过调整使导块架与织口一侧的导向板之间的间隔为 2mm，然后拧紧螺栓 6。

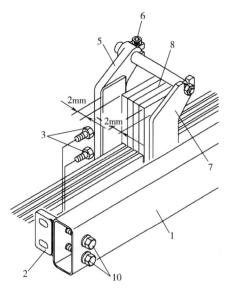

图 12-4-3　上侧导向板导块示意图

在进行上机作业时,如需要将前梁 1 拆下时,可在前梁托架 2 仍装在侧支架的状态下,只松开螺栓 10 即可拆下。

2. 中间导块的调整

图 12-4-4 所示为位于综框下方的导向板导块。

(1)中间导块安装于织机撑档上。

①松开综框导块 9 上的螺栓 10。

②移动综框导块 9。

③使导向板 8 与综框导块 9 之间的间隔,在卷取部和送经部都为 2mm。此时,应使综框导块 9 相对于导向板 8 呈平行状态。

④拧紧综框导块 9 上的螺栓 10。

(2)中间导块安装于前上撑档。导块调整机构如图 12-4-5 所示。

①松开织口一侧安装有综框导块 9 的导块托架 11 上的螺栓 10。

②将导块托架 11 向前后移动,通过调整使织口一侧综框导块 9 与导向板之间的间隙为 2mm,然后拧紧螺栓 10。

③松开织口一侧的导块架 12 上的螺栓 13。

④将导块架 12 向前后方向移动,使其与导向板之间的间隙为 2mm,然后拧紧螺栓 13。

(三)开口定时

通过开口装置,进行当经纱交叉时的织机曲柄角度的设定。标准的开口定时见表 12-4-4。

表 12-4-4 中的数据为大致目标值。在实际织造中应根据织物或织机的开动状态适时进行调整。开口定时与实际织造效果的关系见表 12-4-5。

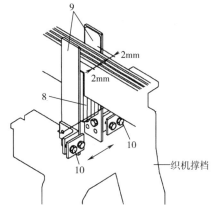

图 12-4-4　综框下方导向板导块示意图

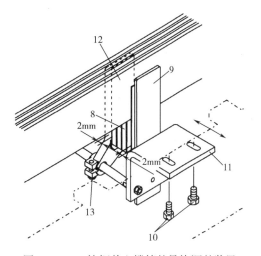

图 12-4-5　综框前上撑档的导块调整装置

表 12-4-4　标准开口定时时序图

开口装置	织物	组织	开口定时/(°)	备注
凸轮开口	短纤	平纹	290/310	在短纤织物的织造中,为了减少开口的不良,可将1、2综框的开口定时与3、4综框的开口定时错开进行设定。但是,这种情况下会使飞行角度变短,因此有必要提高主喷嘴以及辅喷嘴的压力
		平纹	310/290	
		斜纹(表)	290	$\frac{2}{1},\frac{3}{1},\frac{4}{1}$
		斜纹(里)	300	$\frac{2}{2},\frac{1}{2},\frac{1}{3},\frac{1}{4}$
	长丝	平纹	340	
		斜纹	330	
多臂开口	短纤	斜纹	310	
	长丝	斜纹	330	

表 12-4-5　开口早晚与织造效果关系

开口定时	早	晚
引纬效果	好	不好
手感	好	不好
织物毛羽	多	少
飞行角度(引纬时间)	短	长

(四)开口量

利用开口装置实施使经纱开口的综框移动量的设定,标准的开口量见表12-4-6。

表 12-4-6　标准开口量设计参照标准

开口装置	织物	开口量/mm	备注
凸轮开口	短纤	76/4	
	经向长纱 纬向短纤	68/4	
	长丝	64/4	
多臂开口	短纤	80/4	所有短纱织物
	长丝	68/4	所有长丝织物

注　开口量76/4指第1综框开口量为76mm,第2综框以后分别递增4mm。

表 12-4-6 中的数据为大致目标值。在实际织造中应根据织物或者织机的开动状态适时进行调整。开口量调整与织造效果的关系见表 12-4-7。

表 12-4-7 开口调整量与织造效果的关系

开口量	大	小
经纱绷纱	使毛羽断头得到改善,绷纱良好	容易发生开口不良
引纬效果	开口角度大,可改善引纬效果	开口角度小,引纬效果差
飞行角度(引纬时间)	变长	变少,变短
经纱断头	开口时,会形成经纱张力过大,从而使经纱容易发生断头	可减少综框部分的经纱断头

(五)综框高度的标准设定实例

综框高度的调整应以使钢箅的导气槽部位能够打纬为目标。如综框的高度不合适,则会引起开口不良,并在打纬时有可能引起织物开裂。另外,还会使飞行角度变短,有时还会造成因纬纱原因而停车的现象增多。

1. 凸轮开口

在综框下降到最下面位置时调整的综框高度。

在变更开口量、织物组织、凸轮静止角时,必须重新对此项进行调整,并按照以下公式计算:

$$下综框高度 = H_0(基准综框高度) + 40 - \frac{开口量}{2} + h(补偿值)$$

补偿值见表 12-4-8。

表 12-4-8 补偿值   单位:mm

织物组织	凸轮静止角/(°)		
	AL10(0/30)	AL20(0/60)	AL40(0/90)
$\frac{1}{1}$, $\frac{2}{2}$	-3	0	2
$\frac{2}{1}$	-5	-2	0
$\frac{3}{1}$	-7	-4	-2

续表

织物组织	凸轮静止角/(°)		
	AL10(0/30)	AL20(0/60)	AL40(0/90)
$\frac{4}{1}$	-9	-6	-4
$\frac{1}{2}$	-1	2	4
$\frac{1}{3}$	-1	2	4
$\frac{1}{4}$	-1	2	4

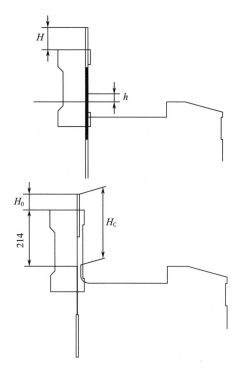

图 12-4-6 综框调整尺寸示意图

当综框下降到最下面位置时,通过调整使综丝的综眼中心距离综框上面的尺寸达到 H,如图 12-4-6 所示。

通常的做法是用尺子量出从综框导块至综框上面的尺寸 H 进行调整。H 表示为:

$$H = H_0 + h$$

将按照下述程序求出的基准高度 H_0,代入以上公式中并求出 H。

基准综框高度 H_0 的计算方法为:在综丝的综眼中心与综框的上面一致时,将综框导块至综框上面的尺寸设定为 H_0。这里的 H_0 会因综框不同而各异,因此应在织机上进行实际测量,或通过综框制造厂家提供的规格图纸,对综眼中心至综框上面的尺寸 H_C 进行确认之后,通过以下公式即可求出。

$$H_0 = H_C - 214$$

2. 曲柄、多臂开口

在处于开口定时的状态时,调整综框进行交叉时的综框高度。

标准设定值对于所有综框都一样,通过调整综框高度,使综丝的综眼中心处于距离综框上面 40mm 的位置。

通常的做法是,用尺子量出从综框导块至综框上面的尺寸 H 并进行调整。H 表示为:

$$H = H_0 + 40mm$$

将按照下述程序求出的基准综框高度 H_0,代入上述公式中并求出 H。

基准综框高度 H_0 的计算方法为:当综丝的综眼中心与综框上面达到一致时,将综框导块至综框上面的尺寸设定为 H_0。

这里的 H_0 会因综框不同而异,因此应在织机上进行实际测量,或通过综框制造厂家提供的规格图纸,对综眼中心至综框上面的尺寸 H_C 进行确认之后,通过以下公式即可求出:

$$H_0 = H_C - 214$$

(六)不同开口装置开口量、开口定时的设定方法

1. 曲柄开口

(1)开口量的设定。开口量的设定在图 12-4-7 所示的装置上进行。具体过程如下:

①松开开口连杆销 1 的螺母。

②使开口连杆销 1 错开。

a. 如将连杆销向织口一侧错开时,即可使开口量加大。

b. 如将连杆销向送经一侧错开时,即可使开口量减小。

③紧固松开的螺母。如进行第 1 综框和第 2 综框的开口量设定,即可自动使第 3 综框和第 4 综框也被确定下来。

如变更开口量,则开口定时和综框的高度也会发生变化,因此应重新进行一次调整。

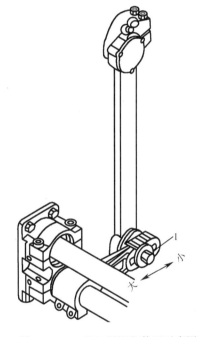

图 12-4-7 开口量调整装置示意图

(2)标准开口量的设定。标准开口量设定按照表 12-4-9 所示。

表 12-4-9 标准开口量设定值 单位:mm

公称筘幅/cm	短纤织物		长丝织物	
	第 1 综框	第 2 综框	第 1 综框	第 2 综框
150~230	76	84	60	66
280,340	80	88	64	70

（3）开口定时的设定。开口定时装置如图 12-4-8 所示。开口定时设定的具体步骤如下：

①计算开口定时的综框高度。根据进行 2 次测定的数值，即可计算出作为开口定时的综框高度。

$$综框高度=\frac{第\ 1\ 次的综框高度+第\ 2\ 次的综框高度}{2}$$

例如：（120 +100）÷ 2 ＝ 110。

a. 综框高度第 1 次测定。调整在想要设定开口定时上；将刻度尺 2 放在综框导块 3 上，进行第 1 综框 1 高度的测定。

b. 综框高度第 2 次测定。使织机转动 1 圈，并且调整在与第 1 次相同的开口定时上；将刻度尺 2 放在综框导块 3 上，并进行第 1 综框 1 高度的测定。

②松开开口曲柄 5 的切槽螺栓 4。

③调整为想要设定的开口定时。短纤织物，标准开口定时为 310°；长丝织物，标准开口定时为 340°。

④用树脂锤一边轻轻地敲击连杆拉杆 6，一边转动开口曲柄 5，直至达到在上述步骤①中计算求出的数值为止。

⑤拧紧开口曲柄 5 的切槽螺栓 4。

⑥开口曲柄 5 设置于供纱一侧和动力一侧，供纱一侧驱动第 2、第 4 综框、动力一侧驱动第 1、第 3 综框。相反一侧（第 2 综框）的开口曲柄角度 5 也按照同样的要领进行调整。

（4）综框高度的调整。综框高度调整装置如图 12-4-8 所示。调整综框导块 3 上面至综框 1 上面的尺寸 H。标准的设定值应参照 2. 曲柄、多臂开口的内容，计算求出。调整方法如下：

①在开口的定时上使综框交叉，并将停止按钮锁闭。

②松开左右位置上将综框向上推起的拉线螺丝 6 的螺母 4、5。

③转动拉线螺丝 6 并用直尺 2 进行尺寸 H 的调整。

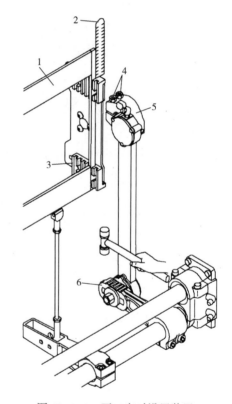

图 12-4-8 开口定时设置装置

④拧紧螺母4、5。螺母4为左旋螺纹,螺母5为右旋螺纹。

2. 史陶比尔凸轮开口、多臂开口

(1)开口量。通过变更安装于开口杆上的开口连杆的上下位置(图12-4-9)调整开口量。尺寸 L 与开口量的关系见表12-4-10。

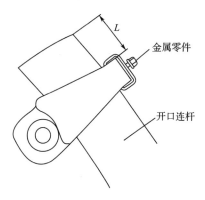

图 12-4-9　开口量调整装置

表 **12-4-10**　尺寸 **L** 与开口量关系　　　　　　　单位:mm

开口角/(°)	开口装置				
	凸轮 1651、1661	凸轮 1751、1761、1781		多臂 2861、2871、2881	
	1~8 综框	1~5 综框	6~10 综框	1~4 综框	5~16 综框
56	157	157	198	129	
60	146	146	185	121	162
64	136	136	177	112	155
68	125	125	166	105	148
72	114	114	155	97	141
76	104	104	145	89	134
80	92	92	135	81	127
84	82	82	124	73	120
88	72	72	114	66	112
92	62	62	104	57	105
96	52	52	94	49	98

续表

开口角/(°)	开口装置				
	凸轮 1651、1661	凸轮 1751、1761、1781		多臂 2861、2871、2881	
	1~8 综框	1~5 综框	6~10 综框	1~4 综框	5~16 综框
100	42	42	84	41	91
104	32	32	74	33	84
108	22	22	64	25	77
112	12	12	54		70
116			45		63
120			35		55
124			26		48
128			17		41
132			8		34
136					27
140					20

（2）开口定时的设定。开口定时装置如图 12-4-10 所示。具体调节过程如下：

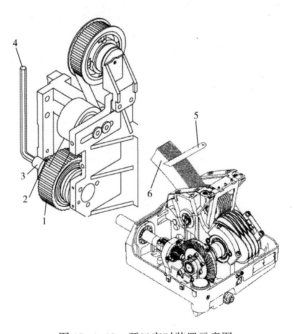

图 12-4-10　开口定时装置示意图

①一边使织机作点动动作,一边看界面显示画面上的<曲柄角度>,并使织机在想要设定的开口定时上停止。

②松开从动轮1的螺栓2。

③在轴3的前端开有的内六角扳手用的孔眼中插入内六角扳手4。

a. 在成组的开口杆6的单面上接触刻度尺5。

b. 通过转动插入轴3中的内六角扳手4,使轴3转动,直至用直尺5对准的开口杆6的一个面能够并齐为止。

c. 当存在开口相位差时,应利用定时早的一组开口杆找齐。

(3)同步皮带的张挂方法。如若皮带拉得过紧,会导致各部位轴承的损坏,还会造成皮带断裂。通过调整张力盘轮毂的安装位置,如图12-4-11所示,将皮带张力调整在合适的水平。具体过程如下:

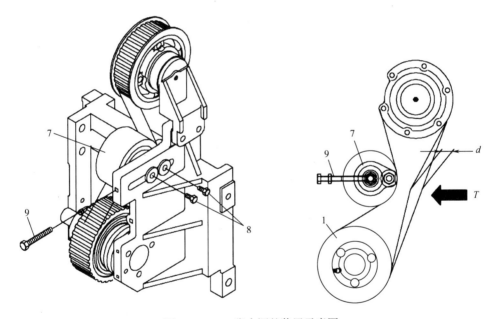

图12-4-11　张力调整装置示意图

①停止织机并锁闭停止按钮。

②轻轻地松开张力盘轮毂7上的2个安装螺栓8。

③使用起重螺栓9,变更张力盘轮毂7的安装位置,从而使皮带的张力更为适当。

④合适的皮带张力状态是将皮带的右侧中央用力 T 进行推压时,应有 d 程度的弯曲。具体情况参照表12-4-11。

表 12-4-11　皮带张力调整参照表

项目	积极式凸轮	积极式多臂
	1651,1661,1751,1761,1781	2861,2871,2881
推压力量 T/N	65.0	110.0
弯曲量 d/mm	6~7	5~6

⑤当皮带张力已经调整适当时,即可将在②中松开的 2 个安装螺栓 8 拧紧。

二、引纬部分

(一)引纬系统

1. 定时曲线图

纬纱被连续卷绕在 FDP 装置的鼓筒上,并通过主喷嘴实施引纬,该状态以曲柄角度图(图 12-4-12)进行表示。

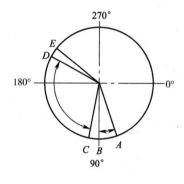

图 12-4-12　曲柄角度图

A—停纬销的＜打开＞定时　B—主喷嘴的喷射开始定时　C—左侧织物端面(供纱一侧)的到达定时(引纬定时)

D—右侧织物端面(动力一侧)的到达定时　E—约束定时　A~B—停纬销的先行角度　C~D—引纬的飞行角度

2. 纬纱的飞行角度

纬纱的飞行角度,是指纬纱从左侧织物端面到达右侧织物端面的角度,如图 12-4-13 所示。

3. 约束定时

约束定时,是指被卷绕在 FDP 装置鼓筒(图 12-4-14)上引 1 纬长度的纬纱被主喷嘴牵引出来,并在与停纬销接触之后,在鼓筒与主喷嘴之间开始被拉伸时的定时。

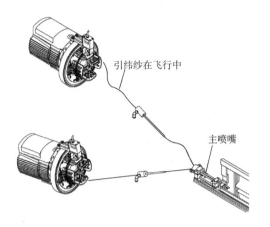

图 12-4-13　纬纱飞行角度示意图

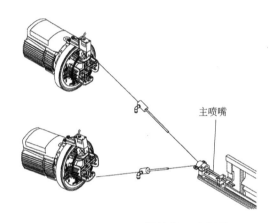

图 12-4-14　FDP 鼓筒装置示意图

4. 飞行角度的选择

（1）在从钢筘的导气槽部位至上经纱和下经纱的间距中,并在被辅喷嘴的喷射口高度所制约的最大飞行角度范围内选择适当的飞行角度。

（2）在提高织机转数或加大织物幅宽时,为避免纬纱断头的增加,必须将飞行角度加长。

5. 最大飞行角度

（1）引纬的开始。

①纬纱的前端到达左端经纱的定时。

②上经纱和下经纱都应离开钢筘的导气槽 5mm 以上,此时便是最早引纬飞行的开始。

③当上经纱和下经纱未能从导气槽部位离开 5mm 以上时,则会引起开口不良或前端故障和弯纬等纬向原因的停车。

（2）引纬的结束。

①纬纱的前端到达右端经纱的定时。

②上经纱和下经纱都应离开钢筘的导气槽 3mm 以上。另外，下经纱应距离辅喷嘴的喷射口为 1~2mm。此时，即为最迟引纬飞行的结束。

③可通过加大开口量来加长飞行的角度。

④当把飞行角度加长时，引纬的速度会变慢，可将设定压力调低。

⑤当缩短飞行角度时，引纬的速度会变快，此时必须提高设定压力。

6. 先行角度及其效果

（1）停纬销的先行角度。

①停纬销的先行角度是指停纬销相对于主喷嘴的喷射定时来说的先行动作以及将纬纱从鼓筒上进行<打开>的角度。

②在从主喷嘴喷射出空气之前，纬纱从停纬销上被释放出来，从而可以减少引纬时的波动和纬纱前端被吹断的现象。

（2）辅喷嘴的先行角度。

①辅喷嘴的先行角度是指对于被送入钢筘导气槽部位中的纬纱前端到达各个辅喷嘴组第 1 个喷嘴的角度来说的辅喷嘴的先行动作以及开始喷气的角度。

②此功能可在纬纱的前端到达辅喷嘴的定时变快时也能够使空气吹在纬纱的前端，从而防止失速的状态，并可使纬纱的前端伸直。

（二）拉伸喷嘴

拉伸喷嘴是将已引纬的纬纱在实施打纬为止的时间内，利用空气的压力将纱一直拉住，以避免纬纱缩回的喷嘴。

1. 安装方法

（1）横吹式拉伸喷嘴（图 12-4-15）。安装过程如下：

①将 2 根固定螺栓 1 放入筘架的槽内，将拉伸喷嘴 2 安装在距离纱端处理纱 5~7mm 的位置上。此时，将拉伸导块 3 切实地放入钢筘的导气槽。

②利用螺钉 4 固定拉伸喷嘴 2。此时应同时紧固左侧的固定螺栓 1 和安装探纬器电缆鞍座 6 的螺栓 5。

③使用探纬器电缆鞍座 6 固定探纬器 H1 的电缆。

④拉伸喷嘴 2 的高度以螺钉 4、角度以 12°（不能使用辅喷嘴量规）为标准。

注意：要检查确认拉伸喷嘴 2 和边撑底座之间的间隔是否在 1mm 以上（图 12-4-16）。

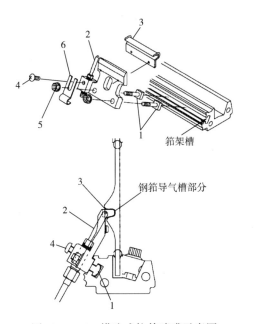

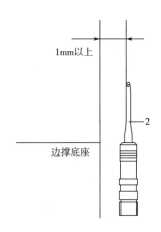

图 12-4-15 横吹式拉伸喷嘴示意图 　　　　图 12-4-16 边撑底座局部示意图

（2）钢筘分割式拉伸喷嘴（图 12-4-17）。具体安装过程如下：

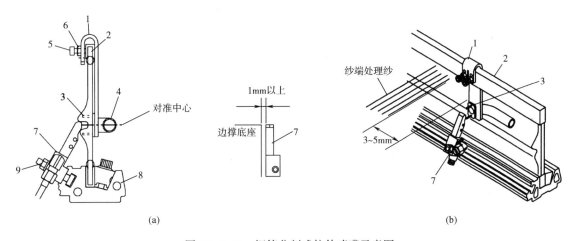

(a) 　　　　　　　　　　　　　　　　　　(b)

图 12-4-17 钢筘分割式拉伸喷嘴示意图

①将拉伸喷嘴管托架 1 从纱端处理纱错开 3~5mm，并且安装在钢筘 2 的上部筘梁的沟槽中。此时，拉伸喷嘴管托架 1 的钢筘开口销 3 应该放入筘齿和筘齿之间。

②将拉伸喷嘴管 4 的中心与钢筘导气槽的中心对齐。

③将 2 个螺栓 5 交互地进行紧固，然后用螺母 6 锁闭。

④将拉伸喷嘴 7 装入筘架 8 的沟槽里。

⑤使拉伸喷嘴 7 的喷射口(上端的 V 形沟槽)与被钢筘开口销 3 扩开的筘齿间隙部分相对。

⑥调整结束后,拧紧固定螺栓的螺母 9。

注意:要检查确认拉伸喷嘴 7 和边撑底座之间的间隔是否在 1mm 以上。

(3)吹上式拉伸喷嘴(图 12-4-18)。具体安装过程如下:

①将拉伸喷嘴 2 装入筘架 3,使其接触钢筘 1 的右端。

②使用筘夹 4 将钢筘 1 和拉伸喷嘴 2 一起进行固定。

注意:钢筘 1 请使用穿筘专用钢筘。钢筘全长 = 穿筘幅宽 + 62mm,包括左侧的主齿 20mm、座侧窗 12mm。

要检查确认拉伸喷嘴 2 和边撑底座是否发生接触。

2. 喷射定时

(1)喷射开始应该比纬纱前端到达的定时早 10°～20°。

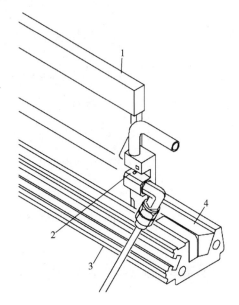

图 12-4-18　吹上式拉伸喷嘴示意图

(2)喷射结束。作为原则,最大至开口定时为止。

3. 设定压力及弃边纱长度

(1)压力。通过设置于动力一侧机架内侧下部的调节器进行设定。

(2)弃边纱长度。长度需 70～80mm。

(三)其他压力设定

1. 剪纬吹风

当纬纱在供纱一侧被剪纬器装置剪断时,为了减少由于剪断而产生的回弹,从主喷嘴中喷射空气,用以防止纬纱发生脱离。

(1)喷射定时。喷射定时是通过触摸屏进行设定。标准的设定定时为 35°～34°。

(2)设定压力。

①标准的设定压力为 0.08MPa(0.8kgf/cm²)。

②通过调压阀的调节器 C 的手柄进行调整(请参照 3. 调压阀)。

③使用频闪仪进行检查,确认剪断纬纱后在主喷嘴的后方有无纬纱松弛的现象,并根据具体情况变更压力。

2. 常时喷射

当织机正在连续运转或正在停止中时,经常是以一定的压力供应空气。

(1)使用压力。应将压力设定为能够解消如下现象的最低压力。

①主喷嘴有纬纱脱落。

②当架空式清洁器通过织机上部时,主喷嘴有纬纱脱落。

(2)设定。

①转动调节器盘的调节器J的手柄(参照3.调压阀)。

②当压力过高时,在织机停止的状态下,有时会发生主喷嘴中纬纱被吹断的现象。

3. 调压阀

各种空气压力的调节是通过设置于显示屏罩壳下面的调压阀进行的(图12-4-19),调节过程使用压力计(图12-4-20)进行气压测试。

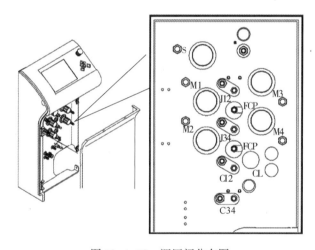

图12-4-19 调压阀分布图

图12-4-20 压力计示意图

三、打纬部分

(一)钢筘安装

钢筘的安装装置如图12-4-21所示。

1. 钢筘安装准备

(1)将筘夹1的凸缘螺栓2全部松开。

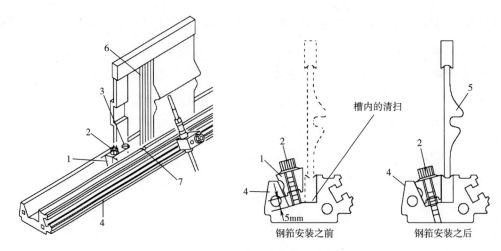

图 12-4-21　钢筘的安装装置示意图

（2）向筘夹的所有螺丝孔眼 3 中拧入凸缘螺栓 2，并使筘夹 1 能够抬起约 5mm。

（3）将筘架 4 槽内的污垢和回丝去除干净。

注意：在拆卸钢筘时，也应按照步骤（1）（2）程序进行。

2. 安装方法

（1）将钢筘 5 放入筘架 4 中。此时，应注意不要使钢筘与供纱一侧的剪纬装置 8 或主喷嘴 9 发生接触。

（2）将钢筘的装饰齿 6 对准筘架上的刻印 7。此时，应确认钢筘 5 与筘架 4 的沟槽底面是否确实贴紧。

（3）将拧入筘夹螺丝孔眼 3 的凸缘螺栓 2 拔出，并装入安装孔眼。

（4）将凸缘螺栓 2 从供纱一侧依次轻轻地临时拧紧，并将钢筘固定。

（5）使用扭矩扳手，并以 10N · m（100kgf · cm）的紧固扭矩再次从供纱一侧依次紧固凸缘螺栓 2。主喷嘴的安装用螺栓的紧固扭矩为 12N · m（120kgf · cm）。

注意：慢慢转动扭矩扳手，在听到"咔嗒"声响并且手也感觉到时，即应马上停止转动扭矩扳手。如若继续转动扳手，会使紧固的力量过大，日后有可能发生钢筘密度不匀或造成筘印。

3. 左端凸缘螺栓的安装位置

左端凸缘栓的安装位置如图 12-4-22 所示。

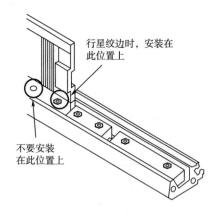

图 12-4-22　左端凸缘螺栓的安装位置示意图

4. 安装位置确认

钢筘安装位置如图 12-4-23 所示。具体要求如下：

（1）钢筘 5 应切实进入筘架 4 的沟槽底面。

（2）钢筘 5 与供纱一侧剪纬装置 8 不能发生接触。

（3）钢筘 5 与主喷嘴 9 不能发生接触。

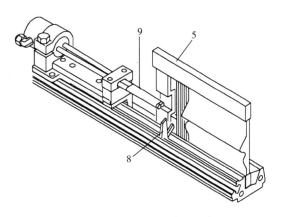

图 12-4-23　钢筘安装位置示意图

（二）钢筘拆卸

在拆卸钢筘 5 或进行安装作业时，应充分注意不要使钢筘 5 碰撞探纬器的头部 10。在进行安装或拆卸作业之前，应使用布头盖住探纬器头部 10 以便进行保护，如图 12-4-24 所示。

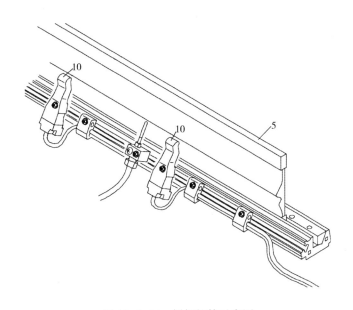

图 12-4-24　拆卸钢筘示意图

四、送经部分

（一）经纱张力

在张力辊没有施加经纱张力的状态下，显示屏上显示的张力复位为零。在每进行一次织物

下机等作业时,在没有经纱的状态下,应定期对显示屏上显示的经纱张力进行确认,并实施零点复位。经纱张力设定的程序如下:

（1）将下限值设定为 0。

（2）使织机在送经定时+90°或-90°的位置上停止。

（3）如为 F 形双辊式消极送经机构时,使织机在开口定时上停止。

（4）按下触摸屏上的送经键,再按下正转键使经纱松弛。

（5）经纱张力的零点设定。

①按触摸屏的送经菜单。

②按下调整键。

③按下经纱张力零点设定键。

④按下实行键,即可开始 0 点的调整,并在正常结束时返回原来的画面。

（6）按下触摸屏的送经键。按下倒转键使经纱张紧。

详细的张力清零的方法请阅读电气操作说明书。

（二）S 形双辊式送经装置

1. 经位置线调整

S 形双辊式送经机构如图 12-4-25 所示。决定经位置线的张力辊 1 的高度和前后位置,分别通过张力轴套支架 2 的上下位置和张力轴套 3 的前后位置进行调整。

（1）经位置线的标准设定值（图 12-4-26）。张力轴套支架 2 的上下位置通过从机架 4 上面的 H 尺寸进行调整。张力轴套 3 的前后位置通过刻印 B 上面的数字进行调整。

①张力轴套位置的标准设定。将标准设定值根据织机的不同规格进行调整,见表 12-4-13。

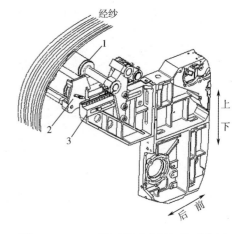

图 12-4-25　S 形双辊式送经机构示意图

表 12-4-13　张力轴套位置设定参照表

经轴边盘直径/mm	H	前后位置刻印
800	0	11
914	0	11

注　表中的数据为一般情况下的数值。

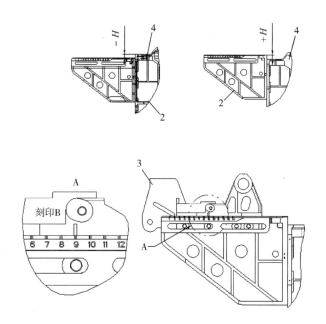

图 12-4-26　经位置线调整装置示意图

在织造平纹织物且引纬密度较高时,或在需要解消织物筘路等问题时,可将张力轴套支架的安装高度比标准尺寸略高一些,从而达到使上经纱与下经纱之间的张力差变大的目的。

②张力轴套前后位置(刻印编号)的调整范围。根据织机的不同规格,张力轴套前后位置的刻印编号调整范围见表 12-4-14。

表 12-4-14　张力轴套前后位置刻印编号调整范围表

经轴边盘直径/mm	刻印编号调整范围
800,914	3~10

如在表 12-4-14 所示的范围外使用时,会使送经杆的长度变短造成送经机构不能使用。

刻印编号数字大的一方为织口一侧。每将刻印的号码移动一个,即可使张力轴套移动 20mm。

(2)张力轴套的前后位置调整(图 12-4-27)。张力轴套前后位置的调整程序如下:

若调整前后位置,将张力轴套 1 的刻印 A 与张力轴套支架 2 的刻印 B 对齐。

①将织机的曲柄角度调整在送经定时-90°位置上,并在左右张力轴套上部的加工面上安放定位棒 5。

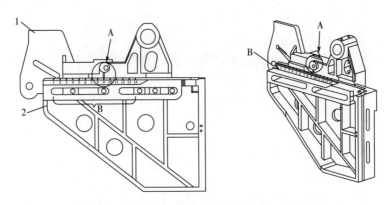

图 12-4-27　张力轴套前后位置调整装置示意图

②松开螺栓 6,并将张力辊轴部 3 放在定位棒 5 的上面(此时由于张力辊的自重可使其落到定位棒 5 的上面)。

③还应检查此时的固定状态,检查确认在移动张力轴套 3 时是否对测力传感器的导线和集中加油的管道产生妨碍。

④松开 2 根螺栓 4。

⑤将张力轴套 1 的刻印 A 与张力轴套支架 2 的刻印 B 对齐。

⑥拧紧螺栓 4。

⑦通过正转点动织机,使张力辊轴部 3 与定位棒 5 之间产生间隙,然后卸下定位棒 5。

注意:应在调整完左右的送经杆进出量后再紧固螺栓 6,如疏忽大意,会造成织机损坏;请务必在将定位棒拆下之后,再运转织机。

在拆卸定位棒时,一定要正转点动织机,在产生间隙后再进行拆卸。如果倒转点动织机,会使张力辊轴部 3 强力碰撞定位棒 5,造成零件损坏。

(3) 张力轴套支架上下位置 H 的调整范围(图 12-4-28)。

H 的上限值:78mm。

H 的下限值:不同的织机规格,H 的下限值见表 12-4-15。

注意:张力轴套的前后位置如超过在刻印部位所表示的数值,并在降低张力轴套支架的状态下使用时,会造成张力辊或导辊与经轴边盘相互干涉。

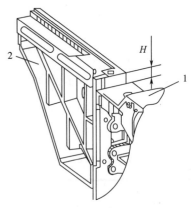

图 12-4-28　轴套上下位置调整装置示意图

1—织机本体机架　2—张力轴套支架

表 12-4-15　*H* 下限数值

织机公称筘幅/cm	张力辊直径 φ/mm	导辊直径 φ/mm	经轴边盘直径/mm	张力轴套的前后位置刻印										
				3	4	5	6	7	8	9	10	11	12	13
190~230	113	113	800	−45	−45	−45	−45	−45	−45	−45	−45			
			914	−42	−42	−42	−42	−42	−42	−32	−15			
280~360	124	136	800	−45	−45	−45	−45	−45	−45	−45	−45			
			914	−42	−42	−42	−42	−42	−32	−15	0			

2. 积极式送经装置

送经定时是指将张力辊退到最后方时的定时。送经定时的标准是调整为与开口装置的开口定时同样的定时。当开口定时存在相位差时,可调整为较早的开口定时。送经定时设定装置示意图如图 12-4-29 所示。

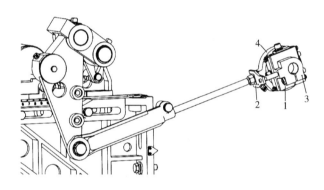

图 12-4-29　送经定时设定装置示意图

(1)送经定时的设定方法。应将供纱一侧和动力一侧调整为同样的定时。

①将织机的曲柄角度调整在需要变更的送经定时的位置上。

②松开轮毂加紧箍上的螺栓 1。

③转动件 3,使工具 2 的圆杆插入件 3 的孔内,并使工具 2 的缺口卡在件 4 的平面上,如图 12-4-30 所示。

④拧紧螺栓 1。

⑤拆下专用工具 2。

(2)送经量的设定。送经量取决于送经杆安装于送经摇臂上的位置。

偏心轮毂的偏心量为 4.5mm 时的送经量见表 12-4-16。

表 12-4-16　送经量设定数值　　　　　　　　　　　　　　单位:mm

安装位置	上	中	下
送经量	6.8	4.5	3.4

(3)送经量的设定方法(图 12-4-30)。

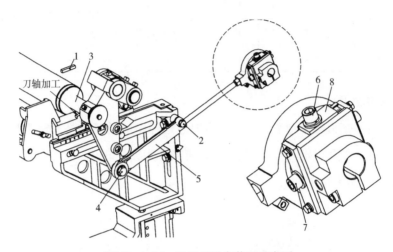

图 12-4-30　送经量设定装置示意图

①将经纱完全放松,并将织机的曲柄角度调整在送经定时的位置上。

②松开螺栓 6。

③旋转螺栓 7,调整件 8 的位置,使其棱边压在想要调整的刻度线上。

④将螺栓 6 拧紧。

⑤将织机的曲柄角度调整在送经定时的-90°位置上。

⑥将工具 1 放在张力轴套加工面上。

⑦松开螺栓 2,张力轴 3 由于重力作用会压在工具 1 上。

⑧拧紧螺栓 2。

⑨正点织机,使张力轴 3 与工具 1 离开一定间隙,取出工具 1。

注意:务必在将定位棒 1 拆下之后再运转织机;在拆卸定位棒 1 时,一定要正转点动织机,在形成间隙后再进行拆卸。如果倒转点动织机,会使张力辊轴部 3 强力碰撞定位棒,造成织机破损。

五、卷取部分

(一)穿布方法

应按照如图 12-4-31 所示方法进行穿布作业。在上机织造新的织物时,用上机布与经纱打结,每个结头尽可能小,避免硌坏摩擦辊与压力辊的糙面橡胶。同时还应注意在织机开始运转时,各个辊不要发生结头缠绕的现象。

(二)压布辊与卷布辊的间隙调整

在图 12-4-32 装置上调整压布辊与卷布辊的间隙,具体过程如下:松开悬臂挡块 4 上的止动螺钉 3 并转动悬臂挡块 4 进行调整,使压力辊托架 1 与卷布辊 2 之间的间隙为 3mm。

此时,在供纱一侧和动力一侧应为同样的尺寸。

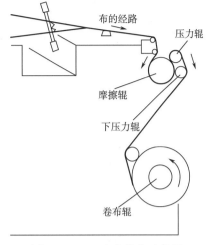

图 12-4-31　穿布作业示意图

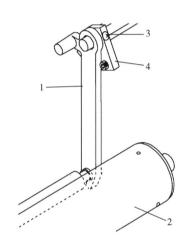
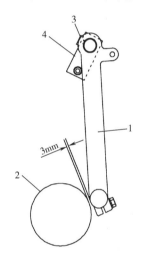

图 12-4-32　压布辊与卷布辊间隙调整装置示意图

(三)卷布辊的调整

卷布制动力调整装置如图 12-4-33 所示。

1. 卷布辊拆卸方法

(1)将夹紧把手 5 向上抬起,即可打开夹紧轴衬 6。

(2)将卷布辊 2 向外拉出即可。

2. 卷布辊安装方法

(1)将夹紧把手 5 向上抬起,即可打开夹紧轴衬 6。

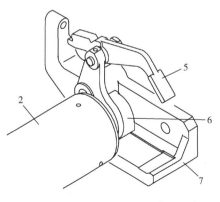

图 12-4-33　卷布制动力调整装置示意图

（2）将卷布辊2安装在卷布辊轴衬7上。

（3）一边将夹紧把手5向自己的方向拉，一边向下压。

（四）卷布制动力的调整

当织物张力低时，可将尺寸L调低，相反，当织物张力过高时，可加大尺寸L（图12-4-34）。尺寸L的设定标准见表12-4-17。

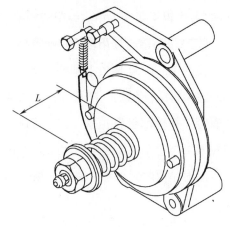

表12-4-17　尺寸L设定值

纤维种类	尺寸L/mm
长丝规格（带卷布检测器装置）	52
短纤规格（带卷布检测器装置）	52

图12-4-34　尺寸L示意图

第三节　其他机构及其调节

一、测长和储纬部分

（一）机构的基本功能

1. 储纬量控制

（1）预卷。储纬电动机不能在瞬间就转动起来，因此在织机启动前要预先在储纬鼓上绕一部分纱线，以防止启动时储纬量不足。

（2）在织机运转、点动、引纬时，补充与释放同样多的纬纱，使储纬鼓上总有一定量的纱线。

2. 测长控制

（1）利用挡纱销的解舒和挡纱动作进行每一纬的测长。

（2）控制定时角度的种类。织机启动后的第一纬及其后的正常运转。

（二）储纬器

纬纱在储纬器的测长板上缠绕一定的圈数，在挡纱销打开后，释放投纬，当挡纱销解舒纬纱时，辅助主喷嘴和主喷嘴通过喷射空气将纬纱加速引入钢筘的筘槽中，引入的纬纱将被辅助喷嘴射出的压缩空气吹过织物幅宽，到达指定位置，引纬一般有单色、双色、4色及6色储纬器变换。

1. 单色储纬器的安装

（1）左右。调节储纬器部件的左右位置,使挡纱销至辅助主喷嘴（导纱器）的距离为 250mm。

（2）前后。将织机的曲柄角度置于 90°调节储纬器的前后位置,使其中心线在俯视时与辅助主喷嘴（导纱器）和主喷嘴的中心呈一直线。

（3）上下。以水平位置安装储纬器,利用橡胶垫调整喂纱架座的高低位置,使储纬器的中心线、辅助主喷嘴的中心线（导纱器）及主喷嘴呈一直线。

注意：储纬器的最佳位置是即使以低的辅助主喷嘴压力（主喷压力）仍然可稳定引纬。

2. 双色储纬器的安装（图 12-4-35）

（1）左右。调节储纬器的位置,使挡纱销到辅助主喷嘴（导纱器）的距离为 250mm。

（2）前后。将织机的曲柄角度置于 90°,调整储纬器的前后位置使其中心线在俯视时与辅助主喷嘴（导纱器）及主喷嘴的中心成一直线。

（3）上下。利用橡胶垫调整喂纱架座的高低位置,使两储纬器的中心线与辅助主喷嘴（导纱器）的水平中心线对齐,从地面到两储纬器的中心的距离约 942mm。

（4）角度调节。对于配置辅助主喷嘴的织机,倾斜储纬器使其中心线通过辅助主喷嘴（导纱器）的入口中心,两储纬器分别向下、向上倾斜约 20°,调节储纬器之间的间隔为 3～10mm。

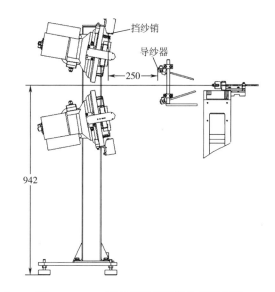

图 12-4-35　双色储纬器安装位置示意图

3. 4 色储纬器的安装（图 12-4-36）

（1）左右。从导纱器片 1 到鼓 2 的标准尺寸应为 250mm。以箭头 C 的方向活动架座 3 进行调整。

（2）前后。为使供纱侧本体框架到导纱器片 1 的中心的标准尺寸为 175mm,以箭头 E 的方向进行调整。

另外,为使各喂纱架的中心和导纱器的各眼圈对正,以箭头 F 方向进行调整。

（3）上下。以箭头 A 和 B 的方向调整各喂纱架的中心,使其和导纱器片 1 的各眼圈对正,将安装螺栓4及5拧紧固定。

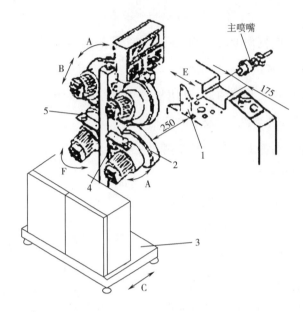

图 12-4-36　4色储纬器安装示意图

4. 筒子架的安装

(1)安装方法。筒子架如图 12-4-37 所示,具体安装方法如下:

①将顶套 1 对准撑套 2 上端面的 A 进行安装。

②将张力器支架 3 对准弯管 4 下端面进行安装。

③将挑杆 5 的高度调到比导纱底盘 6 的综眼 9 低(约 100mm)的位置,然后固定挑杆结合块 7。

④将纬纱筒子 8 对正导纱底盘 6 的中心。另外,使纬纱筒子 8 和导纱底盘 6 之间的间隔达到 250~300mm,需要调整弯管 4、挑杆 5 及调整支架的安装位置。

⑤当发生纬缩时,请确认纬纱筒子之间的间隔及纬纱之间是否相互接触。

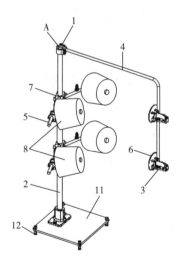

图 12-4-37　筒子架装置示意图

⑥当供纱架与地面之间产生松懈现象时,用安装在底座 11 上的调整螺栓 12 进行调整。

(2)板簧张力器的调整。张力器调整装置如图 12-4-38 所示,该调整是将纬纱穿过两片板簧 15 之间,通过纬纱和板簧 15 之间的摩擦阻力,调整纬纱张力。

①当织机停止时,旋转调整螺母14,调整板簧15的开闭。

②根据纬纱的种类不同,开闭的调整也有所不同。应在充分掌握引纬条件之后再进行调整。

③如果板簧张力器13过强时,测长量将缩短,在储纬器的鼓筒上纬纱会断头。

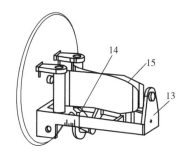

图 12-4-38　张力器调整装置示意图

(三)测长量及鼓筒的调节

1. 测长量 L(mm)

$$L = 穿筘幅宽 + 弃边纱长度$$

2. 鼓筒的调节

$$D = \frac{L}{3.1T}$$

式中:D——鼓筒直径,mm;

$\quad$ T——每纬的卷绕数。

鼓筒装置如图 12-4-39 所示。

(1)鼓筒的定位。

①松开螺钉 5 抬高电磁针盒,再拧紧螺钉 5。

②松开螺钉 2 和 3。

③转动螺栓 4 调节绕纱架 1 的直径,使件 1 的端部 A 与计算所得的参考直径刻度 B 对齐。

④拧紧螺钉 2 和 3。

(2)微调整。

①在运转中使用频闪观测仪检查确认引纬是否稳定,这时,应确认弃边纱的长度是否充分。

②弃边纱的长度如不充分,应该进行微调整。

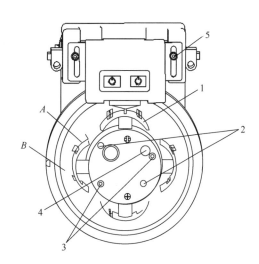

图 12-4-39　鼓筒装置示意图

二、布边部分

(一)行星装置

1. 纱线卷绕

使用专用的络筒装置,将纱线卷绕在纱筒上。有关详细说明请参照络筒装置的使用说明书。

(1)卷绕方向。从筒子的齿轮一侧看,按所标箭头方向(图 12-4-40)卷绕纱线。

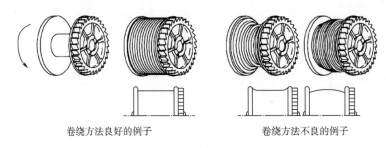

卷绕方法良好的例子　　　　　　　卷绕方法不良的例子

图 12-4-40　卷绕方向示意图

(2)卷绕形状。

①应将纱线均匀卷绕在纱筒上。

②不良卷绕形状。如果出现偏向于一侧或坏边(两侧凹陷的现象)、凸边(两侧高出的现象)时,则会造成从筒子上牵引纱线时增大阻力,从而导致纱线断头或纱线松弛,造成在织造中出现塌边现象。

(3)卷绕张力。1dtex 纱线的卷绕张力应为 0.14~0.18cN(0.14~0.18gf)。

①如张紧程度过弱,会使行星纱松弛,并会启动行星装置的无触点开关,导致发生空停。

②如张紧程度过强,则会使筒子两侧的边缘破裂,或使压入筒子里的轴瓦内径变小,从而导致筒子转动不良。

2. 纱线张力设定

纱线张力设定装置如图 12-4-41 所示。

(1)松开安装在筒子架 1 上的弹簧钩 2 上的螺母 3。

(2)将弹簧钩 2 沿着长圆孔移动。

(3)紧固螺母 3。

(4)纱的张力与绞纱状态。

①供纱一侧。供纱一侧的行星纱必须能够切实地捕捉住纬纱,利用增大张力的方法,可减

轻塌边和布边松弛。

②动力一侧。利用减小张力的方法，可减轻塌边和布边松弛现象。如行星纱的张力大于纬纱张力，则会发生塌边或布边松弛。

（5）为了能够织出更加良好的布边组织，应认真做好以下事项。

①对供纱一侧及动力一侧的行星纱的张力进行正确设定。

②穿筘有两种方法。一种是将地组织纱和行星纱分开，分别穿入不同的筘齿，另一种是将它们穿入同一筘齿。

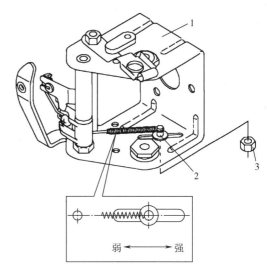

图 12-4-41　纱线张力设定装置示意图

3. 行星装置定时设定

三种行星装置如图 12-4-42 所示。

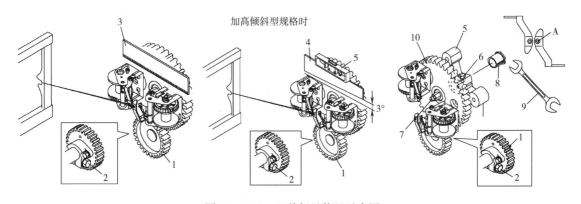

图 12-4-42　三种行星装置示意图

当筒子架的孔眼处于一致状态时，设定织机的曲柄角度。

（1）设定。

①将主开关调为 ON，使织机在设定的定时上停止，并锁闭停止按钮。

标准定时：供纱一侧为 290°，动力一侧为 0。

②松开滑动齿轮 1 的切槽螺栓 2。

③转动滑动齿轮 1。

④在 2 个综眼 A 处于最接近并对准中心的位置上，紧固滑动齿轮 1 的切槽螺栓 2。

a. 在 2 只筒子架的上面安放直尺 3,确认筒子架的上面是否处于一致的状态。

b. 如为加高倾斜型规格时,在 2 个筒子架上安放行星装置用隔距片 4。在隔距片 4 上安放水平仪 5,检查确认是否达到水平状态。

c. 如没有达到目标,请按照以下步骤(2)的方法进行调整。

(2)调整。

①松开滑动齿轮 1 的切槽螺栓 2 和布边齿轮架 5 的切槽螺栓 6。

②在 2 个综眼 A 处最接近并对齐中心的位置上,在筒子架的上面安放行星纱用量规 3。

③转动行星轴 7,使 2 只筒子架上面相互之间保持一致。

注意:此时,使用扳手 9 夹住偏心轴环 8,以便防止偏心轴环 8 转动。在调整滑动齿轮 1 和布边齿轮 10 之间的齿隙时,需要转动偏心轴环 8。在通常情况下没有必要进行调整。如果由于操作失误而使其转动时,请将滑动齿轮 1 和布边齿轮 10 之间的齿隙重新调整为 0.05 ～ 0.15mm。

④紧固布边齿轮架 5 的切槽螺栓 6。紧固滑动齿轮 1 的切槽螺栓 2。

4. 动力一侧行星装置的移动

动力一侧行星装置如图 12-4-43 所示,具体移动步骤如下:

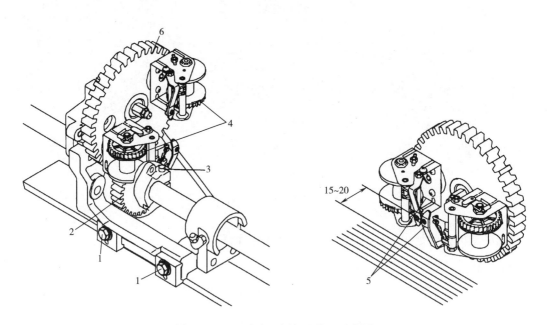

图 12-4-43　动力一侧行星装置示意图

(1)在动力一侧行星装置定时为 0 的位置上停止织机,并锁闭停止按钮。

(2)松开定位用螺栓 1 和滑动齿轮 2 的切槽螺栓 3。

（3）将经纱最边缘的纱线与筒子架 4 的综眼 5 之间的间隔调整为 15~20mm。

（4）紧固定位用螺栓 1。

①如间隔过宽，在行星纱互相交叉时会接触到罩盖，造成行星纱断头。另外还会使筘齿发生磨损。

②如间隔过窄，会使经纱最边缘部分的纱线与罩盖发生接触，也会造成经纱断头。

（5）使布边齿轮 6 与滑动齿轮 2 相互啮合。

（6）调整行星装置定时，并紧固滑动齿轮 2 的切槽螺栓 3。

注意：请检查确认集中加油的管道、行星装置的无触点开关电线的固定状态是否良好。

5. 行星装置无触点开关的调整

行星装置无触点开关调整装置如图 12-4-44 所示。具体过程如下：

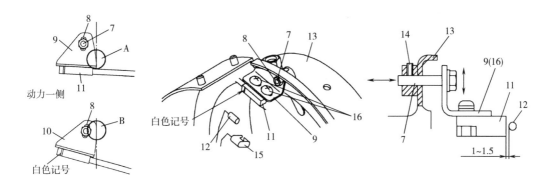

图 12-4-44　行星装置无触点开关调整装置示意图

（1）松开纱罗布边检测器架销 7 的螺母 8。

（2）使供纱一侧纱罗布边检测器架 9 的 A 部和动力一侧纱罗布边检测器架 10 的 B 部呈大致垂直的状态，并临时紧固纱罗布边检测器架销 7 的螺母 8。

（3）松开固定无触点开关 11 的小螺钉 16，经过调整后使无触点开关的白色记号与磁铁 12 的中心对齐，然后进行组装。

（4）上下移动纱罗检测器架 9，使磁铁 12 的中心与无触点开关 11 的厚度方向的中心从侧面看时能够对齐。

（5）紧固纱罗布边检测器架销 7 的螺母 8。

（6）松开布边齿轮罩盖 13 的固定螺钉 14。

（7）移动布边检测器架销 7，使磁铁 12 与无触点开关 11 的间隔达到 1~1.5mm，并紧固固定螺钉 14。如间隔及中心没有对齐，会造成在行星纱发生断头时无触点开关 11 不工作的现象,也不能使织机停止。

(8)转动织机1圈,并确认另外一侧的筒子架上(4)~(8)的位置关系。

6. 行星装置拆卸注意事项

行星装置示意图如图12-4-45所示。

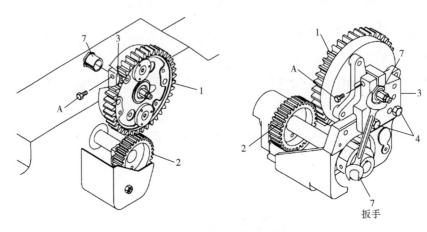

图12-4-45　行星装置示意图

(1)供纱一侧行星装置的拆卸方法。松开布边齿轮托架上的切槽螺栓A,并将行星装置从布边齿轮托架上抽出来。

(2)动力一侧行星装置的拆卸方法。松开布边齿轮托架上的安装螺栓4,并拆下行星装置。在拆卸行星装置时,应注意以下事项:

①为防止集中加油的管道及行星装置无触点开关的电线发生损坏,应事先拆下各自的接插件。

②在进行重新组装时,应使织机在行星装置定时上停止,然后在行星装置的筒子架孔眼对齐的状态下进行组装,这样可以更方便地实施定时调整作业。

7. 齿隙调整

在行星装置定时处于对准的状态下,按照以下步骤进行调整。

(1)在行星装置定时上停止织机,并锁闭停止按钮。

(2)松开布边齿轮托架3上的切槽锁紧螺栓A。

(3)利用转动偏心轴环7进行调整,使布边齿轮1与滑动齿轮2的齿隙达到0.05~0.15mm。

(4)拧紧切槽锁紧螺栓A。

(二)纱端处理装置

1. 纱端处理的目的

(1)纬纱的长度是以供纱一侧为基准的,所以在测长量上的偏差和纬纱的伸缩偏差,都会在动力一侧表现出来。

将这些多余出来的纬纱用纱端处理纱缠络后,由剪刀装置剪断并使其与织物分离并排出机外。

(2)通过纱端处理纱的缠络给纬纱施加张力,从而使布边部分以及布边附近的织物组织更加完善,并可防止发生布边松弛现象。

2. 纱端处理纱的开口

纱端处理纱是通过弹簧张力器和板簧张力器施加适当的张力,同时通过综框进行开口运动。

3. 纱端处理纱和弃边纱的处理

如图 12-4-46 所示,已通过边撑的纱端处理纱与被剪刀装置剪断的纬纱头一起被分离出织物外,经过导辊 1,并通过卷取辊 2 被排出设置于机外的弃边纱筒 3 里。

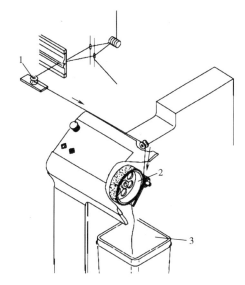

图 12-4-46 纱端处理装置示意图

三、边撑和剪纬器装置

(一)上置式边撑

1. 概要

(1)织口倾斜型上置式边撑(图 12-4-47)采取将织物从上向下压住的方式,因此在进行边撑的安装和拆卸时,作业比较容易。

(2)边撑滚筒 1、2 可对环的倾斜度和高度进行调整,因此可以很容易地调整边撑的拉力强弱。另外,通过调整边撑滚筒 1、2 的高度,还可以有效防止织物的偏斜运行。

(3)即使变更边撑种类,由于边撑的安装托架类零部件可以通用,因此可以很方便地更换边撑。

(4)边撑底座 3、4 及导杆 5 的前端是插入钢筘筘槽内的,因此对稳定织口是有效的。

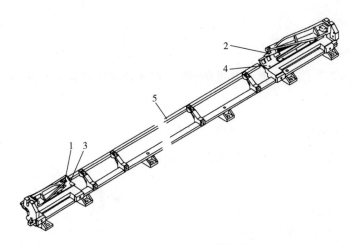

图 12-4-47　上置式边撑示意图

2. 限制事项

辅助喷嘴之间的间距为 65mm 或者 80mm,并且是固定的。

在左右的边撑底座 3、4 上面开有孔眼,其目的是为防止安装于钢筘筘座上的辅助喷嘴和探纬器头部相互干涉。应确认在此部分是否安装有辅助喷嘴和探纬器头。

3. 边撑底座的安装(图 12-4-48)

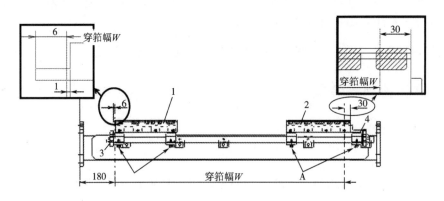

图 12-4-48　边撑底座示意图

(1)左右方向的调整。

①松开边撑托架 3、4 的安装螺栓 A。

②将边撑托架向左右方向移动,调整左右边撑底座 1、2 的位置,使其符合图中所示的尺寸要求。

③拧紧安装螺栓 A。

注意:在边撑底座 1、2 上开有的孔眼部分,其目的是为了回避安装于钢筘筘座上的辅助喷嘴和探纬器头部与边撑底座相互干涉。应确认在此部分上是否安装有辅助喷嘴和探纬器头。

（2）前后方向及高度的调整（图12-4-49）。

①在曲柄角度为0的位置上停止织机，并锁闭停止按钮。此时，请检查确认辅助喷嘴、探纬器H1等与边撑底座1和2是否相互干涉。

②将量规8放在钢箱箱座10上。

③轻轻松开固定滑动杆托座5的螺栓B，应注意不要使边撑底座的前端与量规8发生接触，同时调整前端、后端的高低位置。

高度可通过在滑动杆托座5与前撑条6之间加入垫片7进行调整。请使用2mm、1mm、0.5mm、0.3mm的垫片进行调整。垫片的总计厚度以2.0mm为标准值。

④拧紧螺栓3。

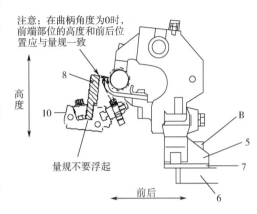

图12-4-49 前后及高度调整装置示意图

（二）剪纬器装置

剪纬装置如图12-4-50所示。供纱一侧剪纬器装置的调整如下。

（1）左右安装位置。

①将主开关设定为ON，然后在曲柄角度为0的位置上停止织机并锁闭停止按钮。

②松开螺栓1。

③将剪纬器托架4向左右方向进行调整，并使活动刀刃2与钢箱装饰齿3的间隙为1mm。

④紧固螺栓1。

（2）前后安装位置。

①将主开关设定为ON，然后在曲柄角度为0的位置上，使织机停止，并且将停止按钮锁闭。

②松开螺栓1。

③将剪纬器托架4向前后方向进行调整，并使剪纬器的固定刀刃6的前面与钢箱后面之间

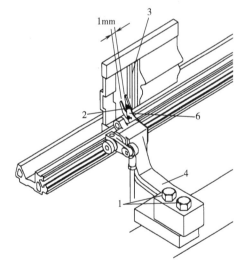

图12-4-50 剪纬装置示意图

的间隙为 2~4mm。

④紧固螺栓 1。

(3)定时设定(图 12-4-51)。

①将主开关设定为 ON,然后在曲柄角度为 35°的位置上停止织机,并锁闭停止按钮。

②松开剪纬器凸轮 8 的固定螺钉 9(2 处)。

③将剪纬器凸轮 8 向箭头方向转动,并使活动刀刃 2 与固定刀刃 6 的重叠量为最大。

④紧固剪纬器凸轮 8 的固定螺钉 9。

⑤松开剪纬器杠杆 5 的固定螺栓 7,并移动活动刀刃 2,使活动刀刃 2 与固定刀刃 6 的刀尖保持一致(重叠量为 0)。

⑥紧固固定螺栓 7。

⑦正转点动织机。检查确认活动刀刃 2 的闭合定时是否被设定在 35°上,检查确认此时的活动刀刃 2 与固定刀刃 6 的刀尖是否一致。

⑧在运转时使用频闪仪确认曲柄角度为 20°±2°时,纬纱是否被剪断。如不在 20°±2°时,则应通过转动剪纬器凸轮 8 进行微调。

(4)刀刃咬合方法(图 12-4-52)。不要通过折弯或扩开与固定刀刃连接在一起的板簧的方法来进行刀刃咬合的调整。否则会造成剪纬不良。

①松开定距环 1 的固定螺钉 2。

②在活动刀刃 3 与固定刀刃 4 的刀尖处于一致的状态下将活动刀刃一点点向里压进。压进时的间隔尺寸如下所示:$A = 0.02 \sim 0.04$mm;$B = 0.01 \sim 0.02$mm。

③间隔的调整要领。

a. 刀尖不能留有间隔。

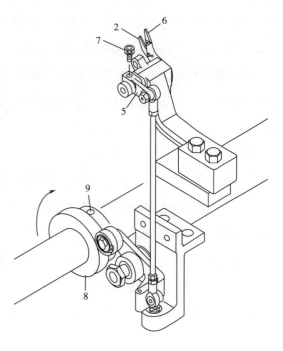

图 12-4-51　定时设定装置

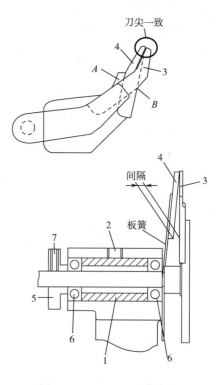

图 12-4-52　刀刃咬合方法

b. 刀刃的咬合如果过深(间隔过大),会损伤刀刃。

c. 刀刃的咬合如果过浅(压入过量),会导致不能利落地剪断纱线。

④紧固定距环 1 的固定螺钉 2。

注意:因为固定轴环 5 起着在 2 个滚珠轴承 6 上夹住定距环 1 的作用,因此在调整刀刃的咬合时,不要松开固定螺钉 7。

参考文献

[1]朱苏康,高卫东. 机织学[M]. 北京:中国纺织出版社,2004.

[2]朱苏康,陈元甫. 织造学:上册[M]. 北京:中国纺织出版社,1996.

[3]高卫东. 现代织造工艺与设备[M]. 北京:中国纺织出版社,1998.

[4]中国纺织总会经贸部. 无梭织机运转操作工作法[M]. 北京:中国纺织出版社,1996.

[5]上海市棉纺织工业公司,《棉织手册》编写组. 棉织手册[M]. 2 版. 北京:纺织工业出版社,1991.

[6]江南大学,无锡市纺织工程学会,《棉织手册》(第三版)编委会. 棉织手册[M]. 3 版. 北京:中国纺织出版社, 2006.

[7]JAT710 型喷气织机使用手册.

[8]ZAX9100 型喷气织机使用手册.

[9]SOMET MYTHOS 喷气织机使用手册.

[10]Picanal OMNI 型喷气织机使用手册.

[11]日发喷气织机使用手册.

第十三篇　剑杆织造

第一章　舒美特剑杆织机

第一节　舒美特主要型号剑杆织机

意大利舒美特(Somet)公司是生产剑杆织机的著名公司,近年来推出各型号剑杆织机的技术特征见表 13-1-1。

表 13-1-1　舒美特剑杆织机技术特征

机型		SM92,SM93	THEMA-11	THEMA-11E	THEMA-11E-Excel	THEMA-Super-Excel	ALPHA
公称筘幅/cm		165,190,210, 220,230,260, 280,300,310, 320,340,360, 380,400,420, 460	165,190,210, 220,230,260, 280,300,320, 340,360,380, 400	165,190,210, 220,230,260, 280,300,320, 340,360,380, 400,420	165,190,210, 220,230,260, 280,300,320, 340,360,380, 400,420,460	165,190,210, 220,230,260, 320,340,360, 380	170,190,210, 230,260,280, 300,320,340, 360,380,400, 420,460
适应纱线范围	短纤纱/tex	5~583	5~470	5~583	5~583	5~583	5~583
	长丝/dtex	10~4450	17~4450	17~4450	17~4450	17~4450	17~4000
最高转速/(r/min)	公称筘幅为190cm时	500	500	550	600	620	650
最高入纬率/(m/min)		1100	1300(公称筘幅为360cm时)	1300	1400	1500	1520(公称筘幅为380cm时)

续表

机型	SM92,SM93	THEMA-11	THEMA-11E	THEMA-11E-Excel	THEMA-Super-Excel	ALPHA
开口装置	机械多臂,机械提花	电子多臂,电子提花	电子多臂,电子提花	电子多臂,电子提花	电子多臂,电子提花	电子多臂,电子提花
打纬装置	分离筘座,凸轮打纬	分离筘座,凸轮打纬	分离筘座,凸轮打纬	分离筘座,凸轮打纬	分离筘座,凸轮打纬	分离筘座,凸轮打纬
引纬装置	双侧共轭凸轮,通过连杆摆动扇形齿轮,经锥形齿轮,带动传剑轮引纬,挠性剑杆,有单侧导剑钩,剑头为碳纤维材料加金属嵌件	双侧共轭凸轮,通过连杆摆动齿轮,经锥形齿轮,带动传剑轮引纬,挠性剑杆,有单侧导剑钩,剑头为轻质合金材料	双侧共轭凸轮,通过连杆摆动齿轮,经锥形齿轮,带动传剑轮引纬,挠性剑杆,有单侧导剑钩,剑头为轻质合金材料	双侧共轭凸轮,通过连杆摆动齿轮,经锥形齿轮,带动传剑轮引纬,挠性剑杆,可选择GFG导剑钩,剑头为轻质合金材料	双侧共轭凸轮,通过连杆摆动齿轮,经锥形齿轮,带动传剑轮引纬,挠性剑杆,采用MFG单侧导剑钩,剑头为轻质合金材料	双侧共轭凸轮,通过连杆摆动齿轮,经锥形齿轮,带动传剑轮引纬(此系统更为紧凑),挠性剑杆,可选择GFG或MFG,单侧导剑钩,多用途剑头为轻质材料
送经装置	PIV无级变速及亨特(Hunt)送经装置	PIV无级变速及亨特送经装置,可选电子送经装置	EWC电子送经	EWC电子送经	EWC电子送经	EWC电子送经
卷取装置	PIV无级变速卷取装置	PIV无级变速卷取装置	无级变速卷取装置	ETD电子卷取	ETD电子卷取	ETD电子卷取
选色装置	8色机械,电子红外选纬	8色电子选纬	8色电子选纬	8色电子选纬	8色,12色电子选纬	4色,8色,12色电子选纬
储纬装置	意大利ROJ公司AT1200	意大利LGL公司SIRIO RO-BOT	意大利LGL公司SIRIO RO-BOT	意大利LGL公司SIRIO RO-BOT	意大利LGL公司PROGRESS	意大利ROJ公司Chrono X2型
布边装置	纱罗绞边,可配折入边装置	纱罗绞边,独立假边装置	纱罗绞边,独立假边装置	纱罗绞边,独立假边装置	纱罗绞边,独立假边装置	电子纱罗绞边,独立假边装置

续表

机型	SM92,SM93	THEMA-11	THEMA-11E	THEMA-11E-Excel	THEMA-Super-Excel	ALPHA
润滑系统	集中润滑系统	集中润滑系统	集中润滑系统	集中润滑系统	集中润滑系统	集中润滑系统
经停装置	6～8列电控式	6～8列电控式	6～8列电控式	6～8列电控式	6～8列电控式	6～8列电控式
纬停装置	压电陶瓷控制装置	Eltex-Anti-2型压电陶瓷控制装置	Eltex-Anti-2型压电陶瓷控制装置	Eltex-Anti-2型压电陶瓷控制装置,并具防双纬功能	12孔Eltex-Anti-2型压电陶瓷控制装置,并具防双纬功能	12孔Eltex-Anti-2型压电陶瓷控制装置
纬密/(根/10cm)	30～780	30～780	30～780(可扩展至30～1600)	13～2000	13～2000	50～1600
经轴直径/mm	800,1000,1200	800,1000,1200	800,1000,1200	800,1000,1200	800,1000,1200	800,1000,1100
卷布直径/mm	550	550	550	550,600	550,600	550
监控系统	微处理机监控系统,检测和控制织机所有功能	SOCOS微型计算机监控系统监控所有功能,自我诊断,工艺参数设定,数据统计处理,并可与中央计算机系统双向通信	SOCOS微型计算机监控系统监控所有功能,自我诊断,工艺参数设定,配有8行40字符的显示屏,Qwerty式功能键盘,用SDTS功能记忆卡编程,编码器采集和处理所需数据,并可与中央计算机系统双向通信	EASY SOCOS计算机系统及SDTS数据传输系统可监控所有功能,自我诊断,工艺参数设定,配有8行40字符的显示屏,Qwerty式功能键盘,用MOPS记忆卡功能记忆卡编程,编码器采集和处理所需数据,并可与中央计算机系统双向通信	用EASY SOCOS计算机系统及SDTS数据传输系统可监控所有功能,自我诊断,工艺参数设定,配有8行40符的显示屏,Qwerty式功能键盘用MOPS记忆卡功能记忆卡编程,编码器采集和处理所需数据,并可与中央计算机系统双向通信	采用CAN-BUS总线连接技术,微处理机监控系统,检测和控制织机所有功能;电控箱配有终端图形显示屏,功能键盘,可用储存卡编程,可双向通信

续表

机型	SM92,SM93	THEMA-11	THEMA-11E	THEMA-11E-Excel	THEMA-Super-Excel	ALPHA
其他装置	自动找纬,对织口功能装置 SM93有密纬设置	自动找纬,对织口功能装置 密纬设置 PTD新型可编程纬纱张力控制系统 ASC自动选纬变换系统	PTD可编程纬纱张力控制系统 SQSC快速品种更换装置 电子密纬装置	EFTU均匀纬纱张力控制装置及ETR同种纬纱自动替代装置 可配FEL快速经停识别装置SQSC快品种更换装置	EFTU均匀纬纱张力控制装置及ETR同种纬纱自动替代装置 可配FEL快速经停识别装置 独立废边和绞边辅助经停装置 SQSC快速品种更换装置 SKM结经系统左侧有减少纬纱浪费的废边剪刀装置	EFTU均匀纬纱张力控制装置 CAN-BUS数据传送 油自冷却系统 SQSC快速品种更换装置 电子绞边用线性电动机驱动 HI-DRIVE数控电动机主驱动
外形尺寸 (宽×深)/cm	(417~724)×182	(443~669)×177	(443~710)×177	(445~752)×177	(445~672)×177	(445~747)×176.4

第二节　天马超优秀型剑杆织机

一、主要技术特征

天马超优秀(THEMA-SUPER EXCEL)型剑杆织机的主要技术特征见表13-1-2。

表13-1-2　天马超优秀型剑杆织机的主要技术特征

项目	技术特征													
公称筘幅/cm	165	190	210	220	230	260	280	300	320	340	360	380	400	420	460
最大穿筘宽/cm	160	185	205	215	225	255	275	295	315	335	355	375	395	415	455
适应纱线的线密度/tex	5~583														
纬密范围/(根/10cm)	13~2000														

项目		技术特征				
引纬	形式	挠性剑杆、消极式剑头				
	纬纱选色	1~12 色				
	入纬率/(m/min)	1500				
适用品种		各种天然、合成和再生纤维				
开口	形式	踏盘式（BRS12）	积极式多臂，电子读取系统	积极式多臂，电子读取系统	电子提花机	机械提花机
	最大可控综框页数	12	12	20	—	—
经轴类型		单经轴	双经轴	差动式经轴	上置经轴	
织边	形式	雷诺绞边		钩边装置		
	组织	纱罗组织		视织物而定		
边撑		铜环式				
打纬形式		共轭凸轮传动,分离筘座,固定钢筘				
经停		六列电气式				
纬停		8 孔 Eltex-Anti-2 型压电陶瓷控制装置				
织机电气负荷/kW	主电动机	8.5（额定功率7.5）				
	主变压器	1				
	电子卷取、送经	1.4				
	吸尘电动机	0.4				
	外接设备	1.2				

二、机器总体尺寸

（一）配有 500mm 和 800mm 织轴的机型

配有 500mm 和 800mm 织轴的天马超优秀型剑杆织机总体尺寸如图 13-1-1 所示,代号对应的尺寸见表 13-1-3。

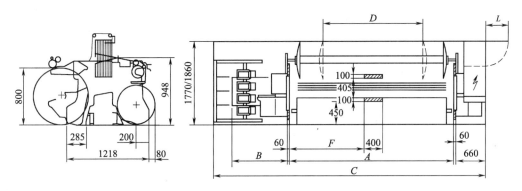

图 13-1-1　配有 500mm 和 800mm 织轴天马超优秀型剑杆织机总体尺寸图

表 13-1-3　所有类型织机代号对应的尺寸　　　　　　　　　单位:mm

H	A	B	C	D	E	F	L
1650	2080		4450	790	1670		
1900	2330		4700	1040	1920		
2100	2530		4900	1240	2120		
2200	2630		5000	1340	2220		
2300	2730		5100	1440	2320		
2600	3150		5520	1740	2700		
2800	3350	BRS12＝1050 多臂机＝1200 提花机＝625	5720	1940	2900		510 电气柜外形尺寸
3000	3550		5920	2140	3100	1575	
3200	3750		6120	2340	3300	1675	
3400	3950		6320	2524	3500	1775	
3600	4150		6520	2724	3700	1875	
3800	4350		6720	2940	3900	1975	
4000	4550		6920	3140	4100	2075	
4200	4750		7120	3340	4300	2175	
4600	5150		7520	3740	4700	2375	

注　H 表示公称筘幅,C 值仅供参考,它随储纬器的类型、数量及纱筒的大小而变化。

(二)配有1000mm织轴的机型

配有 1000mm 织轴的天马超优秀型剑杆织机总体尺寸如图 13-1-2 所示,代号对应的尺寸见表 13-1-3。

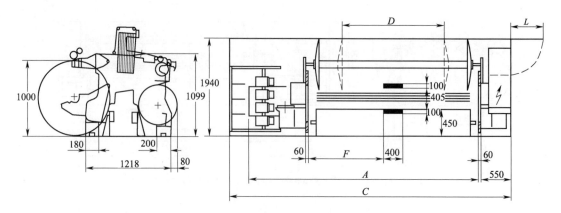

图 13-1-2　配有 1000mm 织轴天马超优秀型剑杆织机总体尺寸图

(三)配有踏板的 **1000mm** 织轴的机型

配有踏板的 1000mm 织轴的天马超优秀型剑杆织机如图 13-1-3 所示,代号对应的尺寸见表 13-1-3。

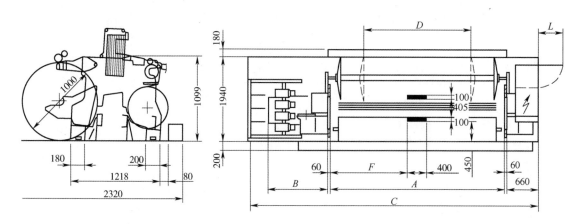

图 13-1-3　配有踏板的 1000mm 织轴的天马超优秀型剑杆织机总体尺寸图

(四)配有 **1200mm** 织轴的机型

配有 1200mm 织轴的天马超优秀型剑杆织机如图 13-1-4 所示,代号对应的尺寸见表 13-1-3。

(五)配有 **500mm** 和 **700mm** 双织轴的机型

配有 500mm 和 700mm 双织轴的天马超优秀型剑杆织机总体尺寸如图 13-1-5 所示,代号对应的尺寸见表 13-1-3。

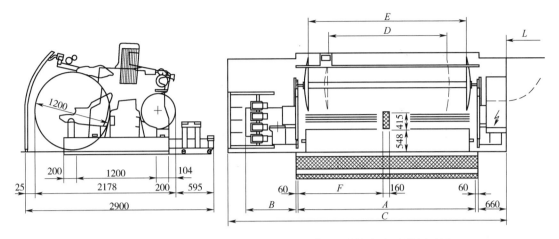

图 13-1-4　配有 1200mm 织轴的天马超优秀型剑杆织机总体尺寸图

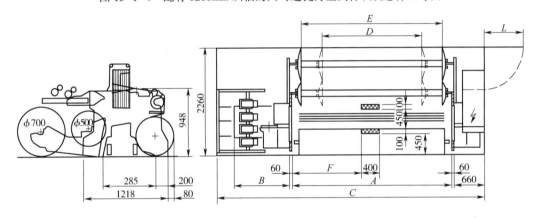

图 13-1-5　配有 500mm 和 700mm 双织轴的天马超优秀型剑杆织机总体尺寸图

(六)配有上、下双织轴的机型

配有上、下双织轴的天马超优秀型剑杆织机尺寸如图 13-1-6 所示。

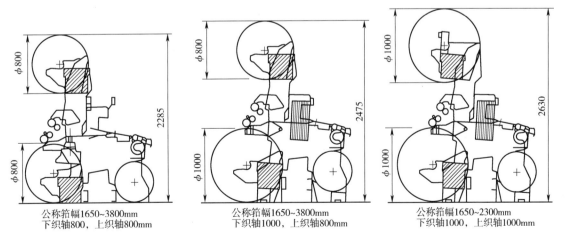

图 13-1-6　配有上、下双织轴的天马超优秀型剑杆织机尺寸图

（七）配有提花开口机构的机型

配有提花开口机构的天马超优秀型剑杆织机总体尺寸如图13-1-7所示。其他代号对应的尺寸见表13-1-4。

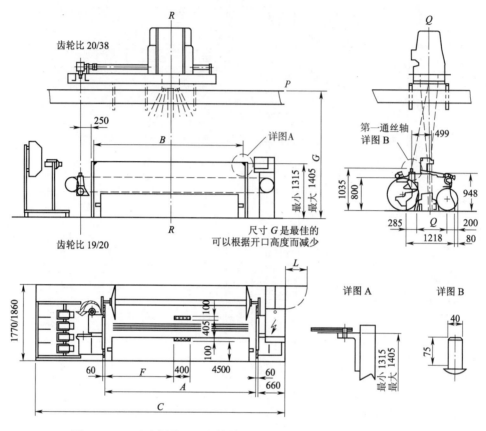

图13-1-7　配有提花开口机构的天马超优秀型剑杆织机总体尺寸图

表13-1-4　提花机其他代号对应的尺寸　　　　　单位：mm

H	A	B	C	G	F	L
1650	2080	2000	4430		3000	
1900	2330	2250	4680		3200	
2100	2530	2450	4880		3400	
2200	2630	2550	4980		3400	510 电气柜外形尺寸
2300	2730	2650	5080		3400	
2600	3150	3070	5500		3600	
2800	3350	3270	5700		3700	

续表

H	A	B	C	G	F	L
3000	3550	3470	5900	1575	3800	
3200	3750	3670	6100	1675	3800	
3400	3950	3870	6300	1775	3900	
3600	4150	4070	6500	1875	4000	510 电气柜外形尺寸
3800	4350	4270	6700	1975	4200	
4000	4550	4470	6900	2075	4200	
4200	4750	4670	7100	2175	4300	
4600	5150	5070	7500	2375	4500	

注　H 表示公称筘幅；C 值仅供参考，它随储纬器的类型、数量及纱筒的大小而变化。

当安装提花机时，需确保织机的中心 R 与提花机的中心在同一直线上，栅格 Q 的中心必须与提花机的目板中心在同一条直线上，支撑平面 P 与筘座和织机机架平行。

(八)电气柜的位置

电气柜的位置如图 13-1-8 所示。N 值见表 13-1-5。

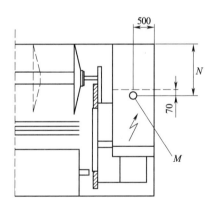

图 13-1-8　电气柜的位置图

表 13-1-5　确定电气柜位置的尺寸

织轴盘片直径 M/mm	N/mm	织轴盘片直径 M/mm	N/mm
500,700	1090	1000	790
800	600	1200	1000

(九)织机排列

在织造车间,天马超优秀型剑杆织机的排列如图13-1-9所示。

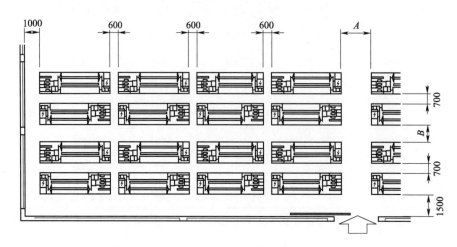

图13-1-9　天马超优秀型剑杆织机排列示范图

三、织机参数调节

(一)剑带两侧导轨长度的确定

轨道长度和侧导轨长度的选择方法:先计算上机筘幅的长度(包含废边)和织机公称筘幅的差值,作为"上机筘幅的减少值",再以上述计算得出的"上机筘幅减少值"对照表13-1-6确定轨道块和侧导轨块。

表13-1-6　剑带两侧导轨长度的确定

类型	轨道块和侧导轨块的配置	上机筘幅减小值/mm
A		0~50
B		50~100
C		100~150

续表

类型	轨道块和侧导轨块的配置	上机筘幅减小值/mm
D	X 200 50 50 Y 75 100　0~12.5　0~25　2　0~12.5	150~200
E	X 200 50 50 Y 75 100　0~25　0~25　2　25	200~250
F	X 200 50 Y 75 30 100　0~12.5　20　0~25　2　0~12.5	250~300
G	X 200 50 Y 75 30 100　0~25　0~25　20　2　25	300~350
H	X 200 Y 175 100　0~12.5　0~25　2　0~12.5	350~400
L	X 200 Y 175 100　0~25　0~25　2　25	400~450
M	X 50 50 50 Y 175 30 100　0~12.5　20　2　0~25　0~12.5	450~500
N	X 50 50 50 Y 175 30 100　0~25　0~25　25　2　20	500~550
P	X 50 50 Y 175 75 100　0~12.5　25　2　0~25　0~12.5	550~600

续表

类型	轨道块和侧导轨块的配置	上机筘幅减小值/mm
Q	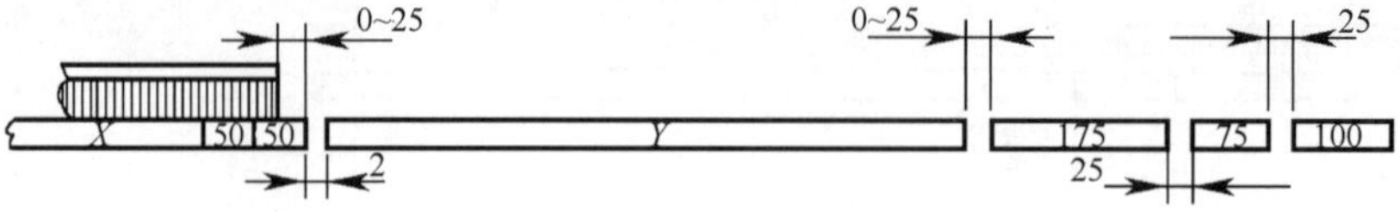	600～650
R	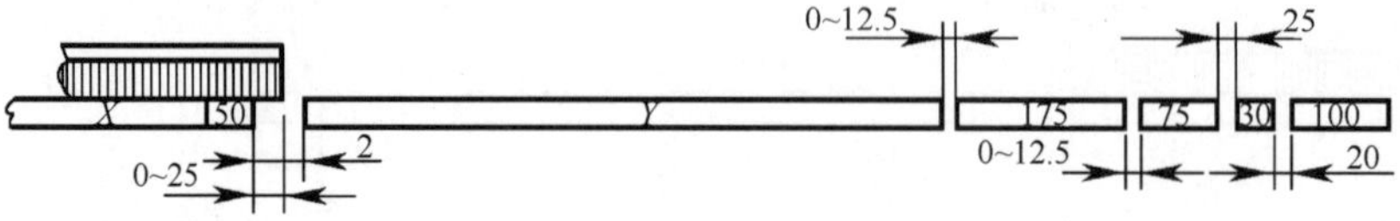	650～700
S	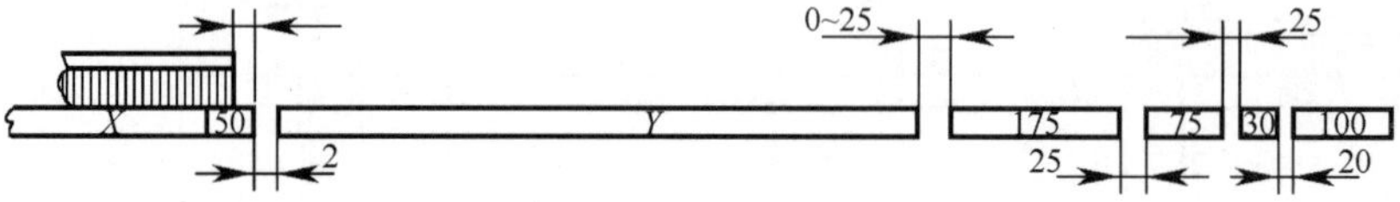	2600～4600
S1	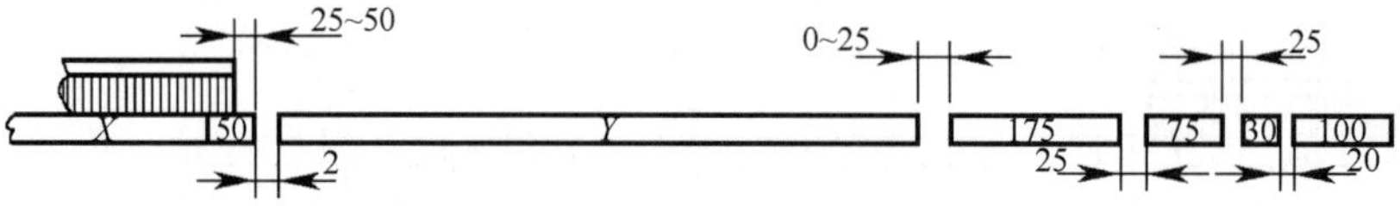	1900～2300
T	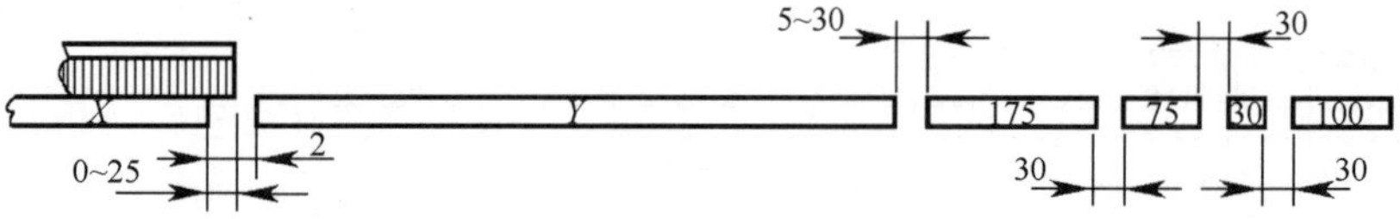	2600～4600
T1	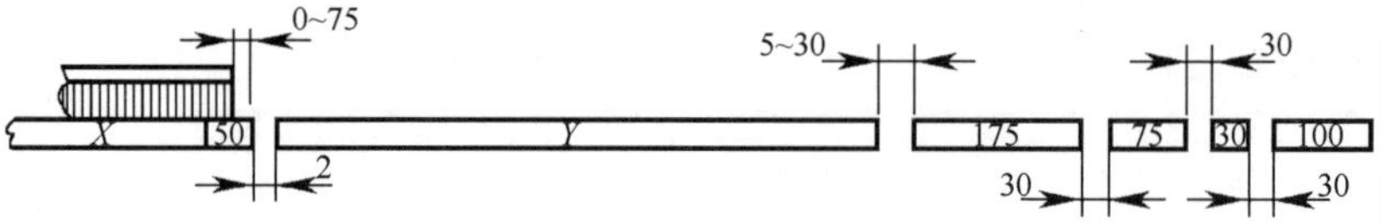	1650～2300

注　窄幅织机 Y＝550mm，宽幅织机 Y＝610mm。上表只适用于贴绒和树脂轨道，关于浮动式轨道 GFG 和 MFG，则必须保

证钢筘末端距侧导轨为 2mm。

剑带两侧导轨长度的确定举例：

织机公称幅宽 2100mm，钢筘总长度为 1975.5mm。

因此，计算"上机筘幅减少值"：2100－1975.5＝124.5（mm）。

查表 13-1-6，符合类型 C 的要求，根据 C 类型的图示得出轨道块和侧导轨块的使用方法。

(二)选纬器的调节

1. 主轴刻度盘的定位

调节选纬器时，织机主轴刻度盘的定位见表 13-1-7。

表 13-1-7　选纬器刻度盘的定位

织机幅宽/mm	1650~2300	2600~4600
刻度盘/(°)	315	325

2. 选纬指的调节

织机上提供的选纬器状态见表 13-1-8。注意当实际使用的选纬指少于所提供的选纬指时,应按顺序使用选纬指,以利于获得尽可能平滑的选纬角。例如,8 色选纬器配置,在织造中只使用 4 个选纬指,使用选纬指的顺序应该是 1-2-3-4,而不使用 1-3-5-7 和其他顺序。

表 13-1-8　织机供货时的选纬器状态

选纬器配置	选纬器状态
4 色选纬器	4 个选纬指全部装在选纬器上
8 色选纬器	4 个选纬指安装在选纬器上,其余 4 个选纬指放在随机配件中
12 色选纬器	12 个选纬指全部装在选纬器上

通常首先调节选纬指的高度,然后再调节其横向位置。

(1)选纬指的高度调节。如图 13-1-10 所示,要调节选纬指的高度,应拧松螺钉 A,抬起或降低选纬指,直至 L 为 4mm,误差为 ±1mm。然后,把其他选纬指调至同样的高度。如果织机装备 12 色选纬器,L 应为 14mm。

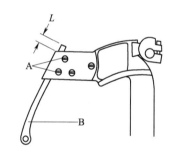

图 13-1-10　选纬指高度的调节

(2)选纬指前后方向的调节。织机提供的选纬器一般为 8 色选纬器,装有 4 个选纬指。选纬指前后方向按以下方法调节:如图 13-1-11 所示,拧松螺钉 C 即可实现对这些选纬指的调节,首先调节第一个选纬指(靠近织机中心的选纬指)。当选纬指处于最低点(织机位置在 70°)时,从选纬指至剑带导轨 G 的距离 E 等于 32mm。对于 12 色选纬器,E 等于 40mm。然后调节最后一个选纬指,使其处于最低点,距离 E 为 16mm。12 色选纬指应为 12mm。其他选纬指必须以均匀的间隔横着排在第一个和最后一个选纬指之间。

注意:如果使用的为多臂或踏盘开口装置的织机,在调节完毕时,应确保第一选纬指不与综框边相碰。在改变产品时,若使用的选纬指数量变化,应注意对距离进行正确调节。

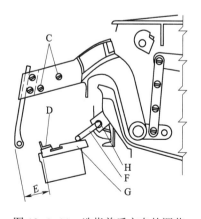

图 13-1-11　选指前后方向的调节

（3）纬纱导杆的定位。纬纱导杆 F 必须位于剑带导轨 G 的上边缘，如图 13-1-12 所示。沿着织物幅宽的方向移动纬纱导杆 F，使其尖端与剪刀片 M 下对齐。可通过螺母 H 进行调节。对于长毛羽纬纱，将 F 向织机外侧（左侧）移动 10mm。

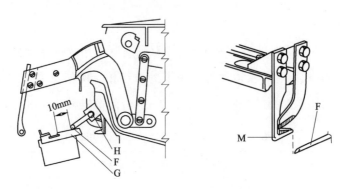

图 13-1-12　纬纱导杆的定位

（三）剑带、剑头的调节

1. 绒布轨道和 GFG 轨道

织机的公称幅宽不同，剑带的长度也不同，表 13-1-9 所列为各种公称幅宽织机的剑带长度。表 13-1-10 所列为各类纬纱所使用的剑头代号。

表 13-1-9　各种公称幅宽织机的剑带长度（绒布轨道和 GFG 轨道）

织机公称幅宽/mm	1650	1900	2100	2200	2300	2600	2800	3000	3200	3400	3600	3800	4000	4200	4600
剑带长度/mm	2056	2187	2287	2330	2385	2593	2692	2791	2890	2988	3098	3197	3295	3394	3592

表 13-1-10　剑头的选用

剑头	纬纱（线密度为 110tex 以下）	纬纱（线密度为 110~200tex）
左剑头	BDL311 型	BDL316 型
包覆瓷左剑头	BDL322 型	BDL323 型
右剑头	BDL325 型	BDL324 型

当剑头底板的宽度磨损达 1mm（原尺寸为 15.8mm）或厚度磨损为原来的一半（原来尺寸为 2.5mm）时，须更换剑头的底板（应在剑尖处进行测量）。该磨损程度不能被超过，以防在交接纬纱时出现问题和过早地磨损剑带端部，甚至使左剑头与钢筘相接触。每次在卸掉底板和剑头的螺钉、螺母之前应检查其磨损程度。更应注意的是不能把剑头弄弯或使剑头的其他部位变形。

当出现下列情况时,必须更换剑带:孔径长度增加 2mm(原尺寸为 4.7mm);宽度被磨损 0.5mm(原尺寸为 1.6mm)或剑带厚度被磨损 0.5mm(原尺寸为 2.5mm),否则经纱断头率会增大或出现纬纱交接失误的情况。

特氟龙块是被安装在上剑带导轨的滑块,用于润滑剑带的上层。当定位针到达最低位置时,表示特氟龙块已经用完,应该更换。

当绒布出现磨损,剑头上下间隙太大时(此时剑头底板未被磨损),必须更换轨道覆盖布。应更换磨损最明显的布块,仔细地以 45°对角线进行拼接。

2. MFG 轨道

表 13-1-11 所列为 MFG 轨道的各公称幅宽织机所使用的剑带长度。

表 13-1-11　各种公称幅宽织机的剑带长度(MFG 轨道)

织机公称幅宽/mm	有保护底板的剑带长度/mm	无保护底板的剑带长度/mm
1650	2128	1980
1900	2252	2104
2100	2351	2203
2200	2401	2253
2300	2450	2302
2600	2665	2517
2800	2764	2616
3000	2863	2715
3200	2962	2814
3400	3061	2913
3600	3160	3012
3800	3267	3119
4000	3366	3218

在距底板尖部 50mm 位置磨损超过下列范围时,底板需要进行更换。

中间下底板部分:最初尺寸 2mm,允许的最小值是 1.2mm。

侧边区:最初尺寸为 3mm,允许的最小值是 2mm。

应注意不能使磨损超过上述限制尺寸,因为过度磨损会导致纬纱交接失误,剑带头端磨损,或导致左剑头与钢筘相碰。在每次重新拧紧螺钉前,都应检查底板与剑头相连的螺钉状态。

当剑带磨损超出下面的范围时需要更换剑带:孔径长度增加 0.5mm,剑带厚度减少 0.4mm (原厚度为 3.8mm),否则会出现大量的断经和纬纱交接失误。

(四)剑头动程的调节

当改变上机幅宽时,须调节剑头动程。对公称幅宽来说,每边可减少 400mm,公称幅宽为 1650mm 的织机除外,这种织机每边只减少 325mm。

剑带轨道上有一黑色箭头,它表示轨道和织机的中心(在钢筘定位时用作参考)。启动织机前,最好先用手转动织机几圈,保证剑头在交接纬纱时不互相碰撞。右剑头应进入左剑头空区中央。

按照织造幅宽,可改变调节杆相对于滑轨的位置来调节剑头动程。调节杆是弯曲的,其相对于相啮合的滑轨运动,使得"退出剑头"的位置改变,即动程改变,但织机位于 180°(剑头交接位置)时的位置保持不变。

在剑头动程调节时织机定位的位置见表 13-1-12。

表 13-1-12　剑头动程调节时织机的定位

织机幅宽/mm	左剑头/(°)			右剑头/(°)
	最多使用 4 个选纬指	超过 4 个选纬指	12 色	
1650~2300	61	64	64	61
2600~4600	60	63	67	57

为保证剑头之间的纬纱交接正确,在对剑头进行定位时,应确保在织造过程中,两剑头不能重叠太多,否则有可能出现振动和相碰。

对于公称幅宽为 3000~4000mm 的织机,如果其速度超过 320r/min,在调节剑头交接时,位置应比原标准位置退回 6mm 或 7mm(超过该值在开车后第一次交接纬纱时,可能会导致纬纱交接失败);对于公称幅宽为 3600~3800mm 的织机,当车速为 300r/min 或更高时,或当幅宽为 4000~4600mm 的织机,车速超过 270r/min 时,应改变剑头位置。很显然,当剑带传动系统内出现任何松弛情况时,都将影响剑头的位置。

(五)综框动程的调节

对于多臂或踏盘开口装置的织机,增大综框动程只适用于最多使用 12 页综的情况。多于 12 页综时,最好用正常的综框动程,以避免使连杆、综框以及综丝获得过大的驱动力。例如,使用+2 的综框动程织造某种织物时,各页综框的动程改变量见表 13-1-13。

表 13-1-13　综框的动程改变量(+2 时)

综框数	综框顺序编号																			
	1	2	3	4	5	6	7	8	9	10	11	12	13	14	15	16	17	18	19	20
8 页综	+2	+2	+2	+2	+2	+2	+2	+2												
12 页综	+2	+2	+2	+2	+2	+2	+2	+2	+1	+1	+1	+1								
16 页综	+2	+2	+2	+2	+2	+2	+2	+2	+1	+1	+1	+1	+0	+0	+0	+0				
20 页综	+2	+2	+2	+2	+2	+2	+2	+2	+1	+1	+1	+1	+0	+0	+0	+0	+0	+0	+0	+0

综框动程的增加是指每页综框采用比自身位置向后移相应数量综框在正常调节时的动程值。如+2 表示第 1 页综框的动程与正常调节时第 3 页综框的动程相同,第 2 页综框的动程与正常调节时第 4 页综框的动程相同,以此类推。对于 BSR12 踏盘开口机构,动程的基点已为 +1,因此在工艺表中应减去 1,如要求为+3,实际调节时应为+2。

综框动程调节后,除了检查开口时梭口是否清晰外,还应确保剑头退出梭口时,不与经纱过分摩擦。进行此项检查时,织机应定位在剑头退出的位置,先在 240°,然后在 260°和 280°。同时应用手仔细检查,查看剑头是否被经纱抬高或降低,剑头必须在上下层经纱之间保持平衡。

四、各类标准织机的工艺参数

(一)窄幅带踏盘(或多臂)开口装置的织机

窄幅带踏盘(或多臂)开口装置的织机采用造丝、合成纤维和再生纤维纱织造轻型或中型织物时的主要工艺参数见表 13-1-14。

表 13-1-14　窄幅带踏盘(或多臂)开口装置的织机的主要工艺参数(一)

项目	主要工艺参数
经纱	丝、合成纤维和再生纤维纱
织物类别	轻型/中型
综框动程等级	正常(真丝+1)
在钢箱处所测量的梭口高度/mm	28(真丝 33)
梭口综平位置(织机度数)/(°)	325/335
后梁的垂直位置	+0.5
后梁的水平位置	8 页综框以下用第 2 孔,超过用第 3 孔
后梁弹簧的垂直位置	1/2
经纱自停装置距最后一页综的距离/mm	500/600

续表

项目	主要工艺参数
经纱自停装置椭圆形杆的高度	梭口综平
经停片托杆的高度/mm	15/20

　　窄幅带踏盘(或多臂)开口装置的织机采用羊毛纱织造轻型或厚型织物时的主要工艺参数见表 13-1-15。

表 13-1-15　窄幅带踏盘(或多臂)开口装置的织机的主要工艺参数(二)

项目	主要工艺参数
经纱	粗纺或精纺毛纱
织物类别	轻型/厚型
综框动程等级	+2
在钢筘处所测量的梭口高度/mm	28/30
梭口综平位置(织机度数)/(°)	300/320
后梁的垂直位置	0/+1/+2 +3
后梁的水平位置	8 页综框以下用第 2 孔,超过用第 3 孔
后梁弹簧的垂直位置	1/2
经纱自弹装置距最后一页综的距离/mm	350/450
经纱自停装置椭圆形杆的高度	在经位置线下方
经停片托杆的高度/mm	20/30

　　窄幅带踏盘(或多臂)开口装置的织机采用棉纱织造轻型或中型织物时的主要工艺参数见表 13-1-16。

表 13-1-16　窄幅带踏盘(或多臂)开口装置的织机的主要工艺参数(三)

项目	主要工艺参数
经纱	棉纱
织物类别	轻型/中型
综框动程等级	正常/+1
在钢筘处所测量的梭口高度/mm	28
梭口综平位置(织机度数)/(°)	320
后梁的垂直位置	+1/+2
后梁的水平位置	12 页综框以下用第 2 孔,超过用第 3 孔

续表

项目	主要工艺参数
后梁弹簧的垂直位置	1
经纱自停装置距最后一页综的距离/mm	350/450
经纱自停装置椭圆形杆的高度	在经位置线下方
经停片托杆的高度	20/30

窄幅带踏盘(或多臂)开口装置的织机采用棉纱织造中型或厚型织物时的主要工艺参数见表 13-1-17。

表 13-1-17　窄幅带踏盘(或多臂)开口装置的织机的主要工艺参数(四)

项目	主要工艺参数
经纱	棉纱
织物类别	中型/厚型
综框动程等级	+2
在钢筘处所测量的梭口高度/mm	28
梭口综平位置(织机度数)/(°)	320
后梁的垂直位置	+2/+3
后梁的水平位置	12 页综框以下用第 2 孔,超过用第 3 孔
后梁弹簧的垂直位置	2
经纱自停装置距最后一页综的距离/mm	350/450
经纱自停装置椭圆形杆的高度	在经位置线下方
经停片托杆的高度/mm	20/30

窄幅带踏盘(或多臂)开口装置的织机采用棉纱织造牛仔布或防羽绒布时的主要工艺参数见表 13-1-18。

表 13-1-18　窄幅带踏盘(或多臂)开口装置的织机的主要工艺参数(五)

项目	主要工艺参数
经纱	棉纱
织物类别	牛仔布/防羽绒布
综框动程等级	+3(厚重牛仔布+4)
在钢筘处所测量的梭口高度/mm	28
梭口综平位置(织机度数)/(°)	300/330(厚重牛仔布 300)

续表

项目	主要工艺参数
后梁的垂直位置	+4/+5
后梁的水平位置	12页综框以下用第2孔,超过用第3孔
后梁弹簧的垂直位置	2/3
经纱自停装置距最后一页综的距离/mm	350/450
经纱自停装置椭圆形杆的高度	在经位置线下方
经停片托杆的高度/mm	20/30

(二)窄幅带提花开口装置的织机

窄幅带提花开口装置的织机采用棉纱织造中型或厚型装饰布时的主要工艺参数见表13-1-19。

表 13-1-19　窄幅带提花开口装置的织机的主要工艺参数

项目	主要工艺参数
经纱	装饰用棉纱
织物类别	中型/厚型
在钢筘处所测量的梭口高度/mm	30
梭口综平位置(织机度数)/(°)	310/320
后梁的垂直位置	−0.5/+0.5
后梁的水平位置	第3孔
后梁弹簧的垂直位置	1/2
经纱自停装置距最后一页综的距离/mm	300/600
经纱自停装置椭圆形杆的高度	在经位置线下方
经停片托杆的高度/mm	20/30

(三)宽幅带踏盘(或多臂)开口装置的织机

宽幅带踏盘(或多臂)开口装置的织机采用丝、再生和合成纤维纱织造轻型或中型织物时的主要工艺参数见表13-1-20。

表 13-1-20　宽幅带踏盘(或多臂)开口装置的织机的主要工艺参数(一)

项目	主要工艺参数
经纱	丝、再生和合成纤维纱
织物类别	轻型/中型
综框动程等级	+2

续表

项目	主要工艺参数
在钢筘处所测量的梭口高度/mm	28/30
梭口综平位置(织机度数)/(°)	300/340
后梁的垂直位置	−1/+1/+2
后梁的水平位置	8页综框以下用第2孔,超过用第3孔
后梁弹簧的垂直位置	1/2
经纱自停装置距最后一页综的距离/mm	400/600
经纱自停装置椭圆形杆的高度	梭口综平
经停片托杆的高度/mm	15/20

宽幅带踏盘(或多臂)开口装置织机采用棉纱织造轻型或中型织物时的主要工艺参数见表 13-1-21。

表 13-1-21 宽幅带踏盘(或多臂)开口装置的织机的主要工艺参数(二)

项目	主要工艺参数
经纱	棉纱
织物类别	轻型/中型
综框动程等级	+2
在钢筘处所测量的梭口高度/mm	28
梭口综平位置(织机度数)/(°)	305/330
后梁的垂直位置	+1/+2
后梁的水平位置	12页综框以下用第2孔,超过用第3孔
后梁弹簧的垂直位置	1 / 2
经纱自停装置距最后一页综的距离/mm	350/450
经纱自停装置椭圆形杆的高度	在经位置线下方
经停片托杆的高度/mm	20/30

宽幅带踏盘(或多臂)开口装置织机采用棉纱织造中型或厚型织物时的主要工艺参数见表 13-1-22。

表 13-1-22 宽幅带踏盘(或多臂)开口装置的织机的主要工艺参数(三)

项目	主要工艺参数
经纱	棉纱

续表

项目	主要工艺参数
织物类别	中型/厚型
综框动程等级	+3
在钢筘处所测量的梭口高度/mm	28
梭口综平位置(织机度数)/(°)	305/330
后梁的垂直位置	+2/+3
后梁的水平位置	12页综框以下用第2孔,超过用第3孔
后梁弹簧的垂直位置	1/2
经纱自停装置距最后一页综的距离/mm	350/450
经纱自停装置椭圆形杆的高度	在经位置线下方
经停片托杆的高度/mm	20/30

　　宽幅带踏盘(或多臂)开口装置织机采用棉纱织造牛仔布或防羽绒布时的主要工艺参数见表13-1-23。

表 13-1-23　宽幅带踏盘(或多臂)开口装置的织机的主要工艺参数(四)

项目	主要工艺参数
经纱	棉纱
织物类别	牛仔布/防羽绒布
综框动程等级	+2(厚重牛仔布+4)
在钢筘处所测量的梭口高度/mm	28
梭口综平位置(织机度数)/(°)	305/320(厚重牛仔布305)
后梁的垂直位置	+4/+5
后梁的水平位置	12页综框以下用第2孔,超过用第3孔
后梁弹簧的垂直位置	2/3
经纱自停装置距最后一页综的距离/mm	350/450
经纱自停装置椭圆形杆的高度	在经位置线下方
经停片托杆的高度/mm	20/30

(四)宽幅带提花开口装置的织机

　　宽幅带提花开口装置的织机采用丝、再生纤维或合成纤维纱织造轻型或中型织物时的主要工艺参数见表13-1-24。

表13-1-24　宽幅带提花开口装置的织机的主要工艺参数(一)

项目	主要工艺参数
经纱	丝、再生纤维或合成纤维纱
织物类别	轻型/中型
在钢筘处所测量的梭口高度/mm	30/32
梭口综平位置(织机度数)/(°)	320/340
后梁的垂直位置	−0.5/+0.5
后梁的水平位置	第3孔
后梁弹簧的垂直位置	1/2
经纱自停装置距最后一页综的距离/mm	500/600
经纱自停装置椭圆形杆的高度	梭口综平
经停片托杆的高度/mm	15/20

宽幅带提花开口装置的织机采用棉纱织造中型或厚型装饰织物时的主要工艺参数见表13-1-25。

表13-1-25　宽幅带提花开口装置的织机的主要工艺参数(二)

项目	主要工艺参数
经纱	装饰用棉纱
织物类别	中型/厚型
在钢筘处所测量的梭口高度/mm	30/32
梭口综平位置(织机度数)/(°)	305/340
后梁的垂直位置	−0.5/+0.5
后梁的水平位置	第3孔
后梁弹簧的垂直位置	2
经纱自停装置距最后一页综的距离/mm	300/600
经纱自停装置椭圆形杆的高度	在经位置线下方
经停片托杆的高度/mm	20/30

五、车间环境温湿度控制

剑杆织机车间环境温湿度的要求见表13-1-26。

表 13-1-26　剑杆织机车间环境温湿度的要求

纤维	相对湿度/%	温度/℃
棉	75~80	22~24
丝	65~70	22~24
羊毛	55~60	22~24
再生丝	60~70	22~24
合成纤维	60~70	22~24
涤/棉	60~70	22~24
涤/毛	60~70	22~24
亚麻	80~85	2 ~24

六、织机的保养

对织机进行有计划的检查,目的是保持织机的高效率。对织机进行定期和系统的检查是最重要的一项辅助工作,这些预防性的检查可以避免很多故障和损坏。

机器运转时间的计算方法是:每天 24 小时,每周 7 天,效率为 90%。

按每日、每次换轴、每 300 工作小时、每 800 工作小时、每 3500 工作小时和每 5000 工作小时确定保养周期,保养工作内容见表 13-1-27~表 13-1-32。

表 13-1-27　每日的保养工作内容

机件名称	操作
主电动机、慢速电动机、除尘电动机	用压缩空气清洁散热片、风扇防护罩,清除掉任何脏物
电控箱	用压缩空气清洁外表和散热片
吸尘过滤器	倒空并清洁
凸轮驱动的两侧独立绞边和废边装置(选择件)	用压缩空气清洁

表 13-1-28　每次换轴的保养工作内容

机件名称	操作
托布板、筘座、织机整体	用吸尘器和压缩空气清洁
选纬指杆	用压缩空气清洁,杆下方用手清洁
右侧废边驱动装置	检查灵活程度,调节是否正确、综丝的磨损和齿轮的间隙

续表

机件名称	操作
绿色绒布轨道	用压缩空气清洁并检查磨损情况
边撑	检查刺针并确保刺环转动灵活
多臂和踏盘开口机构的驱动杆	用压缩空气清洁,用黄油枪加油润滑
织轴的轴头和轴瓦	用手加黄油
织轴上大齿轮	用手加黄油
中心支撑(只适用于双织轴)	用黄油枪加油

注 在织轴频繁更换的情况下,本表的润滑工作周期约为600h,在换轴时进行保养。

表 13-1-29 每 300 工作小时的保养工作内容

机件名称	操作
剑带	检查厚度、宽度、齿形;检查边缘,如有必要用砂布磨光;检查在侧导轨和导管内运动灵活情况
剑头	用压缩空气清洁和润滑,检查夹纱、纬纱握持和任何磨损及裂痕
剑头开启滑块	检查磨损情况和位置

表 13-1-30 每 800 工作小时的保养工作内容

机件名称	操作
油	检查所有油位高低
选纬器驱动齿轮	检查间隙,用手润滑
积极式剪刀弹簧销钉	用手加黄油
积极式剪刀凸轮	用手加黄油
边剪和中心剪刀弹簧	用手加黄油
边剪和中心剪刀	检查边剪情况
积极式剪刀	检查边剪情况
轨道绒布和导剑钩剑带侧导轨	清除积物
后梁轴承	用黄油枪加油润滑
废边驱动装置	用手加黄油
多余纱回收小轴的轴头	用手加黄油
废边卷绕器的轴	用黄油枪加油
卷布辊离合器轴	用黄油枪加油

续表

机件名称	操作
布辊传动链条	用手加黄油，并检查张力
布辊支撑	用手加黄油
后梁制动器上的销钉	用手加黄油

表 13-1-31　每 3500 工作小时的保养工作内容

机件名称	操作
电动机皮带	检查张力和磨损情况
油泵皮带	检查张力和磨损情况
选纬器轴传动皮带	检查张力和磨损情况
编码器驱动皮带	检查张力和磨损情况
开口机构驱动皮带	检查张力和磨损情况
多臂或开口机构驱动轴上的轴承	用黄油枪加油
选纬器内部调节	检查
卷取辊和压辊	检查包覆层的磨损情况
废边卷绕器	检查卷绕筒子表面情况
剑带驱动轮	检查齿形磨损情况
润滑系统	检查喷油分配情况和压力开关工作情况
综框连接活结	检查活结间隙
送经和卷取电动机	清洁和检查碳刷磨损情况，用黄油枪加油润滑
电控箱内部	用压缩空气清洁，并吸走积尘
遥控开关、变压器和地线螺钉	检查电线连接螺钉是否松动
电控箱风扇	检查运转情况
主电动机、慢速电动机、除尘电动机	检查接线盒内螺母是否松动
胸梁上的控制按钮	拆下按钮板，并用压缩空气清洁

表 13-1-32　每 5000 工作小时的保养工作内容

机件名	操作
润滑系	换油和更换

七、织物疵点分析

织物疵点种类、产生原因和解决措施见表 13-1-33。

表 13-1-33 织物疵点种类、产生原因和解决措施

疵点种类	产生原因	解决措施
三跳	经纱开口不清 断经后关车不及时 织机工艺参数选择不当	加强经纱巡回捉疵,提高经轴质量;减少经纱疵点,增大单纱强力 根据织物品种选择适宜的上机工艺参数
开车档	织机某些部件磨损,如送经蜗杆轴、卷取蜗杆、送经卷取离合装置等磨损 在倒综过程中,由于积累间隙的存在,破坏了送经和卷取的同步性,停车后再开车	加强对这些部位的检查、润滑及检修,使自动寻纬机构发挥有效的作用 尽量减少打慢车次数,争取一次开车,以惯性来弥补由于停车后经纱伸长所造成的开车档
边缺纬及纬缩	储纬器毛刷及弹簧片压力过大 积极式剪刀剪纱时间过晚,剪纱不顺利,右钳纬器夹持纱过松 废边纱闭口时间过迟 右侧固定导轨安装过高或弯曲 纬纱检测传感片控制位置不准确	经常加强对这些部位的检查及检修
断经次布	断经控制机构蜗杆失灵 经停杆锯齿形处有积花或污垢 两侧停杆压盖装反或接触不良、漏插落片等	重视和加强这方面的巡回检查和清洁工作,以避免长断经引起的跳花疵点和大量断头
云织	送经蜗杆箱中传动齿轮磨损、滚针轴承磨损或不灵活、双织轴差微装置传动件磨损 卷取装置传动件磨损 送经与卷取离合装置磨损打滑 纬密器中无级变速装置磨损打滑 送经伞齿轮磨损打滑 纬密器传动齿形带打滑	加强各项的周期性检查、保养和润滑工作
边撑疵	针刺弯曲、断裂、刺环转动不灵活、安装位置不正确、刺碰磨托布板	特别重视边撑刺环的维护保养工作,防止边撑疵的产生

第二章　范美特剑杆织机

第一节　范美特主要型号剑杆织机

范美特(Vamatex)各型号剑杆织机的主要技术特征见表13-2-1。

表 13-2-1　范美特各型号剑杆织机的主要技术特征

机型		C401/S 型	P401/S 型	P1001e/es 型	P1001-Suprt-EK 型	LEONARDO 型	LEONARDO-Sliver 型
公称筘幅/cm		160,190,210,230,260,300,320,340,360,380	160,190,210,230,260,300,320,340,360,380	160,190,210,230,260,330,320,340,360,380	160,190,210,230,260,300,320,340,360,380	170,190,210,220,230,260,280,300,320,340,360,380	170,190,210,230,260,280,300,320,340,360
适应纱线范围	短纤/tex	5~495	5~495	5~495	5~495	5~495	5~495
	长丝/dtex	10~1000	10~1000	10~1500	10~1500	10~3000	10~3000
最高转速/(r/min)		430	500	600	600	700	670
最高入纬率/(m/min)		11010	1300	1400	1400	1500	1500
开口装置		机械多臂,机械提花	电子多臂,电子提花	电子多臂,电子提花	电子多臂,电子提花	电子多臂,电子提花	电子多臂,电子提花
打纬装置		分离筘座,凸轮打纬	分离筘座,凸轮打纬	分离筘座,凸轮打纬	分离筘座,凸轮打纬	分离筘座,凸轮打纬	分离筘座,凸轮打纬
引纬装置		双侧偏心滑块,推进变螺距螺杆,带动传剑轮引纬,挠性剑杆,有单侧导剑钩,剑头为碳纤材料加金属嵌件	双侧偏心滑块,推进变螺距螺杆,带动传剑轮引纬,挠性剑杆,有单侧导剑钩,剑头为碳纤材料加金属嵌件	双侧偏心滑块,推进变螺距螺杆,带动传剑轮引纬,挠性剑杆,有双面导剑钩的组合式导轨,剑头为轻质合金材料	双侧偏心滑块,推进变螺距螺杆,带动传剑轮引纬,挠性剑杆,有双面导剑钩的组合式导轨,剑头为轻质合金材料	双侧偏心滑块,推进变螺距螺杆,带动传剑轮引纬,挠性剑杆,有双面导剑钩的单侧组合式导轨形式(EK),也可选无导剑钩形式(FTS),剑头为轻质合金材料	双侧偏心滑块,推进变螺距螺杆,带动传剑轮引纬,挠性剑杆,有双面导剑钩的单侧组合式导轨形式(EK),也可选无导剑钩形式(FTS),剑头为轻质合金材料

续表

机型	C401/S 型	P401/S 型	P1001e/es 型	P1001-Suprt-EK 型	LEONARDO 型	LEONARDO-Sliver 型
送经装置	亨特(Hunt)机械无级变速送经装置	亨特机械无级变速送经装置	电子送经装置	电子送经装置	电子送经装置	电子送经装置
卷取装置	PIV 无级变速卷装置	无级变速卷取装置	电子卷取	电子卷取	电子卷取	电子卷取
选色装置	8 色机械,电子选纬	8 色机械,电子选纬	8 色机械,4 色、8 色、12 色电子选纬	4 色,8 色,12 色电子选纬,线性电动机直接驱动	4 色,8 色,12 色电子选纬,线性电动机直接驱动	4 色,8 色,12 色电子选纬,线性电动机直接驱动
储纬装置	意大利 ROJ 公司 AT1200	意大利 ROJ 公司 AT1200	意大利 LGL 公司 SIRIO RO-BOT	瑞典 IRO 公司 Luna 型	瑞典 IRO-ROJ 公司 Chrono 型	瑞典 IRO-ROJ 公司 Chrono X2 型
布边装置	纱罗绞边,可配折入边装置	纱罗绞边,可配折入边装置	纱罗绞边,可配折入边装置	纱罗绞边,可配折入边装置	纱罗绞边,可配折入边装置	电子绞边
润滑系统	单机油循环	单机油循环	中央润滑系统	中央润滑系统	独立中央润滑系统	集中润滑系统及油、水自冷却系统
经停装置	6~8 列电控式	6~8 列电控式	6~8 列电控式	6~8 列电控式	8 列电控式	8 列电控式
纬停装置	压电陶瓷	压电陶瓷	压电陶瓷	压电陶瓷	压电陶瓷,并具防双纬功能	压电陶瓷,并具防双纬功能
纬密/(根/10cm)	12~1500	12~1500	10~1500	10~1500	40~840(标准) 10~1500(可选)	40~1500(标准) 10~200, 80~1500(可选)
经轴直径/mm	800,1000	800,1000	800,1000	800,1000	800,1000	800,1000
卷布直径/mm	500	500	500	500	500	500

机型	C401/S 型	P401/S 型	P1001e/es 型	P1001-Suprt-EK 型	LEONARDO 型	LEONARDO-Sliver 型
监控系统	配意大利 ROJ 公司 RPJ 型电气控制系统,生产数据显示与统计;织机开口,自动寻纬,选纬,密纬选择等运动控制	配意大利 ROJ 公司 RPJ 型电气控制系统,也可选配微电脑电气控制系统,生产数据显示与统计;织机开口,自动寻纬,选纬,密纬选择等运动控制	SIMOD 微型计算机监控系统检测和控制所有功能,自我诊断,工艺参数设定,数据统计处理,配有 12 行 24 列的多种语言显示屏,功能键盘,并可用储存卡编程	SIMOD 微型计算机监控系统检测和控制所有功能,自我诊断,工艺参与设定,数据统计处理,配有 12 行 24 列的多种语言显示屏,功能键盘,并可用储存卡编程	微处理器即时监控系统,采用 CAN - BUS 总线技术,连接不同装置,传送数据,与中央电脑系统形成整体风格,监测,调整和控制每台织机的织造全过程,并可进行过程遥控诊断及处理	微处理器和 VGA 彩色图片显示,实现即时控制,采用 CAN - BUS 总线技术,连接不同装置,传送数据,用户界面编程和储存花纹、工艺参数、信息,可用记忆卡编程,并可进行过程遥控诊断及处理
其他装置	自动寻纬机构可配 RPC13 - 121 电气控制机构	自动寻纬机构可配 RPC13 - 121 电气控制机构　密纬装置:织物的浮纹"LANCE"由磁电离合器控制	STRAP:安装在储纬器上的断纬管理系统　ART4:自动从梭口内取出断纬,自动再启动织机　VQSC 快速品种更换装置	STRAP:安装在储纬器上的断纬管理系统　ART4:自动从梭口内取出断纬,自动再启动织机　VQSC 快速品种更换装置　电子选纬器采用直线电动机驱动　纬剪与电子选纬器组合在一起	张力传感器直接安装在后梁上读取张力　剑杆引纬有 EK 交接方式和 FTS(无导钩)积极交接方式两种(380cm 不能用)　可配可调织物托架　VQSC 快速品种更换装置	可选 HI - DRIVE 数控无刷电动机主驱动　张力传感器直接安装在后梁上读取张力　剑杆引纬有 EK 交接方式和 FTS(无导钩)积极交方式两种(380cm 不能用)　可配可调织物托架　VQSC 快速品种更换装置
外形尺寸(宽×深)/cm	(394.2~602.2)×180	(394.2~602.2)×180	(428.5~654.5)×182.4	(428.5~654.5)×182.4	(420~636)×182.4	(420~636)×182.4

第二节 范美特 LEONARDO 型剑杆织机

一、主要技术特征

范美特 LEONARDO 型剑杆织机的主要技术特征见表 13-2-2。

表 13-2-2 范美特 LEONARDO 型剑杆织机的主要技术特征

公称筘幅/cm		165	190	210	220	230	260	280	300	320	340	360	380	400	420	460
最大穿筘宽/cm		160	185	205	215	225	255	275	295	315	335	355	375	395	415	455
适应纱线范围/tex		5~495														
纬密范围/ (根/10cm)		40~1500(标准),10~200,80~1500(可选)														
引纬	形式	挠性剑杆消极式剑头														
	纬纱选色	1~12 色														
	入纬率/ (m/min)	1500														
适用品种		各种天然纤维、合成纤维和再生纤维														
经轴类型		单织轴			双织轴				差动式织轴				上置织轴			
织边	形式	雷诺绞边						钩边装置								
	组织	纱罗组织						视织物而定								
	边撑	铜环式														
打纬形式		共轭凸轮传动,分离筘座,固定钢筘														
经停		八列电气式														
纬停		压电陶瓷,并具防双纬功能														

二、织机总体配置

(一)主要部件

范美特 LEONARDO 型剑杆织机如图 13-2-1、图 13-2-2 所示,主要部件名称见表13-2-3。

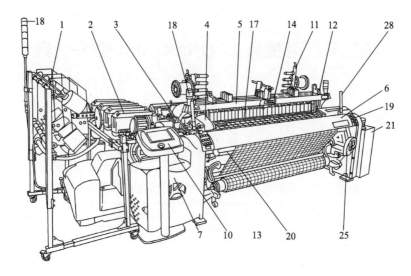

图 13-2-1　范美特 LEONARDO 型剑杆织机(机前)

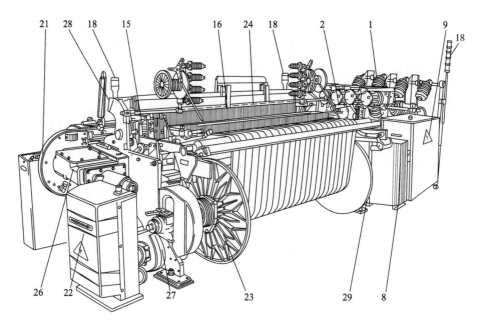

图 13-2-2　范美特 LEONARDO 型剑杆织机(机后)

表 13-2-3　范美特 LEONARDO 型剑杆织机的主要部件

序号	部件名称	序号	部件名称
1	锥形筒子架	4	选纬器
2	储纬器	5	上横梁
3	纬纱检测器	6	胸梁

续表

序号	部件名称	序号	部件名称
7	电动机	19	按钮板
8	主电控箱	20	卷取罗拉
9	主开关	21	废边箱
10	计算机操作盘	22	送经和卷取驱动控制箱
11	绞边、废边筒子架	23	织轴
12	电子绞边装置	24	经停装置
13	卷布辊	25	卷取变速箱
14	综框	26	剑带驱动箱
15	综框侧导板	27	送经装置
16	综框中央导板	28	安全保护装置
17	钢箱	29	HI DRIVE 电动机驱动控制箱
18	警示灯		

(二)织机尺寸

在标准电动机配置机型下,配置直径 800mm 单织轴的织机尺寸如图 13-2-3 所示,配置直径 1000mm 单织轴的织机尺寸如图 13-2-4 所示,配置直径 1100mm 单织轴的织机尺寸如图 13-2-5 所示。各图中的尺寸 A 为最小尺寸,并随所使用的纬纱筒子架的形式和装配方法而变化。

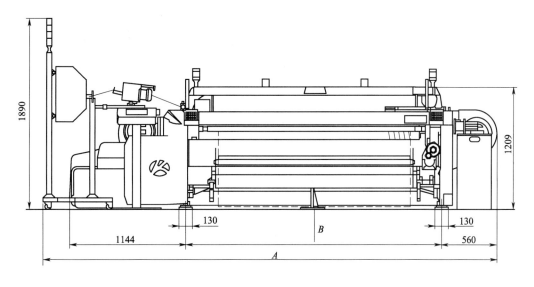

图 13-2-3

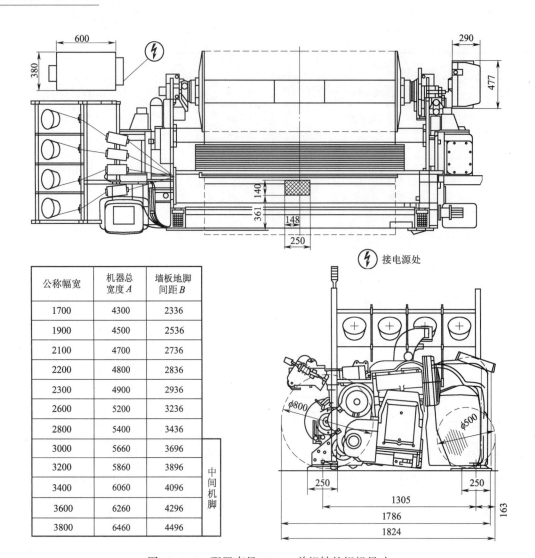

公称幅宽	机器总宽度 A	墙板地脚间距 B	
1700	4300	2336	
1900	4500	2536	
2100	4700	2736	
2200	4800	2836	
2300	4900	2936	
2600	5200	3236	
2800	5400	3436	
3000	5660	3696	
3200	5860	3896	中间机脚
3400	6060	4096	
3600	6260	4296	
3800	6460	4496	

图 13-2-3　配置直径 800mm 单织轴的织机尺寸

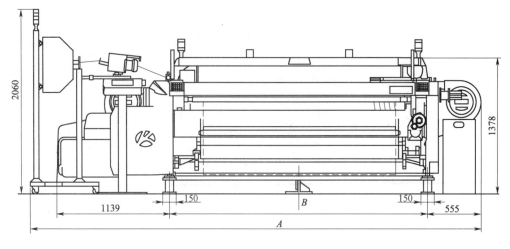

图 13-2-4

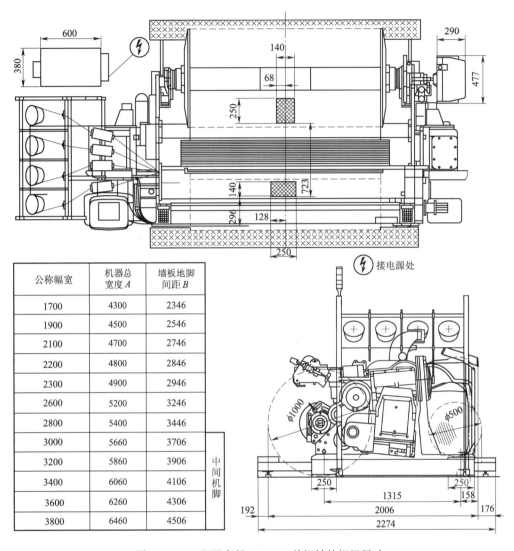

公称幅宽	机器总宽度 A	墙板地脚间距 B	
1700	4300	2346	
1900	4500	2546	
2100	4700	2746	
2200	4800	2846	
2300	4900	2946	
2600	5200	3246	
2800	5400	3446	
3000	5660	3706	中间机脚
3200	5860	3906	
3400	6060	4106	
3600	6260	4306	
3800	6460	4506	

图 13-2-4 配置直径 1000mm 单织轴的织机尺寸

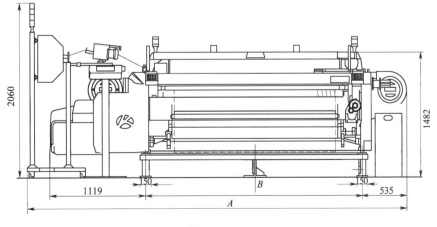

图 13-2-5

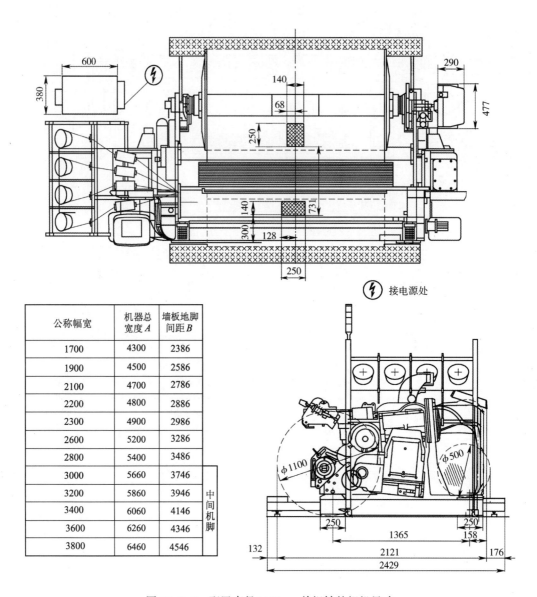

公称幅宽	机器总宽度 A	墙板地脚间距 B	
1700	4300	2386	
1900	4500	2586	
2100	4700	2786	
2200	4800	2886	
2300	4900	2986	
2600	5200	3286	
2800	5400	3486	
3000	5660	3746	
3200	5860	3946	中间机脚
3400	6060	4146	
3600	6260	4346	
3800	6460	4546	

图 13-2-5　配置直径 1100mm 单织轴的织机尺寸

(三)织机排列

织造车间范美特剑杆织机的排列如图 13-2-6 所示。尺寸 D 和 E 见表 13-2-4,表中 D、E 是指织轴的通道宽度,如果作为织机的运输通道,则其最小尺寸应为 1850mm。B 是中央运输通道宽度。

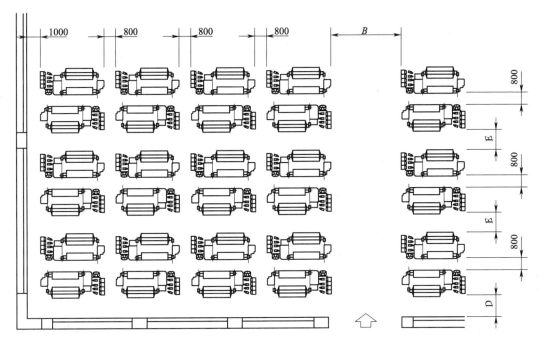

图 13-2-6 范美特剑杆织机的排列图

表 13-2-4 范美特剑杆织机的尺寸 单位:mm

公称幅宽	中央运输	800mm 织轴		1000mm 织轴		1100 织轴	
	B	D	E	D	E	D	E
1700	2200	1400	1300	1500	1400	1500	1600
1900	2400	1400	1300	1500	1400	1500	1600
2100	2600	1400	1300	1500	1400	1500	1600
2200	2700	1400	1300	1500	1400	1500	1600
2300	2800	1400	1300	1500	1400	1500	1600
2600	3100	1400	1300	1500	1400	1500	1600
2800	3300	1400	1300	1500	1400	1500	1600
3000	3500	1400	1300	1500	1400	1500	1600
3200	3700	1400	1300	1500	1400	1500	1600
3400	3900	1400	1300	1500	1400	1500	1600
3600	4100	1400	1300	1500	1400	1500	1600
3800	4300	1400	1300	1500	1400	1500	1600

三、织机参数调节

(一)剑带两侧导轨长度的确定

1. 非 FTS 交接配置情形

如果所织造的织物幅宽小于公称幅宽,必须选择两侧剑带导轨。

在织机左手侧,剑带主导轨边缘到钢箱的距离必须保持在 27mm;在织机右手侧,剑带主导轨边缘到钢箱的距离则必须保持在 2mm。

每台织机都随机另提供下列可调节导轨:两块 50mm 导轨、三块 100mm 导轨和一块 530mm 导轨(右侧)。

可以按下列方法选择和定位剑带导轨:首先测量固定导轨与钢箱之间的距离 X,在选左侧导轨时,$Y=(X-27)$ mm;在选右侧导轨时,$Y=(X-2)$ mm。数据 Y 是选择导轨的依据,可以按图 13-2-7 选择可组合的导轨。

在相对于公称幅宽最大缩小 600mm(两边各 300mm)的情况下,通过以上备件的不同组合可以满足所有织造幅宽的要求。固定导轨与更换导轨之间的距离不能大于 50mm,而更换导轨与可调节导轨之间的距离不能大于 25mm(图 13-2-7)。

在计算组合时,使用可调节导轨块数越少越好,须记住可更换导轨(430mm、480mm 和 530mm)至少应有三个固定点(在图 13-2-7 中,用虚线表示的另一面的固定点至少要有三个)。

用一个固定点固定 50mm 可调节导轨,用两个固定点固定 100mm 可调节导轨。在特殊要求下,使用特殊的可更换导轨(选购件,非标准配置)最大的幅宽减少可达 1000mm(每边 500mm)。如果要求幅宽减小 800mm(每边 400mm),可使用 680mm 特殊可更换导轨。如果要求幅宽减小 1000mm(每边 500mm),可使用 830mm 特殊可更换导轨。

2. FTS 交接配置情形

如果要织造比标准幅宽窄的织物,则要安装侧导轨。如图 13-2-8 所示,在织机左侧,钢箱 1 和主导轨 2 之间必须有 30mm 的间隙,在织机右侧,此间隙则为 5mm。首先测量固定导轨 3 和钢箱 1 之间的距离 X,计算左侧距离 $Y=X-30$mm,右侧距离 $Y=X-5$mm,根据 Y 可以在图 13-2-9 中选择可组合的导轨。

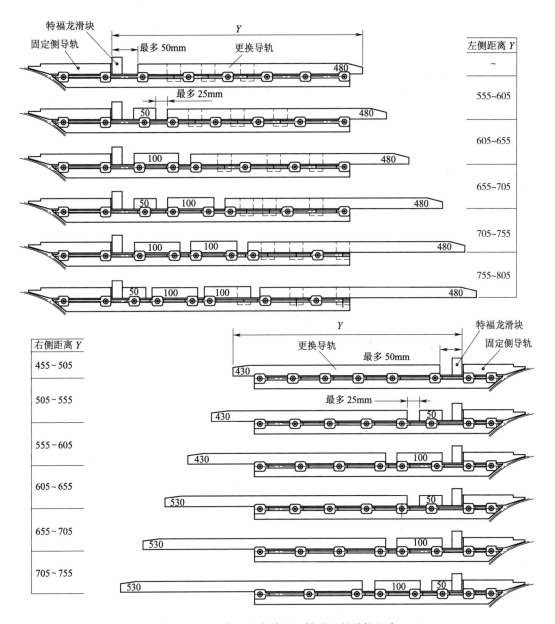

图 13-2-7 非 FTS 交接配置情形下的导轨组合

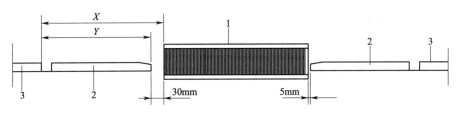

图 13-2-8 FTS 交接配置情形

每台织机都配置下列侧导轨：两块 50mm 导轨、两块 100mm 导轨和两块 630mm 导轨。通过对以上侧导轨的组合，可以实现所要求的筘幅减小量，最大筘幅减小量为 800mm（每侧 400mm）。固定导轨 3 之后的空隙不得超出 50mm，主导轨 2 之前的空隙不得超出 25mm，如图 13-2-9 所示。

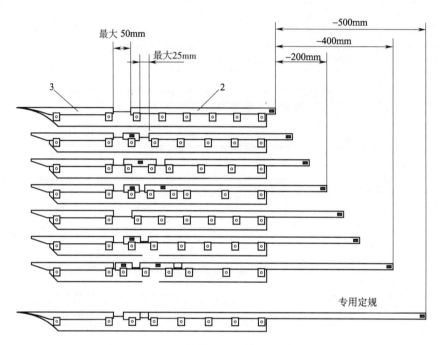

图 13-2-9　FTS 交接配置情形下的导轨的组合

应以最少的导轨数进行组合，且主导轨 2（430mm 和 630mm 两种）至少应用三个螺丝固定。50mm 侧导轨用一个螺丝固定，100mm 侧导轨用两个螺丝固定。特殊情况下，采用特殊侧导轨（选购件）可使筘幅减小到 1000mm（每侧 500mm）。如果筘幅减小量达到 800mm，主导轨 2 采用 630mm 导轨。如果筘幅减小量达到 1000mm，主导轨 2 采用 830mm 导轨。

(二)剑头动程的调节

当改变上机幅宽时,必须调节剑头动程。

1. 调节右剑头动程

(1)将织机转到 292°（幅宽为 1700~2200mm 织机）或 300°（幅宽为 2300~3800mm 织机），并测量剑带尖端与最后一个导钩的距离 D，如图 13-2-10 所示。

(2)松开图 13-2-11 中的右侧剑轮紧圈 1，并用手转动剑轮使剑头进入导轨。

(3)将织机转到 360°，以使图 13-2-12 中的动程调节螺丝 1 操作方便，然后紧固剑轮紧圈。

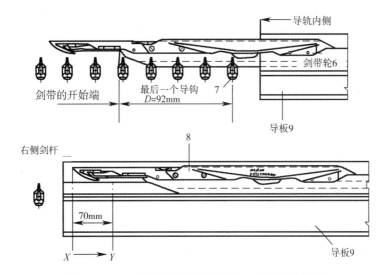

图 13-2-10　接纬剑带尖端与最后一个导钩的距离

图 13-2-11　右侧剑轮　　　　　图 13-2-12　动程调螺丝位置

（4）计算位移。

$$\overline{XY} = \frac{(D + 15)K}{100}$$

例如：测出的距离 $D=92mm$，根据螺杆类型为 F19D 查表 13-2-5，得 $K=65$。K 值取决于所配置的螺杆类型（表 13-2-5）。计算得 $\overline{XY}=(92+15)\times65/100=70mm$。

（5）松开图 13-2-12 中的动程调节螺丝 1，转动剑轮，直到剑头尖部向外移动 70mm，即从 X 点至 Y 点间距离，如图 13-2-10 所示。

（6）以 80N·m 力矩拧紧图 13-2-12 中的动程调节螺丝 1。

（7）松开图 13-2-11 中的剑轮紧圈 1，调节剑头在剑道中间的位置。

（8）将织机转至 292°（幅宽为 1700~2200mm 织机）或 300°（幅宽为 2300~800mm 织机），按图 13-2-13 检查。如有必要，再次重复上述调节。

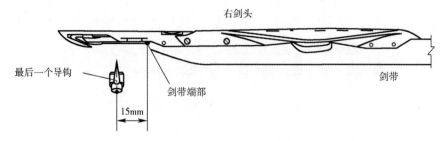

图 13-2-13　接纬剑头与最后一个导剑钩相对位置

表 13-2-5　用于调节剑头动程的参数 K

公称幅宽/mm	左剑头		右剑头	
	螺杆	K	螺杆	K
1700	F19S	65	F19D	65
1900	F19S	65	F19D	65
2100	F22S	55	F22D	55
2200	F22S	52	F22D	52
2300	F22S	51	F22D	51
2600	F28S	54	F28D	54
2800	F28S	54	F28D	54
3000	F32S	43	F32D	43
3200	F32S	43	F32D	43
3400	F36S	43	F36D	43
3600	F36S	43	F36D	43
3800	F38S	40	F38D	40

2. 调节左剑头动程

(1)将织机转至 292°(幅宽为 1700~2200mm 织机)或 300°(幅宽为 2300~3800mm 织机),并测量剑带 6 的尖部到第一个导钩 7 的距离 D,如图 13-2-14 所示。

(2)松开左侧剑轮紧圈 1(图 13-2-11),用手转动剑轮,直到剑头进入侧导轨内。

(3)将织机转到 360°,使图 13-2-12 中的动程调节螺丝 1 处于窗口处,便于操作,然后拧紧剑带轮紧圈。

(4)计算位移量。

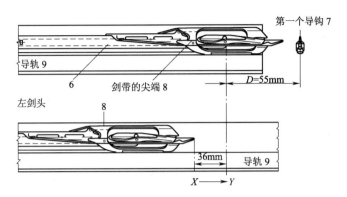

图 13-2-14　送纬剑带尖端与最后一个导钩的距离

$$\overline{XY}=\frac{DK}{100}$$

例如：螺杆 F19S（$K=65$），K 值取决于所安装的螺杆类型。检查螺杆上所示的件号，并按对应的表格查得 K 值。测量 $D=55\text{mm}$，计算得 $\overline{XY}=55\times65/100=36\text{mm}$。

（5）松开图 13-2-12 中动程调节螺丝 1，转动剑带轮直到剑头的尖端向内移动 36mm，即从 X 点到 Y 点，如图 13-2-14 所示。

（6）检查图 13-2-12 中动程调节螺丝 1 的位置后，以 80N·m 力矩拧紧它。

（7）松开剑轮紧圈 1（图 13-2-11），重新调节剑头在剑道中央的位置。

（8）转动织机至 292°（幅宽为 1700~2200mm 织机）或 300°（幅宽为 2300~3800mm 织机）检查剑头是否处于正确的位置。如有必要，重复上述操作。

（三）梭口的调节

梭口形状应根据品种进行调节。织机的最小梭口尺寸如图 13-2-15 所示。上层经纱必须比剑头的最大尺寸高 1mm；下层经纱对于 EK 剑头，比剑头最大尺寸低 1mm。对于 FTS 剑头，被经纱支撑杆稍微托起一个角度。

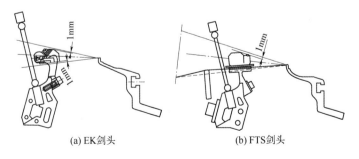

(a) EK 剑头　　　　　　　　(b) FTS 剑头

图 13-2-15　最小梭口尺寸

1. 配置 EK 剑头和固定式托布板的多臂开口（图 13-2-16）

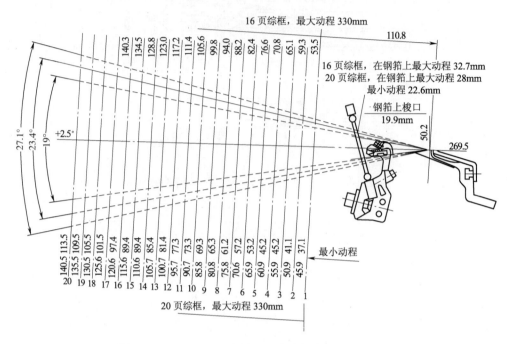

图 13-2-16　配置 EK 剑头和固定式托布板的多臂开口

2. 配置 FTS 剑头和固定式托布板的多臂开口（图 13-2-17）

在配置了可调节托布板的机器上，梭口形状和对称梭口的设置与托布板高度相对应。

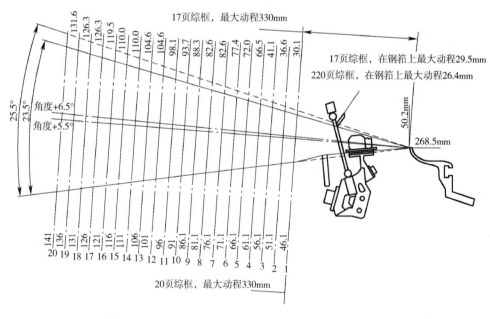

图 13-2-17　配置 FTS 剑头和固定式托布板的多臂开口

3. 配置可调节托布板的多臂开口(图 13-2-18~图 13-2-21)

多臂
16 页综框,钢筘上梭口最大动程 32.7mm
20 页综框,钢筘上梭口最大动程 28mm
钢筘上梭口最小动程 22.6mm

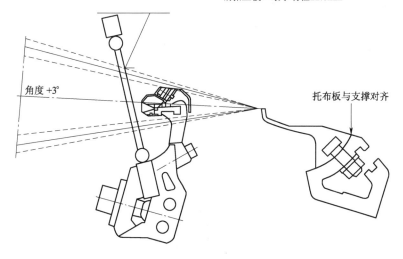

图 13-2-18　配置可调节托布板的多臂开口(一)

多臂
16 页综框,钢筘上梭口最大动程 32.5mm
20 页综框,钢筘上梭口最大动程 27.9mm
钢筘上梭口最小动程 22.5mm

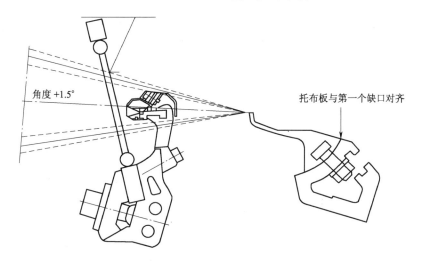

图 13-2-19　配置可调节托布板的多臂开口(二)

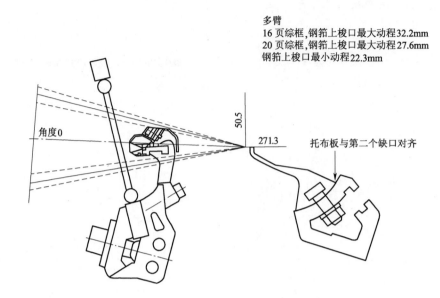

多臂
16 页综框,钢筘上梭口最大动程32.2mm
20 页综框,钢筘上梭口最大动程27.6mm
钢筘上梭口最小动程22.3mm

角度 0

50.5

271.3

托布板与第二个缺口对齐

图 13-2-20　配置可调节托布板的多臂开口

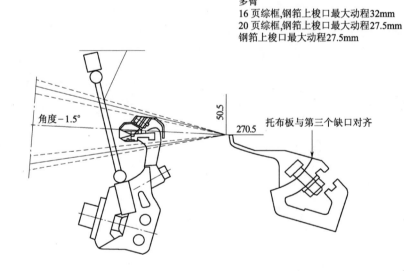

多臂
16 页综框,钢筘上梭口最大动程32mm
20 页综框,钢筘上梭口最大动程27.5mm
钢筘上梭口最大动程27.5mm

角度 -1.5°

50.5

270.5

托布板与第三个缺口对齐

图 13-2-21　配置可调节托布板的多臂开口

(四)后梁

织机配置了电子送经装置,如图 13-2-22~图 13-2-25 所示。后梁 1 通过摆杆 2、连杆 3 与弹簧摆杆 4 相连接,而弹簧摆杆 4 直接受张力弹簧作用。

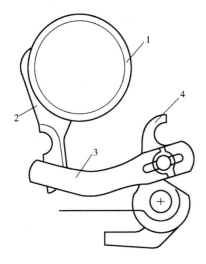

图 13-2-22 800mm 织轴时摆杆与
连杆在低位连接

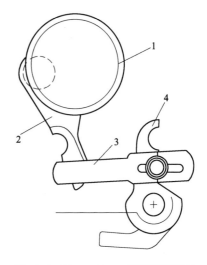

图 13-2-23 1000mm 织轴时摆杆与
连杆在低位连接

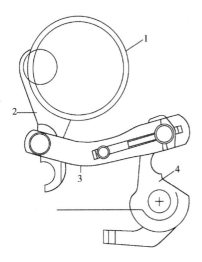

图 13-2-24 800mm 织轴时摆杆与
连杆在高位连接

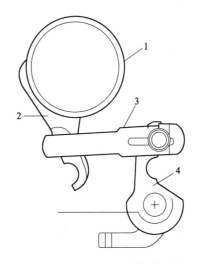

图 13-2-25 1000mm 织轴时摆杆与
连杆在高位连接

电子送经装置根据张力元件采集到的变形量信号控制送经量,这个信号取决于经纱作用于后梁上的力,即经纱张力。终端可以显示经纱张力的设定值和实际值。连杆 3 在摆杆 2 和弹簧摆杆 4 上的位置(图 13-2-22~图 13-2-25),以及弹簧 1 在弹簧摆杆 2 上所处的位置(图 13-2-26)与张力范围的关系见表 13-2-6。

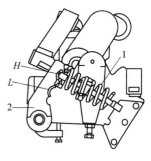

图 13-2-26 弹簧在弹簧摆杆上的位置

表 13-2-6　经纱张力

位置	片纱张力			
	400~2000N	1600~3500N	3000~6000N	5000N 以上
连杆 3 在摆杆 2 和弹簧摆杆 4 上的位置	图 13-2-24,图 13-2-25	图 13-2-24,图 13-2-25	图 13-2-22,图 13-2-23	图 13-2-22,图 13-2-23
弹簧 1 在摆杆 2 上的位置(图 13-2-26)	低位置 L	高位置 H	低位置 L	高位置 H

表 13-2-7 和表 13-2-8 给出对称梭口的设置条件。垂直位置的调节取决于织机幅宽、经轴边盘直径及后梁水平位置。

表 13-2-7　EK 剑头时对称梭口的设置条件

经轴只数	织机幅宽/mm	后梁水平位置					
		经轴边盘直径 800mm			经轴边盘直径 1000mm		
		0~7A	8~14B	15~21C	0~7A	8~14B	15~21C
		后梁垂直位置					
1	1700~2200	-3	-2.5	-2	-4	-3.5	-2.5
1	2300~3000	-4.5	-4	-3	-5.5	-4.5	-4
1	3200~3800	-5	-4	-3.5	-6	-5	-4.5
2	2600~3800	-3	—	—	-4	—	—

表 13-2-8　FTS 剑头时对称梭口的设置条件

经轴只数	织机幅宽/mm	后梁水平位置					
		经轴边盘直径 800mm			经轴边盘直径 1000mm		
		0~7A	8~14B	15~21C	0~7A	8~14B	15~21C
		后梁垂直位置					
1	1700~2200	2	2	2	1	1	1.5
1	2300~3000	0.5	1	1	-0.5	0	0.5
1	3200~3600	0	0.5	1	-1	-0.5	0
2	2600~3600	2	—	—	1	—	—

(五)综框动程的调节

开口机构为 FIMTEXTILE,型号为 RD3010~RD3060-5P-6P,提综杆调节距离如图13-2-27中的 A 所示,距离 A 的具体数值见表13-2-9。

图 13-2-27　配置 FIMTEXTILE 开口机构

表 13-2-9　FIMTEXTILE 开口机构的调节

综框(梭口 25°)	综框动程/mm	A/mm		
		RD3010	RD3060	RD3060-5P-6P
1	58.2	167.0	166.9	89.9
2	63.5	150.1	149.9	72.9
3	68.9	133.2	132.8	55.9
4	74.2	116.2	115.6	38.8
5	79.5	99.3	98.5	21.9
6	84.8	82.2	81.3	87.6
7	90.2	65.4	64.2	70.9
8	95.5	48.5	47.1	54.1
9	100.8	31.7	30.0	37.6
10	106.1	15.1	13.2	21.1
11	111.4	88.6	88.7	71.1
12	116.8	77.4	77.4	60.2
13	122.1	66.1	66.0	49.2
14	127.4	54.8	54.7	38.2
15	132.7	43.6	43.4	27.3
16	138.0	32.3	31.9	75.2
17	143.4	21.2	20.6	64.4
18	148.7	10.1	9.3	53.5

续表

综框(梭口25°)	综框动程/mm	A/mm		
		RD3010	RD3060	RD3060-5P-6P
19	154.0	-1.0	-1.9	42.7
20	159.3	-12.1	-13.0	31.9

开口机构为 STAUBLI,型号为 2670,提综杆调节距离如图 13-2-28 中的 A 和 A_1 所示。距离 A 和 A_1 的具体数值见表 13-2-10。

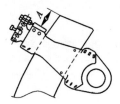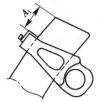

图 13-2-28　配置 STAUBLI 2670 型开口机构

表 13-2-10　STAUBLI 2670 型开口机构的调节

综框	综框动程/mm	A/mm	A_1/mm
1	62.5	160.5	178
2	68.5	148	165.5
3	74	135	153
4	80	122.5	140.5
5	85.5	110	128
6	91.5	110	116
7	97.5	97.5	103.5
8	103	85	91
9	109	73	79
10	114.5	61	67
11	120.5	49	55
12	126.5	37	43
13	132	59	66
14	138	48	55

综框	综框动程/mm	A/mm	A_1/mm
15	143.5	37	44
16	149	26	33
17	155	15	22
18	161	4	1.1
19	167	-7	0
20	172.5	-16	-6.5

开口机构为 STAUBLI,型号为 2861,提综杆调节距离如图 13-2-59 中的 A 所示,A 的具体数值见表 13-2-11。

图 13-2-29　配置 STAUBLI 2861 型开口机构

表 13-2-11　配置 STAUBLI 2861 型开口机构

综框	综框动程/mm	A/mm
1	62.5	127.5
2	68	113
3	74	98.5
4	80	84.5
5	85.8	70
6	91.5	111
7	97.5	100
8	103	89
9	109	78
10	115	67.5
11	120.5	56.5
12	126.5	46

续表

综框	综框动程/mm	A/mm
13	132	66
14	138	56
15	143.5	46.5
16	149.5	36.5
17	155	27
18	161	17.5
19	166.5	7.5
20	171.5	0

(六)织机速度

建议织机速度按表 13-2-12 选择。

表 13-2-12　织机速度　　　　　　　　　　单位:r/min

剑头形式	织机幅度/mm											
	1700	1900	2100	2200	2300	2600	2800	3000	3200	3400	3600	3800[1]
EK 剑头	670	650	620	600	560	520	480	460	450	430	420	400
FTS 剑头	620	600	580	560	520	480	440	400	390	370	360	—

①只对 EK 剑头有效。

表 13-2-13 和表 13-2-14 分别列出电源频率为 50Hz 和 60Hz 时不同幅宽的织机适用的织机速度以及各速度情况下对应的皮带盘和皮带型号。

表 13-2-13　电源频率为 50Hz 时的织机速度

电动机皮带盘直径/mm	幅宽 1700~2800mm		幅宽 3000~3800mm	
	速度/(r/min)	皮带型号	速度/(r/min)	皮带型号
100	395		263	
105	417		278	
110	437	SPAX 1120	292	SPAX 1287
115	455		303	
118	465		310	
120	479		319	

续表

电动机皮带盘 直径/mm	幅宽 1700~2800mm		幅宽 3000~3800mm	
	速度/(r/min)	皮带型号	速度/(r/min)	皮带型号
125	500		333	
130	519		346	
135	542	PAX 1162	361	SPAX 1337
140	560		373	
145	582		388	
150	604		403	
155	625		417	
160	645		430	
165	668		445	
170	—		460	

表 13-2-14　电源频率为 60Hz 时的织机速度

电动机皮带盘 直径/mm	幅宽 1700~2800mm		幅宽 3000~3800mm	
	速度/(r/min)	皮带型号	速度/(r/min)	皮带型号
85	397		265	
90	425		283	
93	438	SPAX 1082	292	SPAX 1272
95	450		300	
100	474		316	
105	50		333	
110	525		350	
115	546		364	
118	558		382	
120	578		383	
125	600	SPAX 1120	400	SPAX 1307
130	622		415	
135	650		433	
140	672		448	
145	—		466	

四、织机的保养

(一)需润滑的部件与部位

需润滑的部件与部位见表 13-2-15,过滤器的更换周期见表 13-2-16。

表 13-2-15　需润滑的部件与部位

部件	换油周期	油品型号	油品特性
压力润滑系统油箱	20000h(或每 3 年)	KLüBR SYNTH 100KV	合成油
前卷取齿轮箱	5000~20000h(或每 3 年)	AGIP BLASIA 680 KLüBER SYNTHESO D680EP	矿物油,合成油
单/双经轴送经机构	5000~20000h(或每 3 年)	AGIP BLASIA 680 KLüBER SYNTHESO D680EP	矿物油,合成油
齿轮和经轴大齿轮	每月	AGIP GR MU 3 KLüBER OENTOPLEX 3	多用途锂基油脂
经轴滑轮	每月	AGIP GR MU 3 KLüBER OENTOPLEX 3	多用途锂基油脂
经轴轴头圈	每月	AGIP GR MU 3 KLüBER OENTOPLEX 3	多用途锂基油脂
前卷取齿轮	每月	AGIP GR MU 3 KLüBER OENTOPLEX 3	多用途锂基油脂

续表

部件	换油周期	油品型号	油品特性
卷取辊链条及轴头	每月	AGIP GR MU 3 KLüBER OENTOPLEX 3	多用途锂基油脂
综框分隔木块	每月	LUBROPRESS	矿物和合成油乳液 （浓度与油一样，有抗静电性）
综框侧导板内侧毛毡	每月	KLüBER SYNTH 100KV AGIP GR MU 3	合成油
综框侧导板中央导杆	每月	KLüBER OENTOPLEX 3	多用途锂基油脂
绞边装置驱动凸轮	每月	BELLINI HAROL GREASE LI-EP-2-PT KLüBER MICROLUBE	含黏添加剂锂基油脂 油脂代码 0470008 锂基油脂
筘座支架	每月	AGIP GR MU 3 KLüBER OENTOPLEX 3	多用途锂基油脂
后梁轴承(左右侧)	每月	AGIP GR MU 3 KLüBER OENTOPLEX 3	多用途锂基油脂
弹簧螺杆	每月	KLüBER SYNTH 100KV	合成油
弹簧螺杆支撑点	每月	AGIP GR MU 3 KLüBER OENTOPLEX 3	多用途锂基油脂

续表

部件	换油周期	油品型号	油品特性
后梁支架的支点	每月	AGIP GR MU 3 KLüBER OENTOPLEX 3	多用途锂基油脂
边剪弹簧挂钩	每月	BELLINI HAROL GREASE LI-EP-2-PT KLüBER MICROLUBE	含黏添加剂锂基油脂 油脂代码 0470008 锂基油脂
压布辊头端及轴承	每月	BELLINI HAROL GREASE LI-EP-2-PT KLüBER MICROLUBE	含黏添加剂锂基油脂 油脂代码 0470008 锂基油脂
上经轴后梁轴头 及螺纹转向辊	每月	BELLINI HAROL GREASE LI-EP-2-PT KLüBER MICROLUBE	含黏添加剂锂基油脂 油脂代码 0470008 锂基油脂
纬纱剪刀装置	每月	BELLINI HAROL GREASE LI-EP-2-PT	含黏添加剂锂基油脂 油脂代码 0470008
电子绞边装置	每 6 个月	261KV	多用途锂基喷剂 油脂代码 0470008

表 13-2-16　过滤器的更换周期

过滤器	更换周期/h	型号	编号
吸油	20000 （每次换油必须更换）	CS 5000 M. 60. A（蓝）	0483028

过滤器	更换周期/h	型号	编号
排油	5000 （每次换油必须更换）	CS 5000 M. 10. A（白）	0483031
吸油	20000 （每次换油必须更换）	04740023	2690213

（二）定期检查保养

1. 每日检查（表13-2-17）

表13-2-17　每日检查保养表

检查部位	内容
吸风装置过滤器	清空、清洁并检查状态
废边箱	清空并检查卷绕力

2. 每周检查（表13-2-18）

表13-2-18　每周检查保养表

检查部位	内容
剑带润滑块	清洁检查
选色器	清洁选色电动机
主电动机	清洁吹风电动机及外围区域
吸风嘴	清洁
吸风电动机	清洁散热槽和风扇
慢速电动机	清洁散热槽
电箱	清洁散热槽

3. 每月检查（表13-2-19）

表13-2-19　每月检查保养表

检查部位	内容
电气连接外罩	检查完好性
经轴	大齿轮、小齿轮和轨道清洁加油
剑轮	检查完好性

续表

检查部位	内容
剑带驱动机构	检查滑块和螺杆的间隙
边撑	检查位置、刺的状态及刺环的转动灵活性
综框	检查综框固定螺丝、侧导轨和润滑木分隔块
筘座	清洁筘座横轴和支架间区域,并润滑筘座支撑
剑带	检查磨损情况
剑头	检查纱夹及与经纱接触面的磨损情况
开口机构连杆	清洁并润滑
边剪和中间剪刀	检查位置和刀片磨损情况,润滑弹簧挂钩点
纬纱剪刀	检查剪切时间和刀片磨损情况,并润滑
机械绞边传动装置	检查开启动绳的完好性
右侧剑头开启器	检查开启器位置和磨损情况
左侧剑头开启器	检查开启器位置和磨损情况
经停架	清洁并检查完好性,检查接触杆的固定和磨损情况
废边卷取罗拉	清洁
电动机皮带	清洁并检查磨损情况
机械绞边传动带	清洁并检查磨损情况
开口机构传动带	清洁并检查磨损情况
次轴皮带	清洁并检查磨损情况
润滑泵皮带	清洁并检查磨损情况
废边卷取罗拉皮带	清洁并检查磨损情况
钩边皮带	清洁并检查磨损情况
前卷取变速箱	加油脂并检查油位
卷取罗拉	链条、链轮和罗拉端加油脂
综框导轨	毛毡加油,中央销子加油脂
后梁	轴承、弹簧杆接触点及杠杆支点加油脂润滑弹簧杆
上经轴后梁	销钉和轴承加油脂
加压罗拉	快速释放装置销钉和轴承加油脂
润滑回路	检查油位和回路完好性

检查部位	内容
送经机构	检查润滑情况
螺杆上的油管	检查完好性

4. 每六个月检查(表13-2-20)

表13-2-20 每六个月检查保养表

检查部位	内容
导钩、侧导轨和圆形槽	检查对齐和磨损情况
剑带压块	检查位置和磨损情况
连杆和开口机构	检查连接处间隙
制动和离合器	检查间隙
卷取和加压罗拉	检查包覆层完好性
卷取辊离合器	清洁并检查卷取情况
后梁(轴承)	检查轴承和轴承的完好性,摆杆的运动情况
次轴	清洁剪刀轴
安全装置	检查安全装置的有效性
电动机皮带	张紧
绞边装置皮带和驱动绳	张紧
开口机构皮带	张紧
次轴皮带	张紧
润滑泵皮带	张紧
废边卷取罗拉皮带	张紧
钩边装置皮带	检查完好性和磨损情况
螺杆滑块	润滑
电子绞边装置传动部件	检查磨损情况

五、织物疵点分析

织物疵点及其产生原因和影响因素见表13-2-21。

表 13-2-21　织物疵点及其产生原因和影响因素

	现象	产生原因和影响因素
纬纱系统	未夹住纬纱	终端显示:纬停, 颜色(1~12),角度 (0~50°)	纬纱剪刀和剪切时间的调节 纬纱水平钩的位置 导纬器的调节 左剑头的夹持力、清洁度及完好性 纬纱制动不足 选色器选纬指的位置 废边太少 剪刀状态和调节 纬纱监测时间 纬纱监测器敏度 选色器故障 选色器电路板自测操作 编码器故障
	左剑头脱纱	终端显示:纬停, 颜色(1~12),角度(51°~175°)	纬纱剪刀和剪切时间的调节 左剑头的夹持力、清洁度及完好性 纬纱制动太大 纬纱水平钩的调节 吸风口的状态和调节 滑块和螺杆间的间隙 选色器的横向位置 剪刀的状态和调节
	纬纱在中间,交接失败或在中间脱纱	终端显示:纬停, 颜色(1~12),角度(176°~190°)	纬纱制动不足 剑头在交接处的位置 剑头的夹持力、清洁度及完好性 剑带磨损 选色器的高低定位 纬纱退绕和制动不匀 滑块和螺杆间的间隙
	右剑头脱纱	终端显示:纬停,颜色(1~12), 角度(191°到最后的 纬纱监测度数)	右剑头的夹持力、清洁度及完好性 纬纱制动 剑头开启器的磨损 纬纱剪切时间(检查吸风管内是否有纬纱头)

续表

	现象		产生原因和影响因素
纬纱系统	右侧纬纱断头	终端显示:长纬停车	闭口时间 废边纱数量、质量及张力 废边纱穿法及交错式梭口 右剑头开启器位置不正确或磨损 纬纱退绕或制动不匀 右剑头的夹持力、清洁度及完好性
	松纬	纬纱在布面的右侧 松弛,手感明显	综平时间 废边的交错式梭口 右剑头动程太大 纬纱制动 右剑头开启器的调节
	双纬	终端显示:双纬	纬纱导纱器的调节 纬纱制动不足 纬纱在选纬器上的排列与间隔 纬纱监测器灵敏度 选色器位置 选色器故障 选色器电路板自测 编码器功能错 纬纱剪刀调节
	短纬和不 规则长纬	从右侧布边到中心 短纬,布身中有不规则纬纱尾	滑块和螺杆的间隙 剑带磨损 剑带轮的完好性与对齐情况 剑道与侧导轨的直线性 右剑开启太早或开口太大 纬纱制动不足或太大 综平时间 废边纱的数量、质量及张力 废边纱的穿法及交错式梭口 纬纱剪切时间(检查吸风装置内是否有纬纱头) 剪刀片的状态及完好性

	现象		产生原因和影响因素
纬纱系统	断经或经纱被分开		经纱梭口形状 剑头和剑带的完好性(检查是否有锐边或尖角) 边撑的定位与调节 经纱张力 综平时间
	经纱被撞断与剑带导钩呈一直线	距打纬点 42~45mm 处	抬高综框或增大开口 交错综框的位置 磨光或打磨剑带的锐边 磨光或打磨剑带
	经纱撞断	距打纬点 52~55mm 处	磨光或打磨剑带的锐边 左剑或右剑的完好性 纬纱水平钩的位置(后) 剑带/剑头尾部的结合 磨光剑头与剑带结合处的底部 交错综框的位置 抬高或降低所有综框
		距打纬点 55~65mm 处	如果纬纱可能磨断经纱,给纬纱加油 抬高综框 降低纬纱张力 剑头和剑带的状态和完好性
		纬纱交接处,距打纬点 45~55mm 处	抬高综框 增加开口 更换一个或两个剑头 移开交接点 5~6mm
	松经	经向条影,经纱凸起,手感明显	开口度、对称性及综框高度的统一性 穿法及钢筘类型 经轴有松经或断经 地组织及废边综平时间 边或废边的开口 绞边装置的稳定性 经停装置的位置和调节

续表

	现象		产生原因和影响因素
纬纱系统	紧经		经轴有松、紧经 经纱张力太大 开口度、对称性及综框高度的统一性 经停架位置及调节
经纱系统	经向条影	织物在整个长度上 出现有规律的条影	穿筘法 筘齿故障 后梁高度 综框的直线性(如果靠近剑速导轨,检查织机水平) 边撑的完好性、调节及清洁度 托布板太低
	开口错误	织物在整个宽度上有疵点	组织设计错 组织传输中有错(存储卡有故障) 多臂故障 开口度、对称性及综框高度的统一性

第三章 必佳乐剑杆织机

第一节 必佳乐主要型号剑杆织机

必佳乐（Picanol）主要型号剑杆织机的技术特征见表13-3-1。

表 13-3-1 必佳乐主要型号剑杆织机技术特征

机型		GTM 型	GTM-A 型	GTM-AS 型	GTX 型	GAMMA 型	GAMMAX 型
公称筘幅/cm		190,220,260	190,220,260,280	190,220,260,280	190,220,240,280	190,220,250,280,300,340,380	190,210,220,230,250,300,320,340,360,380
适应纱线范围	短纤纱/tex	5~345	5~330	5~330	5~330	5~330	5~970
	长丝/dtex	25~4400	25~4400	25~4400	25~4400	25~4500	25~4500
最高转速/(r/min)		350	380	450	520	580	650
最高入纬率/(m/min)		850	900	980	1000	1300	1500
开口装置		机械多臂,机械或电子提花	机械或电子多臂,机械或电子提花	电子多臂,电子提花	电子多臂,电子提花	电子多臂,电子提花	电子多臂,电子提花
打纬装置		分离筘座,凸轮打纬	分离筘座,凸轮打纬	分离筘座,凸轮打纬	分离筘座,凸轮打纬	分离筘座,凸轮打纬	分离筘座,凸轮打纬
引纬装置		双侧空间四边杆机构,传动扇形齿轮,带动传剑轮引纬,挠性剑杆,有双侧剑带导钩,剑头为合金材料	双侧空间四边杆机构,传动扇形齿轮,带动传剑轮引纬,挠性剑杆,有双侧剑带导钩,剑头为合金材料	双侧空间四边杆机构,传动扇形齿轮,带动传剑轮引纬,挠性剑杆,有双侧剑带导钩,剑头为合金材料	双侧空间四边杆机构,传动扇形齿轮,带动传剑轮引纬,挠性剑杆,有双侧剑带导钩,剑头为轻质合金材料	双侧空间四边杆机构,传动扇形齿轮,带动传剑轮引纬,挠性剑杆,有双侧剑带导钩(可选无导钩),剑头为轻质合金材料	双侧空间四边杆机构,传动扇形齿轮,带动传剑轮引纬,挠性剑杆,有双侧剑带导钩(可选无导钩),剑头为轻质合金材料

续表

机型	GTM 型	GTM-A 型	GTM-AS 型	GTX 型	GAMMA 型	GAMMAX 型
送经装置	力矩电动机,间隙送经	力矩电动机,间隙送经	力矩电动机,间隙送经	伺服电动机,连续送经	ELD 电子送经	ELD 电子送经
卷取装置	机械式连续卷取	机械式连续卷取	机械式连续卷取	机械式连续卷取	ETU 电子卷取	ETU 电子卷取
选色装置	6 色机械选纬	8 色机械选纬	8 色机械选纬	8 色步进电动机,电子选纬	8 色步进电动机,电子选纬	12 色步进电动机,电子选纬
储纬装置	意大利 ROJ 公司 AT1200 型	意大利 ROJ 公司 AT1200 型	瑞典 IRO 公司 Laser 型	必佳乐公司,自配瑞典 IRO 公司产品	必佳乐公司,自配典 IRO 公司产品	瑞典 ROJ 公司 Luna X2 型
布边装置	机械纱罗绞边	机械纱罗绞边	机械纱罗绞边	独立驱动绞边装置	线性电动机,纱罗绞边(ELSY)	线性电动机,纱罗绞边(ELSY)
润滑系统	强制油润滑系统	强制油润滑系统	强制油润滑系统	强制性中央集中润滑系统	强制性中央集中润滑系统	微电脑控制,集中润滑
经停装置	6 列电控式	6 列电控式	6 列电控式	6 列电控式	6 列电控式	6~8 列电控式
纬停装置	压电探纬器	压电探纬器	压电探纬器	压电探纬器	压电探纬器	压电探纬器
纬密/(根/10cm)	20~1200	20~1200	17.5~1340	17.5~1340	200~1100	100~1300
经轴直径/mm	805,1000	805,1000	805,1000	805,904,1000	805,1100	805,1100
卷布直径/mm	600	600	600	600	580,600	580,600
监控系统	微处理机监控系统,检测和控制织机所有功能,采集和储存生产统计数据,借助软件可与主计算机系统进行双向通信	微处理机监控系统,检测和控制织机所有功能,采集和储存生产统计数据,借助软件可与主计算机系统进行双向通信	微处理机监控系统,检测和控制织机所有功能,采集和储存生产统计数据,借助软件可与主计算机系统进行双向通信	微处理机监控系统,检测和控制织机所有功能,数控记忆模块可记录大量生产统计数据,电控箱配有终端图形显示器,功能键盘,可用记忆卡编程,并可与主计	32 位微处理机监控系统,检测和控制织机所有功能,数控记忆模块可记录大量生产统计数据,电控箱配有液晶图形显示器,功能键盘,可用记忆卡编程,并可与主	32 位微处理机监控系统,CAN-BUS 总线技术连接不同装置,检测和控制织机所有功能,电控箱配有液晶图形显示器,功能键盘,可用记忆卡编程

续表

机型	GTM 型	GTM-A 型	GTM-AS 型	GTX 型	GAMMA 型	GAMMAX 型
监控系统				计算机系统进行双向通信	计算机系统进行双向通信	或软件升级，终端可通过统一 S 波段（USB）记忆杆，掌上电脑或键标界面进行无线通信，可与主计算机系统进行双向通信，并可将生产数据经本地网络和互联网进行传送
其他装置		PSO 断纬自动切换装置　ATU 气动引头装置		PSO 断纬自动切换装置　PFT 可编程纬纱张力控制器　可配电子卷取　Knotty 快速结经装置　QSC 快速品种更换系统	SUMO 电动机传动　PSO 断纬自动切换装置　Knotty 快速结经装置　QSC 快速品种更换系统　可选 FF 型无导钩引纬系统	SUMO 电动机传动　PSO 断纬自动切换装置　Free Fkuggt 型剑杆无导钩引纬系统　ERGO 剑头打开器　USB 记忆杆　QSC 快速品种更换系统　水冷却装置　ERGO-11 型右杆剑头打开器
外形尺寸（宽×深）/cm	(417~536)×182.7	(488~588)×182.7	(488~588)×182.7	(488~588)×182.7	(507.3~707.6)×187.3	(465.9~707.6)×187.3

第二节　必佳乐剑杆织机的主要机构

一、织机的传动

GTM 型剑杆织机一般配有多个电动机,驱动织机的各种机构相互配合协调地运动。其中有主电动机,驱动织机高速运转;有慢速寻纬电动机,完成织机的慢动和找纬动作。此外电子式送经机构还配置有独立的送经电动机。全机传动如图 13-3-1 所示。

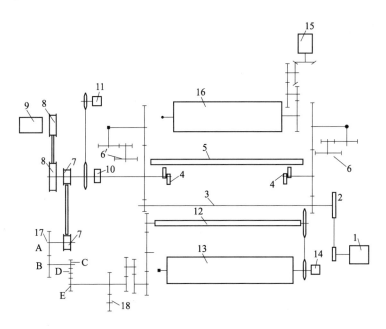

图 13-3-1　GTM 织机全机传动图

1—主电动机　2—主离合器　3—高速轴　4—共轭凸轮　5—筘座　6,6'—传剑盘　7,8—同步带轮

9—多臂机　10—离合器　11—慢速电动机　12—卷取辊　13—卷布辊　14—摩擦器　15—送经电动机　16—织轴

17—手柄　18—摇柄　E—纬密轮

二、开口机构

必佳乐剑杆织机根据需要,可配备凸轮开口机构、多臂开口机构和提花开口机构。

(一)凸轮开口机构

必佳乐剑杆织机多配置积极式共轭凸轮开口机构。共轭凸轮开口机构是通过刚性连杆的传动,积极地控制综框的升降运动,综框运动平稳可靠,利于高速。共轭凸轮开口机构多以瑞士 STAUBLI 1585 型、1600 型为主,适用于制织平纹、斜纹、缎纹等简单组织织物,可控制 2~10 页综框,这几种共轭凸轮开口机构工作原理相似。

共轭凸轮开口机构如图 13-3-2 所示,固装于一起的主副凸轮 1、1′分别驱动转子 3、3′,在共轭凸轮回转一周的过程中,驱动摇臂杆 4 左右摇摆,经过连杆 5 和连杆 7 传动摇臂杆 6 和 8,最后通过升降连杆 9、9′和升降杆 10、10′使综框 11 上下升降,有规律地完成开口动作。调节图中连接点 A 的上下位置,可调节梭口的大小,调节连接点 B、B′的上下位置。可调节梭口在空间的上下位置。

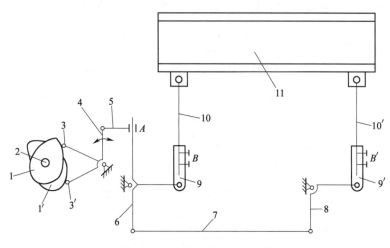

图 13-3-2　共轭凸轮开口机构

(二)多臂开口机构

多臂开口机构分为机械多臂开口和电子多臂开口,如 STAUBLI 2212 型、2232 型为机械多臂机,STAUBLI 2612 型、2660 型等为电子多臂机。STAUBLI 2212 型多臂机采用植有纹钉的纹板链控制提综次序,STAUBLI 2232 型采用打有纹孔的纹纸控制提综次序,这两种多臂机除了信号机构稍有差异外,其余工作原理一致。STAUBLI 2612 型、2660 型通过偏心轮的回转控制综框的升降。图 13-3-3 所示为 STAULI 2212 型多臂机机械结构图,当纹板筒 1 转动时,纹钉 2、2′推动摇杆 3、3′,使摇杆克服弹簧 14 的作用,围绕其轴心做顺时针方向摆动,从而推动穿于摇杆底部孔眼里的竖针 4、4′,使竖针上部三角形小钩脱离竖针提刀 5、5′的运动范围,使竖针杆 6、6′随自重下落,穿于竖针杆槽孔中的拉钩 8、8′随之下落于上下拉刀 7、7′的作用位置。图中所示为上拉钩受纹钉的控制,因自重及上保持杆 11 的积极下压而与上拉刀 7 相钩咬,下拉钩因无纹钉作用而脱离下拉刀 7′的行程范围,受下保持杆 11′的顶卡作用而固定于下支承杆 15′和保持杆 11′之间。上拉刀 7 将上拉钩 8 拉向右方,通过与拉钩相连的平衡杆 10 传动提综臂 12,使其绕轴心顺时针转动,牵引提综连杆 13 使综框上。下一纬时,由于下拉钩未受拉刀 7′的作用,下拉刀空载着和下复位杆 9′向右运动,同时上拉刀 7 和复位杆 9 向左运动,受上复位杆 9 的积极作用,平衡杆 10、提综臂 12 恢复至原位,使综框积极回复至最低位置。倘若下一纬综框仍然需处于上层位置时,则纹板上相应位置植有纹钉,以使下拉钩 8′ 和下拉刀 7′ 相钩咬,如图 13-3-4 所示,下拉钩 8′ 被下拉刀 7′ 拉向右边,同时上拉刀 7 及上复位杆 9 向左运动,由于拉刀与拉钩之间无间隙,这样就形成一个平行四连杆机构,A 点与 O 点对称分布,显然提综臂上 A 的位置将保持不变,综框仍维持在上层不动,形成全开梭口。另外,当拉钩落到拉刀上时,为消除拉刀与拉钩之间的间隙,拉刀除作往复运动外,拉刀在作用于拉钩的瞬间还作微量转动,从而避免拉钩与拉刀咬合时的冲击,以适应高速,且综框运动平稳。

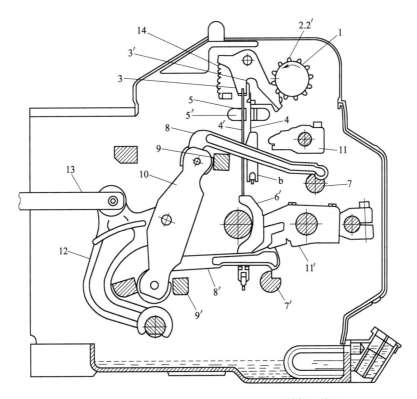

图 13-3-3　STAUBLI 2212 型多臂机机械结构示意图

在信号机构中,纹板筒每转动一次,变换一块纹板,连续控制两纬梭口。以图 13-3-4 为例,纹板上有四组孔,分别控制四页综框,每组孔中左侧位控制上一纬梭口,右侧位控制下一纬梭口,图 13-3-5 中涂黑部分植有纹钉,上一纬时,综框 1、3 处于上层位置,2、4 处于下层位置,下一纬时,综框 2、4 上升至上层,1、3 下降至下层。

图 13-3-6(a)为 STAUBLI 2612 型电子多臂机的信号机构图,固装于一体的转子臂 5、5′ 通过转子 4、4′ 受共轭凸轮的作用,绕轴 6 摆动,从而带动选择杆 2 及电磁铁 1 做上下运动。同时,选择杆 2 受电磁铁 1 及弹簧 3 的作用分别处于右摆位及左摆位。当某页综框需处于上层梭口

位置时,相对应的电磁铁1得电,克服弹簧3的作用,吸住选择杆2,同时,选择杆2向下运动,压向选择臂,最终驱动执行机构,使该页综框上升或保持于上层梭口位置。同理,当电磁铁不得电时,则相应综框下降或保持于下层梭口位置。

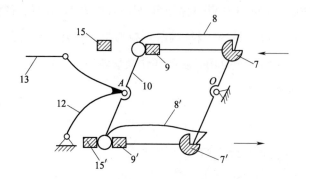

图 13-3-4　综框连续处于上层时的动作

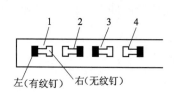

图 13-3-5　植有纹钉的纹板

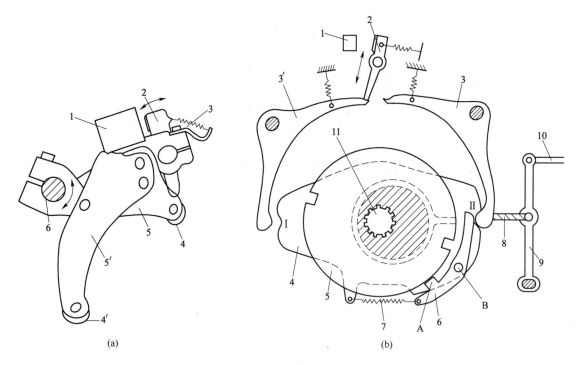

(a)　　　　　　　　　　　(b)

图 13-3-6　电子多臂机工作示意图

　　图 13-3-6(b)为 STAUBLI 2612 型电子多臂机工作示意图,图中缺口驱动轮5与传动轴11以花键连接,偏心盘4与传动轴11以轴承连接,偏心盘4上的偏心圆凸台(图中实线阴影部分)与连杆8以滚针轴承连接,偏心圆凸台相对于偏心盘轴孔中心是一个偏心圆,选择杆3、3′的厚度等于插销杆6及偏心盘4的厚度之和,插销杆6以偏心盘4上的凸起小圆杆 B 为转动轴心。

该多臂机工作原理可从以下四个方面进行说明。

1. 综框处于下层位置

电磁铁 1 不得电,选择杆 2 在其弹簧的作用下,压向选择臂 3′,选择臂 3′的头端脱出偏形盘弧形槽口Ⅰ,同时选择臂 3 在其弹簧作用下,其头端卡入偏心盘另一弧形槽口Ⅱ,并克服弹簧 7 的作用将插销杆 6 的头端压下,从而使插销杆的插销 A 脱出于缺口驱动轮 5 的缺口,缺口驱动轮无法通过插销传动偏心盘,偏心盘的弧形槽口Ⅱ与选择杆 3 的头端相吻合而静止不动,偏心盘的大半径向右方,综框处于下层梭口位置。

2. 综框从下层梭口位置向上提升

电磁铁 1 得电,选择杆 2 压向选择臂 3,选择臂 3 的头端从偏心盘 4 的弧形槽口Ⅱ脱出,并失去对插销杆 6 头端的压迫作用,插销杆 6 在其弹簧 7 的作用下,将插销 A 卡入缺口驱动轮 5 的方形缺口,缺口驱动轮 5 带动插销杆 6 和偏心盘 4 一起转动,偏心盘的大半径转向左方,通过连杆 8 拉动摇臂 9,使提综杆 10 向左运动,综框上升。

3. 综框继续处于上层梭口位置

电磁铁 1 得电,使选择臂 3 的头端从偏心盘 4 的弧形缺口Ⅰ中脱出,选择臂 3′的头端卡入偏心盘 4 的弧形缺口Ⅱ,并将插销杆 6 的头端压下,插销 A 脱离缺口驱动轮的缺口,偏心盘 4 脱离缺口驱动轮的传动,偏心盘的大半径保持朝向左方,综框仍处于上层梭口位置。

4. 综框从上层梭口位置下降

电磁铁 1 不得电,选择杆 2 压向选择臂 3′,选择臂 3′头端从偏心盘弧形缺口Ⅱ中脱出,插销杆 6 的插销被卡入缺口驱动轮,偏心盘 4 被驱动,偏心盘的大半径转向右方,提综杆 10 向右运动,综框下降。

(三)提花开口机构

提花开口机构用来制织大花纹织物,主要有德国的 GROSSE 提花机、意大利的 BOBBIO 提花机和瑞士的 STAUBLI VERDOL 提花机,有 896 针、1344 针、2688 针三种规格,根据需要进行选配。

三、引纬机构

GTM 型剑杆织机的引纬机构原理与其他剑杆织机一致,仅在具体的机械结构上有不断的改进,其引纬工作原理如图 13-3-7 所示,曲柄 1 回转时带动叉形杆 2 尾部作圆周运动,叉部以十字杆 3 为轴作摇摆运动,同时,叉形杆 2 和十字杆 3 一起以轴 B 为支点作左右摇摆,通过连杆 4 传动扇形齿轮 5,经齿轮 6 最终传动传剑轮 7,驱动剑带 8 进出梭口,剑带进出梭口时,后侧与钢筘筘面接触,前侧由导剑钩进行导引,剑带运行平稳、可靠。调节剑杆动程时,可调节连杆4与扇形齿轮5的连接点A的位置,当A点下移时,剑杆动程增大,反之则减小。调整两剑的交接位置靠调节剑带与传剑轮的初始啮合位置而得。

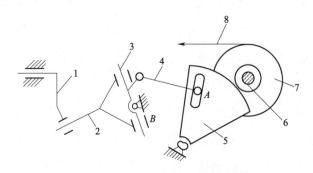

图 13-3-7 GTM 型剑杆织机引纬机构示意图

四、打纬机构

GTM 型剑杆织机配置双侧共轭凸轮打纬机构,具有以下特点。

(1)筘座在后心位置有较长的静止时间,达 220°,以保证有足够的引纬时间。

(2)打纬动程短,为 85mm,减少了经纱与钢筘筘齿的摩擦长度,以利于织造高密织物及减少经纱断头。

(3)采用分离式筘座共轭凸轮打纬,结构简单、紧凑,钢筘的进程、回程都受到积极的控制,属非惯性打纬,利于打紧织物。

(4)采用轻质筘座,以利高速。和大部分高档剑杆织机一样,GTM 型织机采用分离式筘座双侧共轭凸轮打纬。这样,筘座在后心处的静止时间较长,利于引纬。共轭凸轮属几何锁合型机构,筘座的进程和回程均受到积极有效的控制,利于高速及打紧纬纱,其工作原理如图 13-3-8 所示,共轭凸轮回转时,副凸轮 4 推动转子 5,使筘座 8 绕其轴 6 作逆时针转动,钢筘后退,同时,转子 5 紧贴主凸轮 1;转子 3 与副凸轮等径轮廓线始点接触时,转子 5 也与主凸轮 2 的等径轮廓线始点同时接触,此时,筘座静止;钢筘处于后心静止一段时间后,转子 2 与主凸轮 2 的等径轮廓线终点接触,钢筘开始受主凸轮控制,向前

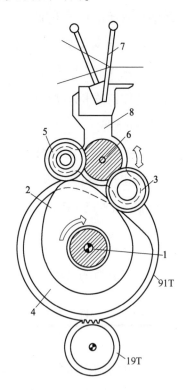

图 13-3-8 共轭凸轮打纬机构

打纬,此时副凸轮转子 3 紧贴副凸轮 4。这样,两凸轮彼此互相共轭,完成筘座的往复摇摆运动。

五、送经机构

必佳乐公司较早地在剑杆织机上采用电子送经,早期是间歇式电子送经,后来又推出了电子连续式送经机构。

(一)GTM 间歇式送经机构张力调节系统

GTM 间歇式送经机构的张力信号检测部分如图 13-3-9 所示,正常生产时,活动后梁 2 在张力弹簧 6 及经纱 4 的张力作用下,处于平衡状态。铁片 7、8 安装在活动后梁 2 的托架上,随托架 3 做摆动,接近开关 9、10 固定于机架上,其中接近开关 9(黑色)用来检测正常织造时活动后梁 2 的位置,即经纱张力的大小,当铁片 7 遮住接近开关 9 时,接近开关输出信号,使送经电动机回转,送出经纱;接近开关 10(黄色)则起保护作用,当经纱张力太大时,铁片 8 遮住接近开关 10,发出信号使织机停车,当经纱张力太小时,铁片 7 遮住接近开关 10,同样使织机停车。显然,只有当经纱张力超过一定值时,铁片 7 才遮住接近开关 9,使电动机回转,送出经纱。由于送经电动机的转速是恒定的,送经量是通过控制送经电动机工作时间的长短来调节的,此种送经方式属间歇式送经。

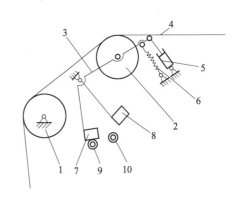

图 13-3-9　GTM 间歇式送经系统
经纱张力信号机构

调节上机张力时,可调节张力弹簧的压缩量,或者使用弹性规格不同的弹簧。

(二)GTM 电子连续式送经机构张力调节系统

GTM 电子连续式送经机构的张力信号检测部分如图 13-3-10 所示。当正常织造时,送经量检测接近开关 3 感测活动后梁托架下底部与其自身上表面之间的距离 x,并将之送入微处理器与标准设定值作比较,当 x 值变大时,说明经纱张力减小,此时,微处理器发出信号,将电动机转速调慢,以减少送经量,增大经纱张力,使 x 值回复到标准设定值;反之,当 x 值减小时,说明经纱张力过大,则将电动机转速调快,增大送经量,同样使 x 值回复到标准设定值,x 的标准设定值为 5.8mm。接近开关 2 起保护作用,当经纱松弛或经纱张力太小时,铁片遮不住接近开关 2,织机便会自动停车或无法启动。

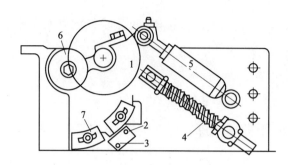

图 13-3-10 GTM 电子连续式送经系统经纱张力信号机构

1—活动后梁 2—接近开关 3—送经量检测接近开关 4—张力弹簧 5—液压阻尼 6—后梁 7—感应片

GTM 连续式送经机构张力的调节与 GTM 间歇式送经机构张力的调节方法相同。

(三)GTM 型剑杆织机送经机构的送经系统

GTM 型剑杆织机的送经系统是由独立的送经电动机驱动的,工作原理如图 13-3-11 所示。

送经电动机 1 接受张力调节系统的信号,通过一对变换锥齿轮 2、3(A、B),蜗杆 4、蜗轮 5、送经小齿轮 6 传动固装在织轴上的织轴齿轮,最终传动织轴。A、B 锥齿轮的传动比取决于送经值 x 和机器速度,A、B 锥齿轮的搭配见表 13-3-2。

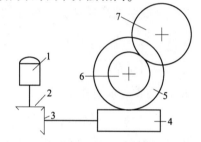

图 13-3-11 GTM 型织机送经机构

表 13-3-2 A、B 锥齿轮的搭配

传动比	齿数	
	A 锥齿轮	B 锥齿轮
2/1	30	15
14/1	31	22
1/1	30	30
7/1	22	22
1/2	15	30

送经值计算公式如下:

$$x = \frac{纬纱根数}{1+织缩率}$$

通过送经值 x 和织机速度,查相应图表便可确定适宜的传动比,最终选定所需的变换锥齿轮。

六、卷取机构

(一)GTM 卷取机构

GTM 型剑杆织机采用积极的机械连续卷取机构,传动简图如图 13-3-12 所示。齿轮 1 通过一系列齿轮的传动,最终传动卷取辊 8,使之将织物积极均匀卷离织口。为尽量减少纬密齿轮的数量,齿轮 1 与齿轮 2 有三种不同的组合,即 17 齿/68 齿,43 齿/43 齿,68 齿/17 齿,齿轮 3 和齿轮 4 有两种不同的组合,即 21 齿/42 齿,42 齿/21 齿,最终使纬密齿轮 5 仅需在 25~60 齿之间任意调换,便可适应不同的纬密。另外,当脱开齿轮 1 轴上的联轴节时,便可人工转动齿轮 9,使织物快速卷取或退出。

织物经卷取辊积极均匀地卷离织口后,经织物卷绕系统而被平整地卷绕到卷布辊上,如图 13-3-13 所示。卷取辊通过链轮传动摩擦离合器的输入轴,并通过摩擦离合器传动卷布辊,当卷取辊与卷布辊之间的布面张力大时,摩擦离合器便打滑,即由于布辊卷装越来越大,布面张力作用于布辊轴心的力矩超过摩擦离合器的摩擦力矩时,摩擦离合器便打滑,以保证织物卷绕线速度恒定。由此可见,织物卷装越大,卷绕布面张力越小,卷装直径一般为 550mm、600mm,GTM 型织机也可选用机外卷绕实现大卷装,采用机外卷绕过程中,卷绕线速度恒定,但是机台占地面积大,空中也需架设用以运输的吊轨。

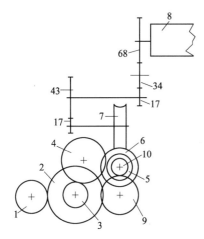

图 13-3-12　卷取齿轮传动

1,2,3,4,9,10—变换齿轮对　5—纬密变换齿轮

6—蜗杆　7—蜗轮　8—卷取辊

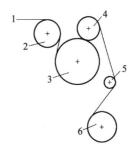

图 13-3-13　织物卷绕示意图

1—织物　2—伸幅辊　3—卷取辊

4,5—导布辊　6—卷布辊

(二)边撑

为克服因纬纱织缩而导致织口处的布幅缩减,减少由于布边经纱倾斜过多,与钢筘筘齿产

生较多摩擦而导致的边经纱断头,位于织口处织物两侧的边撑具有足够的伸幅作用。为了有效地伸展支撑织物,剑杆织机所用的边撑有别于有梭织机的边撑。

(1)为使刺环上的针刺轧入织物后,不因织物纬向张力而滑脱,针刺与织物平面有一定的角度。

(2)靠布边外侧的刺环与布面夹角较小,靠织物内侧的刺环与布面夹角较大,这样就使边撑从外侧到内侧对织物的握持力逐渐减小,从而有效地伸展织物而不易生成边撑疵。

(3)有些边撑为了使其两侧对布边的握持力量呈现布边大、布边内侧小的递减形分布,常在布边处安装针刺较长的刺环,布内侧处安装刺针较短的刺环,如 GTM 型织机的边撑,其内侧为 9 片刺针长度为 0.5mm 的刺环,中部为 10 片刺针长度为 0.75mm 的刺环,外侧为一片刺针长度为 1mm 的刺环,而该片刺环上排列有四圈刺针,其他中部及内侧的刺环上则排列有两圈刺针。

第三节 必佳乐剑杆织机辅助机构

一、储纬器

在剑杆织机上,为了保证在引纬过程中纬纱张力均匀,也为了适应高速织造的要求,减少纬纱的断头率,剑杆织机(包括其他无梭织机)都需配备储纬器,在引纬之前,将一定长度的纬纱从筒子上退绕下来,有序地卷绕在储纬器的储纱鼓上,等待引纬。储纬器采用机电一体化结构,控制系统安装在储纬器内,由储纬量传感器、电动机控制器和速度传感器组成,完成对纬纱储量传感器、卷绕电动机速度的检测与控制和电磁阻尼刹车的控制等。并带有配电箱和安装支架。与织机电控箱的接口十分简单,仅需提供三相电源。按织造要求,每个配电箱最多可带 8 个储纬器头。

储纬器可分为储纱鼓转动的动鼓式储纬器和储纱鼓不转动的定鼓式储纬器,高档剑杆织机常配置定鼓式储纬器。GTM 型剑杆织机多配置意大利 ROJ 公司的 AT1200 型储纬器或瑞典 IRO 公司的 IWF 1020 LASER 型储纬器,两者依靠专门的积极排纱机构推动纱圈在鼓面移动,下面简单介绍 ROJ 公司的 AT1200 型储纬器和 IRO 公司的 LASER 型储纬器。

AT1200 型储纬器如图 13-3-14 所示。该储纬器由单独的直流电动机传动,电子调速,并由光电探测器探测并控制储纬量。当储纬器上主开关按下时,卷绕环随电动机转动,纬纱不断地卷绕在储纱鼓上,先绕上的纬纱在后面纬纱的推动下,紧贴储纱鼓的表面,逐步向前滑移,使纬纱纱圈无间距但不重叠地储存于绕纱鼓上。储纬器的储纬量受光电探测器的控制,将其位置右移可增加储纬量,左移则减少储纬量,一般调节储纬量为 2~3 纬长,在使用过程中,光电检测头应保持清洁。为适应不同捻向的纬纱,还可调节卷绕环的转向,将方向开关置于 Z 或 S 位置。为和引纬速度相适应,直流电动机的转速也可调整,其目的是尽可能使绕纱器连续绕纱,从而避免电动机频繁启动 。

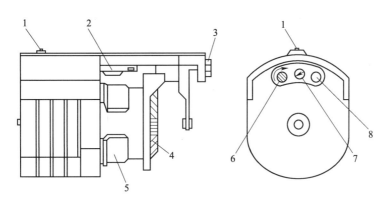

图 13-3-14　AT1200 型储纬器

1—主开关　2—储纬量探测器　3—张力调节旋钮　4—毛刷圈或金属片刷　5—卷绕环

6—卷绕速度调节旋钮　7—捻向调节旋钮　8—指示灯

瑞典 IRO 公司的 LASER 型储纬器如图 13-3-15 所示。该储纬器也由电动机单独传动,使固装于电动机空心轴上的卷绕环转动,将纬纱连续卷绕于储纬鼓上,储纬鼓与电动机轴通过轴承连接。因此,电动机转动时,储纬鼓不跟随回转,但由于储纬鼓轴心与电动机轴轴心呈一定的倾斜角度,因此储纬鼓不断地以电动机轴轴心线做微小摆动,将绕于储纬鼓上的纬纱以一定间距不断推向前方。该储纬器有两个纬纱探测器,第一个探测器用于探测纬纱是否发生断头,第二个探测器用于探测储纱量。

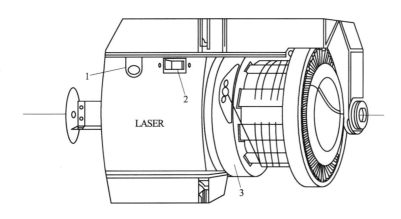

图 13-3-15　LASTER 型储纬器

1—捻向开关　2—电源开关　3—卷绕环

　　为了使储纬器的工作及剑杆的引纬得以顺利进行,储纬器在纬纱喂入口,纬纱输出及纬纱与储纬鼓面分离处均设有各种张力装置,张力装置随纱线的类别及纱线线密度的不同而异,图 13-3-16 为各种张力装置在储纬器上的使用位置示意图,表 13-3-3 为根据所用纬纱类型及线密度而在储纬器各张力位置处应配置的张力装置。

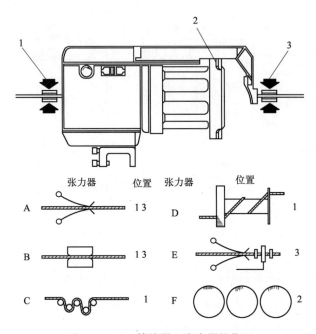

图 13-3-16　储纬器上张力器的位置

表 13-3-3　张力器类型的选择

纱线类型	位置	纱线线密度/tex		
		250~167(不含 167)	167~50	50 以下
棉、毛混纺纱	1	A,C	A,C	A,B,C
	2	F(硬毛刷)	F(中性毛刷)	F(软毛刷)
	3	A,E	A,E	A,B,E
弹性纱、长丝	1	A,C	A,B,C	B,C
	2	F(硬毛刷)	F(中性毛刷)	F(软毛刷)
	3	A,E	A,B,E	A,B,E
强捻纱	1	—	C,D	C,D
	2	—	F(中性毛刷)	F(软毛刷)
	3	—	A,E	A,B,E

续表

纱线类型	位置	纱线线密度/tex		
		250~167(不含167)	167~50	50以下
硬质纱(亚麻、黄麻等)	1	A,C	A,C	A,C
	2	F(硬毛刷)	F(中性毛刷)	F(软毛刷)
	3	A,E	A,E	A,E
花式线 玻璃纤维	1	经过引纬试验后确定		
	2			
	3			

二、找纬装置

几乎所有剑杆织机都配有慢速和自动找纬传动机构,使织机以较低速度正转或倒转,以便于操作。另外当发生纬停时,能使开口、卷取、送经、选纬等装置同步倒转,综框回复到断纬时的梭口状态,这样可有效地防止产生开车档,也便于挡车工去除断纬。

图13-3-17为GTM型织机慢速及自动找纬机构工作原理示意图。当织机正常工作时,慢速离合器线圈11和寻纬离合器线圈14均未通电,两离合器活动齿盘9和13在各自弹簧10和15的作用下分别处于脱开与啮合的状态,打纬共轭凸轮轴16传动传动轴17,做正常运转,当需织机慢速运动时,织机主传动离合器脱开,慢动离合器线圈11得电,在磁力的作用下,克服弹簧10的作用,将慢动离合器活动齿盘9推向其固定齿盘8,两者啮合,同时,找纬离合器仍处于啮合状态,慢速电动机启动,织机在慢速电动机的驱动下慢速运转;当需找纬时,织机主传动离合器脱开,慢动离合器线圈11和寻纬离合器线圈14都得电,在磁力的作用下,慢速离合器啮合,寻纬离合器脱开,慢速电动机驱动传动轴17,带动开口、卷取、选纬等机构同步动作,引纬、打纬机构不动作,这样将梭口回复到断纬时的那一纬梭口,便于挡车工处理纬纱断头,更重要的是可有效地减少开车档的产生。在寻纬离合器活动齿盘13的端面上有三个不均匀分布的圆柱状凸起,在寻纬离合器固定齿盘端面上也有三个不均匀分布的相对应的圆孔凹坑,因此,寻纬固定齿盘12只有在回转一周后方可与活动齿盘13重新啮合,保证每次只寻一纬。另外,在织机正常运转或者慢动及寻纬过程中,接近开关18、19一直都在监测两活动齿盘的位置是否准确定位。

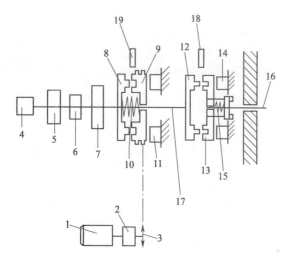

图 13-3-17　GTM 型织机慢速及自动找纬机构工作原理示意图

三、多色纬织造

剑杆织机都配有选纬机构,具有很强的纬纱选色功能,通常可多至 8 色纬纱,选纬动作准确可靠,更改选纬次序也较方便,利于生产多色纬的织物,是其他无梭织机所不可替代的。剑杆织机的选纬机构一般分为机械选纬装置和电气选纬装置,电气选纬装置又可分为电磁选纬装置和微型计算机直接控制的选纬装置。

四、布边

在有梭织造过程中,纬纱是连续从纡管上退绕下来引入织口的,采用适当的边组织可形成质量较高的光滑布边。而在无梭织造中,由于其引纬方式的不同,只能在布边处形成毛边,为了锁紧织物的布边,必须采用一定的成边机构。成边要求如下:

(1)在打纬过程中,边经纱不至于散开,布边紧固平整。

(2)布边与布身厚度应一致,以便染整加工和服装裁剪。

(3)布边应经得起后整理过程中的牵伸和拉幅作用。

在 GTM 型剑杆织机上,主要有纱罗边、折入边和热熔边三种布边。其中纱罗边又称加固边,应用极为广泛。采用纱罗布边时,从机前沿纬向看,分别有废边、纱罗加固边、布边、布身、布边、纱罗加固边和废边。废边的作用是握持纬纱纱端,防止纬纱在剑头释放后回缩,有利于加固边的形成,织物引离织口后,两侧的废边被剪离,成为回丝,因此废边也称为假边。废边纱根数一般左右两侧相等,接纬侧也可多些,一般为 10~16 根。当纬纱较光滑,或者纬纱为强捻纱、弹性纱时,废边经纱根数应多些,以加强对纬纱的握持。

(一)纱罗绞边

GTM 型织机较多采用片综绞边机构,其结构比较简单,如图 13-3-18 所示,基综 1、2 的综耳分别悬挂于一对综框上,以平纹的开口方式做垂直上下运动,骑综 3 的双脚分别穿过基综 1、2 的片槽里,并受基综片槽底部的磁块 4 作用,地经纱 B 穿入骑综的综眼里,绞经纱 A 穿入两片基综之间。当基综 1 上升,基综 2 下降时,骑综 3 的一只脚与基综 1 的片槽底部磁块 4 紧密吸合在一起,并随基综 1 上升,此时绞经纱 A 滑到地经纱 B 的右侧,并且地经纱 B 在梭口上层,绞经纱 A 在梭口下层,并与引入的纬纱相交织;下一纬时,基综 2 上升,基综 1 下降,两者平齐,即绞边综平后,骑综 3 的另一只脚开始受基综 2 片槽里的磁块作用,并随基综 2 上升,此时绞经纱 A 又滑至地经纱 B 的左侧,地经纱 B 仍在梭口上层,绞经纱 A 仍在梭口下层,并与引入的纬纱相交织,如此反复作用,形成二经纱罗。

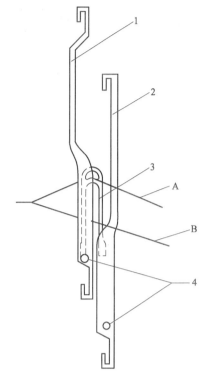

图 13-3-18　片综绞边机构

(二)折入边

折入边的特点是能织类似有梭织机的布边,布边光滑、坚牢,但较厚。折入边机构较复杂,调整要求高。采用折入边时,也要采用废边协助工作。折入边装置的钳口位于假边与布边之间,引入纬纱后纬纱也被纳入钳口,呈张紧状态然后剪刀在钳口外侧距布边 11mm 处将纬纱剪断,当下一纬梭口形成后,折入钩将钳口握持的上一纬纬纱头钩入梭口,连同新引入的纬纱一起打向织口,形成光滑的布边。生产中为了防止布边太厚,通常减少边纱的每筘穿入数或者改用交织点较少的边组织来进行弥补。

(三)热熔边

制织合纤纯纺或混纺织物时,可采用电加热的热熔剪刀将布边处的纬纱熔断,使布边处经纬纱熔融黏合,形成光滑坚牢的布边,剑杆织机上采用热熔布边的尚不多见。

五、断经断纬自停装置

(一)断经自停装置

在织机的运转过程中,当经纱发生断头或经纱过分松弛时,断经自停装置会自动关车,以防止在布面上形成缺经、经缩以及跳花等织疵。经停装置一般有电气接触式和光电式两种,剑杆织机上多采用电气接触式经停装置,如图 13-3-19 所示。

当经纱断头或经纱过于松弛时，经停片靠自重下落，将金属齿杆 2 和金属槽板 3 导通，发出经停信号，使织机关车，该装置结构简单、动作可靠，由于控制电路采用了低压电源，工作安全，但要求经停杆上必须保持清洁，以防飞花积聚，否则会导致断经不关车，断经自停装置失灵。

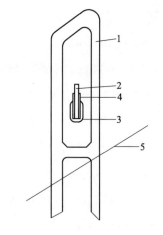

图 13-3-19 GTM 型电气
接触式断头自停装置

1—经停片 2—金属齿杆 3—金槽杆
4—绝缘槽 5—经纱

(二)断纬自停装置

纬停装置的作用是在引纬的过程中，当纬纱断头、纬纱从剑头上滑脱、纬纱交接失败或双纬引入时，使织机自动关车。大多数剑杆织机都采用压电陶瓷感测器进行探纬，如图 13-3-20 所示。纬纱穿过压电陶瓷感测器的导纱孔，并与其孔壁紧贴，当快速引纬时，纬纱与孔壁相摩擦，带动压电陶瓷晶体发生振动，产生压电效应，发出电信号，使织机正常运动。当纬纱断头或者滑脱时，无压电信号产生，当双纬引入时，压电信号过大，最终都使织机及时自动停车，以待处理。

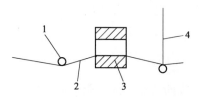

图 13-3-20 压电探纬示意图

1—压纱杆 2—纬纱 3—压电陶瓷
感测器 4—选纬指

第四节 必佳乐剑杆织机常见故障与维修保养

一、GTM 型剑杆织机常见机械故障及其原因(表 13-3-4)

表 13-3-4 GTM 型剑杆织机常见机械故障及其原因

故障	原因
主离合器工作不正常	1. 摩擦盘磨损、变形严重 2. 启动盘、固定制动盘磨损严重 3. 摩擦盘表面有油污 4. 主离合器轴承损坏 5. PWRG 线路板损坏

续表

故障	原因
储纬器工作不正常	1. 储纬器工作过频,温度偏高而导致热保护或线路板烧坏 2. 储纬器转轮内腔有花衣、纱线卷入而造成阻塞
传剑机构箱体渗油	机体密封圈、密封胶损坏
油压太低	1. 润滑油太少或漏油 2. 油过滤器损坏 3. 油压探测器损坏 4. 油泵皮带松而造成打滑
边撑疵	1. 边撑刺环内有纱线杂物缠入 2. 刺环上刺针倒伏或缺损 3. 铜环内衬尼龙磨损严重
两侧机架墙板漏油	1. 墙板上各轴承处的油封有损坏 2. 打纬共轭凸轮轴轴承、摇轴轴承损坏
云织	1. 间歇式送经机构制动摩擦片磨损 2. 间歇式送经机构制动轮与摩擦片间有油污 3. 送经蜗杆、蜗轮磨损严重 4. 织轴支架磨损严重 5. 织轴齿轮磨损严重
开车痕	1. 主电动机皮带过松或皮带与皮带盘间有油污 2. 主离合器磨损严重,间隙过大 3. 打纬转子松动、磨损致使打纬共轭凸轮与转子间有间隙 4. 阻尼器老化,性能差 5. 张力弹簧选择不当 6. 活动后梁支架支点润滑差或卡死 7. 间歇式送经机构制动器工作不良 8. 卷取辊表面金刚砂或糙面皮磨损严重易打滑 9. 轧压于卷取辊表面的压布绒辊轧压力小 10. 卷取机构、送经机构的蜗杆、蜗轮磨损严重 11. 挡车工操作不良
各吹风口、吸风口 无风压或风压太小	1. 吸风电动机坏 2. 滤尘网被飞花、回丝堵塞 3. 滤尘桶不密封 4. 各进出风口被花衣、回丝堵塞

续表

故障	原因
主离合器异响	1. 主离合器齿轮轴之 19 齿轮牙齿断裂、缺损 2. 主离合器轴轴承损坏
打纬轴轴瓦座断裂、轴瓦磨损	1. 生产较重织物,打纬阻力大 2. 轴瓦座固定螺丝有松动 3. 轴瓦润滑不良
副离合器慢动活动齿盘不脱开	1. 慢动离合器压簧疲劳 2. 慢动离合器线圈未有效失电
百脚	1. 纬纱张力太大 2. 右剑释放时间太早 3. 右侧吸风口无抽吸力 4. 剑带磨损严重 5. 箝座变形 6. 打纬轴轴瓦座松动、断裂

二、常见电气系统故障与检修(表 13-3-5)

表 13-3-5 常见电气系统故障与检修

故障	现象	处置方法
12V 电源故障	SMPSS 板上 12V 发光二极管不亮	1. 逐一复插所有线路板以查找短路线路板 2. 检查所有+12V 的电路,是否短路或接地 3. 调换 SMPSS 板
	SMPSS 板上 12V 发光极管亮	1. 调换 CPUX 板 2. 检查 SMPSS 板和 CPUX 板之间的接线情况
机器停车并显示以下不同的信息:	慢动离合器啮合;寻纬离合器脱开;送经电动机过热;经纱张力超出范围;油压太低;按了手动停车	可能是 12V 电压间断的短路造成,利用线路板 BE91295 和电缆接线图纸,查找相关短路的接线和零件
24V 电源故障		1. 调换 KISG 板以防 KISG 板输出短路 2. 逐一复插线路板,检查是否存在短路线路板 3. 检查所有 24V 电路是否短路 4. 检查 VDGS 板上保险丝是否烧坏

续表

故障	现象	处置方法
断经不停车 或停车太迟		1. 探测灵敏度是否设定不当 2. 检查经停架上经纱探测器插头接线 3. 调换 KISG 板 4. 检查 15 号电缆接线
假经停		1. 拔下经停探测器插头,如已解决,检查经停片跳动是否剧烈,经停齿杆是否变形损坏 2. 探测灵敏度是否设定不当 3. 调换 KISG 板或 TIK 板 4. 检查探测器插头,15 号电缆是否短路
断纬不停车		1. 断纬探测器的灵敏度、过滤值是否设定恰当 2. 调换 KISG 板 3. 调换探纬器 4. 检查探纬器和 KISG 板之间的接线
假纬停		1. 探测灵敏度是否设定不当 2. 提高过滤值 3. 调换 KISG 板 4. 调换探纬器 5. 检查探纬器和 KISG 板之间的接线
慢动离合器故障	慢动离合器不工作	1. 调换 PWRGS 板 2. 41 号电缆 1# 线和 8# 线间应有 24V 的电源
	慢动离合器工作但接近开关 未被遮盖	1. 检查接近开关安装调整是否正确 2. 检查接近开关是否坏 3. 调换 CPUX 板 4. 检查接近开关的接线是否有误
寻纬离合器故障	寻纬离合器不工作	1. 检查寻纬线圈是否损坏 2. 调换 PWRGS 板 3. 检查慢动线圈是否无 24V 电源
	寻纬离合器工作,但接近开关 未被遮盖	1. 检查接近开关安装调整是否正确 2. 检查接近开关是否损坏 3. 调换 CPUX 板 4. 检查接近开关的接线是否有误

三、GTM 型剑杆织机的维修保养

根据 GTM 型剑杆织机高速运转的特点,考虑工厂的实际生产情况,GTM 型剑杆织机的保养一般分为三类。

1. 一类保养(了机上轴保养)

利用了机上轴的停车时间,检查调整相关部件,做好全机清洁及润滑工作,保养内容见表 13-3-5。

表 13-3-6 一类保养(了机上轴保养)

检查部位	内容
传剑系统	检查的各紧固件松动情况,清洁剑头内、剑轨上、剑带压铁处的花衣
综框的位置	检查综框的位置,前后动程≤3mm,左右横动≤2mm
边撑装置	左右边撑高低位置应一致,刺轴应转动灵活,刺针不缺损、倒伏,刺环无回丝,布面无轧伤
纬纱剪刀、废边剪刀	刀口应锋利,毛边宽度 3~5mm,各刀架及转子上无飞花堆积、纱线缠绕
绞边装置	绞综片升降杆应垂直,升降自由灵活,动程为 65mm,绞综片磁钢不脱落,内无花衣堵塞,外无毛刺缺口
储纬器	储纬器应清洁,作用灵敏,纬纱张力器无缺损
全机	全机清洁
	全机润滑
全机机件、螺丝	无缺损、松动

2. 二类保养(半月保养)

GTM 型剑杆织机的车速很高,引纬机构的剑头、剑带、传剑轮磨损较严重,半月保养主要是加强对引纬系统各部件的维护,以保持织机良好的运转状态。其主要内容见表 13-3-7。

表 13-3-7 二类保养(半月保养)

检查部位	内容
剑头	不允许有缺件、螺丝松动或破裂,前衬板磨损应小于 0.8mm
剑带	厚度、宽度磨损≤1mm,齿孔磨损≤1.2mm,外表面光滑,无毛刺
传剑轮	轮齿磨损≤1/3 齿,剑轮居于剑槽中正中央,前后不碰剑轨。可转向使用
剑带与压铁	剑带与压铁之间的间隙:大压铁处为 0.3~0.5mm,小压铁处为 0.5~0.7mm

续表

检查部位	内容
走剑板表面绒布	无缺损、无积花,走剑板低于导剑轨 0.3~0.4mm,走剑板固定螺丝无松动,走剑板上导剑钩无磨损、松动、缺件
剑头交接及剑杆动程	180°时左剑头过中心(50±6)mm,右剑头与左剑头上窥视孔左侧平齐。0°时左剑头标记线对准左导剑轨相应刻度线,右剑头离剑轨头端距离按工艺要求设定
纬纱剪刀	剪纬时间在 70°±2°,刀口锋利,纬剪各部件安装调整符合要求
废边剪刀	刀口锋利,毛边为 3~5mm 宽,剪刀转子转动灵活,无飞花回丝缠绕
边撑装置	左右边撑高低位置一致,刺轴应转动灵活,刺针不倒伏缺损,刺环无回丝,布面无轧伤
绞边装置	绞边开口时间按工艺要求,升降杆应垂直,升降自由灵活,动程为 65mm,绞综片磁钢不脱落,内无花衣堵塞,外无毛刺缺口
储纬器	储纬器应清洁,作用灵敏,纬纱张力器无缺损
选纬器	选纬器工作正常,同步准确,开慢车至 308°,观察标记线应对齐。选纬器摇臂头端与推力杆上端间隙为 0.7mm
综框位置	高低位置,按工艺要求±1mm,左右横动≤2mm,前后动程≤3mm
滤尘桶	应密封,气管无漏气、阻塞现象,气管喉箍无松动、无缺损
全机	清洁范围同了机上轴保养
全机	润滑范围同了机上轴保养
循环油箱过滤口、机械多臂机油过滤器	清洁循环油箱过滤口、机械多臂机油过滤器,根据手册要求更换送经、卷取、开口及循环润滑油
传动链、传动带	全机传动链、传动带表面清洁,无缺损,张力适当
全机机件、螺丝	全机机件、螺丝无缺损、松动
安全装置及电气装置	罩壳无缺损、松动,电气接线无不良露线,无绝缘不良,无位置不固定

3. 三类保养(半年保养)

全机保养主要针对全机的多调整部位做一次全面的检查与调整,具体内容见表 13-3-8。

表 13-3-8　三类保养(半年保养)

检查部位	内容
剑头	不允许有缺件、螺丝松动或破裂,前衬板磨损应小于 0.8mm
剑带	厚度、宽度磨损≤1mm,齿孔磨损≤1.2mm,外表面光滑,无毛刺

续表

检查部位	内容
传剑轮	轮齿磨损≤1/3齿,剑轮居于剑轨槽中正中央,前后不碰剑轨。可转向使用
剑带与压铁	剑带与压铁之间的间隙:大压铁处为0.3~0.5mm,小压铁处为0.5~0.7mm
走剑板	表面绒布无缺损、无积花,走剑板低于导剑轨0.3~0.4mm,走剑板固定螺丝无松动,走剑板上导剑钩无磨损、松动、缺件
剑头交接及剑杆动程	180°时左剑头过中心(50±6)mm,右剑头与左剑头上窥视孔左侧平齐。0°时左剑头标记线对准左导轨相应刻度线,右剑头离剑轨头端距离按工艺要求设定
主离合器	无异响、无焦味,启动盘与摩擦盘间隙为0.3~0.9mm,制动盘与摩擦盘间隙为0~0.1mm,制动角<180°
慢动寻纬离合器	无异响,慢动离合器间隙0.5~0.7mm,导纬离合器间隙0.3~0.5mm,接近开关工作正常,可执行慢动寻纬操作
打纬共轭凸轮	0°时,打纬共轭凸轮与转子间无间隙,可手动摇晃钢筘及筘座,感知筘座应不晃动
纬纱剪刀	剪纬时间在70°±2°,刀口锋利,纬剪各部件安装调整符合要求
废边剪刀	口锋利,毛边宽为3~5mm,剪刀转子转动灵活,无飞花回丝缠绕刀
边撑装置	左右边撑高低位置一致,刺轴应转动灵活,刺针不倒伏缺损,刺环无回丝,布面无轧伤
绞边装置	绞边开口时间按工艺要求,升降杆应垂直,升降自由灵活,动程为65mm,绞综片磁钢不脱落,内无花衣堵塞,外无毛刺缺口
储纬器	储纬器应清洁,作用灵敏,纬纱张力器无缺损
选纬器	选纬器工作正常,同步准确,开慢车至308°,观察标记线应对齐。选纬器摇臂头端与推力杆上端间隙为0.7mm
综框位置	高低位置,按工艺要求±1mm,左右横动≤2mm,前后动程≤3mm
滤尘桶	应密封,气管无漏气、阻塞现象,气管喉箍无松动、缺损
开口凸轮轴轴承	不允许发热有异响,应加高温润滑轴剂润滑
送经线性接近开关	应清洁,固定螺丝不摆动
感应铁片	送经装置中,感应铁片位置高低适中,稍微放松经纱时,发光二极管熄灭,张紧经纱后,发光二极管亮
绞边纱、废边纱筒子架及导纱器	不松动、不缺损、无花衣、无回丝缠绕
全机清洁	清洁范围同了机上轴保养

检查部位	内容
全机润滑	润滑范围同了机上轴保养
循环油箱过滤口、机械多臂机油过滤器	清洁循环油箱过滤口、机械多臂机油过滤器,根据手册要求更换送经、卷取、开口及循环润滑油
循环油箱液面	循环油箱液面高度在电动机启动后为 10mm,送经开口卷取油箱液面高度与油标中部平齐,根据润滑手册要求,更换润滑油
传动链、传动带	全机传动链、传动带表面清洁,无缺损,张力适当
全机机件、螺丝	无缺损、松动
安全装置及电气装置	罩壳无缺损、松动,电气接线无不良露线,无绝缘不良,无位置不固定

第五节　GTM 型剑杆织机品种适应性及上机工艺

一、品种适应性

GTM 型剑杆织机品种适应性较广,可用天然和再生纤维的短纤纱、长丝,也可用混纺纱及花式纱线,使用 2232 型多臂机选纬,纱纬颜色可达到 6 种。可织造从轻薄、中厚到厚重及各式流行的织物。例如,薄质衬衣面料、牛仔布、格子布、灯芯绒、粗梳或精纺毛质面料、装饰布及各种工业用布等,但最适宜织造厚重织物,例如牛仔布。

二、上机工艺内容

(一)织物的工艺设计

剑杆织机由于其引纬方式等有别于传统的有梭织机,因此在进行织物设计时也有所不同。

1. 总经根数

总经根数=布身经纱数+备用经纱数=成品经密×成品幅度+备用经纱数

布身经纱数包括地经纱和边经纱数,备用经纱数可根据品种、管理水平而定,一般为 2~4 根。

2. 钢筘选择

(1)筘号。

$$筘号 = \frac{坯布经密 \times (1-纬纱织缩)}{每筘穿入数}$$

在剑杆织机上,由于开口时间较迟,织物的纬纱织缩比有梭织机小,一般斜纹类织物为1.5%~2%,平纹类织物为2.5%~3%,表13-3-9为某厂使用GTM-AS型织机制织牛仔布品种的纬纱织缩。

表13-3-9　某厂使用GTM-AS型织机制织牛仔布品种的纬纱织缩

品种	纬纱织缩/%	品种	纬纱织缩/%
83.3tex×83.3tex 283根/10cm×173根/10cm $\frac{3}{1}$右斜纹	1.18	48.6tex×48.6tex 283根/10cm×173根/10cm $\frac{2}{1}$右斜纹	2.2
83.3tex×58.3tex 283根/10cm×173根/10cm $\frac{3}{1}$右斜纹	1.4	48.6tex×48.6tex 268根/10cm×173根/10cm $\frac{1}{1}$右斜纹	2.8
58.3tex×58.3tex 307根/10cm×189根/10cm $\frac{3}{1}$右斜纹	1.8	36.4tex×36.4tex 315根/10cm×181根/10cm $\frac{1}{1}$右斜纹	2.2

(2)穿筘幅宽。

$$穿筘幅宽=\frac{总经根数-边纱根数×(1-地组织每筘穿入数/边组织每筘穿入数)}{地组织每筘穿入数×筘号}$$

在剑杆织机上,由于布边处纬纱对经纱不会产生横向抽紧致密作用,因此生产上有时把边经纱的每筘穿入数略作增加。

(3)全幅筘宽。对于非分离式筘座的织机,无须设计钢筘的全幅筘宽;而对于分离式筘座的织机,钢筘的宽度必须加以限制。

(4)全幅齿数。

$$全幅齿数=\frac{地经根数}{地经每筘穿入数}+\frac{边经根数}{边经每筘穿入数}+两侧绞边纱占用$$

$$筘齿数+两侧空筘宽度里的齿数+\frac{两侧废边经纱数}{废边每筘穿入数}+两侧筘端多余筘齿数$$

(5)全幅筘宽。

$$全幅筘宽=\frac{全幅筘齿数}{筘号}$$

3. 机上纬密

$$机上纬密=下机纬密×(1-下机缩率)$$

织物的下机缩率因织物原料、纱线线密度、织物组织和密度、上机张力、织机类型、车间空调状况而异,各工厂应根据自己的生产实践总结经验数据,以便为以后的工艺设计作参考。一般的下机缩率为3%~4%,由于剑杆织机多采用大张力织造,故下机缩率在初步设计时应偏大掌握。

4. 绞边纱及废边纱选择

绞边纱及废边纱应选择质量好、强力高的纱线,以减小绞边纱、废边纱与左右剑头摩擦过多而导致的断头,绞边纱还要求比地经纱细度细,以防止布边过厚,常采用纱特较小的中长纤维股线或涤/棉股线。废边纱的根数一般为每侧10~16根,在保证成边良好的前提下应尽量减少废边纱的根数,以减少回丝,绞边纱的根数应根据绞边成形机构而定。

(二)上机工艺参数配置

1. 上机张力

同有梭织机一样,上机张力过小时,会造成以下不利因素。

(1)打纬时,经纱在综眼内产生过多的往复移动,经纱易刮毛,磨损,造成断头。

(2)打纬区大,纬纱打不紧,易反拨。

(3)开口不清晰,剑头易割断经纱,易形成三跳疵点。

(4)使全幅经纱间张力不匀增加,布面易出现不平整现象。

(5)经纱织缩大,经纱耗用量增加。

然而,当上机张力过大时,纬纱又会易于疲劳而形成断头,同时由于经纱不易侧向移动以及筘齿的存在,布面易出现条影、筘路等,所以织机上机张力应视实际情况而定。对剑杆织机而言,由于梭口高度小,多配置较大的上机张力,可以开清梭口,打紧纬纱,获得光洁平整的布面。特别在配置不等张力梭口时,为了开清上层经纱,更宜配置大张力进行织造,但由于有些剑杆织机为了改善剑带的飞行,在前部梭口的下部加装托纱板,增加对下层经纱的伸长,故在此情况下,不应片面追求大张力,而使下层经纱断头增多。在织制高经密织物时,仍需配置大张力,以减少经纱的纠缠、粘连,开清梭口,同时便于打紧纬纱。如果在前道准备过程中,经纱张力较均匀,易于获得平整的布面,此时张力可小些。在制织斜纹类织物时,为使斜纹效果突出,经纱张力可小些,但在制织牛仔布等厚密的斜纹织物时,张力也不宜太小,以打紧纬纱。

2. 梭口高度

小开口是剑杆织造的特点,这样可减少经纱的张力与伸长,但也可能造成梭口不清,易形成三跳疵点,甚至造成剑头割断经纱,因此生产中一般配置较大上机张力。一般,梭口高度应以开清梭口为原则,但同时还应考虑在剑头发生一定的磨损后,剑头会在梭口中小范围地上下跳动,此时剑头不能触及上层经纱,以免产生三跳及割断经纱现象。在满足上述前提下,梭口高度应尽可能小。在剑杆织机上,改变综框连杆与开口机构驱动连杆的连接位置可以改变梭口的大小。

3. 经位置线

剑杆织机上,织口的位置是固定的,改变综平时综框的上下位置、经停杆及后梁的上下前后位置可改变经位置线。调节综框升降杆的高度,可改变综平时综框的上下位置,当综框位置上移时,上层经纱张力增大,下层经纱张力减小,反之则上层张力减小,下层张力增大;后梁及经停架上移时,上层经纱张力减小,下层经纱张力增大,反之则上层张力增大,下层张力减小;后梁及经停架前移时,上、下层经纱张力均增大,后移则都减小。因此,适当调节经位置线,可改变梭口上下层的经纱张力。

当需配置不等张力梭口时,后梁应上移,以获取上下层经纱的张力差异,当然张力差异不宜过大,否则会造成上层经纱过分松弛,开口不清,同时,下层经纱张力过大,增加断头。当织造粗特、高密、厚重织物时,后梁及经停架位置应前移,反之,当织造细特轻薄织物时,后梁及经停架后移。经停架的高低位置对经纱张力的影响较小,生产上一般以调节后梁的高低位置为主。经停架的高低位置以综平时纱片与最前一根经停架导杆表面相切为准。在正常生产时经停片应发生一定的上下跳动,但也可剧烈跳动。

4. 综平时间

通常综平时间的迟早与打纬时梭口角大小成正比关系,综平时间早,打纬时梭口角大,有利于打紧纬纱,适于织造紧密织物,但打纬时,经纱承受的动态张力大;综平时间迟,则打纬时梭口角小,纬纱较易反拨,但打纬时经纱承受的动态张力小,有利于织造细特轻薄织物。

对于剑杆织机,当开口时间早时,梭口闭合也早,剑头在退出梭口时,易造成剑杆对边经纱的摩擦过多;同时,由于下层经纱较早的上抬,使剑带与导剑钩之间的摩擦加剧。因此,剑杆织机多采用迟开口工艺,一般都迟于300°,但当开口过迟,剑头进梭口时,梭口尚未开足,剑头易割断边部经纱,因此,选择综平时间时应根据具体情况综合考虑。

在剑杆织造中,当采用纱罗边和折入边时,需配备独立织边装置,织边装置的综平时间早于地组织10°以上,以使在接纬剑释放纬纱时及时夹持住纬纱,这样可防止纬缩并形成良好的布边。在用强捻纱或弹力纱作纬纱时,为了防止纬缩,不仅应增加废边纱的根数,废边的综平时间也应大大提前。显然,由于剑杆在退出梭口时与废边纱的摩擦加剧,宜选用强力好且耐磨的纱线作废边纱。

5. 车速

随着车速的提高,经纱的动态张力增大,往往会导致经纱断头率上升,使织造产量降低,对坯布的质量亦有影响,特别是随着车速的提高,机件的磨损消耗加剧,如剑头、剑带、传剑齿轮、导剑钩、导剑轨、剑头释放条等,同时也伴随着大量的物料消耗,因此在前织准备质量和织造效率没有得到充分保证的前提下,车速不宜太高,建议在生产实践中,充分考虑多方面的因素,合理地选择经济车速。

6. 工作圆图

工作圆图表示织机各机构运动的配合关系。图 13-3-21 表示 GTM 型剑杆织机各机构运动的配合关系。其中:打纬止点 0°,纬停点 20°,送经 40°,选纬杆到位、送纬剑接触纬纱 50°,梭口接近满开 60°,两剑头进入地经梭口 68°,梭口满开 70°,两剑交接 180°,梭口开始闭合 190°,选纬针开始运动 210°,两剑退出地经 292°,选纬针绞边综框平 310°,钢箪接触纬纱 320°,经停点 320°(工作或检测区),织机启动区 310°~340°,两剑检测区 150°~160°和 200°~210°,纬纱检测区 80°~160°和 220°~300°。

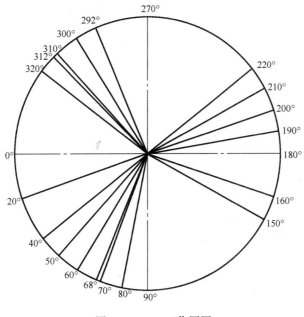

图 13-3-21　工作圆图

三、典型品种上机工艺

典型品种上机工艺见表 13-3-10~表 13-3-16。

表 13-3-10 凸轮开口生产厚重牛仔布上机工艺

（83.3tex×97.2tex 268 根/10cm×157 根/10cm $\frac{3}{1}$右斜）

项目	工艺
综平时间/(°)	312
绞边、废边	绞边综平时间:304°;废边纱根数:左 8 根,右 8 根
开口拉刀连接位置 C/mm	20,41,60,75,87,96
综平时综框顶与导轨顶距离/mm	（地组织）116,（边组织）128
纬密牙组合/齿	A43,B43,C42,D21,E55
张力弹簧	黑簧
经纱张力	张力弹簧压缩量 12mm
后梁三脚架	18 格
后梁	前后 0 格,上下 7.5 格
经停架	前后 23.5 格,上下 6 格

表 13-3-11 电子多臂机生产轻薄牛仔布上机工艺

（36.4tex×36.4tex 299 根/10cm×157 根/10cm $\frac{2}{1}$右斜）

项目	工艺
综平时间/(°)	312
绞边、废边	绞边综平时间:304°;废边纱根数:左 8 根,右 8 根
开口拉刀连接位置 C/mm	25,42,57,70,80,90
综平时综框顶与导轨顶距离/mm	96
纬密牙组合/齿	A43,B43,C42,D21,E55
张力弹簧	黑簧
经纱张力	张力弹簧压缩量 6mm
后梁三脚架	16 格
后梁	前后 6 格,上下 8 格
经停架	前后 8 格,上下 6 格

表 13-3-12　电子多臂机生产弹力牛仔布上机工艺

[36.4tex×(36.4tex+7.77tex)　409 根/10cm×173 根/10cm　右斜]

项目	工艺
综平时间/(°)	312
绞边、废边	绞边综平时间:290°,废边纱根数:左 8 根,右 12 根
开口拉刀连接位置 C/mm	25,42,57,70,80,90,97,103
综平时综框顶与导轨顶距离/mm	96(地组织),105(边组织)
纬密牙组合/齿	A43,B43,C21,D42,E26
张力弹簧	黑簧
经纱张力	张力弹簧压缩量 6~7mm
后梁三脚架	16 格
后梁	前后 6 格,上下 8 格
经停架	前后 8 格,上下 6 格

表 13-3-13　电子多臂机生产青年布上机工艺

(27.8tex×27.8tex　260 根/10cm×213 根/10cm　$\frac{1}{1}$平纹)

项目	工艺
综平时间/(°)	312
绞边、废边	绞边综平时间:304°,废边纱根数:左 8 根,右 12 根
开口拉刀连接位置 C/mm	29,42,55,67
综平时综框顶与导轨顶距离/mm	94
纬密牙组合/齿	A43,B43,C21,D42,E33
张力弹簧	黑簧
经纱张力	张力弹簧压缩量 5~6mm
后梁三脚架	15 格
后梁	前后 6 格,上下 8.5 格
经停架	前后 8 格,上下 6.5 格

表 13-3-14 电子多臂机生产双面斜纹牛仔布上机工艺

（83.3tex×83.3tex 260 根/10cm×165 根/10cm $\frac{2}{2}$右斜）

项目	工艺
综平时间/(°)	312
绞边、废边	绞边综平时间:304°;废边纱根数:左 8 根,右 8 根
开口拉刀连接位置 C/mm	20,41,60,75
综平时综框顶与导轨顶距离/mm	96
纬密牙组合/齿	A43,B43,C21,D42,E25
张力弹簧	黑簧
经纱张力	张力弹簧压缩量 12mm
后梁三脚架	15 格
后梁	前后 0 格,上下 8.5 格
经停架	前后 8 格,上下 6.5 格

表 13-3-15 电子多臂机生产灯芯条牛仔布上机工艺

[(18.2tex×2)×48.6tex 425 根/10cm×205 根/10cm 灯芯条]

项目	工艺
综平时间/(°)	312
绞边、废边	绞边综平时间:304°;废边纱根数:左 8 根,右 8 根
开口拉刀连接位置 C/mm	25,41,60,75,87,96
综平时综框顶与导轨顶距离/mm	96(地组织),105(边组织)
纬密牙组合/齿	A43,B43,C21,D42,E31
张力弹簧	黑簧
经纱张力	张力弹簧压缩量 9mm
后梁三脚架	18 格
后梁	前后 6 格,上下 7 格
经停架	前后 23.5 格,上下 6.5 格

表 13-3-16　凸轮开口生产牛仔布

（R/C83.3tex×R/C58.3tex　283 根/10cm×173.2 根/10cm　$\frac{3}{1}$ 右斜）

项目	工艺
综平时间/(°)	312
绞边、废边	绞边综平时间:304°;废边纱根数:左 8 根,右 8 根
开口拉刀连接位置 C/mm	25,42,57,72,80,87
综平时综框顶与导轨顶距离/mm	94
纬密牙组合/齿	A43,B43,C21,D42,E26
张力弹簧	黑簧
经纱张力	张力弹簧压缩量 11mm
后梁三脚架	16.5 格
后梁	前后 6 格,上下 8 格
经停架	前后 23.5 格,上下 5 格

第四章　多尼尔剑杆织机

第一节　多尼尔剑杆织机主要技术特征

一、多尼尔 H 型和 P 型剑杆织机主要技术特征

多尼尔(Dornier)H 型和 P 型剑杆织机的主要技术特征见表 13-4-1。

表 13-4-1　多尼尔剑杆织机的主要技术特征

技术特征	H 型织机	P 型织机
公称筘幅/cm	150~400(其中每隔 10cm 为 1 档,除 370,390 外共 24 档)	150~430(其中每隔 10cm 为 1 档,除 370,410,420 外共 26 档)
适应纱线范围/tex	0.8~3300	0.8~3300
最高转速/(r/min)	550	550
最大入纬率/(m/min)	单纬 1000,双纬 2000(有引双纬功能)	单纬 1000,双纬 2000(有引双纬功能)
开口装置	电子多臂,电子提花	电子多臂,电子提花
打纬装置	分离筘座,凸轮打纬	分离筘座,凸轮打纬
引纬装置	双侧共轭凸轮,通过连杆传动扇形齿轮,经锥形齿轮,带动传剑轮引纬,刚性碳纤剑杆,无导钩,剑头为轻质合金	双侧共轭凸轮,通过连杆传动扇形齿轮,经锥形齿轮,带动传剑轮引纬,刚性碳纤剑杆,无导钩,剑头为轻质合金
送经装置	电子送经	电子送经
卷取装置	电子卷取	电子卷取
选色装置	8 色、12 色、16 色电子选纬	8 色、12 色、16 色电子选纬
储纬装置	瑞典 IRO 公司 GALAXY 型	瑞典 IRO 公司 GALAXY 型
布边装置	纱罗绞边,独立假边装置	纱罗绞边,独立假边装置
润滑系统	单机油循环	单机油循环
经停装置	6 列电控式	6 列电控式

续表

技术特征	H 型织机	P 型织机
纬停装置	Eltex 型压电陶瓷纬停控制器	Eltex 型压电陶瓷纬停控制器
纬密/(根/10cm)	5~1500	5~1500
经轴直径/mm	800,1000	800,1000
卷布直径/mm	540	540
监控系统	采用 CAN 总线控制器区域网络的电控系统,与中央计算机系统形成整体网络,监测、调整和控制每台织机的织造全过程,并可进行远程遥控诊断及处理	采用 CAN 总线控制器区域网络的电控系统,与中央计算机系统形成整体网络,监测、调整和控制每台织机的织造全过程,并可进行远程遥控诊断及处理
其他装置	有派生的毛圈型织机 积极式纬纱交接系统 电子纬纱张力器(EFT) 12 色电子选纬装置(ECS),纬纱由各独立伺服电动机驱动 有 QSC 快速品种更换系统	有派生的毛圈型织机 不停车自动筒子转换 APS 装置 积极式纬纱交接系统 双圆盘式纱罗绞边装置(Motoleno) 电子纬纱张力器(EFT) 12 色电子选纬装置(ECS),纬纱由各独立伺服电动机驱动 有 QSC 快速品种更换系统 有自动防止开车痕装置(ASP) 剑杆气垫导轨(AirGuide)
外表尺寸(宽×深)/cm	(437.5~812.5)×192	(437.5~857.5)×192

二、多尼尔 PS 型剑杆织机技术特点及技术规格

(一)技术特点

多尼尔 PS 型剑杆织机的核心是积极式中央纬纱交接系统,即"点对点"的积极式控制纬纱中央交接,剑杆和钢筘的运动由安装在齿轮箱中的共轭凸轮机构驱动。在进入梭口前,左剑杆上的夹纱板先打开,从选色针中提取纬纱;在纬纱被夹纱板主动握持后,纬纱剪在布边处剪断纱尾;在梭口的中央,通过积极主动地控制左右剑头上夹纱板的动作,完成纬纱从左剑杆传递给右剑杆的交接过程;交接完成后,纬纱被右接纬剑杆引至右侧布边。在整个引纬过程中,梭口始终保持全开口状态,在纬纱被假边边纱夹牢握紧后,右剑杆才打开夹纱板释放纬纱。在整个引纬过程,无论纱线粗细,从左剑头到右剑头,纬纱都受到积极控制。

在机器两侧安装有一对用于驱动引纬及打纬机构的高精度同步齿轮箱,PS 型织机缩短了

动力传动链,齿轮箱得到进一步的加强,大幅度减轻了中央交接纬纱过程中的机器振动。

由于剑头的低速启动以及受到积极的控制,即使在提取纬纱的那一刻,纬纱的张力峰值也非常低;在梭口中央,纬纱由左剑杆交付右剑杆的过程中,受到积极主动的控制,因而能可靠安全地完成交接;剑杆从全开梭口中退出后,在完全受控的情况下释放纬纱。

由于多尼尔织机的全开口式引纬和可独立设定的梭口关闭时间,纬纱与经纱之间的摩擦大大降低,这也就减少了断经断纬,避免了纬纱张力过高,不会产生纬缩,左、右布边平整,引纬长度均匀一致。多尼尔开发了一种用于引纬部件导向的技术解决方案——专利的气垫导轨系统AirGuide。剑杆是在采用空气动力学原理的导轨中进行无接触的自由滑动,导向气流取代了原先的导向轮系统,而且在其中还集成了一个温度感应器来实现全自动控制,从而使生产效率大大提高。

(二)技术规格

(1)引纬。全过程积极控制,具有最低的纬纱张力,并配置了专利的气垫导轨 AirGuide。

(2)幅宽调整。对称调幅可减少 40%,不对称高速幅可减少 10%。

(3)入纬率。入纬率可至 1200m/min,双条引纬入纬率可至 2400m/min。

(4)纱线线密度范围。由 0.77tex 的真丝至 3333tex 的花式纱线。

(5)选纬范围。1~12 色自由选纬,大提花可达 16 色。

(6)储纬器。可配置多个厂家的储纬器,由多尼尔的电子控制系统控制可控的纬纱张力器;无须挡车工看管的自动筒子转换 APS 装置。

(7)开口机构。积极式凸轮开口,12mm 间距,最高可容纳 10 页综;或 18mm 间距,最高可容纳 12 页综;旋转式多臂开口,12mm 间距,最高可容纳 28 页综;简易纱罗织造装置 EasyLeno;多臂快速互换装置 FDC(选购件);气动综框锁紧装置 PSL(选购件)。

(8)布边形成机构。传统的罗纱绞边,采用双股纱绞合的圆盘式电子绞边装置 Motoleno,双圆盘式电子绞边器 Motoleno,热熔切割边,折入边,折入边与纱罗边的快速互换。

(9)边撑(上置及下置)。刺环形边撑及可选用的全幅边撑,两者之间可实现快速转换。

(10)送经装置 EWL。电子式传感器设定值精确到 ±1g,适用通用经轴或欧式经轴,边盘直径为 800~1250mm,上经轴边盘直径最大可达 1250mm。

(11)卷取装置 ECT。与送经同步,设定值精确到 0.01 根/cm;布辊直径 540mm,机外卷装可至 1800mm。

(12)防开车痕系统。ASP 自动防止开车痕装置包括自动平综、主电动机超速起动、单纬引纬模式。

（13）润滑系统。齿轮箱采用织机停机时也不间断的连续循环式润滑,所有润滑点均采用中央润滑系统,其中包括通用下回综装置 AutoLub。

（14）电子技术。应用多微处理器技术的 CAN—BUS 总线区域网络控制系统:彩色图形显示,可用磁盘或在线升级安装新软件系统。

（15）DoNet(全球通信网络)。织机、服务器与多尼尔总部之间所构成的完整网络,可用于订购零备件、查询用户手册、设置指南、品种组织工艺参数和织机的性能参数以及进行织机的远程诊断。

（16）筘幅尺寸见表 13-4-2。

表 13-4-2　筘幅尺寸

公称机宽/cm	织机宽度(4 色选纬)/mm	最大筘幅/mm	最小筘幅/mm
150	4375	1415	813
160	4525	1515	879
170	4675	1615	937
180	4825	1715	976
190	4975	1815	1044
200	5125	1915	1095
210	5275	2015	1164
220	5425	2115	1253
230	5575	2215	1301
240	5725	2315	1342
250	5875	2415	1421
260	6025	2515	1463
270	6175	2615	1530
280	6325	2715	1610
290	6475	1815	1672
300	6625	2915	1832
310	6775	3015	1832
320	7075	3215	2052
340	7225	3315	2052
350	7375	3415	2052

公称机宽/cm	织机宽度(4色选纬)/mm	最大筘幅/mm	最小筘幅/mm
360	7525	3515	2052
380	7825	3715	2313
390	7975	3815	2313
400	8125	3915	2313
430	8575	4215	2450

三、多尼尔 H 型和 HS 型剑杆织机主要技术特征

国内主要引进的多尼尔剑杆织机有三种织机规格：HTN8/S-190 型、HTV8/S-220 型和 HTVS4/SD-220 型。全部配用 STAUBLI 2667 型电子多臂，电子多臂安装在机器的右侧下方，综框页数最多可达 28 页，控制电柜和主驱电动机在机器的左侧。技术特征见表 13-4-3。

表 13-4-3　多尼尔 H 型和 HS 型剑杆织机的主要技术特征

项目	技术特征
幅宽/cm	HTV 型 150~430(每 10cm 一种规格) HTVS 型 150~280(每 10cm 一种规格)
引纬率/(m/min)	最高可达 1000
选纬装置	单色(1)，混纬(M)，多色(2~12)，大提花选色(2~16)
开口装置	凸轮开口装置(E)，多臂机(S)，大提花机(J)，大提花加多臂(JS)
引纬装置	共轭凸轮引纬传动，刚性剑杆，夹持式，中央积极式交接
打纬装置	分离式筘座，共轭凸轮打纬
卷取装置	齿轮连续卷取，电子卷取 ECT
送经装置	独立电动机和减速装置间隙式送，电子送经 EWL
找纬装置	自动化程序找纬
织边装置	毛边装置，热熔边装置，纱罗绞边装置(单圆盘或双圆盘)，折入边装置
织轴盘片直径/mm	下织轴:800,940,1000,1100;上织轴:1250(最大)
卷布直径/mm	机上卷装:540(最大);独立卷装:1250(最大)
装机功率/kW	4.5~7.0(随幅宽和开口装置的种类而定)
适应纱线线密度	细至 7.7dtex(7 旦)的真丝或粗至 2200dtex 的黏胶长丝或多达 450 根微细纤维的长丝到 0.3 公支(3333dtex)的花式纱线都可以同时织造

项目	技术特征
适应品种	适应各类织物,如平纹、多色织物、提花织物和毛圈织物等
其他	APS:自动成套接线台,在卷装和喂入装置之间,一旦断纬,电子控制可防止开车和停车档(稀密路)

第二节　多尼尔剑杆织机传动系统及主要机构

一、传动系统

多尼尔剑杆织机主要结构是由两边墙板和中央带有平行轨道的坚固胸梁连接而成的,抗扭结构的胸梁保证了织机高速运行时的稳定性,所有与幅宽有关的部件都安装在胸梁的平行轨道上,只要将它们固定元件松开,就可以沿着平行轨道滑动到所需位置,织机两侧的剑杆筒管保持剑杆的稳定运行。

织机是由左侧一只连续运转的主电动机驱动,两边墙板中有两个主齿轮箱,它们负责驱动引纬过程中剑杆的往复运动和钢箔的打纬运动,电动机和齿轮箱之间由离合器/刹车组合体进行连接。另外,主电动机边上一只较小的慢速电动机用于织机的寸动运行。

多尼尔 HTV8/S-220 型剑杆织机的传动图如图 13-4-1 所示。

多尼尔剑杆织机的主要特点:纬纱通用性强,可随意混合织造不同种类和线密度的纬纱;织物花型、结构范围广,在纬纱、纬密以及组织上有较大的变化,模组织的设计适应多类织物;优良的引纬系统,高速时,纱线张力小且柔和,纱线交接时张力较低,能高速织造低强力的纱线;具有快速变换功能;强大的微处理系统保证了最佳织物品质;操作处理简单。

二、开口机构

多尼尔剑杆织机的开口机构可分为凸轮开口机构、多臂开口机构和提花开口机构,该织机的开口机构主要用的是电子多臂机和电子提花机。另外,在一部分织机上大提花机和多臂机联合使用。

(一)凸轮开口机构

采用积极式凸轮开口装置,综框隔距为 12mm 或 18mm。该机综框的控制是通过开口凸轮轴旋转时,带动固定在轴上的开口凸轮进行旋转,再通过与之接触的转子使得摆臂作往复摆动,

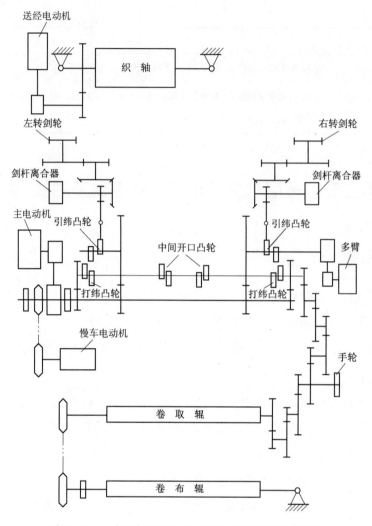

图 13-4-1　多尼尔 HTV8/S-220 型剑杆织机的传动图

摆臂通过连杆与综框连接,从而带动综框作上下运动,完成开口动作。由于凸轮开口机构所配综框页数相对较少,最多为 12 页,品种适应性稍差;开口凸轮与转子表面的接触面窄,应力较高,转子和转子芯的使用寿命也不长;另外也不适应目前品种频繁翻改的要求,因此目前该种开口机构所配织机较为少见。

(二)多臂开口机构

1. 机械多臂

即机械控制的旋转式多臂机。综框隔距为 12mm 或 18mm。该机综框的控制是通过纹板(如 STAUBLI 2212 型)上的塑料纹钉或纹纸(如 STAUBLI 2232 型)上的孔洞来完成的,通过共轭凸轮牵引上下拉刀的往复运动,使得综框按照织物组织的要求进行上下升降。综框和多臂机是通过连杆进行连接的,可根据不同的织物品种来调节综框高度和龙头动程,所以调节梭口的大小也比较简单方便。

2. 电子多臂

即电子控制的旋转式多臂机。综框隔距为 12mm。综框页数有三种规格:12 页、20 页和 28 页。该机通过电磁吸铁(如 STAUBLI 2667 型)对吸铁臂的吸放,吸铁臂控制左右角形杆,再由角形杆来控制综框的升降状态,从而完成开口动作。配备该型号的电子多臂,具有平行式下回综机构,综框的调整和定位工作只要在多臂机的上方进行,简单方便。

3. 提花开口机构

机械控制(机械提花)或电子控制(电子提花)可逆转的大提花机,最高可达 20000 多针。常用的是 2688 针,比如英国 BONAS BLJ Ⅱ 型 1344+1344 双龙头电子提花机。该提花机为模块化结构,其核心部件的线圈板,通过线圈(电磁吸铁)对竖钩的吸放,竖钩再通过一组滑轮和综丝来控制经纱的升降。经纱通过拉簧保持在梭口下层,当线圈被激励时,就将竖钩吸向挂钩,而竖钩的上部架在拉刀上作上下运动,拉刀下降时竖钩固定在挂钩上,对应的另一竖钩升起时,经纱被提起形成梭口。

三、引纬机构

引纬运动是由刚性剑杆来引入的,引纬方式是夹持式,左侧送纬,右侧接纬,中央积极式交接。供纬形式为左侧单侧供纬。

(一)引纬过程

纬纱从储纱架的筒子上引出,由储纬器进行卷绕预存,从储纬器引出的纱线经过张力调节器,进入压电陶瓷式纬纱检测器中,引出的纱线穿入选纬装置的选纬指,经过纬纱剪刀直到织物的左边外侧。当左剑杆(送剑杆)从左侧进入梭口时,要织入的纬纱所在的选纬指向下运动至最低点,引纬开始时左剑杆的夹纱器(夹纱杆)开启,在其运行过程中从选纬指中接触并提取要织入的纬纱,将其夹紧。之后将纬纱送入纬纱剪刀将纱尾剪断,左剑杆带着纬纱从左边梭口运动至布面中央,与右剑杆(接剑杆)进行交接。在中央交接位置时,剑杆夹纱器的开合动作是由可独立调校的中间释放杆来控制的,中间释放杆的动力来源于凸轮和转子,中间释放杆完成开合动作后,在打纬之前会退到走剑板的下方且随筘座一起运动,从而对打纬动作不会产生影响,也不会在布面上留下任何痕迹。交接之后,纬纱被右剑杆夹住,向右侧回退出梭口,完成整个引纬动作。由于梭口内没有任何导剑钩,所以一方面与经纱的摩擦元件减少,另一方面剑杆可以顺畅地进出梭口,加之中央纬纱交接精确,因而确保了织物的质量。

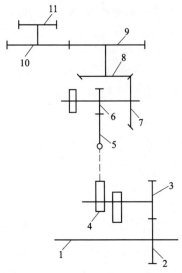

图 13-4-2　共轭凸轮引纬传动机构

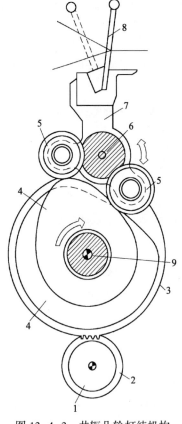

图 13-4-3　共轭凸轮打纬机构

（二）引纬传动机构

共轭凸轮引纬传动机构如图 13-4-2 所示,该图为机器左侧引纬传动机构。其原理为:当主轴 1（高速轴）转动时,主轴上齿轮 2 传动齿轮 3,与齿轮 3 固定在同一轴上的共轭凸轮 4 随之转动,再通过两个转子推动摆轴进行摆动,带动连杆做往复运动,扇形齿轮 5 也随连杆作摆动,使得齿轮 6 做往复运动,与齿轮 6 通过花键轴固定在同一轴上的锥形齿轮 7 和锥形齿轮 8 相啮合,从而带动与锥形齿轮 8 固定在同一轴上的齿轮 9 做往复运动,再通过齿轮 10 来带动传剑齿轮 11 做往复运动,这样就完成了引纬动作。

根据实测,HTV8/S-220 型剑杆织机的剑杆头在织造中的运动过程如下:左剑杆头从 50° 开始运动,75° 进入梭口,190° 运动到中央交接位置,在交接之后 200° 开始回退,在 310° 完全退出梭口;右剑杆头退出梭口后停止不动,40° 开始进入梭口,170° 运动到中央交接位置,在 190° 交接之后回退,在 315° 完全退出梭口。可以看出两侧剑杆运行时间并不相同。

四、打纬机构

采用分离式筘座,共轭凸轮打纬,该打纬共轭凸轮在两个主齿轮箱各有一套,结构如图 13-4-3 所示。当主轴 1（高速轴）转动时,主轴上齿轮 2 传动齿轮 3,与齿轮 3 固定在同一轴上的共轭凸轮 4 随之转动,再通过两个转子 5 推动摆轴 6 进行摆动,摆轴 6 带动筘座 7 和固定在筘座上的钢筘 8 作前后往复运动,完成打纬动作。

钢筘运动时间为了满足引纬需要,对 HTV8/S-220 型剑杆织机钢筘的运动过程进行实测如下:静止角为 240°,即 60°~300°;运动角为 120°,即 300°~60°。打纬静止点为 0°,0°~60° 为打纬退程,打纬退程角是

60°；300°~360°为打纬进程，打纬进程角也是 60°。

五、送经机构

（一）独立电动机和减速装置间隙式送经

多尼尔 HTN8/S-190 型和 HTV8/S-220 型剑杆织机的送经装置是由单独电动机传动送经，采用非接触式传感器，由活动张力调节辊（摆动后梁）来调节经纱张力。传动结构如图 13-4-4 所示。带有直流制动的送经电动机 1 传动减速箱 2（$i=61$），再由齿轮 3 传动织轴齿轮 4，送出经纱。

（二）EWL 电子送经

多尼尔 HTVS4/SD-220 型剑杆织机的电子送经装置高度精密，是由一只负责测量工作的转化器和一个传感器连成一个回路，保证送经动作与其他参数和装置步调一致，比如车速、经纱张力、纬密和卷取动作以及防止开车痕操作程序中也配合得相当好，所以与织机的每一个动作准确配合，在启动、加速、制动和点动时都同步。该送经装置即使在一台织机上采用双织轴，两套送经装置，织造同一幅织物，布幅的左右两边在外观上可以保持一致。

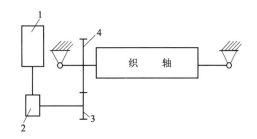

图 13-4-4　HTN8/S-190 型和 HTV8/S-20 型送经装置

六、卷取机构

（一）齿轮连续卷取

多尼尔 HTN8/S-190 型剑杆织机织物连续卷取装置如图 13-4-5 所示。织物 1 绕过伸幅辊 2，再由卷取辊 3（细砂皮纸包覆）卷绕，经过包毛毡的导布辊 4 和 5 后，再经过伸幅辊 6，最后卷在卷布辊 7 上。

图 13-4-6 为多尼尔 HTN8/S-190 型剑杆

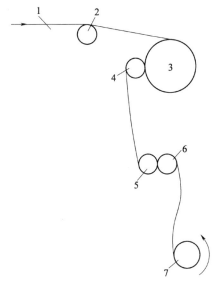

图 13-4-5　HTN8/S-190 型连续卷取机构

织机织物连续卷取装置的齿轮传动图，由右侧齿轮箱 1 传动的齿轮 2（40 齿）传动齿轮 3

（64 齿），再由同轴小齿轮 4 传动齿轮 5（60 齿），经过一对变换齿轮 6（19 齿、60 齿、44 齿）和 7（60 齿、19 齿、35 齿），由小齿轮 8 传动齿轮 9（79 齿），从而带动同轴的手轮 10 和齿轮 11（14 齿、28 齿、35 齿、42 齿）一起转动，与齿轮 11 相啮合的纬密变换牙 12 通过齿轮 13 和 14 传动卷取辊 15，完成织物的卷取动作。

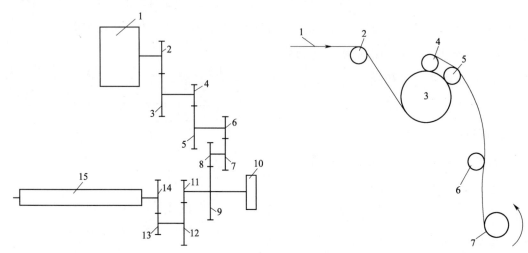

图 13-4-6　HTN8/S-190 型连续卷取装置齿轮传动图　　　图 13-4-7　HTV/S-220 型连续卷取机构

多尼尔 HTV8/S-220 型剑杆织机的织物连续卷取如图 13-4-7 所示。织物 1 绕过伸幅辊 2，绕在卷布辊 7 上。HTVS4/SD-220 型剑杆织机的织物连续卷取过程与其基本相同，该织机上的伸幅辊 6 被改为涂塑光辊。

图 13-4-8 为多尼尔 HTV8/S-220 型剑杆织机织物连续卷取装置的齿轮传动图，由右侧齿轮箱 1 传动的齿轮 2（40 齿）传动齿轮 3（64 齿），再由同轴小齿轮 4 传动齿轮 5（60 齿），经过一对变换齿轮 6（19 齿、60 齿、44 齿）和 7（60 齿、19 齿、35 齿），由小齿轮 8 传动齿轮 9（79 齿），从而带动同轴的手轮 10 和齿轮 11（14 齿、28 齿、35 齿、42 齿）一起转动，与齿轮 11 相啮合的纬密变换牙 12，再通过小齿轮 13 和过桥齿轮 14 以及齿轮 15 传动卷取辊 16，完成织物的卷取动作。

（二）ECT 电子卷取

多尼尔 HTVS4/SD-220 型剑杆织机的电子卷取装置的构造基本上和电子送经装置一样，减速装置的速比（$i=117$）一样，所以能够很好地保证与送经动作协调一致，可靠性比较高。该装置的纬密调节精度较高，可达到 0.1 根/cm，而且保持稳定，另外每个品种可编排 8 个不同纬密，可跟随组织变化而改变。

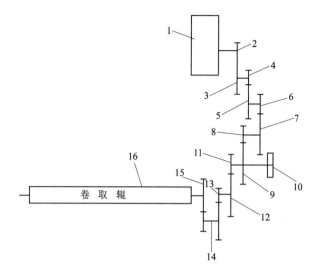

图 13-4-8　HTV8/S-220 型连续卷取装置齿轮传动图

(三)织物卷取的调整

1. 链条驱动布辊的调整(图 13-4-9)

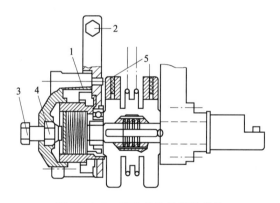

图 13-4-9　织物卷取的调整机构

(1)脚踏板 1 位于其最低位置时,布辊可以被转动。

(2)松开螺丝 2,推动整个装置直至其停止在右侧,紧固螺丝 2。

2. 摩擦离合器的调整

(1)调整摩擦离合器 5 的压力直至布辊仍可以用双手转动。

(2)调整时,将脚踏板 1 放置在其最高位置并且旋转螺丝 3 进入各自的锁定螺母中。对于松弛的摩擦离合器 5,布辊可以容易地被转动。值得注意的是:当使用烧结青铜作为摩擦涂层时,为了避免涂层较快地被磨损,涂层应该每月加一点点油。不加任何添加剂的油就可以适用。

第三节　多尼尔剑杆织机辅助机构

一、储纬器

储纬器的作用是为了改善纬纱引入张力,与从筒子上直接引出纱线相比,其引纬阻力小并且纬纱张力均匀。多尼尔剑杆织机的储纬器型号主要有意大利的 ROJ-AT1200 型和 ROJ-DART-AT1200 型以及瑞典的 IRO-LASER 型。

ROJ 系列储纬器是由单独电动机传动,电子调速,由红外光探测来控制纬纱的存储量。该储纬器的工作过程:从储纱架的筒子上退绕出的纱线,经过预张力调节器,进入储纬器传动电动机的空心轴中,然后经过退纬盘将纱线平行地卷绕到储纬筒上,再经过毛刷环(或金属片刷)退绕出储纬筒,经过张力调节器或调节杆后供织机织造使用。另外可根据纬纱的捻向,通过中间捻向调节器将箭头调向 S 或 Z;根据织造要求,通过卷绕速度调节器来设定储纬器的转动卷绕速度。

IRO 系列储纬器工作过程基本上和 ROJ 系列储纬器一样。不同的是 IRO-LASER 型储纬器纬纱存储量的控制是由弹簧片和传感器来进行的,当卷绕的纱线将储纬筒正上方的弹簧片压下,储纬器停止转动,当纱线退出将弹簧片释放后接触到传感器时,储纬器开始转动。

二、找纬装置

在断纬停车时,找纬装置让织机的引纬机构停止动作,只有开口、打纬和卷取机构以及选纬装置和编码器进行运转。多尼尔剑杆织机的找纬动作是一个自动化程序,在织机断纬时会自动执行,在断纬发生后程序启动。首先织机作定位停车,两侧剑杆离合器脱开,引纬动作停止,织机其他各机构倒退一纬,然后两侧剑杆离合器啮合,在拿掉梭口中的断纬后就可以再次启动织机。只要通过找纬按钮,该自动找纬程序就可以重复进行。

三、多色纬织造

在多色纬织造时,多尼尔剑杆织机可配用 2~12 色选纬装置,常用的是 4 色和 8 色选纬。多尼尔剑杆织机选纬装置的选纬指都呈扇形排列,这样可将纬纱推送到同一位置,使得剑杆对每根纬纱的提取作用相同,所以不同种类的纬纱会以同样的张力被引入。

多尼尔 HTN8/S-190 型和 HTV8/S-220 型剑杆织机配置的是 8 色选纬,该选纬装置是由选纬指、拉绳、滑轮、电磁吸铁以及锁定件等部件组成,通过电控柜来控制电磁吸铁的得失电,当电磁吸铁得电时,所对应的锁定件脱开,选纬指由于弹簧的作用降至最低点,达到选纬的目的。多尼尔 HTVS4/SD-220 型剑杆织机配置的是 4 色选纬,该选纬装置是由电子多臂通过选纬钢索来进行选色的。

多尼尔剑杆织机还可以配置电子选色 ECS,该选色器主要是由一种新型步进电动机构成,它的体积小,推进力度大,可以随意编排织造程序。织机最多可以配置 12 个电子选色器,模组式设计可以逐一添加纬纱颜色,选色针的位置在个别控制板上进行调校,简单方便。

四、绞边与废边装置

(一)绞边装置

一般无梭织机织造出的织物为毛边,为了满足染整等后道工序中布边不脱纱或豁边,应对布边进行加固。加固的方法有绞边、折入边(带折入边装置)和热熔边(化纤织物)。一般绞边是把两根或四根绞边经纱和纬纱交织成纱罗组织,从而达到加固布边的目的。

单圆盘纱罗绞边装置:该装置为全回转圆盘两根边纱的纱罗绞边装置,它是由一个可以正反旋转的同步步进电动机驱动,而且可以根据组织纬密和织物结构作相应的调整。

双圆盘纱罗绞边装置:该装置同单圆盘纱罗绞边装置的原理一样,是由两个全回转圆盘纱罗绞边装置组成,其第一道纱罗用来形成织物的布边,代替废边纱。该装置可以节约废边原料。

圆盘纱罗绞边装置在形成纱罗绞边时不占用综框,不需要任何特殊的经停装置和布边筒子,操作简便,对纱线处理柔和。

快速交叉纱罗绞边装置:该交叉纱罗绞边装置相应地固定在第一页综框上或两页废边综框的前一页,第二页综框或后面一页的废边综框带动用于绞边纱线的带有弹性牵伸的滑动导向装置。用于快速装置的所有夹持构件均被固定在综丝导棒的底部,而前面综框的夹持件以及加压件总是固定在综丝导棒的上部。

(二)废边装置

废边的作用是将超出织物布边两边的纬纱头控制好,便于绞边装置形成良好的绞边。多尼尔剑杆织机左右两侧可配备独立的废边装置,其装置如图 13-4-10 所示,由凸轮传动升降钢索 1,升降钢索 1 带动齿条 2 上下运动,再由小齿轮 3 传动齿条 4 上下运动,从而齿条 2 和 4 上的废边综丝带动废边经纱作上下运动。

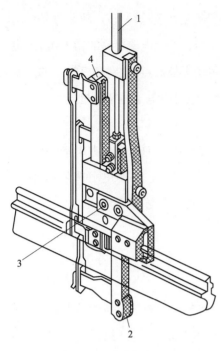

图 13-4-10　多尼尔剑杆织机左右
两侧独立的废边装置

五、断经断纬自停装置

(一)断经自停装置

断经自停装置型号为 GROB KFW1600,采用落片接触式电子经停系统,是由经停片、经停条、经停架和处理电路组成。当经纱产生断头时,经纱上的经停片因自重下落在经停条上,两者接触使得处理电路接通,从而使织机停车。

(二)断纬自停装置

断纬自停装置是由 ELTEX 纬纱检测器、位置传感器和对应的电信号处理电路组成。纬纱检测器采用的是压电陶瓷,上面的导纱瓷眼一般有 2 孔、4 孔、6 孔和 8 孔四种规格,纬纱穿过检测器的导纱瓷眼被正常引纬时,对检测器产生压电效应,输出的电信号被处理电路进行处理和判别。当引纬不正常时,处理电路判别输出的电信号异常而使织机停车。

在断经或断纬时停车动作和纬纱检测范围的调整方法:多尼尔剑杆织机的所有功能的电气化控制都已经预定程序,停车位置和返转位置只有在预定程序范围内进行改变。

停车延时调整:在断经或断纬(以及手停)的情况下,机器应该最终停止在 60°。在织机控制模块上有两个旋钮,通过它们可以调整停车延时,上面的 DLY 延时旋钮在梯级 2° 里进行调整,下面的延时旋钮在梯级 20° 里进行调整。如果两个旋钮都处在 0 位置上,则达到了最短的停车位置。当然最短的停车位置也必须依照断纬自停装置所调整的检测范围,在部分重叠的情况下,停车指令就会被自动地转移到断纬自停装置检测范围的末端。

断纬自停装置检测范围的调整:通过 FZE 旋钮,断纬自停装置作用的检测范围应该可以在 4° 梯级上加以调整,见表 13-4-4。

表 13-4-4　断纬自停装置作用的检测范围

位置	名义幅宽<270cm	名义幅宽≥270cm
0	250°~292°	250°~304°
1	250°~296°	250°~308°
2	250°~300°	250°~312°

位置	名义幅宽<270cm	名义幅宽≥270cm
3	250°~304°	250°~316°
4	250°~308°	250°~320°
5	250°~312°	250°~324°
6	250°~316°	250°~328°
7	250°~320°	250°~332°

在多尼尔剑杆织机上,断纬自停装置的检测范围是根据机器的名义幅宽来进行调整的,如果布幅被改变,检测范围不需要重新调整。

倒转位置的调整:在 RTN TO 旋钮上,允许进行可调整的倒转位置的调整。在断经或手停之后自动倒转装置可以在 8 个梯级里进行调整。

位置 0＝60°,织机停车时无倒转运动作出;位置 1＝30°;位置 2＝14°;位置 3＝0°;位置 4＝352°,织机倒转经过钢箔打纬位置;位置 5＝342°;位置 6＝330°;位置 7＝320°。

由于织造技术的原因,如果所需要的倒转位置不同于那些规定,则这些所需要的倒转位置可以在多尼尔剑杆织机上进行预编程。

六、电子纬纱张力器

电子纬纱张力器 EFT 可以在引纬过程中把纬纱张力再进一步降低,同时保持纬纱张力稳定;这种纬纱张力器采用最新的伺服电动机技术,它可以根据不同纬纱原料设定不同的开启和关闭时间以及不同的张力值。

七、润滑系统

多尼尔剑杆织机都具有齿条机械油中央润滑系统,另外 HTV8/S-220 型和 HTVS4/SD-220 型剑杆织机还具有牛油中央润滑系统。机器两侧的两个主齿轮箱采用油帘循环润滑,由于没有冷凝装置,润滑油的温度较高,因此对机器上的油管和油封的质量要求比较高。

中央润滑系统:从空压机中出来的压缩空气经过油水分离器和滤网过滤后,进入压力调节阀,再由塑料管道通向每台织机。在交接点,压缩空气被导向电磁阀,经过电磁阀吹向储油装置。通过时间继电器的控制脉冲,电磁阀被打开,在没有电的情况下,电磁阀被关闭。

储油装置内的牛油或机械油受到压力后,再由通到各个所需润滑部件的油管输送,对所需润滑部件进行自动润滑。如织轴两侧托脚滑动轴承的牛油润滑、两侧剑杆齿条的机械油润滑。

两侧剑杆齿条的机械油润滑:该润滑是通过安装在剑杆驱动齿轮处的润滑喷嘴,将油气混合体喷在剑杆驱动齿轮上,从而达到对剑杆齿条的润滑作用。

两侧剑杆齿条的机械油润滑的有关技术数据:

(1)允许的工作压力:静态 5~7Pa。

(2)脉冲时间:5s。

(3)间隔时间:15min。

(4)空气耗量:约 21L/5s。

(5)输送的润滑油量:10mm^3/脉冲和润滑点。

(6)挺杆设置:8 个锁定凹槽(用于设置输送的润滑油量)。

(7)油箱容量:250cm^3(约 5 个月的用量)。

多尼尔公司认可的润滑油:Airpress15、Knitt22、Filazur22、OptitexW22。

第四节　多尼尔织机常见故障与维修保养

一、多尼尔织机常见机械故障及其原因与排除

多尼尔织机常见故障及其原因与排除见表 13-4-5。

表 13-4-5　多尼尔织机常见故障与排除

故障	形成原因	解决方法
主离合器异响、发热	1. 离合器磨损 2. 离合器间隙不当 3. 轴承损坏;轴承档磨损	1. 修理或更换摩擦片 2. 重新调整间隙 3. 更换轴承 4. 修理轴承档
多臂故障	1. 拉簧不良 2. 刀片轴承损坏 3. 固定螺丝松动 4. 电磁吸铁不良	1. 更换拉簧 2. 更换刀片轴承 3. 旋紧固定螺丝 4. 更换电磁吸铁
综框异响	1. 综框间隙不对 2. 综框夹板磨损 3. 综框脚子损坏 4. 综框或连杆螺丝松动	1. 调整综框间隙 2. 修复或更换综框夹板 3. 修复或更换综框脚子 4. 旋紧或更换松动螺丝

续表

故障	形成原因	解决方法
断纬频繁	1. 纬纱通道不光滑 2. 纬纱张力不当 3. 纬剪时间不对 4. 夹纱器作用不良 5. 释放器作用不良 6. 中间开口器作用不良 7. 选纬器作用不良	1. 清除通道上的毛刺 2. 调整纬纱张力 3. 调整纬剪时间 4. 调整夹纱器 5. 调整释放器 6. 调整中间开口器;调整选纬器
纬缩	1. 综平时间太晚 2. 绞边装置不良 3. 纬纱张力不当 4. 释放器作用不良	1. 调整综平时间 2. 调整绞边装置 3. 调整纬纱张力 4. 调整释放器
边撑疵	1. 边撑刺环回转不灵活 2. 边撑刺针弯曲 3. 边撑深度过	1. 修复边撑刺环 2. 修复边撑刺针 3. 调整边撑深度
断经频繁	1. 经纱张力不对 2. 综框高度不对 3. 开口时间不对 4. 剑头剑杆毛刺 5. 钢筘毛刺 6. 经停片变形 7. 织轴质量不好,绞头多	1. 调整经纱张力 2. 调整综框高度 3. 调整开口时间 4. 清除剑头剑杆毛刺 5. 清除钢筘毛刺 6. 修复或更换经停片 7. 梳顺经纱或重新接经
卷布辊作用不良	1. 卷取摩擦片不良 2. 卷取链条不良 3. 卷布辊轴端磨损	1. 修复卷取摩擦片 2. 修复或更换卷取链条 3. 修复或更换卷布辊
云织	1. 送经不良 2. 卷取不良	1. 修复送经装置 2. 修复卷取装置
润滑故障	1. 油量不够 2. 油管脱落或断裂 3. 过滤器堵塞	1. 加油 2. 修复油管 3. 清洗或更换油过滤器

二、常见电气故障检修

1. 多尼尔 HTV8/S-220 型剑杆织机常见电气故障及检修(表 13-4-6)

表 13-4-6　多尼尔 HTV8/S-220 型剑杆织机常见电气故障及检修

故障代码	故障	检修
10	齿轮箱油压不足	加油,油位开关,线路
13	离合器/刹车/主驱动温度过高	离合器磨损,离合器间隙不对,轴承损坏,线圈,线路
14(15)	送经电动机温度过高	齿轮元件,伺服制动,电动机相位,线路
24(37)	编码器故障或阅读错误	齿轮传动,线路,编码器
26	启动/停止模块故障	24V 供应电压,保险丝,辅助电压,更换启动/停止模块
27	多臂故障	24V 供应电压,线路
33(35)	送经模块故障	送经电动机,伺服制动,冷却风扇,保险丝,线路,更换送经模块

2. 多尼尔 HTVS4/SD-220 型剑杆织机常见电气故障及检修(表 13-4-7)

表 13-4-7　多尼尔 HTVS4/SD-220 型剑杆织机常见电气故障及检修

故障	现象	检查
名义速度偏差较大	如果机器通过主电动机磁极改变来配置开车痕的防止,那么当启动机器时应检查飞轮是否以正确的速度运转,这是通过速度传感器 B8 来作出的。如果传感器不发出信号,那么该信息出现	线路,传感器 B8,接触器(K1,K6,K7)
	在机器已经启动之后,如果实际速度偏离以前测量的速度相当大,那么该信息会出现	更换皮带轮,主电动机相位
剑杆没有被交接	两根剑不可被交接	磁性夹纱器,微型开关,线路
短路显示	在下列输出之一的控制命令中检测到短路:信号灯组,边撑警示灯,手停按钮灯或者用着闪光灯的启动线路信号	无灯驱动(识别号 389603)的控制模块是否被安装,线路,用户
多臂供应电压消失	在多臂板上 24V 电压消失	保险丝 F1
限位开关正方向(卷取)	对于经纱张力后梁限位开关作出反应	通过机器按钮送经,设置,再未被使用的限位开关输入端无电桥

续表

故障	现象	检查
动力模块无逻辑电压(卷取)	主干线路存在缺陷或中间电路电压消失	T1 上的保险丝,线路,变压器 T1 的连接;接触器 K3;中间线路电压
检查经纱张力传感器(送经)		应检查绝对传感器静止状态的平衡点
未定义经纱张力传感器(送经)	传感器中的识别电阻器的阅读没有产生任何可知的传感器类型	线路,传感器,供应电压是否太低
经纱张力低于最小值(送经)	在经纱张力动态变化中设置的最小值已经达到	输入是否错误,经纱张力传感器

三、多尼尔剑杆织机的维修保养

带有绞边装置的多尼尔剑杆织机维修保养检查项目见表 13-4-8~表 13-4-11。

表 13-4-8 每天保养内容

序号	每天保养内容	名义值	允许偏差
1	筒子架的位置		
2	纬纱退绕张力片的功能与清洁		
3	纬纱剪刀的功能		
4	废边剪刀的功能		
5	绞边装置的功能		
6	停车动作时检查断经自停装置		
7	停车动作时检查断纬自停装置		
8	中央润滑的功能		

表 13-4-9 每周保养内容

序号	每周保养内容	名义值	允许偏差
1	剑杆导轮的状态和功能		
2	左侧剑头护条的状态		
3	左侧夹纱杆的状态和功能		

序号	每周保养内容	名义值	允许偏差
4	左侧夹纱杆弹簧的张力	1100g	+400g
5	左侧齿条的清洁		
6	喷雾装置的功能		
7	右侧剑头护条的状态		
8	右侧夹纱杆的状态和功能		
9	右侧夹纱杆弹簧的张力	1500g	−400g
10	右侧齿条的清洁		
11	喷雾装置的功能		
12	TEFLON 润滑（聚四氟乙烯）		

表 13-4-10 每月保养或经纱变换时保养内容

序号	每月保养或经纱变换时内容	名义值	允许偏差
1	在滤网处检查齿轮箱输油装置		
2	电动机 V 形皮带的状态		
3	电动机 V 形皮带的张力		
4	齿形带/驱动链条的张力		
5	V 形皮带的张力		
6	左侧走剑板/钢筘的平直度	0	−5
7	右侧走剑板/钢筘的平直度	0	−10
8	单个走剑板部件的平直度	0	± 1.0
9	左侧剑杆导轨/走剑板的平直度	0	0.2
10	右侧剑杆导轨/走剑板的平直度	0	0.2
11	边撑刺辊/边撑挡板的对称位置		0.5
12	钢筘/边撑挡板的距离	1.2	0.3
13	左侧剑杆进入间隙	0.1	−0.05
14	右侧剑杆进入间隙	0.1	−0.05
15	可移动的辅助钢筘的功能		
16	左侧和右侧矩形剑杆导轨		

续表

序号	每月保养或经纱变换时内容	名义值	允许偏差
17	左侧剑杆导轮		
18	右侧剑杆导轮		
19	左剑杆交接位置	0	2
20	左侧和右侧剑杆驱动齿轮的状况		
21	右剑杆交接位置	3	3
22	剑杆驱动轮的夹紧螺丝紧固	160~170N·m	
23	右侧夹持控制轴	0	0.5
24	右侧释放杆	30	
25	右侧剑杆夹持的开口	3	0.5
26	左侧夹持控制轴	0	0.5
27	左侧释放杆	27	
28	左侧剑杆夹持的开口	0.5	1
29	检查剑杆润滑装置		
30	剑杆行程调整:紧固螺母	180N·m	
31	导纱片钩的高度和深度		
32	纬纱剪刀的功能		
33	上剪刀杆/下剪刀杆的重叠	1	+1.0
34	纬纱定位板/剑杆尖端的距离	2	
35	分纱针尖端/上剪刀杆	1	0.5
36	中间分纱针/纬纱定位板上边缘	平行	
37	分纱针/最后一根纬纱的高度差异	4	2
38	分纱针/纬纱定位板的行程调整	2	1
39	最后一根纬纱/分纱针	5	±2.0
40	左侧夹持开启板的状况		
41	夹持开启板/夹纱杆支持件	0.2	
42	剪刀功能和剪切时间的最终检查		
43	右侧夹持开启板的侧向调整	12	2
44	夹持开启板的高度	4	

序号	每月保养或经纱变换时内容	名义值	允许偏差
45	夹持开启板/剑杆上边缘	3	1
46	底层梭口/走剑板距离	0.5	
47	闭合梭口位置	325°	315°~335°
48	左侧废边:闭合梭口位置	325°	
49	右侧废边:闭合梭口位置	285°	
50	右侧废边:交叉	10	
51	带有边撑剪刀的废边分离器		
52	伸出楔形的35mm轴的紧固螺丝		
53	右侧和左侧剑杆的移动和清洁		
54	左剑头护条的状态		
55	夹持和左侧夹纱杆支持件的状况		
56	左侧夹纱杆弹簧的张力	10.8N	+3.92N
57	夹纱杆弹簧固定螺丝的紧固		
58	左侧覆盖杆的重叠	1	
59	左侧剑带/剑头的通道		
60	左侧齿条的状况		
61	左侧剑带的状况		
62	右剑头护条的状况		
63	夹持和右侧夹纱杆支持件的状况		
64	右侧夹纱杆弹簧的张力	14.7N	-3.92N
65	夹纱杆弹簧固定螺丝的紧固		
66	右侧剑带/剑头的通道		
67	右侧齿条的状况		
68	右侧剑带的状况		
69	导辊包覆物的状况		
70	走剑板覆盖物的状况		
71	检查停车时间		
72	多臂和/或提花机的驱动		

表 13-4-11　每年保养内容

序号	每年保养内容	名义值	允许偏差
1	织机附件		
2	检查倒转电动机链条		
3	3 只固定螺栓的紧固		
4	刹车线圈盘/刹车旋转盘的间隙	0.6	+0.2
5	离合器线圈盘/旋转盘的间隙	0.6	+0.2
6	后梁倾角的基本调整	45°	
7	后梁的平行调整		
8	检查后梁摆动		
9	检查断经自停装置		
10	蜗轮/蜗杆的间隙	0.2	+0.1
11	齿形带/驱动链条的张力		
12	齿形带的初始张力		
13	V 形皮带张力	90°	
14	V 形皮带宽度	34.0	−5.0
15	单个走剑板部件的平直度	0	+ 0.1
16	左侧导轨的状况		
17	右侧导轨的状况		
18	边撑刺辊的高度调整		
19	边撑刺辊/边撑挡板的对称位置		+0.5
20	钢筘/边撑挡板的距离	1.2	+ 0.3
21	可移动辅助钢筘的功能		
22	矩形剑杆导轨的功能		
23	矩形剑杆导轨的右侧滑板		
24	矩形剑杆导轨的左侧滑板		
25	左侧剑杆导轮		
26	右侧剑杆导轮		
27	检查锁定垫片		

续表

序号	每年保养内容	名义值	允许偏差
28	左剑杆交接位置	0	+2.0
29	左侧和右侧剑杆驱动齿轮的状况		
30	右剑杆交接位置	3.0	+3.0
31	剑杆驱动轮的夹持螺丝紧固	160~170N·m	
32	中央剑杆夹持控制:凸轮检查		
33	右侧释放杆轴	0	+0.5
34	右侧释放杆	30.0	
35	夹纱杆弹簧的距离	3.0	+0.5
36	夹持控制轴	0	+0.5
37	左侧释放杆	27.0	
38	检查剑杆润滑装置		
39	倒转装置:合适的功能检查		
40	倒转装置:右侧微动开关	0.2	
41	倒转装置:左侧微动开关	0.2	
42	剑杆行程调整:密封圈检查		
43	剑杆行程调整:紧固螺母	180N·m	
44	选纬指向下运动:开始	320°	+3°
45	选纬指行程	72.0	+2.0
46	选纬指/剑杆导轨		−2/3.0
47	检查选色器		
48	导纱片钩的高度和深度		
49	L形纬纱导杆的状况		
50	凸轮控制纬纱张力装置的张紧	330°	+5°
51	纬纱剪刀的状况		
52	上剪刀杆/下剪刀杆的重叠	1.0	±1.0
53	剪刀闭合杆的状况和功能		
54	纬纱定位板/剑杆尖端的距离	2.0	
55	分纱针尖端/剪刀	1.0	+1.0

序号	每年保养内容	名义值	允许偏差
56	中间分纱针尖/纬纱定位板上边缘	平行	
57	分纱针尖/最后一根纬纱的高度差异	4.0	+2.0
58	分纱针/纬纱定位板的行程调整	2.0	+1.0
59	最后一根纬纱/分纱针	5.0	+2.0
60	定时	17°/10°	
61	左侧夹持开启板的状况		
62	左侧夹持开启板的定时	350°	−5°
63	夹持开启板/夹纱杆支持件	0.2	
64	检查角度	35.0/60.0/6.0	
65	剪刀功能和剪切时间的最终检查		
66	右侧夹持开启板的侧向调整	12.0	+2.0
67	夹持开启板的高度	4.0	
68	夹持开启板/剑杆上边缘	3.0	+1.0
69	扭力弹簧的张力		
70	塑料轴衬的状况		
71	推杆的状况		
72	根据表检查推杆长度		
73	梭口的基本调整	20.5	+0.5
74	底层梭口/走剑板	0.5	
75	闭合梭口位置	325°	315°~335°
76	开口装置:皮带/链条张力		
77	左侧废边:闭合梭口位置	325°	
78	右侧废边:闭合梭口位置	285°	
79	右侧废边:交叉	10.0	
80	右侧废边装置的状况和运动自由程度		
81	左侧废边装置的状况和运动自由程度		
82	检查废边盘的制动		
83	带有边撑剪刀的废边分离器		

续表

序号	每年保养内容	名义值	允许偏差
84	伸出楔形的 35mm 轴的紧固螺丝		
85	废边引出装置的状况和张力	2.0	
86	废边引出装置的引出张力		
87	快速绞边:标准针尖之间的距离	6.0	+1.0
88	滑块的状况和清洁		
89	纬纱检测的调整	15.0	
90	右侧和左侧剑杆的移动和清洁		
91	左剑头护条的状况		
92	左侧夹持和夹纱杆支持件的状况		
93	左侧 HAREX 板的状况		
94	左侧夹纱座的状况		
95	左侧 VULCOLAN 板的状况		
96	左侧夹纱杆弹簧的张力	10.8N	+3.92N
97	夹纱杆弹簧座固定螺丝的状况		
98	左侧覆盖杆的重叠	1.0	
99	左侧剑带/剑头的通道		
100	左侧齿条的状况		
101	左侧剑带的状况		
102	右剑头护条的状况		
103	右侧 HAREX 板的状况		
104	右侧夹纱座的状况		
105	右侧 VULCOLAN 板的状况		
106	右侧夹持和夹纱杆支持件的状况		
107	右侧夹纱杆弹簧的张力	14.7N	-3.92N
108	夹纱杆弹簧座固定螺丝的状况		
109	右侧剑带/剑头的通道		
110	右侧齿条的状况		
111	右侧剑带的状况		

续表

序号	每年保养内容	名义值	允许偏差
112	TEFLON 润滑的调整和状况		
113	织机水平		
114	导辊包覆物的状况		
115	走剑板的状况		
116	综框导向板的状况		
117	主轴联轴器螺丝	160N·m	
118	筘座支持件螺丝	8N·m	
119	筘座安装螺栓	2N·m	
120	钢筘支持件的状况		
121	边撑中心外形的基本尺寸	36.3	+0.3
122	边撑中心外形的高度调整		
123	经纱托板/筘座	1.2	
124	经纱托板/标尺(WM.14-168)	2.0	+0.2
125	织物的卷取的状况		
126	织物的卷取的张紧力		
127	检查停车位置		
128	检查倒转点		

根据多尼尔剑杆织机的实际运转性能和各机械部件的损耗情况,一般企业均制订了相应的维修、揩检和巡检标准(表13-4-12~表13-4-14)。

表13-4-12　多尼尔剑杆织机巡回检修技术标准

项次	检查项目	允许限度/mm
1	剑头不正常磨损	不允许
2	剑杆齿条不正常磨损	不允许
3	储纬器、选纬器作用不良	不允许
4	纬剪、边剪作用不良	不允许
5	绞边、边撑作用不良	不允许
6	剑杆导轮间隙	上压轮0.3、侧压轮0.2、安全轮1.5

续表

项次	检查项目	允许限度/mm
7	假边和废边不良	假边≤30~70;废边≤3~5
8	中央润滑不良	每班一次
9	剑杆 TEFLON 润滑不良	不允许
10	机件、螺丝、垫片松缺	不允许
11	机器异响、漏油、失油	不允许
12	电气装置安全不良	不允许

表 13-4-13　多尼尔剑杆织机揩检(完好)技术标准

项次	检查项目	允许限度/mm	检查方法及说明	扣分标准 单位	扣分
1	剑头不正常磨损	不允许	目视	只	4
2	夹纱杆作用不良	不允许	手感、目视	只	2
3	剑头护条磨损	0.8	目视、卡尺检查	只	2
4	传剑轮紧固螺丝	紧固力矩 160~170N·m	用力矩扳手旋紧	只	4
5	剑杆齿条不正常磨损、清洁不良	不允许	目视	根	2
6	剑杆导轮间隙	上压轮 0.3、侧压轮 0.2、安全轮 1.5	用塞尺测量	处	4
7	两侧剑杆进入间隙	0.1	用定规检查	处	2
8	两侧开口器磨损	1~2	目视、手感	处	2
9	假边和废边纱尾长度	假边≤30~70; 废边≤3~5	目视	处	2
10	储纬器、选纬器运行不灵活、不清洁	不允许	目视	处	2
11	右侧废边梭口闭合位置	285	目视	处	4
12	纬剪、边撑、边剪作用不良	不允许	目视	处	2
13	全机油封、油管漏油、油嘴松动	不允许	目视、手感	处	2
14	剑杆 TEFLON 润滑不良	不允许	目视	处	4
15	机台异响	不允许	目视、耳听	处	4
16	两侧剑杆管状态不良	不允许	目视	处	2

项次	检查项目		允许限度/mm	检查方法及说明	扣分标准	
					单位	扣分
17	各部轴承发热、振动异响		不允许	目视、手感、耳听	处	2
18	各传动带、链条、齿轮松动、破损、啮合不良		不允许	目视、手感	处	2
19	螺丝、螺帽、垫片松缺	主要	不允许	目视、手感	处	3
		一般			处	1
20	机件缺损	主要	不允许	目视、手感	处	4
		一般			处	2
21	上机工艺不符合要求		不允许	符合要求	处	4
22	机台清洁工作不良		不允许	目视	处	1
23	安全装置	作用不良	不允许	目视	处	3
		严重不良(缺少为严重不良)			处	11
24	电气装置安全不良	绝缘不良[(1)36V以上导线无套管,防护套管破损而裸露导线,接线盒及电线管处缺少防护管,电器零件缺损等。(2)36V及以下从引出线到接线柱之间的导线裸露]	不允许	目视	处	3
		位置不固定(用食指轻轻拨动机台电箱、接线盒、夹头等电气部件,有无松动;1m以上电线无固定)	不允许	目视,手感,尺量	处	3
		接地不良(机架、电气设备的金属外壳的接地线有无松动,必要时测接地电阻,不符合要求为不良)	不允许	目视	处	3
		严重不良(36V以上的导线裸露铜丝或铝丝、接地线断、缺少等)	不允许	目视	处	11

表 13-4-14　多尼尔剑杆织机维修技术标准

部件	项次	检查项目	允许限度/mm	检查方法及说明	扣分标准 单位	扣分
引纬打纬部分	1	剑头不正常磨损	不允许	目视:擦毛、严重开裂等	只	4
	2	夹纱杆不良	不允许	手感:不灵活,轴套、螺丝有松动	只	2
	3	夹纱座不良	不允许	手感、目视:弹性不良,粘接不牢固	只	4
	4	剑头护条磨损	空洞深度比 护条厚度小1.5	目视:必要时用卡尺测量	只	2
	5	夹纱器张力不良	不允许	手感	只	2
	6	剑杆不正常磨损	不允许	目视:剑壳开裂、齿条断裂等	处	4
	7	两侧剑杆进入间隙	0.1	用定规检查	处	4
	8	剑杆与压轮间隙	上下0.2 左右0.3	用测微片检查	处	4
	9	传剑轮状况	紧固力矩 160~170N·m	用力矩扳手旋紧	只	4
	10	走剑板高低不良	水平安装	目视或用定规	处	2
	11	两侧开口器磨损	1~2	目视、手感	处	2
	12	中间释放杆不良	不允许	目视、手感:有磨损或复位不灵活等	处	2
	13	释放杆凸轮、转子及连杆不良	不允许	目视	处	4
	14	选纬器运行不灵活、不清洁,安装不良	不允许	目视	台	4
	15	边剪、剪纬安装不良,作用不良	不允许	目视	台	2
卷取润滑部分	1	卷取辊包覆不良	不允许	目视:无脱胶、破损、老化	台	2
	2	卷取链条不良	不允许	目视、手感	台	4
	3	导辊轴头及衬套磨损	不允许	目视	台	2

续表

部件	项次	检查项目	允许限度/mm	检查方法及说明	扣分标准	
					单位	扣分
卷取润滑部分	4	润滑不良	不允许	目视:润滑部分不失油	处	5
	5	全机油封漏油、油嘴松动	不允许	目视	台	4
	6	全机各油过滤器不清洁,油箱缺油	不允许	目视:油箱油位不低于油标刻度线	台	4
主离合器及传动部分	1	主离合器异响	不允许	目视,耳听	台	4
	2	主离合器间隙不良	开车线圈 0.5~0.6 刹车线圈0.3	用测微片检查	台	5
	3	慢车间隙不良	0.3~0.4	用测微片检查	台	4
	4	慢车机构动作不良	不允许	慢车时剑杆无抖动及无异响	台	4
	5	全机传动带、传动链条松动破损	松紧适当,破损不允许	目视、手感	台	4
	6	全机齿轮磨损	不允许	目视	台	4
开口及送经部分	1	多臂连杆含油轴承磨损,大小刀片磨损	不允许	目视、手感	台	4
	2	综框不良,跳空	不允许	目视	台	4
	3	综框夹板固定不良,开裂	不允许	目视	台	2
	4	绞边机构不良	不允许	目视	台	4
	5	送经电动机不良,发热	不允许	目视、手感	台	4
	6	张力弹簧异常拉伸	不允许	目视	台	2
	7	织轴固定不良,跳动	不允许	目视	台	4
弱电部分	1	电脑按扭不良	不允许	目视	只	1
	2	信号灯不良	不允许	目视	只	1
	3	指示灯不良	不允许	目视	只	1

续表

部件	项次	检查项目	允许限度/mm	检查方法及说明	扣分标准 单位	扣分标准 扣分
弱电部分	4	接触器触点不良	不允许	目视	只	2
	5	送经接近开关不良	不允许	目视	只	2
	6	断经检测器不良	不允许	目视	只	2
	7	储纬器印刷板不良	不允许	目视	只	4
	8	开车线圈插头不良	不允许	目视	只	2
	9	刹车线圈插头不良	不允许	目视	只	2
	10	电脑显示屏不清洁	不允许	目视	只	1
	11	整个电箱不清洁	不允许	目视	只	1
	12	各种电气装置螺丝松动	不允许	目视	只	1
储纬器部分	1	储纬器安装及作用不良	不允许	目视	台	5
	2	张力弹簧片断损	不允许	目视:集中少于2根,分散3根	只	1
	3	角度调节弹簧作用不良	不允许	手感	只	1
	4	螺丝松动缺少	不允许	手感	只	2
	5	电气失灵	不允许	测试	只	4
	6	清洁工作不良	不允许	目视	只	2
综框及钢筘部分	1	同副综丝新旧综眼大小等规格不一	不允许	目视	根	0.2
	2	综丝在铁梗上移动不灵活	不允许	手感	页	1
	3	综框横头弯曲、断裂、松动	不允许	目视、手感	处	1
	4	综框磨灭、钩脚磨损	不允许	目视	页	1
	5	综框固定器缺损	不允许	目视	只	1
	6	综丝铁梗显著弯曲	不允许	目视	根	1

部件	项次	检查项目	允许限度/mm	检查方法及说明	扣分标准	
					单位	扣分
综框及钢筘部分	7	零件铆钉缺少、松动	不允许	目视	只	0.2
	8	清洁工作不良	不允许	目视	付	2
	9	筘面不平整,生锈、油污	不允许	目视:用150mm钢尺贴筘面推动,平滑顺畅为良	处	2
	10	筘面松动、起毛	不允许	目视	张	2
其他部分	1	气管破损、漏气	不允许	目视、耳听	台	2
	2	气压表破损	不允许	目视	台	4
	3	全机机件、螺丝及垫片松缺,安装不良	不允许	目视、手感	台	2
	4	安全装置不良	不允许	目视	处	5
	5	电气安全装置不良	不允许	目视	处	5

第五节　多尼尔剑杆织机品种适应性及上机工艺

一、品种适应性

多尼尔剑杆织机的品种适应性比较广,适应各类织物的织造。该织机能织造难以处理的纱线,所以除了服用织物外,其特种类型的织机还可以生产各式各样的工业用织物。例如服用织物有弹力卡其、牛仔布、灯芯绒等,工业用织物有汽车安全气囊;采用棉纱、亚麻或腈纶纱织造的高密度防水布,斜纹条子布和帆布,过滤网;用合纤或钢丝织造的筛网织物,夹层织物,各种网眼大小的纱罗织物,单层运输带织物,多层运输带织物,用于涂层、涂橡胶或复合材料处理的高强度织物;以玻璃丝、玻璃粗纱、碳纤维、芳纶或其他高模量纤维织造的基布;以黏胶纤维或其他高强度再生纤维织造的轮胎帘子布,汽车坐垫织物,防火墙布、窗帘布;用玻璃丝织造的底层装饰性织物。多尼尔剑杆织机也适宜织造轻薄织物,对于纬密较高或重磅织物,织造难度要大,织机振动大,易损件的损耗较快。

二、上机工艺内容及调节

(一)剑杆行程

在机器上新经纱之前可以对两侧剑杆行程进行调整,在行程变化时两侧剑杆的交接位置将不会改变。

在调整好行程之后,检查如下:

(1)将机器转至 10°。

(2)两侧剑头之间的距离(将两侧剑杆推向机器中心并消除间隙)应为:筘幅+左侧超出行程+右侧超出行程。

随着最大数目的经纱穿入钢筘时,正确的左侧超出行程的调整可以阻止剑头向钢筘移动时接触到钢筘。

织机的最大速度依赖被调整的最大行程,而不管它是否由左剑杆或右剑杆作出的。因此建议只要有可能应尽可能采用对称剑杆行程。

在幅宽经常改变的情况下,建议在左边找到一个可包含不同幅宽的钢筘位置。这样左边行程的调整就可以免去。如果要调整的幅宽只在右边进行,停车时间将会相应地减少。那么短经或小样品织造将比较有吸引力。就这一点来说,必须注意到这样一个事实:当一个不对称剑杆行程被采用时,齿轮箱以较大的行程(左边或右边)来驱动剑杆,会受到较高负载的影响。那么机器速度必须降到最小速度。

剑杆最大允许行程见表 13-4-15。

如果表 13-4-15 中所列出的剑杆行程不被超过,那么在正常状态的认可中所列出的最大速度才是有可能的。如果它们被超过,那么该速度必须降低,从而避免损坏。

表 13-4-15　剑杆最大允许行程　　　　　　　　单位:mm

机器名义幅宽	剑杆最大行程	机器名义幅宽	剑杆最大行程
150	815	210	1115
160	865	220	1165
170	915	230	1215
180	965	240	1265
190	1015	250	1315
200	1065	260	1365

续表

机器名义幅宽	剑杆最大行程	机器名义幅宽	剑杆最大行程
270	1415	340	1765
280	1465	350	1815
290	1515	360	1865
300	1565	370	1915
310	1615	380	1965
320	1665	390	2015
330	1715	400	2065

(二)后梁调整

多尼尔织机后梁调整如图 13-4-11 所示。

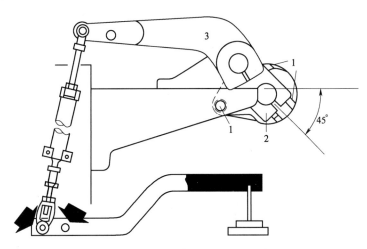

图 13-4-11　多尼尔织机后梁调整方法

1. 下织轴后梁调整

后梁可以通过螺丝 1 的移动而被向上翻转。对于厚重织物,宜采用静止后梁。对于轻薄织物,宜采用旋转后梁。

在已改变后梁位置之后,根据图示恢复曲柄 2 和后梁支撑臂 3 的正常位置。当织造非常厚重的织物时,曲柄 2 的位置可以从 45°改变到最小值 25°。

确保后梁在高度和深度上两边保持一致(+1.0mm)。

2. 上织轴调整

当采用上织轴进行织造时,确保较低后梁的曲柄约 45°的正常位置一直被保持。后梁支撑臂和重力杆连接件之间的夹角接近90°。

3. 后梁和多尼尔送经装置之间的连接

图13-4-12表明的是后梁悬挂装置的左边部分。送经装置重力杆的连接长度可以根据后梁与后梁支撑臂之间的位置来进行调整（25°～45°）。该机械装置在适当的位置也可用于固定后梁悬挂装置。

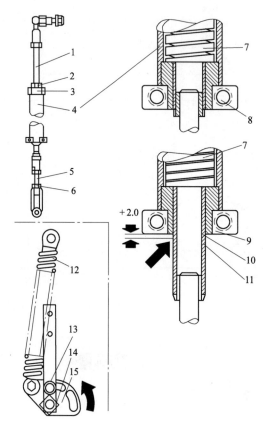

图13-4-12　后梁悬挂装置

4. 后梁悬挂装置

经纱张力也是后梁张力,是由在右侧的弹簧12以及送经装置上重物产生。

后梁的摆动是由导管4内弹簧7以及送经装置上的重物产生的。这就意味着两边的弹簧将影响下层经纱的张力。对于较小的经纱张力,右边的弹簧将被解除。此时经纱张力就由重物单独决定。对于较高的经纱张力,弹簧12将被张紧。而另一方面重物的数量将减少。当管套11上的标记10伸出夹持件9的底边超过2mm或当螺丝8被紧固时,后梁的摆动停止,弹簧7也被锁紧。

后梁悬挂装置的左侧部分的调整:如果后梁倾角必须要改变,那么松开螺帽2或6,分别减少或增加螺杆1和5的长度。

摆动位置的锁定:在后梁悬挂装置的任何位置摆动可以被锁定。因此,紧固夹持件9中的螺丝8建立一个刚性连接。

经纱(或后梁)张力:松开在弹簧夹持盘15上的螺丝13并且按箭头方向旋转方块14,该张力可以被增加。操作时,应确保后梁倾角正确(25°~45°)。

弹簧类型:经纱张力也受到右侧弹簧12的影响,见表13-4-16。

表 13-4-16 弹簧类型

弹簧类型	直径/mm	初始张力/kgf	最大张力/kgf	弹簧最大行程/mm	适用范围
64.167-20H01M01	7	25	186	100	厚重织物
64.147-60M01	6.3	5	60	100	中等织物
WM.07-166	5.6	5	50	100	轻薄织物

5. 经停装置

经停装置应适应梭口形式,当进行调整时,必须考虑下面几个方面:所有接触棒(最多6根)的自由运动必须在每个开口位置被隔开;在全开梭口到底线闭合梭口对经停装置进行调整,以使经纱根本不接触或轻微地接触到连接管,经纱从不伸出连接管之外;接触棒的倾度和隔距应适应于上开口对应定位棒托架的角度,以使经停片和上开口经纱不接触接触棒。经停片的重量和最大密度见表13-4-17。

表 13-4-17 经停片的重量和最大密度范围

纤维线密度/dtex				经停片		
长丝	棉	毛	韧皮纤维	重量/g	厚度/mm	数目/[片/(排·cm)]
~100	~100			1	0.15	21~22
100~170	100~167	~110	~58	1~1.5	0.2	15~20
170~250	167~243	110~162	58~90	1.5~2	0.3	11~14
250~360	243~364	162~233	90~130	2~2.7	0.4	7~10
360~720	364~729	233~486	130~254	2.7~4	0.5	4~6
720~1250	729~1166	486~	254~449	4~6	0.6	3~4
1250~	1166~		449~	6~	0.8	2~3

注 当车速高于300r/min时,经停片重量应为正常值的1.5倍。

(三)正齿轮卷取装置

只有在钢筘打纬位置(0°),才能更换齿轮 8 及齿轮 A、B、C,注意在无经纱张力的情况下进行。正齿轮卷取装置如图 13-4-13 所示。

1. 功能

通过更换小齿轮 A,正齿轮 B、C,16 种纬密范围可以被调整。通过安装相应的纬密变换齿轮 8,纬密在 6.7~1000 纬/10cm 范围内都可以进行调整。

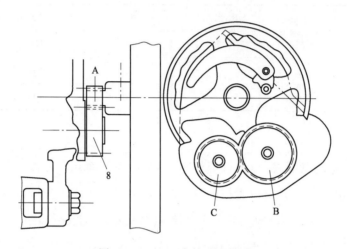

图 13-4-13　正齿轮卷取装置

2. 小齿轮 A 和纬密变换齿轮 8 的滑动啮合

见表 13-4-18,在两齿轮间调整 0.1mm(+0.1mm)的间隙。纬密变换齿轮 8 的齿数按所需纬密×因子 X 计算。

表 13-4-18　小齿轮和纬密变换齿轮的滑动啮合

	纬密/(纬/10cm)	小齿轮 A	纬密变换齿轮 B	纬密变换齿轮 C	因子 X
小齿轮为标准件时	11~50	28	60	19	20
	22~100	14	60	19	10
	28~125	28	44	35	8
	55~250	14	44	35	4
	44~200	28	35	44	5
	88~400	14	35	44	2.5
	110~500	28	19	60	2
	220~1000	14	19	60	1

续表

纬密/(纬/10cm)		小齿轮 A	纬密变换齿轮 B	纬密变换齿轮 C	因子 X
小齿轮为选择件时	6.7~33	42	60	19	30
	8.8~40	35	60	19	25
	19~83	42	44	35	12
	22~100	35	44	35	10
	29~133	42	35	44	7.5
	35~160	35	35	44	6.25
	74~333	42	19	60	3
	88~400	35	19	60	2.5

3. 纬密范围(表 13-4-19)

(1)对于最适宜的纬密变换齿轮的选择,首先要从表中左栏内找到相应的纬密范围。当如此操作时,应记住小齿轮 A 为 35 齿或 42 齿,为选择件的情形。

(2)纬密变换齿轮 8 的齿数按下列公式确定:

$$所需纬密 \times 因子\ X$$

(3)纬密变换齿轮从 22 齿到 100 齿可以使用。

表 13-4-19　纬密范围表

纬密/(纬/10cm)		小齿轮 A 齿数	纬密变换齿轮 B 齿数	纬密变换齿轮 C 齿数	因子 X
小齿轮为标准件时	11~50	28	60	19	7.88
	22~100	14	60	19	3.94
	28~125	28	44	35	3.16
	55~250	14	44	35	1.58
	44~200	28	35	44	1.98
	88~400	14	35	44	0.99
	110~500	28	19	60	0.78
	220~1000	14	19	60	0.39
小齿轮为选择件时	6.7~33	42	60	19	11.82
	8.8~40	35	60	19	9.85
	19~83	42	44	35	4.73
	22~100	35	44	35	3.94

续表

纬密/(纬/10cm)		小齿轮 A 齿数	纬密变换齿轮 B 齿数	纬密变换齿轮 C 齿数	因子 X
小齿轮为选择件时	29~133	42	35	44	2.95
	35~160	35	35	44	2.46
	74~333	42	19	60	1.19
	88~400	35	19	60	0.99

(四)经纱开口调整

在装有平行运动装置的机器上角杆的基础调整(不管多臂的类型)。在闭合梭口位置时,前面下横动杆的上边缘和推杆螺丝连接件的中心之间的距离必须调整为 20.5mm(±0.5mm)。

1. 开口调整的可能性

举例:STAUBLI 多臂,型号 2667,装有平行运动装置。

(1)每页综框行程的调整。

(2)通过改变连接杆的长度来调整每页综框的高度。

(3)通过推杆来调整每页综框的高度。

2. 上开口

根据经密和原料,上开口必须加以调整,以使经纱轻微地接触到剑杆头的背部,因而可保证一个最佳的剑杆引导。

3. 梭口下层经纱

梭口下层经纱必须进行调整以使经纱在其整个宽度上接触到经纱托板(少许低些是允许的)。

经纱与走剑板之间的间隙为 0.5mm。即使当大多数综框位于上开口,这个间隙也必须保持,这是不平衡织造的情况。在大多数情况下,为了保证正确定位,必须使用一根下压杆(图 13-4-14)。

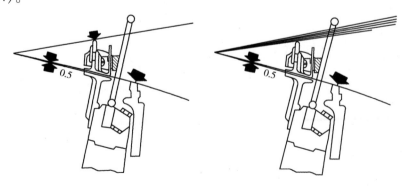

图 13-4-14　调整经纱开口

4. 经纱开口交叉(综平)定时

闭合梭口的标准设定为325°。根据织物的品种,该设定可以在315°~335°之间进行变化。

三、典型品种上机工艺

(一)平纹织物上机工艺

(1)160cm 58.3tex×58.3tex 283根/10cm×157根/10cm $\frac{1}{1}$ 织物上机工艺见表13-4-20。

表13-4-20　160cm 58.3tex×58.3tex 283根/10cm×157根/10cm $\frac{1}{1}$ 织物上机工艺

项目	工艺
穿综顺序	边组织:1,2,1,2　布边根数:32×2;地组织:3,4,5,6
穿筘数/(根/筘)	边组织:2;地组织:2
筘号	70.5
筘幅/mm	1637
筘长/mm	1660
龙头动程/mm	114,112,90,80,70,60,50,40(前两页为绞边综框)
综框高度/mm	86,84,78,76,72,68,64,60(前两页为绞边综框)
后梁高度	8(标尺)
后梁深度	13(标尺)
经停架高度	1(标尺)
经停架深度/mm	330(距最后一页综框)
平均车速/(r/min)	340
平均效率/%	92.6

(2)147.3cm R19.4tex×L41.6tex 346根/10cm×213根/10cm $\frac{1}{1}$ 织物上机工艺见表13-4-21。

表13-4-21　147.3cm R19.4tex×L41.6tex 346根/10cm×213根/10cm $\frac{1}{1}$ 织物上机工艺

项目	工艺
穿综顺序	边组织:1,2,1,2　布边根数:60×2;地组织:3,4,5,6,7,8
穿筘数/(根/筘)	边组织:3;地组织:2

项目	工艺
筘号	88.0
筘幅/mm	1473
筘长/mm	1530
龙头动程/mm	114,112,90,80,70,60,50,40(前两页为绞边综框)
综框高度/mm	86,84,78,76,72,68,64,60(前两页为绞边综框)
后梁高度	8(标尺)
后梁深度	13(标尺)
经停架高度	1(标尺)
经停架深度/mm	330(距最后一页综框)
平均车速/(r/min)	340
平均效率/%	92.6

(二)弹力卡其织物上机工艺

(1)165.1cm 27.8tex×(58.3tex+7.7tex) 433 根/10cm×173 根/10cm $\frac{3}{1}$ 左斜织物上机工艺见表 13-4-22。

表 13-4-22 165.1cm 27.8tex×(58.3tex+7.7tex)433 根/10cm×173 根/10cm $\frac{3}{1}$ 左斜织物上机工艺

项目	工艺
穿综顺序	边组织:(1,2,1,2)×6+(4,3,5,6)×1+(1,2,1,2)×5+(4,3,5,6)×1+(1,2,1,2)×5 布边根数:7×2;地组织:3,4,5,6
穿筘数/(根/筘)	边组织:4;地组织:2
筘号	55.0
筘幅/mm	165.9
筘长/mm	170.0
龙头动程/mm	110,108,88,78,68,58,48,38(前两页为绞边综框)
综框高度/mm	84,83,76,74,70,67,64,60(前两页为绞边综框)
后梁高度	8(标尺)

续表

项目	工艺
后梁深度	13(标尺)
经停架高度	1(标尺)
经停架深度/mm	330(距最后一页综框)
平均车速/(r/min)	340
平均效率/%	88.2

（2）177.8cm 36.4tex×（36.4tex＋7.7tex）402 根/10cm×18 根/10cm $\frac{3}{1}$ 左斜织物上机工艺见表 13-4-23。

表 13-4-23　177.8cm 36.4tex×（36.4tex+7.7tex）402 根/10cm×18 根/10cm $\frac{3}{1}$ 左斜织物上机工艺

项目	工艺
穿综顺序	边组织:(1,2,1,2)×6+(3,4,5,6,1,2)×1+(1,2,1,2)×6+(3,4,5,6,1,2)×1+(1,2,1,2)×6 布边根数:84×2;地组织:3,4,5,6
穿筘数/(根/筘)	边组织:5;地组织:4
筘号	51.0
筘幅/mm	1781
筘长/mm	1800
龙头动程/mm	110,108,88,78,68,58,48,38(前两页为绞边综框)
综框高度/mm	85,84,76,74,70,67,64,60(前两页为绞边综框)
后梁高度	8(标尺)
后梁深度	13(标尺)
经停架高度	1(标尺)
经停架深度/mm	330(距最后一页综框)
平均车速/(r/min)	340
平均效率/%	92.3

（3）165.1cm 48.6tex×（58.3tex＋7.7tex）276 根/10cm×169 根/10cm $\frac{3}{1}$ 左斜织物上机工艺

见表 13-4-24。

表 13-4-24　165.1cm 48.6tex×(58.3tex+7.7tex)276 根/10cm×169 根/10cm $\frac{3}{1}$ 左斜织物上机工艺

项目	工艺
穿综顺序	边组织:1,2,1,2　布边根数:48×2;地组织:3,4,5,6
穿筘数(根/筘)	边组织:4;地组织:4
筘号	35.0
筘幅/mm	1646
筘长/mm	1700
龙头动程/mm	110,108,88,78,68,58,48,38(前两页为绞边综框)
综框高度/mm	85,84,76,74,70,67,64,60(前两页为绞边综框)
后梁高度	8(标尺)
后梁深度	13(标尺)
经停架高度	1(标尺)
经停架深度/mm	330(距最后一页综框)
平均车速/(r/min)	340
平均效率/%	94.6

（4）162.6cm 58.3tex×(58.3tex+7.7tex) 264 根/10cm×157 根/10cm $\frac{3}{1}$ 左斜织物上机工艺

见表 13-4-25。

表 13-4-25　162.6cm 58.3tex×(58.3tex+7.7tex) 264 根/10cm×157 根/10cm $\frac{3}{1}$ 左斜织物上机工艺

项目	工艺
穿综顺序	边组织:1,2,1,2　布边根数:48×2;地组织:3,4,5,6
穿筘数(根/筘)	边组织:4;地组织:4
筘号	33.5
筘幅/mm	1630
筘长/mm	1680
龙头动程/mm	110,108,88,78,68,58,48,38(前两页为绞边综框)
综框高度/mm	84,83,76,74,70,67,64,60(前两页为绞边综框)

项目	工艺
后梁高度	8(标尺)
后梁深度	13(标尺)
经停架高度	1(标尺)
经停架深度/mm	330(距最后一页综框)
平均车速/(r/min)	340
平均效率/%	94.5

(三)经向竹节纬向弹力织物上机工艺

(1)177.8cm（58.3tex+58.3tex）×（36.4tex+11.6tex）240 根/10cm×189 根/10cm $\frac{2}{1}$ 右斜织物上机工艺见表 13-4-26。

表 13-4-26　177.8cm（58.3tex+58.3tex）×（36.4tex+11.6tex）240 根/10cm×189 根/10cm $\frac{2}{1}$ 右斜织物上机工艺

项目	工艺
穿综顺序	边组织:1,2,1,2　布边根数:40×2;地组织:3,4,5,6,7,8
穿筘数/(根/筘)	边组织:4;地组织:3
筘号	40.5
筘幅/mm	1764
筘长/mm	1770
龙头动程/mm	110,108,88,78,68,58,48,38(前两页为绞边综框)
综框高度/mm	84,83,76,74,70,67,64,60(前两页为绞边综框)
后梁高度	8(标尺)
后梁深度	13(标尺)
经停架高度	1(标尺)
经停架深度/mm	330(距最后一页综框)
平均车速/(r/min)	340
平均效率/%	89.3

（2）165.1cm（58.3tex+72.9tex）×（36.4tex+7.7tex）248 根/10cm×177 根/10cm $\frac{2}{1}$ 右斜织物上机工艺见表 13-4-27。

表 13-4-27　165.1cm（58.3tex+72.9tex）×（36.4tex+7.7tex）248 根/10cm×177 根/10cm

$\frac{2}{1}$ 右斜织物上机工艺

项目	工艺
穿综顺序	边组织:1,2,1,2　布边根数:40×2;地组织:3,4,5,6,7,8
穿筘数/（根/筘）	边组织:4;地组织:3
筘号	42.0
筘幅/mm	1656
筘长/mm	1680
龙头动程/mm	110,108,88,78,68,58,48,38(前两页为绞边综框)
综框高度/mm	84,83,76,74,70,67,64,60(前两页为绞边综框)
后梁高度	8(标尺)
后梁深度	13(标尺)
经停架高度	1(标尺)
经停架深度/mm	330(距最后一页综框)
平均车速/（r/min）	340
平均效率/%	90.8

（四）经纬双向弹力织物上机工艺

（1）195.6cm（14.6tex×2+4.4tex）×（14.6tex×2+4.4tex）276 根/10cm×165 根/10cm $\frac{2}{1}$ 右斜织物上机工艺见表 13-4-28。

表 13-4-28　195.6cm（14.6tex×2+4.4tex）×（14.6tex×2+4.4tex）276 根/10cm×165 根/10cm

$\frac{2}{1}$ 右斜织物上机工艺

项目	工艺
穿综顺序	边组织:1,2,1,2　布边根数:60×2;地组织:3,4,5,6,7,8
穿筘数/（根/筘）	边组织:5;地组织:4

续表

项目	工艺
筘号	35.0
筘幅/mm	1957
筘长/mm	2020
龙头动程/mm	116,114,92,82,72,62,52,42(前两页为绞边综框)
综框高度/mm	86,84,78,76,72,68,64,60(前两页为绞边综框)
后梁高度	8(标尺)
后梁深度	13(标尺)
经停架高度	1(标尺)
经停架深度/mm	330(距最后一页综框)
平均车速/(r/min)	340
平均效率/%	93.4

（2）177.8cm（36.4tex+7.7tex）×（36.4tex+7.7tex）315 根/10cm×157 根/10cm $\frac{2}{1}$ 右斜织物上机工艺见表 13-4-29。

表 13-4-29　177.8cm（36.4tex+7.7tex）×（36.4tex+7.7tex）315 根/10cm×157 根/10cm

$\frac{2}{1}$ **右斜织物上机工艺**

项目	工艺
穿综顺序	边组织:1,2,1,2　布边根数:60×2;地组织:3,4,5,6,7,8
穿筘数/(根/筘)	边组织:4;地组织:3
筘号	53.0
筘幅/mm	1780
筘长/mm	1830
龙头动程/mm	116,114,92,82,72,62,52,42(前两页为绞边综框)
综框高度/mm	86,84,78,76,72,68,64,60(前两页为绞边综框)
后梁高度	8(标尺)
后梁深度	13(标尺)
经停架高度	1(标尺)

续表

项目	工艺
经停架深度/mm	330(距最后一页综框)
平均车速/(r/min)	340
平均效率/%	93.8

(五)玻璃纤维装饰织物上机工艺

207cm 140tex×400tex 30 根/10cm×21 根/10cm 玻璃纤维装饰织物上机工艺见表 13-4-30。

表 13-4-30　207cm 140tex×400tex 30 根/10cm×21 根/10cm 玻璃纤维装饰织物上机工艺

项目	工艺
穿综顺序	边组织:1,2,1,2　布边根数:4×2;地组织:3,4,5,6
穿筘数	边组织:1/2 筘;地组织:1/2 筘
龙头动程/mm	110,108,36,34,32,30(前两页为绞边综框)
综框高度/mm	78,78,74,70,66,62(前两页为绞边综框)
后梁高度	11(标尺)
后梁深度	13(标尺)
经停架高度	1(标尺)
经停架深度/mm	标尺末端(距最后一页综框)
平均车速/(r/min)	150~180
平均效率/%	76.3

(六)灯芯条织物上机工艺

(1)160cm 27.8tex×83.3tex 504 根/10cm×197 根/10cm 灯芯条织物上机工艺见表 13-4-31。

表 13-4-31　160cm 27.8tex×83.3tex 504 根/10cm×197 根/10cm 灯芯条织物上机工艺

项目	工艺
穿综顺序	边组织:1,2,1,2　布边根数:64×2;地组织:3,4,3,4,7,8,5,6,5,6,9,10
穿筘数/(根/筘)	边组织:4;地组织:4
筘号	62.5
筘幅/mm	1630
筘长/mm	1640

续表

项目	工艺
龙头动程/mm	114,112,90,80,70,60,50,40(前两页为绞边综框)
综框高度/mm	84,82,76,72,70,66,62,58(前两页为绞边综框)
后梁高度	8(标尺)
后梁深度	13(标尺)
经停架高度	1(标尺)
经停架深度/mm	330(距最后一页综框)
平均车速/(r/min)	340
平均效率/%	91.6

（2）129.5cm J14.6tex×58.3tex 610根/10cm×299根/10cm 灯芯条织物上机工艺见表13-4-32。

表 13-4-32　129.5cm J14.6tex×58.3tex 610根/10cm×299根/10cm 灯芯条织物上机工艺

项目	工艺
穿综顺序	边组织:1,2,1,2　布边根数:72×2;地组织:5,6,5,6,5,3,7,8,7,8,7,4
穿筘数/(根/筘)	边组织:6;地组织:6
筘号	50.25
筘幅/mm	1332
筘长/mm	1340
龙头动程/mm	114,112,90,80,70,60,50,40(前两页为绞边综框)
综框高度/mm	84,82,76,72,70,66,62,58(前两页为绞边综框)
后梁高度	8(标尺)
后梁深度	13(标尺)
经停架高度	1(标尺)
经停架深度/mm	330(距最后一页综框)
平均车速/(r/min)	340
平均效率/%	90.3

第五章 日发剑杆织机

第一节 RFRL20 型高速剑杆织机

RFRL20 型高速剑杆织机秉承日发纺机先进机型成熟技术,以节能低耗、高速高效、低振动、降噪声为设计理念而开发的一款高速剑杆织机。采用超级电动机直接驱动,可无级变速织造。在高速化、低振动、省能源等方面表现得更加卓越,是目前织机性价比较高的产品。

一、RFRL20 型剑杆织机技术规格及技术尺寸

(一)RFRL20 型剑杆织机技术规格(表 13-5-1)

表 13-5-1　RFRL20 型剑杆织机技术规格

项目	主要技术规格	
公称筘幅/cm	150,190,210,230,260,280,320,340,360	
	有效筘幅=公称筘幅-(0~40)	
织造范围	棉及合成纤维纱:5tex(120 英支)~500tex(1.2 英支)	
	粗梳和精梳毛纱:10tex(100 公支)~680tex(1.5 公支)	
	工艺转速:380~450r/min(依据幅宽配置定)	
	最大入纬率:1050m/min(依据幅宽配置定)	
纬纱	纬纱选择:4~8 色高速电子选纬器	
	储纬:定鼓存储式电子储纬器	
	纬剪:机械式剪刀	
动力	采用开关磁阻电动机调速系统,节能降耗、性能优越	
	最大工作扭矩:350N·m	
开口	电子多臂机(最多 20 片综)或电子提花机	
打纬	分离筘座、双侧共轭凸轮	
引纬	共轭凸轮引纬机构	

项目	主要技术规格
送经	连续式交流伺服电子送经、单经轴或双经轴
	边盘直径:φ800mm、φ1000mm
卷取	连续式交流伺服电子卷取
	最大卷布直径 φ550mm
	纬密范围:5~120 根/cm
布边	绞边装置:机械绞边或右侧电子绞边
	边剪:标配机械式
	边撑:左右独立边撑
润滑	油浴润滑+手压油脂润滑
停车装置	经停:6 列电气触点式经停装置
	纬停:电子式高灵敏压电检测装置,有防双纬功能
	停车显示:控制面板显示停车原因,LED4 色信号灯显示
自动功能	自动定位停车、慢速寻纬、织口补偿、调整经纱张力,自动检测、复位、故障显示
电气控制	多功能 CPU 控制系统,自动控制、监控、诊断、信息 显示:大屏幕显示双向通信,按钮操作,即时调整、设定参数、编程

(二)RFRL20 型剑杆织机技术尺寸

1. RFRL20 型剑杆织机尺寸与重量(表 13-5-2)

表 13-5-2　RFRL20 型剑杆织机尺寸与重量

公称筘幅/cm	L/mm	F/mm	E/mm	M/mm	多臂织机重量/kg
190	2310	1500	1900	5270	3700
210	2510	1700	2100	5470	3850
230	2710	1900	2300	5670	4000
260	3010	2200	2600	5970	4250
280	3330	2400	2800	6290	4400
320	3730	2800	3200	6690	4700
340	3930	3000	3400	6890	4850
360	4130	3200	3600	7090	5000

2. RFRL20 型剑杆织机尺寸图（图 13-5-1）

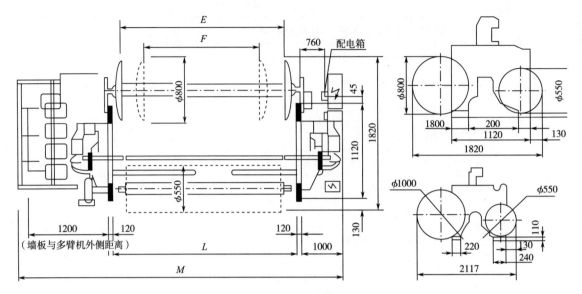

图 13-5-1　RFRL20 型剑杆织机尺寸图

3. RFRL20 型剑杆织机车间排列图（图 13-5-2）

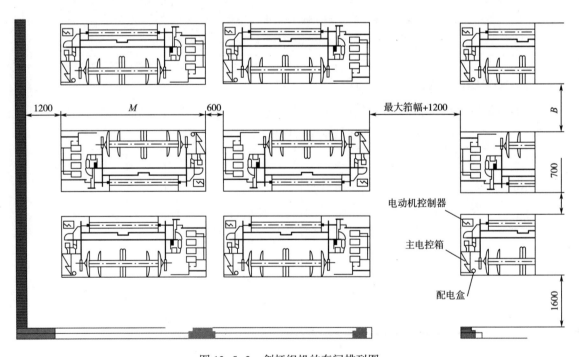

图 13-5-2　剑杆织机的车间排列图

图 13-5-2 为剑杆织机的车间排列图，B 为推荐尺寸，配 φ800 边盘时为 1400mm，配 φ1000

边盘时为 1600mm。该尺寸图仅供参考,具体可根据厂房实际情况适当调整。

二、RFRL20 型剑杆织机基本特点

1. 适应品种广

对织机开口、引纬、送经、卷取等机构进行特殊设计,适应品种广,可织造牛仔布、白坯布、粗纺呢绒、劳动布和灯芯绒布、室内装饰用全棉和混纺布、轻型和中厚型工业纤维、亚麻布、玻璃纤维等。

2. 高效节能无级调速(图 13-5-3)

RFRL20 型剑杆织机动力采用专利开关磁组电动机,启动力矩大、制动性好、低耗节能、运行稳定性能优越。可实现无级调速和织造中的自动变速,满足不同品种纱线和织物的需要。

3. 精密制造噪声低(图 13-5-4)

全新立体设计和计算机解析,实现了包括横梁连接、卷布绕取在内的机架构造的优化,打纬机构轻量化和适度的平衡化以及运动部件的精密化确保整机的低噪声。

图 13-5-3 无极调速节能装置示意图 　　图 13-5-4 低噪声机构示意图

4. 自动化功能强

超电动机的应用(图 13-5-5)可直接驱动织机慢动、寻纬等动作,提供超强动力。高度自动化数字控制技术的应用,使织机具有多种自动化功能,如织口自动补偿、自动寻找织口、张力自动调整、网络监控、故障自诊断等,确保织物品质完美。

5. 全面数字化控制

高性能 CPU 微处理器管理和监控所有电控单元,通过输入输出接口控制外接设备(多臂机或提花机等)。快速采集、监测织机状况,进行实时数据交换,及时进行自动控制和调整,做出

故障显示和诊断。控制过程如图 13-5-6 所示。

图 13-5-5　超电动机示意图

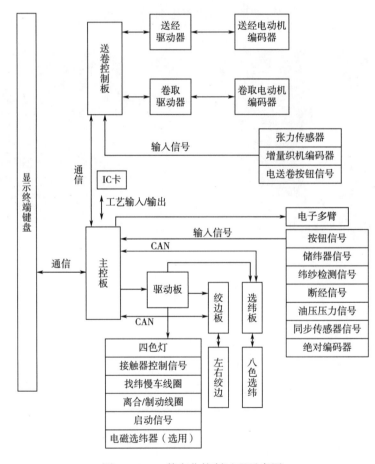

图 13-5-6　数字化控制过程示意图

6. 操作快捷方便

人性化的友好操作界面(图 13-5-7),使用方便、效率高、信息量大。采用大屏幕显示,能实现双向通信,可即时设定、调整各种工艺参数,进行工艺编程。

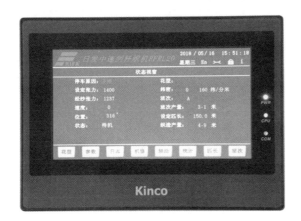

图 13-5-7　操作界面示意图

第二节　RFRL40 型高速剑杆织机

山东日发纺机一直致力于纺织技术增值的研究,使客户更经济地生产出更好的产品,RFRL40 高速剑杆织机的成功开发便立足于此。高效的织造、人性化的设计、强劲的打纬力、良好的高速稳定性、先进的电气控制系统、便捷的操作性是该织机的独有特色。

RFRL40 型节能高速剑杆织机,采用超级电动机直接驱动,由先进的 SRD 电子调速系统控制,织物品质好,功率因数高,能耗低,是一款达到国际先进技术水平的高效节能型高档剑杆织机。

一、RFRL40 型剑杆织机技术规格及技术尺寸

(一)RFRL40 型剑杆织机技术规格(表 13-5-3)

表 13-5-3　RFRL40 型剑杆织机的技术规格

项目	技术规格
筘幅/cm	公称筘幅:190,210,220,230,250,340
	幅宽变化(含废边):+6~-70

续表

项目	技术规格
织造范围	短纤:5~333tex(1.8~120英支,3~200公支)
	长丝:25~3000dtex
	导钩式或自由飞行式
	经纱:上浆纱、不上浆纱、加捻纱、无捻纱、混合纱
织机速度/(r/min)	设计转速:700
	工艺转速:450~600(根据幅宽配置定)
最大入纬率/(m/min)	1260(根据幅宽配置定)
纬纱	纬纱选择:1~8色,可同时织造2根纬纱
	储纬:电子储纬器
	纬剪:机械式
动力	采用开关磁阻电动机调速系统,节能降耗,性能优越
开口	电子多臂机(最多20片综框)
	电子提花机
打纬	分离筘座、双侧共轭凸轮打纬
引纬	双侧空间四连杆引纬
送经	连续式交流伺服电子送经
	单经轴
	边盘直径:φ1000mm、φ800mm
卷取	连续式交流伺服电子卷取
	最大卷布直径 φ600mm
	纬密范围:3~120(3~20,7~50,10~120)根/cm
布边	绞边装置:电子绞边
	边剪:标配电子式(机械式选配)
	边撑:左右独立边撑
润滑	集中油浴润滑+油枪润滑
停车装置	经停:6列或8列电气触点式经停装置
	纬停:电子式高灵敏压电检测装置,有防双纬功能
	其他:绞边纱、废边纱断头自停
	停车显示:控制面板显示停车原因,多功能4色灯显示

续表

项目	技术规格
自动功能	自动定位停车、慢速寻纬、织口补偿、调整经纱张力,自动检测、复位、故障显示
电气控制	控制:多功能 CPU 控制系统,能控制、监控、自动诊断、信息显示
	显示:触摸屏或大液晶屏显示双向通信,即时调整、设定参数、编程

(二)RFRL40 型剑杆织机技术尺寸

1. RFRL40 型剑杆织机的平面尺寸(图 13-5-8)

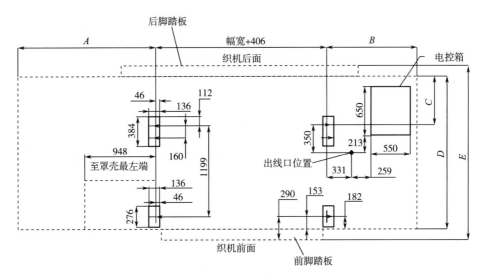

图 13-5-8　REFL40 型剑杆织机平面尺寸图

平面尺寸图中各参数数值见表 13-5-4。机织重量见表 13-5-5。

表 13-5-4　平面尺寸图中各参数数值　　　　　单位:mm

A(垂直筒子架)		B	C		D(无踏板)		E(有踏板)
2/4/6 色	6/8 色	多臂机	提花机	经轴 φ800	经轴 φ800	经轴 φ1000	经轴 φ1000
1150	1864	1203	1156	491	2031	2034	2306

表 13-5-5　织机重量　　　　　单位:kg

幅宽/cm	190	220	230	250	340
多臂机	3500	3700	3770	3900	4300
提花机	3300	3400	3440	3600	4100

2. RFRL40 型剑杆织机的车间排列（图 13-5-9）

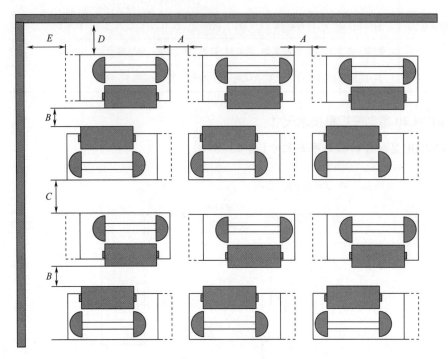

图 13-5-9　车间排列图

车间排列图中各参数见表 13-5-6。

表 13-5-6　车间排列图中各参数数值　　　　　　单位：mm

参数		数值
A		600~800
B		750~800
C		1250~WBφ800
		1500~WBφ1000
D		1500~2000
E	幅宽 190mm	2500~3000
E	幅宽 220mm	2800~3300
E	幅宽 230mm	2900~3400
E	幅宽 250mm	3100~3600
E	幅宽 340mm	4000~4500

二、RFRL40 型剑杆织机基本特点

1. 电子卷取和电子送经

电子控制的卷取和送经作为标配安装在 RFRL40 型织机上,两个伺服电动机通过一个集成控制箱实现同步,该设计保证了织物质量上乘、无疵痕(图 13-5-10)。

图 13-5-10　电子卷取装置实物图

2. 先进电子布边系统和电子选纬

有独立的步进电动机电子式驱动,电子布边系统装于综框前方,因此所有综框全部用于组织花纹的织造。布边的综平时间及花型在微处理器上进行设定,且可以与地组织的综平时间不同(图 13-5-11)。

图 13-5-11　电子选纬和电子布边系统实物图

同时,该设定可以在织机运转期间作调整,因此可以立即在布面上查看调整后的结果。

3. 高速开口传动机构

开口动作由超级电动机直接驱动积极式电子多臂装置,最多可配 20 片综框,可满足强劲动力开口,通过 CPU 和电子调速系统的精确控制,实现织机慢速、寻纬等动作(图 13-5-12)。

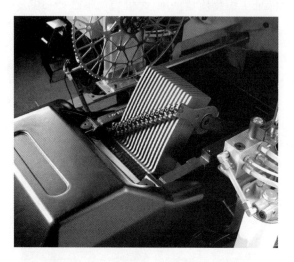

图 13-5-12　高速开口传动机构示意图

4. 高速引纬系统

导钩式引纬系统,轻型剑头可以实现低纱线张力下高速织造,减少了纬停次数,由于剑头尺寸小,所以减少了与经纱之间的摩擦。自由飞行式引纬系统,该系统极大程度地避免了经纱受损,适用纬纱品种广。带植绒底部的走剑板是长丝经纱织造的优选解决方案(图 13-5-13)。

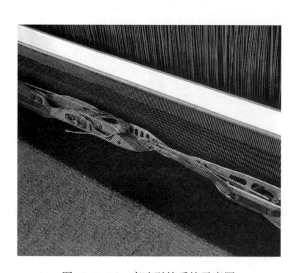

图 13-5-13　高速引纬系统示意图

5. 低能耗主电动机

RFRL40 型剑杆织机采用超启动电动机直接驱动织机,优化电动机结构,更适合高速特点。可通过触摸屏方便地调整车速,取消主传动离合器及皮带,强力高效的直接传动链,极大降低能源消耗及故障率,降低维护成本。主电动机实现全自动找纬,钢筘不动,只有综框运动。电动机采用循环油冷却,使用寿命长(图 13-5-14)。

图 13-5-14 低能耗主电动机示意图

6. 全方位控制先进电子调速系统

采用 10 英寸交互式触摸屏的友好界面,可存储多种织物设定参数(图 13-5-15),微处理器控制织机所有的功能,进行记录、分析并存储所有生产数据。

图 13-5-15 织机操作界面示意图

织机转速在操作界面可任意设定,调速范围宽,快速启动,准确定位刹车,可实现无级调速。有效减少纱线断头和开车痕,满足不同品种纱线和织物的需要。自动换纬功能的设计,即使发生断纬,织机也不会停下来。

平综时间可在一定的角度范围内电子设定,无须机械调整,既能控制织物的风格,又方便调整,提高了效率。

7. 便捷的快换综框设计

除配置普通下挂耳式综框外,还可以连接上调节式综框(图 13-5-16)。综框和开口机构可快速连接,综框高低在综框上方进行调节,操作方便,更换品种时综框能快速移走,提高了工作效率。

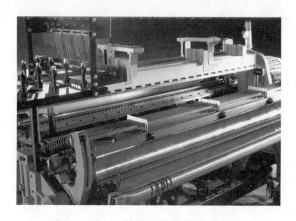

图 13-5-16　快捷换综框装置示意图

8. 快速更换织轴、卷布辊结构

可配置快换织轴系统(图 13-5-17),减少换轴时间,提高织造效率。

图 13-5-17　快速更换织轴、卷布辊装置

9. 集中润滑

织机的关键运动部件由专门的润滑管道强制润滑(图 13-5-18),确保各运动部件获得良好的润滑。

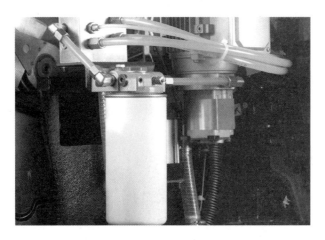

图 13-5-18　集中润滑装置示意图

10. 适应性强的双后梁和双卷取导辊

标配双后梁和双卷取导辊(图 13-5-19),使织机可织造出质量上乘、无瑕疵的厚重织物。第二根罗拉为模块化设计,在织造轻薄织物时可以从织机上很方便地取下。

图 13-5-19　双后梁和双卷曲导辊示意图

参考文献

[1]朱苏康,高卫东. 机织学[M]. 北京:中国纺织出版社,2004.

[2]朱苏康,陈元甫.织造学:上册[M].北京:中国纺织出版社,1996.

[3]高卫东.现代织造工艺与设备[M].北京:中国纺织出版社,1998.

[4]陈元甫,洪海沧.剑杆织机原理与使用[M].2版.北京:中国纺织出版社,1994.

[5]江苏省纺织工程学会.新型织机及前织设备使用经验汇编[M].北京:纺织工业出版社,1993.

[6]沈国生,陈怀清,钱伟浩.C401S型剑杆织机[M].北京:纺织工业出版社,1993.

[7]中国纺织总会经贸部.无梭织机运转操作工作法[M].北京:中国纺织出版社,1996.

[8]上海市棉纺织工业公司,《棉织手册》编写组.棉织手册[M].2版.北京:纺织工业出版社,1991.

[9]王鸿博,邓炳耀,高卫东.剑杆织机实用技术[M].北京:中国纺织出版社,2004.

[10]胡巧娥,梁海顺.DA40型自动寻纬装置浅析[J].棉纺织技术,1993(7):47-48.

[11]江南大学,无锡市纺织工程学会,《棉织手册》(第三版)编委会.棉织手册[M].3版.北京:中国纺织出版社,2006.

[12]GTM Setting Manual.

[13]Cam Motion 1585A Setting Instructions.

[14]Dobby Type 2212 Setting Instructions.

[15]Dobby Type 2612,2660 User's Manual.

[16]天马优秀剑杆织机故障报警及排除指南.

[17]天马超优秀剑杆织机调试手册.

[18]C401/S型、P401/S型、P1001型剑杆织机器说明书.

[19]DORINER型剑杆织机机器说明书.

[20]日发剑杆织机机器说明书.

第十四篇　织物整理

第一章　坯布整理

第一节　本色布质量检验、包装和标志

一、本色布布面疵点检验方法(GB/T 17759—2018)

(一)范围

规定了本色布布面疵点检验方法的术语和定义、检验条件和操作规定、检验方法、检验报告。

(二)定义

评分法:以分数值的大小来评定布面疵点的多少、轻重程度,并规定一定长度内允许疵点最大的评分值的方法。

(三)检验

1. 检验条件

(1)检验布面的照明光度为(400±100)lx,可采用下灯光或上灯光。

(2)上灯光的检验光源与布面距离为 1.0～1.2m。

(3)检验人员的视线应正视布面,眼睛与布面的距离为 55.0～60.0cm。

(4)验布机的线速度最高 20m/min。

2. 操作规定

(1)采用验布机检验或平台检验。

(2)检验布面疵点以布的正面为准,平纹织物和山形斜纹织物以交班印一面为正面,斜纹单纱织物以左斜"↖"为正面,线织物以右斜"↗"为正面,破损性疵点以严重一面为正面,也可

根据客户要求确认织物正面。

(3)每一个疵点用尺测量布面疵点的长度,尺的分度值为1mm。

(4)验布机和平台检验发生矛盾时,以平台检验为准。

3. 检验方法

(1)采用4分制评分规定(表14-1-1)。

表14-1-1 4分制外观疵点评分

疵点分类		评分数			
		1	2	3	4
经向疵点		8cm及以下	8~16cm以下	16~24cm以下	24~100cm
纬向疵点		8cm及以下	8~16cm以下	16~24cm以下	24cm及以上
横档		—	—	半幅及以下	半幅以上
严重疵点	根数评分	—	—	3根	4根及以上
	长度评分	—	—	1cm以下	1cm及以上

(2)严重疵点在根数和长度评分矛盾时,从严评分。

(3)1m内严重疵点评4分为降等品。

(4)1m内累计评分最多评4分。

(5)每百米内不允许有超过3个难以修织的4分疵点。

4. 布面疵点的量计

(1)疵点长度以经向或纬向最大长度量计。

(2)经向疵点及严重疵点,长度超过1m的,其超过部分按表14-1-1再行评分。

(3)在一条内断续发生的疵点,在经(纬)向8cm内有两个及以上的,则按连续长度累计评分。

(4)共断或并列(包括正反面)是包括断开1根或2根好纱,隔3根及以上好纱的,不作共断或并列处理(斜纹、缎纹织物以间隔一个完整组织及以内作共断或并列处理)。

5. 布面疵点评分的说明

(1)有两种疵点混合在一起,以严重一项评分。

(2)边组织及距边1cm内的疵点(包括边组织)不评分,但毛边、拖纱、猫耳朵、凹边、烂边、豁边、深油锈疵及评4分的破洞、跳花要评分,如疵点延伸在距边1cm以外时应加合评分。

（3）布面拖纱长 1cm 以上每根评 2 分,布边拖纱长 2cm 以上每根评 1 分。

（4）0.3cm 以下的杂物每个评 1 分,0.3cm 及以上杂物和金属杂物评 4 分。

6. 加工坯布中布面疵点的评分

（1）水渍、不影响组织的浆斑不评分。

（2）漂白坯布中的筘路、筘穿错、密路、折痕、云织减半评分。

（3）印花坯中的星跳、密路、条干不匀、双经减半评分,筘路、筘穿错、长条影、浅油锈疵、单根双经、云织、轻微针路、煤灰纱、花经、花纬不评分。

（4）杂色坯不洗油的浅油疵和油花纱不评分。

（5）深色坯油疵、油花纱、煤灰纱、不褪色色疵不洗不评分。

（6）加工坯距布头 5cm 内的疵点不评分(但六大疵点应开剪)。

（四）检验报告

检验报告应包含以下内容:

（1）检验依据标准编号(GB/T 17759—2018)。

（2）被检产品的名称、规格、批号及受检单位名称。

（3）被检产品的数量,包括段数、段长和检验结果。

（4）现场检验应说明的问题。

（5）检验日期、检验人员签名。

二、棉结杂质疵点格率检验（FZ/T 10006—2017）

（一）仪器

1. 照明装置

日光灯,照度为(400±100)lx。

2. 操作台

操作台上安装宽 220mm,倾斜角度 25.5°的斜板,斜面板长度适应织物宽度的检验要求。

3. 玻璃板

尺寸为 15cm×15cm,玻璃板下面刻有 225 个方格,每格面积为 1cm^2。

（二）试验步骤

（1）使布样松弛在常规的室温中,以检验正面为准。

（2）将布样平整放在斜面板上,开启照明灯。

（3）将玻璃板置于布样上,每匹布样检验不同折幅、不同经向位置四处(检验位置应在距布的头尾至少5m,距布边至少5cm)。

(4)在玻璃板上用不同标记点数棉结、杂质。

(5)在玻璃板上清点布样表面的棉结、杂质所占格数。

(三)计算

棉结杂质疵点格率、棉结疵点格率按式(14-1-1)和式(14-1-2)计算,计算结果按照GB/T 8170—2008修约为整数。

$$P_t = \frac{D}{n \times 4 \times 225} \times 100\% \qquad (14-1-1)$$

式中:P_t——棉结杂质疵点格率,%;

D——棉结杂质疵点格总数,个;

n——取样匹数。

$$P_n = \frac{N}{n \times 4 \times 225} \times 100\% \qquad (14-1-2)$$

式中:P_n——棉结疵点格率,%;

N——棉结疵点格总数,个。

三、歪斜检验(GB/T 14801—2009)

(一)范围

机织物与针织物纬斜和弓纬的试验方法,适用于机织物与针织物及其制品。

(二)原理

1. 纬斜

在试样上描绘出纬纱或针织横列的标记,沿其与布边的一边交点放置一把垂直于经纱或纵行的直尺,测量直尺与纬纱或针织横列之间最大的垂直距离,以该垂直距离与织物宽度的比值百分数来表示纬斜率。

2. 弓纬

在试样上描绘出纬纱或针织横列的标记,沿其最低点放置一把垂直于经纱或纵行的直尺,测量纬纱或针织横列上最低点与最高点之间的垂直距离,以该垂直距离与织物宽度的比值百分数来表示弓纬率。

(三)试验步骤

(1)将试样按GB/T 6529—2008规定进行调试。

(2)将试样平摊在平整、光滑的水平台上,不受任何张力。

（3）纬斜测量。

①在整个织物宽度方向上绘出一根纬纱或针织横列的标志,如图14-1-1中的AC（DC）。

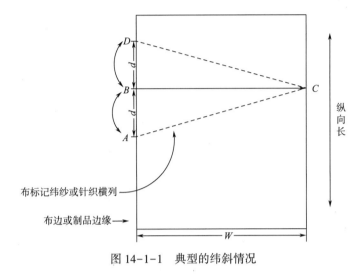

图14-1-1　典型的纬斜情况

②沿纬纱或针织横列与布边一边交点C放置一把垂直于经纱或纵行的直尺,交另一边于B点。测量图14-1-1中AB或DB距离d和BC的距离W,精确至1mm。

（4）弓纬测量。

①在整个织物宽度方向上描出一根纬纱或针织横列的标志,如图14-1-2所示。

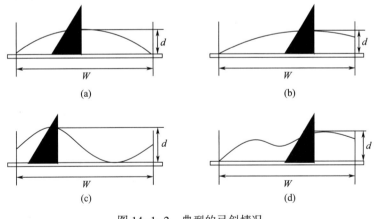

图14-1-2　典型的弓斜情况

②沿纬纱或针织横列歪曲的最低点放置一把垂直于经纱或纵行的直尺,并测量织物幅宽或制品测量部位宽度W,将三角尺一直角边放置于直尺上,并沿其滑动,测量直尺与已标志的纬纱或针织横列最高点间的垂直距离d,各测量值精确至1mm。

（5）测量。按照上述步骤在试样上尽可能以较大间隔选取三处进行测量,并记录各测量值。对于匹(卷)织物,测量处应离织物匹(卷)两端不小于1m,且每处间隔至少为1m。

(四)计算

按照式(14-1-3)计算织物或其制品的纬斜率或弓纬率,d 取三个测量值中的最大值,计算结果以百分数表示,精确到小数点后一位。若需要,d 取三个测量值的平均值。

$$S = \frac{d}{W} \times 100\% \tag{14-1-3}$$

式中:S——纬斜率或弓纬率,%;

　d——纬纱或针织横列与直尺间最大垂直距离,mm;

　W——织物幅宽或制品测量部位宽度,mm。

四、棉及化纤纯纺、混纺本色布标志与包装(FZ/T 10010—2018)

(一)范围

适用于棉、化纤及其他纤维纯纺或混纺的本色纱线为原料,机织生产的各类漂白、染色和印花的印染布标志与包装。

(二)标志

1. 标志要求

标志应明确、清楚、耐久、便于识别,并在质量、数量等方面与内装物相符。

2. 包内标志

(1)每匹或每段布的反面两端布角处5cm以内,采用梢印、贴标或吊牌等形式,标注长度。梢印、贴标或吊牌应易于清理。

(2)包内使用说明是交付产品的组成部分,应符合 GB/T 5296.4—2012 规定,粘贴在反面布角处,并加盖骑缝章。

(3)拼件布包内应附有段长记录单。

(4)每段布应在两端布角处5cm以内,标记正(反)面。

3. 包外标志

(1)包(箱)外标志应清晰易辨,不易褪色。

(2)如为拼件产品,需在标志上标以"段长记录单"。段长记录单须与标签放在同一侧。

(3)包外标志尺寸可按不同印染布的成包(箱)体积适当调整。

(三)包装

1. 包装要求

包装应保证产品质量不受损伤,外观整洁,并适于储存和运输。

2. 包装形式

包装形式分内、外包装,按照表14-1-2分类编码,予以区别。

表14-1-2　内外包装分类编码表

编码	内包装形式	编码	外包装形式
A	平幅折叠	T	布包
B	卷板	S	硬纸板箱
C	卷筒	R	瓦楞纸箱
D	大卷	W	钉合木箱
		P	胶合板箱
		L	塑料袋
		O	其他

注　A 要求平幅折叠,其中 A1 表示平幅不折,A2 表示平幅二折,A3 表示平幅三折,A4 表示平幅四折。B 表示卷板,其中 B1 表示定长平幅卷板,B2 表示定长双幅卷板,B3 表示乱码平幅卷板,B4 表示乱码双幅卷板。

3. 技术要求

(1)内包装。

①内包装需符合要求,商标粘贴方正。

②平幅折叠,布匹折幅每幅为1m(或1码),采用包头式,布边整齐,两端平整无折皱。

③卷板,定长将布匹卷绕在卷板芯上,布边整齐,内外端折头不超过10cm。

④卷筒,定长将布匹卷绕在卷轴上,卷绕平整紧密,布边整齐,内外端折头不超过10cm。

⑤大卷,定长将布匹卷绕在大卷轴上,卷绕须平整紧密,布边整齐,内外端折头不超过10cm。

(2)外包装。

①布包。经预压打包捆扎的布包应四角见方,落地平整。

内包装的布匹应覆盖牛皮纸或塑料薄膜,做到内装布匹不外露,不影响产品质量。包布的边缘应向下折,两边搭头缝合,缝包时不能缝及内装布匹,缝包针距不超过4cm(外销产品不超过3cm)。

布包的捆扎方式以保证整个运输过程不松散,按合同要求执行。

②纸箱、木箱或塑料袋。箱内应垫塑料薄膜或牛皮纸或拖蜡纸等具有保护产品质量作用的防潮材料。内外包装大小适宜,捆扎结实,封口牢固。

③其他。其他包装形式,应垫具有保护产品质量作用的防潮材料。

④包装材料。包装材料要清洁、干燥、牢固、环保。

五、棉布质量统计

1. 纱（织）疵率

分为下机纱（织）疵率［即修前纱（织）疵率］及入库纱（织）疵率［即修后纱（织）疵率］两种。

$$纱（织）疵率 = \frac{纱（织）疵匹数 \times 匹长}{入库产量} \times 100\%$$

$$混合纱（织）疵率 = \frac{[1\,号品种纱（织）疵数 \times 匹长] + [2\,号品种纱（织）疵数 \times 匹长] + \cdots + [n\,号品种纱（织）疵数 \times 匹长]}{入库总产量} \times 100\%$$

2. 下机匹评分

$$下机匹评分 = \frac{下机全部疵点总分}{检验匹数} \times 100\%$$

3. 下机一等品率

$$下机一等品率 = \frac{抽查下机一等品数}{抽查总匹数} \times 100\%$$

4. 入库一等品率

$$入库一等品率 = \frac{入库一等品总米数}{入库总米数} \times 100\%$$

5. 漏验率

$$漏验率 = \frac{抽查漏验匹数}{抽查总匹数} \times 100\%$$

6. 假开剪率

$$假开剪率 = \frac{本月假开剪产量（件）}{本月总产量（件）} \times 100\%$$

7. 联匹拼件率

$$联匹拼件率 = \frac{本月联匹拼件产量（件）}{本月总产量（件）} \times 100\%$$

第二节　坯布整理设备

一、GA841 型折布机

(一)主要技术特征

GA841 型折布机主要技术特征见表 14-1-3。

表 14-1-3　GA841 型折布机主要技术特征

机型		GA841-110 型	GA841-130 型	GA841-160 型	GA841-180 型	GA841-200 型	GA841-250 型	GA841-300 型	GA841-320 型	GA841-360 型	GA841-400 型
工作布幅/mm		1000	1200	1500	1700	1900	2400	2900	3100	3500	3900
折幅长度/mm		900~1020					890~1030				
折布台宽/mm		1100	1300	1600	1800	2000	2500	3000	3200	3600	4000
折布台高/mm		970									
折布台升降动程/mm		≥170									
折布速度/(折/min)		80					40				
外形尺寸/mm	长	2160	2160	2160	2160	2160	2210	2210	2210	2210	2210
	宽	1790	1990	2290	2490	2690	3340	3840	4040	4440	4840
	高	1500	1500	1500	1500	1500	1730	1760	1760	1760	1760
质量/kg		1000	1140	1300	1400	1600	1900	2200	2600	3000	3200
电源		三相交流(380V,50Hz)									
开关箱控制电压/V		380									
折布电动机型号		JFO2-21-6,940r/min,0.6kW									
折布台升降电动机型号		FW12-6,910r/min,0.37kW									
出布电动机型号		JFO2-21-6T2,940r/min,0.6kW									

(二)机械传动

GA841 型折布机的传动图如图 14-1-3 所示。采用三台电动机,分别控制折布、台面升降和出布动作。电气控制遇缝头发信号、延时停车、台面自动下降、折布刀自动定位、自动出布、台面自动上升和自动折布,并且还有储布箱无布自停、有布自开装置及整布桌有布停止送布、无布即送布装置。

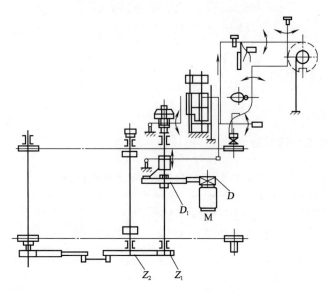

图 14-1-3　GA841 型折布机传动图

自动控制原理:采用开关控制遇缝头发信号,控制电动机运转,配上行程开关控制各动作的协调,调整行程开关的位置便可按生产需要来控制自动过程的时间长短。

(三)机械计算

折布机的折布速度 v 可按下式计算:

$$v = \frac{n_\mathrm{m} \times D \times Z_1}{D_1 \times Z_2} \times 2 \times L$$

式中:v——折布速度,mm/min;

　　n_m——电动机转速,r/min;

　　D——主动皮带盘直径,70mm;

　　D_1——被动皮带盘直径,mm;

　　Z_1——传动齿轮齿数,17 齿;

　　Z_2——偏心齿轮齿数,120 齿;

　　L——折幅长度,mm。

二、GA801 型验布机

(一)主要技术特征

GA801 型验布机主要技术特征见表 14-1-4。

表 14-1-4　GA801 型验布机主要技术特征

机型	GA801-110 型	GA801-130 型	GA801-160 型	GA801-180 型	GA801-200 型	GA801-250 型	GA801-300 型
形式	45°斜面式						
最大工作幅宽/mm	1000	1200	1500	1700	1900	2400	2900
控制方式	脚踏式开关,直接控制电动机正反转						
验布速度/(m/min)	16,18,20						
外形尺寸/mm 长	2000	2000	2000	2000	2000	2000	2000
外形尺寸/mm 宽	1600	1800	2100	2300	2500	2900	3500
外形尺寸/mm 高	2000	2000	2000	2000	2000	2000	2000
机器重量/kg	400	410	420	440	480	500	550
传动电动机	JWO9A-4,400W,1400r/min						

(二)机械传动

GA801 型验布机传动图如图 14-1-4 所示。采用三相交流电动机,经蜗杆蜗轮减速箱及三角皮带传动导布辊,经一对齿轮传动摆布斗。控制装置为脚踏式开关,直接控制电动机正反转,从而达到进布、退布的目的。GA801 型验布机设计有上、下灯光,台面呈 45°倾斜,金属结构台面框镶嵌白色磨砂玻璃。

(三)机械计算

(1)验布速度 v。

$$v = \frac{n \times \pi \times \varphi \times D \times D_1}{d \times D_2}$$

式中:v——验布速度,mm/min;

n——减速箱输出轴转速,50r/min;

φ——导布辊直径,120mm;

D_2——导布辊塔轮节径,90mm、95mm、101mm;

d——减速箱输入带轮节径,72mm;

D——电动机皮带轮节径,74mm;

D_1——减速箱输出塔轮节径,83mm、89mm、94mm。

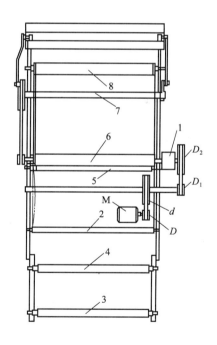

图 14-1-4　GA801 型验布机传动图

1—齿轮系　2—木辊筒　3,4—踏板导辊

5—硬橡皮压辊　6—导布辊

7—摆布斗传动轴　8—送出辊

代入不同的 D_1、D_2 后,得到:

$$v_1 = \frac{50 \times \pi \times 120 \times 74 \times 83}{72 \times 101} = 15912(\text{mm/min}) \approx 16(\text{m/min})$$

$$v_2 = \frac{50 \times \pi \times 120 \times 74 \times 83}{72 \times 95} = 16917(\text{mm/min}) \approx 18(\text{m/min})$$

$$v_3 = \frac{50 \times \pi \times 120 \times 74 \times 94}{72 \times 90} = 20224(\text{mm/min}) \approx (20\text{m/min})$$

(2)本机设计有上下可升降、左右可移动的软座椅,各棉纺织厂可根据使用情况,对 160 型、180 型、200 型、250 型、300 型验布机选择软座椅两个。

(3)本机所有传动部分全部采用滚动轴承,转动灵活,便于维修保养。

(4)三角皮带采用 A 型,上皮带长 1372mm,下皮带长 1575mm。

三、ME813 型验布机

ME813 型验布机技术特征见表 14-1-5。

表 14-1-5　ME813 型验布机技术特征

项目	技术特征
适用织物	验布整理后,直接卷成筒状织物
有效幅宽/mm	ME813-200 型:1100~1900 ME813-240 型:1900~2300 ME813-300 型:2300~2900
速度/(m/min)	0~31;无级调速,反转均可
卷筒最大直径/mm	350
照明/W	上灯光:30(4 只);下灯光:20(6 只)
张力装置	恒张力自动控制
齐边装置	红外线光电式
计长装置	自动计长式
电动机	主传动:直流电动机 Z2-21 型,0.8kW 齐边传动:交流电动机 JWO9A4 型,0.4kW
外形尺寸(长×宽×高)/mm	3240×2290×2300
机器重量/kg	1500

四、GA321 型刷布机

(一)主要技术特征

GA321 型刷布机主要技术特征见表 14-1-6。

表 14-1-6　GA321 型刷布机主要技术特征

机型		GA321-110 型	GA321-130 型	GA321-160 型	GA321-180 型	GA321-200 型	GA321-250 型	GA321-300 型
形式		直立式						
最大工作幅宽/mm		1000	1200	1500	1700	1900	2400	2900
刷布辊长度/mm		1100	1300	1600	1800	2000	2500	3000
金刚砂刷布辊筒		1 对,185mm(包括金刚砂布厚 15mm),转速 480r/min						
鬃毛刷布辊筒		2 对,185mm(包括鬃毛长度 28mm),转速 480r/min						
刷布与布面的相对速度/(m/s)		5.55,4.6						
刷布速度/(m/min)		45,54						
外形尺寸/mm	长	2170	2170	2170	2170	2170	2170	2170
	宽	1670	1878	2178	2378	2578	3078	3578
	高	2300	2300	2300	2300	2300	2300	2300
机器重量/kg		1400	1500	1600	1700	1800	2100	2400
传动方式		JFO241-6(右)型单独电动机及平皮带传动,功率 2.2kW,转速 960r/min						

(二)机械传动

GA321 型刷布机传动图如图 14-1-5 所示。

(三)机械计算

1. 刷布辊与砂辊的转速 n(r/min)

$$n = \frac{n_{\mathrm{m}} \times D_1}{D_2} = \frac{960 \times 100}{200} = 480$$

式中:n_{m}——电动机转速,r/min;

D_1,D_2——传动皮带盘直径,100mm、200mm。

2. 砂辊的线速度 v (m/min)

$$v = \frac{n \times D \times \pi}{1000} = \frac{480 \times 185 \times \pi}{1000} = 279$$

式中：D——金刚砂辊直径，185mm。

3. 送出木辊的转速 n_1 (r/min)

$$n_1 = \frac{n_m \times D_1 \times D_3}{D_2 \times D_4} = \frac{960 \times 100 \times 68}{200 \times 360} = 90.7$$

式中：D_1, D_2, D_3, D_4——传动皮带盘直径，100mm、

200mm、68mm、360mm。

4. 刷布机的线速度 v_1 (m/min)

$$v_1 = \frac{n_1 \times D_5 \times \pi}{1000} = \frac{90.7 \times 190 \times \pi}{1000} = 54.1$$

式中：D_5——出布辊直径，190mm。

5. 金刚砂辊与布面的相对速度 v_2 (m/s)

$$v_2 = \frac{v + v_1}{60} = \frac{279 + 54.1}{60} = 5.55$$

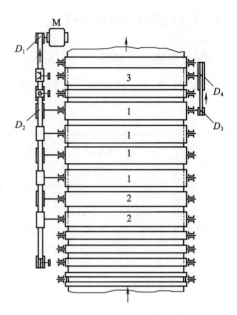

图 14-1-5　GA321 型刷布机传动图

1—刷布辊　2—砂辊　3—进出木辊

五、GA331 型烘布机

（一）主要技术特征

GA331 型烘布机主要技术特征见表 14-1-7。

表 14-1-7　GA331 型烘布机主要技术特征

机型	GA331-110型	GA331-130型	GA331-160型	GA331-180型	GA331-200型	GA331-250型	GA331-300型
形式	立式双烘筒						
最大工作幅宽/mm	1100	1300	1500	1700	1900	2400	2900
工作宽度/mm	1100	1200	1600	1800	2000	2500	3000
烘筒	2只,570mm,转速 30r/min						
烘筒耐压/kPa	294.20						
伸布装置	伸布铜管 2 根						
烘布速度/(m/min)	54						

续表

机型		GA331-110型	GA331-130型	GA331-160型	GA331-180型	GA331-200型	GA331-250型	GA331-300型
外形尺寸/mm	长	1755	1755	1755	2170	2170	2170	2170
	宽	2235	2435	2735	2378	2578	3078	3578
	高	2130	2130	2130	2300	2300	2300	2300
机器重量/kg		1400	1500	1600	1700	1800	2100	2400
传动方式		由 G321 型刷布机借平胶带通过平皮带轮传动全机						

(二)机械传动与计算

GA331 型烘布机传动图如图 14-1-6 所示。烘布机无独立的动力源,由刷布机间接传动,其线速度与刷布机相同。

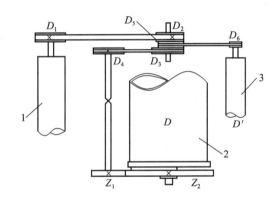

图 14-1-6　G331 型烘布机传动图

1—刷布机出布辊　2—烘筒　3—出布辊

1. 烘筒的转速 $n(\text{r/min})$ 与线速度 $v(\text{m/min})$

$$n = \frac{n_1 \times D_1 \times D_3 \times Z_1}{D_2 \times D_4 \times Z_2} = \frac{90.7 \times 280 \times 280 \times 35}{280 \times 280 \times 105} = 30.2$$

$$v = \frac{n \times D \times \pi}{1000} = \frac{30.2 \times 570 \times \pi}{1000} = 54.1$$

式中: D_1, D_2, D_3, D_4——传动带盘直径,均为 280mm;

Z_1, Z_2——传动齿轮齿数,分别取 35 齿、105 齿。

2. 出布辊的线速度 $v_1(\text{m/min})$

$$v_1 = \frac{n_1 \times D_1 \times D_5 \times D' \times \pi}{D_2 \times D_6 \times 1000} = \frac{90.7 \times 280 \times 156 \times 140 \times \pi}{280 \times 115 \times 1000} = 53.7$$

式中：D_5，D_6——传动齿轮齿数，分别取 156 齿、115 齿；

　　　D'——出布辊直径，$D' = 140mm$。

(三)蒸汽和回水管路系统

从锅炉房来的蒸汽压力较高，须先经减压阀降低，再通过进汽阀进入上下烘筒，回水从另一侧流出后，经阻汽箱排出。空气阀用来放出管内的空气，在上下烘筒的两侧各有一个低压自释阀。

六、打包机

(一)A752 型中包机

1. 主要技术特征(表 14-1-8)

表 14-1-8　A752 型中包机主要技术特征

机型	A752 型	A752B 型	A752C 型	A752D 型	A752F 型
最大工作总压力/kN	750	750	375	750	750
起落盘可使用面积尺寸/mm	1300×810				
上下铁盘间最大距离/mm	1100	1185	1200	980	980
油缸柱塞最大行程/mm	800	950	800	800	800
油缸柱塞直径/mm	200				
三柱塞泵最大工作压力/MPa	24	24	12	24	24
夹纱板间距/mm	940	960	—		
液压机外形尺寸(高出地面部分,长×宽×高)/mm	1910×900×2365		1930×1030×2015		1650×900×2365

2. 工艺参数(表 14-1-9)

表 14-1-9　A752 型中包机工艺参数配置

型号	工艺参数	成包时的最小高度/mm
A752 型	布匹:平布 20 匹(每匹 40m),其他按布的长度质量;日定纱包:20 个小纱包(小纱包体积 310mm×230mm×18mm)	
A752B 型	毛球:18 个(毛球尺寸 450mm×240mm)	400
A752C 型	呢绒、精纺毛织品 4 匹,粗纺毛织品 2 匹,印染布和色织布。毛毯 20~26 条	
A752D 型	麻袋 100 条(长 1070mm,宽 730mm 或 750mm)	
A752F 型	帆布包重约 80kg	300(使用厂按规格自定)

注　打宽幅布时的折叠长度不超过 1m。

（二）A761A（JA）-360 型打包机

A761A（JA）-360 型打包机的主要技术特征见表 14-1-10。

表 14-1-10　A761A（JA）-360 型打包机主要技术特征

机型	A761A 型	A761JA 型	A761B 型
用途	将 40 个小包打成 1 个大包	将 200 条麻袋打成 1 包	用户自定
上下铁盘间距离/mm	1120	1700	1200
起落盘最大行程/mm	900	1250	900
最大工作压力/kN	3600	3600	3600
成包时压缩高度/mm	360	560	最小 300
起落盘可使用面积尺寸/mm	1850×925	1850×925	1850×925
机器重量/kg	20000	20000	20000

（三）MA/HD246 系列单卷机

MA/HD246 系列单卷机主要适用于纺织厂、印染厂、染织厂、非织造厂的整理车间,将织物平幅卷筒。主要规格和技术参数见表 14-1-11。

表 14-1-11　MA/HD246 系列单卷机主要规格和技术参数

机型	200 型	250 型	300 型	350 型
最大卷装直径/mm	800	800	800	800
最大卷装幅宽/mm	2000	2500	3000	3500
齐边精度< /mm	5	5	7	7
卷边速度/(m/min)	0~80	0~80	0~80	0~80
外形尺寸(长×宽×高)/mm	2890×2000×2500	2890×2500×2500	2890×3000×2500	2890×3500×2500

（四）M951 系列卷筒机

M951 系列卷筒机主要技术特征见表 14-1-12。

表 14-1-12　M951 系列卷筒机主要技术特征

机型	180 型	220 型	240 型
适用织物	棉纺织厂的特宽织物(卷筒包装后出厂)		
最大织物幅宽/mm	1800	2200	2400
速度/(m/min)	8~75(无级)		

续表

机型		180 型	220 型	240 型
卷装直径/mm		600		
齐边装置形式		反射红外光电式专用齐边调节器,误差 10mm		
计长装置		电子计长;范围 0~1000m,误差±0.5%		
吸边装置		电动吸边器		
张力调节装置		无级张力自动调节式		
工作环境温度/℃		−20~40		
主电动机		调速范围 125~1250r/min,功率 1.1kW		
齐边电动机		速度 156r/min,功率 0.25kW		
外形尺寸/mm	长	1605	1605	1605
	宽	2958	3308	3558
	高	2265	2265	2265
机器重量/kg		1000	1100	1200

(五)YND82-315A 型四柱式液压打包机

1. 主要技术特征

YND82-315A 型四柱式液压打包机主要技术特征见表 14-1-13。

表 14-1-13　YND82-315A 型四柱式液压打包机主要技术特征

机型	YND82-315A
生产厂	南通锻压机床厂
形式	液压下行式
公称力/kN	3150
液压最大工作压力/MPa	25
回程力/kN	600
滑块最大行程/mm	900
滑块距工作台最大距离/mm	1150
滑块空载下行速度/(mm/s)	16
最大回程速度/(mm/s)	40
工作台有效长度/mm	左右:1260;前后:1160

续表

机型	YND82-315A
立柱中心距/mm	左右:1400;前后:900
工作台距地面高度/mm	650
外形尺寸/mm	左右1660,前后1160,地面以上3984
电动机总功率/kW	335/380V
油泵电动机型号	三相鼠笼型感应式
转速/(r/min)	970
电压/V	380
Y160L-6 型电动机/kW	11
Y200L-6 型电动机/kW	22
机器重量/kg	15000

2. 控制部分

控制部分元件及规格见表14-1-14。

表 14-1-14 控制部分元件及规格

代号	电气控制箱主要元件名称
KT2	打包延时时间继电器
HL4	直流电磁铁 YA1 动作指示灯
HL5	直流电磁铁 YA2 动作指示灯
HL6	直流电磁铁 YA3 动作指示灯
HL7	直流电磁铁 YA4 动作指示灯
HL8	直流电磁铁 YA5 动作指示灯
KT3	泄压延时时间继电器
SB6	静止按钮
SB9	滑块下行按钮
SA1	"调整""手动""半自动"工作方法选择开关
SB1	紧急停止按钮
SB3	电动机Ⅰ启动按钮
SB5	电动机Ⅱ启动按钮

续表

代号	电气控制箱主要元件名称
HL1	电源总开关接通信号灯
SB7	"半自动"工作方式下滑块下行按钮
SB1C	滑块回程按钮
SA2	"定压""定程"成型方式选择开关
SB2	电动机 I 启动按钮
SB4	电动机 II 启动按钮
SB8	"半自动"工作方式下滑块下行按钮
QS1	电源开关
SQ1	滑块回程限位开关
SQ2	"定程"成型方式时,滑块下行转为打包延时发信号开关
SQ3	滑块下行限位开关
SQ4	电控箱后门发信号开关
SQ5	电控箱前门发信号开关
SP1	滑块快速下行转减速下行的发信号开关
SP2	"定压"成型方式时,打包开始的发信号开关

第二章 本色布印染

本色布印染加工的基本工艺流程如下。

1. 纯棉类织物

坯布检验→翻布打印缝头→烧毛→退浆→煮练→漂白(氧漂)→丝光→复漂→棉加白→整理→染色／印花→

预缩→检验打包→成品

2. 麻类及麻/棉类织物

坯布检验→翻布打印缝头→烧毛→退浆→烧毛→煮练→漂白(氧漂)→漂白(氧漂)→

丝光→棉加白→整理→预缩→检验打包→成品（染色/印花）

3. 涤/棉类织物

坯布检验 → 翻布打印缝头 → 烧毛 → 退浆 → 煮练 → 漂白 (氧漂) → 丝光 →

定型→涤加白→棉加白→整理 → 预缩→检验打包→成品（染色/印花）

4. 棉/锦类织物

坯布检验 → 翻布打印缝头 → 烧毛 → 退浆 → 煮练 → 漂白 (氧漂) → 丝光 →

定型→锦加白→棉加白→整理 → 预缩→检验打包→成品（染色/印花）

5. 黏胶纤维类织物

坯布检验→翻布打印缝头→烧毛→退浆→漂白(氧漂)→复漂→加白→整理 → 预缩→检（染色/印花）

验打包→成品

第一节　织物印染前处理

前处理是棉及涤/棉织物染整加工的第一道工序。前处理的目的是去除纤维上所含的天然杂质以及在纺织加工中施加的浆料和沾染的油污等,使纤维充分发挥其优良品质,并使织物具有洁白、柔软的外观和手感以及良好的渗透性能,以满足服用要求,并为染色、印花、整理提供合格的半成品。

棉及涤/棉织物的前处理,包括原布准备、烧毛、退浆、煮练、漂白、开轧烘、丝光、热定形等工序,以去除纤维中的果胶、蜡质、棉籽壳和浆料等杂质,并提高织物的外观及内在质量。

化学纤维织物不含天然杂质,只有浆料、油污等,因此前处理工艺较简单。对于混纺和交织织物的前处理,要满足各自前处理加工的要求。

一、原布准备

原布指的是来自织造厂未经染整加工的织物,又称坯布。原布准备是织物前处理的第一道工序,一般在染整厂的原布车间进行,包括原布检验、翻布(分批、分箱、打印)和缝头等过程。

(一)原布检验

在进行染整加工之前,需要对原布进行检验,以便发现问题及时采取措施。检验内容主要包括物理指标和外观疵点,一般原布的检验率为10%左右。

物理指标检验包括原布的匹长、幅宽,经纬纱的规格、密度和强力等指标。外观疵点检验主要包括缺经、断纬、跳纱、棉结、破洞及油污等在纺织过程中形成的疵病,还需检查有无金属碎屑等杂物夹在织物中。一般来说,对后续要加工成漂白布、色布的品种,外观疵点检验较严格,而对后续要加工成花布的品种要求相对低一些。外观检验时如果发现问题应及时修补或做适当处理,因为严重的外观疵点不仅影响产品质量,还可能引起生产事故。

(二)翻布(分批、分箱、打印)

为了便于管理,常把同规格、同工艺原布划为一类加以分批分箱。每批数量主要是按照原布的情况和后加工要求而定。分箱原则按布箱大小、原布组织和有利于运送而定,一般为60~80匹。

翻布时将布匹翻摆在堆布板上,做到正反一致,同时拉出两个布头,要求布边整齐。

为了便于识别和管理,每箱布的两头(卷染布在每卷布的两头),打上印记,部位离布头10~20cm处,标明原布品类、加工工艺、批号、箱号(卷染包括卷号)、发布日期、翻布人代号等。印油一般常用机油与炭黑以(5~10):1(质量比)充分拌匀、加热调制而成。

每箱布都附有一张分箱卡(卷染布每卷都有),注明织物的品种、批号、箱号(卷号),便于管理。

(三)缝头

布匹下织机后的长度一般为 30~120m,而印染厂的加工多属连续进行。为了确保成批连续加工,必须将原布加以缝接,缝头要求平整、坚牢、边齐,在两布边 1~3cm 还应加密,防止开口、卷边和后加工时产生皱条。如发现纺织厂开剪歪斜,应撕掉布头后缝头,防止织物纬斜。

常用的缝接方法有环缝和平缝两种。环缝式最常用,卷染、印花、轧光、电光等织物,必须用环缝。在机台箱与箱之间的布用平缝连接。如果布头重叠,在卷染时会产生横档疵病,轧光时会损伤轧辊。

二、烧毛

纤维纺成纱线后,虽然经过加捻并合,但是仍然有很多松散的纤维末端露出纱线表面,织成布匹后,在织物表面形成长短不一的绒毛。布面上的绒毛会影响织物表面的光洁程度,且易沾染尘污,合成纤维织物上的绒毛在使用过程中还会团积成球。绒毛又易从布面上脱落、积聚,给印染加工带来不利影响,如产生染色、印花疵病和堵塞管道等。因此,在棉及涤/棉织物前处理加工时必须首先除去绒毛,一般采用烧毛的方法。

烧毛方法有两种,即燃气烧毛与赤热金属表面烧毛。前者利用可燃性气体燃烧直接燃去织物表面绒毛;后者为间接烧毛,即将金属板或圆筒烧至赤热,再引导织物擦过金属表面烧去绒毛。烧毛时,布面上的绒毛由于质地疏松并且离火焰较近,会很快升温燃烧;而织物本身因结构比较紧密且离火焰较远,升温较慢,在温度尚未达到着火点时已离开热源,因此不会受到损伤。

(一)烧毛质量评定

烧毛质量评定是将已烧毛织物折叠,迎着光线观察凸边处绒毛分布情况,按表 14-2-1 标准进行评级。

表 14-2-1　烧毛质量评定

等级	1 级	2 级	3 级	4 级	5 级
评定标准	原布未经烧毛	有少量的长纤毛	基本没有长纤毛	仅有较整齐的短纤毛	烧毛匀净

一般织物要求 3~4 级,质量要求高的织物要求 4 级,甚至 4~5 级,稀薄织物达到 3 级即可,另外,烧毛还必须均匀,否则经染色、印花后便呈现色泽不匀。

(二)工艺流程

刷毛→烧毛→灭火(蒸汽、喷雾灭火或浸轧退浆废液)

(三)气体烧毛机

气体烧毛机具有设备结构简单、操作方便、劳动强度低、热能利用比较充分、烧毛质量比较好、适合于各种品种的织物烧毛等优点,是目前生产上使用最为广泛的一种烧毛机。

气体烧毛机通常由进布、刷毛、烧毛、灭火和落布等装置组成,结构图如图14-2-1所示。

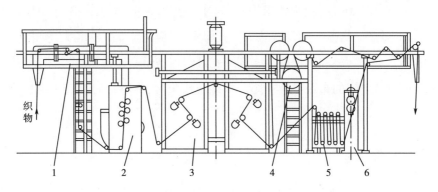

图 14-2-1 气体烧毛机

1—吸尘风道 2—刷毛箱 3—气体烧毛机火口 4—冷水冷却辊 5—浸渍槽 6—轧液装置

织物通过导布装置进入烧毛机后,先经过刷毛箱刷毛,箱中有4~8只猪鬃或尼龙刷毛辊,其转动的方向与织物行进方向相反,以除去纱头和夹杂在织物中的杂物,通过刷毛可以使绒毛竖立,以便于烧毛。

烧毛过程中,织物平幅迅速地通过可燃性气体火焰时,布面上分散存在的绒毛能很快升温并燃烧,而布身比较厚实紧密,升温较慢,当织物温度尚未升到着火点时,已经离开了火焰,从而达到既烧去了绒毛又不使织物焚烧或损伤的目的。织物在烧毛之后,会立即进入灭火槽或灭火箱。灭火槽中盛有热水或者退浆液,并安装有导辊和轧液辊。对某些需要落干布的品种,可以采用蒸汽灭火箱灭火。蒸汽灭火箱是由上下导辊和直接蒸汽管组成,当织物通过时,由蒸汽管向布面喷射灭火蒸汽灭火。另外,也有采用刷毛和除尘灭火的方法,即烧毛后采用具有拍打功能的三角形刷毛辊,将刷下的火星和灰尘拍离布面,然后用除尘器吸走。

(四)工艺条件(表14-2-2)

表14-2-2 棉织物和涤/棉织物烧毛工艺条件(使用气体烧毛机)

	项目	棉织物	涤/棉织物
烧毛面	稀薄织物	一正一反	一正一反
	一般织物	二正二反	二正二反或一正一反两次
	单面织物	三正一反(或四正)	三正一反

项目		棉织物	涤/棉织物
布速/（m/min）	稀薄织物	100～140	120～140
	一般织物	80～100	90～100
	厚重织物	60～80	70～90
织物与火焰距离/cm	稀薄织物	1～1.2	1.2～1.6
	一般织物	0.8～1.0	1.2～2.0
	厚重织物	0.5～0.8	0.8～1.0
火焰温度/℃		800～900	800～900

三、退浆

机织物在织造前都必须经过经纱上浆，以提高经纱的强力、耐磨性及光滑程度，从而减少经纱断头，保证织布顺利进行。经纱上浆所用浆料主要有天然浆料、合成浆料两大类。目前经纱上浆的浆料主要有三类：淀粉（包括变性淀粉）、聚乙烯醇（PVA）和聚丙烯酸（酯）类浆料。上浆液中还会加入其他成分，如防腐剂、柔软剂、吸湿剂、平滑剂等。经纱上浆率的高低和纤维的质量、纱线线密度、密度等有关，纱线线密度小、密度大的织物，经纱上浆率高些，一般织物上浆率4%～15%。

坯布上的浆料对印染加工不利，因为浆料的存在会沾污整工作液，耗费染化料，甚至会阻碍染化料与纤维的接触，影响印染产品的质量。因此，织物在染整加工之初，必须经过退浆处理，尽可能地除去坯布上的浆料。退浆的要求根据后续加工的种类不同而异，例如，用于染色、印花的织物，退浆要求较高，而对漂白织物的退浆要求则可稍低一些。实际生产中应根据原布的品种、浆料组成情况、退浆要求和工厂设备等，选用适当的退浆方法。

（一）酶退浆

酶是一种高效、高度专一的生物催化剂。淀粉酶对淀粉的水解有高效催化作用，可用于淀粉和变性淀粉上浆织物的退浆。淀粉酶的退浆率高，不会损伤纤维素纤维，但淀粉酶只对淀粉类浆料有退浆效果，对其他天然浆料和合成浆料没有退浆作用。

淀粉酶主要有 α-淀粉酶和 β-淀粉酶两种。α-淀粉酶可快速切断淀粉大分子链中的 α-1,4-苷键，催化分解无一定规律，与酸对纤维素的水解作用很相似，形成的水解产物是糊精、麦芽糖和葡萄糖。它使淀粉糊的黏度很快降低，有很强的液化能力，又称为液化酶或糊精酶。

β-淀粉酶从淀粉大分子链的非还原性末端顺次进行水解,产物为麦芽糖,又称糖化酶。β-淀粉酶对支链淀粉分枝处的 α-1,6-苷键无水解作用,因此对淀粉糊的黏度降低没有 α-淀粉酶来得快。另外,淀粉酶中还有支链淀粉酶和异淀粉酶等,支链淀粉酶只水解支链淀粉分枝点的 α-1,6-苷键,而异淀粉酶能够水解所有支链或非支链的 α-1,6-苷键。

在酶退浆中使用的主要是 α-淀粉酶,但其中会含有微量的其他淀粉酶如 β-淀粉酶、支链淀粉酶和异淀粉酶等。α-淀粉酶分为普通型(中温型)和热稳定形(高温型)两大类,我国长期以来使用的 BF-7658 淀粉酶和胰酶都是中温型淀粉酶。BF-7658 淀粉酶的最佳使用温度为 55~60℃,胰酶的最佳使用温度为 40~55℃。目前商品化的耐高温型 α-淀粉酶多为基因改性品种,推荐的最佳使用温度很宽,在 40~110℃,特别适合于高温连续化退浆处理。

酶退浆工艺随着酶制剂、设备和织物品种的不同而有多种形式,如轧堆法、浸渍法、轧蒸法等,但总体来说,都是由四步组成:预水洗、浸轧或浸渍酶退浆液、保温堆置和水洗后处理。

1. 预水洗

淀粉酶一般不易分解生淀粉或硬化淀粉。预水洗可促使浆膜溶胀,使酶液较好地渗透到浆膜中去,同时可以洗除有害的防腐剂和酸性物质。因此,酶退浆时,在烧毛后,先将原布在 80~95℃的水中进行水洗。为了提高水洗效果,可在洗液中加入 0.5g/L 的非离子表面活性剂。

2. 浸轧或浸渍酶退浆液

经过预水洗的原布,在 70~85℃和微酸性至中性(pH 为 5.5~7.5)的条件下浸轧(浸渍)酶液。所用酶制剂的性能不同,浸轧(浸渍)的温度和 pH 不同。酶的用量和所用的工艺有关,一般连续轧蒸法的酶浓度应高于堆置和轧卷法的。织物的带液率控制在 100%左右。

3. 保温堆置

淀粉分解成可溶性糊精的反应从酶液接触浆料就开始了,但淀粉酶对织物上的淀粉完全分解需要一定的时间,保温堆置可以使酶对淀粉进行充分水解。堆置时间与温度有关,温度的选择视酶的耐热稳定性和设备条件而定。织物在 40~50℃下堆置需要 2~4h,高温型淀粉酶在 100~115℃下汽蒸只需要 15~120s。轧堆法是将织物保持在浸渍温度(70~75℃)下卷在有盖的布轴上或放在堆布箱中堆置 2~4h,堆置温度低时需堆置过夜。浸渍法多使用喷射、溢流或绳状染色机进行退浆。轧蒸法是连续化的加工工艺,适合于高温酶,可在 80~85℃浸轧酶液,再进入汽蒸箱在 90~100℃汽蒸 1~3min,或在 85℃浸轧酶液,在 100~115℃汽蒸 15~120s。

4. 水洗后处理

淀粉浆经淀粉酶水解后,仍然黏附在织物上,需要经过水洗才能去除。因此酶处理的最后阶段,要用洗涤剂在高温水中洗涤,对厚重织物可以加入烧碱进行碱性洗涤,以提高洗涤效果。轧堆法、浸渍法可用 90~95℃、含 10~15g/L 洗涤剂或烧碱的水进行洗涤,轧蒸法的洗涤条件应更剧烈一些,采用 95~100℃ 和 15~30g/L 的洗涤剂或烧碱洗涤。

(二)碱退浆

在热碱的作用下,淀粉或化学浆都会发生剧烈溶胀,溶解度提高,然后用热水洗去。棉纤维中的含氮物质和果胶物质等天然杂质经碱作用也会发生部分分解和去除,可减轻煮练负担。

常用的碱退浆工艺流程为:

轧碱→打卷堆置或汽蒸→水洗

先在烧毛机的灭火槽中平幅轧碱(烧碱浓度 5~10g/L,温度 70~80℃),然后在平幅汽蒸箱中汽蒸 60min 或打卷堆置(50~70℃,4~5h),再进行充分水洗。

碱退浆使用广泛,对各种浆料都有退浆作用,可利用丝光或煮练后的废碱液,故其退浆成本低。碱退浆对天然杂质的去除较多,对棉籽壳去除所起的作用较大,特别适合于含天然杂质较多的原布。其缺点是退浆废水的 COD 值较高,环境污染严重。由于碱退浆时浆料不起化学降解作用,水洗槽中水溶液的黏度较大,浆料易重新沾污织物,因此退浆后水洗一定要充分。

(三)氧化剂退浆

在氧化剂的作用下,淀粉等浆料发生氧化、降解,直至分子链断裂,溶解度增大,经水洗后容易被去除。用于退浆的氧化剂有过氧化氢、亚溴酸钠、过硫酸盐等。

氧化剂退浆主要有冷轧堆和轧蒸两种工艺。冷轧堆工艺的流程是:

室温浸轧→打卷→室温堆置(24h)→高温水洗

多使用过氧化氢作为退浆剂。当织物上含浆率高或含有淀粉与 PVA 混合浆时,则使用过氧化氢与少量的过硫酸盐混合进行退浆。

轧蒸一般单独使用过氧化氢或过硫酸盐进行退浆,但多采用过氧化氢退浆。过氧化氢轧蒸退浆的工艺流程为:

浸轧退浆液(100%NaOH 4~6g/L,35%H_2O_2 8~10mL/L,渗透剂 2~4mL/L,稳定剂 3g/L,轧液率 90%~95%,室温)→汽蒸(100~102℃,10min)→水洗

氧化剂退浆多在碱性条件下进行,过氧化氢在碱性条件下不稳定,分解形成的过氧化氢负离子具有较高的氧化作用,因此氧化退浆兼有漂白作用。使用过氧化氢退浆时要加入稳定剂如硅酸钠、有机稳定剂或螯合剂等。

氧化剂退浆速度快,效率高,织物白度增加,退浆后织物手感柔软。它的缺点是在去除浆料的同时,也会使纤维素氧化降解,损伤棉织物。因此,氧化剂退浆工艺一定要严格控制好工艺参数。

(四)常用退浆工艺(表14-2-3)

表14-2-3　棉及涤/棉织物常用退浆工艺

方法		工艺流程	试剂用量/(g/L)	温度/℃	时间	pH
酶退浆	保温堆置法	预水洗→浸轧酶液→堆置→水洗	BF7658 淀粉酶(2000倍)1~2,活化剂(食盐)5,渗透剂 JFC 1~2	预水洗65~70,轧酶55~60,堆置45~50	堆置2~4h	6~7
			苏宏牌宽温幅退浆酶2000L 0.5~2.5,非离子渗透剂0.5	预水洗80~95,轧酶70~80,堆置70~80	堆置2~4h	5.5~7.5
	高温汽蒸法	预水洗→浸轧酶液→(堆置)→汽蒸→水洗	BF7658 淀粉酶(2000倍)1~2,活化剂(食盐)5,渗透剂 JFC 1~2	预水洗65~70,轧酶55~60,汽蒸100~102	5min	6~7
			苏宏牌宽温幅退浆酶2000L 0.3~2,非离子渗透剂0.5	预水洗80~95,轧酶80,汽蒸95~100	1~3min	5.5~7.5
	热水浴法	预水洗→浸轧酶液→堆置→热水浴→水洗	BF7658 淀粉酶(2000倍)1~2,活化剂(食盐)5,渗透剂 JFC 1~2	预水洗65~70,轧酶55~60,热水浴95~98	堆置20min,热水浴20~30s	6~7
碱退浆	平幅堆置法	平幅轧碱→堆置→水洗	烧碱10~15,润湿剂1~2	轧碱60~70,堆置50~70,热水洗80以上	堆置4~5h	
	平幅汽蒸法	平幅轧碱→汽蒸→水洗	烧碱6~10,润湿剂1~2	轧碱80~85,汽蒸100~102	汽蒸1~1.5h	
双氧水—烧碱退浆	冷堆法	浸轧退浆液→打卷→室温堆置→热水洗	双氧水(35%)40,烧碱10,硅酸钠3,润湿剂2~4	热水洗80~85	堆置24h	
	轧蒸法	浸轧退浆液→汽蒸→热水洗	双氧水(35%)8~10,烧碱4~6,硅酸钠3,润湿剂2~4	汽蒸100~102	汽蒸10min	

(五)常用退浆方法比较(表14-2-4)

表 14-2-4 棉及涤/棉织物常用退浆方法比较

退浆方法	品种适应性	优缺点
酶退浆	用于以淀粉上浆及以淀粉为主与其他浆料混合上浆的各类织物	优点:工艺简单,操作方便,淀粉浆去除较为完全,同时不损伤纤维 缺点:不能去除浆料中的油剂和原布上的天然杂质,对化学浆料也无退浆作用
碱退浆	用于各种棉织物及涤/棉织物的退浆	优点:使用广泛,对各种浆料都有退浆作用,可利用丝光或煮练后的废碱液,故其退浆成本低。对天然杂质的去除较多,对棉籽壳所起作用较大,特别适用于含天然杂质较多的原布 缺点:堆置时间较长,生产效率低
双氧水—烧碱退浆	用于以 PVA 上浆及以 PVA 为主与其他浆料混合上浆的涤/棉织物	优点:退浆效率高,织物白度增加,退浆后织物手感柔软 缺点:在去除浆料的同时,也会使纤维素氧化降解,损伤棉织物

四、煮练

棉纤维生长时,有天然杂质(果胶质、蜡状物质、含氮物质等)一起伴生。棉及涤/棉织物经退浆后,大部分浆料及小部分天然杂质已被去除,但还有少量的浆料以及大部分天然杂质如蜡状物质、果胶物质、含氮物质、棉籽壳还残留在织物上。这些杂质的存在,使织物色泽发黄,吸水性很差。同时,由于有棉籽壳的存在,也影响了织物的外观和手感。因此棉及涤/棉织物退浆后还要进行以去除天然杂质为主要目的的精练(也叫煮练),同时也去除退浆中未退净的浆料和油剂,使织物获得良好的吸水性和较洁净的外观,以利于后续加工。煮练通常是用稀烧碱溶液(用丝光后的淡碱配制)作煮练剂,并加入乳化和分散剂、螯合剂、还原剂等组成煮练液,在高温(100℃或更高温度)处理织物的加工过程。烧碱在适当条件下能与纤维上绝大部分的天然杂质发生反应,使它们转变为可溶性产物而被洗去。涤/棉织物也主要是去除棉纤维中含有的天然杂质,但在较浓的烧碱和长时间较高温度的作用下,有可能导致织物中的涤纶有损伤的倾向,不能完全按纯棉织物的处理条件进行煮练,必须照顾涤纶的性能,采取比较温和的碱处理条件。

(一)煮练用剂及其作用

棉织物煮练以烧碱为主练剂,另外还加入一定量的表面活性剂、亚硫酸钠、硅酸钠、磷酸钠等助练剂。

烧碱能使蜡状物质中的脂肪酸酯皂化,脂肪酸生成钠盐,转化成乳化剂,生成的乳化剂能使不易皂化的蜡质乳化而去除。另外,烧碱能使果胶质和含氮物质水解成可溶性的物质而去除。棉籽壳在碱煮过程中会发生溶胀,变得松软,再经水洗和搓擦,棉籽壳解体而脱落下来。

表面活性剂能降低煮练液的表面张力,起润湿、净洗和乳化等作用。在表面活性剂作用下,煮练液润湿织物,并渗透到织物内部,有助于杂质去除,提高煮练效果。

阴离子表面活性剂如烷基苯磺酸钠、烷基磺酸钠和烷基磷酸酯等具有良好的润湿和净洗作用,并且耐硬水、耐碱、耐高温,它们都可以作为煮练用剂。此外还可选用合适的非离子表面活性剂,脂肪醇聚氧乙烯醚(平平加系列)是良好的非离子乳化剂,与阴离子表面活性剂拼混使用,具有协同效应,能进一步提高煮练效果。

亚硫酸钠有助于棉籽壳的去除,因为它能使木质素变成可溶性的木质素磺酸钠,这种作用对于含杂质较多的低级棉煮练尤为显著。另外,亚硫酸钠具有还原性,可以防止棉纤维在高温带碱情况下被空气氧化而受到损伤。亚硫酸钠在高温条件下,有一定漂白作用,可以提高棉织物的白度。

硅酸钠俗称水玻璃或泡花碱,具有吸附煮练液中的铁质和棉纤维中杂质分解产物的能力,可防止在棉织物上产生锈斑或杂质分解产物的再沉积,有助于提高棉织物的吸水性和白度。

磷酸钠具有软水作用,能去除煮练液中的钙、镁离子,提高煮练效果,并节省助剂用量。

(二)煮练工艺及设备

棉织物煮练工艺,按织物进布方式可分为绳状煮练和平幅煮练,按设备操作方式可分为间歇式煮练和连续汽蒸煮练。

紧密厚重的棉织物,如卡其等,比较硬挺,如果采用绳状加工,不但煮练不容易匀透,而且在加工中容易造成擦伤、折痕等疵病,染色时造成染疵。化学纤维及其混纺织物在高温下绳状加工也易产生折痕。所以目前棉及棉型织物的煮练以平幅加工为主。

1. 平幅连续汽蒸煮练

平幅连续汽蒸煮练的典型设备如图 14-2-2 所示。该设备由浸轧槽、汽蒸堆置箱、水洗槽和烘筒四部分组成,经过退浆的棉织物首先浸轧煮练液,然后进入汽蒸箱汽蒸堆置,再水洗,最后烘干落布。该设备除了用于煮练外,也能用于棉织物的退浆和漂白。

平幅连续汽蒸煮练的工艺流程为:

浸轧煮练液→汽蒸堆置→水洗→烘干→落布

煮练液中烧碱 40~60g/L,精练剂 3~6g/L;浸轧液温度 85~90℃,轧液率 80%~90%;汽蒸温度 95~100℃,汽蒸堆置时间 45~90min。

图 14-2-2　平幅连续汽蒸前处理设备

2. 高温高压平幅连续汽蒸煮练

高温高压平幅连续汽蒸练漂机由浸轧、汽蒸和平洗三部分组成,其设备如图 14-2-3 所示。这种设备的关键是织物进出的密封口,目前多用耐高温、高压和摩擦的聚四氟乙烯树脂。封口方式有两种:一种是辊封,即用辊筒密封织物进出口;另一种是唇封,用一定压力的空气密封袋作封口,织物从加压的密封袋间隙摩擦通过。

棉织物浸轧 50g/L 的烧碱液,在 132~138℃汽蒸 2~5min,半成品周转快,耗汽较省,可用于一般厚织物的加工。

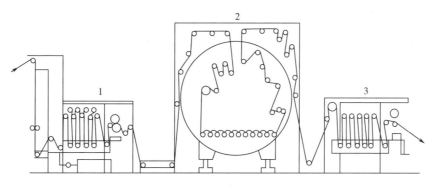

图 14-2-3　高温高压平幅连续汽蒸练漂机

1—浸轧槽　2—高温高压汽蒸箱　3—平洗槽

3. 冷轧堆煮练

冷轧堆煮练的工艺流程如下:

室温下浸轧碱液→打卷→室温堆置→水洗

图 14-2-4 是冷轧堆工艺设备的示意图,首先将浸轧了工作液的织物在卷布器的布轴上打卷,再将布卷在室温下堆置 12~24h,然后送至平洗机上水洗。为了防止布面风干,布卷要用塑料薄膜等材料包裹,并保持布卷在堆置期间一直缓缓转动,以避免布卷上部溶液向下部滴渗而造成处理的不均匀。冷轧堆工艺适应性强,可用于退浆、精练和漂白一步法的短流程加工,或退

浆后织物的精练和漂白一步法加工以及退浆和精练后织物的漂白加工。冷轧堆的前处理工艺将汽蒸堆置改为室温堆置,极大地节约了能源和设备的投资,而且适合于小批量和多品种的加工要求。但室温堆置时,工作液中化学试剂的浓度比汽蒸堆置的要高。

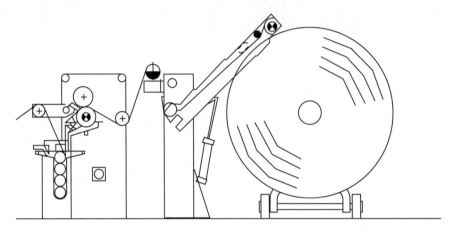

图 14-2-4　冷轧堆工艺设备的示意图

4. 其他设备

常压卷染机、高温高压大染缸、常压溢流染色机、高温高压溢流喷射染色机,这些设备可以染色,也可以用来煮练,只要选用合适的工艺,可以达到良好的煮练效果。

棉织物的煮练效果可用毛细管效应来衡量,即将棉织物的一端垂直浸在水中,测量 30min 内水上升的高度。煮练时对毛细管效应的要求随品种而异,一般要求 30min 内达到 8~10cm。

煮练的工艺条件和使用设备密切相关,大多数的棉及涤/棉织物都是在连续平幅设备上加工的,半连续化煮练工艺如轧卷法、冷轧堆法,能适应小批量、多品种的市场需求,且设备投资少、节约能源,在生产中也得到较多的应用。

平幅连续汽蒸煮练有常压汽蒸煮练和高温高压汽蒸煮练两种。前者应用较为广泛,一般用于纯棉及其混纺织物。汽蒸箱目前主要采用履带式。高温高压汽蒸煮练特别适合于厚重棉织物。

常压汽蒸煮练工艺流程:

轧碱→汽蒸→(轧碱→汽蒸)→水洗

高温高压汽蒸煮练工艺流程:

轧碱→汽蒸→水洗

平幅连续汽蒸煮练工艺条件见表 14-2-5。

表 14-2-5　平幅连续汽蒸煮练工艺条件

项目	常压汽蒸煮练(棉织物)	高温高压汽蒸煮练 (厚重棉织物)
100%烧碱/(g/L)	25~50(薄 25~35,厚 35~50)	35~45
渗透剂/(g/L)	5~10	10~15
亚硫酸氢钠/(g/L)	0~5	0~5
磷酸三钠/(g/L)	—	0~1
轧碱温度/℃	85~90	85~90
轧液率/%	80~90	110~130
汽蒸时间(一次)/min	60~90	3~5
汽蒸温度/℃	100~102	132~138

五、漂白

棉及涤/棉织物经过煮练后,织物的吸水性有了很大提高,外观也变得洁净,手感柔软,但是天然色素仍然存在。这不仅影响到织物的白度,而且也影响了染色和印花织物的色泽鲜艳度。因此,对绝大部分产品来说,退浆、煮练完成后,还要经过漂白加工。漂白的目的主要是去除棉纤维中的天然色素,提高织物白度;同时,还可以进一步去除经煮练后仍残留在织物上的少量杂质(如棉籽壳、蜡质、含氮物质等),从而进一步提高棉织物的吸水性。涤纶不含色素,一般不需要漂白。

棉纤维中天然色素的结构和性质,目前尚不十分明确,但它的发色体系在漂白过程中能被氧化剂破坏而达到消色的目的。

棉漂白过程中使用的漂白剂主要是氧化型漂白剂,氧化型漂白剂有多种,如过氧化氢、次氯酸钠、亚氯酸钠、过醋酸、过硼酸钠等。生产中使用最多的是过氧化氢。这一类漂白剂主要通过本身的氧化作用来破坏色素,但与此同时,如果操作条件控制不当,还会氧化纤维素,使纤维受到损伤。因此漂白时必须严格控制工艺条件,尽可能将织物漂白至所需白度,而又要保持纤维应有的强度。为此,棉布漂白后,应进行半制品质量检验,来衡量漂白质量效果。漂白的效果通常用织物的白度来评定,但也要考虑纤维的强度。白度可以在白度仪上进行测量。通过测定织物在漂白前后的强力变化,可以判断织物的受损程度。通过测定织物碱煮(1g/L 氢氧化钠溶液沸煮 1h)后的强力变化,可以较全面地反映棉纤维的受损情况(包括受到的潜在损伤)。

用于织物漂白的设备,有以平幅方式进行的,也有以绳状方式进行的;有松式加工的,也有紧式加工的;有连续式加工的,也有间歇式加工的。织物的漂白方式主要有三种:浸漂、淋漂和轧漂。浸漂是织物浸在漂液中进行漂白;淋漂是织物放在槽中,漂液不断循环淋洒在织物上;轧漂则是织物浸轧漂液后,在大型容布器或其他设备中按要求的温度堆放一定时间进行漂白。

(一)双氧水漂白

1. 过氧化氢溶液性质

过氧化氢又名双氧水,是一种弱二元酸,在水溶液中电离成氢离子、过氧离子和过氧离子:

$$H_2O_2 \rightleftharpoons H^+ + HO_2^- \qquad K = 1.78 \times 10^{-12}$$

$$HO_2^- \rightleftharpoons H^+ + O_2^{2-} \qquad K = 1.0 \times 10^{-25}$$

在碱性条件下,过氧化氢溶液的稳定性很差,因此,商品双氧水加酸呈弱酸性。影响过氧化氢溶液稳定性的因素还有许多,某些金属离子如 Cu、Fe、Mn、Ni 离子或金属屑,还有酶和极细小的带有棱角的固体物质(如灰尘、纤维、粗糙的容器壁)等都对过氧化氢的分解有催化作用。其中铜离子的催化作用比铁离子和镍离子要大得多。亚铁离子对过氧化氢的催化分解反应如下:

$$Fe^{2+} + H_2O_2 \longrightarrow Fe^{3+} + HO \cdot + OH^-$$

$$H_2O_2 + HO \cdot \longrightarrow HO_2 \cdot + H_2O$$

$$Fe^{2+} + HO_2 \cdot \longrightarrow Fe^{3+} + HO_2^-$$

$$Fe^{3+} + HO_2 \cdot \longrightarrow Fe^{2+} + H^+ + O_2 \uparrow$$

过氧化氢溶液的分解产物有 HO_2^-、$HO_2 \cdot$、$HO \cdot$ 和 O_2,其中 HO_2^- 是漂白的有效成分。分解产生的游离基,特别是活性高的 $HO \cdot$,会引起纤维的损伤。双氧水催化分解出的 O_2 无漂白能力,相反,如渗透到纤维内部,在高温碱性条件下,将引起棉织物的严重损伤。因此,在用过氧化氢漂白时,为了获得良好的漂白效果,又不使纤维损伤过多,在漂液中一定要加入一定量的稳定剂。水玻璃是最常用的氧漂稳定剂之一,其稳定作用佳,织物白度好,对漂液的 pH 有缓冲作用,但处理不当,会产生硅垢,影响织物的手感。目前出现了许多非硅稳定剂,主要成分是金属离子的螯合分散剂、高分子吸附剂等或它们的复配物,但非硅稳定剂的稳定作用和漂白效果尚有提高之处,它们与硅酸钠配合使用,可减少硅酸钠的用量。

2. 过氧化氢漂白工艺

(1)轧漂汽蒸工艺流程。

室温浸轧漂液(带液率100%)→汽蒸(95~100℃,45~60min)→水洗

含水玻璃的漂液组成:H_2O_2(100%)3~6g/L,水玻璃(密度 1.4g/cm³)5~10g/L,润湿剂 1~2g/L,pH 10.5~10.8。

由于水玻璃在高温汽蒸时易产生硅垢,在过氧化氢漂白液中可使用非硅酸盐系稳定剂,不含水玻璃的漂液组成:H_2O_2(100%)3~6g/L,稳定剂 NC-604 4g/L,精练剂 NC-602 1g/L,pH 10~11。

连续汽蒸漂白常在平幅连续练漂机上进行,如履带箱等,间歇式的轧卷式练漂机也可采用。

(2)卷染机漂白工艺。在没有适当设备的情况下,对于小批量及厚重织物的氧漂,可在不锈钢的卷染机上进行。需要注意的是,蒸汽管也应采用不锈钢管。工艺流程:

冷洗 1 道→漂白 8~10 道(95~98℃)→热洗 4 道(70~80℃,两道后换水一次)→冷洗上卷

漂白液组成:H_2O_2(100%)5~7g/L,水玻璃(密度 1.4g/cm³)10~12g/L,润湿剂 2~4g/L,pH 10.5~10.8。

(3)冷堆法漂白工艺。氧漂还可以采用冷堆法进行。冷堆法一般采用轧卷装置,将织物浸轧漂液后打卷,用塑料薄膜包覆好,不使其风干,再在一种特定的设备上保持慢速旋转(5~7r/min),防止工作液积聚在布卷的下层,造成漂白不匀。工艺流程:

室温浸轧漂液→打卷→堆置(14~24h,30℃左右)→充分水洗

漂液组成:H_2O_2(100%)10~12g/L,水玻璃(密度 1.4g/cm³)20~25g/L,过硫酸铵 4~8g/L,pH 10.5~10.8。

过氧化氢漂白还可以在间歇式的绳状染色机、溢流染色机中进行。

过氧化氢对棉织物的漂白是在碱性介质中进行的,兼有一定的煮练作用,能去除棉籽壳等天然物质,因此对煮练的要求较低。

氧漂完成后,织物上残存的双氧水会对后续加工产生不良影响,如染色时破坏活性染料的结构,造成色浅、色花等染色疵病,因此漂白后要进行充分水洗,洗去织物上残存的双氧水。在采用溢流和喷射等染色机间歇式浸漂工艺中,漂白后可以直接在漂白废液中加入过氧化氢酶,酶能在很短的时间内将残留的双氧水分解成水和氧气,能极大地缩短时间,减少用水量。

棉织物用过氧化氢漂白,有许多优点,例如,产品的白度较高,且不泛黄,手感较好,同时对退浆和煮练要求较低,便于练漂过程的连续化。此外,采用过氧化氢漂白无公害,可改善劳动条件,是目前棉织物漂白的主要方法。

(二)次氯酸钠漂白

1. 次氯酸钠溶液性质

次氯酸钠是强碱弱酸盐,在水溶液中能水解,产生的 HClO 要电离,遇酸则要分解。

$$NaClO+H_2O \Longleftrightarrow NaOH+HClO$$

$$HClO \Longleftrightarrow H^+ + ClO^-$$

$$2HClO+2H^+ \Longleftrightarrow Cl_2 \uparrow + 2H_2O$$

次氯酸钠溶液中各部分含量随 pH 而变化,次氯酸钠漂白的主要成分是 HClO 和 Cl_2,在碱性条件下,则是 HClO 起漂白作用。

次氯酸钠溶液的浓度用有效氯表示。所谓有效氯是指次氯酸钠溶液加酸后释放出氯气的数量,一般用碘量法测定。商品次氯酸钠含有效氯 10%～15% 。

2. 次氯酸钠漂白工艺

(1)绳状连续轧漂工艺。

绳状浸轧次氯酸钠溶液(有效氯 1～2g/L,带液率 110%～130%)→J 形箱室温堆置(30～60min)→冷水洗→轧酸(H_2SO_4 2～4g/L,40～50℃)→堆置(15～30min)→水洗→中和(Na_2CO_3 3～5g/L)→温水洗→脱氯(硫代硫酸钠 1～2g/L)→水洗

(2)平幅连续轧漂工艺。

平幅浸轧漂液(有效氯 3～5g/L)→J 形箱平幅室温堆置(10～20min)→水洗→脱氯→水洗

(3)平幅连续浸漂工艺。

平幅浸轧漂液(有效氯 3～5g/L)→浸漂(有效氯 3～4g/L,10min)→浸漂(有效氯 1.5～2.5g/L,10min)→水洗→脱氯→水洗

棉织物经次氯酸钠漂白后,织物上尚有少量残余氯,若不去除,将使纤维泛黄并脆损,对某些不耐氯的染料如活性染料也有破坏作用。因此,次氯酸钠漂白后必须进行脱氯,脱氯一般采用还原剂,如硫代硫酸钠、亚硫酸氢钠和过氧化氢。

由于许多金属或重金属化合物对次氯酸钠具有催化分解作用,使纤维受损,其中钴、镍、铁的化合物催化作用最剧烈,其次是铜。因此,漂白设备不能用铁质材料,漂液中也不应含有铁离子。一般氯漂用陶瓷、石料或塑料作加工容器。另外,次氯酸钠漂白应避免太阳光直射,防止次氯酸钠溶液迅速分解,导致纤维受损。

次氯酸钠漂白成本较低,设备简单,但对退浆、煮练的要求较高。另外,次氯酸钠中的有效氯会对环境造成污染,许多国家已规定废水中有效氯含量不能超过 3mg/L,所以以后有可能会禁止使用氯漂。目前我国使用次氯酸钠漂白的工艺已不多,主要在麻类织物的漂白中使用。

(三)亚氯酸钠漂白

1. 亚氯酸钠溶液性质

亚氯酸钠的水溶液在碱性介质中稳定,在酸性条件下不稳定,要发生分解反应:

$$NaClO_2 + H_2O \rightleftharpoons NaOH + HClO_2$$

$$5ClO_2^- + 2H^+ \longrightarrow 4ClO_2 \uparrow + Cl^- + 2OH^-$$

$$3ClO_2^- \longrightarrow 2ClO_3^- + Cl^-$$

$$ClO_2^- \longrightarrow Cl^- + 2[O]（少量）$$

亚氯酸钠溶液主要组成有 ClO_2^-、$HClO_2$、ClO_2、ClO_3^-、Cl^- 等。一般认为 $HClO_2$ 的存在是漂白的必要条件,而 ClO_2 则是漂白的有效成分。ClO_2 含量随溶液 pH 的降低而增加,漂白速率也加快,但 ClO_2 是毒性很大的气体,因此在亚氯酸钠漂白时,必须加入一定量的活化剂,在开始浸轧漂液时近中性,在随后汽蒸时,活化剂释放出 H^+,使漂液 pH 下降,促使 $NaClO_2$ 较快分解出 ClO_2 而达到漂白的目的。常用的活化剂是有机酸与潜在酸性物质,如醋酸、甲酸、六亚甲基四胺、乳酸乙酯、硫酸铵等。

2. 亚氯酸钠漂白工艺

(1)连续轧蒸工艺流程。

浸轧漂液→汽蒸($95 \sim 100℃$,pH $4.0 \sim 5.5$,1h)→脱氯（$Na_2S_2O_3$ 或 Na_2SO_3 $1 \sim 2g/L$）→水洗

漂液组成:$NaClO_2$(100%)$15 \sim 25g/L$,活化剂 x(根据所用活化剂而定),非离子型表面活性剂 $1 \sim 2g/L$。

(2)冷漂工艺。在无合适漂白设备的条件下,亚氯酸钠还可用冷漂法。漂液组成与轧蒸工艺接近,因是室温漂白,故常用有机酸作活化剂。织物经室温浸轧打卷,用塑料薄膜包覆,布卷缓慢转动,堆置 $3 \sim 5h$,然后脱氯、水洗。

由于二氧化氯对一般金属材料有强烈的腐蚀作用,亚漂设备应选用含钛99.9%的钛板或陶瓷材料。

亚氯酸钠的酸性溶液兼具退浆和煮练功能,能与棉籽壳及低分子量的果胶物质等杂质作用而使之溶解,因此对前处理要求比较低,甚至织物不经过退煮就可直接进行漂白。

亚氯酸钠漂白的白度好,洁白晶莹透亮,手感也很好,而且对纤维损伤很小,适用于高档棉织物的漂白加工。但亚漂时释放出来的 ClO_2 气体有毒,需要有良好的防护措施。另外,亚漂成本比较高,因而受到很大的限制。

(四)三种漂白工艺比较

常用漂白工艺比较见表 14-2-6。

表 14-2-6　常用漂白工艺比较

项目	双氧水	次氯酸钠	亚氯酸钠
白度	好	一般	很好
白度稳定性	不易泛黄	脱氯不净泛黄	脱氯不净易泛黄
手感	好	较好	好

续表

项目	双氧水	次氯酸钠	亚氯酸钠
去杂效果	较好	差,但对棉籽壳效果明显	好,对织物煮练要求低
棉纤维强力损伤	一般	较大	较小
常用漂白方式	连续轧蒸漂	冷漂	连续轧蒸漂
漂液 pH	10~11	9~11	3.5~4
漂白用特殊用剂	稳定剂	无	活化剂
设备要求	中(不锈钢)	低(陶瓷、塑料、石制均可)	高(钛板)
劳动保护	无毒无害	有氯气放出,需排风设备	有 ClO_2 有毒气体放出,设备要求高
成本	中	低	高
品种适应性	大,适用于棉及其混纺的高档织物、蛋白质纤维织物	小,适用于棉及其混纺的中、低档织物	较大,适用于棉及其混纺织物的特白产品

(五)增白

织物漂白后的白度有了很大提高,但仍会有一些浅黄褐色,一般仍带有些黄色光,这是因为织物吸收太阳光中的蓝光,使反射光中的黄光偏重所致,施加蓝色物质如蓝、紫色染料和涂料,可以纠正织物上的黄色,使视觉上有较白的感觉,这种方法称为上蓝。但上蓝的增白效果较差,略显灰暗,目前已很少单独使用,多用于调节荧光增白剂的色光。

为了进一步提高漂白织物的白度,可以施加荧光增白剂,荧光增白剂是一种荧光染料,或称为白色染料,它的特性是能吸收入射光线中的紫外线,发出波长较长的可见光,即荧光,从而使织物不但洁白,而且光亮。使肉眼看到的物质很白,达到增白的效果。荧光增白剂的增白效果随入射光源的变化而变化,入射光中紫外线含量越高,效果越显著。但荧光增白剂的作用只是光学上的增亮补色,并不能代替化学漂白。

1. 增白工艺

棉织物二浸二轧含荧光增白剂 VBL 0.5~3.0g/L,pH 8~9、40~45℃ 的增白液,轧液率70%,然后拉幅烘干。

2. 漂白与增白同浴工艺流程

二浸二轧漂白增白液(轧液率100%)→汽蒸(100℃,60min)→皂洗→热水洗→冷水洗

漂白增白液组成: H_2O_2 (100%)5~7g/L,水玻璃(密度 1.4g/cm³)3~4g/L,磷酸三钠 3~4g/L,荧光增白剂 VBL1.5~2.5g/L,pH 10~11。

棉及涤/棉织物增白工艺见表14-2-7。

表14-2-7 棉及涤/棉织物增白工艺

增白工艺	工艺流程及条件
荧光增白剂增白	二浸二轧增白液(轧液率70%,40~45℃)→拉幅烘干(涤/棉织物140℃,2min) 增白液组成:棉用荧光增白剂VBL 0.5~3.0g/L,涤纶用荧光增白剂DT 15~25g/L

六、开幅、轧水和烘燥

经过练漂加工后的绳状棉织物必须恢复到原来的平幅状态,才能进行丝光、染色或印花。为此,必须通过开幅、轧水和烘燥工序,简称开轧烘。为了便于操作,开幅机、轧水机和烘筒烘燥机可连接在一起,组成开轧烘联合机。轧水后的轧液率一般轧车要求在75%以下,重型轧车要求在60%以下,烘干后棉织物的含水率为5%~6%。

七、丝光

1844年,英国化学家麦瑟(Mercer)在实验室用棉布过滤浓烧碱中的木屑时,发现棉布有收缩及增厚现象,且对染料的吸收能力也增强了。为了纪念这位化学家,就把这一处理命名为麦瑟处理。麦瑟处理有两种,一种是棉纱线或棉织物在紧张(承受张力)状态下,保持所需要的尺寸,借助浓烧碱的作用,以获得丝一般的光泽,通常叫丝光。丝光适用于棉及其混纺织物;另一种是纺织品在松弛状态下经浓烧碱溶液处理,织物增厚收缩并具有弹性,这个过程被称为碱缩,多用于棉针织物的加工。

(一)丝光原理

所谓丝光,通常是指棉织物在一定张力作用下,经浓烧碱溶液处理,并保持所需要的尺寸,结果使织物获得丝一般的光泽。棉织物经过丝光后,其强力、延伸度和尺寸稳定性等力学性能有不同程度的变化,纤维的化学反应和对染料的吸附性能也有了提高。因此,丝光已成为棉织物染整加工的重要工序之一,绝大多数的棉织物在染色前都要经过丝光处理。

棉纤维在浓烧碱作用下生成碱纤维素,并使纤维发生不可逆的剧烈溶胀,其主要原因是钠离子体积小,不仅能进入纤维的无定形区,而且还能进入纤维的部分结晶区;同时钠离子又是一个水化能力很强的离子,钠离子周围有较多的水,其水化层很厚。当钠离子进入纤维内部并与纤维结合时,大量的水分也被带入,因而引起纤维的剧烈溶胀,一般来说,随着碱液浓度的提高,与纤维素结合的钠离子数增多,水化程度提高,因而纤维的溶胀程度也相应增大。当烧碱浓度增大到一定程度后,水全部以水化状态存在,此时若再继续提高烧碱浓度,对每个钠离子来说,能结合到的水分子数量有减少的倾向,即钠离子的水化层变薄,因而纤维溶胀程度反而减小。

(二)丝光棉的性质

1. 光泽

所谓光泽是指物体对入射光的规则反射程度,也就是说,漫反射的现象越小,光泽越高。丝光后,由于不可逆溶胀作用,棉纤维的横截面由原来的腰子形变为椭圆形甚至圆形,胞腔缩为一点(图14-2-5),整根纤维由扁平带状[图14-2-6(a)]变成了圆柱状[图14-2-6(b)]。这样,对光线的漫反射减少,规则反射增加,因而光泽显著增强。

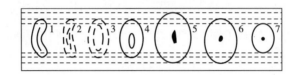

图14-2-5　棉纤维在丝光过程中横截面的变化

1~5—棉纤维在碱液中持续溶胀　6—溶胀后,再转入水中开始发生收缩　7—完全干燥后

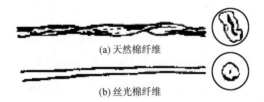

(a) 天然棉纤维

(b) 丝光棉纤维

图14-2-6　棉纤维丝光前后的纵向和横截面

2. 定形作用

由于丝光是通过棉纤维的剧烈溶胀、纤维素分子适应外界的条件进行重排来实现的,在此过程中纤维原来存在着的内应力减少,从而产生定形作用,尺寸稳定,缩水率降低。

3. 强度和延伸度

在丝光过程中,纤维大分子的排列趋向于整齐,取向度提高,同时纤维表面不均匀的变形被消除,减少了薄弱环节。当受外力作用时,就能由更多的大分子均匀分担,因此断裂强度有所增加,断裂延伸度则下降。

4. 化学反应性能

丝光棉纤维的结晶度下降,无定形区增多,而染料及其他化学药品对纤维的作用发生在无定形区,所以丝光后纤维的化学反应性能和对染料的吸附性能都有所提高。

(三)丝光工艺

布铗丝光时,棉织物一般在室温浸轧 180~280g/L 的烧碱溶液(补充碱 300~350g/L),保持带浓碱的时间控制在 50~60s,并使经、纬向都受到一定的张力。然后在张力条件下冲洗去烧碱,直至每千克干织物上的带碱量小于 70g 后,才可以放松纬向张力并继续洗去织物上的烧碱,使丝光后落布幅宽达到成品幅宽的上限,织物上 pH 为 7~8。

影响丝光效果的主要因素是碱液的浓度、温度、作用时间和对织物所施加的张力。

烧碱溶液的浓度对丝光质量影响最大,低于 105g/L 时,无丝光作用;高于 280g/L 时,丝光效果并无明显改善。衡量棉纤维对化学药品吸附能力的大小,可用棉织物吸附氢氧化钡的能力——钡值来表示:

$$钡值 = \frac{丝光棉纤维吸附 Ba(OH)_2 的量}{未丝光棉纤维吸附 Ba(OH)_2 的量} \times 100$$

丝光后棉纤维的钡值一般为 130~150。

研究表明,单从钡值指标来看,烧碱浓度达到 180g/L 左右就已经足够了(钡值 150)。实际生产中应综合考虑丝光棉各项性能和半制品的品质及成品的质量要求,确定烧碱的实际使用浓度,一般在 260~280g/L。近年来一些新型设备采用的烧碱浓度较高,达到 300~350g/L。

烧碱和纤维素纤维的作用是一个放热反应,提高碱液温度有减弱纤维溶胀的作用,从而造成丝光效果降低。所以,丝光碱液以低温为好。但实际生产中不宜采用过低的温度,因保持较低的碱液温度需要大功率的冷却设备和电力消耗;另外,温度过低,碱液黏度显著增大,使碱液难于渗透到纱线和纤维的内部去,造成表面丝光。因此,实际生产中多采用室温丝光,夏天通常采用轧槽夹层通入冷流水使碱液冷却即可。

丝光作用时间 20s 基本足够,延长时间对丝光效果虽有增进,但作用并不十分显著。另外,作用时间与碱液浓度和温度有关,浓度低时,应适当延长作用时间,故生产上一般采用 50~60s。

棉织物只有在适当张力的情况下,防止织物的收缩,才能获得较好的光泽。虽然丝光时增加张力能提高织物的光泽和强度,但吸附性能和断裂延伸度却有所下降,因此工艺上要适当控制丝光时经、纬向的张力,兼顾织物的各项性能。一般纬向张力应使织物幅宽达到坯布幅宽,甚至略为超过,经向张力以控制丝光前后织物无伸长为好。

(四)丝光工序

棉织物的丝光按品种的不同,可以采用原布丝光、漂后丝光、漂前丝光、染后丝光或湿布丝光等不同工序。

对于某些不需要练漂加工的品种如黑布,一些单纯要求通过丝光处理以提高强度、降低断裂伸长的工业用布以及幅宽收缩较大,遇水易卷边的织物宜用原布丝光,但丝光不易均匀。漂后丝光可以获得较好的丝光效果,纤维的脆损和绳状折痕少,是目前最常用工序,但织物白度稍有降低。漂前丝光所得织物的白度及手感较好,但丝光效果不如漂后丝光,且在漂白过程中纤维较易损伤,不适用于染色品种,尤其是厚重织物的加工。对某些容易擦伤或匀染性极差的品种可以采用染后丝光。染后丝光的织物表面无染料附着,色泽较匀净,但废碱液有颜色。

棉织物丝光一般是将烘干、冷却的织物浸碱,即所谓干布丝光。如果将脱水后未烘干的织物浸碱丝光,即所谓湿布丝光。湿布丝光省去一道烘干工序,且丝光效果比较均匀。但湿布丝光对丝光前的轧水要求很高,带液率要低且轧水要均匀,否则,将影响丝光效果。丝光工序安排及特点见表14-2-8。

表14-2-8　丝光工序安排及特点

丝光工序安排	特点
原布丝光	对于某些不需要练漂加工的品种(如黑布),一些单纯要求通过丝光处理以提高强度、降低断裂伸长的工业用布以及幅宽收缩较大、遇水易卷边的织物,宜用原布丝光,但丝光不易均匀
漂后丝光	可以获得较好的丝光效果,纤维的脆损和绳状折痕少,是目前最常用工序之一,但织物白度稍有降低
漂前丝光	所得织物的白度及手感较好,但丝光效果不如漂后丝光,且在漂白过程中纤维较易损伤,不适用于染色品种,尤其是厚重织物的加工
染后丝光	织物表面无染料附着,色泽较匀净,但废碱有颜色。适用于某些容易擦伤或匀染性极差的品种

棉织物除用浓烧碱溶液丝光外,生产上也有以液氨丝光的。液氨丝光是将棉织物浸轧在-33℃的液氨中,在防止织物经、纬向收缩的情况下透风,再用热水或蒸汽除氨,氨气回收。液氨丝光后棉织物的强度、耐磨性、弹性、抗皱性、手感等物理性能优于碱丝光。因此,特别适合于进行树脂整理的棉织物,但液氨丝光成本高。

(五)丝光设备

棉织物丝光所用的设备有布铗丝光机、直辊丝光机和弯辊丝光机三种,阔幅织物用直辊丝光机,其他织物一般用布铗丝光机丝光。弯辊丝光机由于在弯辊伸幅时容易使纬纱变成弧状,造成经纱密度分布不匀(布的中间经纱密度高,两边经纱密度低),目前已很少使用。

1. 布铗丝光机

布铗丝光机由轧碱装置、布铗链扩幅装置、吸碱装置、去碱箱、平洗槽等组成。

轧碱装置由轧车和绷布辊两部分组成,前后是两台三辊重型轧车,在它们中间装有绷布辊。前轧车用杠杆或油泵加压,后轧车用油泵加压。盛碱槽内装有导辊,实行多浸二轧的浸轧方式。为了降低碱液温度,盛碱槽通常有夹层,夹层中通冷流水冷却。为防止表面丝光,后盛碱槽的碱浓度高于前盛碱槽。为防止织物吸碱后收缩,后轧车的线速度略高于前轧车的线速度,给织物以适当的经向张力,绷布辊筒之间的距离宜近一些,织物沿绷布辊的包角尽量大一些,此外,还可加些扩幅装置,织物从前轧碱槽至后轧碱槽历时 40~50s。

布铗链扩幅装置主要是由左右两排各自循环的布铗链组成。布铗链长度为 14~22m,左、右两条环状布铗链各自敷设在两条轨道上,通过螺母套筒套在横向的倒顺丝杆上,摇动丝杆便可调节轨道间的距离。布铗链呈橄榄状,中间大,两头小。为了防止棉织物的纬纱发生歪斜,左、右布铗长链的速度可以分别调节,将纬纱维持在正常位置。

当织物在布铗链扩幅装置上扩幅达到规定宽度后,将稀热碱液(70~80℃)冲淋到布面上,在冲淋器后面,紧贴在布的下面,有布满小孔或狭缝的平板真空吸水器,可使冲淋下的稀碱液透过织物。这样冲、吸配合(一般五冲五吸),有利于洗去织物上的烧碱。织物离开布铗时,布上碱液浓度低于 50g/L。在布铗长链下面,有铁或水泥制的槽,可以储放洗下的碱液,当槽中碱液浓度达到 50g/L 左右时,用泵将碱液送到蒸碱室回收。

为了将织物上的烧碱进一步洗落下来,织物在经过扩幅淋洗后进入洗碱效率较高的去碱箱。箱内装有直接蒸汽加热管,部分蒸汽在织物上冷凝成水,并渗入织物内部,起着冲淡碱液和提高温度的作用。去碱箱底部成倾斜状,内分成 8~10 格。洗液从箱的后部逆向逐格倒流,与织物运行方向相反,最后流入布铗长链下的碱槽中,供冲洗之用。织物经去碱箱去碱后,每千克干织物含碱量可降至 5g 以下,接着在平洗机上再以热水洗,必要时用稀酸中和,最后将织物用冷水清洗。

布铗丝光机丝光工艺流程:

轧碱→绷布透风→轧碱→扩幅冲洗→蒸洗→水洗→(中和)→水洗

布铗丝光机丝光工艺条件见表 14-2-9。

表 14-2-9　布铗丝光机丝光工艺条件

项目	条件
轧液率/%	55~60(湿布丝光)
碱液浓度/(g/L)	180~280
织物与浓碱作用时间/s	50~60
碱液温度	室温
张力	一般纬向张力应使织物幅宽达到坯布幅宽,甚至略超过;经向张力以控制丝光前后织物无伸长为好
去碱温度	棉织物冲洗碱温度一般在 70℃ 左右,去碱箱温度不低于 95℃,第一格水洗槽温度在 80℃ 左右。涤/棉织物在 70℃ 左右为宜
回收淡碱液浓度/(g/L)	40~50

2. 直辊丝光机

直辊丝光机由进布装置、轧碱槽、重型轧辊、去碱槽、去碱箱及平洗槽等部分组成。

织物先通过弯辊扩幅器,再进入丝光机的碱液浸轧槽。碱液浸轧槽内有许多上下交替相互轧压的直辊,上面一排直辊包有耐碱橡胶,穿布时可提起,运转时紧压在下排直辊上,下排直辊为耐腐蚀和耐磨的钢辊,表面车制有细螺纹,起到阻止织物纬向收缩的作用。下排直辊浸没在浓碱中。由于织物是在排列紧密且上下辊相互紧压的直辊中通过,因此强迫它不发生严重的收缩,接着经重型轧辊轧去余碱,而后进入去碱槽。去碱槽与碱液浸轧槽结构相似,也是由上、下两排直辊组成,下排直辊浸没在稀碱洗液中,以洗去织物上大量的碱液。最后,织物进入去碱箱和平洗槽以洗去残余的烧碱,丝光过程即告完成。

近年来,使用布铗与直辊联用的丝光机,取得了较满意的丝光效果。

(六)热丝光

传统的丝光为冷丝光,碱液温度为 15~20℃,而热丝光碱液温度为 60~70℃。前面已提到,烧碱与棉纤维的反应是放热反应,提高碱液温度会降低纤维的溶胀程度,所以都是以冷碱丝光的。但随着热丝光理论和工艺设备的发展以及生产实践的技术积累,热丝光工艺正在逐步得到人们的认可和应用。

棉纤维在浓烧碱溶液中发生不可逆的剧烈溶胀是棉织物获得性能改善的根本原因。提高碱液温度会降低纤维的溶胀程度,这是从热力学即从反应平衡来考虑的,但从动力学来考虑,纤维的溶胀是需要一定时间的。丝光时织物浸碱溶胀的时间很短,一般为 30~60s,纤维的溶胀难以达到平衡。但提高温度可以加速纤维的溶胀,缩短达到平衡所需要的时间(当然,温度越高,平衡溶胀率越低)。

例如,在烧碱浓度为 320g/L 时,20℃的平衡溶胀率为 115%,60℃的平衡溶胀率为 80%。在烧碱浓度为 250g/L 时,漂白织物在 20℃时达到平衡溶胀需要 20min,在 60℃时仅需 2min。退浆织物在 60s 的时间内,60℃时溶胀已达到平衡溶胀的 90%,但在 15℃时的溶胀仅是平衡溶胀的 15%。

从碱液渗透的时间来考虑,温度低时碱液黏度高,渗透时间长。如 60℃时的渗透时间仅为 15~20℃渗透时间的一半左右。

从纤维的溶胀均匀性来看,冷丝光时,棉纤维溶胀速度慢,但溶胀程度剧烈,纤维的直径增大较多,这一剧烈的溶胀增加了纱线边缘层的密度,阻碍了碱液向纱线芯层的渗透。冷的 NaOH 溶液黏度很高,也增加了向芯层扩散的阻碍。这一现象导致了纱线芯层的丝光化程度低,光泽不如热丝光好。同时由于纱线表面层纤维排列紧密,使织物的手感较硬。热丝光时

NaOH 溶液的温度为 60℃,棉纤维溶胀速度加快,但溶胀程度小,纤维直径增大的程度比冷丝光小,纱线边缘层密度没有冷丝光大,因而碱液向芯层的渗透较好。另外,在 60℃ 时,NaOH 溶液的黏度大幅度降低,使碱液向芯层的扩散渗透更容易,芯层和外层的丝光程度一致,可以达到整个纱线截面的均匀丝光,从而使光泽提高。同时由于纤维在纱线中排列较疏松,手感变得柔软。

因此,热丝光工艺与冷丝光工艺相比,具有光泽更好,手感柔软,染色均匀性提高(溶胀均匀)等特点。热丝光还可以加速溶胀,使浸碱溶胀时间缩短一半左右,可使设备单元变短,这已引起了机械制造商的极大兴趣,热丝光机也应运而生。

丝光过程中,织物上洗下来的淡碱数量很大,需经澄清、预热和蒸浓处理加以回收利用。

八、涤/棉织物热定形

热定形是利用合成纤维的热塑性,将织物保持一定的尺寸和形态。涤/棉织物热定形是针对涤纶进行的,热定形的目的在于提高织物的尺寸热稳定性,消除织物上已有的皱痕,并使之在以后的加工或使用过程中不易产生难以去除的折痕。此外,热定形后织物的平整性、抗起毛起球性可获得改善,织物强力、手感和染色性能也受到一定影响。因此,涤/棉织物在染整加工过程中都要经过热定形处理。

热定形应用最广泛的设备是针铗式热定形机,其结构形式与针板(铗)热风拉幅机相似,但热烘房的温度要高得多。热定形加工时,具有自然回潮的织物以一定的超喂进入针铗链,并将幅宽拉伸到比成品要求略大一些,如大 2~3cm,然后织物随针铗链的运动进入热烘房进行热定形处理。热定形温度通常根据织物品种和要求等确定。涤纶或涤/棉织物定形温度往往在 180~210℃,时间为 20~30s。织物离开热烘房后,要保持定形时的状态进行强制冷却,可以采用向织物喷吹冷风或使织物通过冷却辊的方法,使织物温度降到 50℃ 以下落布。

热定形在涤/棉织物染整加工的工序安排,一般随织物品种、结构、洁净程度、染色方法和工厂条件的不同而不同,大致有三种安排:坯前定形、染色或印花前定形、染色或印花后定形。坯前定形或染色和印花前定形属于前处理的范畴,常称预定形,然后在染色或印花后再进行一次拉幅热定形,这样对保证染色、印花质量和成品尺寸稳定性以及平整的外观都有好处。涤/棉织物的预定形有时是作为前处理的最后一道工序,或在丝光前进行,也有时是插在两次漂白之间进行(多用于漂白或染浅色品种)。

涤/棉织物热定形工艺流程及主要工艺条件:

进布（超喂 2%～4%）→针铗拉幅（超过成品幅宽 2～3cm）→进加热区（180～210℃，10～20s）→冷却→落布（低于 50℃）

第二节　染色

一、直接染料染色

直接染料品种多、色谱全、用途广、成本低，是一类应用历史较长、应用方法简便的染料。但其耐洗色牢度不好，耐日晒色牢度欠佳，除染浅色外，一般都要进行固色处理，以提高其色牢度。在其他染料如活性、还原等染料发展后，直接染料的应用量已逐渐减少，但由于其价格便宜，工艺简单，至今仍在使用，特别是经改进的新型直接染料，如直接铜盐染料、直接耐晒染料等。直接染料可用于各种棉制品的染色，可用浸染、卷染、轧染和轧卷染色。在棉织物的染色中，直接染料主要用于纱线、针织物和耐日晒且对湿处理牢度要求较低的装饰织物，如窗帘布、汽车座套以及工业用布等的染色。

(一)卷染工艺

1. 工艺流程

卷轴→卷染→水洗→(固色)→冷水上卷

2. 染色处方及工艺条件

直接染料卷染工艺见表 14-2-10。

表 14-2-10　直接染料卷染工艺

	项目	浅色	中色	深色
染液处方	染料(对织物重)/%	<0.2	0.2～1	>1
	纯碱/(g/L)	0.5～1	1～1.5	1.5～2
	食盐/(g/L)	—	3～7	7～15
续缸染液处方	染料(按头缸用量)/%	80～90	70～85	60～80
	纯碱(按头缸用量)/%	20～30	20～30	20～30
	食盐(按头缸用量)/%	—	10～20	10～20
固色液处方 (任选一种)	阳离子固色剂(对织物重)/%	1～5		
	反应型固色剂/(g/L)	1～2		

续表

工艺条件	流程	道数	液量/L	温度/℃
	卷轴	—	150	60~70
	染色	6~12	150	近沸
	水洗	2	200	室温
	固色	4	150	室温~70
	水洗	2	200	室温
	上轴	2	—	—

(二)轧染工艺

1. 工艺流程

浸轧染液→汽蒸→水洗→(固色)→烘干

2. 染色处方及工艺条件

直接染料轧染工艺见表 14-2-11。

表 14-2-11　直接染料轧染工艺

项目		浅色、中色、深色
轧染液处方	染料/(g/L)	0.2~10
	磷酸三钠/(g/L)	0.5~1
	匀染剂/(g/L)	2~5
固色液处方		参见表 14-2-10
工艺条件	轧染	40~60℃,一浸一轧或二浸二轧,轧液率 80%~85%
	汽蒸	100~102℃,45~60s
	水洗	室温
	固色	室温~60℃
	水洗	室温

二、活性染料染色

活性染料是水溶性染料,分子中含有一个或多个反应性基团(习称活性基团),在适当条件下,能与纤维素纤维中的羟基发生反应而形成共价键结合。活性染料也称为反应性染料。活性基团最常见的有氯代均三嗪(国产 X 型和 K 型)、乙烯砜(国产 KN 型)和双活性基(国产 M 型),此外还有膦酸基型等。

活性染料生产较简便,价格较低,色泽鲜艳度好,色谱齐全,而且染色牢度好,尤其是湿牢度较好。但活性染料难以染得深色,染料的利用率较低;有些活性染料品种的耐日晒、耐气候色牢度较差;大多数活性染料的耐氯漂色牢度较差。近年来,为提高活性染料的固色率,开发生产出了双活性基团的活性染料。为降低染色的用盐量、用碱量,推出了低盐、低碱染色的活性染料。活性染料品种繁多,性能和色牢度差别较大,应用时应根据纺织品的性质和用途加以选择。活性染料的染色有浸染、卷染、轧染、冷轧堆染色等方法。

(一)卷染工艺

活性染料卷染一般采用一浴二步法染色。X 型、M 型和 KN 型染料较适于卷染,可采用较低温度染色,对节约能源有利。

1. 工艺流程

卷染→加碱固色→水洗→皂洗→水洗

2. 染色处方及工艺条件

活性染料卷染工艺见表 14-2-12。

表 14-2-12　活性染料卷染工艺

项目		X 型			K 型			KN 型			M 型		
		浅色	中色	深色	浅色	中色	深色	浅色	中色	深色	浅色	中色	深色
染色液	染料(对织物重)/%	<0.3	0.3~2	>2	<0.3	0.3~2	>2	<0.3	0.3~2	>2	<0.3	0.3~2	>2
	食盐/(g/L)	3~10	10~20	20~30	5~12	14~20	20~30	15~20	20~25	25~30	3~15	10~20	20~30
	液量/L	120~150			120~150			120~150			120~150		
固色液	碱剂/(g/L)	5~10	10~15	15~20	10	10~15	15~20	10	10~15	15~20	10	10~15	15~20
	液量/L	120~150			120~150			120~150			120~150		
皂洗液	净洗剂/g	500			500			500			500		
	液量/L	120			120			120			120		
工艺条件	工序	道数	温度		道数	温度/℃		道数	温度/℃		道数	温度/℃	
	染色	4~6	室温		6~8	40~50		6~8	60		6~8	60~95	
	固色	4~6	室温		6~8	75~95		6~8	60		6~8	60~95	

项目		X 型			K 型			KN 型			M 型		
		浅色	中色	深色	浅色	中色	深色	浅色	中色	深色	浅色	中色	深色
工艺条件	冷洗	室温,2 道											
	热洗	70~90℃,2~3 道											
	皂洗	95℃以上,4~6 道											
	热洗	80~90℃,2 道											
	冷洗	室温,1 道											

(二)轧染工艺

活性染料的轧染有一浴法和二浴法两种。一浴法染液中含有染料和碱剂,二浴法染液中不加碱,染液的稳定性较好,在固色液中一般用较强的碱,可在较短的时间内固色。

1. 工艺流程

一浴法:

浸轧染液→预烘→烘干→固色(焙烘或汽蒸)→水洗→皂洗→水洗→烘干

二浴法:

浸轧染液→预烘→烘干→浸轧固色液→汽蒸或焙烘→水洗→皂洗→水洗→烘干

2. 染色处方及工艺条件

(1)一浴法工艺处方。活性染料轧染一浴法工艺处方见表 14-2-13。

表 14-2-13　活性染料轧染一浴法工艺处方

项目		X 型	K 型	KN 型	M 型
轧染液	染料/g	3~50	3~50	3~50	3~50
	尿素/g	0~30	0~100	0~30	0~100
	小苏打/g	10~20	—	10~20	10~30
	纯碱/g	—	15~30	—	—
	液量/L	1	1	1	1
皂洗液	净洗剂 LS/(g/L)	5			

(2)二浴法工艺处方。活性染料轧染二浴法工艺处方见表 14-2-14。

表 14-2-14　活性染料轧染二浴法工艺处方

项目		X 型	K 型	KN 型	M 型
轧染液	染料/g	5~60	5~60	5~60	5~60
	尿素/g	0~30	30~100	0~30	30~100
	润湿剂 JFC/g	1~3	1~3	1~3	1~3
	液量/L	1	1	1	1
固色液	烧碱(36°Bé)/mL	—	30	—	—
	磷酸三钠/g	15	—	15	15
	食盐/g	15	40	15	40
	液量/L	1	1	1	1
皂洗液	净洗剂 LS/(g/L)	5			

（3）工艺条件。活性染料轧染工艺条件见表 14-2-15。

表 14-2-15　活性染料轧染工艺条件

项目	一浴法	二浴法
浸轧染液	室温,一浸一轧或二浸二轧,轧液率 75%~80%	室温,一浸一轧或二浸二轧,轧液率 75%~80%
预烘	热风或红外线	热风或红外线
烘干	烘筒烘干	烘筒烘干
浸轧固色液	—	一浸一轧
汽蒸	—	100~102℃,1~3min
焙烘	150~160℃,2~3min	—
冷洗	室温,2 格	室温,2 格
热洗	75~80℃,2 格	75~80℃,2 格
皂洗	95℃以上,4 格	95℃以上,4 格
热洗	85~90℃,2 格	85~90℃,2 格
冷洗	室温,1 格	室温,1 格
烘干	烘筒烘燥	烘筒烘燥

(三)冷轧堆工艺

冷轧堆染色具有设备简单、匀染性好、能耗低、染料利用率较高的特点,反应性和扩散性较高的活性染料采用该工艺染棉,可获得较好的染色效果。

1. 工艺流程

浸轧染液→打卷堆置→后处理(水洗、皂洗、水洗、烘干)

2. 染色处方及工艺条件

活性染料冷轧堆染色工艺见表14-2-16。

表14-2-16　活性染料冷轧堆染色工艺

项目		X 型	K 型	KN 型	M 型
轧染液	染料/g	10~50	10~50	10~50	10~50
	尿素/g	50~100	50~100	50~100	50~100
	纯碱/g	5~25	—	—	—
	烧碱(36°Bé)/mL	—	25~40	6~10	6~10
	磷酸三钠/g	—	—	5~8	5~8
	液量/L	1	1	1	1
皂洗液	净洗剂 LS/(g/L)	5			
工艺条件	轧染	室温,轧液率60%~70%			
	打卷	室温			
	堆置	室温2~4h	室温16~24h	室温8~10h	室温8~10h
	水洗	室温,2 格			
	水洗	—	室温		
	皂洗	95℃以上,4 格			
	热洗	75~85℃,2 格			
	烘干	烘筒烘燥			

三、还原染料染色

还原染料是棉织物染色常用染料之一,染色时需在强还原剂和碱性条件下,将染料还原成可溶性的隐色体钠盐才能上染纤维,隐色体上染纤维后再经氧化,重新转化为原来不溶性的染料而固着在纤维上。

还原染料色泽鲜艳,染色牢度好,尤其是耐晒、耐洗色牢度为其他染料所不及。但其价格较高,缺少鲜艳的大红色,染浓色时耐摩擦色牢度较低,某些黄、橙色染料对棉纤维有光敏脆损作用,即在日光作用下染料会促进纤维氧化脆损,选用时应予注意。

　　根据上染时还原染料形态的不同,还原染料的染色方法有隐色体染色法(包括浸染、卷染)和悬浮体轧染法。在隐色体染色中,应根据染料的还原性能和上染性能,选择适当的烧碱、食盐用量及染色温度,根据上染条件的不同,一般有甲、乙、丙三种染色方法。还原染料隐色体染色法操作麻烦,匀染性和透染性较差,染色产品有白芯现象,宜选用匀染性较好的染料。目前广泛应用的是悬浮体轧染法。

(一)还原染料隐色体卷染

1. 工艺流程

卷轴→卷染→水洗→氧化→水洗→皂洗→冷水上卷

2. 染色处方及工艺条件

还原染料隐色体卷染工艺见表14-2-17。

表14-2-17　还原染料隐色体卷染工艺

<table>
<tr><td rowspan="2" colspan="2">项目</td><td colspan="3">甲法</td><td colspan="3">乙法</td><td colspan="3">丙法</td><td colspan="3">特别法</td></tr>
<tr><td>浅色</td><td>中色</td><td>深色</td><td>浅色</td><td>中色</td><td>深色</td><td>浅色</td><td>中色</td><td>深色</td><td>浅色</td><td>中色</td><td>深色</td></tr>
<tr><td rowspan="5">染色液</td><td>染料
(对织物重)/%</td><td><0.3</td><td>0.3~2</td><td>2~4</td><td><0.3</td><td>0.3~2</td><td>2~4</td><td><0.3</td><td>0.3~2</td><td>2~4</td><td><0.3</td><td>0.3~2</td><td>2~4</td></tr>
<tr><td>烧碱(36°Bé)/
(mL/L)</td><td>20</td><td>25</td><td>30</td><td>10~11</td><td>11~15</td><td>15~18</td><td>8~10</td><td>10~12</td><td>14~15</td><td>30</td><td>37</td><td>45</td></tr>
<tr><td>保险粉(85%)/
(g/L)</td><td>4~5.5</td><td>5.5~8</td><td>8~12</td><td>3.5~5</td><td>5~8</td><td>8~12</td><td>2.5~4</td><td>4~7</td><td>7~10</td><td>3~5</td><td>5~8</td><td>6~12</td></tr>
<tr><td>元明粉/(g/L)</td><td colspan="3">—</td><td>0~6</td><td>6~12</td><td>14~18</td><td>0~6</td><td>6~18</td><td>18~24</td><td colspan="3">—</td></tr>
<tr><td>浴比</td><td colspan="3">1:4~5</td><td colspan="3">1:4~5</td><td colspan="3">1:4~5</td><td colspan="3">1:4~5</td></tr>
<tr><td rowspan="5">续缸处方</td><td>染料
(头缸用量)/%</td><td colspan="3">85~95</td><td colspan="3">75~85</td><td colspan="3">75~80</td><td colspan="3">—</td></tr>
<tr><td>烧碱(36°Bé)
(头缸用量)/%</td><td colspan="3">35~65</td><td colspan="3">50~75</td><td colspan="3">50~75</td><td colspan="3"></td></tr>
<tr><td>保险粉(85%)
(头缸用量)/%</td><td colspan="3">90~100</td><td colspan="3">85~95</td><td colspan="3">80~90</td><td colspan="3"></td></tr>
<tr><td>元明粉
(头缸用量)/%</td><td colspan="3">—</td><td colspan="3">20~30</td><td colspan="3">20~30</td><td colspan="3"></td></tr>
<tr><td>浴比</td><td colspan="3">1:4~5</td><td colspan="3">1:4~5</td><td colspan="3">1:4~5</td><td colspan="3">—</td></tr>
</table>

项目		甲法			乙法			丙法			特别法		
		浅色	中色	深色	浅色	中色	深色	浅色	中色	深色	浅色	中色	深色
氧化方法（任选一种）	30%双氧水/（mL/L）						2~3						
	过硼酸钠/（g/L）						2~3						

	工序	道数	温度/℃	道数	温度/℃	道数	温度/℃	道数	温度/℃
工艺条件	染色	7~10	50~60	6~10	40~50	6~10	25~30	6~10	50~65
	冷洗	4	室温	4	室温	4	室温	4	室温
	氧化	4	20~50	4	20~50	4	20~50	4	20~50
	皂洗	4~6	95℃以上	4~6	95℃以上	4~6	95℃以上	4~6	95℃以上
	热洗	2	60~80	2	40~60	2	40~60	2	60~80
	冷洗	1	室温	1	室温	1	室温	1	室温
	上卷				—				

（二）还原染料悬浮体轧染

1. 工艺流程

浸轧染料悬浮体→（烘干）→浸轧还原液→汽蒸→水洗→氧化→皂煮→水洗→烘干

2. 染色处方及工艺条件

还原染料悬浮体轧染工艺见表14-2-18。

表14-2-18　还原染料悬浮体轧染工艺

项目		浅色	中色	深色
轧染液处方	染料/（g/L）	<10	11~24	>25
	扩散剂/（g/L）	0.5~1	1~1.5	>1.5
还原液处方	烧碱（36°Bé)/（mL/L）	30	32~51	>53
	保险粉（85%)/（g/L）	14	15~24	>25
氧化液处方（任选一种）	30%双氧水/（mL/L）		1.7~5	
	过硼酸钠/（g/L）		1~3	

续表

项目		浅色	中色	深色
皂洗液处方	净洗剂/(g/L)	5		
	纯碱/(g/L)	0~3		
工艺条件	还原	干布连续还原法		湿布连续还原法
	浸轧染液	一浸一轧或二浸二轧,轧液率70%~75%,室温		
	烘干	热风或红外线,然后烘筒烘干		—
	透风	布温降至近还原液温度		—
	浸轧还原液	一浸一轧,轧液率100%~110%,30℃以下		一浸一轧,轧液率110%~130%,30℃以下
	汽蒸	102℃,40~60s		
	水洗	室温,2格		
	氧化	视品种、设备确定氧化条件		
	透风	1格		
	皂洗	皂蒸及平洗95℃以上,2~3格		
	热洗	80~85℃,2格		
	冷洗	室温,1格		
	烘干	烘筒烘干		

四、可溶性还原染料染色

可溶性还原染料大多数是由还原染料经还原和酯化而生成的隐色体的硫酸酯钠盐或钾盐。按母体染料结构的不同,可分为溶靛素和溶蒽素两种,两者统称印地科素。这类染料扩散性好,容易匀染,染色牢度高,染色工艺比还原染料简单,染液较稳定。但价格较高,上染百分率低,主要用于中、浅色的染色。其染色方法有卷染和轧染。

(一)可溶性还原染料卷染

1. 工艺流程

卷轴→染色→显色→水洗→中和→皂煮→水洗→上卷→烘干

2. 染色处方及工艺条件

可溶性还原染料卷染工艺见表14-2-19。

表14-2-19　可溶性还原染料卷染工艺

项目		用量
染色液处方	染料/(g/L)	0.3~5(浅色~中色)
	纯碱/(g/L)	0.5~1.5
	亚硝酸钠/(g/L)	0.7~5
	食盐/(g/L)	10~30
显色液	硫酸(66°Bé)/(mL/L)	20~25
中和液	纯碱/(g/L)	2~3
皂洗液	净洗剂/(g/L)	3~5
	纯碱/(g/L)	2~3

工艺条件	流程	道数	液量/L	温度/℃	备注
	染色	6~8	110~120	30~60	染料分两次加入,染前加入60%~70%,第一道末加入剩余的染料;食盐可在第三、第四道末各加入一半
	显色	2~3	100~150	40~70	—
	水洗	3~4	—	室温	流动冷水
	中和	1~2	150~200	室温	pH=8~10
	皂洗	5~6	120~150	>90	—
	热洗	2	120~150	70~80	—
	冷洗	1	—	室温	—

(二)可溶性还原染料轧染(亚硝酸钠显色法)

1. 工艺流程

浸轧染液→烘干→浸轧显色液→透风→水洗→中和→皂煮→水洗→烘干

2. 染色处方及工艺条件

可溶性还原染料轧染工艺见表14-3-20。

表14-3-20　可溶性还原染料轧染工艺

项目		用量
轧染液处方	染料/(g/L)	0.5~10
	纯碱/(g/L)	0.5~10
	亚硝酸钠/(g/L)	5~10
	渗透剂/(g/L)	0.1~0.5

续表

项目		用量
显色液	硫酸(66°Bé)/(mL/L)	10~20
中和液	纯碱/(g/L)	5~8
皂洗液	净洗剂/(g/L)	3~5
	纯碱/(g/L)	2~3
工艺条件	浸轧染液	一浸一轧或二浸二轧,轧液率70%~80%,50~70℃
	烘干	—
	浸轧显色液	一浸一轧,轧液率100%,25~70℃
	透风	10~20s
	冷洗	2格流动冷水
	中和	1格,50~60℃
	水洗	1格,室温
	皂洗	2格,95℃以上
	热洗	2格,60~80℃
	冷洗	1格
	烘干	烘筒烘燥

五、硫化染料染色

　　硫化染料是一种含硫的染料,染色时,应先用硫化钠将染料还原成可溶性的隐色体,硫化染料的隐色体对纤维素纤维具有亲和力,上染纤维后再经氧化,在纤维上形成原来不溶于水的染料而固着在纤维上。

　　硫化染料的精制较困难,无法制成晶体或提纯,其化学结构难以确定,商品染料一般是粉状固体混合物,其组成随制造条件的不同而异。硫化染料制造简单,价格低,耐水洗色牢度高,耐晒色牢度随染料品种不同而有较大差异,如硫化黑可达6~7级,硫化蓝达5~6级,棕、橙、黄等一般为3~4级。大多数硫化染料色泽不够鲜艳,色谱中缺少浓艳的红色,耐氯色牢度差。硫化染料染色的纺织品在储存过程中纤维会逐渐脆损,其中以硫化黑较为突出。

　　硫化染料在棉织物的染色中应用较多,但随着染色废水处理和环保要求的提高,硫化染料的应用有所减少。硫化染料成本低廉,一般适用于中低档产品的染色,染色方法有卷染和轧染。

(一)卷染

1. 工艺流程

卷轴→染色→水洗→氧化→水洗→皂洗→水洗→(固色或防脆处理)→上卷

2. 染色处方及工艺条件

硫化染料卷染工艺见表14-2-21。

表14-2-21　硫化染料卷染工艺

项目		浅色	杂色中色	深色	黑色	防脆黑(硫化黑BFC)
染色液	染料(对织物重)/%	<2	2~7	>7	9~11	9~11
	50%硫化碱(对染料重)/%	25~100	80~110	70~100	80	80
	纯碱/(g/L)	1~2	1~3	2~3	2~3	2~3
续缸染液	染料(按头缸用量)/%	65~90				
	50%硫化碱(按头缸用量)/%	25~80				
	纯碱(按头缸用量)/%	0~30				
氧化液	30%双氧水(对织物重)/%	0.3~0.5			空气氧化	
皂洗液	净洗剂/(g/L)	5			—	
	纯碱/(g/L)	3			—	
固色液	固色剂Y或M(对织物重)/%	0.8~1.2			—	
	30%醋酸(对织物重)/%	0.6~1			—	
防脆处理液	尿素(对织物重)/%	—			0.3~0.4	—
	磷酸三钠(对织物重)/%	—			0.5~0.6	—

工艺条件	工序	道数	液量/L	温度/℃	道数	液量/L	温度/℃	道数	液量/L	温度/℃
	卷染	8~9	150~220	70~80	8~11	150~220	70~95	8	180	96
	水洗	2~3	—	室温	2~3	220~250	室温	4	180	室温

续表

项目		浅色	杂色中色	深色	黑色			防脆黑（硫化黑 BFC）		
	工序	道数	液量/L	温度/℃	道数	液量/L	温度/℃	道数	液量/L	温度/℃
工艺条件	氧化	4~5	120~150	55~60	—	—	—	—	—	—
	水洗	2	—	室温	—	—	—	—	—	—
	热洗	—	—	—	4~5	250~300	75~80	4	180	90
	皂洗	4~5	150~180	95						
	水洗	2	200~250	80	8~11	—	室温	6	—	60
	水洗	—	—	—	—	—	—	1	—	室温
	固色处理	2~3	120~150	50~80	—	—	—	—	—	—

(二)轧染

1. 工艺流程

浸轧染液→湿蒸→（还原汽蒸）→水洗→（酸洗）→氧化→水洗→皂洗→水洗→（固色或防脆）→烘干

2. 染色处方及工艺条件

硫化染料轧染工艺见表 14-2-22。

表 14-2-22　硫化染料轧染工艺

项目		浅色	中色	深色
染色液	染料（对织物重）/%	<10	10~20	>20
	50%硫化碱（对染料重）/%	200~250	150~200	100~150
	润湿剂/(g/L)	5~10	5~10	5~10
	纯碱/(g/L)	1~2	1~2	1~3
氧化液	30%双氧水/(g/L)	1.2~2		
皂洗液、固色液、防脆处理液		参见表 14-2-21		
工艺条件	浸轧染液	轧液率 70%~80%,70~80℃,浸渍时间宜长些		
	汽蒸	105~110℃,30~60s		
	水洗	第一格水洗槽应维持硫化碱含量约 2g/L		
	酸洗、氧化	氧化后堆置 3~5min		

项目		浅色	中色	深色
工艺条件	水洗	室温		
	皂洗	95℃		
	水洗	热水或冷水		
	固色	50~60℃		
	防脆处理	硫化黑防脆处理,室温		

六、涤/棉织物染色

涤/棉织物主要是棉型风格,常见的涤/棉混纺比例是65/35。涤纶和棉纤维的染色性能相差很大,涤纶是强的疏水性纤维,吸湿性很差,用于棉纤维染色的水溶性染料不能上染涤纶,因此,涤纶的染色应采用疏水性强、结构简单、分子量较低的分散染料。

涤纶染色一般采用高温高压染色和热熔染色,前者是间歇式生产,后者是连续式生产。分散染料高温高压染色时,染浴中应加入少量醋酸、磷酸二氢铵等弱酸,调节染浴的 pH 为5~6。染色时,在50~60℃始染,逐步升温,在130℃下保温 40~60min,然后降温,水洗,必要时在染色后进行还原清洗(烧碱2g/L、保险粉2g/L,70~80℃,20~30min)。热熔染色的工艺流程为:

浸轧染液(染料、抗泳移剂、润湿剂、醋酸调节 pH 为 5~6)→预烘(先用红外线预烘,然后再热风烘干)→热熔(180~220℃,1~2min)→后处理

涤/棉织物染色时,涤纶用分散染料染色,而棉纤维通常采用牢度较好的棉用染料染色,选用两类染料对涤/棉织物染色时,要注意减少相互沾色(尤其是染深色时),要特别加强后处理,有时还需要用还原剂进行还原清洗,去除沾附在纤维表面的浮色。此外两类染料的染色牢度要相近,分散染料在涤纶上的耐皂洗、耐摩擦色牢度较好,因此采用棉用染料的染色牢度也应较好。

涤/棉织物的染色工艺较多。对于相容性较好的染料,可采用一浴法染色,对于相容性较差的染料,可采用二浴法染色。具体可分为四种工艺,即只染一种纤维、两种染料一浴法分别染两种纤维、两种染料二浴法分别染两种纤维、一种染料同时染两种纤维,可根据色泽要求、设备条件、染化料情况等因素选择适宜的染色工艺。

涤/棉织物应用的几种主要染料的染色性能比较见表14-2-23。

表 14-2-23　涤/棉织物应用的几种主要染料的染色适用性比较

染料类型		分散染料	可溶性还原染料	分散/直接染料	分散/可溶性还原染料	分散/活性染料	分散/还原染料	分散/硫化染料
染色深度	深色					√	√	√
	中色			√	√	√	√	
	浅色		√	√	√			
	极浅色	√						
染色牢度	极佳					√	√	
	较好	√	√			√	√	√
	中等			√				

(一)分散染料涤/棉织物染色

对于涤/棉织物的浅色产品,可只用分散染料对涤纶染色,其染色方法可采用热熔法或高温高压法。染色所用的分散染料应对棉的沾色少,一般在染色后要进行还原清洗,即用稀的烧碱、保险粉溶液处理,以去除沾色和浮色。

(二)可溶性还原染料涤/棉织物染色

可溶性还原染料对棉纤维亲和力较低,主要用于浅色的涤/棉织物。与纯棉织物的染色不同,可溶性还原染料对涤/棉织物的染色需要焙烘处理,以使染料固着在涤纶上。可溶性还原染料对涤/棉织物的染色有卷染—焙烘法和轧染—焙烘法两种。

(1)卷染—焙烘法适合于小批量加工,选用的染料应亲和力较高和容易显色,这样比较经济。

对于溶解度较低和显色较困难的染料,应采用高温染色和显色。其染色工艺流程为:

染色→显色→水洗→中和→皂洗→水洗→烘干→焙烘

(2)轧染—焙烘法以采用亚硝酸钠—硫酸铵氧化显色法较合适。释酸剂硫酸铵在高温下会使可溶性还原染料水解,并在热空气中氧化与热熔,染着于涤纶和棉纤维上。染液中除含硫酸铵外,还可加入适量尿素,以防止棉纤维在高温下脆损并提高染料的溶解度。该法的工艺流程为:

浸轧染液→烘干→热熔(200~205℃,约 1min)→浸轧亚硝酸钠→浸轧硫酸→透风→冷水洗→中和→皂洗→水洗→烘干

浸轧亚硝酸钠和硫酸液主要是辅助显色,可在室温下浸轧。

（三）分散染料/可溶性还原染料的一浴法涤/棉织物染色

根据在染液中是否含有亚硝酸钠和酸性物质,有以下两种加工工艺。

（1）若染液中除含有分散染料和可溶性还原染料外,还含有显色剂亚硝酸钠和甲酸铵,其染色工艺流程为:

浸轧染液→烘干→热熔→后处理

在热熔处理的同时,甲酸铵分解放出酸,与亚硝酸钠一起使可溶性还原染料显色。

（2）若染液中只含有分散染料和可溶性还原染料,则其染色工艺流程为:

浸轧染液→烘干→热熔→浸轧亚硝酸钠→浸轧硫酸液→透风→水洗→中和→皂洗→水洗→烘干

（四）分散染料/活性染料的涤/棉织物染色

采用分散染料/活性染料的染色方法可分为两大类:一类为分散、活性染料一浴法染色,另一类为分散、活性染料二浴法染色。

对于分散、活性染料一浴法染色,根据染液中是否含有碱剂,可有两种染色工艺,即一浴一步法和一浴二步法。

（1）一浴一步法是染液中含有分散染料、活性染料、碱剂、尿素等,其染色工艺流程为:

浸轧染液→烘干→热熔→后处理

活性染料通过热熔与棉纤维发生固着。采用这种方法时,要求分散染料与活性染料的相容性较好,二者较少发生化学作用,而且分散染料的耐碱性较好,对棉的沾染较少,此外,要求所用活性染料的反应性适中,染液中碱剂一般为小苏打。

（2）一浴二步法是染液中含有分散染料和活性染料,但不加碱剂,其染色工艺流程为:

浸轧染液→烘干→热熔→浸轧碱液→汽蒸→后处理

对于分散、活性染料二浴法染色,一般是先用分散染料染涤纶,染色方法有热熔法、高温高压法等;然后用活性染料套染棉,染色方法有卷染、轧染、冷轧堆等。

（五）分散染料/还原染料的涤/棉织物染色

分散染料/还原染料对涤/棉织物的染色有一浴法和二浴法。

（1）一浴法染色工艺流程为:

浸轧染液→烘干→热熔→浸轧还原液→还原汽蒸→水洗→氧化→皂洗→水洗→烘干

（2）二浴法染色时,一般是先用分散染料对涤纶染色,染色方法有热熔法、高温高压法等,然后用还原染料套染棉,染色方法有隐色体卷染、悬浮体轧染等。

（六）分散染料/硫化染料的涤/棉织物染色

分散染料/硫化染料主要用于黑色涤/棉织物的染色,但对需经焙烘处理的树脂整理产品不适用。染色时,先用分散染料染涤纶,再以硫化黑套染棉。

(七)涂料的涤/棉织物染色

涂料染色是染料染色的一种补充方法,可同时对涤纶和棉染色,在两种纤维上没有色相不一致的问题,染色牢度好,染色重现性好,工艺流程短,水、电、汽消耗少,废水少。但只限于染中、浅色,染深色时刷洗色牢度和耐摩擦色牢度较差,手感较硬。

涂料轧染的工艺流程为:

浸轧染液→红外线预烘→热风烘干→焙烘

染液中主要含有涂料、黏合剂、交联剂及其他助剂。涂料种类对染色产品的色泽鲜艳度、耐日晒色牢度和耐气候色牢度有较大影响;黏合剂和交联剂对染色产品的耐洗色牢度、耐摩擦色牢度、手感等有较大影响。为改进涂料染色产品的质量,可在染液中加入亲水性助剂或柔软剂等。

第三节　印染织物后整理

棉及涤/棉织物具有柔软、舒适、吸湿、透气等优良性能,但经练漂、染色及印花等加工后,织物幅宽变窄且不均匀,手感粗糙、外观欠佳。为了使织物恢复原有的特性,并在某种程度上获得改善和提高,通常要经过物理机械整理和一般化学整理,包括定形整理、外观整理和手感整理等。另外,为了克服棉织物弹性差、易变形、易起皱等缺点,往往还要进行树脂整理。

一、定形整理

定形整理的目的在于消除纤维或织物中存在的内应力,使之处于较稳定的状态,从而减小织物在后续加工或服用过程中的变形。棉织物定形整理的方法较多,如丝光、定幅、机械预缩及树脂整理等。棉织物的丝光加工已在本章第一节中介绍,树脂整理将在后面专门叙述,这里只介绍定幅及机械预缩整理。

(一)定幅整理

织物在练漂和印染加工过程中,持续地受到经向张力的作用,而纬向受到的张力较小,因而造成织物经向伸长而纬向收缩,并且产生其他一些缺点,如幅宽达不到规定尺寸、布边不齐、纬纱歪斜等。定幅整理的目的是使织物具有整齐均一且形态稳定的幅宽,并克服上述其他缺点。一般棉织物在出厂前都需要进行定幅整理。

1. 常用拉幅机类型及特点(表14-2-24)

表14-2-24　常用拉幅机类型及特点

拉幅机类型	特点
普通布铗拉幅机	结构较简单,烘干效率低,不适用于含湿率较高的织物,拉幅效果也不及热风拉幅机
布铗热风拉幅机	常与轧车、预烘设备等组合而成浸轧、拉幅、烘干联合机,不但可进行单独的定幅整理,还可以使上浆、柔软、增白、树脂整理等与定幅整理同时进行
针板热风拉幅机	可以超速喂布,在拉幅过程中减小了经向的张力,有利于扩幅,同时,又使织物经向获得一定的回缩,起到预缩的效果。还可用于树脂整理和涤/棉织物的热定形。缺点是加工织物的布边留有针孔,针杆易折断,不宜用于轧光及电光等织物

2. 常用拉幅整理工艺(表14-2-25)

表14-2-25　常用拉幅整理工艺

工艺流程		工艺条件
普通布铗拉幅	喷汽给湿→拉幅→落布	车速40~80m/min,喷汽给湿,给湿率控制在8%以内
热风拉幅	织物浸轧整理液或给湿→单柱烘筒烘燥机预烘→热风拉幅→平幅落布	布铗式:厚织物车速30~50m/min,薄织物车速50~70m/min;采用喷汽方式给湿,给湿率控制在8%以内;烘房温度70~120℃ 针板式:车速30~70m/min,浸轧后的轧液率为65%~75%,拉幅前织物含湿率控制在25%~40%;烘燥条件及烘房温度与布铗热风拉幅机相同

(二)机械预缩整理

为了减小织物的经向收缩现象,需要对织物进行防缩整理。棉织物防缩整理的方法有化学整理和机械预缩整理两类。化学整理实际上类似于织物的树脂整理,机械预缩整理的基本原理是通过力学作用,减小织物的内应力,使织物具有更松弛的结构,消除织物潜在收缩的趋向,达到防缩的目的。织物机械预缩整理多在压缩式预缩机上进行,其中橡胶毯和毛毯压缩式预缩机在棉织物上应用最普遍。

1. 工艺流程

(1)普通三辊预缩机。

平幅进布→喷雾给湿→小布铗拉幅定幅→橡胶毯预缩→呢毯烘干→落布

(2)预缩整理联合机。

平幅进布→喷雾给湿→容布箱堆置→橡胶毯预缩→呢毯烘干→落布

2. 工艺条件

车速:30~40m/min。

预缩前含潮率:府绸类 7%~9%,卡其、华达呢类 11%~15%。

幅宽:预缩前织物幅宽较成品宽 1~2cm。

橡胶毯温度:60~70℃。

预缩率:真预缩的预缩率为 5.5% 以上,假预缩的预缩率为 1.5%~2%,其目的在于改善织物手感。

二、光泽和轧纹整理

织物的光泽整理通常有轧光整理和电光整理两种方法,可提高织物光泽。轧纹整理可使织物具有立体感的凹凸花纹(轧花、拷花)和局部光泽效果。

1. 轧光工艺

(1)工艺流程。

①一般轧光(平轧光)。

浸轧浆液或给湿→拉幅烘干→平轧光、软轧光或叠层轧光

②摩擦轧光。

单面上浆→拉幅烘干→摩擦轧光

③耐久性轧光(叠层轧光)。

浸轧树脂液→预烘→拉幅烘干→轧光→焙烘→皂洗→烘干→拉幅→(轧光)

(2)工艺条件(14-2-26)。

表 14-2-26　轧光整理工艺条件

类别	平轧光	摩擦轧光	叠层轧光
车速/(m/min)	60~80	30~60	60~80
织物含潮率/%	5~10	5~10	5
线压强/(N/cm)	196.1~1471.0	392.3~1961.4	196.1~1471.0
钢辊温度/℃	室温~100	100~150	室温~60
穿布方式	单层 1~5 个轧点	单层 1~2 个轧点	3~6 个轧点

2. 电光、轧纹工艺

(1)工艺流程。

①电光整理。

轧浆→拉幅烘干(或给湿→拉幅烘干)→平轧光→电光整理

②耐久性电光整理。

二浸二轧树脂液→预烘、整纬→拉幅烘干(温度低于100℃、烘干后织物含湿率10%~15%)→电光→焙烘→皂洗→浸轧柔软剂溶液→拉幅烘干→(轧光)

③耐久性轧纹(拷花)整理。

二浸二轧树脂液→预烘、整纬→拉幅烘干→轧纹(拷花)→松式焙烘→松式水洗→拉幅烘干

(2)工艺条件(表14-3-27)。

表14-3-27　电光、轧纹工艺条件

项目	类别		
	电光	轧纹	拷花
车速/(m/min)	10~30	7~10	12
织物含潮率/%	10~15	10~15	10~12
线压强/(N/cm)	2450~4938	2450~4938	—
钢辊温度/℃	140~200	150~200	150~200

3. 多功能复合整理工艺

在光泽整理中,与防缩防皱、拒水拒油和涂层等化学整理结合,不仅能使整理后织物光泽耐久性好,而且赋予织物一些其他功能。

三、绒面整理

绒面整理通常是指织物经一定的力学作用,使织物表面产生绒毛的加工过程。绒面整理可分为起毛和磨毛两种。起毛整理后的织物表面绒毛稀疏而修长,手感柔软丰满,有蓬松感,保暖性增强。磨毛整理后的织物表面绒毛细密而短匀,手感柔软、平滑,有舒适感。

(一)起毛整理

起毛整理是利用机械作用,将纤维末端从纱线中均匀地拉出来,使织物表面产生一层绒毛的加工过程。起毛也称拉毛或起绒。

起毛后的织物表面绒毛长短不一,还需进行剪毛加工,以使织物表面平整均匀,手感柔软,并增进织物外观。

(二)磨毛整理

用砂磨辊将织物表面磨出一层短而密的绒毛的工艺过程称为磨绒整理,又称磨毛整理。磨毛织物具有厚实、柔软而温暖等特性,可改善织物的服用性能。

织物经磨毛整理后,其力学性能也会发生变化,如柔软性增加,断裂及撕破强力下降。因此,在制订磨毛工艺条件时,必须根据不同的织物及要求,使磨毛效果和织物强力取得平衡。

四、增白整理

见本章第一节。

五、手感整理

织物手感是由织物的某些力学性能通过人手的感触所引起的一种综合反应。手感在不同程度上反映了织物的外观和舒适感。人们对织物手感的要求随织物的品种和用途不同而异,如作为服装面料的织物一般要求柔软舒适,而作为衬布等的织物则要求硬挺。所以,常需要对织物进行柔软整理或硬挺整理。

无论是柔软整理还是硬挺整理,一般都是和热风定幅同时进行,即织物先浸轧整理液,预烘干后在热风拉幅机上拉幅烘干。另外,柔软或硬挺整理也可和增白、树脂整理等同时进行。

(一)柔软整理

织物柔软整理有机械整理和化学整理两种方法。机械整理方法是通过对织物进行多次揉搓弯曲实现的,整理后柔软效果不理想。化学方法是在织物上施加柔软剂,降低纤维和纱线间的摩擦系数,从而获得柔软平滑的手感,而且整理效果显著,生产上常采用这种整理方法。

柔软剂的种类很多,如表面活性剂,石蜡、油脂等乳化物,反应性柔软剂及有机硅等。目前,有机硅柔软剂应用最为广泛,是一类性能好、效果最突出的纺织品柔软剂。有机硅柔软剂分为非活性、活性和改性型有机硅等。非活性有机硅柔软剂自身不能交联,也不和纤维发生反应,因此不耐洗。活性有机硅柔软剂主要为羟基或含氢硅氧烷,能和纤维发生交联反应,形成薄膜,耐洗性较好。改性有机硅柔软剂是新一代有机硅柔软剂,包括氨基、环氧基、聚醚和羟基改性等,其中以氨基改性有机硅柔软剂为最多,它可以改善硅氧烷在纤维上的定向排列,大大改善织物的柔软性,因此也称为超级柔软剂,它不但可应用于棉织物,也能用于麻、丝、毛等天然纤维织物以及涤纶、腈纶、锦纶等化纤及其混纺织物。

(二)硬挺整理

硬挺整理是利用高分子物质制成浆液浸轧到织物上,经干燥后在织物或纤维表面形成皮膜,从而赋予织物平滑、硬挺、厚实和丰满等手感。由于硬挺整理所用的高分子物多被称为浆料,所以硬挺整理也叫上浆。

硬挺整理剂有天然浆料和合成浆料两类。天然浆料有淀粉及其变性物、海藻酸钠及动植物胶等。淀粉上浆的织物手感坚硬、丰满,但整理效果不耐洗涤。为了获得比较耐洗的硬挺效果,可采用合成浆料上浆,如高聚合度、部分或完全醇解的聚乙烯醇以及聚丙烯酸酯等。另外,采用混合浆料进行硬挺整理,如淀粉和海藻酸钠、纤维素衍生物、聚乙烯醇或聚丙烯酸酯等混合,可使各种浆料的优势互补,获得良好的整理效果。

进行硬挺整理时,整理液中除浆料外,一般还加入填充剂、防腐剂、着色剂及增白剂等。填充剂用来填塞布孔,增加织物重量,使织物具有厚实、滑爽的手感,应用较多的有滑石粉、膨润土和高岭土等。天然浆料容易受微生物作用而腐败变质,加入防腐剂可防止浆液和整理后织物储存时霉变。常用的防腐剂有苯酚、水杨酰替苯胺等。此外,整理液中加入某些染料或颜料可改善织物色泽。

六、树脂整理

棉、黏胶纤维及其混纺织物具有许多优良特性,但也存在着弹性差、易变形、易折皱等缺点。所谓树脂整理就是利用树脂来改变纤维及织物的物理和化学性能,提高织物防缩、防皱性能的加工过程。树脂整理主要以防皱为目的,故也称为防皱整理。

树脂整理剂的种类很多,目前最常用的是 N-羟甲基化合物,如二羟甲基脲(脲醛树脂,简称 UF)、三羟甲基三聚氰胺(氰醛树脂,简称 TMM)、二羟甲基乙烯脲(简称 DMEU)和二羟甲基二羟基乙烯脲(简称 DMDHEU 或 2D)等,其中以 2D 树脂整理效果最好,应用也最广泛。

树脂整理的一般工艺流程为:

浸轧树脂整理液(二浸二轧或一浸一轧两道,轧液率 65%~70%,室温)→预烘(红外线或热风烘燥机 80~100℃下烘至织物含湿率<30%)→拉幅烘干(热风布铗拉幅机或热风针板拉幅机上进行,针板拉幅机可超速喂布,有利于提高织物防缩效果)→焙烘(140~150℃,3~5min)→皂洗→烘干

由于目前使用的树脂整理剂绝大多数都是含甲醛的 N-羟甲基化合物,这类整理剂在湿热条件下会分解释放出甲醛。甲醛为有毒物质,会刺激人的眼睛和鼻黏膜,引起皮肤过敏及皮炎,释放在空气中造成严重污染。为此,许多国家都对织物上甲醛的释放规定了严格的允许限量。因此,低甲醛和无甲醛整理剂应运而生。

低甲醛或超低甲醛整理剂大多数为 DMDHEU 改性后的衍生物,主要是使 N-羟甲基甲醚

化,以增强 N—C 键的稳定性。改性后的 DMDHEU 甲醛释放量与 N-羟甲基的醚化程度有关。无甲醛整理剂无疑是今后的发展方向。酰胺类无甲醛整理剂是一类较早研究开发的防皱整理剂,它们由各种酰胺和乙二醛反应制得,如二甲基二羟基乙烯脲(简称 DMeDHEU)。这类整理剂反应性能低,需用很高的用量及高效催化剂才能获得较好的整理效果。

近年来,应用多元羧酸类物质作为防皱整理剂日益受到人们的关注。多元羧酸上的羧基能够在一定条件下和纤维素分子中的羟基发生酯化反应,在纤维素分子间形成交联,从而提高织物的防皱性和尺寸稳定性。多元羧酸的种类很多,目前研究较多的为三元羧酸和四元羧酸,如丁烷四羧酸(BTCA)、丙三羧酸(PTCA)和柠檬酸(CA)等,其中 BTCA 被认为是效果最好的多元羧酸防皱整理剂之一,整理织物时,以次磷酸钠(NaH_2PO_2)作催化剂,在 180℃ 焙烘 90s,可获得较好的耐久压烫整理效果,而且耐洗涤性也很好。

七、涤/棉织物整理

涤/棉织物品种很多,大多数混纺比为涤 65/棉 35,具有挺括、耐穿、手感滑爽、易洗快干等特点。涤/棉织物的常规整理和纯棉织物一样,包括定幅、上浆、轧光、电光、轧纹、机械预缩、柔软和增白等。其中增白整理时针对棉纤维的增白剂和针对涤纶的增白剂在结构、性能和增白工艺上均不相同,需要分别进行。涤/棉织物的树脂整理也和纯棉织物相同,由于涤纶本身具有较好的抗皱性能,所以涤/棉织物的树脂整理实际上主要是针对其中的棉纤维进行的。另外,涤/棉织物还要针对涤纶进行热定形整理,以提高织物的尺寸热稳定性,热定形加工工艺和纯涤纶织物基本相同。

由于涤/棉织物易起球,所以需要进行抗起球整理。纯棉织物纤维强度较低,在可能起球之前绒毛就已磨断,因此不易起球。而涤/棉织物由于涤纶强度高,纤毛不易断裂,受到摩擦而缠结成球,严重影响织物外观。涤/棉织物经烧毛、树脂整理等都能提高织物的抗起球性能。另外,也可用抗静电/易去污整理剂处理,作用是消除织物上的静电,减少灰尘杂质的附着,因为这些杂物往往会成为缠结成纤维小球的核心。静电消除后,纱线中纤维可以相互紧密抱合,大大减少纤维的外移,因此能增强抗起球效果。

第三章　色织物后整理

色织物是采用色纺纱、染色纱或漂白纱线结合组织及花型变化而织成的各种纺织品,色纱经织造后形成坯布,坯布还需要进行一系列整理才能满足服用性能和使用性能要求。色织面料后整理是通过物理或化学的方法改善面料的外观和手感,改进服用性能或赋予特殊功能的加工工艺。

第一节　原布准备

一、原布检验

原布检验的主要目的是检验来布的质量,发现问题及时采取措施,促进纺织厂进一步提高产品质量,同时保证成品的质量和避免不必要的损失。由于原布的数量很大,通常只抽查10%左右,也可根据品种要求和原布的一贯品质情况增减检验率。检验的内容包括原布的规格和品质两个方面。规格检验包括原布的长度、幅宽、克重、经纬纱线密度和强力等指标。品质检验主要是指检验纺织过程中形成的疵点是否超标,这些疵点包括缺经、断纬、跳纱、棉结、油污纱、筘路等。另外,还要检查有无硬物如铜、铁片和铁钉等夹入织物。

二、翻布

色织厂生产的特点是小批量、多品种。为了便于布匹管理,目前常以订单号为基础进行分批。每批布又可以分为若干的布车,方便在加工过程中布匹的运输。分车原则是按布车大小而定,一车布有1000~3000m(根据织物的品种和厚薄不同)。

在将原布进行分车时,要将两个布头拉出,要注意布边整齐,并做到正反一致,这种操作叫作翻布或摆布。以下是区别织物正反面的一些方法:

(1)一般织物正面的花纹色泽均比反面清晰美观。

(2)具有条、格子外观的织物和配色模纹织物,其正面花纹必然是清晰悦目的。

(3)凸条以及凹凸织物,正面紧密而细腻,具有条状或图案图纹,而反面比较粗糙,有较长的纱线。

(4)起毛织物。单面起毛织物,其起毛绒一面为织物正面;双面毛绒织物,则以绒毛光洁、整齐的一面为正面。

(5)观察织物的布边,如布边光洁,整齐的一面为织物正面。

(6)双层、多层以及多重织物,如正反面的经纬密度不同时,则一般正面具有较大的密度或正面的原料较佳。

翻布工序的质量控制见表14-3-1所示。

表 14-3-1　翻布工序的质量控制要求

控制内容	质量要求	检测方法
外观	坯布无严重沾污、正反一致	目测
翻布数量	常规品种每车摊布数量不得超过 3000m	
	所有品种摊布不挂在栏杆上	
	28tex 以下品种摊布时不得超过 2000m	
	特殊情况:同一个花型总数量在 2500m 以内的,为流转方便可以摊一车布	
布头拉出长度	每段布拉出布车长度为 1.5~2m	
其他	布车清洁无杂物	

三、缝头

缝头时,多使用环缝式缝纫机,又称满罗式或切口式缝纫机,它的特点是接缝平整不厚,也比较坚牢,适宜于中厚织物的缝头。对于磨毛、起毛产品多采用五环式缝纫机缝头,但用线量比较多,约为布幅的 13 倍,缝接时每头还要切除 1cm 宽的切口。假缝式缝纫机适合稀疏织物的缝接,只用一根线,针脚可以自己打圈,扣合成链条形,其用线量比较省,约为布幅的 3.6 倍,缝头时两端布边重叠,重叠过厚会对重型轧车有损伤和产生横档,所以不适用于中厚织物。对于有些特殊的涂层机、印花机,有些厂规定生产此类品种需要使用两线缝头,要求缝头平、直、齐、牢,缝头处没有厚的结头,没有重叠的现象。

此外,在各个生产机台上为了把布车与布车之间的布头缝接起来,多采用平缝式缝纫机,也就是一般的家用缝纫机,其特点是使用灵活,可用于湿布缝接,用线量比较省,仅为布幅的 3.2倍,但同样存在布头重叠现象。缝头用线多为 14.5tex(40 英支)左右的合股强捻线,针脚密度以 30 针/10cm 左右为宜。

第二节　烧毛

一、影响烧毛效果的主要因素

(一)车速

烧毛的目的是烧去织物上的绒毛,但织物在高温下时间长了也会受到损伤,因此必须制订合理的烧毛工艺,以增加绒毛与织物本身的温度差,达到既烧去绒毛又保护纤维的目的。为此,目前倾向于采用在使火焰具有足够高的温度下,合理加快车速的方法。烧毛速度与织物品种和设备条件有关。

(二)烧毛火口位置

一般火口上方的导辊是中间通水的冷水辊,主要是防止涤/棉等织物烧毛时涤纶的损伤。烧毛火口的数目一般为 2~6 只,在使用狭缝式火口时,由于温度低,火口的数目最多用 6 只。目前生产中使用的一些烧毛设备只有 2 个火口,一个火口可以烧两面,而且火口可以调节,具有切烧、对烧和透烧等形式,以适应不同织物的烧毛。烧毛方式如图 14-3-1 所示。

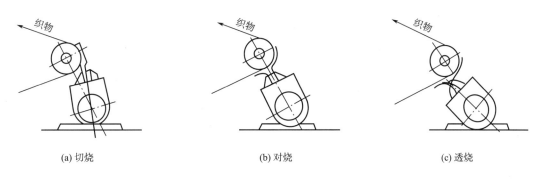

|(a) 切烧|(b) 对烧|(c) 透烧|

图 14-3-1　烧毛方式

切烧是将火焰切向接触冷水辊表面包绕的织物,适用于不耐高温的轻薄型织物烧毛;对烧是火焰对准绕贴在冷水辊表面的织物,火焰不穿透织物,适合一般涤/棉等织物的烧毛;透烧是火焰垂直于布面,火焰气流可透过布面,热量利用充分,用于纯棉和厚重织物的烧毛。

二、烧毛工序质量要求

烧毛工序质量要求见表 14-3-2。

表 14-3-2　烧毛工序质量要求

控制内容	质量要求	检测方法
烧毛级别	3~4 级,无长毛,有整齐的短毛	目测
	绒布类品种:3 级	
	T/C、CVC 品种:3 级	
布面质量	无毛条、毛块、烧毛不清	目测
	左右毛羽一致	
	布面无沾污、无刮伤、无色条等	
打卷标准	不同生产工艺(指退浆、丝光工艺)的花号不得打在同一个卷内	
	深浅色品种不得打在同一个卷上	
	有荧光和无荧光品种不得打在同一个卷上	
	进布必须平整,不得跑偏	
强力	常规品种用手拉,拉不裂	检测
	特殊提示品种(氨纶品种、克重小于 $80g/m^2$ 的品种、提花品种、透孔组织、COOLMAX 品种)送小样室检测,强力按工艺要求,落布立即用手拉	

三、烧毛工序相关问题的处理办法

烧毛工序相关问题的处理办法见表 14-3-3。

表 14-3-3　烧毛工序相关问题的处理办法

问题	产生原因	控制措施	处理方法
烧毛不清	1. 火口距离布面太远或太近 2. 火焰不达要求 3. 刷毛效果不好 4. 布不干 5. 坯布毛羽太大	1. 检查火口距离,超过标准的,由机工进行调节 2. 可调节风量、清理火口 3. 调节刷毛辊与布面的距离,清洁刷毛辊表面的纱头 4. 把关来坯情况,如布不干或毛羽太长,由班质量员或班技术员确定调整工艺流程,改为定形后烧毛或退浆后烧毛	重烧毛
过烧 (形成降强、断纱等)	1. 坯布太薄 2. 车速慢 3. 锦纶、氨纶品种烧毛	1. 经纬密稀、透孔组织品种先试样生产,落布后用手拉各部位,同时检测强力 2. 按工艺控制好车速 3. 锦纶、氨纶品种不烧毛,烧毛前所有品种必须查清工艺后生产	无法修复

续表

问题	产生原因	控制措施	处理方法
毛条	1. 进布不平整 2. 来坯折皱严重,烧毛扩幅不能使布面平整	1. 加强进布工责任心,确保进布平整 2. 来坯问题,由管理人员确定调整工艺流程,改定形后烧毛或退浆后烧毛	1. 退浆后重烧毛再水洗 2. 退浆定形后重烧毛
沾污	1. 冷水辊的水突然加大 2. 设备问题形成沾污	1. 放水时不得突然加大,开机前要提前放冷水,同时检查落布情况 2. 做好机台清洁	一般沾污可人工洗
刮伤移位	1. 提花品种,刷毛辊形成刮伤 2. 落布架不平整形成移位 3. 张力大 4. 布经过的导布辊不平整,或表面有异物	1. 对于提花品种,特别是浮线长的品种,不使用刷毛辊 2. 生产前检查穿布路线,防止出现穿错或表面有异物 3. 机台张力需调节均匀 4. 生产过程中检查布面在各部位运行时平整,布面不起皱,特别是落布架上	无法处理
烧坏	1. 毛边过长,燃烧后未及时熄灭 2. 进布受阻 3. 突然停压缩空气	1. 开蒸汽灭火,同时落布手工将布压紧 2. 保持进布流畅 3. 停压缩空气必须事先通知	无法修复

第三节　退浆

一、淀粉酶退浆工艺

酶是一种具有高效性、专一性的生物催化剂,淀粉酶只能降解淀粉,对其他的天然浆料和合成浆料没有分解作用,因此淀粉酶主要用于淀粉和变性淀粉上浆织物的退浆工艺中。淀粉酶退浆的优点为不会对纤维素纤维造成损伤,也不会使色织物的颜色发生消退,而且效率高、污染少,综合考虑,酶退浆最适合于色织物的退浆处理。色织布的退浆过程为:

进布→预处理→浸轧酶液→保温堆置→水洗→烘干→落布

(1)预处理。为了使酶液能在浆膜中较好地渗透,提高淀粉酶对淀粉的水解效率,在酶处理前通常采用热水进行预处理。这一方面可以促使浆膜的溶胀,使酶较好地渗透到浆膜中去,另一方面还可以去除织物上的防腐剂、酸性物质等杂质。一般的预处理温度为 80~90℃，为提高处理效果，也可加入适当的渗透剂。

(2)浸轧酶液。织物在料槽中上下运行，后经轧辊轧压，使得料槽中的料液尽可能多地被织物吸附。酶液中淀粉酶的用量一般为 12g/L 左右，为了提高酶液的渗透效果，通常会加入一定量的渗透剂，渗透剂的用量一般为 6g/L。对于化学反应规律来说，一般温度升高，酶催化淀粉水解的速度加快，但是随着温度的升高，酶的稳定性会降低，可能会导致酶变性失效，中温淀粉酶料槽的温度控制在 53~57℃，而高温酶可以控制在 40~110℃。pH 对酶的活力和稳定性影响很大，酶都有一定的酸碱稳定性范围，超过这个范围，酶都会变性失效，通常酶液 pH 控制在 5.5~6.5。

(3)保温堆置。当织物一进入酶液，布上的淀粉浆料就开始分解成可溶性糊精，但淀粉酶对织物上淀粉的完全分解需要一定的时间，保温堆置可以使酶对淀粉进行充分水解，使浆料容易被清除。对中温酶来说，堆置温度控制在(50±5)℃，堆置时间为 25~30min。对于双面布品种，一面是光板的品种，退浆的堆置时间调整为 20min，防止光板一面有横向极光。

(4)水洗。退浆只有在浆料以及水解物充分从织物上除去才算完成，淀粉浆经淀粉酶水解后，仍然黏附在织物上，需要经过水洗才能除去，水洗的温度一般为 90℃。但最后一节水洗槽一般会设置为常温。对于后道不做丝光处理的织物来说，通常要在最后一节水洗槽中加入酸，以便调节织物的 pH，在生产过程中通常用 pH 试纸(或 pH 计)检测最后一节水洗槽中水的 pH。对于不同克重的织物，水洗槽中调节的 pH 也不相同。水洗轧车的压力一般控制在(0.3±0.05)MPa。

(5)烘干。水洗后的布要经过烘燥机进行烘干，烘干后的落布温度一般不超过 50℃。

(6)车速。通常情况下，退浆机的车速需要根据织物的厚度进行设定，车速太快会导致退浆不清；车速太慢，产量得不到提高。对于平方米克重超过 $180g/m^2$ 的厚重织物，车速可以设定为(50±5)m/min；对于克重较低的轻薄品种，车速可以设定为 70m/min。

二、冷堆退浆工艺

冷堆退浆是织物在经过烧毛机烧毛后浸轧退浆酶，随后卷在一起，形成一个卷，再在室温下堆置 4~6h，最后用水洗涤的一种退浆方式。冷轧堆法节约了能源、水、蒸汽和人力等，占地面积小，适合小批量生产。

三、退浆工序质量要求

退浆工序质量要求见表14-3-4。

表 14-3-4 退浆工序质量要求

控制内容	质量要求	检测方法
含潮率	克重 130g/m² 以下,15%±3%;克重超过 130g/m² 的常规品种,8%~9.5%	含潮显示仪
	绒布退浆后直接拉绒品种,4%±1%	
把关来布打卷质量	同一个布卷的不同花号深浅色要一致,有荧光、无荧光要一致	
幅宽	按工艺单上退浆落布幅宽	卷尺测量
	一匹中的幅宽上下距离偏差 2cm,匹与匹之间不超过 3cm	
纬密	成品要求纬密 50 根以下的:纬密允许偏差少 1 根	纬密镜
	成品要求纬密 50~100 根的:纬密允许偏差少 1~2 根	
	成品要求纬密 100 根以上的:纬密允许偏差少 1~3 根	
	在一匹布中,匹前与匹后之间纬密允许偏差 1~2 根;匹与匹之间纬密允许偏差 1~3 根	
纬斜、纬弧	常规品种纬斜、纬弧不超过 3%,边部纬斜不得超过 5%(30cm 内不得超过 1.5cm)	目测结合卷尺测量
	氨纶品种不超过 1.5%;不得出现纬弧现象	
格型	左中右格型差异小于 2%	卷尺测量
布面质量	无沾色、自身搭色,无前后匹差	每 20min 停止打卷检查一次
	无轧皱条、白条、斜皱条;无刮伤、移位;无断经、断纬等	
	无黑点,无沾污	
	深色品种无明显的异色飞绒	
	坯布无连续性的横档、白斑、花斑、直线状的白条或色条	
打卷标准	不同生产工艺(指丝光工艺)的花号不得打在同一个卷内	—
	深浅色品种不得打在同一个卷上	
	有荧光和无荧光品种不得打在同一个卷上	
	进布必须平整,不得跑偏	
手感	用碘化钾滴定,退浆等级达到 4 级以上	目测、手摸
	用手触摸,手感软	

四、退浆工序相关问题的处理办法

退浆工序相关问题的处理办法见表 14-3-5。

表 14-3-5　退浆工序相关问题的处理办法

问题	产生原因	控制措施	处理方法
退浆不清	1.淀粉酶含量不足 2.淀粉酶槽内温度不达要求或温度超标 3.堆置时间不足或温度不达要求 4.各平洗温度不达要求 5.车速过快	按工艺要求控制好各平洗槽的温度、淀粉酶浓度以及退浆机车速	重退浆或增加水洗
沾污	1. 机台清洁不到位 2. 设备问题形成沾污 3. 长时间生产后,脚水污水重	1. 机台按时清洁 2. 落布发现沾污,必须查明原因并控制到位后再生产 3. 脚水不干净时及时更换脚水	人工洗
沾色沾荧光或搭色	1. 坯布、前道布面色牢度差 2. 接在深色品种后生产脚水未放清 3. 接在荧光布后生产未放脚水,或脚水未放清 4. 堆置温度过高,形成自身沾色	1. 落布注意与坯布以及封样比较色光 2. 落布检查布面,特别是深浅色相间的品种,防止出现自身沾色,只要发现自身沾色,立即打开堆置罩门,同时将履带打快 3. 深色品种或荧光品种生产后必须将脚水放清,同时用清水冲洗机台 4. 按工艺控制好堆置温度,对于前道提示色牢度差的品种,工艺确定退浆堆置温度和时间,确保不出现自身沾色	出现自身沾色时,必须立即到水洗机皂洗 出现其他沾色到水洗机皂洗,但一般很难处理一致 沾荧光无法处理
皱条	1. 进布不平整或跑偏 2. 轧辊不平整 3. 张力过紧或过松 4. 缝头不平 5. 穿布路线错误	1. 加强进布工责任心 2. 调节弯辊 3. 调节轧车压力或张力辊压力 4. 缝头需要平、直、齐、牢 5. 生产前检查好穿布路线	经过丝光时恢复,但方平组织以及净色品种难以修复
断经、断纬、刮伤	1. 经向张力过大 2. 其中一导布辊不转动 3. 坯布问题 4. 穿布路线错误 5. 导布辊或轧辊表面有异物	1. 调节张力辊,减小织物经向张力 2. 同时检查各导布辊是否转动灵活,有问题必须处理好后再生产 3. 落布发现断经、断纬必须立即停机查明原因,是坯布原因必须立即向前道反馈 4. 生产前检查穿布路线 5. 生产前检查机台各部位是否有异物	已经生产几乎无法修复 没有生产的改为卷染退浆或小整理

续表

问题	产生原因	控制措施	处理方法
纬斜弧	1. 其中一导布辊转动不灵活或轴头断 2. 弯辊方向不对 3. 轧车压力左右不一致	1. 检查各导布辊是否转动灵活,有问题必须处理好后再生产 2. 落布发现纬斜或纬弧必须检查开始出现问题的部位,并检查问题产生的根源 3. 查弯辊方向是否达要求	由后道工序调整

第四节 丝光

一、影响丝光效果的主要因素

(一)烧碱浓度

烧碱浓度是影响丝光效果的重要工艺参数,浓烧碱对棉等纤维的处理是一个不可逆的化学改性过程,只有当烧碱达到一定浓度时才能引起纤维的溶胀,使得纤维素大分子的取向度、结晶度、结晶尺寸和形态发生重大的变化。

丝光钡值是通过测定丝光前后试样对氢氧化钡吸附能力的变化来表示的数值。丝光钡值越大,表示丝光后纤维的吸附性能越好,即丝光的效果好。有实验证明,棉布在松弛状态受到烧碱溶液处理,当烧碱浓度大于 110g/L 时,棉布的收缩率和钡值随着烧碱浓度的增大而急剧增加;当烧碱浓度达到 270g/L 左右时,棉布的收缩率和钡值随烧碱浓度的增加基本上不再增加,达到最大值。在色织生产企业,根据织物的不同品种规格使用不同的碱浓度,有 140~150g/L、180~190g/L、220~230g/L、260~280g/L 等。

(二)张力

棉纺织品在经过烧碱处理之后,织物的光泽、强力和延伸度会发生显著的变化。在烧碱处理的过程中对织物施加张力后织物的光泽度会比不施加张力的光泽度要高,对织物的强力也有明显提升。经过烧碱处理后,织物中的棉纤维发生了不可逆转的溶胀,纤维素大分子之间的氢键断裂,当纤维受到张力作用后,纤维素中的无定形区的分子链被拉直,排列更趋向于整齐。在去碱以及干燥之后,纤维分子之间形成新的结合力和氢键,纤维的取向度变得更高。因此,纤维的强度会增加,织物的形态更加稳定,缩水率降低。

增加张力有利于提高织物的光泽度与强度,但是会影响到棉纱的断裂延伸度,张力过大对织物的光泽度增加不大,反而会降低断裂延伸度。过低的断裂延伸度是不适合的,采用过大的张力不仅会造成纬向的扩幅困难,而且过小的断裂延伸度会影响织物的使用性能,因此,需要根据织物的品种、结构选择合适的丝光张力。

(三)温度

烧碱和纤维素纤维反应是一个放热的过程,在碱浓度相同的条件下,升高烧碱的温度会减弱丝光效果,但如果保持较低的烧碱温度需要消耗大量的电力。温度过低反而会使烧碱的黏度增加,很难渗透到纤维内部,所以在工厂生产过程中,一般丝光的碱温度会控制在30℃左右。

(四)时间

丝光处理必须使烧碱渗透到织物、纱线以及纤维内部才能使烧碱与纤维素大分子发生有效的作用。有实验结果表明,碱液渗透的时间与未丝光织物的毛细效应、组织结构、烧碱温度和浓度息息相关。如果棉织物前处理后的润湿性能很差,即使经过轧车的浸轧,碱液也不能渗透到纤维内部。

二、丝光工序质量要求

丝光工序质量要求见表14-3-6。

表14-3-6　丝光质量要求

控制内容	质量要求	检测方法
含潮率	常规品种8%~9.5%;氨纶品种6.5%±0.5%;后道需要罩色的品种为4%~5%	含潮显示仪
把关来布打卷质量	同一个布卷的不同花号的工艺要一致	—
	同一个布卷的不同花号深浅色要一致,有荧光、无荧光不能混在一起,不符合要求的,必须分开整理	
幅宽	按工艺单上丝光落布门幅落布	卷尺测量
	无明显脱铗	
纬密	成品要求纬密50根以下的:纬密允许偏差少1根	纬密镜
	成品要求纬密50~100根的:纬密允许偏差少1~2根	
	成品要求纬密100根以上的:纬密允许偏差少1~3根	
	在一匹布之中,匹前与匹后之间纬密允许偏差1~2根;匹与匹之间纬密允许偏差1~3根	
色光	色光与客户标样对比,为4~5级,无明显差异	目测
	无沾色、自身搭色,无前后匹差以及左右色光差异	

续表

控制内容	质量要求	检测方法
格型	左中右格型差异小于2%	卷尺测量
纬斜、纬弧	常规品种纬斜、纬弧不超过3%,边部纬斜不得超过5%(30cm内不得超过1.5cm)	目测结合卷尺测量
	氨纶品种不超过1.5%,不得出现纬弯现象	
打卷标准	不同生产工艺(指后道工艺)的花号不得打在同一个卷内	—
	一个卷数量不得超过8000m,布卷到打卷架子底部横杆距离大于10cm	
	进布必须平整,打卷如起皱,立即停机,理平后重打卷	
	打卷时不得跑偏,有跑偏的,立即停机,理平后重打卷	
布面质量	无轧皱条、白条、斜皱条	目测
	无刮伤、移位;无断经、断纬;无破损性疵布(防止出现连续性的破洞刮伤)	
	无黄斑、油斑等沾污问题	
	无卷边问题	
	无明显的异色飞绒	
	烧毛后直接丝光品种,防止出现剥色斑	

三、丝光工序相关问题的处理办法

丝光工序相关问题的处理办法见表14-3-7。

表14-3-7　丝光工序相关问题的处理办法

问题	产生原因	控制措施	处理方法
轧皱、白条、色条	1. 丝光机张力过大 2. 吸碱不清,淡碱吸不清,形成布面皱 3. 轧辊表面不平整 4. 轧辊或导布辊表面有积垢 5. 进布不平整 6. 穿布路线错误 7. 中车脱夹 8. 落布不干,布面皱 9. 缎条组织皱 10. 由于吸碱泵刮出白条	1. 调节张力,确保布面平整 2. 对厚重品种关小冲碱量,或直接将冲碱关掉(但关冲碱后,必须增加水洗,保证pH合格) 3. 对不平整的轧辊进行换修 4. 清洁轧辊及导布辊 5. 加强进布工责任心 6. 生产前检查穿布路线 7. 对中车探边检查,有飞绒或飞纱时及时清理,防止由于探边失灵形成脱夹(每车布检查一次) 8. 落布要干,且布面平整 9. 缎纹组织在直辊丝光机生产,同时反面上机,车速控制在30~45m/min 10. 对于反面上机品种,检查布面,防止出现白条	1. 重丝光,对于缎条组织边部皱,一般无法消除 2. 增加液氨整理 3. 丝光后增加水洗

问题	产生原因	控制措施	处理方法
破边洞	1. 来布幅宽太窄 2. 中车幅宽打得太宽 3. 中车出现脱夹 4. 绞边纱脱纱严重 5. 中车幅宽标尺不准确或布铗轨道问题 6. 进布跑偏 7. 轧辊或导布辊上有异物 8. 缝头不平,折叠过大	1. 根据工艺检查来布幅宽,发现幅宽与工艺不符,及时向技术员反馈,以便及时调整工艺 2. 按工艺打中车幅宽 3. 重点检查中车,对探边出现飞绒或飞纱,必须及时清理,防止出现脱夹 4. 对绞边纱脱纱严重的,向上级反馈,同时,必须清理边纱后再生产 5. 定期检查设备线中车标尺以及轨道情况,不符合要求的,必须及时修正 6. 加强进布工责任心 7. 生产前检查机台各部位是否有异物 8. 缝头必须要做到平、整、齐、牢,发现幅宽相差大的,向班管理人员反馈,以便分开整理	无法修复
沾色、沾荧光或搭色	1. 前道布面色牢度或耐碱色牢度差 2. 接在深色品种后生产脚水未放清 3. 接在荧光布后生产未放脚水或脚水未放清	1. 落布注意与来布以及封样比较色光,特别是深浅色相间的品种,防止出现自身沾色 2. 生产过程中检查脚水情况,如发现自身掉色严重,必须将流水量放大,以防止由于自身沾色形成前后色差 3. 染深色品种或荧光品种后必须将脚水放清,同时用清水冲洗机台	1. 出现自身沾色时,必须立即到水洗机皂洗 2. 出现其他沾色到水洗机皂洗,但一般很难处理一致 3. 沾荧光无法处理
停车档	由于各种原因形成机台停机	机台组长加强生产前以及生产过程中的检查,以便及时发现问题,提前接头子布,以减少突然停机,同时进布工加强对来布的检查,发现问题及时向机台组长反馈,以便对机台进行调节	无法修复
断经、断纬、极光、刮伤、移位	1. 张力过大 2. 穿布路线错误 3. 轧辊、导布辊表面有异物或导辊转动不灵活 4. 坏布问题	1. 调节张力辊张力 2. 生产前检查穿布路线 3. 生产前检查机台各部位是否有异物,同时检查各导布辊是否转动灵活,有问题必须处理好后再生产 4. 落布发现断经、断纬必须立即停机查明原因,是坏布原因必须立即向前道反馈	1. 断经、断纬无法修复 2. 极光返工丝光
飞绒	主要是特深色品种,由于浓碱内、淡碱内、平洗槽内长时间未清洁形成	每周定期对丝光机进行全面大清洁 特深色品种不能接在白色品种后生产 可调节为反面上机生产	1. 烧毛后水洗 2. 人工用胶带粘 3. 直接水洗

续表

问题	产生原因	控制措施	处理方法
纬斜、纬弧	1. 其中一导布辊转动不灵活或轴头断 2. 轧车压力左右不一致 3. 弯辊方向不对	1. 检查各导布辊是否转动灵活,有问题必须处理好后再生产 2. 落布发现纬斜或纬弧,必须检查开始出现问题的部位,并检查问题产生的根源 3. 检查弯辊方向是否达要求	由后道工序调整
沾污	1. 机台清洁不到位 2. 机台修理后,表面或平洗槽内有油污 3. 长时间生产后,脚水不干净	1. 机台清洁到位 2. 机台由于某些原因停机修理后,开机之前必须先检查机台各部位是否有油污 3. 生产过程中检查脚水以及各轧辊、导布辊,发现沾污严重必须立即停机清洁	人工洗

第五节　液氨整理

液氨整理是一种用无水液(态)氨对纤维素纤维织物进行处理的整理方式。液氨由于分子小、纯度高、表面张力小、黏度低的特点,在极短的时间内不仅可以到达纤维的无定形区,而且可以渗透到晶区或原纤内部,但不会对纤维素的结晶区造成很大程度的破坏或使其溶解。在液氨的作用下,纤维发生溶胀,削弱了纤维素无定形区分子链间的作用力,使纤维的超分子结构变得更加均匀稳定。另外,棉纤维在液氨处理中,氨可瞬时渗入纤维内部,使棉纤维从芯部开始膨胀,截面由扁平胀成圆形,腔径变小,表面光滑,同时由于纤维结晶结构的变化,内应力消除,不再扭曲,提升了拉伸强力和撕破强力。即使反复洗涤仍可保持良好的手感。

液氨整理后的织物手感柔软且富有弹性,光泽更加明亮,织物的缩水率将大大下降。水洗后织物不会呈僵硬状态,越洗织物抗皱性越好,具有一定的免烫效果。如果将液氨整理和树脂整理相结合,可以加工出手感柔软和抗皱性很高的棉型高档面料。液氨整理也可消除麻类织物刺痒感,提高织物的服用性能。

一、液氨与丝光

液氨整理最初是从取代纱线液碱丝光开始,曾称液氨丝光,但由于两者效果完全不同,后来改称液氨整理。两者主要区别如下:

(1)液氨可以瞬时渗入棉纤维内部,膨胀效果均匀,又极易清除,而碱液丝光时浓碱不易渗透,易造成表面丝光,且去碱困难。

（2）液氨整理非但不损伤纤维，而且可以改善其耐磨和撕破强力，而碱液丝光对棉纤维有损伤。

（3）液氨处理后的织物光泽度不如液碱丝光后织物的光泽度好。

（4）液氨整理的织物经多次洗涤后尺寸、颜色变化很小。

总之，丝光和液氨整理后的效果不同，但其特性可以互补，可以改善其最终服用性能。表14-3-8为织物经液氨整理和碱液丝光整理前后相关内在指标的比较。

表 14-3-8　织物液氨整理和碱液丝光整理前后相关内在指标的比较

项目	丝光前	丝光后	液氨整理
断裂强力/kgf	6.30	6.26	6.57
伸长/%	25.8	21.5	23.5
撕破强力/g	470	600	635
耐磨损性/次	245	365	635
折皱回复角(经+纬)/(°)	113	138	164
光泽度(JF法)	1.32	1.6	1.41

二、液氨整理工序质量要求

液氨整理工序质量要求见表14-3-9。

表 14-3-9　液氨整理工序质量要求

控制内容	质量要求	检测方法
含潮率	常规品种8%~9.5%，氨纶品种6.5%±0.5%，后道需要罩色的品种为4%~5%	含潮显示仪
把关来布质量	检查来布是否存在卷边、沾污、沾色、布边破口等疵点	目测、卷尺测量、手摸含潮
	检查来布门幅是否符合工艺要求	
	检查来布是否含潮率偏高	
幅宽	把关来布幅宽	卷尺测量
	如实记录液氨落布幅宽	
纬密	一匹之中，上下距离偏差2根，匹与匹之间差异不超过3根	纬密镜
色光	无沾色、自身搭色，无前后匹差以及左右色光差异	目测
	检查液氨整理前后颜色差异，液氨整理后颜色一般偏深较多，颜色差异正常应在3级以上	

控制内容	质量要求	检测方法
格子布格型	左中右格型差异:丝光布小于2.5%;非丝光布小于3%	卷尺测量
纬斜、纬弧	常规品种纬斜、纬弧不超过3%,边部纬斜不得超过5%(30cm内不得超过1.5cm)	目测结合卷尺测量
	氨纶品种不超过1.5%;不得出现纬弯现象	
	有洗后纬斜的订单,在液氨整理之前对织物进行反斜处理的布不可在液氨整理进行生产,否则定形工序无法调整纬斜、纬弧	
打卷标准	不同生产工艺(指后道工艺)的花号不得打在同一个卷内,一个卷数量不得超过8000m,布卷到A支架底部横杆距离大于10cm	
	进布必须平整,打卷如起皱,立即停机,理平后重打卷	
	打卷时不得跑偏,有跑偏的,立即停机,理平后重打卷	
布面质量	无轧皱条、斜白条、斜皱条	目测
	无刮伤、移位;无断经、断纬;无破损性疵布(防止出现连续性的破洞刮伤)	
	无黄斑、油斑等沾污问题	
	无卷边问题	
	无明显异色飞绒	
	无沾色、沾荧光等	
	无极光、无氨斑	

第六节　定形

　　色织布在定形拉幅的同时,可以在定形工序浸轧各种整理助剂,如柔软剂以赋予织物爽滑的手感,抗起毛起球剂以改善织物的起毛起球性能。除此之外,织物定形时还可以浸轧各种特种整理助剂赋予织物特殊的功能,如吸湿快干剂、抗静电剂、三防整理剂等。

一、定形的主要参数

(一)轧液率

　　定形机的一个主要的功能就是浸轧各种助剂,如清水、柔软剂、接缝滑移剂以及其他特种整理助剂。织物通过定形机的料槽吸附助剂,再经过轧辊的挤压挤出多余的助剂。经过轧辊轧压

后布面上带的助剂(整理液)的质量和浸轧前原来织物质量的百分比称为轧液率,计算公式如下:

$$轧液率 = \frac{B-A}{A} \times 100\%$$

式中:A——浸轧前织物质量;

　　B——浸轧后织物质量。

对于不同组织规格的织物、不同的机台需要设定不同的轧车压力。对于平纹、平纹+提花的织物,轧液率一般控制在$(50\pm5)\%$;对于斜纹织物,轧液率一般控制在$(60\pm5)\%$。

(二)烘房温度

定形温度是影响定形的主要因素,织物的尺寸稳定性、色光、内在指标以及其他服用性能都与定形温度密切相关。热风针板定形机的温度范围比较宽,烘房的温度可以在$50\sim250℃$内调节,满足了棉、涤/棉、麻、合成纤维等诸多织物的定形。为了能使合成纤维及其混纺或交织织物(如涤包氨纶、棉包氨纶等织物)幅宽整齐划一,并满足成品要求,必须要进行高温处理,定形温度高于玻璃化转变温度(T_g)和低于软化温度,因为达到软化温度时,纤维发生裂解和变形,而低于玻璃化转变温度,则分子链还不能产生位移而发生重排,达不到定形的目的。故热定形的温度一般在$180\sim200℃$。

(三)定形时间

定形时间也是定形机的重要参数之一,尤其是对于合成纤维的热定形。合成纤维织物的热定形是大分子链的重组。这种热定形共分为三个阶段,第一个阶段是大分子链段间的作用力迅速被减弱或拆散,内应力发生松弛;第二个阶段是大分子在新的位置上迅速重建新的分子间作用力和再结晶;第三个阶段是将大分子之间的新作用力在新的位置固定下来。定形时间一般在$30\sim45s$。

以上是合成纤维定形时间,对于常规纯棉织物或者涤/棉织物的定形而言,定形的时间通常与落布的温度有关,一般要使得定形的落布温度不超过$50℃$,否则,织物在落车或打卷后,会因热的作用发生收缩,而且还可能产生难以消除的皱痕。而对于磨毛、起毛或者碳素磨毛的品种,一定要根据布面含潮率来控制时间。

(四)幅宽

定形机最为基本的一个作用就是使得织物的幅宽整齐划一。色织布的定幅整理是利用棉纤维、黏胶纤维等吸湿性比较强的亲水性纤维,在潮湿状态下具有一定的可塑性以及利用合成纤维的热塑性,将色织布的幅宽拉至规定的尺寸,从而消除部分内应力,调整经纬纱线在织物中的形态,使织物幅宽整齐划一,纬斜得到纠偏。色织布经过烘干和冷却之后获得较为稳定的尺寸,以符合色织布成品的规格要求。针铗链的距离可以调节,以控制织物的幅宽,通常是织物的宽度拉得比成品要求的幅宽略大一点,一般大 2~3cm。

二、化学柔软整理

纤维制品产生粗糙的手感(如板结和僵硬等)除了与纺织纤维自身的特性有关外,染料色淀或金属盐类的助剂残留在纱线上等,也都会使织物手感变得粗糙。织物在织造整理过程中因工艺条件控制不当(如机械张力过大、温度过高等),使纤维受损伤。树脂整理后的织物和经高温处理后的合成纤维及其混纺织物的手感会变得粗硬。

柔软是指人们在服用过程中所感受到的织物所具有的物理上和生理上的高度舒适感,为了使织物具有这种柔软、滑爽、丰满的手感,或富有弹性,满足服用要求,几乎所有纺织品都在后整理时进行柔软整理。

色织布的化学柔软整理会与热定形同时进行,将配置好的柔软剂溶液加入定形机的料槽中,织物通过浸轧柔软剂,再进行热风烘干达到柔软的效果,可以用于大批量的连续生产。

(一)化学柔软整理的概念

化学柔软整理主要是利用柔软剂对织物进行柔软整理的一种方法。化学柔软整理的原理是用柔软剂处理织物,减少织物中组分间(如纱线之间、纤维之间)的摩擦阻力和织物与人体之间的摩擦阻力,提高织物的柔软度。摩擦阻力的大小可以反映纤维的柔软程度,但我们一般不直接用摩擦力的大小来表示,而是用摩擦系数(μ)来表达柔软程度。摩擦系数有静摩擦系数(μ_s)和动摩擦系数(μ_d)两种,当纱线和纱线受力尚能保持静止状态接触时的摩擦系数叫作静摩擦系数,当纤维有相对滑动时的摩擦系数叫作动摩擦系数。

降低纤维与纤维之间的静摩擦系数和动摩擦系数,纤维之间的相对滑动就容易。如静摩擦系数的降低,意味着用很小的力,就能使握持在手中的纤维之间产生滑动;动摩擦系数越小,表示对已经滑动的纤维或织物,使其继续滑动所需要的力越小,以致感到柔软、平滑。平滑的作用主要是指降低纤维与纤维间的动摩擦系数;柔软的作用是指降低纤维与纤维之间动摩擦系数的同时,更降低静摩擦系数。静、动摩擦系数的相对比较($\Delta\mu=\mu_s-\mu_d$)一般作为评价柔软整理效果的主要因素。测定摩擦系数时的影响因素很多,误差也大,故只能用相对比较值 $\Delta\mu$ 来表示。各种表面活性剂的整理效果及 $\Delta\mu$ 见表14-3-10。

(二)化学柔软剂的种类

柔软剂的使用已经有半个世纪的历史。柔软剂除了使织物具有柔软的手感外,还应该对人体没有过敏和刺激作用,毒性要小,有好的生物降解性。柔软剂在赋予织物柔软性的同时还会使织物具有拒水或者亲水、抗静电、弹性、光泽和可缝纫性等功能。柔软剂的种类有很多,按化学特性可以分为表面活性剂类柔软剂、反应型柔软剂以及有机硅柔软剂等非表面活性剂。

表 14-3-10　各种表面活性剂的 $\Delta\mu$ 值及整理效果

表面活性剂的类型	$\Delta\mu$	平滑性	手感
非离子/阴离子型	0.13 以上	不良	相当粗糙
非离子型	0.10~0.13	发涩感强,有平滑性	挺括,有弹性
阴离子型	0.051~0.10	发涩感弱,有平滑性	柔软但稍涩
阳离子型	0.05 以下	柔软过度,无抱合性	滑爽

三、树脂整理

树脂整理分为干态交联、湿态交联、潮交联等多种工艺,在色织行业中以干态交联和潮交联为主。

(一)干态交联工艺的概念

干态交联工艺是常用的树脂整理工艺,通常又简称为轧烘焙工艺。该工艺连续快速,容易控制,重现性好,但整理后织物强力以及耐磨性下降。它是通过定形机浸轧防皱整理液之后,经过焙烘,使纤维交联,减小纤维间的内应力,使成品布经过水洗后,不需要经过熨烫,布面仍然很平整的整理工艺。此工艺织物首先浸轧由树脂整理剂、催化剂、其他添加剂所组成的强酸性工作浴,然后预烘,再在 140~180℃的高温下进行焙烘。

(二)干态交联防皱整理液的组成

干态交联防皱整理液主要由树脂、催化剂和添加剂组成。

1. 树脂整理剂

树脂整理剂是防皱整理液的重要助剂。树脂与两个纤维素分子中的羟基形成共价交联,将相邻的分子链互相连接起来,减少了由于氢键拆散所导致的不能立即回复的形变,使纤维从形变中回复的能力获得提高。因此,要提高纯棉织物折皱回复的能力,较为有效的办法就是在纤维无定形区内引入适量的、稳定的交联。纯棉织物在经过整理剂处理后,整理剂便以单分子或缩聚物的形式在无定形区的分子链间生成共价交联,犹如整理剂单分子伸出了两只强有力的"大手"紧紧抓住无定形区的分子链,在纤维分子链间产生牵制和固定的作用,使其不能产生相对位移,这样就减少了不能立即回复的形变,从而提高了纤维的变形回复能力,达到抗皱免烫的目的。

2. 催化剂

为了使树脂在焙烘时迅速与纤维素反应,整理液中还需要加入适当的催化剂。为了保证整理工作液具有良好的稳定性,可采用强酸性金属盐类催化剂。这类催化剂在室温下呈现很弱的酸性,只有在高温焙烘时由于水解作用而呈现出较强的酸性,所以生产上大多采用该类催化剂。由于必须呈酸性,因此钾、钠和钙盐都不能用,另外催化剂也不能有颜色,所以常用的催化剂选择镁、铝、锌所构成的盐,如氯化镁、硝酸铝、硫酸锌等。如所需酸性更强,则可以用金属盐加柠檬酸或者磷酸组成协同催化剂,产生更强的协同催化效应。

催化剂的用量要考虑催化剂的性质、催化的条件等因素。用量太大,可能造成整理剂和纤维的水解;用量太低,交联不完全,防皱效果不理想。焙烘温度高或时间长时,催化剂的用量应适当减少。

3. 添加剂

为了改善树脂整理品的手感、外观和力学性能,弥补树脂整理后所带来的缺憾,在树脂整理液中除了加入交联剂、催化剂外,还需要加入添加剂。添加剂虽然不是防皱整理的主要用剂,但它对整理品的性能有着重要的影响,常用的添加剂有渗透剂、柔软剂和增强剂等。

(1)渗透剂。渗透剂的作用是帮助整理剂均匀、充分地渗透到纤维的内部各处,使交联程度高并且分布均匀,减少表面树脂和局部交联的现象,改善整理品的手感和弹性,获得满意的防皱效果。加入的渗透剂应与整理液中的其他组分具有良好的相容性,常用的渗透剂是表面活性剂。

(2)柔软剂。织物经过树脂整理之后,弹性提高,但手感变得粗糙,耐磨性、断裂强力和撕破强力等机械性能下降。加入柔软剂后,可以缓解此类问题。

常用的柔软剂有脂肪长链烷烃、有机硅等。柔软剂具有良好的润滑作用,降低纤维间和纱线间的摩擦系数,改善了纱线的滑移性能,当织物被撕裂时,在撕裂点处附近的纱线容易产生滑移,可以集中更多的纱线来共同承受外力的作用,从而提高织物的撕破强力。柔软剂的加入改善织物撕破强力的作用原理如图14-3-2所示。

同时,由于柔软剂加入后,可以使织物和受磨损表面的摩擦系数减小,降低了织物表面的摩擦力,使织物表面承受的摩擦次数增加。但是必须注意柔软剂的用量要适当,加入太多时,纤维和织物表面的摩擦系数降低了,同样纤维之间的摩擦系数也降低,导致纤维间的抱合力下降,纤维易于从纱线中滑出,耐磨性并不能提高。另外,柔软剂的加入,减小了摩擦系数,改善了应力集中的现象,在一定程度上也有助于提高断裂强力。

(3)增强剂。还有一类增强剂(又称强力保护剂),是由聚乙烯和水溶性聚氨酯等热塑性树

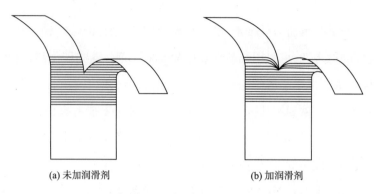

(a) 未加润滑剂　　　　　　　　　(b) 加润滑剂

图 14-3-2　交联的纤维素纤维织物加入润滑剂对撕破强力的影响

脂制成的乳液,用此类柔软剂整理后,织物不泛黄,染料不变色,同时,不仅可以改善织物的手感,还可以减轻树脂整理剂引起的纤维强度和耐磨性降低的弊病,同时具有一定的防皱和防水性能。

(三)干态树脂整理焙烘

焙烘的目的是在高温条件下,让催化剂的酸性增强,使树脂初缩体在较短的时间内自身缩合或与纤维发生交联反应,使整理品获得满意的整理效果。焙烘是影响整理效果的关键步骤。

焙烘的温度和时间根据树脂的性质、催化剂的种类和用量而定,织物的厚薄也有一定影响。在催化剂的种类和用量一定的情况下,整理剂的反应性越高,所需焙烘温度越低;在采用同一种催化剂的条件下,焙烘温度越高,所需的焙烘时间越短。在 120~180℃ 的温度范围内,大致温度每升高 10℃,催化反应速率提高 1 倍左右。为了保持织物所需的尺寸和状态,在焙烘过程中,要避免织物受到过大的张力。

(四)干态交联工艺

干态交联的工艺流程为:

浸轧防皱整理液→烘干→焙烘

根据不同的布面克重和组织等确定不同的配方,正常改性二羟甲基二羟基脲为基础的反应型树脂用量在 50~60g/L,催化剂是树脂用量的 30%,其他助剂根据品种和组织确认。

(五)潮交联整理工艺

潮交联工艺常用来生产高档的衬衣和床单等薄织物。织物经过碱丝光和液氨整理后,强力和抗皱性得到较大改善,但是要达到免烫要求还要进行潮交联整理工艺。交联工艺主要是通过化学方法改变纤维分子的结构,使大分子间形成网状交联,增加弹性。随着交联度的增加,织物断裂伸长逐步下降。通过潮交联整理可以提高纤维的初始模量,增加纤维弹性,以达到抗皱的目的。潮交联工艺的原理是,在低温和强酸催化条件下,在织物一定的含潮率时,采用大量低温交联树脂与纤维素分子进行温和的反应,使纤维素大分子相互交联。经过潮交联整理可达到减少织物强力下降、促进树脂与纤维素分子进行温和的反应、使纤维素大分子相互交联、提高外观等级的目的(充分交联)。该工艺对温度特别敏感,温度过高,树脂与纤维反应剧烈,强力下降大;温度过低,树脂与纤维反应太慢,在一定时间内无法充分反应,导致外观等级差。潮交联后要进行充分水洗,以去除游离甲醛。通常根据不同的布面克重和组织等确定不同的配方,树脂用量一般在 240~300g/L,催化剂是树脂用量的 25%~30%,其他助剂根据品种、组织及客户要求确定。

四、定形工序质量要求(表 14-3-11)

表 14-3-11　定形工序质量要求

控制内容	质量控制要求	检测方法
幅宽	按工艺要求控制	卷尺测量
	无脱铗,一匹布中不同位置幅宽差不超过 2.54cm	
纬密	成品要求纬密 50 根以下的:纬密允许偏差少 1 根	纬密镜
	成品要求纬密 50~100 根的:纬密允许偏差少 1~2 根	
	成品要求纬密 100 根以上的:纬密允许偏差少 1~3 根	
	在一匹布之中,匹前与匹后之间纬密允许偏差 1~2 根;匹与匹之间纬密允许偏差 1~3 根	
手感	严格按封样,正常手感不可比封样差	手摸
	有特殊要求的严格按工艺生产要求(如手感需要软、硬、厚实等)进行比较	
色光	按封样比较 4~5 级,无明显差异	目测
	无前后色光差异和左右色光差异	
	浅色、鲜艳品种防止色光发黄、发灰	
格型	左中右格型差异小于 2%	卷尺测量
纬斜、纬弧	条子、经一色纬一色品种不超过 2.5%	目测结合卷尺测量
	边纬斜不超过 2%,格子品种不超过 1.5%	
	印花前布面纬弧、纬斜同色织布标准,印花后常规印花布纬斜、边纬斜同色织布标准,密纹形印花布纬斜、纬弧、边纬斜控制小于 4%	

续表

控制内容	质量控制要求	检测方法
布面质量	无皱条、白条、斜皱	目测
	无刮伤、移位,无断经、断纬	
	无针眼洞、布铗洞等破损性坏疵布	
	无助剂斑、油斑等沾污	
	无卷边	
	针眼距边不超过 1.25cm,无针板皱	
	无明显的异色飞绒	
	印花布控制正反一致	
	在定形前对印花的左中右印花色光差异、印花档等问题进行把关	

五、定形工序相关问题的处理办法(表 14-3-12)

表 14-3-12 定形工序相关问题的处理办法

问题	产生原因	控制措施	处理方法
纬斜、纬弧	1. 来布纬斜太严重 2. 缎条组织皱太严重,无法整纬 3. 斜纹品种,整纬器识别错误 4. 整纬器设定错误 5. 超喂左右不一致 6. 出布超喂设定不准确 7. 两侧布铗长度不一致 8. 缝头不直	1. 来布纬斜、纬弧严重,或组织原因形成的整纬困难的品种,向班质量员反馈,确定整纬两次 2. 由于组织原因形成纬弧(弯)严重的,可与班技术员联系,适当加大幅宽 3. 斜纹品种根据落布情况,确定超前纬斜的数值 4. 调节整纬器 5. 超喂必须左右一致 6. 根据落布情况,调节出布超喂 7. 修理布铗时必须检查两侧布铗是否一致 8. 缝头平直	定形两遍
针眼洞、破边	1. 来布幅宽窄 2. 布铗或针板坏 3. 轨道问题 4. 毛刷轮表面有异物	1. 进布工根据工艺检查来布幅宽,发现问题及时反馈,以便及时调整工艺 2. 将坏针板换掉 3. 由设备技术人员核查设备是否轨道问题 4. 每班对毛刷轮表面检查一次,防止出现表面有针	无法修复

续表

问题	产生原因	控制措施	处理方法
幅宽不一	1. 来布幅宽不一 2. 生产过程中车速不稳定 3. 生产过程中, 烘房温度控制不一致(主要是指氨纶品种) 4. 缝头不平 5. 探边失灵, 吃针不稳定	1. 进布工根据工艺把关来布幅宽, 对于幅宽不匀的必须报班质量员查明原因 2. 生产过程中各工艺参数必须确保前后一致 3. 落布时根据工艺检查幅宽, 特别是一匹中的幅宽 4. 缝头按要求, 做到平直齐牢 5. 修理探边	1. 常规品种重定形 2. 氨纶品种幅宽不匀由成品开剪后, 重定形, 将幅宽加大
手感达不到要求	1. 来布退浆不清 2. 来布去碱不清 3. 毛效不好 4. 柔软剂用量不达要求 5. 轧液率不达要求 6. 烘房温度过高	1. 按工艺要求, 重化料 2. 调整轧车压力, 确保轧液率达要求 3. 按工艺要求, 调整烘房温度	1. 出现退浆不清、去碱不清或毛效不好, 重退浆或水洗 2. 重新定形吃料
沾污助剂斑	1. 助剂失效 2. 助剂本身问题, 长时间生产后产生泡沫 3. 化料时搅拌时间长, 形成破乳 4. 化料时水温太高, 形成破乳 5. 轧槽清洁不到位 6. 换助剂时, 机台未清洁 7. 烘房清洁不到位, 形成黄斑 8. 定形机针板布铗上有油污 9. 返工布生产时未过清水 10. 由于来布布面被滴水, 定形后形成黄斑 11. 定形机管道长时间不清洁	1. 领用助剂时必须检查助剂情况, 发现失效, 反馈, 并重换助剂 2. 助剂问题必须暂时停用, 并反馈 3. 化料时按操作法操作, 化好料后, 必须检查助剂情况, 防止出现破乳现象 4. 换品种时必须做好机台的清洁, 不能出现助剂混用, 特别是做返工布时, 必须接头子布, 对轧槽清洁, 同时放清水 5. 把关来布情况, 发现来布不干, 必须及时反馈以便重水洗后再定形 6. 换针板、换布铗时, 必须清洁好后再上机, 防止出现沾污 7. 机台组长按清洁牌, 在需要清洁时, 及时停机对化料管道进行清洁	人工洗, 但一般助剂斑很难处理干净
色光	1. 来布色光不对 2. 烘房温度太高 3. 烘房内循环风不畅通 4. 氨纶品种高温后色光黄 5. 氨纶品种的 pH 不稳定, 形成前后左右色光差异 6. T/C、CVC 品种在高温定形时停在机台上, 或车速过慢, 形成染料升华	1. 按封样把关来布色光 2. 按工艺控制好烘房温度 3. 设备线定期检修、保养循环风系统 4. 氨纶品种生产时注意把关, 色光黄的必须水洗, 或调整定形后丝光 5. 把关发现此问题后, 及时检查来布的 pH 情况 6. T/C、CVC、氨纶品种在定形时如发现问题, 必须立即接头子布再停机, 不得停在机台上或降低车速生产	1. 水洗 2. 罩色 3. 染料升华无法处理

续表

问题	产生原因	控制措施	处理方法
强力不达标	1. 氨纶品种生产时,烘房内部温度不均匀 2. 定形机生产时,缎条品种易出现缎条部分强力下降,烘房温度太高,布面受热不匀 3. 免烫品种落布太干,烘房温度超过工艺温度	1. 对于特种整理,落布检查用手拉布面,同时取样到化验室测试,合格后方可生产 2. 对定形机的各排风管道阀门进行固定,不得任意调节 3. 免烫潮交联品种按工艺控制好布面含潮率、烘房温度,必须在工艺范围内	1. 基本无法修复 2. 对于免烫品种,吃料时发现强力下降,立即将已吃料的布进行水洗,重新调整工艺 3. 增加液氨整理
断经、断纬	1. 来布就有断经、断纬 2. 经向张力过大 3. 来布幅宽窄,定形时形成断纬	1. 来布按质量控制点的要求把关布面质量,发现问题及时反馈 2. 调节超喂以及经向张力 3. 按工艺把关来布幅宽,有问题向班技术员反馈,由班技术员对工艺幅宽进行调整,同时落布时把关布面,防止出现断纬	基本无法修复
脱夹	1. 布铗或针板有问题 2. 轨道有问题 3. 超喂打得过大或过小	1. 对坏布铗、针板换新 2. 由机工对轨道重新检测 3. 按工艺打超喂	重定形

第七节　起毛

一、影响起毛效果的因素

(一)纤维的细度和长度

起毛加工主要针对纬纱。通常棉纤维长度越短,线密度越高,起毛后强力下降幅度越小,越利于起毛;反之,纤维越长,成纱后纤维间的摩擦力越大,纱线难于解体,起毛越困难。

纤维越细,刚性越差,起毛后的弹性差;线密度相同时,细纤维成纱时纤维根数多,相同捻度下纤维抱合力大,难于起毛。精梳纱使用的纤维较普梳纱线长,捻度高,故难起毛。

对于化学纤维而言,粗纤维织物可以获得良好的起毛风格和外观。

总之,从起毛效果、织物强力损伤程度及外观等来看,短纤维织物效果好;而从风格上看,粗纤维织物效果好。

纤维的细度和长度对起毛产品的强力、风格、外观的影响见表 14-3-13。

表 14-3-13　纤维细度、长度对起毛产品强力、风格和外观的影响

纤维	织物起毛后的特征
粗、长纤维	风格好
粗、短纤维	风格好、强力下降幅度小
细、短纤维	强力下降幅度小
细、长纤维	风格差、强力下降幅度大

(二)纬纱密度

纬密小容易起毛,但绒毛长而稀;如果纬密过小,纱线容易位移,纬向强度过低。纬密大虽然强力大但出绒少,产生细短绒,绒面效果不好。总之,在保证纬向强力的条件下,纬密尽可能小。实践证明,传统双面绒、单面绒产品纬密为 157.4 根/10cm(40 根/英寸)时容易起毛,效果也好。为获得细密短绒、强降小的产品,可采用低特(高支)经纱,并提高纬纱密度。仿麂皮绒面织物为了获得短、密绒毛,纬密应选择大些。

(三)织物组织

在相同线密度、紧度条件下,起毛难易顺序为:平纹、斜纹、缎纹。从组织结构上分析,起毛效果与纬浮点数、纬浮线长度、织物结构的紧度有关。纬纱浮点多,起毛容易,但落毛多,强力下降幅度大。纬纱浮线长度长,浮于布面的纬纱量多,经纱对纬纱的压力小,起毛容易。织物结构紧度大,纬纱的屈曲程度大,纬浮点凸出布面,容易起毛。

(四)设备因素

起毛机的型号、针布辊的根数和直径、针布材料和钩针锋利程度、钢丝号数、针杆长度、针密度等的合理选择也是保证起毛效果良好的重要因素。

二、起毛工艺

(一)含湿率

纤维素纤维在干态下利于起毛,棉织物起毛时,含湿率控制在 5%~6%,所以在起毛前的预定形阶段需要控制好落布的含湿率。

(二)织物张力

起毛时,布面的张力大小直接影响起毛效果。布面张力大,针辊所受的阻力大,起毛力小,所起的毛绒短;张力太小,会引起起毛不匀和外观恶化。另外,经向张力大小均匀,可以保证起毛均匀。

(三)起毛次数及布速

通常采用分步起毛的方式,起毛的力度由弱逐渐变强,这样起出的绒毛厚密,也可以避免一步法强起毛给织物纤维带来的过度损伤。降低起毛力,同时增加起毛次数,有利于拉出短、密、匀的绒毛;提高起毛力,同时减少起毛次数,拉出的绒毛稀疏、长。起毛布速慢,起毛力大,但生产效率低,此时,可以适当考虑减少起毛次数。但需注意,起毛次数太少,绒面效果不好。布速一般控制在 $5\sim20\text{m/min}$。

(四)顺针辊和逆针辊的组合

从起毛效果来看,顺针辊(PR)适合起长绒,逆针辊(CPR)适合起短绒。操作上如果使逆针辊支撑织物,加大顺针辊的速度,使顺针辊深度起毛,可得到长绒毛,反之可得到短绒毛。当顺针辊速度过低时,织物易于朝着出布辊方向推移和堆积,造成织物运行时出布慢、进布快,织物不能紧贴于起毛大滚筒,并容易轧入针布辊中损坏织物。所以,工艺上合理协调控制顺针辊、逆针辊的速度很重要,一般 $v_{PR}:v_{CPR}$ 为 $1:(1.2\sim1.5)$。

(五)零点的调节与控制

零点分为机械零点(理论计算零点)和上机零点。机械零点是指顺、逆针辊的针尖与织物的接触点,在切线方向上合速度为零时的机械状态,这是起毛设备设计、调试和正常运行的参考基准。上机零点是指顺、逆针辊的针尖对织物产生最小梳毛和最小起毛作用时的上机机械状态,这是上机工艺调节的参考基准。

在上机零点状态时,由于起毛钢针的变形、张力作用和织物在针布辊上的包绕弧等因素,导致针尖与织物的接触点产生相对位移差,从而对织物起毛产生影响。从结构上看,织物在此时厚度增加和绒面效果的产生,主要是纬向收缩和纱线受到疏松作用的结果,而不是起毛作用所致。这种状况重复次数越多,则针尖在进出织物时损伤纤维的概率越大,造成织物纬向强力减小。不同织物对应不同的上机零点,但其机械零点都是一致的。随着起毛设备的使用,针布更换和起毛工艺参数的调整,会导致机械零点和上机零点产生漂移。所以,事实上,起毛工艺操作都是以上机零点为基准,掌握好上机零点状态,就可以制订准确的上机工艺,从而获得满意的绒面效果。

三、起毛工序质量要求（表14-3-14）

表14-3-14　起毛工序质量要求

控制内容	质量要求	检测方法
绒面大小	严格按客户提供的标准样控制	目测
布面质量	无左中右绒面不匀	目测
	布面无皱条、无露底	
	无刮伤、无纬缩圈（重点检查布面边部）	
	布面不得沾异色飞绒，布面不得有纱疵	
	纬斜、纬弧不超过标准	
	无前后色光差异和左右色光差异（缝袖管进行比较）	
幅宽	按照工艺要求	尺量
强力	按照工艺要求	测试

四、起毛工序相关问题的处理办法（表14-3-15）

表14-3-15　起毛工序相关问题的处理办法

问题	产生原因	控制措施	处理方法
露底	1. 来布布面皱 2. 进布不平整，布面皱 3. 针布辊跳动 4. 针布辊上有布头或纱头缠绕 5. 经向张力过大或过小，布面在针布上起皱 6. 针布不平	1. 把关来布情况，布面有皱条不得生产，必须重定形 2. 如因为落布后形成的软皱产生露底，则必须重定形，使用A字架或打卷生产进布起毛 3. 将烘筒蒸汽打开，确保布面烫平 4. 进布平整，不得出现跑偏 5. 生产前检查针布辊上无布头缠绕 6. 根据绒面情况调节好张力，不能过大，也不能小 7. 针布辊跳动则必须修理后再开机 8. 定期磨针	重烧毛后再起毛，但无法完全恢复

续表

问题	产生原因	控制措施	处理方法
绒不均	1. 前道张力或纱的问题 2. 针布磨损不一致 3. 来布干湿度不一致 4. 各导布辊、针布不水平且不平行 5. 机台前后调节不一致	1. 前道问题向上级反馈(可利用布左右调换起毛,或检查匹与匹之间来确定是否是前道问题) 2. 检查来布干湿度是否一致,有问题重定形后起毛 3. 定期打磨针布,并对机台水平进行检查和保养 4. 大货生产时,在确定合格毛面后,不能再做大的调节,可只做一些微调,以确保前后一致	烧毛后再起毛,但基本无法完全达到要求
刮伤(纬缩)	1. 针布不平 2. 进布跑偏 3. 张力过大或过小	1. 定期磨针 2. 进布平整,防止跑偏 3. 根据毛面情况,对张力适当调节	1. 人工拉平后定形预缩 2. 水洗或丝光后定形预缩 3. 如纱被拉断,就无法修复
强力不达标	1. 来布强力不达标 2. 绒面大导致纱线强力下降	1. 检测来布强力,如不达标,及时向上级反馈 2. 按封样确定绒面 3. 对绒面要求特别大的品种,可分多次起毛,减小张力,逐渐使绒面达要求	无法修复
纬斜、纬弧	1. 来布斜 2. 组织松,由于张力作用形成纬斜或纬弧 3. 进布张力左右不一致 4. 各导布辊不水平	1. 按标准把关来布,发现问题可返工定形后再起毛 2. 对于组织松的,应增加定形 3. 确保进布平整 4. 定期停车保养	起毛后再定形

第八节　磨毛

一、影响磨毛效果的因素

(一)磨粒和砂皮

作为直接摩擦织物的材料,要有较高的硬度、耐磨性、耐热性,保证加工性能良好的尖锐锋利的棱角。作为磨粒的材料有氧化物、碳化物和高硬度材料(天然或人造金刚石材料)等,其中氧化物和碳化物应用较为广泛。磨粒的几何形状是随机的,颗粒大小以粒度表示。粒度号越大,磨粒实际尺寸越小。一般轻薄织物起短绒,采用柔和的高号数的砂皮;厚重织物起长绒,采用摩擦剧烈的低号数砂皮。

(二)砂磨辊与织物的运行速度

磨毛时,一般砂磨辊表面的线速度大大高于织物的运行速度。两者速度差大,织物与砂磨辊接触时间相对长,织物表面越易形成短、密、匀的丰满绒毛,磨毛效果好;但布速不能太慢,否则织物会受到过度摩擦,强度下降严重,严重的甚至磨破。反之,两者运行速度相近则产生稀而长的绒毛,织物强降少,手感较硬。对于粗厚织物,砂磨辊的速度可以高些,而轻薄织物宜低些。砂磨辊转速和布速可以分别调节,一般砂磨辊在 $800 \sim 1500 \mathrm{r/min}$,布速在 $10 \sim 20 \mathrm{m/min}$。

另外,砂磨辊转动方向对磨毛效果有影响。当砂磨辊回转方向与织物运行方向一致时,磨毛作用小,磨毛柔和;当两者的方向相反时,磨毛效果好,但织物强力下降幅度大,操作难度增加,故一般反转砂磨辊不宜多用。

(三)织物与砂磨辊的接触程度

织物与砂磨辊接触后形成包覆角。包覆角越大,织物与砂磨辊接触面积越大,磨毛作用显著,效果好。但织物强力下降大,严重的会磨破织物。包覆角的大小是通过压布辊的压力控制。通常织物与砂磨辊接触弧长 $1 \sim 1.5 \mathrm{cm}$,绒毛基本可以达到要求。同时,必须恰当地控制好车速和接触弧长,否则会造成磨毛不良或织物强力下降过多。一般强力下降控制在 $15\% \sim 20\%$ 为宜。

(四)纤维和织物结构

纤维不同,磨毛后力学性能差异很大。合成纤维强度高,磨毛难度大,容易起球,磨毛效果差,强度降低少。纤维素纤维强度低,含杂质多,纤维容易磨毛,并获得良好的磨毛效果,但强度损伤大。纤维长度短,磨毛容易。

织物中纱线捻度高,经纬密度大,不容易磨毛。通常磨毛产品的坯布纱线捻度要降低

10%～15%,这样有利于磨毛。

磨毛时磨粒对经纬纱的磨削概率是相同的,但纬纱受到磨粒垂直的削磨作用,所以磨粒对纬纱的磨削作用大,纬纱磨损大。对于稀薄织物,磨毛后强力损失大,容易造成纬纱移位,磨毛难度大,一般采用高号数砂皮磨毛。中厚织物、提花织物、条纹织物、卡其类织物等纬纱浮点多,相对容易磨毛,常选择低号数的砂皮磨毛,产生的绒毛浓密、长而匀。

(五)织物张力控制

张力的大小决定了织物与砂磨辊接触时绷紧的程度和磨粒刺入织物的深度。在一定范围内,随着张力的提高,织物绷紧,布面与砂磨辊接触越紧密,嵌入织物的磨粒越多,嵌入深度越大,磨毛作用增强,磨毛效果好。但当张力达到一定值后,由于嵌入织物的磨粒趋于饱和,数目不再增加,故磨毛效果已无多大改善,如不改变其他参数则磨毛效果不会提高,张力太大反而使织物断裂强度下降。实践证明,对中厚织物通过张力辊将张力调大些,以 0.4MPa 为宜,对稀薄织物张力宜小些。

(六)压布辊与砂磨辊的隔距

压布辊与砂磨辊之间的隔距,一般略大于织物厚度 0.1～0.3mm,这样既可以保证织物顺利进入摩擦点,又能使织物磨毛。

(七)磨毛次数

多次磨绒可以提高磨毛效率,磨毛效果好。但织物强力随磨毛次数增加而下降,所以应根据织物的撕破强力和所需毛感的实际情况而定。

二、磨毛工序质量要求(表 14-3-16)

表 14-3-16　磨毛工序质量要求

控制内容	质量要求	检测方法
拉伸强力	按工艺标准(左中右均必须检测)	测试
撕破强力	落布每段布用手拉测试强力,特别是边部 20cm 内,防止出现明显强力下降	
布面质量	无左中右绒面不匀,左中右色光要一致,落布后取布缝袖管进行比较	目测
	布面无皱条、无露底	
	无刮伤、无纬缩圈	
	布面不得沾异色飞绒	
	纬斜、纬弧不超过标准	
	无前后色光差异和左右色光差异	
毛面质量	严格按客户提供的标准样控制	目测

三、磨毛工序相关问题的处理办法(表14-3-17)

表14-3-17 磨毛工序相关问题的处理办法

问题	产生原因	控制措施	处理方法
露底	1. 来布布面不平整 2. 布面起皱进磨辊 3. 来布组织原因形成露底,特别是大的缎条品种	1. 把关来布质量,不达要求的退回重定形 2. 打卷磨毛 3. 对于由于组织原因形成的露底,及时反馈,以便与客户联系进行调整	水洗或丝光,但有时无法处理
强力不达标或不匀	1. 来布打卷布有皱条 2. 砂纸太粗 3. 绒面过大导致强力降低 4. 张力不匀 5. 来布强力不达要求	1. 把关来布质量,布面皱不得磨毛 2. 根据毛面样调整砂纸目数 3. 对张力、压力进行调节 4. 检测来布强力,不达要求的不得生产	无法修复
毛面不匀	1. 来布干湿度不一致 2. 左右张力不一致	1. 把关来布干湿度 2. 对张力、压力进行调节	烧毛后重磨毛

第九节 轧光

一、轧光工艺

根据整理要求不同,轧光工艺可以选择不同的温度,常用的有以下三种方法:

1. 热压法(150~200℃)

采用热压法可使织物表面变得平滑,并获得均匀和一定程度的光泽。

2. 轻热压法(40~80℃)

采用轻热压可使织物手感柔软,但不影响纱线的紧密度,织物稍有光泽。

3. 冷压法

采用冷压使纱线压扁,排列更紧密,从而封闭了织物的交织孔,使织物表面平滑,但不产生光泽等效果。

二、轧光工序质量要求(表14-3-18)

表14-3-18　轧光质量要求

控制内容	质量要求	检测方法
布面质量	无轧光点	目测
	左中右色光一致,落布后取布缝袖管进行比较	
	无轧皱(包括眉毛皱)	
	无破洞	
	无断经纬	
	无刮伤移位	
幅宽	按工艺要求	卷尺测量
布面效果	按封样比较色光、手感、光洁度	目测

第十节　预缩

一、影响预缩的主要因素

影响预缩效果的主要因素有挤压力、橡胶毯品质、布面湿度、布面及承压辊温度、预缩时间、织物状态。它们既有一定的独立性,又相互联系和影响。合理配置它们的关系是保证预缩效果、提高生产效率、延长机器使用寿命的关键。

(一)挤压力

在特定几何形状的条件下,挤压力的大小直接决定了橡胶毯变形量的大小,即橡胶毯经向伸长量的大小。挤压力越大,经向伸长量越大,回缩自然也越大,则织物预缩率相应增大。挤压力是预缩机预缩能力的标志,性能优良的预缩机,其挤压力可达200~250kN,对于宽1800mm的橡胶毯而言,其线压力为1.1~1.4kN/cm。

对于不同硬度的橡胶毯,当橡胶毯厚度和挤压变形量相同时,其挤压线压力不同。橡胶毯硬度越高,需要的挤压力越大。一般橡胶毯推荐最大挤压量=橡胶毯厚度×(20%~25%),常用进口橡胶毯厚度为67mm。

(二)橡胶毯的品质

橡胶毯品质对织物预缩的影响极大,橡胶毯的弹性、硬度、均匀性、亲水性、摩擦系数、抗疲劳性、抗断裂性、耐热及抗老化性、耐磨性、可修补性等都直接影响预缩效果与使用寿命。

橡胶毯的弹性,对织物预缩的影响最大。橡胶毯受挤压后造成的变形及橡胶毯失去挤压后的回弹可以理解为橡胶毯的弹性,变形量大及回弹能力强,则弹性好,利于预缩。

橡胶毯的硬度是与其弹性密切相关的一个指标,硬度高,抗压性好,但弹性越差。橡胶毯的均匀性直接影响被加工织物的品质和机械运行状态。如弹性或硬度不均匀,就会造成织物预缩不均匀,还可能造成橡胶毯跑偏,或左右"蛇行"。

橡胶毯表面的亲水性对织物的含湿量可产生一定的影响。同时,对橡胶毯表面的冷却和润滑也将起重要作用。亲水性好,橡胶毯表面的冷却和润滑就好,对延长橡胶毯寿命有益。

橡胶毯表面与织物的摩擦系数,直接决定两者之间的摩擦力,会影响橡胶毯对织物的握持能力。握持能力越大,则橡胶毯在受挤压变形时带动织物一起回缩的能力越强,预缩率大;反之,预缩率小。摩擦系数与橡胶毯原材料有直接关系,在实际应用中不易检测,一般采用不同牌号的砂带来打磨橡胶毯表面,以获取不同的握持能力。常用砂带牌号为 $60^{\#} \sim 120^{\#}$,牌号低适合厚重织物,牌号高适合轻薄织物。

橡胶毯的抗疲劳性、耐热及抗老化性、抗断裂性等,直接关系到橡胶毯的寿命。橡胶毯一直处在高负荷下,且圆周方向处在正反弯曲不断变换的状态,这种状态将加速橡胶毯的疲劳老化,甚至断裂。目前,品质好的橡胶毯中寿命较长的可加工 1×10^4 m 以上的织物。

橡胶毯的耐磨性,取决于橡胶毯的原材料和加工工艺。耐磨性好,则每次磨橡胶毯后减薄量小,寿命自然就延长。

(三)布面湿度

布面湿度指预缩前织物的含湿率。预缩前织物的含湿率一般为7%～15%。水是纤维素纤维的有效增塑剂,可强化织物的变形与"定形"。织物经喷雾给湿后,再经过烘筒的烘蒸,是促使织物含潮均匀的一种常用方式。

橡胶毯表面的含湿量会影响织物含湿率。预缩整理后的织物其含湿率应在4%左右,此时最有利于织物的稳定。

(四)温度

即进预缩机前布面温度和承压辊温度。织物在一定的温度条件下通过湿度等因素的配合,使织物容易产生预缩变形,并使织物预缩后形状稳定。织物预缩前的温度控制在 60～80℃ 是较理想状态。但由于布面温度不易检测,一般通过烘筒温度或压力来大致控制布面温度。烘筒表面温度一般掌握在 105℃ 左右。承压辊表面温度应根据不同织物的预缩要求,控制在107～140℃,轻薄织物可偏低些,厚重织物应偏高些。两个温度的控制调整要根据织物预缩的具体情况相互协调,以求达到较好的预缩效果。

(五)预缩整理时间

没有足够的时间,织物随橡胶毯压缩而回缩就不能充分地完成。若时间较短,即使温度、湿度、橡胶毯压力等因素调整得很合适,也不会达到稳定的预缩效果。预缩时间与橡胶毯的弹性有一定关系,橡胶毯的弹性好,则预缩时间可相应缩短。

(六)织物自身状态及前道工序对预缩的影响

织物自身状态对预缩的影响,主要表现在织物是否具有吸湿性。经过前处理后的织物,其吸湿性已大大增强,但在这些工序中,一定要注意尽可能减小织物的张力,即减小织物的意外伸长。否则,势必会提高织物的潜在缩水率,增加预缩的压力。织物的经纬密度及纱的线密度不同,其预缩的难易程度也不同,如低特高密的府绸和高特大克重的绒布,都比较难预缩。

二、缩前和缩布率的关系

在进行织物预缩之前,需要检测织物的缩水情况,这种检测称为缩前检测。预缩时需根据缩前的数值以及对应的客户缩水标准要求确定预缩时的缩布率,使得织物的缩水率达到客户的要求。

三、预缩工序质量要求(表 14-3-19)

表 14-3-19　预缩工序质量要求

控制内容	质量要求	检测方法
幅宽	严格按工艺标准	卷尺测量
	工艺要求有效幅宽的以有效幅宽为准	
纬密[①]	严格按工艺标准	纬密镜
	一匹布之中,不同区域的纬密不能偏差 2 根;匹与匹之间差异不超过 3 根	
纬斜、纬弧	条子、经一色纬一色品种不超过 2.5%,格子品种不超过 1.5%	目测结合卷尺测量
	边纬斜不超过 2%	
	对于印花底布而言,印花前布面纬弧、纬斜同色织布标准,常规印花布纬斜、边纬斜同色织布标准,密纹形印花布纬斜、纬弧、边纬斜控制小于 4%	
格型	左中右格型差异小于 2%	卷尺测量

控制内容	质量要求	检测方法
布面质量	无皱条、白条、无预缩机轧皱	目测
	无刮伤、移位,无断经、断纬	
	无鸡皮皱、眉毛皱、指甲皱(允许缎纹组织里有轻微鸡皮皱)	
	无沾污	
	无起泡、水斑,无荷叶边(距边宽度不超过2cm)	
	无橡胶斑,无呢毯印	
	深色品种上无明显的异色飞绒	
	碳素磨毛布、磨毛布、起毛布、轧光布按封样比较色光和手感	
	印花布控制正反一致	

①此纬密全部是在坯布纬密达到工艺设计纬密时的控制要求,如坯布纬密有波动,则按坯布实际波动的范围控制成品纬密。

四、预缩工序相关问题的处理办法(表14-3-20)

表14-3-20　预缩工序相关问题的处理办法

问题	产生原因	控制措施	处理方法
轧皱	1. 缝头不良 2. 进布跑偏 3. 经向张力过大或过小 4. 纬弧辊调节过大 5. 缎条组织品种边部皱预缩时又恢复皱条 6. 机台张力不稳 7. 来布布面皱	1. 按缝头要求,做到平、直、齐、牢 2. 把关来布是否平整,确保进布平整 3. 根据布面情况确定经向张力 4. 调节纬弧或纬斜时不能太大,如来布纬斜、纬弧严重,必须与班质量员联系,需要重定形整纬 5. 皱条组织布面皱,必须重定形 6. 把关来布布面,发现皱与班质量员联系,重定形 7. 机台张力不稳,由机工进行调节	重定形,如布面已形成死皱,必须重水洗(小整理)或丝光(大整理)
幅宽不达标	1. 张力过大 2. 来布幅宽窄 3. 边组织宽,有效幅宽不达标 4. 幅宽回缩(主要是氨纶品种) 5. 吃针太宽,有效幅宽不达标	1. 调小经向张力 2. 把关来布幅宽,发现幅宽窄,可以将经向张力调小,在保证缩水率的情况下,调节橡毯和呢毯之间的张力,将呢毯张力调小,但必须确保布面质量达要求,无皱条、眉毛皱,如经过调节后无法达到要求,向班技术员反馈,确定是否返工定形 3. 有效幅宽不达要求的,按上述的方式进行调节,但要保证纬向缩水达到要求,如有差异,向班技术员反馈,确定是否返工	重定形

续表

问题	产生原因	控制措施	处理方法
幅宽不达标		4. 对于氨纶品种,在落布后必须再次测量一下幅宽,防止出现幅宽回缩现象,如有此问题,向班技术员反馈,班技术员必须对定形工艺进行调整,无法调整的,向上级反馈	重定形
鸡皮皱	1. 橡毯老化,或内部有裂口 2. 冷却水不足或断水 3. 橡毯压力过大 4. 布面手感太板 5. 缩水率大,缩不进 6. 橡毯温度不够	1. 磨橡毯、补橡毯或换新橡毯 2. 在生产结束时,必须将橡毯退出,在完全冷却后再停机,以延长橡毯使用寿命 3. 保证冷却水正常供应 4. 查明布太板的原因,可加大给湿量,或重加柔软 5. 对于缩水率过大的品种,可以进行两次预缩 6. 将橡毯烘筒内部的冷凝水放去 7. 在正常生产时,橡毯压力不能过大,缩水率可以通过张力来进行调节 8. 可适当将橡毯抬高	重定形、预缩
泡	1. 织物经向张力不一 2. 刮水板刮水不匀 3. 轧水辊水垢严重,有异物 4. 橡胶毯表面不光滑	1. 打磨橡胶毯(每周一次) 2. 对刮水板进行清洁(每班一次) 3. 将轧水辊水垢全清除(每班一次) 4. 向上级反馈	重定形、预缩
荷叶边	1. 橡胶毯挤水不清,边部带水 2. 橡胶毯边部不平 3. 边组织问题 4. 来布边松	1. 修理刮水板 2. 清洁轧水辊 3. 磨橡胶毯 4. 机台停机后清洁烘筒 5. 来布问题或边组织问题,向上级反馈	重定形、预缩

第四章　生态纺织品标准

第一节　国家纺织产品基本安全技术规范（GB 18401—2010）

一、范围

国家纺织产品基本安全技术规范是为保证纺织产品对人体健康无害而提出的最基本的要求。本标准的全部技术内容为强制性，规定了纺织产品的基本安全技术要求、试验方法、检验规则及实施与监督。纺织产品的其他要求按有关标准执行。本标准适用于我国境内生产、销售的服用、装饰用和家用纺织品。出口产品可依据合同的约定执行。

二、产品分类

产品按最终用途可分为以下三种。

（1）婴幼儿纺织产品。年龄在 36 个月及以下的婴幼儿穿着或使用的纺织产品，如尿布、内衣、围嘴儿、睡衣、手套、袜子、外衣、帽子、床上用品。

（2）直接接触皮肤的纺织产品。在穿着或使用时，产品的大部分面积直接与人体皮肤接触的纺织产品，如内衣、衬衣、裙子、裤子、袜子、床单、被套、毛巾、泳衣、帽子。

（3）非直接接触皮肤的纺织产品。在穿着或使用时，产品不直接与人体皮肤接触，或仅有小部分面积直接与人体皮肤接触的纺织产品，如外衣、裙子、裤子、窗帘、床罩、墙布。

需用户再加工后方可使用的产品（如面料、纱线）根据最终用途归类。

三、要求

纺织产品的基本安全技术要求根据指标要求程度分为 A 类、B 类和 C 类，见表 14-4-1。

婴幼儿纺织产品应符合 A 类要求，直接接触皮肤的纺织产品至少应符合 B 类要求，非直接接触皮肤的纺织产品至少应符合 C 类要求，其中窗帘等悬挂类装饰产品不考核耐汗渍色牢度。

表 14-4-1　纺织产品的基本安全技术要求

项目		A 类	B 类	C 类
甲醛含量≤/(mg/kg)		20	75	300
pH[a]		4.0~7.5	4.0~8.5	4.0~9.0
染色牢度[b]/级≥	耐水(变色、沾色)	3~4	3	3
	耐酸汗渍(变色、沾色)	3~4	3	3
	耐碱汗渍(变色、沾色)	3~4	3	3
	耐干摩擦	4	3	3
	耐唾液(变色、沾色)	4	—	—
异味		无		
可分解致癌芳香胺染料[c]/(mg/kg)		禁用		

a 后续加工工艺中必须要经过湿处理的非最终产品,pH 可放宽至 4.0~10.5。

b 对需经洗涤褪色工艺的非最终产品、本色及漂白产品不要求;扎染、蜡染等传统的手工着色产品不要求;耐唾液色牢度仅考核婴幼儿纺织产品。

c 致癌芳香胺清单见表 14-4-2,限量值≤20mg/kg。

四、致癌芳香胺清单

致癌芳香胺清单见表 14-4-2。

表 14-4-2　致癌芳香胺清单

致癌芳香胺名称	致癌芳香胺名称	致癌芳香胺名称
4-氨基联苯	联苯胺	4-氯邻甲苯胺
2-萘胺	邻氨基偶氮甲苯	5-硝基邻甲苯胺
对氯苯胺	2,4-二氨基苯甲醚	4,4′-二氨基二苯甲烷
3,3′-二氯联苯胺	3,3′-二甲氧基联苯胺	3,3′-二甲基联苯胺
3,3′-二甲基-4,4′-二氨基二苯甲烷	2-甲氧基-5-甲基苯胺	4,4′-亚甲基二(2-氯苯胺)
4,4′-二氨基二苯醚	4,4′-二氨基二苯硫醚	邻甲苯胺
2,4-二氨基甲苯	2,4,5-三甲基苯胺	邻氨基苯甲醚
4-氨基偶氮苯	2,4-二甲基苯胺	2,6-二甲基苯胺

第二节　生态纺织品技术要求

一、范围

GB/T 18885—2020 规定了生态纺织品的术语和定义、产品分类、要求、试验方法、检验规则。本标准适用于各类纺织品,包括纤维、纱线、织物、制品及其附件。

二、生态纺织品

采用对环境和人体无害或少害的原料及生产过程所生产的对人体健康和环境无害或少害的纺织品。

三、产品分类

按照产品(包括生产过程各阶段的中间产品)的最终用途,分为四类:

(1)婴幼儿用品。供年龄在 36 个月及以下的婴幼儿穿着或使用的产品(一般适用于身高 100cm 及以下婴幼儿穿着或使用的产品可作为婴幼儿用品);

(2)直接接触皮肤用品。在穿着或使用时,其大部分面积与人体皮肤直接接触的产品(如内衣、衬衫、毛巾、床单等);

(3)非直接接触皮肤用品。在穿着或使用时,不直接接触皮肤或仅有小部分面积与人体皮肤直接接触的产品(如外衣等);

(4)装饰用品。用于装饰的产品(如桌布、墙布、窗帘等)。

四、要求

生态纺织品的技术要求见表 14-4-3。

表 14-4-3　生态纺织品的技术要求

项目	婴幼儿用品	直接接触皮肤用品	非直接接触皮肤用品	装饰用品
pH[a]	4.0~7.5	4.0~7.5	4.0~9.0	4.0~9.0
甲醛含量/(mg/kg)　<	20	75	150	300

项目		婴幼儿用品	直接接触皮肤用品	非直接接触皮肤用品	装饰用品
可萃取重金属/(mg/kg) <	锑(Sb)	30.0	30.0	30.0	—
	砷(As)	0.2	1.0	1.0	1.0
	铅(Pb)	0.2	1.0	1.0	1.0
	镉(Cd)	0.1	0.1	0.1	0.1
	铬(Cr)	1.0	2.0	2.0	2.0
	六价铬[Cr(Ⅵ)]	0.5	0.5	0.5	0.5
	钴(Co)	1.0	4.0	4.0	4.0
	铜(Cu)	25.0	50.0	50.0	50.0
	镍(Ni)	1.0[b]	4.0[c]	4.0[c]	4.0[c]
	汞(Hg)	0.02	0.02	0.02	0.02
总铅[d]/(mg/kg) <		90.0	90.0[e]	90.0[e]	90.0[e]
总镉[d]/(mg/kg) <		40.0	40.0[e]	40.0[e]	40.0[e]
镍释放[f]/[μg/(cm²·周)]		0.5	0.5	—	—
杀虫剂总量[g,h]/(mg/kg) <		0.5	1.0	1.0	1.0
含氯苯酚[g]/(mg/kg) <	五氯苯酚(PCP)	0.05	0.5	0.5	0.5
	四氯苯酚(TeCP)总量	0.05	0.5	0.5	0.5
	三氯苯酚(TrCP)总量	0.2	2.0	2.0	2.0
	二氯苯酚(DCP)总量	0.5	3.0	3.0	3.0
	一氯苯酚(MCP)总量	0.5	3.0	3.0	3.0
氯化苯和氯化甲苯总量[g]/(mg/kg) <		1.0	1.0	1.0	1.0
邻苯二甲酸酯[g,j]/% <	总量	0.1	0.1	0.1	—
	总量(DINP除外)	—	—	—	0.1
有机锡化合物[g]/(mg/kg) <	三丁基锡(TBT)	0.5	1.0	1.0	1.0
	三苯基锡(TPhT)	0.5	1.0	1.0	1.0
	其他(单项)	1.0	2.0	2.0	2.0

项目		婴幼儿用品	直接接触皮肤用品	非直接接触皮肤用品	装饰用品
有害染料[g]	可分解致癌芳香胺染料	禁用[i]			
	苯胺				
	致癌染料				
	致敏染料				
	其他禁用染料				
多环芳烃[g,h]/(mg/kg) <	萘	0.5	1.0	1.0	1.0
	苯并[a]芘	0.5	1.0	1.0	1.0
	苯并[e]芘	0.5	1.0	1.0	1.0
	苯并[a]蒽	0.5	1.0	1.0	1.0
	苯并[b]荧蒽	0.5	1.0	1.0	1.0
	苯并[J]荧蒽	0.5	1.0	1.0	1.0
	苯并[k]荧蒽	0.5	1.0	1.0	1.0
	二苯并[a,h]蒽	0.5	1.0	1.0	1.0
	24 种总量	5.0	10.0	10.0	10.0
全氟及多氟化合物[g,1]/($\mu g/m^2$) <	全氟辛烷磺酸和磺酸盐、全氟辛烷磺酰胺、全氟辛烷磺酰氟、N-甲基全氟辛烷磺酰胺、N-乙基全氟辛烷磺酰胺、N-甲基全氟辛烷磺酰胺乙醇、N-乙基全氟辛烷磺酰胺乙醇(总量)	1.0	1.0	1.0	1.0
	全氟辛酸及其盐	1.0	1.0	1.0	1.0
全氟及多氟化合物[g,1]/(mg/kg) <	全氟庚酸及其盐	0.05	0.1	0.1	0.5
	全氟壬酸及其盐	0.05	0.1	0.1	0.5
	全氟癸酸及其盐	0.05	0.1	0.1	0.5
	全氟十一烷酸及其盐	0.05	0.1	0.1	0.5
	全氟十二烷酸及其盐	0.05	0.1	0.1	0.5
	全氟十三烷酸及其盐	0.05	0.1	0.1	0.5
	全氟十四烷酸及其盐	0.05	0.1	0.1	0.5

续表

项目		婴幼儿用品	直接接触皮肤用品	非直接接触皮肤用品	装饰用品
全氟及多氟化合物[g,1]/（mg/kg）<	全氟羧酸	0.05	—	—	—
	全氟磺酸	0.05	—	—	—
	部分氟化羧酸/磺酸	0.05	—	—	—
	部分氟化线性醇	0.5	—	—	—
	氟化醇与丙烯酸的酯	0.5	—	—	—
残余溶剂[g,m]/%<	N,N-二甲基甲酰胺（DMF）[n]	0.05[o]	0.05[o]	0.05[o]	0.05[o]
	N,N-二甲基乙酰胺（DMAc）[n]	0.05[o]	0.05[o]	0.05[o]	0.05[o]
	N-甲基吡咯烷酮（NMP）[n]	0.05[o]	0.05[o]	0.05[o]	0.05[o]
	甲酰胺	0.02	0.02	0.02	0.02
残余表面活性剂、润湿剂[g]/（mg/kg）<	壬基酚、辛基酚、庚基酚、戊基酚（总量）	10.0	10.0	10.0	10.0
	壬基酚、辛基酚、庚基酚、戊基酚、辛基酚聚氧乙烯醚、壬基酚聚氧乙烯醚（总量）	100.0	100.0	100.0	100.0
其他残余化学物[g]	邻苯基苯酚（OPP）/（mg/kg）<	10	25	25	25
	富马酸二甲酯（DMFu）/（mg/kg）<	0.1	0.1	0.1	0.1
	致癌芳香胺	禁用[i]			
	苯胺				
	双酚 A/%<	0.1	0.1	0.1	0.1
抗菌整理剂		通过安全认证的可使用[p]			
阻燃整理剂	普通	通过安全认证的可使用[p]			
	其他[g]	禁用[i]			

续表

项目		婴幼儿用品	直接接触皮肤用品	非直接接触皮肤用品	装饰用品
紫外光稳定剂g/% <	UV 320	0.1	0.1	0.1	0.1
	UV 327	0.1	0.1	0.1	0.1
	UV 328	0.1	0.1	0.1	0.1
	UV 350	0.1	0.1	0.1	0.1
色牢度(沾色)/级 ≥	耐水	3-4	3	3	3
	耐酸汗渍	3-4	3-4	3-4	3-4
	耐碱汗渍	3-4	3-4	3-4	3-4
	耐干摩擦q	4	4	4	4
	耐湿摩擦	3r	2-3s	—	—
	耐唾液	4	—	—	—
异常气味t		无			
石棉纤维		禁用			

a 后续加工工艺中应经过湿处理的产品,pH 可放宽至 4.0~10.5;发泡产品,pH 允许在 4.0~9.0。

b 表面金属化的材料限量为 0.5mg/kg。

c 表面金属化的材料限量为 1.0mg/kg。

d 仅考核含有涂层和涂料印染的织物,(指标为铅、镉总量占涂层或涂料质量的比值)及塑料、金属等附件。

e 对于玻璃材质的附件不考核。

f 适用于直接或长期接触皮肤的金属附件。

g 具体物质名单详见表 14-4-4~表 14-4-14。

h 仅适用于天然纤维。

i 合格限量值:每种可分解的致癌芳香胺和可能以化学残留物形式存在的致癌芳香胺的总量为 20mg/kg;致癌、致敏和其他禁用染料为 50mg/kg;可分解的苯胺和可能以化学残留物形式存在的游离苯胺总量婴幼儿用品为 20mg/kg,其他三类为 50mg/kg;禁用阻燃剂限量值为 10mg/kg,且短链氯化石蜡限量为 50mg/kg。

j 仅考核含有涂层和涂料印染的织物、泡绵和塑料材质辅料。

k 适用于合成纤维、合成纤维纱线、缝纫线以及塑料材料。

l 适用于所有做过防水、防污或防油后整理和涂层处理的材料。

m 适用于在生产过程中使用溶剂的纤维、纱线、织物、涂层制品(如人造革)以及泡绵(EVA、PVC)。

n 应经过进一步工业加工(湿热或干热后处理,或其他处理)的产品限量为 3.0%。

o 对于丙烯酸、氨纶/聚氨酯和芳纶制成的材料以及(PU、PVC、PVC 增胶溶胶、PVDC、PVC 共聚物)涂层纺织品,限量值为 0.1%。

p 可提供安全认证证书或通过毒理性试验的报告作为证明文件。

q 对需经洗涤褪色工艺的非最终产品、本色及漂白产品无要求;扎染、蜡染等传统的手工着色产品不要求;对颜料、还原染料和硫化染料,除婴幼儿用品外,其最低的耐干摩擦色牢度允许为 3 级。

r 对于深色产品可放宽至 2~3 级。

s 仅考核直接接触皮肤的儿童产品。

t 针对除纺织地板覆盖物以外的所有制品,异味种类为香味、霉味、高沸程石油味(如汽油、煤油味)、鱼腥味、芳香烃气味中的一种或几种。

五、有害染料(表14-4-4)

表14-4-4　有害染料

染料类别		名称
还原条件下染料中不允许分解出的芳香胺	第一类:对人体有致癌性的芳香胺	4-氨基联苯、联苯胺、4-氯-邻甲基苯胺、2-萘胺
	第二类:对动物有致癌性,对人体可能有致癌性的芳香胺	邻氨基偶氮甲苯、2-氨基-4-硝基甲苯、对氯苯胺、2,4-二氨基苯甲醚、4,4′-二氨基二苯甲烷、3,3′-二氯联苯胺、3,3′-二甲氧基联苯胺、3,3′-二甲基联苯胺、3,3′-二甲基-4,4′-二氨基二苯甲烷、2-甲氧基-5-甲基苯胺、4,4′-亚甲基-二-(2-氯苯胺)、4,4′-二氨基二苯醚、4,4′-二氨基二苯硫醚、邻甲苯胺、2,4-二氨基甲苯、2,4,5-三甲基苯胺、邻甲氧基苯胺、2,4-二甲基苯胺、2,6-二甲基苯胺、4-氨基偶氮苯
	其他芳香胺	苯胺
致癌染料		C.I. 酸性红26、C.I. 碱性红9、C.I. 直接黑38、C.I. 直接蓝6、C.I. 直接红28、C.I. 分散蓝1、C.I. 分散黄3、C.I. 碱性紫14、C.I. 分散橙11、C.I. 颜料红104、C.I. 颜料黄34、C.I. 溶剂黄1(苯胺黄/4-氨基偶氮苯)、C.I. 直接棕95、C.I. 直接蓝15、C.I. 酸性红114
致敏染料		C.I. 分散蓝1、C.I. 分散蓝3、C.I. 分散蓝7、C.I. 分散蓝26、C.I. 分散蓝35、C.I. 分散蓝102、C.I. 分散蓝106、C.I. 分散蓝124、C.I. 分散橙1、C.I. 分散橙3、C.I. 分散橙37、C.I. 分散橙76、C.I. 分散红1、C.I. 分散红11、C.I. 分散红17、C.I. 分散黄1、C.I. 分散黄3、C.I. 分散黄9、C.I. 分散黄39、C.I. 分散黄49、C.I. 分散棕1、C.I. 分散棕59
其他禁用染料		C.I. 分散橙149、C.I. 分散黄23、C.I. 碱性绿4(草酸盐)、C.I. 碱性绿4(氯化物)、C.I. 孔雀绿

六、杀虫剂(表14-4-5)

表14-4-5　杀虫剂

名称	名称	名称
2,4,5涕	2,4滴	艾氏剂
涕灭威	杀虫脒,克死螨	林丹
甲萘威	丙溴磷	喹硫磷
滴滴涕	狄氏剂	α-硫丹
β-硫丹	异狄氏剂	七氯
环氧七氯	六氯苯	α-六六六
β-六六六	σ-六六六	十氯酮
甲氧滴滴涕	灭蚊灵	毒杀芬
八氯坎烯	保棉磷	益棉磷
氟乐灵	异艾氏剂	克来范
乙基溴硫磷	敌菌丹	氯丹
脱叶膦	马拉硫磷	乙酯杀螨醇
可尼丁,噻虫胺	吡虫啉	磷胺
噻虫嗪	啶虫脒	呋虫胺
烯啶虫胺	噻虫啉	滴滴滴
滴滴伊	克来范	速灭磷
毒虫畏,杀螟威	香豆磷,蝇毒磷	氯氰菊酯
氟氯氰菊酯,百树菊酯	乙滴涕	碳氯灵
氯氟氰菊酯(RS)	溴氰菊酯	百治磷
2,4-D丙酸	乐果	地乐酚及其盐和醋酸盐
高效氰戊菊酯	氰戊菊酯	甲基对硫磷
烯虫磷	2-甲-4-氯苯氧乙酸	2-甲-4-氯苯氧丁酸
2-甲-4-氯苯氧丙酸	甲胺磷	久效磷
对硫磷		

七、邻苯二甲酸酯（表 14-4-6）

表 14-4-6　邻苯二甲酸酯

名称	名称	名称
邻苯二甲酸丁苄酯	邻苯二甲酸二丁酯	邻苯二甲酸二乙酯
(癸基,己基,辛基)酯与 1,2-苯二甲酸的复合物	邻苯二甲酸二(2-乙基己基)酯	邻苯二甲酸二甲氧乙酯
邻苯二甲酸二($C_6 \sim C_8$ 支链)烷基酯,富 C_7	邻苯二甲酸二($C_7 \sim C_{11}$ 支链与直链)烷基酯	邻苯二甲酸二环己酯
邻苯二甲酸二庚酯(支链与直链)	邻苯二甲酸二异丁酯	邻苯二甲酸二异己酯
邻苯二甲酸二异辛酯	邻苯二甲酸二异壬酯	邻苯二甲酸二异癸酯
邻苯二甲酸二丙酯	邻苯二甲酸二己酯	邻苯二甲酸二正辛酯
邻苯二甲酸二壬酯	邻苯二甲酸二戊酯	邻苯二甲酸,二($C_6 \sim C_{10}$)烷基酯

八、氯化苯和氯化甲苯（表 14-4-7）

表 12-4-7　氯化苯和氯化甲苯

名称	名称	名称
1,2-二氯苯	1,3-二氯苯	1,4-二氯苯
1,2,3-三氯苯	1,2,4-三氯苯	1,3,5-三氯苯
1,2,3,4-四氯苯	1,2,3,5-四氯苯	1,2,4,5-四氯苯
五氯苯	六氯苯	2-氯甲苯
3-氯甲苯	4-氯甲苯	2,3-二氯甲苯
2,4-二氯甲苯	2,5-二氯甲苯	2,6-二氯甲苯
3,4-二氯甲苯	2,3,6-三氯甲苯	2,4,5-三氯甲苯
2,3,4,5,6-五氯甲苯		

九、禁用阻燃剂(表 14-4-8)

表 14-4-8　禁用阻燃剂

名称	名称	名称
多溴联苯	三-(2,3-二溴丙基)-磷酸酯	三-(氮环丙基)-膦化氧
四溴联苯醚	五溴二苯醚	六溴联苯醚
七溴联苯醚	八溴联苯醚	十溴联苯醚
六溴环十二烷	磷酸三(2-氯乙基)酯	短链氯化石蜡($C_{10} \sim C_{13}$)
四溴双酚 A	2,2-双(溴甲基)-1,3-丙二醇	二-(2,3-二溴丙基)磷酸酯
磷酸三(二甲苯)酯	三-(1,3-二氯-2-丙基)磷酸酯	

十、含氯苯酚(表 14-4-9)

表 12-4-9　含氯苯酚

名称	名称	名称
五氯苯酚	2,3,4,5-四氯苯酚	2,3,4,6-四氯苯酚
2,3,5,6-四氯苯酚	2,3,4-三氯苯酚	2,3,5-三氯苯酚
2,3,6-三氯苯酚	2,4,5-三氯苯酚	2,4,6-三氯苯酚
3,4,5-三氯苯酚	2,3-二氯苯酚	2,4-二氯苯酚
2,5-二氯苯酚	2,6-二氯苯酚	3,4-二氯苯酚
3,5-二氯苯酚	2-氯苯酚	3-氯苯酚
4-氯苯酚		

十一、多环芳烃(表 14-4-10)

表 14-4-10　多环芳烃

名称	名称	名称
苊	苊烯	蒽
苯并[a]蒽	苯并[a]芘	苯并[b]荧蒽

续表

名称	名称	名称
苯并[e]芘	苯并[g,h,i]芘(二萘嵌苯)	苯并[j]荧蒽
苯并[k]荧蒽	屈	环戊并[c,d]芘
二苯并[a,h]蒽	二苯并[a,e]芘	二苯并[a,h]芘
二苯并[a,i]芘	二苯并[a,l]芘	荧蒽
芴	茚并[1,2,3-cd]芘	1-甲基芘
萘	菲	芘

十二、全氟及多氟化合物(表14-4-11)

表14-4-11 全氟及多氟化合物

类别	名称
全氟及多氟化合物	全氟辛烷磺酸和磺酸盐(PFOS)
	全氟辛烷磺酰胺(PFOSA)
	全氟辛酸及其盐(PFOA)
	全氟十一烷酸及其盐(PFUdA)
	全氟十二烷酸及其盐(PFDoA)
	全氟十三烷酸及其盐(PFTrDA)
	全氟十四烷酸及其盐(PFTeDA)
	全氟辛烷磺酰氟(PFOSF/POSF)
	N-甲基全氟辛烷磺酰胺(N-Me-FOSA)
	N-乙基全氟辛烷磺酰胺(N-Et-FOSA)
	N-甲基全氟辛烷磺酰胺乙醇(N-Me-FOSE)
	N-乙基全氟辛烷磺酰胺乙醇(N-Et-FOSE)
	全氟庚酸及其盐(PFHpA)
	全氟壬酸及其盐(PFNA)
	全氟癸酸及其盐(PFDA)

续表

类别	名称
其他全氟羧酸	全氟丁酸及其盐(PFBA)
	全氟戊酸及其盐(PFPeA)
	全氟己酸及其盐(PFHxA)
	全氟-3,7-二甲基辛酸及其盐(PF-3,7-DMOA)
其他全氟磺酸	全氟丁烷磺酸及其盐(PFBS)
	全氟己烷磺酸及其盐(PFHxS)
	全氟庚烷磺酸及其盐(PFHpS)
	二十一氟癸烷磺酸及其盐(PFDS)
部分全氟羧酸/磺酸	7H-全氟庚酸及其盐(7HPFHpA)
	2H,2H,3H,3H-全氟十一烷酸及其盐(4HPFUnA)
	1H,1H,2H,2H-全氟辛烷磺酸及其盐(1H,1H,2H,2HPFOS)
部分氟化线性醇	1H,1H,2H,2H-全氟-1-己醇
	1H,1H,2H,2H-全氟-1-辛醇
	1H,1H,2H,2H-全氟-1-癸醇
	1H,1H,2H,2H-全氟-1-十二烷醇
氟化醇与丙烯酸的酯	1H,1H,2H,2H-全氟辛基丙烯酸酯
	1H,1H,2H,2H-全氟癸基丙烯酸酯
	1H,1H,2H,2H-全氟十二烷基丙烯酸酯

十三、残余有害化学物质(表 14-4-12)

表 14-4-12　残余有害化学物质

残余有害化学物质类别	名称
残余溶剂	N,N-二甲基甲酰胺(DMF)
	N,N-二甲基乙酰胺(DMAc)
	N-甲基吡咯烷酮(NMP)
	甲酰胺

续表

残余有害化学物质类别	名称
残余表面活性剂、润湿剂	壬基酚(NP)
	辛基酚(OP)
	庚基酚(HpP)
	戊基酚(PeP)
	壬基酚聚氧乙烯醚[NP(EO)]
	辛基酚聚氧乙烯醚[OP(EO)]
其他化学残余物质	苯胺
	双酚A(4,4′-亚异丙基二苯酚)(BPA)
	富马酸二甲酯(DMFu)
	邻苯基苯酚(OPP)

十四、紫外线稳定剂(表14-4-13)

表14-4-13　紫外线稳定剂

名称	名称
2-(2H-苯并三唑-2-基)-4-(叔丁)-6-(仲丁基)苯酚	2-(2H-苯并三唑-2-基)-4,6-二叔戊基苯酚
2,4-二叔丁基-6-(5-氯苯并三唑-2-基)苯酚	2-苯并三唑-2-基-4,6-二叔丁基苯酚

十五、有机锡化合物(表14-4-14)

表14-4-14　有机锡化合物

名称	名称	名称
一丁基锡(MBT)	一辛基锡(MOT)	三苯基锡(TPhT)
二丁基锡(DBT)	二辛基锡(DOT)	三环己基锡(TCyHT)
三丁基锡(TBT)	三辛基锡(TOT)	四丁基锡(TeBT)

参考文献

[1]江南大学,无锡市纺织工程学会,《棉织手册》(第三版)编委会. 棉织手册[M]. 3 版. 北京:中国纺织出版社,2006.

[2]上海印染工业行业协会《印染手册》(第二版)编修委员会. 印染手册[M]. 2 版. 北京:中国纺织出版社,2003.

[3]范雪荣. 纺织品染整工艺学[M]. 3 版. 北京:中国纺织出版社,2017.

[4]房宽峻. 染料应用手册[M]. 2 版. 北京:中国纺织出版社,2013.

[5]闫克路. 染整工艺与原理:上册[M]. 北京:中国纺织出版社,2009.

[6]赵涛. 染整工艺与原理:下册[M]. 北京:中国纺织出版社,2009.

[7]全国纺织品标准化技术委员会. GB 18401—2010 国家纺织产品基本安全技术规范[S].北京:中国标准出版社,2010.

[8]全国纺织品标准化技术委员会. GB/T 18885—2020 生态纺织品技术要求[S]. 北京:中国标准出版社,2009.

[9]李淳象,崔玉兰. 色织物后整理[M]. 北京:纺织工业出版社,1989.

[10]上海市第一织布工业公司. 色织物设计与生产:上册[M]. 北京:纺织工业出版社,1982.

附　录

附录一　中国法定计量单位、符号

(一)国际单位制的符号(表1、表2)

表1　国际单位制的基本单位和辅助单位

基本单位			辅助单位		
量的名称	单位名称	单位符号	量的名称	单位名称	单位符号
长度	米	m	平面角	弧度	rad
质量	千克(公斤)	kg	立体角	球面度	sr
时间	秒	s			
电流	安[培]	A			
热力学温度	开[尔文]	K			
物质的量	摩[尔]	mol			
发光强度	坎[德拉]	cd			

表2　国际单位制中具有专门名称的导出单位

量的名称	单位名称	单位符号	其他表示示例	量的名称	单位名称	单位符号	其他表示示例
频率	赫[兹]	Hz	s^{-1}	电位,电压,电动势	伏[特]	W	W/A
力,重力	牛[顿]	N	$kg \cdot m/s^2$	电容	法[拉]	F	C/V
压力,压强,应力	帕[斯卡]	Pa	N/m^2	电阻	欧[姆]	Ω	V/A
能量,功,热量	焦[耳]	J	$N \cdot m$	电导	西[门子]	S	A/V
功率,辐射通量	瓦[特]	W	J/s	磁通量	韦[伯]	Wb	$V \cdot s$
电荷量	库[仑]	C	$A \cdot s$	磁通量密度,磁感应强度	特[斯拉]	T	Wb/m^2
电感	亨[利]	H	Wb/A	放射性活度	贝可[勒尔]	B_q	s^{-1}

量的名称	单位名称	单位符号	其他表示示例	量的名称	单位名称	单位符号	其他表示示例
摄氏温度	摄氏度	℃		吸收剂量	戈[瑞]	Gy	J/kg
光通量	流[明]	lm	cd·sr	剂量当量	希[沃特]	S_V	J/kg
光照度	勒[克斯]	lx	lm/m²				

（二）国际选定的非国际单位制的单位符号（表3）

表3　国际选定的非国际单位制的单位符号

量的名称	单位名称	单位符号	换算关系和说明
时间	分	min	$1min = 60s$
	[小]时	h	$1h = 60min = 3600s$
	天（日）	d	$1d = 24h = 1440min = 86400s$
平面角	[角]秒	（"）	$1'' = (\pi/648000)rad$（π 为圆周率）
	[角]分	（'）	$1' = 60'' = (\pi/10800)rad$
	度	（°）	$1° = 60' = (\pi/180)rad$
旋转速度	转每分	r/min	$1r/min = (1/60)s^{-1}$
长度	海里	n mile	$1n\ mile = 1852m$（只用于航程）
速度	节	kn	$1kn = 1n\ mile/h = (1852/3600)m/s$（只用于航程）
质量	吨	t	$1t = 10^3kg$
	原子质量单位	u	$1u \approx 1.6605655 \times 10^{-27}kg$
体积	升	L(1)	$1L \approx 1dm^3 = 10^{-3}m^3$
能	电子伏	eV	$1eV \approx 1.6021892 \times 10^{-19}J$
噪声	分贝	dB	
线密度	特[克斯]	tex	$1tex = 1g/km$

（三）构成10的整数倍的倍数、词头的名称及词头符号（表4）

表4　构成10的整数倍的倍数、词头的名称及词头符号

数量级	词头名称	词头符号	数量级	词头名称	词头符号
10^{18}	艾[可萨]（exa）	E	10^{-1}	分（deci）	d
10^{15}	拍[它]（peta）	P	10^{-2}	厘（centi）	c

数量级	词头名称	词头符号	数量级	词头名称	词头符号
10^{12}	太[拉](tera)	T	10^{-3}	毫(milli)	m
10^{9}	吉[咖](giga)	G	10^{-6}	微(micro)	μ
10^{6}	兆(mega)	M	10^{-9}	纳[诺](nano)	n
10^{3}	千(kilo)	k	10^{-12}	皮[可](pico)	p
10^{2}	百(hecto)	h	10^{-15}	飞[母托](femto)	f
10^{1}	十(deca)	da	10^{-18}	阿[托](atto)	n

注　1. 周、月、年(年的符号为 a)为一般常用时间单位。

2. [　]内的字,是在不致混淆的情况下,可以省略的字。

3. (　)内的字为前者的同义语。

4. 角度单位度分秒的符号不处于数字后时,用括弧。

5. 升的符号中,小写字母 l 为备用符号。

6. r 为"转"的符号。

7. 人民生活和贸易中,质量习惯称为重量。

8. 公里为千米的俗称,符号为 km。

9. 10^4 称为万,10^8 称为亿,10^{12} 称为万亿,这类数词的使用不受词头名称的影响,但不应与词头混淆。

附录二　常用计量单位及换算

(一)公制长度、质量、容量单位(表5)

表5　常用词冠数量级符号

类别	采用的单位名称	代号	对主单位的比
长度	微米	μm	(1/1000000)m
	忽米	cmm	(1/100000)m
	丝米	dmm	(1/10000)m
	毫米	mm	(1/1000)m
	厘米	cm	(1/100)m
	分米	dm	(1/10)m
	米	m	主单位
	十米	dam	10m
	百米	hm	100m
	公里(千米)	km	1000m

类别	采用的单位名称	代号	对主单位的比
质量	毫克	mg	(1/1000000)kg
	厘克	cg	(1/100000)kg
	分克	dg	(1/10000)kg
	克	g	(1/1000)kg
	十克	dag	(1/100)kg
	百克	hg	(1/10)kg
	公斤(千克)	kg	主单位
	公担	q	100kg
	吨	t	1000kg
容量	毫升	mL	(1/1000)L
	厘升	cL	(1/100)L
	分升	dL	(1/10)L
	升	L	主单位
	十升	daL	10L
	百升	hL	100L
	千升	kL	1000L

(二)长度单位及其换算(表6)

表6 长度单位及其换算

公制				英美制			
毫米(mm)	厘米(cm)	米(m)	公里(km)	英寸(in)	英尺(ft)	码(yd)	英里(mile)
1	0.1000	0.0010		0.03937	0.003281		
10	1	0.0100		0.3937	0.03281		
1000	100	1	0.0010	39.3701	3.2808	1.0936	0.0006214
		1000	1		3280.833	1093.611	0.6214
333.33	33.333	0.3333	0.00033	13.1234	1.0936	0.3645	
		500	0.5000		1640	546.80	0.3107
25.4000	2.5400	0.0254		1	0.0833	0.0278	

公制				英美制			
毫米(mm)	厘米(cm)	米(m)	公里(km)	英寸(in)	英尺(ft)	码(yd)	英里(mile)
304. 800	30. 480	0. 3048		12	1	0. 3333	0. 00019
	91. 4402	0. 9144	0. 0009144	36	3	1	0. 00057
		1609. 344	1. 6093	5280	1760		1
	30. 303	0. 30303		11. 9268	0. 9939	0. 3313	
			3. 9273				2. 4403
		1853. 2	1. 8532				1. 1515

(三)质量单位及其换算(表7)

表7 质量单位及其换算

公制			英美制					
克(g)	公斤(kg)	吨(t)	格令(gr)	常衡盎司 (oz. av)	常衡磅 (lb. av)	金衡磅 (lb. t)	美吨(短吨) (short tn)	英吨(长吨) (long tn)
1	0. 0010		15. 4324	0. 035274	0. 0022046	0. 0026792		
1000	1	0. 0010	15432. 36	35. 274	2. 20462	2. 6792	0. 001102	0. 000984
	1000	1		35274	2204. 62	2679. 2285	1. 1023	0. 9842
31. 250	0. 0313			1. 1023	0. 0689			
50	0. 0500	0. 00005	771. 6178	1. 7637	0. 11023	0. 13396		
500	0. 5000	0. 0005	7716. 178	17. 637	1. 1023	1. 3396	0. 000551	0. 000492
	50	0. 0500		1763. 7	110. 231	133. 96	0. 0551	0. 04921
0. 0648			1	0. 0023				
28. 3495	0. 0284		437. 5	1	0. 0625	0. 07596		
453. 58	0. 4536	0. 0004536	7000	16	1	1. 2153	0. 0005	0. 0004465
	0. 3732	0. 0003732	5760	13. 1657	0. 8229	1	0. 00041143	0. 0003674
	907. 19	0. 9072		32000	2000	2430. 5	1	0. 8929
	1016. 047	1. 0160		35840	2240	2722. 2	1. 1200	1
3. 7500	0. 00375		57. 8713	0. 1323				
	0. 6000			21. 1641	1. 3228	1. 6075		

(四)力的单位及其换算(表8)

表8　力的单位及其换算

牛顿(N)	达因(dyn)	克力(gf)	千克力(kgf)	吨力(tf)	磅力(lbf)
1	10^5	101.972	0.101972	0.0001019	0.224809
10^{-5}	1	1.01972×10^{-3}	1.01972×10^{-6}	1.01972×10^{-9}	2.24809×10^{-6}
9.80665×10^{-3}	980.665	1	0.001	0.000001	2.20462×10^{-3}
9.80665	9.80665×10^5	100	1	0.001	2.20462
9806.65	9.80665×10^8	1000000	1000	1	22.04.62
4.44822	4.44822×10^5	453.592	0.453592	0.000454	1

(五)压力单位及其换算(表9)

表9　压力单位及其换算

kg/cm^2	工程大气压 (kg/m^2)	标准 大气压	水银柱 高度(mm)	水柱 高度(m)	帕斯卡(Pa)	磅/ 英寸^2	巴(bar)
1×10^4	1	0.9678	735.56	10.00	98066.5	14.223	0.981
1.0333×10^4	1.0333	1	760.00	10.3363	101325	14.696	1.013
1.36×10	0.00136	0.00131	1	0.0136	133.322	0.0193	1.3332×10^{-3}
1×10^3	0.1	0.0968	73.556	1	9806.65	1.4223	0.0981
1.02×10^{-1}	1.02×10^{-5}	0.987×10^{-5}	0.75×10^{-2}	1.02×10^{-4}	1	0.0001451	1×10^{-5}
7.03×10^{-2}	0.0703	0.0680	51.715	0.703	6895	1	0.06895
1.02×10^4	1.02	0.9872	750.27	10.20	100000	14.507	1

(六)功能热量单位及其换算(表10)

表10　功能热量单位及其换算

千焦(kJ)	千卡(kcal)	千瓦时(kW·h)	马力·时 (PS·h)	英制单位 (Btu)	千克力·米 (kgf·m)	冷吨 (美、RT)
1	0.2388	2.777×10^{-4}	3.777×10^{-4}	0.9478	101.972	0.79×10^{-6}
4.1868	1	1.163×10^{-3}	1.518×10^{-3}	3.9682	426.94	0.33×10^{-5}
3600.65	860	1	1.3596	3412.14	3671.68	0.2797
2648.278	632.53	0.7355	1	2509.63	270052.36	0.2057
1.055056	0.2520	2.9307×10^{-4}	3.985×10^{-4}	1	107.5862	0.83×10^{-6}

续表

千焦(kJ)	千卡(kcal)	千瓦时(kW·h)	马力·时(PS·h)	英制单位(Btu)	千克力·米(kgf·m)	冷吨(美、RT)
$9.807×10^{-3}$	$2.342×10^{-3}$	$2.724×10^{-6}$	$3.703×10^{-6}$	$9.294×10^{-3}$	1	$0.77×10^{-8}$
12658	3024	3.576	4.8634	12000	$12.909×10^5$	1

(七)单位体积重量单位及其换算(表 11)

表 11　单位体积重量单位及其换算

克/厘米³(g/cm³)	千克/米³(kg/m³)	磅/英寸³(lb/in³)	磅/英尺²(lb/ft³)	磅/英加仑(lb/gal)	磅/美加仑(lb/gal)
1	1000	$3.613×10^{-2}$	62.43	10.02	8.345
0.001	1	$3.613×10^{-5}$	$6.243×10^{-2}$	$1.002×10^{-2}$	$8.345×10^{-3}$
27.68	27680	1	1728	2774	231.0
$1.602×10^{-2}$	16.02	$5.787×10^{-4}$	1	0.1606	0.1337
0.09977	99.77	$3.605×10^{-3}$	6.229	1	0.8327
0.1199	119.9	$4.329×10^{-3}$	7.481	1.201	1

(八)速度单位及其换算(表 12)

表 12　速度单位及其换算

厘米/秒(cm/s)	米/秒(m/s)	米/分(m/min)	米/时(m/h)	千米/时(km/h)	英尺/秒(ft/s)	英尺/分(ft/min)	英里/时(mile/h)	海里/时(n mile/h)
1	0.01	0.6	36	0.036	$3.281×10^{-2}$	1.9685	$2.237×10^{-2}$	$1.943×10^{-2}$
100	1	60	3600	3.6	3.281	196.85	2.237	1.943
1.667	$1.667×10^{-2}$	1	60	0.06	$5.468×10^{-2}$	3.281	$3.728×10^{-2}$	$3.238×10^{-2}$
$2.778×10^{-2}$	$2.778×10^{-4}$	$1.667×10^{-2}$	1	0.001	$9.114×10^{-4}$	$5.468×10^{-2}$	$6.214×10^{-4}$	$5.396×10^{-4}$
27.78	0.2778	16.67	1000	1	0.9114	54.682	0.6214	0.5396
30.48	0.3048	18.29	1097.25	1.097	1	60	0.6818	0.5921
0.5080	$5.080×10^{-3}$	0.3048	18.288	$1.829×10^{-2}$	$1.667×10^{-2}$	1	$1.136×10^{-2}$	$9.869×10^{-3}$
44.70	0.4470	26.82	1609.3	1.609	1.467	88	1	0.8684
51.48	0.5148	30.89	1853.2	1.8532	1.689	101.3	1.1515	1

(九)面积单位及其换算(表 13)

(十)体积、容积单位及其换算(表 14)

表 13　面积单位及其换算

公制					英美制				日制		
平方毫米 (mm²)	平方厘米 (cm²)	平方米 (m²)	公亩 (a)	平方公里 (km²)	平方英寸 (sq.in)	平方英尺 (sq.ft)	英亩 (A)	平方英里 (sq.mile)	平方日尺	日亩	平方日里
1	0.01	0.000001			0.00155	0.00001076			0.00001089		
100	1	0.0001			0.1550	0.001076			0.001089		
1000000	10000	1	0.0100		1550	10.7639	0.0002471		10.890		
		100	1	0.0001		1076.36	0.02471		1088.964	1.0083	0.0000064
			10000	1			247.1045	0.3861			0.06484
	1111.11	0.1111			172.23	1.1960			1.210	0.00112	
		666.67	6.6667	0.000667		7176	0.1647	0.00026		6.7222	0.000043
		250000	2500	0.2500			61.763	0.0965			0.0162
645.160	6.4516	0.000645			1	0.00694			0.00702		
92903	929.03	0.0929			144	1			1.0120		
		4046.9	40.469	0.004047		43560	1	0.0016		40.8044	0.00026
			25900	2.5900			640	1			0.1679
		0.0918				0.9881			1	0.000926	
		99.1736	0.9917			1067.22	0.0245		1080	1	
			154271	15.4271			3810.944	5.9546		155520	1

表 14　体积、容积单位及其换算

立方厘米(cm³或cc)	公制		英美制						日制	
	立方米(m³)	升(L)	立方英寸(in³)	立方英尺(ft³)	磅(水)(lb,av)	美液量加仑(gal)	美干量加仑(gal)	英制加仑(gal)	立方日尺	日升
1	0.000001	0.0010	0.061024	0.0000353	0.002205	0.000264	0.000227	0.00022	0.0000359	0.0005544
1000000	1	1000	61024	35.3147	2204.6	264.17	227	220.03	35.937	554.4
1000	0.0010	1	61.024	0.0353	2.2046	0.2617	0.2270	0.2200	0.0359	0.5544
37037	0.0370	37.037	2260	1.3080	81.570	9.7841	8.4074	8.1515	1.331	20.55
1000	0.0010	1.0	61.024	0.0353	2.2046	0.2642	0.2270	0.2200	0.0359	0.5544
16.3871	0.0000164	0.0164	1	0.00058	0.0362	0.0043	0.00372	0.0036	0.000589	0.0091
28.317	0.02832	28.317	1728	1	62.428	7.4805	6.4288	6.2288	1.0180	15.6976
453.6	0.0004536	0.4536	27.650	0.0160	1	0.1198	0.10297	0.0998	0.01629	0.2514
3785	0.003785	3.7853	231	0.1337	8.3455	1	0.8594	0.8327	0.13605	2.0984
		4.4048	268.8	0.15556	9.7108	1.1636	1	0.9689	0.15831	2.4423
4546	0.004546	4.5460	277.27	0.1605	10.022	1.2009	1.0321	1	0.16338	2.5201
	0.0278	27.8464	1697.9543	0.9828	61.2893	7.3529	6.3171	6.1200	1	15.44
	0.001804	1.8039	110.093	0.00637	3.9768	0.4816	0.4095	0.3968	0.0648	1

(十一)流量单位及其换算(表15)

表15　流量单位及其换算

米³/秒 (m³/s)	米³/分 (m³/min)	米³/时 (m³/h)	英尺³/分 (ft³/min)	英尺³/时 (ft³/h)	英加仑/分 (gal/min)	美加仑/分 (gal/min)
1	60	3600	2119	127150	13198	15851
0.016666	1	60	35.316	2119	219.95	264.10
2.7777×10^{-4}	0.016666	1	0.58861	35.316	3.6658	4.4032
4.7188×10^{-4}	0.028315	1.6989	1	60	6.2279	7.4806
7.8647×10^{-6}	4.7188×10^{-4}	0.028315	0.016666	1	0.10379	0.12467
7.5775×10^{-5}	0.004546	0.27279	0.16057	9.6342	1	1.2011
6.3086×10^{-5}	0.0037825	0.22711	0.13368	8.0208	0.83254	1

附录三　常用纺织专业的计算单位及换算(表16)

表16　常用纺织专业的计算单位及换算

量的名称 和符号	原用单位		法定计量单位			换算关系	备注
	名称	中文简称	名称	符号	中文符号		
纯棉纱 线密度 ρ_t, Tt	英制支数	英支	特[克斯]	tex	特	Tt=590.5/英制支数 (Tt=583.1/英制支数)	公定回潮率8.5% (回潮率9.89%计算时)
	号数	号					
羊毛及毛 纱、麻纤维 及麻纱 线密度 ρ_t, Tt	公制支数	公支	特[克斯]	tex	特	Tt=1000/公制支数	①ρ_t 为 GB 3102— 1993 选用的符号 ②Tt 为 ISO 2064— 1994 采用的符号
丝线密度 ρ_t, Tt	旦尼尔	旦	特[克斯]	tex	特	1tex=9 旦 1tex=10dtex Tt=1000 /公制支数	③不单独使用英 支、公支、旦尼尔、支 等单位,必要时可在 括号中加注
	公制支数	公支	分特[克斯]	dtex	分特		
棉纤维 线密度 ρ_t, Tt	公制支数	公支	特[克斯]	tex	特	Tt=1000/公制支数	④量的名称应称线 密度,在通俗读物中 加注细度、纤度等
			分特[克斯]	dtex	分特		
单纤维、 单纱强力	克,克力	克,克力	牛[顿]	N	牛	1gf≈0.0098N	可采用力的符号 F 表示
			厘牛[顿]	cN	厘牛	1gf≈0.98cN	

续表

量的名称和符号	原用单位		法定计量单位			换算关系	备注
	名称	中文简称	名称	符号	中文符号		
单纤维、单纱强度		克/旦，克力/旦	牛[顿]每特[克斯] 厘牛[顿]每特[克斯]	N/tex cN/tex	牛/特 厘牛/特	1gf/旦≈0.0882N/tex ≈8.82cN/tex	不用"克/旦"，"克力/旦"
捻度	捻每米 捻每10厘米	捻/米 捻/10厘米	捻/m 捻/10cm	捻/m 捻/10cm	捻/米 捻/10厘米		继续使用
经纬密度	根每10厘米	根/10厘米	根/10cm	根/10cm	根/10厘米		继续使用
纯棉纱线重量	英制件数	件	吨	t	吨	1件=0.1791t	

附录四　常用材料密度(表 17)

表 17　常用材料密度　　　　　　单位:g/cm³

序号	材料名称	密度	序号	材料名称	密度	序号	材料名称	密度
1	结构钢	7.85	12	紫铜	8.89	25	镁	1.74
2	铸钢	7.8	13	压力加工用黄铜	8.4~8.85	26	木材（湿度15%）	0.4~0.77
3	灰铸铁	6.8~7.2	14	铸造用黄铜	8.622			
4	可锻铸铁	7.2~7.4	15	铸造用锡青铜	7.5~8.6	27	衬垫纸	0.9
5	高级铸铁	7.0~7.6	16	压力加工锡青铜	8.65~8.9	28	纤维纸板	1.1~1.4
6	硬质合金（钨合金）	13.9~14.9				29	防水纸	1.0~1.1
			17	镍	8.9	30	毛毡	0.24~0.38
7	硬质合金（钨合金）	9.5~12.2	18	锰	7.44	31	橡胶	1.3~1.8
			19	锡	7.3	32	软木	0.25~0.45
8	铝	2.77	20	铅	11.34	33	氨基塑料	1.45~1.55
9	压力加工用铝合金	2.67~2.8	21	银	10.5	34	石棉织物塑料	2
			22	黄金	19.361	35	石棉铜丝塑料	2
10	铸造用铝合金	2.6~2.85	23	白金	21.561	36	纤维树脂	1.35~1.45
11	巴氏合金	7.5~10.5	24	锌(铸造)	6.872	37	泡沫塑料	0.2

序号	材料名称	密度	序号	材料名称	密度	序号	材料名称	密度
38	夹布胶木	1.3~1.4	45	汽油	0.66~0.75	52	水泥	2.85~3.2
39	聚氯乙烯塑料	1.28~1.37	46	煤油	0.78~0.82	53	石灰	3.1
40	赛璐珞	1.35~1.40	47	酒精	0.807~0.810	54	黄沙	3.2
41	有机玻璃	1.18	48	木炭	0.27~0.58	55	煤渣	2.5
42	普通玻璃	2.5~2.7	49	有烟煤	1.2~1.5	56	柏油	2.5
43	皮革	0.86~1.02	50	无烟煤	1.4~1.8	57	云母	2.8~3.2
44	石墨	1.9~2.3	51	焦炭	0.27	58	尼龙	1.04~1.15

注　以上大部分是近似值,供应用参考,密度 $=\dfrac{质量(g)}{体积(cm^3)}$。

附录五　常用数理统计

(一)测试数据的集中性指标(表18)

表18　测试数据的集中性指标

名称	表达公式		表中符号
	不分组($i=1,2,\cdots,k$)	分组($i=1,2,\cdots,k$)	
平均数 $\bar{x}$	$\bar{x}=\dfrac{\sum\limits_{i}^{n}x_i}{n}$	$\bar{x}=\dfrac{\sum\limits_{i}^{k}x_i f_i}{n}$	x_i——第 i 个测试值或分组后第 i 组的组中值 f_i——第 i 组出现的次数,称为频数 n——样本容量 k——分组数
中位数 M	奇数:按大小顺序排列居中的数值 偶数:按大小顺序排列居中两个数值的平均数		
众数 M_0	出现次数最多的数据	插入法: $M_0=x_M+\dfrac{Wf_i}{f_1+f_2}$ 差数法: $M_0=x_M+\dfrac{W(f_1+f_2)}{(f_1-f_2)+(f_0-f_1)}$	x_M——众数组的组中值 f_0——众数组的出现次数 f_1——众数组的前一组的出现次数 f_2——众数组的后一组出现的次数 W——组距

（二）测试数据的离散性指标（表19）

表19　测试数据的离散性指标

名称	表达公式		表中符号
	不分组（$i=1,2,\cdots,k$）	分组（$i=1,2,\cdots,k$）	
标准差（均方差）S	$n\geqslant 30$ 时 $$S=\sqrt{\dfrac{\sum\limits_i (x_i-\overline{X})^2}{n}}$$ 或 $$S=\sqrt{\dfrac{\sum\limits_i x_i^2}{n}-\overline{X}^2}$$ $n<30$ 时 $$S=\sqrt{\dfrac{\sum\limits_i (x_i-\overline{X})^2}{n-1}}$$	$$S=\sqrt{\dfrac{\sum\limits_i (x_i-\overline{X})^2 f_i}{n}}$$ 或 $$S=\sqrt{\dfrac{\sum\limits_i x_i^2 f_i}{n}-\overline{X}^2}$$	x_i——第 i 个测试值或分组后第 i 组的组中值 $\overline{X}$——样本平均数 f_i——第 i 组的频数 n——样本容量
平均数 MD	$$MD=\dfrac{\sum\limits_i \lvert x_i-\overline{X}\rvert}{n}$$ $$=\dfrac{2n_{上}(\overline{X}_{上}-\overline{X})}{n}$$ $$=\dfrac{2n_{下}(\overline{X}-\overline{X}_{下})}{n}$$	$$MD=\dfrac{\sum\limits_i \lvert x_i-\overline{X}\rvert f_i}{n}$$	$\overline{X}_{上}$——平均数以上的平均 $\overline{X}_{下}$——平均数以下的平均 $n_{上}$——大于 $\overline{X}$ 的个体数 $n_{下}$——小于 $\overline{X}$ 的个体数 f_i——第 i 组的频数
极差 R	$R=x_{max}-x_{min}$	$$\overline{R}=\dfrac{\sum\limits_i^k (x_{max}-x_{min})}{k}$$	x_{max}——组数据中最大值 x_{min}——组数据中最小值 k——分组组数，一般 $k=6\sim 12$
平均差系数 $H/\%$	$$H=\dfrac{MD}{\lvert \overline{X}\rvert}\times 100\%=\dfrac{2n_{上}(\overline{X}_{上}-\overline{X})}{n\overline{X}}\times 100\%$$ $$=\dfrac{2n_{下}(\overline{X}_{下}-\overline{X})}{n\overline{X}}\times 100\%$$		
变异系数 $CV/\%$	$$CV=\dfrac{S}{\lvert \overline{X}\rvert}\times 100\%$$		S——样本标准差 $\overline{X}$——样本平均数
极差系数 $J/\%$	$$J=\dfrac{R}{\lvert \overline{X}\rvert}\times 100\% \text{ 或 } J=\dfrac{\overline{R}}{\lvert \overline{X}\rvert}\times 100\%$$		

(三)统计假设检验

1. 步骤

建立原假设 H_0 计算统计量;确定显著性水平,即信度界限,查表得出该统计量的临界值;做出统计结论,如统计量小于临界值,则接受原假设,表示两总体之间无显著差异,如统计量大于临界值,则拒绝原假设,表示总体之间有显著差异。

2. 统计方法(表20)

表20　t 检验、F 检验、U 检验统计方法

检验方法	原假设 H_0	条件	统计量	统计结论	表中符号	查表
t 检验	$\mu = \mu_0$ (单总体)	n 小, δ 未知	$t = \dfrac{\lvert \bar{X} - \mu_0 \rvert}{S / \sqrt{n-1}}$	如 $t \leqslant t_\alpha$, 则 $\mu = \mu_0$; 如 $t > t_\alpha$, 则 $\mu \neq \mu_0$	δ ——总体均方差 μ_0——某一指定的总体平均数 $\bar{X}$——样本平均数 S——样本均方差 n——样本容量 t_α——临界值 ν ——自由度,$\nu = n-1$	t_α 值查表21
	$\mu_1 = \mu_2$ (双总体)	δ_1, δ_2 未知 且 $\delta_1 = \delta_2$	$x = \dfrac{\lvert \bar{X}_1 - \bar{X}_2 \rvert}{\sqrt{\dfrac{n_1 S_1^2 + n_2 S_2^2}{n_1 + n_2 - 2}\left(\dfrac{1}{n_2} + \dfrac{1}{n_2}\right)}}$	如 $t \leqslant t_\alpha$, 则 $\mu_1 = \mu_2$; 如 $t > t_\alpha$, 则 $\mu_1 \neq \mu_2$	δ_1, δ_2——第一、第二样本的总体均方差 μ_1, μ_2——第一、第二个样本的总体平均数 $\bar{X}_1, \bar{X}_2$——第一、第二个样本的平均数 S_1, S_2——第一、第二个样本的均方差 n_1, n_2——第一、第二个样本的容量 ν_1——自由度, $\nu = n_1 + n_2 + n_3$ t_α——临界值	t_α 值查表21
F 检验	$\delta_1 = \delta_2$	μ_1 与 μ_2 取任意值	$F = \dfrac{n_1 S_1^2 / (n_1 - 1)}{n_2 S_2^2 / (n_2 - 1)}$ $\nu_1 = n_1 - 1$ $\nu_2 = n_2 - 1$	如 $F \leqslant F_\alpha$, 则 $\delta_1 = \delta_2$; 如 $F > F_\alpha$, 则 $\delta_1 \neq \delta_2$	S_1, S_2——第一、第二个样本的均方差,$S_1 > S_2$ n_1, n_2——第一、第二个样本的容量 ν_1, ν_2——第一、第二个样本自由度 F_α——临界值	F_α 值查表22、表23

续表

检验方法	原假设 H_0	条件	统计量	统计结论	表中符号	查表
U 检验	$\mu=\mu_0$（单总体）	α 已知，μ 未知	$U=\dfrac{|\overline{X}-\mu_0|}{\delta\sqrt{n}}$	如 $U\leqslant U_\delta$，则 $\mu=\mu_0$；如 $U>U_\alpha$，则 $\mu\neq\mu_0$	μ——总体平均数 μ_0——某一指定的总体平均数 $\overline{X}$——样本平均数 δ——总体均方差 n——样本容量 U_α——临界值	U_α 值查表 24
	$\mu_1=\mu_2$（双总体）	$\delta_1{}^2$、$\delta_2{}^2$ 已知	$U=\dfrac{|\overline{X}_1-\overline{X}_2|}{\sqrt{\dfrac{\delta_1{}^2}{n_1}+\dfrac{\delta_2{}^2}{n_2}}}$	如 $U\leqslant U_\delta$，则 $\mu_1=\mu_2$；如 $U>U_\alpha$，则 $\mu_1\neq\mu_2$	μ_1,μ_2——第一，第二个样本的总体平均数 δ_1,δ_2——第一，第二个样本的总体均方差 $\overline{X}_1,\overline{X}_2$——第一，第二个样本的平均数 n_1,n_2——第一，第二个样本的样本容量	

3. 信度界限 α 与临界值对照表(表 21~表 24)

表 21 t 检验临界值 t_α 表

$\alpha/\%$	单侧	10	5	2.5	1.0	0.5
	双侧	20	10	5	2	1
自由度数 ν	1	3.078	6.31	12.71	31.82	63.66
	2	1.89	2.92	4.30	6.96	9.92
	3	1.64	2.35	3.18	4.45	5.84
	4	1.53	2.13	2.78	3.75	4.60
	5	1.48	2.02	2.57	3.37	4.03
	6	1.44	1.94	2.45	3.14	3.71
	7	1.41	1.89	2.37	3.00	3.50
	8	1.40	1.86	2.31	2.90	3.36

$\alpha/\%$	单侧	10	5	2.5	1.0	0.5
	双侧	20	10	5	2	1
自由度数 ν	9	1.38	1.83	2.26	2.82	3.25
	10	1.37	1.81	2.23	2.76	3.17
	11	1.36	1.80	2.20	2.72	3.11
	12	1.36	1.78	2.18	2.68	3.05
	13	1.35	1.77	2.16	2.65	3.01
	14	1.35	1.76	2.14	2.62	2.98
	15	1.34	1.75	2.13	2.60	2.95
	16	1.34	1.75	2.12	2.58	2.92
	17	1.33	1.74	2.11	2.57	2.90
	18	1.33	1.73	2.10	2.55	2.88
	19	1.33	1.73	2.09	2.54	2.86
	20	1.33	1.72	2.09	2.53	2.85
	21	1.32	1.72	2.08	2.52	2.83
	22	1.32	1.72	2.07	2.51	2.82
	23	1.32	1.71	2.07	2.50	2.81
	24	1.32	1.71	2.06	2.49	2.80
	25	1.32	1.71	2.06	2.49	2.79
	26	1.31	1.71	2.06	2.48	2.78
	27	1.31	1.70	2.05	2.47	2.77
	28	1.31	1.70	2.05	2.47	2.76
	29	1.31	1.70	2.05	2.46	2.76
	30	1.31	1.70	2.04	2.46	2.75
	40	1.30	1.68	2.02	2.42	2.70
	60	1.30	1.67	2.00	2.39	2.66
	120	1.29	1.66	1.98	2.36	2.62
	∞	1.28	1.64	1.96	2.33	2.58

表 22　F 检验临界值 F_α 表（$\alpha=1\%$）

ν_2	ν_1													
	1	2	3	4	5	6	7	8	9	10	12	15	20	∞
1	4052	5000	5403	5625	5764	5859	5928	5982	6022	6056	6106	6157	62.09	6366
2	98.5	99.0	99.2	99.2	99.3	99.3	99.4	99.4	99.4	99.4	99.4	99.4	99.4	99.5
3	34.1	30.8	29.5	28.7	28.2	27.9	27.7	27.5	27.3	27.2	27.1	26.9	26.7	26.1
4	21.2	18.0	16.7	16.0	15.5	15.2	15.0	14.8	14.7	14.5	14.4	14.2	14.0	13.5
5	16.3	13.3	12.1	11.4	11.0	10.7	10.5	10.3	10.2	10.1	9.89	9.72	9.55	9.02
6	13.7	10.9	9.78	9.15	8.75	8.47	8.26	8.10	7.98	7.87	7.72	7.56	7.40	6.88
7	12.2	9.55	8.45	7.85	7.46	7.19	6.99	6.84	6.72	6.62	6.47	6.31	6.16	5.65
8	11.3	8.65	7.59	7.01	6.63	6.37	6.18	6.03	5.91	5.81	5.67	5.52	5.36	4.86
9	10.6	8.02	6.99	6.42	6.06	5.80	5.61	5.47	5.35	5.26	5.11	4.96	4.81	4.31
10	10.0	7.56	6.55	5.99	5.64	5.39	5.20	5.06	4.94	4.85	4.71	4.56	4.41	3.91
11	9.65	7.21	6.22	5.67	5.32	5.07	4.89	4.74	4.63	4.54	4.40	4.25	4.10	3.60
12	9.33	6.93	5.95	5.41	5.06	4.82	4.64	4.50	4.39	4.30	4.16	4.01	3.86	3.36
13	9.07	6.70	5.74	5.21	4.86	4.62	4.44	4.30	4.19	4.10	3.96	3.82	3.66	3.17
14	8.86	6.51	5.56	5.04	4.69	4.46	4.28	4.14	4.03	3.94	3.80	3.66	3.51	3.00
15	8.68	6.36	5.42	4.89	4.56	4.32	4.14	4.00	3.89	3.80	3.67	3.52	3.37	2.87
16	8.53	6.23	5.29	4.77	4.44	4.20	4.03	3.89	3.78	3.60	3.55	3.41	3.26	2.75
17	8.40	6.11	5.18	4.67	4.34	4.10	3.93	3.79	3.68	3.59	3.46	3.31	3.16	2.65
18	8.29	6.01	5.09	4.58	4.25	4.01	3.84	3.71	3.60	3.51	3.37	3.23	3.08	2.57
19	8.18	5.93	5.01	4.50	4.17	3.94	3.77	3.61	3.52	3.43	3.30	3.15	3.00	2.49
20	8.10	5.85	4.94	4.43	4.10	3.87	3.70	3.56	3.46	3.37	3.23	3.09	2.94	2.42
21	8.02	5.78	4.87	4.37	4.04	3.81	3.64	3.51	3.40	3.31	3.17	3.03	2.88	2.36
22	7.95	5.72	4.82	4.31	3.99	3.76	3.59	3.45	3.35	3.26	3.12	2.98	2.83	2.31
23	7.88	5.66	4.76	4.26	3.94	3.71	3.54	3.41	3.30	3.21	3.07	2.93	2.78	2.26
24	7.82	5.61	4.72	4.22	3.90	3.67	3.50	3.36	3.26	3.17	3.03	2.89	2.74	2.21
25	7.77	5.57	4.68	4.18	3.85	3.63	3.46	3.32	3.22	3.13	2.99	2.85	2.70	2.17

ν_2	ν_1													
	1	2	3	4	5	6	7	8	9	10	12	15	20	∞
30	7.56	5.39	4.51	4.02	3.70	3.47	3.30	3.17	3.07	2.98	2.84	2.70	2.55	2.01
40	7.31	5.18	4.31	3.83	3.51	3.29	3.12	2.99	2.89	2.80	2.66	2.52	2.37	1.80
60	7.08	4.98	4.13	3.65	3.34	3.12	2.95	2.82	2.72	2.63	2.50	2.35	2.20	1.60
120	6.85	4.79	3.95	4.48	3.17	2.96	2.79	2.66	2.56	2.47	2.34	2.19	2.03	1.38
∞	6.63	4.61	3.78	3.32	3.02	2.80	2.64	2.51	2.41	2.32	2.18	2.04	1.88	1.00

表 23　F 检验临界值 F_α 表($\alpha=5\%$)

ν_2	ν_1													
	1	2	3	4	5	6	7	8	9	10	12	15	20	∞
1	161	200	216	225	230	234	237	239	241	242	244	245	248	254
2	18.5	19.0	19.2	19.2	19.3	19.3	19.4	19.4	19.4	19.4	19.4	19.4	19.4	19.5
3	10.1	9.55	9.28	9.12	9.01	8.94	8.89	8.85	8.81	8.79	8.74	8.70	8.66	8.53
4	7.71	6.94	6.59	6.39	6.26	6.16	6.09	6.04	6.00	5.96	5.91	5.86	5.80	5.63
5	6.61	5.79	5.41	5.19	5.05	4.95	4.88	4.82	4.77	4.47	4.68	4.62	4.56	4.36
6	5.99	5.14	4.76	4.53	4.39	4.28	4.21	4.15	4.10	4.06	4.00	3.94	3.87	3.67
7	5.59	4.74	4.35	4.12	3.97	3.87	3.79	3.73	3.68	3.64	3.57	3.51	3.44	3.23
8	5.32	4.46	4.07	3.84	3.69	3.58	3.50	3.44	3.39	3.35	3.28	3.22	3.15	2.93
9	5.12	4.26	3.86	3.36	3.48	3.87	3.29	3.23	3.18	3.14	3.07	3.01	2.94	2.71
10	4.96	4.10	3.71	3.48	3.33	3.58	3.14	3.07	3.02	2.98	2.91	2.85	2.77	2.54
11	4.84	3.98	3.59	3.63	3.20	3.37	3.01	2.95	2.90	2.85	2.79	2.72	2.65	2.40
12	4.75	3.89	3.49	3.48	3.11	3.22	2.91	2.85	2.80	2.75	2.69	2.62	2.54	2.30
13	4.67	3.81	3.41	3.36	3.03	3.09	2.83	2.77	2.71	2.67	2.60	2.53	2.46	2.21
14	4.60	3.74	3.34	3.11	2.96	3.00	2.76	2.70	2.65	2.60	2.53	2.46	2.39	2.13
15	4.54	3.68	3.29	3.06	2.90	3.92	2.71	2.64	2.59	2.54	2.48	2.40	2.33	2.07
16	4.49	3.63	3.24	3.01	2.85	2.85	2.66	2.59	2.54	2.49	2.42	2.35	2.28	2.01

ν_2	ν_1													
	1	2	3	4	5	6	7	8	9	10	12	15	20	∞
17	4.45	3.59	3.20	2.96	2.81	2.79	2.61	2.55	2.49	2.45	2.38	2.31	2.23	1.96
18	4.41	3.55	3.16	2.93	2.77	2.74	2.58	2.51	2.46	2.41	2.34	2.27	2.19	1.92
19	4.38	3.52	3.13	2.90	2.74	2.70	2.54	2.48	2.42	2.38	2.31	2.23	2.16	1.88
20	4.35	3.49	3.10	2.87	2.71	2.66	2.51	2.45	2.39	2.35	2.28	2.20	2.12	1.84
21	4.32	3.47	3.07	2.84	2.68	2.63	2.49	2.42	2.37	2.32	2.25	2.18	2.10	1.81
22	4.30	3.44	3.05	2.82	2.66	2.57	2.46	2.40	2.34	2.30	2.23	2.15	2.07	1.78
23	4.28	3.42	3.03	2.80	2.64	2.53	2.44	2.37	2.32	2.27	2.20	2.13	2.05	1.76
24	4.26	3.40	3.01	2.78	2.62	2.51	2.42	2.36	2.30	2.25	22.18	2.11	2.08	1.73
25	4.24	3.39	2.99	2.76	2.60	2.49	2.40	2.34	2.28	2.24	2.16	2.09	2.01	1.71
30	4.17	3.32	2.92	2.69	2.53	2.42	2.33	2.27	2.21	2.16	2.09	2.01	1.93	1.62
40	4.08	3.23	2.84	2.61	2.45	2.34	2.25	2.18	2.12	2.08	2.00	1.92	1.84	1.51
60	4.00	3.15	2.76	2.53	2.37	2.25	2.17	2.10	2.04	1.99	1.92	1.84	1.75	1.39
120	3.92	3.07	2.68	2.45	2.29	2.17	2.09	2.02	1.96	1.91	1.83	1.75	1.66	1.25
∞	3.84	3.00	2.60	2.37	2.21	2.10	2.01	1.94	1.88	1.83	1.755	1.67	1.57	1.00

表 24　U 检验信度临界 α 与 U_α 对照表

$\alpha/\%$	U_α	$\alpha/\%$	U_α	$\alpha/\%$	U_α	$\alpha/\%$	U_α	$\alpha/\%$	U_α	$\alpha/\%$	U_α
0.5	2.576	4	1.751	7.5	1.440	11	1.227	14.5	1.058	18	0.915
1	2.326	4.5	1.695	8	1.405	11.5	1.200	15	1.036	18.5	0.896
1.5	2.170	5	1.645	8.5	1.372	12	1.175	15.5	1.015	19	0.878
2	2.054	5.5	1.598	9	1.341	12.5	1.150	16	0.994	19.5	0.860
2.5	1.960	6	1.555	9.5	1.311	13	1.126	16.5	0.974	20	0.842
3	1.881	6.5	1.514	10	1.282	13.5	1.103	17	0.954		
3.5	1.812	7	1.476	10.5	1.254	14	1.080	17.5	0.935		

附录六 与棉纺织密切相关的国家标准

[纤维部分]

标准号	标准名称	发布日期	实施日期	适用范围
GB 1103.1—2012	棉花 第1部分:锯齿加工细绒棉	2012-11-14	2013-09-01	规定了锯齿加工的细绒棉的质量要求、抽样、检验方法、检验规则、包装及标志、储存与运输等要求。适用于生产、收购、加工、贸易、仓储和使用的锯齿加工的细绒棉
GB 1103.2—2012	棉花 第2部分:皮辊加工细绒棉	2012-11-14	2013-09-01	规定了皮辊加工的细绒棉的质量要求、抽样、检验方法、检验规则、包装及标志、储存与运输等要求。适用于生产、收购、加工、贸易、仓储和使用的皮辊加工的细绒棉
GB/T 1103.3—2005	棉花 天然彩色细绒棉	2005-01-24	2005-08-01	规定了天然彩色细绒棉的术语和定义、分类、籽棉采摘、晾晒、存放和出售、籽棉收购和加工、质量要求、分级规定、检验方法、检验规则、包装及标志、检验证书、储存与运输要求等内容。适用于生产、收购、加工、经营、储存、使用的天然彩色细绒棉
GB/T 2910—1997	纺织品 二组分纤维纺产品定量化学分析方法	1997-10-09	1998-05-01	规定了用化学分析试剂,根据不同纤维选择性溶解的性质,使混纺产品的纤维组分分离的定量化学分析方法。适用于二组分纺织纤维混纺和交织纺产品的纤维定量分析
GB/T 2910.1—2009	纺织品 定量化学分析 第1部分:试验通则	2009-06-15	2010-01-01	规定了各种二组分纤维混合物的定量化学分析方法。本标准的方法和GB/T 2910其他部分的方法一般适用于任何形式纺织品的纤维,除了列在适当部分范围中的某些纺织品
GB/T 2910.10—2009	纺织品 定量化学分析 第10部分:三醋酯纤维或聚乳酸纤维与某些其他纤维的混合物(二氯甲烷法)	2009-06-15	2010-01-01	规定了采用二氯甲烷法测定去除非纤维物质后由以下纤维组成的二组分混合物中三醋酯纤维或聚乳酸纤维的含量的方法:三醋酯纤维或聚乳酸纤维;羊毛,再生蛋白质纤维,棉(原棉,漂白棉或染色棉),黏胶纤维,莫代尔纤维,铜氨纤维,聚酰胺纤维,聚酯纤维,聚丙烯腈纤维和玻璃纤维。经过整理而导致部分水解的三醋酯纤维,在此溶剂中不能完全溶解,本方法不适用

续表

标准号	标准名称	发布日期	实施日期	适用范围
GB/T 2910.101—2009	纺织品 定量化学分析 第101部分：大豆蛋白复合纤维与某些其他纤维的混合物	2009-06-15	2010-01-01	规定了大豆蛋白复合纤维（与聚乙烯醇复合）二组分混合物的化学分析方法。适用于大豆蛋白复合纤维（与聚乙烯醇复合）与某些其他纤维的二组分混合物
GB/T 2910.11—2009	纺织品 定量化学分析 第11部分：纤维素纤维与聚酯纤维的混合物（硫酸法）	2009-06-15	2010-01-01	规定了采用硫酸法测定去除非纤维物质后的天然或再生纤维素纤维和聚酯纤维的二组分混合物中纤维素纤维含量的方法
GB/T 2910.12—2009	纺织品 定量化学分析 第12部分：聚丙烯腈纤维、某些改性聚丙烯腈纤维、某些含氯纤维或某些弹性纤维与某些其他纤维的混合物（二甲基甲酰胺法）	2009-06-15	2010-01-01	规定了采用二甲基甲酰胺法测定去除非纤维物质后的由以下纤维组成的聚丙烯腈纤维、某些改性聚丙烯腈纤维、某些含氯纤维或某些改性聚丙烯腈纤维的二组分混合物中聚丙烯腈纤维、某些改性聚丙烯腈纤维、某些含氯纤维或某些弹性纤维含量的方法：聚丙烯腈纤维、某些改性聚丙烯腈纤维、某些含氯纤维、某些弹性纤维；动物纤维、黏胶纤维、铜氨纤维、莫代尔纤维、棉（原棉、漂白棉、染色棉）、聚酯纤维和玻璃纤维。本方法适用于染前金属络合染色的动物纤维、羊毛和蚕丝，对于染后金属络合染色的则不适用
GB/T 2910.13—2009	纺织品 定量化学分析 第13部分：某些含氯纤维与某些其他纤维的混合物（二硫化碳/丙酮法）	2009-06-15	2010-01-01	规定了采用二硫化碳/丙酮法测定去除非纤维物质后的由以下纤维组成的二组分混合物中含氯纤维含量的方法：某些含氯纤维，无论是否卤化的；羊毛、动物毛发、蚕丝、棉、黏胶纤维、铜氨纤维、莫代尔纤维、聚酰胺纤维、聚酯纤维、聚丙烯腈纤维和玻璃纤维。混合物中羊毛或蚕丝的含量超过25%时，宜使用GB/T 2910.4的方法；混合物中锦纶的含量超过25%时，宜使用GB/T 2910.7的方法
GB/T 2910.14—2009	纺织品 定量化学分析 第14部分：醋酯纤维与某些含氯纤维的混合物（冰乙酸法）	2009-06-15	2010-01-01	规定了采用冰乙酸法测定去除非纤维物质后的醋酯纤维与某些含氯纤维或某些含氯纤维氯化的二组分混合物中醋酯纤维含量的方法
GB/T 2910.15—2009	纺织品 定量化学分析 第15部分：黄麻与某些动物纤维的混合物（含氮量法）	2009-06-15	2010-01-01	规定了用含氮量法测定去除非纤维物质后的黄麻与某些动物纤维的二组分混合物中的各组分含量的方法。其中动物纤维可以是羊毛或其他动物纤维的一种，也可以是二者的混合。不适用于染料或整理剂上含有氮的混纺产品

续表

标准号	标准名称	发布日期	实施日期	适用范围
GB/T 2910.16—2009	纺织品　定量化学分析　第16部分:聚丙烯纤维与某些其他纤维的混合物(二甲苯法)	2009-06-15	2010-01-01	规定了采用二甲苯法测定去除非纤维物质后的由以下纤维组成的二组分混合物中聚丙烯纤维含量的方法:聚丙烯纤维,羊毛、动物纤维,蚕丝、棉、黏胶纤维、铜氨纤维,莫代尔纤维,三醋酯纤维、醋酯纤维,聚酰胺纤维、聚酯纤维、聚丙烯腈纤维和玻璃纤维的混纺产品
GB/T 2910.17—2009	纺织品　定量化学分析　第17部分:含氯纤维(氯乙烯均聚物)与某些其他纤维的混合物(硫酸法)	2009-06-15	2010-01-01	规定了采用硫酸法测定去除非纤维物质后的由以下纤维组成的混合物中含氯纤维含量的方法:基于氯乙烯均聚物的含氯纤维(不论是否卤化);棉、黏胶纤维、铜氨纤维,莫代尔纤维,醋酯纤维、三醋酯纤维、聚酰胺纤维、聚酯纤维、聚丙烯腈纤维和某些改性聚丙烯腈纤维。本处改性聚丙烯腈纤维指那些放入浓硫酸($\rho=1.84\,g/mL$)时溶解的纤维。预先试验显示含氯纤维在二甲基甲酰胺或二硫化碳/丙酮共沸混合物中不能完全溶解时,本方法可代替GB/T 2910.12和GB/T 2910.13使用
GB/T 2910.18—2009	纺织品　定量化学分析　第18部分:蚕丝与羊毛或其他动物毛纤维的混合物(硫酸法)	2009-06-15	2010-01-01	规定了采用硫酸法测定去除非纤维物质后的蚕丝和羊毛或其他动物毛纤维含量的方法
GB/T 2910.19—2009	纺织品　定量化学分析　第19部分:纤维素纤维与石棉的混合物(加热法)	2009-06-15	2009-06-15	规定了采用加热法测定由以下纤维组成的二组分混合物中纤维素纤维含量的方法:棉或再生纤维素纤维;温石棉和青石棉。如果各利益相关方同意,本方法亦适用于其他类型的石棉
GB/T 2910.2—2009	纺织品　定量化学分析　第2部分:三组分纤维混合物	2009-06-15	2010-01-01	规定了各种三组分纤维混合物的定量化学分析方法。三组分混合物分析方法的应用范围,在GB/T 2910中的各部分已有规定,它指出了对各种纤维的适用方法
GB/T 2910.20—2009	纺织品　定量化学分析　第20部分:聚氨酯弹性纤维与某些其他纤维的混合物(二甲基乙酰胺法)	2009-06-15	2010-01-01	规定了采用二甲基乙酰胺法测定去除非纤维物质后以下二组分混合物中聚氨酯弹性纤维含量的方法。聚氨酯弹性纤维,棉、黏胶纤维、铜氨纤维、莫代尔纤维,莱赛尔纤维,聚酰胺纤维、聚酯纤维、丝和羊毛、聚丙烯腈纤维同时存在的情况

续表

标准号	标准名称	发布日期	实施日期	适用范围
GB/T 2910.21—2009	纺织品 定量化学分析 第21部分：含氯纶、改性聚丙烯腈纤维、某些改性聚丙烯腈纤维、醋酯纤维、三醋酯纤维与某些其他纤维的混合物（环己酮法）	2009-06-15	2010-01-01	规定了采用环己酮法测定去除非纤维物质后的由以下纤维组成的混合物中含氯纤维、改性聚丙烯腈纤维、弹性纤维、醋酯纤维和三醋酯纤维含量的方法：醋酯纤维、三醋酯纤维、某些改性聚丙烯腈纤维、某些弹性纤维、莫代尔纤维、黏胶纤维、聚丙烯腈纤维和玻璃纤维。当含有改性聚丙烯腈纤维或弹性纤维时，须预先试验以确定纤维是否完全溶于试剂。也可使用 GB/T 2910.13 或 GB/T 2910.17 规定方法分析含氯纤维的混合物
GB/T 2910.22—2009	纺织品 定量化学分析 第22部分：黏胶纤维、某些铜氨纤维、莫代尔纤维或莱赛尔纤维与亚麻、苎麻的混合物（甲酸/氯化锌法）	2009-06-15	2010-01-01	规定了采用甲酸/氯化锌法测定去除非纤维物质的黏胶纤维、某些铜氨纤维、莫代尔纤维或莱赛尔纤维中纤维含量的方法。不适用于因黏胶纤维、某些铜氨纤维或莫代尔纤维在染色性或耐久性整理处理剂或致使其不能完全溶解的混合物
GB/T 2910.23—2009	纺织品 定量化学分析 第23部分：聚乙烯纤维与聚丙烯纤维的混合物（环己酮法）	2009-06-15	2010-01-01	规定了采用环己酮法测定去除非纤维物质后聚乙烯纤维的含量的方法。仅适用于聚乙烯纤维与聚丙烯纤维混纺的混合物
GB/T 2910.24—2009	纺织品 定量化学分析 第24部分：聚酯纤维与某些其他纤维的混合物（苯酚/四氯乙烷法）	2009-06-15	2010-01-01	规定了采用苯酚/四氯乙烷法测定去除非纤维物质后以下二组分混合物中聚酯纤维含量的方法。聚丙烯纤维、改性聚丙烯腈纤维、聚丙烯腈纤维、莱赛尔纤维或芳纶。不适用于涂层织物
GB/T 2910.25—2017	纺织品 定量化学分析 第25部分：聚酯纤维与某些其他纤维的混合物（三氯乙酸/三氯甲烷法）	2017-12-29	2018-07-01	规定了采用三氯乙酸/三氯甲烷法测定去除非纤维物质后的聚酯纤维和纤维素纤维（棉、亚麻、苎麻、黏胶纤维、莱赛尔纤维、铜氨纤维）、动物毛发纤维（羊毛、山羊绒等）、合成纤维（聚丙烯腈纤维、芳香族聚酰胺纤维）的二组分混合物中聚酯纤维含量的方法。适用于聚酯纤维与某些其他纤维的混合物
GB/T 2910.26—2017	纺织品 定量化学分析 第26部分：三聚氰胺纤维与棉或芳纶的混合物（热甲酸法）	2017-12-29	2018-07-01	规定了采用热甲酸法测定去除非纤维物质后的三聚氰胺纤维含量的方法。适用于三聚氰胺纤维与棉或芳纶二组分混合物的混合物

续表

标准号	标准名称	发布日期	实施日期	适用范围
GB/T 2910.3—2009	纺织品　定量化学分析　第3部分:醋酯纤维与某些其他纤维的混合物(丙酮法)	2009-06-15	2010-01-01	规定了采用丙酮法测定去除非纤维物质后的由以下纤维组成的二组分混合物中醋酯纤维含量的方法:醋酯纤维与羊毛、动物毛发、蚕丝、再生蛋白纤维、棉、亚麻、大麻、苎麻、黄麻、蕉麻、针茅麻、椰壳纤维和玻璃纤维。不适用于含改性成纤维、黏胶纤维、聚酰胺纤维、聚丙烯腈纤维、金雀花纤维、铜氨纤维、黏胶纤维的混合物,也不适用于表面已脱去乙酰基的醋酯纤维的混合物
GB/T 2910.4—2009	纺织品　定量化学分析　第4部分:某些蛋白纤维与某些其他纤维的混合物(次氯酸盐法)	2009-06-15	2010-01-01	规定了采用次氯酸盐法测定去除非纤维物质后的以下纤维组成的某些蛋白质纤维和某些非蛋白纤维二组分混合物中蛋白纤维含量的方法:羊毛、化学处理过的羊毛、其他动物纤维、蚕丝、酪朊再生蛋白纤维和棉、铜氨纤维、黏胶纤维、莫代尔纤维、聚丙烯腈纤维、聚酯纤维、聚酰胺纤维、含氯纤维、聚丙烯纤维、玻璃纤维和弹性纤维。如果织物中几种蛋白质纤维同时存在,此方法只能求出它们的总量而不能得到各自的量
GB/T 2910.5—2009	纺织品　定量化学分析　第5部分:黏胶纤维、铜氨纤维或莫代尔纤维与棉的混合物(锌酸钠法)	2009-06-15	2010-01-01	规定了采用锌酸钠法测定去除非纤维物质后的黏胶纤维、铜氨纤维或莫代尔纤维与原棉、煮练棉或棉漂白棉纤维二组分混合物含量的方法。不适用于混合物中的棉纤维已经受到严重的化学降解,也不适用于黏胶纤维、铜氨纤维或莫代尔纤维中存在不能完全去除的耐久性整理剂或活性染料,致使其不能完全溶解
GB/T 2910.6—2009	纺织品　定量化学分析　第6部分:黏胶纤维、某些铜氨纤维、莫代尔纤维或莱赛尔纤维与棉的混合物(甲酸/氯化锌法)	2009-06-15	2010-01-01	规定了采用甲酸/氯化锌法测定去除非纤维物质后的黏胶纤维、某些铜氨纤维、莫代尔纤维或莱赛尔纤维与棉纤维二组分混合物含量的方法,如试样中有铜氨纤维、莫代尔纤维或莱赛尔纤维存在时,则应预先试验是否溶于试剂。不适用于混合物中的棉纤维已经受到严重的化学降解,也不适用于黏胶纤维、铜氨纤维、莫代尔纤维或莱赛尔纤维中存在不能完全去除的耐久性整理剂或活性染料,致使其不能完全溶解

续表

标准号	标准名称	发布日期	实施日期	适用范围
GB/T 2910.7—2009	纺织品　定量化学分析　第7部分：聚酰胺纤维与某些其他纤维混合物（甲酸法）	2009-06-15	2010-01-01	规定了采用甲酸法测定去除非纤维物质后的聚酰胺纤维和棉、黏胶纤维、铜氨纤维、莫代尔纤维、聚酯纤维、聚丙烯腈纤维或玻璃纤维、含氯纤维、聚丙烯纤维等组分混合物中纤维含量的方法。本方法也适用于羊毛或其他动物毛发的混合物，但当羊毛含量超过25%时，宜采用GB/T 2910.4规定的方法
GB/T 2910.8—2009	纺织品　定量化学分析　第8部分：醋酯纤维与三醋酯纤维混合物（丙酮法）	2009-06-15	2010-01-01	规定了采用丙酮法测定去除非纤维物质后醋酯纤维和三醋酯纤维混合物中醋酯纤维含量的方法
GB/T 2910.9—2009	纺织品　定量化学分析　第9部分：醋酯纤维与三醋酯纤维混合物（苯甲醇法）	2009-06-15	2010-01-01	规定了采用苯甲醇法测定去除非纤维物质后的醋酯纤维和三醋酯纤维混合物中醋酯纤维含量的方法
GB/T 3291.1—1997	纺织　纺织材料性能和试验术语　第1部分：纤维和纱线	1997-10-09	1998-05-01	规定了纤维和纱线在性能和指标测试方面的术语
GB/T 3291.3—1997	纺织　纺织材料性能和试验术语　第3部分：通用	1997-10-09	1998-05-01	规定了纺织材料在性能和测试方面的通用术语。适用于纤维、纱线和织物等形态方面的纺织品。不包括单一形态特有的有关术语
GB/T 4146.1—2020	纺织品　化学纤维　第1部分：属名	2020-10-21	2021-05-01	以表格的形式列出了目前产业化生产的各种纺织及其他用途的各种化学纤维的属名，同时给出其主要特征。给出了属名的建立规则建议，描述了多组分纤维的结构，列出了属名英文名称索引。适用于各种化学纤维的属名
GB/T 4146.2—2017	纺织品　化学纤维　第2部分：产品术语	2017-05-12	2017-12-01	界定了用于纺织品或其他用途的各种化学纤维产品术语和定义。适用于化学纤维的生产、使用、商业、科研、教学等领域
GB/T 4146.3—2011	纺织品　化学纤维　第3部分：检验术语	2011-06-16	2011-12-01	规定了纺织品化学纤维及其原材料检验术语。适用于化学纤维的生产、使用、商业、科研、教学等领域的概念交流
GB/T 6097—2012	棉纤维试验取样方法	2012-11-14	2013-09-01	规定了棉纤维试验用批样、试验室样品、试验样品、试验试样的抽取或制备方法。适用于棉纤维的取样

续表

标准号	标准名称	发布日期	实施日期	适用范围
GB/T 6098—2018	棉纤维长度试验方法　罗拉式分析仪法	2018-02-06	2018-09-01	规定了使用罗拉式分析仪测定棉纤维长度指标，包括皮辊及纺纱各道工序中的半成品棉条的长度测定。不适用于从棉与其他纤维的混合物中取出的纤维，以及从棉纱或棉织物中取出的纤维的长度测定
GB/T 6100—2007	棉纤维线密度试验方法　中段称重法	2007-08-31	2007-12-01	规定了采用中段称重法测试棉纤维密度的试验方法。适用于试验室测定棉纤维的线密度
GB/T 6102.1—2006	原棉回潮率试验方法　烘箱法	2006-03-10	2006-09-01	规定了箱内称法测定原棉回潮率的试验方法。适用于籽棉经锯齿轧棉机或皮辊轧棉机加工后所得的原棉
GB/T 6102.2—2012	原棉回潮率试验方法　电阻法	2012-11-14	2013-09-01	规定了采用电阻法原理测定原棉回潮率的方法。适用于回潮率为 3%～13% 的原棉
GB/T 6103—2006	原棉疵点试验方法　手工法	2006-03-10	2006-09-01	规定了手工挑拣原棉疵点的试验方法。适用于籽棉经锯齿轧棉机或皮辊轧棉机加工后所得的原棉
GB/T 6498—2008	棉纤维马克隆值试验方法	2008-05-21	2008-06-01	规定了测定松散不规则排列的一定量棉纤维马克隆值的方法。适用于从棉包、棉卷、棉条或其他来源的皮棉中取出的棉纤维
GB/T 6499—2012	原棉含杂率试验方法	2012-11-14	2013-09-01	规定了用原棉杂质分析机测定原棉含杂率的试验方法。适用于原棉含杂率的测定
GB/T 6529—2008	纺织品　调湿和试验用标准大气	2008-06-18	2009-03-01	规定了纺织品在调湿和测定物理、力学性能时标准大气的特性和使用，以及在相关各方同意的情况下，可选标准大气的特性和使用
GB/T 6975.2—2003	纺织机械与附件　化学短纤维包　尺寸	2003-02-10	2003-07-01	规定了化学短纤维捆扎包的外形尺寸。其尺寸考虑了柔装箱和卡车装级空间的合理利用
GB/T 7568.2—2008	纺织品　色牢度试验标准贴衬织物　第2部分：棉和黏胶纤维	2008-08-06	2009-06-01	规定了纺织品色牢度试验中评定沾色的未染色棉和黏胶纤维标准贴衬织物的规格及要求。棉和黏胶纤维待试贴衬村织物的沾色性能分别通过与棉和黏胶纤维基准织物一起用棉染色基准色基准织物进行对比确定。所有基准织物都可以从规定的供应处获得

续表

标准号	标准名称	发布日期	实施日期	适用范围
GB/T 7568.3—2008	纺织品　色牢度试验标准　贴衬织物　第3部分：聚酰胺纤维	2008-08-06	2009-06-01	规定了纺织品色牢度试验中评定沾色的未染色聚酰胺纤维标准贴衬织物的规格及要求。聚酰胺纤维待试贴衬织物的沾色性能通过与聚酰胺基准贴衬织物一起用聚酰胺纤维染色多纤维进行对比确定。两种基准织物都可以从规定的供应处求得
GB/T 7568.7—2008	纺织品　色牢度试验标准　贴衬织物　第7部分：多纤维	2008-08-06	2009-06-01	规定了纺织品色牢度试验中评定沾色的未染色多纤维贴衬织物的通用要求。多纤维贴衬织物具有标准化的沾色性能
GB/T 7568.8—2014	纺织品　色牢度试验标准　贴衬织物　第8部分：二醋酯纤维	2014-09-03	2015-03-01	规定了纺织品色牢度试验中用于评定沾色的未染色二醋酯纤维标准贴衬织物的基本要求和评定要求。适用于色牢度试验中评定沾色的二醋酯纤维贴衬织物
GB/T 7573—2009	纺织品　水萃取液pH值的测定	2009-06-11	2010-01-01	规定了纺织品水萃取液pH的测定方法。适用于各种纺织品
GB/T 8695—1988	纺织纤维和纱线的形态词汇	1988-02-13	1988-08-01	规定了表示纺织纤维的各种组合形式（从纤维到缆线）的主要术语的定义，并列出了生产上各术语间的关系示意图
GB/T 9107—1999	精制棉	1999-09-10	2000-04-01	规定了精制棉的分类、要求、试验方法、检验规则及标志、包装、运输、贮存等内容。适用于由棉短绒经碱法蒸煮、漂白等处理后所得的精制棉
GB/T 9994—2018	纺织材料公定回潮率	2018-03-15	2018-10-01	规定了主要纺织材料的公定回潮率。适用于纺织材料，可用于计算纺织材料的公定质量、纱线的线密度、织物的单位面积质量以及多组分产品定量分析中的纤维含量等
GB/T 9995—1997	纺织材料含水率和回潮率的测定　烘箱干燥法	1997-10-09	1998-05-01	规定了采用烘箱热风干燥方式测定纺织材料含水率和回潮率的方法。适用于各种纺织原材料及其制品
GB/T 11951—2018	天然纤维术语	2018-02-06	2018-09-01	根据纤维来源或组成界定了纺织用主要天然纤维的术语定义，提供了相应的英文属名和俗称。适用于纺织用天然纤维

续表

标准号	标准名称	发布日期	实施日期	适用范围
GB/T 12703.6—2010	纺织品　静电性能的评定　第6部分:纤维泄漏电阻	2011-01-14	2011-08-01	规定了各类短纤维泄漏电阻的测试方法。适用于各类短纤维泄漏电阻的测定
GB/T 12703.7—2010	纺织品　静电性能的评定　第7部分:动态静电压	2011-01-14	2011-08-01	规定了纺织生产动态静电压的测试方法。适用于纺织厂各道工序中纺织材料和纺织器材静电性能的测定
GB/T 13777—2006	棉纤维成熟度试验方法　显微镜法	2006-12-29	2007-05-01	规定了用显微镜测定经氢氧化钠溶液膨胀后棉纤维成熟度的试验方法。适用于未经化学处理的原棉,棉卷、棉条以及纱线中取出的棉纤维
GB/T 13782—1992	纺织纤维长度分布参数试验方法　电容法	1992-11-04	1993-06-01	规定了利用电容法测定毛纤维和化学短纤维(或棉、麻)长度分布参数,主要分析平均长度和长度变异系数。适用于测量毛纤维和化学短纤维(也可用于棉、麻)的散状纤维及其半成品,如条子、粗纱。不适用于平均长度15mm及以下的纤维,以及高卷曲、高弹性纤维长度的测量。部分没有必要修正程序的仪器,不适用于测量长度基本相等的化学短纤维(如切段化学纤维等)
GB/T 13783—1992	棉纤维断裂比强度的测定　平束法	1992-11-04	1993-06-01	规定了利用平行排列的棉纤维束测定棉纤维断裂比强度和断裂伸长率的试验方法。适用于棉制成棉束的棉纤维,并使用专为测试平束棉纤维而设计的拉伸试验仪。其他拉伸试验仪如能装纳卜氏试样夹持器也可使用本方法
GB/T 13786—1992	棉花分级室的模拟昼光照明	1992-11-04	1993-06-01	规定了棉花分级的模拟昼光的光照要求,以及有关室内环境和设备的颜色。适用于棉花分级
GB/T 14464—2017	涤纶短纤维	2017-12-29	2018-07-01	规定了涤纶短纤维的术语和定义,分类与标识,技术要求,试验方法,检验规则和标志、包装,运输,贮存的要求。适用于线密度为0.8~6.0dtex,圆形截面的半消光或有光的本色涤纶短纤维。其他类型的涤纶短纤维可参照使用
GB/T 16256—2008	纺织纤维线密度试验方法　振动仪法	2008-08-07	2008-12-01	规定了用振动仪测定谐振频率的技术测定纺织纤维密度的试验方法。适用于测试长度范围内单位线密度均匀的单根纺织纤维。异形截面的中空和扁平纤维可参照使用

续表

标准号	标准名称	发布日期	实施日期	适用范围
GB/T 16258—2018	棉纤维含糖试验方法　分光光度法	2018-02-06	2018-09-01	规定了用 3,5-二羟基甲苯-硫酸溶液作显色剂,使用分光光度计定量测定棉纤维表面所含总糖的测定方法。适用于原棉、棉条、棉卷等棉纤维
GB/T 17644—2008	纺织纤维白度色度试验方法	2008-08-07	2008-12-01	规定了用分光光度法色度仪测定纺织纤维白度、色度的试验方法。适用于纺织纤维白度和色度的测定
GB/T 19509—2004	锯齿衣分试轧机	2004-05-17	2004-09-01	规定了锯齿衣分试轧机的技术要求、试验方法、检验规则及标志、包装与贮存的要求。适用于棉衣分检验用锯齿衣分试轧机(以下简称试轧机)
GB/T 19635—2005	棉花　长绒棉	2005-01-24	2005-08-01	规定了长绒棉的术语和定义、籽棉采摘晾存放和出售、检验规则、包装及标志、运输等内容。适用于生产、收购、加工、经营、储备,使用的长绒棉
GB/T 19818—2005	籽棉清理机	2005-06-23	2005-09-01	规定了籽棉清理机的技术要求、试验方法、检验规则及标志、包装与贮存要求。适用于各种型式籽棉清理机的设计、制造及质量检测
GB/T 19819—2005	锯齿轧花机	2005-06-23	2005-09-01	规定了锯齿轧花机的产品分类、技术要求、试验方法、检验规则及标志、包装与贮存。适用于锯齿轧花机的设计、制造及质量检测
GB/T 19820—2005	液压棉花打包机	2005-06-23	2005-09-01	规定了 MDY 型液压棉花打包机的结构型式、产品分类、基本参数、技术要求、试验方法、检验规则及标志、包装与贮存要求。适用于液压棉花打包机的设计制造及质量检测
GB/T 20223—2018	棉短绒	2018-03-15	2018-05-01	规定了棉短绒的技术要求、分类分级规定、分类方法、试验方法、检验规则、包装及标志、贮存与运输和检验报告。适用于生产、经营、使用、贮存的棉短绒
GB/T 20392—2006	HVI 棉纤维物理性能试验方法	2006-06-25	2006-12-01	规定了大容量棉纤维测试仪测定棉纤维的色特征、杂质、马克隆值、长度和长度整齐度、断裂比强度和断裂伸长率的测试方法。适用于取自原棉、部分加工过的棉花和某些落棉中的松散棉纤维

续表

标准号	标准名称	发布日期	实施日期	适用范围
GB/T 20393—2006	天然彩色棉制品及含天然彩色棉制品通用技术要求	2006-06-25	2006-12-01	规定了天然彩色棉制品及含天然彩色棉制品的质量要求、抽样方法、检验方法、标志要求等。适用于天然彩色棉纯纺制品及含天然彩色棉与经染色棉混纺的纤维（不包括以色母粒为原料的纤维）混纺的制品
GB/T 21293—2007	纤维长度及其分布参数的测定方法　阿尔米特法	2007-12-05	2008-09-01	规定了利用阿尔米特（Almeter）长度仪测定毛、绒纤维长度分布的方法。适用于测量毛条和绒条，包括精梳下机毛条、成品毛条、成品绒条、精纺粗纱。对非精梳条（包括精梳前的条子、半精梳条、粗纺粗纱、洗净毛或分梳绒条）进行实验室方法测试制成的条子）进行检测时，遵照本标准附录A的规定。对分梳绒直接进行检测时，其注意事项见本标准附录B。对绒、毛与合成纤维混纺的条子，因为纤维的化学结构不同，所以在对混纺条的测试结果进行分析时要慎重考虑这方面的影响。不适用于平均长度在15mm以下的纤维的检测
GB/T 22282—2008	纺织纤维中有毒有害物质的限量	2008-08-06	2009-06-01	规定了纺织纤维中有毒有害物质的限量要求和检测方法。适用于聚丙烯腈纤维、人造纤维素纤维、棉和其他天然纤维素种子纤维、聚氨酯弹性纤维、原毛及其他动物毛纤维、聚酯纤维和聚丙烯纤维
GB/T 29886—2013	棉包回潮率试验方法　微波法	2013-11-12	2014-01-11	规定了采用微波法测定棉包回潮率的方法。适用于回潮率在3%～13%的成包的细绒棉和长绒棉
GB/T 29887—2013	染色棉	2013-11-12	2014-04-11	规定了染色棉的技术要求、试验方法、包装和标志、运输、贮存要求。适用于加工、贸易、仓储和使用的染色棉
GB/Z 32009—2015	纺织新材料力学性能数据表	2015-09-11	2016-04-01	给出了某些纺织纤维的干态断裂强度、湿态断裂强度、相对湿强度、干态断裂伸长率、湿态断裂伸长率和初始模量的力学性能基础数据。适用于超高分子量聚乙烯纤维、芳纶1414、芳纶1313、聚苯硫醚纤维、聚酰亚胺纤维、聚对苯二甲酸丙二醇酯纤维、聚对苯二甲酸丁二酯纤维、聚乳酸纤维、壳聚糖纤维和莱赛尔纤维

续表

标准号	标准名称	发布日期	实施日期	适用范围
GB/Z 32012—2015	纺织新材料化学性能数据表	2015-09-11	2016-04-01	给出了某些纺织纤维的化学溶解性、耐酸和耐碱断裂强力保持率化学性能的基础数据。适用于超高分子量聚乙烯纤维、芳纶 1414、芳纶 1313、聚苯硫醚纤维、聚酰亚胺纤维、聚对苯二甲酸丙二酯纤维、聚对苯二甲酸丁二酯纤维、壳聚糖纤维、壳聚糖纤维和莱赛尔纤维、聚乳酸纤维
GB/Z 32013—2015	纺织新材料热学性能数据表	2015-09-11	2016-04-01	给出了某些纺织纤维的玻璃化温度、熔点、熔融焓、热分解温度和热失重率的热学性能基础数据。适用于超高分子量聚乙烯纤维、芳纶 1414、芳纶 1313、聚苯硫醚纤维、聚酰亚胺纤维、聚对苯二甲酸丙二酯纤维、聚对苯二甲酸丁二酯纤维、聚乳酸纤维、壳聚糖纤维、壳聚糖纤维和莱赛尔纤维
GB/T 32718—2016	棉花噻苯隆残留量测定方法	2016-08-29	2017-03-01	规定了棉花中噻苯隆残留量的测定方法。适用于棉花中噻苯隆残留量的测定
GB/T 35249—2017	纺织品　定量化学分析　聚苯硫醚纤维与某些其他纤维的混合物	2017-12-29	2018-07-01	规定了采用化学分析方法测定去除非纤维物质后的聚苯硫醚纤维与其他纤维二组分纤维二组分混合物中纤维含量的方法。适用于聚苯硫醚纤维与蛋白质纤维（羊毛、桑蚕丝等）、纤维素纤维（棉、亚麻、苎麻、黏胶纤维、莱赛尔纤维等）、醋酯纤维、三醋酯纤维、聚乳酸纤维、聚丙烯腈纤维、某些改性聚丙烯腈纤维、氨纶、聚酰胺纤维、维纶、聚酯纤维、芳纶 1313、芳纶 1414、聚酰亚胺纤维或聚四氟乙烯纤维的二组分混合物
GB/T 35257—2017	纺织品　定量化学分析　壳聚糖纤维与某些其他纤维的混合物（乙酸法）	2017-12-29	2018-07-01	规定了采用乙酸法测定去除非纤维物质后的壳聚糖纤维与纤维素纤维（棉、亚麻、大麻、黏胶纤维、莫代尔纤维、莱赛尔纤维等）、蛋白质纤维（羊毛、山羊绒、桑蚕丝）或合成纤维（聚酯纤维、聚酰胺纤维、聚丙烯腈纤维、聚丙烯腈纤维）的二组分混合物中纤维含量的方法。适用于壳聚糖纤维与其他纤维二组分混合物的壳聚糖纤维与其他同类纤维可参照执行
GB/T 35268—2017	纺织品　定量化学分析　聚四氟乙烯纤维与某些其他纤维的混合物	2017-12-29	2018-07-01	规定了采用化学分析方法测定聚四氟乙烯纤维二组分混合物含量的方法。适用于聚四氟乙烯纤维与某些蛋白质纤维（羊毛、蚕丝、桑蚕丝等）、纤维素纤维（棉、亚麻、黏胶纤维、醋酯纤维、莱赛尔纤维、聚丙烯腈纤维、氨纶、聚酰胺纤维、聚酯纤维、聚亚胺纤维和聚苯硫醚纤维的二组分混合物

续表

标准号	标准名称	发布日期	实施日期	适用范围
GB/T 35443—2017	纺织品　定量化学分析　海藻纤维与某些其他纤维的混合物	2017-12-29	2018-07-01	规定了采用化学分析方法测定去除非纤维物质后海藻纤维物质组分混合物中海藻纤维含量的方法。适用于海藻纤维与棉、麻、铜氨纤维、黏胶纤维、莱赛尔纤维、聚丙烯腈纤维、聚酰胺纤维、氨纶、羊毛、醋酯纤维或三醋酯纤维的二组分混合物
GB/T 35872—2018	棉花　不孕籽棉	2018-02-06	2018-09-01	规定了不孕籽棉的技术要求、检验方法、标志、包装、贮存与运输。适用于不孕籽棉加工、交易，使用环节的检验
GB/T 35931—2018	棉纤维棉结和短纤维率测试方法　光电法	2018-02-06	2018-09-01	规定了光电法测定棉纤维棉结和短纤维率的方法。适用于原棉和棉条
GB/T 35934—2018	棉花染色色差试验方法	2018-02-06	2018-09-01	规定了棉花染色性能的试验方法。适用于各类棉纤维（彩棉除外），对以棉纤维为材料的本色纱线和坯布等同样适用
GB/T 36612—2018	纺织纤维编码	2018-09-17	2019-04-01	规定了纺织纤维编码系统的组成、分类编码、名称编码、属性编码，以及编码的应用。适用于纺织纤维生产、贸易、流通等过程中各类纺织纤维产品的信息化管理以及与商务有关的信息处理和信息交换
GB/T 36976—2018	纺织品　定量化学分析　聚酰亚胺纤维与某些其他纤维的混合物	2018-12-28	2019-07-01	规定了采用化学分析方法测定去除非纤维物质后以下二组分混合中聚酰亚胺纤维含量的方法。聚酰亚胺纤维与某些蛋白质纤维（羊毛、特种动物毛纤维、蚕丝等）、纤维素纤维（棉、亚麻、黏胶纤维等）、聚酰胺纤维、聚丙烯腈纤维、聚酯纤维、聚四氟乙烯纤维和聚苯硫醚纤维。适用于含有聚酰亚胺纤维的混合物
GB/T 37629—2019	纺织品　定量化学分析　聚丙烯腈纤维与某些其他纤维的混合物（甲酸／氯化锌法）	2019-06-04	2020-01-01	规定了采用甲酸／氯化锌法测定去除非纤维物质后的聚丙烯腈纤维与某些其他纤维混合物中纤维含量的方法。适用于聚丙烯腈纤维与毛、其他动物毛纤维、棉、亚麻、苎麻和聚酯纤维的二组分混合物
GB/T 37630—2019	纺织品　定量化学分析　醋酯纤维或三醋酯纤维与某些其他纤维的混合物（盐酸法）	2019-06-04	2020-01-01	规定了采用盐酸法测定去除非纤维物质后的醋酯纤维或三醋酯纤维与某些其他纤维混合物中纤维含量的方法。适用于醋酯纤维或三醋酯纤维与羊毛、山羊绒、其他动物纤维、蚕丝、棉、亚麻、苎麻、黏胶纤维、莫代尔纤维、莱赛尔纤维、聚丙烯腈纤维、聚酯纤维、氨纶和聚乳酸纤维的二组分混合物，也适用于三醋酯纤维与聚丙烯腈纤维、聚酯纤维和聚乳酸纤维的二组分混合物。其他同类纤维可参照执行

续表

标准号	标准名称	发布日期	实施日期	适用范围
GB/T 38015—2019	纺织品　定量化学分析　氨纶与某些其他纤维的混合物	2019-08-30	2020-03-01	规定了测定氨纶与某些其他纤维的混合物中纤维含量的化学分析方法。适用于氨纶与纤维素纤维(棉、麻、黏胶纤维、铜氨纤维、莫代尔纤维、莱赛尔纤维)、动物纤维(蚕丝、羊毛、其他种类动物毛)、聚酰胺纤维、聚乙烯醇纤维、聚酯纤维、聚丙烯腈纤维、醋酯纤维或三醋酯纤维的二组分混合物

【纺纱部分】

标准号	标准名称	发布日期	实施日期	适用范围
GB/T 398—2018	棉本色纱线	2018-12-28	2019-07-01	规定了棉本色纱线的产品分类、标记、要求、试验方法、检验规则和标志、包装。适用于环锭纺棉本色纱线(机织用纱)。不适用于特种用途的棉本色纱线
GB/T 2543.1—2015	纺织品　纱线捻度的测定　第1部分:直接计数法	2015-09-11	2016-04-01	规定了采用直接计数法测定纱线的捻向,捻度和退捻长度变化率的试验方法。适用于单纱(短纤维纱和有捻复丝),股线和缆线。每一类型的纱线有单独的试验程序,本方法主要用于卷装纱。增加特殊步骤后,可用于从织物中拆下的纱线。本方法包括测定股线和缆线的下列捻度:①股线;股线的最终捻度和合股捻度前的原始捻度;②缆线。缆线的最终捻度和合股捻度。如需要,合股前的单纱捻度。合股前的单纱捻度,纱和股线在最终结构中的捻度。除有协议外,本方法不适用于从10.5.7的特种张力从0.5cN/tex增加到1.0cN/tex时其伸长超过0.5%的纱线。这类纱线可以在各方向受变的张力条件下进行试验。不适用于自由端纺纱产品和交缠丝绒线的测定。不适用于大捻度的纱线,这类纱线在试验仪的夹钳中会严重机械损伤变形,影响试验结果
GB/T 2543.2—2001	纺织品　纱线捻度的测定　第2部分:退捻加捻法	2001-02-26	2001-09-01	规定了使用退捻加捻法测定纱线的捻度,捻度的测定的方法。适用于干短纤维单纱捻度的测定。主要用于卷装,也可用于从织物上拆下的纱线
GB/T 3291.2—1997	纺织　纺织材料性能和试验术语　第2部分:织物	1997-10-09	1998-05-01	规定了织物在性能和指标测试方面的术语

续表

标准号	标准名称	发布日期	实施日期	适用范围
GB/T 3292.1—2008	纺织品　纱线条干不匀试验方法　第1部分:电容法	2008-06-18	2009-03-01	规定了用电容式条干仪沿纱条(包括细纱、粗纱和条子)长度方向测定其线密度不均匀度的方法。适用于短纤维纱条和连续的化学纤维长丝纱线。对于短纤维纱条测试范围从4tex~80ktex,对于长丝纱线测试范围从10~1670dtex。不适用于花式纱线及含有导电材料(如金属丝)组成的纱线,后者可用光电法进行测量(见GB/T 3292的第2部分)。本方法描述了变异系数—长度曲线的生成方法,同时描述了线密度周期性变异的确定方法。本方法也包括了纱线疵点(即细节、粗节和棉结)的计数
GB/T 3292.2—2009	纺织品　纱线条干不匀试验方法　第2部分:光电法	2009-06-19	2010-02-01	规定了用光电式条干仪沿纱线长度方向测定纱线直径不均匀度的方法。适用于各种纤维制成的、截面近似圆形的纱线
GB/T 3916—2013	纺织品　卷装纱　单根纱线断裂强力和断裂伸长率的测定(CRE法)	2013-10-10	2014-05-01	规定了取自卷装的纺织纱线断裂强力和断裂伸长率的测定方法,即提供四种方法:①手动,从调湿的卷装上直接采取试样;②自动,从调湿的卷装上直接采取试样;③手动,采用松池试验的绞纱;④手动,采用浸湿的试样。在对纱线断裂强力和断裂伸长率的情况下采用本方法③;本方法规定采用等速伸长型强力试验仪(CRE)。鉴于目前仍有使用等速牵引(CRT)型和等加负荷(CRL)型强力试验仪的情况,本标准附录A列出了使用CRT、CRL型强力试验仪,可以根据试验结果采用。本方法适用于除了玻璃纱、高弹纱、高分子量聚乙烯纱(HMPE)、超高分子量聚乙烯(UHMPE)、陶瓷纱、碳纤维纱和聚苯乙烯稀经丝纱以外的所有纱线,适用于取自卷装的纱线,但经过有关方面的协议也能用于从织物中拆取的纱线,适用于单根纱(单根线)的试验
GB/T 4743—2009	纺织品　卷装纱　绞纱法线密度的测定	2009-06-19	2010-02-01	规定了测定各类型卷装纱线线密度的方法。本标准根据不同的调湿或准备方法分为7种程序。由于不同程序可能给出不同的结果,有必要根据产品标准规定和有关各方商定采用。适用于各类纱线,包括单纱、股线和缆线。不适用于张力在0.5cN/tex增加到1.0cN/tex时伸长率大于0.5%的纱线,协议认可者除外,这类纱线可以在有关方都接受的张力条件下进行试验

续表

标准号	标准名称	发布日期	实施日期	适用范围
GB/T 4743—2009	纺织品　卷装纱绞纱线密度的测定	2009-06-19	2010-02-01	线密度大于2000tex的纱线。对这类纱线,可以根据有关各方的协议,规定其绞纱长度和卷绕纱条件
GB/T 5324—2009	精梳涤棉混纺本色纱线	2009-04-21	2009-12-01	规定了涤纶(棉型短纤维)与棉混纺,涤纶混用比例在50%及以上的精梳涤棉混纺本色纱线的产品分类、标识、要求、试验方法、检验规则和标志、包装。适用于鉴定环锭机制精梳涤棉混纺本色纱线(包括机织用纱和针织用纱)的品质。不适用于鉴定特种用途的精梳涤棉混纺本色纱线的品质
GB/T 5459—2003	纺织机械与附件　环锭细纱机和环锭捻线机　锭距	2003-02-10	2003-07-01	规定了环锭细纱机和环锭捻线机的锭距
GB/T 6002.1—2004	纺织机械术语　第1部分:纺部机械牵伸装置	2004-06-11	2005-01-01	规定了纺部机械牵伸装置主要零部件的术语和定义
GB/T 6002.15—2017	纺织机械术语　第15部分:集聚纺纱装置	2017-05-12	2017-12-01	规定了集聚纺纱装置及其主要零部件的术语和定义。适用于集聚纺纱装置及其主要零部件
GB/T 6002.16—2018	纺织机械术语　第16部分:棉纺环锭细纱机	2018-12-28	2019-07-01	界定了棉纺环锭细纱机的术语和定义。适用于棉纺环锭细纱机
GB/T 6002.2—2001	纺织机械术语　纺前准备、纺和并(捻)机械等效术语一览表	2001-05-23	2001-12-01	以中文和ISO的官方语言英文、法文和俄文给出了纺前准备和纺、并(捻)机械及相关机械的等效术语一览表
GB/T 7111.1—2002	纺织机械噪声测试规范　第1部分:通用要求	2002-06-13	2002-12-01	规定了各类纺织机械发射噪声的测量方法所采用的噪声的测量、表述和验证所要求的安装条件、工作条件、测量条件。适用于工程法和简易法测量
GB/T 7111.2—2002	纺织机械噪声测试规范　第2部分:纺前准备和纺部机械	2002-06-13	2002-12-01	规定了各类纺前准备和纺部机械发射噪声的测定、表述和验证所要求的安装条件、工作条件、测量条件。适用于工程法和简易法测量
GB/T 7111.4—2002	纺织机械噪声测试规范　第4部分:纱线加工、绳索加工机械	2002-06-13	2002-12-01	规定了纱线加工处理、绳索加工机械发射噪声的测定、表述和验证所要求的安装条件、工作条件和测量条件。适用于下机器(如并纱机、捻线机、变形机、络筒机、络纱机、绕线机)和下机以下机器;纱线加工机械

续表

标准号	标准名称	发布日期	实施日期	适用范围
GB/T 7111.4—2002	纺织机械噪声测试规范 第4部分:纱线加工、绳索加工机械	2002-06-13	2002-12-01	(如粗梳机或成分纱器、头道梳麻机、并条机,未道梳理机);合股搓绳机与绳索制绳联合机,编带机
GB/T 8693—2008	纺织品纱线的标示	2008-06-18	2009-03-01	规定了单纱、并绕纱、股线和缆线等纱线构成的两种标示方法,包括以特克斯制表示的线密度、长丝纱线中的单丝纱根数以及股数
GB/T 9996.1—2008	棉及化纤纯纺、混纺纱线外观质量黑板检验方法 第1部分:综合评定法	2008-05-23	2008-12-01	规定了黑板上显现的纱线条干均匀程度及外观质量与标准样照对比的外观质量。本标准用综合评定法来评定纱线黑板的外观质量。适用于棉型化纤纯纺纱线、棉与化纤混纺纱线、纯棉及化纤纯纺纱线的外观质量等的评定。也适用于环锭机织机制用梳棉、精梳纯棉纱线、气流纺纱线外观质量等的评定。不适用于毛纺纱线
GB/T 9996.2—2008	棉及化纤纯纺、混纺纱线外观质量黑板检验方法 第2部分:分别评定法	2008-05-23	2008-12-01	规定了黑板上显现的纱线条干均匀程度及外观质量与标准样照对比的纱线外观质量。本标准用分别评定法评定纱线黑板的条干均匀及粗结杂质总数。适用于环锭机制机织及针织用梳棉、精梳纯棉纱线、棉与化纤混纺纱线。不适用于毛纺纱线
GB/Z 19091.1—2003	纺织工艺监控用数据元素 第1部分:纺、纺前准备及相关工艺的定义和属性	2003-04-24	2003-09-01	本标准定义的数据元素主要适用于数据处理设备直接连接或通过总线系统或通信网络连接的短纤维纺或长纤维纺纱机械。包括在本标准内定义的数据与纺织厂的工作人员(管理人员、领班、操作工、维修工)密切相关,有关数据处理的术语。本标准术语不予考虑
GB/T 19382.1—2012	纺织机械与附件 圆柱形条筒 第1部分:主要尺寸	2012-12-31	2013-06-01	规定了圆柱形条筒的主要尺寸
GB/T 19382.2—2012	纺织机械与附件 圆柱形条筒 第2部分:弹簧托盘	2012-12-31	2013-06-01	规定了有预应力弹簧托盘和无预应力弹簧托盘的主要特征。此弹簧托盘用于GB/T 19382.1中所规定的圆柱形条筒
GB/T 19386.1—2003	纺织机械与附件 纱线的卷装 第1部分:术语	2003-11-10	2004-05-01	规定了纱线和中间产品的卷装术语。本标准的图形仅表示各种卷装的特征,未按准确比例绘制,也与工作位置无关

续表

标准号	标准名称	发布日期	实施日期	适用范围
GB/T 21328—2007	纤维绳索 通用要求	2007-12-27	2008-03-01	规定了各种材料制成的纤维绳索的通用要求
GB/T 24125—2009	不锈钢纤维与棉涤混纺本色纱线	2009-06-15	2010-01-01	规定了不锈钢纤维与棉涤混纺本色纱线的产品分类、要求、试验方法、检验规则、标志和包装。适用于不锈钢纤维纺制的本色纱线。适用于净干质量百分率(净干质量百分率≤30%)与棉、涤纶混纺的牵切环锭纺制的本色纱线
GB/T 24345—2009	机织用筒子染色纱线	2009-09-30	2010-02-01	规定了机织用筒子染色纱线的要求、试验方法、检验规则、标志、包装、运输、贮存。适用于采用筒子染色工艺染色的机织用棉、再生纤维素纤维、合成纤维等的纯纺及混纺纱线
GB/T 24375—2009	纺织机械与附件 牵伸装置用下罗拉	2009-09-30	2010-03-01	规定了纺纱准备和纺纱机械牵伸装置用下罗拉工作面的直径和宽度。适用于纺纱准备和纺纱机械牵伸装置用下罗拉
GB/T 24377—2009	纺织机械与附件 金属针布 尺寸定义、齿型和包卷	2009-09-30	2010-03-01	列出了用于金属针布的各种截面和齿形的齿条,并规定了尺寸定义、齿型和包卷
GB/T 29258—2012	精梳棉黏混纺本色纱线	2012-12-31	2013-06-01	规定了棉与黏胶(棉型短纤维)混纺,棉混用比例在50%及以上的精梳棉黏混纺本色纱线产品的分类、要求、标记、试验方法、检验规则和标志、包装。适用于环锭纺(含紧密纺、赛络纺)精梳棉黏混纺纱本色纱线(包括针织用和机织用纱)。不适用于特种用途精梳棉黏混纺纱本色纱线
GB/T 30164—2013	纺织机械与附件 纺纱准备与纺纱机械用钢针	2013-12-17	2014-10-15	规定了纺纱准备与纺纱机械用钢针的基本尺寸、特性和标记
GB/T 32480—2016	纺织机械 棉纺用开包混棉机 术语、定义和结构原理	2016-02-24	2016-09-01	规定了纺织机械棉纺用开包混棉机的术语、定义和结构原理
GB/T 32600.1—2016	纺织机械与附件 梳理机用金属针布齿条截面主要尺寸 第1部分:普通基部	2016-04-25	2016-11-01	规定了梳理机用金属针布普通基部的齿条截面主要尺寸。适用于梳理机用金属针布普通基部齿条

续表

标准号	标准名称	发布日期	实施日期	适用范围
GB/T 32600.2—2016	纺织机械与附件　梳理机用金属针布齿条截面主要尺寸　第2部分：自锁基部	2016-04-25	2016-11-01	规定了梳理机用金属针布自锁基部齿条截面主要尺寸。适用于梳理机用金属针布自锁基部齿条
GB/T 32615—2016	纺织机械　短纤维梳理机术语和定义、结构原理	2016-04-25	2016-11-01	规定了短纤维梳理机的术语和定义、结构原理
GB/T 35932—2018	梳棉胎	2018-02-06	2018-09-01	规定了梳棉胎的术语和定义、产品分类、要求、试验方法、检验规则以及使用说明、包装、运输、贮存。适用于生产、销售的梳棉胎
GB/T 36914.1—2018	纺织机械与附件　环锭细纱机和环锭捻线机用钢领和钢丝圈　第1部分：T型和SF型钢领和配用的钢丝圈	2018-12-28	2019-07-01	规定了T型和SF型钢领的主要尺寸规格与所配用钢丝圈质量、质量偏差，同时定义了钢丝圈的标记方法
GB/T 36914.2—2018	纺织机械与附件　环锭细纱机和捻线机用钢领和钢丝圈　第2部分：HZ型和J型钢领配用的钢丝圈	2018-12-28	2019-04-01	规定了HZ型和J型钢领的主要尺寸规格与其配用钢丝圈质量、质量偏差，同时定义了钢丝圈的标记方法
GB/T 36939—2018	纺织机械　棉纺并条机术语、定义和结构原理	2018-12-28	2019-07-01	规定了纺织机械棉纺并条机的术语、定义和结构原理。适用于棉、棉型化纤及中长纤维纯纺、混纺的并条机

【织造部分】

标准号	标准名称	发布日期	实施日期	适用范围
GB/T 250—2008	纺织品　色牢度试验　评定变色用灰色样卡	2008-08-06	2008-08-06	规定了纺织品色牢度试验中评定纺织品颜色变化的灰色样卡及其使用方法。本标准提供了灰色样卡的精确测色级距值，可以作为永久记录以供新制作的灰色样卡及可能发生变化的灰色样卡对比之用

续表

标准号	标准名称	发布日期	实施日期	适用范围
GB/T 251—2008	纺织品　色牢度试验　评定沾色用灰色样卡	2008-08-06	2009-06-01	规定了纺织品色牢度试验中评定贴衬织物沾色程度的灰色样卡及其使用方法。本标准提供了灰色样卡的精确测色级差值，可以作为永久记录为供新制作的灰色样卡及可能发生变化的灰色样卡对比之用
GB 18401—2010	国家纺织产品基本安全技术规范	2011-01-14	2011-08-01	规定了纺织产品的基本安全技术要求、试验方法、检验规则及实施监督。纺织产品的其他要求按有关的标准执行。适用于在我国境内生产、销售的服用、装饰用和家用纺织产品。出口产品可依据合同的约定执行
GB/T 406—2018	棉本色布	2018-12-28	2019-07-01	规定了棉本色布的分类和标识、要求、试验和检验方法、检验规则、标志、包装、运输和贮存。适用于机织生产的棉本色布。不适用于大提花、割绒类织物及特种用布
GB 31701—2015	婴幼儿及儿童纺织产品安全技术规范	2015-05-26	2016-06-01	规定了婴幼儿及儿童纺织产品的安全技术要求、试验方法。适用于在我国境内销售的婴幼儿及儿童纺织产品
GB/T 2909—2014	橡胶工业用棉本色帆布	2014-12-31	2015-08-01	规定了橡胶工业用棉本色帆布的术语和定义、分类、要求、布面疵点的评分、试验方法、检验规则、标志、包装、贮存和运输。适用于有核和无核织机生产的橡胶工业用棉本色帆布
GB/T 2912.1—2009	纺织品　甲醛的测定　第1部分：游离和水解的甲醛（水萃取法）	2009-06-11	2010-01-01	规定了通过水萃取及部分水解作用的游离甲醛含量的测定方法。适用于任何形式的纺织品。适用于游离甲醛含量为20～3500mg/kg的纺织品。检出限为20mg/kg。低于检出限的结果报告为"未检出"
GB/T 2912.2—2009	纺织品　甲醛的测定　第2部分：释放的甲醛（蒸汽吸收法）	2009-06-11	2010-01-01	规定了任何形状的纺织品在加速贮存条件下用蒸汽吸收法测定释放甲醛含量的方法。适用于释放甲醛含量为20～3500mg/kg的纺织品。检出限为20mg/kg。低于检出限的结果报告为"未检出"
GB/T 2912.3—2009	纺织品　甲醛的测定　第3部分：高效液相色谱法	2009-06-19	2010-02-01	规定了采用高效液相色谱—紫外检测器（HPLC/UVD）或二极管阵列检测器（HPLC/DAD）测定纺织品中游离甲醛或水解释放甲醛含量的方法。适用于任何形式的纺织品，特别适用于深色苯取液试样

续表

标准号	标准名称	发布日期	实施日期	适用范围
GB/T 3819—1997	纺织品　织物折痕回复性的测定　回复角法	1997-06-09	1997-12-01	规定了以折痕回复角表示织物折痕回复性的两种测定方法，即折痕水平回复法（简称水平法）和折痕垂直回复法（简称垂直回复法）。适用于各种纺织织物，不适用于特别柔软或卷曲易起卷的织物
GB/T 3820—1997	纺织品和纺织制品厚度的测定	1997-10-09	1998-05-01	规定了在规定压力下纺织品厚度的测定方法。适用于各类纺织品和纺织制品
GB/T 3917.1—2009	纺织品　织物撕破性能　第1部分：冲击摆锤法撕破强力的测定	2009-03-19	2010-01-01	规定了采用冲击摆锤法测定织物撕破强力的方法。通过突然施加一定大小的力测量从织物上切口单缝隙撕裂切口撕裂到规定长度所需要的力。适用于机织物，也可适用于其他技术生产的织物，如非织造布。不适用于针织物，机织弹性织物以及有可能产生撕裂转移的稀疏织物和具有较高各向异性的织物
GB/T 3917.2—2009	纺织品　织物撕破性能　第2部分：裤形试样（单缝）撕破强力的测定	2009-03-19	2010-01-01	规定了用单缝隙裤形试样法测定织物撕破强力的方法。在撕破强力的方向上测量织物从初始的单缝隙撕裂到撕裂规定长度所需要的力。适用于机织物，也适用于其他技术生产的织物，如非织造布等。不适用于针织物，机织弹性织物以及可能产生撕裂转移的稀疏织物和具有较高各向异性的织物。本标准规定使用等速伸长（CRE）试验仪
GB/T 3917.3—2009	纺织品　织物撕破性能　第3部分：梯形试样撕破强力的测定	2009-03-19	2010-01-01	规定了用梯形试样法测定织物撕破强力的方法。适用于机织物和非织造布
GB/T 3917.4—2009	纺织品　织物撕破性能　第4部分：舌形试样（双缝）撕破强力的测定	2009-03-19	2010-01-01	规定了用双缝隙舌形试样法测定织物撕破强力的方法。在撕破强力的方向上测量织物从初始的双缝隙切口撕裂到规定长度所需要的力。适用于机织物，也适用于其他技术生产的织物，如非织造布等。不适用于针织物，机织弹性织物。本标准规定使用等速伸长（CRE）试验仪
GB/T 3917.5—2009	纺织品　织物撕破性能　第5部分：翼形试样（单缝）撕破强力的测定	2009-03-19	2010-01-01	规定了用单缝隙翼形试样法测定织物撕破强力的方法。将具有两翼的试样，按与纱线成规定的角度夹持，测量由初始切口扩展而产生的撕破强力。适用于机织物，也可适用于一些其他技术生产的织物，试验时由于夹持试样的两翼织物斜向于撕裂纱线的方向，所以试验过程中多数织物不会产生撕裂转移，而且与其他撕破方法相比，本方法更不容易发生纱线脱落。不适用于针织物，机织弹性织物

续表

标准号	标准名称	发布日期	实施日期	适用范围
GB/T 3917.5—2009	纺织品　织物撕破性能　第5部分：翼形试样（单缝）撕破强力的测定	2009-03-19	2010-01-01	及非织类产品，这类织物一般用梯形法进行测试。本标准规定使用等速伸长（CRE）试验仪
GB/T 3920—2008	纺织品　色牢度试验　耐摩擦色牢度	2008-08-06	2009-06-01	规定了各类纺织品耐摩擦沾色牢度的试验方法。适用于由各类纤维制成的经染色或印花的纱线、织物和纺织制品，包括纺织地毯和其他绒类织物。每一样品可做两个实验，一个使用干摩擦布，一个使用湿摩擦布
GB/T 3921—2008	纺织品　色牢度试验　耐皂洗色牢度	2008-04-29	2008-12-01	规定了测定家用和商业洗涤用所有类型的纺织品前洗涤色牢度的方法，包括从缓和到剧烈不同洗涤程序的5种试验。本标准规定洗涤仅用于测定洗涤对纺织品色牢度的影响，并不反映综合洗熨程序的结果
GB/T 3922—2013	纺织品　色牢度试验　耐汗渍色牢度	2013-12-17	2014-10-15	规定了测定各类纺织产品耐汗渍色牢度的试验方法
GB/T 3923.1—2013	纺织品　织物拉伸性能　第1部分：断裂强力和断裂伸长率的测定（条样法）	2013-10-10	2014-05-01	规定了采用条样法测定织物断裂强力和断裂伸长率的试验方法。适用于机织物，也适用于其他技术生产的织物，通常不用于弹性织物、土工布、玻璃纤维织物以及碳纤维和接经扁经丝织物。本标准包括在标准大气中平衡和湿态两种状态的试验。本标准规定使用等速伸长（CRE）试验仪
GB/T 3923.2—2013	纺织品　织物拉伸性能　第2部分：断裂强力的测定（抓样法）	2013-10-10	2014-05-01	规定了采用抓样法测定织物断裂强力的试验方法。适用于机织物，也适用于其他技术生产的织物，通常不用于弹性织物、土工布、玻璃纤维织物以及碳纤维和接经扁经丝织物。包括在试验用标准大气中平衡和湿润两种状态的试验。本标准规定使用等速伸长（CRE）试验仪
GB/T 4666—2009	纺织品　织物长度和幅宽的测定	2009-04-21	2009-12-01	规定了一种在无张力状态下测定织物长度和幅宽的方法。适用于长度不大于100m的全幅织物，对折织物和管状织物的测定。本标准未规定或描述结构疵点的方法
GB/T 4668—1995	机织物密度的测定	1995-12-08	1996-05-01	规定了测定机织物密度的三种方法。根据织物的特征，选用其中的一种。方法A：织物分解法。适用于所有机织物，特别是复杂组织织物。方法B：织物分析

续表

标准号	标准名称	发布日期	实施日期	适用范围
GB/T 4668—1995	机织物密度的测定	1995-12-08	1996-05-01	镜法。适用于每厘米纱线根数大于 50 根的织物。方法 C:移动式织物密度镜法。适用于所有机织物。但在有争议的情况下,建议采用方法 A。适用于各类机织物密度的测定。说明:使用平行线光栅密度镜和光电计描密度仪测机织物密度的三种方法,列于附录 A(参考件)内供参考。这些方法,测量精度低并有局限性,但可快速地粗略估计
GB/T 4669—2008	纺织品　机织物单位长度质量和单位面积质量的测定	2008-08-06	2009-06-01	规定了机织物单位长度质量和单位面积质量的测定方法。适用于整段或一块机织物(包括弹性织物)的测定
GB/T 4744—2013	纺织品　防水性能的检测和评价　静水压法	2013-10-10	2014-05-01	规定了采用静水压试验测定织物防水性能的方法,并给出了防水性能的评价。适用于各类织物(包括复合织物)及其制品
GB/T 4745—2012	纺织品　防水性能的检测和评价　沾水法	2012-11-05	2013-06-01	规定了采用沾水试验测定防水整理的织物的沾水性能。不适用于测定织物的渗水性,不适用于预测织物的防雨渗透性能。适用于经过或未经过防水整理的织物
GB/T 4802.1—2008	纺织品　织物起毛起球性能的测定　第 1 部分:圆轨迹法	2008-06-18	2009-03-01	规定了采用圆轨迹法对织物表面起毛起球性能及表面变化进行测定的方法
GB/T 4802.2—2008	纺织品　织物起毛起球性能的测定　第 2 部分:改型马丁代尔法	2008-06-18	2009-03-01	规定了采用改型马丁代尔法对织物表面起毛起球性能及表面变化进行测定的方法
GB/T 4802.3—2008	纺织品　织物起毛起球性能的测定　第 3 部分:起球箱法	2008-06-18	2009-03-01	规定了采用起球箱法对织物表面起毛起球性能及表面变化进行测定的方法。适用于各类机织物和针织物,不适用于不能自由翻滚的织物
GB/T 4802.4—2020	纺织品　织物起毛起球性能的测定　第 4 部分:随机翻滚法	2020-07-21	2021-02-01	规定了采用随机翻滚测试仪测定织物起毛、起球和毡化性能的方法,包括起绒织物。适用于各类机织物和针织物,不适用于不能自由翻滚的织物
GB/T 5325—2009	精梳涤棉混纺本色布	2009-04-21	2009-12-01	规定了精梳涤棉混纺本色布的分类、要求、试验方法、检验规则和标志、包装。适用于有梭织机、无梭织机生产的涤纶混纺比在 50% 以上的精梳涤棉混纺本色布。不适用于提花织物

续表

标准号	标准名称	发布日期	实施日期	适用范围
GB/T 5453—1997	纺织品 织物透气性的测定	1997-06-09	1997-12-01	规定了测定织物透气性的方法。适用于多种织物，包括产业用织物、非织造布和其他可透气的纺织制品
GB/T 5454—1997	纺织品 燃烧性能试验 氧指数法	1997-06-09	1997-12-01	规定了试样置于垂直的试验条件下，在氧、氮混合气气流中，测定试样刚好维持燃烧所需最低氧浓度（亦称极限氧指数）的试验方法。适用于各种类型的纺织品（包括单组分或多组分），如机织物，针织物，非织造布，涂层织造布，层压织物，复合织物，地毯类等（包括阻燃处理和未经处理）的燃烧性能。本方法仅用于测定在实验室条件下纺织品的燃烧性能，控制产品质量，而不能作为评定实际使用条件下着火危险性的依据，或只能作分析某些特殊用途材料着火灾时发生的所有因素之一
GB/T 5455—2014	纺织品 燃烧性能 垂直方向损毁长度、阴燃和续燃时间的测定	2014-09-03	2015-03-01	规定了垂直方向纺织品底边点火时燃烧性能的试验方法。适用于各类织物及其制品
GB/T 5456—2009	纺织品 燃烧性能 垂直方向试样火焰蔓延性能的测定	2009-09-30	2010-02-01	规定了织品垂直方向试样火焰蔓延时间的试验方法。适用于各类单组分或多组分（涂层、织缝、多层、夹层制品及类似组合）的织物和产业用制品
GB/T 5705—2018	纺织品 棉纺织产品术语	2018-12-28	2019-07-01	界定了棉纺织品回棉、半制品、纱线、织物及其检验的术语和定义。包括进入纺织工厂前的原料术语，也不包括由棉织物经缝制加工的服装、家用纺织品等产品术语。适用于各类棉织产品
GB/T 5711—2015	纺织品 色牢度试验 耐四氯乙烯干洗色牢度	2015-09-11	2016-04-01	规定了采用四氯乙烯溶剂测定各类纺织品耐干洗色牢度的方法。不适用于评价纺织品整理的耐久性，也不适用于评价纺织店耐干洗店去除斑渍的颜色耐久性。本试验只包括耐干洗色牢度试验方法，如需评价纺织品干洗的其他方面，诸如水斑，溶剂斑，溶渍，蒸汽压烫等，则需用其他试验方法。对于某些织材料，干洗剂中存在的洗涤液或水，会改变其耐干洗色牢度的性能。本试验色变要求纺织物在干的状态下进行，使用没有任何水分的容器，只用干洗溶剂中的干洗色牢度是在四氯乙烯溶剂进行测试。然而，进一步说明，本标准中耐干洗色牢度是在四氯乙烯溶剂中进行测试，如果有要求，亦可用其他溶剂

续表

标准号	标准名称	发布日期	实施日期	适用范围
GB/T 5712—1997	纺织品 色牢度试验 耐有机溶剂摩擦色牢度	1997-06-09	1997-12-01	规定了一种测定各类纺织品(散纤维除外)的颜色耐有机溶剂和摩擦的综合作用的能力的方法
GB/T 5713—2013	纺织品 色牢度试验 耐水色牢度	2013-12-17	2014-10-15	规定了测定各类纺织品的颜色耐水浸渍能力的方法
GB/T 5714—2019	纺织品 色牢度试验 耐海水色牢度	2019-08-30	2020-03-01	规定了测定各类纺织品耐海水色牢度的方法。适用于各类纺织产品
GB/T 5715—2013	纺织品 色牢度试验 耐酸斑色牢度	2013-11-12	2014-05-01	规定了测定各类纺织品耐有机酸和无机酸溶液的色牢度试验方法。本方法提供了四种不同酸溶液,按纤维的性质可采用其中一种或全部酸溶液
GB/T 5716—2013	纺织品 色牢度试验 耐碱斑色牢度	2013-11-12	2014-05-01	规定了测定各类纺织品耐稀碱溶液的试验方法。本方法提供了三种不同碱溶液,按纤维的性质可采用一种或全部碱溶液
GB/T 5717—2013	纺织品 色牢度试验 耐水斑色牢度	2013-11-12	2014-05-01	规定了测定各类纺织品耐水斑色牢度的试验方法
GB/T 5718—1997	纺织品 色牢度试验 耐干热(热压除外)色牢度	1997-06-09	1997-12-01	规定了一种测定各类用于一定尺寸及形状稳定的织品的颜色耐干热(热压除外)能力的方法
GB/T 6002.10—2004	纺织机械术语 第10部分:织造前经纱准备机械	2004-06-11	2005-01-01	界定了织造前经纱准备方面的术语及定义
GB/T 6002.6—2003	纺织机械术语 第6部分:卷纬机	2003-02-10	2003-07-01	规定了卷纬机及其部件的基本术语及定义
GB/T 6151—2016	纺织品 色牢度试验 试验通则	2016-04-25	2016-11-01	规定了纺织品色牢度试验方法的通用信息,作为使用者的指南,并指出了各试验方法的用途和范围,定义了一些术语,给出了各试验方法的格式和提纲,详述了构成各试验方法章节的内容,并简要说明了大多数试验方法所共用的操作程序。适用于评定纺织品的色牢度,也能用于评定将染料在织物上染成规定的颜色深度。当评定染料的色牢度时,先按所述操作程序,将染料在纺织品上染成规定的颜色深度,然后按

续表

标准号	标准名称	发布日期	实施日期	适用范围
GB/T 6151—2016	纺织品　色牢度试验通则	2016-04-25	2016-11-01	常规方法对纺织品进行试验。一般，各个试验方法只考虑耐单独一种作用因素的色牢度，而有关多种因素在特定情况下的试验试验程序一般都不一样。可以认为，实践中的经验和发展，将会提出适合于两种或多种因素的复合操作方法。所选择的试验条件与常规生产工艺和日常使用条件相符，并且这些条件尽可能简单和具有重现性。由于这些试验不可能复制纺织品的所有加工或使用条件，所以色牢度级别应按各使用者具体要求加以阐明。无论如何，这些条件为色牢度的试验和报告提供了一个共同基准
GB/T 6152—1997	纺织品　色牢度试验　耐热压色牢度	1997-06-09	1997-12-01	规定了测定各类纺织材料和纺织品的颜色耐热压和耐热滚筒加工能力的试验方法。纺织品可在干态、湿态和潮态进行耐热压试验，通常由纺织品的最终用途来确定
GB/T 7067—1997	纺织品　色牢度试验　耐加压汽蒸色牢度	1997-10-09	1998-05-01	规定了测定纺织品颜色耐加压汽蒸作用的方法，如毛织物在蒸煮工艺中，使用温和的和剧烈的两种试验
GB/T 7068—1997	纺织品　色牢度试验　耐汽蒸色牢度	1997-10-09	1998-05-01	规定了一种测定各类纺织品颜色耐大气压力下汽蒸作用的方法
GB/T 7069—1997	纺织品　色牢度试验　耐次氯酸盐漂白色牢度	1997-10-09	1998-05-01	规定了一种测定各种纺织品的颜色在商业漂白中对常规度的次氯酸盐漂白浴耐漂能力的方法。主要用于天然和再生纤维素纺织品
GB/T 7070—1997	纺织品　色牢度试验　耐过氧化物漂白色牢度	1997-10-09	1998-05-01	规定了一种测定各类纺织品颜色在纺织品加工中使用常规度的过氧化物漂浴耐漂能力的方法
GB/T 7071—1997	纺织品　色牢度试验　耐亚氯酸钠轻漂色牢度	1997-10-09	1998-05-01	规定了一种测定天然、再生纤维素纤维及合成纤维纺织品的颜色耐纺织品加工中的亚氯酸钠轻漂作用能力的方法
GB/T 7072—1997	纺织品　色牢度试验　耐亚氯酸钠重漂色牢度	1997-10-09	1998-05-01	规定了一种测定天然、再生纤维素纤维及合成纤维纺织品的颜色耐纺织品加工中的亚氯酸钠重漂作用能力的方法
GB/T 7073—1997	纺织品　色牢度试验　耐丝光色牢度	1997-10-09	1998-05-01	规定了一种测定纺织品颜色耐氢氧化钠浓溶液丝光能力的方法。主要用于棉和合棉的混纺织物

续表

标准号	标准名称	发布日期	实施日期	适用范围
GB/T 7074—1997	纺织品　色牢度试验　耐有机溶剂色牢度	1997-10-09	1998-05-01	规定了一种测定各类纺织品耐有机溶剂的方法。如包括干洗，则采用 GB/T 5711—1997《纺织品色牢度试验耐干洗色牢度》所规定的方法
GB/T 7075—1997	纺织品　色牢度试验　耐碱煮色牢度	1997-10-09	1998-05-01	规定了一种测定各类纺织品的颜色耐碳酸钠稀液能力的方法。主要用于天然和再生纤维素材料
GB/T 7078—1997	纺织品　色牢度试验　耐甲醛色牢度	1997-10-09	1998-05-01	规定了一种对各种纺织品耐甲醛气体作用能力的测定方法。如织物与经过防皱整理的有匹一起在仓库中存放"的情况下可能遇到的甲醛气体，不适于评定用尿素甲醛类产品作防皱整理时所产生的变色，或染色物用甲醛溶液后处理所产生的变色
GB/T 7111.5—2002	纺织机械噪声测试规范　第 5 部分：机织和针织准备机械	2002-06-13	2002-12-01	规定了机织和针织准备机械发射噪声的测定，表述和验证所要求的安装条件，工作条件和测量条件
GB/T 7111.6—2002	纺织机械噪声测试规范　第 6 部分：织造机械	2002-06-13	2002-12-01	规定了织造机械（包括机织和针织）发射噪声的测定，表述和验证所要求的安装条件，工作条件和测量条件
GB/T 7568.1—2002	纺织品　色牢度试验　毛标准贴衬织物规格	2002-10-16	2003-04-01	规定了一种适用于色牢度试验中评定沾色的未染色毛贴衬织物。毛贴衬织物的沾色特性应与标准的毛贴衬织物进行对比评定，通过两块标准毛和一块棉染色基准织物进行，所有的基准织物都应从规定的供应处获取
GB/T 7568.4—2002	纺织品　色牢度试验　聚酯标准贴衬织物规格	2002-10-16	2003-04-01	规定了一种适用于色牢度试验中评定沾色的未染色聚酯贴衬织物。聚酯贴衬织物的沾色特性应与标准的聚酯贴衬织物进行对比评定，通过一块标准聚酯染色基准织物，所有的基准织物都应从规定的供应处获取
GB/T 7568.5—2002	纺织品　色牢度试验　聚丙烯腈标准贴衬织物规格	2002-10-16	2003-04-01	规定了一种适用于色牢度试验中评定沾色特性的未染色聚丙烯腈贴衬织物。聚丙烯腈待试贴衬织物进行评定，通过一块聚丙烯腈染色基准织物，所有的基准织物都应从规定的供应处获取
GB/T 7568.6—2002	纺织品　色牢度试验　丝标准贴衬织物规格	2002-10-16	2003-04-01	规定了一种适用于色牢度试验中评定沾色特性的未染色丝贴衬织物。丝待试贴衬织物的沾色特性应与标准的丝贴衬织物进行对比评定，通过一块丝和一块棉基准织物和一块标准色基准织物染色基准织物进行，所有的基准织物都应从规定的供应处获取

续表

标准号	标准名称	发布日期	实施日期	适用范围
GB/T 7742.1—2005	纺织品 织物胀破性能 第1部分:胀破强力和胀破扩张度的测定 液压法	2005-11-04	2006-05-01	规定了测定织物胀破强力和胀破扩张度的液压方法。本方法使用恒速泵的装置施加液压,包括测定调湿和浸湿两种试样胀破性能的程序。本方法在GB/T 7742的第2部分中规定。适用于针织物,机织物,非织造布和层压织物,也适用于由其他工艺制造的各种织物。当压力不超过80kPa时,采用液压和气压两种胀破仪器得到的胀破强力结果包括了大多数普通服装的性能水平。对于要求胀破压力较高的特殊纺织品,液压法更为适用
GB/T 7742.2—2015	纺织品 织物胀破性能 第2部分:胀破强力和胀破扩张度的测定 气压法	2015-09-11	2016-04-01	规定了测定织物胀破强力和胀破扩张度的气压的程序。适用于针织物,机织物,非织造布和层压织物,也适用于由其他工艺制造的各种织物。现有数据表明,当压力不超过800kPa时,采用液压和气压两种仪器得到的结果没有明显差异,这个压力范围包括了大多数普通服装的特殊纺织品。对于要求胀破压力较高的特殊纺织品,气压法更为适用
GB/T 8424.1—2001	纺织品 色牢度试验 表面颜色的测定通则	2001-02-26	2001-09-01	规定了纺织品表面颜色的测定方法,可用于纺织品颜色及纺织品色牢度试验中采用仪器手段测定试样的颜色。本方法描述了与反射颜色测定有关的一般原理和问题。附录A规定了试样及一般技术问题的处理方法
GB/T 8424.2—2001	纺织品 色牢度试验 相对白度的仪器评定方法	2001-02-26	2001-09-01	规定了一个定量评定包括荧光材料在内的纺织品白度及色调指数的测定方法;用本方法测定的纺织品的白度显示为以波长466nm的中性色调为零以外的偏红或偏绿色调的漂移指数。淡色调指数显示为淡色和浓色调指数的计算公式由CIE(国际照明委员会)推荐;本方法适用于同类纺织品试样进行对比;公式只限于在工商业上称"白"的样品上使用,样品在颜色和荧光方面的差异不能过大,并且在同内在相同时间的白度是相对的白度评价,而不是绝对的白度,即使用的测量仪器比较先进,本方法适用在工商业中是合适的,那么公式适用;含有蓝色组分或荧光增白剂(FWAs)的纺织品也可利用白度测定的方法进行测定

续表

标准号	标准名称	发布日期	实施日期	适用范围
GB/T 8424.3—2001	纺织品　色牢度试验　色差的计算	2001-02-26	2001-09-01	规定了一个在相同条件下两个相同材料试样间色差的计算方法。总色差范围 $\Delta E_{cmc}(l:c)$（允差），这个允差的技术规格仅取决于最终使用要求的密切匹配，它允许一个最大偏差范围（允差），而与所涉及的颜色和色差的性质无关。该方法还提供了确定明度差、彩度差及色调差的方法
GB/T 8426—1998	纺织品　色牢度试验　耐光色牢度（日光）	1998-11-26	1999-05-01	规定了一种测定纺织品的颜色耐日光作用色牢度的方法。适用于各类纺织品
GB/T 8427—2019	纺织品　色牢度试验　耐人造光色牢度（氙弧）	2019/12/31	2020-07-01	规定了一种测定各类纺织品的颜色耐相当于日光（D65）的人造光作用色牢度的方法。适用于有颜色的纺织品，也适用于白色（漂白或夹光增白）纺织品
GB/T 8429—1998	纺织品　色牢度试验　耐气候色牢度（室外曝晒）	1998-11-26	1999-05-01	规定了一种测定除散纤维以外各类纺织品颜色耐室外气候曝晒作用色牢度的方法
GB/T 8430—1998	纺织品　色牢度试验　耐人造气候色牢度（氙弧）	1998-11-26	1999-05-01	规定了一种测定除纤维以外的各类纺织品颜色耐氙弧灯试验仓内人造气候作用色牢度的方法。可用于测定湿光敏性纺织品
GB/T 8431—1998	纺织品　色牢度试验　光致变色的检验和评定	1998-11-26	1999-05-01	适用于检验和评定有色纺织品在短暂的光曝晒后的变色。这种有色纺织品曝晒后变色，但贮存于暗处后实质上会恢复到原来的颜色
GB/T 8433—2013	纺织品　色牢度试验　耐氯化水色牢度（游泳池水）	2013-12-17	2014-10-15	规定了测定各类纺织品的颜色耐消毒游泳池水所用浓度的有效氯作用的方法。规定了三种不同测试条件，有效氯浓度 50mg/L 和 100mg/L 用于游泳衣，有效氯浓度 20mg/L 用于浴巾、毛巾等
GB/T 8444—1998	纺织品耐染浴中铁和铜金属色牢度试验方法	1998-10-20	1999-05-01	适用于测定染色中存在的金属（铁和铜或它们的盐类）对染料颜色的影响。这些金属来自机械构件本身或染色时所用的水和蒸气
GB/T 8461—2003	纺织机械与附件　圆锥滚筒分条整经机　最大有效宽度	2003-02-10	2003-07-01	规定了经纱片在分条整经机滚筒上的最大有效宽度，即整经机本身的最大有效宽度

续表

标准号	标准名称	发布日期	实施日期	适用范围
GB/T 8628—2013	纺织品 测定尺寸变化的试验中织物试样和服装的准备、标记及测量	2013-12-17	2014-10-15	规定了测定因水洗、干洗、水浸渍或汽蒸等处理程序引起尺寸变化时的纺织织物、服装和织物组件试样的准备、标记和测量方法，处理程序按照GB/T 8629、GB/T 19981、GB/T 8631、ISO 15797、FZ/T 20021的规定。适用于机织物、针织物及织织制品，不适用于某些装饰覆盖物
GB/T 8629—2017	纺织品 试验用家庭洗涤和干燥程序	2017-05-12	2017-12-01	规定了纺织织品试验用家庭洗涤和干燥程序，并规定了程序中所用的标准洗涤剂和陪洗物。适用于纺织织物、服装或其他纺织制品的家庭洗涤（A型洗衣机）。规定了如下洗涤程序：①使用水平滚筒、顶部加料型标准洗衣机（B型洗衣机）的11种洗涤程序；②使用垂直搅拌、顶部加料型标准洗衣机（C型洗衣机）的7种洗涤程序；③使用垂直波轮、顶部加料型标准洗衣机独立的一种家庭洗涤。每种洗涤程序代表一种独立的家庭洗涤。规定了6种干燥程序：A—悬挂晾干；B—悬挂滴干；C—平摊晾干；D—平摊滴干；E—平板压烫；F—翻转干燥。一次完整的试验包括洗涤程序和干燥程序两部分
GB/T 8630—2013	纺织品 洗涤和干燥后尺寸变化的测定	2013-12-17	2014-10-15	规定了纺织织品经洗涤和干燥后尺寸变化的测定方法。适用于纺织织物、服装及其他纺织制品。在纺织制品和易变形织物的情况下，对于试验结果的解释需考虑各种因素
GB/T 8631—2001	纺织品 织物因冷水浸渍而引起的尺寸变化的测定	2001-02-26	2001-09-01	规定了一种测定织物经冷水静态浸渍并干燥后尺寸变化的方法。适用于测定织物在使用过程中受冷水静态浸渍后的尺寸变化
GB/T 8632—2001	纺织品 机织物近沸点商业洗烫后尺寸变化的测定	2001-02-26	2001-09-01	规定了一种测定各种有机织物经冷水静态浸渍后尺寸变化（收缩或伸长）的方法。主要用于测定棉织物。如用于亚麻、再生纤维素纤维等其他织物，则应参考第9章g）。本方法仅用于评定机织物经一次洗烫后的尺寸变化。当本方法表明循环洗涤，并在报告中清楚地表明循环洗涤，以及循环洗涤值，以洗涤前试样的原尺寸与洗涤后的试样相比较后总的尺寸变化后的次数

续表

标准号	标准名称	发布日期	实施日期	适用范围
GB/T 8683—2009	纺织品　机织物的一般术语和基本组织的定义	2009-06-15	2010-02-01	给出了描述机织物的一般术语和三个基本组织的定义
GB/T 8685—2008	纺织品　维护标签规范符号法	2008-06-18	2009-03-01	建立了纺织产品标签上使用的符号体系，提供了不会对制品造成不可回复损伤的最剧烈的维护程序的信息；规定了这些符号在维护标签中的使用方法。本标准包括了水洗，漂白，干燥和熨烫的家庭维护方法，也包括干洗和湿洗的专业纺织品维护方法，但不包括工业洗涤。家庭维护方法提供的4种符号提供的信息也可对专业洗衣人员提供帮助。适用于提供给最终用户的所有纺织产品
GB/T 8745—2001	纺织品　织物燃烧性能　织物表面燃烧时间的测定	2001-02-26	2001-09-01	规定了纺织品表面燃烧时间的测定方法。适用于表面具有绒毛（如起绒，毛圈，簇绒或类似表面）的纺织品
GB/T 8746—2009	纺织品　燃烧性能　垂直方向试样易点燃性的测定	2009-03-19	2010-02-01	规定了纺织织物垂直方向点燃性的试验方法。适用于各类单层或多层（如涂层，多层，夹层和类似组合）纺织织物及其产业用制品。适用于评定在实验室控制条件下，纺织织物与火焰接触时的性能。但可能不适用于空气供给不足的场合或在大火中受热时间过长的情况。接缝对于纺织物燃烧性能可以用该方法测定，接缝位于试样上，以承受试验火焰。只要可行，装饰件宜作为织物组合件的一部分进行试验
GB/T 10629—2009	纺织品　用于化学试验的实验室样品和试样的准备	2009-06-15	2010-01-01	规定了从一批纺织品表取的批中抽取实验室样品的方法，并给出了用于化学试验试样适宜尺寸的制备方法。未规定从一批纺织品中取样样的方法，因为从我们限定批样是经过合适的程序筛选得到的，能够代表一批纺织品的真实情况
GB/T 11039.1—2005	纺织品　色牢度试验　耐大气污染物色牢度　第1部分氧化氮	2005-11-04	2006-05-01	规定了两种测定有色纺织品耐氧化氮色牢度的方法。氧化氮气体由天然气，煤炭，石油等燃烧产生，通过受热金属丝网后作用于纺织织品。两种方法的作用强度不同，应根据试验结果（7.2.4），使用其中的一种或两种方法。本方法适用于所有纺织品
GB/T 11039.2—2005	纺织品　色牢度试验　耐大气污染物色牢度　第2部分：燃气烟熏	2005-11-04	2006-05-01	规定了一种测定除松散纤维之外的所有纺织品，对化学纯丁烷或城市煤气燃烧所产生的大气氢氧化物暴露时颜色牢度的试验方法。本方法可通过将染料以规定的方法将纺织品染色至指定深度，试验染色纺织品的色牢度

续表

标准号	标准名称	发布日期	实施日期	适用范围
GB/T 11039.3—2005	纺织品　色牢度试验　第3部分:大气臭氧耐大气污染物色牢度	2005-11-04	2006-05-01	规定了一种测定各种纺织品分别在室温、相对湿度不超过65%和高温、相对湿度超过80%两种情况下,耐大气臭氧色牢度的试验方法
GB/T 11039.4—2014	纺织品　色牢度试验　第4部分:高湿度氧化氮耐大气污染物色牢度	2014-09-03	2015-03-01	规定了测定有色纺织品在高温高湿大气条件下耐氧化氮色牢度的方法。低湿度条件下的试验方法见GB/T 11039.1
GB/T 11042.1—2005	纺织品　色牢度试验　耐硫化色牢度　第1部分:热空气	2005-11-04	2006-05-01	规定了一种测定各种纺织品耐硫化橡胶化合物,例如在防护工业中使用的橡胶化合物及其降解产物,在热空气中硫化的色牢度的方法
GB/T 11042.2—2005	纺织品　色牢度试验　耐硫化色牢度　第2部分:一氯化硫	2005-11-04	2006-05-01	规定了一种测定各种纺织品在橡胶冷硫化的常规条件下一氯化硫硫化色牢度的方法
GB/T 11042.3—2005	纺织品　色牢度试验　耐硫化色牢度　第3部分:直接蒸汽	2005-11-04	2006-05-01	规定了一种测定各种纺织品在直接蒸汽加热硫化中耐典型硫化物,例如在防护工业中使用的硫化物,及其分解产物色牢度的方法。硫化过程为:①在直接蒸汽不接触试样的条件下进行(方法A),或②在直接蒸汽渗入被试贴衬织物内部的条件下进行(方法B)
GB/T 11047—2008	纺织品　织物勾丝性能评定　钉锤法	2008-06-18	2009-03-01	规定了采用钉锤法测定织物勾丝性能的试验方法和评价指标。适用于针织物和机织物勾丝的织物,特别适用于化纤长丝及其变形纱织物。不适用于具有网眼结构的织物,非织造布和簇绒织物
GB/T 11048—2018	纺织品　生理舒适性　稳态条件下热阻和湿阻的测定(蒸发热板法)	2018-03-15	2018-10-01	规定了在稳态条件下纺织品生理舒适性的热阻和湿阻的测定方法。适用于各类纺织品及其制品,涂层织物,皮革以及多层复合材料等可参照执行
GB/T 12490—2014	纺织品　色牢度试验　耐家庭和商业洗涤色牢度	2014-09-03	2015-03-01	规定了测定各种类型的常规家庭用纺织品耐家庭和商业洗涤色牢度的方法。工业及医院用纺织品可能需要(在某些方面)洗涤条件更为剧烈的特定洗涤程序,试样所受摩擦作用和(或)摩擦作用,由于试验过程中能解吸附作用和(或)摩擦作用,经一次单个(S)试验,试样所

续表

标准号	标准名称	发布日期	实施日期	适用范围
GB/T 12490—2014	纺织品　色牢度试验　耐家庭和商业洗涤洗色牢度	2014-09-03	2015-03-01	造成的褪色和沾色非常接近于一次家庭和商业洗涤，而经一次复合（M）试验，则接近五次以上温度不超过70℃以上温度为更为强烈。本方法并不反映在商业洗涤程序中的荧光增白剂的效应。M 试验比 S 试验的机械作用更为强烈。本方法根据给定的洗涤剂和氯漂方法可能需要不同的试验条件
GB/T 12703.1—2008	纺织品　静电性能的评定　第 1 部分:静电压半衰期	2008-06-18	2009-03-01	规定了纺织品静电压半衰期的试验方法及评价指标。适用于各类纺织织物，不适用于铺地织物
GB/T 12703.2—2009	纺织品　静电性能的评定　第 2 部分:电荷面密度	2009-06-19	2010-02-01	规定了纺织品电荷面密度的测试方法及静电性能的评价。适用于各类纺织品,不适用于铺地织物
GB/T 12703.3—2009	纺织品　静电性能的评定　第 3 部分:电荷量	2009-06-19	2010-02-01	规定了服装及其他纺织制品摩擦带电荷量的测试方法。适用于各类服装及其他纺织制品,其他产品可参照采用
GB/T 12703.4—2010	纺织品　静电性能的评定　第 4 部分:电阻率	2011-01-10	2011-06-01	规定了纺织品体积比电阻率和表明电阻率的测试方法。适用于各类纺织品,不适用于铺地织物
GB/T 12703.5—2020	纺织品　静电性能试验方法　第 5 部分:旋转机械摩擦法	2020-12-14	2021-07-01	规定了使用旋转机械摩擦法测定织物摩擦带电电压的方法。适用于能够承受摩擦带电测操作的各种成分和结构的织物
GB/T 12704.1—2009	纺织品　织物透湿性试验方法　第 1 部分:吸湿法	2009-03-19	2010-01-01	规定了采用吸湿法测定织物透湿性的方法。适用于厚度在 10mm 以内的各类织物,不适用于透湿率大于 29000g/（m² · 24h）的织物
GB/T 12704.2—2009	纺织品　织物透湿性试验方法　第 2 部分:蒸发法	2009-03-19	2010-01-01	规定了用蒸发法测定织物透湿性的方法。本标准包括两种方法:正杯法和倒杯法。适用于厚度在 10mm 以内的各类片状织物,其中,倒杯法仅适用于防水透气性织物的测试
GB/T 12705.1—2009	纺织品　织物防钻绒性试验方法　第 1 部分:摩擦法	2009-06-19	2010-02-01	规定了采用摩擦法测定织物防钻绒性的方法。适用于制作羽绒制品用的各类织物。羽绒制品可根据实际情况参照采用

续表

标准号	标准名称	发布日期	实施日期	适用范围
GB/T 12705.2—2009	纺织品 织物防钻绒性试验方法 第2部分：转箱法	2009-06-19	2010-02-01	规定了采用转箱法测定织物防钻绒性的方法。适用于制作羽绒制品用的各种织物。羽绒制品可根据实际情况参照采用
GB/T 13767—1992	纺织品 耐热性能的测定方法	1992-11-04	1993-06-01	规定了一种测定纺织品耐热性能的试验方法。适用于测定在产生熔融、泛黄、胶粘或收缩等明显的损坏迹象之前，织物对热的耐受能力。以便了解各类纤维织物在各种因素下的耐热性能
GB/T 13769—2009	纺织品 评定织物经洗涤后外观平整度的试验方法	2009-09-30	2010-03-01	规定了一种评定织物经一次或几次洗涤处理后其原有外观平整度保持性的试验方法。主要适用于GB/T 8629规定的B型家用洗衣机的洗涤程序，也适用于A型洗衣机。可用来评定经其他洗涤程序后织物的外观平整度
GB/T 13770—2009	纺织品 评定织物经洗涤后褶裥外观的试验方法	2009-09-30	2010-03-01	规定了一种评定织物经一次或几次洗涤处理后其熨压褶裥保持性的试验方法。由织物构成的镶嵌式褶裥不包括在内。主要适用于GB/T 8629规定的B型家用洗衣机，也适用于A型洗衣机
GB/T 13771—2009	纺织品 评定织物经洗涤后接缝外观平整度的试验方法	2009-09-30	2010-03-01	规定了一种评定织物经一次或几次洗涤处理后其接缝外观平整度的试验方法。本标准仅适用于本评定目的有的接缝，其缝制技术不包括在内。主要适用于GB/T 8629规定的B型家用洗衣机的洗涤程序，也适用于A型洗衣机
GB/T 13772.1—2008	纺织品 机织物接缝处纱线抗滑移的测定 第1部分：定滑移量法	2008-06-18	2009-03-01	规定了采用定滑移量法测定机织物中接缝处纱线抗滑移性的方法。不适用于弹性织物或织带类等产业用织物
GB/T 13772.2—2018	纺织品 机织物接缝处纱线抗滑移的测定 第2部分：定负荷法	2018-03-15	2018-10-01	规定了采用定负荷法测定机织物中接缝处纱线抗滑移性的方法。适用于所有的服用和装饰用机织物和弹性机织物（包括含有弹性纱线的织物）。不适用于产业用织物，如织带
GB/T 13772.3—2008	纺织品 机织物接缝处纱线抗滑移的测定 第3部分：针夹法	2008-12-31	2009-08-01	规定了在一定负荷下以针夹具夹持形式测定机织物中纱线抗滑移性的方法。本方法避免了由缝合造成的测试偏差有时会对测试结果有显著的影响。不适用于弹性织物或织带类等产业用织物

续表

标准号	标准名称	发布日期	实施日期	适用范围
GB/T 13772.4—2008	纺织品　机织物接缝处纱线抗滑移的测定　第4部分：摩擦法	2008-06-18	2009-03-01	规定了以摩擦辊与织物摩擦时的形式测定机织物中纱线抗滑移性的方法。主要适用于轻薄、柔软、稀松的机织物及其他易滑移织物，不适用于厚型及结构紧密的织物
GB/T 13773.1—2008	纺织品　织物及其制品的接缝拉伸性能　第1部分：条样法接缝强力的测定	2008-06-18	2009-03-01	规定了采用条样法对接缝的缝合处施加垂直方向的力，测定其接缝承受最大力的方法。适用于机织物及其制品，也适用于其他技术生产的织物。不适用于弹性机织物，土工合成材料，非织造布，涂层织物，玻璃纤维和聚烯烃经扁丝生产的织物。接缝织物根据有关各方的同意，可以从缝合制品中获得，也可以用织物样品制备。本方法仅适用于直线接缝，不适用于较大弯曲的接缝。本方法规定采用等速伸长（CRE）试验仪
GB/T 13773.2—2008	纺织品　织物及其制品的接缝拉伸性能　第2部分：抓样法接缝强力的测定	2008-06-18	2009-03-01	规定了采用抓样法对接缝的缝合处施加垂直方向的力，测定其接缝承受最大力的方法。适用于机织物及其制品，也适用于其他技术生产的织物。不适用于弹性机织物，土工合成材料，非织造布，涂层织物，玻璃纤维和聚烯烃经扁丝生产的织物。接缝织物根据有关各方的同意，可以从缝合制品中获得，也可以用织物样品制备。本方法仅适用于直线接缝，不适用于较大弯曲的接缝。本方法规定采用等速伸长（CRE）试验仪
GB/T 13774—1992	纺织品　机织物组织代码及示例	1992-11-04	1993-06-01	规定了机织物组织的数字型代码符号，并以具体组织的代码示例。适用于机织物的基本组织及其简单变化组织
GB/T 14310—2008	棉本色灯芯绒	2008-06-18	2009-03-01	规定了棉本色灯芯绒的产品分类、要求、布面疵点的评分、试验方法、检验规则和标志、包装。适用于有梭织机或无梭织机生产、割绒前的棉本色灯芯绒（包括提花灯芯绒及割纬平绒类织物）
GB/T 14575—2009	纺织品　色牢度试验　综合色牢度	2009-06-15	2010-02-01	规定了测定纺织品耐光照、淋水、洗涤和刷洗综合色牢度的方法。适用于各类纺织品
GB/T 14576—2009	纺织品　色牢度试验　耐光、汗复合色牢度	2009-06-19	2010-02-01	规定了一种测定在人工汗液作用下纺织品试样耐人造光作用色牢度的试验方法。适用于各种纺织品

续表

标准号	标准名称	发布日期	实施日期	适用范围
GB/T 14577—1993	织物拒水性测定 邦迪斯门淋雨法	1993-08-29	1994-03-01	规定了用邦迪斯门淋雨法测定织物拒水性的方法。适用于评价织物在运动状态下经受降雨的拒水性整理工艺效果
GB/T 14644—2014	纺织品 燃烧性能 45°方向燃烧速率的测定	2014-09-30	2015-04-01	规定了采用45°方向表面点火测定织物燃烧性能的试验方法，以及燃烧性能的分级。适用于各类织物及其制品
GB/T 14645—2014	纺织品 燃烧性能 45°方向损毁面积和接焰次数的测定	2014-09-30	2015-04-01	规定了采用45°方向表面点火和底边点火测定织物燃烧性能的两种方法。本标准A法适用于各类制品（A法点不着的厚型纺品的测定参见附录A）；B法适用于受热熔融的纱线和织物
GB/T 14801—2009	机织物与针织物纬斜和弓纬试验方法	2009-03-19	2010-02-01	规定了机织物与针织物纬斜和弓纬的试验方法
GB/T 14802—1993	纺织品 烟浓度测定 减光系数法	1993-12-25	1994-06-01	规定了在实验室条件下，用减光系数法测定纺织品燃烧分解时产生的烟浓度的方法。适用于各种纺织物，非织造布、涂层织物和铺地纺织材料（包括经阻燃处理的材料）的烟浓度测定。不适用于薄型热塑性纺织物
GB/T 16990—1997	纺织品 色牢度试验 颜色1/1标准深度的仪器测定	1997-09-15	1998-07-01	规定了使用仪器测量的方式来评定各种织品上的颜色深度是否达到1/1标准深度，并作为目测评定深度方法的补充。本方法仅适用于1/1标准深度，不适用于其他档次的标准深度
GB/T 16991—2008	纺织品 色牢度试验 高温耐人造光色牢度及抗老化性能：氙弧	2008-08-06	2009-06-01	规定了一种测定各类纺织品的颜色耐人造光源代替天然日光作用以及同时耐热的作用的能力及抗老化的能力的方法。在5种不同的曝晒条件中（见6.1），4种使用D_{65}光源，1种使用更短的截止波长光源。本方法特别考虑到纺织品受到机动车内部产生的光和热的影响。这5种不同的曝晒条件能提供相似但不一定是同样的试验结果
GB/T 17031.1—1997	纺织品 织物在低压下的干热效应 第1部分：织物的干热处理程序	1997-10-09	1998-05-01	规定了织物的干热处理方法，用于评价织物的干热相关性及其他热相关性能

续表

标准号	标准名称	发布日期	实施日期	适用范围
GB/T 17031.2—1997	纺织品 织物在低压下的干热效应 第2部分：受干热的织物尺寸变化性的测定	1997-10-09	1998-05-01	规定了受干热织物尺寸变化的测定方法，适用于制衣过程中预测织物的特性
GB/T 17591—2006	阻燃织物	2006-05-25	2006-12-01	规定了阻燃织物的产品分类，技术要求，试验方法，检验规则，包装和标志。适用于装饰用，交通工具（包括飞机，火车和轮船）内饰用，阻燃防护服用的机织物和针织物。其他阻燃纺织品的燃烧性能可参照本标准执行
GB/T 17595—1998	纺织品 织物燃烧试验前的家庭洗涤程序	1998-11-26	1999-05-01	规定了在评定织物燃烧性能之前，以选定的温度进行家庭洗涤的试验方法。适用于评定使用硬水的家庭洗涤对织物燃烧性能的影响
GB/T 17596—1998	纺织品 织物燃烧试验前的商业洗涤程序	1998-11-26	1999-05-01	规定了织物燃烧试验前的试验方法。适用于评定重复商业洗涤对织物燃烧性能的影响
GB/T 17599—1998	防护服用织物 防热性能 抗熔融金属滴冲击性能的测定	1998-11-26	1999-05-01	规定了防护服用织物受金属熔滴冲击的防热性能的测定方法。适用于各种防熔融金属飞溅物伤人体的织物以及复合织物。此方法可用于对比相同条件下各种织物的防热性能差异。不适用于测定较大体积的熔融金属的影响，不能预测防护服在其他工业条件下的防热性能
GB/T 17759—2018	本色布布面疵点检验方法	2018-12-28	2019-07-01	规定了本色布布面疵点的术语和定义，检验条件和操作规定，检验方法，检验报告。适用于以棉，化纤，其他纤维纯纺或混纺的本色纱线为原料，机织制成的本色布。其他织物可参照执行
GB/T 17780.5—2012	纺织机械 安全要求 第5部分：机织和针织准备机械	2012-11-05	2013-06-01	规定了机织和针织准备机械的主要危险及其相应的安全/或措施。适用于整经，倒轴，浆纱，经纱准备和贮纱的机器，设备和相关装置。本标准与GB/T 17780.1结合使用
GB/T 17780.6—2012	纺织机械 安全要求 第6部分：织造机械	2012-11-05	2013-09-01	规定了织造机械的主要危险及相关安全要求和/或措施。适用于手织造，针织和簇绒使用的所有机器，设备和相关装置。本标准与GB/T 17780.1结合使用
GB/T 18318.1—2009	纺织品 弯曲性能的测定 第1部分：斜面法	2009-09-30	2010-03-01	规定了采用斜面法测定织物弯曲长度的方法，给出了根据弯曲长度计算抗弯刚度的公式。适用于各类织物

标准号	标准名称	发布日期	实施日期	适用范围
GB/T 18318.2—2009	纺织品 弯曲性能的测定 第2部分:心形法	2009-09-30	2010-03-01	规定了采用心形法测定纺织品弯曲环高度的方法。适用于各类纺织品,尤其适用于较柔软和易卷边的织物
GB/T 18318.3—2009	纺织品 弯曲性能的测定 第3部分:格莱法	2009-09-30	2010-03-01	规定了采用格莱法测定纺织品抗弯力的方法。适用于各类纺织品,尤其适用于比较硬挺的织物
GB/T 18318.4—2009	纺织品 弯曲性能的测定 第4部分:悬臂法	2009-09-30	2010-03-01	规定了用悬臂法测定织物弯曲弯矩的方法。适用于各类纺织品,尤其适用于比较硬挺的织物
GB/T 18318.5—2009	纺织品 弯曲性能的测定 第5部分:纯弯曲法	2009-09-30	2010-03-01	规定了采用纯弯曲法测定织物弯曲性能的方法。通过试样的单位宽度弯距和曲率关系曲线图,计算抗弯刚度和弯曲滞后距来反映其弯曲性能。适用于各类织物,尤其适用于薄型织物
GB/T 18318.6—2017	纺织品 弯曲性能的测定 第6部分:马鞍法	2017-12-29	2018-07-01	规定了采用马鞍法测定织物抗弯力及反弹率的方法。适用于夹持后高度大于15mm的织物
GB/T 18319—2019	纺织品 光蓄热性能的试验方法	2019-12-31	2020-07-01	规定了纺织品光蓄热性能的试验方法。适用于各类纺织产品、纤维、纱线可制成片状后参照执行
GB/T 18737.2—2019	纺织机械与附件 经轴 第2部分:整经轴	2019-12-31	2019-12-31	规定了整经轴的主要尺寸、机械强度、形位公差,以及有轴伸整经轴和无轴伸整经轴。适用于生产坯布用普通整经轴,不适用于染色用整经轴
GB/T 18737.4—2003	纺织机械与附件 经轴 第4部分:织轴、整经轴和分段整经轴边盘的质量等级	2003-11-10	2004-05-01	提供了边盘分等的原理和实用方法
GB/T 18737.6—2004	纺织机械与附件 经轴 第6部分:织带机和钩编机用经轴	2004-06-11	2005-01-01	规定了织带机和钩编机用经轴的基本术语;主要尺寸以及形位公差
GB/T 18737.7—2016	纺织机械与附件 经轴 第7部分:条子、粗纱和纱线染色用轴	2016-02-24	2016-09-01	规定了条子、粗纱和纱线染色用轴的型式,术语和标记,并规定了传动的多孔轴,也适用于干织带、拉链带染色的结构用轴

续表

标准号	标准名称	发布日期	实施日期	适用范围
GB/T 18737.8—2009	纺织机械与附件 经轴 第 8 部分:跳动公差的定义和测量方法	2009-03-19	2010-02-01	定义了带轴头和不带轴头的经轴的形位公差,即边盘的端面圆跳动和轴管的全跳动,并给出了该形位公差的测量方法
GB/T 18737.9—2016	纺织机械与附件 经轴 第 9 部分:织物染色用轴	2016-02-24	2016-09-01	规定了织物染色用轴的型式、术语和主要尺寸、标记。适用于织物的染色用轴
GB/T 18830—2009	纺织品 防紫外线性能的评定	2009-06-11	2010-01-01	规定了纺织品的防日光紫外线性能的试验方法、防护水平的表示、评定和标识。适用于评定在规定条件下纺织物防日光紫外线的性能
GB/T 18863—2002	免烫纺织品	2002-10-16	2003-04-01	规定了免烫纺织品的分类、要求、试验方法、检验规则、包装标志。适用于免烫纺织品的质量判定,包括纤维素纤维及其与其他纤维的混纺、交织产品(纤维素纤维含量 75%以上)以及桑蚕丝产品(桑蚕丝含量 70%以上)。其他免烫纺织品可参照执行。本标准为免烫纺织品的产品标准,只检验免烫符合性,本标准未涉及的其他性能按同类非免烫产品的有关标准执行
GB/T 18886—2019	纺织品 色牢度试验 耐唾液色牢度	2019-06-04	2020-01-01	规定了纺织品耐唾液色牢度的测定试验方法。适用于各种纺织品
GB/T 19385.1—2003	纺织机械与附件 综框 第 1 部分:穿综杆用托座固定于综框横梁 相关尺寸	2003-11-10	2004-05-01	规定了穿综杆用托座固定于综框横梁的综框的相关尺寸
GB/T 19385.2—2003	纺织机械与附件 综框 第 2 部分:穿综杆直接固定于综框横梁 相关尺寸	2003-11-10	2004-05-01	规定了穿综杆直接固定于综框横梁的综框的相关尺寸
GB/T 19385.3—2003	纺织机械与附件 综框 第 3 部分:综框导板	2003-11-10	2004-05-01	规定了综框导板的尺寸,综框导板用于综框的辅助导向
GB/T 19548—2004	纺织机械与附件 织机 左右侧定义	2004-06-11	2005-01-01	规定了织机的左右侧定义

续表

标准号	标准名称	发布日期	实施日期	适用范围
GB/T 19549—2004	纺织机械与附件 纺部机械 左右侧定义	2004-06-11	2005-01-01	规定了纺部机械的左右侧定义
GB/T 19550—2004	纺织机械与附件 织造前经纱准备机械 左右侧定义	2004-06-11	2005-01-01	规定了织造前经纱准备机械的左右侧定义
GB/T 19551—2004	纺织机械 浆纱机 最大有效宽度	2004-06-11	2005-01-01	规定了浆纱机输入和输出部分的最大有效宽度。适用于浆纱机,浆丝机,浆染联合机,整浆并联合机也可参照使用
GB/T 19552—2004	纺织机械与附件 闭口综耳钢片综 尺寸	2004-06-11	2005-01-01	规定了纺织工业用的闭口综耳钢片综的尺寸
GB/T 19553—2004	纺织机械与附件 闭口"O"型综耳综丝用的穿综杆	2004-06-11	2005-01-01	规定了闭口"O"型综耳综丝用的穿综杆的主要尺寸及分类
GB/T 19554.1—2004	纺织机械与附件 开口式综耳钢片综及相应穿综杆的主要尺寸 第1部分:C型综耳	2004-06-11	2005-01-01	规定了纺织工业用开口式综耳(C型综耳)钢片综的主要尺寸和公差。J型综耳的主要尺寸和公差
GB/T 19554.3—2004	纺织机械与附件 开口式综耳钢片综及相应穿综杆的主要尺寸 第3部分:C型和J型综耳钢片综用穿综杆	2004-06-11	2005-01-01	规定了C型和J型综耳钢片综合穿综杆的主要尺寸和标志
GB/T 19555—2004	纺织机械与附件 提花织造用铝锤	2004-06-11	2005-01-01	规定了提花织造用铝锤的尺寸和质量
GB/T 19817—2005	纺织品 装饰用织物	2005-06-30	2005-10-01	规定了装饰用织物的要求、试验方法、检验规则、包装和标志等技术内容。适用于座椅用,床用,悬挂用和覆盖用的机织物和针织物。不适用于产品正面(使用面)为涂层的织物

续表

标准号	标准名称	发布日期	实施日期	适用范围
GB/T 19976—2005	纺织品　顶破强力的测定　钢球法	2005-11-04	2006-05-01	规定了采用球形顶杆测定织物顶破强力的方法，包括在试验用标准大气中调湿和在水中浸湿两种状态的试样顶破强力试验。适用于各类织物
GB/T 19980—2005	纺织品　服装及其他纺织最终产品经家庭洗涤和干燥后外观的评价方法	2005-11-04	2005-11-04	规定了一种评价服装和其他纺织最终产品经过一次或几次家庭洗涤和干燥后，织物外观平整度、接缝平整度和熨烫褶皱保持性等外观特性的试验方法。适用于具有任意织物结构，可水洗的纺织品最终产品。由于评价的是纺织品最终产品，所以，本标准不包括缝制和熨烫褶皱的加工技术。加工技术应该由生产供货或者正在穿用。本方法主要使用 GB/T 8629 中规定的 B 型家用洗衣机，但也可使用该标准中规定的 A 型洗衣机。已经认识到印花和含有其他图案可能会掩盖纺织最终产品的起敏外观，但本方法主要是根据对包含了这种影响的试样的视觉外观进行评级
GB/T 19981.1—2014	纺织品　织物和服装的专业维护、干洗和湿洗　第 1 部分：清洗和整烫后性能的评价的程序	2014-12-31	2015-08-01	规定了织物和服装按 GB/T 19981 有关程序清洗和整烫后性能的评价方法。适用于干洗程序由清洗和整烫引起的织物服装性能的某些变化的现行标准。本标准列出了评定这些变化的现行方法，附录 A 中列出了尚无评价方法标准但又非常重要的性能，以及对其进行的建议方法
GB/T 19981.2—2014	纺织品　织物和服装的专业维护、干洗和湿洗　第 2 部分：使用四氯乙烯干洗和整烫时性能试验的程序	2014-12-31	2015-08-01	规定了使用商用干洗机和四氯乙烯（过氯乙烯）对织物和服装进行干洗的程序。包括普通材料的干洗程序、敏感材料和待敏感材料的干洗程序
GB/T 19981.3—2009	纺织品　织物和服装的专业维护、干洗和湿洗　第 3 部分：使用烃类溶剂干洗和整烫时性能试验的程序	2009-03-19	2010-01-01	规定了使用商用干洗机和烃类溶剂对织物和服装进行干洗的程序。包括普通材料的干洗程序和敏感材料的干洗程序

续表

标准号	标准名称	发布日期	实施日期	适用范围
GB/T 19981.4—2009	纺织品 织物和服装的专业维护、干洗和湿洗 第4部分：使用模拟清洗和整理时性能试验的程序	2009-03-19	2010-01-01	规定了采用特定洗衣机对织物和服装进行模拟清洗的程序。包括普通材料的湿清洗程序，敏感材料和特敏感材料的湿清洗程序
GB/T 20034—2005	纺织机械与附件 经纱筒子架 主要尺寸	2005-10-19	2006-01-01	给出了经纱筒子架术语并规定了其主要尺寸。筒距P仅适用于经纱纱沿筒子轴向退绕的单式筒子架。对复式筒子架，P用于垂直方向，而水平方向的筒距是垂直方向筒距P的两倍
GB/T 20035.1—2005	纺织机械与附件 交叉卷绕用圆锥形筒管 第1部分：主要尺寸推荐值	2005-10-19	2006-01-01	规定了纺织工业应用的交叉卷绕用圆形筒管的推荐值
GB/T 20035.2—2005	纺织机械与附件 交叉卷绕用圆锥形筒管 第2部分：半锥角3°30′圆锥形筒管的尺寸、公差和标记	2005-10-19	2006-01-01	规定了半锥角3°30′圆形筒管的尺寸、公差和标记，并且提出了圆锥形筒管的特性及控制其尺寸和长度的说明
GB/T 20035.3—2005	纺织机械与附件 交叉卷绕用圆锥形筒管 第3部分：半锥角4°20′圆锥形筒管的尺寸、公差和标记	2005-10-19	2006-01-01	规定了半锥角4°20′圆形筒管的尺寸、公差和标记，并且提出了圆锥形筒管的特性及控制其尺寸和长度的说明
GB/T 20035.4—2005	纺织机械与附件 交叉卷绕用圆锥形筒管 第4部分：半锥角4°20′染色用圆锥形筒管的尺寸、公差和标记	2005-10-19	2006-01-01	规定了染色用半锥角4°20′圆锥形筒管的尺寸、公差和标记，并且提出了圆锥形筒管的特性及控制其尺寸和长度的说明

续表

标准号	标准名称	发布日期	实施日期	适用范围
GB/T 20035.5—2005	纺织机械与附件　交叉卷 绕用圆锥形筒管　第5部分： 半锥角5°57′圆锥形筒管的尺 寸、公差和标记	2005-10-19	2006-01-01	规定了半锥角5°57′圆锥形筒管的尺寸、公差和标记，并且提出了圆锥形筒管的特性及整制其尺寸和长度的说明
GB/T 20036—2005	纺织机械与附件　多臂装 置用连续纹纸　尺寸	2005-10-19	2006-01-01	规定了纺织工业多臂装置用连续纹纸的尺寸。适用于多臂装置用连续纹纸。多臂装置及纹纸冲孔机的相关尺寸也可参照采用
GB/T 20039—2005	涤与棉混纺色织布	2005-10-19	2006-01-01	规定了涤与棉混纺色织布的产品品种规格、要求、试验方法、检验规则、标志和包装。适用于鉴定服用各种比例混纺涤与棉色织布的品质。不适用于涤与棉混纺的色织泡泡纱、色织纱罗、色织弹性布、色织纬长丝等织物
GB/T 20390.1—2018	纺织品　床上用品可点燃 性的评定　第1部分：香烟为 点火源	2018-12-28	2019-07-01	规定了评定所有床上用品在施加阴燃的香烟时可点燃性的试验方法。适用于放置在床上用品的床上用品，如床垫罩、衬布、护理单和护理单和护理单、床单、电热毯、被子和被套、枕头（不考虑填充物的材质）和长枕、枕头套。不适用于床基和褥垫
GB/T 20390.2—2018	纺织品　床上用品可点燃 性的评定　第2部分：与火柴 火焰相当的点火源	2018-12-28	2019-07-01	规定了评定所有床上用品在施加与火柴火焰相当的点火源时可点燃性的试验方法。适用于床垫和床上的床上用品，如床垫、衬布、护理单和护理单和护理单、床单、电热毯、被子和被套、枕头（不考虑填充物的材质）和长枕、枕头套，床基和褥垫
GB/T 20630.1—2006	聚酯纤维机织带规范　第1 部分：定义、名称和一般要求	2006-11-09	2007-04-01	规定了由长丝聚酯纤维经无梭织机织成的带的定义、名称和一般要求。还规定了其标称厚度与标称宽度的规格配合等。适用于标称宽度范围：0.13～0.25mm,标称宽度：15mm、20mm、25mm及按非标称宽度供货的聚酯纤维机织带
GB/T 20630.2—2006	聚酯纤维机织带规范　第2 部分：试验方法	2006-11-09	2007-04-01	规定了对由聚酯长纤维经无梭织机织成的带的试验方法

续表

标准号	标准名称	发布日期	实施日期	适用范围
GB/T 20944.1—2007	纺织品 抗菌性能的评价 第1部分:琼脂平皿扩散法	2007-06-14	2008-01-01	规定了采用琼脂平皿扩散法测定纺织品抗菌性能的定性试验和评价方法。适用于抗菌织物,针织物,非织造布和其他平面织物,纤维、纱线等可参照执行。不适用于抗菌剂在试验琼脂上完全不扩散的试样,也不适用于抗菌剂与琼脂起反应的试样。本标准不涉及抗菌产品安全性的评价
GB/T 20944.2—2007	纺织品 抗菌性能的评价 第2部分:吸收法	2007-06-14	2008-01-01	规定了采用吸收法测定纺织品抗菌性能的定量试验和评价方法。适用于羽绒、纤维、纱线、织物和制品等各类纺织品。本标准不涉及抗菌产品安全性的评价
GB/T 20944.3—2008	纺织品 抗菌性能的评价 第3部分:振荡法	2008-04-29	2008-12-01	规定了采用振荡法测定纺织品抗菌性能的定量试验方法。适用于羽绒、纤维、纱线、织物,以及特殊形状的制品等各类纺织产品,尤其适用于非溶出型抗菌纺织品。本标准不涉及抗菌产品安全性的评价
GB/T 20982.1—2007	纺织机械与附件 织机 第1部分:词汇和分类	2007-06-21	2008-01-01	规定了用于纺织工业的织造机器的词汇和分类。适用于以织造技术,即经、纬两组(或更多组)平行纱线互相交织构成织物的机器
GB/T 20982.2—2007	纺织机械与附件 织机 第2部分:附件 词汇	2007-07-11	2008-01-01	规定了织机附件的基本术语。主要包括以下五个部分:开口机构;导经和打纬机构;引纬机构;经纱断头检测机构
GB/T 20982.3—2007	纺织机械与附件 织机 第3部分:织机零部件 词汇	2007-07-11	2008-01-01	定义了织机零部件的基本定义和外形尺寸规定,共分以下九类:左右侧边装置,开口机构,引纬机构,布边处理装置;织机机架;传动系统;经纱和络筒装置;打纬机构;织造停机装置
GB/T 21196.1—2007	纺织品 马丁代尔法织物耐磨性的测定 第1部分:马丁代尔耐磨试验仪	2007-11-12	2008-07-01	规定了马丁代尔试验仪和辅助材料的要求,用于按照 GB/T 21196 第2部分至第4部分规定的试验方法测定织物耐磨特性。适用于试验下列织物:①机织物和针织物;②绒毛高度在2mm以下的起绒织物;③非织造织物;④涂层织物,针织物表面上形成连续膜。由于不同方法的结果之间没有可比性,因此在试验开始前就应选定试验方法,并在试验报告中记录。使用马丁代尔仪测定织物抗起球性能见 ISO 12945-2《织物表面起毛起球性能的测定 第2部分:改型的马丁代尔法》

续表

标准号	标准名称	发布日期	实施日期	适用范围
GB/T 21196.2—2007	纺织品 马丁代尔法织物耐磨性的测定 第2部分：试样破损的测定	2007-11-12	2008-07-01	规定了以试样破损为试验终点的耐磨性能测试方法。适用于所有纺织物，包括非织造布和涂层织物。不适用于特别指出磨损寿命较短的织物
GB/T 21196.3—2007	纺织品 马丁代尔法织物耐磨性的测定 第3部分：质量损失的测定	2007-11-12	2008-07-01	规定了以试样的质量损失来确定织物耐磨性的测试方法。适用于所有纺织物，包括非织造布和涂层织物。不适用于特别指出磨损寿命较短的织物
GB/T 21196.4—2007	纺织品 马丁代尔法织物耐磨性的测定 第4部分：外观变化的评定	2007-11-12	2008-07-01	规定了以试样的外观变化来确定织物耐磨性的测试方法。适用于磨损寿命较短的纺织织物，包括非织造布和涂层织物
GB/T 21655.1—2008	纺织品 吸湿速干性的评定 第1部分：单项组合试验法	2008-04-29	2008-12-01	规定了纺织品吸湿速干性能的单项试验指标组合的测试方法及评价指标。适用于各类纺织品及其制品
GB/T 21655.2—2019	纺织品 吸湿速干性的评定 第2部分：动态水分传递法	2019-06-04	2020-01-01	规定了采用水分动态水分传递法测定纺织品吸湿速干性的方法和评价指标。适用于各类纺织品
GB/T 21898—2008	纺织品颜色表示方法	2008-05-26	2008-11-01	规定了用颜色三属性（色相，明度，彩度）来标示纺织品颜色的方法。适用于纺织品设计、生产、贸易等领域中对纺织品颜色的定量表示
GB/T 22296—2008	纺织机械 高精度分段整经机	2008-08-19	2009-06-01	规定了高精度分段整经机的术语和定义、型式与基本参数、要求、试验方法、检验规则、标志、包装、运输、贮存。适用于锦纶长丝、涤纶长丝、黏胶丝、棉纱、混纺纱等整经绕于分段整经轴上的高精度分段整经机
GB/T 22298—2008	纺织机械与附件 织机综框和停经条的编号	2008-08-19	2009-06-01	规定了织机综框和停经装置中停经条的编号
GB/T 22800—2009	星级旅游饭店用纺织品	2009-04-21	2009-12-01	规定了星级旅游饭店用纺织品的要求、抽样、试验方法、检验规则、包装和标志。适用于星级旅游饭店用纺织品。其他旅游饭店、公寓、游乐、列车等使用的纺织品可参照使用

续表

标准号	标准名称	发布日期	实施日期	适用范围
GB/T 22851—2009	色织提花布	2009-04-21	2009-12-01	规定了色织提花布的要求、布面疵点评分、试验方法、检验规则、包装、标志、贮存和运输。适用于以棉、麻或化学纤维纤维纯纺或各色纱原料生产的各类色织布(包括大提花和小提花)
GB/T 23318—2009	纺织品　刺破强力的测定	2009-03-19	2010-01-01	规定了采用带有尖角的顶杆测定织物刺破破强力的方法，顶杆的规格包括三种，可以根据需要选择其中一种。适用于机织物、针织物、非织造布以及各类复合材料。不适用于大孔眼网眼的织物、具有大孔隙网眼组织以及弹性圈套织物
GB/T 23319.2—2009	纺织品　洗涤后扭斜的测定　第2部分：机织物和针织物	2009-03-19	2010-01-01	规定了测量机织物和针织物洗涤后扭斜的三种方法(对角线标记法、倒T形标记法和模拟服装标记法)。由不同的方法得到的实验结果也许不具有可比性。适用于测量织物洗涤后形成的扭斜
GB/T 23319.3—2010	纺织品　洗涤后扭斜的测定　第3部分：机织服装和针织服装	2011-01-14	2011-08-01	规定了测量机织服装和针织服装洗涤后扭斜得到的试验结果也许不具有可比性。适用于服装洗涤后的扭斜。由不同的方法得到的试验结果也许不具有可比性。适用于服装，而不是针对织物制造时形成的扭斜
GB/T 23320—2009	纺织品　抗吸水性的测定　翻转吸收法	2009-03-19	2010-01-01	规定了采用翻转吸收法测定织物抗吸水性的方法。适用于经过或经未经过防水整理或拒水整理的所有织物，尤其适用于测定织物经整理后所有织物中织物承受湿的动态条件与实际使用情况类似。也可用来预测服装在实际使用中可能产生的增重量。本方法最适用于在潮湿环境下长时间使用的服用织物。本方法不能用于预测织物的防雨水渗透能力，因为该方法中测量的是织物所吸入的水分量而非渗透过的水分量
GB/T 23321—2009	纺织品　防水性　水平喷射淋雨试验	2009-03-19	2010-01-01	规定了测定织物抵抗一定冲击强度喷淋水渗透性的方法，通过测量织物抵抗喷淋水的渗透性来预测其抗雨水的渗透性能。本方法也可在不同冲击强度使性水淋水作用下对织物进行测试，并绘制完整的织物抗渗透性曲线。适用于各种经过及未经过防水(或拒水)后整理的防水织物，特别适用于具有较强防水性能的织物

续表

标准号	标准名称	发布日期	实施日期	适用范围
GB/T 23326—2009	不锈钢纤维与棉混纺电磁波屏蔽本色布	2009-03-19	2010-01-01	规定了不锈钢纤维与棉混纺电磁波屏蔽本色布的产品分类、要求、布面疵点的评分、试验方法、检验规则、标志和包装。适用于不锈钢纤维分别与棉、涤纶或涤棉混纺的民用电磁波屏蔽本色布
GB/T 23329—2009	纺织品　织物悬垂性的测定	2009-03-19	2010-01-01	规定了用于测定织物悬垂性的试验方法,方法 A 为纸环法,方法 B 为图像处理法。适用于各类纺织物。附录 A 提供了一种织物动态悬垂性的测定方法可供参考
GB/T 24119—2009	机织过滤布透水性的测定	2009-06-15	2010-02-01	规定了测定机织过滤布透水性的方法。适用于机织过滤布
GB/T 24132.2—2009	室内装饰用塑料涂覆织物　第 2 部分:聚氯乙烯涂覆编织织物规范	2009-06-15	2010-02-01	规定了装饰用聚氯乙烯涂覆织物的技术要求。该涂覆织物是在编织物的单面充分均匀地涂覆一层弹性聚氯乙烯高聚物或主要成分是聚氯乙烯的共聚物而制成,这种涂层称为聚氯乙烯涂层。适用于 A 和 B 两个级别的聚氯乙烯涂覆织物
GB/T 24132.3—2009	室内装饰用塑料涂覆织物　第 3 部分:聚氨酯涂覆编织织物规范	2009-06-15	2010-02-01	规定了室内装饰用聚氨酯涂覆织物的技术要求。它是在编织物的单面充分均匀地涂覆一层聚氨酯高聚物而制成
GB/T 24135—2009	橡胶或塑料涂覆织物　加速老化试验	2009-06-15	2010-02-01	规定了四种评价涂覆织物耐加速老化性能的试验方法
GB/T 24139—2009	PVC 涂覆织物　防水布规范	2009-06-15	2010-02-01	规定了用经过适当塑化、着色或其他处理的聚氯乙烯或主要组成为氯乙烯的共聚物单、双面涂覆的防水布的要求
GB/T 24142—2009	橡胶涂覆织物　变压器用胶囊和隔膜	2009-06-15	2010-02-01	规定了变压器用胶囊和隔膜的结构、技术要求、试验方法、检验规则和标志,包装、运输、贮存要求。适用于工作温度为-40~90℃,用橡胶涂覆织物制成的变压器储油柜用胶囊和变压器用隔膜、互感器、油位器用隔膜
GB/T 24219—2009	机织过滤布泡点孔径的测定	2009-06-19	2010-02-01	规定了用泡点法测定机织过滤布孔径的方法。适用于机织过滤布

续表

标准号	标准名称	发布日期	实施日期	适用范围
GB/T 24249—2009	防静电洁净织物	2009-06-19	2010-02-01	规定了防静电洁净织物的技术要求、试验方法、检验规则、标志、包装、运输及贮存。适用于在电子、半导体、医药、食品等行业的洁净室及相关受控环境使用的，用以制成洁净服装、帽子、手套、鞋套等产品的织物
GB/T 24250—2009	机织物　疵点的描述术语	2009-06-19	2010-02-01	描述了机织物检测中一般出现的疵点，即机织物上并非人为生成的某些外观特征。本标准用于界定机织物的疵点，就疵点取得一致是低于标准的。买卖双方需要认识上对某一外观是否确认为疵点、外观特征并非一定意味着织物如果双方认为认为在某一疵点上，则需要在买卖双方考虑用途的前提下，就疵点的允许范围达成协议。本标准包括以下几类疵点：机织物中的纱线类疵点；一般疵点；经向疵点；染色、印花、整理疵点；布边、布边或与布边相关的疵点
GB/T 24253—2009	纺织品　防螨性能的评价	2009-06-19	2010-02-01	规定了使用驱避和抑制法对纺织品防螨性能的试验和评价方法。适用于羽绒、纤维、纱线、织物和制品等各类纺织品。其中驱避法适用于所有纺织产品；抑制法适用于不经常洗涤的产品，如填充物（棉絮、羽绒等）和地毯等。本标准不涉及防螨产品安全性的评价
GB/T 24254—2009	纺织品和服装冷环境下需求热阻的确定	2009-06-19	2010-02-01	规定了暴露于寒冷环境热应力的评估规律和方法。适用于连续性、间断性及偶尔暴露于室内和室外的工作种类。不适用于与某些气象现象（如降水）相关的特定影响
GB/T 24346—2009	纺织品　防霉性能的评价	2009-09-30	2010-02-01	规定了采用培养皿法和悬挂法测试纺织品防霉性能的试验和评价方法。本标准不涉及防霉产品安全性的评价。适用于各类织物及其制品。纤维、纱线等可参照执行
GB/T 24348.1—2009	纺织机械与附件　第1部分：胶粘剂线扎筘的尺寸和标记	2009-09-30	2010-02-01	规定了纺织工业用胶粘剂线扎筘的基本尺寸。适用于有梭织机用胶粘线扎筘
GB/T 24348.2—2009	纺织机械与附件　第2部分：平板梁金属丝扎筘的尺寸和标记	2009-09-30	2010-02-01	规定了纺织工业用平板梁金属丝扎筘的基本尺寸和标记。适用于有梭织机、喷水织网织机用平板梁金属丝扎筘

续表

标准号	标准名称	发布日期	实施日期	适用范围
GB/T 24348.3—2009	纺织机械与附件 筘 第3部分:双弹性梁金属丝扎筘的尺寸和标记	2009-09-30	2010-02-01	规定了纺织工业用双弹性梁金属丝扎筘的基本尺寸和标记。适用于有梭织机用双弹性梁金属丝扎筘
GB/T 24348.4—2009	纺织机械与附件 筘 第4部分:树脂固化金属丝扎筘的尺寸和标记	2009-09-30	2010-02-01	规定了纺织工业用树脂固化金属丝扎筘的基本尺寸和标记。适用于剑杆织机,喷水织机,片梭织机用树脂固化金属丝扎筘
GB/T 24348.5—2009	纺织机械与附件 筘 第5部分:槽型梁的尺寸和标记	2009-09-30	2010-02-01	规定了织机用箱的槽型梁的尺寸和标记。适用于喷气织机,喷水织机,剑杆织机,片梭织机的槽型梁
GB/T 24349.1—2009	纺织机械与附件 圆柱形筒管 第1部分:主要尺寸推荐值	2009-09-30	2010-02-01	规定了纺织机械用的圆柱形筒管主要尺寸(内径和长度)推荐值
GB/T 24349.6—2009	纺织机械与附件 圆柱形筒管 第6部分:筒管交叉卷绕和加捻用交叉卷绕筒管的尺寸、偏差和标记	2009-09-30	2010-02-01	规定了卷绕和加捻用交叉卷绕圆柱形筒管的主要尺寸、偏差和标记,并对筒管特性、内径和长度的检验方法作了指导性说明
GB/T 24349.7—2009	纺织机械与附件 圆柱形筒管 第7部分:筒子纱染色用网眼筒管的尺寸、偏差和标记	2009-09-30	2010-02-01	规定了筒子纱染色用网眼圆柱形筒管的主要尺寸、偏差和标记,并对筒管特性、内径和长度的检验方法作了指导性说明
GB/T 24378—2009	纺织机械与附件 非自动穿经机用停经片	2009-09-30	2010-03-01	规定了织机的机械,机电和电气式停经机构用停经片的基本尺寸,公差和标记。适用于人工或机械穿经片
GB/T 24379—2009	纺织机械与附件 自动穿经机用停经片	2009-09-30	2010-03-01	规定了织机的机械,机电和电气式停经机构用停经片的基本尺寸,公差和标记。适用于采用乌斯特和里达捷特瓦达自动穿经装置的停经片

续表

标准号	标准名称	发布日期	实施日期	适用范围
GB/T 24380—2009	纺织机械与附件 织机综框用钢丝综	2009-09-30	2010-03-01	规定了织机综框用的钢丝综的尺寸、分类和标记。适用于织机综框用的钢丝综
GB/T 24381—2009	纺织机械与附件 提花织造用镶入综眼的钢丝综	2009-09-30	2010-03-01	规定了提花织造用镶入综眼的钢丝综的主要尺寸和标记。适用于提花织造用镶入综眼的钢丝综
GB/T 24382—2009	纺织机械与附件 喷气织机用异形筘 尺寸	2009-09-30	2010-03-01	规定了喷气织机用钢筘尺寸和标记。适用于喷气织机用异形筘
GB/T 24442.1—2009	纺织品 压缩性能的测定 第 1 部分：恒定法	2009-09-30	2010-03-01	规定了纺织品压缩性能的两种测定方法，即方法 A（定压法）；方法 B（定形法）。除特殊要求外，优先选用方法 A。本标准的测定结果可用于评价样品的压缩回复弹性或松弛特性，以及丰满、蓬松、柔软程度。适用于各类纺织材料和纺织制品
GB/T 24442.2—2009	纺织品 压缩性能的测定 第 2 部分：等速法	2009-09-30	2010-03-01	规定了采用等速法测定纺织品压缩性能的方法。适用于各类纺织品，特别是蓬松、服装等服用类产品。可用于评价样品在连续压力作用下的蓬松、柔软及弹性指标
GB/T 25874.1—2010	纺织机械与附件 筘齿用钢片 第 1 部分：冷轧钢片	2011-01-10	2011-06-01	规定了筘齿用冷轧钢片的尺寸、材料、要求和标记。适用于筘齿用冷轧钢片
GB/T 25874.2—2010	纺织机械与附件 筘齿用钢片 第 2 部分：淬硬钢片	2011-01-10	2011-06-01	规定了筘齿用淬硬钢片的尺寸、材料、要求和标记。适用于筘齿用淬硬钢片
GB/T 27754—2011	家用纺织品毛巾中水萃取物限定	2011-12-30	2012-08-01	规定了毛巾产品水萃取物质量的要求。适用于洗浴用的毛巾类产品，如浴巾、面巾、方巾等
GB/T 28463—2012	纺织品 装饰用涂层织物	2012-06-29	2012-12-01	规定了装饰用涂层织物的分类、要求、试验方法、检验规则以及包装、贮存和标志等技术内容。适用于各类装饰用涂层织物
GB/T 28464—2012	纺织品 服用涂层织物	2012-06-29	2012-12-01	规定了服用涂层织物的分类、要求、试验方法、检验规则以及包装、贮存和标志等技术内容。适用于各类服用涂层织物

续表

标准号	标准名称	发布日期	实施日期	适用范围
GB/T 29256.1—2012	纺织品　机织物结构分析方法　第 1 部分：织物组织图与穿综、穿筘及提综图的表示方法	2012-12-31	2013-06-01	规定了机织物组织结构的分析方法，描述了组织图、穿综图、穿筘图和提综图的表示方法以及它们之间的相互关系，并提供了一种花纹配色循环的色纱排列规律的表示方法。适用于所有的机织物，包括复杂组织织物
GB/T 29256.3—2012	纺织品　机织物结构分析方法　第 3 部分：织物中纱线织缩的测定	2012-12-31	2013-06-01	规定了测定织物中纱线织缩的方法。适用于大多数机织物，不适用于一定伸直张力下不能完全消除纱线上的卷曲，以及在织造、整理和该方法的分析过程中纱线受到破坏的织物
GB/T 29256.4—2012	纺织品　机织物结构分析方法　第 4 部分：织物中拆下纱线捻度的测定	2012-12-31	2013-06-01	规定了测定织物中拆下纱线捻度的方法。适用于大多数织物，不适用于拆下纱线不能解捻的织物，以及不能拆下纱线或拆下纱线断裂的织物
GB/T 29256.5—2012	纺织品　机织物结构分析方法　第 5 部分：织物中拆下纱线线密度的测定	2012-12-31	2013-06-01	规定了测定织物中拆下纱线线密度的方法，包括从没有去除非纤维物质的织物中拆下纱线线密度的测定，以及从去除非纤维物质的织物中拆下纱线线密度的测定方法。适用于大多数机织物，不适用于在一定伸直张力下不能消除纱线上的卷曲，以及在织造、整理和该方法分析过程中纱线受到破坏的织物
GB/T 29256.6—2012	纺织品　机织物结构分析方法　第 6 部分：织物单位面积经纬纱线质量的测定	2012-12-31	2013-06-01	规定了测定织物单位面积经纱和纬纱质量的两种方法，根据需要可采用其中的一种。适用于大多数织物，不适用于纱线不易拆下的织物
GB/T 29257—2012	纺织品　织物褶皱回复性能的评定　外观法	2012-12-31	2013-06-01	规定了采用外观法测定织物褶皱回复性能的方法。适用于各类织物
GB/T 29776—2013	纺织品　防虫蛀性能的测定	2013-10-10	2014-05-01	规定了纺织品对于某些蛀虫幼虫的防虫蛀性能的测试方法。适用于含有动物纤维的所有纺织产品
GB/T 29864—2013	纺织品　防花粉性能试验方法　气流法	2013-11-12	2014-05-01	规定了采用气流吸引法测定纺织品防花粉性能的方法。适用于口罩织物及其制品

续表

标准号	标准名称	发布日期	实施日期	适用范围
GB/T 29865—2013	纺织品　色牢度试验　耐摩擦色牢度　小面积法	2013-11-12	2014-05-01	规定了纺织品耐摩擦色牢度的试验方法，其被测试面积小于 GB/T 3920 的试验面积。本标准包括两种试验，一种用干摩擦，另一种用湿摩擦布
GB/T 29866—2013	纺织品　吸湿发热性能试验方法	2013-11-12	2014-05-01	规定了纺织品吸湿发热性能的试验方法。适用于各类纺织品及其制品
GB/T 30126—2013	纺织品　防蚊性能的检测和评价	2013-12-17	2014-12-01	规定了采用驱避法和强迫接触法测定纺织品防蚊性能的方法，并给出了防蚊性能的评价。适用于机织物，针织物，非织造布等纺织品
GB/T 30127—2013	纺织品　远红外性能的检测和评价	2013-12-17	2014-12-01	规定了采用远红外发射率和温升试验测定纺织品远红外性能的方法，并给出了远红外性能的评价。适用于各类纺织产品，包括纤维，纱线，织物，非织造布及其制品等。其他材料可参照采用。本标准不涉及医疗作用的评价
GB/T 30128—2013	纺织品　负离子发生量的检测和评价	2013-12-17	2014-12-01	规定了采用摩擦法测定纺织品动态负离子发生量的试验方法，并给出了评价。本标准不涉及纺织品及其制品。适用于各类纺织织物及其因添加含有放射性物质的材料而激发出空气中负离子的纺织产品的安全性评价
GB/T 30159.1—2013	纺织品　防污性能的检测和评价　第 1 部分：耐沾污性	2013-12-17	2014-10-15	规定了两种测定纺织品耐沾污性的试验方法，即液态沾污法和固态沾污法，并给出了耐沾污性的评价指标。适用于各类纺织织物及其制品。使用不同的污物和方法所得试验结果不具可比性。根据产品种类和用途，可选择一种或两种方法。不适用于膜结构涂层织物。试样与固态污物的颜色相近时，不宜采用固态沾污评价
GB/T 30162—2013	纺织机械　卷布辊　术语和主要尺寸	2013-12-17	2014-10-15	规定了卷绕和传送织物的机械用卷布辊的术语和定义，主要尺寸和标记
GB/T 30167.1—2013	纺织机械　织机边撑　第 1 部分：边撑刺轴	2013-12-17	2014-10-15	规定了织机用边撑刺轴的术语和定义，名称，规格和标记
GB/T 30167.2—2013	纺织机械　织机边撑　第 2 部分：全幅边撑	2013-12-17	2014-10-15	规定了织机用全幅边撑的术语和定义，名称，规格和标记

续表

标准号	标准名称	发布日期	实施日期	适用范围
GB/T 30666—2014	纺织品　涂层鉴别试验方法	2014-12-31	2015-06-01	规定了以燃烧法为辅助手段，采用衰减全反射红外光谱法鉴定涂层主体成分的方法。适用于以纺织品为基布，以聚氨酯、聚氯乙烯、聚丙烯酸酯、橡胶等为涂层的涂层织物
GB/T 30669—2014	纺织品　色牢度试验　耐光黄变色牢度	2014-12-31	2015-06-01	规定了暴露于紫外光线照射下的纺织材料耐光黄变色牢度的试验方法。适用于各类白色纺织材料，其他浅色纺织材料可参照采用
GB/T 31007.1—2014	纺织面料编码　第 1 部分:棉	2014-12-05	2015-02-01	规定了纺织面料编码棉部分编码系统的组成、代码结构，编码的原则与方法，以及编码的应用和维护。适用于棉纺织面料的生产、流通等过程的信息化管理，以及与电子商务有关的信息处理和信息交换
GB/T 31898—2015	纺织品　色牢度试验　装饰织物耐水斑色牢度	2015-09-11	2016-04-01	规定了一种测定用织物（包括本色、漂白、染色和印花织物）水斑效果的方法。适用于评定装饰用织物耐水斑色牢度的性能
GB/T 31899—2015	纺织品　耐候性试验　紫外光曝晒	2015-09-11	2016-04-01	规定了对户外用纺织品进行紫外光曝晒老化的试验方法及化老化前后性能变化的测定。适用于各种户外用纺织材料及制品
GB/T 31906—2015	纺织品　拒水醇溶液性　抗水醇溶液试验	2015-09-11	2016-04-01	规定了采用一系列具有不同表面张力的水/醇溶液测定织物的拒水醇溶液性能的方法。本标准旨在为拒水醇溶性能提供指导，试样能给出一个粗略的拒水醇溶液级。通常拒水醇溶液性等级越高，液醇类溶液越好。本标准特别适用于比较同一基布经过不同方式拒水醇溶液处理后的拒水醇溶液效果。本标准也可用于测定水洗处理和/或干洗对试样拒水醇溶液的影响。水洗和/或干洗处理程序推荐采用 GB/T 8629 和/或 GB/T 19981（所有部分）。其他因素，如水和醇类溶液体的绝对抗沾附性，不适用于评估试样对水/醇类溶液体的组织结构、织物的组织和紧度、纤维种类、染色及其他整理剂也会影响抗沾附性。本标准不适用于评价试样抗水/醇类制品的渗透性
GB/T 32008—2015	纺织品　色牢度试验　耐贮存色牢度	2015-09-11	2016-04-01	规定了测定各类有色纺织品在贮存过程中染料迁移程度的试验方法。适用于各类有色纺织品

续表

标准号	标准名称	发布日期	实施日期	适用范围
GB/T 32598—2016	纺织品 色牢度试验 贴衬织物沾色的仪器评定	2016-04-25	2016-11-01	规定了纺织品色牢度试验中贴衬织物沾色程度的仪器评级方法。适用于各种织物色牢度试验中沾色的评级，也适用于其他纺织材料
GB/T 32601.1—2016	纺织品 含纤维素纺织品 土埋试验 抗微生物性的测定 第1部分：防腐性的评定	2016-04-25	2016-11-01	规定了采用土埋法测定纺织品对于土壤中微生物抵抗性能的方法。适用于在使用过程中与土壤接触的各有纤维素合成纤维的平面纺织品（帐篷、防水帆布、带状织物等）。由于大多数合成纤维本身具有抵抗微生物侵蚀的能力，所以这些合成纤维含量高的织物仅通过结构和外观的变化就能够评价防腐性能。尽管本方法具有较好的重现性，但是相对抗微生物性能，而不是抗微生物性能的绝对值
GB/T 32601.2—2016	纺织品 含纤维素纺织品 土埋试验 第2部分：防腐长期性的评定	2016-04-25	2016-11-01	规定了采用土埋法测定纺织品对于土壤中微生物长期抵抗性能的方法。适用于区分非一般防腐性，长期防腐性以及超长期防腐性的防腐整理，以评估抗腐整理产品的适用性。由于土埋试验是一个生化过程，没有对试验土壤精确规定，本标准只涵盖经防腐整理与未经防腐整理的试样之间的比较
GB/T 32604—2016	纺织品 色牢度试验 颜色测量用词汇	2016-04-25	2016-11-01	规定了在纺织品色牢度试验标准中使用的有关颜色测量的术语和定义。本标准适用于在纺织品色牢度试验标准中规定的仪器色牢度试验标准的范围内使用
GB/T 32607—2016	纺织品 质量安全因子控制指南	2016-04-25	2016-11-01	规定了纺织品质量安全因子控制的原则，提供了产品制造过程中质量安全因子的识别方法，给出了在各阶段控制质量安全因子的技术指南。适用于指导消费使用的各类纺织产品的质量安全控制
GB/T 32616—2016	纺织品 色牢度试验 试样变色的变色仪器评级	2016-04-25	2016-11-01	规定了试验试样相对于未试验的变色试样的变色仪器评级方法，以及将仪器测量值转化为变色用灰色样卡级数的计算方法。适用于各种织物色牢度试验的评级
GB/T 33269—2016	纺织品 聚酯纤维混合物定量分析 核磁共振法	2016-12-13	2017-07-01	规定了采用核磁共振法测定聚对苯二甲酸乙二酯纤维（PET）、聚对苯二甲酸丙二酯纤维（PTT）、聚对苯二甲酸丁二酯纤维（PBT）3种不同聚酯混合物纤维含量的方法。适用于含有聚酯纤维的织物

续表

标准号	标准名称	发布日期	实施日期	适用范围
GB/T 33283—2016	纺织品　色牢度试验　耐工业洗涤色牢度	2016-12-13	2017-07-01	规定了测定各类纺织品耐工业洗涤色牢度的方法。适用于用一个循环试验相当于模拟经过多次(5~10 次)工业洗涤后由于化学和/或机械作用所引起的变色和沾色的效果
GB/T 33610.1—2019	纺织品　消臭性能的测定　第1部分:通则	2019-12-31	2020-07-01	规定了纺织品消臭性能测定方法的通则
GB/T 33610.2—2017	纺织品　消臭性能的测定　第2部分:检知管法	2017-05-12	2017-12-01	规定了采用检知管法测定纺织品消臭性能的试验方法。适用于测定氨气、醋酸、甲硫醇、硫化氢异味气体,适用于各类纺织品
GB/T 33610.3—2019	纺织品　消臭性能的测定　第3部分:气相色谱法	2019-12-31	2020-07-01	描述了消臭测试中气相色谱法测定臭味物质浓度的方法。本方法为通用测试方法,可在具有气相色谱仪的实验室进行测试。为避免色重复,GB/T 33610.1 描述主要的测试流程,本标准描述气相色谱法的具体测试流程
GB/T 33618—2017	纺织品　燃烧烟释放和热释放性能测试	2017-05-12	2017-12-01	规定了纺织品燃烧烟释放和热释放性能的试验方法。适用于各类织物及其制品
GB/T 33620—2017	纺织品　吸音性能的检测和评价	2017-05-12	2017-12-01	规定了纺织品吸音性能的试验方法及评价。适用于各类织物及其制品
GB/T 33728—2017	纺织品　静电性能的评定　静电衰减法	2017-05-12	2017-12-01	规定了纺织品静电衰减时间的试验方法。适用于各类织物。其他薄膜材料可参照使用
GB/T 33729—2017	纺织品　色牢度试验　棉摩擦布	2017-05-12	2017-12-01	规定了纺织品摩擦色牢度试验中用于评定沾色的摩擦布的规格及要求。棉待测试摩擦布的沾色性能通过与棉基准摩擦布一起用棉染色基准织物进行对比确定
GB/T 33732—2017	纺织品　抗渗水性能的测定　冲击渗透试验	2017-05-12	2017-12-01	规定了在低冲击条件下测试织物抗渗水性能的试验方法。本方法可用于预测服用织物的抗淋雨渗透性能。适用于各类经过防水整理或拒水整理的织物。与所推荐较为剧烈的邦德斯门法(GB/T 14577)或淋雨法(GB/T 23321)相比,本方法更适用于中等疏松结构的织物。不适用于在一定张力条件下无法冲平的织物

续表

标准号	标准名称	发布日期	实施日期	适用范围
GB/T 35256—2017	纺织品　色牢度试验　人造气候老化暴露于过滤氙弧辐射	2017-12-29	2018-07-01	规定了将纺织品暴露于过滤氙弧试验仓内的人造气候（包括水和水蒸气的作用）中，以测定纺织品耐气候色牢度的方法。试验仓中的过滤氙弧光源模拟了CIE 85:1989中表4规定的大阳光谱辐照度。适用于纺织品的耐老化性能的测试，也适用于白色（漂白或发光增白）纺织品
GB/T 35259—2017	纺织品　色牢度试验　试样颜色随照明体变化的仪器评定方法	2017-12-29	2018-07-01	规定了一种比色法，计算纺织品试样在照明体的色品发生变化时的色觉变化程度（和趋势）的评估值，即评估试样的色觉无常性。适用于纺织织物
GB/T 35263—2017	纺织品　接触瞬间凉感性能的检测和评价	2017-12-29	2018-07-01	规定了纺织品与皮肤接触瞬间凉感性能的检测与评价方法。适用于各类织物及其制品
GB/T 35266—2017	纺织品　织物中复合超细纤维开纤率的测定	2017-12-29	2018-07-01	规定了测定织物中剥离型复合超细纤维开纤率的试验方法。适用于剥离型复合超细纤维的织物。其他产品可参照执行
GB/T 35611—2017	绿色产品评价　纺织产品	2017-12-08	2018-07-01	规定了绿色纺织产品的评价指标和评价方法。适用于各类纺织产品，包括纤维、纱线、织物、制品及其附件
GB/T 35762—2017	纺织品　热传递性能试验　平板法	2017-12-29	2018-07-01	规定了纺织品热传递性能的试验方法。适用于各类纺织织物及其制品、涂层织物、皮革以及多层复合材料等可参照执行
GB/T 36973—2018	纺织品　机织物描述	2018-12-28	2019-07-01	规定了描述机织物的一些参数，包括织物纤维成分、纱线的标示、织物结构参数和织物工艺特点等。机织物描述参数不限于本标准所列的所有织物补充信息。适用于除地毯外的所有机织物
GB/T 37633—2019	纺织品　1,2-二氯乙烷、氯乙醇和氯乙酸的测定	2019-06-04	2020-01-01	规定了采用气相色谱-质谱仪测定纺织品中1,2-二氯乙烷、氯乙醇和氯乙酸的方法。适用于各类纺织产品
GB/T 38006—2019	纺织品　织物经汽蒸熨烫后尺寸变化试验方法	2019-08-30	2020-03-01	规定了织物经汽蒸熨烫后尺寸变化的测定方法。适用于各种织物
GB/T 38016—2019	纺织品　干燥速率的测定	2019-08-30	2020-03-01	规定了干燥速率的测定方法。适用于各类纺织织物，不适用于其他形式的纺织品，如散纤维或纱线

续表

标准号	标准名称	发布日期	实施日期	适用范围
GB/T 38398—2019	纺织品　过滤性能　最易穿透粒径的测定	2019-12-31	2020-07-01	规定了纺织品最易穿透粒径及其过滤效率的测试方法。适用于各类空气过滤用织物及其制品
GB/T 38413—2019	纺织品　细颗粒物过滤性能试验方法	2019-12-31	2020-07-01	规定了测定纺织品细颗粒物过滤性能的试验方法。适用于空气过滤用织物及口罩等制品
GB/T 38414—2019	家用纺织品分类	2019-12-31	2020-05-01	适用于家用纺织品的分类
GB/T 38417—2019	纺织机械与附件　电子经停装置用停经片	2019-12-31	2019-12-31	规定了纺织机电子经停装置用停经片的型式、主要尺寸及其偏差，分类和标记、材质、结构。适用于一体式内接触停经片(E1型)和分体式内接触停经片(E2型)
GB/T 38425.2—2019	纺织机械与附件　闭口综带钢片综　第2部分：淬火钢带钢片综闭口综带钢片综闭口综的尺寸	2019-12-31	2019-12-31	规定了纺织工业用淬火钢带闭口综带耳钢片综(O型)的主要尺寸及其极限偏差。适用于纺织工业用淬火钢带闭口综带耳钢片综

【印染部分】

标准号	标准名称	发布日期	实施日期	适用范围
GB/T 411—2017	棉印染布	2017-12-29	2018-05-18	规定了棉印染布的术语和定义、分类、要求、试验方法、检验规则、标志和包装。适用于机织生产的各类漂白、染色和印花的棉布
GB/T 420—2009	纺织品　色牢度试验　颜料印染纺织品的耐洗刷色牢度	2009-06-11	2010-01-01	描述了各种颜料染色或印花纺织品的耐刷洗色牢度试验方法。不适用于散纤维
GB/T 730—2008	纺织品　色牢度试验　蓝色羊毛标样(1~7)级的品质控制	2008-08-06	2009-06-01	规定了一种仪器评定色牢度样褪色均匀度的方法以及目测评定两种评定褪色性能的方法。待试蓝色羊毛标样要与基准蓝色羊毛标样进行比较。有关验收标准和贮存条件见附录A。适用于所有用作蓝色羊毛标样(1~7)级的染色羊毛织物

续表

标准号	标准名称	发布日期	实施日期	适用范围
GB/T 2398—2012	分散染料　对棉沾色性能的测定	2012-06-29	2012-12-01	规定了分散染料在涤纶织物上用高温高压法和热熔法染色，对棉沾色性能的测定方法。适用于分散染料在涤纶织物上用高温高压法和热熔法染色对棉沾色性能的测定
GB/T 5326—2009	精梳涤棉混纺印染布	2009-04-2	2009-12-01	规定了精梳涤棉混纺印染布的术语和定义、分类、要求、试验检验方法、检验规则及标志和包装。适用于鉴定服装、家纺用含涤纶短纤维50%及以上与精梳棉混纺印染布的各类漂白、染色和印花布的品质
GB/T 6002.12—2005	纺织机械术语　第12部分：染整机械及相关机械　分类和名称	2005-10-19	2006-01-01	规定了染整机械及相关机械按工艺过程的分类和名称，但未规定由单元机组成的联合机和成套设备的名称。适用于散纤维、纤维条、丝束、纱线及织物在漂白、染色、印花及整理工艺中的机器和装置，但不包括机器和装置之间或前、后的辅助机构
GB/T 6002.13—2005	纺织机械术语　第13部分：染整机械　拉幅定形机	2005-10-19	2006-01-01	规定了拉幅定形机的种类、机器特征、机器左右侧定义和尺寸表示以及基本结构的术语。适用于纺织品染整加工过程中，对漂白、染色、印花织物进行拉幅、定形用的拉幅定形机
GB/T 6371—2008	表面活性剂　纺织助剂洗涤力的测定	2008-04-01	2008-10-01	适用于工业用阴离子及非离子表面活性剂洗涤力的测定，也可适用于某些阳离子型、两性型及复合型表面活性剂的洗涤力的测定
GB/T 7111.7—2002	纺织机械噪声测试规范　第7部分：染整机械	2002-06-13	2002-12-01	规定了各类染整机械发射噪声的测定、表述和验证要求的安装条件、工作条件和测量条件。适用于工程法和简易法测量
GB/T 14311—2017	灯芯绒棉印染布	2017-12-29	2018-07-01	规定了灯芯绒棉印染布的术语和定义、分类、要求、试验方法、检验规则、标志和包装。适用于灯芯绒生产的各类棉漂白、染色和印花灯芯绒棉印染布
GB/T 17592—2011	纺织品　禁用偶氮染料的测定	2011-12-30	2012-09-01	规定了纺织产品中可分解出致癌芳香胺的禁用偶氮染料的检测方法。适用于经印染加工的纺织产品

续表

标准号	标准名称	发布日期	实施日期	适用范围
GB/T 17593.1—2006	纺织品　重金属的测定　第1部分：原子吸收分光光度法	2006-05-25	2006-12-01	规定了用石墨炉或火焰原子吸收分光光度计测定纺织品中可萃取重金属镉（Cd）、钴（Co）、铬（Cr）、铜（Cu）、镍（Ni）、铅（Pb）、锑（Sb）、锌（Zn）八种元素的方法。适用于纺织材料及其产品
GB/T 17593.2—2007	纺织品　重金属的测定　第2部分：电感耦合等离子体原子发射光谱法	2007-12-05	2008-09-01	规定了采用离子体原子发射光谱仪（ICP）对纺织品中可萃取重金属砷（As）、镉（Cd）、钴（Co）、铬（Cr）、铜（Cu）、镍（Ni）、铅（Pb）、锑（Sb）八种元素同时测定的方法。适用于纺织材料及其产品
GB/T 17593.3—2006	纺织品　重金属的测定　第3部分：六价铬分光光度法	2006-05-25	2006-12-01	规定了采用分光光度计测定纺织品萃取液中可萃取六价铬[Cr（Ⅵ）]含量的方法。适用于纺织材料及其产品
GB/T 17593.4—2006	纺织品　重金属的测定　第4部分：砷、汞原子荧光分光光度法	2006-05-25	2006-12-01	规定了采用原子荧光分光光度仪（AFS）测定纺织品中可萃取砷（As）、汞（Hg）含量的方法。适用于纺织材料及其产品
GB/T 17760—2019	印染布布面疵点检验方法	2019-06-04	2020-01-01	规定了印染布布面疵点检验方法的术语和定义、检验条件和操作规定、检验方法、检验报告。适用于以棉、化纤、其他纤维纯纺或混纺为原料、机织生产的各类漂白、染色和印花的印染布
GB/T 17780.7—2012	纺织机械　安全要求　第7部分：染整机械	2012-11-05	2013-06-01	规定了染整机械非偶然的危险和相应的安全要求和/或措施。适用于在前处理、染色、印花、固色、烘燥、给湿、后处理，包装、标识中使用的所有机械、设备和相关装置
GB/T 18412.1—2006	纺织品　农药残留量的测定　第1部分：77种农药	2006-05-25	2006-12-01	规定了采用气相色谱-质谱选择检测器（GC-MSD）测定纺织品中77种农药残留量的方法。适用于纺织材料及其产品
GB/T 18412.2—2006	纺织品　农药残留量的测定　第2部分：有机氯农药	2006-05-25	2006-12-01	规定了采用气相色谱-电子俘获检测器（GC-ECD）和气相色谱-质谱（GC-MS）测定纺织品中26种有机氯农药（见附录A）残留量的方法。适用于纺织材料及其产品

续表

标准号	标准名称	发布日期	实施日期	适用范围
GB/T 18412.3—2006	纺织品 农药残留量的测定 第3部分:有机磷农药	2006-05-25	2006-12-01	规定了采用气相色谱—火焰光度检测器(GC-FPD)和气相色谱—质谱(GC-MS)测定纺织品中30种有机磷农药(见附录A)残留量的方法。适用于纺织材料及其产品
GB/T 18412.4—2006	纺织品 农药残留量的测定 第4部分:拟除虫菊酯农药	2006-05-25	2006-12-01	规定了采用气相色谱—电子俘获检测器(GC-ECD)和气相色谱—质谱(GC-MS)测定纺织品中12种拟除虫菊酯农药(见附录A)残留量的方法。适用于纺织材料及其产品
GB/T 18412.5—2008	纺织品 农药残留量的测定 第5部分:有机氯农药	2008-12-31	2009-08-01	规定了采用液相色谱—质谱/质谱(LC-MS/MS)测定纺织品中8种有机氯农药残留量的方法。适用于纺织材料及其产品
GB/T 18412.6—2006	纺织品 农药残留量的测定 第6部分:苯氧羧酸类农药	2006-05-25	2006-12-01	规定了采用气相色谱—质谱(GC-MS)测定纺织品中2,4-滴(2,4-D)、2,4-滴丙酸(Dichlorprop)、2-甲-4-氯乙酸(MCPA)、2-甲-4-氯丙酸(MCPP)、2-甲-4-氯丁酸(MPCB)、2,4,5-涕(2,4,5-T)6种苯氧羧酸类农药残留量的方法。适用于纺织材料及其产品
GB/T 18412.7—2006	纺织品 农药残留量的测定 第7部分:毒杀芬	2006-05-25	2006-12-01	规定了采用气相色谱—电子俘获检测器(GC-ECD)和气相色谱—质谱(GC-MS)测定纺织品中毒杀芬残留量的方法。适用于纺织材料及其产品
GB/T 18413—2001	纺织品 2-萘酚残留量的测定	2001-08-28	2002-02-01	规定了采用气相色谱—质量选择检测器(GC-MSD)测定纺织品中2-萘酚残留量的方法。适用于各种纺织材料及其产品中2-萘酚残留量的测定和确证
GB/T 18414.1—2006	纺织品 含氯苯酚的测定 第1部分:气相色谱—质谱法	2006-05-25	2006-12-01	规定了采用气相色谱—质量选择检测器(GC-MSD)测定纺织品中含氯苯酚(2,3,5,6-四氯苯酚和五氯苯酚)及其盐和酯的方法。适用于纺织材料及其产品
GB/T 18414.2—2006	纺织品 含氯苯酚的测定 第2部分:气相色谱法	2006-05-25	2006-12-01	规定了采用气相色谱—电子俘获检测器(GC-ECD)测定纺织品中含氯苯酚(2,3,5,6-四氯苯酚和五氯苯酚)及其盐和酯的方法。适用于纺织材料及其产品
GB/T 18885—2020	生态纺织品技术要求	2020-10-21	2021-05-01	规定了生态纺织品的术语和定义、产品分类、要求、试验方法、检验规则。适用于各类生态纺织品及其附件

续表

标准号	标准名称	发布日期	实施日期	适用范围
GB/T 19977—2014	纺织品 拒油性 抗碳氢化合物试验	2014-09-03	2015-03-01	规定了采用一系列具有不同表面张力的液态碳氢化合物测定织物拒油性能的方法。适用于各类织物及其制品。本标准旨在为抗油沾附性能提供指导。标准能给出一个粗略的拒油等级,通常拒油等级越高,试样抵抗油类物质沾附性能越好。本标准特别适用于化纤同一基布经不同整理剂整理后的拒油效果。也可用于测定水洗和干洗对试样拒油性的影响。不适用于评定试样抗油类化学品的渗透性能
GB/T 20037—2005	纺织机械 染整机器左右侧定义	2005-10-19	2006-01-01	规定了纺织机械染整机器的左右侧定义。适用于在制品具有规定流向的各类染整机器。通常,卷染机和某些蒸呢机上的在制品没有固定流向,对于这类机器,必要时其各部件的位置可用附图表示
GB/T 20038—2005	纺织机械 染整机器公称宽度的定义和系列	2005-10-19	2006-01-01	规定了染整机器公称宽度的定义与尺寸系列。适用于加工棉、麻、毛、丝、化学纤维织物及其混纺织物的各类染整机器。也适用于染整织物的专用附属机器
GB/T 20382—2006	纺织品 致癌染料的测定	2006-05-25	2006-12-01	规定了采用高效液相色谱-二极管阵列检测器法(HPLC-DAD)检测经印染加工的纺织产品上可萃取致癌染料(见附录A)的方法。适用于经印染加工的纺织产品
GB/T 20383—2006	纺织品 致敏性分散染料的测定	2006-05-25	2006-12-01	规定了采用高效液相色谱-二极管阵列检测器(HPLC-DAD)或高效液相色谱-质谱(LC-MS)检测纺织产品上可苯萃取致敏性分散染料(见附录A)的方法。适用于经印染加工的纺织产品
GB/T 20384—2006	纺织品 氯化苯和氯化甲苯残留量的测定	2006-05-25	2006-12-01	规定了采用气相色谱-质谱联用法(GC-MS)检测纺织产品上氯化苯和氯化甲苯(见附录A)残留量的方法。适用于纺织产品
GB/T 20385.1—2021	纺织品 有机锡化合物的测定 第1部分:衍生气相色谱-质谱法	2021-03-09	2021-10-01	规定了采用衍生化气相色谱-质谱法(GC-MS)测定纺织产品中有机锡化合物的试验方法。适用于各类纺织品
GB/T 20386—2006	纺织品 邻苯基苯酚的测定	2006-05-25	2006-12-01	规定了纺织品中邻苯基苯酚(OPP)含量的气相色谱-质量选择检测器(GC-MSD)测定方法。本标准方法1适用于各种纺织材料及其产品中邻苯基苯酚含量的测定和确证;本标准方法2适用于各种纺织材料及其产品中邻苯基苯酚及其盐和酯类物质含量的测定和确证

续表

标准号	标准名称	发布日期	实施日期	适用范围
GB/T 20386—2006	纺织品 邻苯基苯酚的测定	2006-05-25	2006-12-01	量的测定和确证;本标准方法2适用于各种纺织材料及其产品中邻苯基苯酚及其盐和酯类物质的测定和确证
GB/T 20387—2006	纺织品 多氯苯的测定	2006-05-25	2006-12-01	规定了采用气相色谱—质量选择检测器(GC—MSD)测定纺织产品中多氯联苯(见附录A)残留量的方法。适用于纺织产品
GB/T 20388—2016	纺织品 邻苯二甲酸酯的测定 四氢呋喃法	2016-04-25	2016-11-01	规定了以四氢呋喃为溶剂,采用气相色谱—质谱联用仪(GC—MS)测定纺织品中邻苯二甲酸酯的方法。适用于可能含有某些邻苯二甲酸酯的纺织产品
GB/T 20708—2019	纺织染整助剂产品中部分有害物质的限量及测定	2019-03-25	2020-02-01	规定了纺织染整助剂产品中部分有害物质(见附录A)的限量要求、试验方法、检验规则、试验报告。适用于纺织染整加工过程中所用的各类纺织染整助剂产品
GB/T 21884—2008	纺织印染助剂 螯合剂 螯合能力的测定	2008-05-15	2008-11-01	适用于纺织印染助剂中有机多元膦酸盐、高分子聚羧酸及其盐类螯合能力的测定;也适用于乙二胺四乙酸(EDTA)、N-羟基乙二胺(HEDTA)、二乙基胺五乙酸(DTPA)及其盐类的螯合能力的测定
GB/T 21885—2008	纺织印染助剂 消泡剂 消泡效果的测定	2008-05-15	2008-11-01	适用于纺织印染助剂中有机硅类、聚醚(酯)类及其他水性消泡剂消泡效果的测定
GB/T 21893—2008	纺织平网印花制版感光乳液	2008-05-15	2008-11-01	规定了纺织平网印花制版感光乳液的要求、采样、试验方法、检验规则、标签、包装、运输和贮存
GB/T 21894—2008	纺织圆网印花制版感光乳液	2008-05-15	2008-11-01	规定了纺织圆网印花制版感光乳液的产品要求、采样、试验方法、检验规则、标志、标签、包装、运输和贮存
GB/T 22297—2008	纺织机械与附件 染整机器辅助装置 词汇	2008-08-19	2009-06-01	规定了染整机器之间和前、后使用的辅助装置的术语和定义
GB/T 22801—2009	纺织机械 染整机器导布辊 主要尺寸及要求	2009-03-19	2010-02-01	规定了染整机器钢制导布辊型式、尺寸、要求、标记及试验方法

续表

标准号	标准名称	发布日期	实施日期	适用范围
GB/T 23323—2009	纺织品 表面活性剂的测定 乙二胺四乙酸盐和二乙烯三胺五乙酸盐	2009-03-19	2010-01-01	规定了采用液相色谱—串联质谱仪(LC-MS/MS)和高效液相色谱仪(HPLC/DAD)测定纺织产品中乙二胺四乙酸盐及其盐类(EDTA)和二乙烯三胺五乙酸盐类(DTPA)残留量的方法。适用于各类纺织产品
GB/T 23324—2009	纺织品 表面活性剂的测定 二硬脂基二甲基氯化铵	2009-03-19	2010-01-01	规定了采用液相色谱—串联质谱仪(LC-MS/MS)测定纺织产品中二硬脂基二甲基氯化铵(DSDMAC)残留量的方法。适用于各类纺织产品
GB/T 23325—2009	纺织品 表面活性剂的测定 线性烷基苯磺酸盐	2009-03-19	2010-01-01	规定了采用液相色谱—串联质谱仪(LC-MS/MS)测定纺织产品中十碳、十一碳、十二碳、十三碳、十四碳等五种线性烷基苯磺酸盐(LAS)残留量的方法。适用于各类纺织产品
GB/T 23343—2009	纺织品 色牢度试验 耐家庭和商业洗涤色牢度:使用含有低温漂白活性剂的无磷标准洗涤剂的氧化漂白反应	2009-03-19	2010-02-01	规定了所有类型纺织品(丝和羊毛除外)经过使用了漂白活性剂(氧化漂白体系)的家庭和商业洗涤程序后,测定其变色的方法。纺织品经过多次家庭和商业洗涤程序后,由于氧化漂白作用会使其表现出色度变化的现象。不适用于对贴衬织物沾色的评定。此外,规定了使用ECE无磷标准洗涤剂,四水过硼酸钠漂白活性剂四乙酰乙二胺(TAED),以及使用AATCC 1993标准洗涤剂(不含荧光增白剂),一水过硼酸钠无磷标准洗涤及漂白活性剂壬酰苯磺酸钠(SNOBS)的洗涤程序(见附录B)。本方法只针对本标准中规定的洗涤剂和漂白白体系,其他洗涤剂和漂白体系可使用不同的试验条件和成分含量
GB/T 23344—2009	纺织品 4-氨基偶氮苯的测定	2009-03-19	2010-02-01	规定了采用气相色谱—质谱联用法(GC-MSD)和高效液相色谱法(HPLC-DAD)测定纺织产品中某些偶氮染料分解出的4-氨基偶氮苯的检测方法。适用于经印染加工的各种纺织产品
GB/T 23345—2009	纺织品 分散黄23和分散橙149染料的测定	2009-03-19	2010-02-01	规定了采用液相色谱—串联质谱仪(LC-MS/MS)和高效液相色谱仪(HPLC)测定纺织产品中分散黄23和分散橙149染料含量的方法。适用于经印染加工的纺织产品

续表

标准号	标准名称	发布日期	实施日期	适用范围
GB/T 23972—2009	纺织染整助剂中烷基苯酚及烷基苯酚聚氧乙烯醚的测定 高效液相色谱／质谱法	2009-06-02	2010-02-01	规定了纺织染整助剂产品中烷基苯酚和烷基苯酚聚氧乙烯醚的测定方法。适用于采用高效液相色谱／质谱法对染整助剂产品中烷基苯酚和烷基苯酚聚氧乙烯醚的含量测定
GB/T 23979.1—2009	荧光增白剂 增白强度和色光的测定 棉织物染色法	2009-06-02	2010-02-01	规定了棉织物增白时荧光增白剂增白强度和色光的测定方法。适用于棉织物增白时荧光增白剂增白强度和色光弧度的测定
GB/T 24115—2009	纺织品 干洗后四氯乙烯残留量的测定	2009-06-15	2010-02-01	规定了采用顶空进样气相色谱—电子俘获检测器（GC—ECD）测定纺织品干洗后四氯乙烯残留量的方法。适用于各类纺织品
GB/T 24120—2009	纺织品 抗乙醇水溶液性能的测定	2009-06-15	2010-02-01	规定了采用不同表面张力的系列标准试液测试和评估纺织品的抗乙醇等有机溶剂的沾湿和渗透性能的试验方法。适用于所有纺织织物
GB/T 24168—2009	纺织染整助剂产品中邻苯二甲酸酯的测定	2009-06-25	2010-04-01	规定了纺织染整助剂产品中邻苯二甲酸二丁酯（DBP）、邻苯二甲酸丁苄酯（BBP）、邻苯二甲酸二（2-乙基己基）酯（DEHP）、邻苯二甲酸二辛酯（DNOP）、邻苯二甲酸二异壬酯（DINP）、邻苯二甲酸二异癸酯（DIDP）的测定方法。适用于采用气相色谱—质谱法（GC—MS）对纺织染整助剂产品中上述六种邻苯二甲酸酯的测定
GB/T 24279.1—2018	纺织品 某些阻燃剂的测定 第1部分：溴系阻燃剂	2018-12-28	2019-07-01	规定了采用气相色谱—质谱联用仪（GC—MS）测定纺织品中某些含溴阻燃剂的试验方法。适用于各类纺织品
GB/T 24281—2009	纺织品 有机挥发物的测定 气相色谱—质谱法	2009-06-11	2010-01-01	规定了采用固相微萃取（SPME）—顶空采样仪（HS）—气相色谱—质谱（GC—MS）法测定纺织品中总有机挥发物、总芳香族化合物以及氯乙烯、1,3-丁二烯、甲苯、乙烯基环己烯、苯乙烯和4-苯基环己烯的方法。适用于各类纺织品
GB/T 25797—2010	纺织平网印花制版单液型感光乳液	2010-12-23	2011-10-01	规定了纺织平网印花制版单液型感光乳液的型感光乳液型的要求、采样、试验方法、检验规则、标志、标签、包装、运输和贮存。适用于纺织平网印花制版用的纺织平网印花制版单液型感光乳液制作的产品质量控制

续表

标准号	标准名称	发布日期	实施日期	适用范围
GB/T 25798—2010	纺织染整助剂分类	2010-12-23	2011-10-01	规定了纺织染整助剂产品的分类。适用于纤维纺织、前处理、印染、后整理等工艺过程中使用的助剂产品（包括通用染整助剂）的分类，该分类方法作为纺织染整助剂产品的命名、生产、应用、教学、科研、管理及技术交流等方面的依据
GB/T 25799—2010	纺织染整助剂名词术语	2010-12-23	2011-10-01	规定了纺织染整助剂名词术语及定义。适用于纤维纺织、前处理、印染、后整理及染料后处理等工艺过程中所用助剂的术语及定义。本标准是纺织染整助剂行业的技术和技术文件，是制、修订有关染整助剂专业技术文件的基础标准，也是纺织染整助剂科研、生产、教学以及有关技术交流的依据
GB/T 25800—2010	纺织染整助剂命名原则	2010-12-23	2011-10-01	规定了纺织染整助剂的命名原则。适用于纺织染整助剂的命名
GB/T 27593—2011	纺织染整助剂　氨基树脂整理剂中游离甲醛含量的测定	2011-12-05	2012-03-01	规定了纺织染整助剂氨基树脂整理剂中游离甲醛含量的测定方法。适用于用尿素、三聚氰胺与甲醛、乙二醛等合成的氨基树脂整理剂中游离甲醛含量的测定
GB/T 28186—2011	纺织机械　染整机器　公称速度	2011-12-30	2012-09-01	规定了与染整机器公称速度有关的术语和定义及系列。适用于染整机器传动装置的速度选择和联合机的配置
GB/T 28187—2011	纺织机械　染整机器　卷绕装置用方轴尺寸	2011-12-30	2012-09-01	规定了与染整机器有关的整卷装置用方轴的分类和尺寸。适用于染整机器卷绕装置用方轴
GB/T 28189—2011	纺织品　多环芳烃的测定	2011-12-30	2012-09-01	规定了采用配有质量选择检测器的气相色谱仪（GC-MSD）测定纺织品中16种多环芳烃（见附录A）的方法。适用于各种类型的纺织品
GB/T 28190—2011	纺织品　富马酸二甲酯的测定	2011-12-30	2012-09-01	规定了采用气相色谱—质谱法（GC-MS）测定纺织品中富马酸二甲酯含量的方法。适用于各种类型的纺织品
GB/T 29255—2012	纺织品　色牢度试验　使用含有低温漂白活性剂无磷标准洗涤剂的耐家庭和商业洗涤色牢度	2012-12-31	2013-06-01	规定了各类纺织品经过使用含有低温漂白活性剂无磷标准洗涤剂的家庭和商业洗涤程序后，测定其色牢度的方法。纺织品在一次试验中由于染料解吸和或摩擦作用所造成的变色和沾色程度，接近于经过一次家庭或商业洗涤所得的结果。本方法不反映某些商业洗涤产品中荧光增白剂的影响

续表

标准号	标准名称	发布日期	实施日期	适用范围
GB/T 29493.1—2013	纺织染整助剂中有害物质 第 1 部分：多溴联苯和多溴二苯醚的测定 气相色谱—质谱法	2013-02-07	2013-09-01	规定了气相色谱—质谱法（GC-MS）测定纺织染整助剂中多溴联苯和多溴二苯醚的测定方法。适用于纺织染整助剂中多溴联苯和多溴二苯醚的测定
GB/T 29493.2—2013	纺织染整助剂中有害物质 第 2 部分：全氟辛烷磺酸基化合物（PFOS）和全氟辛酸（PFOA）的测定 高效液相色谱—质谱法	2013-02-07	2013-09-01	规定了纺织染整助剂中全氟辛烷磺酸基化合物和全氟辛酸的高效液相色谱—质谱检测方法。适用于各类纺织染整助剂中全氟辛烷磺酰基化合物和全氟辛酸的测定
GB/T 29493.3—2013	纺织染整助剂中有害物质的测定 第 3 部分：有机锡化合物的测定 气相色谱—质谱法	2013-02-07	2013-09-01	规定了采用气相色谱—质谱联用仪（GC-MS）测定纺织品染整助剂中有机锡化合物的方法。适用于纺织染整助剂中有机锡化合物的测定
GB/T 29493.4—2013	纺织染整助剂中有害物质的测定 第 4 部分：稠环芳烃化合物（PAHs）的测定 气相色谱—质谱法	2013-02-07	2013-09-01	规定了纺织染整助剂中稠环芳烃化合物的气相色谱—质谱检测方法。适用于各类纺织染整助剂中稠环芳烃化合物的测定
GB/T 29493.5—2013	纺织染整助剂中有害物质的测定 第 5 部分：乳液聚合物中游离甲醛含量的测定	2013-02-07	2013-09-01	规定了乳液聚合物类纺织染整助剂中游离甲醛含量的测定方法。适用于乳液聚合物类纺织染整助剂（主要指丙烯酸酯、丙烯腈、苯乙烯—丁二烯、多元酸乙烯酯、醋酸乙烯酯—丙烯酸酯、苯乙烯—丙烯酸酯、含氟丙烯酸酯类防水防油剂等聚合物）中微量游离甲醛（包括水解后释放的游离甲醛）含量的测定
GB/T 29493.6—2013	纺织染整助剂中有害物质的测定 第 6 部分：聚氨酯预聚物中异氰酸酯基含量的测定	2013-07-19	2013-12-01	规定了纺织染整助剂聚氨酯预聚物中异氰酸酯基含量的测定方法。适用于由甲苯二异氰酸酯（TDI）、二苯基甲烷二异氰酸酯（MDI）等二异氰酸酯单体合成的聚氨酯预聚物中异氰酸酯基含量的测定

续表

标准号	标准名称	发布日期	实施日期	适用范围
GB/T 29493.7—2013	纺织染整助剂中有害物质的测定　第7部分：聚氨酯涂层整理剂中二异氰酸酯单体的测定	2013-07-19	2013-12-01	规定了采用气相色谱法测定二异氰酸酯单体含量的方法。适用于由甲苯二异氰酸酯（TDI）、六亚甲基二异氰酸酯（HDI）、二苯甲烷二异氰酸酯（MDI）、异佛尔酮二异氰酸酯（IPDI），以及其他类型的二异氰酸酯单体合成的、用做涂层材料的聚氨酯树脂或其制备的溶液中二异氰酸酯单体含量的测定
GB/T 29493.8—2013	纺织染整助剂中有害物质的测定　第8部分：聚丙烯酸酯类产品中残留单体的测定	2013-07-19	2013-12-01	规定了纺织染整助剂聚丙烯酸酯类产品中残留单体的测定方法。适用于聚丙烯酸酯类涂层整理剂、黏合剂等产品中残留单体的测定
GB/T 29493.9—2014	纺织染整助剂中有害物质的测定　第9部分：丙烯酰胺的测定	2014-07-08	2014-12-01	规定了纺织染整助剂中丙烯酰胺的测定方法。适用于各类纺织染整助剂
GB/T 29599—2013	纺织染整助剂　化学需氧量（COD）的测定	2013-07-19	2013-12-01	规定了纺织染整助剂化学需氧量的测定。适用于不具有氧化性、还原性的纺织染整助剂化学需氧量的测定。本标准分光光度法为仲裁法
GB/T 29778—2013	纺织品　色牢度试验　潜在酚黄变的评估	2013-10-10	2014-05-01	规定了评估纺织材料潜在酚黄变的方法。本标准仅针对纺织材料产生酚黄变的情况，不涉及由其他原因使其泛黄的情况
GB/T 30157—2013	纺织品　总铝和总镉含量的测定	2013-12-17	2014-10-15	规定了纺织产品中总铝和总镉含量的测定方法。适用于各种纺织产品
GB/T 30166—2013	纺织品　丙烯酰胺的测定	2013-12-17	2014-10-15	规定了纺织产品中丙烯酰胺的测定方法。适用于各类纺织产品
GB/T 31126—2014	纺织品　全氟辛烷磺酰基化合物和全氟羧酸的测定	2014-09-03	2015-06-01	规定了采用液相色谱—串联质谱仪（LC-MS/MS）测定纺织品中全氟辛烷磺酰基化合物和全氟羧酸（见附录A）的方法。适用于各类纺织产品
GB/T 31127—2014	纺织品　色牢度试验　拼接互染色牢度	2014-09-03	2015-03-01	规定了两种测定纺织品拼接互染色牢度的试验方法，即浸渍法和浸泡法。适用于由深、浅色织物拼接而成的各类纺织品。非拼接的纺织品可参照执行

续表

标准号	标准名称	发布日期	实施日期	适用范围
GB/T 31531—2015	染料及纺织染整助剂产品中唑啉的测定	2015-05-15	2015-12-01	规定了采用染料、纺织染整助剂产品中游离唑啉的测定方法。适用于各类剂型的染料、染料制品、纺织染整助剂
GB/T 32612—2016	纺织品 2-甲基乙醇和2-乙氧基乙醇的测定	2016-04-25	2016-11-01	规定了采用气相色谱—质谱联用仪（GC-MS）测定纺织品中2-甲基乙醇（或乙二醇甲醚）和2-乙氧基乙醇（或乙二醇乙醚）的方法。适用于各类纺织产品
GB/T 33093—2016	纺织染整助剂产品中六价铬含量的测定	2016-10-13	2017-05-01	规定了纺织染整助剂产品中六价铬含量的测定方法。适用于纺织染整助剂产品中六价铬含量的测定
GB/T 33273—2016	纺织品 三氯生残留量的测定	2016-12-13	2017-07-01	规定了采用高效液相色谱法、液相色谱—串联质谱、气相色谱、气相色谱—质谱联用测定纺织品中三氯生残留量的五种方法。适用于纺织织材料及其制品
GB/T 33611—2017	纺织品 短链对特辛基酚乙氧基化物的测定	2017-05-12	2017-12-01	规定了采用正相高效液相色谱仪（HPLC）测定纺织品中对特辛基酚单乙氧基化物和对特辛基酚二乙氧基化物的方法。适用于各类纺织产品
GB/T 34673—2017	纺织染整助剂产品中9种重金属含量的测定	2017-11-01	2018-05-01	规定了纺织染整助剂产品中的砷（As）、镉（Cd）、钴（Co）、铬（Cr）、铜（Cu）、镍（Ni）、铅（Pb）、锑（Sb）、汞（Hg）9种重金属含量的测定方法。适用于各类纺织染整助剂产品中9种重金属含量的测定
GB/T 35446—2017	纺织品 某些有机溶剂的测定	2017-12-29	2018-07-01	规定了采用气相色谱—质谱联用仪（GC-MSD）或高效液相色谱—氢火焰离子化检测器（GC-FID）测定纺织品中9种有机溶剂（见附录A）残留量的方法。适用于各种纺织产品
GB/T 36940—2018	纺织品 苯并三唑类物质的测定	2018-12-28	2019-07-01	规定了采用高效液相色谱—串联质谱仪（HPLC-MS/MS）或高效液相色谱—二极管阵列检测器（HPLC-DAD）测定纺织产品中苯并三唑类物质（见附录A）的试验方法。适用于各类纺织产品
GB/T 36971—2018	纺织品 色牢度试验 织物染料向聚氯乙烯涂层迁移程度的评定	2018-12-28	2019-07-01	规定了纺织织物中的染料向含有增塑剂的聚氯乙烯涂层迁移程度的测定方法。适用于纺织织物

续表

标准号	标准名称	发布日期	实施日期	适用范围
GB/T 37635—2019	纺织品 弹性织带耐疲劳外观变化试验方法	2019-06-04	2020-01-01	规定了弹性织带经过重复拉伸后耐疲劳外观变化的试验方法。适用各种弹性织带
GB/T 38268—2019	纺织染整助剂产品中短链氯化石蜡的测定	2019-12-10	2020-11-01	适用于纺织染整助剂产品中的短氯化石蜡（C10~C13）含量的测定
GB/T 38419—2019	纺织品 米氏酮和米氏碱的测定	2019-12-31	2020-07-01	规定了采用高效液相色谱仪—二极管阵列检测器（HPLC-DAD）或高效液相色谱—串联质谱仪（HPLC-MS/MS）测定纺织产品中米氏酮和米氏碱的试验方法。适用于各类纺织产品

附录七 与棉纺织密切相关的纺织行业标准

【纤维部分】

标准号	标准名称	发布日期	实施日期	适用范围
FZ/T 01012—1991	棉花种纺纱试验方法及对棉纤维品质和成纱品质的评价	1991-05-15	1992-01-01	规定了评价棉花成纱品质的纺纱试验方法，及对棉花品种的纤维品质和成纱品质的评价方法。适用于纺纱实验室的微量试验和纺纱工场的小量或大量试验（单唛试验，同品种多唛混合试验）。依照本标准进行试验取得的资料，可以用来评价棉花品种纤维品质的高低及成纱品质是否符合使用要求，为考核棉花新品种和推广棉花新品种提供依据
FZ/T 01026—2017	纺织品定量化学分析多组分纤维混合物	2017-04-21	2017-10-01	规定了多组分纤维混合纺织品的定量化学分析方法。适用于四组分及以上纤维混合纺织品
FZ/T 01057.1—2007	纺织纤维鉴别试验方法 第1部分：通用说明	2007-05-29	2007-11-01	规定了纺织纤维鉴别试验方法的一些共同性的技术要求并给出了纤维鉴别试验的一般性程序。适用于纺织纤维的鉴别
FZ/T 01057.2—2007	纺织纤维鉴别试验方法 第2部分：燃烧法	2007-05-29	2007-11-01	规定了一种纺织纤维鉴别试验方法——燃烧法。适用于各种纺织纤维的初步鉴别，但对于经过阻燃整理的纤维不适用

续表

标准号	标准名称	发布日期	实施日期	适用范围
FZ/T 01057.3—2007	纺织纤维鉴别试验方法 第3部分:显微镜法	2007-05-29	2007-11-01	规定了一种纺织纤维鉴别试验方法——显微镜法。适用于各种纺织纤维的鉴别
FZ/T 01057.4—2007	纺织纤维鉴别试验方法 第4部分:溶解法	2007-05-29	2007-11-01	规定了一种纺织纤维鉴别试验方法——溶解法。适用于各种纺织纤维的定性鉴别
FZ/T 01057.5—2007	纺织纤维鉴别试验方法 第5部分:含氯含氮呈色反应法	2007-05-29	2007-11-01	规定了一种纺织纤维鉴别试验方法——含氯含氮呈色反应法。适用于鉴别纤维中是否含有氯、氮元素,以便将纤维组分类
FZ/T 01057.6—2007	纺织纤维鉴别试验方法 第6部分:熔点法	2007-05-29	2007-11-01	规定了一种纺织纤维鉴别试验方法——熔点法。适用于鉴别合成纤维,不适用于天然纤维素纤维、再生纤维素纤维和蛋白质纤维
FZ/T 01057.7—2007	纺织纤维鉴别试验方法 第7部分:密度梯度法	2007-05-29	2007-11-01	规定了一种纺织纤维鉴别试验方法——密度梯度法。适用于各类纺织纤维的鉴别,但不适用于中空纤维
FZ/T 01057.8—2012	纺织纤维鉴别试验方法 第8部分:红外光谱法	2012-12-28	2013-06-01	规定了一种采用红外吸收光谱鉴别织纤维的方法。适用于纺织纤维的鉴别
FZ/T 01057.9—2012	纺织纤维鉴别试验方法 第9部分:双折射率法	2012-12-28	2013-06-01	规定了一种采用双折射率鉴别纺织纤维的试验方法。适用于纺织纤维的鉴别
FZ/T 01095—2002	纺织品氨纶产品纤维含量的实验方法	2002-09-28	2003-01-01	规定了含有氨纶的产品纤维含量的两种测定方法:方法A(拆分法)和方法B(化学分析法)。方法A适用于能通过手工拆分将氨纶从其他纤维中分离出来的产品。方法B适用于含氨纶的二组分产品
FZ/T 01101—2008	纺织品纤维含量的测定物理法	2008-04-23	2008-10-01	规定了用物理分析的方法(包括显微镜测定和手工拆分测定)测定纺织品纤维含量的详细和详细分析步骤。适用于可手工拆分的或不宜采用化学分析方法的混纺、混合纺织产品及散纤维原料的纤维含量定量分析。不适用于特种动物纤维混纺产品

续表

标准号	标准名称	发布日期	实施日期	适用范围
FZ/T 01103—2009	纺织品　牛奶蛋白改性聚丙烯腈纤维混纺产品　定量化学分析方法	2009—11—17	2010—04—01	规定了牛奶蛋白改性聚丙烯腈纤维二组分混合物的定量化学分析方法。适用于牛奶蛋白改性聚丙烯腈纤维的二组分混合物
FZ/T 01106—2010	纺织品　定量化学分析　炭改性涤纶纤维与某些其他纤维的混合物	2010—08—16	2010—12—01	规定了含有炭改性涤纶二组分混纺产品含量的测定方法。适用于含有炭改性涤纶与涤纶二组分混纺产品，不适用于同时含有炭改性涤纶(炭粉含量≥2.5%)的产品
FZ/T 01120—2014	纺织品　定量化学分析　聚烯烃弹性纤维与其他纤维的混合物	2014—07—09	2014—11—01	规定了聚烯烃弹性纤维二组分混合物的定量化学分析方法。适用于聚烯烃弹性纤维与棉纤维、蛋白质纤维、纤维素纤维、聚酰胺纤维、维纶、氨纶、聚丙烯腈纤维、醋酯纤维、三醋酯纤维及改性聚丙烯腈纤维、三醋酯纤维的二组分混合物
FZ/T 01125—2014	纺织品　定量化学分析　壳聚糖纤维与某些其他纤维的混合物(胶体滴定法)	2014—12—24	2015—06—01	规定了采用胶体滴定法测定纺织品中壳聚糖纤维含量的方法。适用于壳聚糖纤维与棉纤维、聚酯纤维、蛋白质纤维、锦纶、维纶、氨纶、醋酯纤维、三醋酯纤维等混纺。不适用于含有壳聚糖整理剂的纺织品
FZ/T 01126—2014	纺织品　定量化学分析　金属纤维与某些其他纤维的混合物	2014—12—24	2015—06—01	规定了测定去除非纤维物质后金属纤维与某些其他纤维的二组分混合物及组分混合物的化学分析方法。适用于金属纤维与某些其他纤维的二组分及组分混合物
FZ/T 01127—2014	纺织品　定量化学分析　聚乳酸纤维与某些其他纤维的混合物	2014—12—24	2015—06—01	规定了聚乳酸纤维与某些其他纤维二组分混合含量的化学分析方法。适用于聚乳酸纤维与动物纤维、纤维素纤维、氨纶、聚酯纤维、锦纶和腈纶的二组分混合物
FZ/T 01131—2016	纺织品　定量化学分析　天然纤维素纤维与某些再生纤维素纤维的混合物(盐酸法)	2016—04—05	2016—09—01	规定了采用盐酸法测定天然纤维素纤维与某些再生纤维素纤维的混合物纤维含量的方法。适用于天然纤维素纤维(如棉、亚麻、苎麻、大麻)与某些再生纤维素纤维(如黏胶、莫代尔、莱赛尔、铜氨纤维)的二组分混合物

标准号	标准名称	发布日期	实施日期	适用范围
FZ/T 01132—2016	纺织品　定量化学分析　维纶纤维与某些其他纤维的混合物	2016-04-05	2016-09-01	规定了含维纶的二组分混合物的定量化学分析方法。适用于维纶与纤维素纤维（棉、苎麻、黏胶纤维等）、蛋白质纤维（桑蚕丝、羊毛等）、聚丙烯腈纤维、聚酯纤维、聚酰胺纤维的二组分混合物
FZ/T 01134—2016	纺织品　定量化学分析　芳砜纶与某些其他纤维的混合物	2016-10-22	2017-04-01	规定了测定芳砜纶与某些其他纤维的混合物纤维含量的方法。适用于芳砜纶与纤维素纤维（棉、苎麻、黏胶纤维等）、蛋白质纤维（桑蚕丝、羊毛等）以及合成纤维（聚丙烯腈纤维、聚酯纤维、聚酰胺纤维、芳纶1313、芳纶1414等）的二组分混合物的定量化学分析
FZ/T 01135—2016	纺织品　定量化学分析　聚丙烯腈纤维与某些其他纤维的混合物	2016-10-22	2017-04-01	规定了采用化学分析方法定聚丙烯纤维二组分混合物含量的方法。适用于聚丙烯腈纤维与某些蛋白质纤维（羊毛、桑蚕丝等）、纤维素纤维（棉、麻、黏胶纤维、醋酯纤维、三醋酯纤维等）、合成纤维（聚丙烯腈纤维、氨纶、聚酰胺纤维、聚酯纤维等）的二组分混合物
FZ/T 01136—2016	纺织品　定量化学分析　碳纤维与某些其他纤维的混合物	2016-10-22	2017-04-01	规定了碳纤维与其他纤维二组分混合物的定量化学分析方法。适用于碳纤维、合成纤维与纤维素纤维（棉、麻、黏胶纤维）、蛋白质纤维（桑蚕丝、羊毛等）、合成纤维（聚酰胺纤维、聚酯纤维、芳纶1313、芳纶1414）的二组分混合物
FZ/T 01140—2017	纺织品　定量化学分析　聚丙烯腈纤维与某些改性聚丙烯腈纤维的混合物	2017-11-07	2018-04-01	规定了聚丙烯腈纤维（腈纶）和某些改性聚丙烯腈纤维（腈氯纶、偏氯纶）的二组分混合物的定量化学分析方法。适用于聚丙烯腈纤维与改性聚丙烯腈纤维二组分混合物（定性鉴别方法参见附录A）的二组分混合物
FZ/T 01144—2018	纺织品　纤维定量分析　近红外光谱法	2018-12-21	2019-07-01	规定了采用近红外光谱分析法测定纺织品中纤维含量的方法。适用于混合物、涂料印花织物和未知无机物和棉类织物
FZ/T 01150—2019	纺织品　竹纤维和竹浆黏胶纤维定性鉴别试验方法　近红外光谱法	2019-11-11	2020-04-01	规定了用近红外光谱分析技术对竹纤维和竹浆黏胶纤维进行定性鉴别的试验方法。适用于单组分的竹纤维、麻类纤维（苎麻纤维、亚麻纤维）、竹浆黏胶纤维和其他黏胶纤维的定性鉴别

续表

标准号	标准名称	发布日期	实施日期	适用范围
FZ/T 07002—2018	废旧纺织品再加工短纤维	2018-12-21	2019-07-01	规定了废旧纺织品再加工短纤维的术语和定义、分类和标识、技术要求、试验方法、检验规则、包装、标志、运输和贮存的要求。适用废旧纺织品回收采用物理方法生产的棉类、毛类和化纤类再加工短纤维的检验、分类、定等和验收
FZ/T 30003—2009	麻棉混纺产品定量分析方法　显微投影法	2009-11-17	2010-04-01	规定了用显微投影仪、数字式图像分析仪对麻棉混纺产品定量分析的试验方法。适用于苎麻棉、亚麻棉、大麻棉混纺产品
FZ/T 40009—2017	蚕丝绵纤维长度试验方法	2017-11-07	2018-04-01	规定了鉴定蚕丝绵形态类别及絮状蚕丝绵纤维长度含量的试验方法。适用于蚕丝绵原料和绢丝绵绵胎。其他蚕丝绵制品可参照执行
FZ/T 50002—2013	化学纤维异形度试验方法	2013-10-17	2014-03-01	规定了异形纤维截面形状参数的测定方法。适用于各种能清晰成像的异形纤维
FZ/T 50009.3—2007	中空涤纶短纤维卷曲性能试验方法	2007-11-14	2008-05-01	规定了中空涤纶短纤维卷曲性能的试验方法。适用于中空涤纶短纤维卷曲性能的试验
FZ/T 50013—2008	纤维素化学纤维纤维白度试验方法　蓝光漫反射因数法	2008-02-01	2008-07-01	规定了纤维素化学纤维白度试验方法——蓝光漫反射因数法。适用于纤维素化学纤维，其他类型的纤维可以参照使用
FZ/T 50014—2008	纤维素化学纤维纤维残硫量测定方法　直接碘量法	2008-02-01	2008-07-01	规定了以氧化还原——直接碘量法测定残硫量的方法。适用于黏胶法制得的纤维
FZ/T 50016—2011	黏胶短纤维阻燃性能试验方法　氧指数法	2011-05-18	2011-08-01	规定了黏胶短纤维阻燃性能试验方法——氧指数法。适用于阻燃黏胶短纤维的氧指数的测定，纤维长度应能满足纺纱要求。其他类型的短纤维可参照采用。仅用于测定在实验室条件下材料的燃烧性能，控制产品质量，而不能作为评定实际使用条件下着火危险性的依据，或只能作为分析某特殊用途材料发生火灾时所有因素之一。不适用于评定受热定受热后呈高收缩率的材料

续表

标准号	标准名称	发布日期	实施日期	适用范围
FZ/T 50017—2011	涤纶纤维阻燃性能试验方法　氧指数法	2011-05-18	2011-08-01	适用于涤纶短纤维（含中空纤维）和涤纶长丝阻燃性能氧指数的测定。仅用于测定在实验室条件下材料的燃烧性能，控制产品质量，而不能作为评定实际使用条件下着火危险性的依据，或只能作为分析某特殊用途材料发生火灾后呈热收缩率高因素之一。不适用于评定受热后呈高收缩率的材料
FZ/T 50018—2013	蛋白黏胶纤维蛋白质含量试验方法	2013-10-17	2014-03-01	规定了两种测定蛋白黏胶纤维中蛋白质含量的方法。包括方法 A（凯氏定氮法）和方法 B（次氨酸钠法），仲裁时用凯氏定氮法测定蛋白黏胶纤维中蛋白质含量的测定
FZ/T 50027—2015	化学纤维　二氧化钛含量试验方法	2015-07-14	2016-01-01	规定了采用分光光度法测定二氧化钛含量的试验方法。适用于添加二氧化钛消光剂的本色化学纤维，其他类型的化学纤维可参照使用
FZ/T 50046—2019	高模量纤维　单纤维拉伸性能试验方法	2019-11-11	2020-04-01	规定了高模量纤维单纤维拉伸性能的试验方法。适用于高模量纤维，其他化学纤维可以参照使用
FZ/T 50047—2019	聚酰亚胺纤维耐热、耐紫外光辐射及耐酸性能试验方法	2019-11-11	2020-04-01	规定了聚酰亚胺纤维经高温处理后断裂强力保持率，经紫外光辐射后断裂强力保持率和经酸液浸泡后断裂强力保持率试验方法。适用于聚酰亚胺纤维，其他纤维可参照使用
FZ/T 50049—2020	化学纤维　氨基酸含量试验方法	2020-04-16	2020-10-01	规定了用氨基酸自动分析仪测定化学纤维中氨基酸的方法。适用于化学纤维中的天冬氨酸、苏氨酸、丝氨酸、谷氨酸、脯氨酸、甘氨酸、丙氨酸、缬氨酸、蛋氨酸、异亮氨酸、亮氨酸、酪氨酸、苯丙氨酸、赖氨酸、组氨酸和精氨酸等十七种氨基酸的测定
FZ/T 51016—2019	黏胶纤维原液着色用水性色浆	2019-11-11	2020-04-01	规定了黏胶纤维原液着色用水性色浆的术语和定义、产品标识、技术要求、试验方法、检验规则、标志、包装、贮存和运输的内容。适用于黏胶纤维原液着色用水性色浆

续表

标准号	标准名称	发布日期	实施日期	适用范围
FZ/T 52002—2012	锦纶短纤维	2012-12-28	2013-06-01	规定了锦纶6短纤维,锦纶66短纤维的术语和定义,产品分类,技术要求,试验方法,检验规则,标志,包装,运输,贮存的要求。适用于锦纶6短纤维线密度为0.89~14.00dtex,锦纶66短纤维线密度为0.89~6.11dtex的本色、半消光、有光、圆形截面短纤维,其他类型的锦纶短纤维可参照使用
FZ/T 52003—2014	丙纶短纤维	2014-05-06	2014-10-01	规定了丙纶短纤维的术语和定义,技术要求,试验方法,检验规则和标志,包装,贮存等要求。适用于纺纱用和非织造用丙纶短纤维,长度在20mm以上,纺纱用线密度在1.67~7.80dtex,非织造线密度在1.67~120.00dtex的丙纶型的丙纶短纤维,其他类型的丙纶短纤维可参照使用
FZ/T 52012—2011	壳聚糖短纤维	2011-05-18	2011-08-01	规定了壳聚糖短纤维的术语和定义,分类和标识,技术要求,试验方法,检验规则,标志,包装,运输,贮存的要求。适用于以壳聚糖为原料生产的线密度范围在1.20~6.00dtex的本色常规纺织用壳聚糖短纤维品质的鉴定和验收。其他用途的壳聚糖短纤维可参照使用
FZ/T 52013—2011	无机阻燃黏胶短纤维	2011-05-18	2011-08-01	规定了无机阻燃黏胶短纤维的术语和定义,分类和标识,技术要求,试验方法,检验规则,标志,包装,运输,贮存的要求。适用于线密度为1.10~6.70dtex的无机阻燃黏胶短纤维鉴定和验收,其他规格的无机阻燃黏胶短纤维可参照使用
FZ/T 52014—2011	竹炭黏胶短纤维	2011-05-18	2011-08-01	规定了竹炭黏胶短纤维的术语和定义,分类和标识,技术要求,试验方法,检验规则,标志,包装,运输,贮存的要求。适用于线密度1.10~6.70dtex的竹炭黏胶短纤维的鉴定和验收,其他植物的炭黏胶短纤维可参照使用
FZ/T 52015—2011	涤纶超短纤维	2011-05-18	2011-08-01	规定了涤纶超短纤维的术语和定义,分类和标识,技术要求,试验方法,检验规则,标志,包装,运输,贮存。适用于线密度为0.89~16.67dtex的涤纶超短纤维的出厂检验,用户验收及伸缩检验,圆形截面的涤纶超短纤维可参照使用

续表

标准号	标准名称	发布日期	实施日期	适用范围
FZ/T 52022—2012	阻燃涤纶短纤维	2012-12-28	2013-06-01	规定了阻燃涤纶短纤维的术语和定义、分类与标识、技术要求、试验方法、检验规则和标志、包装、运输、贮存的要求。适用于线密度为1.50～6.67dtex的半消光、本色、圆形截面的阻燃涤纶短纤维，其他类型的阻燃涤纶短纤维可参照使用
FZ/T 52025—2012	再生有色涤纶短纤维	2012-12-28	2013-06-01	规定了再生有色涤纶短纤维的术语和定义、产品标识、技术要求、试验方法、检验规则、标志、包装、运输和贮存的要求。适用于线密度为0.9～22.2dtex的再生有色涤纶短纤维，其他类型的再生有色涤纶短纤维可参照使用
FZ/T 52026—2012	再生阻燃涤纶短纤维	2012-12-28	2013-06-01	规定了再生阻燃涤纶短纤维的分类和标识、技术要求、试验方法、检验规则和标志、包装、运输、贮存的要求。适用于线密度为1.56～6.00dtex纱用及线密度为2.78～27.8dtex充填用再生阻燃涤纶短纤维的品质评定。除表面整理型（喷洒或浸渍方式）之外的其他类型的再生用阻燃短纤维可参照执行
FZ/T 52032—2014	导电锦纶短纤维	2014-05-06	2014-10-01	规定了导电锦纶6短纤维的产品分类、技术要求、试验方法、检验规则和包装、标志、运输和储存要求。适用于线密度为2.8～5.6dtex的圆形截面、黑色的碳黑导电锦纶6短纤维，其他规格及类型的导电锦纶短纤维可参照使用
FZ/T 52035—2014	抗菌涤纶短纤维	2014-07-09	2014-11-01	规定了抗菌涤纶短纤维产品的术语和定义、分类和标识、技术要求、试验方法、检验规则和标志、运输和贮存的要求。适用于添加银离子为主要抗菌成分的圆形截面、十字异形截面、半消光、本色、非填充用抗菌涤纶短纤维，其他规格或类型的抗菌涤纶短纤维可参照使用
FZ/T 52037—2014	海岛涤锦复合短纤维	2014-12-24	2015-06-01	规定了海岛涤锦复合短纤维的术语和定义、分类和标识、产品标识、技术要求、试验方法、检验规则和标志、包装、贮存、运输、贮存的要求。适用于以碱溶性聚对苯二甲酸乙二醇酯（COPET）为海相，聚己内酰胺（PA6）为岛相，开纤前线密度为2.0～4.0dtex，开纤后单丝线密度为0.03～0.09dtex，涤锦比例范围为25/75～35/65，圆形截面、半消光、本色的海岛涤锦复合短纤维，其他类型的海岛涤锦复合短纤维可参照使用

标准号	标准名称	发布日期	实施日期	适用范围
FZ/T 52038—2014	充填用再生涤纶超短纤维	2014-12-24	2015-06-01	规定了充填用再生涤纶超短纤维产品的术语和定义、分类和标识、技术要求、试验方法、检验规则和标志、包装、运输、贮存的要求。适用于名义线密度为0.8~4.5dtex充填用再生涤纶超短纤维,其他类型的再生涤纶超短纤维可参照使用
FZ/T 52041—2015	聚乳酸短纤维	2015-07-14	2016-01-01	规定了聚乳酸短纤维产品的术语和定义、产品标识、技术要求、试验方法、检验规则和标志、包装、运输、贮存的要求。适用于以聚乳酸为原料,经熔融纺丝制成的名义线密度为1.1~2.1dtex的圆形截面、不添加消光剂、本色、非填充用的聚乳酸短纤维,其他类型的聚乳酸短纤维可参照使用
FZ/T 52042—2016	再生异形涤纶短纤维	2016-04-05	2016-09-01	规定了再生异形涤纶短纤维产品的术语和定义、产品标识、技术要求、试验方法、检验规则和标志、包装、运输、贮存的要求。适用于名义线密度1.5~11.1dtex的三角异形截面,以及名义线密度1.5~3.2dtex的十字、圆中空异形截面,有光、半消光的非填充用本色再生涤纶短纤维。其他类型的再生异形涤纶短纤维可参照使用
FZ/T 52043—2016	莫代尔短纤维	2016-10-22	2017-04-01	规定了莫代尔短纤维的术语和定义、分类和标识、技术要求、试验方法、检验规则和标志、包装、运输、贮存的要求。适用于以棉浆粕和木浆粕为原料生产的名义线密度范围为0.89~1.67dtex的本色、有光、半消光莫代尔短纤维
FZ/T 52044—2017	聚酰胺酯短纤维	2017-04-21	2017-10-01	规定了聚酰胺酯短纤维的术语和定义、分类与标识、技术要求、试验方法、检验规则和标志、包装、运输、贮存的要求。适用于以对苯二甲酸、乙二醇和含有5%以上己内酰胺为材料经共聚、纺丝制成的,线密度为0.8~1.8dtex,有光、半消光、圆形截面的本色聚酰胺酯短纤维,其他规格的聚酰胺酯短纤维可参照使用
FZ/T 52045—2017	有色聚对苯二甲酸-1,3-丙二醇酯(PTT)短纤维	2017-04-21	2017-10-01	规定了有色聚对苯二甲酸-1,3-丙二醇酯(PTT)短纤维产品的术语和定义、产品标识、技术要求、试验方法、检验规则和标志、包装、运输、贮存的要求。适用于名义线密度为1.5~2.5dtex的半消光、圆形截面的非充填用有色PTT短纤维,其他类型的有色PTT短纤维可参照使用

续表

标准号	标准名称	发布日期	实施日期	适用范围
FZ/T 52046—2017	有色异形涤纶短纤维	2017—04—21	2017—10—01	规定了有色异形涤纶短纤维产品的术语和定义、产品标识、技术要求、试验方法、检验规则和标志、包装、运输、贮存的要求。适用于名义线密度为1.6～3.2dtex的有光、三角截面、圆中空截面，以及名义线密度为1.6～4.5dtex的有光、扁平截面的非无填用有色涤纶短纤维，其他类型的有色异形涤纶短纤维可参照使用
FZ/T 52047—2017	聚乙烯/聚对苯二甲酸乙二醇酯（PE/PET）增白复合短纤维	2017—04—21	2017—10—01	规定了聚乙烯/聚对苯二甲酸乙二醇酯（PE/PET）增白复合纤维的术语和定义、分类与标识、技术要求、试验方法、检验规则、包装、运输、贮存的要求。适用于线密度为1.11～6.67dtex，横截面为圆形的聚乙烯/聚对苯二甲酸乙二醇酯（PE/PET）皮芯型的聚乙烯/聚对苯二甲酸乙二醇酯增白复合短纤维可参照使用
FZ/T 52049—2018	海藻酸盐短纤维	2018—04—30	2018—09—01	规定了海藻酸盐纤维的术语和定义、分类与标识、技术要求、试验方法、检验规则和标志、包装、运输、贮存的要求。适用于以海藻酸钠为原料、线密度范围为0.80～7.00dtex的海藻酸盐短纤维，其他类型的海藻酸盐短纤维可参照使用
FZ/T 52051—2018	低熔点聚酯（LMPET）/聚酯（PET）复合短纤维	2018—04—30	2018—09—01	规定了低熔点聚酯（LMPET）/聚酯（PET）复合短纤维的术语和定义、产品标识、技术要求、试验方法、检验规则和标志、包装、运输、贮存的要求。适用于线密度为1.6～16.6dtex的皮芯型结构、圆形截面、本色的低熔点聚酯（LMPET）/聚酯（PET）复合短纤维，其他规格及类型的低熔点聚酯（LMPET）/聚酯（PET）复合短纤维可参照使用
FZ/T 52052—2018	低熔点聚酯（LMPET）/再生聚酯（RPET）复合短纤维	2018—04—30	2018—09—01	规定了低熔点聚酯（LMPET）/再生聚酯（RPET）复合短纤维的术语和定义、产品标识、技术要求、试验方法、检验规则和标志、包装、运输、贮存的要求。适用于线密度为3.3～6.0dtex的皮芯结构、圆形截面、本色的低熔点聚酯（LMPET）/再生聚酯（RPET）复合短纤维，其他规格及类型的低熔点聚酯（LMPET）/再生聚酯（RPET）复合短纤维可参照使用

续表

标准号	标准名称	发布日期	实施日期	适用范围
FZ/T 52054—2018	有色阻燃涤纶短纤维	2018-10-22	2019-04-01	规定了有色阻燃涤纶短纤维产品的术语和定义、产品标识、技术要求、试验方法、检验规则和标志、包装、贮存的要求。适用于名义线密度为 1.50～6.67dtex 的半消光、圆形截面的纺丝用有色阻燃涤纶短纤维,其他类型的有色阻燃涤纶短纤维可参照使用
FZ/T 54030—2010	有色黏胶短纤维	2010-12-29	2011-04-01	规定了有色黏胶短纤维的产品分类和标识、技术要求、试验方法、检验规则、标志、包装、运输和贮存的要求。适用于用黏胶原液着色法生产的线密度范围为 1.10～6.70dtex 的有色黏胶短纤维的鉴定和验收
FZ/T 93037—2009	棉打包机	2010-01-20	2010-06-01	规定了棉打包机的型式与基本参数、技术要求、试验方法、检验规则、标志、包装、运输和贮存。适用于将各种棉纱及其织物打包成包的打包机。同时,也适用于将混纺织物及毛毯、麻袋、毛球等打包成包的打包机
FZ/T 93094—2015	抓棉机	2015-07-14	2016-01-01	规定了抓棉机的型式、规格及参数、要求、试验方法、检验规则以及标志、包装、运输、贮存。适用于加工棉及棉型纤维和中长化纤的抓棉机
FZ/T 98009—2011	电子单纤维强力仪	2011-12-20	2012-07-01	规定了电子单纤维强力仪的基本功能和参数、要求、试验方法、检验规则、标志、包装、运输和贮存。适用于 CRE(等速伸长)检测法检测各种单纤维强力的电子单纤维强力仪
FZ/T 98011—2011	原棉回潮率测定仪	2011-12-20	2012-07-01	规定了原棉回潮率测定仪的基本功能和参数、要求、试验方法、检验规则、标志、包装、运输和贮存。适用于电测器法检测细绒棉(锯齿棉、皮辊棉)和长绒棉回潮率的原棉回潮率测定仪

【纺纱部分】

标准号	标准名称	发布日期	实施日期	适用范围
FZ/T 01036—2014	纺织品　以特克斯（Tex）制的约整数线密度约整支的综合换算表	2014-10-14	2015-04-01	规定了以特克斯（Tex）制表示线密度约整数值来代替三种主要传统纱支制——英制棉纱支数、公制支数及日尼尔等的综合换算关系。适用于各类纺织纤维、半制品（如毛条、粗纱等）、纱线及类似结构的纺织材料
FZ/T 01040—2014	纺织品　特克斯（Tex）制捻系数	2014-10-14	2015-04-01	规定了以国际单位制表示的与 Tex 制相关的捻系数的计算公式，以及常用的其他单位制单位表示的捻系数与国际单位制表示的捻系数的换算关系和换算系数。适用于各种加捻短纤纱、长丝纱、股线和缆线
FZ/T 01050—1997	纺织品　纱线疵点的分级与检验方法电容式	1997-05-26	1998-01-01	规定了用电容式纱疵仪对短纤维纱线疵点进行分级和检验的方法。适用于以棉、毛、麻、化纤、绢丝等材料纺制成的，线密度范围在 5～100tex 的纯纺或混纺短纤维纺制的纱线。不适用于化纤长丝和导电材料纺制的纱线
FZ/T 01086—2020	纺织品　纱线毛羽测定方法　投影计数法	2020-04-16	2020-10-01	规定了采用光学投影式毛羽试验仪测定短纤维纱线毛羽的方法。适用于棉纱线和棉型纤维纱线、毛纱和毛型纤维纱线、麻纱线、绢纺纱线、中长纤维纱线以及各类混纺纱线。不适用于高弹纱、膨体纱和花式纱线
FZ/T 10001—2016	转杯纺纱捻度的测定退捻加捻法	2016-10-22	2017-04-01	规定了用一次退捻加捻法测定转杯纺纱捻度的方法。适用于测定转杯纺纱捻度
FZ/T 10007—2018	棉及化纤纯纺、混纺本色纱线检验规则	2018-10-22	2019-04-01	规定了棉及化纤纯纺、混纺本色纱线检验规则的术语和定义、验收、取样数量、检验评定、复验规则。适用于棉、化纤、其他纤维纯纺或混纺本色纱线的验收和复验
FZ/T 10008—2018	棉及化纤纯纺、混纺纱线标志与包装	2018-10-22	2019-04-01	规定了棉及化纤纯纺、混纺纱线标志与包装的术语和定义及标志、包装的方法。适用于棉、化纤、其他纤维纯纺或混纺本色纱线
FZ/T 10009—2018	棉及化纤纯纺、混纺本色布标志与包装	2018-10-22	2019-04-01	规定了棉及化纤纯纺、混纺本色布的标志和包装。适用于以棉、化纤、其他纤维纯纺或混纺的本色纱线为原料，机织制成的本色布。其他织物可参照执行

续表

标准号	标准名称	发布日期	实施日期	适用范围
FZ/T 10013.1—2011	温度与回潮率对棉及化纤纯纺、混纺制品断裂强力的修正方法　本色纱线及染色加工线断裂强力的修正方法	2011-05-18	2011-08-01	规定了温度与回潮率对棉及化纤纯纺、混纺纱线断裂强力的修正方法,并给出了不同温度和回潮率条件下的断裂强力修正系数。适用于本色纱线、混纺纱线、气流纺纱及染色加工线在非标准大气条件下或在平衡条件下不符合标准规定的条件下,对所测得的断裂强力所纺制的纱线
FZ/T 10013.2—2011	温度与回潮率对棉及化纤纯纺、混纺制品断裂强力的修正方法　本色布断裂强力的修正方法	2011-05-18	2011-08-01	规定了温度与回潮率对棉及化纤纯纺、混纺本色布断裂强力的修正方法,并给出了不同温度和回潮率条件下的断裂强力的修正系数。适用于棉本色布、化纤混纺本色布及帆布在非标准大气条件下或在平衡条件下不符合标准规定的修正,对所测得的断裂强力所织造的本色布。不适用于其他原料所织造的本色布
FZ/T 10013.3—2011	温度与回潮率对棉及化纤纯纺、混纺制品断裂强力的修正方法　印染布断裂强力的修正方法	2011-12-20	2012-07-01	规定了温度与回潮率对棉及化纤纯纺、混纺印染布断裂强力的修正方法,并给出了不同温度和回潮率条件下的断裂强力修正系数。适用于棉与棉化纤混纺印染布和化纤混纺印染布在非标准大气条件下或在平衡条件下不符合标准规定的条件下,对所测得的断裂强力的印染布。不适用于其他原料制成的印染布
FZ/T 10021—2013	色纺纱线检验规则	2013-10-17	2014-03-01	规定了色纺纱线的验收、检验项目和试验方法、抽样方法、检验评定及复验。适用于贸易双方或受委托的检验机构对纯纺、混纺纱纺筒子纱品质的验收和复验
FZ/T 12001—2015	转杯纺棉本色纱	2015-07-14	2016-01-01	规定了转杯纺棉本色纱产品的分类、标记、要求、试验方法、检验规则、标志和包装。适用于转杯纺棉本色纱
FZ/T 12002—2017	精梳棉本色缝纫专用纱线	2017-11-07	2018-04-01	规定了精梳棉本色缝纫专用纱线的分类、标记、要求、试验方法、检验规则和标志、包装。适用于环锭纺精梳棉本色缝纫专用纱线
FZ/T 12004—2015	涤纶与黏胶纤维混纺本色纱线	2015-07-14	2016-01-01	规定了涤纶与黏胶纤维混纺本色纱线的分类、标记、要求、试验方法、检验规则和标志、包装。适用于环锭纺(含紧密纺、赛络纺、紧密赛络纺)涤纶与黏胶纤维混纺本色纱线。不适用于特种用途涤纶与黏胶纱纺本色纱线

续表

标准号	标准名称	发布日期	实施日期	适用范围
FZ/T 12005—2020	普梳涤与棉混纺本色纱线	2020-12-09	2021-04-01	规定了涤纶（棉型纤维）与棉混纺本色纱线产品的分类、标识、要求、试验方法、检验规则和标志、包装。适用于特种用途普梳涤与棉混纺本色纱线。不适用于特种用途普梳涤与棉混纺本色纱线
FZ/T 12006—2011	精梳棉涤混纺本色纱线	2011-05-18	2011-08-01	规定了棉与涤纶（棉型短纤维）混纺，棉混用比例在 50% 以上的精梳棉涤混纺本色纱线产品的分类、要求、试验方法、检验规则和标志、包装。适用于环锭纺精梳棉涤混纺本色纱线（包括机织用纱和针织用纱）的品质。不适用于鉴定特种用途精梳棉涤混纺本色纱线的品质
FZ/T 12007—2014	普梳棉维混纺本色纱线	2014-10-14	2015-04-01	规定了棉与维纶（棉型短纤维）混纺，棉纤维含量在 50% 及以上的普梳棉维混纺本色纱线产品的分类、标记、要求、试验方法、检验规则和标志、包装。适用于环锭纺普梳棉维混纺本色纱线。不适用于特种用途的普梳棉维混纺本色纱线
FZ/T 12009—2020	腈纶本色纱	2020-04-16	2020-10-01	规定了腈纶本色纱产品的分类、标识、要求、试验方法、检验规则和标志、包装。适用于环锭纺腈纶本色纱。不适用于特种用途腈纶本色纱
FZ/T 12010—2011	棉氨纶包芯本色纱	2011-05-18	2011-08-01	规定了棉纤维与氨纶长丝纺制（棉纤维包氨纶丝纺制）产品的分类、标志、要求、试验方法、检验规则、标志、包装和运。适用于鉴定氨纶芯丝含量 3%～20% 环锭纺棉氨纶棉芯本色纱的品质。不适用于特种用途棉氨纶棉芯本色纱的品质
FZ/T 12011—2014	棉腈混纺本色纱线	2014-10-14	2015-04-01	规定了棉与腈纶（棉型短纤维）混纺，棉纤维混用比例在 50% 及以上的棉腈混纺本色纱线的标记、要求、试验方法、检验规则和标志、包装。适用于环锭纺棉腈混纺本色纱线。不适用于特种用途棉腈混纺本色纱线
FZ/T 12013—2014	莱赛尔纤维本色纱线	2014-10-14	2015-04-01	规定了莱赛尔纤维纺本色纱线的标记、要求、试验方法、检验规则和标志、包装。适用于环锭纺莱赛尔纤维（棉型短纤维）本色纱线，如采用新型纺纱技术生产的莱赛尔本色纱线可参照本标准

续表

标准号	标准名称	发布日期	实施日期	适用范围
FZ/T 12015—2016	精梳天然彩色色棉纱纱线	2016-10-22	2017-04-01	规定了精梳天然彩色色棉纱纱线的术语和定义,产品分类,标记,要求,试验方法,检验规则,标志,包装与运输。适用于环锭纺机制的精梳纱线(含机织,针织用),天然彩色棉纤维(含量30%及以上)与棉纤维混纺的精梳纱线,天然彩色棉纤维比例低于30%的可参照本标准执行
FZ/T 12016—2014	涤与棉混纺色纺纱	2014-12-24	2015-06-01	规定了涤纶短纤维(棉型短纤维)与棉混纺色纺纱产品的术语和定义,产品分类,标记,要求,试验方法,检验规则,标志,包装。适用于环锭纺涤与棉混纺色纺纱用于特定用途环锭色涤与棉混纺色纺纱
FZ/T 12017—2016	天然彩色棉转杯纺纱	2016-10-22	2017-04-01	规定了天然彩色棉转杯纺纱的术语和定义,产品分类,标记,要求,试验方法,检验规则和标志,包装,运输与贮存。适用于转杯纺生产技术水平生产的,天然彩色棉纤维(含量30%及以上)与本色棉纤维混纺的天然彩色棉转杯纺纱(含机织,针织用),天然彩色棉纤维含量低于30%的可参照本标准执行
FZ/T 12018—2019	紧密纺精梳棉本色纱纱线	2019-12-24	2020-07-01	规定了紧密纺精梳棉本色纱纱线的术语和定义,标记,分类,要求,试验方法,检验规则和标志,包装。适用于紧密纺技术生产的精梳棉本色纱纱线
FZ/T 12019—2018	涤纶本色纱纱线	2018-12-21	2019-07-01	规定了涤纶(棉型纤维)本色纱纱线产品的分类,要求,标志,试验方法,检验规则,标志和包装。适用于环锭纺(含紧密纺),赛络纺,赛络纺涤纶本色纱纱线,赛络纺涤纶本色纱参照本标准执行
FZ/T 12021—2018	莫代尔纤维本色纱纱线	2018-12-21	2019-07-01	规定了莫代尔纤维(棉型短纤维)本色纱纱线的产品分类,标识,要求,试验方法,检验规则和标志,包装。适用于环锭纺莫代尔纤维纯本色纱纱线
FZ/T 12022—2019	涤纶与黏纤混纺色纺纱线	2019-12-24	2020-07-01	规定了涤纶与黏纤混纺色纺纱线的产品分类,标记,要求,试验方法,检验规则和标志,包装。适用于环锭纺生产的涤纶与黏纤混纺色纺纱线
FZ/T 12025—2011	毛经用低捻棉本色纱	2011-12-20	2012-07-01	规定了毛经用低捻棉本色纱的分类,标识,要求,试验方法,检验规则和标志,包装。适用于鉴定毛经用低捻棉本色纱,捻系数范围为240~320的环锭纺毛经用低捻棉纱的品质

续表

标准号	标准名称	发布日期	实施日期	适用范围
FZ/T 12027—2012	转杯纺黏胶纤维本色纱	2012-12-28	2013-06-01	规定了转杯纺黏胶纤维本色纱的标记、要求、试验方法、检验规则和标志、包装。适用于转杯纺黏胶纤维本色纱(包括针织用纱和机织用纱)
FZ/T 12028—2020	涤纶色纺纱线	2020-04-16	2020-10-01	规定了涤纶(棉型短纤维)色纺纱线的产品分类、标记、要求、试验方法、检验规则和标志、包装。适用于环锭纺和喷气涡流纺生产的涤纶色纺纱线。不适用于特种用途涤纶色纺纱线
FZ/T 12029—2012	精梳棉与黏胶混纺色纺纱线	2012-12-28	2013-06-01	规定了棉与黏胶(棉型短纤维)混纺色纺纱线的分类、标记、要求、试验方法、检验规则和标志、包装。适用于环锭纺精梳棉与黏胶混纺色纺纱线。不适用于鉴定特种用途精梳棉混纺色纺纱线
FZ/T 12030—2012	转杯纺棉色纺纱	2012-12-28	2013-06-01	规定了转杯纺棉色纺纱的产品分类、标记、要求、试验方法、检验规则和标志、包装。适用于转杯纺棉色纺纱。不适用于天然彩色棉转杯纺棉色纺纱线
FZ/T 12032—2012	纯棉竹节本色纱	2012-12-28	2013-06-01	规定了纯棉竹节本色纱的分类与标记、要求、试验方法、检验规则和标志、包装。适用于环锭纺纯棉竹节本色纱
FZ/T 12033—2012	纯棉竹节色纺纱	2012-12-28	2013-06-01	规定了纯棉竹节色纺纱的分类与标记、要求、试验方法、检验规则和标志、包装。适用于环锭纺纯棉竹节色纺纱。不适用于天然彩棉竹节色纺纱
FZ/T 12035—2012	精梳棉与莫代尔纤维混纺色纺纱线	2012-12-28	2013-06-01	规定了精梳棉与莫代尔纤维混纺色纺纱线的分类、标记、要求、试验方法、检验规则和标志、包装。适用于环锭纺精梳棉与莫代尔纤维混纺色纺纱线
FZ/T 12036—2012	精梳棉与羊毛混纺色纺纱线	2012-12-28	2013-06-01	规定了棉与羊毛混纺、羊毛混用比例在50%以下的棉毛色纺纱线的分类、标记、要求、试验方法、检验规则和标志、包装。适用于羊毛混用含量50%以下的环锭纺精梳棉与羊毛混纺色纺纱线
FZ/T 12037—2013	棉本色强捻纱	2013-07-22	2013-12-01	规定了棉本色强捻纱的术语和定义、产品分类、标记、要求、试验方法、检验规则和标志、包装。适用于特克斯制(Tex制)捻系数大于430的环锭纺棉本色纱

续表

标准号	标准名称	发布日期	实施日期	适用范围
FZ/T 12038—2013	完聚糖糖纤维与棉混纺本色纱线	2013-07-22	2013-12-01	规定了完聚糖糖纤维与棉混纺本色纱线的术语和定义、产品分类、标记、要求、试验方法、检验规则和标志、包装。适用于完聚糖糖纤维混用比例在5%~20%的完聚糖糖纤维与精梳棉棉混纺本色纱线
FZ/T 12039—2013	喷气涡流纺黏纤纯纺及涤黏混纺本色纱	2013-07-22	2013-12-01	规定了喷气涡流纺黏纤(棉型短纤维)本色纱及涤黏混纺本色纱的产品分类、标记、要求、试验方法、检验规则、标志、包装。适用于喷气涡流纺黏纤纯纺及涤黏混纺涤纶含量在50%及以上的涤黏混纺本色纱
FZ/T 12040—2020	涤纶(锦纶)长丝/氨纶包覆纱	2020-12-09	2021-04-01	规定了涤纶(锦纶)长丝/氨纶包覆纱的术语和定义、产品分类、标记、要求、试验方法、检验规则、标志、包装。适用于本色涤纶(锦纶)长丝与氨纶为原料,通过加工组而成的包覆纱。有色涤纶(锦纶)长丝与氨纶混纺可参照使用
FZ/T 12041—2013	芳纶色纺纱线	2013-07-22	2013-12-01	规定了芳纶1313色纺纱及芳纶1313与芳纶1414混纺色纺纱线(中长型)产品的分类、标记、要求、试验方法、标志、包装。适用于环锭纺芳纶1414(含量25%以下)(芳纶1414中长型)含导电纤维的芳纶色纺纱线可参照本标准执行
FZ/T 12044—2014	精梳棉涤纶低弹丝本色纱	2014-05-06	2014-10-01	规定了精梳棉涤纶低弹丝包芯本色纱产品分类、标记、要求、试验方法、检验规则和标志、包装。适用于采用50~111dtex涤纶低弹丝生产的环锭纺精梳棉涤纶低弹包芯本色纱
FZ/T 12045—2020	黏胶纤维色纺纱	2020-12-09	2021-04-01	规定了黏胶纤维(棉型短纤维)色纺纱的产品分类、标记、要求、试验方法、检验规则和标志、包装。适用于环锭纺、喷气涡流纺和转杯纺生产的黏胶纤维色纺纱
FZ/T 12046—2014	喷气涡流纺涤黏混纺色纺纱	2014-05-06	2014-10-01	规定了喷气涡流纺涤黏(棉型短纤维)混纺色纺纱的产品分类、标记、要求、试验方法、检验规则、标志、包装。适用于涤黏含量在50%及以上的喷气涡流纺针织用涤黏混纺色纺纱
FZ/T 12047—2014	棉/水溶性维纶本色线	2014-12-24	2015-06-01	规定了棉/水溶性维纶本色纱的分类、标记、技术要求、试验方法、检验规则和标志、包装。适用于纯棉单纱与水溶性维纶单纱并合,反向加捻,使棉纱无分解绽的本色线

续表

标准号	标准名称	发布日期	实施日期	适用范围
FZ/T 12048—2014	棉与羊毛混纺本色纱	2014-12-24	2015-06-01	规定了棉与羊毛混纺本色纱产品的分类、标记、要求、试验方法、检验规则和标志、包装。适用于羊毛混用比例在10%~30%的环锭纺棉与羊毛混纺本色纱
FZ/T 12049—2015	精梳棉/罗布麻包缠纱	2015-07-14	2016-01-01	规定了精梳棉/罗布麻包缠纱产品的术语和定义、产品分类、标记、要求、试验方法、检验规则和标志、包装。适用于以罗布麻纯纺纱为芯纱,将两根相同线密度的精梳棉纱分别按Z、S捻向,呈螺旋状包缠于芯纱表面的复合纱
FZ/T 12051—2016	腈纶黏胶纤维混纺本色纱线	2016-10-22	2017-04-01	规定了腈纶与黏胶纤维混纺、腈纶含量在50%及以上的腈纶黏胶纤维混纺本色纱线产品的分类、要求、试验方法、检验规则和标志、包装。不适用于特种用途腈纶黏胶纤维混纺纱线
FZ/T 12053—2016	聚对苯二甲酸丙二醇酯/聚对苯二甲酸乙二醇酯(PTT/PET)复合纤维与棉混纺本色纱线	2016-10-22	2017-04-01	规定了聚对苯二甲酸丙二醇酯/聚对苯二甲酸乙二醇酯(PTT/PET)复合纤维(简称PTT/PET复合纤维)与棉混纺本色纱线产品的分类、标记、要求、试验方法、检验规则和标志、包装。适用于环锭纺机制的棉纤维混用比例在50%以上的PTT/PET复合纤维与棉混纺本色纱线。不适用于特种用途PTT/PET复合纤维与棉混纺本色纱线
FZ/T 12054—2017	普梳棉与铜氨纤维混纺本色纱	2017-11-07	2018-04-01	规定了普梳棉与铜氨纤维混纺本色纱产品的分类、标记、要求、试验方法、检验规则和标志、包装。适用于环锭纺普梳棉与铜氨纤维混纺本色纱。不适用于特种用途普梳棉与铜氨纤维混纺本色纱
FZ/T 12055—2017	精梳棉与桑蚕绢纺原料混纺本色纱	2017-11-07	2018-04-01	规定了精梳棉与桑蚕绢纺原料混纺本色纱产品的分类、标记、要求、试验方法、检验规则和标志、包装。适用于含量在5%~30%的桑蚕绢纺原料与精梳棉混合、经环锭纺加工纺制成的精梳棉与桑蚕绢纺原料混纺本色纱
FZ/T 12060—2018	丙纶本色纱	2018-10-22	2019-04-01	规定了丙纶本色纱产品的分类、标记、要求、试验方法、检验规则和标志、包装。适用于环锭纺丙纶(棉型短纤维)本色纱
FZ/T 12062—2019	黏胶纤维色纺纱	2019-11-11	2020-04-01	规定了黏胶纤维色纺纱色纱产品的分类、标记、要求、试验方法、检验规则和标志、包装。适用于环锭纺黏胶纤维色纺纱

续表

标准号	标准名称	发布日期	实施日期	适用范围
FZ/T 12064—2019	喷气涡流纺腈纶羊毛混纺色纺纱	2019-12-24	2020-07-01	规定了喷气涡流纺腈纶羊毛混纺色纺纱的产品分类、标记、要求、试验方法、检验规则和标志、包装。适用于针织用纱、喷气涡流纺生产的腈纶（棉型）与羊毛（含量5%～30%）混纺色纱
FZ/T 12065—2020	莱赛尔纤维与黏胶纤维混纺纱色纺纱	2020-04-16	2020-10-01	规定了莱赛尔纤维与黏胶纤维混纺色纺本色纱产品的分类、标记、要求、试验方法、检验规则和标志、包装。适用于环锭纺生产的莱赛尔纤维含量20%及以上的莱赛尔纤维与黏胶纤维混纺色纺本色纱
FZ/T 13013—2011	精梳棉涤混纺本色布	2011-05-18	2011-08-01	规定了精梳棉涤混纺本色布的分类、要求、布面疵点的评分、试验方法、检验规则和标志、包装。适用于鉴定机织生产的棉混用比在50%以上的精梳棉涤混纺本色布的品质，不包括大提花织物及特种用途织物
FZ/T 22003—2006	机织雪尼尔本色线	2006-05-25	2007-01-01	规定了机织雪尼尔本色线（或称机织雪尼尔坯线）的要求、试验方法、检验规则、包装与标志等。适用于鉴定以天然纤维或化学纤维为单纱、股线或长丝经环锭纺制成的机织雪尼尔本色线的品质
FZ/T 22004—2006	环锭纺及空芯锭圈圈线	2006-05-25	2007-01-01	规定了环锭纺及空芯锭圈圈线（下称圈圈线）的要求、试验方法、检验规则、规格、标志、包装等内容。适用于各种纱线组成的40tex及以上规格的圈圈线
FZ/T 32003—2010	涤麻（亚麻）纱	2010-08-16	2010-12-01	规定了涤纶与亚麻（亚麻纤维含量不低于30%）混纺纱线的规格、技术要求、试验方法、验收规则、包装和标志等。适用于鉴定环锭纺细纱机生产的湿纺纯本色、漂白涤麻纱的品质
FZ/T 32004—2009	亚麻棉混纺本色纱线	2009-11-17	2010-04-01	规定了亚麻含量50%及以上的麻棉混纺本色纱线（以下简称麻棉纱线）的分类、要求、试验方法、验收规则、标志、包装、运输和储存。适用于生产的麻棉纱线的品质和作为交换验收的统一规定
FZ/T 32005—2006	苎麻棉混纺本色纱线	2006-07-10	2007-01-01	规定了苎麻与棉混纺本色纱线（以下简称苎麻棉纱线）的产品分类、要求、试验方法、检验规则和标志和包装。适用于鉴定环锭纺机制的苎麻棉混纺（苎麻含量在50%及以上）本色纱线的品质

续表

标准号	标准名称	发布日期	实施日期	适用范围
FZ/T 32007—2010	气流纺苎麻棉棉混纺本色纱	2010-08-16	2010-12-01	规定了气流纺苎麻棉混纺本色纱的产品分类、要求、试验方法、检验规则、标志和包装。适用于鉴定气流纺苎麻棉混纺的品质
FZ/T 32010—2009	气流纺黄黄麻与棉混纺本色纱	2009-11-17	2010-04-01	规定了气流纺生产的黄麻纤维与棉纤维混纺的黄麻与棉纤维混纺的黄麻与棉混纺本色纱产品的技术要求、试验方法、检验规则及包装和要求。适用于气流纺生产的黄麻与棉混纺本色纱的品质
FZ/T 32012—2010	气流纺亚麻棉混纺本色纱线	2010-08-16	2010-12-01	规定了亚麻含量在50%及以上的气流纺亚麻棉混纺本色纱线的规格、要求、试验方法、验收规则、包装和标志、运输和储存。适用于鉴定气流纺亚麻棉混纺本色纱线的品质和作为交接验收的统一规定
FZ/T 32016—2014	竹麻棉混纺本色纱线	2014-07-09	2014-11-01	规定了环锭纺棉型粘胶纤维和麻纤维总量在55%及以上（苎麻纤维含量在15%~35%）与棉混纺本色纱线的产品分类、要求、试验、检验规则和标志、包装、运输、贮存。适用于鉴定竹麻棉混纺本色纱线的品质
FZ/T 32017—2014	精梳亚麻棉混纺本色纱	2014-07-09	2014-11-01	规定了环锭纺棉型亚麻棉混纺本色纱的产品的分类、要求、试验方法、验收规则和标志、包装。适用于鉴定环锭纺精梳亚麻棉混纺本色纱的品质
FZ/T 32018—2014	精梳大麻棉混纺本色纱	2014-07-09	2014-11-01	规定了精梳大麻与棉混纺本色纱的产品的分类、要求、试验方法、验收规则和标志、包装。适用于鉴定环锭纺精梳大麻棉混纺本色纱的品质
FZ/T 32020—2015	精梳大麻与再生纤维素纤维混纺色纺纱	2015-07-14	2016-01-01	规定了精梳大麻与棉型再生纤维素纤维（黏胶、莫代尔、莱赛尔纤维）混纺色纺纱的产品分类、标识、技术要求、试验方法、验收规则和标志、包装。适用于鉴定环锭纺精梳大麻与棉型再生纤维素纤维混纺色纺纱的品质
FZ/T 32022—2018	精梳大麻棉混纺色纺纱	2018-04-30	2018-09-01	规定了精梳大麻棉混纺色纺纱的产品分类、标识、技术要求、试验方法、验收规则和标志、包装、运输、贮存。适用于鉴定精梳大麻棉混纺色纺纱的品质
FZ/T 42015—2015	桑蚕丝/棉混纺绢丝	2015-07-14	2016-01-01	规定了桑蚕丝/棉混纺绢丝的术语与定义、标志、要求、试验方法、检验规则、包装标志。适用于桑蚕丝含量在50%以上、由传统绢纺生产线生产的本色双股桑蚕丝/棉混纺绢纺绢丝

续表

标准号	标准名称	发布日期	实施日期	适用范围
FZ/T 50033—2016	氨纶长丝 耐热性能试验方法	2016-04-05	2016-09-01	规定了氨纶长丝耐热性能的试验方法。适用于无包覆的氨纶长丝
FZ/T 54029—2010	蛋白质黏胶长丝	2010-12-29	2011-04-01	规定了蛋白质黏胶长丝的术语和定义、分类和标识、技术要求、试验方法、检验规则、标志、包装、运输和贮存的要求。适用于线密度在66.7~333.3dtex的蛋白质黏胶长丝的鉴定和验收
FZ/T 54035—2010	抗菌聚酰胺弹力丝	2010-12-29	2011-04-01	规定了抗菌聚酰胺弹力丝的产品分类和标识、技术要求、试验方法、检验规则、标志、包装、运输和贮存的要求。适用于以聚己内酰胺或聚己二酰已二胺为原料,熔融状态中加入以银离子为主要抗菌成分的抗菌剂加工而成的名义线密度为8~200dtex(合股丝指合股前单丝的名义线密度);单丝线密度范围为1.6~9.0dtex,截面形状为圆形的半消光、全消光长丝,其他规格产品可参考使用
FZ/T 63001—2014	缝纫用涤纶本色纱线	2014-10-14	2015-04-01	规定了缝纫用涤纶(棉型纤维)本色纱线产品的分类、标记、要求、试验方法、检验规则、标志和包装。适用于环锭纺缝纫用涤纶本色纱线
FZ/T 90108—2010	棉纺设备网络管理通信接口和规范	2010-08-16	2010-12-01	规定了棉纺设备进行数字化联网,实现设备集中管理的监控网络的基本要求、网络设备的数据信息结构。适用于棉纺设备的通信接口规范、棉纺设备的联网。棉纺设备制造商在开发、设计、生产时应考虑本标准的规定,棉纺生产企业在进行集中控制系统建设以及选择棉纺设备时也可参考本标准
FZ/T 92019—2012	棉纺环锭细纱机牵伸下罗拉	2012-12-28	2013-06-01	规定了棉纺环锭细纱机牵伸下罗拉的分类、参数与标记、要求、试验方法、检验规则和标志、包装、运输、贮存。适用于棉纺环锭细纱机牵伸装置中具有沟槽或滚花形状的下罗拉(集聚纺用下罗拉亦可参照执行)
FZ/T 92020—2008	锭带张力盘	2008-04-23	2008-10-01	本标准代替FZ/T 92020—1992《锭带张力盘》。规定了锭带张力盘的产品分类、要求、试验方法、检验规则、标志和包装、运输、贮存。适用于棉、毛、麻、绢、化纤用的各种环锭细纱机、捻线机锭子和滚盘之间锭带张紧用的张力盘

标准号	标准名称	发布日期	实施日期	适用范围
FZ/T 92023—2017	棉纺环锭细纱锭子	2017-11-07	2018-04-01	规定了棉纺环锭细纱锭子的产品分类代号、要求、试验方法、检验规则和标志、包装、运输、贮存。适用于轴承内径 φ6.8mm、φ7.8mm 的棉纺环锭细纱机锭子及捻线锭子
FZ/T 92024—2017	LZ系列下罗拉轴承	2017-04-21	2017-10-01	规定了 LZ 系列下罗拉轴承的分类、参数和标记、要求、试验方法、检验规则、标志、包装、运输和贮存。适用于纺纱准备、纺纱和并(捻)机械的下罗拉轴承,其他同类的下罗拉轴承也可参照采用
FZ/T 92029—2015	梳棉机 盖板骨架	2015-07-14	2016-01-01	规定了梳棉机盖板骨架的分类和参数、要求、试验方法、检验规则、标志、包装、运输和贮存。适用于梳棉机用的盖板
FZ/T 92033—2017	粗纱悬锭锭翼	2017-04-21	2017-10-01	规定了粗纱悬锭锭翼的产品分类、要求、试验方法、检验规则及标志、包装、运输、贮存。本标准主要适用于棉、毛及化纤纯纺或混纺粗纱机的悬锭锭翼
FZ/T 92036—2017	弹簧加压摇架	2017-04-21	2017-10-01	规定了弹簧加压摇架牵伸区各罗拉轴线之间的平行度误差,成套摇架加压压力偏差、卸压力、表面质量指标以及相应的试验方法,检验规则和标志、包装、运输、贮存。适用于粗细纱弹簧加压摇架
FZ/T 92040—2009	钢板槽筒	2010-01-20	2010-06-01	规定了钢板槽筒的产品代号及基本结构参数、要求、导纱试验、标志及包装、运输、贮存。适用于 GC 型钢板槽筒,即普通络筒机用的钢板槽筒。不适用于对外技术交流或对外贸易验收
FZ/T 92054—2010	倍捻锭子	2010-12-29	2011-04-01	规定了倍捻锭子的分类、标记、要求、试验方法、检验规则及标志、包装、运输、贮存。适用于棉、毛、麻、绢、丝、化纤等纯纺及混纺加捻用的倍捻锭子
FZ/T 92070—2009	棉精梳机 锡林	2010-01-20	2010-06-01	规定了棉精梳机锡林的型式、标记、参数、要求、试验方法、检验规则、标志、包装、运输、贮存。适用于棉精梳机锡林
FZ/T 92071—2009	棉精梳机 分离辊	2010-01-20	2010-06-01	规定了棉精梳机分离辊的分类、标记、参数、要求、试验方法、检验规则、标志、包装、运输和贮存。适用于棉精梳机分离辊

续表

标准号	标准名称	发布日期	实施日期	适用范围
FZ/T 92072—2017	气动加压摇架	2017—11—07	2018—04—01	规定了气动加压摇架的分类和标记、要求、试验方法、检验规则、标志、包装、运输和贮存。适用于环锭纺的细纱机、粗纱机的气动加压摇架
FZ/T 92073—2007	托锭粗纱锭子	2007—05—29	2007—11—01	规定了托锭粗纱锭子的产品分类、要求、试验方法、检验规则、标志及包装、运输、贮存。适用于棉、毛、绢、苎麻、化纤纯纺或混纺的托锭粗纱机用粗纱锭子
FZ/T 92074—2007	托锭粗纱锭翼	2007—05—29	2007—11—01	规定了托锭粗纱锭翼的产品分类、要求、试验方法、检验规则、标志及包装、运输、贮存。适用于棉、毛、苎麻、绢及化纤纯纺或混纺的托锭粗纱机的托锭粗纱锭翼
FZ/T 92077—2009	棉精梳机　顶梳	2010—01—20	2010—06—01	规定了棉精梳机顶梳的分类、标记、参数、要求、试验方法、检验规则及标志、包装、运输和贮存。适用于棉精梳机顶梳
FZ/T 93007—2004	纺织机械与附件　圆柱形条筒　技术条件	2004—08—15	2005—01—01	规定了圆柱形条筒的要求、试验方法、检验规则和包装、标志。适用于棉、毛、麻、绢等纺用圆柱形条筒
FZ/T 93015—2010	转杯纺纱机	2010—12—29	2011—04—01	规定了转杯纺纱机的分类、定义、要求、试验方法、检验规则和标志、包装、运输、贮存。适用于棉、化纤及棉纯纺、化纤等纯纺的转杯纺纱机
FZ/T 93019—2004	棉梳棉机用弹性盖板针布	2004—08—15	2005—01—01	规定了棉梳棉机用弹性盖板针布的术语、定义、分类、标记、要求、试验方法、检验规则和标志。适用于以弹性针布为分梳件的盖板针布
FZ/T 93027—2014	棉纺环锭细纱机	2014—10—14	2015—04—01	规定了棉纺环锭细纱机的规格及参数、要求、试验方法、检验规则、中长化纤化纤、中长纤化纤纺细纱机。适用于棉纺及棉型化纤、中长化纤化纤纺的棉纺环锭细纱机
FZ/T 93029—2016	塑料粗纱筒管	2016—10—22	2017—04—01	规定了塑料粗纱筒管的术语和定义、分类及参数、要求、试验方法、检验规则、标志、包装、运输和贮存。适用于翼锭粗纱机用塑料粗纱筒管
FZ/T 93033—2014	梳棉机	2014—05—06	2014—10—01	规定了梳棉机的分类及参数、要求、试验方法、检验规则、标志、包装、运输和贮存。适用于梳理棉纤维和棉型毛、麻、化纤、中长纤维的梳棉机

续表

标准号	标准名称	发布日期	实施日期	适用范围
FZ/T 93034—2017	棉纺悬锭粗纱机	2017-11-07	2018-04-01	规定了棉纺悬锭粗纱机的分类、标记、要求、试验方法、检验规则、标志、包装、运输和贮存。适用于棉及纤维长度在65mm以下化纤等其他纤维的纯纺、混纺的棉纺悬锭粗纱机
FZ/T 93035—2011	棉纺托锭粗纱机	2011-05-18	2011-08-01	规定了棉纺托锭粗纱机的参数、要求、试验方法、检验规则、标志、包装、运输和贮存。适用于棉及纤维长度在65mm以下的化纤纯纺、混纺的棉纺托锭粗纱机
FZ/T 93036—2017	电动落纱机	2017-04-21	2017-10-01	规定了电动落纱机的分类及参数、要求、试验方法、检验规则及标志、包装、运输和贮存。适用于棉、毛和化纤纯纺、混纺环锭纺细纱机及捻线机配套使用的电动落纱机
FZ/T 93038—2018	梳理机用金属针布齿条	2018-10-22	2019-04-01	规定了梳理机用金属针布齿条的术语和定义、分类和标记、要求、试验方法、检验规则及包装、标志、运输和贮存。适用于棉、毛、苎麻、兰麻、绢绵和非织造布等梳理机用金属针布齿条
FZ/T 93043—2012	棉纺并条机	2012-12-28	2013-06-01	规定了棉纺并条机的分类与参数、要求、试验方法、检验规则及标志、包装、运输和贮存。适用于棉、棉型化纤及中长纤维纯纺、混纺的并条机
FZ/T 93045—2018	条并卷机	2018-10-22	2019-04-01	规定了条并卷机的基本参数、要求、试验方法、检验规则、标志及包装、运输、贮存。适用于棉精梳工序的条并卷机
FZ/T 93046—2018	棉精梳机	2018-10-22	2019-04-01	规定了棉精梳机的分类和基本参数、要求、试验方法、检验规则、标志及包装、运输、贮存。适用于棉精梳工序的精梳机
FZ/T 93050—2017	纺纱机械用胶圈	2017-11-07	2018-04-01	规定了纺纱机械用胶圈的分类和标记、要求、试验方法、检验规则、包装、标志、运输和贮存。适用于环锭纺细纱机、粗纱机、喷气涡流纺纱机、假捻变形机等纺纱机械用胶圈
FZ/T 93052—2010	棉纺滤尘设备	2010-08-16	2010-12-01	规定了棉纺滤尘设备的术语和定义、要求、试验方法、检验规则及标志、包装、运输和贮存。适用于棉纺行业滤尘系统中采用一级或多级过滤方式，进行纤维、尘杂与空气分离的滤尘设备或机组。纺织行业其他适用的同类滤尘设备亦可参考本标准执行

续表

标准号	标准名称		发布日期	实施日期	适用范围
FZ/T 93053—2019	转杯纺纱机	转杯	2019-12-24	2020-07-01	规定了转杯纺纱机转杯的分类、标记和参数、要求、试验方法、检验规则及标志、包装、运输和贮存。适用于转杯纺纱机转杯
FZ/T 93054—2019	转杯纺纱机	分梳辊	2019-12-24	2020-07-01	规定了转杯纺纱机分梳辊的分类、标记和参数、要求、试验方法、检验规则及标志、包装、运输和贮存。适用于转杯纺纱机分梳辊
FZ/T 93058—2017	前纺设备自调匀整装置		2017-04-21	2017-10-01	规定了前纺设备自调匀整装置的要求、试验方法、检验规则和标志、包装、贮存。本标准主要适用于前纺设备的自调匀整装置
FZ/T 93059—2015	并纱机		2015-07-14	2016-01-01	规定了并纱机的分类及参数、要求、试验方法、检验规则及标志、包装和贮存。适用于棉型纤维、化学纤维及其混纺纱线并合用的并纱机
FZ/T 93063—2004	空心锭花式捻线机		2004-12-14	2005-06-01	规定了空心锭花式捻线机的主要规格、基本参数、技术要求、试验方法、检验规则及包装、运输、贮存。适用于生产各种纤维型、纱线型的缠眼及控制型花式纱的空心锭花式捻线机。不适用于空心锭花式包覆纱
FZ/T 93064—2017	棉粗纱机牵伸下罗拉		2017-04-21	2017-10-01	规定了棉粗纱牵伸下罗拉的分类、要求、试验方法、检验规则及标志、包装、运输和贮存。本标准主要适用于棉粗纱机牵伸装置中具有沟槽或滚花形状的下罗拉
FZ/T 93066—2007	梳棉机用齿条盖板针布		2007-05-29	2007-11-01	规定了梳棉机用齿条盖板针布的术语和定义、分类与标记、要求、试验方法、检验规则、储存。适用于固定在梳棉机锡林前、后和刺辊上、下的齿条盖板针布
FZ/T 93067—2010	环锭细纱机用锭带		2010-08-16	2010-12-01	规定了环锭细纱机用锭带的分类和标记、要求、试验方法、检验规则、包装、标志和储存。适用于棉、毛、麻、化纤及混纺环锭细纱机由滚盘传动锭子用锭带，也适用于其他纺织机械传动用纯织物锭带。不适用于棉纺环锭细纱机由滚盘传动锭子用纯织物锭带
FZ/T 93068—2010	集聚纺纱用网格圈		2010-08-16	2010-12-01	规定了集聚纺纱用网格圈的术语和定义、分类、要求、试验方法、检验规则、包装、标志、储存。适用于棉、毛、麻、化纤及混纺集聚纺纱用网格圈

续表

标准号	标准名称	发布日期	实施日期	适用范围
FZ/T 93069—2010	转杯纺纱机 转杯轴承	2010-12-29	2011-04-01	规定了转杯纺纱机转杯轴承(直接式)的参数、标记、要求、试验方法、检验规则及标志、包装、运输、贮存。适用于转杯纺纱机转杯轴承
FZ/T 93070—2010	转杯纺纱机 分梳辊轴承	2010-12-29	2011-04-01	规定了转杯纺纱机分梳辊轴承的参数和标记、要求、试验方法、检验规则及标志、包装、运输、贮存。适用于转杯纺纱机分梳辊轴承
FZ/T 93071—2010	一步法数控复合捻线机	2010-12-29	2011-04-01	规定了一步法数控复合捻线机的术语和定义、基本参数及主要特性、要求、试验方法、检验规则及标志、包装、运输、贮存。适用于一台机器上一次完成制线的一步法数控复合捻线机。一步法数控复合捻线机亦可参照执行。等为原料、初捻、复捻两道工序在一台机器上一次完成制线的一步法数控复合捻线机。一步法复合捻线机亦可参照执行
FZ/T 93072—2011	棉花异纤分检机	2011-12-20	2012-07-01	规定了棉花异纤分检机的适用型式、要求、试验方法、检验规则、标志、包装、运输、贮存。适用于棉流速度在16m/s以下、产量在600kg/h以下的清梳联或成卷工艺流程中自动去除异纤的设备
FZ/T 93073—2011	集聚纺纱装置	2011-12-20	2012-07-01	规定了集聚纺纱(紧密纺纱)装置的术语和定义、分类和标记、要求、试验方法、检验规则、标志、运输、贮存。适用于棉纺环锭细纱机用集聚纺纱装置
FZ/T 93076—2011	环锭细纱机用导纱钩支承板	2011-12-20	2012-07-01	规定了环锭细纱机用导纱钩支承板的术语和定义、分类和标记、要求、试验方法、检验规则、标志、运输、储存。适用于环锭细纱机用导纱钩支承板
FZ/T 93077—2011	环锭细纱机用导纱钩	2011-12-20	2012-07-01	规定了环锭细纱机用导纱钩的术语和定义、分类和标记、要求、试验方法、检验、规则、标志、运输、储存。适用于环锭细纱机用导纱钩
FZ/T 93079—2012	转杯纺纱机 减震套	2012-05-24	2012-11-01	规定了转杯纺纱机减震套的分类、参数和标记、要求、试验方法、检验规则及标志、包装、运输、贮存。适用于转杯纺纱机的转杯用减震套
FZ/T 93080—2012	转杯纺纱机 压轮轴承	2012-05-24	2012-11-01	规定了转杯纺纱机压轮轴承的分类、参数和标记、要求、试验方法、检验规则及标志、包装、运输、贮存。适用于转杯纺纱机对龙带起起压紧、支撑和导向作用的压轮的轴承

续表

标准号	标准名称	发布日期	实施日期	适用范围
FZ/T 93082—2012	半精纺梳理机	2012-05-24	2012-11-01	规定了半精纺梳理机的型式与基本参数、要求、试验方法、检验规则及标志、包装、运输和贮存。适用于梳理经过初步开松、混合的天然纤维、化学纤维以及它们混合料的半精纺梳理机
FZ/T 93086.1—2012	集聚纺纱用网格圈试验方法 第1部分：内周长	2012-12-28	2013-06-01	规定了测量集聚纺纱用网格圈内周长的试验仪器、试样、条件、步骤和结果。适用于测量棉、毛、麻、化纤及其混纺集聚纺纱用网格圈内周长
FZ/T 93086.2—2012	集聚纺纱用网格圈试验方法 第2部分：空隙率	2012-12-28	2013-06-01	规定了测试集聚纺纱用网格圈空隙率的试验原理、试样、条件、步骤和结果
FZ/T 93087—2013	转杯纺纱机 假捻盘	2013-07-22	2013-12-01	适用于测试棉、毛、麻、化纤及其混纺集聚纺纱用网格圈空隙率
FZ/T 93088—2014	棉纺悬锭自动落纱粗纱机	2014-05-06	2014-10-01	规定了棉纺悬锭自动落纱粗纱机的分类、规格和参数、要求、试验方法、检验规则及标志、包装、运输、贮存。适用于棉及纤维长度在65mm以下化纤等其他纤维的纯纺、混纺的棉纺悬锭自动落纱粗纱机
FZ/T 93089—2014	喂棉箱	2014-05-06	2014-10-01	规定了喂棉箱的分类、参数、要求、试验方法、检验规则、标志、包装、运输和贮存。适用于棉纺、非织造布梳理机的喂棉箱
FZ/T 93090—2014	预分梳板	2014-05-06	2014-10-01	规定了预分梳板的分类及参数、要求、试验方法、检验规则、标志、包装、运输和贮存。适用于梳棉机、开清棉机及其他梳理机的预分梳板
FZ/T 93092—2014	纺织机械 高速绕线机	2014-07-09	2014-11-01	规定了纺织机械高速绕线机的基本参数和主要特性、要求、试验方法、检验规则、标志、包装、运输和贮存。适用于手绣花线、缝纫线等成品线卷绕成筒的手动换管型和自动换管型高速绕线机
FZ/T 93095—2015	开棉机	2015-07-14	2016-01-01	规定了开棉机的分类、规格及参数、要求、试验方法、检验规则以及标志、包装、运输、贮存。适用于对棉及棉型纤维和中长纤维进行预开松，除杂的非持握喂入的开棉机，同时，也适用于混开棉机的开松部分

续表

标准号	标准名称	发布日期	实施日期	适用范围
FZ/T 93096—2015	棉精梳机 钳板	2015-07-14	2016-01-01	规定了精梳机钳板的分类、组成和参数、要求、试验方法、检验规则、标志、包装、运输和贮存。适用于设计速度不小于每分钟300钳次的棉精梳机钳板
FZ/T 93098—2017	清梳联合机	2017-04-21	2017-10-01	规定了清梳联合机的分类和界定、参数、要求、试验方法、检验规则、标志、包装、运输和贮存。适用于加工棉纤维和棉型化学纤维纯纺的清梳联合机,加工其他种类纤维的清梳联合机也可参照采用
FZ/T 93100—2017	环锭纺落纱机用纱管箱	2017-11-07	2018-04-01	规定了环锭纺落纱机用纱管箱的分类和规格及参数、要求、试验方法、检验规则及标志、包装、运输和贮存。适用于环锭纺纱落纱小车用塑料纱管箱
FZ/T 93101—2017	混棉机	2017-11-07	2018-04-01	规定了多仓混棉机的主要规格、基本参数、技术要求、试验方法、检测规则及标志、包装、运输、贮存。主要适用于对棉、化纤短纤维和棉型中长纤维进行混合和开松的混棉机
FZ/T 93102—2017	清棉机	2017-11-07	2018-04-01	规定了清棉机的主要规格、基本参数、技术要求、试验方法、检测规则及标志、包装、运输、贮存。主要适用于去除细小杂质,并制成符合质量要求的均匀棉卷或棉流清棉机
FZ/T 93103—2018	纺纱器	2018-10-22	2019-04-01	规定了纺纱器的分类、参数、要求、试验方法、检验规则、标志、包装、运输、贮存。适用于转杯纺纱机用纺纱器
FZ/T 93104—2018	粗细联输送系统	2018-10-22	2019-04-01	规定了粗细联输送系统术语和定义、分类、标记和参数、要求、试验方法、检验规则、标志、包装、运输、贮存、满管空、尾纱清理的粗细联输送系统。适用于粗纱机与细纱机之间粗纱的输送、存储系统
FZ/T 93108—2019	粗纱尾纱自动清除机	2019-12-24	2020-07-01	规定了粗纱尾纱自动清除机的分类、标记和参数、要求、试验方法、检验规则、标志、包装、运输和贮存。适用于将粗纱管上的残余尾纱自动清除的清除机
FZ/T 93109—2019	高强线用数控捻线机	2019-12-24	2020-07-01	规定了高强线用数控捻线机的术语和定义、基本参数、结构特征及技术特性、要求、试验方法、检验规则,以及标志、包装、运输和贮存。适用于生产以涤纶、锦纶、丙纶、芳纶及聚乙烯丝等为原料的高强线用数控捻线机

续表

标准号	标准名称	发布日期	实施日期	适用范围
FZ/T 94025—2011	有边筒子络丝机	2011-05-18	2011-08-01	规定了有边筒子络丝机的产品分类、基本参数、要求、试验方法、检验规则及标志、包装、运输、贮存等要求。适用于真丝有边筒管络筒的有边筒子络丝机，也适用于人造丝、合纤丝有边筒管络筒的有边筒子络丝机
FZ/T 94045—1997	空气捻接器	1997-08-21	1997-10-01	规定了空气捻接器的产品分类、技术要求、试验方法、检验规则和标志、包装、运输、贮存。适用于络筒机和自动络筒机络纱时，纱线断头后进行无结纱线接头的手动式、自动式的空气捻接器，也适用于棉、毛、麻、化纤短纤维及混纺纱等品种
FZ/T 96021—2010	倍捻机	2010-12-29	2011-04-01	规定了倍捻机的分类、参数、要求、试验方法、检验规则、及标志、包装、运输、贮存。适用于棉、毛、麻、绢、丝、化纤等纯纺及混纺加捻的倍捻机
FZ/T 98001—2009	电容式条干均匀度仪	2010-01-20	2010-06-01	规定了电容式条干均匀度仪的产品规格、技术要求、试验方法、检验规则及标志、包装、运输和贮存的要求。适用于采用电容检测法测量纱条线密度不匀纯纺纱条的通用条干仪。适用于纺织工业测量棉、毛、麻、绢、化纤短纤维的混纺纱及不匀的生丝、化学纤维长丝等以及不匀的线密度的结构和特征
FZ/T 98003—2017	电子清纱器	2017-04-21	2017-10-01	规定了电子清纱器的术语和定义、产品分类、技术要求、试验方法、检验规则、标志、包装、贮存等内容。适用于与纺织机械配套使用的光电式电子清纱器、电容式电子清纱器和光电电容式电子清纱器
FZ/T 98006—2009	绕纱测长仪	2010-01-20	2010-06-01	规定了绕纱测长仪的基本功能和参数、要求、试验方法、检验规则、标志、包装、运输和贮存。适用于采用卷绕方式测量多种纱线长度的绕纱测长仪

【织造部分】

标准号	标准名称	发布日期	实施日期	适用范围
FZ/T 01003—1991	涂层织物　厚度试验方法	1991-05-15	1991-05-16	规定了涂层织物厚度的测定方法。适用于各种类型基布的单面、双面涂层织物厚度的测定

续表

标准号	标准名称	发布日期	实施日期	适用范围
FZ/T 01004—2008	涂层织物 抗渗水性的测定	2008-04-23	2008-10-01	规定了在固定的时间周期内对涂层织物施加静水压时,测定涂层织物抗渗水性的方法。适用于涂层织物,其他防水织物可参照执行
FZ/T 01006—2008	涂层织物 涂层厚度的测定	2008-04-23	2008-10-01	规定了用显微镜测量涂层织物中涂层厚度的方法。适用于测定各种类型的涂层织物中各层涂层的厚度
FZ/T 01007—2008	涂层织物 耐低温性的测定	2008-04-23	2008-10-01	规定了涂层织物耐低温性能的方法,包括低温冲击试验和极限脆化温度的测定。适用于在室温下试样弯曲而成试验状态而不损伤的涂层织物。本标准提供两种不同参数的试验(参数A和参数B),试验结果之间不具备可比性,应根据需要选用
FZ/T 01008—2008	涂层织物 耐热空气老化性的测定	2008-04-23	2008-10-01	规定了通过加速老化来测定涂层织物性能变化的四种方法。适用于各类涂层织物
FZ/T 01009—2008	纺织品 织物透光性的测定	2008-03-12	2008-09-01	规定了采用可见分光光度仪测定织物可见光(380~780nm)透射率总量的方法。适用于片状纺织产品
FZ/T 01010—2012	涂层织物 涂层剥离强力的测定	2012-12-28	2013-06-01	规定了涂层织物涂层剥离强力的测定方法。适用于各类涂层织物
FZ/T 01020—1992	纺织品 机织物的描述	1992-03-12	1992-10-01	本标准提供了一系列机织物特性参数和在不同的加工工序中机织物的构成,以及织物的加工方法。本标准所列举的参数不是唯一的,可根据需要增加或删减。适用于除地毯外的所有机织物
FZ/T 01028—2016	纺织品 燃烧性能 水平方向燃烧速率的测定	2016-10-22	2017-04-01	规定了水平方向织物采用底边点火测定燃烧性能的试验方法。适用于各类织物及其制品
FZ/T 01033—2012	绒毛织物单位面积质量和含(覆)绒率的测定方法	2012-12-28	2013-06-01	规定了绒毛类织物单位面积质量和公定回潮率下三种状态的指标表示方法。适用于有绒毛和地组织(底布)结构的绒毛类织物,如长毛绒、驼绒、人造毛皮、丝绒、织(制)绒布、地壁(壁)毯等。不适用于拉绒、磨毛等起绒类织物

续表

标准号	标准名称	发布日期	实施日期	适用范围
FZ/T 01034—2008	纺织品　机织物拉伸弹性试验方法	2008-03-12	2008-09-01	规定了机织物拉伸弹性的测定方法。适用于机织物
FZ/T 01035—2014	纺织品　标示线密度的通用制（特克斯制）	2014-10-14	2015-04-01	规定了表示线密度的特克斯（Tex）制的原则和单位。附录 A 和附录 B 分别给出了由其他单位制的支数或其纤度计算特克斯（tex）值的换算关系，以及在贸易上、工业上推行特克斯制的步骤。适用于各类纺织纤维、半制品（如条子、粗纱）、纱线及类似结构的纺织材料
FZ/T 01038—1994	纺织品防水性能　淋雨渗透性试验方法	1994-10-07	1995-04-01	规定了纺织品防水性能淋雨渗透性的试验方法。适用于测定一些经过和未经过防水整理或拒水纺织品的淋雨渗透性
FZ/T 01041—2014	绒毛织物绒毛长度和绒毛高度的测定	2014-10-14	2015-04-01	规定了测定绒毛织物绒毛长度和绒毛高度的两种方法，即直量法和仪器法。适用于各类有绒毛和地组织（底布）结构的绒绒类绒毛织物，如长毛绒、人造毛皮、丝绒、灯芯绒、平绒等。不适用于拉绒、磨毛起绒类织物
FZ/T 01047—1997	目测评定纺织品色牢度用标准光源条件	1997-05-26	1998-01-01	规定了检验纺织品色牢度用标准光源、照明观察、环境与底色等条件。适用于纺织品色牢度的目测评定
FZ/T 01049—1997	纯棉产品的标志	1997-05-26	1998-01-01	规定了纯棉产品的标志的图案及其要求，为标识高品质的纯棉产品提供了标志依据及使用说明。适用于各种高品质的纯棉产品
FZ/T 01052—1998	涂层织物　抗扭曲弯挠性能的测定	1998-03-24	1998-10-01	规定了涂层织物抗扭曲弯挠性能的测定方法。适用于涂层织物
FZ/T 01054—2012	织物表面摩擦性能的试验方法	2012-12-28	2013-06-01	规定了织物表面摩擦性能的测定方法。适用于机织物及制品
FZ/T 01059—2014	织物摩擦静电吸附性能试验方法	2014-12-24	2015-06-01	规定了由摩擦静电引起的织物吸附性能的测定方法。适用于各类纺织物

续表

标准号	标准名称	发布日期	实施日期	适用范围
FZ/T 01063—2008	涂层织物　抗粘连性的测定	2008-03-12	2008-09-01	规定了涂层织物抗粘连性的测定方法。适用于各类涂层织物。如希望采用不同本标准规定的其他试验条件，则可由合同双方协商确定，但应在试验报告中说明不同之处
FZ/T 01065—2008	涂层及涂料染色和印花织物耐有机溶剂性的测定	2008-03-12	2008-09-01	规定了测定织物耐有机溶剂性的两种方法，方法A为静态法，方法B为动态法。适用于各种基布的涂层织物，涂料染色和印花织物
FZ/T 01068—2009	评定纺织品白度用白色样卡	2010-02-21	2010-06-01	规定了纺织品试验中评定白度的白色样卡及其使用方法，纱线和散纤维的白度可参照使用。本标准提供了白色样卡的各等级精确白度值，可以作为永久记录以供新制作的白色样卡，以及在储存或使用中可能发生变化的白色样卡对比之用
FZ/T 01071—2008	纺织品　毛细效应试验方法	2008-03-12	2008-09-01	规定了测定纺织品毛细效应的方法。适用于长丝、纱线、绳索、织物及纺织制品。不适用于短纤维
FZ/T 01096—2006	纺织品　耐光色牢度试验方法：碳弧	1987-12-10	2006-10-11	适用于测定各类纺织品的颜色耐人造光（代替天然日光）作用的能力
FZ/T 01097—2006	织物光泽测试方法	1988-02-13	2006-10-11	适用于具有各种纹路结构及不同颜色的织物，但不适用于长丝纺织物
FZ/T 01099—2008	纺织颜色体系	2008-03-12	2008-09-01	规定了用颜色三属性—色相、明度、彩度确定纺织颜色标号。适用于纺织品设计、加工，使用等领域中对颜色的定量表示，是确定颜色的定量表示、传递、交流和识别的依据，是制作纺织颜色体系实物样册的基础。也可用于相关的设计、装潢装饰等行业的颜色定量表示
FZ/T 01113—2012	织物小变形剪切性能的试验方法	2012-12-28	2013-06-01	规定了测试织物在小变形下剪切性能的试验方法。适用于各类织物
FZ/T 01114—2012	织物低应力拉伸性能的试验方法	2012-12-28	2013-06-01	规定了在低应力下测定织物拉伸性能的方法。适用于各类织物

续表

标准号	标准名称	发布日期	实施日期	适用范围
FZ/T 01115—2012	织物表面粗糙性能的试验方法	2012-12-28	2013-06-01	规定了织物表面粗糙性能的测定方法。适用于织物及制品
FZ/T 01116—2012	纺织品　磁性能的检测和评价	2012-12-28	2013-06-01	规定了测试纺织品磁性能的方法，并给出了加载磁粉织品磁性能的评价指标。适用于各类纺织物及其制品
FZ/T 01117—2012	纺织品　防穿刺性能的测定有刃刀具法	2012-12-28	2013-06-01	规定了采用有刃刀具法测定纺织品防穿刺性能的试验方法。适用于具有防穿刺性能的纺织品，其他产品可参照使用
FZ/T 01118—2012	纺织品　防污性能的检测和评价易去污性	2012-12-28	2013-06-01	规定了采用洗涤法和擦拭法测定纺织品易去污性的两种试验方法，并给出了易去污性的评价指标。适用于各类纺织物及其制品。根据产品种类和用途，可选择一种或两种方法。使用不同的沾污物和方法所得试验结果不具可比性
FZ/T 01121—2014	纺织品　耐磨性能试验平磨法	2014-07-09	2014-11-01	规定了采用平磨法测定织物耐磨性能的试验方法。适用于大多数织物，不适用于长毛毛绒类、摇粒绒等织物的线面测试
FZ/T 01122—2014	纺织品　耐磨性能试验曲磨法	2014-07-09	2014-11-01	规定了采用曲磨法测定织物耐磨性的试验方法。适用于大多数织物，不适用于摩擦时产生变形后难于变形恢复的织物
FZ/T 01123—2014	纺织品　耐磨性能试验折边磨法	2014-07-09	2014-11-01	规定了采用折边磨试验仪和马丁代尔耐磨试验仪两种耐磨性能的方法。方法A（折边磨试验仪）适用于大多数织物，不适用于长毛毛绒类、摇粒绒等织物的线面测试；方法B（马丁代尔耐磨试验仪）适用于大多数织物，不适用于弹性较大的织物
FZ/T 01124—2014	纺织品　抗酸碱溶液透性能试验方法	2014-12-24	2015-06-01	规定了在短时间喷射、流动条件下，纺织品抗酸碱液体渗透性能的试验方法。适用于各类纺织物
FZ/T 01128—2014	纺织品　耐磨性能的测定双轮磨法	2014-12-24	2015-06-01	规定了采用双轮磨仪测定织物耐磨性能的试验方法。适用于各种织物
FZ/T 01139—2017	纺织品　防微波性能试验方法　矩形波导管法	2017-04-21	2017-10-01	规定了采用矩形波导管法测定纺织品防微波（0.32～26.7GHz）性能的试验方法。适用于各类织物

续表

标准号	标准名称	发布日期	实施日期	适用范围
FZ/T 01143—2018	涂层织物　低温耐折性能试验方法	2018-10-22	2019-04-01	规定了在低温条件下，涂层织物耐折性能的试验方法。适用于厚度不大于3mm 的涂层织物
FZ/T 01145—2018	纺织品　机织物交织阻力试验方法	2018-12-21	2019-07-01	规定了测定机织物交织阻力的试验方法。适用于能从织物中抽出单根纱线的机织物，提花织物，花式线织物和绒毯类织物除外
FZ/T 01146—2018	纺织品　织物起拱变形试验方法	2018-12-21	2019-07-01	规定了织物起拱变形的三种测试方法，即压力拉伸法，定伸长拉伸法和拉伸回复法。主要适用于机织物和针织物，其他类型织物可参照执行
FZ/T 01147—2018	纺织品　织物平整度试验方法	2018-12-21	2019-07-01	规定了织物平整度的测试方法。主要适用于机织物和针织物，不适用于经洗涤处理后的织物及具有特殊设计的织物，如提花，褶皱，蓬松类织物等
FZ/T 01149—2019	纺织品　防风透湿性能的评定	2019-12-24	2020-07-01	规定了纺织品防风透湿性能的术语和定义，试验方法。适用于各类织物及其制品
FZ/T 01151—2019	纺织品　织物耐磨性能试验方法　加速摩擦法	2019-11-11	2020-04-01	规定了采用加速摩擦试验测定织物耐磨性能的方法。适用于各种织物织物及其制品
FZ/T 10003—2011	帆布织物试验方法	2011-05-18	2011-08-01	规定了帆布织物的长度，幅宽，密度，断裂强力和断裂伸长率，单位面积干燥质量以及干热收缩率的试验方法。适用于有梭和无梭织机织造的帆布织物的测定
FZ/T 10004—2018	棉及化纤纯纺，混纺本色布检验规则	2018-10-22	2019-04-01	规定了棉及化纤纯纺，混纺本色布的验收，检验项目和试验方法，抽样方法，检验评定，复验，检验报告。适用于以棉，化纤，其他纤维纯纺或混纺的本色纱线为原料，机织制成的织物。其他织物可参照执行
FZ/T 10005—2018	棉及化纤纯纺，混纺印染布检验规则	2018-04-30	2018-09-01	规定了棉及化纤纯纺，混纺印染布的验收，检验项目和试验方法，抽样方法，检验评定，复验，检验报告。适用于以棉，化纤，其他纤维纯纺或混纺的本色纱线为原料，机织生产的各类漂白，染色和印花的印染布
FZ/T 10006—2017	本色布棉结杂质疵点格率检验方法	2017-11-07	2018-04-01	规定了本色布棉结杂质疵点格率的检验方法。适用于以棉，化纤，其他纤维纯纺或混纺制成的本色纱线为原料，机织制成的印染布，化纤制成的织物可参照执行

续表

标准号	标准名称	发布日期	实施日期	适用范围
FZ/T 10014—2011	纺织上浆用聚丙烯酸类浆料试验方法 pH值测定	2011-05-18	2011-08-01	规定了纺织上浆用聚丙烯酸类浆料 pH 测定的试验方法。适用于纺织上浆用聚丙烯酸类浆料 pH 的测定
FZ/T 10015—2011	纺织上浆用聚丙烯酸类浆料试验方法 玻璃化温度测定 差示扫描量热法（DSC）	2011-05-18	2011-08-01	规定了纺织上浆用聚丙烯酸类浆料玻璃化温度测定的试验方法。适用于纺织上浆用聚丙烯酸类浆料玻璃化温度的测定
FZ/T 10016—2020	纺织经纱上浆用聚丙烯酸类浆料 不挥发物含量测定	2020-12-09	2021-04-01	规定了纺织经纱上浆用聚丙烯酸类浆料不挥发物含量测定的试验方法。适用于纺织经纱上浆用聚丙烯酸类浆料
FZ/T 10017—2011	纺织上浆用聚丙烯酸类浆料试验方法 残留单体含量测定	2011-05-18	2011-08-01	规定了纺织上浆用聚丙烯酸类浆料残留单体含量测定的试验方法。适用于纺织上浆用聚丙烯酸类浆料残留单体含量的测定
FZ/T 10018—2011	纺织上浆用聚丙烯酸类浆料试验方法 浆膜碱溶性测定	2011-05-18	2011-08-01	规定了纺织上浆用聚丙烯酸类浆料浆膜碱溶性测定的试验方法。适用于纺织上浆用聚丙烯酸类浆料浆膜碱溶性的测定
FZ/T 10019—2011	纺织上浆用聚丙烯酸类浆料试验方法 浆膜吸水率测定	2011-05-18	2011-08-01	规定了纺织上浆用聚丙烯酸类浆料浆膜吸水率测定的试验方法。适用于纺织机织上浆用聚丙烯酸类浆料浆膜吸水率的测定
FZ/T 10020—2020	纺织经纱上浆用聚丙烯酸类浆料黏度测定	2020-12-09	2021-04-01	规定了纺织经纱上浆用聚丙烯酸类浆料黏度测定的试验方法。适用于纺织经纱上浆用聚丙烯酸类浆料
FZ/T 10022—2013	纺织上浆用浆料的化学需氧量/五日生化需氧量试验方法	2013-10-17	2014-03-01	规定了纺织上浆用浆料的化学需氧量（COD）/五日生化需氧量（BOD_5）测定的方法。适用于纺织上浆用浆料的化学需氧量（COD）/五日生化需氧量（BOD_5）的测定。本标准对被检测浆料制成的试样，其化学需氧量（COD）测定下限为15mg/L，测定上限为1000mg/L，其氯离子浓度不应大于1000mg/L；对于化学需

续表

标准号	标准名称	发布日期	实施日期	适用范围
FZ/T 10022—2013	纺织上浆用浆料的化学需氧量/五日生化需氧量的检测试验方法	2013-10-17	2014-03-01	氧量（COD）大于1000mg/L或氯离子含量大于1000mg/L的试样，可经适当稀释后进行测定。本标准对被检测浆料制成的试样，其化学需氧量（BOD$_5$）的测量范围是2~6000mg/L；对于生化需氧量（BOD$_5$）大于6000mg/L的试样，可经适当稀释后进行测定
FZ/T 13001—2013	色织牛仔布	2013-10-17	2014-03-01	规定了色织牛仔布的术语和定义、要求、布面疵点评分、试验（检验）方法、检验规则、包装、标志、运输和贮存。适用于以天然纤维、化学纤维为原料的各类纯纺、混纺和交织的服装用色织机织牛仔布、色织弹力牛仔布。不适用于色织提花牛仔布等织物
FZ/T 13002—2014	棉本色帆布	2014-05-06	2014-10-01	规定了棉本色帆布的术语和定义、分类、要求、布面疵点的评分、试验方法、检验规则、包装、标志、运输和贮存。适用于鉴定服装用、鞋用、家居用棉本色帆布的品质
FZ/T 13004—2015	黏胶纤维本色布	2015-07-14	2016-01-01	规定了黏胶纤维本色布的分类、要求、布面疵点的评分、试验方法、检验规则、标志、包装、运输和贮存。适用于机织生产的黏胶纤维本色布（大提花类织物除外）
FZ/T 13005—2018	大提花棉本色布	2018-10-22	2019-04-01	规定了大提花棉本色布的分类、要求、试验和检验方法、检验规则、标志、包装、运输和贮存。适用于机织生产的大提花棉本色布
FZ/T 13007—2016	色织棉布	2016-10-22	2017-04-01	规定了色织棉布的术语和定义、要求、布面疵点评分、试验方法、检验规则、包装、标志、运输和贮存。适用于服装、家幼用色织棉布（包括纱类织物）的品质
FZ/T 13008—2018	经平绒棉本色布	2018-10-22	2019-04-01	规定了经平绒棉本色布的术语和定义、分类、标志、要求、试验和检验方法、分类、检验规则、包装、运输和贮存。适用于机织生产的、割绒后经平绒棉本色布。其他短纤维原料纯纺或混纺经平绒本色布可参照执行

续表

标准号	标准名称	发布日期	实施日期	适用范围
FZ/T 13009—2016	色织泡泡布	2016-10-22	2017-04-01	规定了色织泡泡布的术语和定义、技术要求、布面疵点评分规定、试验方法、检验规则、包装、标志、运输和贮存。适用于服饰、家纺用纯棉、其他棉涤混纺的非弹力交织色织泡泡布
FZ/T 13011—2013	色织涤黏混纺布	2013-10-17	2014-03-01	规定了色织涤黏混纺布的术语和定义、要求、布面疵点评分、试验方法、检验规则、包装、标志、运输和贮存。适用于鉴定涤黏色织的服装、家纺类（包括纱类织物）色织物的品质。以涤纶为主与其他化学纤维混纺、交织的色织产品可参照使用
FZ/T 13012—2014	普梳涤与棉混纺本色布	2014-12-24	2015-06-01	规定了普梳涤与棉混纺本色布产品分类、要求、布面疵点的评分、试验方法、检验规则、标志、包装、运输和贮存。适用于机织生产用、工业研磨用的普梳涤与棉混纺本色布。不适用于大提花织物及其他特殊用途织物
FZ/T 13014—2014	棉维混纺本色布	2014-10-14	2015-04-01	规定了棉维混纺本色布（棉含量在50%及以上）的产品分类、要求、布面疵点的评分、试验方法、检验规则、标志、包装、运输和贮存。适用于机织生产的棉维混纺本色布。不适用于大提花类、割绒类织物
FZ/T 13018—2014	莱赛尔纤维本色布	2014-10-14	2015-04-01	规定了莱赛尔纤维本色布的产品分类、要求、布面疵点的评分、试验方法、检验规则和标志、包装、运输、贮存。适用于机织生产的莱赛尔纤维本色布（包含纯纺、与棉混纺、交织）。不适用于大提花类、割绒类织物及产业用
FZ/T 13019—2007	色织氨纶弹力布	2007-05-29	2007-11-01	规定了色织氨纶弹力布的术语和定义、要求、试验方法、检验规则、标志和包装。适用于鉴定以化学纤维为原料生产的各类服装用机织氨纶弹力布（包括色织氨纶弹力牛仔布）的品质
FZ/T 13020—2016	纱罗色织布	2016-10-22	2017-04-01	规定了纱罗色织布的术语和定义、要求、布面疵点评分规定、试验方法、检验规则、标志、包装、运输和贮存。适用于各类服装、家纺用以棉、麻或化学纤维为原料生产的纱罗色织布

续表

标准号	标准名称	发布日期	实施日期	适用范围
FZ/T 13021—2019	棉氨纶弹力本色布	2019-11-11	2020-04-01	规定了棉氨纶弹力本色布的术语和定义、分类、要求、试验和检验方法、检验规则、标志、包装、运输和贮存。适用于机织生产的棉氨纶弹力本色布，其他同类织物可参照执行
FZ/T 13023—2018	莫代尔纤维本色布	2018-12-21	2019-07-01	规定了莫代尔纤维本色布的分类、要求、试验和检验方法、检验规则、标志、包装、运输和贮存。适用于机织生产的莫代尔纤维本色布，大提花莫代尔纤维本色布、莫代尔纤维纱线与棉混纺交织本色布可参照执行
FZ/T 13024—2020	同位芳纶本色布	2020-04-16	2020-10-01	规定了同位芳纶本色布的分类和标识、要求、试验和检验方法、检验规则、标志、包装、运输和贮存。适用于机织生产的同位芳纶本色布。同位芳纶与其他阻燃纤维混纺纱纺的本色布可参照执行
FZ/T 13025—2012	精梳棉黏混纺本色布	2012-12-28	2013-06-01	规定了精梳棉黏混纺本色布的分类、要求、布面疵点的评分、试验方法、检验规则、标志、包装和运输、贮存。适用于鉴定机织生产的精梳棉与黏胶纤维混纺或交织本色布的品质。不适用于大提花织物及特殊用途织物
FZ/T 13026—2013	棉强捻本色绉布	2013-07-22	2013-12-01	规定了棉强捻本色绉布的术语和定义、分类、要求、布面疵点的评分、试验方法、检验规则、标志、包装和运输、贮存。适用于鉴定机织生产的棉强捻本色绉布的品质。不适用于大提花织物及特殊用途织物
FZ/T 13027—2013	高支高密色织布	2013-10-17	2014-03-01	规定了高支高密色织布的术语和定义、要求、检验测试方法、检验规则和包装、标志。适用于鉴定供服装、家纺用（纯棉及棉涤混纺）交织的高支高密色织布的品质
FZ/T 13029—2014	棉竹节本色布	2014-05-06	2014-10-01	规定了棉竹节本色布的术语和定义、分类、要求、布面疵点的评分、试验方法、检验规则、标志、包装、运输和贮存。适用于鉴定机织生产的棉竹节本色布的品质。不适用于大提花织物及特殊用途织物
FZ/T 13030—2014	黏胶纤维纱线与涤纶长丝交织本色布	2014-10-14	2015-04-01	规定了黏胶纤维纱线与涤纶长丝本色布的产品分类、要求、布面疵点的评分、试验方法、检验规则、标志、包装和贮存。适用于机织生产的黏胶纤维纱线与涤纶长丝交织本色布。其他再生纤维素纤维纱线与涤纶长丝交织本色布可参照执行

续表

标准号	标准名称	发布日期	实施日期	适用范围
FZ/T 13031—2015	竹浆黏胶纤维与涤纶混纺本色布	2015-07-14	2016-01-01	规定了竹浆黏胶纤维与涤纶混纺本色布（竹浆黏胶纤维含量在 50% 及以上）的术语和定义、分类、要求、布面疵点评分、试验方法、检验规则、标志、包装、运输和贮存。适用于机生产的竹浆黏胶纤维与涤纶混纺本色布（大提花织物除外），竹浆黏胶纤维线密度在 1.1～2.1dtex，涤纶线密度 0.9dtex 以下
FZ/T 13033—2016	棉与涤纶长丝交织本色布	2016-10-22	2017-04-01	规定了棉与涤纶长丝交织本色布的分类、要求、试验和检验方法、检验规则、标志、包装、运输和贮存。适用于经向为棉纱线、纬向为涤纶低弹丝、机织生产的本色布
FZ/T 13034—2016	精梳棉与羊毛混纺本色布	2016-10-22	2017-04-01	规定了精梳棉与羊毛混纺本色布（羊毛含量在 50% 以下）的术语和定义、分类、要求、试验和检验规则、标志、包装、运输和贮存。适用于机生产的精梳棉与羊毛混纺本色布。经向为精梳棉纱线、纬向为精梳棉与羊毛混纺纱线，机织本色布可参照执行
FZ/T 13035—2016	涤纶本色色布	2016-10-22	2017-04-01	规定了涤纶本色色布的分类、要求、试验和检验方法、检验规则、标志、包装、运输和贮存。适用于涤纶短纤纺纱、机织生产涤纶本色色布（特种用布除外）
FZ/T 13036—2016	色织弹力牛仔布	2016-10-22	2017-04-01	规定了色织弹力牛仔布的术语和定义、分类、要求、布面疵点评分、试验方法、检验规则、包装、标志、运输和贮存。适用于含有氨纶弹性纤维或其他弹性纤维的纯纺、混纺和交织的色织弹力牛仔布。不适用于色织非弹力牛仔布、针织牛仔布等织物
FZ/T 13037—2016	涂层色织牛仔布	2016-10-22	2017-04-01	规定了涂层色织牛仔布的术语和定义、分类、要求、试验方法、检验规则及标志、包装、运输和贮存。适用于服饰和家纺用涂层色织牛仔布
FZ/T 13038—2016	植绒色织牛仔布	2016-10-22	2017-04-01	规定了植绒色织牛仔布的术语和定义、分类、要求、试验（检验）方法、检验规则及标志、包装、运输和贮存。适用于用于服饰、家纺用植绒色织牛仔布
FZ/T 13041—2016	色织皱布	2016-10-22	2017-04-01	规定了色织皱布的术语和定义、要求、布面疵点评分、试验（检验）方法、检验规则、标志、包装、运输和贮存。适用于服饰和家纺用纯棉、棉涤混纺或交织的皱类色织布

续表

标准号	标准名称	发布日期	实施日期	适用范围
FZ/T 13042—2017	棉双层本色布	2017-11-07	2018-04-01	规定了棉双层本色布的分类、要求、试验和检验方法、检验规则、标志、包装、运输和贮存。适用于机织生产的棉双层本色布
FZ/T 13043—2017	棉与锦纶长丝交织本色布	2017-11-07	2018-04-01	规定了棉与锦纶长丝交织本色布的分类、要求、布面疵点的评分、试验和检验方法、检验规则、标志、包装、运输和贮存。适用于经向为棉纱线，纬向为锦纶6或锦纶66长丝(牵伸丝、低弹丝)，机织生产的本色布
FZ/T 13044—2017	棉氨纶本色弹力灯芯绒	2017-11-07	2018-04-01	规定了棉氨纶本色弹力灯芯绒的术语和定义、分类、要求、试验和检验方法、检验规则、标志、包装、运输和贮存。适用于机织生产、割绒前的棉氨纶本色弹力灯芯绒(包括提花灯芯绒及割纬平绒类织物)
FZ/T 13045—2017	棉锦混纺本色布	2017-11-07	2018-04-01	规定了棉锦混纺本色布的术语和定义、分类、要求、试验和检验方法、检验规则、标志、包装、运输和贮存。适用于锦纶6或锦纶66含量在50%及以下，机织生产的棉锦混纺本色布。经向或纬向为锦锦混纺纱线与棉交织本色布可参照执行
FZ/T 13046—2017	棉与涤混纺本色灯芯绒	2017-11-07	2018-04-01	规定了棉与涤混纺本色灯芯绒的术语和定义、分类、要求、试验和检验方法、检验规则、标志、包装、运输和贮存。适用于涤纶本色混纺本色布。适用于涤纶含量≤60%，机织生产、割绒前的棉与涤混纺本色灯芯绒(包括提花灯芯绒及割纬平绒类织物)
FZ/T 13047—2019	棉与腈混纺本色布	2019-11-11	2020-04-01	规定了棉与腈混纺本色布的术语和定义、要求、试验和检验方法、检验规则、标志、包装、运输和贮存。适用于机织生产的精梳棉与腈混纺本色布、大提花棉与腈混纺本色布可参照执行
FZ/T 13048—2019	棉涤纶低弹丝包芯纱本色布	2019-12-24	2020-07-01	规定了棉涤纶低弹丝包芯纱本色布的术语和定义、分类、要求、试验和检验方法、检验规则和标志、包装、运输和贮存。适用于机织生产的棉涤纶低弹丝包芯纱本色布
FZ/T 13049—2019	涤纶氨纶弹力本色布	2019-12-24	2020-07-01	规定了涤纶氨纶弹力本色布的术语和定义、分类、要求、试验和检验方法、检验规则、标志、包装、运输和贮存。适用于涤纶氨纶丝包覆氨纶弹力丝丝为原料，机织生产的涤纶氨纶弹力本色布

续表

标准号	标准名称	发布日期	实施日期	适用范围
FZ/T 13050—2020	莱赛尔纤维与黏胶纤维混纺本色布	2020-04-16	2020-10-01	规定了莱赛尔纤维与黏胶纤维混纺本色布的分类和标识、要求、试验和检验方法、检验规则、标志和包装、运输和贮存。适用于生产的莱赛尔纤维含量20%及以上的大提花莱赛尔纤维混纺本色布。莱赛尔纤维与黏胶纤维混纺本色布可参照执行
FZ/T 14020—2020	涂料染色水洗棉布	2020-04-16	2020-10-01	规定了涂料染色水洗棉布的术语和定义、分类、要求、试验和检验方法、检验规则、标志和包装、运输和贮存。适用于机织生产的涂料染色水洗棉布。其他原料可参照执行
FZ/T 15001—2017	纺织经纱上浆常用变性淀粉浆料	2017-11-07	2018-04-01	适用于机织生产的各类漂白、染色和印花的莫代尔纤维纱线与涤纶低弹丝交织印染布
FZ/T 15002—2020	纺织经纱上浆用聚丙烯酸类浆料	2020-12-09	2021-04-01	规定了纺织经纱上浆用聚丙烯酸类浆料的术语和定义、分类与标记、技术要求、试验方法、检验规则、标志、包装、运输、贮存。适用于鉴定纺织经纱上浆用聚丙烯酸类浆料
FZ/T 20021—2012	织物经汽蒸后尺寸变化试验方法	2012-05-24	2012-11-01	规定了毛织物经汽蒸后尺寸变化的试验方法。适用于毛机织物和针织物及经汽蒸处理后尺寸易变化的织物
FZ/T 20022—2010	织物褶裥持久性试验方法	2010-08-16	2010-12-01	本标准用于评定织物熨烫成形的褶裥，经洗涤干燥后的褶裥持久性。适用于纯毛、毛混纺、毛交织及仿毛织物，其他织物可参照执行
FZ/T 33001—2010	亚麻本色布	2010-08-16	2010-12-01	规定了亚麻本色布的产品品种、规格、要求、检验方法、检验规则和标志、包装、运输、贮存。适用于机织生产的服装用纯亚麻及亚麻交织本色布的品质
FZ/T 33005—2009	亚麻棉混纺本色布	2009-11-17	2010-04-01	规定了亚麻与棉混纺本色布产品品种、规格、要求、试验方法、检验规则及标志、包装、运输和贮存。适用于鉴定亚麻与棉混纺机织本色布的品质
FZ/T 33006—2006	苎麻棉混纺本色布	2006-07-10	2007-01-01	规定了苎麻棉混纺本色布的要求、试验方法检验规则及标志、包装、运输和贮存。适用于鉴定苎麻棉混纺（苎麻含量在50%及以上）本色布的品质

续表

标准号	标准名称	发布日期	实施日期	适用范围
FZ/T 33009—2010	苎麻色织布	2010-08-16	2010-12-01	规定了苎麻色织布（包括苎麻与其他纤维交织、混纺的产品）的术语和定义、要求、试验方法、检验规则及包装、标志、运输等。适用于鉴定机织类苎麻色织布的品质
FZ/T 33011—2006	亚麻黏胶混纺本色布	2006-05-06	2006-10-01	规定了亚麻黏胶混纺本色布的产品品种、规格、技术要求、布面疵点的评分、试验方法、检验规则、标志和包装。适用于鉴定亚麻黏胶混纺机织产品的品质
FZ/T 33013—2011	大麻棉混纺本色布	2011-12-20	2012-07-01	规定了大麻棉混纺本色布的产品品种、规格、要求、试验方法、检验规则和标志、包装、运输、储存。适用于鉴定大麻棉混纺（大麻含量在50%及以上）本色布的品质
FZ/T 33015—2014	竹棉棉混纺本色布	2014-07-09	2014-11-01	规定了棉型竹浆黏胶纤维和苎麻纤维总含量在55%及以上（苎麻纤维含量在15%及以上）与棉混纺本色布的要求、试验、检验规则及标志、包装、运输和贮存。适用于鉴定竹麻棉混纺本色布的品质
FZ/T 43038—2016	超细涤锦纤维双面绒丝织物	2016-04-05	2016-09-01	规定了超细涤锦纤维双面绒丝织物的术语与定义、要求、试验方法、检验规则、包装和标志。适用于评定采用超细纤维交织物的染色、印花、色织双面绒丝织物成品的品质
FZ/T 43051—2018	涤纶长丝窗帘用机织物	2018-12-21	2019-07-01	规定了涤纶长丝窗帘用机织物的术语和定义、要求、试验方法、检验规则、包装和标志。适用于评定各类窗帘用的练白、染色、印花、色织长丝纯织、或涤纶长丝与其他纱线交织机织物品质
FZ/T 60011—2016	复合织物剥离强力试验方法	2016-04-05	2016-09-01	规定了测定复合织物的剥离强力的试验方法。适用于织物与织物或织物与其他材料（如泡沫、絮片等）复合而成的织物。不适用于涂层织物
FZ/T 60030—2009	家用纺织品防霉性能测试方法	2009-11-17	2010-04-01	规定了采用浸渍法测定家用纺织品防霉性能的试验方法和效果评价。适用于洗涤用品、厨房用品、床上用品和装饰用纺织品等家用纺织品。本标准不涉及防霉剂的安全性评价，有关评价应按国家有关法规进行

续表

标准号	标准名称	发布日期	实施日期	适用范围
FZ/T 60045—2014	汽车内饰用纺织材料雾化性能试验方法	2014-12-24	2015-06-01	规定了两种测定汽车内饰用纺织材料雾化性能的试验方法，即反射法和重量法。适用于各类汽车内饰用纺织材料，包括机织物，针织物，非织造布和涂层织物，以及复合织物。两种试验方法所得试验结果不具可比性
FZ/T 61009—2015	纤维素纤维绒毯	2015-07-14	2016-01-01	规定了纤维素纤维绒毯的要求，试验方法，抽样，检验规则，标志，包装及贮存。适用于面纱（起绒纱）以纤维素再生纤维素纤维为主要原料的各类机织绒毯
FZ/T 62026—2015	手工粗布床单	2015-07-14	2016-01-01	规定了手工粗布床单的术语和定义，要求，抽样，试验方法，检验规则，标志，包装，运输和储存。适用于纯棉手工粗布加工制作的床单
FZ/T 62030—2015	磨毛面料被套	2015-07-14	2016-01-01	规定了磨毛面料被套的术语和定义，要求，抽样，试验方法，检验判定规则，标志，包装，运输和贮存。适用于以各类机织磨毛面料为主要原料制成的被套产品，磨毛面料枕套产品可参照执行
FZ/T 62033—2016	超细纤维毛巾	2016-04-05	2016-09-01	规定了超细纤维毛巾类产品的术语和定义，要求，试验方法，检验规则及标志，包装，运输和贮存。适用于以涤锦复合超细纤维为主要原料生产的毛巾产品，其他超细纤维毛巾产品可参照执行
FZ/T 62039—2019	机织婴幼儿睡袋	2019-12-24	2020-07-01	规定了机织婴幼儿睡袋产品的术语和定义，要求，试验方法，检验规则以及标志，包装，运输和贮存。适用于以纺织机织物为主要面料生产的婴幼儿睡袋
FZ/T 63013—2010	涤纶长丝民用丝带	2010-08-16	2010-12-01	规定了涤纶长丝民用丝带的术语和定义，要求，分等规定，试验方法，检验规则，包装标志和运输贮存。适用于鉴定涤纶织带机生产的宽度范围在 2～100mm 之间的涤纶长丝民用丝带的品质
FZ/T 63017—2012	全棉薄型机织带	2012-12-28	2013-06-01	规定了全棉薄型机织带的术语和定义，要求，分等规定，试验方法，检验规则，包装标志和运输贮存。适用于织带机生产的宽度范围 3～100mm 之间民用，厚度小于2mm 民用的全棉薄型机织带

续表

标准号	标准名称	发布日期	实施日期	适用范围
FZ/T 63042—2018	热转印机织丝带	2018-12-21	2019-07-01	规定了热转印机织丝带的术语和定义，技术要求，分等规定，试验方法，检验规则，包装，标志，运输，贮存。适用于以涤纶为原料，织带机生产的宽度范围2～100mm之间的热转印机织丝带
FZ/T 64011—2012	静电植绒织物	2012-05-24	2012-11-01	规定了静电植绒织物的术语和定义，要求，抽样，试验方法，检验规则，标志和包装。适用于以机织物，针织物为基布的静电植绒织物，以静电植绒织物为面料的纺织产品可参照执行
FZ/T 64043—2014	擦拭用高吸水纤维织物	2014-07-09	2014-11-01	规定了擦拭用高吸水纤维织物的分类，规格，要求，试验方法，抽样，检验规则及包装和标志。适用于以单丝线密度在1dtex以下的化学纤维为主原料生产的具有高吸水功能的用于擦拭和清洁的机织物，针织物，非织造布及其制品
FZ/T 64054—2015	手术衣用机织物	2015-07-14	2016-01-01	规定了医院手术衣用机织物的技术要求，试验方法，检验规则，包装，标志，运输和贮存。适用于以棉纤维为主，克重为150～250g/m²，制作医护人员手术衣用的染色机织物
FZ/T 64072—2019	鞋用防穿刺高强机织布	2019-11-11	2020-04-01	规定了鞋用防穿刺高强织机布的术语和定义，技术要求，试验方法，检验规则，标志，包装，运输，贮存。适用于以高强合成纤维为原料加工而成的鞋用防穿刺高强中底用机织布
FZ/T 75002—2014	涂层织物　光加速老化试验方法　氙弧法	2014-12-24	2015-06-01	规定了对涂层织物进行氙弧法曝晒老化及比较老化前后性能变化的试验方法。适用于各类涂层织物
FZ/T 75004—2014	涂层织物　拉伸伸长和永久变形试验方法	2014-10-14	2015-04-01	规定了用定伸长或定负荷方式测定涂层织物拉伸伸长，拉伸延迟变形和拉伸永久变形的试验方法。适用于各种涂层织物
FZ/T 75005—2018	涂层织物　在无张力下尺寸变化的测定	2018-12-21	2019-07-01	规定了涂层织物在无张力下纵向和横向尺寸变化的测试方法。适用于各种卷装涂层织物

续表

标准号	标准名称	发布日期	实施日期	适用范围
FZ/T 75008—2018	涂层织物　缝孔撕破性能试验方法	2018-12-21	2019-07-01	规定了测定涂层织物缝孔撕破性能的试验方法。适用于各类涂层织物
FZ/T 81012—2016	机织围巾、披肩	2016-04-05	2016-09-01	规定了机织围巾、披肩的要求、检验方法、检验规则以及标志、包装、运输和贮存。适用于以纺织机织物(不包括丝绸类织物)为主要原料生产的围巾、披肩类产品
FZ 90034—1992	纺织机械　织机工作宽度	1992-02-01	1992-05-01	规定了织机的工作宽度,有关术语和尺寸。适用于各类有核或无核织机
FZ 90035—1992	纺织机械　整经轴术语和主要尺寸	1992-02-01	1992-05-01	规定了整经轴的术语和主要尺寸,形位公差及许用不平衡量的等级
FZ/T 90053—2007	织造准备和整理机器工作宽度	2007-05-29	2007-11-01	规定了机织和针织准备及整理机器的工作宽度及其定义。适用于棉、毛、丝、化学纤维及其混纺纱线织造准备和整理机器
FZ/T 90095—1998	多臂装置用纹板、纹钉尺寸	1998-01-20	1998-02-01	规定了多臂装置用纹板,纹钉的型式和主要尺寸。适用于多臂装置用纹板、纹钉,与多臂装置纹板、纹钉相关的尺寸亦应参照使用
FZ/T 90110—2013	纺织机械通用项目质量检验规范	2013-07-22	2013-12-01	规定了纺织机械的通用项目质量检验和试验方法,检验规则,试验结果。适用于纺织机械的产品质量检验
FZ/T 92028—1994	多臂装置	1994-04-15	1994-07-01	规定了多臂装置的型式与基本参数、技术要求、试验方法、检验规则、标志、包装、运输和贮存。适用于配置在主机上,中速无核织机上,织造以天然(棉、毛、丝、麻)纤维、化纤、混纺纤维的纱、丝、线为原料的平纹、斜纹、缎纹或小花纹织物的多臂装置,其他织机配置的各型多臂装置亦可参照使用
FZ/T 92041—1995	棉型多臂装置	1995-01-24	1995-01-24	适用于配置在主机上,织造组织较为复杂的 GT261F 型、GT261Z 型、GT261K 型、GT261KA 型多臂装置
FZ/T 92044—2011	酚醛塑料槽筒	2011-05-18	2011-08-01	规定了酚醛塑料槽筒的产品代号及基本结构参数、要求、导纱试验、检验规则、标志及包装、运输、贮存。适用于交叉卷绕棉、毛及化学纤维纱线的自动络筒机用的酚醛塑料槽筒,也适用于并纱机及气流纺纱机用酚醛塑料槽筒

续表

标准号	标准名称	发布日期	实施日期	适用范围
FZ/T 92056—2010	织物对中、对边装置	2010-12-29	2011-04-01	规定了织物对中、对边装置的分类、标记、要求、试验方法、检验规则及标志、包装、运输、贮存。适用于在运行情况下有效纠正平幅织物纬向左右移动，使其在设定位置运行的染整机械通用装置
FZ/T 92057—2010	卷布装置通用技术条件	2010-12-29	2011-04-01	规定了卷布装置的分类、参数、要求和试验方法。适用于将织物卷绕成卷的染整机械通用装置
FZ/T 92058—2010	落布装置通用技术条件	2010-12-29	2011-04-01	规定了落布装置的分类、参数、要求和试验方法。适用于将平幅织物导出进行落布的染整机械通用装置
FZ/T 92059—2011	扩幅装置	2011-12-20	2012-07-01	规定了扩幅装置的分类、参数、要求、试验方法、检验规则及标志、包装、运输、贮存。适用于染整机械中对平幅织物起防皱、去皱、消除卷边，保持织物纬向平整作用的通用装置
FZ/T 92060—2010	吸边器	2010-12-29	2011-04-01	规定了吸边器的分类、参数、要求、试验方法、检验规则及标志、包装、运输、贮存。适用于控制织物纬向移动，使其沿给定位置（水平或垂直）运行的染整机械通用装置
FZ/T 92067—2014	自动整纬装置	2014-10-14	2015-04-01	规定了自动整纬装置的型式与参数、要求、试验方法、检验规则、标志、包装、运输和贮存。适用于安装在机械上，自动纠正、消除机织及针织物在染整过程中产生的纬斜和弧形卷绕的光电、图像、针轮整纬装置，其他型式的自动整纬装置也可参照采用
FZ/T 92075—2008	织机卷取辊用包覆带	2008-03-12	2008-09-01	规定了织机卷取辊用包覆带的分类和标记、要求、试验方法、检验规则和包装、储存。适用于织造织物的擢持和引出机构的卷绕用橡胶、塑料或其他高分子材料包覆带，也适用于络纱机、印染机等卷绕机构的压辊、导布辊用包覆带
FZ/T 92078—2010	巡回清洁器	2010-08-16	2010-12-01	规定了巡回清洁器的定义、产品型式和基本参数、要求、试验方法、检验规则及标志、包装、运输和贮存。适用于纺织行业粗纱、细纱、并线、倍捻、络筒、织布、转杯纺等设备及环境进行定向移动清洁的巡回清洁器

续表

标准号	标准名称	发布日期	实施日期	适用范围
FZ/T 93008—2018	塑料经纱筒管	2018-10-22	2019-04-01	规定了环锭纺、并、捻锭子用塑料经纱筒管的术语、分类和标记、要求、试验方法、检验规则及包装、标志、运输和贮存。适用于棉纺、精梳毛纺、亚麻纺环锭细纱机和捻线机捻锭子用经纱管
FZ/T 93010—2002	换梭式梭子用塑料纬纱管	2002-09-28	2003-01-01	规定了换梭式梭子用塑料纬纱管的术语、分类和标记、要求、试验方法、检验规则和包装、标志。适用于卷绕纱线并与换梭式梭子配套使用的塑料纬纱管
FZ/T 93030—2007	纺织机械与附件　交叉卷绕用圆锥形筒管　技术条件	2007-05-29	2007-11-01	规定了交叉卷绕用圆锥形筒管的要求、试验方法、检验规则和包装、标志。适用于半锥角为3°30′、4°20′、5°57′，绕纱宽度不超过1～25mm的交叉卷绕用圆锥形筒管
FZ/T 93097—2016	纺织机械　起绒针刺机用毛刷	2016-04-05	2016-09-01	规定了起绒针刺机用毛刷的分类与尺寸、标记。适用于由底板和毛束组成，用于起绒针刺机非织造布生产的起绒针刺机用毛刷
FZ/T 94004—2009	挠性剑杆织机	2009-11-17	2010-04-01	规定了挠性剑杆织机的型式与规格、技术要求、试验方法、检验规则、包装、运输和贮存。适用于最高入纬率为650m/min以上织造天然、化纤和混纺纱、丝、线等织物的挠性剑杆织机
FZ/T 94005—1991	刚性剑杆织机	1991-12-25	1992-01-01	规定了刚性剑杆织机的产品分类、技术要求、试验方法、检验规则、标志、包装、运输和贮存。适用于织造天然纤维（棉、毛、麻、丝）、化学纤维和混纺纱（丝）线织物的各种类型的刚性剑杆织机
FZ/T 94006—2013	织机用停经片	2013-10-17	2014-03-01	规定了织机用停经片的分类和标记、要求、试验方法、检验规则、标志、包装、储存。适用于织机机械、机电和电气经停机构用停经片
FZ/T 94007.1—2013	综　第1部分：提花织造用镶入综眼的钢丝综	2013-10-17	2014-03-01	规定了提花织造用镶入综眼的钢丝综的分类和标记、要求、试验方法、检验规则和包装、标志、储存。适用于提花综
FZ/T 94007.2—2013	综　第2部分：织机综框用钢丝综	2013-10-17	2014-03-01	规定了织机综框用钢丝综的分类和标记、要求、试验方法、检验规则和包装、标志、储存。适用于综框综

续表

标准号	标准名称	发布日期	实施日期	适用范围
FZ/T 94007.3—2013	综　第3部分:织机框用钢片综	2013-10-17	2014-03-01	规定了织机综框用钢片综的分类和标记、要求、试验方法、检验规则和包装、标志、储存。适用于钢片综
FZ/T 94009—2018	织机用铝合金综框	2018-10-22	2019-04-01	规定了织机用铝合金综框的分类和标记、要求、试验方法、检验规则及包装、标志、运输和贮存。适用于穿综杆用托座固定于综框横梁(Z型)或穿综杆直接固定于综框横梁(M型)的综框
FZ/T 94011.1—2013	筘　第1部分:有梭织机用筘	2013-10-17	2014-03-01	规定了有梭织机用筘的术语和定义、标记、要求、试验方法、检验规则和包装、标志、储存。适用于有梭织机用胶粘线扎筘
FZ/T 94011.2—2013	筘　第2部分:剑杆织机、片梭织机用筘	2013-10-17	2014-03-01	规定了剑杆织机、片梭织机用筘的术语和定义、分类和标记、要求、试验方法、检验规则和包装、标志、储存。适用于剑杆织机、片梭织机用树脂固化金属丝扎筘
FZ/T 94011.3—2013	筘　第3部分:喷水织机用筘	2013-10-17	2014-03-01	规定了喷水织机用筘的术语和定义、分类和标记、要求、试验方法、检验规则和包装、标志、储存。适用于喷水织机用平板梁金属丝扎筘和槽形梁树脂固化金属丝扎筘
FZ/T 94011.4—2013	筘　第4部分:整经机、浆纱机用筘	2013-10-17	2014-03-01	规定了整经机、浆纱机用筘的术语和定义、标记、要求、试验方法、检验规则和包装、标志、储存。适用于整经机、浆纱机用筘
FZ/T 94011.5—2013	筘　第5部分:喷气织机用异形筘片	2013-10-17	2014-03-01	规定了喷气织机用异形筘片的术语和定义、标记、要求、试验方法、检验规则和包装、标志、储存。适用于异形筘片
FZ/T 94037—2019	织机用边撑刺辊技术条件	2019-12-24	2020-07-01	规定了织机用边撑刺辊的标记、要求、试验方法、检验规则、包装、标志和运输。适用于有梭织机或无梭织机织造过程中对织物幅宽进行控制用边撑刺辊
FZ/T 94041—2007	浆纱机	2007-05-29	2007-11-01	规定了浆纱机的产品分类、要求、试验方法、检验规则及标志、包装、运输和贮存。适用于线密度为7.3tex(约80)至97tex(约6)、单只浆槽中经纱覆盖率在20%~60%的棉、麻、化纤等纯纺及混纺短纤维的经纱上浆用的浆纱机

续表

标准号	标准名称	发布日期	实施日期	适用范围
FZ/T 94043—2011	络筒机	2011-05-18	2011-08-01	规定了槽筒式络筒机的参数、要求、试验方法、检验规则、标志、包装、运输和贮存。适用于将棉型、毛型的纯纺及化学短纤维的混纺纱、络制成交叉卷绕的不同维度筒子、平行筒子的络筒机
FZ/T 94044—2010	自动络筒机	2010-12-29	2011-04-01	规定了自动络筒机的型式及基本参数、技术要求、试验方法、检验规则及标志、包装、运输、贮存。适用于将以天然纤维、化学纤维为原料的线密度为4.2~667tex的纯、混纺单纱或股线络制成筒子的自动络筒机
FZ/T 94046—2009	喷气织机用异形筘技术条件	2009-11-17	2010-04-01	规定了喷气织机用异形筘的术语及定义、要求、试验方法、检验规则、标志和贮存
FZ/T 94047—2012	分条整经机	2012-12-28	2013-06-01	规定了分条整经机的型式、主要技术参数、技术要求、试验方法、检验规则以及标志、包装、运输和贮存。适用于棉、毛、麻、丝化学纤维及混纺纱线整经用的分条整经机
FZ/T 94049—2018	分批整经机	2018-10-22	2019-04-01	规定了分批整经机的型式及主要技术参数、要求、试验方法、检验规则、标志、包装、运输和贮存。适用于5.83~97.2tex（6~100英支）的棉、化纤及混纺纱整经用的分批整经机
FZ/T 94050—2007	挠性剑杆织机用剑杆带	2007-05-29	2007-11-01	规定了挠性剑杆织机用剑杆带的术语和定义、分类和标记、要求、试验方法、检验规则和包装、标志、运输、储存。适用于复合材料柔性剑带
FZ/T 94051—2007	挠性剑杆织机用传剑轮	2007-05-29	2007-11-01	规定了挠性剑杆织机用传剑轮的术语和定义、分类和标记、要求、试验方法、检验规则和包装、标志、运输、储存。适用于挠性剑杆织机用金属、非金属剑轮和复合材料剑轮
FZ/T 94052—2007	剑杆织机用剑头	2007-05-29	2007-11-01	规定了剑杆织机用剑头的术语和定义、分类和标记、要求、试验方法、检验规则和包装、标志、运输、储存。适用于挠性和刚性剑杆织机织造引纬用剑头
FZ/T 94053—2017	电子提花机	2017-11-07	2018-04-01	规定了电子提花机的型式和基本参数、要求、试验方法、检验规则及标志、包装、运输和贮存。适用于与各类织机配套织制各种提花织物的电子提花机

续表

标准号	标准名称	发布日期	实施日期	适用范围
FZ/T 94054—2009	喷水织机	2009-11-17	2010-04-01	规定了喷水织机的产品型式与基本参数,技术要求,试验方法,检验规则,标志,包装,运输和贮存。适用于以合成纤维,混纺丝,塑料纤维等疏水性纤维为原料进行织造的喷水织机
FZ/T 94055—2009	验布机	2010-01-20	2010-06-01	规定了验布机的主要规格和基本参数,技术要求,试验方法,验收规则以及标志,包装,运输和贮存。本标准主要适用于对棉,麻,丝,化纤纯纺,毛纺及混纺织物检验,计长的验布机
FZ/T 94057—2010	无梭织带机	2010-08-16	2010-12-01	规定了无梭织带机的型式与基本参数,要求,试验方法,检验规则以及标志,包装,运输和贮存。适用于织造以棉,毛,麻,丝,化纤等为原料的各种带类织物的无梭织带机
FZ/T 94058—2011	喷气织机	2011-05-18	2011-08-01	规定了喷气织机的型式与规格,技术要求,试验方法,检验规则,标志,运输和贮存。适用于织造棉,化纤,废纤和混纺纱等为原料的轻,中,重型纯织或交织的平纹,斜纹,缎纹,提花等织物的喷气织机
FZ/T 94059—2012	精密络筒机	2012-05-24	2012-11-01	规定了精密络筒机的术语和定义,基本参数和结构特征,要求,试验方法,检验规则,标志,包装,运输和贮存。适用于超细丝以及各种丝,纱,线等的紧式或松式络筒的精密络筒机
FZ/T 94060—2012	织造用真空吸尘设备	2012-12-28	2013-06-01	规定了织造用真空吸尘设备的术语与定义,参数与型式,要求,试验方法,检验规则,标志,包装,运输和贮存。适用于织造车间对黏附在织机,织物,墙壁和天花板等表面的纤尘物进行收集和净化的真空吸尘设备
FZ/T 94061—2012	喷气织机用异形筘气流槽气压值试验方法	2012-12-28	2013-06-01	规定了测试喷气织机用异形筘气流槽气压值的试验原理,仪器,试样,条件,步骤和结果。适用于测试喷气织机用异形筘气流槽气压值
FZ/T 94062—2012	提花机	2012-12-28	2013-06-01	规定了提花机的型式与基本参数,要求,试验方法,检验规则,标志,包装,运输和贮存。适用于与织机配套使用织制商标,领带,毛巾,毯,装饰布及各种服面料的机械式提花机

续表

标准号	标准名称	发布日期	实施日期	适用范围
FZ/T 94063—2015	挠性剑杆织机用导剑钩	2015-07-14	2016-01-01	规定了挠性剑杆织机用导剑钩的术语和定义、分类和标记、要求、试验方法、检验规则、包装、标志、运输和储存。适用于挠性剑杆织机用导剑钩
FZ/T 94064.1—2018	喷气织机用喷嘴　第1部分：主喷嘴	2018-10-22	2019-04-01	规定了喷气织机用主喷嘴的术语、分类和标记、要求、试验方法、检验规则及包装、标志、运输和贮存。适用于喷气织机气流引纬用固定或摆动主喷嘴
FZ/T 94064.2—2018	喷气织机用喷嘴　第2部分：辅用喷嘴	2018-10-22	2019-04-01	规定了喷气织机用辅喷嘴的术语和定义、分类和标记、要求、试验方法、检验规则及包装、标志、运输和贮存。适用于喷气织机气流引纬用辅用喷嘴
FZ/T 95002—2010	导辊式横穿布热风烘燥机	2010-12-29	2011-04-01	规定了导辊式横穿布热风烘燥机的参数、要求、试验方法，也适用于涤棉及中长纤维织物在树脂整理中的预烘机，并适用于涤棉织物在热熔染色机中经预烘后烘燥用的热风烘燥机
FZ/T 95014—2014	轧光机　弹性辊	2014-05-06	2014-10-01	规定了预分梳板的分类及参数、要求、试验方法、检验规则、标志、包装、运输和贮存。适用于清棉机、开清棉机及其他梳理机用的预分梳板
FZ/T 95018—2012	预缩整理机	2012-12-28	2013-06-01	规定了预缩整理机的分类及参数、要求、试验方法、检验规则及贮存。适用于棉及其混纺织物，使织物达到预定的缩率，并改善服用性能的预缩整理机
FZ/T 95022—2015	浆、切、吸边装置	2015-07-14	2016-01-01	规定了浆、切、吸边装置的参数、要求、试验方法、检验规则及贮存。适用于织物在进行切边、出布时对布匹上浆、切边的通用装置
FZ/T 95026—2018	圆网与数码印花一体机	2018-10-22	2019-04-01	规定了圆网与数码印花一体机的主要特性及基本参数、要求、试验方法、检验规则、标志、包装、运输和贮存。适用于天然纤维、化学纤维及其混纺织物及非织造布等的圆网与数码印花一体机
FZ/T 95028—2019	起毛机	2019-12-24	2020-07-01	规定了起毛机的分类与参数、要求、试验方法、检验规则及标志、包装、运输和贮存。适用于对棉纺、毛纺、化纤及其混纺织物起毛的钢丝起毛机

续表

标准号	标准名称	发布日期	实施日期	适用范围
FZ/T 97015—1997	分段整经机	1997-03-29	1997-03-29	规定了分段整经机的型式、主要参数、技术要求、试验方法、检验规则及标志、包装、运输、贮存。适用于锦纶长丝、涤纶长丝、黏胶丝、棉纱、混纺纱等整经于分段整经轴上的这类整经机
FZ/T 97037—2016	氨纶整经机	2016-10-22	2017-04-01	规定了氨纶整经机的术语与定义、型式与主要参数、要求、试验方法、检验规则及标志、包装、运输、贮存。适用于氨纶整经的氨纶整经机
FZ/T 98008—2011	电子织物强力仪	2011-12-20	2012-07-01	规定了电子织物强力仪的基本功能和参数、要求、试验方法、检验规则、标志、包装、运输和贮存。适用于 CRE(等速伸长)检测法检测各种织物强力的电子织物强力仪
FZ/T 98013—2014	耐洗色牢度试验仪	2014-10-14	2015-04-01	规定了耐洗色牢度试验仪的主要参数、要求、试验方法、检验规则、检验规则以及标志、包装、运输和贮存。适用于各类纺织品耐洗性能试验的、耐洗试杯标称容量为550mL 的耐洗色牢度试验仪
FZ/T 98014—2016	马丁代尔耐磨及起毛起球性能试验仪	2016-10-22	2017-04-01	规定了马丁代尔耐磨及起毛起球性能试验仪的术语和定义、基本功能和参数、要求、试验方法、检验规则及标志、包装、运输和贮存。适用于对纺织品进行耐磨性能和起毛起球性能试验的马丁代尔耐磨及起毛起球性能试验仪
FZ/T 98015—2017	纺织品热阻湿阻测试仪	2017-11-07	2018-04-01	规定了纺织品热阻湿阻测试仪的术语和定义、基本功能和参数、要求、试验方法、检验规则及标志、包装、运输和贮存。适用于在特定气流速度下，具有恒温恒湿功能并采用蒸发热板法检测纺织品热阻湿阻的织品热阻湿阻测试仪
FZ/T 98016—2017	织物缩水率试验仪 A 型	2017-11-07	2018-04-01	规定了水平滚筒、前门门加料的 A 型织物缩水率试验仪的基本功能和参数、要求、试验方法、检验规则及标志、包装、运输和贮存。适用于可预置标准洗衣程序的 A 型织物缩水率试验仪
FZ/T 98017—2018	纺织品垂直燃烧性能试验仪	2018-10-22	2019-04-01	规定了纺织品垂直燃烧性能试验仪的术语和定义、基本功能与参数、要求、试验方法、检验规则及标志、包装、运输和贮存。适用于对垂直方向的纺织品试样底边点火进行燃烧性能试验的垂直燃烧性能试验仪

续表

标准号	标准名称	发布日期	实施日期	适用范围
FZ/T 98018—2018	纺织品标准光源箱	2018-10-22	2019-04-01	规定了纺织品标准光源箱的术语和定义,常见光源种类和基本结构,要求,试验方法,检验规则及标志,包装,运输和贮存。适用于在标准光源条件下评定纺织品色牢度,比对颜色偏差的标准光源箱
FZ/T 98019—2018	滚箱式织物起毛起球性能测试仪	2018-10-22	2019-04-01	规定了滚箱式织物起毛起球性能测试仪的术语和定义,型式与基本参数,要求,试验方法,检验规则及标志,包装,运输和贮存。适用于采用起球箱法对织物表面起毛起球性能及表面变化进行测定的滚箱式织物起毛起球性能测试仪
FZ/T 98020—2019	织物透湿性能试验仪	2019-12-24	2020-07-01	规定了织物透湿性能试验仪的基本功能和参数,要求,试验方法,检验规则及标志,包装,运输和贮存。适用于采用吸湿法或蒸发法测定织物透湿性能的试验仪
FZ/T 98021—2019	纺织品防水性能试验仪静水压法	2019-12-24	2020-07-01	规定了纺织品防水性能试验仪的术语和定义,基本功能和参数,要求,试验方法,检验规则及标志,包装,运输和贮存。适用于在恒定的水压上升速率下测定纺织品抗水渗透性能的试验仪
FZ/T 99007—2014	储纬器	2014-05-06	2014-10-01	规定了储纬器分类及基本参数,技术要求,试验方法,检验规则,标志,包装,运输和贮存。适用于与无核织机配套的储纬器。不适用于无驱动电动机纯机械类储纬器
FZ/T 99019—2017	喷气织机数字控制系统	2017-04-21	2017-10-01	规定了喷气织机数字控制系统的术语和定义。适用于具有多项开口,电子引纬,电子送经,电子卷取机等组成的喷气织机数字控制系统

【印染部分】

标准号	标准名称	发布日期	实施日期	适用范围
FZ/T 01002—2010	印染企业综合能耗计算办法及基本定额	2010-08-16	2010-12-01	规定了印染企业综合能耗的计算范围,综合能耗的分类与计算,标准品及标准品产量的计算。适用于印染企业能源消耗量的计算,也适用于同行业内部能耗的相互比较

续表

标准号	标准名称	发布日期	实施日期	适用范围
FZ/T 01073—1999	纺织品上整理剂的鉴定试验方法	1998-03-10	1999-02-01	适用于纺织品上整理剂的鉴定试验
FZ/T 01080—2009	树脂整理织物交联程度试验方法染色法	2010-01-20	2010-06-01	规定了采用染色法测定经树脂整理后织物树脂交联程度的试验方法。适用于天然纤维纯纺及其与化学纤维混纺的树脂整理织物本色、漂白、色织物的树脂印染程度的测定，也适用于天然纤维纯纺及其与化学纤维混纺的树脂整理染色织物的树脂交联程度的测定
FZ/T 01104—2010	机织印染产品取水计算办法及单耗基本定额	2010-08-16	2010-12-01	规定了机织印染产品取水与用水范围，机织印染产品单位产品取水量及水量计算，产品可比单位产品取水量，各类印染产品单耗基本定额。适用于机织印染企业取水消耗量的计算，也适用同行业内部的相互比较
FZ/T 01107—2011	纺织染整工业回用水水质	2011-12-20	2012-07-01	规定了纺织染整工业回用水的术语和定义，回用水的应用和水质控制要求，水质指标测定方法。适用于纺织染整企业回用水处理后用于部分工艺的回用水和杂用水水质
FZ/T 01133—2016	纺织品　禁用偶氮染料快速筛选方法　气相色谱—质谱法	2016-04-05	2016-09-01	规定了采用气相色谱—质谱法测定纺织品中可分解出致癌芳香胺（见附录 A）的快速筛选方法。适用于经印染加工的各种纺织品
FZ/T 01137—2016	纺织品　荧光增白剂的测定	2016-10-22	2017-04-01	规定了采用高效液相色谱—荧光检测器（HPLC-FLD）测定纺织产品中 9 种荧光增白剂（见附录 A）的方法。适用于各类纺织品
FZ/T 01148—2019	纺织品　己二酸二酰肼的测定　液相色谱—串联质谱法	2019-05-02	2019-11-01	规定了采用液相色谱—串联质谱仪（LC-MS/MS）测定纺织品中己二酸二酰肼（ADH）的方法。适用于各类纺织品
FZ/T 07007—2020	染色机水效限定值及水效等级	2020-04-16	2020-10-01	规定了多种同欵式浸染染色机的水效限定值，水效等级以及检测方法。适用于同欵式浸染式染色机水效进行评价

续表

标准号	标准名称	发布日期	实施日期	适用范围
FZ/T 10010—2018	棉及化学纤维纯纺、混纺印染布标志与包装	2018-04-30	2018-09-01	规定了棉及化学纤维纯纺、混纺印染布标志与包装。适用于以棉、化纤、其他纤维纯纺或混纺的本色纱线为原料、机织生产的各类本色布、染色和印花的棉印染布
FZ/T 14001—2013	棉印染帆布	2013-10-17	2014-03-01	规定了棉印染帆布的术语和定义、分类、要求、试验验检验方法、检验规则及标志和包装。适用于服装、鞋用棉漂白、染色和印花帆布。不适用于磨毛及特殊整理类织物
FZ/T 14003—2019	拉毛起绒棉印染布	2019-05-02	2019-11-01	规定了拉毛起绒棉印染布的术语和定义、分类、要求、试验方法、检验规则、标志和包装。适用于机织生产的各类棉漂白、染色和印花、单面或双面起毛绒的棉印染布
FZ/T 14004—2014	黏胶纤维棉印染布	2014-12-24	2015-06-01	规定了黏胶纤维棉印染布的术语和定义、分类、要求、试验检验方法、检验规则及标志和包装。适用于服饰、家纺用、机织生产的各类棉漂白、染色和印花的黏胶纤维印花布
FZ/T 14006—2018	经平绒棉印染布	2018-04-30	2018-09-01	规定了经平绒棉印染布的术语和定义、分类、要求、试验和检验方法、检验规则、标志和包装。适用于机织生产的各类棉漂白、染色和印花经平绒布(经起绒)
FZ/T 14007—2011	棉涤混纺印染布	2011-12-20	2012-07-01	规定了棉涤混纺印染布。适用于服饰、家纺用含聚酯(涤纶)短纤维50%以下棉混纺的各类标志和包装。适用于服饰、家纺用含聚酯(涤纶)短纤维50%以下棉混纺的各类漂白、染色和印花布
FZ/T 14008—2005	棉维混纺印染布	2005-05-18	2006-01-01	规定了棉维混纺印染布(棉纤维含量50%及以上)的分类、要求、试验方法、检验规则及检验标志。适用于鉴定棉维绒短纤维混纺的各类漂白、染色、印花布的品质。不适用于鉴定色织布、工业用布等织物
FZ/T 14010—2006	普梳涤与棉混纺印染布	2006-05-25	2007-01-01	规定了普梳涤与棉混纺印染布的产品分类、要求、试验方法、检验规则及标志和包装。适用于鉴定衣着用含涤纶短纤维50%及以上与普梳棉混纺印花的各类漂白、染色和印花的品质

续表

标准号	标准名称	发布日期	实施日期	适用范围
FZ/T 14011—2016	纯棉真蜡防印花布	2016-04-05	2016-09-01	规定了纯棉真蜡防印花布的术语和定义、分类、要求、试验和检验方法、检验规则、标志和包装。适用于服装、家纺用，机织生产的纯棉真蜡防印花布
FZ/T 14013—2018	莫代尔纤维印染布	2018-04-30	2018-09-01	规定了莫代尔纤维印染布的术语和定义、分类、要求、布面疵点的评分、试验和检验方法、检验规则及标志和包装。适用于机织生产的各类漂白、染色和印花的纯棉印花布。适用于莫代尔纤维与其他纤维混纺印染布可参照执行，50%及以上莫代尔纤维混纺
FZ/T 14014—2019	莱赛尔纤维印染布	2019-05-02	2019-11-01	规定了莱赛尔纤维印染布的术语和定义、分类、要求、试验方法、检验规则及标志和包装。适用于机织生产的各类漂白、染色和印花的莱赛尔纤维印染布。50%及以上莱赛尔与其他纤维混纺、交织的印染布可参照执行
FZ/T 14016—2019	棉氨纶弹力印染布	2019-05-02	2019-11-01	规定了棉氨纶弹力印染布的术语和定义、产品分类、要求、试验方法、检验规则、包装和标志。适用于机织生产的各类漂白、染色和印花棉氨纶弹力印染布，其他同类织物可参照执行
FZ/T 14017—2018	锦纶印染布	2018-04-30	2018-09-01	规定了锦纶印染布的术语和定义、分类、要求、试验和检验方法、检验规则、标志和包装。适用于以锦纶6或锦纶66长丝为原料，机织生产的各类漂白、染色、印花锦纶印染布
FZ/T 14018—2020	锦纶与棉交织印染布	2020-04-16	2020-10-01	规定了锦纶与棉交织印染布的术语和定义、分类、要求、试验和检验方法、检验规则、标志和包装。适用于机织生产的漂白、染色和印花的锦纶与棉交织印染布
FZ/T 14019—2020	棉提花印染布	2020-04-16	2020-10-01	规定了棉提花印染布的术语和定义、分类、要求、试验和检验方法、检验规则、标志和包装。适用于机织生产的棉提花漂白、染色和印花布。不适用于涂层等特殊后整理织物
FZ/T 14027—2014	棉竹节印染布	2014-05-06	2014-10-01	规定了棉竹节印染布的术语和定义、分类、要求、试验及检验方法、检验规则及标志和包装。适用于服装、家纺用，机织生产的各类漂白、染色和印花的棉竹节印染布的品质。适用于鉴定提花织物、纯类织物及特殊用途织物。不适用于染色和印花的棉竹节印染布

续表

标准号	标准名称	发布日期	实施日期	适用范围
FZ/T 14028—2014	棉与羊毛混纺印染布	2014-12-24	2015-06-01	规定了棉与羊毛混纺印染布的术语和定义、分类、要求、试验和检验方法、检验规则及标志和包装。适用于服饰、家纺用,机织生产的各类漂白、染色和印花的棉与羊毛混纺印染布,棉与羊毛(羊绒)混纺印染布。不适用于弹力类织物、割绒类织物
FZ/T 14029—2014	棉磨毛印染布	2014-12-24	2015-06-01	规定了棉磨毛印染布的术语和定义、分类、要求、试验和检验方法、检验规则及标志和包装。适用于服饰、家纺用,机织生产的各类漂白、染色和印花的棉磨毛印染布。不适用于提花类织物
FZ/T 14030—2016	棉与涤混纺磨毛印染布	2016-04-05	2016-09-01	规定了棉与涤混纺磨毛印染布的术语和定义、分类、要求、试验和检验方法、检验规则及标志和包装。适用于服饰、家纺用,机织生产的各类漂白、染色和印花的棉与涤混纺磨毛印染布。
FZ/T 14031—2016	锦棉混纺印染布	2016-04-05	2016-09-01	规定了锦棉混纺印染布的术语和定义、分类、要求、试验和检验方法、检验规则、标志和包装。适用于服饰、家纺用,机织生产的各类漂白、染色和印花的锦棉混纺印染布,锦纶66与棉混纺印染布
FZ/T 14033—2016	聚对苯二甲酸丙二醇酯/聚对苯二甲酸乙二醇酯(PTT/PET)复合纤维与棉混纺印染布	2016-04-05	2016-09-01	规定了聚对苯二甲酸丙二醇酯/聚对苯二甲酸乙二醇酯(PTT/PET)复合纤维(棉含量>50%)的术语和定义、分类、要求、试验和检验方法、检验规则及标志和包装。适用于服饰、家纺用,机织生产的各类漂白、染色和印花的聚对苯二甲酸丙二醇酯/聚对苯二甲酸乙二醇酯(PTT/PET)复合纤维与棉混纺印染布
FZ/T 14034—2016	棉冷轧堆染色印染布	2016-04-05	2016-09-01	规定了棉冷轧堆染色印染布的术语和定义、分类、要求、试验和检验方法、检验规则及标志和包装。适用于服饰、家纺用,机织生产的各类漂白、染色和印花的棉冷轧堆染色印染布
FZ/T 14035—2017	棉与涤烂花印染布	2017-04-21	2017-10-01	规定了棉与涤烂花印染布的术语和定义、分类、要求、布面疵点的评分、试验方法、检验规则及标志和包装。适用于机织生产的各类漂白、染色和印花的棉与涤烂花印染布

续表

标准号	标准名称	发布日期	实施日期	适用范围
FZ/T 14036—2017	纯棉仿蜡防印花布	2017-04-21	2017-10-01	规定了纯棉仿蜡防印花布的术语和定义,分类,要求,试验和检验方法,检验规则,标志和包装。适用于机织生产的纯棉仿蜡防印花布
FZ/T 14038—2017	涤纶转移印花布	2017-04-21	2017-10-01	规定了涤纶转移印花布的术语和定义,分类,要求,试验和检验方法,检验规则,标志和包装。适用于以涤纶低弹丝、牵伸丝为主要原料,机织生产的涤纶转移印花布
FZ/T 14039—2017	棉氨纶印染弹力灯芯绒	2017-04-21	2017-10-01	规定了棉氨纶印染弹力灯芯绒的术语和定义,分类,要求,试验和检验方法,检验规则,标志和包装。适用于机织生产的各类棉氨纶印染弹力灯芯绒
FZ/T 14040—2017	棉与十字形锦纶 66 长丝交织印染布	2017-04-21	2017-10-01	规定了棉与十字形锦纶 66 长丝交织印染布的术语和定义,分类,要求,试验和检验方法,检验规则,标志和包装。适用于机织生产的各类漂白、染色和印花棉与十字形锦纶 66 长丝交织印染布
FZ/T 14041—2018	灯芯绒涤棉混纺印染布	2018-04-30	2018-09-01	规定了灯芯绒涤棉混纺印染布的术语和定义,分类,要求,试验和检验方法,检验规则,标志和包装。适用于机织生产的各类漂白、染色和印花的灯芯绒涤棉混纺印染布
FZ/T 14043—2019	数码喷墨棉印花布	2019-05-02	2019-11-01	规定了数码喷墨棉印花布的术语和定义,分类,要求,试验方法,检验规则,标志和包装。适用于机织生产的数码喷墨棉印花布
FZ/T 14044—2019	棉与涤混纺阻燃染色布	2019-05-02	2019-11-01	规定了棉与涤混纺阻燃染色布的术语和定义,分类,要求,试验方法,检验规则及标志和包装。适用于阻燃服用、机织生产的,涤纶含量≤65%,经阻燃整理的棉与涤混纺染色布
FZ/T 14045—2019	棉锦混纺阻燃染色布	2019-05-02	2019-11-01	规定了棉锦混纺阻燃染色布的术语和定义,分类,要求,试验方法,检验规则及标志和包装。适用于阻燃服用、机织生产的,锦纶含量≤50%,经阻燃整理的棉锦混纺染色布

续表

标准号	标准名称	发布日期	实施日期	适用范围
FZ/T 14046—2019	涤纶氨纶弹力印染布	2019-05-02	2019-11-01	规定了涤纶氨纶弹力印染布的术语和定义、分类、要求、试验方法、检验规则、标志和包装。适用机织物生产的各类染色、印花涤纶氨纶弹力印染布，其他同类织物可参照执行
FZ/T 14047—2019	涤纶印染布	2019-05-02	2019-11-01	规定了涤纶印染布的术语和定义、分类、要求、试验和检验规则及标志和包装。适用于涤纶短纤为原料，机织生产的各类染色和印花印染布
FZ/T 14048—2020	锦纶氨纶弹力印染布	2020-04-16	2020-10-01	规定了锦纶氨纶弹力印染布的术语和定义、分类、要求、试验和检验方法、检验规则、标志和包装。适用于锦纶 6 长丝包覆氨纶丝线为主要原料，机织生产的各类漂白、染色和印花锦纶氨纶弹力印染布
FZ/T 14049—2020	莱赛尔纤维纱线与涤纶氨纶包覆丝线交织印染布	2020-04-16	2020-10-01	规定了莱赛尔纤维纱线与涤纶氨纶包覆丝线交织印染布的术语和定义、分类、要求、试验和检验方法、检验规则，标志和包装。适用于机织生产的各类漂白、染色和印花的莱赛尔纤维纱线与涤纶氨纶包覆丝线交织印染布
FZ/T 14050—2020	莫代尔纤维纱线与涤纶低弹丝交织印染布	2020-04-16	2020-10-01	规定了莫代尔纤维纱线与涤纶低弹丝交织印染布的术语和定义、分类、要求、试验和检验规则、标志和包装
FZ/T 34009—2012	亚麻（或大麻）棉混纺印染布	2012-12-28	2013-06-01	规定了亚麻（或大麻）与棉混纺印染布的术语和定义、品种、规格、要求、检验方法、检验规则和标志、包装、运输、储存。适用于鉴定机织麻棉混纺的各类漂白、印花、染色布的品质，也适用于以麻棉纤维混纺为主体（混纺纤维含量大于80%），并含有其他纤维的混纺印染布
FZ/T 34012—2016	亚麻（或大麻）黏胶纤维混纺印染布	2016-10-22	2017-04-01	规定了亚麻（或大麻）与黏胶纤维混纺印染布的分类、要求、检验方法、检验规则和标志、包装、运输、储存。适用于鉴定机织亚麻（或大麻）与黏胶纤维混纺（麻含量≥50%）的各类漂白、印花、染色布的品质
FZ/T 50052—2020	酸性染料易染氨纶　上色率试验方法	2020-04-16	2020-10-01	规定了酸性染料染易染氨纶上色率的试验方法。适用于酸性染料易染氨纶

续表

标准号	标准名称	发布日期	实施日期	适用范围
FZ/T 90096—2017	染整机械安装中心尺寸	2017-04-21	2017-10-01	规定了染整机械的安装中心尺寸系列。适用于染整机械中辊类、输送类通用件的安装中心尺寸,染整机械中其他的中心尺寸也可参照采用
FZ/T 90097—2017	染整机械轧车线压力	2017-11-07	2018-04-01	规定了染整机械轧车线车压力。适用于棉、麻、化纤及其混纺织物和非织造布染整机械中轧水(液)及轧光轧车
FZ/T 90112—2018	染色机染色浴比试验方法	2018-10-22	2019-04-01	规定了染色机染色浴比试验方法的术语与定义、试验原理、试验仪器及安装、试验步骤、最终测评定和试验报告。适用于采用浸渍染色方式或喷染色的高温高压染色机、常温常压染色机、气流染色和气液染色色浴比评定,蒸汽直接加热的染色机参照使用
FZ/T 92055—2010	进布装置通用技术条件	2010-12-29	2011-04-01	规定了进布装置的分类、参数、要求和试验方法。适用于给平幅织物以适当的张力,使其能正确地进入后道单元机的染整机械通用装置
FZ/T 92068—1998	印花滚筒	1998-01-20	1998-02-01	规定了印花滚筒的产品分类、技术要求、试验方法、检验规则及标志、包装、运输和贮存。适用于棉、化纤、丝绸、针织坯布等滚筒印花机滚筒
FZ/T 95001—2015	圆网烘燥机	2015-07-14	2016-01-01	规定了圆网烘燥机的分类和参数、要求、试验方法、检验规则、标志、包装、运输和贮存。适用于棉、棉与化纤混纺针织物及非织造布进行烘燥用的圆网烘燥机,也适用于羊毛、毛条、腈纶丝束、棉纤维和化纤短纤维烘燥用的圆网烘燥机
FZ/T 95003—2018	圆网印花机	2018-10-22	2019-04-01	规定了圆网印花机的产品分类和参数、要求、试验方法、检验规则、标志及包装、运输和贮存。适用于天然纤维、化学纤维及其混纺的机织物、针织物、非织造物等印花用的圆网印花机。刮刀式被加工织物重量不大于280g/m²,磁棒式被加工织物重量不大于800g/m²
FZ/T 95004—2007	纺织机械与附件　交叉卷绕染色用圆锥形筒管　技术条件	2007-05-29	2007-11-01	规定了交叉卷绕染色用圆锥形筒管的分类、要求、试验方法、检验规则和包装标志。适用于半锥角为4°20′,绕纱宽度不超过1~25mm 的交叉卷绕染色用圆锥形筒管,也适用于半锥角为3°30′、5°57′,绕纱宽度不超过1~25mm 的染色锥形管

续表

标准号	标准名称	发布日期	实施日期	适用范围
FZ/T 95012—2019	单层拉幅定形机	2019-12-24	2020-07-01	规定了单层拉幅定形机的型式及参数、要求、试验方法、检验规则、标志、包装、运输和贮存。适用于棉、毛、化纤、混纺织物、非织造布的定形幅和拉幅机
FZ/T 95013—2011	平网印花机	2011-12-20	2012-07-01	规定了平网印花机的参数、要求、试验方法、检验规则、标志和包装、运输、贮存。适用于平网印花机的针织和非织造的棉、毛、麻、丝、化纤及其混纺织物印花用的平网印花机
FZ/T 95020—2013	导带式数码喷墨印花机	2013-07-22	2013-12-01	规定了导带式数码喷墨印花机的主要特性及基本参数、要求、试验方法、检验规则、标志、包装、运输和贮存。适用于采用导带导送的棉、毛、麻、丝、化纤及其混纺的机织物和针织物，以及非织造布等介质的数码喷墨印花机
FZ/T 95023—2017	高温高压筒子纱染色机	2017-04-21	2017-10-01	规定了高温高压筒子纱染色机的分类、参数、压力容器、电气、染色、等技术要求、压力容器，包装、贮存，以及相应的试验方法、检验规则和标志。主要适用于棉、毛、经轴纱等的高温高压及常温下漂白、染色、后处理用的高温高压筒子纱染色机
FZ/T 95025—2018	印染用轧光机	2018-10-22	2019-04-01	规定了印染用轧光机的分类与参数、要求、试验方法、检验规则、标志及包装、运输和贮存。适用于针织、机织、非织造产品用的轧光机，其他领域用的轧光机可参照使用
FZ/T 95027—2019	高温高压喷射溢流染色机	2019-12-24	2020-07-01	规定了高温高压喷射溢流染色机的术语和定义、基本参数、要求、试验方法、检验规则、标志、包装、运输和贮存。适用于高温条件下织物染色用的喷射溢流染色机
FZ/T 95029—2020	常温常压喷射溢流染色机	2020-04-16	2020-10-01	规定了常温常压喷射溢流染色机的术语和定义、基本参数、要求、试验方法、检验规则、标志、包装、运输和贮存。适用于常温条件下织物染色用的喷射溢流染色机
FZ/T 99021—2020	同歇式染色机数控系统	2020-04-16	2020-10-01	规定了间歇式染色机数控系统的术语与定义、要求、试验方法、检验规则的常温常压染色机、高温高压染色机、气流（液）雾化染色色机等间歇式染色色机设备实现染色过程自动化控制的数控系统。适用于以微处理器为核心且主要应用于纺织品的常温